Wahl, Projektierung und Betrieb von Kraftanlagen

Ein Hilfsbuch für
Ingenieure, Betriebsleiter, Fabrikbesitzer

Von

Friedrich Barth

Oberingenieur an der Bayerischen Landesgewerbeanstalt
in Nürnberg

Zweite, umgearbeitete und erweiterte Auflage

Mit 133 Figuren im Text und auf 3 Tafeln

Springer-Verlag Berlin Heidelberg GmbH
1919

ISBN 978-3-642-98859-2 ISBN 978-3-642-99674-0
DOI 10.1007/978-3-642-99674-0

Ursprünglich erschienen bei Julius Springer in Berlin 1919.
Softcover reprint of the hardcover 2nd edition 1919

Vorwort zur ersten Auflage.

Da bei dem heutigen scharfen Wettbewerb die Kosten der Krafterzeugung für die Rentabilität manches Fabrikbetriebes von ausschlaggebender Bedeutung sind, so drängt sich beim Umbau, bei Erweiterung oder bei Neueinrichtung einer Kraftanlage in erster Linie die Frage auf, welches von den vielen vorhandenen Maschinensystemen unter Berücksichtigung allenfallsigen Wärmebedarfs das wirtschaftlichste ist. Nicht minder wichtig als die Wahl der Betriebskraft ist eine zweckentsprechende Projektierung der Gesamtanlage und eine rationelle Betriebsführung.

Die Aufgabe, die ich mir demgemäß bei Bearbeitung des vorliegenden Buches gestellt habe, ging hauptsächlich dahin, die wichtigsten Gesichtspunkte zu erörtern, die bei der Wahl, der Projektierung und dem Betrieb von Kraftanlagen zu beachten sind. Der dem Buch vorangestellte Überblick soll in kurzen Einzelabschnitten den neuesten Stand des Kraftmaschinenbaus kennzeichnen, die Vor- und Nachteile einzelner Systeme kritisch beleuchten und gewissermaßen als Einführung für diejenigen Leser dienen, die nicht gewillt sind, die Mittel zur Anschaffung und die Zeit zum Studium der zahlreichen Sonderwerke und Zeitschriften über Kraftmaschinen aufzuwenden.

Die Ausführungen richten sich sowohl an Käufer als Verkäufer von Kraftmaschinen, als auch an projektierende Ingenieure und Betriebsleiter. Um die Übersichtlichkeit des Buches und die Möglichkeit raschen Nachschlagens zu erhöhen, ist der außerordentlich umfangreiche Stoff in knapper Form behandelt und möglichst weitgehend unterteilt worden.

Mit dem Wunsche, daß das Buch seinen Zweck erfüllen und eine wohlwollende Aufnahme und Beurteilung finden möge, verbinde ich den Dank an diejenigen, die meine Arbeit durch Überlassung von Material gefördert haben.

Nürnberg, im Oktober 1913.

Fr. Barth.

Vorwort zur zweiten Auflage.

Die bisherige, die Benutzung des Buches erleichternde Einteilung des Stoffes wurde auch für die Neuauflage beibehalten. Durch Streichung einer Anzahl von Vorschriften allgemeiner Natur, die in billigen Sonderabdrücken im Buchhandel erhältlich sind, und durch Kürzung weniger wichtiger Ausführungen wurde für die Erweiterung zahlreicher Abschnitte und für die Aufnahme zweier neuer Abschnitte über Projektierung und Betrieb von Kraftanlagen mit Abwärmeverwertung Raum gewonnen, so daß der Gesamtumfang des Buches nur wenig vergrößert werden mußte. Wesentliche Verbesserungen und Erweiterungen haben insbesondere der fünfte und siebente Teil über »Projektierung« und »Betrieb« erfahren. Der wirtschaftliche Teil und der Anhang sind u. a. durch anschauliche zeichnerische Darstellungen sowie durch Betriebskostentabellen für Sauggasanlagen ergänzt worden.

Auch in der Neuauflage nehmen in den mit der Wahl der Kraftanlage in Zusammenhang stehenden Abschnitten die kleinen und mittleren Maschinen einen breiteren Raum ein als große, weil gerade auf dem Gebiete der kleinen und mittleren Leistungen ein sehr scharfer Wettbewerb herrscht. In den übrigen Abschnitten fanden auch die Verhältnisse bei großen Kraftwerken entsprechende Würdigung.

Es ist nicht zu bezweifeln, daß sich die Erzeugungs- und Wettbewerbsbedingungen unserer Industrie in der Zukunft weit schwieriger gestalten werden als in der Zeit vor dem Weltkrieg, und daß deshalb überall, auch auf dem Gebiet der Kraft- und Wärmewirtschaft, ein Streben nach höchstem wirtschaftlichen Wirkungsgrad und höchster wirtschaftlicher Ausnützung einsetzen muß. Dieser Forderung der Zeit Rechnung tragend, war ich bemüht, die einzelnen Abschnitte des Buches nach der Seite einer zeitgemäßen und wirtschaftlichen Betriebsführung hin auszubauen.

Nürnberg, im November 1918.

Fr. Barth.

Inhaltsverzeichnis.

Erster Teil.

Überblick über unsere heutigen Kraftanlagen.

Wasserkraftanlagen.

Sonstige Kraftmaschinen.

Elektrische Kraftanlagen.

Zweiter Teil.

Anschaffungskosten von Kraftanlagen.

Dritter Teil.

Betriebskosten von Kraftanlagen.

Vierter Teil.

Wahl der Betriebskraft.

Fünfter Teil.

Gesichtspunkte bei Projektierung von Kraftanlagen.

Sechster Teil.

Beschreibung ausgeführter Kraftanlagen.

Siebenter Teil.

Betrieb von Kraftanlagen.

Achter Teil.
Allgemeine Ratschläge.

Anhang.

Erster Teil.

Überblick über unsere heutigen Kraftanlagen.

1. Einleitung.

Die Maschine trägt in hervorragendem Maße zur kulturellen Hebung des Menschengeschlechts bei, da sie die Menschen von der gröbsten mechanischen Arbeit befreit und sie instand setzt, sich höheren Aufgaben und Zielen zuzuwenden. Trotzdem kann man noch heute in Kreisen, denen eine tiefere Erkenntnis des Wesens der Technik abgeht, die Behauptung hören, daß die Maschine den Menschen geistig erniedrige, daß die Mechanisierung der Arbeit jedes eigene Leben unterdrücke usw. Die Erfahrung hat längst das Gegenteil bewiesen. Mit der Verwendung und zunehmenden Vervollkommnung der Maschinen sind die Anforderungen an die Intelligenz der mit ihrem Betrieb betrauten Personen ständig gestiegen. Man kann sogar behaupten, daß große Leistungen auf technischem Gebiete nur von geistig hochstehenden Völkern hervorgebracht werden können.

Je mehr der Handbetrieb dem leistungsfähigeren Maschinenbetrieb weichen mußte, desto wichtiger wurde die Frage der Krafterzeugung für alle Arten von gewerblichen und landwirtschaftlichen Betrieben. Außer der Kraft, die zum Antrieb von Arbeitsmaschinen und zur Lichterzeugung nötig ist, brauchen die meisten Fabrikbetriebe auch mehr oder weniger große Wärmemengen, weshalb es sich meist darum handelt, Kraft- und Wärmeerzeugung möglichst wirtschaftlich miteinander zu verbinden.

Die Ausnützung der Naturkräfte zur Energieerzeugung erfolgt heute weit vollkommener und großzügiger als in früheren Jahren, insofern als der Anteil der in Arbeit und allenfalls in Wärme (für Heizzwecke) verwandelten Naturkraft bedeutend erhöht wurde und die erzeugten Energiemengen, entsprechend dem ständig wachsenden Kraftbedürfnis, gewaltig zugenommen haben. Zu diesen Fortschritten hat die durch die bequeme elektrische Energieverteilung ermöglichte zentrale Krafterzeugung in nicht geringem Maße beigetragen. Die elektrische Kraftübertragung schuf zudem die Möglichkeit einer weitgehenderen Ausnützung vieler Kraftquellen, insofern als Energie, die an einer Stelle zeitweise im Überschuß vorhanden ist, oder für die an Ort und Stelle überhaupt keine Verwendung besteht, anderwärts nutzbar gemacht werden kann. Jeder Fortschritt im Bau, Betrieb und in der Ausnützung von Kraftanlagen kommt aber der Allgemeinheit zugute und bedeutet im Hinblick auf unsere abnehmenden Brennstoffvorräte einen volkswirtschaftlichen Gewinn.

Die Entwicklung des Kraftmaschinenbaus seit der Jahrhundertwende war eine außerordentlich rasche, manchmal geradezu sprunghafte. Das Streben nach höchster Wirtschaftlichkeit im Bau von Kraftanlagen erzeugte einen lebhaften Wettbewerb zwischen den verschiedenen Systemen von Kraftmaschinen, indem jede neue Errungenschaft auf die Weiterentwicklung der alten Einrichtungen einen belebenden Einfluß ausübte. So regte die Verbesserung der Verbrennungsmaschinen die Dampfmaschinenindustrie mächtig an; anderseits hatte die Entwicklung der Wärmekraftmaschinen eine erfreuliche Förderung und Weiterbildung der Wasserkraftmaschinen zur Folge.

Je mehr die Maschinen in technischer und wirtschaftlicher Beziehung vervollkommnet wurden, desto mehr verschwand die Vielgestaltigkeit ihrer Bauarten und desto ähnlicher wurden ihre Ausführungsformen. Eine als zweckmäßig erkannte Konstruktion erwirbt sich eben schnell die allgemeine Anerkennung und wird zum Allgemeingut der Technik. Die gleiche Wahrnehmung der Vereinheitlichung der Ausführungsformen kann man nicht nur bei den Wärmekraftmaschinen, sondern auch bei den Wasserkraftmaschinen machen. Während man früher Turbinen nach den verschiedensten Systemen ausführte, sind heute in der Hauptsache nur noch zwei Turbinensysteme im Gebrauch.

Mit der Vereinheitlichung der Ausführungsformen war gleichzeitig auch eine Vereinfachung der Konstruktion verbunden. Man betrachte nur z. B. die Dampfmaschinen. Diese entwickelten sich anfänglich in der Richtung der Zweifach- und Dreifach-Verbundmaschinen mit komplizierten und kinematisch verwickelten Steuerungsmechanismen, bis man erkannte, daß die Einzylindermaschine (Gleichstrommaschine) mit viel einfacheren Mitteln die gleiche Wirtschaftlichkeit erzielen läßt. Höchste technische und wirtschaftliche Vollendung wird eben häufig erst auf dem Umweg über das Komplizierte erreicht.

Der scharfe Wettbewerb auf allen Gebieten menschlichen Schaffens drängte auch im Kraftmaschinenbau zu weitgehendster Materialausnützung. So hat man durch Erhöhung der Umdrehungszahlen die Leistung der Maschinen erheblich gesteigert und hierdurch, sowie durch möglichst weitgehende Einführung der Serien- und Massenfabrikation bei gleichzeitiger Anwendung weitgehendster Normalisierung ihre Anschaffungspreise — trotz der Verteuerung der Rohstoffe und Arbeitslöhne — gegenüber früher bedeutend herabgesetzt.

Die Steigerung der Umdrehungszahlen bedeutet nicht eine dementsprechende Verringerung der Lebensdauer; auch die angetriebenen Maschinen laufen heute wesentlich schneller als früher. Der wegen der höheren Umdrehungszahlen zu erwartende stärkere Verschleiß wird zum großen Teil durch die Verbesserung der Baustoffe und der Konstruktion sowie die größere Genauigkeit der Werkstättenausführung ausgeglichen. Man könnte im Gegenteil fast von einer Verschwendung des Nationalvermögens sprechen, wenn man an die frühere geringe Beanspruchung der Maschinen und ihrer einzelnen Konstruktionsteile denkt.

Vielfach führt man hochbeanspruchte Konstruktionsteile aus möglichst hochwertigem Material aus. Man erreicht dadurch, daß die Abmessungen der benachbarten Konstruktionsteile verringert werden, so daß die ganze Maschine kleiner und billiger ausfällt. Bei Auslandslieferungen, bei denen hohe Frachtspesen in Frage kommen, oder bei denen ein hoher Gewichtszoll erhoben wird, kann hierdurch sowie durch Hohlbohren von Wellen, Kolbenstangen, Zapfen usw. eine weitere erhebliche Verbilligung der Maschine erzielt werden. Zur Wahl hochwertigen Materials kann im übrigen auch die Rücksicht auf schwierige Transportverhältnisse veranlassen.

In dem nachfolgenden Überblick werden hauptsächlich unsere heutigen ortsfesten Kraftanlagen besprochen. Der Vollständigkeit halber seien jedoch auch solche Kraftmaschinen erwähnt, die zurzeit noch keine praktische Bedeutung haben, wie Gasturbinen, Ebbe- und Flutanlagen usw., oder die aus wirtschaftlichen Gründen heute kaum mehr angewendet werden, wie Heißluft- und Druckluftmotoren, Abwärmekraftmaschinen usw.

Dampfkraftanlagen.

2. Dampfkesselanlagen.

Am häufigsten werden heute Flammrohr- und Wasserrohrkessel angewendet, letztere in der Regel mit senkrechter Gasführung; Längszüge sind heute nicht mehr gebräuchlich. Heizröhrenkessel kommen, abgesehen von der verhältnismäßig seltenen Anwendung für vereinigte Flammrohr-Heizrohrkessel, fast nur noch für Lokomobilen, Lokomotiven und Dampfschiffe in Betracht. Walzenkessel, bei mehrfacherAnordnung auch Batteriekessel genannt, werden heute nur noch selten angewendet, höchstens in Betrieben mit besonders starken Schwankungen in der Dampfentnahme. Für ganz kleine Betriebe werden stehende Kessel mit Heizrohren, Quersiedern oder Field-Rohren angewendet.

Die durchschnittliche Spannung und Temperatur des Dampfes liegt heute für Kraftzwecke zwischen 12 und 15 at bzw. 300 und 375° C. Nicht selten kommen auch Spannungen von 18 at zur Anwendung, ausnahmsweise auch solche über 20 at. Die hohen Spannungen bieten unter anderem den Vorteil, daß man in den Leitungen mit großen Spannungsverlusten und dementsprechend geringen Wärme- und Temperaturverlusten arbeiten kann.

Noch zu Ende des letzten Jahrhunderts herrschte bei Dampfkraftanlagen der Sattdampfbetrieb vor, während heute fast ausschließlich mit Heißdampf gearbeitet wird. Die Einführung des Heißdampfbetriebes bedeutete einen großen dampftechnischen Fortschritt. Der überhitzte Dampf hat gegenüber dem gesättigten den wesentlichen Vorteil, daß er sich bei den unvermeidlichen Abkühlungen in der Rohrleitung und in der Maschine nicht sofort kondensiert und für den Arbeitsprozeß verloren ist. Der überhitzte Dampf schlägt sich vielmehr erst nieder, wenn die Abkühlung eine so starke ist, daß sie dem Betrag der Überhitzung entspricht. Ein weiterer Vorteil des Heißdampfes besteht darin, daß infolge der Erhöhung des Temperaturgefälles der theoretische Arbeitsvorgang der Maschinen verbessert wird. Dies hatte eine wesentliche Verminderung ihres Dampfverbrauches zur Folge. Als Faustregel kann man annehmen, daß etwa 1% Dampf auf je 6° C Überhitzung erspart wird, wobei die Ersparnis durch Vermeidung der Kondensationsverluste in der Rohrleitung noch nicht eingeschlossen ist. Die Kesselanlagen werden deshalb heute in der Regel mit einem Überhitzer ausgerüstet. Letzterer hat keine Verteuerung der Anlage zur Folge, da bei Vorhandensein eines Überhitzers die Kesselheizfläche entsprechend kleiner bemessen und durchschnittlich stärker beansprucht werden kann.

Abgesehen von kleinen und nur zeitweise betriebenen Kesseln werden heute gewöhnlich Einrichtungen für mechanische Rostbeschickung angewendet, um den Wirkungsgrad im normalen Betrieb zu verbessern und — vor allem bei größeren Anlagen — an Heizerpersonal zu sparen.

Besonders beliebt ist heute der Wasserrohrkessel, der sich infolge seiner kleinen Rohrdurchmesser für die höchsten Spannungen eignet. Er beansprucht wenig Platz, besitzt einen guten Wasserumlauf und bietet den Vorteil schneller Betriebsbereitschaft und großer Steigerungsfähigkeit. Der dem Wasserrohrkessel früher zum Vorwurf gemachte schlechte Wirkungsgrad sowie der Nachteil nassen Dampfes ist seit Einführung der Überhitzung und seit der zunehmenden Anwendung von Abgasvorwärmern (Ekonomisern) nicht mehr gerechtfertigt. Zu der starken Verbreitung des Wasserrohrkessels hat nicht zum geringsten die Wanderrostfeuerung beigetragen, die ganz besonders für dieses Kesselsystem geeignet ist.

Der Flammrohrkessel wird bis zu Heizflächen von 130—150 qm gebaut, der Kammer-Wasserrohrkessel bis 450—500 qm. In der Form der Steilrohrkessel wurden schon Einheiten von 2000 qm und mehr ausgeführt.

Auch im Kesselbau geht heute das Bestreben dahin, die mittlere Leistung der Heizflächen zu erhöhen, jedoch möglichst ohne zu große Steigerung der Höchstbeanspruchungen in den ersten Zügen. Die größte Dampfleistung läßt sich beim Wasserrohrkessel erzielen, da dieser den besten Wasserumlauf aufweist und die Unterbringung großer Rostflächen ermöglicht. Ein Hochleistungs-Wasserrohrkessel kommt dadurch zustande, daß man die Zahl der übereinander liegenden Rohrreihen nicht größer als 6—10 wählt und die hinteren, wenig beanspruchten Teile des Rohrbündels wegläßt und dafür einen entsprechend bemessenen Rauchgasvorwärmer vorsieht. Dies hat einesteils den Vorzug, daß die Vorwärmerheizfläche billiger als die Kesselheizfläche ist; und andernteils wird dadurch die Wärmeausnützung des Brennstoffs verbessert, weil der Wärmeübergang im Vorwärmer infolge des höheren Temperaturgefälles besser ist als der Wärmeübergang zwischen Heizgasen und

Kessel, insbesondere wenn die einzelnen Vorwärmergruppen im Gegenstrom zu den Heizgasen angeordnet werden.

Bei Hochleistungs-Wasserrohrkesseln wählt man die Rohrlänge kurz, zwischen 3,2 und 5 m, je nach der Zahl der Rohrreihen. Je niedriger die Zahl der Rohrreihen ist, desto größer kann man die Rohrlänge annehmen. Bisweilen allerdings werden Hochleistungskessel gebaut mit langen Rohren und einer großen Zahl von übereinander liegenden Rohrreihen; derartige Kessel sind zwar billiger, jedoch werden bei gleicher mittlerer Beanspruchung der Heizfläche die unteren Rohre sehr stark angestrengt, weshalb die Gefahr von Rohrschäden eine entsprechend größere ist.

Man hat schon Beanspruchungen von 40 kg/qm Heizfläche in der Stunde und mehr erreicht. Hierbei sind die am stärksten angestrengten Teile der Heizfläche bis zu 150 kg/qm und darüber beansprucht. Diese außerordentlich hohe Beanspruchung schadet erfahrungsgemäß den unteren Rohren nicht, wenn das Speisewasser rein und der Umlauf ein guter ist.

Hochleistungskessel nützen die Grundfläche besser aus als gewöhnliche Kammer-Wasserrohrkessel, lassen sich in kürzerer Zeit anheizen und gegebenenfalls schnell auf große Leistung bringen. Ihre Nachteile bestehen u. a. in dem geringen Wasserinhalt und ihrer gesteigerten Empfindlichkeit gegen schlechtes Speisewasser.

Ebenso wie an den Kesselkörper werden heute auch an dessen Einmauerung weit höhere Anforderungen gestellt als früher, um bei den hohen Gastemperaturen die Entstehung von Rissen im Mauerwerk und das für die Wärmeausnützung so nachteilige Einsaugen kalter Außenluft möglichst zu verhüten. Am besten hat sich die Bogeneinmauerung bewährt. Wenn hier auch der Innenmantel reißt, so bleibt doch der Bogenmantel im allgemeinen unverletzt und ohne Risse, da der Bogenmantel von dem inneren Mantel unabhängig ist. Für sehr hoch beanspruchte Kessel ist unter Umständen eine eiserne Ummantelung, wie sie bei Schiffskesseln üblich ist, der Einmauerung vorzuziehen. Hier ist die Entstehung von Rissen ausgeschlossen. Auch kann sich gegebenenfalls die Anwendung künstlichen Zuges empfehlen.

Die den Wasserrohrkesseln zugeschriebenen Mängel, wie geringe Nachgiebigkeit der steifen Wasserkammern gegenüber dem Schub der sich infolge der Erwärmung ausdehnenden Rohre, vor allem aber die große Zahl der Rohrverschlüsse und die teure Herstellung der geschweißten Wasserkammern haben zu dem sog. Steilrohrkessel geführt. Der Steilrohrkessel hat sich zunächst in England, später auch in Deutschland als Kriegsschiffkessel gut eingeführt. Soweit er in Deutschland als Landkessel angewendet wird, zeigt er in verschiedenen Ausführungsformen noch beträchtliche Mängel. Einmal neigen viele dieser Kessel, teils infolge ungenügenden Wasserumlaufs, teils infolge zu kleiner Verdampfungsoberfläche zum Spucken. Sodann beansprucht das Auswechseln schadhafter Rohre mehrere Tage, während dies bei einem gewöhnlichen Kammerkessel meist nur wenige Stunden erfordert. Beim Steilrohrkessel ist es nämlich notwendig, daß man in das Innere und die Züge des Kessels hineinkriecht, wenn Rohre zu ersetzen sind. Man muß deshalb längere Zeit warten, bis der Kessel samt seinen Mauermassen genügend abgekühlt ist. Weiter haben die meisten Steilrohrkessel den Nachteil, daß das vordere Mauerwerk sehr heiß wird, starke Wärmedehnungen erleidet und Risse bekommt, die unter Umständen ein Einstürzen des Mauerwerks zur Folge haben. Endlich wäre noch als Nachteil mancher Steilrohrkessel zu erwähnen, daß ihre Feuergewölbe länger sind, als es die Rücksicht auf gute Verbrennung erfordert, und daß sie infolgedessen sehr heiß und leicht schadhaft werden. Dazu kommt, daß die Wärme, weil sie schlecht abziehen kann, auf den Rost zurückstrahlt und ihn leicht verschmort.

Diesen Nachteilen des Steilrohrkessels stehen hauptsächlich folgende Vorteile gegenüber: Die Wasserkammern mit ihren vielen Verschlüssen fallen weg. Außerdem münden beim Steilrohrkessel sämtliche Siederohre mit ihrem vollen Querschnitt in den Oberkessel, während bei Schrägrohrkesseln die Verbindungsstutzen zwischen Vorderkammer und Oberkessel im günstigsten Falle nur 50% des lichten Querschnitts des ganzen Rohrbündels erhalten. Bei richtiger Konstruktion hat deshalb der Steilrohrkessel einen flotten Wasserumlauf[1]). Die Steilrohrkessel bieten ferner die Möglichkeit, sehr große Einheiten anwenden zu können. Dabei benötigen sie eine sehr kleine Grundfläche, bauen sich aber wesentlich höher als Kammerkessel. Wenn man allerdings die Steilrohrkessel mit Hochleistungs-Schrägrohrkesseln mit darüber angeordnetem Abgasvorwärmer vergleicht, so beanspruchen gewöhnlich letztere noch etwas weniger Grundfläche. Auch in bezug auf die spezifische Dampfleistung sowie die Anschaffungskosten haben gute Steilrohrkessel nichts vor Hochleistungs-Schrägrohrkesseln voraus. Bei Verfeuerung minderwertigen Brennstoffs haben jedoch Steilrohrkessel den Vorteil, daß die Flugasche leichter von den steilen Rohren abfällt. Desgleichen fällt der durch Abkühlung der Rohre in den Betriebspausen absplitternde Kesselstein leichter nach unten.

Bisweilen werden bei Steilrohrkesseln die heißesten Gase nach dem oberen Ende des Rohrbündels geführt. Dies ist jedoch grundsätzlich falsch. Wenn man nämlich die Heizgase zuerst nach oben führt, so hat man nichts anderes als einen Kammerkessel mit Querzügen, dessen Rohre annähernd senkrecht sind. Dies steht aber im Widerspruch zu der folgenden Überlegung, die zum Steilrohrkessel geführt hat: Man denke sich einen Kammerkessel mit Vertikalzügen. Am vorderen Ende der Röhren hat man naturgemäß am meisten Dampf. Diese am schlechtesten gekühlten Rohrteile bekommen gleichzeitig die heißesten Gase. Die Folge ist, daß bei zu starker Anstrengung des Kessels leicht ein Überhitzen des Rohrmaterials infolge von Wärmestauung eintritt. Dieser Mißstand wird beim Steilrohrkessel vermieden, wenn man, wie meist üblich, die heißesten Gase an die unteren Rohrteile führt, in denen mit

[1]) Vgl. Z. d. V. d. I. 1916, S. 960 ff.

Sicherheit Wasser ist. Der Gefahr sich bildender größerer Dampfpfropfen muß hierbei durch einen flotten Wasserumlauf vorgebeugt werden.

Die vorstehenden Ausführungen beziehen sich in erster Linie auf Landkessel. Für die Marine werden entweder sog. Zylinderkessel oder Wasserrohrkessel mit eiserner Ummantelung angewendet. Der Zylinderkessel, d. i. ein Kessel mit Flammrohren und rückkehrenden Heizröhren, wird hauptsächlich von der Handelsmarine bevorzugt. Im Kriegsschiffbau hingegen hat man sich endgültig zugunsten des wesentlich leichteren Wasserrohrkessels entschieden. In der Handelsmarine hat der Wasserrohrkessel erst seit kurzer Zeit infolge des gewaltigen Anwachsens der Schiffe und der Maschinenleistungen versuchsweise Eingang gefunden[1]).

Es wurde in den letzten Jahren mehrfach darauf hingewiesen, daß durch Einführung der flammenlosen Verbrennung die Beanspruchung der Dampfkessel weiterhin gesteigert und gleichzeitig ihr Wirkungsgrad verbessert werden könne[2]). Zweifellos beruht das Prinzip der flammenlosen Verbrennung auf gesunder Grundlage, jedoch sind die praktischen und konstruktiven Schwierigkeiten bei deren Anwendung außerordentlich groß. Es ist zwar gelungen, für das zur flammenlosen Verbrennung erforderliche körnige Material Stoffe zu finden, die der hohen Flammentemperatur widerstehen. Sobald aber das Gas Flugstaub enthält, bilden sich aus diesem und der Körnung Schlackenflüsse, welche die Wirkung der Körnung mehr oder weniger aufheben, Kanäle bilden und schließlich zu Verstopfungen führen. Der Betrieb wird sich deshalb höchstens bei ganz reinem Gas längere Zeit mit Sicherheit aufrecht erhalten lassen. Im übrigen ist zu berücksichtigen, daß ein Hauptvorteil der flammenlosen Verbrennung, der geringe Luftüberschuß, im praktischen Betrieb nur zum Teil vorhanden sein wird, weil das Gasluftgemisch nicht immer so fein einreguliert werden kann; denn es lassen sich Schwankungen im Druck und in der Zusammensetzung des Gases nie ganz vermeiden. Die bereits vorgenommenen Kesselversuche wurden mit den hierfür geeignetsten Gasen, Koksofengas und Leuchtgas, durchgeführt. Da diese Gase mit hoher Flammentemperatur verbrennen, so läßt sich damit leicht ein hoher Wirkungsgrad erreichen, viel leichter als beim Verbrennen von armem Hochofengas oder Generatorgas. Auch fallen hierbei die Anlage- und Betriebskosten der Reinigungsanlage verhältnismäßig niedrig aus. Jedenfalls kann bis auf weiteres die flammenlose Verbrennung für Dampfkesselbetriebe noch nicht ernstlich in Betracht gezogen werden.

Zum Schluß sei noch bemerkt, daß bei Dampfkesselanlagen natürlicher Zug mittels Schornstein oder künstlicher Zug mittels Ventilator angewendet werden kann. Näheres hierüber findet sich S. 193ff. Speziell

---

[1]) Weiteres über Schiffskessel findet sich in der Z. d. V. d. I., Jahrgang 1914, S. 1074 und 1237 ff.

[2]) Vgl. Z. d. V. d. I., Jahrgang 1913, S. 281.

bei Kesseln, die mit flammenloser Verbrennung betrieben werden, kommt Schornsteinzug nicht in Betracht. Hier muß der hohen Widerstände wegen mit künstlichem Zug (Saugzug) gearbeitet werden. Im übrigen kommt bei flammenloser Verbrennung auch die Einmauerung in Wegfall, weil als Heizflächen ausschließlich mit feuerfester Körnung angefüllte, vom Wasser umspülte Rohre dienen, in denen das Gas zur Verbrennung gelangt.

Bezüglich der Einrichtungen zur mechanischen Kesselbekohlung und Aschenabfuhr sei auf Abschnitt 82 verwiesen.

3. Ortsfeste Kolbendampfmaschinen.

Durch den scharfen Wettbewerb der Verbrennungsmaschinen und der Lokomobilen hat sich der Dampfmaschinenbau anfangs dieses Jahrhunderts genötigt gesehen, aus wirtschaftlichen Gründen vom Sattdampf- zum Heißdampfbetrieb überzugehen. Die Spannung und Temperatur des überhitzten Dampfes wird heute für Kraftzwecke meist zwischen 12 und 14 at bzw. 300 und 350° C gewählt. Nur bei Zwischen- und Abdampfverwertung geht man aus den auf S. 279 angegebenen Gründen gewöhnlich nicht über eine Dampftemperatur von etwa 300° C hinaus. Die ursprüngliche Annahme, daß man infolge der Überhitzung auf die hohen Dampfspannungen verzichten werde, hat sich nicht bestätigt.

Bis vor kurzer Zeit hat man immer noch behauptet, daß Temperaturen über 300° C bei Kolbenmaschinen mit Rücksicht auf die starke Zunahme des Verbrauchs an Zylinderöl und die Abnützung der Kolbenringe und Zylinder keine Vorteile mehr bringen. Es ist jedoch heute erwiesen, daß sachgemäß konstruierte und ausgeführte Maschinen bis zu Leistungen von 1000 PS, also bis zu der Grenze, die heute für Kolbenmaschinen hauptsächlich noch in Betracht kommt, auch bei Dampftemperaturen bis zu 350° C keinen ungewöhnlichen Verschleiß oder Ölverbrauch aufweisen. Voraussetzung ist hierbei allerdings die Verwendung eines hochwertigen Schmieröls von gleichmäßig guter Beschaffenheit.

Mit der Einführung hoher Überhitzung hat die Bedeutung der mehrstufigen Expansion abgenommen. Man baut heute für ortsfeste Anlagen nur noch Einfach- und Zweifach-Expansionsmaschinen bzw. Verbundmaschinen; eine größere Stufenzahl kommt nur für Schiffsantriebe zur Anwendung. Wenngleich die Dreifach-Expansionsmaschine bei sehr hohen Dampfspannungen im Dampfverbrauch etwas günstiger ist als die Zweifach-Expansionsmaschine, so hat die letztere den Vorteil geringerer Anschaffungskosten, insbesondere wenn sie in der heute fast allgemein üblichen Tandemanordnung ausgeführt wird. Berücksichtigt man noch den geringeren Ölverbrauch der Zweifach-Expansionsmaschine sowie den Umstand, daß sie infolge ihrer geringeren Zylinderzahl weniger Bedienung und weniger Reparaturen erfordert, so wird die kleine Dampfersparnis der Dreifach-Expansionsmaschine wieder ausgeglichen, zumal auch noch der geringere Raumbedarf der Zweifach-Expansionsmaschine in Betracht zu ziehen ist.

Zugunsten der Zweifach-Expansionsmaschine kommt noch in Betracht, daß sie unter sonst gleichen Verhältnissen höhere Überhitzung verträgt als die Dreifach-Expansionsmaschine. Da sich nämlich bei der letzteren große Füllungen im Hochdruckzylinder ergeben, so bekommt man sehr hohe Wandungstemperaturen.

Aus den genannten Gründen hat sich gegenüber früher sowohl das Anwendungsgebiet der Einfach- als auch der Zweifach-Expansionsmaschine wesentlich nach oben hin erweitert. Normale Einzylindermaschinen wendet man im allgemeinen heute je nach Dampfspannung und Überhitzung bis zu Leistungen von etwa 150 PS an, bei Abdampfverwertung sogar bis 1000 PS und darüber, wobei für größere Einheiten gern Zwillingsanordnung gewählt wird. Zweifach-Expansionsmaschinen baut man bis zu Leistungen von 2000 PS und darüber, wobei meist die Tandem- oder Zwillingstandemanordnung bevorzugt wird.

Als Steuerorgane verwendet man heute gewöhnlich Ventile oder einfache Kolbenschieber mit federnden Dichtungsringen. Flachschieber kommen höchstens noch für Sattdampfmaschinen bis etwa 8 at Dampfspannung oder für die Niederdruckzylinder kleinerer Verbundmaschinen (bei Lokomobilen) in Betracht. Auch Drehschieber werden kaum mehr ausgeführt, da sie sich, ebensowenig wie Flachschieber, für Heißdampf eignen.

Für kleine und mittlere Leistungen ist nach den bis heute vorliegenden Erfahrungen der einfache Kolbenschieber mit federnden Dichtungsringen dem Ventil durchaus gleichwertig. Für große Leistungen hingegen fallen die Kolbenschieber unbequem groß aus, weshalb hierfür dem Ventil der Vorzug gebührt.

Für hohe Umlaufzahlen, etwa 200 und darüber, ist der Kolbenschieber stets dem Ventil vorzuziehen.

Der häufig zugunsten der Ventilsteuerung angeführte Umstand der getrennten Ein- und Auslaßkanäle hatte früher, wo man noch mit Sattdampf arbeitete, zweifellos eine erhebliche Bedeutung. Seit der Einführung des Heißdampfes spielt jedoch die Trennung der Kanäle keine so wesentliche Rolle mehr. Dies beweisen die günstigen Dampfverbrauchsziffern, die sich bei Wolfschen Lokomobilen ergeben haben. Im übrigen ist die Trennung der Dampfwege bei der Schiebersteuerung ebenso wie bei der Ventilsteuerung möglich, desgleichen die doppelte Eröffnung, wie die neue Wolfsche Heißdampf-Verbundlokomobile beweist.

Was die Ventilsteuerungen anlangt, so ist zu sagen, daß man heute von den früher gebräuchlichen verwickelten Antrieben ganz abgekommen und zu möglichst einfachen Mechanismen zurückgekehrt ist. Es werden heute in der Regel die zwangläufigen Steuerungen, und zwar diejenigen mit Schubkurven bevorzugt. Freifall- oder Ausklinksteuerungen eignen sich bis höchstens 150 Umdrehungen in der Minute. Für diese Umlaufzahlen ist die Ausklinksteuerung der zwangläufigen durchaus ebenbürtig, sofern nur dafür gesorgt wird, daß die Regulierung auch bei geringer Belastung und im Leerlauf eine einwandfreie ist.

Auch das Kolbenventil wird von einzelnen Firmen angewendet. Es vereinigt zum Teil die Vorzüge des Schiebers und des Ventils und ist deshalb ein sehr gutes Dampfverteilungsorgan.

Für Leistungen bis zu 60—100 PS wird die Kolbenschiebersteuerung der Ventilsteuerung vielfach vorgezogen, weil Schiebermaschinen in der Herstellung billiger sind als Ventilmaschinen.

Die Bauart der Dampfmaschinen ist gewöhnlich liegend. Die stehende Bauart hat gegenüber der liegenden den Vorzug geringeren Platzbedarfs; sie wird für ortsfeste Anlagen meist dann angewendet, wenn mit Rücksicht auf geringe Anschaffungskosten eine hohe Umdrehungszahl der Maschine erwünscht ist, z. B. bei direkter Kupplung mit Dynamomaschinen, Ventilatoren, Kreiselpumpen usw.

Vielfach werden heute neben Wechselstrommaschinen auch sog. Gleichstromdampfmaschinen gebaut. Selbst wenn der Dampfverbrauch einer Gleichstrommaschine etwas höher ist als der einer Wechselstrom-Verbundmaschine, so ist nicht zu verkennen, daß die Gleichstrommaschine eine Vereinfachung und Verbilligung bedeutet. Es wird mit wesentlich einfacheren Mitteln annähernd dasselbe wie mit der Verbundmaschine erreicht. Dabei hat die Gleichstrommaschine gegenüber der Verbundmaschine noch den Vorteil schneller Regelung bei Belastungsschwankungen sowie denjenigen der Zulässigkeit höherer Dampftemperaturen. Ein weiterer Vorzug der Gleichstrommaschine ist das geringe Anwachsen des Dampfverbrauchs bei Unterbelastung. Die Einführung der Gleichstrommaschine bedeutete daher ohne Zweifel einen Fortschritt im Dampfmaschinenbau. Es wurden bis heute schon Maschinen bis zu 4000—6000 PS in einem einzigen Zylinder ausgeführt[1]).

Um die Vorzüge der Gleichstromwirkung mit denen der Verbundanordnung zu vereinigen, bauen manche Firmen Verbundmaschinen, deren Niederdruckzylinder nach dem Gleichstromprinzip arbeitet.

Über Dampfmaschinen für Zwischen- und Abdampfverwertung wird in Abschnitt 14 und 54 berichtet.

Zum Schluß sei noch erwähnt, daß Kolbenmaschinen gewöhnlich nur für hochgespannten Dampf angewendet werden. Es gibt aber auch Fälle, in denen sie für niedergespannten Dampf (Abdampf) in Betracht kommen[2]).

4. Dampflokomobilen.

Das Mutterland der Lokomobile ist England. Man baute sie dort speziell für die Zwecke der Landwirtschaft, die nach einer Maschine verlangte, die leicht ihren Standort wechseln kann.

Wenn früher die Lokomobile für ständige Betriebe kaum in Frage kam, so hat sich dies inzwischen geändert. Insbesondere in Deutschland

---

1) Vgl. Z. d. V. d. I. 1913, S. 662.
2) Vgl. Z. d. V. d. I. 1914, S. 889.

mit seinen verhältnismäßig hohen Kohlenpreisen hat man die Vorzüge der unmittelbaren Verbindung von Kessel und Maschine bald erkannt und die Lokomobile so durchgebildet, daß sie heute in bezug auf technische Vollkommenheit den besten ortsfesten Dampfmaschinen gleichkommt, und zwar sowohl in betriebstechnischer als auch in wirtschaftlicher Beziehung. Hinsichtlich der Wirtschaftlichkeit ist die Lokomobile infolge der Vermeidung der Rohrleitungsverluste und der Verringerung der Zylinderverluste den ortsfesten Anlagen sogar überlegen. Man hat bei Lokomobilen schon wärmetechnische Gesamtwirkungsgrade von 18% erreicht, entsprechend einem Dampfverbrauch von rund 4 kg und einem Kohlenverbrauch von rund 0,45 kg für die PS_e-st.

Außer der größeren Wirtschaftlichkeit bestehen die Vorzüge der Lokomobile gegenüber einer ortsfesten Anlage in der geringeren Raumbeanspruchung und der damit zusammenhängenden größeren Übersichtlichkeit des Betriebes und der einfacheren Bedienung der Gesamtanlage, in dem Wegfall der Kesseleinmauerung, der Verringerung der Fundamentkosten sowie in der leichten Verkäuflichkeit gebrauchter Lokomobilen. Letzteres sowie der Vorteil der raschen Aufstellung machen die Lokomobile für vorübergehende und Aushilfsbetriebe geradezu unentbehrlich.

Während die früheren englischen Lokomobilen durchweg Lokomotivkessel mit viereckiger Feuerbüchse besaßen, sind die heutigen Lokomobilen meistens mit ausziehbaren Röhrenkesseln und runder Feuerbüchse ausgerüstet. Letztere haben den Vorzug bequemer Reinigung, da nach Lösen zweier mit Klingerit abgedichteter Flanschverschraubungen die Feuerbüchse samt dem Röhrenbündel herausgezogen und in bequemster Weise vom Kesselstein befreit werden kann, was zweifellos für die Sicherheit des Betriebes einen großen Fortschritt bedeutete. Auch auf die Lebensdauer und die Brennstoffausnützung ist die Möglichkeit gründlicher Reinigung von günstigem Einfluß. Ein weiterer Vorteil besteht in der Möglichkeit, ein vollständiges Reserverohrsystem zu halten. Der Lokomotivkessel kommt deshalb heute für größere ortsfeste Lokomobilen kaum mehr in Betracht. Dagegen wird er bei fahrbaren Lokomobilen noch häufig angewendet, da er sich rascher anheizen läßt, beim Fahren größere Stabilität besitzt und außerdem billiger ist als der ausziehbare Röhrenkessel. Schließlich ermöglicht der Lokomotivkessel auch die Unterbringung vergrößerter Feuerbüchsen für minderwertige Brennstoffe. Um die Vorteile der geräumigen Feuerbüchse des Lokomotivkessels mit denen des ausziehbaren Kessels zu vereinigen, baut man letztere auch mit abgesetztem Kesselmantel, der in seinem vorderen weiteren Teil die Feuerbüchse umschließt.

Heute wird die Lokomobile für feststehende Anlagen bis zu Leistungen von 1000 PS_e ausgeführt. Wenn auch anzuerkennen ist, daß die Lokomobile infolge der Vereinigung von Kessel und Maschine die Wärme besser zusammenhält als eine ortsfeste Kessel- und Maschinenanlage, so ist doch zu sagen, daß für so große Einzelleistungen im allgemeinen die letztere vorzuziehen ist. Lokomobilen kommen für derartig große Leistungen höchstens bei ganz beschränkten Raumverhältnissen in Betracht, sowie dort, wo an Anlagekosten möglichst gespart werden soll.

Die Lokomobilen werden sowohl mit Schieber- als auch mit Ventilsteuerung, mit einfacher und doppelter Überhitzung ausgeführt. Man baut sie sowohl als Einzylinder- und Verbundlokomobilen, wie auch als reine Gleichstromlokomobilen. Neuerdings rüstet man größere Lokomobilen auch mit Abgasvorwärmer aus. Abgasvorwärmer bedingen meist künstlichen Zug (direkten Saugzug), weil durch sie der Zugwiderstand größer und gleichzeitig die Abgastemperatur niederer wird. Nach Abzug der Ventilatorarbeit verbleiben noch etwa 8% Kohlenersparnis. Auch wird dadurch der Kessel entlastet. Ob sich ein Abgasvorwärmer lohnt, entscheidet der Brennstoffpreis und die jährliche Betriebsdauer.

Doppelte Überhitzung ist zwar sehr wirtschaftlich, bedingt aber immerhin gewisse Komplikationen, weshalb man neuerdings wieder von der Zwischenüberhitzung abgekommen ist, zumal die in dem Zwischenüberhitzer ausnützbare Heizgaswärme in noch vollkommenerer Weise in einem Abgasvorwärmer ausgenützt werden kann.

Im Vergleich zu ortsfesten Dampfmaschinen beginnt man bei Lokomobilen mit der Unterteilung des Spannungsgefälles sowie mit der Anwendung der Kondensation bereits bei verhältnismäßig kleinen Leistungen. Es dürfte dies in erster Linie auf den scharfen Wettbewerb der Lokomobilfirmen unter sich und gegenüber den Diesel- und Sauggasmotoren zurückzuführen sein. Auch kommt hinzu, daß der gedrungene Aufbau der Lokomobilmaschine die Anwendung der Verbundwirkung begünstigt.

Für fahrbare Lokomobilen benutzt man ausschließlich umklappbare Blechkamine, in die zur Erzeugung des erforderlichen Zugs der Auspuffdampf eingeleitet wird. Soweit größere fahrbare Maschinen mit Kondensation ausgerüstet sind, wird zur Zugerzeugung entweder ein Frischdampfbläser oder besser Ventilatorzug angeordnet. Auch für ortsfeste Lokomobilen werden Blechkamine bis hinauf zu Leistungen von etwa 300 PS ausgeführt und teilweise direkt auf die Rauchkammer gesetzt, teilweise für die größeren Leistungen auf einen niederen Mauersockel außerhalb des Maschinenhauses. Letztere Anordnung ist einmal aus Schönheitsrücksichten und zum andern aus betriebstechnischen Rücksichten (wegen Laufkran, wegen Erhöhung der Maschinenhauswärme, wegen besserer Zugänglichkeit der Kurbelwelle usw.) empfehlenswerter. — Der Blechkamin hat gegenüber dem gemauerten Schornstein den Vorzug, daß er wesentlich geringere Anschaffungskosten verursacht als dieser, was insbesondere für vorübergehende Anlagen von Wichtigkeit ist. Dagegen hat er den Nachteil, daß er infolge der Witterungseinflüsse verhältnismäßig rasch durchrostet, weshalb seine Lebensdauer wesentlich kürzer ist als diejenige des gemauerten Schornsteins. Dazu kommt noch, daß die Rauchgase in einem eisernen Schornstein verhältnismäßig stark abgekühlt werden, was erheblichen Einfluß auf den Zug hat.

Bisweilen werden selbst für Leistungen über 300 PS Blechkamine gewählt, und zwar dann, wenn es sich um besondere örtliche Verhältnisse, wie schlechter Baugrund, provisorischer Betrieb, die Möglichkeit baldiger Erweiterung, schwierige Beschaffung des Baumaterials usw., handelt.

5. Dampfturbinen.

Während in der Kolbendampfmaschine unmittelbar die Spannungsenergie des Dampfes ausgenützt wird, erfolgt bei Dampfturbinen eine vorherige Umwandlung der Spannungsenergie in Strömungsenergie. Diese Umwandlung geht im Leitapparat oder in besonderen Düsen vor sich.

Die allgemeinere Einführung der Dampfturbine datiert seit dem Anfang dieses Jahrhunderts. Im Verlaufe weniger Jahre hat sich die Dampfturbine zu höchster technischer Vollkommenheit entwickelt. Der anfänglich sehr heftige Konkurrenzkampf zwischen Dampfturbine und Kolbenmaschine hat sich heute endgültig dahin entschieden, daß die Turbine vorwiegend für größere Leistungen verwendet wird. Sie ist heute die ausgesprochene Großkraftmaschine; es wurden für Kraftwerksbetriebe bereits Einheiten bis zu 70 000 kW Leistung ausgeführt.

Außer für große und größte Leistungen wird die Turbine ausnahmsweise auch für kleineren Kraftbedarf angewendet. Kleinturbinen kommen insbesondere für Pumpenantriebe, für den Antrieb von Ventilatoren und Kleindynamomaschinen in Betracht. Wenn auch ihr Dampfverbrauch höher ist als der von Kolbenmaschinen, so werden trotzdem häufig Turbinen gewählt mit Rücksicht auf ihre bekannten Vorzüge: geringer Raumbedarf, geringer Schmierölverbrauch, ölfreier Abdampf, kleine Fundamente usw. Der höhere Dampfverbrauch spielt für Betriebe, die den gesamten Abdampf der Turbine zu Heizzwecken u. dgl. verwenden können, keine Rolle; dagegen ist hier der nahezu ölfreie Abdampf sehr wertvoll.

Die Dampfturbinen lassen sich in zwei große Gruppen einteilen, in Gleichdruck- oder Aktionsturbinen und in Überdruck- oder Reaktionsturbinen. Beide Turbinensysteme werden in der Regel mit einem Hochdruckaktionsrad versehen, das meist mit zwei, seltener drei Geschwindigkeitsstufen ausgeführt ist. Durch Anwendung von Geschwindigkeitsrädern in der Hochdruckstufe wurde gegenüber früher eine wesentliche Verringerung der Stufenzahl und damit eine Verkürzung der Baulänge sowie eine Verbilligung der Turbine erreicht. Die Geschwindigkeitsabstufung im Hochdruckteil hat ferner den Vorteil, daß im Innern der Turbine verhältnismäßig niedere Spannungen und Temperaturen herrschen, weil der Dampf in den dem Geschwindigkeitsrad vorgeschalteten Düsen bis auf 1—3,5 at abs. expandiert. Die kombinierte Bauart mit Geschwindigkeitsabstufung im Hochdruckteil erlaubt deshalb die Anwendung höherer Dampfspannungen und -temperaturen. Ein wesentlicher dampftechnischer Vorteil der Vorschaltung eines Geschwindigkeitsrades liegt für Reaktionsturbinen in der Möglichkeit teilweiser Beaufschlagung und somit voller Druckausnützung des Dampfes auch bei Teilbelastungen.

Die kombinierte Bauart hat sich aus diesen Gründen heute allgemein Geltung verschafft, wenigstens für Frischdampfturbinen. Reine Gleichdruck- und Überdruckturbinen ohne Geschwindigkeitsrad werden heute selten mehr angewendet. Dagegen kommen Gleichdruckturbinen, die nur aus Geschwindigkeitsrädern bestehen, nicht selten vor.

Die Zuführung des Frischdampfes zum Geschwindigkeitsrad erfolgt durch einzelne Düsengruppen. Bei geringer Belastung wird ein Teil der Düsen, je nach dem Turbinensystem, von Hand oder selbsttätig abgesperrt. Reine Drosselregulierung wird heute aus wirtschaftlichen Gründen nur noch selten verwendet.

Die selbsttätige Düsenregulierung hat gegenüber der Handregelung den Vorteil, daß sie von der Aufmerksamkeit und Zuverlässigkeit des Bedienungspersonals vollkommen unabhängig ist. Die Düsenregelung von Hand erfüllt naturgemäß nur dann ihren Zweck, wenn sie bei Belastungsschwankungen stets im richtigen Augenblick betätigt wird. Erfahrungsgemäß macht aber ein Maschinist nicht gern ein Ventil zu, das er vielleicht schon im nächsten Augenblick wieder öffnen muß, besonders wenn zu befürchten steht, daß er den richtigen Zeitpunkt für das Öffnen verpaßt und daher eine Betriebsstörung zu gewärtigen ist. Die selbsttätige Düsenregelung empfiehlt sich deshalb besonders für solche Betriebe, in denen starke und unregelmäßige Belastungsschwankungen auftreten.

Die heute gebräuchliche höchste Umlaufzahl für Turbinen, die mit Drehstromgeneratoren direkt gekuppelt sind, ist 3000, entsprechend der bei uns üblichen Periodenzahl von 50/sk. Höhere Umlaufzahlen kommen höchstens bei Turbinen vor, die zum Antrieb von Turbogebläsen, Turbokompressoren oder Zentrifugalpumpen dienen. Während man noch vor etwa 10 Jahren mit 3000tourigen Maschinen bis höchstens 1500 kW ging, baut man heute zwecks Verringerung des Dampfverbrauchs und der Anlagekosten Turbo-Drehstromgeneratoren von 5000 bis 6000 kW mit 3000 Umdrehungen. Bei größeren Einheiten ist die Umlaufzahl — wohl hauptsächlich mit Rücksicht auf den Generator — geringer, und zwar ist sie durch die Periodenzahl 50 mit 1500 oder 1000 in der Minute festgelegt. Umlaufzahlen von 1000 und weniger kommen gewöhnlich nur für Schiffsturbinen in Betracht oder für Gleichstrom-Turbodynamos, deren Kommutierung bekanntlich bei hohen Umlaufzahlen mechanische und elektrische Schwierigkeiten verursacht.

Man strebt danach, mit der Stufenzahl der Turbinen noch weiter herunter- und mit der Dampfgeschwindigkeit über die Schallgeschwindigkeit hinaufzugehen, um die Maschinen möglichst zu verbilligen und gleichzeitig ihre Wirtschaftlichkeit zu erhöhen.

Die Dampfturbine wird außer für Landzwecke in steigendem Maße auch zur Fortbewegung von Schiffen angewandt. Während sich bis heute bei Landturbinen nur insoweit ein einheitlicher Typ herausgebildet hat, als sich die kombinierte Bauart — wenigstens für Frischdampfturbinen — fast allgemein Geltung verschaffte, hat sich bei Schiffsturbinen bereits ein Normaltyp eingebürgert. Die Grundform der heutigen Schiffsturbine besteht aus der Trommelform und einem mehrkränzigen vorgeschalteten Geschwindigkeitsrad mit Düsenregelung für Teilbeaufschlagung. In Deutschland hat sich die Schiffsturbine langsamer eingeführt als in England. Dies hängt zum Teil damit zusammen, daß in Deutschland mit seinen hohen Kohlenpreisen sehr hochwertige Kolbenmaschinen gebaut wurden, die anfänglich der Turbine an Wirtschaftlichkeit überlegen waren. Auch waren die Betriebsergebnisse, die mit den ersten Turbinenschiffen erzielt wurden, wenig ermutigend[1]). Inzwischen aber hat sich auch in Deutschland infolge der Verbesserung der Dampfturbinen und der Ausbildung der Schiffsschrauben für höhere Umlaufzahlen ein Umschwung zugunsten der Dampfturbinen vollzogen. Im Kriegsschiffbau werden heute fast nur noch Dampfturbinen verwendet. Auch die deutsche Handelsmarine, für die naturgemäß die Frage der Wirtschaftlichkeit weit größere Bedeutung besitzt als für die Kriegsmarine, verschließt sich heute nicht mehr gegen die Anwendung von Turbinen, wie die neuesten großen Luxusschnelldampfer beweisen. Die Dampfer der Imperatorklasse mußten schon deshalb mit Turbinen ausgerüstet werden, weil ihre großen Maschinenleistungen mit Kolbenmaschinen nicht mehr zu bewältigen waren. Bei kleineren Schiffen und bei gewöhnlichen Frachtdampfern dürften wohl auch in Zukunft die Kolbenmaschinen vorherrschen, wenngleich sich auch hier die Turbinen durch Verwendung von Zwischengetrieben (Zahnradübersetzungen, Föttinger-Transformator) einzuführen suchen. Durch Verwendung von Zahnradübersetzungen wird gegenüber Turbinenschiffen mit unmittelbarem Antrieb der Schrauben eine Kohlenersparnis von 15—40% erzielt, da man es alsdann in der Hand hat, sowohl die Turbinen als auch die Schiffsschrauben unter möglichst günstigen Verhältnissen (Umlaufzahlen) arbeiten zu lassen[2]). Beim Föttinger-Transformator ist die Ersparnis geringer, da er größere Verluste als Zahnradgetriebe bedingt. Der Föttinger-Transformator gestattet im übrigen nicht nur eine Herabsetzung der Umlaufzahl, sondern auch eine Umkehrung der Drehungsrichtung, so daß sich die Anwendung einer besonderen Rückwärtsturbine erübrigt[3]).

Die Einführung der Dampfturbine in der Kriegsmarine wurde durch ihre höhere Betriebssicherheit sowie vor allem dadurch begünstigt, daß die modernen, immer größer und schneller werdenden Schiffe sehr große Leistungen verlangen, die mit Kolbenmaschinen nicht mehr untergebracht werden können. Man hat heute schon Schiffe mit Maschinenleistungen von insgesamt 100 000 PS und darüber gebaut. Außerdem spricht noch das geringere Gewicht der Turbine, ihr ruhigerer Gang

[1]) Vgl. z. B. Zeitschr. f. d. ges. Turbinenwesen 1913, S. 222 (Dampfer Lusitania).

[2]) Vgl. z. B. Z. d. V. d. I. 1914, S. 563 oben.

[3]) Vgl. auch Z. d. V. d. I. 1914, S. 481.

und die durch das Panzerdeck sehr beschränkte Raumhöhe zu ihren Gunsten[1]).

Bei Schiffsturbinen ist mit Rücksicht auf die geringere Umlaufzahl eine wesentlich größere Stufenzahl notwendig als bei Landturbinen. Eine Herabsetzung der Umlaufzahl durch Vergrößerung des Trommeldurchmessers ist hier kaum mehr möglich, da man mit dem Durchmesser schon so ziemlich an die obere Grenze gekommen ist.

Wo die Kraftanlage mit einer Wärmeversorgung zu verbinden ist, können die Turbinen als Gegendruckturbinen ausgebildet werden. Auch Anzapf- oder Zwischendampfturbinen werden gebaut für Betriebe, die nur einen Teil des Maschinendampfes verwenden können. Gegendruckturbinen haben den Vorzug großer Einfachheit und Billigkeit, weil die umfangreiche Kondensationsanlage wegfällt, und weil meist nur ein einziges mehrkränziges Laufrad erforderlich ist. Allerdings brauchen Gegendruckturbinen bei gleichen Dampfverhältnissen wesentlich mehr Dampf als gleich starke Gegendruckkolbenmaschinen, oder anders ausgedrückt, für eine bestimmte Abdampfmenge erzeugt eine Gegendruckturbine weniger Kraft als eine Kolbenmaschine. Bei nur teilweiser Ausnützung des Abdampfes ist deshalb für größere Leistungen eine Anzapfturbine wirtschaftlicher. Im übrigen ist zu bemerken, daß bei Dampfturbinen infolge Wegfalls der Abdampfentölung höhere Dampftemperaturen als bei Kolbenmaschinen zulässig sind. Allerdings ist auch hier zu beachten, daß der Dampf an der Heizstelle, wenigstens bei indirekter Heizung, nicht mehr überhitzt sein darf (vgl. S. 279).

Dampfturbinen eignen sich auch für den Betrieb mit niedergespanntem Dampf (Abdampf). Abdampfturbinen werden in Bergwerks- und Hüttenbetrieben bei Nichtvorhandensein einer Zentralkondensation dazu verwendet, den periodisch und stoßweise austretenden Abdampf unterbrochen arbeitender Kolbenmaschinen, wie Walzenzugmaschinen, Fördermaschinen, Dampfhämmern, Scheren, Pressen usw. nutzbar zu machen. Damit der Turbine das Arbeitsmittel gleichmäßig zuströmt, ist die Einschaltung eines Wärmespeichers zwischen Kolbenmaschinen und Turbine notwendig. In Amerika und auch in England hat man sich nicht nur damit begnügt, Maschinenanlagen mit stark wechselnder Belastung mit Abdampfturbinen zu verbinden. Es werden dort auch gleichförmig belastete große Maschinen, anstatt unmittelbar mit Kondensatoren, zunächst mit Abdampfturbinen verbunden, da die letzteren den Dampf gerade in den unteren Spannungsgebieten weit besser ausnützen als die Kolbenmaschine, insbesondere bei günstigen Kühlwasserverhältnissen[2]). Man kann mit 1000 kg Abdampf von etwa atmosphärischer Spannung 50—65 kW erzeugen, entsprechend einem Dampfverbrauch von 15—20 kg/kW-st.

Bei länger andauernden Betriebspausen der Hauptmaschinen, überhaupt dort, wo von der Abdampfturbine stets gleichbleibende

[1]) Vgl. auch Z. d. V. d. I. 1914, S. 1122.

[2]) Vgl. Z. d. V. d. I. 1911, S. 210 sowie Zeitschr. f. d. ges. Turbinenwesen 1913, S. 359.

Leistung verlangt wird, müssen kombinierte Frischdampf-Abdampfturbinen, auch Zweidruck- oder Mischdruckturbinen genannt, angewendet werden, deren Hochdruckteil in Zeiten ausreichender Mengen Abdampfs leer mitläuft und erst bei Betrieb mit Frischdampf eingeschaltet wird. Man vermeidet so die durch Abdrosselung des Frischdampfes bedingten Verluste und ist im übrigen vollständig unabhängig von der verfügbaren Abdampfmenge und ihren Schwankungen. Derartige Zweidruckturbinen arbeiten je nach der verfügbaren Abdampfmenge entweder mit Abdampf oder mit Frischdampf oder mit beiden gleichzeitig.

Die Abdampfturbine hat auch im Schiffsbetrieb Eingang gefunden. Es ist bereits eine ganze Anzahl von Schiffen im Betrieb, die durch Kolbenmaschinen in Verbindung mit Abdampfturbinen angetrieben werden[1]). Hierbei werden die beiden äußeren Schraubenwellen durch Kolbenmaschinen, die mittlere Schraubenwelle dagegen durch eine Niederdruckturbine angetrieben, die mit dem Abdampf der beiden Kolbenmaschinen arbeitet. Da Kolbenmaschinen das obere, Dampfturbinen hingegen das untere Spannungsgebiet am günstigsten ausnützen, so hat die Vereinigung von Kolbenmaschine und Turbine den Vorzug geringsten Dampfverbrauchs. Außerdem bietet diese Anordnung den Vorteil, daß man die beiden Kolbenmaschinen — nach Ausschalten der Abdampfturbine — zum Rückwärtsfahren benützen, mithin Rückwärtsturbinen vermeiden kann.

Verbrennungskraftmaschinen-Anlagen.

6. Gas- und Flüssigkeitsmaschinen.

Hierher gehören Leuchtgas-, Benzin-, Benzol- und Spiritusmotoren; die Naphthalinmotoren werden im nächsten Abschnitt gesondert besprochen. Andere Brennstoffe kommen heute teils aus wirtschaftlichen, teils aus betriebstechnischen Gründen nicht in Betracht; vgl. Abschnitt 42, Einleitung.

Die Mehrzahl dieser Motoren arbeitet im Viertakt und ist einfachwirkend; Zweitaktmotoren bilden die Ausnahme; die Doppelwirkung ist für die hier in Betracht kommenden kleinen Leistungen nicht im Gebrauch.

In der Regel wird für bessere Motoren die liegende Anordnung gewählt; die stehende Bauart wird im allgemeinen nur für billigere Ausführungen angewendet, die schnell oder halbschnell laufen.

Die Kompression beträgt bei Leuchtgas-, Spiritus- und Benzolmotoren 10—12 at, bei Benzinmotoren 3—5 at. Die geringere Kompression der Benzinmotoren ist durch die niedere Entzündungstemperatur des Benzins bedingt. Je höher die Kompression ist, desto günstiger gestaltet sich die Brennstoffausnützung, d. h. desto geringer ist der

[1]) Vgl. Z. d. V. d. I. 1914, S. 681.

Brennstoffverbrauch eines Motors. Höhere Kompressionen als 12 at werden heute nicht mehr angewendet; je höher nämlich die Kompression ist, desto empfindlicher ist der Motor und desto mehr neigt er zum Stoßen.

Die Regulierung erfolgt entweder durch Aussetzer oder durch Änderung der Menge oder Zusammensetzung des Gemisches. Die Aussetzerregulierung ist die technisch einfachste und ergibt bei Teilbelastung und im Leerlauf den günstigsten Verbrauch. Dagegen hat sie den Nachteil, daß die Geschwindigkeit des Motors innerhalb gewisser Grenzen schwankt. Wo es sich um den Antrieb von Dynamomaschinen handelt, ist eine sog. Präzisionsregulierung erforderlich. Je nachdem hierbei die Menge oder die Zusammensetzung des Gemisches geändert wird, spricht man von Quantitäts- oder Qualitätsregulierung. Nicht selten kommt auch eine kombinierte Qualitäts-Quantitäts-Regulierung zur Anwendung.

Bei voller Belastung arbeiten Aussetzer- und Präzisionsregulierung gleich günstig. Ist jedoch die Belastung eine geringere, so arbeitet der Motor mit Aussetzerregulierung günstiger, weil er ein für allemal auf das günstigste Mischungsverhältnis und die höchste Kompression eingestellt werden kann. Bei Motoren mit Präzisionsregulierung hingegen wird teils mit verschiedenem Gemisch (bei Qualitätsregulierung), teils mit verschiedener Kompression (bei Quantitätsregulierung) gearbeitet. Bei geringerer Kompression ist aber gemäß oben der Wirkungsgrad schlechter und der spezifische Wärmeverbrauch des Motors größer.

Bei billigen Ausführungen, bei denen es auf gleichbleibende Umlaufzahl nicht so sehr ankommt, werden sog. Pendelregulatoren angewendet; im übrigen werden Zentrifugalregler bevorzugt.

Das Auslaßventil ist stets gesteuert; dagegen ist das Einlaßventil bei kleineren Motoren häufig selbsttätig. Da ein selbsttätiges Ventil später öffnet und früher schließt als ein gesteuertes, so wird bei dem ersteren die Füllung bzw. Ladung des Zylinders und damit auch die Leistung des Motors bei gleichen Abmessungen etwas geringer ausfallen als beim gesteuerten Einlaßventil.

Die Zündung erfolgt meist magnetelektrisch unter Verwendung eines Abreißkontaktes, seltener einer Kerze. Glührohrzündung wird höchstens für kleinere Leuchtgasmotoren, bis etwa 6 PS, angewendet. Zwar ist das Glührohr einfacher und billiger als der magnetelektrische Apparat; jedoch hat die elektrische Zündung den Vorzug, daß sich hierbei der Zündmoment mit größerer Genauigkeit einstellen läßt, und daß der Motor höhere Kompression verträgt. Aus diesem Grunde sowie mit Rücksicht auf den Wegfall der Heizlampe ist der Brennstoffverbrauch bei elektrischer Zündung kleiner. Der verhältnismäßig geringe Mehrpreis der elektrischen Zündung von etwa 150 M. macht sich daher bald bezahlt. Für arme Gase, wie Kraftgas, ist an sich nur elektrische Zündung brauchbar.

Die Kühlung ortsfester Motoren ist entweder eine Frischwasserkühlung (sog. Durchflußkühlung), eine Umlaufkühlung, d. h. Kühlung mittels Kühlgefäß, oder eine Verdampfungskühlung. Bei Anwendung der Umlaufkühlung kann auch eine Pumpe zur Unterstützung des Umlaufs angewendet werden; dies kommt bei größeren Anlagen und bei besonderen örtlichen Verhältnissen, z. B. wenn ein Kühlgefäß nicht aufgestellt werden kann, in Betracht. Für fahrbare Motoren wird außer der Verdampfungskühlung auch die sog. Verdunstungskühlung (Pumpe und Ventilator) angewendet; Luftkühlung kommt höchstens für die Antriebsmotoren von Fahrrädern und Flugzeugen in Betracht.

Die Bauart und Wirkungsweise von Flüssigkeitsmotoren entspricht der des Leuchtgasmotors, nur müssen sie mit einer Vorrichtung ausgerüstet sein, durch die der flüssige Brennstoff vor Eintritt in den Motor in einen fein verteilten, nebel- oder dampfartigen Zustand übergeführt wird. Hierzu werden sog. Zerstäubungsvergaser verwendet; Verdunstungsvergaser sind heute kaum mehr im Gebrauch, zumal sie teurer und feuergefährlicher sind und eine weniger gleichmäßige Verdampfung ergeben, da hier zuerst die leichtflüchtigen und dann erst die schwerer flüchtigen Kohlenwasserstoffe abgesaugt werden. Meist wird heute die Brause als einfache Spritzdüse ausgebildet.

Für deutsche Verhältnisse hat der Betrieb mit Spiritus, ebenso wie der mit Benzol, den Vorzug, daß hierbei ein im Inland erzeugter Brennstoff verwendet wird. Dabei ist die Brennstoffausnützung des Spiritus- und Benzolmotors infolge ihrer höheren Kompression wesentlich besser als beim Benzinmotor; vgl. Zahlentafel 15, S. 94. Und endlich hat der Spiritusmotor gegenüber dem Benzinmotor den Vorteil geringerer Feuergefährlichkeit. Allerdings geht dieser Vorteil insofern wieder zum Teil verloren, als die meisten Spiritusmotoren mit Benzin angelassen werden müssen. Weiteres über den Betrieb mit Spiritus und Benzol findet sich S. 397ff.

Es werden auch Motoren gebaut, die sich für den Betrieb mit jedem flüssigen Brennstoff eignen. Hierbei ist die Kompression verstellbar, je nach dem Brennstoff. Die Verstellung wird entweder durch Veränderung der Schubstangenlänge mit Hilfe eines Zwischenstücks erreicht oder in der Weise, daß man die Größe des Kompressionsraums durch Auswechseln eines Deckels verändert. Damit das Anlassen des Motors im Bedarfsfall mit Leichtbenzin erfolgen kann, wird neben dem eigentlichen Schwimmergefäß ein besonderes Anlaßgefäß vorgesehen. Ferner ist allenfalls auf die Möglichkeit der Einsetzung einer anderen Luftdrosselscheibe (Diaphragma) zu achten; vgl. S. 401.

Wo es sich um eine ortsveränderliche Betriebskraft handelt, wird der Flüssigkeitsmotor auf ein Fahrgestell gesetzt (Motorlokomobile). Derartige Lokomobilen kommen hauptsächlich für die Landwirtschaft in Betracht.

Das Andrehen kleiner Motoren, bis etwa 3—4 PS, erfolgt in der Regel durch einfaches Drehen am Schwungrad. Für größere Motoren, bis etwa 12—16 PS, ist eine rückstoßsichere Andrehkurbel vorgeschrieben. Für noch größere Leistungen erfolgt das Anlassen mittels Druckluft.

7. Naphthalinmaschinen.

Diese Maschinen arbeiten im Grunde genommen ebenso wie Benzin- und Benzolmotoren. Nur ist bei den Naphthalinmotoren eine Einrichtung zur Verflüssigung des bei gewöhnlicher Temperatur festen Naphthalins notwendig. Zu diesem Zweck wird das in kleinen Stücken eingebrachte Naphthalin erwärmt, bis es sich bei etwa 80° C verflüssigt. Zur Erwärmung des Naphthalins bedient man sich der Kühlwasser- oder Abgaswärme. Neuerdings werden beide zugleich verwendet,

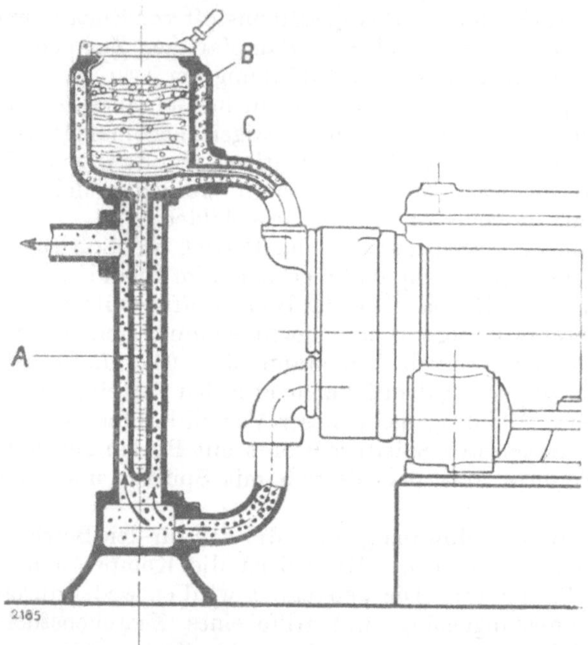

Fig. 1. Schnitt durch die Naphthalineinrichtung eines Naphthalinmotors der Gasmotorenfabrik Deutz, Cöln-Deutz (*B* Naphthalinbehälter, durch Wasserdampf geheizt; *A* Rohr mit Wasserfüllung, umspült von den Auspuffgasen).

damit der Motor möglichst rasch betriebsbereit ist (Fig. 1). Hierbei erfolgt die Heizung des Naphthalinbehälters durch die sich aus der Verdampfungskühlung entwickelnden Dämpfe.

Da der Motor beim Anlassen kalt, das Naphthalin also fest ist, so muß der Naphthalinmotor mit einem anderen Brennstoff in Betrieb gesetzt werden, am besten mit Benzol oder gegebenenfalls mit Leuchtgas, weil diese Brennstoffe — im Gegensatz zu Benzin — die gleiche Verdichtung zulassen wie Naphthalin. Ferner muß kurz vor dem Abstellen des Naphthalinmotors wieder auf Benzol- oder Leuchtgasbetrieb umgeschaltet werden, da die Vergaserräume im Stillstand frei von Naphthalin sein müssen, indem letzteres bei der Abkühlung des Motors wieder erstarrt. Der Naphthalinmotor ist deshalb nur dort am Platze, wo es sich um mehrstündigen ununterbrochenen Betrieb handelt.

Beim Anlassen aus dem gänzlich kalten Zustande dauert es etwa $^1/_2$—$^3/_4$ Stunde, bis sich das Naphthalin verflüssigt hat. Es kann alsdann ohne Betriebsstörung, und ohne daß ein Rückgang in der Leistung des Motors eintritt, auf Naphthalinbetrieb umgeschaltet werden.

Naphthalinmotoren arbeiten infolge des billigen Preises des Naphthalins sehr wirtschaftlich. Ihr Verbrauch ist derselbe wie bei Benzolmotoren, gleiche Kompression vorausgesetzt. Sie werden bis etwa 18 PS ausgeführt.

8. Hochdruck-Ölmaschinen.

Diese Maschinen, deren Hauptvertreter die Dieselmaschine ist, arbeiten im Gegensatz zu den Flüssigkeitsmaschinen mit schwerflüchtigen Mineralölen, wie Gasöl und Steinkohlenteeröl, seltener mit Braunkohlenteeröl (Paraffinöl). Das Arbeitsverfahren dieser Maschinen unterscheidet sich in zwei wesentlichen Punkten von dem der Gas- und Flüssigkeitsmaschinen, einmal hinsichtlich der Zündung und zum andern hinsichtlich der Verbrennung.

Die Zündung erfolgt hier nicht durch magnetelektrische Apparate oder dergleichen, sondern meistens allein durch Kompressionswärme. Die Hochdruck-Ölmaschinen saugen nämlich kein Gemisch, wie die Gas- und Flüssigkeitsmaschinen, sondern nur reine Luft an und verdichten diese sehr stark, bis 30—35 at. Die Luft erwärmt sich hierbei auf Temperaturen von 600—700° C. Der in diese hocherhitzte Luft in möglichst fein verteiltem Zustand eingespritzte Brennstoff verbrennt ohne weiteres Zutun von selbst. Man spricht deshalb hier von Selbstzündung.

Bemerkt sei, daß im Beharrungszustand auch eine geringere Kompression genügen würde (wenigstens bei Gasöl), um die Selbstzündung aufrecht zu erhalten. Beim Anlassen der Maschine aus dem kalten Zustande bedarf es jedoch einer Kompression von etwa 30 at, um mit Sicherheit Selbstzündung zu bekommen.

Bezüglich der Verbrennung ist zu sagen, daß diese meistens keine explosionsartig rasche, sondern eine mehr oder weniger allmähliche ist. Während sich beim gewöhnlichen Gas- oder Flüssigkeitsmotor die Verbrennung selbst überlassen bleibt, kann sie bei der Dieselmaschine durch Einblasedruck, Zerstäuber und Brennstoffnocken genau beeinflußt werden. Bei Dieselmaschinen läßt man gewöhnlich die Einspritzung des Brennstoffs derart erfolgen, daß der höchste Druck im Arbeitszylinder während der Verbrennung annähernd gleich und von der Belastung unabhängig ist. Man bezeichnet deshalb den Dieselmotor bisweilen auch als Gleichdruckmotor, im Gegensatz zum Verpuffungsmotor.

In Fällen, in denen der Brennstoff rasch eingespritzt wird, steigt allerdings auch beim Dieselmotor die Verbrennungslinie im Indikatordiagramm mehr oder weniger stark in die Höhe. Man hat alsdann zum Teil Verpuffung, d. h. Verbrennung bei gleichem Volumen und nur teilweise Verbrennung bei gleichem Druck. Dies ist insbesondere dort der Fall, wo der Zerstäuber und damit auch sein hemmender Einfluß wegfällt, oder wo mit größerem Einblasedruck gearbeitet wird. Der Einblasedruck beträgt bei Dieselmaschinen etwa 50—60 at bei Normalbelastung, bei geringerer Belastung entsprechend weniger.

Je besser die Zerstäubung des Brennstoffs stattfindet, desto vollkommener ist die Verbrennung, und desto geringer wird der Brennstoffverbrauch. Die vollkommenste Zerstäubung weisen Hochdruckölmaschinen nach dem System Diesel auf. Der Zerstäuber ist hier meist ein sog. Plattenzerstäuber. Neuerdings werden auch sog. Hülsen- oder Injektorzerstäuber angewendet. Der Hülsenzerstäuber arbeitet zwar bei Vollast nicht besser als der Plattenzerstäuber; doch fällt hier bei Teilbelastung und im Leerlauf des Motors das Regulieren des Einblasedrucks fort.

Der Dieselmotor wurde früher nur stehend gebaut. Seit einigen Jahren hat jedoch auch die liegende Anordnung große Verbreitung gefunden. Die liegende Anordnung erfordert mehr Grundfläche, dagegen eine geringere Raumhöhe als die stehende und hat im übrigen den Vorzug, daß der Motor in seinen einzelnen Teilen besser übersehbar und zugänglicher ist als bei stehender Bauart. Bei direkter Kupplung mit einer Dynamomaschine ist auch diese leichter zugänglich, weil die Welle höher über dem Fundament liegt. Auf die übrigen Vor- und Nachteile der liegenden oder stehenden Bauart einzugehen, würde hier zu weit führen.

Die stehende Maschine wird in Viertaktbauart bis zu Leistungen von 250 PS pro Zylinder ausgeführt. Die größte Leistung würde demnach bei Sechszylinderanordnung 1500 PS betragen. Für größere Leistungen, bis vorläufig 4000 PS, baut das Augsburger Werk der M.A.N. eine liegende doppeltwirkende Viertaktmaschine in Tandem- oder Zwillingstandemanordnung[1]). Die größte bisher ausgeführte Dieselmaschine liegender Bauart befindet sich im städtischen Elektrizitätswerk in Halle a. S. Die Leistung dieser Zwillingstandemmaschine beträgt 2000 PS. Maschinen von solcher Größe dürften allerdings für Landzwecke, in Anbetracht der beschränkten Teerölvorräte (Gasölbetrieb kommt hierfür zurzeit zu teuer), eine Ausnahme bilden; vgl. auch S. 131.

In der Regel arbeitet der Dieselmotor im Viertakt. Jedoch wird auch das Zweitaktverfahren angewendet, insbesondere für Schiffszwecke wegen der einfacheren Umsteuerung. Der Zweitaktmotor verursacht etwas geringere Herstellungskosten, hat aber mit Rücksicht auf den Arbeitsverbrauch der Ladepumpen einen etwa 7—10% höheren Brennstoffverbrauch[2]). Auch ist sein Schmierölverbrauch wesentlich höher als beim Viertaktmotor, weil ein großer Teil des Schmieröls durch

[1]) Vgl. meine Arbeit in Z. d. V. d. I. 1914, S. 1242 ff.

[2]) Vgl. z. B. die Versuchsergebnisse einer Zweitakt-Großdieselmaschine in der Zeitschrift „Stahl und Eisen" 1915, S. 349.

die Auslaßschlitze entweicht. Damit hängt es zusammen, daß der Auspuff von Zweitaktmotoren ständig raucht.

Das Inbetriebsetzen des Dieselmotors dauert nur wenige Minuten und geschieht in bequemster Weise mittels der durch die Luftpumpe erzeugten Druckluft, die in besonderen Anlaßgefäßen aufgespeichert wird.

Der Kühlwasserverbrauch des Dieselmotors ist sehr gering; er beträgt nur 9—20 ltr/PS_e-st, je nach der Motorengröße und der Kühlwasserzu- und -abflußtemperatur. Die Zylindertemperatur kann nämlich hier eine höhere sein als bei Verpuffungsmotoren, ohne daß Vorzündungen zu befürchten sind.

Außer der normallaufenden Bauart wird vielfach noch eine sog. Schnelläufertype, d. i. eine kurzhubige Maschine ausgeführt. Der Motor ist hier vollständig gekapselt und mit Preßschmierung ausgerüstet. Man hoffte ursprünglich, daß der Bau von Schnelläufern wesentlich geringere Herstellungskosten verursacht; bei guter Ausführung ist aber die Preisverringerung nicht erheblich. Da jedoch Schnelläufer ziemlich viel Schmieröl und vor allem mehr Brennstoff verbrauchen, weil hier die Verbrennung in kürzerer Zeit erfolgen muß, da sie ferner weniger betriebsicher sind und geringere Lebensdauer haben als Langsamläufer, so empfiehlt sich die Anwendung von Schnelläufern nur dort, wo auf äußerste Platzersparnis Wert gelegt wird, vor allem aber dort, wo mit schnellaufenden Maschinen gekuppelt werden soll, und wo die Benützungsdauer der Maschinen eine geringe ist[1]). In solchen Fällen verwendet man bisweilen auch normale Dieselmaschinen und läßt sie mit entsprechend höherer Umlaufzahl arbeiten.

Für Schnelläufer ist mit Rücksicht auf die Entstehung von Erschütterungen besonders die Sechszylinderbauart zu empfehlen; denn nur bei Sechszylinderausführung laufen diese Maschinen praktisch erschütterungsfrei.

Die Mehrzahl der Dieselmaschinen arbeitet mit Gasöl. Seit einiger Zeit wird jedoch, besonders in Deutschland, in steigendem Maße Steinkohlenteeröl verwendet. Die Teerölmotoren der Gasmotorenfabrik Deutz und der M.A.N. sind die ältesten Maschinen dieser Art. Sie sind mit zwei Brennstoffpumpen ausgerüstet und arbeiten in der Weise, daß die kleinere Pumpe eine gleichbleibende geringe Menge Gasöl an das vordere Ende des Zerstäubers fördert, während die größere, unter der Einwirkung des Regulators stehende Pumpe das eigentliche Treiböl, das Teeröl, in normaler Weise fördert und lagert.

Manche Firmen vermeiden das Zündölverfahren, bei dem das Gasöl die Rolle des Zündöls spielt, und lassen den Motor mit Gasöl anlaufen. Ist der Motor nach etwa $^1/_4$ Stunde im Beharrungszustand, so wird auf Teerölbetrieb umgeschaltet. Der Motor läuft dann ausschließlich mit Teeröl; unter etwa $^1/_5$—$^1/_3$ Belastung, je nach der Konstruktion des Zerstäubers und der Düse, wird nur mit Gasöl gearbeitet. Bei diesem Verfahren muß kurze Zeit vor dem Abstellen auf Gasölbetrieb um-

[1]) Vgl. Z. d. V. d. I. 1916, S. 561 ff.

geschaltet werden, damit sich die Leitungen und die Brennstoffpumpe mit Gasöl füllen und so ein sicheres Anlaufen ermöglicht wird. Bei diesem Verfahren ist nur eine einzige Brennstoffpumpe nötig.

Ein Mischen von Gasöl und Teeröl hat sich nicht bewährt, da sich hierbei eine Art Teer bzw. Asphalt abscheidet und Verstopfungen der Pumpen und Rohrleitungen hervorruft.

In dem Bestreben, mit einem einzigen Brennstoff auszukommen, wird auch das Teeröl sowie die Einblaseluft vorgewärmt. Bei geringen Belastungen wird nämlich wenig Treiböl, dafür aber desto mehr Einblaseluft zugeführt. Letztere dehnt sich aus und umhüllt gewissermaßen den Brennstoff mit einem kalten Mantel, so daß seine Entzündung erschwert wird. Dies soll durch Erwärmung des Teeröls und der Einblaseluft vermieden werden. Allerdings muß bei diesem Verfahren der Motor ebenfalls mit Gasöl angelassen werden.

Es ist wahrscheinlich, daß künftighin ein größerer Teil der Steinkohlen, anstatt unter Dampfkesseln verfeuert zu werden, vergast oder verkokt wird. Diese Verfahren, bei denen etwa 1% an Steinkohlenteeröl und außerdem noch andere wertvolle Nebenprodukte gewonnen werden, haben jedenfalls den Vorzug, daß man die Steinkohle besser ausnützt, was in Anbetracht der abnehmenden Brennstoffvorräte nur zu begrüßen wäre.

Es ist nicht ausgeschlossen, daß auch das Gasöl in Deutschland wieder so billig wird, daß es neben dem Teeröl wieder seine frühere Bedeutung für Hochdruck-Ölmaschinen erlangt.

Außer den Dieselmaschinen werden für kleinere Leistungen noch verschiedene andere Systeme von Ölmaschinen ausgeführt, die zum Teil ein Mittelding zwischen einem Gleichdruck- und einem Verpuffungsmotor darstellen, die aber in baulicher Hinsicht einfacher gehalten sind als die Dieselmaschinen. Hierher gehören z. B. der Brons-Motor sowie die verschiedenen Arten von Glühkopf-Motoren. Letztere arbeiten in der Regel im Zweitaktverfahren und verdichten die Luft nur bis etwa 8 at, sind also ausgesprochene Niederdruck-Ölmaschinen, die mit einer Art künstlicher Zündung betrieben werden müssen. Die Verpuffungsspannung der Glühkopfmotoren steigt auf etwa 25 at. Außer den genannten Motoren wird noch von der Gasmotorenfabrik Deutz ein sog. Verdränger-Rohölmotor mit Brennstoff-Streudüse ausgeführt.

Die Mehrzahl dieser Motoren weist einen höheren Brennstoffverbrauch auf als der Dieselmotor. Dies hängt in der Hauptsache damit zusammen, daß ein die Verbrennung genau regelnder Zerstäuber fehlt, der Brennstoff infolgedessen zu rasch oder zu langsam eingespritzt und unvollständig verbrannt wird. Zum Teil mag der höhere Brennstoffverbrauch auch durch eine ungünstigere Ausbildung des Verbrennungsraums bedingt sein.

Bezüglich der Glühkopfmotoren sei noch bemerkt, daß sie sich nur für Betriebe mit nahezu gleichbleibendem Kraftbedarf eignen. Für schwankenden Kraftbedarf sind Glühkopfmotoren nicht geeignet, weil die Regelung der Temperatur des Glühkopfes, die bei höheren Belastungen durch Wassereinspritzung, bei niederen Belastungen mittels Heizlampe geschieht, zu viel Umstände macht. Auch Brons-Motoren sollten nur für Betriebe mit gleichmäßiger Belastung verwendet werden.

9. Kraftgasanlagen.

Als Kraftgasanlage schlechtweg bezeichnet man eine Gasmaschine mit eigener Gaserzeugungsanlage (Fig. 63 und 64). Hierbei unterscheidet sich der maschinelle Teil nur insofern von dem gewöhnlichen Leuchtgasmotor, als die Leitungs- und Ventilquerschnitte sowie das spezifische Hubvolumen dem geringeren Heizwert des Kraftgases entsprechend reichlicher bemessen sein müssen. Die Maschine selbst fällt nur wenig größer aus als für Leuchtgas, weil zur Verbrennung des heizärmeren Kraftgases auch eine entsprechend kleinere Luftmenge, etwa 1 cbm/cbm Gas genügt. Die Mehrleistung eines Leuchtgasmotors gegenüber einem gleichgroßen Kraftgasmotor beträgt nur etwa 10—20%, je nach der Motorgröße.

Die Gaserzeugungsanlage, auch Generatoranlage genannt, hat die Aufgabe, den Brennstoff zu vergasen und das Gas zu reinigen. Sie zerfällt in den eigentlichen Generator nebst Verdampfer und in die Naß- und Trockenreinigung. Die Naßreinignug findet im Wascher oder Skrubber statt, während für die Trockenreinigung ein Sägespänereiniger o. dgl. verwendet wird. Bei großen Anlagen wird häufig zwischen Naß- und Trockenreiniger ein Ventilatorreiniger eingeschaltet, dem die Aufgabe der Feinreinigung zufällt, und der das Gas aus den Generatoren absaugt und der Maschine zudrückt.

Das in der Generatoranlage erzeugte Kraftgas ist ein sogenanntes Mischgas, auch Dowsongas genannt. Es besteht in der Hauptsache aus Kohlenoxyd, Wasserstoff und Stickstoff und enthält neben einigen Prozenten Kohlensäure nur geringe Mengen von Kohlenwasserstoffen, weshalb sein Heizwert erheblich geringer ist als der des Leuchtgases. Der Heizwert des Kraftgases schwankt zwischen 1000—1300 WE, je nach dem verwendeten Brennstoff und der Bauart des Gaserzeugers; denn Braunkohlenbriketts geben im Doppelfeuergenerator etwa 1050 WE, im normalen Generator (ohne Teerverbrennung, also mit Abscheidung des Teers auf mechanischem Wege) 1300—1400 WE.

Der Gehalt an Wasserstoff ist dadurch bedingt, daß dem Generator außer Luft auch Wasserdampf zugeführt wird, der aus der Abhitze des Kraftgases erzeugt wird. Die gleichzeitige Zuführung von Dampf verbessert das Gas und drückt die Temperatur im Generator herunter. Letzteres hat eine Verringerung des Strahlungsverlustes sowie eine verminderte Schlackenbildung zur Folge.

Da bei den heutigen Kraftgasanlagen die Gaserzeugung durch die Saugwirkung des Motors stattfindet, so bezeichnet man das Kraftgas auch kurzerhand als Sauggas und die ganze Anlage als Sauggasanlage, im Gegensatz zu den früher gebräuchlichen Druckgasanlagen mit besonderem Druckerzeuger (Dampfkessel).

Nebenbei sei bemerkt, daß man in den Kreisen der Abnehmer vielfach einem gewissen Vorurteil gegen die Sauggasanlagen begegnet. Dieses rührt daher, daß sich bei der Einführung der Sauggasanlagen manche Mißstände (Kinderkrankheiten) herausstellten, die erst überwunden werden mußten, und daß sich sehr viele kleine Firmen auf deren Bau geworfen haben, ohne daß ihnen die hierzu nötigen Kenntnisse zu Gebote standen. Sodann machte man oft den Fehler, Sauggasanlagen auch für Betriebe anzuwenden, für die sie sich nicht eigneten. Die Folge war, daß man vielerorts sehr schlechte Erfahrungen mit den Sauggasanlagen machte, und daß sie in den Ruf kamen, sehr wenig betriebsicher zu sein. Demgegenüber ist jedoch festzustellen, daß Sauggasanlagen guter Firmen bei aufmerksamer und sachgemäßer Wartung allen an Krafterzeugungsanlagen zu stellenden Anforderungen vollauf zu genügen vermögen.

Obwohl die Saugwirkung des Motors bis hinauf zu den höchsten Leistungen für die Gasbereitung ausreicht, so wird bisweilen doch von dem Prinzip der reinen Saugwirkung abgewichen, indem man mittels eines Exhaustors das Gas aus dem Generator absaugt und dem Motor zudrückt. Man hat alsdann eine kombinierte Saug- und Druckgasanlage, wobei der Exhaustor gemäß oben als Zentrifugalreiniger wirkt, sofern man ihn mit einer Wassereinspritzung versieht. Solche kombinierte Saug- und Druckgasanlagen kommen insbesondere dort in Betracht, wo es sich um größere Anlagen mit ausgedehntem Rohrnetz handelt, sowie dort, wo das Gas außer zum Motorenbetrieb auch zum Löten, Härten u. dgl. verwendet werden soll. Bisweilen allerdings wird nur das Heiz- und Lötgas abgesaugt und in einen Gasdruckregler gedrückt, während sich der Motor sein Gas selbst ansaugt.

Anfänglich wurde ausschließlich Anthrazit und Koks verwendet, weil es verhältnismäßig leicht gelang, für diese mehr oder weniger teerfreien Brennstoffe eine geeignete Generatorkonstruktion zu schaffen. Erst später ging man dazu über, auch für bituminöse, teerhaltige Brennstoffe, insbesondere für Braunkohlenbriketts und nicht zu feuchte böhmische Braunkohlen, Generatoren zu bauen. Diese besitzen in vielen Fällen zwei Feuerzonen und werden dann auch als Doppel- oder Zweifeuergeneratoren bezeichnet. Auch Torfgeneratoren wurden schon mit gutem wirtschaftlichen Erfolg in solchen Gegenden angewendet, die über billigen Torf verfügen[1]). Die Torfgeneratoren unterscheiden sich von den gewöhnlichen Generatoren mit zwei Feuerstellen im wesentlichen dadurch, daß bei ihnen der Generatorprozeß mit einem Trockenvorgang verbunden wird. Die Hauptschwierigkeit bei der Torfvergasung liegt nämlich in der Bekämpfung des hohen Wassergehaltes, der zwischen 25 und 60% schwankt. Die zur Verdampfung dieses Wassers erforderliche Wärme kann aus dem Auspuff der Gasmaschinen gewonnen werden; es kann hierzu aber auch ein besonderes mit Torf geheiztes Feuer dienen. Ist der Wassergehalt des Torfes gering, so genügt auch die Abhitze des Generators.

---

[1]) Vgl. Z. d. V. d. I. 1911, S. 368 ff.

Während Braunkohlenbriketts — in Spezialgeneratoren auch nichtbackende Steinkohlen — einen sehr angenehmen Generatorbetrieb ermöglichen, eignen sich Steinkohlen-, Koksgrus- und Anthrazitgrus-Briketts wegen ihres Pechgehaltes für die Vergasung weniger gut, weil das Pech die Rohrleitungen und die Maschine versetzt. Bei der Brikettierung von Braunkohlen kommt man ohne Pech, d. h. ohne ein künstliches Bindemittel aus. Die deutschen Rohbraunkohlen bereiten wegen ihres hohen, 40—60% betragenden Wassergehaltes, der sehr unangenehmen Eigenschaft, im Gaserzeuger zu mehr oder weniger feinem Pulver zu zerfallen (wenn sie nicht schon von Haus aus in feinkörnigem Zustand zur Anlieferung gelangen), bei der Vergasung sehr große Schwierigkeiten, so daß in Deutschland keine oder doch nur ganz wenige Kraftgasanlagen im Betrieb sind, die mit diesen Brennstoffen gespeist werden und dabei einen wirtschaftlichen Betrieb ergeben.

Außer für die genannten Brennstoffe baut man auch Generatoren für grusförmige Brennstoffe, wie Koksgrus, Rauchkammerlösche, Anthrazitgrus usw. Diese Brennstoffe kommen für Gasanstalten, Eisenbahnverwaltungen, Anthrazitgruben und Zechen in Betracht. Da grusförmige Brennstoffe nur eine geringe Beanspruchung des Generators zulassen, so fällt letzterer ziemlich teuer aus. Trotzdem verbreiten sich Grusgeneratoren heute etwas mehr als früher, insbesondere in der Ausführung mit Drehrosten.

Mit der Einführung der Großgasmaschinen hat auch die Größe der Generatoranlagen eine bedeutende Steigerung erfahren. Um die mühevolle und ungesunde Arbeit des Entschlackens der Generatoren von Hand zu vermeiden, rüstet man größere Generatoren mit Drehrosten für mechanische Entschlackung aus (Fig. 2). Die Verbrennungsrückstände werden hierbei selbsttätig in gut ausgebrannter Form und in abgelöschtem, staubfreiem Zustande in untergefahrene Wagen oder auf Transportbänder ausgestoßen. Die Bedienung beschränkt sich also auf das Aufgeben frischen Brennstoffs; dies erfordert nur wenig Arbeitsaufwand, wenn über den Generatoren Bunker angeordnet sind, die die Kohle den Einwurftrichtern zulaufen lassen (Fig. 3).

Die mechanische Entschlackung bietet folgende Vorzüge:

1. man braucht weniger Bedienung;
2. der Generatorbetrieb ist hygienischer, weil das Schlacken und die damit verbundene Hitze- und Staubentwicklung wegfällt;
3. die Verluste durch Unverbranntes werden geringer;
4. man bekommt ein gleichmäßigeres und reineres Gas, was für den Maschinenbetrieb besonders wichtig ist.

Der zuletzt erwähnte Vorteil ist dadurch bedingt, daß bei der mechanischen Entschlackung die Vergasungsrückstände fortlaufend beseitigt werden, wogegen das Abschlacken von Hand immer einen mehr oder weniger gewaltsamen Eingriff in den chemischen Vorgang der Gaserzeugung bedeutet. Da bei der Entschlackung von Hand neben der Asche und Schlacke auch noch ziemlich viel Unverbranntes heraus-

Fig. 2. Zwei Drehrostgeneratoren von 3 m Schachtdurchmesser, Ausführung von Julius Pintsch A.-G., Berlin.

gerissen wird, so wird dadurch der Generatorinhalt stark zusammengerüttelt; es findet infolgedessen ein starkes Nachrutschen frischer Kohlen statt. Dies hat bei Doppelgeneratoren den Nachteil, daß größere Mengen unentgasten Brennstoffes aus dem Vorratsraum des Generators in die obere Feuerzone gelangen; es bilden sich Teerdämpfe in größerer Menge, für die nicht genügend Verbrennungsluft vorhanden ist. Die Folge hiervon ist, daß ein teerreiches Gas entsteht. Die mechanische Entschlackung ist deshalb ganz besonders für Doppelgeneratoren am

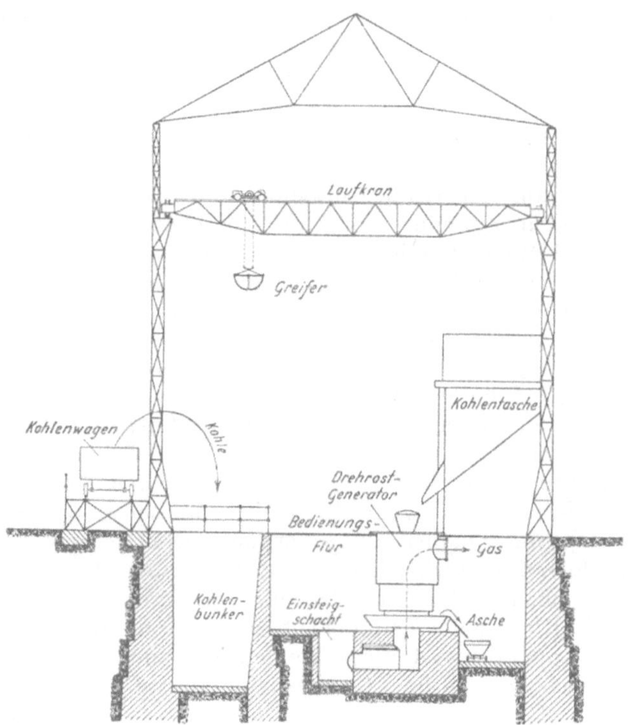

Fig. 3. Einrichtung einer Generatoranlage für mechanische Kohlenzufuhr und Schlackenabfuhr.

Platze. Allerdings empfiehlt sie sich mit Rücksicht auf die hohen Anlagekosten erst von etwa 400 PS aufwärts.

Die größere Gleichmäßigkeit und Reinheit des Gases bei mechanischer Entschlackung hat den Vorzug, daß die Maschinenleistung in geringerem Maße schwankt als beim Entschlacken von Hand.

In neuerer Zeit hat man auch das Hochofenprinzip auf Kraftgasgeneratoren übertragen. Hierbei wird der Generatorschacht in seinem unteren Teil stark eingeengt, hier also stark belastet, und kein oder doch verhältnismäßig wenig Dampf eingeführt, um eine so hohe Temperatur zu erzeugen, daß die Schlacke dünnflüssig genug wird, um dauernd aus dem Generator herauszufließen oder im Turnus von einigen Stunden abgestochen zu werden (Abstichgeneratoren). Wegen des Fehlens oder des nur in beschränktem Umfang zugeführten Dampfes enthält das Gas nur sehr wenig Wasserstoff und Kohlensäure, dafür aber um so mehr Kohlenoxyd. Es eignet sich daher besonders gut für große, mit hoher Kompression betriebene Gasmaschinen.

10. Großgasmaschinen.

Der Bau von Großgasmaschinen stammt eigentlich erst aus dem Anfang dieses Jahrhunderts. Im Verlauf weniger Jahre ist die Großgasmaschine die wichtigste Kraftmaschine der Hüttenwerke geworden. Sie dient heute zum Antrieb von Gebläsen, Dynamomaschinen und Walzenstraßen und wird in der Regel als Tandem- oder Zwillingstandemmaschine ausgeführt.

Die Mehrzahl der Großgasmaschinen arbeitet im Viertakt. Die doppeltwirkenden Zylinder sind von einfacher Form; auch ist jegliche Gußanhäufung vermieden, um die Gefahr einseitiger Wärmespannungen zu vermindern. Das Eigengewicht von Kolben und Kolbenstangen wird vom Kreuzkopf und von besonderen Gleitstücken getragen, eine Anordnung, die für Gasmaschinen besonders wichtig ist, weil sonst infolge des Staubgehaltes von Gas und Luft eine erhebliche Abnützung der Kolben und Zylinder eintreten würde. Die meisten Gasmaschinen besitzen eine kombinierte Quantitäts-Qualitätsregulierung, wobei für den Antrieb von Ein- und Auslaßventil jeder Zylinderseite nur ein einziges Exzenter vorgesehen ist. Bis zu einer gewissen Leistung herunter arbeitet die Maschine mit Qualitätsregulierung, bei weiterem Abnehmen der Belastung mit Quantitätsregulierung. Die Kompression beträgt mit Rücksicht auf möglichst lange Lebensdauer der Maschine höchstens 8—10 at, die höchste Spannung bei der Verbrennung etwa 20 at. Die Zündung erfolgt auf jeder Zylinderseite an zwei oder drei Stellen mittels elektrischer Apparate und einer kleinen Akkumulatorenbatterie; der tägliche Stromverbrauch einer Gasmaschine beträgt nur etwa 30 Ampèrestunden.

Auch das Zweitaktsystem kommt, wenn auch verhältnismäßig selten, für Großgasmaschinen zur Anwendung. Die Zweitaktmaschine ist in Deutschland durch das System von Gebr. Körting vertreten. Ihre Regulierung ist infolge der vorzüglichen Gemischbildung eine sehr gute. Sie hat sich für den Antrieb von Gebläsen sehr gut bewährt, weil sie große Tourenänderungen gestattet, weil sie leicht gegen Belastung anläuft und weil ferner bei den niedrigen Umdrehungszahlen der Gebläse die Ladepumpenarbeit nicht zu groß ausfällt. Die Zweitaktmaschine baut sich kürzer und breiter als die Viertaktmaschine und läßt sich infolgedessen manchmal noch in Räumen unterbringen, für die die Viertaktmaschine zu lang ist.

Anfangs arbeitete die Viertaktmaschine bei Unterschreiten einer gewissen Umdrehungszahl, etwa 40 in der Minute, unsicher. Die heutigen

Viertaktmaschinen werden auch bei weniger als 40 Umdrehungen noch zuverlässig und scharf von der Steuerung beherrscht. Nur muß man bei geringer Umdrehungszahl den Gashahn von Hand drosseln, weil das Gas mit Überdruck, und zwar mit gleichbleibendem, zugeführt wird; andernfalls würde die Maschine zu viel Gas bekommen.

Seit einigen Jahren versucht man durch Anwendung des sog. Spül- und Aufladeverfahrens die Leistung der Großgasmaschinen zu steigern. Hierbei werden die im Kompressionsraum verbleibenden Rückstände durch Luft ausgespült und somit die Ladung der Maschine vergrößert. Die Folge hiervon ist eine Mehrleistung von 30—40%[1]. Wenn man allerdings berücksichtigt, daß ein Teil dieser Mehrleistung in Form von Kompressorarbeit wieder verloren geht, und daß dem verbleibenden Kraftgewinn eine Erhöhung der Kapitalkosten sowie ein umständlicherer Betrieb gegenüberstehen, so leuchtet ein, daß das Spül- und Aufladeverfahren wirtschaftlich nicht viel einbringen kann.

Die größten Gasmaschinen wurden bisher für Hochofengichtgas, d. h. für arme Gase ausgeführt. Man hat heute bei Zwillingstandemanordnung schon Leistungen von 6—7000 PS erreicht. Für Koksofengas sind Maschinen dieser Größe noch nicht im Betrieb, weil bei Koksofengas mit schärferen Zündungen und daher stärkeren Erwärmungen und Beanspruchungen der Maschine zu rechnen ist. Die vorstehend angegebenen Leistungen stellen noch nicht die Grenzwerte dar. Es besteht Aussicht, daß durch Erhöhung der Kolbengeschwindigkeit bzw. Umlaufzahl und durch Anwendung des Spül- und Aufladeverfahrens im Verein mit größeren Zylinderabmessungen die Leistung von Zwillingstandemmaschinen bis auf 10—12000 PS_e erhöht werden wird.

Ein wichtiges Zubehör jeder Großgasmaschinenzentrale ist die Gasreinigungsanlage. Eine sorgfältige Reinigung und Trocknung des Gases ist unbedingte Voraussetzung für einen ungestörten Dauerbetrieb der Gasmaschine. Eine Reinigungsanlage für Hochofengas besteht in der Regel aus einer Reihe von Trockenreinigern und Kühlern bzw. Naßreinigern in Verbindung mit einem oder mehreren Zentrifugalreinigern. Seit einigen Jahren wird auch ein ausschließlich trockenes Reinigungsverfahren angewandt. Man ist heute in der Lage, den Staubgehalt auf 0,01—0,03 g/cbm Gas herunterzudrücken; vgl. S. 256.

Es ist auch schon eine größere Zahl von Großgasmaschinenzentralen mit Generatorgasbetrieb erbaut worden.

11. Verbrennungsmaschinen für Schiffszwecke.

Die Fortbewegung von Schiffen erfolgt heute außer durch Dampfkraft auch durch Verbrennungsmaschinen, insbesondere Hochdruckölmaschinen; und zwar kommen hier hauptsächlich Dieselmaschinen in Betracht, während Glühkopf- und Bronsmotoren höchstens für kleine oder langsam fahrende Schiffe angewendet werden. Die Diesel-

[1] Vgl. „Stahl und Eisen" 1913, S. 1301, sowie Z. d. V. d. I. 1913, S. 1356.

motoren werden aus Plazrücksichten stehend gebaut, ebenso wie die Kolbendampfmaschinen, und zwar teils im Viertakt, teils im Zweitakt arbeitend. Die Umdrehungszahl ist verschieden, je nach Zweck und Größe des Schiffes, und entspricht der bei Kolbendampfmaschinen üblichen.

Der Antrieb durch Dieselmaschinen kommt insbesondere für Unterseeboote, für Flußschiffe sowie Tankschiffe in Betracht.

Die Vorzüge des Dieselmotors für den Schiffsbetrieb lassen sich wie folgt zusammenfassen:

1. geringeres Gewicht;
2. weniger und nicht so anstrengende Bedienung, daher auch weniger Hilfspersonal (allerdings ist hier nicht zu übersehen, daß die Ersparnis durch den Wegfall des Heizerpersonals durch ein größeres und besser bezahltes Maschinenpersonal wieder ausgeglichen wird);
3. stetige Betriebsbereitschaft, ohne daß während des Stillstandes Brennstoff verbraucht wird (die stetige Betriebsbereitschaft ist besonders für Kriegsschiffe sehr wichtig);
4. Wegfall des Rauches, da die Verbrennung in Dieselmotoren eine beinahe vollkommene ist;
5. der Aktionsradius der Schiffe wird vergrößert, weil in dem gleichen Raum mehr Wärmeeinheiten untergebracht werden können, und weil der spezifische Brennstoffverbrauch bei Dieselmotoren wesentlich kleiner ist als bei Dampfmaschinen;
6. die Unterbringung des Brennstoffs ist eine bequemere, d. h. man kann hierfür weniger wertvolle Räume verwenden;
7. die Übernahme von Brennstoff ist wesentlich einfacher; man hat nur eine Leitung anzuschließen und das Treiböl mittels Pumpe in die Tankräume des Schiffes zu drücken;
8. geringere Wärmeentwicklung; dies ist insbesondere wertvoll für Tropengegenden.

In Anbetracht dieser zahlreichen Vorzüge hat man den Dieselmotoren eine große Zukunft für den Antrieb der Schiffsschrauben vorausgesagt. Ob sich jedoch die diesbezüglichen Erwartungen erfüllen werden, ist in der Hauptsache eine Brennstofffrage. Die bis jetzt mit Dieselschiffen gemachten Erfahrungen sind nicht sonderlich günstig ausgefallen, können jedoch immerhin noch nicht als endgültig abgeschlossen gelten[1]). Havarien dürften mit fortschreitender Vervollkommnung der Schiffsdieselmaschinen seltener werden. Auch ist anzunehmen, daß durch Herabsetzung der Gasölpreise, insbesondere aber durch Verwendung von Steinkohlenteeröl die Brennstoffkosten geringer als bei Dampfschiffen ausfallen.

12. Verbrennungsmaschinen für Spezialzwecke.

Hierher gehören die Antriebsmaschinen für Wasserfahrzeuge, Automobile und Flugzeuge; auch Motorlokomotiven und Motorpflüge sind hierher zu rechnen.

[1]) Vgl. Z. d. V. d. I. 1914, S. 683 und 1237.

Für Automobile kommen nur Benzin- oder Benzolmotoren in Betracht, letztere insbesondere dort, wo auf möglichst geringe Brennstoffkosten gesehen wird. Zwecks Gewichtsersparnis arbeiten Automobilmotoren mit hoher Umlaufzahl, 900—1500 in der Minute und darüber. Für Luftfahrzeuge wurden bisher nur Benzinmotoren angewendet. Für den Antrieb von Booten und Schiffen kommen langsamer laufende Benzolmotoren und Hochdruckölmaschinen, wie Glühkopfmotoren, Bronsmotoren und Dieselmotoren, in Betracht; letztere insbesondere für größere Schiffe. Bezüglich der Vorzüge des Dieselmotors für den Schiffsantrieb sei auf den vorhergehenden Abschnitt verwiesen.

Die im vorstehenden erwähnten Motoren arbeiten teils nach dem Viertakt-, teils nach dem Zweitaktverfahren.

Auch für Motorlokomotiven sowie Motorpflüge werden langsamer laufende Flüssigkeitsmaschinen oder gegebenenfalls Hochdruckölmaschinen verwendet. Motorlokomotiven kommen für Feldbahnen, Grubenbahnen sowie für kleinere Rangieranlagen in Betracht. Vor einigen Jahren wurden sogar Versuche mit einer Schnellzuglokomotive gemacht, die mit Dieselmaschinen betrieben wird[1]).

13. Gas-Verbrennungsturbinen.

Häufig wird die Gas-Verbrennungsturbine als das Ideal der Verbrennungskraftmaschinen bezeichnet. Bei der Verbrennungsturbine soll, in gleicher Weise wie bei der Wasser- und Dampfturbine, die Explosionskraft des Gases direkt in drehende Bewegung umgesetzt werden, so daß alle hin- und hergehenden Teile sowie das Kurbelgetriebe in Wegfall kommen. Bis jetzt ist es jedoch trotz zahlreicher Patente und Experimente nicht gelungen, eine brauchbare Lösung für die Verbrennungsturbine zu finden. Die Hauptschwierigkeit besteht in der Beherrschung der sich ergebenden hohen Temperaturen; es gibt kein Konstruktionsmaterial, das bei den auftretenden Temperaturen seine Festigkeit in genügendem Maße bewahrt. Während beim gewöhnlichen Verbrennungsmotor die höchste Temperatur nur kurze Zeit wirksam ist, sind die Düsen sowie die Leit- und Laufradteile einer Verbrennungsturbine im Vergleich zur Dampfturbine hohen, bis jetzt unbekannten Temperaturen ausgesetzt. Wollte man aber diese hocherhitzten Teile mittels Wasser kühlen, ähnlich wie den Zylinder und den Kompressionsraum bei Verbrennungsmotoren, so würden dadurch erhebliche Wärmeverluste entstehen.

Bei den bis jetzt angestellten Versuchen hat die Verbrennungsturbine auch in wirtschaftlicher Hinsicht nicht befriedigt; ihr Wirkungsgrad erreichte nicht entfernt den der Verbrennungsmotoren. Dies hängt unter anderem damit zusammen, daß der Kompressor zum Verdichten des Gemisches oder die Zubringepumpen einen großen Teil der geleisteten Arbeit wieder aufzehren. Auch ist zu berücksichtigen,

[1]) Vgl. den Aufsatz „Die erste Thermo-Lokomotive“, Z. d. V. d. I. 1913, S. 1325ff.

daß praktisch mit Rücksicht auf die Haltbarkeit der Schaufeln nur niedere Explosionsdrücke zulässig sind, wodurch das ausnützbare Wärmegefälle und damit auch der thermische Wirkungsgrad geringer ausfallen als bei Kolbenmaschinen, die mit wesentlich höheren Verdichtungsdrücken betrieben werden.

Es sind Bestrebungen im Gange, den Explosionsdruck von Gasen indirekt in der Weise nutzbar zu machen, daß die Energie der hochgespannten Gase auf Wasser übertragen wird, das seinerseits zum Antrieb von Wasserturbinen dient (indirekt wirkende Gasturbine).

Kraftanlagen mit Nebenbetrieben.

Der verschärfte Wettbewerb auf allen Gebieten menschlichen Schaffens hat dazu geführt, daß die sich in Gewerbe- und Fabrikbetrieben ergebenden Abfälle heute nicht mehr vernichtet oder achtlos beiseite geworfen werden, wie dies früher üblich war. Man hat sich daran gewöhnt, in allem sparsamer zu wirtschaften und solche Abfälle in weitestgehendem Maße nutzbringend zu verwerten. Es sind ganze Industriezweige entstanden, die sich ausschließlich mit der Verarbeitung von Abfallprodukten befassen. Auch bei der Krafterzeugung aus Wärme ergibt sich wegen der mit jeder Energieumwandlung verbundenen Verluste ein Abfallprodukt, nämlich Abwärme. Es liegt nicht allein im Interesse des einzelnen, sondern mit Rücksicht auf unsere abnehmenden Brennstoffvorräte auch im Interesse der gesamten Volkswirtschaft, diese Abwärme möglichst restlos auszunützen. Wärmekraftmaschinen sind demnach heute nicht mehr als ein bloßes Mittel zur Krafterzeugung zu betrachten, wie in früheren Jahren, sondern auch als Mittel zur gleichzeitigen Wärmeerzeugung.

14. Kraftbetriebe mit Abwärmeverwertung. Heizkraftwerke.

Nachstehend sei nur von der Verwendung der Maschinenabwärme zu Heizzwecken die Rede. Bezüglich der Kraftgewinnung aus Abwärme sei auf die Ausführungen S. 16 und S. 126 u. 141 verwiesen.

In vielen Betrieben, wie Brauereien, Zuckerfabriken, Papierfabriken, Schlachthofanlagen, chemischen Fabriken aller Art, Ziegeleien, Brikettfabriken, Wasch- und Badeanstalten usw. wird außer Kraft auch sehr viel Wärme zu Heizzwecken u. dgl. benötigt. Hier bietet sich besonders bei Dampfmaschinen in dem Abdampf ein bequemes Mittel zur Deckung des Wärmebedürfnisses. Je weitgehender hierbei die Maschinenabwärme ausgenützt wird, desto mehr verringert sich der auf die Maschine selbst entfallende Wärmeverbrauch. Dampfmaschinen, Gasmaschinen usw. sind deshalb in erster Linie als Heizkraftmaschinen zu betrachten.

Die Verwendung von Maschinendampf zu Heizzwecken erfolgte erst zu Anfang dieses Jahrhunderts in größerem Maßstabe. Offenbar hing dies mit der Einführung der Diesel- und Sauggasmotoren zusammen, welche anfangs die Dampfmaschinen auf allen Gebieten zu verdrängen drohten. Die im Abdampf einer Maschine enthaltene Wärme ist nur um den Wärmewert der indizierten Arbeit sowie um einen auf die Strahlungsverluste entfallenden Wärmebetrag kleiner als die Frischdampfwärme. Der Abdampf enthält demnach noch den weitaus größten Teil der Frischdampfwärme, etwa 80—90%, je nach dem Dampfverbrauch der Maschine. Durch Verwertung der im Maschinenabdampf

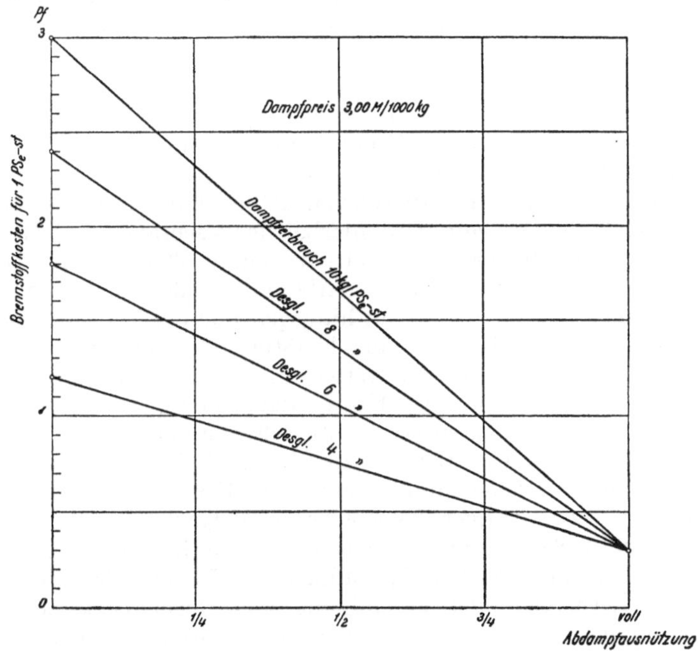

Fig. 4. Einfluß der Abdampfausnützung auf die Brennstoffkosten von Dampfkraftmaschinen bei verschiedenem Dampfverbrauch, unter Zugrundelegung eines Dampfpreises von 3 M/1000 kg.

enthaltenen Wärme vermindern sich die Brennstoffkosten der Kraft um den vollen Wert der nutzbar gemachten Abwärme; vgl. Fig. 4. Die Dampfmaschine spielt bei dieser Art der Betriebsführung gewissermaßen die Rolle eines arbeitverrichtenden Drosselorgans (für Verbrennungsmaschinen gilt dasselbe). Daraus ergibt sich ohne weiteres, daß die kombinierte Kraft- und Wärmeerzeugung im allgemeinen wirtschaftlicher ist als Kondensationsbetrieb mit getrennter Heizdampferzeugung.

Man unterscheidet Heizen mit Abdampf, und zwar mit Auspuffdampf oder mit Vakuumdampf, und Heizen mit Zwischendampf. Beim Heizen mit Auspuffdampf kann man z. B. Wasser auf Temperaturen bis 90° C. und darüber erwärmen. Wo es sich um die Erzeugung warmen Wassers von nur 40—50° C handelt, genügt Vakuumdampf.

Die Vereinigung einer Kondensationsmaschine mit einer Vakuumheizung ergibt die beste Gesamtausnützung, vorausgesetzt daß der Dampfverbrauch der Heizung kleiner ist als der Dampfverbrauch der Maschine.

In Fällen, in denen Vakuumdampf wegen seiner niedrigen Temperatur nicht in Betracht kommt, entsteht bei geringem Wärmebedarf die Frage, ob hierfür Abdampfheizung am Platze ist. Werden weniger als 25% des Maschinenabdampfes zu Heizzwecken ausgenützt, so empfiehlt sich im allgemeinen Betrieb mit Kondensation und getrennte Deckung des Heizbedürfnisses durch Frischdampf. Eine Kondensationsmaschine verbraucht nämlich etwa 25% weniger Dampf als eine Auspuffmaschine. Ist hingegen der Bedarf an Heizdampf größer als der Unterschied im Dampfverbrauch bei Kondensations- und Auspuffbetrieb, so ist Auspuffbetrieb mit Abdampfverwertung wirtschaftlicher als Kondensationsbetrieb mit Frischdampfheizung.

Nicht selten muß der benötigte Heizdampf von höherer als atmosphärischer Spannung sein. In solchen Fällen kann ebenfalls mit Abdampf geheizt werden, nur wird hierbei der Verbrauch der Maschine, entsprechend dem höheren Gegendruck, ein größerer sein. Dies ist jedoch ohne Belang, sofern für den Abdampf volle, oder doch nahezu volle Verwendung besteht. Wenn hingegen nur ein Teil des gesamten Maschinendampfes zu Heizzwecken benötigt oder nur zeitweise Heizdampf gebraucht wird, so ist das Heizen mit Zwischendampf demjenigen mit Abdampf vorzuziehen. Da Kraft- und Abdampfbedarf selten miteinander übereinstimmen, so ist die Zwischendampfentnahme nicht zu umgehen, wenn sich der Betrieb an alle Verhältnisse anpassen soll. Das Heizen mit Zwischendampf kommt bei Kolbenmaschinen nur für Maschinen mit zweistufiger Expansion in Betracht. Die Dampfentnahme erfolgt hierbei zwischen Hoch- und Niederdruckzylinder aus dem Aufnehmer; vgl. auch S. 278. Maschinen für Zwischendampfentnahme stellen gewissermaßen eine Vereinigung von Gegendruck- und Kondensationsmaschine dar. Die Grenzfälle, zwischen denen sich ihr Dampfverbrauch bewegt, sind daher der Dampfverbrauch der Gegendruckmaschine und derjenige der Kondensationsmaschine.

Neben Kolbenmaschinen verwendet man für Anlagen mit gemischtem Energiebedarf mit Rücksicht auf den nahezu ölfreien Abdampf sehr gern auch Dampfturbinen, und zwar sowohl in der Form von Auspuff- und Gegendruckturbinen, als auch Anzapfturbinen; vgl. S. 16.

Durch kombinierte Kraft- und Wärmeerzeugung läßt sich bei Dampfkraftanlagen eine Gesamtwärmeausnützung des Brennstoffs bis nahezu 80% erreichen; die Verluste lassen sich demnach ungefähr auf diejenigen in der Kesselanlage beschränken. Ohne Abdampfverwertung werden gemäß Zahlentafel 15, S. 94, nur 6—18% der Brennstoffwärme ausgenützt.

Auch bei Verbrennungsmaschinen bietet sich in den Auspuffgasen und im Kühlwasser ein Mittel zur Gewinnung von Abwärme. Das Kühlwasser verläßt die Maschine mit Temperaturen von 40—80° C, je nach Maschinengröße und Maschinensystem. Da das Wasser beim Durchströmen der Kühlräume keinerlei Verunreinigung erfährt, so kann es ohne weiteres auch zu Gebrauchs- und Fabrikationszwecken Verwendung finden, vorausgesetzt, daß keine höheren Temperaturen erforderlich sind.

Die Auspuffgase verlassen den Motor bei voller Belastung mit Temperaturen von 400—600° C. Sie werden am besten zur Heißwasser- oder Dampferzeugung ausgenützt. Der erzeugte Dampf kann zur Herstellung destillierten Wassers oder zu Heizzwecken Verwendung finden. Auf Grund von Versuchen und Betriebserfahrungen hat sich ergeben, daß bei Normalbelastung des Motors aus den Abgasen etwa 300 bis 500 WE/PS_e-st zur Dampf- oder Heißwassererzeugung gewonnen werden können. Wird hierbei das Kühlwasser des Motors verwendet, so kann man auf eine Gesamtausnützung des Brennstoffs bis etwa 80% kommen; meist begnügt man sich jedoch mit einer Ausnützung von 50—60%.

Bisweilen sind in der Literatur höhere Ziffern für die Abwärmegewinnung angegeben als vorstehend. Diese beziehen sich aber gewöhnlich auf teilweise belastete Motoren. Je geringer nämlich die Belastung ist, desto höher wird der spezifische Brennstoffverbrauch, desto größer fällt also der verhältnismäßige Abwärmegehalt der Auspuffgase aus.

Die Ausnützung der Auspuffgase zur direkten Lufterwärmung wäre zwar an sich billig, kommt jedoch für die Heizung bewohnter Räume nicht in Betracht, weil die Temperatur der als Heizkörper dienenden Auspuffrohre vom hygienischen Standpunkt aus unzulässig hoch wird.

Naturgemäß beschränkt sich die Abwärmeverwertung von Kraftanlagen nicht allein auf Gewerbe- und Fabrikbetriebe; sie kommt auch für Elektrizitätswerke in Betracht. Durch deren Ausbau zu Heizkraftwerken lassen sich gewaltige, sonst nutzlos verlorene Abwärmemengen zu Zwecken der Städteheizung gewinnen. Die zentrale Beheizung und Warmwasserversorgung ganzer Stadtteile hat außer dem wirtschaftlichen Vorteil, der in der gegenseitigen Ergänzung von Licht- und Heizwerk liegt, noch den Vorzug der Annehmlichkeit und Hygiene. Allerdings dürfte sich bei abseits liegenden Überlandwerken die Angliederung eines Fernheizwerkes meistens nicht als zweckmäßig erweisen, weil die Fortleitung der Wärme auf große Entfernungen zu hohe Anlage- und Betriebskosten erfordert. Dagegen käme der Ausbau zum Heizkraftwerk dort in Betracht, wo das Elektrizitätswerk innerhalb oder doch in nächster Nähe größerer Städte gelegen ist. Der Nachteil, daß bei zentraler Lage des Elektrizitätswerkes die Kohle durch die Stadt zu transportieren ist, ließe sich dadurch beheben, daß der Brennstoff in einer außerhalb der Stadt liegenden Generatoranlage mit Nebenproduktengewinnung vergast wird. Gasförmiger Brennstoff läßt sich auch auf größere Entfernungen bequem und billig fortleiten. Die so entstehende Vereinigung von Gaswerk, Kraftwerk und Heizwerk dürfte sowohl in wirtschaftlicher als auch in städtepolitischer Hinsicht von nicht zu unterschätzender Bedeutung sein, weil dadurch nicht allein der Bedarf der Industrie an Kraft, Heizung und Warmwasser, sondern auch derjenige an billigem Heizgas zum Betrieb von Lötanlagen, Härteöfen, Trockenöfen usw. gedeckt und gleichzeitig die Belästigung durch Rauch und Ruß auf ein Mindestmaß herabgesetzt werden könnte.

15. Kraftbetriebe mit Nebenproduktengewinnung.

Für große Kraftanlagen kann sich die Vergasung des Brennstoffes schon deswegen empfehlen, weil alsdann die Möglichkeit besteht, wertvolle Nebenprodukte zu gewinnen. Dies sind der in der Kohle enthaltene Stickstoff und der Teer. Die Nebenproduktengewinnung hat, wie die Erfahrungen des Weltkrieges gelehrt haben, gerade für Deutschland ein erhöhtes Interesse.

Die Menge des in der Kohle enthaltenen Stickstoffs schwankt von 0,3% bei Braunkohlen bis etwa 1,5% bei den westfälischen Gasflammkohlen. Von dem im Mittel etwa 1% betragenden Stickstoffgehalt der Kohle lassen sich bis zu 80% in Form von schwefelsaurem Ammoniak gewinnen, das vorwiegend als Düngemittel an Stelle des Chilesalpeters verwendet wird. Der abfallende Teer zeichnet sich — bei niedriger Temperatur, als sog. Tieftemperaturteer, und in entsprechend eingerichteten Generatoren gewonnen — durch seinen verhältnismäßig hohen Wasserstoffgehalt aus und nähert sich, sofern es sich um Steinkohlenteer handelt, hinsichtlich seiner Zähflüssigkeit in manchen Fällen dem dünnen Teer der Vertikal- und Kammeröfen der Leuchtgasanstalten. Er eignet sich daher — außer für die Verarbeitung in chemischen Fabriken und Teerdestillationen auf Schmieröle — für Kessel- und sonstige Feuerungen, unter Umständen auch für den Betrieb von Dieselmotoren. Die Gewinnung von Nebenerzeugnissen erscheint allerdings nur dort wirtschaftlich, wo es sich um große, möglichst dauernd betriebene Anlagen handelt, und wo ein billiger Brennstoff sowie billiger Dampf zur Verfügung stehen. Generatoren für Nebenproduktengewinnung brauchen mehr Dampf als gewöhnliche; vgl. S. 411. Außerdem ist auch sonst noch Dampf erforderlich. Je nach Preis und Zusammensetzung des Brennstoffs kann der Erlös aus dem schwefelsauren Ammoniak und dem Teer den größten Teil der Brennstoffkosten decken.

Ob sich eine Kohle für die Gewinnung von Nebenerzeugnissen eignet, ist vor allem eine Gaserzeugerfrage. Selbst bei niedrigem Preis und hohem Stickstoffgehalt des Brennstoffes ist ein wirtschaftlicher Betrieb nicht zu erreichen, wenn sich infolge schlechten Ganges des Gaserzeugers kein oder doch nur wenig Ammoniak bei der Vergasung bildet, oder wenn das entstandene Ammoniak im Gaserzeuger wieder zu Stickstoff und Wasserstoff zerfällt. Anderseits erfordern minderwertige und stark backende Kohlen selbst bei mechanischer Entfernung der Asche und Schlacke durch Drehroste oder andere Einrichtungen zuweilen so viel Nachhilfe von Hand, daß die Kosten der Bedienung einen sehr großen Teil des Erlöses aus dem Verkauf der Nebenerzeugnisse wieder aufzehren.

Das erzeugte Gas kann man entweder in Gasmaschinen oder in Kesselfeuerungen ausnützen. Letzteres erscheint freilich weniger vorteilhaft, da man bei vorheriger Vergasung der Kohle infolge der Gewinnung von Nebenerzeugnissen etwa 33—35% an Heizkraft einbüßt und außerdem Dampf für den Gaserzeuger, zum Einkochen der Sulfatlauge und für die Hilfsmaschinen (Gebläse, Pumpen usw.) gebraucht, so daß über 50% mehr Brennstoff zur Erzeugung einer bestimmten Dampfmenge erforderlich sind, als bei unmittelbarer Verfeuerung der Kohle unter dem Dampfkessel. Dazu kommen noch die verhältnismäßig hohen Kosten für die Gaserzeugeranlage.

Anders wenn man das Gas zum Betriebe von Gasmaschinen verwendet. Hier treten durch den Wegfall der Dampfkessel und ihrer Verluste, durch den höheren thermischen Wirkungsgrad der Gasmaschinen und durch die Möglichkeit, den für die Gaserzeuger, die Hilfsmaschinen usw. erforderlichen Dampf aus der Auspuffwärme der Gasmaschinen zu erzeugen, so wesentliche Ersparnisse gegenüber dem Dampfbetrieb ein, daß sich die mit der Gewinnung von Nebenerzeugnissen verbundenen Mehrkosten erheblich besser bezahlt machen.

Ein weiterer Umstand, der für das vorherige Vergasen des Brennstoffes sprechen kann, ist die Vermeidung von Rauch und Ruß.

Mit der Nebenproduktengewinnung beschäftigt sich eine Reihe von Firmen. Augenblicklich jedoch liegen die Verhältnisse noch so, daß es — wenigstens in Deutschland — nur wenige Brennstoffe von genügendem Stickstoffgehalt gibt, die bei Vergasung unter Nebenproduktengewinnung ein wirtschaftliches Gesamtergebnis liefern, bei denen also der Erlös aus dem Verkauf des Ammoniumsulfats und des Teers die hohen Anlagekosten und die Kosten des umständlicheren Betriebes deckt. Es gibt zwar bei uns zahlreiche billige Kohlensorten; das Herausholen der wertvollen Nebenprodukte ist aber bei der Mehrzahl von ihnen noch immer mit Schwierigkeiten verknüpft. In erster Linie ist hieran der Generator schuld.

Wenn man in Zeitschriften häufig über die günstigen Betriebsergebnisse der englischen Mondgasanlagen liest, so darf man hierbei nicht vergessen, daß diese Ergebnisse wegen der Verschiedenheit deutscher und englischer Kohlen nicht ohne weiteres auf deutsche Verhältnisse zu übertragen sind. Unter Mondgasanlagen sind die nach dem System von Ludwig Mond ausgeführten Generatoranlagen mit Nebenproduktengewinnung zu verstehen. Die Frage der Wirtschaftlichkeit spielt nur dann keine entscheidende Rolle mehr, wenn es sich, wie in Kriegszeiten, um höhere vaterländische Interessen handelt.

Inwieweit die Wirtschaftlichkeit der Nebenproduktengewinnung allenfalls dadurch beeinträchtigt wird, daß durch die neuerdings mehr und mehr zur Einführung kommenden Luftstickstoffgewinnungsanlagen der Wert des Ammoniumsulfats herabgedrückt wird, läßt sich zurzeit noch nicht überblicken. Für jetzt und für die nächste Zeit ist jedenfalls die Nachfrage der Landwirtschaft nach künstlichen Düngemitteln stärker als das Angebot.

Günstige Aussichten für die Nebenproduktengewinnung eröffnen sich, wie schon heute vorauszusehen ist, für Eisenhüttenwerke (Stahlwerke, Walzwerke). Hier liegen insofern anders geartete Verhältnisse vor, als einesteils für den Betrieb der Schmelz-, Wärme- und Glühöfen ohnedies Generatoren erforderlich sind und andernteils in der Abhitze der Öfen ein bequemes Mittel zur billigen Erzeugung des erforderlichen Dampfes gegeben ist. Auch liegen bei Hüttenwerksbetrieben günstige Belastungsverhältnisse vor. Da die Nebenproduktenanlage zugleich als Reinigung wirkt, so kann man mit dem Gas gleichzeitig Gasmaschinen betreiben.

16. Krafterzeugung aus Abfallprodukten, insbesondere Müll.

Besonders günstig stellen sich die Kosten der Krafterzeugung dort, wo billige Abfallprodukte, wie Schlammkohle, Rauchkammerlösche, Koksklein, Stroh, Schilf, Sägespäne, Holzabfälle, Borke, Lohe, Müll usw. zur Verfügung stehen. Auch das Hochofen- und Koksofengas sowie das Teeröl sind hierher zu rechnen. Die letztgenannten Nebenprodukte werden meist unmittelbar in Verbrennungsmaschinen ausgenützt, während die zuerst erwähnten in besonderen Feuerungskonstruktionen, allenfalls mit Kohlen gemischt, verbrannt und zum Heizen von Dampfkesseln nutzbar gemacht werden, sofern man es nicht vorzieht, sie in Generatoren zu vergasen, wie z. B. Rauchkammerlösche und Koksklein.

Was das Müll betrifft, so besteht dieses aus Hauskehricht, d. h. Speiseabfällen, Herdrückständen, Papier, Lumpen, Knochen usw. Der Müllanfall für den Kopf der Bevölkerung ist verschieden, je nach der Größe der betreffenden Stadt. Bei den meisten Städten beträgt er etwa $^1/_2$ kg in 24 Stunden, wobei jedoch vorausgesetzt ist, daß sämtliches Müll abgeliefert wird. In der Regel wird das Müll nach außerhalb liegenden Feldern gefahren und dort abgelagert. Da dies jedoch bei Städten mit rascher Bevölkerungszunahme mancherlei Schwierigkeiten verursacht und zudem in hygienischer Beziehung nicht einwandfrei ist, so hat man schon vielfach zu dem Mittel der Müllverbrennung gegriffen. Die Müllverbrennung ging von England aus und ist in diesem Lande noch heute am meisten verbreitet. Die erste Müllverbrennungsanlage in Deutschland wurde in Hamburg, und zwar nach englischem System erbaut. Da das englische Müll wesentlich besser ist als das deutsche, so machte man mit der Hamburger Anlage keine guten Erfahrungen. Damit mag es zusammenhängen, daß man bei uns der Müllverbrennung anfangs, zum Teil sogar noch heute, mit einem gewissen Mißtrauen gegenüberstand.

Während in England das Hauptgewicht auf die Beseitigung des Mülls gelegt wird, verlangt man in Deutschland gleichzeitig auch wirtschaftliche Vorteile von der Müllverbrennung. Nachdem man eingesehen hatte, daß die Müllverbrennung vorwiegend vom Standpunkt der Feuerungstechnik aus zu lösen ist, und nachdem man die Ofenkonstruktionen der Beschaffenheit des deutschen Mülls angepaßt hatte, machte man in Deutschland bessere Erfahrungen mit den Müllverbrennungsanlagen. Insbesondere war es das Verdienst der Müllverbrennungsgesellschaft m. b. H., System Herbertz, in Köln (jetzt Müllverbrennungsgesellschaft m. b. H. Vesuvio in München), durch Herstellung verbesserter Ofenkonstruktionen die Einführung der Müllverbrennung in Deutschland wesentlich gefördert zu haben.

Die bei der Müllverbrennung gewonnene Wärme kann zur Dampferzeugung und zum Betrieb von Dampfmaschinen nutzbar gemacht werden. Man kommt durchschnittlich auf eine einfache Verdampfung, d. h. aus 1 kg Müll vermag man 1 kg Dampf zu erzeugen. Je besser die Beschaffenheit des Mülls ist, desto größer ist naturgemäß die Wärmeausbeute. Wo viele Fabrikbetriebe sind, ist im allgemeinen ein gutes Müll vorhanden; desgleichen ist das Müll von Städten, in denen Steinkohle gebrannt wird, wesentlich besser als das von Städten, die Braunkohlen verfeuern. Die Asche der Braunkohle versetzt nämlich die Zwischenräume des Mülls derart, daß dadurch der Verbrennungsprozeß ungünstig beeinflußt wird. Für Städte mit sogenanntem Braunkohlenmüll ist deshalb eine Sortierung des Mülls, bei der die Braunkohlenasche entfernt wird, vorteilhaft; allerdings rentiert sich dies nur für große Städte.

Da bei der Müllverbrennung etwa 50% des Müllgewichtes als Schlacken anfallen, so muß man auf eine nutzbringende Verwertung der Schlacken Rücksicht nehmen. Die Frage der Schlackenverwertung ist für die Müllverbrennung von höchster Bedeutung; wo eine Schlackenverwertung nicht möglich oder nicht wirtschaftlich erscheint, ist im allgemeinen auch die Müllverbrennung nicht am Platze. Anfänglich glaubte man, die Schlacken zum Straßenoberbau sowie für Gehsteige verwenden zu können. Jedoch hat sich die Schlacke infolge der starken Staubbildung hierfür nicht bewährt. Auch zur Herstellung von Beton ist die Schlacke nicht ohne weiteres vorteilhaft anzuwenden, da es hierbei notwendig ist, daß sie zerkleinert und sortiert wird. Dies verursacht Kosten und zudem nützen sich die Zerkleinerungsmaschinen infolge der großen Härte der Schlacke sehr stark ab. Auch das Schmelzen und nachträgliche Granulieren der Schlacke hat sich nicht bewährt, da die unschmelzbaren Bestandteile allmählich den Ausfluß verstopften.

Man zieht heute vielfach nach D.R.P. 249575 die Schlackenkuchen ganz oder in möglichst großen Stücken heraus und läßt sie in Wasser fallen; hierdurch zerfallen sie; eine weitere Zerkleinerung der Schlacke findet mittels mechanischer Rührvorrichtung oder mit Hilfe von Brechwerken statt. Die gebrochene Schlacke wird alsdann zur Herstellung von Beton verwendet. Die Herstellung von Mauersteinen aus Müllschlacke ist meines Wissens der Herbertz-Gesellschaft technisch gut gelungen; ein wirtschaftlicher Erfolg ist allerdings nur da zu erwarten, wo der Preis von gewöhnlichen Mauerziegeln nicht unter etwa 19 M. für das Tausend frei Baustelle liegt; vgl. auch die Ausführungen über Schlackenverwertung S. 377.

Zur Verbrennung des Mülls bedarf es einer mit künstlichem Zug betriebenen Vorfeuerung, die aus Bedienungsrücksichten in einzelne Verbrennungskammern geteilt ist. Der Rost ist von besonderer Konstruktion und wird häufig durch eine hohle eiserne Platte mit Düsen ersetzt. Am besten hat sich in Verbindung mit der Müllverbrennung der Wasserrohrkessel bewährt, wobei sich zur besseren Ausnützung der Rauchgase der Einbau eines Überhitzers und Rauchgasvorwärmers empfiehlt. Man hat jedoch auch schon Heizrohrkessel verwendet; vgl. z. B. die Beschreibung einer Müllverbrennungsanlage, System Humboldt, Z. d. V. d. I. 1913, S. 1346ff. Wichtig ist, daß der Weg der Rauchgase vom Rost bis zum Kessel möglichst klein gehalten wird, damit die Rauchgase keine zu starke Abkühlung erfahren. Außerdem muß zwischen Rost und Kessel ein Aschenfänger zur Abscheidung der in großer Menge entstehenden Flugasche vorgesehen sein.

Das Müll sollte nicht zu lange lagern, da hierbei eine teilweise Verwesung bzw. Verfaulung, d. i. eine langsame Selbstverbrennung stattfindet, wodurch seine Heizkraft verringert wird. Hauptererfordernisse für eine rationelle Müllverbrennung sind außerdem:

1. bequeme Anfuhr und Lagerung des Mülls;
2. bequeme Beschickung der Öfen, am besten mittels mechanischer Greifer o. dgl.;
3. möglichst einfache und rasche Entfernung der Schlackenkuchen, etwa auf Rollwagen, damit das Bedienungspersonal möglichst wenig durch Gase und Rauch belästigt wird.

Die Erfüllung dieser Bedingungen ist sehr wichtig, damit man ein Mindestmaß an Bedienung nötig hat. Bei den großen Müll- und Schlackenmengen, um die es sich hier handelt, fallen die Ausgaben für Bedienung erheblich ins Gewicht.

Wasserkraftanlagen.

17. Allgemeines über Wasserkraftanlagen.

Die Ausnützung größerer Wasserkräfte wurde erst durch die Einführung der Turbinen ermöglicht. Eine der ersten Turbinenanlagen ist die im Jahre 1837 von Fourneyron in St. Blasien im badischen Schwarzwald ausgeführte Anlage, der das Wasser durch ein Druckrohr mit einem Gefälle von 108 m zugeführt wurde. Diese Fourneyronturbine wurde lange Zeit als ein Wunder der Ingenieurkunst angestaunt.

In der Folge trat eine lebhafte Entwicklung der verschiedenen Turbinensysteme ein. Trotz der Fortschritte im Turbinenbau machte sich jedoch mit der Entwicklung der Dampfmaschinen in den 70er und 80er Jahren des vergangenen Jahrhunderts ein Rückschritt in der Verwendung von Wasserkräften bemerkbar. Nicht selten betrachtete man damals die an den Ort gebundene Wasserkraftanlage als altmodisch und rückständig. Der Bau von Turbinenanlagen im großen Stil setzte erst mit dem Jahre 1891 ein, wo gelegentlich der

Frankfurter Ausstellung die erste größere Kraftübertragung mit Hilfe der Elektrizität ausgeführt wurde. Durch die elektrische Kraftübertragung war die Möglichkeit gegeben, auch solche Wasserkräfte nutzbar zu machen, die infolge ihrer Lage eine Ausnützung an Ort und Stelle unmöglich oder unwirtschaftlich erscheinen ließen. Wenn so die Elektrotechnik das Anwendungsgebiet der Wasserkraftmaschinen erheblich erweiterte, so steigerte sie anderseits die an dieselben gestellten Forderungen bezüglich Ruhe des Ganges und Regulierfähigkeit.

Die Forderung guter Regelbarkeit erfüllt am besten die Francisturbine und das Becherrad; erstere wird vor allem bei kleinen und mittleren Gefällen, letzteres bei hohen Gefällen und kleinen Wassermengen angewendet. Beide Turbinen sind amerikanischen Ursprungs, wurden jedoch in erster Linie in Europa, insbesondere in Deutschland durchgebildet.

Bei der neuzeitlichen Ausnützung von Wasserkräften geht man darauf aus, die Leistung der Maschineneinheiten zu steigern und dabei große Schluckfähigkeit der Turbinen und hohe spezifische Umlaufzahlen zu erreichen. Die bis heute gebauten größten Einheiten haben 16 000 bis 19 000 PS[1]). Dabei werden immer höhere Gefälle ausgenützt, die zu bedeutenden Geschwindigkeiten und Drücken des Wassers in den Rohrleitungen und Turbinen führen. Das größte bis jetzt ausgenützte Gefälle von 1650 m besitzt das Elektrizitätswerk Fully im Wallis. Bei derartig hohen Gefällen werden naturgemäß an die Formgebung und die Baustoffe sowie an die Regelung der Turbinen und die Beherrschung der in Bewegung befindlichen Wassermassen außerordentlich hohe Anforderungen gestellt.

Die Frage der Nutzbarmachung der Wasserkräfte steht in allen Kulturländern im Mittelpunkt des öffentlichen Interesses. Auch in Deutschland ist man, in Erkenntnis des hohen volkswirtschaftlichen Wertes der Wasserkräfte, eifrigst bemüht, sie in großzügiger und wirtschaftlicher Weise auszubeuten.

Nachdem die technische und wirtschaftliche Möglichkeit der elektrischen Übertragung und Verteilung von Energie nachgewiesen war, stieg der Wert der Wasserkräfte. Diese wurden nunmehr von ihrer örtlichen Gebundenheit frei und den Dampf- und Gasmaschinen gleichwertig. Dies schließt jedoch nicht aus, daß ein großer Teil der Wasserkräfte direkt an Ort und Stelle zu elektrochemischen und elektrometallurgischen Zwecken ausgenützt wird. Es sei in dieser Hinsicht nur auf die Gewinnung des Kalzium-Karbids und des Aluminiums sowie auf die künstliche Erzeugung von Kalkstickstoff aus dem Stickstoff der Luft (als Ersatz für den Chile-Salpeter) hingewiesen. Alle diese Verfahren erfordern große Mengen elektrischer Energie und sind deshalb nur dort rentabel, wo große und billige Wasserkräfte zur Verfügung stehen.

Die zunehmende Vervollkommnung der Wärmekraftmaschinen hat dazu geführt, daß die Wasserkräfte etwas in Mißkredit gekommen sind.

---

[1]) Vgl. Z. d. V. d. I. 1910, S. 994 und 1913, S. 673.

Daran mag allerdings zum Teil auch der Umstand schuldig sein, daß deren Ausbau in vielen Fällen zu planlos erfolgte, und daß über die Verwendung der Elektrizität bei Überlandzentralen häufig ganz falsche Voraussetzungen über den Stromverbrauch gemacht wurden. Man berechnete vielfach den Wert der Wasserkraft danach, wieviel Kilowattstunden jährlich erzeugt werden können, anstatt die Absatzmöglichkeit genau zu prüfen. Nicht zuletzt wirkten auch die erheblichen Kostenüberschreitungen, die sich beim Bau größerer Wasserkraftanlagen fast regelmäßig einstellten, sehr ungünstig.

Durch den Weltkrieg haben die Wasserkräfte wieder bedeutend an Wertschätzung gewonnen, da sie nicht wie die Wärmekraftanlagen von den Gewinnungs- und Transportverhältnissen der Brennstoffe abhängig sind. Eine gewisse Förderung der Wasserkraftanlagen dürften auch die Bestrebungen, wichtigere Flußläufe zu kanalisieren, zur Folge haben, insofern als sich durch gleichzeitige Ausnützung der Staustufen für Schiffahrts- und Kraftzwecke eine wirtschaftlich günstigere Lösung erreichen läßt. Die Ausführung von Flußstauanlagen begünstigt in vielen Fällen die Schiffbarkeit der Flüsse.

18. Wasserkraftmaschinen.

Man unterscheidet Wasserräder, Turbinen und Wassersäulenmaschinen. Die letzteren, oft kurz Wassermotoren genannt, ähneln in Bauart und Wirkungsweise der Dampfmaschine. Bei dem hohen Wasserpreise der meisten Städte stellt sich der Betrieb von Wassermotoren ziemlich teuer, weshalb sie heute nur noch ausnahmsweise verwendet werden.

Die Wasserräder lassen sich einteilen in unterschlächtige, mittelschlächtige und rückenschlächtige sowie oberschlächtige Räder. Je größer das vorhandene Gefälle ist, desto höherschlächtiger wählt man das Rad. Infolge der geringen Umfangsgeschwindigkeit der Wasserräder ist ihre minutliche Umdrehungszahl sehr klein und liegt etwa zwischen 3 und 8. Da die meisten Arbeitsmaschinen höhere Umdrehungszahlen verlangen, so muß durch Anwendung von Rädervorgelegen eine Übersetzung ins Schnelle stattfinden. Heute werden Wasserräder nur noch verhältnismäßig selten angewendet, nämlich dann, wenn es sich um die Verarbeitung kleinerer, sehr stark veränderlicher Wassermengen handelt, und vor allem, wenn ein oberschlächtiges Rad Verwendung finden kann. Weiterhin wendet man Wasserräder an, wenn es sich um den Antrieb langsam laufender Arbeitsmaschinen, wie Stampf- und Hammerwerke, handelt, oder wo das Wasser viele Verunreinigungen mit sich führt. Das Wasserrad verträgt diese immerhin leichter als eine Turbine.

Im übrigen bevorzugt man heute in der Regel Turbinen, und dies mit Recht, da sie dem Wasserrad gegenüber eine Reihe von Vorzügen besitzen. Wenn auch zuzugeben ist, daß gute Wasserräder das gleiche oder unter Umständen ein höheres Alter erreichen als Turbinen, so erreicht doch der Wirkungsgrad selbst sachgemäß konstruierter (teurer) Wasserräder niemals denjenigen guter Turbinen. Weiterhin ist zu berücksichtigen, daß Wasserräder nie den dauernd gleichmäßigen Gang erzielen lassen wie Turbinen, und daß sie durch Stauwasser stark in ihrer Leistung beeinträchtigt werden, wogegen die mit Überdruck arbeitenden Turbinen unbeschadet ihrer Wirkung im Unterwasser laufen können. Ein Hauptnachteil der Wasserräder liegt sodann noch in ihren, im Vergleich mit Turbinen bedeutenden Abmessungen und den damit verbundenen großen Eigengewichten. Eine Turbine braucht erheblich weniger Raum und erfordert eine geringere Übersetzung als ein Wasserrad. Man erhält also ein leichteres und billigeres Triebwerk als beim Wasserrad; gleichzeitig werden die durch Zahn- und Lagerreibung bedingten Kraftverluste geringer. Und endlich ist noch zu beachten, daß bei strenger Kälte die Gefahr des Einfrierens bei Wasserrädern größer ist, als bei den unter Wasser und mit größerer Wassergeschwindigkeit arbeitenden Turbinen. Da die Anlagekosten einer Turbinenanlage im allgemeinen nicht höher, sondern sogar meist niedriger sind als die einer Wasserradanlage, so ist die Bevorzugung der Turbine verständlich. Dabei lassen sich Turbinen für fast beliebig große Wassermengen bis hinauf zu den höchsten Gefällen bauen, während man Wasserräder nur für kleinere Wassermengen, etwa 1—3 cbm/sk, und bis höchstens 8 m Gefälle ausführt.

Je nach der Wirkung des Wassers in der Turbine unterscheidet man zwischen Aktions- oder Gleichdruckturbinen und Reaktions- oder Überdruckturbinen. Außer nach der Wasserwirkung unterscheidet man die Turbinen auch nach dem Wasserweg, nach ihrer Beaufschlagung, ihrer Regulierung und Anordnung. So z. B. unterscheidet man Axialturbinen, bei denen das Wasser, abgesehen von der Schaufelkrümmung, in der Richtung der Achse durch den Radkranz strömt, und Radialturbinen, bei denen dies vorwiegend in radialer Richtung geschieht. Weiter unterscheidet man zwischen Vollturbinen und Partialturbinen, welch letztere nur teilweise beaufschlagt werden. Und endlich unterscheidet man noch Turbinen mit stehender und liegender Welle, die jeweils im offenen Schacht, im geschlossenen Kessel oder Wasserkasten, im Spiralgehäuse usw. zur Aufstellung kommen können. Je nach der Größe des verfügbaren Gefälls kann man die Turbinen in drei Klassen einteilen: Hoch-, Mittel- und Niedergefälleturbinen.

Von den zahlreichen, früher ausgeführten Turbinenarten werden heute eigentlich nur noch zwei angewendet, und zwar die äußere radiale Überdruckturbine oder Francisturbine und das Becherrad, auch Hochdruck-Freistrahlturbine, Peltonrad usw. genannt. Vereinzelt kommt wohl auch noch die Schwamkrugturbine zur Anwendung.

Die Francisturbine und das Becherrad entsprechen am besten den Forderungen, die heute in bezug auf Gefällhöhe, Wassermenge, Wirkungsgrad, Umdrehungszahl, Regulierbarkeit, Zugänglichkeit, Anpassungsfähigkeit an örtliche Verhältnisse usw. an Wasserkraftmaschinen gestellt werden. Hauptsächlich kommt deren einfache und gute Regulierfähigkeit in Betracht. Bei Francisturbinen kommt noch hinzu, daß das Laufrad auch bei verhältnismäßig großer Wassermenge kleine Abmessungen, also eine große Umlaufzahl erhalten kann; bei Becherrädern ist besonders die einfache Bauart und der hohe, innerhalb weiter Beaufschlagungsgrenzen fast gleichbleibende Wirkungsgrad (bis zu 90%) hervorzuheben.

Die Francisturbine wird mit stehender oder liegender Welle als Langsam-, Normal- oder Schnelläufer ausgeführt. Sie eignet sich für fast beliebig große Wassermengen und für Gefälle von 0,5—200 m.

Man zieht in der Regel die liegende Anordnung vor. Turbinen mit stehender Welle wendet man meist nur dort an, wo es sich um geringe Gefälle und große Wassermengen handelt, oder wo die Notwendigkeit von Räderübersetzungen vorliegt. Durch Verwendung eines Hebereinlaufs (Fig. 67, S. 267) ist man heute in der Lage, die liegende Turbinenanordnung auch für wesentlich kleinere Gefälle als bisher anzuwenden[1]).

Die liegende Anordnung hat den Vorzug, daß die Turbine in bequemster Weise unmittelbar mit Dynamomaschinen usw. gekuppelt werden kann, und daß ein direkter Transmissionsantrieb mittels Riemen möglich ist.

Die Becherräder sind Partialturbinen und eignen sich hauptsächlich für verhältnismäßig kleine Wassermengen und für große Gefällhöhen von etwa 20 m aufwärts. Die Vollturbine (Francisturbine) würde sich für diese Verhältnisse ungünstig und klein bauen und zu große Drehzahlen bekommen.

Die Regulierung der Turbinen, die früher fast ausschließlich von Hand erfolgte, geschieht heute in sehr vielen Fällen selbsttätig mit Hilfe von Kraftzylindern, die mit Preßöl arbeiten und unter dem Einfluß des Fliehkraftpendels stehen. Die Öldruck-Geschwindigkeitsregler haben gegenüber den früher üblichen mechanischen Reglern den Vorzug, daß sie eine viel empfindlichere, genauere und zuverlässigere Regulierung ergeben.

Bei Francisturbinen wirkt der Kraftzylinder mittels geeigneter Hebelvorrichtungen auf einen am Leitrad befindlichen Ring, durch dessen Verdrehung die Leitschaufeln so verstellt werden, daß die Menge des Aufschlagwassers dem jeweiligen Kraftbedarf entspricht. Bei Becherrädern wirkt der Kraftzylinder unmittelbar auf die Düsen, indem er deren Ausflußweite entsprechend verändert.

Bei Hochgefällanlagen oder überhaupt bei Anlagen, deren Rohrleitungslänge im Verhältnis zum Gefälle groß ist, muß außer der Geschwindigkeitsregelung noch eine selbsttätig wirkende Druckregelung vorgesehen werden. Diese hat die Aufgabe, gefährliche Drucksteigerungen in der Rohrleitung oder dem Zuleitungsstollen, wie sie bei plötzlicher Entlastung einer oder mehrerer Turbinen eintreten können, zu verhindern. Eine solche plötzliche Entlastung kann z. B. bei Eintritt eines Kurzschlusses vorkommen.

---

[1]) Vgl. S. 267 sowie Zeitschr. f. d. ges. Turbinenwesen 1913, S. 83.

Eine Druckregelung ist nicht nur aus Gründen der Betriebssicherheit, sondern auch mit Rücksicht auf das gute Wirken der Geschwindigkeitsregelung notwendig. Ohne Druckregelung treten an den Turbinen Pendelerscheinungen auf, die eine unmittelbare Folge der in der Rohrleitung entstehenden Druckschwankungen sind.

Wo es sich darum handelt, die vorhandene Wassermenge möglichst voll auszunützen, kann sich sodann noch die Anwendung eines Wasserstandsreglers (Fig. 109, S. 347) empfehlen[1]). Dieser hat die Aufgabe, bei einem Sinken des Oberwasserspiegels derart auf die Regulierung der Turbine einzuwirken, daß ihr Wasserverbrauch und damit auch ihre Leistung entsprechend verringert wird. Wasserstandsregler empfehlen sich insbesondere dort, wo Turbinen mit Wärmekraftmaschinen zusammen auf die gleiche Transmission oder auf dasselbe Netz (bei Elektrizitätswerken) arbeiten. In diesem Falle bedarf die Turbine keiner Geschwindigkeitsregelung, da die letztere vom Regulator der Wärmekraftmaschine aus stattfindet. Man braucht hier die Turbine nur nach der verfügbaren Wassermenge einzustellen, was von Hand oder besser selbsttätig mit Hilfe eines Wasserstandsreglers geschehen kann. — Der Wasserstandsregler wird auch in Verbindung mit dem Geschwindigkeitsregler angewendet und tritt hier gewissermaßen als Vormund des letzteren auf, indem er nicht zuläßt, daß der Geschwindigkeitsregler die Turbine weiter öffnet, als der jeweils vorhandenen Wassermenge entspricht.

Wo der Wasserzufluß stark schwankt, ordnet man auch zwei Turbinen oder eine Zwillings- bzw. Zweifachturbine an, wobei jedoch Regulierungen und Saugrohre getrennt auszuführen sind. Bei schlechtem Wasserstand wird dann wenigstens die eine Turbine günstig ausgenützt[2]). Zur Anordnung von zwei oder mehr Laufrädern auf der Turbinenwelle (Zwei- und Mehrkranzturbinen) kann auch die Rücksicht auf Erhöhung der Umdrehungszahl veranlassen.

Turbinen im offenen Wasserschacht wurden schon für Gefälle bis 18 m ausgeführt. Der Bau so tiefer Wasserschächte erfordert jedoch große Sorgfalt hinsichtlich der Gründung sowie der Festigkeit der Schächte und des Dichthaltens des Betons. Man wendet deshalb im allgemeinen bei Gefällen über 8—10 m Gehäuseturbinen an, bei denen die Leit- und Laufräder in ein spiralförmiges, zylindrisches oder kugelförmiges Gehäuse aus Gußeisen oder Blech eingeschlossen sind. Das Spiralgehäuse hat den Vorzug, daß es das Wasser sehr gut führt und auf den Umfang des Leitrades verteilt. Auch kann man die Teile des Leit- und Laufrades, die von Zeit zu Zeit nachgesehen werden müssen, leicht zugänglich machen. Die Spiralform wird deshalb sehr gern angewendet, sowohl für die kleinsten Turbinen als auch für die größten Ausführungen. Für große Gefälle, über etwa 50 m, kommen nur Spiralturbinen in Betracht.

---

1) Vgl. Z. d. V. d. I. 1913, S. 614 und 1911, S. 1522.

2) Näheres über Turbinen zur Ausnützung stark wechselnder Wassermengen enthält ein Aufsatz von Oesterlen in Z. d. V. d. I. 1915, S. 809ff.

Zum Schluß sei hier noch des Hydropulsors gedacht[1]). Diese Maschine hat zunächst nicht den Zweck, mechanische Arbeit abzugeben. Der Hydropulsor stellt vielmehr eine besondere Art des hydraulischen Widders dar, welch letzterer meist den Pumpen und nicht den Kraftmaschinen zugerechnet wird. Es kann aber keinem Zweifel unterliegen, daß der Hydropulsor, wie auch die ihm in mancher Hinsicht ähnliche Humphrey-Pumpe, in die Reihe der Kraftmaschinen zu stellen ist, wenngleich er ausschließlich eine Kraftgewinnung in der Form von gehobenem Wasser gestattet. Er vereinigt gleichsam die Kraftmaschine (Wasserturbine) mit der Arbeitsmaschine (Pumpe) in einer einzigen Vorrichtung. Gebaut werden die Hydropulsoren von dem Ottenser Eisenwerk, A.-G. in Altona-Ottensen.

Ein Vorteil des Hydropulsors liegt darin, daß zu seinem Betrieb eine geringe Gefällshöhe der Antriebswasserkraft ausreicht, weil der Vorgang der Wasserhebung lediglich auf mehr oder minder rasche Druckanstiege in den Triebrohren zurückzuführen ist. Die Wassergeschwindigkeit in den Triebrohren beträgt nämlich in der Regel nicht mehr als 1 m/sk, zu deren Erzeugung theoretisch bereits eine Gefällshöhe von etwa 0,05 m ausreicht.

19. Wasserkraftwerke mit Speicheranlagen.

Ein Hauptnachteil für die Ausnützung unserer Flüsse und Bäche ist deren unregelmäßige Wasserführung. Dazu kommt bei Niedergefällewasserkräften die mehr oder weniger starke Abhängigkeit des Gefälls von der Wassermenge. Im allgemeinen sind die Anlagen im Gebirge mit ihren hohen Gefällen und mit der Aufspeicherungsmöglichkeit in Stauseen den Wasserkräften im Flachland, die bei jedem Hochwasser versagen, bedeutend überlegen.

Regulierend auf den Wasserabfluß wirken Wälder, Moore, Schnee- und Eisgebiete sowie hauptsächlich Seen. Sie alle halten die Niederschläge ganz oder teilweise zurück und lassen sie erst allmählich wieder abfließen.

Als Beispiele solcher natürlicher Regulatoren sind vor allem die Gebirgsseen zu nennen. Es sei hier nur auf die Regulierung des Genfer Sees hingewiesen, die für alle unterhalb gelegenen Werke einen bedeutenden Kraftgewinn zur Folge hatte. Weiter mögen die beiden großen Wasserkraftanlagen bei Vizzola und Turbigo erwähnt werden. Diese verdanken ihre verhältnismäßig große und gleichmäßige sekundliche Wassermenge der regulierenden Wirkung des Lago Maggiore. Auch die Kraftwerke am Rhein zwischen Schaffhausen und Basel würden mit weit größeren Schwankungen zu rechnen haben, wenn der Bodensee nicht ausgleichend auf die Wasserführung des Rheins wirken würde.

Wo diese natürlichen Faktoren fehlen, muß man seine Zuflucht zu künstlichen Regulatoren, z. B. Talsperren, nehmen. Diese gestatten

[1]) Näheres hierüber findet sich in Z. d. V. d. I. 1911, S. 1384.

eine Aufspeicherung der Kraft in ähnlicher Weise, wie dies bei den elektrischen Akkumulatoren der Fall ist. Letztere wurden hier schon des öfteren als Mittel zum Kraftausgleich (während eines Tages) vorgeschlagen. Sie kommen aber, ganz abgesehen von den damit verbundenen Verlusten, schon infolge der hohen Anlagekosten gewöhnlich nicht in Betracht. Auch Pumpen in Verbindung mit hochliegenden Sammelbehältern hat man schon zu Ausgleichszwecken herangezogen, indem man während der Nacht und an Sonntagen Wasser in einen Hochbehälter pumpt, das dann in den Stunden stärkster Belastung zur Ergänzung der übrigen Maschinenleistung dient[1]). Zum Hochheben des Wassers können gegebenenfalls auch Hydropulsoren verwendet werden.

Eine Talsperre ist, wie der Name sagt, ein Damm oder eine Mauer quer zur Talrichtung, durch die das Wasser des betreffenden Flusses oder Baches gehemmt und aufgestaut wird. Es bildet sich so ein Stausee, der je nach seiner Größe zum Ausgleich der Tages- und Wochenschwankungen oder zur Aufnahme der Monats- oder Jahreswässer bestimmt sein kann.

Deutschland besitzt eine ganze Anzahl von Talsperren. Die meisten befinden sich in Rheinland-Westfalen, wo sie vorwiegend zur Wasserversorgung und zur Krafterzeugung dienen[2]). Die größte deutsche Sperre und zugleich die größte Europas ist die Edertalsperre bei Hemfurt. Sie staut die Eder auf eine Länge von etwa 27 km auf, wodurch ein Stausee von 202 Mill. cbm Inhalt entsteht. Diese Sperre ist außer für den Hochwasserschutz für Schiffahrtszwecke (Kanalspeisung) und Krafterzeugung bestimmt.

Was den Inhalt der Talsperren betrifft, so hängt dieser in erster Linie von der Größe des jährlichen Zuflusses ab, sodann von der Art und Weise, wie sich der Wasserzufluß über die einzelnen Monate und über das ganze Jahr verteilt. Je gleichmäßiger der Zufluß stattfindet, desto kleiner kann unter sonst gleichen Verhältnissen der Inhalt des Staubeckens sein und umgekehrt. Endlich kommt auch die Art der Wasserentnahme in Betracht. Je mehr sich die Wasserentnahme dem schwankenden Zufluß anzupassen vermag, desto geringer kann der Inhalt des Staubeckens bemessen werden. Der Inhalt muß sonach von Fall zu Fall unter Berücksichtigung der Zuflußverhältnisse sowie der Wasserentnahme festgesetzt werden.

Die Erfahrung hat gelehrt, daß die meisten deutschen Talsperren zu klein sind. Ihr Inhalt beträgt etwa 30—33 % des jährlichen Zuflusses, was sich zur Erzielung eines guten Jahresausgleichs als ungenügend erwiesen hat. Man geht deshalb heute mit dem Stauinhalt bis auf 40—50 % des Jahresabflusses und mehr. Für die zu kleine Bemessung der meisten deutschen Talsperren lassen sich verschiedene Gründe angeben. Der Hauptgrund ist wohl der, daß man seinerzeit den Berechnungen ein zu günstiges Jahr zugrunde gelegt hat. Die folgenden Jahre fielen alle wesentlich trockener aus und bestätigten die ge-

---

1) Vgl. z. B. Thomann „Das hydraulische Akkumulierwerk in Neckartenzlingen“, Z. d. V. d. I. 1916, S. 314ff.

2) Vgl. z. B. O. Intze „Die geschichtliche Entwicklung, die Zwecke und der Bau der Talsperren“, Z. d. V. d. I. 1906, S. 673ff.

machte Annahme, daß die Staubecken 3—4mal im Jahr gefüllt werden, nicht. Es hat sich vielmehr herausgestellt, daß die Staubecken im allgemeinen nur im Winter gefüllt werden. Es lag eben damals noch nicht genügend Erfahrungsmaterial über die Niederschlagsmengen und Abflußmengen sowie über deren Verteilung vor. Erst später hat man damit begonnen, in systematischer Weise Aufschreibungen über die Niederschläge und die Abflußmengen vorzunehmen.

Ein weiterer Grund für die zu knappe Bemessung scheint darin zu liegen, daß man seinerzeit den Wasserverbranch der Kraftwerke unterschätzte. Man rechnete mit einem Wirkungsgrad der Turbinen von 75 %, der im Durchschnitt zu hoch ist. Bei normaler Belastung wird eine neuzeitliche Turbinenanlage diesen Wirkungsgrad zwar erreichen, ja ihn sogar übertreffen. Jedoch ist zu berücksichtigen, daß die Turbinen mit Rücksicht auf die nötige Kraftreserve zum Teil nur schwach belastet sind. Aus diesem Grunde sowie mit Rücksicht darauf, daß das Gefälle für die Turbinen je nach der Füllung des Staubeckens verschieden ist, gestaltet sich deren Wasserverbrauch verhältnismäßig größer. Die Turbinen sind eben für ein bestimmtes Gefälle konstruiert und arbeiten infolgedessen bei anderen Gefällen ungünstiger.

Anlagen mit künstlichen oder natürlichen Stauräumen eignen sich auch für Betriebe mit starkschwankendem Kraftbedarf. Wo besonders günstige örtliche Verhältnisse vorliegen, wie z. B. beim Adamello-Kraftwerk in Oberitalien, sind Wasserkraftwerke mit Speicheranlagen sogar für Spitzenbetrieb wirtschaftlich berechtigt. Das Adamello-Kraftwerk ist ein reines Spitzenkraftwerk, das nur in den Wintermonaten vom Oktober bis April im Betrieb ist, und das sich meines Wissens infolge seines günstigen natürlichen Staubeckens und seines hohen Gefälles gut rentiert. Im Sommer wird das Staubecken wieder aufgefüllt. Auch das Walchensee-Kraftwerk soll als Spitzenwerk gebaut und betrieben werden. Die vorliegenden natürlichen Verhältnisse (Ausgleichsbecken für den Zufluß und Abfluß) sind ebenfalls sehr günstig. Nur der Teil zwischen Walchen- und Kochelsee ist für die Höchstleistung zu bemessen. Wasserfassung samt Zulaufkanal zum Walchensee und der Ablaufkanal vom Kochelsee werden nur für die mittlere Wassermenge bemessen.

Bei Spitzenwerken bedingt die Rücksicht auf die wasserrechtlich begründeten Forderungen der Unterlieger auf gleichmäßige Zuführung des Betriebswassers nicht selten die Anlage von Ausgleichsbecken. Näheres über selbsttätige Abflußregulierungen aus solchen Ausgleichsbecken findet sich in Z. d. V. d. I. 1917, S. 137ff.

Zum Schluß sei bemerkt, daß bei Niedergefälleanlagen mit langem Zulaufkanal der letztere bis zu einem gewissen Grad als Kraftspeicher wirkt, vorausgesetzt, daß es sich um Kraftschwankungen von verhältnismäßig kurzer Dauer handelt. Steigt nämlich vorübergehend der Kraftbedarf über die mittlere Turbinenleistung, so wird der entsprechende Mehrbedarf an Wasser dem Kanal entnommen, wobei das Oberwasser fällt. Geht in der Folge die Turbinenleistung unter den Mittelwert herunter, so erholt sich das Oberwasser wieder.

Sonstige Kraftmaschinen.

20. Windkraftmaschinen.

Die Ausnützung der Kraft des Windes zum Segeln reicht bis in die frühesten Zeiten menschlicher Kultur zurück. Weniger alt ist die Verwendung der Windkraft zum Antrieb von Windmühlen und Windrädern. Die ersten Windmühlen in Deutschland stammen aus dem Ende des 14. Jahrhunderts. Die Windmühlen dienten hauptsächlich zum Betrieb von Mahlgängen und nur vereinzelt zur Wasserförderung, zu welchen Zwecken sie noch heute in Anwendung sind.

Die Windräder, auch Windmotoren genannt, kamen erst in den fünfziger Jahren des vergangenen Jahrhunderts in Amerika auf. Ihre Wirkungsweise entspricht der einer axial beaufschlagten Wasserturbine ohne Leitapparat, weshalb man sie auch als Windturbinen bezeichnet. Sie unterscheiden sich von den meist vierflügeligenWindmühlen dadurch, daß sie mit einer selbsttätigen Regulierung nach Windrichtung und Windstärke ausgerüstet sind, und daß sie eine große Zahl von Flügeln, 50—100, besitzen. Eine zu große Zahl von Flügeln ist nicht zweckmäßig. Der Flügelabstand muß so groß sein, daß der Wind, der an dem einen Flügel arbeitet, die Wirkung des nächsten Flügels nicht beeinträchtigt.

Während die ersten amerikanischen Windräder aus Holz hergestellt wurden, bestehen die heutigen ganz aus Eisen und Stahl. Die heutigen Ausführungen besitzen deshalb eine längere Lebensdauer und erfordern weniger Reparaturen.

Es gibt eine ganze Anzahl von Windradkonstruktionen, auf die jedoch hier nicht näher eingegangen werden kann. Sie unterscheiden sich hauptsächlich durch die Art der Einstellung und der Regulierung voneinander. Letztere soll selbsttätig wirken und hat die Aufgabe, zu verhindern, daß mit zunehmender Windstärke die Umdrehungszahl und damit auch die Leistung des Windrades ein gewisses Maß überschreiten, da dies die Haltbarkeit der Turbine und ihre Betriebssicherheit bei Sturm gefährden könnte.

Bei manchen Windrädern ist jeder Flügel verstellbar, bei anderen dagegen nur Gruppen von Flügeln. Eine dritte Art der Regulierung besteht darin, daß das Rad bei Zunahme der Windstärke mittels einer Seitenfahne aus dem Wind gedreht wird. Die wirksame Radfläche wird dadurch verkleinert, die Wirkung des Windes auf das Rad daher gleichbleibend gehalten. Erfolgt die Drehung so weit, daß die Windradwelle einen rechten Winkel mit der Windrichtung bildet, so steht das Rad gänzlich still.

Das Einstellen des Rades in die Windrichtung geschieht durch eine Windfahne, auch große Fahne oder Hauptfahne genannt. Auch besondere kleine Windräder werden hierzu verwendet. Das Windrad darf demnach nicht fest mit dem Gerüst verbunden sein.

Von Wichtigkeit ist, daß die Hauptwindseite und die Gegenseite frei sind, damit der Wind ungehindert zu dem Rad zutreten und auf der anderen Seite frei abziehen kann. Zu diesem Zweck ist bei ebenem Gelände das Windrad so hoch anzuordnen, daß seine Unterkante alle in einem Umkreis von etwa 300—400 m Entfernung befindlichen Häuser, Bäume, Sträucher usw. um etwa 2—3 m überragt, da andernfalls die Leistung des Rades beeinträchtigt wird. Eine genügende Turmhöhe ist daher Vorbedingung für das richtige Arbeiten einer Windkraftanlage. Geschlossene Talkessel eignen sich nicht für Aufstellung von Windanlagen.

Bei genügend kräftiger Dachkonstruktion kann das Windrad unmittelbar auf dem Dach des Gebäudes untergebracht werden. Andernfalls ist ein besonderes freistehendes Gerüst (Turm) notwendig, das meist aus Eisenfachwerk hergestellt wird. Holztürme sind zwar oft billiger, aber auch weniger haltbar als Eisentürme.

Das Windrad überträgt seine Kraft durch eine im Turm gelagerte, senkrecht nach unten führende Welle auf die wagerechte Haupttransmission, von der aus die Arbeitsmaschinen angetrieben werden. Für den Antrieb von Pumpen ordnet man auch die Kurbel unmittelbar auf der Radwelle an. Die Kurbel überträgt alsdann die auf- und abwärts gehende Bewegung mittels eines Gestänges auf den Pumpenkolben.

Der Windmotor wird wohl am häufigsten für Bewässerungsanlagen und Wasserversorgungen verwendet, da der Betrieb der Pumpen zu jeder Zeit, auch in den Nachtstunden, erfolgen kann, ohne daß eine besondere Überwachung notwendig wäre. Auch für landwirtschaftliche Zwecke werden Windmotoren verwendet, seltener dagegen für gewerbliche Betriebe. Vereinzelt hat der Windmotor auch schon zur Erzeugung elektrischer Energie Verwendung gefunden. Mit Rücksicht auf die unvermeidlichen Tourenschwankungen selbst gut regulierender Windmotoren sind hier verwickelte Vorrichtungen und Apparate notwendig, die die Dynamomaschine, je nach der Windgeschwindigkeit, selbsttätig aus- und einschalten. Außerdem bedarf es einer Akkumulatorenbatterie, die ziemlich reichlich bemessen ist, damit man gegebenenfalls auch eine längere Windstille zu überdauern vermag.

In den Betriebskostentabellen im Anhang sind die Anschaffungs- und Betriebskosten von Windmotoren für verschiedene Leistungen zusammengestellt, wobei angenommen wurde, daß Rad und Gerüst ganz aus Eisen und Stahl bestehen. Hierbei wurden zwei verschiedene Windgeschwindigkeiten zugrunde gelegt, 4—5 m und 6—7m/sk. Für deutsche Verhältnisse kommt vor allem die kleinere Geschwindigkeit in Betracht. Die größere Windgeschwindigkeit ist höchstens für hochgelegene Orte oder für Küstenländer von Bedeutung.

Da nur die leichten Winde genügend häufig sind und einen einigermaßen regelmäßigen Betrieb erwarten lassen, so sollte man stets die Radgröße für die kleinere Windstärke von 4—5 m/sk wählen. Werden größere Windgeschwindigkeiten zugrunde gelegt, so wird zwar die Anlage billiger, jedoch entspricht dies einer Überschätzung der normalen Leistungsfähigkeit der Windmotoren.

Die größte Leistung erreicht das Windrad bei etwa 8 m Windgeschwindigkeit. Größere Windstärken bleiben in der Regel unausgenützt, da alsdann die Regulierung in Wirksamkeit tritt.

Bezüglich der Windstärke sei noch bemerkt, daß nach der Windstatistik des Kgl. Meteorologischen Institutes in Berlin für das Binnenland ein Wind von

3—4 m/sk	während	etwa	1350 st	im Jahr
4—5 m/sk	»	»	1660 st	» »
5—6 m/sk	»	»	1700 st	» »
6—7 m/sk	»	»	1200 st	» »

angenommen werden kann, je nach der Lage des betreffenden Ortes.

21. Heißluft-, Druckluft-, Kohlensäure- und Stickstoffmaschinen.

Heißluftmaschinen, auch kalorische Maschinen genannt, benützen die Ausdehnung der Luft beim Erwärmen als Triebkraft. Man unterscheidet offene und geschlossene Heißluftmaschinen sowie Feuerluftmaschinen. Die offenen Maschinen haben ihren Namen daher, daß die Luft, nachdem sie ihre Arbeit verrichtet hat, in die Atmosphäre entweicht. Bei den geschlossenen Maschinen wird ein und dieselbe Luftmenge abwechselnd erhitzt und mittels kalten Wassers wieder abgekühlt. Die Feuerluftmaschinen sind offene Maschinen, bei denen die Heizgase, mit mehr oder weniger überschüssiger Luft gemischt, unmittelbar auf den Kolben arbeitleistend wirken. Heute sind nur noch die geschlossenen Heißluftmaschinen im Gebrauch, und auch diese sind bei dem scharfen Wettbewerb der Gasmaschinen und Elektromotoren kaum mehr lebensfähig.

Die Heißluftmaschine gelangt nur bis zu Leistungen von wenigen Pferdestärken zur Ausführung, weil sie für höhere Arbeitsleistungen übermäßig große Abmessungen annehmen würde. Sie kommt daher höchstens für Kleinbetriebe in Betracht. Über den Brennstoffverbrauch der Heißluftmaschinen ist wenig bekannt. Man kann etwa annehmen, daß ein 2 PS-Motor ungefähr 3 kg Steinkohlen für die PS-st verbraucht. Kleinere Motoren verbrauchen entsprechend mehr. Als ein Nachteil der Heißluftmaschinen muß es bezeichnet werden, daß sie, je nach Größe, 20—45 Min. angeheizt werden müssen, ehe sie in Betrieb gesetzt werden können. Der Brennstoffverbrauch für das Anheizen beträgt z. B. bei einer 2 PS-Heißluftmaschine ungefähr 18 kg.

Die Wirkungsweise und Bauart von Druckluftmaschinen gleicht der von Auspuffdampfmaschinen. Sie kommen heute fast nur noch in Bergwerken und im Tunnelbau zur Anwendung. Hierbei trägt die ausströmende Luft gleichzeitig zur Ventilation bei. Da reichliche Luftzuführung in Bergwerken und im Tunnelbau an sich notwendig ist, so läßt man die Druckluftmaschinen meist ohne Expansion arbeiten. Will man die Druckluft besser ausnützen, so wendet man Expansion an. Hierbei ist jedoch zu berücksichtigen, daß die Ausdehnung der Luft eine Temperaturerniedrigung zur Folge hat. Diese ist, wenn die verdichtete Luft mit der Temperatur der Atmosphäre zuströmt und Wärmezufuhr während der Expansion nicht stattfindet, so stark, daß sich aus dem in der Luft enthaltenen Wasserdampf Eis bildet. Die Eisbildung kann eine so starke sein, daß nach kurzer Zeit die Austrittskanäle und die Austrittsleitung verstopft sind. Um die starke Abkühlung der Luft während der Expansion zu vermeiden, gibt es zwei Mittel. Entweder man führt während der Expansion Wärme zu, indem man mittels eines Zerstäubers genügend warmes Wasser in den Arbeitszylinder einspritzt, oder aber, und dieses Mittel ist das einfachere und vorteilhaftere, man erwärmt die Druckluft vor ihrem Eintritt in die Maschine. Zu diesem Zweck passiert die Luft einen eisernen Ofen, in dem sie bis 150° C über die Temperatur der Atmosphäre erhitzt wird. Durch die Wärmezufuhr steigt gleichzeitig das Arbeitsvermögen der Luft, so daß der Wärmeverbrauch für die Lufterhitzung in Wirklichkeit keine Verschlechterung, sondern eine Verbesserung der Wirtschaftlichkeit bedeutet.

Druckluftmaschinen werden im übrigen höchstens dort aufgestellt, wo eine Druckluftanlage vorhanden ist. Wo dies nicht zutrifft, wäre die Druckluftmaschine höchst unwirtschaftlich, da zu ihrem Betrieb ein Luftkompressor und eine besondere Antriebsmaschine (Wasser-, Dampf-, Verbrennungs-Kraftmaschine usw.) notwendig sind. Eine Druckluftanlage wurde z. B. seinerseit in Paris errichtet. Heute käme eine solche nicht mehr zur Ausführung, weil die elektrische Kraftübertragung billiger und wirtschaftlicher ist als die pneumatische.

Kohlensäuremaschinen arbeiten meist nach dem Prinzip der Heißluftmaschine. Hierbei wird der Kohlensäure bei hohem Druck Wärme von außen zugeführt, so daß sie expandiert und einen Kolben arbeitsleistend in Bewegung setzt. Man könnte natürlich ebensogut komprimierte Luft verwenden, die wesentlich billiger als Kohlensäure zu stehen kommt. In diesem Falle würde man jedoch der komprimierten Luft die Wärme besser durch Verbrennung im Zylinderinnern, wie bei Verbrennungsmaschinen, anstatt von außen durch Wandungen hindurch zuführen. Speziell für Automobilzwecke wurde von Hildebrand folgende Arbeitsweise vorgeschlagen: Im Arbeitszylinder wird Luft auf etwa 30 at komprimiert und in diese hocherhitzte Luft unter entsprechendem Druck befindliche Kohlensäure eingespritzt. Diese verdampft, soweit sie etwa flüssig ist, und expandiert dann gemeinsam mit der Luft. Die komprimierte und wieder expandierende Luft leistet hierbei keine Nutzarbeit, sondern nur die Kohlensäure. Da nun 1 kg Kohlensäure, wenn sie bei Zimmertemperatur von 30 at auf Atmosphärendruck expandiert, theoretisch etwa $^1/_{20}$, praktisch aber höchstens $^1/_{25}$ PS-st entwickelt, so stellt sich der Betrieb mit Kohlensäure weit teurer als der mit Benzin oder Benzol. Daraus geht hervor, daß der Kohlensäuremaschine keine praktische Bedeutung beizumessen ist.

Auch mit komprimiertem Stickstoff betriebene Motoren wurden schon, wenigstens für Automobilzwecke, ausgeführt. Sie haben gegenüber Druckluftmotoren den Vorzug, daß infolge Fehlens des Wasserdampfes keine Eisbildung stattfindet. Auch ist Stickstoff ein vollständig indifferentes Gas. Chemische Angriffe oder Schmierölexplosionen wie sie bei Druckluftanlagen schon vorgekommen sein sollen, sind bei Stickstoff vollständig ausgeschlossen. Natürlich kann der Stickstoffmotor, ebensowenig wie die vorbeschriebenen Kraftmaschinen, in wirtschaftlicher Beziehung den Wettbewerb mit den Verbrennungsmaschinen aushalten.

22. Abwärmekraftmaschinen. Mehrstoffdampfmaschinen.

Da der Abdampf von Kolbendampfmaschinen[1]) noch den größten Teil der mit dem Frischdampf zugeführten Wärme in sich birgt, so liegt der Gedanke nahe, den Abdampf, anstatt ihn nutzlos in die Atmosphäre oder den Kondensator entweichen zu lassen, weiterhin zur Arbeitsgewinnung auszunützen. Es wurde deshalb schon längst vorgeschlagen, die im Abdampf enthaltene große Wärmemenge von niederer Temperatur zur Verdampfung von Flüssigkeiten mit niedrig liegenden Siedepunkten zu verwenden und mit diesen Dämpfen eine besondere Kraftmaschine, auch Kaltdampfmaschine genannt, zu betreiben. Jedoch hatten die wenigen, nur im kleinen durchgeführten praktischen Versuche keinen nennenswerten Erfolg zu verzeichnen. Erst die Abwärmekraftmaschine von Behrend-Zimmermann, insbesondere in der durch Josse weiter ausgebildeten Form, erwies sich als brauchbar. Das Prinzip dieser Maschine ist kurz gesagt das folgende: Der Abdampf der Dampfmaschine wird dazu benützt, schweflige Säure zu erwärmen und zu verdampfen. Der so gewonnene Kaltdampf dient zum Betrieb einer Maschine, deren Aussehen und Wirkungsweise mit der gewöhnlichen Dampfmaschine übereinstimmt. Die schweflige Säure bietet hierbei gegenüber anderen Flüssigkeiten den Vorteil, daß ihre Spannungen bei den in Betracht kommenden Temperaturen innerhalb geeigneter Grenzen liegen.

Nachdem die Schwefligsäuredämpfe in dem Zylinder der Abwärmekraftmaschine Arbeit geleistet haben, werden sie mittels Kühlwasser in einem Oberflächenkondensator verflüssigt, sodann die flüssige schweflige Säure in einem Verdampfer, der für die Dampfmaschine den Kondensator bildet, wieder verdampft usw. Ein Verbrauch an schwefliger Säure findet hierbei, abgesehen von etwaigen Undichtheitsverlusten, nicht statt. Die für gewöhnlich im Verdampfer, der für die Abwärmemaschine die Rolle des Kessels spielt, herrschende Spannung der Schwefligsäuredämpfe beträgt 10—14 at, je nach dem Vakuum, mit dem die Dampfmaschine arbeitet. Die Spannung der aus der Abwärmemaschine entweichenden Schwefligsäuredämpfe beträgt 2—4 at, je nach der Temperatur des Kühlwassers. Der Zylinder der Abwärmemaschine braucht keine besondere Schmierung, da die Schwefligsäuredämpfe selbstschmierend wirken. Nur die Stopfbüchse ist mit reinem

[1]) Für Dampfturbinen mit ihren hohen Luftleeren kommen Abwärmekraftmaschinen überhaupt nicht in Betracht.

Mineralöl zu schmieren. Zu bemerken ist, daß reine schweflige Säure weder Eisen noch Bronze angreift. Nur wenn Wasser oder Luft hinzukommt, wirkt sie zerstörend auf die Metalle ein.

Durch Hinzufügen einer Abwärmemaschine zu einer vorhandenen Kolbendampfmaschine kann man etwa 25—30% der Dampfmaschinenleistung gewinnen, je nach dem Dampfverbrauch der Maschine. Diese Kombination ist jedoch nur in einigen wenigen Fälle ausgeführt worden. Seit der Einführung der Abdampfturbine kommt die Abwärmekraftmaschine überhaupt nicht mehr in Betracht.

Da die gewöhnliche Wasserdampfmaschine bekanntlich nur ein verhältnismäßig kleines Temperaturgefälle auszunützen vermag, so hat man zwecks Verbesserung des Arbeitsprozesses auch schon andere Wärmeträger ins Auge gefaßt. Beispielsweise schlug Prof. Schreber eine Mehrstoffdampfmaschine vor, bei der drei Flüssigkeiten benützt werden, die bei praktisch anwendbaren Drücken das zur Verfügung stehende Temperaturgebiet in aufeinanderfolgenden Stufen ausnützen[1]). Und zwar empfiehlt Schreber für das Temperaturgebiet von 310—190° Anilin, für 190—80° Wasserdampf und für 80—30° Äthylamin. Nach Schreber würde eine derartige Dreistoffdampfmaschine 37,8% der in den Heizgasen enthaltenen Wärme in Arbeit umsetzen, sofern die Heizgase bis auf 180° ausgenützt werden. Die bisherigen Versuche mit Mehrstoffkraftmaschinen sind jedoch alle an praktischen Schwierigkeiten gescheitert, weil sämtliche nach Wasser in Betracht kommenden Stoffe unerwünschte Eigenschaften besitzen, wie hoher Preis, Giftigkeit, leichte Entzündbarkeit, chemische Veränderlichkeit u. dgl. Dies gilt auch für die oben besprochene Abwärmekraftmaschine.

23. Ebbe- und Flutanlagen usw.

Es wurde schon öfters versucht, die Ebbe und Flut des Meeres, die eine Folge der Erddrehung und der Massenfernwirkung der Sonne und des Mondes ist, zur Krafterzeugung auszunützen. Eine derartige Anlage besteht z. B. aus einem genügend großen Wasserbecken, das durch einen Kanal mit dem Meere in Verbindung steht. In den Kanal sind Tore oder Klappen derart einzubauen, daß sie sich bei eintretender Flut infolge des auf sie ausgeübten Wasserdruckes selbsttätig öffnen und Wasser in das Becken einströmen lassen. Bei Eintritt der Ebbe schließt das herausströmende Wasser die Tore, so daß in der Folge ein Höhenunterschied zwischen dem Wasser im Becken und dem im Meere entsteht. Ein zweiter von dem Becken abzweigender Kanal führt das Wasser einer Turbinenanlage zu. Da das zur Erzielung einer größeren Leistung erforderliche Wasserbecken bedeutende Abmessungen bekommt, so verursacht dieses ganz erhebliche Kosten. Auch sind für größere Anlagen teure Kanäle und Schützenanlagen notwendig, da

---

[1]) Vgl. das Werk „Die Theorie der Mehrstoffdampfmaschine" von Dr. K. Schreber.

selbsttätig schließende Tore höchstens für kleinere Verhältnisse in Betracht kommen.

In den letzten Jahren wurde mehrfach in Tagesblättern und in Zeitschriften über das Projekt eines Elektroflutwerks bei Husum an der friesischen Nordseeküste berichtet. Es wurde sogar im Jahre 1913 ein Probeflutwerk erbaut, um festzustellen, ob sich das geplante Elektroflutwerk für die Verwirklichung eignet[1]). Das Kraftwerk bei Husum ist so gedacht, daß durch Eindeichung von etwa 1600 ha Wattenflächen zwischen dem schleswigschen Festland und der Insel Nordstrand ein vom Meer fest abgegrenztes Wasserbecken geschaffen wird, das in ein Hoch- und Niederbecken unterteilt ist. Durch diese Becken soll mit Hilfe zweckentsprechender Schützenanlagen ein Wasserhöhenunterschied von mindestens 80 cm zwischen dem einen oder anderen Becken und dem Meere dauernd erreicht werden. Dieses Gefälle soll dazu dienen, um 10—12 Wasserturbinen von insgesamt 5000 PS Leistung zu treiben. Die von den Turbinen erzeugte Leistung soll in elektrische Energie umgesetzt und durch ein Leitungsnetz den verschiedenen Stromverbrauchern zugeführt werden. Man hofft hierbei, den elektrischen Strom wesentlich billiger als sonst liefern zu können. Die Anlagekosten des Elektroflutwerks wurden auf annähernd 5 Millionen Mark berechnet.

Es ist kaum anzunehmen, daß dieses vielbesprochene Projekt zur Ausführung kommt. Einmal ist mit ziemlicher Sicherheit vorauszusehen, daß die Anlagekosten mehr als das Doppelte des berechneten Betrages ausmachen werden, und außerdem soll das Absatzgebiet für elektrische Energie in der Umgebung von Husum ein ungünstiges sein. Endlich ist noch sehr die Frage, ob die dortige Küstengegend für die Ausnützung von Ebbe und Flut geeignet ist.

Daß es mit der schon so oft vorgeschlagenen Ausnützung der Kraft der Gezeiten nicht vorwärts geht, liegt nicht daran, daß es der heutigen Technik an geeigneten hydraulischen oder pneumatischen Einrichtungen fehlt, sondern daran, daß die tatsächlich verfügbaren Gefällshöhen klein sind, und daß die Erd-, Gründungs- und Bauarbeiten zu kostspielig ausfallen. Denn die Wasserbauten an den der Ebbe und Flut ausgesetzten Küsten müssen außerordentlich solide und stark hergestellt werden. An unserer deutschen Nordseeküste rechnet man mit der Sturmfluthöhe vom Jahre 1825, die 6—7 m über Normalnull erreichte; dazu kommt die Eisgefahr, der Seegang bzw. die Stoßkraft der Wellen, die schwimmenden und treibenden Gegenstände, die oft mit großer Gewalt gegen die Bauwerke geschleudert werden, die Bohrwürmer und Bohrmuscheln, die Holz und Steine zerstören, der Salzgehalt, der das Eisen zum Rosten bringt und zu wenig dichten Beton angreift usw. Außerdem ist meist schlechter Boden vorhanden, der zu teuren Gründungen zwingt. Ein gutes Beispiel dafür, wie die Flut gegen Menschenwerk wütet, bietet Helgoland. Derartige Arbeiten lassen sich, angesichts der Steigerung der Baustoffpreise und Arbeitslöhne, höchstens

[1]) Vgl. Elektrotechnische Zeitschrift 1913, S. 1267.

aus Gründen der Landesverteidigung rechtfertigen, nicht aber aus wirtschaftlichen.

Ein weiterer Grund, der gegen die Ausnützung der Meeresgezeiten spricht, liegt endlich darin, daß diese eine außerordentlich schwankende Energiequelle darstellen. Der als »Tidenhub« (Gezeitenhub) bezeichnete Höhenunterschied zwischen Flut- und Ebbespiegel ist fortwährend täglichen, monatlichen und halbjährlichen Änderungen unterworfen; teils sind diese periodisch und annähernd berechenbar, sehr häufig jedoch von der Wetterlage stark beeinflußt und deshalb höchst launenhaft, den gewöhnlichen Gezeitenhub um mehr als das Doppelte überschreitend, ja auch ganz zum Verschwinden bringend. Außerdem pendelt die Mittelwasserhöhe, die sich als Mittel zwischen Flut- und Ebbespiegel berechnet, beständig mit teilweise erheblichen positiven und negativen Verschiebungsbeträgen um den mittleren Meeresspiegel. Der weitere Umstand, daß die Kraft der Gezeiten nicht ununterbrochen, sondern in je 25 Stunden zweimal, bald bei Tag und bei Nacht, bald morgens und abends, zur Verfügung steht, während dazwischen in höchst unerwünschter Weise jedesmal die Kraftgewinnung ruhen muß (falls nicht große Akkumulatoren errichtet werden), läßt diese Kraftquelle für praktische Bedürfnisse heute noch nicht als ausbauwürdig erscheinen.

Auch die Ausnützung der Wellenbewegung des Meeres, insbesondere an der Küste, wurde schon häufig angeregt. Weiter wurde vorgeschlagen, die Erde als Thermoelement zu benützen, was in Anbetracht der verschiedenen Temperaturen im Erdinnern und an der Oberfläche — wenigstens technisch — nicht unmöglich erscheint. Auch die Schwankungen des Druckes und der Temperatur der atmosphärischen Luft wurden schon in kleinerem Umfang, wie z. B. zum Antrieb öffentlicher Uhren, ausgenützt.

Verhältnismäßig alt ist endlich der Gedanke, die Wärme der Sonnenstrahlen unmittelbar zu Kraftzwecken auszunützen. Die erste größere Ausführung eines Sonnenmotors stammt aus dem Anfang dieses Jahrhunderts. Es war dies ein 10 PS-Motor, der in Kalifornien unweit von Los Angeles aufgestellt und zum Betriebe eines Wasserpumpwerkes verwendet wurde. Hierbei wurden die Sonnenstrahlen mit Hilfe eines großen Reflektors, der sich mittels eines Uhrwerkes dem Stand der Sonne entsprechend einstellte, gesammelt und konzentriert. In dem Brennpunkt befand sich ein Dampfkessel, dessen Wasserinhalt durch die daselbst herrschende große Hitze verdampft wurde. Der Dampf diente zum Betrieb einer Dampfmaschine, die ihrerseits eine Pumpe betätigte.

Wenn heute von allen diesen in der Natur vorhandenen Kraftquellen noch kein nennenswerter Gebrauch gemacht wird, so ist dies darauf zurückzuführen, daß unsere Wärme- und Wasserkraftmaschinen die Arbeit bequemer und vor allem wohlfeiler erzeugen. Jedoch ist vorauszusehen, daß die Menschen in Hunderten von Jahren, wenn die Brennstofflager der Erde ihrer Erschöpfung nahe sind, auf diese natürlichen Kraftquellen zurückgreifen werden.

Zum Schluß sei noch der Humphrey-Pumpe gedacht. Dies ist gewissermaßen ein Gaswidder, da hier Gaskraft unmittelbar in Wasserhebearbeit umgesetzt wird[1]). Trotz der unmittelbaren Energieumsetzung ist jedoch der Brennstoffverbrauch der Humphrey-Pumpe infolge der geringen Kompression auch nicht niederer als bei einer modernen Verbrennungsmaschine mit Pumpe. Da die Zahl der Arbeitstakte (Schwingungen) im Vergleich zu Verbrennungsmaschinen sehr klein ist, so erfordert die Humphrey-Pumpe für eine bestimmte Leistung bedeutende Abmessungen und Anschaffungskosten. Sie ist deshalb, in der Anschaffung und im Betrieb teurer als eine Verbrennungsmaschine mit Pumpe und kommt zudem nur für verhältnismäßig kleine Förderhöhen (entsprechend dem mittleren Gasdruck) in Betracht.

Elektrische Kraftanlagen.

24. Elektrische Übertragung und Verteilung der Energie.

Soll mechanische Energie auf größere Entfernungen übertragen werden, so bedient man sich heute ausschließlich der elektrischen Kraftübertragung. Drahtseilübertragungen von so großer Länge, wie sie in früheren Jahren ausgeführt wurden, kommen nicht mehr zur Anwendung.

Seit der ersten größeren elektrischen Kraftübertragung von Lauffen a. N. nach der Internationalen elektrotechnischen Ausstellung zu Frankfurt a. M. im Jahre 1891 hat die Elektrotechnik gewaltige Fortschritte zu verzeichnen. Sowohl die Maschinen als auch die Transformatoren und die Leitungsanlagen wurden in der Zwischenzeit bedeutend vervollkommnet. Hand in Hand mit diesen Verbesserungen ging eine Verringerung der mit der Umwandlung und Weiterleitung der Energie verbundenen Verluste.

Während sich für Beleuchtungsanlagen von geringer örtlicher Ausdehnung im allgemeinen der Gleichstrom als zweckmäßiger erwiesen hat, wendet man für Kraftübertragungen sowie für ausgedehntere Lichtanlagen (Versorgung ganzer Städte) vornehmlich Wechselstrom, und zwar insbesondere Drehstrom an. Der Vorteil des Drehstroms, wie überhaupt des Wechselstroms, vor dem Gleichstrom liegt in der Möglichkeit der Verwendung sehr hoher Spannungen; die Erhöhung und Erniedrigung der Spannung ist bei Wechselstrom sehr einfach und ohne große Verluste mit Hilfe ruhender Transformatoren möglich. Die Verwendung hochgespannten Stromes für Kraftübertragungen ist um so wichtiger, je größer die zu überwindenden Entfernungen und die zu übertragenden Energiemengen sind. Um den Querschnitt der Leitung und damit auch ihre Kosten herabzusetzen, benützt man meist Spannungen zwischen 2000 und 10 000 Volt. Bei großen Kraftübertragungsanlagen und sehr großen Entfernungen geht man mit der Spannung weit höher, bis 100 000 Volt und darüber[2]). Man hat so die Möglichkeit, auch minder-

[1]) Vgl. Z. d. V. d. I. 1913, S. 885 ff.
[2]) Vgl. Z. d. V. d. I. 1914, S. 890.

wertiges Brennmaterial, das den Transport nicht lohnt, am Orte seiner Gewinnung auszunützen.

Speziell der Drehstrom hat für die elektrische Kraftübertragung noch den Vorzug, daß sich bei ihm die einfachsten und betriebssichersten Motoren ergeben. Diese Vorzüge des Wechselstroms im allgemeinen und diejenigen des Drehstroms im besonderen machen es erklärlich, daß man heute für die elektrische Kraftübertragung fast ausschließlich Drehstrom anwendet. Für Straßenbahnen zieht man meist Gleichstrom vor, weil hier gegenüber Drehstrom nur eine einzige Drahtleitung nötig ist (Rückleitung des Stromes durch die Schienen), und weil der Gleichstrommotor den Vorzug einfacherer und wirtschaftlicherer Tourenregulierung besitzt. Auch für Vollbahnen dürfte mehr und mehr Gleichstrom wegen der besseren Regulierbarkeit und des einfacheren Aufbaus des Gleichstrommotors bevorzugt werden. Jedoch wird auch einphasiger Wechselstrom für Bahnzwecke verwendet, seltener Drehstrom. Im übrigen ist zu sagen, daß über die zweckmäßigste Stromart für Vollbahnen die Meinungen der Fachleute geteilt sind. In Deutschland, Schweden, Frankreich, der Schweiz und Österreich zieht man einphasigen Wechselstrom, in England, Ungarn, Amerika und Australien den Gleichstrom und in Italien den Drehstrom vor.

25. Elektromotoren.

Die Entwicklung, die der Bau von Elektromotoren seit dem Anfang dieses Jahrhunderts genommen hat, beruht teils auf der Verbesserung der verwendeten Materialien, vor allem der Isolierstoffe, teils auf der durch die zunehmende Verbreitung der Elektromotoren ermöglichten Massenfabrikation und der damit zusammenhängenden genaueren Arbeit. Die größere Genauigkeit der Ausführung ist eine Folge weitgehenden Ersatzes der Handarbeit durch Maschinenarbeit, insbesondere aber eine Folge der Verbesserung der Fabrikations- und Arbeitsmethoden im allgemeinen. Durch letztere wurde es ermöglicht, den Luftzwischenraum zwischen Läufer und Ständer und damit auch die Verluste durch Streuung der Magnetfelder auf ein Mindestmaß herabzudrücken. Durch diese Verbesserungen wurde der Wirkungsgrad der Elektromotoren gegenüber früher erhöht, d. h. der Stromverbrauch für 1 PS-st herabgesetzt.

Im übrigen ist festzustellen, daß auch die Elektromotoren heute bedeutend knapper bemessen werden, als früher. Sowohl das Kupfer als auch das Eisen werden wesentlich höher beansprucht und annähernd voll ausgenützt, um die Gewichte und Preise der Motoren nach Möglichkeit zu vermindern. Man geht mit der Bemessung der Kupferquerschnitte meist so weit herunter, daß die Erwärmung der Wicklungen gerade noch unter den in den Verbandsnormalien festgesetzten Grenzen bleibt. Beim Eisen wird die Magnetisierung bis nahe an die Sättigungsgrenze getrieben. Moderne Elektromotoren sind deshalb nicht mehr so überlastbar wie ältere Fabrikate, deren Leistung häufig bis zu 100% und mehr ohne Schädigung irgendwelcher Teile gesteigert werden konnte. Dabei ist die Umlaufzahl der Motoren nicht unerheblich höher als früher.

Die Umlaufzahl der Elektromotoren ist verschieden, je nach ihrer Leistung. Kleine Motoren machen bis zu 1500 Umdrehungen in der Minute und darüber; bei größeren geht die Umlaufzahl bis auf 800 und weniger herunter. Für besondere Zwecke, wie Antriebe von Werkzeugmaschinen u. dgl., werden auch langsamlaufende Motoren hergestellt, die direkt mit den Arbeitsmaschinen zusammengebaut werden. Diese sind im Preis naturgemäß entsprechend teurer und haben einen geringeren Wirkungsgrad als normallaufende Motoren.

Man baut heute Elektromotoren von den kleinsten Leistungen an bis hinauf zu Leistungen von mehreren tausend Pferdestärken. Die größten Motoren werden heute von den Walzwerken angewendet. Es wurden bereits Motoren zum direkten oder indirekten Antrieb von Walzenstraßen bis zu Leistungen von 20000 PS aufgestellt.

Am häufigsten werden heute mit Rücksicht auf die mit Drehstrom arbeitenden Überlandwerke Drehstrommotoren verwendet, seltener Gleichstrommotoren. Der Drehstrommotor ist dem Gleichstrommotor für die meisten elektrischen Antriebe überlegen, da er der einfachste und betriebssicherste Motor ist. Motoren für Drehstrom, und zwar die fast ausschließlich in Betracht kommenden asynchronen Typen, laufen, ebenso wie Gleichstrommotoren, unter voller Belastung an, haben jedoch gegenüber den letzteren den Vorteil, daß sie keinen Stromabgeber (Kommutator oder Kollektor) besitzen. Dieser ist der empfindlichste und teuerste Teil des Gleichstrommotors. Kleinere Drehstrommotoren mit Kurzschlußanker haben überhaupt keine der Abnützung unterworfenen stromführenden Teile, bedürfen demnach so gut wie keiner Wartung. Größere Drehstrommotoren mit Schleifringanker haben zwar Schleifringe und Bürsten, jedoch werden die Bürsten nach erfolgtem Anlassen in der Regel abgehoben und der Anker kurzgeschlossen, so daß im normalen Betrieb ebenfalls keine der Abnützung unterworfenen stromführenden Teile vorhanden sind.

Für den Einzelantrieb von Arbeitsmaschinen sowie für Straßenbahnen und Vollbahnen hat der Gleichstrommotor den Vorzug einfacher und wirtschaftlicher Geschwindigkeitsregulierung innerhalb weiter Grenzen. Bei Drehstrommotoren ist die Geschwindigkeitsregelung schwieriger; hier wird die Umlaufzahl in der Regel durch Vorschalten von Widerständen reguliert, was naturgemäß nicht ökonomisch ist. Man ist zwar schon seit einiger Zeit bestrebt, eine besondere Art von Wechselstrommotoren mit Kollektor auszubilden, die eine wirtschaftlichere Geschwindigkeitsregelung ermöglichen. Jedoch ist dieser Motortyp noch nicht so weit entwickelt, daß seine allgemeine Einführung schon heute in Betracht käme; dabei ist noch zu beachten, daß der Kollektormotor gewissermaßen ein Mittelding zwischen einem Gleichstrom- und einem Wechselstrommotor ist, der naturgemäß die Nachteile beider Motorarten in sich vereinigt.

Motoren für ein- und zweiphasigen Wechselstrom sind den Gleichstrom- und Drehstrommotoren in mehrfacher Hinsicht unterlegen und werden deshalb nur dort angewendet, wo andere Stromarten nicht zur Verfügung stehen.

Die für gewerbliche Motoren üblichen Gebrauchsspannungen betragen je nach Ausdehnung der Anlage und den örtlichen Anforderungen 110, 220 oder 440 bzw. 500 Volt. Die Motoren elektrischer Straßenbahnen arbeiten in der Regel mit Spannungen von 500—600 Volt. Wo es sich um den Betrieb einzelner größerer Motoren handelt, können die Aufstellung eines besonderen Transformators und die damit verbundenen Anschaffungskosten und Verluste vermieden werden, indem man diese Motoren direkt an das Hochspannungsnetz anschließt. Motoren für Spannungen von 2000—5000 Volt bilden heute keine Seltenheit mehr. 2000 Volt-Motoren werden bereits von 20 PS aufwärts gebaut und solche für 5000 Volt von 100—150 PS aufwärts.

26. Elektrizitätswerke. Großkraft- und Überlandwerke.

Das nicht selten durch behördliche Unterstützung geförderte Streben nach Elektrizitätsversorgung weiter Gebiete von einigen wenigen großen Kraftwerken aus hat in den letzten Jahren zum Bau zahlreicher Überland- und Großkraftwerke geführt. Der Zug ins Große, der besonders in den letzten Jahren der privatwirtschaftlichen Entwicklung in Deutschland das Gepräge gab, hat sonach auch auf dem Gebiete der Elektrizitätsversorgung Eingang gefunden. Die Überlandwerke sind hauptsächlich aus dem Bestreben hervorgegangen, das flache Land mit billigem Kraftstrom zu versorgen, ähnlich wie dies in Städten durch die unter städtischer oder privater Leitung stehenden Elektrizitätswerke geschieht. Den Anstoß zum Bau der ersten Überlandwerke hat der Umstand gegeben, daß die städtischen Elektrizitätswerke sich anfänglich in erster Linie den Verkauf von Lichtstrom angelegen sein ließen, während die Versorgung mit Kraftstrom mehr nebensächlich behandelt wurde. Inzwischen haben sich die Verhältnisse bei den städtischen Elektrizitätswerken geändert. Die Lieferung von Kraftstrom übertrifft heute die von Lichtstrom um ein bedeutendes, da die Elektrizitätswerke erkannt haben, daß die Ausnützung ihrer Anlagen durch den Anschluß von Kraftbetrieben wesentlich verbessert wird. Wenngleich zuzugeben ist, daß durch die Überlandwerke ein gewisser großer Zug in die Elektrizitätsversorgung kam, durch den mit manchen rückständigen Gepflogenheiten einzelner Werke aufgeräumt wurde, so ist doch nicht zu verkennen, daß dieses Streben auch schon manche Auswüchse gezeitigt hat.

Überlandwerke erscheinen im allgemeinen nur in Gegenden mit vorwiegend industrieller und städtischer Bevölkerung, die einen genügend dichten Kraft- und Lichtverbrauch gewährleisten, wirtschaftlich. Wo es sich hingegen um die Stromversorgung räumlich ausgedehnter Bezirke mit vorwiegend ländlicher Bevölkerung handelt, dürfte die Rentabilität von Überlandwerken meist in Frage gestellt sein. Zwar bietet gerade für Landgemeinden die Versorgung mit billiger elektrischer Energie große Vorteile; jedoch ändert dies nichts an der Tatsache, daß hier wegen des unbedeutenden, sich in der Hauptsache auf die Herbstzeit zusammendrängenden Verbrauchs verhältnismäßig weniger Stromabnehmer ein ausgedehntes und weitverzweigtes Leitungsnetz herzustellen ist, das, ebenso wie die Kraftanlage, der Höchstbelastung entsprechen muß. Dieses Leitungsnetz bedingt sehr hohe Anlagekosten (ein Mehrfaches von den Kosten der Kraftstation) und damit auch hohe Beträge für Verzinsung und Abschreibung. Dazu kommen noch die nicht unbeträchtlichen Unterhaltungskosten des Leitungsnetzes und der Unterstationen sowie die auf die Umformung des elektrischen Stromes entfallenden Kosten. Eine einigermaßen befriedigende Rentabilität derartiger Überlandwerke läßt sich daher häufig nur dann herausrechnen, wenn zu dem Mittel abnormal niederer Abschreibungsbeträge gegriffen wird, oder wenn der Unternehmer den Ausfall an Betriebseinnahmen indirekt durch Installations- und Materiallieferungsgewinne zu decken sucht, oder endlich, wenn seitens solcher Gemeinden, deren Anschluß nicht genügend lohnend ist, entsprechend hohe Zuschüsse (Zubußen) an das Überlandwerk geleistet werden. Durch derartige, einem übertriebenen Gründungs- und Zentralisationsbedürfnis entspringende Überlandwerke wird meines Erachtens die an sich gute Sache der elektrischen Übertragung und Verteilung von Energie auf die Dauer nicht gefördert. Denn bei dem heutigen Stande des Kraftmaschinenbaues stellt sich bei objektiver Beurteilung aller in Betracht kommenden Verhältnisse nicht selten heraus, daß die Dezentralisation, d. h. eine größere Zahl von mittleren Elektrizitätswerken ein günstigeres Gesamtergebnis liefert, als einige wenige große Werke, zumal auch die Anlagekosten infolge des billigeren Leitungsnetzes nicht höher ausfallen, als bei einem einzigen Großkraftwerk; vgl. auch die Ausführungen von S t i e r s t o r f e r auf S. 166. Nicht zuletzt ist in diesem Zusammenhang noch darauf hinzuweisen, daß auch auf dem Gebiete der Elektrizitätsversorgung der freie Wettbewerb nicht ohne Not ausgeschaltet werden sollte. Man schafft sonst indirekt für einzelne Firmen Installations- und Materiallieferungsmonopole.

Der Verkaufspreis der elektrischen Energie ist infolge der Vervollkommnung der Krafterzeugung und des damit zusammenhängenden verstärkten Wettbewerbs der Eigenanlagen gegenüber früher wesentlich zurückgegangen. Der Strompreis, der von Überlandwerken gefordert wird, ist meist niedriger als der von städtischen Elektrizitätswerken. Nur in Fällen, wo bei den letzteren der Stromverbrauch ein sehr dichter ist, wie z. B. bei gewerbe- und industriereichen Städten, die Kosten für das Leitungsnetz also verhältnismäßig nieder ausfallen, können städtische Werke einen billigeren Strompreis als Überlandwerke zugestehen. Anfänglich kam es vor, daß sich benachbarte Überlandwerke hinsichtlich der Strompreise bekämpften. Heute findet meist auf Grund gegenseitiger Vereinbarungen eine Einigung über die Stromtarife statt. Die von den Elektrizitätswerken unter Berücksichtigung allenfallsiger Rabatte verlangten Strompreise sind verschieden hoch, je nach den Erzeugungs- und Fortleitungskosten des elektrischen Stromes und je nach Art, Größe und Dauer des Strombezuges. So z. B. stellt sich der Strompreis bei kleinen oder schwach belasteten Anschlußanlagen und geringer Betriebsdauer höher als bei großen oder gut belasteten Anschlüssen und großer Betriebsdauer. Die meisten Überlandwerke haben für Großabnehmer einen besonderen Tarif, einen sog. Großabnehmertarif eingeführt, der nach Möglichkeit den Betriebskosten von Eigenanlagen angepaßt ist. Vielfach treffen die Elektrizitätswerke mit größeren Abnehmern auch geheime Sonderabmachungen. Der veröffentlichte Tarif dient in solchen Fällen nur als Grundlage für die Verhandlungen.

Eine wesentliche Erhöhung der Strompreise wird dann eintreten, wenn die von manchen Seiten angestrebte Verstaatlichung der Elektrizitätslieferung zur Tatsache werden sollte. Staatsbetriebe arbeiten bekanntlich teurer als private, da letztere ihr Personal im allgemeinen bedeutend stärker beanspruchen. Dazu kommt noch, daß ein Staatsbeamter sicherer rechnen muß als der Leiter eines privaten Unternehmens. Letzterer ist bei scharfem Wettbewerb eher in der Lage, Zugeständnisse bezüglich des Stromtarifes zu machen, als ein Staatsbeamter, der sich streng an die Vorschriften seiner vorgesetzten Behörde halten muß. Nach alledem dürfte eine Verstaatlichung der Elektrizitätswerke hauptsächlich im Interesse der Elektrizitätsfirmen liegen. Diese würden infolge Ausschaltung des scharfen Wettbewerbs bessere Preise für ihre Erzeugnisse erzielen, da Staatsaufträge meist lohnender sind als Privataufträge.

Daß eine Verstaatlichung der Elektrizitätsversorgung auch gewisse Vorteile bieten würde, soll nicht verkannt werden. Ich denke hier insbesondere an die Möglichkeit, allenfalls auf gesetzlichem Wege ein organisches Zusammenarbeiten der gewerblichen Kraftanlagen mit den Elektrizitätswerken herbeizuführen. Schon heute haben einzelne Überlandwerke sog. Gegenseitigkeitsverträge mit Hüttenwerken oder Zechen abgeschlossen, wobei sich das Überlandwerk verpflichtete, den überschüssigen Strom dieser Betriebe zu angemessenen Preisen in sein Netz aufzunehmen und seinerseits bei Störungen oder bei Spitzenbelastung bzw. erhöhtem Kraftbedarf der betreffenden Werke den fehlenden Strom zu liefern. Eine möglichst weitgehende Ausdehnung solcher Gegenseitigkeitsverträge auf andere Betriebe, insbesondere Wasserkraftanlagen, würde für die Volkswirtschaft einen großen Gewinn bedeuten, da alsdann eine weitvollkommenere Ausnützung unserer Kraftquellen möglich wäre[1]). Gleichzeitig würden dabei unsere Brennstoffvorräte nach Möglichkeit geschont. — Ähnliche Vorteile lassen sich dadurch erreichen, daß man den Elektrizitätswerken andere Betriebe angliedert. So z. B. wirkt die Angliederung einer Eisfabrik, wie in Steglitz bei Berlin und Oberhausen i. Rh., oder eines Kühl- und Gefrierhauses ausgleichend auf die Belastung von Elektrizitätswerken ein, weil hierbei dem geringsten Licht-

[1]) Vgl. die Ausführungen von Thierbach auf S. 167.

bedarf in der Sommerszeit der größte Kältebedarf gegenübersteht. Die Größenbemessung der Kühlmaschinen läßt sich so treffen, daß die Eisfabrik während der Abendstunden, also zur Zeit größter Lichtbelastung, außer Betrieb ist.

Im übrigen ist darauf hinzuweisen, daß eine einseitige Bevorzugung und Förderung der Elektrizitätswerke durch den Staat nicht im öffentlichen Interesse liegen würde, weil dies mit der Zeit einen Rückgang des Gasverbrauchs und damit eine Benachteiligung der Gaswerke zur Folge hätte. Der Gasabsatz sollte aber nach Möglichkeit gefördert werden, da die bei der Destillation der Kohle abfallenden Nebenprodukte, Teeröl, Benzol, Ammoniak usw., unsere Volkswirtschaft von der ausländischen Einfuhr unabhängiger machen. Die Öle des Teers werden u. a. als motorische Treibmittel, das schwefelsaure Ammoniak als landwirtschaftliches Düngemittel zur Sicherstellung der Ernährung unseres Volkes benötigt. Außerdem spielen diese Nebenprodukte für die Pulver- und Sprengmittelerzeugung eine wichtige Rolle. Welch hohe Bedeutung sie besonders in Kriegszeiten für unsere Landesverteidigung haben, hat in sehr eindringlicher Weise der Weltkrieg gelehrt.

Aber noch ein anderer Grund spricht gegen zu weitgehende Zentralisation der Krafterzeugung. Der Weltkrieg hat gezeigt, in wie hohem Maße sich die Luftwaffe schon heute zu Angriffszwecken eignet. Die weitere Entwicklung der Flugtechnik läßt mit Sicherheit darauf schließen, daß die Luftwaffe in künftigen Kriegen noch bedeutend stärker in die Erscheinung tritt. Hierbei werden gerade die großen Überlandwerke ein beliebtes Ziel für feindliche Angriffe bilden, da durch deren Zerstörung das gewerbliche und industrielle Leben ganzer Provinzen zum großen Teil lahmgelegt werden kann. Mit einer solchen Möglichkeit muß besonders Deutschland infolge seiner geographischen Lage rechnen.

Zum Schluß sei noch bemerkt, daß der von den Elektrizitätswerken bezogene billige Kraftstrom, sofern außerhalb der Sperrzeiten für technische Zwecke gearbeitet wird, auch zur Lichterzeugung ausgenutzt werden kann, in der Weise, daß man einen Umformer, am besten einen ruhenden (Quecksilbergleichrichter), in Verbindung mit einer Akkumulatorenbatterie aufstellt und die letztere außerhalb der Sperrzeit aufladet.

Zweiter Teil.

Anschaffungskosten von Kraftanlagen.

27. Einleitung.

In den folgenden Abschnitten sind die Anschaffungskosten von Kraftanlagen für verschiedene Leistungen zusammengestellt, und zwar ist hierbei nur der maschinelle Teil einschließlich der Fundamente berücksichtigt. Naturgemäß kommt den angegebenen Preisen nur die Bedeutung von Durchschnittswerten zu, da bekanntlich die Preise im einzelnen Fall oft erheblich voneinander abweichen, je nachdem es sich um das Fabrikat einer größeren oder kleineren Firma handelt, und je nachdem der Wettbewerb ein mehr oder weniger starker ist. Die Preise entstammen der Zeit vor dem Kriege, da sich heute über die künftige Preisgestaltung noch nichts Bestimmtes voraussagen läßt. Sicher erscheint nur, daß die Preise sämtlicher Maschinen eine Steigerung erfahren werden.

Auf Grund derartiger Preiszusammenstellungen dürfte es sich, wenn wieder normale Verhältnisse eingetreten sind, vielfach erübrigen, von allen möglichen, überhaupt in Betracht kommenden Firmen zahlreiche Angebote einzuholen. Das Einziehen und Ausarbeiten vieler zweck- und aussichtsloser Angebote sowie die hierdurch veranlaßten schriftlichen und mündlichen Verhandlungen verursachen sowohl dem Käufer als auch den Lieferanten viele nutzlose Arbeit, Zeitverluste und Unkosten.

Je größer die Leistung einer Maschine ist, desto niederer stellen sich die Anschaffungskosten für die Pferdestärke. Die Größe der gewählten Einheiten ist deshalb von wesentlichem Einfluß auf die Gesamtkosten einer Anlage, allerdings nur bis zu einer gewissen Grenze. Geht man mit der Größe der Einheiten über diese Grenze hinaus, so tritt keine Verringerung der Anlagekosten mehr ein. Außer von der Größe der Anlage sind die Anschaffungskosten in gewisser Beziehung auch von ihrem Wirkungsgrad abhängig. Je größere Wirtschaftlichkeit bzw. je geringerer Brennstoffverbrauch von einer Anlage verlangt wird, desto höhere Anlagekosten sind aufzuwenden.

Die Anlagekosten für den baulichen Teil wurden im folgenden nicht angegeben, da sie je nach der Lage des Grundstücks erheblich schwanken. In den Betriebskostentabellen im Anhang wurde angenommen, daß sich die Kosten für das Maschinenhaus oder den erforderlichen Maschinenraum auf 80 M/qm Grundfläche belaufen. In diesem Betrag sind außer dem Maschinenhaus auch die Kosten des Grund und Bodens enthalten. Dieser Satz stellt einen Mittelwert dar. An kleineren Orten und auf dem flachen Lande wird er wesentlich unterschritten, in großen Städten hingegen kann dieser Betrag übertroffen werden. Genau genommen müßte das Maschinenhaus auf Grund des umbauten Raums in Rechnung gesetzt werden, da beispielsweise eine stehende Dampfmaschine eine ganz andere Höhe des Maschinenraums verlangt als ein Elektromotor. Es ist deshalb im speziellen Fall richtiger, zu den Kosten des Grund und Bodens die Kosten des umbauten Raums hinzuzuschlagen, die durchschnittlich 10—12 M/cbm betragen. Während z. B. bei Dampfanlagen ein besonderes Maschinenhaus notwendig ist, kann der Verbrennungsmotor sowie der Elektromotor unter bewohnten Räumen, gegebenenfalls unmittelbar in den Werkstätten aufgestellt werden. Es wurden deshalb die letztgenannten Motoren insofern ungünstiger behandelt, als für sie der gleiche Satz von 80 M/qm Grundfläche angenommen wurde, obgleich sich hier infolge der Benutzbarkeit des darüber liegenden Raums die Kosten des Grund und Bodens auf mehrere Stockwerke verteilen.

Ebenso wie größere Maschineneinheiten verhältnismäßig billiger ausfallen als kleinere, so verhält es sich auch mit ganzen Kraftwerken. Geht man jedoch mit der Größe der Kraftwerke über eine gewisse Grenze (bei Dampfkraftwerken etwa 100 000 kW) hinaus, so tritt fast keine Verringerung der Anlagekosten mehr ein. Auch die Betriebskosten nehmen kaum mehr ab, weshalb es zweckmäßiger ist, für größere Leistungen zwei oder mehr Kraftwerke zu errichten.

Bemerkt sei, daß im nachfolgenden die Anschaffungskosten sämtlicher Maschinen auf die größte Dauerleistung, kurz Dauerleistung genannt, bezogen wurden, um vergleichbare Werte zu erhalten. Bei Lokomobilen und Verbrennungsmaschinenanlagen wurden die Preise im ganzen angegeben, da diese Anlagen mehr oder weniger einheitliche Gebilde darstellen. Im Gegensatz hierzu lassen sich die Anlagekosten ortsfester Dampfkraftanlagen kaum allgemein angeben, da diese in erheblichem Maße von den örtlichen Verhältnissen und der Wahl und Anordnung der einzelnen Teile beeinflußt werden. Im nachfolgenden sind deshalb die Preise von Kessel- und Maschinenanlagen ausschließlich Rohrleitung getrennt angegeben.

28. Anschaffungskosten von Dampfkesselanlagen.

Im nachfolgenden sind die Anschaffungskosten von Flammrohr- und Wasserrohrkesseln (Hochleistungstype) einschließlich selbsttätigem Rostbeschicker oder Kettenrost und Montage zusammengestellt. Die Kosten für Überhitzer, Einmauerung, Schornstein usw. sind getrennt aufgeführt. Nicht berücksichtigt sind die Gebäudekosten sowie die Kosten der Rohrleitung zwischen Kessel und Maschine; letztere schwanken je nach der Lage von Kessel- und Maschinenhaus und je nach der Anordnung und Bemessung der Leitung innerhalb ziemlich weiter Grenzen.

Zahlentafel 1. Anlagekosten von Flammrohrkesseln mit selbsttätigem Rostbeschicker, ohne Rohrleitung, Betriebsdruck 12,5 at Üb., Dampftemperatur 380° C.

	Einflammrohr-		Zweiflammrohrkessel					
Wasserberührte Heizfläche qm	30	40	50	60	70	80	100	125
Beanspruchung normal kg/qm	18	18	20	20	20	20	20—22	20—22
Beanspruchung höchstens ,,	23	23	24	24	24	24	24—27	24—27
Heizfläche des Überhitzers qm	14	20	23	27	31	35	45	57
Schornstein obere Lichtweite m	0,60	0,60	0,70	0,70	0,75	0,80	0,90	1,00
Schornstein Höhe über Boden m	25	30	35	35	35	35	40	40
Anlagekosten:								
Kessel samt Armaturen u. Rostbeschicker einschl. Montage M.	5400	6200	6600	7200	7600	8900	10200	12000
Überhitzer einschl. Rohrleitung zwischen Dom u. Überhitzer M.	1000	1200	1250	1300	1400	1500	1700	1950
Einmauerung, einschl. norm. Fundament . . . . M.	900	1000	1200	1400	1900	2200	2400	2900
Speisevorrichtung (Kolbenpumpen) . . . . M.	500	550	600	700	800	900	1100	1200
Gesamtkosten . . . . . . rd. M.	7800	8950	9650	10600	11700	13500	15400	18050
Schornstein mit norm. Fund. u. Blitzableiter . . . . . M.	2400	2600	2800	2900	3000	3500	4200	4600

Zahlentafel 2. Anlagekosten von Wasserrohrkesseln (Hochleistungstype) mit Kettenrostfeuerung, ohne Rohrleitung. Betriebsdruck 12,5 at Üb., Dampftemperatur 380° C. Normale Dampfleistung 24 kg/qm, höchste Dampfleistung 30 kg/qm.

Wasserberührte Heizfläche qm	100	125	150	180	200	250	300	350	400
Heizfläche des Überhitzers qm	43	54	65	76	85	105	125	147	170
Heizfläche d. Rauchg.-Vorw. qm	64	80	96	120	128	144	192	240	288
Schornstein obere Lichtweite m	0,90	1,00	1,10	1,20	1,10	1,20	1,30	1,40	1,50
Schornstein Höhe über Boden m	40	40	40	40	50	50	50	55	60
Anlagekosten:									
Kessel samt Armaturen und Kettenrostfeuerung, einschließlich Montage . . . M.	11000	12000	13000	14500	16500	18000	25000	28500	32000
Überhitzer, einschl. Rohrleitung zwischen Kessel und Überhitzer . . . . M.	1800	2100	2300	2600	3000	3500	4200	4700	5700
Einmauerung, einschl. normalem Fundament . . . M.	2800	3200	3600	4000	4500	6000	6800	8000	9000
Speisevorrichtung (Kolbenpumpen) . . . . M.	1200	1350	1500	1700	1900	2300	2800	3200	3600
Rauchgasvorwärmer samt Einmauerung . . . . M.	3160	3900	4640	5800	6300	7250	9500	11700	13900
Motor u. Zwischenvorgelege für Kettenrost . . . . . M.	500	550	600	620	650	650	700	700	750
Rauchgasvorwärmer-Motor . M.	300	300	330	350	400	500	600	650	700
Wasserreinigungsanlage . . M.	2400	2600	2900	3300	3600	4600	5700	6300	6900
Gesamtkosten . . . . . rd. M.	23160	26000	28870	32870	36850	42800	55300	63750	72550
Schornstein mit norm. Fund. u. Blitzableiter . . . rd. M.	4200	4600	5200	6000	7000	7500	8000	9000	10500

29. Anschaffungskosten von ortsfesten Kolbendampfmaschinen.

Im nachfolgenden sind für einige Maschinengrößen die Anschaffungskosten sowie der ungefähre Platzbedarf zusammengestellt, und zwar letzterer einschl. des zur Bedienung der Maschinen erforderlichen Raums. Die Preise gelten für liegende Heißdampfmaschinen mit Ventilsteuerung und Einspritzkondensation bei einer Eintrittsspannung des Dampfes von 12 at Üb. und einer Eintrittstemperatur von 300—325° C. Normales Fundament und Montage sind inbegriffen, das Gebäude jedoch nicht. Als Ungleichförmigkeitsgrad des Schwungrades (Seilscheibe) ist 1 : 150 bei Normalleistung angenommen. Werden für die Leistungen von 200 PS_e und darüber zweikurbelige Verbundmaschinen mit nebeneinander liegenden Zylindern vorgezogen, so erhöhen sich die Preise um ein geringes.

Zahlentafel 3.

Kosten von Heißdampf-Kondensations-Maschinen.

Höchste Dauerleistung PS_e	Bauart	Minutliche Umdrehungszahl	Platzbedarf qm	Anlagekosten rd. M.
80	Einzylinder	180	40	10000
100	„	160	45	12500
150	Tandem	150	60	16500
200	„	150	70	19000
500	„	150	100	32000
1000	„	120	200	55000

30. Anschaffungskosten von ortsfesten Dampflokomobilen.

Nachfolgend sind für einige Maschinengrößen die Anschaffungskosten sowie der ungefähre Platzbedarf zusammengestellt, letzterer einschl. des zur Bedienung und zum Ausziehen des Rohrbündels erforderlichen Raums. Die Preise beziehen sich auf Heißdampf-Auspuff-Lokomobilen sowie Heißdampf-Verbund-Kondensations-Lokomobilen mit ausziehbaren Röhrenkesseln und verstehen sich einschließlich Kamin, normalem Fundament und betriebsfertiger Aufstellung, jedoch ohne Gebäude. Für die Maschinengrößen bis einschl. 230 PS_e Dauerleistung sind Blechkamine angenommen, für die Maschinen von 295 und 415 PS_e Dauerleistung hingegen gemauerte Schornsteine; die Preise der gemauerten Schornsteine einschl. normalem Fundament wurden zu 3200 und 4200 M. angesetzt. In den Preisen der Lokomobilen von 140 PS und darüber sind mechanische Rostbeschickungsapparate samt Antrieb einbegriffen. Die Dampfspannung beträgt 12 at Üb. und die Dampftemperatur 300—350° C.

Zahlentafel 4.
Kosten von ortsfesten Heißdampf-Lokomobilen[1]).

Höchste Dauerleistung PSe	Bauart	Minutliche Umdrehungszahl	Platzbedarf qm	Anlagekosten rd. M.
20	Einzylinder Auspuff	240	22	5500
29		230	25	6500
41		220	30	7700
48		210	32	8500
75		200	41	11500
60	Verbund Kondensation	230	39	12700
87		220	43	14500
140		200	56	21200
230		190	71	30000
295		180	82	38000
415		180	102	51500

31. Anschaffungskosten von Dampfturbinen.

Dampfturbinen ergeben für große Leistungen die geringsten Anschaffungskosten. Dazu kommt, daß ihr spezifischer Platzbedarf gering ist und damit auch die Kosten des baulichen Teils. Die Anlagekosten moderner Dampfturbinen mit direkt gekuppeltem Drehstromgenerator, einschl. Oberflächenkondensation mit umlaufenden Pumpen, Schalttafel, normalem Fundament und Montage, jedoch ohne Gebäude, sind in Zahlentafel 5 zusammengestellt. Da das wichtigste Anwendungs-

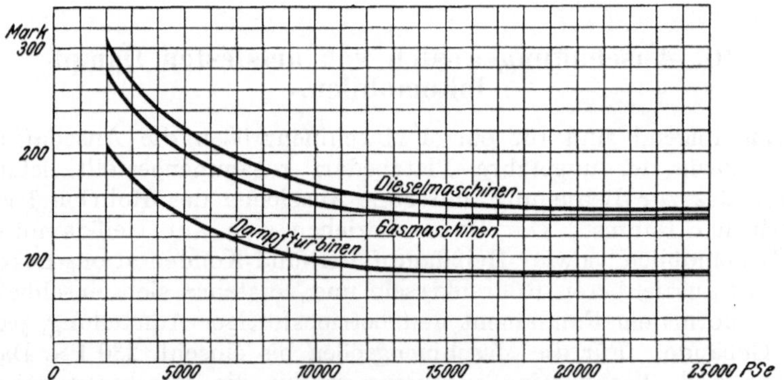

Fig. 5. Anlagekosten von betriebsfertigen Kraftzentralen in Mark für 1 installierte PS_e, bei Aufstellung von mindestens 2 Aggregaten der größtmöglichen Einheit, ohne Grundstücks- und Wasserbeschaffungskosten.
Die Kurven gelten für neu zu errichtende Anlagen bei günstigster Ausnützung der Einheiten.

[1]) Die aufgeführten Leistungen erscheinen um deswillen unrund, weil sie nicht die Normal-, sondern die Dauerleistung darstellen.

gebiet der Dampfturbinen das für den Antrieb elektrischer Maschinen ist, so wird in der Regel nur der Preis der vollständigen Turbodynamos angegeben. Bemerkt sei, daß in dem angegebenen Platzbedarf auch

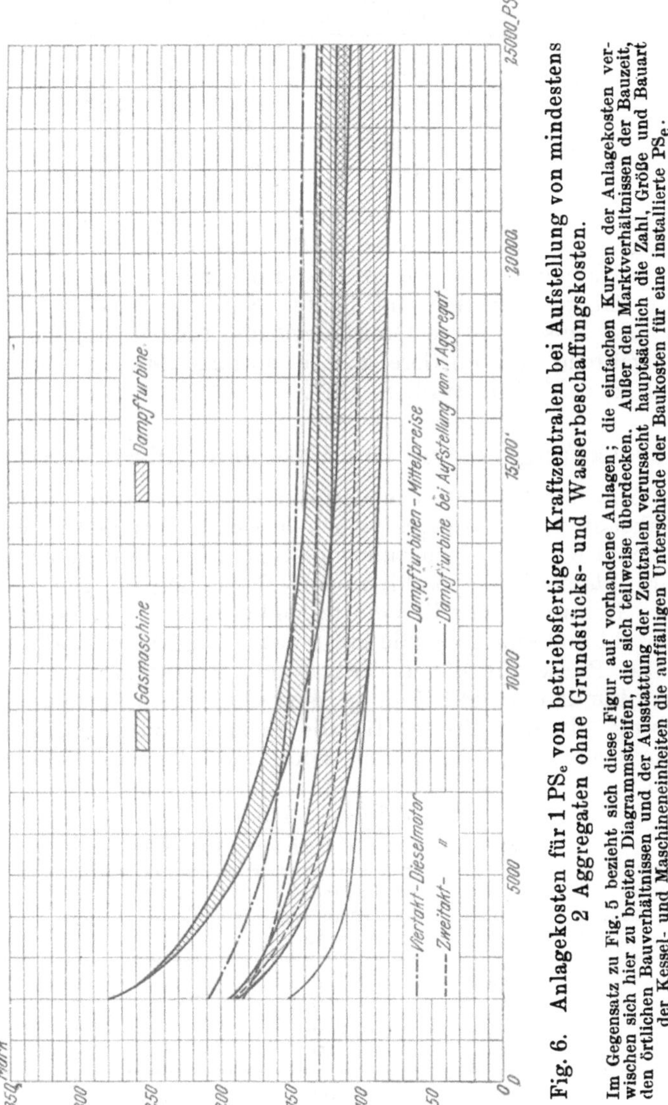

Fig. 6. **Anlagekosten für 1 PS_e von betriebsfertigen Kraftzentralen bei Aufstellung von mindestens 2 Aggregaten ohne Grundstücks- und Wasserbeschaffungskosten.**

Im Gegensatz zu Fig. 5 bezieht sich diese Figur auf vorhandene Anlagen; die einfachen Kurven der Anlagekosten verwischen sich hier zu breiten Diagrammstreifen, die sich teilweise überdecken. Außer den Marktverhältnissen der Bauzeit, den örtlichen Bauverhältnissen und der Ausstattung der Zentralen verursacht hauptsächlich die Zahl, Größe und Bauart der Kessel- und Maschineneinheiten die auffälligen Unterschiede der Baukosten für eine installierte PS_e.

der für die Bedienung nötige Platz einbegriffen ist. Die Eintrittsspannung und -temperatur des Dampfes sind zu 12 at Üb. und 325 bis 350° C angenommen.

Zahlentafel 5.
Kosten von Turbogeneratoren.

Höchste Dauerleistung kW	Minutliche Umdrehungszahl	Platzbedarf qm	Anlagekosten rd. M.
500	3000	70	60000
1000	3000	85	88000
2500	3000	100	141000
5000	3000	145	270000
10000	1500	200	465000
15000	1000	265	600000

Über die Anlagekosten betriebsfertiger Kraftwerke mit Dampfturbinen geben Fig. 5 und 6 Aufschluß[1]). Da bei Turbinenzentralen die Wahl der Einheiten eine wesentliche Rolle spielt, so stellen sich die Anlagekosten, je nach den eingebauten Einheiten, als ein Diagrammstreifen dar, dessen untere Grenzkurve die äußerst erzielbaren Werte angibt, während die mittlere Kurve normale Mittelwerte darstellt; vgl. auch Z. d. V. d. I. 1914, S. 1157.

32. Anschaffungskosten von Gas- und Flüssigkeitsmotoren.

Die Anschaffungskosten moderner Gas- und Flüssigkeitsmaschinen samt Zubehör und Montage, jedoch ausschließlich Gebäude, sind in den Zahlentafeln 6 u. 7 zusammengestellt. In letzteren ist auch der ungefähre Platzbedarf einschl. des zur Bedienung nötigen Raums angegeben. Es wurde jeweils eine liegende Bauart von normaler Umdrehungszahl und eine stehende mit höherer Umdrehungszahl angenommen. Die Preise für die Leuchtgasmotoren verstehen sich einschl. normalem Fundament und Montage, einschl. Rohrleitungen und Andrehvorrichtung. In den Preisen für die Benzin- und Benzolmotoren ist außerdem noch eine Flügelpumpe nebst zwei Brennstoff-Fässern einbegriffen.

Zahlentafel 6.
Kosten von Leuchtgasmotoren.

Höchste Dauerleistung PS_e	Bauart	Minutliche Umdrehungszahl	Platzbedarf qm	Anlagekosten rd. M.
1	liegend	250	3,5	1000
3	"	250	5	1750
6	"	240	6	2400
10	"	230	7,5	3120
1	stehend	950	2	700
3	"	480	3	1000
6	"	450	3,5	1250
10	"	380	5	1850

[1]) Diese Abbildungen entstammen einem Aufsatz von M. Gercke in der Zeitschrift „Stahl und Eisen“ 1913, S. 969 ff.

Zahlentafel 7.
Kosten von Benzin- und Benzolmotoren.

Höchste Dauerleistung PSe	Bauart	Minutliche Umdrehungszahl	Platzbedarf qm	Anlagekosten rd. M.
1	liegend	250	3,5	1100
3	"	275	5	1830
6	"	260	6	2550
10	"	240	7,5	3000
1	stehend	750	2	800
3	"	480	3	1100
6	"	450	3,5	1350
10	"	380	5	1900

33. Anschaffungskosten von Naphthalin-Maschinen.

Nachstehend sind die Anschaffungskosten liegender Naphthalinmaschinen samt normalem Fundament und Montage einschl. Rohrleitungen und Andrehvorrichtung, jedoch ausschließlich Gebäude angegeben. In die Zusammenstellung wurde auch der ungefähre Platzbedarf einschl. des zur Bedienung erforderlichen Raumes aufgenommen.

Zahlentafel 8.
Kosten liegender Naphthalin-Maschinen.

Höchste Dauerleistung PSe	Minutliche Umdrehungszahl	Platzbedarf qm	Anlagekosten rd. M.
4	360	5,5	2100
6	350	6	2500
8	330	7	2900
10	330	7,5	3300
12	300	8,5	4050
18	250	9,5	5200

34. Anschaffungskosten von Hochdruck-Ölmaschinen.

Zahlentafel 9 enthält die Anschaffungskosten moderner Dieselmaschinen einschl. Zubehör, jedoch ausschl. Gebäude. Gleichzeitig ist der ungefähre Platzbedarf einschl. des zur Bedienung der Maschinen erforderlichen Raums angegeben. In den Preisen sind enthalten Anlaß- und Einblasegefäße, Rohrleitungen, Schutzgeländer, Abdeckungen, Brennstoffgefäße, die normalen Reserveteile, eine Laufkatze sowie ein normales Fundament und die Montage. Für die Motoren von 50 PS aufwärts ist Teerölbetrieb angenommen; in den Preisen dieser Motoren sind noch ein Brennstoffbehälter, die nötigen Anwärmevorrichtungen sowie eine Schmierölfiltriereinrichtung einbegriffen. Für die großen Maschinen ist an Stelle einer Laufkatze ein Laufkran vorgesehen.

Zahlentafel 9.
Kosten von Dieselmaschinen.

Höchste Dauerleistung PSe	Bauart	Anzahl der Zylinder	Minutliche Umdrehungszahl	Platzbedarf qm	Anlagekosten rd. M.
12	liegend einfachwirkend	1	280	15	5200
20		1	250	19	7500
30		1	230	21	9800
50	stehend einfachwirkend	1	200	20	20000
100		2	195	25	30000
150		3	190	37	43000
200		2	185	56	54000
300		3	175	65	73000
500		4	175	80	97000
800		4	150	90	141000
1000		4	150	100	170000
1200		6	150	110	235000
1500		6	150	120	275000
1000	liegend doppeltwirkend	2	125	140	170000
1500		2	94	170	245000
2000		2	94	200	290000
3000		4	94	300	440000
4000		4	94	400	510000

Über die Anlagekosten betriebsfertiger Kraftwerke mit großen Dieselmaschinen geben Fig. 5 u. 6 Aufschluß.

35. Anschaffungskosten von Kraftgasanlagen.

In Zahlentafel 10 sind für verschiedene Maschinengrößen die Anschaffungskosten (ohne Gebäude) sowie der ungefähre Platzbedarf von Sauggasanlagen zusammengestellt. Der Platzbedarf gilt einschl. des zur Bedienung erforderlichen Raumes. Die Preise beziehen sich auf vollständige Generatoranlagen und liegende Motoren mit Präzisionsregulierung. In den Preisen sind einbegriffen die Rohrleitungen, die Druckluft-Anlaßvorrichtung, Schutzgeländer, Abdeckplatten, eine Bedienungsbühne für die Gasanlage, ein normales Fundament sowie die Montage. Für die kleineren Anlagen ist außer dem Naßreiniger ein Kondensator, für die größeren dagegen ein Trockenreiniger angenommen. Zu den Koks- und Anthrazitanlagen sei bemerkt, daß sich die kleineren Leistungen auf Koksbetrieb, die größeren auf Anthrazitbetrieb beziehen.

Zahlentafel 10.
Kosten von Sauggasanlagen (Generatoranlage und Motor).

Höchste Dauerleistung PSe	Brennstoff	Minutliche Umdrehungs-zahl	Platzbedarf qm	Anlagekosten rd. M.
11— 12	Koks und Anthrazit	220	18	5500
23— 25		210	25	7500
37— 40		200	30	10000
47— 50		190	45	15000
60— 65		190	50	18000
70— 75		190	55	19500
78— 85		190	60	22000
92—100		190	65	23000
120—125		180	70	28000
150—160		170	80	34000
45	Braunkohlen-Briketts	190	45	15000
50		190	50	16500
75		190	65	23500
100		180	70	27000
130		180	75	31000
160		170	85	37000
200		170	100	44000
300		160	170	64500
400		160	200	84000
500		150	250	100000
1000		115	400	195000
2000		100	560	340000
3000		94	750	500000

36. Anschaffungskosten von Großgasmaschinen[1]).

Die Anlagekosten moderner Großgasmaschinen einschl. Hilfsmaschinen (Wasserpumpen, Druckluftkompressor), Anlaßgefäße, direkt gekuppeltem Drehstromschwungradgenerator, Schalttafel, Zündeinrichtung, normalem Fundament und Montage, jedoch ohne Gebäude, sind aus Zahlentafel 11 zu entnehmen. Die Preise beziehen sich auf normale doppeltwirkende Viertaktmaschinen in Tandem- oder Zwillingstandemanordnung. Durch Anwendung des Spül- und Aufladeverfahrens läßt sich die Leistung der Maschinen bei gleichen Zylinderabmessungen steigern, ihr Preis also verringern.

Die Kosten der Gasreinigungsanlagen sind in den aufgeführten Preisen nicht enthalten. Diese sind in erster Linie vom System, ob Naß- oder Trockenreinigung, abhängig. Als Beispiel sei erwähnt, daß eine Naßreinigungsanlage, die stündlich 60000 cbm Rohgas auf einen Staubgehalt von 0,02 g/cbm reinigt, einschließlich der Motoren und der elektrischen Einrichtung, jedoch ausschließlich Wäscherapparate rd. 60000 M. kostet. Eine Trockenanlage für die gleiche Leistung kostet

[1]) Infolge des vor einigen Jahren gegründeten Großgasmaschinen-Verbandes haben die Preise der Großgasmaschinen erheblich angezogen.

Zahlentafel 11.
Kosten von Gasdynamos.

Höchste Dauerleistung an der Schalttafel PSe	Bauart	Zylinder-Anzahl	Minutliche Umdrehungen	Platzbedarf qm	Anlagekosten rd. M.
1000	Tandem	2	150	140	145000
2300	„	2	107	210	280000
3000	„	2	107	270	340000
3500	„	2	107	290	380000
4600	Zwill.-Tand.	4	107	450	470000
6000	„	4	107	510	600000
7000	„	4	107	560	670000

das Doppelte bis Dreifache. Außer vom System sind die Anschaffungskosten von Gasreinigungsanlagen noch von dem Staubgehalt und der Temperatur des Rohgases abhängig. Hohe Gastemperaturen (z. B. 120° und darüber) bedingen bei der Naßreinigung das Vorschalten von Wäschern, bei der Trockenreinigung das Vorschalten von Kühlern. Diese Apparate können unter Umständen die Anlage wesentlich verteuern.

Über die Anlagekosten betriebsfertiger Großgasmaschinenzentralen geben die Abbildungen 5 und 6 Aufschluß.

37. Anlagekosten und Wert von Wasserkraftanlagen.

Die Kosten von Wasserkraftanlagen werden durch eine Reihe von Faktoren beeinflußt. Allgemeine Angaben, ähnlich wie bei Wärmekraftmaschinen, lassen sich hier nicht machen. Es müssen vielmehr die Anlagekosten von Fall zu Fall bestimmt werden. Allgemein läßt sich nur sagen, daß Werke, die höheren wirtschaftlichen und technischen Ansprüchen genügen, in der Regel die Festlegung weit größerer Vermögenswerte verlangen, als dies bei Wärmekraftanlagen der Fall ist. Beispielsweise kann man annehmen, daß Wasserkraftanlagen von etwa 1500 PS Leistung ungefähr dreimal so teuer kommen als gleich starke Dampfkraftanlagen. Bei großen Anlagen kann sich das Verhältnis zwischen Dampf- und Wasserkraftanlage unter Umständen bis auf 1 : 10 erhöhen.

Während bei Wärmekraftanlagen unter sonst gleichen Verhältnissen die Größe bzw. Leistung der Anlage den Anschaffungspreis bestimmt, schwankt der Wert von Wasserkraftanlagen je nach ihrer Ausnützung und je nach ihrer Lage und den örtlichen Verhältnissen innerhalb weiter Grenzen. Die Anlagekosten von Wasserkraftanlagen hängen in erster Linie von der Größe des Gefälls ab. Eine Wasserkraft mit großem Gefälle und kleiner bis mittlerer Wassermenge ist im allgemeinen günstiger als eine solche mit großer Wassermenge und kleinem

Gefälle. Dies leuchtet ohne weiteres ein, da im letzteren Fall die Kanäle, Wehre, Schützen und Turbinen weit größere Abmessungen erfordern als im ersteren Fall und daher höhere Anschaffungskosten verursachen. Anderseits jedoch fallen für ein bestimmtes Gefälle die Anlagekosten um so niederer aus, je größer die vorhandene Wassermenge ist. Denn ein Kanal mit 10 qm benetzter Fläche kostet nicht das Doppelte wie ein solcher von 5 qm. Der weitaus größte Teil der Anlagekosten entfällt auf den wasserbaulichen Teil. Die Kosten der Turbinen betragen unter normalen Verhältnissen nur etwa 4—12% der Gesamtkosten, je nach der Größe des Gefälls. Man sollte deshalb an den Turbinen, die das Herz der ganzen Anlage darstellen, nicht sparen, sondern sich stets für die technisch beste Ausführung entscheiden, zumal sich dies durch erhöhte Wirtschaftlichkeit und Betriebssicherheit reichlich bezahlt machen kann.

Um ein Bild von der Abhängigkeit der Anlagekosten vom Gefälle zu geben, sei auf eine Zahlentafel hingewiesen, die O. v. Miller in der Zeitschrift des Vereins deutscher Ingenieure 1903, S. 1006, veröffentlichte. Wie diese Zusammenstellung erkennen läßt, schwanken die auf die Pferdekraft entfallenden Anlagekosten zwischen 180 und 1000 M. Diese Ziffern stellen jedoch noch nicht die Grenzwerte dar, denn es gibt Anlagen, bei denen die Pferdekraft bis auf 1700 M. kommt, und anderseits solche, bei denen sie nur 70 M. kostet[1]). Im übrigen ist hier zu bemerken, daß die in der Literatur angegebenen Einheitskosten von Wasserkraftanlagen oft gar nicht miteinander vergleichbar sind, da meist nicht ersichtlich ist, ob sie sich auf die mittlere oder die höchste Leistung beziehen, ob Reservemaschinen einbezogen sind oder nicht usw.

Bei dem Erwerb und dem Ausbau von Wasserkräften handelt es sich zunächst darum, ihren Wert festzustellen. In dieser Hinsicht ist zu sagen, daß Wasserkräfte von wenig veränderlicher Größe im allgemeinen wertvoller sind als solche mit stark schwankenden Wasserverhältnissen. Ferner sind Wasserkräfte in Gegenden mit teuren Brennstoffpreisen höher zu bewerten als solche in Gegenden mit niederen Brennstoffpreisen. Und endlich ist für die Bewertung noch von Wichtigkeit, ob eine Wasserkraft gut ausgenützt werden kann oder nicht, sowie ob sie nicht zu weit abseits vom eigentlichen Verbrauchsgebiet liegt. Es wäre unrichtig, den Wert einer Wasserkraft nur danach zu berechnen, wieviele Kilowattstunden jährlich erzeugt werden können. Es ist vor allem auch die Absatzmöglichkeit genau zu prüfen. Eine Wasserkraft wird für den Betrieb den höchsten Wert besitzen, der sie voll auszunützen vermag. Dies trifft im allgemeinen nur für elektrochemische und elektrometallurgische Betriebe zu. Dagegen können Wasserkräfte für Saisongeschäfte oder überhaupt für Betriebe, die die

---

[1]) Vgl. die statistischen Zusammenstellungen in dem Werk „Die Wasserkräfte“ von A. Ludin, Verlag J. Springer, Berlin 1913, S. 1366ff., sowie im Handbuch der Ingenieurwissenschaften 1908, dritter Teil, 13. Band, S. 242ff.

Kraft schlecht ausnützen, unter Umständen sehr geringen Wert haben. Für solche Betriebe ist die Anlage die wirtschaftlichste, die die geringsten Kapitalkosten (Verzinsung und Abschreibung) verursacht. Dies ist im allgemeinen die Wärmekraftanlage.

Ein absolutes Wertmaß, wie es bei den Wärmekraftmaschinen die Herstellungskosten bilden, gibt es demnach für Wasserkräfte nicht. Um sich ein Bild von dem Wert einer Wasserkraftanlage zu verschaffen, muß man ihre Betriebskosten mit denjenigen einer gleich großen Wärmekraftanlage in Vergleich setzen. Wenn die Wirtschaftlichkeit der Wärmekraftanlagen eine Verbesserung erfährt, so wird dies den Wert der Wasserkräfte herunterdrücken; wenn anderseits die Brennstoffpreise und damit auch die Betriebskosten der Wärmekraftanlagen steigen, so erhöht dies den Wert der Wasserkräfte. Bei dem Vergleich mit der Wärmekraftanlage verfahre man folgendermaßen: Bestimme die direkten jährlichen Betriebskosten der betreffenden Wasserkraftanlage, bestehend aus den Aufwendungen für Bedienung, Verwaltung, Schmierung und Wasserzins; die indirekten Kosten sind ja nicht bekannt, da der Wert der Wasserkraft noch nicht feststeht. Sodann berechne man die gesamten direkten und indirekten jährlichen Betriebskosten einer gleich starken Wärmekraftanlage. Der Unterschied zwischen diesen beiden Beträgen kann für die Verzinsung, Abschreibung und Instandhaltung der Wasserkraftanlage aufgewendet werden. Veranschlagt man die Verzinsung, Abschreibung und Instandhaltung der Wasserkraftanlage mit insgesamt 7—9% und kapitalisiert den Unterschied der Betriebskosten entsprechend diesen Prozentsätzen, so hat man den Wert der Wasserkraft. Hierbei erhält man zwei Grenzwerte. Der niedrigere Prozentsatz ergibt den Höchstwert, der gegebenenfalls für die Wasserkraft noch bezahlt werden kann; der höhere Prozentsatz hingegen ergibt den Preis, den die Wasserkraft unter allen Umständen wert ist.

Im übrigen ist hier nicht außer acht zu lassen, daß die Gleichmäßigkeit und die Sicherheit der Kraftlieferung ein wichtiges Moment für die Bewertung von Wasserkräften darstellt. Je gleichmäßiger die Leistung einer Wasserkraftanlage ist, und je höhere Betriebssicherheit den Kraftabnehmern gewährleistet werden kann, desto mehr erhöht sich der Verkaufswert der Energie. Es erscheint deshalb in vielen Fällen die Aufstellung einer Aushilfe in Form von Wärmekraftmaschinen oder die Schaffung künstlicher Speicheranlagen (Talsperren) als eine wirtschaftliche Forderung. Allerdings werden dadurch die Baukosten unter Umständen bedeutend erhöht. Wo infolge sehr unregelmäßigen Wasserstandes eine Wärmekraftanlage als Reserve benötigt wird, müssen naturgemäß in der obigen Rechnung zu den direkten Betriebskosten der Wasserkraftanlage noch die durch die Wärmekraftanlage bedingten direkten und indirekten Kosten hinzugefügt werden.

Einen wertvollen Beitrag zur Frage der Kosten von Wasserkraftanlagen bildet der Aufsatz „Veranschlagen von Niederdruckwasserkräften" von Prof. Camerer, Z. d. V. d. I. 1918, S. 481 ff.

38. Anschaffungskosten von Windkraftanlagen.

Die folgende Zusammenstellung enthält die Anschaffungskosten von Windkraftanlagen, bestehend aus einem eisernen Windmotor mit selbsttätiger Reguliervorrichtung, einem 15 m hohen eisernen Turmgerüst zum Aufstellen des Windmotors sowie einer senkrechten Transmissionswelle für Maschinenbetrieb nebst den zugehörigen Lagern, Lagerschienen und Kupplung. In den angegebenen Preisen sind die Kosten für normale Fundamente sowie für die Montage eingeschlossen. Es wurde angenommen, daß die Turmgerüste mit einem doppelten wetterbeständigen Ölfarbenanstrich versehen sind, sowie daß sie mit bequemen Steigleitern, einem Podium mit Geländer und verschließbarer Luke, mit Sprossen auf allen vier Seiten des Turmes oberhalb des Podiums sowie mit Fußankern und großen eisernen Fußplatten ausgerüstet sind. Auch ist in den Preisen eine Handwinde zum bequemen In- und Außerbetriebsetzen einbegriffen.

Zahlentafel 12.
Kosten von Windmotoren mit eisernem Turmgerüst.

Windgeschwindigkeit	Raddurchmesser m (engl. Fuß)	Ungefähre Leistung PSe	Anschaffungskosten rd. M.
4—5 m/sk	2,5 (8)	0,16	1000
	3 (10)	0,25	1200
	4 (13)	0,5	1600
	5 (16)	1,0	2150
	6 (20)	1,5	3000
	7 (22)	2,0	4000
	8 (25)	2,5	4800
	9 (30)	3	6000
	10 (32)	4	6800
	11 (36)	5	8000
	12 (40)	6	9500
6—7 m/sk	2,5 (8)	0,66	1000
	3 (10)	0,75	1200
	4 (13)	1,5	1600
	5 (16)	2,5	2150
	6 (20)	4	3000
	7 (22)	5	4000
	8 (25)	6	4800
	9 (30)	7	6000
	10 (32)	8	6800
	11 (36)	10	8000
	12 (40)	14	9500

39. Anschaffungskosten von Elektromotoren.

Im nachfolgenden sind für einige Maschinengrößen die Anschaffungskosten sowie der ungefähre Platzbedarf von Elektromotoren zusammengestellt. Und zwar wurden Drehstrommotoren angenommen, da Drehstrom heute die beliebteste Stromart für größere Elektrizitätswerke ist. Die Preise verstehen sich einschl. Spannschienen, Anlasser, Schalter, Sicherung, Leitung sowie einschl. Fundament und Montage.

Zahlentafel 13.

Kosten von Drehstrommotoren.

Höchste Dauerleistung PS_e	Minutliche Umdrehungszahl	Platzbedarf qm	Anlagekosten rd. M.
1	1400	0,5	250
3	1400	0,75	440
6	1400	1,25	7C0
10	1400	1,75	960
20	1400	1,9	1150
30	1400	2	1450
50	975	2,5	2100
100	975	3,1	3300
150	975	4,4	4800
200	735	5	6200

Dritter Teil.

Betriebskosten von Kraftanlagen.

40. Einleitung.

Die Betriebskosten von Kraftanlagen setzen sich aus direkten oder veränderlichen Ausgaben und aus indirekten oder festen bzw. gleichbleibenden Ausgaben zusammen. Zu den ersteren sind zu rechnen die Ausgaben für Brennstoff, Strom, Wasser und die Betriebsführungskosten, das sind die Ausgaben für Verwaltung und Bedienung, Schmier- und Putzmaterial, Instandhaltung und Ausbesserungen. Zu den indirekten oder gleichbleibenden Ausgaben gehören vor allem die Kapitalkosten, das sind die Verzinsung des Anlagekapitals und die Abschreibung der gesamten Betriebsmittel; weiter gehören hierher Steuern, öffentliche Abgaben, Versicherungen usw. Während z. B. bei Wasserkraftanlagen in der Regel die festen Kosten überwiegen, herrschen bei Wärmekraftmaschinen normalerweise die veränderlichen vor. Unter den letzteren wiederum überwiegt der verhältnismäßige Anteil der Brennstoffkosten um so mehr, je größer die Leistung der Kraftmaschinenanlage ist.

Die auf 1 PS-st entfallenden Betriebskosten, und zwar sowohl die veränderlichen als auch die festen, verringern sich mit wachsender Maschinengröße. Eine Krafterzeugungsanlage arbeitet im übrigen um so wirtschaftlicher, je höher die durchschnittliche Belastung und die Betriebsdauer sind. Näheres hierüber enthält der nächste Abschnitt.

Die Betriebskosten von Kraftanlagen sind gegenüber früher bedeutend zurückgegangen. Hierzu haben vor allem die Herabsetzung des Brennstoffverbrauches sowie die Verringerung der Anlagekosten beigetragen. Besonders stark tritt die Verringerung der Anlagekosten bei modernen Dampfkraftanlagen mit Dampfturbinen in die Erscheinung. Auch die verhältnismäßigen Ausgaben für Bedienung und Schmierung sind gegenüber früher zurückgegangen, erstere infolge der Vereinfachung und Vervollkommnung der Anlagen, infolge der Wahl größerer Einheiten und der weitgehenden Verwendung selbsttätiger maschineller Hilfsmittel, letztere infolge der Einführung der Umlauf- und Ringschmierung sowie der Reinigung und Wiederverwendung des gebrauchten Schmieröls.

Beim Vergleich der Betriebskosten verschiedener Maschinengattungen ist von den gleichen Betriebs- und Belastungsverhältnissen sowie von der gleichen Dauerleistung bzw. Höchstleistung der Maschinen auszugehen. Ein solcher Vergleich, bei dem auch der allenfallsige Wärmebedarf zu berücksichtigen ist, läßt sich natürlich nur dann in einwandfreier Weise durchführen, wenn ein zuverlässiges Betriebsbild über die jeweilige Größe und Dauer des Kraft-, Licht- und Wärmeverbrauchs vorliegt. Die hierzu erforderlichen Unterlagen sind oft nicht leicht zu beschaffen; sie können bei vorhandenen Anlagen aus den Betriebsaufzeichnungen oder durch betriebsmäßig durchgeführte Probeversuche, bei Neuanlagen auf Grund von Erfahrungen in ähnlichen Betrieben oder auf Grund von Angaben seitens der Lieferanten der Fabrikationseinrichtungen gewonnen werden.

41. Betriebsdauer und Belastung von Kraftanlagen.

Zunächst sei erwähnt, daß der vielfach gebräuchliche Begriff »Benutzungsdauer« in der Folge nicht verwendet wurde, weil er verschiedene Auslegungen zuläßt und deshalb leicht zu Mißverständnissen Anlaß geben kann. Aus demselben Grunde wurde im nachfolgenden auch der Begriff »Belastungsfaktor« vermieden und für die Wirtschaftlichkeitsrechnungen nur der Begriff »Betriebsdauer« sowie »mittlere Belastung« benützt. Diese Begriffe können weder von Fachleuten noch von Laien mißverstanden werden.

Die Betriebsdauer eines Motors ist verschieden, je nachdem es sich um einen landwirtschaftlichen, einen gewerblichen oder einen Fabrikbetrieb handelt. In gewerblichen Betrieben schwankt die Betriebsdauer innerhalb sehr weiter Grenzen, je nach Art und Umfang des betreffenden Betriebes. Während bei landwirtschaftlichen Betrieben die jährliche Betriebsdauer kaum höher als 200 Stunden ist, kann man sie für gewerbliche Betriebe in kleineren Städten zu etwa 800—1000 Stunden annehmen. Da mit der Größe der Stadt auch die gewerbliche Beschäftigung zunimmt, so kommt man in den gewerblichen Betrieben größerer Städte bis auf 2500 Stunden Betriebsdauer und mehr, wobei auch die mittlere Belastung des Motors entsprechend höher ist. Bei kleinen Fabrikbetrieben in Großstädten läuft der Motor während der ganzen Arbeitszeit durch, entsprechend einer jährlichen Betriebsdauer von etwa 3000 Stunden. Bei größeren Fabrikbetrieben kommt auch eine noch größere Betriebsdauer vor. Betriebe mit täglich 24stündiger Arbeitsdauer sind nur in gewissen Großindustrien üblich. In der Regel sucht man den Nachtbetrieb mit Rücksicht auf die gesetzlichen Bestimmungen und die Arbeiterschwierigkeiten sowie vor allem wegen der erfahrungsgemäß höheren Kosten der Nachtarbeit zu vermeiden.

Schon diese wenigen Angaben lassen erkennen, daß es nicht möglich ist, die Zahl der Betriebsstunden für bestimmte Gewerbe allgemein anzugeben, ebensowenig wie den Kraftbedarf. Es gibt in den meisten Gewerben Betriebe mit kleinem Kraftbedarf und kleiner Betriebsdauer und solche mit größerem Kraftbedarf und größerer Betriebsdauer. Die bis jetzt über Betriebsstundenzahlen vorliegenden Angaben sind so außerordentlich abweichend, daß sie einseitiger Beweisführung den weitesten Spielraum lassen. Man ist deshalb in der Frage der Betriebsstundenzahl meist auf eigene Erfahrungen angewiesen oder muß von Fall zu Fall auf

Grund der besonderen Verhältnisse des betreffenden Betriebes ermitteln, wie hoch die Zahl der Betriebsstunden anzunehmen ist. Hierbei hat man zu beachten, daß für die Aufstellung von wirtschaftlichen Vergleichsrechnungen nicht nur die augenblicklich zu erwartende Betriebsdauer maßgebend ist, sondern vielmehr der sich voraussichtlich im Laufe der Jahre ergebende Mittelwert.

Der Kraftbedarf und damit die Belastung der Kraftmaschinen ist in den meisten Betrieben gewissen regelmäßig oder unregelmäßig wiederkehrenden Schwankungen unterworfen. Von Wichtigkeit ist die Kenntnis der größten und kleinsten Belastung sowie die Größe der durchschnittlichen Belastung. Letztere ist verschieden, je nachdem es sich um einen gewerblichen Betrieb, um einen Fabrikbetrieb oder um ein Elektrizitätswerk handelt. Bei Fabriken mit Lichtbetrieb ist die durchschnittliche Belastung wesentlich schlechter als in Fabriken ohne Lichtbetrieb, d. h. mit Gasbeleuchtung. Die durch den Lichtbedarf bedingten, oft recht erheblichen Leistungsschwankungen der Kraftmaschinen (vgl. Fig. 71, S. 293) lassen sich allerdings, wenigstens bei Gleichstromanlagen, durch Aufstellen einer ausreichend bemessenen Akkumulatorenbatterie vermeiden.

Die mittlere Belastung hängt sehr davon ab, ob die Antriebsmaschinen reichlich oder knapp gewählt werden. Wärmekraftmaschinen wird man im allgemeinen nicht unnötig groß wählen. Denn je geringer ihre mittlere Belastung ist, desto größer wird der Einfluß der Verzinsung und Abschreibung auf die Kosten der PS-st, und desto höher stellt sich der spezifische Wärmeverbrauch; vgl. S. 96. Bei Elektromotoren hingegen macht es infolge der geringeren Anschaffungskosten wenig aus, wenn der Motor reichlich gewählt und z. B. nur halb belastet wird. Aus diesem Grunde sowie mit Rücksicht auf die geringe Zunahme des spezifischen Stromverbrauchs bei Teilbelastungen werden Elektromotoren im allgemeinen reichlicher gewählt als Wärmekraftmaschinen. Die mittlere Belastung von Elektromotoren ist daher auch eine dementsprechend geringere. Die ungünstigsten Belastungsverhältnisse weisen im allgemeinen Einzelantriebe auf; vgl. S. 168ff.

Nicht zuletzt ist noch zu berücksichtigen, daß die meisten Fabriken ihren Betrieb im Laufe der Zeit vergrößern, weshalb die Belastung von Kraftmaschinen in den ersten Jahren meist geringer ist als in den folgenden. Wenn es sich um vergleichende Wirtschaftlichkeitsrechnungen handelt, so ist nicht die Belastung im ersten Betriebsjahre maßgebend, sondern der Durchschnitt der vieljährigen Betriebsdauer der Maschine.

Im allgemeinen kann man sagen, daß Kraftmaschinen in Fabrikbetrieben während der Arbeitszeit bedeutend besser und gleichmäßiger ausgenützt werden, als solche in Elektrizitätswerken (natürlich ohne Bahnbetrieb, der besonders günstig ist)[1]. Zwar findet in Elektrizitäts-

[1] Vgl. auch Zeitschr. d. Bayer. Revisionsvereins 1913, S. 96, rechte Spalte unten. Es wird hier die Richtigkeit obiger Ausführungen durch unter normalen Betriebsverhältnissen vorgenommene Versuche des Bayer. Revisionsvereins bestätigt.

werken, die vorwiegend industrieller und gewerblicher Versorgung dienen, ein guter Belastungsausgleich statt. Jedoch ist dies nur während der Tagesstunden der Fall, da in der Nachtzeit die meisten Fabrikbetriebe stillstehen. Während der Nachtstunden bleibt in der Hauptsache nur die Lichtbelastung.

Nimmt man z. B. an, daß die Kraftmaschinen eines Fabrikbetriebes durchschnittlich $^3/_4$ belastet sind, und daß die jährliche Betriebsdauer 3000 Stunden beträgt, so ergibt sich folgender Ausnützungsfaktor:

$$\frac{0{,}75 \,.\, 3000}{1 \,.\, 8760} = 0{,}26.$$

Hierbei ist unter Ausnützungsfaktor das Verhältnis der jährlich geleisteten PS-st zu den bei voller Ausnützung der Kraftmaschinen möglichen PS-st (Dauerleistung $\times$ 24 $\times$ 365) verstanden.

Wenn auch, wie die bildliche Darstellung Fig. 7 erkennen läßt, gut ausgenützte Elektrizitätswerke diesen Ausnützungsfaktor erreichen, unter Umständen sogar überschreiten, so ist trotzdem die mittlere Belastung von Kraftmaschinen in Fabrikbetrieben eine höhere. Dies ergibt sich schon daraus, daß eine Kraftmaschine bei nur 3000stündigem Betrieb jährlich 5760 Stunden stillsteht, wogegen Elektrizitätswerke auch während der Nachtstunden ausgenützt werden. Kraftmaschinen in Fabrikbetrieben müssen daher bei gleichem Ausnützungsfaktor während der Arbeitszeit bedeutend besser und gleichmäßiger belastet werden als solche in Elektrizitätswerken. Damit hängt es auch zusammen, daß die Überlandzentralen und Elektrizitätswerke, um ihren eigenen Ausnützungsfaktor zu verbessern, vor allem die Fabrikbetriebe durch günstige Tarife zu gewinnen suchen.

Wenn allerdings Fabrikbetriebe, nachdem sie sich einmal an ein Elektrizitätswerk angeschlossen haben, die bereits vorhandenen Kraftmaschinen möglichst gleichmäßig belasten und nur den Überschuß und insbesondere den stark schwankenden Lichtbedarf von dem Elektrizitätswerk beziehen, so kann die mittlere Belastung der Fabrik im Elektrizitätswerk sehr ungünstig erscheinen. Auch wird die Möglichkeit, größere Strombezüge jederzeit erhalten zu können, ungünstig auf die mittlere Belastung wirken, während bei begrenzter Kraftabgabe einer Maschinenanlage jeder vorübergehenden Mehrbelastung von selbst ein Riegel vorgeschoben ist. Solche Verhältnisse dürften es erklären, warum der mittlere Strombezug der an Elektrizitätswerke angeschlossenen Fabriken oft nur halb so groß ist wie der größte.

Eine Zusammenstellung der Ausnützungsfaktoren verschiedener Kraftwerke enthält Fig. 7. Sie entstammt einem Aufsatz von M. Gercke in »Stahl und Eisen« 1913, S. 969ff.

Um die Belastungsverhältnisse von Elektrizitätswerken zu verbessern, sucht man ihnen andere Betriebe, die ausgleichend wirken, anzugliedern; vgl. S. 37 und 64.

Fig. 7. Jahres-Ausnützungsfaktoren von verschiedenen Kraftwerken.[1])
Nach der Statistik der Vereinigung der Elektrizitätswerke, 1912, und anderen Quellen, besonders „Stahl und Eisen" 1911 und 1912.

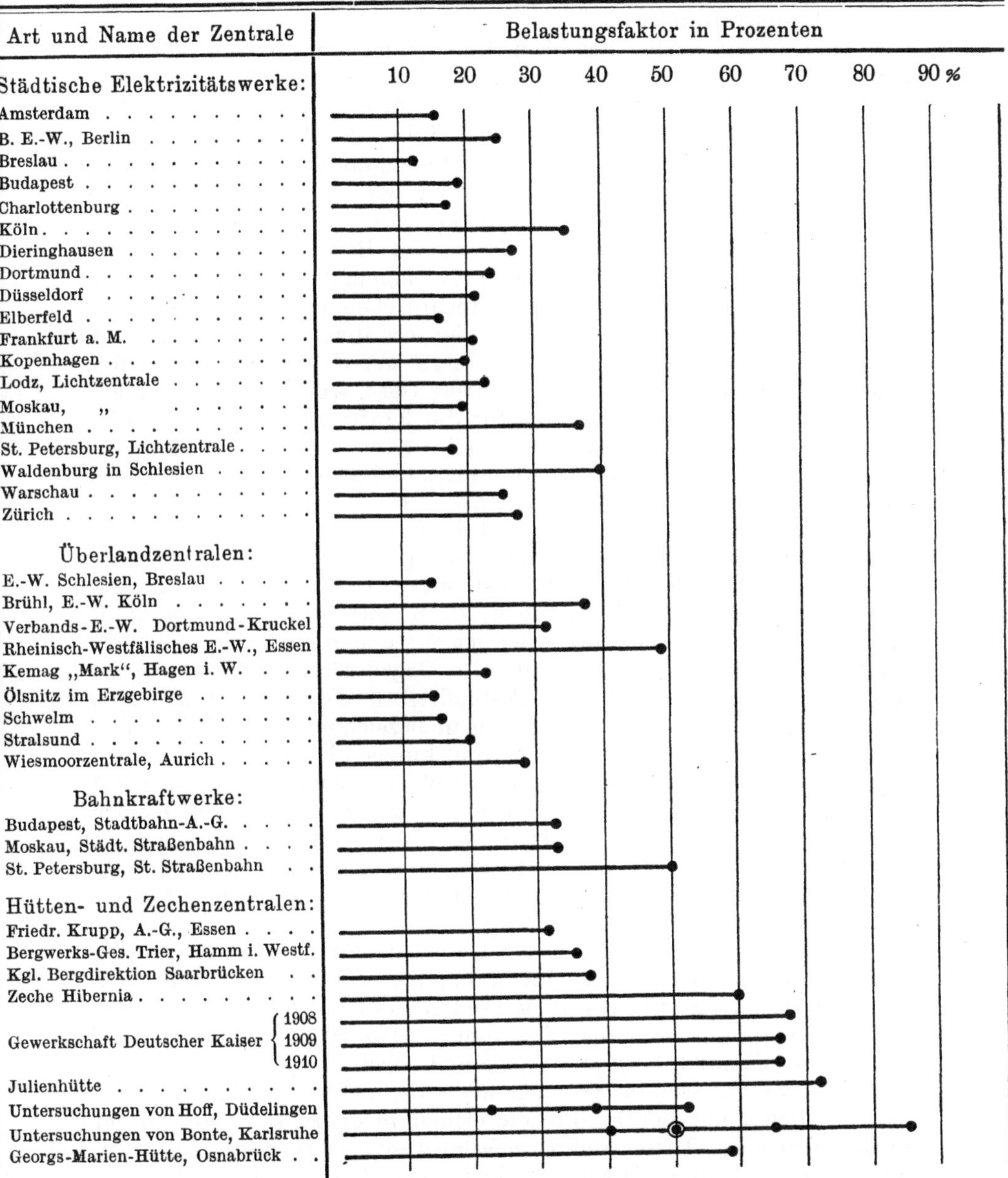

[1]) Siehe auch die Ausnützungsfaktoren amerikanischer Großkraftwerke Z. d. V. d. I. 1914, S. 515, sowie die Ausnützungsfaktoren auf Hüttenwerken Z. d. V. d. I. 1914, S. 1157.

42. Die Brennstoffe, ihr Heizwert und Preis.

Wird eine Wärmekraftanlage gut ausgenützt, so entfällt meistens der Hauptteil der Betriebskosten auf die Brennstoffausgaben, zumal bei hohen Brennstoffpreisen.

Man unterscheidet zwischen festen, flüssigen und gasförmigen Brennstoffen. Die hauptsächlichsten festen Brennstoffe sind Steinkohlen, Braunkohlen und Torf. Unter den flüssigen Brennstoffen kommen vor allem die Destillationsprodukte des Rohpetroleums und des Teers in Betracht; letzterer ist ein Erzeugnis der trockenen Destillation der Steinkohle oder Braunkohle. Außerdem ist hier der Spiritus zu nennen. Zu den gasförmigen Brennstoffen gehören das Kraftgas (Generatorgas) und Leuchtgas sowie das in Hochofen- und Kokereibetrieben als Nebenprodukt anfallende Hochofengichtgas und Koksofengas. Auch das in der Regel mit unterirdischen Erdölablagerungen in Verbindung stehende Naturgas sei hier erwähnt. Dieses kommt in Pennsylvanien, Baku usw. vor und bildet am Orte seiner Gewinnung eine sehr geschätzte Kraftquelle. Andere Gase, wie Azetylengas, Blaugas, Luftgas (Aerogengas) spielen für die Krafterzeugung keine Rolle.

Für Dampfkraftanlagen können alle Arten von Brennstoffen verwendet werden; bei Verbrennungskraftmaschinen hingegen ist man in bezug auf die zu verwendenden Brennstoffe beschränkt.

Die wichtigsten Brennstoffe sind die festen, und von diesen wieder die Steinkohlen. Man unterscheidet hier gewöhnlich zwischen Magerkohlen und Fettkohlen. Unter den ersteren versteht man eine Kohlenart, die nur geringe Mengen flüchtiger, d. h. gasbildender Bestandteile (Kohlenwasserstoffe) enthält. Die magerste und zugleich die hochwertigste Kohle ist der Anthrazit. Im Gegensatz zur Magerkohle ist die Fettkohle reich an flüchtigen Bestandteilen. Fettkohlen verbrennen deshalb mit heller langer Flamme; man bezeichnet sie auch als langflammige Kohlen im Gegensatz zu den mit kurzer Flamme verbrennenden Magerkohlen. Zu bemerken ist, daß Kohlen hohen Heizwertes meist kurzflammig sind und in der Hitze leicht zusammenbacken. Die Kohlen mittleren Heizwertes backen seltener und sind infolge ihres geringeren Alters meist gasreicher. Am häufigsten kommen in Deutschland langflammige Kohlen sowie ein Gemisch von Mager- und Fettkohlen für den Dampfkesselbetrieb zur Verwendung.

Scharf bestimmte Normen zur Unterscheidung der verschiedenen Steinkohlen bestehen nicht. Im Ruhrgebiet gelten für Magerkohlen als obere Grenze der flüchtigen Bestandteile etwa 12%, für Fettkohlen als untere Grenze der flüchtigen Bestandteile etwa 18%. Am gasreichsten sind die sogenannten Gas- und Gasflammkohlen. Letztere finden u. a. auch für Dampfkessel, insbesondere als Grus, nicht selten Verwendung.

Die Bewertung der Brennstoffe erfolgt in erster Linie auf Grund ihres Heizwertes. Dieser richtet sich im wesentlichen nach der Menge des Kohlenstoff- und Wasserstoffgehaltes des Brennstoffs. Unter dem Heizwert versteht man die Zahl der Wärmeeinheiten oder Kalorien, die bei vollständiger Verbrennung von 1 kg des betreffenden Brennstoffes entwickelt werden. Man spricht hierbei von einem oberen und einem unteren Heizwert; der erstere wird häufig auch als »Verbrennungswärme« bezeichnet. Für uns kommt nur der »untere Heizwert« in Betracht, da in technischen Feuerungen die Verbrennungsprodukte stets gas- und dampfförmig entweichen müssen.

Zur Charakteristik eines Brennstoffes gehört hauptsächlich der Heizwert sowie der Gehalt an Wasser und Asche bzw. mineralischen Bestandteilen. Der Aschengehalt ist u. a. von Einfluß auf die Ausgaben für Reinigung der Roste und Wegschaffung der Verbrennungsrückstände. Auch ist zu berücksichtigen, daß mit dem Aschengehalt die Verluste an brennbaren Bestandteilen wachsen, da erfahrungsgemäß beim Schlacken stets auch unverbrannte Kohlenteile mitgerissen werden.

Für die laufende Beurteilung einer Kohle genügt die Untersuchung auf Asche und Wasser, während Heizwertbestimmungen nur bei Probelieferungen oder bei größeren Abweichungen in Betracht kommen. Wenn es sich jedoch um die Durchführung genauer Versuche mit Wirkungsgrad-Ermittlungen handelt, so tut man gut, eine vollständige Untersuchung der Kohle vornehmen zu lassen, wobei noch die Elementarzusammensetzung des Brennstoffs, seine Verkokung sowie die Zusammensetzung der wasser- und aschefreien Substanz zu ermitteln sind.

Von Wichtigkeit für die Beurteilung einer Kohle ist endlich noch ihr Verhalten auf dem Rost. Bildet beispielsweise eine Kohle viel dünnflüssige Schlacke, so tropft diese durch die Brennstoffschicht hindurch bis auf den Rost, wo sie, durch die Verbrennungsluft abgekühlt, erstarrt und eine Verstopfung der Rostspalten hervorruft. Die Folge ist, daß der Rost öfters geschlackt werden muß und die Verdampfung eine schlechtere wird, als auf Grund des Heizwertes zu erwarten wäre. Der kalorimetrische Heizwert allein gibt deshalb häufig ein zu günstiges Bild von dem Brennstoff.

Will man zwei Brennstoffsorten in wirtschaftlicher Hinsicht miteinander vergleichen, so berechnet man ihren Wärmepreis, indem man feststellt, wie teuer 10 000 WE frei Verbrauchstelle zu stehen kommen. Ein solcher Vergleich gibt allerdings nicht immer ein einwandfreies Bild, insbesondere bei festen Brennstoffen. Denn es ist gemäß oben noch in Betracht zu ziehen, daß sich die Brennstoffe in der Kesselanlage nicht alle gleich gut ausnützen lassen. Auf die Ausnützung des Brennstoffs ist außer seinem Verhalten auf dem Rost noch sein Gehalt an festem Kohlenstoff und an flüchtigen Bestandteilen sowie sein Aschengehalt von Einfluß. Im allgemeinen ergeben hochwertige Kohlen eine bessere Wärmeausnutzung als geringwertige.

Im übrigen kommt bei Beurteilung der Wirtschaftlichkeit der Brennstoffe außer dem erzielten Kesselwirkungsgrad auch die erreichbare Dampftemperatur in Betracht. Es ist eine Eigentümlichkeit mancher Brennstoffe, bei gleicher Wärmeausnützung in der Kesselanlage eine höhere Dampftemperatur als andere zu ergeben[1]). Je höher aber die

[1]) Vgl. die Versuche von Guilleaume in Z. d. V. d. I. 1915, S. 265 und 302.

Dampftemperatur ist, desto niedriger ist der spezifische Dampf- und Kohlenverbrauch der Maschinen.

Je niedriger unter sonst gleichen Verhältnissen der Wärmepreis ist, desto geringer stellen sich, gleich günstige Ausnützung im praktischen Betriebe und gleiche Dampfüberhitzung vorausgesetzt, die Brennstoffausgaben für 1 PS_e-st. In Zahlentafel 14 sind für einige der gebräuchlichsten Brennstoffe der Marktpreis in Deutschland vor dem Kriege, der Heizwert und der Wärmepreis angegeben. Über die künftige Entwicklung der Brennstoffpreise läßt sich heute noch nichts Bestimmtes voraussagen. Sicher erscheint nur, daß eine wesentliche Erhöhung der Preise eintreten wird.

Zahlentafel 14.

Gewichts- und Wärmepreis verschiedener Brennstoffe.

	Heizwert rd. WE	Preis für 100 kg (bzw. für 1 cbm) frei Verbrauchsstelle M.	Wärmepreis für 10000 WE frei Verbrauchsstelle rd. Pf.
Steinkohle (hochwertig)	7500	1,60 bis 2,80	2,1 bis 3,7
Anthrazit	8000	2,30 „ 3,90	2,9 „ 4,9
Braunkohle (hochwertig)	5000	0,90 „ 2,20	1,8 „ 4,4
Braunkohle (minderwertig)	2500	0,55 „ 1,10	2,2 „ 4,4
Benzin (zollfrei)	10300	30 „ 40	29,1 „ 38,8
Benzol	9300	28 „ 30	30,1 „ 32,3
Gasöl	10000	10 „ 15	10,0 „ 15,0
Paraffinöl (Braunkohlenteeröl)	9800	9 „ 14	9,2 „ 14,3
Steinkohlenteeröl	8800	4 „ 6	4,6 „ 6,8
Brennspiritus 90 Vol.-%	5400	46 „ 48	85,2 „ 89,0
Motorspiritus mit 20% Benzol	6280	25 „ 27	39,8 „ 43,0
Naphthalin	9300	10 „ 15	10,8 „ 16,1
Leuchtgas	5000	0,10 bis 0,15 M/cbm	20 „ 30
Hochofengas (Gichtgas)[1]	900	0,001 „ 0,002 „	1,1 „ 2,2
Koksofengas[1]	4000	0,004 „ 0,008 „	1,0 „ 2,0

Die in Zahlentafel 14 angegebenen Heizwerte sind als Durchschnittswerte aufzufassen. Bei den festen Brennstoffen schwankt der Heizwert innerhalb ziemlich weiter Grenzen, je nach ihrem Wasser- und Aschengehalt, ihrer Korngröße und Lagerzeit. Bei den flüssigen Brennstoffen hingegen treten nur geringe Schwankungen im Heizwert auf.

Da die Preise fester Brennstoffe unter sonst gleichen Verhältnissen von der Lage des Verbrauchsortes, der Korngröße und nicht zuletzt von der Höhe des Verbrauchs abhängig sind, so ist in Zahlentafel 14 jeweils ein unterer und ein oberer Wert angegeben[2]). Bei flüssigen

[1]) Die Bewertung der Abgase des Hochofen- und Koksofenprozesses geschieht meist wie folgt: Ergeben sich z. B. für eine mit festem Brennstoff betriebene Dampfanlage die Brennstoffausgaben zu 1 Pf/PS_e-st und braucht man bei Betrieb mit Hochofengas für die gleiche Anlage rd. 5,5 cbm/PS_e-st, so würde 1 cbm Hochofengas mit $1:5{,}5 = 0{,}18$ Pf. zu bewerten sein. In gleicher Weise kann man bei Koksofengas verfahren.

[2]) In Fällen, in denen der Brennstoff durch Lagerung oder durch Sieben

Brennstoffen ist der Preis nicht so sehr von der Lage des Verbrauchsortes abhängig, da hier die Fracht im Verhältnis zum Gestehungspreis weniger ins Gewicht fällt, desto mehr aber von den schwankenden Marktverhältnissen sowie außerdem von der Größe des Verbrauchs.

Der billigste Wärmepreis ergibt sich, abgesehen von dem Gicht- und Koksofengas, für feste Brennstoffe, und zwar für Stein- und Braunkohlen. Bei flüssigen Brennstoffen stellt sich der Wärmepreis durchweg höher. Den niedersten Preis weist hier das beim Verkoken von Steinkohle anfallende Teeröl auf, den höchsten der Spiritus[1]). Daraus geht hervor, daß unter Voraussetzung gleich guter Ausnützung die Krafterzeugung mit festen Brennstoffen erheblich billiger sein müßte, als diejenige mit flüssigen und gasförmigen. Nun ist aber in Wirklichkeit zu berücksichtigen, daß die Wärmeausnützung in den verschiedenen Kraftmaschinen nicht dieselbe ist. Vgl. in dieser Hinsicht die Ausführungen im nächsten Abschnitt.

Zu beachten ist, daß bei Ermittlung des Wärmepreises der tatsächliche Brennstoffpreis frei Kesselhaus zugrunde zu legen ist. Braunkohlen und Torf erfordern mehr Kosten für Lagerung und für den Transport vom Lager zur Kesselanlage als hochwertige Steinkohlen; desgleichen bedingen Braunkohlen und Torf höhere Heizerlöhne als Steinkohlen.

Bezüglich des Einkaufs der Brennstoffe sei bemerkt, daß Brennstoffe, ebenso wie andere Waren, nach ihrem Nutzwert, d. h. ihrem Heizwert eingekauft werden sollten. Denn der Heizwert ist bestimmend für den Wärmepreis und bildet den wichtigsten Maßstab für die Bewertung eines Brennstoffs in wärmetechnischer Hinsicht. Alle Versuche, die Preisbemessung der Brennstoffe auf Grund ihres Heizwertes vorzunehmen, scheiterten jedoch an dem Widerstand der Zechen und des Kohlensyndikates, die sich noch heute grundsätzlich dagegen verwahren, bindende Angaben über den Heizwert zu machen.

Der Einwand der Erzeuger und Händler, daß auf Grund der Untersuchung einer kleinen Probe der Wert einer großen Lieferung nicht sicher zu bestimmen und eine zuverlässige Probenahme nicht möglich sei, ist nicht stichhaltig. Es muß eben bei der Probenahme mit der größten Sorgfalt und Gewissenhaftigkeit verfahren werden, damit die zur Untersuchung gelangende Probe auch wirklich der Durchschnittsbeschaffenheit der gesamten Kohlenmenge entspricht. Je ungleichmäßiger nach Stückgröße, Steingehalt und Feuchtigkeit eine Kohle ist, desto größer nehme man die erste Rohprobe und desto sorgfältiger muß die Zerkleinerung und Mischung von Anfang an sein, um einen guten Durchschnitt zu erhalten. Im übrigen sei hier auf die vom Deutschen Verein von Gas- und Wasserfachmännern in Verbindung mit anderen Fachvereinen und dem Kgl. Materialprüfungsamt in Groß-Lichterfelde

an Gewicht verliert, ist zu dem Kaufpreis ein entsprechender Zuschlag zu machen, um den Brennstoffpreis im Verbrauchszustand zu bekommen.

[1]) Spiritus kommt deshalb heute für die Krafterzeugung so gut wie nicht mehr in Betracht.

ausgearbeitete und seit langen Jahren mit Erfolg verwendete Vorschrift zur Probenahme von Kohlen hingewiesen.

Naturgemäß kommt, wie bereits vorstehend erwähnt, für die Beurteilung von Kohlen nicht allein ihr Heizwert in Betracht. Wenn aber im praktischen Betriebe die Eignung bestimmter Kohlensorten für eine gegebene Feuerungsanlage einmal festgestellt ist, so hängt der Wert der Kohle von ihrem Heizwert ab. Verbraucher sowie Erzeuger haben ein Interesse daran, diesen zu kennen.

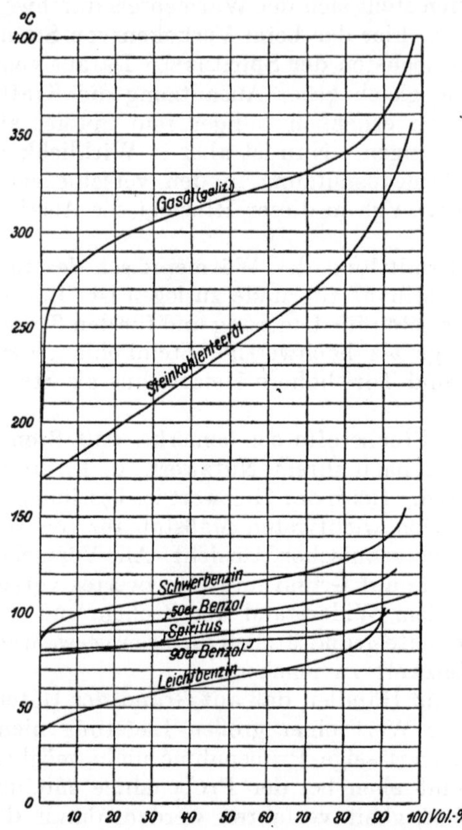

Fig. 8. Ungefährer Verlauf der Destillations- oder Siedekurven verschiedener flüssiger Brennstoffe.

Über minderwertige Brennstoffe und ihre Bewertung findet sich Näheres in der Zeitschrift »Stahl und Eisen« 1916, S. 239.

Die flüssigen Brennstoffe sind erst durch die Entwicklung der Verbrennungsmaschinen zu größerer Bedeutung gelangt. Über die Wertigkeit eines flüssigen Brennstoffes entscheidet außer seinem Heizwert vor allem der Destillationsverlauf bei der Siedeanalyse. Trägt man in einem Schaubilde die Erhitzungsgrade des Brennstoffs als Ordinaten, die bei den verschiedenen Temperaturgraden sich verflüchtigenden Volumteile als Abszissen auf, so erhält man die Destillations- oder Siedekurve des Brennstoffs; vgl. Fig. 8. Ein flüssiger Brennstoff ist um so wertvoller, je homogener (gleichmäßiger) seine Zusammensetzung ist, d. h. je näher Anfangs- und Endsiedepunkt beieinander liegen, oder mit Bezug auf Fig. 8, je flacher seine Siedekurve verläuft. Der Verlauf der letzteren ist auch bei Brennstoffen von gleichem spezifischem Gewicht oft recht verschieden.

Bezüglich der Bewertung von Benzin und Benzol ist zu beachten, daß das Benzol eine höhere Entzündungstemperatur als Benzin besitzt und deshalb wesentlich höhere Kompression verträgt. Die Folge hiervon ist gemäß früher ein geringerer Wärme- und Brennstoffverbrauch des

Benzolmotors; vgl. auch Fig. 11. Hinsichtlich der Zollfreiheit des motorischen Benzins sei bemerkt, daß die inländischen Raffinerien berechtigt — wohlgemerkt, nicht verpflichtet — sind, Motorenbenzin unter 0,75 spezifischem Gewicht, soweit es nicht zur Erzeugung elektrischen Lichtes dient, bis zu einem gewissen Höchstverbrauch unverzollt abzugeben. Motorenbenzin von mehr als 0,75 spezifischem Gewicht, sog. Schwerbenzin, konnte vor dem Krieg unmittelbar vom Auslande gegen einen ermäßigten Steuersatz von 2,50 M. für 100 kg bezogen werden.

Weiteres über flüssige Brennstoffe, ihre Gewinnung, Eigenschaften und Untersuchung enthält das Werk »Die flüssigen Brennstoffe« von Dr. L. Schmitz, 1912. Speziell über schwerflüchtige Brennstoffe und ihre Eignung für den Betrieb von Hochdruckölmaschinen finden sich sehr eingehende Angaben in Z. d. V. d. I. 1913, S. 1144 und 1489ff., worauf hier verwiesen sei.

Was die Ausnützung von Abfallprodukten als Feuerungsmaterial betrifft, so sei hier auf Abschnitt 16 verwiesen.

43. Ausnützung der Brennstoffe.

Um die in den Brennstoffen aufgespeicherte Energie freizumachen, müssen sie zur Entzündung und Verbrennung gebracht werden. Die sich hierbei entwickelnde Wärme kann alsdann unmittelbar, wie bei

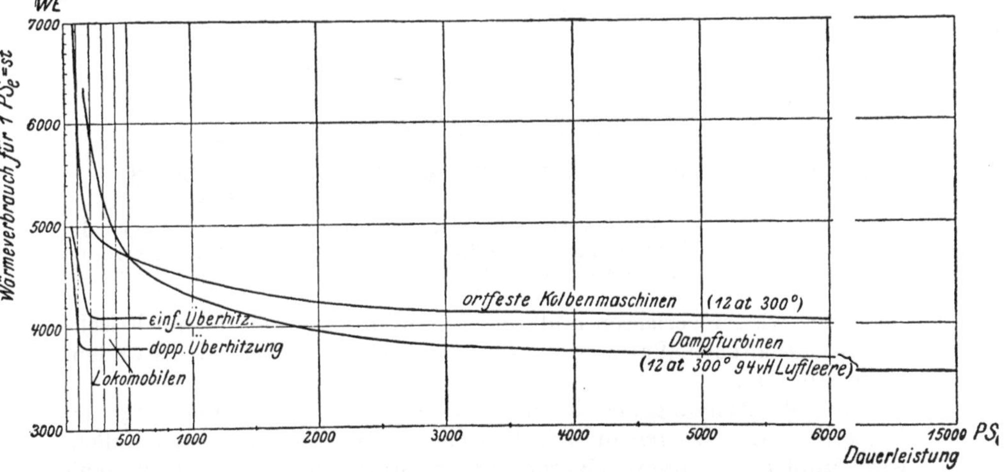

Fig. 9. Spezifischer Wärmeverbrauch von Dampfkraftanlagen mit Kondensation einschl. Kesselanlage im Beharrungszustand, bezogen auf die größte Dauerleistung, in Abhängigkeit von der Maschinengröße (Versuchswerte).

Verbrennungskraftmaschinen, oder mittelbar, wie bei Dampfkraftmaschinen, zur Erzeugung mechanischer Arbeit ausgenützt werden. Bekanntlich ist jede Energieumwandlung mit Verlusten verbunden. Diese Verluste sind teils eine Folge der unvermeidlichen Reibungswiderstände, die in jeder Maschine auftreten, teils eine Folge unvollkommener Arbeitsprozesse. Betrachten wir z. B. die Dampfmaschine: In der Feuerung des Dampfkessels wird durch Verbrennen von Kohle o. dgl. Wärme erzeugt, die das Wasser des Kessels erhitzt und in Dampf verwandelt. Dieser Dampf, dem gewissermaßen die Rolle eines Wärmeträgers zukommt, bewegt vermöge seiner Spannung den Kolben der Dampfmaschine und leistet so mechanische Arbeit. Hierbei entstehen sowohl im Kessel als auch in der Maschine Verluste. Die ersteren rühren in der Hauptsache von der durch den Schornstein abziehenden Wärme sowie von der Wärmeausstrahlung des Kessels her. Die Verluste in der Dampfmaschine sind bedingt durch die Reibungswiderstände, den Wärmeaustausch, hauptsächlich aber dadurch, daß der Dampf als solcher die

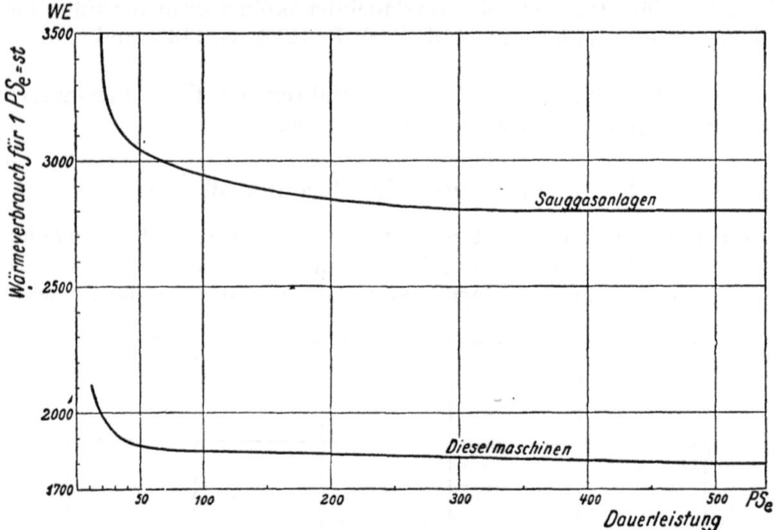

Fig. 10. Spezifischer Wärmeverbrauch von Diesel- und Sauggasanlagen im Beharrungszustand, bezogen auf die größte Dauerleistung, in Abhängigkeit von der Maschinengröße (Versuchswerte).

Maschine wieder verlassen muß und so den größten Teil der im Frischdampf enthaltenen Wärme nutzlos in die Atmosphäre oder den Kondensator abführt.

Bei Verbrennungsmaschinen, in deren Zylinder Verbrennung und Umsetzung der Wärme in Arbeit zeitlich und örtlich zusammenfallen, wird infolge der unmittelbaren Energieumwandlung eine bedeutend bessere Wärmeausnützung erzielt als bei Dampfmaschinen, wie die Zahlentafel 15 erkennen läßt; vgl. auch die entsprechende zeichnerische Darstellung Fig. 12. Es ist hier der Wärmeverbrauch für 1 PS_e-st sowie die Gesamtwärmeausnützung für verschiedene Kraftmaschinen bei Normal- oder Vollbelastung zusammengestellt. Hierbei gelten die kleineren Verbrauchsziffern für vorzüglich ausgeführte und bediente Maschinenanlagen von mittlerer und großer Leistung, während sich die höheren Verbrauchsziffern auf kleine und solche Maschinen beziehen, deren Ausführung, Instandhaltung und Bedienung eine weniger gute ist.

Wo es sich um Kraftbetriebe mit Abwärmeverwertung handelt, ist bei voller Verwertung der Abwärme die Dampf- und die Verbrennungsmaschine in thermischer Hinsicht ziemlich gleichwertig; vgl. S. 136.

Die Fig. 9—11 geben ein ungefähres Bild von dem Einfluß der Maschinengröße auf den Wärmeverbrauch für 1 PS_e-st im Beharrungszustand, und zwar stellen sie jeweils denjenigen Wärmeverbrauch dar, der sich unter Voraussetzung dauernder Höchstbelastung bei Versuchen

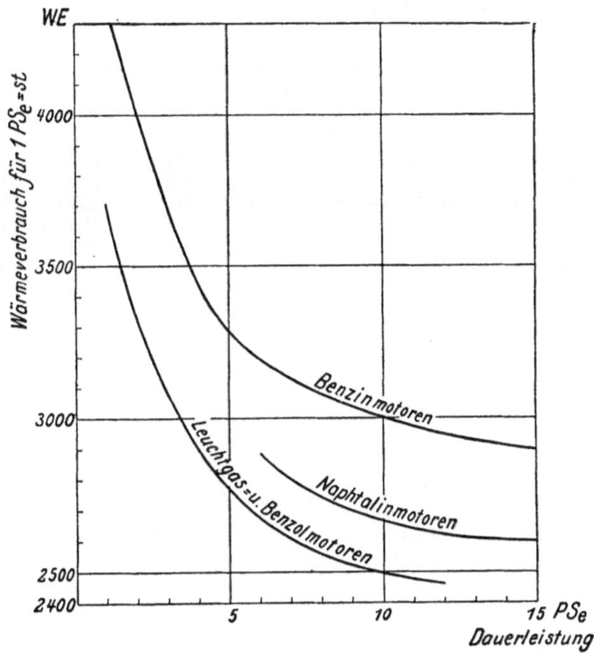

Fig. 11. Spezifischer Wärmeverbrauch von Leuchtgas-, Benzin-, Benzol- und Naphthalinmotoren, bezogen auf die größte Dauerleistung, in Abhängigkeit von der Maschinengröße (Versuchswerte).

auf dem Probierstand oder bei Garantieversuchen erzielen läßt. Charakteristisch ist hierbei, daß sich bei Verbrennungsmaschinen und bei Heißdampflokomobilen der Wärmeverbrauch für 1 PS_e-st bis herunter zu den kleinen Ausführungen nur wenig mit der Maschinengröße ändert, bei ortsfesten Dampfanlagen dagegen unter etwa 200 PS ziemlich erheblich. Daß bei Dampfanlagen der Wärmeverbrauch außer von der Maschinengröße auch von der Spannung und Temperatur des Dampfes sowie vom Gegendruck bzw. Vakuum abhängig ist, sei hier nur nebenbei erwähnt.

Den geringsten Wärmeverbrauch und die beste Wärmeausnützung weisen Ölmaschinen nach System Diesel auf, die schlechteste Wärmeausnützung hingegen Dampfkraftanlagen. Während bei den letzteren bis zu rund ein Sechstel der Brennstoffwärme in Nutzarbeit umgewandelt werden kann, lassen sich bei Verbrennungsmaschinen bis zu rund

Zahlentafel 15.

Wärmeverbrauch und Wirkungsgrad verschiedener Kraftmaschinen.

Art der Kraftmaschine	Wärmeverbrauch WE/PSe-st	Gesamtwärmeausnützung %
Heißdampf-Auspuffmaschine einschl. Kesselanlage	7000 bis 10000	6,3 bis 9
Heißdampfmaschine oder Dampfturbine mit Kondensation einschl. Kessel	3500 „ 7000	9 „ 18,1
Dieselmaschine	1800 „ 2000	31,6 „ 35,1
Gasmaschine mit Gaserzeuger (Sauggasanlage)	2800 „ 3600	17,6 „ 22,6
Gasmaschine ohne Gaserzeuger	2300 „ 2600	24,3 „ 27,5
Benzinmotor	2800 „ 4000	15,8 „ 22,6
Benzolmotor, Leuchtgasmotor	2200 „ 3500	18,1 „ 28,7
Spiritusmotor	2000 „ 2800	22,6 „ 31,6

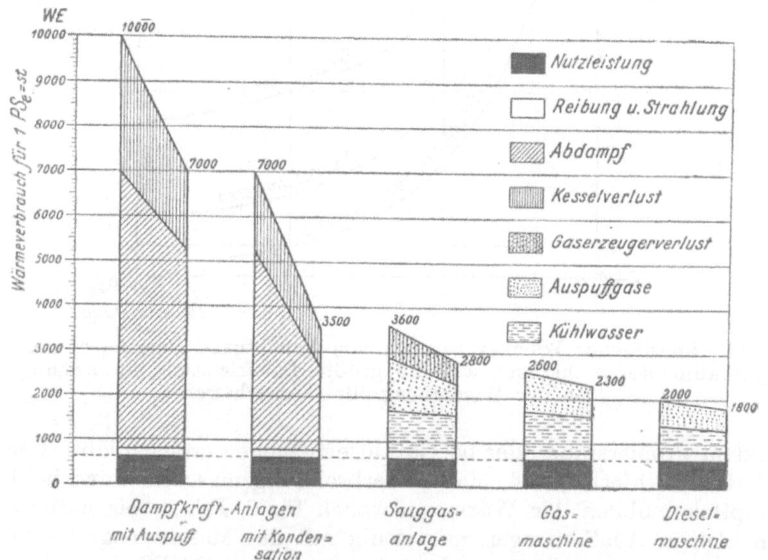

Fig. 12. Wärmebilanz verschiedener Wärmekraftmaschinen (Zahlentafel 15).

ein Drittel der Brennstoffwärme, also etwa das Doppelte, nutzbar machen. Damit hängt es zusammen, daß Ölmaschinen trotz des höheren Wärmepreises der verwendeten Treiböle doch meist geringere Brennstoffkosten verursachen als Dampfmaschinen.

44. Brennstoffverbrauch im praktischen Betrieb. Betriebszuschläge.

Von erheblichem Einfluß auf den Brennstoffverbrauch im praktischen Betrieb ist außer der Bauart und Güte der Kraftmaschinen eine zweckmäßige Projektierung und Betriebseinteilung der Gesamtanlage. Dies ist insbesondere bei größeren Dampfkraftwerken zu beachten. Es wäre deshalb unrichtig, den Garantieziffern eine übertriebene Bedeutung beizulegen.

Über den Brennstoffverbrauch normal oder voll belasteter Maschinen im Beharrungszustand gibt Zahlentafel 16 Aufschluß. Hierbei gelten die kleineren Verbrauchsziffern für vorzüglich ausgeführte und bediente Maschinenanlagen von mittlerer und großer Leistung, während sich die höheren Verbrauchsziffern auf kleine und solche Maschinen beziehen, deren Ausführung, Instandhaltung und Bedienung eine weniger gute ist. Die kleineren Verbrauchsziffern dürften auch bei sog. Paradeversuchen nicht mehr zu unterschreiten sein, wogegen die höheren Ziffern bei ganz kleinen Leistungseinheiten überschritten werden.

Zahlentafel 16.
Brennstoffverbrauch verschiedener Kraftmaschinen im Beharrungszustand[1]).

Art der Kraftmaschine	Brennstoffverbrauch für 1 PS_e-st			
Heißdampf-Auspuffmaschine einschl. Kesselanlage	0,93—1,33 kg	Steinkohlen	von	7500 WE
Heißdampfmaschine oder Dampfturbine mit Kondensation einschl. Kessel	0,47—0,93 „	„	„	7500 „
Dieselmaschine	0,18—0,20 „	Gasöl	„	10000 „
Gasmaschine mit Gaserzeuger (Sauggasanlage)	0,35—0,45 „	Anthrazit	„	8000 „
	0,58—0,75 „	Braunkohlenbriketts	„	4800 „
Gasmaschine ohne Gaserzeuger	2,60—2,90 cbm	Gichtgas	„	900 „
	0,58—0,65 „	Koksofengas	„	4000 „
Benzinmotor	0,27—0,39 kg	Benzin	„	10300 „
Benzolmotor	0,24—0,37 „	Benzol	„	9300 „
Leuchtgasmotor	0,44—0,70 cbm	Leuchtgas	„	5000 „

In den meisten Betrieben ist der Kraftbedarf und damit auch die Belastung der Antriebsmaschinen erheblichen Schwankungen unterworfen, je nach der Betriebseinteilung und der jeweiligen Geschäftslage. Es kommt deshalb für die Wirtschaftlichkeit einer Anlage außer dem Verbrauch bei Vollast noch derjenige bei den verschiedenen Teilbelastungen in Betracht.

Mit abnehmender Belastung einer Kraftmaschine wird ihr gesamter Brennstoffverbrauch kleiner, jedoch nicht im selben Verhältnis wie die Belastung, mit Rücksicht auf den zur Überwindung der Eigen-

[1]) Die hier angegebenen Verbrauchsziffern entsprechen den Werten der Zahlentafel 15.

widerstände erforderlichen Verbrauch. Je kleiner demnach die Belastung einer Maschine ist, desto größer ergibt sich ihr spezifischer Wärmeverbrauch. Ein Bild von dem Mehrverbrauch geben Fig. 13—18. Die Aufzeichnung dieser Figuren erfolgte zum Teil auf Grund von Probierstands- und Garantieversuchen sowie von Betriebsversuchen, die unter meiner Leitung zur Durchführung kamen. Die Figuren haben zur Vor-

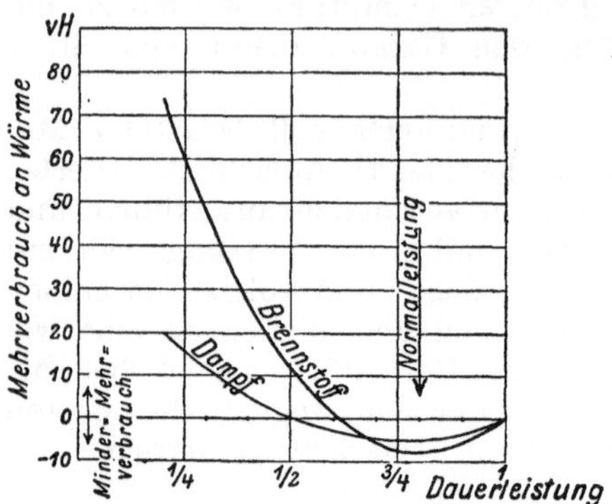

Fig. 13. Mittlerer prozentualer Mehrverbrauch von Kondensations-Dampfmaschinenanlagen an Dampf und Brennstoff bei Teilbelastungen, bezogen auf 1 PS_e-st.

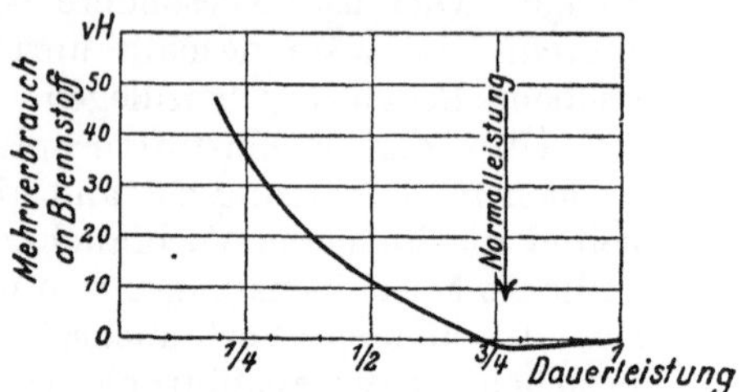

Fig. 14. Mittlerer prozentualer Mehrverbrauch von Heißdampf-Kondensations-Lokomobilen an Brennstoff bei Teilbelastungen, bezogen auf 1 PS_e-st.

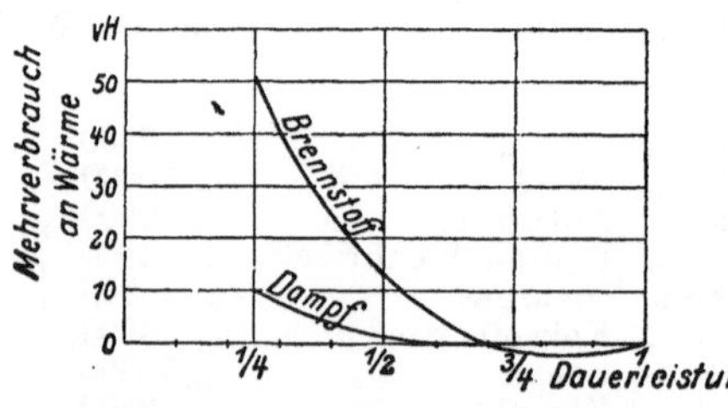

Fig. 15. Mittlerer prozentualer Mehrverbrauch von Dampfturbinen-Anlagen an Dampf und Brennstoff bei Teilbelastungen, bezogen auf 1 PS_e-st.

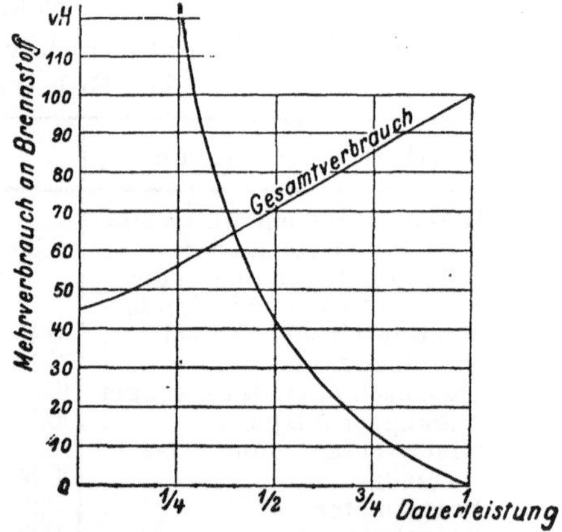

Fig. 16. Mittlerer prozentualer Mehrverbrauch von Sauggasanlagen an Brennstoff bei Teilbelastungen, bezogen auf 1 PS_e-st.

aussetzung, daß die Zahl der Maschinen- und Kesseleinheiten sowie die Größe der Rostfläche keine Änderung erfährt.

Die geringste Zunahme im Wärmeverbrauch infolge von Unterbelastung weisen nach Fig. 13—18 Dieselmaschinen, Heißdampflokomobilen und Dampfturbinenanlagen auf, die größte Zunahme dagegen Gasmotoren und Sauggasanlagen. Wesentlich geringer als bei Wärmekraftmaschinen ist der spezifische Mehrverbrauch infolge von Teilbelastung bei Elektromotoren; vgl. Fig. 21.

Wie die Fig. 16—18 erkennen lassen, verläuft die Linie des Gesamtverbrauchs, wenigstens innerhalb der in Betracht kommenden Belastungsgrenzen, ziemlich geradlinig. Wenn man in die Kurven der Dampfkraftmaschinen (Fig. 13—15) den gesamten Dampfverbrauch einträgt, so ergibt sich ebenfalls eine nahezu gerade Linie. Es läßt sich

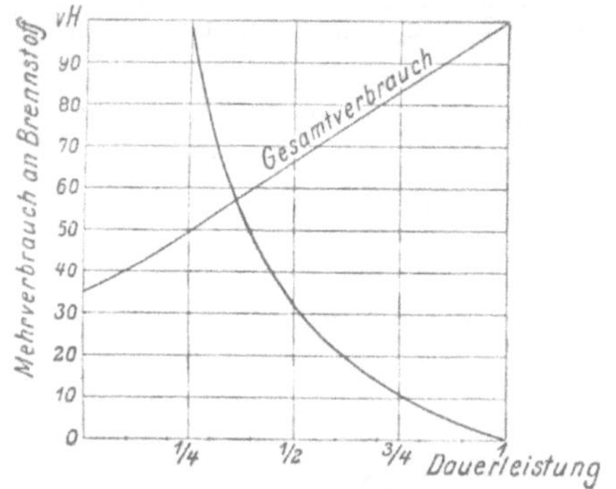

Fig. 17. Mittlerer prozentualer Mehrverbrauch von Gas- und Flüssigkeitsmotoren an Brennstoff bei Teilbelastungen, bezogen auf 1 PS_e-st.

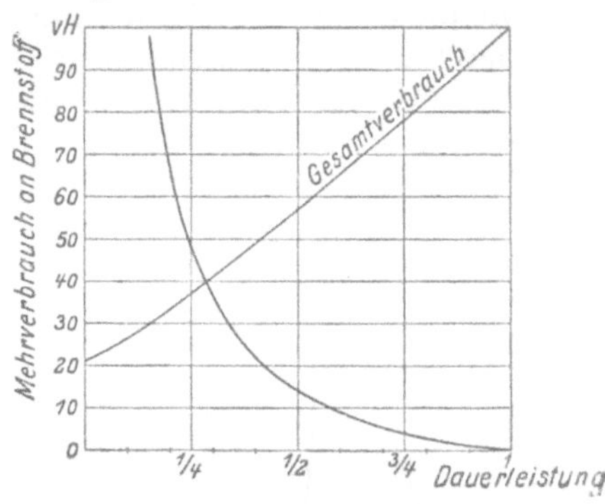

Fig. 18. Mittlerer prozentualer Mehrverbrauch von Dieselmotoren an Brennstoff bei Teilbelastungen, bezogen auf 1 PS_e-st.

deshalb für die meisten Kraftmaschinen die Abhängigkeit des Wärme- und Brennstoffverbrauches von der jeweiligen Belastung annähernd durch eine Gerade darstellen (Fig. 19). Diese Gerade schneidet auf der Ordinatenachse ungefähr den Wärmeverbrauch ab, der für die leerlaufende Maschine aufzuwenden ist; dieser Verbrauch entspricht an-

Fig. 19. Linie des gesamten Dampf- und Brennstoffverbrauchs von Dampf- und Verbrennungs-Kraftmaschinen zwischen Leerlauf und Vollast.

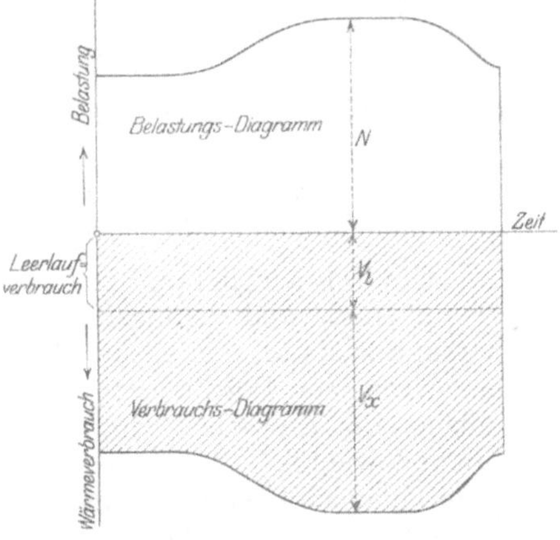

Fig. 20. Gesamter Wärmeverbrauch einer Kraftmaschine innerhalb eines bestimmten Zeitraums.

nähernd demjenigen, der im Betrieb auf die Überwindung der Eigenwiderstände der Maschine entfällt. Der einer beliebigen Belastung ON der Kraftmaschine entsprechende Verbrauch NV setzt sich demnach aus einem gleichbleibenden Teil, dem Leerlaufsverbrauch V_l, und aus einem veränderlichen Teil V_x zusammen, der sich proportional mit der Belastung ändert.

Der gesamte Wärmeverbrauch einer Maschine innerhalb eines gewissen Zeitraums ergibt sich, wenn man ein dem Belastungsdiagramm entsprechendes Verbrauchsdiagramm aufzeichnet und dessen Fläche planimetriert; letztere ist in Fig. 20 durch Schraffur gekennzeichnet. Verläuft die Linie des Wärmeverbrauchs gemäß Fig. 19 geradlinig, so genügt die Bestimmung der mittleren Belastung durch Planimetrieren des Belastungsdiagramms. Der Wärmeverbrauch, der der mittleren Belastung entspricht, stellt alsdann ohne weiteres den mittleren Verbrauch während des ganzen Zeitabschnittes dar.

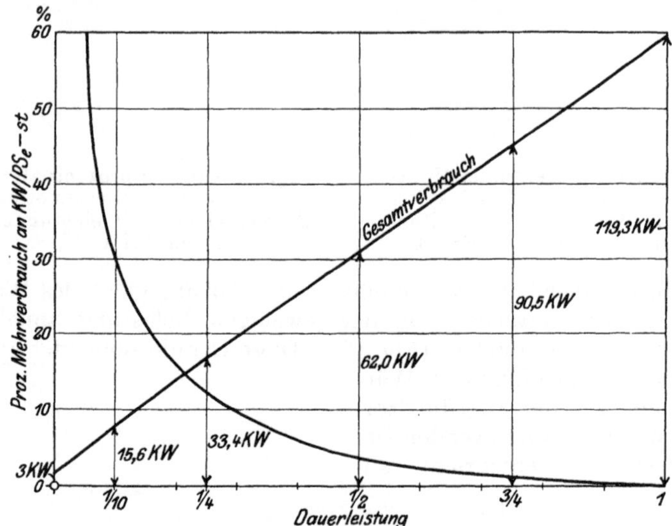

Fig. 21. Gesamtverbrauch und mittlerer prozentualer Mehrverbrauch eines 150pferdigen Drehstrommotors an elektrischer Energie bei Teilbelastungen.

Um den wirklichen Betriebsverbrauch zu bekommen, hat man bei Dampfkraft- und Sauggasanlagen zu dem Wärmeverbrauch im Beharrungszustand, wie er sich bei Garantieversuchen erzielen läßt, noch einen gewissen Wärmebetrag für Anheizen von Kessel- und Generatoranlage, für Anwärmen von Dampfleitung und Maschine, für Durchbrand sowie für Strahlungs- und Leitungsverluste in den Betriebspausen zuzuschlagen. Hierzu kommt bei Dampfanlagen noch der Mehrverbrauch durch unsachgemäße Feuerbedienung und durch Nichteinhalten der normalen Spannung und Temperatur des Dampfes, bei Sauggasanlagen derjenige durch Nachbrennen infolge falscher Einstellung der Steuerung oder Zündung. Diese Betriebszuschläge betragen je nach Maschinensystem, Belastung, Güte der Wartung und je nach der Betriebsdauer bei Dampf- und Sauggasanlagen 20—45% von dem Wärmeverbrauch im Beharrungszustand. Bei kurzer Betriebsdauer und bei schlechter Instandhaltung der Anlagen können die Zuschläge unter Umständen noch größer ausfallen.

Zahlentafel 17.

Dampf- und Kohlenverbrauch von Kondensations-Dampfmaschinen mit Flammrohrkesseln bei $^3/_4$-Belastung im praktischen Betrieb.

Dampfzustand vor der Maschine 12 at Üb, 325° C.
Kesselspannung 13 at Üb; Temperatur am Überhitzer 355° C.
Speisewasser-Temperatur 35° C; weitere Vorwärmung durch Rauchgase.

Höchste Dauerleistung . . . . PSe	100	200	500	1000
Dampfverbrauch bei $^3/_4$-Belastung im Beharrungszustand . . . . kg/PSe-st	5,80	5,35	5,00	4,85
Zuschlag für Speisepumpen (Sattdampf), mech. Rostbeschicker, Vorwärmerreinigung . . . "	0,25	0,22	0,20	0,18
Gesamter Verbrauch an Steinkohlen von 7500 WE im Beharrungszustand bei 70—75 % Wirkungsgrad von Kesselanlage und Rauchgasvorwärmer . kg/PSe-st	0,827	0,762	0,682	0,643
Zuschläge für Anheiz- und Stillstandsverluste:				
8 % Zuschlag bei tägl. 10stünd. Betrieb kg/PSe-st	0,066	0,061	0,055	0,051
11 % " " " 8 " " "	0,091	0,084	0,075	0,071
20 % " " " 5 " " "	0,165	0,152	0,136	0,129
26 % " " " 4 " " "	0,215	0,198	0,177	0,167
Gesamter Steinkohlenverbrauch				
bei täglich 10stünd. Betrieb . . . . . . kg/PSe-st	0,893	0,823	0,737	0,694
" " 8 " " . . . . . . "	0,918	0,846	0,757	0,714
" " 5 " " . . . . . . "	0,992	0,914	0,818	0,772
" " 4 " " . . . . . . "	1,042	0,960	0,859	0,810

Bei Dieselmaschinen deckt sich erfahrungsgemäß der Brennstoffverbrauch im Betrieb fast vollständig mit den Garantiewerten oder mit den bei Abnahmeversuchen festgestellten Verbrauchsziffern[1]). Dagegen sind bei Leuchtgas-, Benzin- und Benzolmotoren 5—10% zuzuschlagen, weil die Motoren im praktischen Betriebe nicht immer auf ihren günstigsten Verbrauch eingestellt sind.

Bei Dampfkraftanlagen sind die Brennstoffkosten von zwei Faktoren abhängig, von dem Dampfverbrauch der Maschinen und der Heizanlage sowie von dem in der Kesselanlage erzielten Dampfpreis. Jede Verminderung des einen der beiden Faktoren, Dampfmenge oder Dampfpreis, bedingt einen Rückgang der Brennstoffkosten. Der Dampfpreis, d. h. die Brennstoffkosten für 1000 kg Dampf, hängt außer von dem Wärmepreis des verfeuerten Brennstoffs von dem Wirkungsgrad der Kesselanlage ab. Der Dampfpreis ergibt sich, wenn man die Kosten von 1000 kg Kohlen durch die Verdampfungsziffer dividiert. Kostet z. B. eine Ruhrkohle von 7500 WE Heizwert frei Kesselhaus 280 M. pro

[1]) Vgl. z. B. Zeitschr. d. Bayr. Revisionsvereins 1911, S. 45ff., woselbst über eine Anzahl von Betriebsversuchen an z. T. älteren Dieselanlagen in Elektrizitätswerken berichtet wird.

Zahlentafel 18.

Dampf- und Kohlenverbrauch von Kondensations-Verbund-Lokomobilen bei $^3/_4$-Belastung im praktischen Betrieb.

Dampfzustand vor der Maschine 12 at Üb, 325° C.
Speisewasser-Temperatur hinter Abdampfvorwärmer 40° C.

	Hand-feuerung		Mech. Rost-beschicker	
Höchste Dauerleistung . . . . PSe	60	87	140	295
Dampfverbrauch bei $^3/_4$-Belastung im Beharrungszustand . . . . kg/PSe-st	5,9	5,6	5,35	5,0
Verbrauch an Steinkohlen von 7500 WE im Beharrungszustand bei 60—67 % Kesselwirkungsgrad . . . . kg/PSe-st	0,922	0,847	0,771	0,700
Zuschläge für Anheiz- und Stillstandsverluste:				
7,5 % Zuschlag bei tägl. 10stünd. Betrieb kg/PSe-st	0,069	0,064	0,058	0,052
10,0 % „ „ „ 8 „ „ „	0,092	0,085	0,077	0,070
18,0 % „ „ „ 5 „ „ „	0,166	0,152	0,139	0,126
23,0 % „ „ „ 4 „ „ „	0,212	0,195	0,177	0,161
Gesamter Steinkohlenverbrauch				
bei täglich 10stünd. Betrieb . . . . . . kg/PSe-st	0,991	0,911	0,829	0,752
„ „ 8 „ „ . . . . . . „	1,014	0,932	0,848	0,770
„ „ 5 „ „ . . . . . . „	1,088	0,999	0,910	0,826
„ „ 4 „ „ . . . . . . „	1,134	1,042	0,948	0,861

Doppelwaggon (10000 kg), so ergibt sich die Normalverdampfungsziffer unter Zugrundelegung eines Wirkungsgrades der Kesselanlage von 75% zu

$$\frac{7500}{639,7} \cdot 0,75 = \text{rd. } 8,8$$ und der Normaldampfpreis zu

$$\frac{1000}{8,8} \cdot 0,0280 = 3,18 \text{ M.}$$

Hierbei bedeutet 639,7 die Erzeugungswärme von Dampf von 100° C, erzeugt aus Wasser von 0° (Normaldampf).

Der wirkliche Dampfpreis, wie er sich im Betrieb ergibt, weicht je nach der Spannung und Temperatur des Dampfes, und je nach der Speisewassertemperatur von dem vorstehend für Normaldampf berechneten nach oben oder unten hin ab. Die Normal-Verdampfungsziffer und der Normal-Dampfpreis haben nur die Bedeutung von Vergleichswerten.

Der auf den Kesselhausbetrieb entfallende Eigenverbrauch ist verschieden, je nach der Größe der Anlage und je nach Art und Zustand der einzelnen Teile[1]). Der auf die Speisepumpen treffende Dampf- oder Wärmeverbrauch schwankt je nach Art, Größe, Antrieb und Zustand der Speisepumpen zwischen 0,5 und 5% des für die Maschine benötigten Dampfes. Bei mangelhaft arbeitenden schwungradlosen Dampfpumpen

[1]) Vgl. auch S. 218.

Zahlentafel 19.

Dampf- und Kohlenverbrauch von Turbodynamo-Anlagen mit Wasserrohrkesseln bei $^3/_4$-Belastung im praktischen Betrieb.

Dampfzustand vor der Maschine 12 at Üb, 325° C.
Kesselspannung 13 at Üb; Temperatur am Überhitzer 350° C.
Mittleres Vakuum 95 % (im Jahresdurchschnitt bei Flußwasserkühlung).
Speisewasser-Temperatur 35° C; weitere Vorwärmung durch Rauchgase.

Höchste Dauerleistung . . . . kW	500	1000	5000	10000
Dampfverbrauch bei $^3/_4$-Belastung im Beharrungszustand einschl. Kondensation . . . . kg/kW-st	7,20	6,55	5,89	5,81
Zuschlag für Speisepumpen (Sattdampf), Rostantrieb, Vorwärmerreinigung . . . . „	0,29	0,22	0,17	0,13
Gesamter Verbrauch an Steinkohlen von 7500 WE im Dauerbetrieb bei 76 % Wirkungsgrad von Kesselanlage und Rauchgasvorwärmer kg/kW-st	0,940	0,850	0,761	0,746
Zuschläge für Anheiz- und Stillstandsverluste:				
8 % Zuschlag bei tägl. 10stünd. Betrieb kg/kW-st	0,075	0,068	0,061	0,060
11 % „ „ „ 8 „ „ „	0,103	0,094	0,084	0,082
20 % „ „ „ 5 „ „ „	0,188	0,170	0,152	0,149
26 % „ „ „ 4 „ „ „	0,244	0,221	0,198	0,194
Gesamter Steinkohlenverbrauch				
bei täglich 10stünd. Betrieb . . . . . . kg/kW-st	1,015	0,918	0,822	0,806
„ „ 8 „ „ . . . . . . „	1,043	0,944	0,845	0,828
„ „ 5 „ „ . . . . . . „	1,128	1,020	0,913	0,895
„ „ 4 „ „ . . . . . . „	1,184	1,071	0,959	0,940

hat man schon Werte bis zu 10% gemessen. In solchen Fällen ist es natürlich wirtschaftlicher, die Dampfpumpe durch eine solche für elektrischen oder Riemenantrieb zu ersetzen; vgl. S. 210ff.

Wird der Zug auf künstliche Weise erzeugt, so erfordert dies einen gewissen, vom Zugsystem abhängigen Kraftaufwand; näheres hierüber findet sich S. 193ff.

Der auf die sonstigen Hilfsbetriebe des Kesselhauses, wie Rostantriebe und Vorwärmerreinigung, entfallende Kraftverbrauch ist von der Größe der Anlage abhängig. Für größere Kraftwerke kann man unter normalen Verhältnissen $^1/_2$—1% der Gesamtleistung annehmen.

Über die Berechnung des gesamten Brennstoffverbrauches von Dampfkraftanlagen, die im Durchschnitt mit drei Viertel ihrer dauernden Höchstleistung belastet sind, geben die Zahlentafeln 17—19 Aufschluß. Hierbei wurde der Dampfverbrauch der ortsfesten Maschinen im Beharrungszustand etwa 5% über den Garantie- oder Versuchswerten angenommen, um dem Umstand Rechnung zu tragen, daß im praktischen Betrieb Dampfdruck, Dampftemperatur und Vakuum nicht immer auf der vorgeschriebenen Höhe gehalten werden und die Kolben und Ventile meist mehr oder weniger undicht sind. Außerdem wurde der Wirkungsgrad der Kesselanlage wesentlich niedriger angenommen, als er sich bei Versuchen erzielen läßt. Bei Lokomobilen wurde mehr zugeschlagen als bei ortsfesten Maschinen, in der Erwägung, daß hier die Garantien der verschiedenen Firmen oft erheblich voneinander abweichen. Die Zuschläge für Anheiz- und Stillstandsverluste wurden bei ortsfesten Kesselanlagen zwischen 8 und 26% angenommen, je nach der Betriebsdauer. Natürlich kommt diesen Zahlen nur die Bedeutung von Durchschnittswerten zu, da z. B. ein einzelner exponiert liegender Kessel weit größere Verluste erleidet, als eine größere zusammenhängende Kesselbatterie. Für Lokomobilen wurden die Zuschläge zu 7,5—23%, d. h. etwas niedriger als für ortsfeste Kesselanlagen angenommen. Lokomobilkessel haben einen kleineren Ausstrahlungsverlust als eingemauerte Kessel, weil außen in der Hauptsache nur die Dampftemperatur wirksam ist und die ganzen Heizgase auf dem kürzesten Wege beim geradlinigen Durchgang durch den Kessel ausgenützt werden. Die sich ergebenden ausstrahlenden Oberflächen sind daher verhältnismäßig klein und lassen sich gut isolieren.

Die für Lokomobilen angenommenen Verbrauchsziffern beziehen sich auf normale Verbundlokomobilen mit einfacher Überhitzung. Bei erstklassiger Ausführung, vorzüglicher Bedienung und Instandhaltung der Lokomobilen ist ihr Verbrauch nicht unerheblich niedriger, als hier angegeben. Als Beleg hierfür sei erwähnt, daß für die beiden kleineren Lokomobilen 5,1 und 4,8 kg, für die beiden größeren 4,6 und 4,5 kg/PS_e-st Dampfverbrauch garantiert werden. Wenn die Lokomobilen (bei größerer Leistung) mit Abgasvorwärmer geliefert werden, so verbessert sich die Wärmeausnutzung im Kessel um etwa 6%, entsprechend einer Brennstoffersparnis von etwa 8%.

Der Brennstoffverbrauch von Anthrazit-Sauggasanlagen im Beharrungszustand ist in der nachfolgenden Zahlentafel für einige Maschinengrößen angegeben.

Zahlentafel 20.

Anthrazitverbrauch von Sauggasanlagen im Beharrungszustand bei Vollbelastung.

Höchste Dauerleistung . . . . PS_e	20	30	50	80
Verbrauch an Anthrazit von 7800 WE Heizwert . . . . kg/PS_e-st	0,530	0,500	0,450	0,430

Diese Verbrauchsziffern stellen Betriebswerte (keine Garantie- oder Versuchswerte) dar; sie gelten für moderne Anlagen unter der Voraussetzung, daß ihre Ausführung, Instandhaltung und Bedienung eine gute ist. In obigen Ziffern ist auch der durchschnittliche Verlust beim Sieben des Anthrazits enthalten. Ist der Siebverlust abnormal groß, so erhöhen sich die Verbrauchsziffern entsprechend.

Wenn die Anlage im Betrieb durchschnittlich nur $^3/_4$ belastet ist, so erhöht sich der spezifische Verbrauch gemäß Fig. 16 um ungefähr 14%. Bei unterbrochenem Betrieb ist sodann noch für den Abbrand in den Betriebspausen und das Anheizen ein entsprechender Zuschlag zu machen. Dieser Betriebszuschlag ist verschieden groß, je nach der Größe der Anlage. Große Generatoren haben verhältnismäßig kleinere ausstrahlende Oberflächen und ergeben deshalb weniger Abbrand als kleine Generatoren. Im nachfolgenden wurde für sämtliche Maschinengrößen ein mittlerer Zuschlag zugrunde gelegt, nämlich $7^1/_2$% des Verbrauchs bei Vollbelastung für jede Stunde Stillstand. Rechnet man diesen Zuschlag auf $^3/_4$-Belastung um, so ergeben sich die in Zahlentafel 21 zusammengestellten Verbrauchsziffern, wobei angenommen ist, daß die Generatoren über Sonntag durchbrennen.

Zahlentafel 21.

Anthrazitverbrauch von Sauggasanlagen bei $^3/_4$-Belastung im praktischen Betrieb.

Höchste Dauerleistung . . . . PSe	20	30	50	80
Verbrauch an Anthrazit von 7800 WE im Beharrungszustand bei $^3/_4$-Belastung . . kg/PSe-st	0,604	0,570	0,513	0,490
Zuschläge für Anheizen und Abbrand				
16% Zuschlag bei tägl. 10stünd. Betrieb kg/PSe-st	0,097	0,091	0,082	0,078
22% „ „ „ 8 „ „ „	0,133	0,125	0,113	0,108
40% „ „ „ 5 „ „ „	0,242	0,228	0,205	0,196
53% „ „ „ 4 „ „ „	0,320	0,302	0,272	0,260
Gesamter Anthrazitverbrauch				
bei täglich 10stünd. Betrieb . . . . . . kg/PSe-st	0,701	0,661	0,595	0,568
„ „ 8 „ „ . . . . „	0,737	0,695	0,626	0,598
„ „ 5 „ „ . . . . „	0,846	0,798	0,718	0,686
„ „ 4 „ „ . . . . „	0,924	0,872	0,785	0,750

Bei Braunkohlenbrikett-Sauggasanlagen über etwa 100 PS kann der spezifische Brennstoffverbrauch im Beharrungszustand als gleichbleibend und von der Maschinengröße unabhängig angenommen werden. Er beträgt bei Vollbelastung etwa 0,680 kg/PSe-st, bezogen auf einen Heizwert der Briketts von 4800 WE. Bei $^3/_4$-Belastung erhöht sich der Verbrauch wieder um ungefähr 14%, d. h. auf rd. 0,775 kg/PSe-st. Auch diese Verbrauchsziffern stellen Betriebswerte dar und gelten für den Beharrungszustand sowie für ununterbrochen arbeitende Anlagen unter der Voraussetzung, daß ihre Ausführung, Instandhaltung und Bedienung eine gute ist.

Bemerkt sei, daß sich bei Briketts mit verhältnismäßig hohem Wassergehalt oder solchen, die nicht genügend gepreßt sind, sowie bei Briketts, die lange im Freien gelagert haben, also den Witterungseinflüssen ausgesetzt waren, die Verbrauchsziffern erhöhen, weil derartige Briketts bei der Vergasung mehr oder weniger leicht zerfallen und daher einen vermehrten Rostverlust bedingen. Außerdem kann der Generator häufig nicht so hoch belastet werden, wie bei Briketts von einwandfreier Beschaffenheit. Es kommt selbst bei Werken, die sonst für Generatoren gut geeignete Braunkohlenbriketts herstellen, zuweilen vor, daß einzelne Lieferungen von schlechter Beschaffenheit sind.

Bei unterbrochenem Betrieb ist für den Abbrand in den Betriebspausen und das Anheizen wieder ein entsprechender Zuschlag zu machen. Dieser Zuschlag ist bei Brikettanlagen mit Rücksicht auf die Bildung von Schwelgasen in den Betriebspausen durchschnittlich größer als bei Anthrazitanlagen und wäre genau genommen auch hier verschieden groß anzunehmen, je nach der Größe der Anlage. Im nachfolgenden wurde jedoch wieder für sämtliche Maschinengrößen ein mittlerer Zuschlag zugrunde gelegt, nämlich 8% des Verbrauchs bei Vollbelastung für jede Stunde Stillstand. Auf den Verbrauch bei $^3/_4$-Belastung bezogen, ergeben sich alsdann, unter der Annahme, daß die Generatoren über Sonntag durchbrennen, die in folgender Zahlentafel angegebenen Zuschläge.

Zahlentafel 22.

Zuschläge für Anheizen und Abbrand bei $^3/_4$-belasteten Braunkohlenbrikett-Sauggasanlagen:

Bei	täglich	24stündigem	Betrieb	. . . . .	0%
»	»	10	»	»	rd. 17%
»	»	8	»	»	» 23%
»	»	5	»	»	» 43%
»	»	4	»	»	» 56%

Damit ergeben sich die in Zahlentafel 23 verzeichneten Verbrauchsziffern.

Zahlentafel 23.

Gesamter Braunkohlenbrikett-Verbrauch von Sauggasanlagen bei $^3/_4$-Belastung im praktischen Betrieb.

Bei	täglich	24stündigem	Betrieb	. . . .	0,775 kg/PS$_e$-st
»	»	10	»	»	0,907 »
»	»	8	»	»	0,953 »
»	»	5	»	»	1,108 »
»	»	4	»	»	1,209 »

Der Brennstoffverbrauch vollbelasteter Leuchtgas-, Benzin-, Benzol-, Naphthalin- und Dieselmaschinen ist in den Zahlentafeln 24 und 25 zusammengestellt. Diese Zahlentafeln enthalten auch Angaben über den Energieverbrauch von Elektromotoren. Die Ziffern für die Verbrennungsmotoren sind durchweg reichlich angenommen und lassen sich bei guten und ordnungsmäßig bedienten Anlagen leicht einhalten, unter Umständen sogar nicht unerheblich unterschreiten. Weitere Zuschläge wie bei Dampfanlagen oder Sauggasanlagen sind hier nicht erforderlich, da diese Motoren im Stillstand keinen Verbrauch aufweisen.

Die in Zahlentafel 25 angegebenen Verbrauchsziffern gelten auch für Dieselmaschinen über 200 PS. Dagegen nimmt bei größeren Elektromotoren der spezifische Stromverbrauch noch um ein geringes ab.

Zahlentafel 24.

Energieverbrauch für 1 PS_e-st bei Vollbelastung im praktischen Betrieb.

Art der Kraftmaschine		Motorgröße in PS_e					
		1	3	6	10	12	20
Leuchtgasmotor	cbm Gas ab Uhr	0,90	0,80	0,64	0,60	0,59	0,55
„ stehend[1] ..	„ „ „ „	0,94	0,90	0,88	0,85	—	—
Benzinmotor	kg Benzin	0,44	0,41	0,38	0,36	0,36	0,35
„ stehend	„ „	0,46	0,43	0,40	0,38	—	—
Benzolmotor[2]	„ Benzol	0,40	0,37	0,34	0,31	0,31	0,30
Naphthalinmotor	kg Naphthalin	—	0,38	0,35	0,33	0,32	—
Rohöl- bzw. Dieselmotor	kg Gasöl	—	—	—	—	0,24	0,22
Elektromotor.	kW-st	0,92	0,88	0,87	0,86	0,85	0,84

Zahlentafel 25.

Energieverbrauch für 1 PS_e-st bei Vollbelastung im praktischen Betrieb.

Art der Kraftmaschine		Motorgröße in PS_e				
		30	50	100	150	200
Elektromotor	kW-st	0,820	0,803	0,800	0,793	0,790
Dieselmotor	kg Teeröl	—	0,210	0,210	0,210	0,210
	kg Gasöl	0,210	0,013	0,010	0,010	0,010

Über den Verbrauch von Leuchtgas-, Benzin-, Naphthalin- und Dieselmaschinen sowie Elektromotoren bei $^2/_3$- und $^3/_4$-Belastung geben die Zahlentafeln 26 und 27 Aufschluß.

Zahlentafel 26.

Energieverbrauch für 1 PS_e-st bei $^2/_3$-Belastung im praktischen Betrieb.

Art der Kraftmaschine		Motorgröße in PS_e					
		1	3	6	10	12	20
Leuchtgasmotor	cbm Gas ab Uhr	1,05	0,96	0,75	0,70	—	—
„ stehend[1]	„ „ „ „	1,10	1,08	1,05	1,02	—	—
Benzinmotor	kg Benzin	0,52	0,48	0,44	0,42	—	—
„ stehend	„ „	0,54	0,50	0,46	0,45	—	—
Naphthalinmotor	kg Naphthalin	—	—	0,41	0,39	0,38	—
Rohöl- bzw. Dieselmotor ...	kg Gasöl	—	—	—	—	0,26	0,24
Elektromotor	kW-st	0,94	0,90	0,89	0,88	—	0,86

[1] Die verhältnismäßig hohen Verbrauchsziffern der stehenden Leuchtgasmotoren sind darauf zurückzuführen, daß eine Motortype gewählt wurde, die sowohl für den Betrieb mit gasförmigen als auch flüssigen Brennstoffen geeignet ist, deren Kompression also nur 3—5 at (entsprechend Benzinbetrieb) beträgt.

[2] Die stehende Motortype empfiehlt sich für Benzolbetrieb nicht; hierfür ist Benzinbetrieb wirtschaftlicher.

Zahlentafel 27.
Energieverbrauch für 1 PS_e-st bei $^3/_4$-Belastung im praktischen Betrieb.

Art der Kraftmaschine		Motorgröße in PS_e				
		30	50	100	150	200
Elektromotor	kW-st	0,830	0,815	0,810	0,805	0,800
Dieselmotor	kg Teeröl	—	0,220	0,220	0,220	0,220
	kg Gasöl	0,220	0,018	0,013	0,013	0,013

Es sei hier ausdrücklich darauf hingewiesen, daß die den Zahlentafeln 17—27 zugrunde liegenden Brennstoffzuschläge praktischen Betriebsverhältnissen entsprechen und zum großen Teil eigenen Betriebsversuchen entstammen. Wenn hierbei für Dampfanlagen nur Zuschläge von 7,5—26% eingesetzt wurden, während auf S. 98 angegeben ist, daß diese Zuschläge 20—45% betragen, so darf hierin kein Widerspruch erblickt werden. Zu den Zuschlägen von 7,5—26%, die sich nur auf die Verluste durch Anheizen und Stillstand beziehen, kommen nämlich noch diejenigen Zuschläge hinzu, die bereits in den Dampf- und Kohlenverbrauchsziffern im Beharrungszustand eingeschlossen sind. Der mehrfach — freilich von interessierter Seite — gegen mich erhobene Vorwurf, daß die Verbrauchsziffern nicht den praktischen Betriebsverhältnissen entsprechend angenommen seien, erscheint deshalb durchaus ungerechtfertigt. Es werden sich in der Praxis bei mustergültiger Betriebsführung naturgemäß noch niedrigere Verbrauchsziffern erzielen lassen. Greift man anderseits eine mangelhafte oder veraltete Anlage sowie einen schlecht geführten Betrieb heraus, so werden sich höhere Ziffern ergeben.

Daß die von mir angenommenen Verbrauchsziffern angemessen sind und im praktischen Betrieb leicht erreicht werden können, beweisen auch zahlreiche Betriebsversuche, die von anderen Stellen ausgeführt wurden. Ich verweise hier z. B. auf die in der Zeitschr. d. Bayer. Revisionsvereins 1911, S. 43 veröffentlichten Versuchsergebnisse. Diese beziehen sich auf kleinere und mittlere Elektrizitätswerke mit mittelmäßig großen Jahresleistungen, die teils mit Dampfkraft-, Sauggas- oder Dieselmaschinenanlagen betrieben werden. In derselben Zeitschrift, Jahrgang 1913, S. 95, berichtet der genannte Verein über gleichartige Versuche an Dampfanlagen industrieller Werke.

45. Betriebsführungskosten.

Hierunter fallen die Ausgaben für Verwaltung und Bedienung, Schmier- und Putzmaterial, Instandhaltung und Ausbesserungen.

Die Ausgaben für die allgemeine Verwaltung schließen die Kosten für Geschäftsleitung, Bureaumiete, Bureaupersonal usw. in sich. Diese Ausgaben können allenfalls ganz außer Betracht bleiben, wenn der Betrieb der Kraftanlage an ein bestehendes Unternehmen angegliedert wird. Handelt es sich hingegen um ein selbständiges Unternehmen, so fallen die allgemeinen Verwaltungskosten unter Umständen erheblich ins Gewicht, insbesondere bei Unternehmungen in Form einer Aktiengesellschaft, bei denen noch die Aufwendungen für den Aufsichtsrat, die Generalversammlungen usw. hinzukommen.

Bezüglich der Bedienung läßt sich allgemein nur sagen, daß deren Kosten, außer von der Maschinengattung, von der Leistung der Maschine abhängen. Eine große Anlage verursacht verhältnismäßig geringere Ausgaben als eine kleine. Bei starker Unterteilung der Gesamtkraft muß also für Bedienung ein entsprechend höherer Betrag eingesetzt werden. Bei kleinen Anlagen wird vielfach kein besonderer Maschinist vorgesehen. Die Bedienung erfolgt nebenbei durch den Besitzer oder einen Angestellten. Hier entfällt also nur ein Bruchteil des zu zahlenden Arbeitslohnes auf die Bedienung der Kraftmaschine. Für größere Anlagen werden in der Regel tüchtige und gut bezahlte Kräfte anzustellen sein, die sich ausschließlich mit der Überwachung und Bedienung der Anlage befassen. Außerdem sind für größere Kraftanlagen noch Schlosser (für Reparaturen) und sonstige Hilfskräfte (als Helfer) erforderlich. Bemerkt sei, daß der Lohn für das eigentliche Bedienungspersonal niemals nach der körperlichen Leistung, sondern ausschließlich nach dessen Verantwortlichkeit bemessen werden sollte. Es wäre verfehlt, in dieser Beziehung sparen zu wollen. Trotzdem kann man z. B. bei Dampfanlagen häufig die Erfahrung machen, daß der Heizer durchaus nicht der Wichtigkeit seiner Stellung entsprechend bezahlt wird (vgl. S. 356).

Die meiste Bedienung erfordern Dampfanlagen, insbesondere solche mit Kolbendampfmaschinen. Verbrennungskraftmaschinen verlangen im allgemeinen weniger Bedienung als Dampfkraftanlagen. Nur bei ganz großen Dampfturbinenkraftwerken mit mechanischer Bekohlung und Aschenabfuhr ist der Aufwand für Bedienung verhältnismäßig geringer als bei Verbrennungsmaschinenanlagen. Am wenigsten Bedienung erfordern Elektromotoren.

Im übrigen ist zu bemerken, daß sich infolge der Verringerung des Brennstoffverbrauches und infolge der Einführung mechanischer Kesselfeuerungen auch bei kleineren und mittleren Dampfkraftanlagen der Aufwand für Bedienung in ziemlich niederen Grenzen halten läßt. Dampfkraftanlagen bis etwa 200 PS größter Dauerleistung können bei entsprechender örtlicher Anordnung anstandslos durch einen einzigen Mann bedient werden, ohne daß die Sicherheit und Wirtschaftlichkeit des Betriebes darunter leidet. Als Beispiel erwähne ich nur ein mir bekanntes, vorzüglich betriebenes städtisches Gleichstrom-Elektrizitätswerk, dessen Dampfkraftanlage in ihrem neueren Teil aus einer 160pferdigen Heißdampf-Tandemmaschine mit Einspritzkondensation, einem Flammrohrkessel mit Rauchgasvorwärmer, Überhitzer und mechanischem Rostbeschicker besteht. In diesem Werk erfolgt die Bedienung der Dampfmaschine, der Kesselanlage und des elektrischen Teiles einschließlich der Schaltanlage durch einen einzigen Mann. Nur während der Abendstunden, im Winter auch in den frühen Morgenstunden, ist noch ein zweiter Mann zugegen, damit im Falle einer Störung im Leitungsnetz oder im Werk jemand zur Verfügung steht. Wenn man schon bei einem öffentlichen Elektrizitätswerk, von dem mit Rücksicht auf die zahlreichen Stromabnehmer ein besonders hohes Maß von Betriebssicherheit verlangt wird, mit einem einzigen Mann auskommt, so ist dies bei einem Fabrikbetrieb erst recht möglich. Es genügt hier vollständig, jemand vom Fabrikpersonal für Aushilfszwecke anzulernen.

Was die Kosten für Schmier- und Putzmaterial betrifft, so sind erstere außer von der Größe der Maschine in hohem Maße von der Genauigkeit der Werkstattausführung und der Sorgfalt der Montage abhängig. Bei zu rauher Beschaffenheit der aufeinander gleitenden Flächen, bei zu stark gespannten Kolbenringen, bei Verspannungen einzelner Teile usw. kann der Ölverbrauch infolge starker Reibung und Neigung zum Heißlaufen außerordentlich zunehmen. Die Belastung der Maschine hat keinen wesentlichen Einfluß auf den Ölverbrauch. Dagegen sind die Wartung der Maschine und die Güte des Öls naturgemäß von großem Einfluß. Die durchschnittlichen Schmierölkosten lassen sich deshalb nur auf Grund von Betriebsergebnissen veranschlagen. In der Regel schmiert der Wärter seine Maschine stärker als notwendig, um sie nicht der Gefahr des Heißlaufens auszusetzen. Auch werden vielfach die einzelnen Ölgläser und Schmierapparate überfüllt, um möglichst lange nicht mehr nachfüllen zu müssen. Durch Auffangen des überlaufenden Öls, Entölen des Abdampfes sowie durch Filtrieren und Wiederverwenden des gebrauchten Öls lassen sich daher in den meisten Betrieben erhebliche Ersparnisse erzielen. Näheres über Schmieröl und Ölreinigung enthält Abschnitt 109.

Man kann annehmen, daß der Schmierölverbrauch von Dampfmaschinen geringer ist als der von Verbrennungsmaschinen, gleich gute Ausführung vorausgesetzt[1]). Dies ist in der Hauptsache darauf zurückzuführen, daß bei Verbrennungsmaschinen ein Teil des Zylinderöls verdampft und verbrennt, während der Rest größtenteils destilliert und verkokt wird und infolgedessen für Schmierzwecke nicht mehr brauchbar ist. Öl aus den Zylindern und Stopfbüchsen von Verbrennungsmaschinen ist meist so stark von Rußteilchen durchsetzt, daß es am besten zusammen mit alter Putzwolle unter Dampfkesseln verbrannt wird.

Bei kleinen Kolbenmaschinen beträgt der Schmierölverbrauch bis zu 10 g/PS_e-st und mehr; bei großen Maschinen geht er herunter bis auf 1 g und weniger, vorausgesetzt daß die Schmierstellen richtig eingestellt werden, daß gutes Öl verwendet wird, und daß das ablaufende Öl zurückgewonnen, gereinigt und wieder verwendet wird. Bei Dampfturbinen kann man unter denselben Voraussetzungen 0,2—0,03 g/PS_e-st annehmen, wobei sich erstere Zahl auf kleinere, letztere dagegen auf größere Turbinen bezieht. Für die Zylinder von Kolbenmaschinen

[1]) Vgl. Z. d. V. d. I. 1910, S. 144. Es wird hier auf Grund von Erfahrungszahlen sehr ausführlich über „Zylinderschmierung der Dampfmaschinen und Verbrennungsmotoren“ berichtet.

werden etwa 60%, für das Triebwerk etwa 40% des verwendeten Öls verbraucht. Bei Maschinen mit Zwischendampfentnahme ist der Zylinderölverbrauch größer als bei solchen ohne Dampfentnahme.

Den Preis des Schmieröls kann man durchschnittlich mit 60 M/100 kg veranschlagen. Gutes Zylinderöl für hoch überhitzten Dampf kostet unter Umständen bis zu 100 M. und darüber, während Maschinenöl (Lageröl) um etwa 50 M. und weniger zu haben ist.

Oft lassen sich durch geringe bauliche Abänderungen einer Maschine erhebliche Ersparnisse an Schmiermitteln erzielen. Als Beispiel sei eine liegende 500pferdige, in der Regel mit 700—800 PS belastete Dreifachexpansionsmaschine erwähnt, bei welcher der dem Hochdruckzylinder zuströmende Dampf und die Kolbenstange zwischen Hoch- und Mitteldruckzylinder mit frischem Zylinderöl geschmiert werden, während zur Schmierung des Niederdruckzylinders nur das Tropföl der vorerwähnten Kolbenstange verwendet wird. Der Verbrauch an Zylinderöl betrug bisher gemäß Zeitschr. d. Bayer. Revisionsvereins 1912, S. 108, 48 kg in 24 Stunden. »Kürzlich wurde die bisher einseitige Kolbenstange des Hochdruckzylinders auch durch den hinteren Zylinderdeckel geführt und mit einer eigenen Gleitbahn versehen. Seitdem werden in 24 Stunden nur mehr 12 kg Zylinderöl für die Maschine benötigt. Während diese Änderung der Maschine rd. 1500 M. kostete, beträgt die jährliche Ersparnis an Zylinderöl bei einem Preis von 60 M/100 kg : 300 . 0,6 . 36 = 6480 M.« Unter Zugrundelegung einer mittleren Belastung von 700 PS betrug der Verbrauch an Zylinderöl vor der Änderung rd. 3 g/PS-st, während er jetzt nur noch rd. 0,7 g beträgt.

Große Ersparnisse an Öl lassen sich auch dadurch erzielen, daß man an Stelle der ölverschwendenden Tropfschmierung eine sog. Umlaufschmierung vorsieht; vgl. Z. d. V. d. I. 1915, S. 479 linke Spalte. Die Umlaufschmierung spart nicht nur Öl, sondern erhöht durch reichliche Schmierung auch die Betriebssicherheit. Wo die Ölumlaufschmierung nicht anwendbar ist, wie bei der Kolbenschmierung, sollte man an Stelle von Tropfapparaten zwangläufig zumessende Schmiervorrichtungen anwenden, wie z. B. Bosch-Öler, Schmierpressen (Mollerup), Friedmannpumpen u. dgl. Diese Pumpen sind völlig ventillos und arbeiten deshalb ganz gleichmäßig und zuverlässig. Wenn der zwangläufige Schmierapparat nach jeder Kolbenbesichtigung nachreguliert wird, hat man bald die kleinste, noch genügende Ölmenge herausgefunden. Man kann den Apparat dann unbedenklich knapp eingestellt lassen, weil die beabsichtigte Ölmenge sicher an die Schmierstelle gelangt, während bei Tropfapparaten die Ölzufuhr unsicher ist und in erheblichem Maße durch die veränderliche Höhe des Ölstandes, durch die Temperatur und Dickflüssigkeit des Öles, durch Verschmutzung u. dgl. beeinflußt wird. Man muß deshalb aus Sicherheitsgründen mehr Tropfen zulassen als notwendig. Ersparnisse an Öl lassen sich vielfach auch dadurch erzielen, daß man Schmierersparnisgelder einführt. Auch kann sich bei größeren Anlagen die Anstellung von besonderen Schmierern als zweckmäßig erweisen. Daß der Schmierölverbrauch auch dadurch verringert werden kann, daß man geeignete Einrichtungen zur sparsamen Lagerung und Verausgabung von Schmiermitteln vorsieht, ist wohl selbstverständlich[1]).

Die Ausgaben für die zur Reinigung der Maschinen und Maschinenräume dienenden Mittel sind verhältnismäßig unbedeutend,weshalb sie meist mit den Schmierölkosten zusammengefaßt werden. Durchschnittlich kann man bei Kolbenmaschinen für Putzmittel etwa $^1/_4$—$^1/_5$ des Betrages der Ölkosten einsetzen. Häufig lassen sich durch Verwendung von Putztüchern statt Putzwolle Ersparnisse erzielen, weil Tücher gewaschen und wieder benützt werden können.

Die Kosten für Instandhaltung und Ausbesserungen sind ziemlich unsicher zu schätzen. Sie hängen von der Größe der Maschine, von der Güte ihrer Ausführung, sowie von der Bedienung ab. Sie werden in der Regel in Prozenten des Anlagekapitals ausgedrückt. Man kann für den baulichen Teil etwa $^1/_2$%, für den maschinellen Teil dagegen 1—2$^1/_2$%, je nach Maschinensystem und Betriebsdauer, einsetzen. Maschinenbrüche infolge von schlechtem Material, unrichtiger Konstruktion, nachlässiger Bedienung oder gewaltsamer äußerer Einwirkungen gehören natürlich nicht hierher. Vielmehr kann es sich hier nur um solche Teile handeln, die infolge natürlichen Verschleißes repariert oder ersetzt werden müssen.

46. Wasserverbrauch. Wasserkosten.

Wasser wird bei Dampfkraftanlagen zur Dampferzeugung und zum Niederschlagen des Abdampfes gebraucht. Bei Verbrennungsmaschinen braucht man Wasser zum Kühlen der Arbeitszylinder und Zylinderköpfe sowie gegebenenfalls zum Kühlen von Kolben, Kolbenstangen und Stopfbüchsen. Bei größeren Maschinen braucht man auch Wasser zur Lagerkühlung und allenfalls zur Kühlung des Schmieröls.

Am größten ist der Wasserverbrauch bei Kondensations-Dampfmaschinen. Man hat hier einmal den Dampfverbrauch der Hauptmaschine und der Hilfsmaschinen zu decken; dieser Verbrauch ist verschieden, je nach Größe und System der Kraftmaschine und je nach der Temperatur und Spannung des Dampfes. Außerdem braucht man bei Einspritzkondensation für jedes Kilogramm niederzuschlagenden Dampfes etwa 20—45 ltr Wasser, je nach der Temperatur des Einspritzwassers und je nach der Höhe des Vakuums. Bei Oberflächenkondensation kann man 30—60 ltr Kühlwasser für jedes Kilogramm Abdampf rechnen. Am höchsten ist der Kühlwasserverbrauch bei der reinen Strahlkondensation, etwa 60—80 ltr/kg Dampf.

Weit geringer ist der Wasserverbrauch von Verbrennungsmaschinen. Bei Durchfluß- oder Frischwasserkühlung verbrauchen Gas-, Benzin- und Benzolmaschinen etwa 20—30 ltr, Sauggasanlagen etwa 30—45 ltr

[1]) Vgl. Zeitschr. f. Dampfk. u. Maschinenbetr. 1917, S. 177ff.

und Hochdruck-Ölmaschinen etwa 9—20 ltr/PS_e-st, je nach Maschinengröße und je nach der Temperatur des zu- und abfließenden Kühlwassers. Am geringsten ist demnach der Wasserverbrauch bei Hochdruck-Ölmaschinen. Einen noch geringeren Verbrauch weisen höchstens Auspuffdampfmaschinen auf, vorausgesetzt, daß für die Hochdruck-Ölmaschinen keine Rückkühlung des Wassers vorgesehen wird.

Wird der Bedarf an Wasser aus der städtischen Wasserleitung gedeckt, so entstehen naturgemäß die höchsten Kosten. Bei größeren Dampfkraftanlagen kommt für die Kondensation nur Flußwasser oder allenfalls Seewasser und für die Kesselspeisung Grund- oder Flußwasser bzw. Seewasser in Betracht. Bei Wassermangel sind Rückkühlanlagen aufzustellen; siehe Abschnitt 76. Der Wasserverbrauch beschränkt sich alsdann, Speisung der Kessel mit Kondensat vorausgesetzt, bei der Kesselanlage auf die Undichtheitsverluste und die Verluste durch Ablassen des Kessels, bei der Rückkühlanlage auf den Verlust durch Verdunsten und Verspritzen von Wasser. Die Verluste an Speisewasser betragen etwa 5—8%, die Verluste an Kühlwasser etwa 2—5%.

Frischwasserkühlung aus der städtischen Wasserleitung kommt bei Verbrennungsmaschinen in der Regel nur für kleinere Motoren in Betracht. Größere Fabrikbetriebe werden schon mit Rücksicht auf ihren sonstigen Wasserbedarf ihr Wasser in der Regel aus einer eigenen Brunnenanlage oder aus einem See oder Fluß entnehmen. Wo dies nicht der Fall sein sollte, können bei größeren Motoren die Wasserkosten durch eine Rückkühlanlage bedeutend verringert werden. Dabei hat die Rückkühlung und Wiederverwendung des Kühlwassers unter Umständen noch den Vorteil, daß die Ablagerung von Schlamm und Kesselstein in den Kühlräumen verringert wird, und daß man bei hartem Wasser ohne zu große Kosten eine Wasserreinigung anwenden kann, da hier nur die Reinigung des Zusatzwassers in Betracht kommt. Wo das Zusatzwasser gereinigt wird, tritt stets eine Verringerung der Ablagerungen in den Kühlräumen ein; vgl. S. 287.

Bei Kleinmotoren können durch Anwendung der Gefäßkühlung oder der Verdampfungskühlung die Wasserkosten auf einen verschwindend geringen Betrag herabgesetzt werden.

Wird das erwärmte Kühlwasser von Verbrennungsmotoren zu Fabrikations- oder Reinigungszwecken ausgenützt, so sind für die Kühlung der Motoren überhaupt keine Wasserkosten in Anrechnung zu bringen.

47. Feste Betriebskosten.

Hierher gehören die Kapitalkosten sowie die — allerdings meist unerheblichen — Ausgaben für Steuern, öffentliche Abgaben, Versicherungen und Revisionen. Neben dem Brennstoffverbrauch der Kraftmaschinen haben die Kapitalkosten den größten Einfluß auf die Wirtschaftlichkeit einer Anlage. Unter die Kapitalkosten fallen die Verzinsung des Anlagekapitals sowie die Abschreibung der Anlage.

Wenngleich die Verzinsung und Abschreibung keine in bar auszubezahlenden Betriebskosten darstellen, so dürfen sie bei Aufstellung von Wirtschaftlichkeitsrechnungen doch keinesfalls vernachlässigt werden.

Wurde das Anlagekapital aus Darlehensmitteln aufgebracht, so wird zu den Kapitalkosten häufig noch ein gewisser Prozentsatz für Tilgung, d. h. für Rückzahlung des aufgewendeten Baukapitals zugeschlagen, um das Werk nach einer gewissen Reihe von Jahren schuldenfrei zu machen. Im Grunde genommen ist jedoch die Tilgung der Anleihen (Amortisation, Annuität) eine reine Finanzsache, die bei vergleichenden Wirtschaftlichkeitsrechnungen ganz außer Betracht bleiben sollte.

Bei Wirtschaftlichkeitsrechnungen wird in der Regel mit einer Verzinsung des Anlagekapitals von 4—5% gerechnet, je nach Lage des Geldmarktes. Auch die finanziellen Verhältnisse des Unternehmens sind hier von Einfluß; denn es ist ein Unterschied, ob ein Werk aus eigenen oder fremden Mitteln hergestellt wird. Der Zinsfuß von 4—5% erscheint im Durchschnitt mehrerer Jahre, sachgemäße Geldbeschaffung vorausgesetzt, als durchaus ausreichend. Man könnte sogar den Standpunkt vertreten, daß er zu hoch ist. Da nämlich der Zins vom Anschaffungskapital, d. h. ständig in gleicher Höhe gerechnet wird, während doch in Wirklichkeit das zu verzinsende Kapital von Jahr zu Jahr um den Betrag der Abschreibung abnimmt, so würde eigentlich im Durchschnitt der ganzen Betriebszeit die halbe Verzinsung genügen. Es dürfen eben auch hier, wie bei jeder Wirtschaftlichkeitsrechnung, nicht allein die Verhältnisse eines einzigen Betriebsjahres, mindestens nicht eines solchen mit abnormem Geldstand ins Auge gefaßt werden.

Über die Höhe der Abschreibung gibt es keine bestimmten gesetzlichen Normen. Sie wird verschieden angenommen, je nach den Betriebsverhältnissen und dem persönlichen fachmännischen Urteil des Betriebsleiters, oft auch je nach den Erträgnissen des betreffenden Unternehmens. Die Abschreibung ist jedoch mindestens so hoch zu bemessen, daß dadurch die Wertminderung infolge Abnützung der Anlage gedeckt wird, oder anders ausgedrückt, daß die Anlage nach Ablauf ihrer Lebensdauer bis auf den Altwert abgeschrieben ist. In der Regel wird aber auch auf das Verbesserungs- und Vergrößerungsbedürfnis Rücksicht genommen. Denn gewöhnlich macht nicht die Abnützung, sondern das Vergrößerungs- oder Verbesserungsbedürfnis eine Anlage erneuerungsbedürftig. Der für die Abschreibung bzw. Entwertung angenommene Prozentsatz sollte deshalb um so höher gewählt werden, je mehr mit einer baldigen Veraltung der Maschinen zu rechnen ist, je rascher also die Technik auf dem betreffenden Gebiete fortschreitet. Mit anderen Worten, nicht die Lebensdauer, sondern die Brauchbarkeitsdauer ist für die Höhe der Abschreibung bestimmend. Zu bemerken ist, daß die Abschreibungen, von denen hier die Rede ist, nach ganz anderen Gesichtspunkten zu bemessen sind als diejenigen zum Zwecke der Versicherung gegen Feuersgefahr oder Maschinenbruch; vgl. Abschnitt 115.

Im allgemeinen genügt für den maschinellen Teil bei täglich 10stündigem Betrieb eine Abschreibung von 7—8%, bei Dauerbetrieb eine solche von 10—11%. Für den baulichen Teil ist eine Abschreibung von 2—3%, im Mittel $2^1/_2$%, ausreichend. Bei gemieteten Räumen tritt an die Stelle der Abschreibung der für die Miete zu zahlende Preis. Bei Wasserbauten begnügt man sich gewöhnlich mit nur 1—2%. Bisweilen schreibt man die eigentlichen Wasserbauten überhaupt nicht ab, in der Erwägung, daß deren Erneuerung bei sachgemäßer und guter Ausführung nicht zu gewärtigen ist, sofern für eine ordnungsmäßige Unterhaltung gesorgt wird.

Bei schnellaufenden Maschinen ist die Lebensdauer naturgemäß eine kürzere als bei langsamlaufenden. Es ist deshalb für erstere ein entsprechend höherer Prozentsatz für Abschreibung einzusetzen. Auch solche Maschinen, die in schmutzigen, staubigen Räumen arbeiten müssen, die mangelhaft gewartet oder sehr stark beansprucht werden, bedürfen einer höheren Abschreibung, desgleichen solche, die von Haus aus mangelhaft ausgeführt sind.

Bisweilen bemißt man die Abschreibung verschieden hoch, je nach der Maschinenart. So z. B. werden für Verbrennungskraftmaschinen mit Rücksicht auf die hohen Pressungen und Temperaturen im Arbeitszylinder höhere Abschreibungssätze angenommen, als für Dampfmaschinen[1]). Dies erscheint jedoch heute nicht mehr gerechtfertigt, da die Verbrennungskraftmaschinen, wenigstens in ihren marktgängigen Größen derzeit eine sehr hohe Stufe der Entwicklung erreicht haben und konstruktiv ebenso vollkommen durchgebildet sind wie die Dampfmaschinen. Neuzeitliche Dampfmaschinen mit ihren hohen Dampfspannungen und Überhitzungen und ihren gegenüber früher weit höheren Umlaufzahlen erreichen wohl kaum ein höheres Alter als neuzeitliche Verbrennungskraftmaschinen. Auch für Wasserturbinen kann keine höhere Lebensdauer beansprucht werden, da sie heute ebenfalls bedeutend stärker ausgenützt werden als in früheren Jahren. Selbst für Elektromotoren läßt sich nach den Ausführungen im Abschnitt 25 heute keine höhere Lebensdauer mehr annehmen, als für Wärmekraftmaschinen, es sei denn, daß man die Motoren schwächer belastet, indem man entsprechend größere Modelle aufstellt. Durch dieses Mittel kann die Lebensdauer jeder Art von Kraftmaschinen verlängert werden, freilich auf Kosten der Wirtschaftlichkeit. In letzterer Hinsicht hat allerdings gerade der Elektromotor den Vorzug, daß sich sein Wirkungsgrad und Stromverbrauch bei Teilbelastung nur unwesentlich verschlechtern; vgl. Fig. 21.

Es erscheint deshalb durchaus gerechtfertigt, für sämtliche Arten von Kraftmaschinen ein und dieselbe Abschreibung zugrunde zu legen, da ja in der Regel alle sich stärker abnützenden Teile auswechselbar sind. Den Verschiedenheiten der einzelnen Maschinengattungen hinsichtlich Abnützung und Erneuerungsbedürftigkeit einzelner Teile ist lediglich durch Annahme verschieden hoher Prozentsätze für Instand-

[1]) Vgl. z. B. „Technik und Wirtschaft" 1910, S. 237.

haltung und Reparaturen Rechnung zu tragen. Der Prozentsatz für Instandhaltung und Reparaturen kann auf Grund von Erfahrungen von Fall zu Fall festgestellt werden. Er bewegt sich je nach den verschiedenen Umständen (Fabrikat, System, Bedienung, Betriebsdauer usw.) zwischen etwa $^1/_2$ und 2% des Anschaffungswertes. Werden Verbrennungsmaschinen mit verunreinigten oder stark schwefelhaltigen Brennstoffen betrieben, so ist das Instandhaltungs- und Reparaturenkonto entsprechend höher anzunehmen.

Wenn in den Betriebskostentabellen im Anhang die Gebäude mit $2^1/_2$% abgeschrieben worden sind, so entspricht dies in Wirklichkeit einer wesentlich höheren Abschreibung, da in dem Preis von 80 M/qm Grundfläche der Grund und Boden einbezogen ist. Nimmt man die Kosten des Grund und Bodens zu ein Drittel, diejenigen des Maschinen-

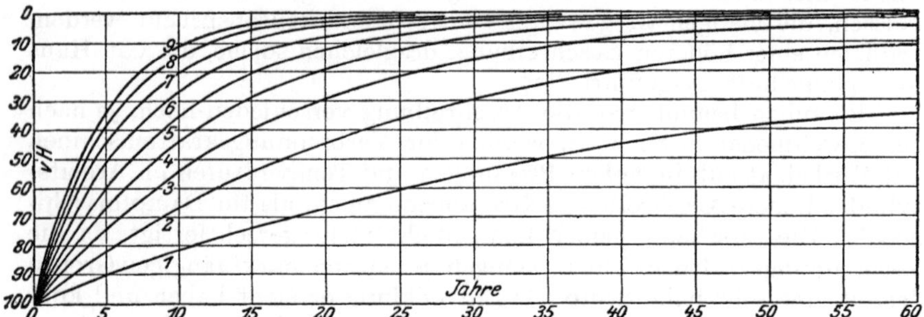

Fig. 22. Saldokurven für Abschreibungen von 2—20% vom Buchwert.

1. Kurve	mit 2%	führt	in 110 Jahren	auf den Altmaterialwert	von	10%
2. ,,	,, 4%	,,	,, 65 ,,	,, ,, ,, ,,	,,	10%
3. ,,	,, 6%	,,	,, 37 ,,	,, ,, ,, ,,	,,	10%
4. ,,	,, 8%	,,	,, 28 ,,	,, ,, ,, ,,	,,	10%
5. ,,	,, 10%	,,	,, 22 ,,	,, ,, ,, ,,	,,	10%
6. ,,	,, 12,5%	,,	,, 18 ,,	,, ,, ,, ,,	,,	10%
7. ,,	,, 15%	,,	,, 14 ,,	,, ,, ,, ,,	,,	10%
8. ,,	,, 17,5%	,,	,, 12 ,,	,, ,, ,, ,,	,,	10%
9. ,,	,, 20%	,,	,, 10,5 ,,	,, ,, ,, ,,	,,	10%

hauses dagegen zu zwei Drittel an, so würde die tatsächliche Abschreibung des Maschinenhauses 3,75% betragen. Der Grund und Boden braucht nicht abgeschrieben zu werden, weil im allgemeinen angenommen werden darf, daß er im Laufe der Zeit an Wert zunimmt.

Die Abschreibung von Maschinenanlagen erfolgt in der Praxis nach drei verschiedenen Methoden:

1. Abschreibung vom Buchwert, auch Saldoabschreibung genannt;
2. Abschreibung vom Neuwert oder Anschaffungswert;
3. Abschreibung nach Maßgabe der erzeugten Waren.

Bei der ersten Methode erfolgt die Abschreibung in Prozenten des jeweiligen Wertes, wie er sich beim letzten Buchabschluß (Inventur oder Bilanz) ergeben hat. In der Folge sei stets angenommen, daß die Abschreibung nach der zweiten Methode stattfindet; die Beträge für Abschreibung sind also in jedem Jahre gleich groß. Nach der ersten Methode müßte man weit höhere Prozentsätze für die Abschreibung annehmen, als vorstehend angegeben, weil hier die Rücklagen in jedem Jahre kleiner werden, ohne daß sie jedoch den Wert Null erreichen. Es fallen infolgedessen bei Methode 1 gerade in den ersten, oft an sich ungünstigen Betriebsjahren die Rücklagen sehr hoch aus, wodurch die Rentabilität der Neuanlage ungünstig beeinflußt wird.

Fig. 22 läßt erkennen, welche Prozentsätze bei Abschreibung vom Buchwert anzunehmen sind, um nach Ablauf einer gewissen Zahl von Jahren den Altmaterialwert von 10% zu erreichen[1]).

Ist eine Maschinenanlage vollständig abgeschrieben und steht sie nur noch mit dem Altmaterialwert oder 1 M. zu Buch, so verringern sich die Betriebskosten um den Betrag der Verzinsung und Abschreibung. Diese Verringerung ist z. B. bei einer Wärmekraftanlage ziemlich erheblich, bei elektromotorischem Betrieb dagegen verhältnismäßig gering, weil beim Anschluß an ein Elektrizitätswerk keine hohen Anschaffungskosten aufzuwenden sind.

Zu den festen Betriebskosten gehören sodann noch Steuern, allgemeine oder öffentliche Abgaben, die Kosten allenfallsiger Revisionen, sowie Versicherungen gegen Feuerschaden, Maschinenbruch und Betriebsverlust. Diese Ausgaben sind gemäß oben meist unerheblich. Die Steuern und Abgaben richten sich nach den gesetzlichen Bestimmungen des betreffenden Landes und sind von dem Gewinn abhängig, den das Unternehmen abwirft. Der für Steuern und Abgaben einzusetzende Betrag ist daher von Fall zu Fall verschieden; es wurde aus diesem Grunde darauf verzichtet, diese Ausgaben in den Betriebskostentabellen im Anhang zu berücksichtigen. Das gleiche gilt bezüglich der Versicherungen. Auch der hierfür einzusetzende Betrag ist verschieden, je nach dem Gefahrenmoment des betreffenden Betriebes. So z. B. ist die Feuerversicherungsprämie bei Verbrennungsmotoren etwas höher als bei Elektromotoren, da bei den ersteren zur Feuersgefahr an sich noch die Explosionsgefahr des Brennstoffes (Benzin, Gasöl usw.) hinzukommt.

Bezüglich der Versicherung gegen Feuerschaden, Maschinenbruch und Betriebsverlust sei auf Abschnitt 115 verwiesen.

48. Beispiele von Betriebskostenberechnungen.

In den Betriebskostentabellen im Anhang sind die Betriebskosten für Leuchtgas-, Benzin-, Naphthalin-, Diesel-, Sauggas-, Elektromotoren, Dampfkraftmaschinen und Windkraftanlagen ohne Reserve berechnet. Die Ergebnisse dieser Berechnungen sind in den Fig. 23—31 bildlich dargestellt. Bei den Verbrennungsmaschinen und Elektromotoren ist die mittlere Belastung für die Motorgrößen von 1—20 PS zu $^2/_3$, für die Maschinengrößen von 30 PS aufwärts zu $^3/_4$ der Dauerleistung angenommen worden. Die jährliche Betriebsdauer wurde zu 200, 500, 1000, 2000 und 3000 sowie 8760 Stunden angenommen. Die Motoren haben zum Teil normale, zum Teil mittelschnelle und hohe Umdrehungszahlen.

[1]) „Technik und Wirtschaft" 1910, S. 235.

Nähere Angaben über die bei Aufstellung der Betriebskostentabellen gemachten Voraussetzungen finden sich außer in den früheren Ab-

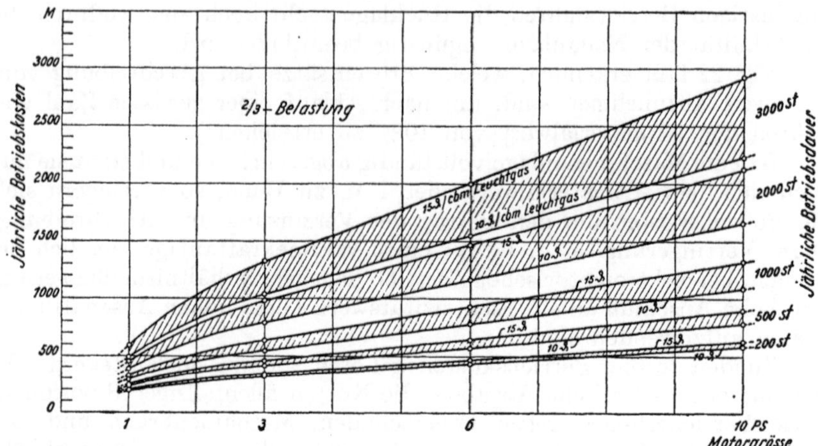

Fig. 23. Jährliche Betriebskosten von normallaufenden Leuchtgasmotoren bei verschiedenen Gaspreisen und Betriebsstunden, unter Zugrundelegung einer durchschnittl. Belastung von $^2/_3$ der Motorgröße bzw. der größten Dauerleistung.

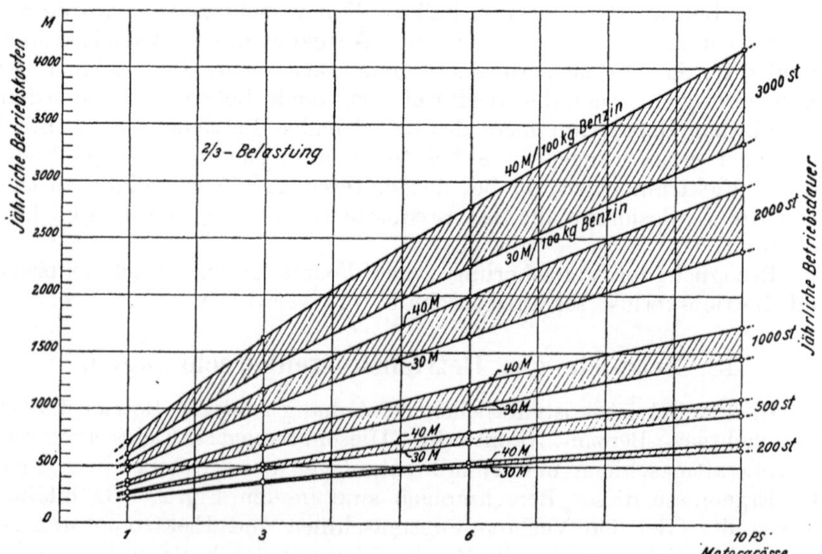

Fig. 24. Jährliche Betriebskosten von normallaufenden Benzinmotoren bei verschiedenen Benzinpreisen u. Betriebsstunden, unter Zugrundelegung einer durchschnittl. Belastung von $^2/_3$ der Motorgröße bzw. der größten Dauerleistung.

schnitten vor allem auch im Abschnitt 50 unter der Überschrift »Wärmekraftmaschine oder Elektromotor«.

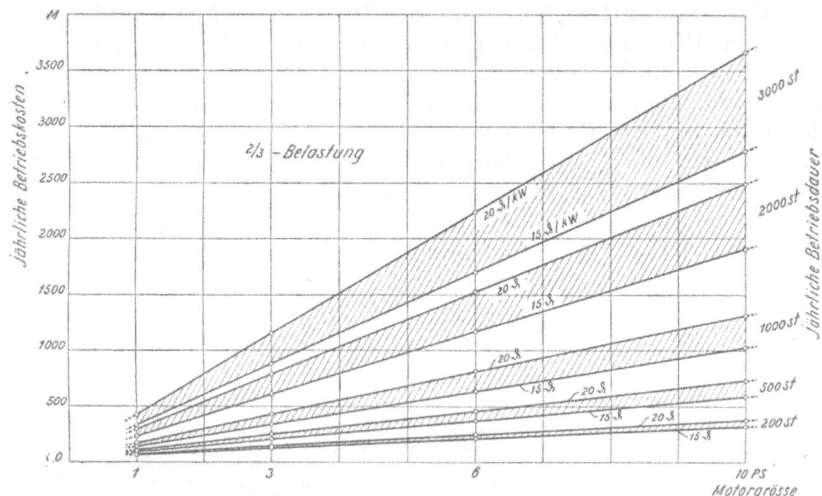

Fig. 25. Jährliche Betriebskosten von normallaufenden Elektromotoren bei verschiedenen Strompreisen u. Betriebsstunden, unter Zugrundelegung einer durchschnittl. Belastung von $^2/_3$ der Motorgröße bzw. der größten Dauerleistung.

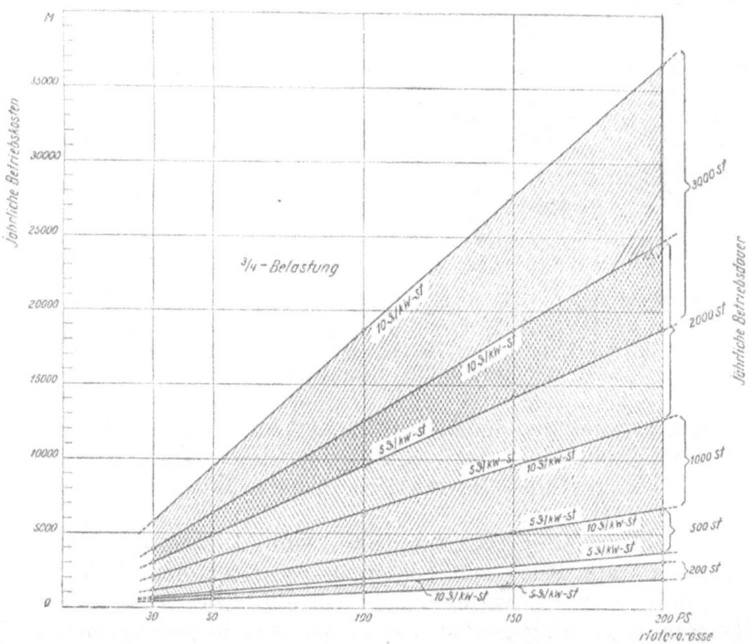

Fig. 26. Jährliche Betriebskosten von normallaufenden Elektromotoren bei verschiedenen Strompreisen u. Betriebsstunden, unter Zugrundelegung einer durchschnittl. Belastung von $^3/_4$ der Motorgröße bzw. der größten Dauerleistung.

Was die mittlere Belastung betrifft, so bedarf es wohl keines besonderen Hinweises, daß der Annahme von $^2/_3$-Belastung bei Kleinmaschinen und $^3/_4$-Belastung bei größeren Maschinen keine allgemeine Gültigkeit zukommt. Es werden in der Praxis Fälle vorkommen, in denen die mittlere Belastung niedriger ist, anderseits aber auch solche, in denen sie höher ist. Wenn auch die mittlere Belastung im ersten Jahre vielleicht nicht $^2/_3$ oder $^3/_4$ der Dauerleistung erreicht, so tritt im allgemeinen schon nach wenigen Jahren der Fall ein, daß die Maschine voll ausgenützt, unter Umständen sogar überlastet ist. Wirtschaftlichkeitsrechnungen sind aber gemäß früher nicht nur für das erste Jahr, sondern für den Durchschnitt der vieljährigen Betriebsdauer der Maschine bestimmt. Weiteres über die mittlere Belastung von Kraftmaschinen findet sich S. 82 ff.

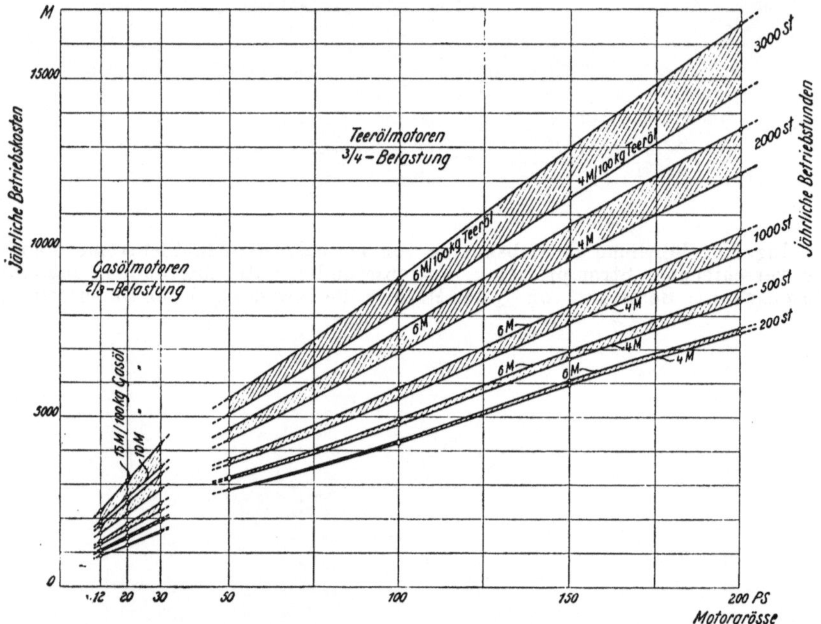

Fig. 27. Jährliche Betriebskosten von normallaufenden Teerölmotoren bei verschiedenen Brennstoffpreisen und Betriebsstunden, unter Zugrundelegung einer durchschnittlichen Belastung von $^3/_4$ der Motorgröße bzw. der größten Dauerleistung.

Bei Leuchtgas-, Benzin-, Naphthalin- und Dieselmaschinen wurde nicht weiter darauf Rücksicht genommen, auf wieviele Tage sich die gesamte jährliche Betriebsstundenzahl verteilt. Bei Sauggas- und bei Dampfkraftanlagen hingegen ist dies in Anbetracht der Verluste in den Betriebspausen von wesentlicher Bedeutung. Um hier den durchschnittlichen Brennstoffverbrauch richtig einschätzen zu können, ist es notwendig, von vornherein eine bestimmte Voraussetzung hinsichtlich der Zahl der Betriebstage zu machen. Es wurde deshalb angenommen, daß die jährliche Betriebsdauer von 200 Stunden dadurch zustande kommt, daß die Kraftmaschine während 50 Tagen durchschnittlich 4 Stunden im Tag arbeitet. Die jährliche Betriebsdauer von 500 Stunden möge sich auf 100 Tage zu je 5 Stunden verteilen. Während der übrigen Tage des Jahres seien die Anlagen ganz außer Betrieb. Bezüglich dieser Annahmen sei bemerkt, daß in der Tat bei Elektrizitätswerken Fälle vorkommen, bei denen zur Deckung des Spitzenbedarfs in den Winter-

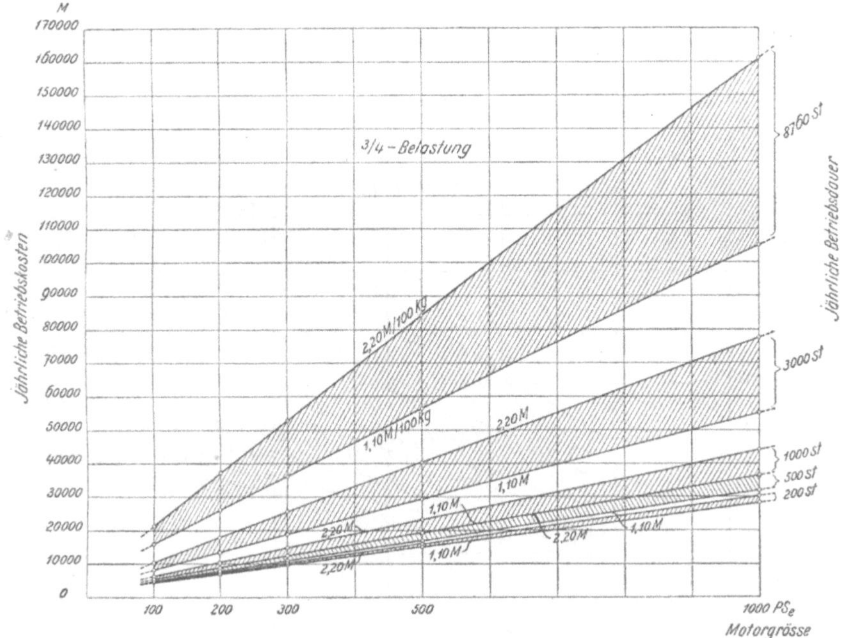

Fig. 28. Jährliche Betriebskosten von Braunkohlenbrikett-Sauggasanlagen bei verschiedenen Brikettpreisen und Betriebsstunden, unter Zugrundelegung einer durchschnittlichen Belastung von $^3/_4$ der Maschinengröße bzw. der größten Dauerleistung.

monaten oder zur Unterstützung des Kraftbedarfs im Herbst (Dreschzeit) die Kraftmaschine jährlich nur 200—500 Stunden im Betrieb ist, wobei die tägliche Betriebszeit etwa 3—6 Stunden beträgt.

Die Betriebsdauer von 1000 Stunden möge in 125 Tage zu je 8 Stunden zerlegt werden, ein Fall, der außer bei Elektrizitätswerken auch bei gewissen Saisongeschäften oder bei Aushilfsmaschinen von Wasserkraftanlagen vorkommt. Bei 2000 und 3000 Stunden jährlicher Betriebsdauer wurden endlich 200 bzw. 300 Tage mit je 10stündigem Betrieb angenommen.

Wie bereits S. 115 erwähnt, sind Steuern, allgemeine oder öffentliche Abgaben sowie Versicherungen in den Betriebskostentabellen unberücksichtigt geblieben, desgleichen die Kosten für Verwaltung. Die für die verschiedenen Maschinengrößen angenommenen Brennstoffverbrauchsziffern sind in den Zahlentafeln 17—27 zusammengestellt.

In den Betriebskostentabellen sind die Zahlen für die Wärmekraftmaschinen keinesfalls zu günstig, sondern eher etwas zu ungünstig gewählt worden, während anderseits für die Elektromotoren eher zu günstige Verhältnisse angenommen worden sind. Dies geht unter anderem auch daraus hervor, daß der für kleine Elektromotoren mit geringer Betriebsdauer angenommene Strompreis ziemlich niedrig ist, da für

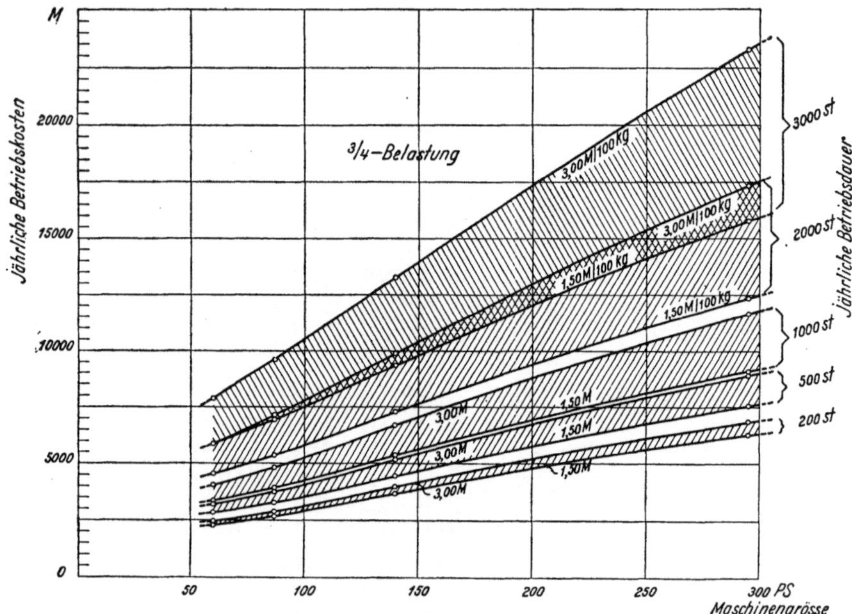

Fig. 29. Jährliche Betriebskosten von Heißdampf-Kondensations-Lokomobilen bei verschiedenen Steinkohlenpreisen und Betriebsstunden, unter Zugrundelegung einer durchschnittlichen Belastung von $^3/_4$ der Maschinengröße bzw. der größten Dauerleistung.

solche seitens der Überlandwerke meistens ein Preis von 25 Pf/kW-st und mehr verlangt wird.

Die in den Tabellen berechneten Betriebskosten haben nur Gültigkeit während der Zeitdauer, während der die Anlage abzuschreiben ist. Wenn eine Anlage z. B. nach 12 Jahren vollständig abgeschrieben ist, d. h. nur noch mit dem Altmaterialwert oder 1 M. zu Buche steht, so verringern sich die Betriebskosten gemäß S. 115 um den Betrag der Verzinsung und Abschreibung. Diese Verringerung fällt bei Wärmekraftanlagen wesentlich höher aus als bei Elektromotoren, bei denen die Betriebskosten vorwiegend durch die gleichbleibenden Stromkosten bestimmt sind.

Bemerkt sei, daß in Wirtschaftlichkeitsrechnungen manche Posten mehr oder weniger unsicher sind und sich größtenteils weder durch mathematische, noch durch sonstige Gesetze von allgemeiner Gültigkeit zum Ausdruck bringen lassen. Die Endergebnisse von Wirtschaftlichkeitsrechnungen werden deshalb ganz verschieden ausfallen, je nach den im einzelnen Fall angenommenen und verallgemeinerten Verhältnissen und je nachdem, bewußt oder unbewußt, mehr auf die Interessen der einen oder anderen Partei Rücksicht genommen wird. Bei dieser

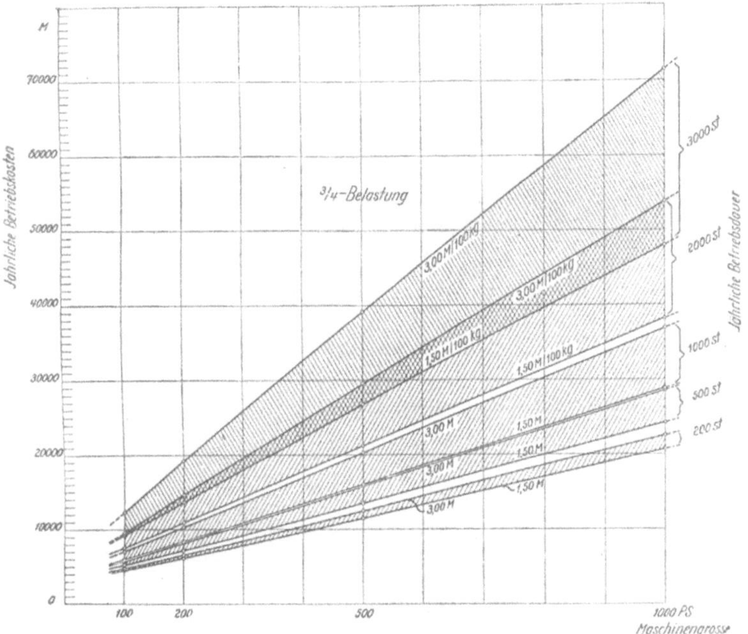

Fig. 30. Jährliche Betriebskosten von Kondensations-Dampfmaschinen-Anlagen bei verschiedenen Steinkohlenpreisen und Betriebsstunden, unter Zugrundelegung einer durchschnittlichen Belastung von $^3/_4$ der Maschinengröße bzw. der größten Dauerleistung.

Gelegenheit sei auch darauf hingewiesen, daß meine Betriebskostenberechnungen in der Literatur verschiedentlich angegriffen worden sind. Die Beanstandungen richteten sich vor allem gegen die von mir angenommenen Verbrauchsziffern sowie dagegen, daß ich die Bequemlichkeit und Sicherheit des elektrischen Betriebes nicht genügend gewürdigt hätte. Wenngleich diese Angriffe von interessierter Seite herrühren, so glaube ich doch auch hier feststellen zu sollen, daß sie in jeder Hinsicht ungerechtfertigt sind. Die angestellten Wirtschaftlichkeitsrechnungen sind für durchschnittliche Verhältnisse bestimmt. Daß sie nicht für jeden einzelnen Fall richtig sein können, ist selbstverständlich. Bezüglich der Verbrauchsziffern kann ich mich auf die vorstehenden Ausführungen sowie auf diejenigen im Abschnitt 44 beziehen. Über die Betriebssicherheit findet sich alles Nähere im Abschnitt 59. Was die Bequemlichkeit des elektromotorischen Betriebes betrifft, so wurde diese in üblicher Weise zahlenmäßig berücksichtigt; sie kommt in der Höhe der für die Bedienung eingesetzten Kosten zum Ausdruck. Bezüglich der letzteren verweise ich auf die Ausführungen in den Abschnitten 45 und 50 (S. 107 und 145). Unter den von mir gemachten Voraussetzungen sind die für die Bedienung eingesetzten Beträge durchaus angemessen und praktischen Verhältnissen entsprechend.

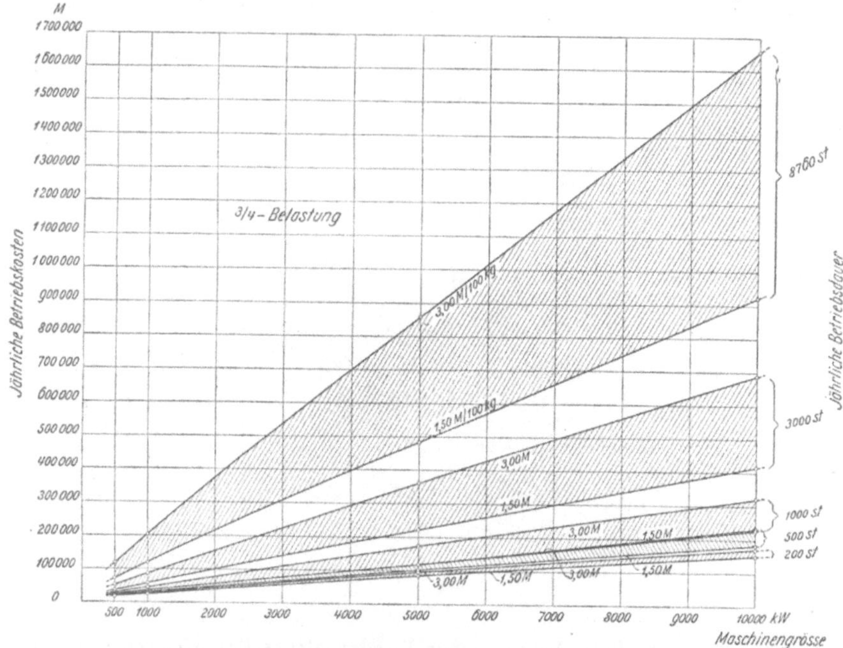

Fig. 31. Jährliche Betriebskosten von Turbo-Dynamo-Anlagen bei verschiedenen Steinkohlenpreisen und Betriebsstunden, unter Zugrundelegung einer durchschnittlichen Belastung von $^3/_4$ der Maschinengröße bzw. der größten Dauerleistung.

Zwar hätte ich aus meiner eigenen langjährigen Tätigkeit als Berater von Privaten und Behörden eine große Zahl der verschiedensten Einzelbeispiele herausgreifen und durchrechnen können. Ich habe dies aber unterlassen, da ich es für viel richtiger halte, aus den zahlreichen möglichen Einzelfällen die Schlußfolgerungen zu ziehen und dem Leser in großen Zügen die Gesichtspunkte vorzuführen, die bei Fragen wirtschaftlicher Natur zu beachten sind; vgl. die Abschnitte 50 und folgende. Aus diesen Gründen habe ich die Betriebskostenberechnungen für durchschnittliche Verhältnisse zugeschnitten, um ihnen so eine über den Rahmen des Einzelfalles hinausgehende Bedeutung zu sichern.

Da die Betriebskostentabellen für alle Strom- und Brennstoffpreise innerhalb der angenommenen Grenzen gültig sind, so kann man aus ihnen ermitteln, wie viel im einzelnen Fall die kW-st kosten darf, damit der elektrische Betrieb nicht teurer kommt als der mit eigenen Wärmekraftmaschinen. Man kann sich hierzu aber auch der Fig. 23—31 bedienen. Ergeben sich z. B. aus Fig. 27 die jährlichen Betriebskosten eines 50pferdigen Teeröl-Dieselmotors bei 3000 Betriebsstunden und einem Preis von 6 M. für 100 kg Teeröl zu rd. 5550 M., so findet sich durch Eintragung dieses Wertes in Fig. 26 der entsprechende Strompreis zu rd. 5,8 Pf/kW-st. Will man den Strompreis nur angenähert bestimmen, so kann man auch so verfahren, daß man die für den Dieselmotor ermittelten Kosten der PS_e-st von 4,9 Pf. mit dem spezifischen Stromverbrauch eines gleich großen Elektromotors dividiert. Da gemäß S. 106 der Stromverbrauch eines 50pferdigen Elektromotors 0,815 kW für 1 PS_e beträgt, so berechnet sich der entsprechende Strompreis zu rd. 6 Pf/kW-st. Bei dieser Berechnungsweise ergibt sich der gerade noch wettbewerbsfähige Strompreis etwas höher, weil hierbei die sonstigen Betriebskosten des Elektromotors vernachlässigt sind. Bemerkt sei, daß sowohl hier als auch bei dem vorerwähnten genauen Verfahren der Spannungsverlust in den Zuleitungen zum Motor unberücksichtigt blieb.

Vierter Teil.

Wahl der Betriebskraft.

49. Einleitung.

Ehe zur Wahl einer Kraftmaschine geschritten wird, muß festgestellt werden, ob im gegebenen Falle der Kraftmaschinenbetrieb auch wirtschaftliche Vorteile bietet, und wie groß der mittlere und der höchste Kraftbedarf sowie die jährliche Betriebsdauer sind. Für Betriebe mit verhältnismäßig großem Kraftbedarf ergibt sich die Notwendigkeit und die wirtschaftliche Überlegenheit des maschinellen Antriebes von selbst. Für Kleinbetriebe hingegen kann die Frage, ob der Antrieb durch eine Kraftmaschine von Vorteil ist, nicht immer kurzerhand beantwortet werden, da hier außer der Größe, dem Umfang des Betriebes und der allgemeinen Geschäftslage auch die örtlichen Verhältnisse, wie Löhne, Arbeiterverhältnisse usw. in Betracht zu ziehen sind. Es kann hier unter Umständen der Handbetrieb an sich zweckmäßiger sein. Trotzdem entscheiden auch hier die sonstigen Vorzüge des Maschinenantriebs meist zu dessen Gunsten.

Ist die Bedürfnisfrage gelöst, so handelt es sich um die Frage der anzuwendenden Maschinenart. Diese ist in der Regel weit schwieriger zu beantworten als die erstere, da die Verhältnisse selten so einfach liegen, daß nur eine einzige Lösung, wie z. B. bei Vorhandensein einer günstigen Wasserkraft, in Betracht zu ziehen wäre. Meist ist man vor die Notwendigkeit gestellt, diejenige Kraftmaschine auszuwählen, die unter Berücksichtigung der örtlichen und der besonderen betrieblichen Verhältnisse die geringsten Betriebskosten ergibt, wobei gleichzeitig die Art und Größe des Wärmebedarfs zu berücksichtigen ist. Bei den vielen Arten von Kraftmaschinen, die uns heute zur Verfügung stehen, bei der großen Zahl gleichzeitig auftretender, sich gegenseitig beeinflussender Gesichtspunkte und bei der Unsicherheit gewisser Posten in wirtschaftlichen Vergleichsrechnungen ist die Wahl der zweckmäßigsten Betriebskraft selbst für den Fachmann nicht immer eine leichte Aufgabe, zumal sich bei der immer mehr fortschreitenden Syndizierung der Brennstoffgewinnung die Wärmepreise und damit auch die Wettbewerbsbedingungen der einzelnen Kraftmaschinen ständig verschieben.

Wenn sonach die Wahl einer Betriebskraft hauptsächlich auf Grund wirtschaftlicher Erwägungen geschieht, so sind doch nicht selten auch andere Gesichtspunkte ausschlaggebend, wie vor allem die Betriebssicherheit, ferner die Einfachheit der Anlage, der Raumbedarf, die Überlastungs- und Regulierfähigkeit, die mehr oder weniger rasche

Betriebsbereitschaft, die Geräuschlosigkeit oder Ruhe des Ganges, die Reinlichkeit des Betriebes, die Frage der Rauch- und Rußbelästigung, die leichte Transportfähigkeit, die Brennstoff- und Wasserfrage, die Genehmigungspflicht und allenfallsige gesetzliche Beschränkungen usw. Auch die Kapitalbeschaffung spielt vielfach eine wichtige Rolle. Bezüglich dieser Verhältnisse sei auf die folgenden Abschnitte, insbesondere Abschnitt 51, 52, 58 und 59 verwiesen.

Bei der Wahl einer Kraftanlage können außerdem auch Rücksichten auf die Interessen der Landesverteidigung mitsprechen. Die Erfahrungen des Weltkriegs haben gelehrt, daß es für Länder von der geographischen Lage Deutschlands wichtig ist, ihre Brennstoffe möglichst wirtschaftlich auszunützen und die darin enthaltenen wertvollen Bestandteile zu gewinnen, sei es durch Aufstellung von Kraftanlagen mit Nebenproduktengewinnung (Abschnitt 15) oder durch stärkere Verwendung von Koks in Generatoranlagen und Kesselfeuerungen[1]). Auf die hohe Bedeutung der in der Rohkohle enthaltenen und bei ihrer Verkokung gewinnbaren Bestandteile wurde bereits S. 38 hingewiesen.

Der Einfluß, den die Art der Kraftübertragung auf die Wahl der Betriebskraft hat, wird in Abschnitt 50 unter »Wärmekraftmaschine oder Elektromotor« sowie in Abschnitt 57 besprochen.

50. Wahl der Betriebskraft auf Grund wirtschaftlicher Gesichtspunkte[2]).

Allgemeines.

Die Punkte, die auf die Wahl der Betriebskraft von maßgebendem Einfluß sind, lassen sich, wie bereits erwähnt, größtenteils weder durch mathematische noch durch sonstige Gesetze von allgemeiner Gültigkeit zum Ausdruck bringen. Schon hier sei darauf hingewiesen, daß bei Wahl einer Betriebskraft vielfach der Fehler gemacht wird, daß den Versuchs- und Garantiezahlen eine übertriebene Bedeutung beigelegt wird; vgl. Abschnitt 112. Für den Besteller handelt es sich weniger um einseitige Wertzahlen und Paradeziffern, als vor allem um ein gutes wirtschaftliches Gesamtergebnis im wirklichen Betrieb.

Um verschiedene Maschinenarten hinsichtlich ihrer Betriebskosten miteinander vergleichen zu können, ist es vor allem nötig, sich ein möglichst einwandfreies Bild von dem Verlauf des Kraft- und Wärmebedarfs während eines Betriebsjahres zu verschaffen; vgl. die Ausführungen S. 81. Hierbei ist naturgemäß auch auf die voraussichtliche Zunahme des Kraft- und Wärmeverbrauchs infolge künftiger Betriebserweiterungen Rücksicht zu nehmen.

Besonders wirtschaftlich gestaltet sich der Betrieb von Kraftanlagen, die mit einer Wärmeversorgung verbunden werden können.

1) Vgl. Z. d. V. d. I. 1915, S. 445.

2) Die nachfolgenden Ausführungen entstammen im wesentlichen meiner Arbeit „Die Wahl einer Betriebskraft“, Z. d. V. d. I. 1912, S. 1610ff.

Durch möglichst weitgehende Verwendung von Maschinenabwärme zu Heizzwecken läßt sich der Gesamtbrennstoffbedarf für Kraft und Heizung wesentlich vermindern. Bei Dampfanlagen bedingt die Abwärmeverwertung auch noch insofern Ersparnisse, als die Kapitalkosten der Kesselanlage und die Heizerkosten nur zum Teil dem Konto der Krafterzeugung zuzurechnen sind. Von ausschlaggebendem Einfluß auf die Wahl der Betriebskraft ist deshalb stets der Umstand, ob es sich um reinen Kraftbetrieb oder um einen Betrieb mit gemischtem Energiebedarf handelt. Der letztere Fall liegt vor bei Brauereien, Zuckerfabriken, chemischen Fabriken, Brikettfabriken, Papierfabriken, Webereien, Färbereien, Wäschereien, Badeanstalten usw. In allen diesen Betrieben wird außer Kraft auch eine größere Menge Wärme zum Heizen, Kochen, Trocknen sowie zum Erwärmen von Luft und Wasser benötigt. Daneben kommen noch die sog. Heizungskraftwerke in Betracht. Hierher gehört vor allem die Vereinigung von Licht-Elektrizitätswerken und Fernheizwerken oder Fernwarmwasserversorgungen; vgl. S. 37.

In den vorstehend erwähnten Betrieben handelt es sich um die Ausnützung der Abwärme der Krafterzeugung. Es kommen nun umgekehrt auch Fälle vor, wo Abwärmemengen aus der Fabrikation, z. B. die Abgase von Glühöfen, Schweißöfen, Koksöfen, Schmelzöfen u. dgl., zur Dampferzeugung für Kraftzwecke ausgenutzt werden können. Auf diese Fälle braucht in diesem Zusammenhang nicht besonders eingegangen zu werden, da hier eben an die Stelle eines besonderen Brennstoffes kostenlose Abwärme tritt. Hier wird der zweckmäßig gebaute Dampfkessel einfach in den Abgasweg so eingeschaltet, daß seine Heizkanäle die Fortsetzung des Abgaskanals bilden.

Für reinen Kraftbetrieb ist diejenige Kraftmaschine die wirtschaftlichste, die unter Berücksichtigung sämtlicher Aufwendungen die PS_e-st am billigsten liefert. Für Betriebe mit gemischtem Energiebedarf hingegen ist diejenige Anlage die zweckmäßigste, welche die Gesamtenergie, Kraft und Wärme, am wohlfeilsten erzeugt. Ergibt sich für zwei Anlagen die gleiche Wirtschaftlichkeit, so empfiehlt sich die Wahl der in der Anschaffung billigeren Anlage. Denn es ist ein allgemeiner finanztechnischer Grundsatz, mit den geringsten Anlagekosten dieselbe Wirtschaftlichkeit zu erzielen.

Durch die Anwendung hochgespannten Heißdampfes sowie durch die Einführung der Sauggas- und Dieselmaschinen ist der früher so bedeutende wirtschaftliche Vorsprung des zentralisierten Großbetriebes erheblich geringer geworden. Schon Kraftanlagen mittleren, ja selbst kleineren Umfanges ermöglichen heute einen einfachen und billigen Betrieb.

Reine Kraftbetriebe.

Wird eine Wärmekraftanlage gut ausgenützt, so entfällt gemäß früher meistens der Hauptteil der Betriebskosten auf die Brennstoffausgaben, zumal bei großen Leistungen und hohen Brennstoffpreisen. Den geringsten Wärmeverbrauch und die beste Wärmeausnützung weisen Hochdruckölmaschinen, insbesondere Dieselmaschinen auf, die schlechteste Wärmeausnützung hingegen Dampfkraftanlagen. Etwa ebenso billig wie Dieselmaschinen arbeiten Sauggasanlagen. Ihre Bedeutung und Anwendung ist jedoch seit der allgemeineren Einführung der Dieselmaschinen wesentlich zurückgegangen, was zum Teil auf die auf S. 26 erwähnten Umstände zurückzuführen ist. Sauggasanlagen empfehlen sich im allgemeinen dort, wo billige Brennstoffe zur Verfügung stehen, wie z. B. Koks-, Anthrazit- und Holzkohlenabfälle. Auch wo

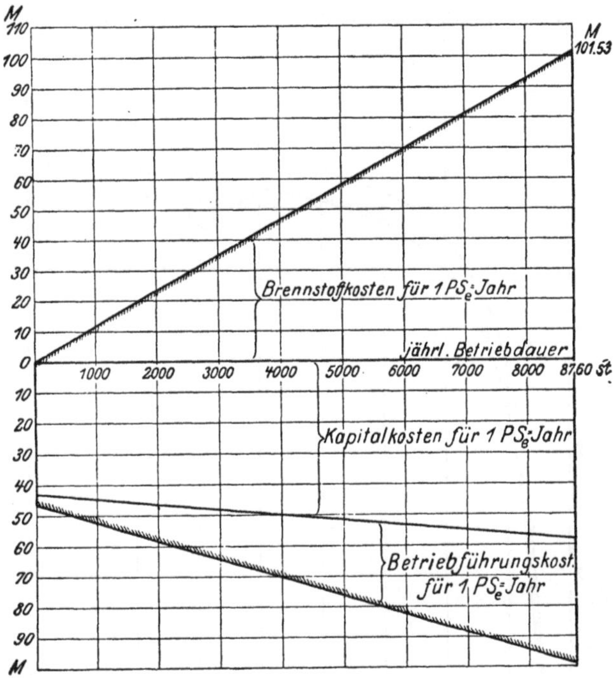

Fig. 32. Kosten des PS_e-Jahres für einen durchschnittlich $^3/_4$ belasteten 200pferdigen Teeröl-Dieselmotor, ausschließlich Wasserkosten, in Abhängigkeit von der jährlichen Betriebsdauer, bei einem Preis des Teeröles von 4,50 M. für 100 kg (Zahlentafel 59).

billige Braunkohlenbriketts, billiger Torf oder Koks vorhanden sind, kann die Sauggasanlage hinsichtlich der Brennstoffkosten mit dem Teeröl-Dieselmotor erfolgreich in Wettbewerb treten. Dabei hat die Sauggasanlage noch den Vorzug, daß sie bei entsprechender Bemessung der Generatoranlage gleichzeitig Heizgas, z. B. zum Betrieb einer Lötanlage, zum Betrieb von Härteöfen, Trockenöfen, zum Erwärmen von Radbandagen u. dgl., sowie allenfalls zum Betrieb einer Fernheizung liefern kann; denn Generatorgas läßt sich auf größere Entfernungen bequemer und billiger fortleiten als Dampf.

Man kann heute sagen, daß in den meisten Gegenden Deutschlands in Fällen, in denen es sich um reine Krafterzeugung handelt, die Dieselmaschinen in bezug auf die Brennstoffkosten unsere wirtschaftlichsten Kraftmaschinen sind, sofern für größere Einheiten Steinkohlenteeröl oder allenfalls der im Preise noch billigere Steinkohlenteer oder Gasölteer verwendet wird. Mit Steinkohlenteer und Gasölteer liegen bereits im praktischen Dauerbetrieb ausgeführte Versuche vor, die meines Wissens ganz günstige Ergebnisse geliefert haben. Dieselmaschinen unter etwa 50—100 PS (je nach dem Ausnützungsfaktor) werden für gewöhnlich

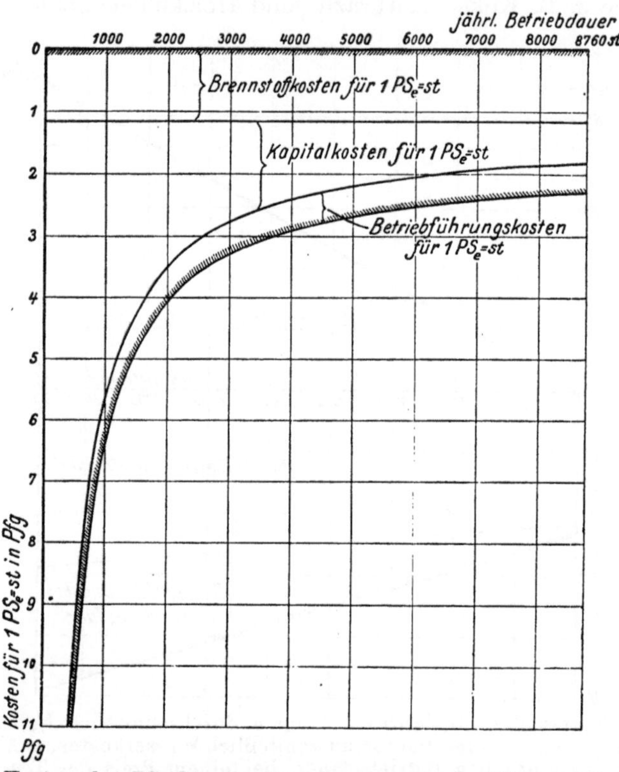

Fig. 33. Kosten der PS_e-Stunde für einen durchschnittlich 3/4 belasteten 200pferdigen Teeröl-Dieselmotor, ausschließlich Wasserkosten, in Abhängigkeit von der jährlichen Betriebsdauer, bei einem Preis des Teeröles von 4,50 M. für 100 kg (Zahlentafel 59).

besser mit Gasöl betrieben. Der Teerölbetrieb ist hierfür zurzeit weniger zu empfehlen, weil hierbei die Motoranlage doch etwas komplizierter und empfindlicher wird, und weil bei kleineren Motoren der Anteil der Brennstoffausgaben an den gesamten Betriebskosten an sich ein geringerer ist, so daß hier schon aus diesem Grunde die Annehmlichkeiten des reinen Gasölbetriebes zu dessen Gunsten sprechen. Das Teeröl fängt vielfach schon bei Temperaturen von etwa $+5°$ C an, zu stocken, d. h. dickflüssig zu werden, und verlangt deshalb bei niedrigen Temperaturen besondere Anwärmvorrichtungen. Es hat sodann noch die unangenehme Eigenschaft, daß es infolge seines Schwefelgehaltes die meisten Metalle angreift, und endlich verschmutzt der Motor bei Betrieb mit Teeröl immerhin leichter als mit Gasöl. Aus allen diesen Gründen empfiehlt sich die Verwendung von Teeröl nur für größere Motoren. Für diese aber bedeutet das Teeröl ein Betriebsmittel, das für die Zukunft der deutschen Kraftwirtschaft von größter Bedeutung ist.

Aus vorstehenden Darlegungen darf nicht etwa gefolgert werden, daß diejenige Maschine, die die geringsten Brennstoffkosten verursacht, auch immer die wirtschaftlichste ist, da die übrigen Kosten, nämlich die Kapitalkosten und die Betriebsführungskosten, das ganze Bild wieder

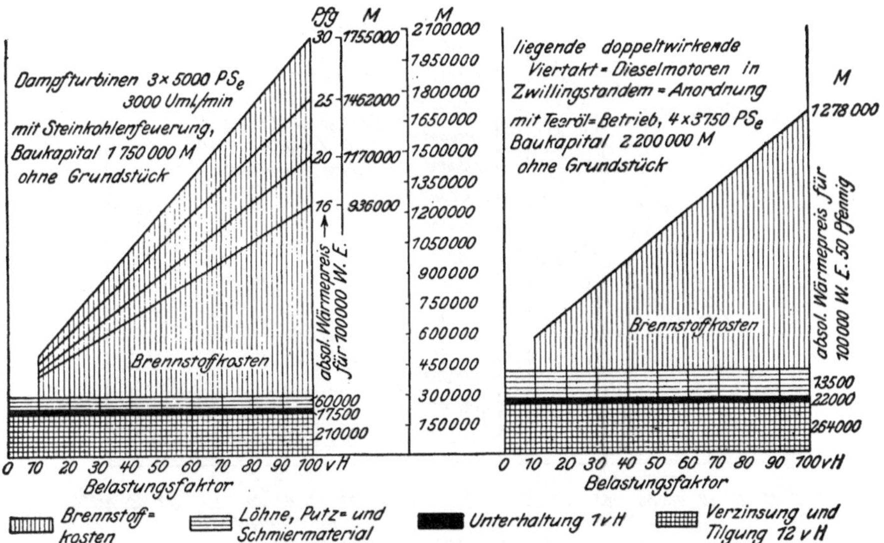

Fig. 34 und 35. Gesamte jährliche Betriebskosten eines Elektrizitätswerkes von 15000 PS_e = 10000 kW Gesamtleistung bei Betrieb mit Dampfturbinen und Dieselmotoren.

verschieben können. Dies tritt gemäß Fig. 32 und 33 besonders dann ein, wenn der Ausnützungsfaktor der betreffenden Anlage gering ist, sei es, daß die Maschine nur schwach belastet ist, oder daß es sich um kurze Betriebszeiten, wie bei Spitzenkraftwerken, oder um Reserveanlagen handelt. In diesem Falle spielen die Brennstoffkosten oder überhaupt die direkten Betriebskosten gewöhnlich keine so entscheidende Rolle wie die Kapitalkosten. Wenn beispielsweise ein großes Elektrizitätswerk die Wahl hat zwischen Dieselmaschinen und den in der Anschaffung meist wesentlich billigeren Dampfturbinen, so werden bei niedrigem Ausnützungsfaktor die geringeren Kapitalkosten der Dampfturbinen die Entscheidung zu deren Gunsten herbeiführen, insbesondere wenn die örtlichen Brennstoffpreise niedrig sind. Dagegen werden bei hohem Ausnützungsfaktor und hohem örtlichen Wärmepreis die geringeren Brennstoffkosten des Dieselmotorenbetriebes die Entscheidung zugunsten des letzteren beeinflussen; vgl. Fig. 34 und 35. Ähnlich liegen die Verhältnisse, wenn es sich um die Wahl zwischen Dampfturbinen und Großgasmaschinen handelt; vgl. die Fig. 36—39.

Während im allgemeinen für große Elektrizitätswerke Dampfturbinen wirtschaftlicher sind als Ölmaschinen, gebührt bei kleinen Gleichstrom-Elektrizitätswerken den letzteren der Vorzug. Ölmaschinen haben im Gegensatz zu Dampfturbinen auch in kleinen Ausführungen denselben guten Wirkungsgrad aufzuweisen wie in großen und lassen

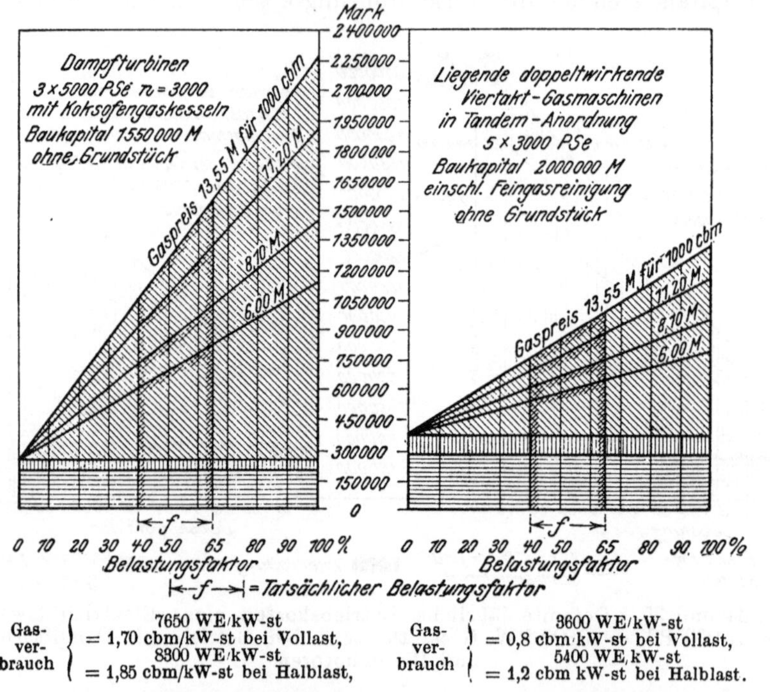

Fig. 36 und 37. Gesamte jährliche Betriebskosten einer Hüttenwerkszentrale bei Betrieb mit Koksofengas von 4500 WE Heizwert.

Bedeutung der schraffierten Flächen wie in Fig. 38 und 39.

sich unmittelbar mit den Gleichstrommaschinen kuppeln, während die Umlaufzahlen von Dampfturbinen viel zu hoch sind, um bei unmittelbarer Kupplung mit Gleichstrommaschinen einen zufriedenstellenden Betrieb zu ergeben.

Daß eine Dampfanlage dort zu bevorzugen ist, wo Betriebsabfälle, wie Hobel- und Sägespäne, Stroh, Lohe usw., gegebenenfalls mit Kohlen vermischt, verfeuert werden können, sowie dort, wo die Einrichtung einer Müllverbrennung geplant ist, sei nur nebenbei erwähnt.

Im Falle der Wahl einer Dampfanlage sind im allgemeinen für kleine Leistungen die Lokomobile, für mittlere Leistungen diese oder die ortsfeste Kolbendampfmaschine und für große Leistungen, schon aus rein betriebstechnischen Gründen, in erster Linie die Dampfturbine zu empfehlen, und zwar letztere vor allem dort, wo es sich um den direkten Antrieb raschlaufender Maschinen handelt. Speziell die Heißdampflokomobile hat es heute zu einem so hohen Grad technischer und thermischer Vollkommenheit gebracht, daß sie in bezug auf Wirtschaftlichkeit sogar an Großbetriebe heranreicht.

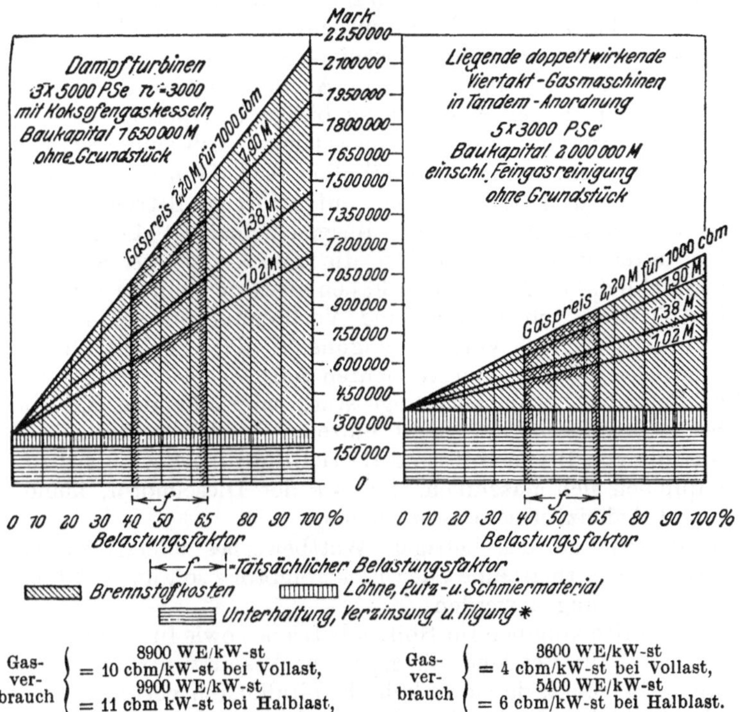

Fig. 38 und 39. Gesamte jährliche Betriebskosten einer Hüttenwerkszentrale bei Betrieb mit Hochofengas von 900 WE Heizwert.

(* 12% für die Dampfturbinenanlage, 14% für die Gasmaschinenanlage. Kosten für Verwaltung, Grundstücke, Grobgasreinigung und Wasserversorgung sind nicht berücksichtigt.)

Bei Verbrennungsmaschinen wird man sich für kleinere Anlagen in der Regel zwischen Leuchtgas-, Benzol- oder Naphthalinmotoren zu entscheiden haben. Für mittlere und größere Anlagen hingegen sind Dieselmaschinen, unter Umständen Großgasmaschinenanlagen zu bevorzugen. Insbesondere die Dieselmaschinen entwickeln sich in raschem Tempo auch zu Großkraftmaschinen. Ob allerdings bei den immerhin beschränkten Vorräten an Teeröl, die uns zur Verfügung stehen, die Groß-Dieselmaschinen gute Aussichten für die Zukunft haben, erscheint fraglich. Es ist jedenfalls zweckmäßiger, die Vorteile des Teerölbetriebes den kleineren und mittleren Maschinen zugute kommen zu lassen. Für größere Leistungen ist in der Dampfkraftmaschine, vor allem der Dampfturbine, bereits eine sehr wirtschaftlich arbeitende Kraftmaschine vorhanden, wie die Betriebskostenberechnungen im Anhang deutlich erkennen lassen.

Um die Vorteile des Dampf- und Verbrennungsmaschinenbetriebes miteinander zu vereinigen, kann sich unter Umständen für größere Werke eine kombinierte Kraftanlage als zweckmäßig erweisen, wobei der gleichbleibende Teil der Belastung auf Verbrennungsmaschinen, der veränderliche dagegen auf Dampfmaschinen, insbesondere Turbinen, übertragen wird. Da die während weniger Stunden im Tag auftretenden Spitzen der Belastung einem kleinen Ausnützungsfaktor entsprechen, so ist hierfür die in der Anschaffung billige Dampfanlage wirtschaftlicher als die Verbrennungsmaschinenanlage. Verbrennungsmaschinen, z. B. Dieselmotoren, kommen gewöhnlich bloß dann für eine nur zeitweise Benützung in Betracht, wenn auf sofortige Betriebsbereitschaft besonderer Wert gelegt wird. Im übrigen jedoch ist die Dampfkraftmaschine unter den Eigenanlagen die zweckmäßigste Spitzen- und Reservemaschine. In den meisten Fällen allerdings dürfte auf die durch eine Kombination von Dampf- und Verbrennungsmaschinen erreichbaren wirtschaftlichen Vorteile zugunsten der Einheitlichkeit und Einfachheit des Betriebes zu verzichten sein.

Für Betriebe, bei denen infolge stark schwankenden Kraftbedarfs zeitweise, z. B. während der Nacht, einzelne Maschinensätze zum Zweck der Ersparnis von Brennstoff- und Betriebsführungskosten stillzusetzen sind, empfehlen sich Maschinen, die, wie der Dieselmotor, keine Stillstands- und Anheizverluste verursachen.

Auf die infolge des heftigen Wettbewerbes lebhaft umstrittene Frage »Wärmekraftmaschine oder Elektromotor« soll im nachfolgenden besonders eingegangen werden.

Wasserkräfte kommen für Spitzenbetriebe sowie für Reservezwecke, oder überhaupt für Betriebe mit geringem Ausnützungsfaktor, gewöhnlich nicht in Betracht, da sie zu hohe Kapitalkosten verursachen. Fälle, wie z. B. das Adamello-Kraftwerk (vgl. S. 50) bilden eine Ausnahme.

Kraftbetriebe mit Abwärmeverwertung.

Vorausgeschickt sei, daß das Verhältnis zwischen Kraft- und Wärmebedarf wechselt, je nach Art des Betriebes; es ist sogar oft für gleichartige Betriebe, je nach der Anordnung der Gebäude und je nach den betreffenden Einrichtungen, ganz verschieden. Es muß deshalb von Fall zu Fall untersucht werden, ob die durch die Abwärmeverwertung bedingte Brennstoffersparnis im richtigen Verhältnis zu der Zunahme der Kapitalkosten steht.

Während bei ausschließlicher Krafterzeugung die Verbrennungsmaschine, wenigstens auf dem Gebiet der kleineren Leistungen, im allgemeinen wirtschaftlicher arbeitet als die Dampfmaschine, stellt sich für Betriebe, die außer Kraft auch eine größere Menge Wärme zu Heiz- und

Fabrikationszwecken benötigen, die Dampfkraftmaschine als die einfachste und wirtschaftlichste Betriebskraft dar. Die Dampfanlage hat, ganz abgesehen von ihren meist geringeren Anschaffungskosten, den grundsätzlichen Vorteil, daß für sie jeder Brennstoff verwendbar ist. Man kann hier jeweils den im Wärmepreis ortsbilligsten Brennstoff auswählen, was bei Verbrennungsmaschinen bekanntlich nicht möglich ist. Dabei hat die Dampfanlage noch den Vorzug, daß sich die Anforderungen hinsichtlich des Wärmebedarfs ganz unabhängig vom Betrieb der Kraftmaschine befriedigen lassen. Beispielsweise kann man der Dampfkraftmaschine, im Gegensatz zur Verbrennungsmaschine, durch Zwischendampfentnahme in weiten Grenzen unabhängig von der Belastung Wärme entziehen. Ist eine Dampfkraftmaschine außer Betrieb, so kann eine direkte Wärmeentnahme aus dem Kessel stattfinden. Bei Verbrennungsmaschinen hingegen läßt sich eine direkte Wärmeentnahme (in Form von Heizgas) nur dort vorsehen, wo eine eigene Gaserzeugungsanlage vorhanden ist.

Wenn es sich einrichten läßt, wird man allerdings die direkte Wärmeentnahme aus dem Dampfkessel oder Generator zu vermeiden suchen, indem man Kraft- und Wärmebedarf zeitlich möglichst zusammenlegt, oder, wenn dies nicht möglich ist, entsprechend bemessene Wärme- oder Kraftspeicher vorsieht; vgl. S. 280. Es wäre z. B. bei Dampfkraftanlagen höchst unwirtschaftlich, wenn zu gewissen Zeiten der Abdampf unausgenützt entweichen würde, während er zu anderen Zeiten fehlt und durch Frischdampf ersetzt werden muß; vgl. Abschnitt 14 sowie S. 276.

Der Umstand, daß bei Dampfmaschinen die Brennstoffwärme zur Krafterzeugung schlechter ausgenutzt wird als bei Verbrennungsmaschinen, hat zur Folge, daß bei Dampfmaschinen weit mehr Abwärme zur Verfügung steht, als bei Verbrennungsmaschinen; vgl. Fig. 12. Ein ungefähres Bild von der Menge der verfügbaren Abwärme bekommt man, wenn man von den Wärmeverbrauchszahlen der einzelnen Kraftmaschinen den Wärmewert, der 1 PS-st entspricht, 632,3 WE, abzieht. Man erkennt alsdann, daß die verfügbare Abwärme bei der Dampfmaschine weitaus am größten, bei der Dieselmaschine hingegen am kleinsten ist. Dazu kommt noch, daß sich bei Dampfmaschinen die Abwärme bequemer und billiger ausnützen läßt, als bei Verbrennungsmaschinen; bei Dampfmaschinen steht nämlich die Abwärme in der äußerst bequemen Form von Dampf zur Verfügung, bei Verbrennungsmaschinen hingegen teils in Form von erwärmtem Kühlwasser, teils in Form von heißen, verunreinigten Auspuffgasen. Letztere haben ein großes Volumen bei verhältnismäßig sehr geringem Wärmeinhalt. Da das Wärmeübertragungsvermögen von Gasen im Gegensatz zu kondensierendem Wasserdampf ein sehr geringes ist, so sind zur Ausnützung der Abgaswärme verhältnismäßig große Heizflächen nötig.

Das Kühlwasser verläßt bei größeren Verbrennungsmaschinen den Zylinder mit Temperaturen von etwa 40° C, bei kleineren mit etwa 50° C. Wasser von so niedriger Temperatur ist nur selten verwendbar.

Bei Dieselmotoren, bei denen Vorzündungen nicht zu befürchten sind, kann man mit der Ablauftemperatur wesentlich höher gehen. Man läßt das Kühlwasser kleinerer Dieselmotoren, schon mit Rücksicht auf möglichst geringen Wasserverbrauch, mit Temperaturen von 70—80° C ablaufen, vorausgesetzt, daß das Wasser nicht reich an Kesselsteinbildnern ist. Wasser von dieser hohen Temperatur läßt sich bereits für verschiedene gewerbliche Zwecke ausnutzen. Bei ganz großen Dieselmotoren geht man allerdings mit der Ablauftemperatur auch nicht über 40—50° C, um Wärmeverzerrungen der Zylinder zu vermeiden. Wo das Kühlwasser in die städtische Kanalisation abfließt, darf man unter Umständen nicht über 35° C gehen.

Die Auspuffgase verlassen den Motor gemäß Abschnitt 14 bei voller Belastung mit Temperaturen von 400—600° C. Damit kann man ohne Schwierigkeit Dampf, selbst hoch überhitzten, erzeugen. Je vollkommener sich der Verbrennungsvorgang im Arbeitszylinder abspielt, desto niedriger ist die Expansions-Endspannung, desto niedriger mithin auch die Temperatur der Auspuffgase. Damit hängt es zusammen, daß die Auspuffgase von Dieselmaschinen eine wesentlich niedrigere Temperatur besitzen als diejenigen von Gasmaschinen. Die Auspuffgase werden am besten zur Heißwasser- oder Dampferzeugung ausgenützt. Der hierzu nötige Abwärmeverwerter erfordert verhältnismäßig wenig Platz und hat als angenehme Eigenschaft eine stark schalldämpfende Wirkung, was in erster Linie mit der durch die Abkühlung verursachten Volumenverminderung der Abgase zusammenhängt. Den auf solche Weise erzeugten Dampf oder das Warmwasser kann man zu Heizzwecken ausnützen, insbesondere den Dampf auch zur Herstellung destillierten Wassers für chemische Zwecke oder zum Füllen von Akkumulatorenbatterien verwenden. Hierbei wird zweckmäßig das den Motor verlassende Kühlwasser weiter erwärmt. Verläßt das Kühlwasser den Motor mit 50° C, so ist man in der Lage, es bis auf 70—75° C zu erhitzen. Soll nur ein Teil des Ablaufwassers verwendet werden, so lassen sich auch höhere Temperaturen erreichen. Wo der Abwärmeverwerter als Vorwärmer (Ekonomiser) ausgebildet wird, in dem das Wasser unter Kesseldruck steht, kann man Wassertemperaturen über 100° C erzielen. Je höhere Wassertemperaturen allerdings zu erzeugen sind, desto weniger tief lassen sich bei einer bestimmten Heizfläche des Verwerters die Auspuffgase herunterkühlen, mit Rücksicht auf das abnehmende Temperaturgefälle zwischen den Gasen und dem Wasser.

Die Zahlentafeln 28 und 29 enthalten Wärmebilanzen für zwei Dampf- und zwei Verbrennungsmaschinen, wobei jeweils eine mittlere Maschinengröße von 200 PS_e zugrunde gelegt wurde. Die einzelnen Zahlen sind unter der Voraussetzung angenommen, daß sich die Maschinenanlagen in tadellosem Zustand befinden, und daß sie sachgemäß und aufmerksam bedient werden. Treffen diese Voraussetzungen nicht zu, werden vielmehr die Maschinen freiwillig oder unfreiwillig mit schlechtem Wirkungsgrad betrieben, so wächst ihr Wärmeverbrauch, und es ergibt sich eine entsprechend größere Abwärmemenge. Kann diese nutzbringend verwendet werden, so spielt der erhöhte Brennstoffverbrauch keine Rolle. Nur bei Dampfkraftanlagen ist ein durch schlechte Feuerbedienung entstehender größerer Kesselverlust nicht mehr zurückzugewinnen.

Bei Verbrennungsmaschinen ist gemäß Abschnitt 43 der Wärmeverbrauch für die PS_e-st nur wenig von der Maschinengröße abhängig. Bei Dampfmaschinen hingegen, wenigstens bei ortsfesten, wächst der Wärmeverbrauch von etwa 200 PS abwärts meist verhältnismäßig stark, weshalb hier kleinere Leistungseinheiten entsprechend größere Abwärmemengen für die PS_e-st ergeben; vgl. Fig. 9 und 12.

Zahlentafel 28.

Wärmebilanz einer Dampfkraftanlage von rd. 200 PS_e.

Von der zugeführten Wärme entfallen auf:	Heißdampf-Auspuffmaschine		Heißdampf-Kondensationsmaschine	
	WE	%	WE	%
Verluste in Kesselanlage und Leitung	1750	25	1250	25
In Nutzarbeit umgesetzte Wärme . .	632	9	632	12,6
Maschinenverluste durch Reibung, Strahlung und Leitung	168	2,4	168	3,4
Wärmeinhalt des Abdampfs	4450	63,6	2950	59
Wärmeverbrauch für 1 PS_e-st	7000	100	5000	100

Zahlentafel 29.

Wärmebilanz einer Verbrennungsmaschinenanlage von rd. 200 PS_e.

Von der zugeführten Wärme entfallen auf:	Gasmaschine		Dieselmaschine	
	WE	%	WE	%
In Nutzarbeit umgesetzte Wärme . .	632	27,5	632	34,2
Verluste durch Reibung und Strahlung (einschl. Luftpumpenarbeit) .	160	7	200	10,8
Ins Kühlwasser übergeführte Wärme	800	34,8	500	27
Aus den Abgasen verwertbare Wärme[1].	500	21,7	320	17,3
Verlorene Abgaswärme (in und hinter Verwerter).	208	9	198	10,7
Wärmeverbrauch für 1 PS_e-st	2300	100	1850	100

Aus den Zahlentafeln 28 und 29 ergibt sich, daß bei Kondensations-Dampfmaschinen der angenommenen Größe etwa 3000 WE, bei Auspuffmaschinen etwa 4500 WE/PS_e-st aus dem Abdampf gewonnen werden können. Demgegenüber lassen sich bei Verbrennungsmaschinen

[1]) Hierbei ist angenommen, daß die Temperatur der Abgase hinter dem Verwerter unter Berücksichtigung der in diesem stattfindenden Wärmeverluste noch rd. 150° C beträgt.

nur etwa 300—500 WE/PS_e-st, d. i. etwa der zehnte Teil aus den Abgasen nutzbar machen. Berücksichtigt man bei Verbrennungsmaschinen noch die Kühlwasserwärme, so bleibt die größte erreichbare Brennstoffausnutzung für Kraft- und Wärmeerzeugung zusammengenommen nicht hinter der bei Dampfmaschinen zurück. Bei voller Verwertung der an das Kühlwasser abgegebenen Wärme beträgt die Gesamtwärmeausnutzung bei der Gasmaschine 84% und bei der Dieselmaschine 78,5%, gegenüber 72,6% bei der Auspuffdampfmaschine und 71,6% bei der Kondensationsmaschine.

Nun läßt sich allerdings in der Praxis meist nur ein Teil der vom Kühlwasser aufgenommenen Wärme ausnutzen. Nimmt man gemäß Zahlentafel 29 an, daß bei Gasmaschinen rd. 800 WE/PS_e-st ins Kühlwasser übergehen, so ergibt sich der Verbrauch an Kühlwasser bei 10° C Zufluß- und 50° C Abflußtemperatur zu 20 ltr/PS_e-st. Beträgt die aus den Abgasen verwertbare Wärme rd. 500 WE, so ergeben sich bei Weitererwärmung des Kühlwassers die aus Zahlentafel 30 ersichtlichen Verhältnisse.

Zahlentafel 30.
Wärmeausnutzung bei Gasmaschinen.

	Weitererwärmung des Kühlwassers von 50° C auf					
	Wasser von				Dampf von 12 at	
	75°	100°	125°	150°	gesätt.	300°
Von dem abfließenden Kühlwasser lassen sich verwenden . . . . ltr	20	10	6,7	5	0,81	0,74
Desgl. in Proz. . . . . . . %	100	50	33	25	4	3,7
Gesamtwärmeausnutzung[1]). %	84	67	61	58	51	50

Bei Dieselmotoren, bei denen gemäß oben eine höhere Kühlwasser-Ablauftemperatur als 50° C zugelassen werden kann, läßt sich ein entsprechend größerer Teil der Kühlwasserwärme ausnutzen. Nimmt man auf Grund von Zahlentafel 29 an, daß bei Dieselmotoren 500 WE ins Kühlwasser übergehen, und daß 320 WE aus den Abgasen gewonnen werden können, so würde sich bei 10° Zufluß- und 70° Abflußtemperatur ein Kühlwasserbedarf von 8,3 ltr/PS_e-st ergeben. Diese Wassermenge läßt sich durch die Abgase bis auf 108° C erwärmen, entsprechend einer Gesamtwärmeausnutzung von 78,5%. Läuft hingegen das Kühlwasser, wie z. B. bei größeren Gasmaschinen oder bei Ableitung in die städtische Kanalisation, mit weniger als 50° ab, und ist noch dazu die Zulauftemperatur höher als 10°, so braucht man entsprechend mehr Kühlwasser und kann infolgedessen einen geringeren Teil seiner Wärme zur Heißwasser- oder Dampferzeugung nutzbar machen. Die erreichbare

[1]) Hierbei wurde nicht weiter berücksichtigt, daß sich die Auspuffgase gewöhnlich um so weniger weit herunterkühlen lassen, je höher die gewünschte Wassertemperatur ist.

Wärmeausnutzung ist alsdann geringer als in Zahlentafel 30 angegeben.

Wird bei großer Härte des Kühlwassers eine Rückkühlanlage aufgestellt, um dasselbe Wasser wieder verwenden zu können, so muß auf die Ausnützung der Kühlwasserwärme unter Umständen überhaupt verzichtet werden. Die Gesamtwärmeausnützung würde in diesem Fall auf rd. 49% heruntergehen.

Gemäß Zahlentafel 30 kann man bei Verbrennungsmaschinen durch gleichzeitige Ausnützung der Abgas- und Kühlwasserwärme zum Zwecke der Heißwassererzeugung Gesamtwirkungsgrade von etwa 58—84%, zum Zwecke der Dampferzeugung hingegen nur solche von etwa 50% erzielen. Diese Ausnützungsziffern sind jedoch praktisch nur dort möglich, wo das Wasser zu Gebrauchs- oder Fabrikationszwecken oder zum Speisen von Hochdruckdampfkesseln verwandt werden kann, nicht aber dort, wo es ausschließlich zu Heizzwecken dienen soll. Denn bei dieser Verwendungsart ist man gewöhnlich nicht in der Lage, das Wasser bis auf die Zulauftemperatur zum Motor abzukühlen. Dieser Fall wäre nur dann möglich, wenn das aus der Heizung abfließende Wasser immer wieder dem Motor zugeführt werden würde. Tritt z. B. das Wasser mit 40° aus dem letzten Heizkörper aus — eine weitergehende Abkühlung würde zu große Heizflächen erfordern — und erwärmt es sich beim Durchfließen der Kühlräume des Motors auf 70°, so kann es durch die Auspuffgase weiter bis auf etwa 89° erwärmt werden. Bei einer derartigen Arbeitsweise ließe sich jedoch nur dann ein dauernder Gleichgewichtszustand aufrecht erhalten, wenn das Kraft- und Heizbedürfnis unverändert dasselbe bliebe, was in Wirklichkeit nie zutrifft. Speziell bei Niederdruckdampfheizungen, wo das Kondensat unmittelbar wieder in den Kessel zurückfließt, muß an sich auf die Ausnützung der Kühlwasserwärme verzichtet werden. Sodann ist es bei größeren Dieselmotoren nicht möglich, mit dem Rücklaufwasser aus einer Warmwasserheizung zu kühlen, da hierbei die Eintrittstemperatur des Wassers mit Rücksicht auf eine wirksame Kühlung des Kompressors zu hoch würde. Man muß hier notgedrungen mit Frischwasser kühlen. Man kommt infolgedessen bei Verbrennungsmaschinen mit der Gesamtwärmeausnützung gewöhnlich nicht über 50—60% hinaus. Demgegenüber kann man bei Dampfanlagen unter Umständen bis zu 80% der Brennstoffwärme nutzbar machen.

In den Zahlentafeln 28—30 ist volle Belastung der Maschinen vorausgesetzt. Bei nur teilweiser Belastung ist der Brennstoffverbrauch für 1 PS_e-st größer, weshalb in diesem Falle verhältnismäßig mehr Abwärme gewonnen werden kann. Im ganzen genommen ist jedoch die Abwärmemenge kleiner; sie sinkt etwa proportional der indizierten Leistung. Nur bei Gasmaschinen mit Qualitätsregulierung tritt es, schlechte Einstellung vorausgesetzt, leicht ein, daß bei geringer Belastung und im Leerlauf die Temperatur der Abgase infolge schleichender Verbrennung größer ist, als bei vollbelasteter Maschine, so daß hier die in den Auspuffgasen enthaltene Wärmemenge bei Teilbelastung und im

Leerlauf im ganzen genommen annähernd ebenso groß sein kann, wie bei vollbelasteter Maschine.

Bei Verbrennungsmaschinen mit Gaserzeugungsanlage ist der Wärmeverbrauch um den Betrag der Generatorverluste größer, ohne daß jedoch mehr Abwärme zur Verfügung steht. Die Gesamtwärmeausnützung ist deshalb hier entsprechend schlechter. Sie würde in dem Beispiel der Zahlentafel 29, volle Verwertung der Kühlwasserwärme vorausgesetzt, auf etwa 64% heruntergehen, ohne Verwertung der Kühlwasserwärme auf etwa 38%. Wenn es sich allerdings darum handeln würde, die Generatorverluste zu verringern, so wäre dies, rein technisch betrachtet, möglich. Die Verluste bestehen nämlich vorwiegend in der Wärmeausstrahlung des Generators und in der nutzlosen Abkühlung des erzeugten Gases im Naßreiniger. Der Strahlungsverlust läßt sich sehr weit herabmindern, wenn man den Generator mit einem Wassermantel umgibt und das in diesem erwärmte Wasser anderweitig ausnützt. Ein solcher Wassermantel kommt allerdings höchstens für große Generatoren in Betracht. Bei kleinen Generatoren würde die vom Wassermantel ausgehende Abkühlung die Temperatur der Feuerzone zu weit herunterdrücken und somit die Bildung schlechten Gases zur Folge haben. Auch die im Gas enthaltene Wärme läßt sich zur Erzeugung warmen Wassers oder Dampfes nutzbar machen. Man könnte so den Wirkungsgrad der Generatoranlage im äußersten Falle bis auf etwa 95% hinaufbringen. Der Rest entfiele alsdann auf Rost- und Flugstaubverluste, die beim Beschicken und Stochern entstehenden Gasverluste sowie auf einige noch immer vorhandene Verluste durch Wärmeausstrahlung.

Für gewöhnlich kann man annehmen, daß sich bei normal belasteten Gasmaschinen etwa 500 WE/PS_e-st aus den Abgasen gewinnen lassen. Um keine zu große Heizfläche für den Abgasverwerter zu bekommen, wird man sich unter Umständen mit 300—400 WE begnügen. Bei Dieselmaschinen kommt man bei normaler Belastung gewöhnlich nicht über etwa 300 WE hinaus, es sei denn, daß man die Auspuffgase durch Anordnung entsprechend großer Heizflächen tiefer als 150° C abkühlt. Letzteres ist aber aus zwei Gründen nicht zu empfehlen, erstens wegen der höheren Anschaffungskosten des Verwerters und zweitens mit Rücksicht darauf, daß bei zu weitgehender Abkühlung der Gase durch ihren Schwefelgehalt bedingte chemische Angriffe eintreten, die eine entsprechend raschere Zerstörung des Abgasverwerters zur Folge haben, insbesondere wenn dieser aus Schmiedeisen besteht.

Die Zahlentafeln 31 und 32 geben eine Vorstellung von den jährlichen Brennstoffersparnissen, die sich bei einer 200- und einer 2000pferdigen Gasmaschine durch Aufstellung eines Abwärmeverwerters erzielen lassen. Die Zahlentafeln sind unter Zugrundelegung von zwei verschiedenen Brennstoffpreisen und Betriebsstundenziffern unter der Voraussetzung durchgerechnet, daß nur die in den Auspuffgasen enthaltene Wärme ausgenützt wird. Und zwar wurde für 1 PS_e-st eine ausnützbare Wärmemenge von 400 WE angenommen. Die Anschaffungskosten der

Verwerter samt Zubehör wurden zu rd. 2000 bzw. 7000 M. angenommen und die Belastung der Maschinen zu jeweils $^3/_4$ ihrer Normalleistung. Bemerkt sei, daß diese Preise niedrig gegriffen sind; in Wirklichkeit werden die Anschaffungskosten der Verwerter meist höher sein.

Wenn als ausnützbare Abwärme nur der Betrag von 400 WE eingesetzt wurde, so ist dies verhältnismäßig wenig, in Anbetracht dessen, daß die Maschinen nicht voll belastet sind. In Wirklichkeit lassen sich deshalb noch größere Ersparnisse erzielen, als in Zahlentafeln 31 und 32 angegeben, zumal gewöhnlich, insbesondere bei Großgasmaschinen, der Wärmeverbrauch bei Vollbelastung rd. 2500 WE/PS_e-st beträgt, so daß sich entsprechend mehr Abwärme als in Zahlentafel 29 ergibt. Großgasmaschinen haben um deswillen einen etwas größeren Wärmeverbrauch als erstklassige einfachwirkende Viertaktmaschinen, weil sie mit kleinerer Kompression arbeiten, und weil die verschiedenen Zylinderseiten meist nicht alle gleich günstig eingestellt sind. Es ergibt sich deshalb bei Großgasmaschinen entsprechend mehr Abwärme, zumal hier noch hinzukommt, daß die gekühlten Oberflächen mit der Größe der Maschine verhältnismäßig abnehmen und damit die in das Kühlwasser übergeführten Wärmemengen kleiner werden.

Die Betriebskosten der Abgasverwerter bestehen nur in ihrer Verzinsung, Abschreibung und Instandhaltung, da so gut wie keine Bedienung erforderlich ist. Auch Verzinsung, Abschreibung und Instandhaltung brauchen unter Umständen nicht gerechnet zu werden, nämlich dann, wenn durch Aufstellung eines Abgasverwerters die Kosten für eine besondere Wärmeerzeugungsanlage gespart werden können.

Von der Kühlwasserwärme ist in den Zahlentafeln 31 und 32 abgesehen, da diese an sich immer zur Verfügung steht. Die direkte Ausnützung des heißen, mit 40—80° C abfließenden, etwa 500 bis 800 WE/PS_e-st enthaltenden Kühlwassers von Verbrennungsmaschinen ist immer kostenlos und deshalb überall zu empfehlen, wo dieses heiße Wasser zu Fabrikations-, Reinigungs-, Badezwecken u. dgl. verwendet werden kann. Zur indirekten Ausnützung sowie zur Rückkühlung dieses Kühlwassers können in altbekannter Weise Heizkörper, wenigstens im Winter, und Gradierwerke (im Sommer) benützt werden. Den auf

Zahlentafel 31.
Abgasverwertung bei einer Gasmaschine von 200 PS_e, $^3/_4$-Belastung.

Wert von 10000 WE in Form von Heißwasser oder Dampf	2,5 Pf.		5 Pf.	
Jährliche Betriebsdauer . . . . . st	3000	8760	3000	8760
Wert der Abwärme . . . . M.	450	1314	900	2628
20 % Abschreibung, Verzinsung und Reparaturen . . . . M.	400	400	400	400
Jährliche Ersparnis durch Abwärmeverwertung . . . . M.	50	914	500	2228

Zahlentafel 32.

Abgasverwertung bei einer Gasmaschine von 2000 PS_e, $^3/_4$-Belastung.

Wert von 10000 WE in Form von Heißwasser oder Dampf	2,5 Pf.		5 Pf.	
Jährliche Betriebsdauer . . . . . st	3000	8760	3000	8760
Wert der Abwärme . . . . M.	4500	13140	9000	26280
20 % Abschreibung, Verzinsung und Reparaturen . . . . . . M.	1400	1400	1400	1400
Jährliche Ersparnis durch Abwärmeverwertung . . . . M.	3100	11740	7600	24880

diese Weise erreichbaren Wärme- und Wasserersparnissen stehen als Ausgaben die auf den Betrieb der Heiz- und Rückkühleinrichtung entfallenden indirekten und direkten Kosten gegenüber. In den Zahlentafeln 31 und 32 wird von diesen beiden Verwendungsmöglichkeiten des Kühlwassers abgesehen.

Aus den Zahlentafeln 31 und 32 ergibt sich, daß die durch Aufstellung eines Abhitzeverwerters erreichbaren Ersparnisse je nach Maschinengröße, Betriebsdauer, und je nach den Brennstoffpreisen unter Umständen schon weit vor Ablauf eines Jahres die Anschaffungskosten des Verwerters wieder einbringen. Bezieht man die Ersparnisse auf die gesamten jährlichen Betriebskosten der Kraftanlage, so würde die durch Verwertung der Abhitze erreichbare Ersparnis bei der 200pferdigen Maschine etwa $^1/_3$—$5^1/_2$%, bei der 2000pferdigen Maschine etwa 3—$8^1/_2$% von den gesamten Kraftkosten ausmachen. Hierbei beziehen sich die kleineren Zahlen auf Tagesbetrieb und niederen Brennstoffpreis, die größeren auf Dauerbetrieb und hohen Brennstoffpreis. Daraus folgt, daß es bei kleinen Leistungseinheiten im allgemeinen nicht zweckmäßig erscheint, die Abgaswärme von Verbrennungsmaschinen auszunützen, weil im Vergleich zu Dampfmaschinen immerhin nur wenig Abwärme zur Verfügung steht, weil fernerhin die Heizkörper zur Ausnützung der Auspuffgase für kleine Leistungen verhältnismäßig teuer ausfallen und mit Rücksicht auf den chemischen Angriff der Auspuffgase hoch abzuschreiben sind, und weil insbesondere bei Fabrik- und Bureauheizungen die Abwärme nicht während des ganzen Jahres, sondern nur rd. 5 Monate ausgenützt werden kann. Da zudem der Motorenbetrieb erst morgens um 7 oder 8 Uhr beginnt, steht erst von dieser Zeit an Abwärme zur Verfügung. Man müßte deshalb zur Aufheizung der Bureau- und Fabrikräume eine besondere Heizanlage aufstellen, die vor Beginn des Motorenbetriebes, oder überhaupt in Betriebspausen, die Wärme zu liefern hat. Diese Heizanlage erfordert zu ihrem Betrieb Kohlen, und zwar ist gerade morgens zum Aufheizen kalter Räume der Hauptwärmeaufwand erforderlich. Außerdem wird bei einer solchen, nur in den Morgenstunden betriebenen Heizanlage ein erheblicher

Brennstoff-Abbrand eintreten. Aus alledem geht hervor, daß die Abgasverwertung bei kleinen Motoren, insbesondere bei Dieselmotoren, wenig oder gar keine wirtschaftlichen Vorteile bietet, es sei denn, daß es sich um Betriebe handelt, die ohne Nachtpause 24 Stunden durcharbeiten und die Abwärme ständig auszunützen in der Lage sind. Bei dieser Sachlage ist es klar, daß die Abwärmeverwertung für andere Motoren, wie Leuchtgas-, Benzinmotoren usw. nicht in Frage kommt, obgleich diese Motoren gemäß Zahlentafel 15 mehr Abwärme für 1 PS_e-st liefern.

Günstiger liegen die Verhältnisse für mittlere und große Leistungen. Insbesondere in den Großgasmaschinen-Zentralen, die auf Hüttenwerken und Zechen anzutreffen sind, wendet man die Abgasverwertung mit Vorteil an. Hier liegen die Verhältnisse insofern günstiger, als es sich um ganz bedeutende Abwärmemengen handelt, die schon des öfteren mit bestem Erfolg zur Dampferzeugung ausgenützt worden sind. Zudem herrscht hier in der Regel Dauerbetrieb, und endlich ist in Hüttenwerken und Zechen immer, und nicht nur im Winter, wie bei Heizanlagen, Bedarf an heißem Wasser oder Dampf. Für Großgasmaschinen-Zentralen wird sich deshalb die Abwärmeverwertung voraussichtlich ein weites Feld erobern, und es ist anzunehmen, daß der Abwärmeverwerter in Zukunft ein normales Zubehör der Großgasmaschine bilden wird, ähnlich wie der Rauchgasvorwärmer für Dampfanlagen. Wird die Abwärme für Kraftzwecke ausgenützt, so kann man für 1 PS_e-st etwa $^1/_6 - ^1/_8$ PS_e oder rd. 15% der Gasmaschinenleistung gewinnen. Hierbei ist angenommen, daß für 1 PS_e-st aus der Gasmaschinenabwärme 500 WE in Form von hochgespanntem Heißdampf nutzbar gemacht werden, und daß der Wärmeverbrauch der Dampfkraftmaschine 3000 bis 4000 WE/PS_e-st beträgt.

Bemerkt sei, daß sich die Abwärmeverwertung auch für kleinere Verbrennungsmaschinen als wirtschaftlich erweist, wenn Bedarf nach destilliertem Wasser vorliegt. Destilliertes Wasser ist nämlich ein verhältnismäßig wertvolles Produkt. Auch dort erweist sich die Abwärmeverwertung als wirtschaftlich, wo es sich nur darum handelt, einen Teil der Abwärme auszunützen; in diesem Falle fällt der Verwerter verhältnismäßig billig aus. Wenn man aber die Abgaswärme für Heizzwecke ausnützen und bis auf etwa 150° C alle Wärme aus den Abgasen herausholen will, so ergeben sich teure Verwerter. Alsdann rentiert sich die Abwärmeverwertung gemäß oben nur für größere Verbrennungsmaschinen.

Aus vorstehenden Darlegungen ergibt sich, daß für Betriebe mit großem Wärmebedarf in der Regel die Dampfanlage vorzuziehen ist. Wo hingegen der Wärmebedarf im Verhältnis zum Kraftbedarf nur gering ist, verdient gegebenenfalls die Verbrennungsmaschinenanlage den Vorzug. Unter Umständen kann sich auch eine kombinierte Anlage empfehlen, bei der die Verbrennungsmaschine in der Hauptsache Kraft, die Dampfmaschine hingegen Kraft und Wärme zu liefern hat, wobei letztere gerade nur so stark belastet ist, daß ihr gesamter Abdampf ausgenützt werden kann. Da insbesondere Kolbendampfmaschinen im Hochdruckgebiet günstiger arbeiten als Dampfturbinen, so sind Kolbenmaschinen für solche Anlagen vorzuziehen, bei denen es sich darum handelt, mit einer gewissen Dampfmenge die größtmögliche Leistung zu erzielen. Wo jedoch der Abdampfbedarf groß ist, oder wo die gesamte Abwärme verwendet werden kann, ist die Turbine der Kolbenmaschine schon deswegen überlegen, weil ihr Abdampf ölfrei ist.

Im vorstehenden war vornehmlich davon die Rede, daß die Abwärmeverwertung eine bessere Wärmeausnützung, d. h. eine Verminderung der gesamten Brennstoffausgaben bedingt. Die Abwärmeverwertung ergibt aber häufig auch eine Verringerung der Kapitalkosten, wenn die Anschaffung besonderer Heizkessel wegfällt und die Aufstellung einfacher und billiger Maschinen mit hohem Wärmeverbrauch möglich ist. Unter Umständen sind infolge Wegfalls besonderer Heizkessel auch die Kosten für Bedienung niedriger.

Wärmekraftmaschine oder Elektromotor?

Elektromotoren kommen, ebenso wie Verbrennungsmaschinen, hauptsächlich für solche Betriebe in Betracht, in denen es sich um ausschließliche Krafterzeugung handelt. Der Elektromotor tritt deshalb am häufigsten mit Verbrennungsmaschinen in Wettbewerb, insbesondere in kleineren gewerblichen und landwirtschaftlichen Betrieben. Es sei daher im nachfolgenden zunächst nur von Verbrennungsmaschinen die Rede.

Infolge der großen Anstrengungen, die seitens der Vertreter von Verbrennungsmaschinen und Elektromotoren gemacht werden, um die gewerblichen und kleinindustriellen Betriebe für sich zu gewinnen, wird die Frage »Wärme- oder Elektromotor« sehr lebhaft besprochen. Die schon seit Jahren zwischen den beiden Interessentengruppen herrschende Kampfstimmung hat sich in dem Erscheinen einer Reihe von Werbeschriften und Aufsätzen geäußert, die diese Frage mehr oder weniger einseitig zugunsten der einen oder anderen Motorart zu entscheiden suchen. Bei näherem Zusehen zeigt sich, daß der Grund für das Auseinandergehen der Anschauungen im wesentlichen darin zu suchen ist, daß von beiden Seiten verschiedene Betriebsstundenzahlen angenommen werden, von den Elektrikern vorwiegend kleine, von den andern hingegen vornehmlich große. Von Einfluß auf die Wahl des Motors ist aber in der Hauptsache die jährliche Betriebsdauer.

Schon vorweg sei bemerkt, daß die Frage »Wärmekraftmaschine oder Elektromotor« häufig mit einer anderen Streitfrage »Transmissions- oder elektrischer Antrieb« verquickt wird. Es wird darauf hingewiesen, daß bei mechanischer Übertragung der Kraft erhebliche Verluste durch Riemen- und Lagerreibung entstehen, die bei elektromotorischem Antrieb durch entsprechende Unterteilung der Antriebskraft größtenteils vermieden werden. Es ist jedoch zu berücksichtigen, daß den Verlusten durch Riemen- und Lagerreibung die Verluste infolge des ungünstigeren

Wirkungsgrades kleinerer Einzelmotoren sowie die Spannungsverluste in den Zuleitungen zu den Motoren gegenüberstehen. Bekanntlich läßt man bei gewerblichen Anlagen einen höheren Spannungsverlust in der Leitung zu als bei Lichtanlagen. Man kann annehmen, daß der Leitungsverlust bei Vollbelastung etwa 5% beträgt. Weiteres über die Verluste bei mechanischer und elektrischer Kraftübertragung findet sich im Abschnitt 57.

Der vielfach beliebte Vergleich zwischen einer Wärmekraftmaschine mit reiner Transmissionsübertragung und dem Anschluß an ein Elektrizitätswerk unter Zugrundelegung von Einzel- oder Gruppenantrieb ist in der Regel nicht gerechtfertigt[1]). Wenn in einem besonders gelagerten Falle hohe Transmissionsverluste auftreten, so hat dies mit der Art der Kraftmaschine an sich nichts zu tun. Es wäre verfehlt, daraus Folgerungen zugunsten des Anschlusses an ein Elektrizitätswerk abzuleiten. Denn elektrischer Antrieb kann auch bei Erzeugung der Elektrizität im eigenen Werk angewendet werden und bietet dann naturgemäß die gleichen Vorteile wie beim Anschluß an ein Elektrizitätswerk.

In den Betriebskostentabellen im Anhang sind u. a. die Betriebskosten von Leuchtgas-, Benzin-, Naphthalin-, Diesel-, Sauggas- und Elektromotoren für verschiedene Leistungen berechnet. Für Leuchtgasmotoren ist ein Preis von 10 und 15 Pf. für 1 cbm Motorengas und für Benzinmotoren ein solcher von 30 und 40 M. für 100 kg unverzolltes Benzin frei Verbrauchsort zugrunde gelegt.

Die Betriebskosten von Elektromotoren sind im wesentlichen durch die Stromkosten bestimmt, weshalb die Frage des Anschlusses an ein Elektrizitätswerk in der Regel eine Tariffrage ist. Um den auf S. 64 erwähnten Verschiedenheiten der Stromtarife Rechnung zu tragen, wurden für Elektromotoren von 1—20 PS Preise von 10, 15 und 20 Pf/kW-st angenommen. Die höheren Strompreise beziehen sich auf kleine oder schwach belastete Motoren und geringe Betriebsdauer, während die niedrigen Strompreise für große oder gut belastete Motoren und große Betriebsdauer gelten. Zu diesen Strompreisen sei bemerkt, daß an einzelnen Orten unter Umständen noch niedrigere Preise für die elektrische Energie gezahlt werden, denn der Verkaufspreis der elektrischen Energie ist gegenüber früher erheblich zurückgegangen. Dies ist dadurch ermöglicht worden, daß viele bestehende Zentralen durch Einführung von Sondertarifen, die während der Lichtperiode gewisse Sperrzeiten vorsehen, ihren Ausnützungsfaktor vergrößert und ihre Betriebskosten verringert haben, und daß durch Vervollkommnung der Krafterzeugung, vor allem durch die Einführung der Großgasmaschinen, Dieselmaschinen und Dampfturbinen die Erzeugungskosten der elektrischen Energie trotz des Steigens der Brennstoffpreise herabgesetzt wurden.

Für die kleineren Elektromotoren ist, normalen Verhältnissen entsprechend, eine minutliche Umdrehungszahl von etwa 1400 angenom-

---

[1]) Vgl. Z. d. V. d. I. 1913, S. 1041.

men worden, während für die Verbrennungsmotoren teils normale, teils höhere Umdrehungszahlen zugrunde gelegt wurden. Je höher die Umdrehungszahl eines Motors ist, desto niedriger fallen zwar seine Anschaffungskosten aus und umgekehrt; anderseits ist bei rascherem Gang auch eine entsprechend stärkere Abnützung einer Maschine zu erwarten. Diesem Umstande ist durch Annahme entsprechender Abschreibungssätze Rechnung getragen worden.

Da Naphthalinmotoren nur dort am Platze sind, wo es sich um mehrstündigen ununterbrochenen Betrieb handelt, so wurde hierfür eine jährliche Betriebsdauer von 1000, 2000 und 3000 Stunden angenommen, entsprechend 667, 1333 und 2000 Stunden bei Vollbelastung. Als Preis für das Naphthalin sind 10 und 15 M./100 kg eingesetzt worden. Die Kosten des zum Anlassen erforderlichen Benzols wurden getrennt aufgeführt, wobei vorausgesetzt worden ist, daß täglich insgesamt 1 Stunde lang mit Benzol gearbeitet werden muß, und daß der Benzolverbrauch bei $^2/_3$-Belastung 0,38 und 0,37 kg/PS-st beträgt. Der Benzolpreis wurde zu 29 M./100 kg angenommen.

Die Betriebskosten liegender Hochdruck-Ölmaschinen sind für die Leistungen von 12, 20 und 30 PS bestimmt worden, wobei als Preis des Gasöls 10 und 15 M./100 kg angenommen worden ist.

Die den Berechnungen zugrunde gelegten Verbrauchsziffern sind für die Motorgrößen von 1—20 PS in Zahlentafel 26, S. 105, zusammengestellt. Diese Ziffern sind gemäß früher reichlich gewählt. Über die entsprechenden Verbrauchsziffern bei Vollbelastung gibt Zahlentafel 24, S. 105, Aufschluß.

Wenn die Elektromotoren früher fast ausschließlich für Betriebe mit kleinem und kleinstem Kraftbedarf in Betracht kamen, so ist heute ihr Anwendungsgebiet infolge der Stromverbilligung durch die Großkraftwerke wesentlich erweitert worden. Es kommt nicht selten vor, daß Elektromotoren selbst für Leistungen von 100 PS und darüber mit Wärmekraftmaschinen in Wettbewerb treten. Es wurden deshalb auch die Betriebskosten von 30-, 50-, 100-, 150- und 200pferdigen Drehstrommotoren ermittelt und denjenigen gleichstarker Viertakt-Dieselmaschinen und Sauggasmotoren gegenübergestellt, wobei gemäß früher mit $^3/_4$-Belastung gerechnet wurde. Die für die Elektromotoren angenommenen Anschaffungspreise gelten für normallaufende Typen und für eine Betriebsspannung von etwa 210 Volt bei 50 Per./sk. Als Preise für die kW-st wurden 5, 8 und 10 Pf. angenommen. Hierbei beziehen sich wieder die höheren Strompreise auf kleine oder schwach belastete Motoren und geringe Betriebsdauer, die niedrigen Strompreise hingegen auf große oder gut belastete Motoren und große Betriebsdauer.

Auch bei den Dieselmotoren wurden Normalläufer zugrunde gelegt, und zwar wurde von 50 PS aufwärts Teerölbetrieb vorausgesetzt, wobei Preise von 4 und 6 M./100 kg Teeröl und 13 M./100 kg Gasöl (Zündöl) angenommen wurden. Die den Berechnungen zugrunde gelegten Verbrauchsziffern sind in Zahlentafel 27 (S. 106) zusammengestellt. Die entsprechenden Verbrauchsziffern bei Vollbelastung enthält Zahlentafel 25, S. 105.

Es wurde mir verschiedentlich der Vorwurf gemacht, daß ich in den Betriebskostentabellen für Elektromotoren ein und dieselben Strompreise ohne Rücksicht auf die Benutzungsdauer angenommen hätte. Dieser Vorwurf ist ungerechtfertigt. Die Tabellen erlauben in einfachster Weise, die Betriebskosten für alle Strompreise innerhalb der angenommenen Grenzen zu entnehmen. Auch lassen sie gemäß S. 123 ermitteln, wie viel im einzelnen Falle die kW-st kosten darf, damit der elektrische Betrieb nicht teurer kommt als der mit eigenen Wärmekraftmaschinen.

Die Betriebskostentabellen sind unter der Annahme durchgerechnet, daß die Bedienung nur einen Teil der gesamten Betriebszeit in Anspruch nimmt, und daß der für größere Motoren angestellte Maschinist in der übrigen Zeit anderweitig beschäftigt werden kann, was sich bei gewerblichen und industriellen Betrieben auch in der Regel durchführen läßt. Bei den für Schmier- und Putzmaterial eingesetzten Beträgen ist richtige Einstellung der Schmierstellen, Verwendung guten Öls sowie die Reinigung und Wiederverwendung des gebrauchten Schmieröls vorausgesetzt. Hinsichtlich des zu Kühlzwecken erforderlichen Wassers ist gewöhnlich angenommen, daß es der städtischen Wasserleitung entnommen wird, und daß es nicht weiter zu Fabrikations- oder Reinigungszwecken ausgenützt werden kann. In Wirklichkeit werden deshalb die Wasserkosten meist kleiner ausfallen; vgl. auch S. 110. Wo das heiße Kühlwasser nutzbringend verwendet werden kann, sind die Kühlwasserkosten unter Umständen sogar als Gewinn zu verbuchen. Für Sauggasmotoren von 100 PS aufwärts wurde Brunnen- oder Flußwasser angenommen.

Wie die Betriebskostentabellen und die entsprechenden zeichnerischen Darstellungen Fig. 23—31 erkennen lassen, ist für kleine Betriebsstundenzahlen der Elektromotor, für große hingegen der Verbrennungsmotor wirtschaftlicher. Die Grenze ist hierbei verschieden, je nach den Kosten der elektrischen und der Wärmeenergie, je nach der Motorart, der Motorgröße und der Belastung, sowie je nachdem ein Langsam- oder Schnelläufer angenommen wird. Wo die Abwärme nutzbar gemacht werden kann, stellt sich das Verhältnis für die Wärmekraftanlagen noch günstiger, als dies in den Betriebskostenberechnungen zum Ausdruck kommt. Ist nach einer Reihe von Jahren die Wärmekraftanlage gänzlich abgeschrieben, so verringern sich ihre Betriebskosten gemäß früher erheblich.

Wenn neben der eigentlichen Betriebsanlage noch eine Reserve vorgesehen wird, die im Falle einer Betriebsstörung einzuspringen hat, so sind die in den Betriebskostentabellen und den Fig. 23—31 verzeichneten Betriebskosten noch um den Betrag der Verzinsung und Abschreibung der Reserveanlage zu erhöhen. Diese Erhöhung fällt naturgemäß bei Elektromotoren mit ihren geringeren Anschaffungskosten weit weniger ins Gewicht als bei Wärmekraftanlagen. Jedoch ist zu berücksichtigen, daß Elektromotoren für Anschlußanlagen nur eine Reserve gegenüber Störungen am motorischen Teil, nicht aber gegenüber Störungen in der Stromzufuhr bilden. Bei Anschlußanlagen ist deshalb gemäß S. 292 stets die Frage der Aufstellung einer unabhängigen Kraftanlage als Reserve zu erwägen. Eine solche erhöht aber die Betriebskosten von Anschlußanlagen in so erheblichem Maße, daß sich meistens die Aufstellung einer eigenen Anlage als vorteilhafter erweist.

Für ganz kleine Leistungen kommen in der Regel nur Elektromotoren in Betracht, wenngleich auch kleine Gasmotoren, sog. Zwergmotoren, gebaut werden.

Aus dem Umstand, daß im vorstehenden nur von Verbrennungsmaschinen die Rede ist, darf nicht etwa geschlossen werden, daß Dampfkraftmaschinen gegenüber Elektromotoren nicht wettbewerbsfähig sind. Dampfkraftmaschinen können schon bei verhältnismäßig kleinen Leistungen dem Elektromotor wirtschaftlich überlegen sein, wenn billige Abfallstoffe verfeuert werden können, oder wenn außer Kraft auch Wärme zu Heiz- oder Fabrikationszwecken gebraucht wird. Durch die Abdampfverwertung werden gemäß S. 35 und 142 die Brennstoffausgaben sowie die Kapitalkosten und die Heizerkosten verringert. Es wurden hier, wie schon einleitend erwähnt, nur deshalb Verbrennungsmaschinen zum Vergleich angenommen, weil gerade diese — insbesondere auf dem Gebiet der kleinen Leistungen — am häufigsten mit dem Elektromotor in Wettbewerb treten.

Bei unterbrochenem Betrieb hat der Elektromotor den Vorzug, daß das An- und Abstellen des Motors das Werk eines Augenblickes ist und man sich daher ganz dem Arbeitsbedürfnis anpassen kann. Bei Wärmekraftmaschinen hingegen empfiehlt es sich, den Betrieb so einzurichten, daß das An- und Abstellen der Maschine möglichst selten notwendig wird; mit anderen Worten, man sollte hier danach trachten, die Maschinenarbeit möglichst zusammenzulegen. Dies kommt für Elektromotoren nur insoweit in Betracht, als die Einhaltung der Sperrzeit zu berücksichtigen ist.

Bei gleicher oder annähernd gleicher Höhe der Betriebskosten wird man naturgemäß dem in der Anschaffung billigeren Elektromotor den Vorzug vor der Wärmekraftmaschine geben. Im übrigen ist zu bemerken, daß für die Wahl des Motors nicht immer die Höhe der Betriebskosten allein entscheidend ist. Bisweilen sind auch die sonstigen Vorzüge des Elektromotors für dessen Wahl ausschlaggebend. Diese Vorzüge bestehen in dem geringen Platzbedarf, in dem ruhigen und stoßfreien Gang und dem Wegfall jeglicher Rauch- und Rußbelästigung. Auch kann der Elektromotor fast unbeschadet seiner Wirtschaftlichkeit größer gewählt werden, als es der augenblickliche Kraftbedarf erfordert, da der Mehrverbrauch an Strom bei Teilbelastung nur ganz gering ist. Anderseits muß bei elektromotorischem Antrieb, auch wenn man vom Einzelantrieb absieht, die Motorengröße unter sonst gleichen Leistungs- und Betriebsverhältnissen in vielen Fällen reichlicher gewählt werden als bei Verbrennungs- oder Dampfmaschinen. Elektromotoren besitzen nämlich infolge Fehlens größerer Schwungmassen nur ein geringes Beharrungsvermögen. Erhöht sich nun momentan der zu überwindende Widerstand, sei es infolge ungleichmäßigen Arbeitens, infolge ungleicher

Materialbeschaffenheit oder infolge zu plötzlichen Einrückens, so fällt der Elektromotor in seiner Umlaufzahl ab, nimmt infolgedessen mehr Strom auf, was unter Umständen ein Durchschmelzen der Sicherungen zur Folge hat. Die Gefahr der Überlastung ist heute größer als früher, weil die Elektromotoren heute näher an ihrer Leistungsgrenze arbeiten als in früheren Jahren. Die geschilderten Verhältnisse treten um so stärker in die Erscheinung, je kleiner der Betrieb bzw. die Anzahl der Arbeitsmaschinen ist.

Um die mit einem Tourenabfall verknüpften Betriebsstörungen und Unkosten zu vermeiden, empfiehlt es sich daher, die Leistung von Elektromotoren unter solchen Verhältnissen reichlicher zu wählen als die von Wärmekraftmaschinen. Letztere besitzen in der Massenwirkung ihres Schwungrades eine gewisse Kraftreserve, die zur Deckung momentanen Mehrbedarfs an Kraft verfügbar ist. Reicht bei länger andauernder Überlastung diese Kraftreserve nicht aus, so geht eben die Wärmekraftmaschine in ihrer Umlaufzahl etwas zurück, ohne hierbei Schaden zu nehmen.

Ein geringer Mehrbedarf an Kraft ist bei elektromotorischem Antrieb ferner durch die Verluste in dem Zwischenvorgelege bedingt. Ein Zwischenvorgelege ist bei den heute üblichen raschlaufenden Elektromotoren in den meisten Fällen unentbehrlich.

Hinsichtlich der Betriebsicherheit und Betriebsunabhängigkeit hat der Elektromotor vor einer guten Wärmekraftmaschine nichts voraus, wie im Abschnitt 59 des näheren ausgeführt wird.

Nicht allein bei der Wärmekraftmaschine, sondern auch bei dem in der Anschaffung so billigen Elektromotor sind, wenn man einen neuzeitlichen Stromtarif zugrunde legt, erhebliche Betriebskosten bei geringen Belastungen aufzuwenden. Bei Wärmekraftmaschinen sind die Betriebskosten im Leerlauf und bei geringen Belastungen in der Hauptsache durch die Kapital- und Betriebsführungskosten bedingt, bei Elektromotoren hingegen durch die sog. Grundgebühr. Diese bildet für das Elektrizitätswerk gewissermaßen den Ersatz der Unkosten für die Bereitstellung der Stromerzeugungsanlage und des Leitungsnetzes. Die Grundgebühr entspricht im wesentlichen den Kapitalkosten sowie den Betriebsführungs- und Verwaltungskosten des Elektrizitätswerkes. Auch beim Elektromotor kommen demnach bei geringer Belastung und im Leerlauf hohe Beträge für Verzinsung, Abschreibung usw., wenn auch äußerlich in anderer Form als bei Wärmekraftmaschinen, in Betracht.

Gegenüber den Betriebskostentabellen für Elektromotoren kann allenfalls eingewendet werden, daß sie insofern von den wirklichen Betriebsverhältnissen abweichen, als bei größerem Kraftbedarf nicht ein einzelner Elektromotor, sondern meist eine mehr oder weniger große Anzahl von Gruppen- oder Einzelmotoren zur Aufstellung kommt. In der Tat wird die Antriebskraft beim Anschluß an ein Elektrizitätswerk meist mehr oder weniger stark unterteilt. Dadurch verschiebt sich aber das wirtschaftliche Verhältnis nicht zugunsten des Elektromotors. Im Gegenteil stellt sich bei Unterteilung der Antriebskraft das Verhältnis für den elektrischen Antrieb in der Regel etwas ungünstiger, weil, allgemein gesprochen, die elektrische Kraftübertragung gewöhnlich größere Verluste verursacht als die mechanische Weiterleitung der Kraft, gute Beschaffenheit der Transmissionsanlage vorausgesetzt[1]). Wenn aber in einem besonders gelagerten Falle hohe Transmissionsverluste auftreten, so steht gemäß früher nichts im Wege, sich auch bei Aufstellung einer eigenen Kraftanlage die Vorteile des elektrischen Antriebs zunutze zu machen.

Wie der wirtschaftliche Vergleich zwischen Wärmekraftmaschine und Elektromotor im einzelnen Fall durchzuführen ist, zeigt eine Reihe von Beispielen, die ich in der technischen Literatur veröffentlicht habe. Ich verweise in dieser Hinsicht z. B. auf die Zeitschr. d. Vereins deutsch. Ing. 1913, S. 417 und 1041ff.; diese Ausführungen gelten, abgesehen von den Öl- und Strompreisen, noch heute. Weitere Beispiele enthalten meine Arbeiten »Dampfmaschine oder Elektromotor?« und »Dampf oder Elektrizität für Brauereibetriebe?«, die in der Zeitschr. f. Dampfk. u. Maschinenbetrieb 1915, S. 17ff., und 1916, S. 41ff., abgedruckt sind. Alle diese Beispiele entsprechen praktischen Verhältnissen.

Zusammenfassung.

Im vorstehenden wurde gezeigt, daß bei der wirtschaftlichen Wahl einer Betriebskraft eine Reihe von Gesichtspunkten in Betracht kommt, und daß es nicht möglich ist, hierfür allgemein gültige Regeln und Rezepte aufzustellen. Es muß vielmehr von Fall zu Fall entschieden werden, welche Kraftmaschine unter Berücksichtigung der örtlichen und der besonderen Betriebsverhältnisse die Energie am wohlfeilsten erzeugt. Hierbei ist zu beachten, daß bei kleinen Anlagen häufig mehr Wert auf Einfachheit, Betriebsicherheit und jederzeitige Betriebsbereitschaft als auf höchste Wirtschaftlichkeit zu legen ist.

Am häufigsten wird man sich zwischen einer Wärmekraftmaschine und einem Elektromotor zu entscheiden haben. Wasserkraftanlagen sind trotz der Möglichkeit der elektrischen Übertragung und Verteilung von Energie, doch mehr oder weniger an den Ort gebunden, ebenso in gewissem Maße auch Windkraftanlagen. Diese sind an sich nur für Betriebe geeignet, bei denen es auf das Einhalten einer bestimmten Arbeitszeit nicht ankommt.

Wo es sich um ausschließlichen Kraftbetrieb handelt, sind die Kosten der PS_e-st für die Wahl der Betriebskraft maßgebend, sofern nicht andere Rücksichten den Ausschlag geben. Für Betriebe hingegen, die außer Kraft auch Wärme gebrauchen, ist unter sonst gleichen Verhältnissen die Anlage die zweckmäßigste, die die Gesamtenergie am billigsten erzeugt. Dies ist bei großem Wärmebedarf die Dampfanlage, bei kleinem Wärmebedarf allenfalls die Verbrennungsmaschinenanlage.

---

[1]) Vgl. die Ausführungen im Abschn. 57.

Bei mittlerem Wärmebedarf kann eine Maschine für Anzapf- oder Zwischendampf in Betracht kommen. Wo nur niedrige Heiztemperaturen erforderlich sind, ist die Vakuumheizung wirtschaftlicher als die mit Zwischendampf, vorausgesetzt, daß der Betrieb ohne Abschwächung der Luftleere geführt werden kann.

Bei Verbrennungsmaschinen erscheint die Ausnützung der Abwärme nur für größere Leistungen mit längerer Betriebsdauer zweckmäßig, in erster Linie für Großgasmaschinen-Kraftwerke auf Hüttenwerken und Zechen. Bei unterbrochenen Betrieben ist zu berücksichtigen, daß in den Betriebspausen keine Abwärme erzeugt wird. Da alsdann eine unmittelbare Wärmeentnahme, wie sie bei Dampfanlagen aus dem Dampfkessel möglich ist, nur bei Verbrennungsmaschinen mit eigener Gaserzeugungsanlage stattfinden kann, so hat man in Fällen, in denen ein während des Betriebes aufspeicherbarer Wärmeüberschuß nicht zur Verfügung steht, eine besondere Heizanlage vorzusehen.

Je geringer der Ausnützungsfaktor einer Anlage und je niedriger der örtliche Wärmepreis ist, desto mehr tritt der Anteil der Brennstoffkosten hinter den der Kapitalkosten zurück. Es ist hier im allgemeinen die in der Anschaffung billigere Kraftanlage die wirtschaftlichere. Dies ist, wenigstens für mittlere und größere Leistungen, die Dampfkraftanlage. Bei hohem Ausnützungsfaktor und hohen örtlichen Brennstoffpreisen ist hingegen meist der Verbrennungsmaschine der Vorzug zu geben. Treten starke Belastungsschwankungen auf, wie z. B. bei Elektrizitätswerken, so kann sich unter Umständen für größere Leistungen eine kombinierte Anlage empfehlen, bei der die annähernd gleichbleibende Grundbelastung oder ein Teil derselben durch Verbrennungsmaschinen, der veränderliche Teil dagegen durch Dampfkraftmaschinen gedeckt wird.

Für schlecht ausgenutzte oder Reserveanlagen sowie für Spitzenkraftwerke kommen Dieselmotoren im allgemeinen nur dann in Betracht, wenn auf sofortige Betriebsbereitschaft besonderer Wert gelegt wird. Wasserkraftanlagen scheiden hier gewöhnlich ganz aus mit Rücksicht auf ihre hohen Anlagekosten.

Für Großkraftwerke mit sehr großen Einzelsätzen, etwa über 8000 PS_e, kommt nach dem heutigen Stande der Technik nur die Dampfturbine in Frage.

Ob sich im gegebenen Fall eine Sauggasanlage empfiehlt, ist meist eine reine Brennstofffrage, wobei auch in Betracht zu ziehen ist, ob gleichzeitig Heizgas benötigt wird. Für große Kraftwerke kann sich die vorherige Vergasung des Brennstoffes unter Umständen schon deshalb empfehlen, weil sich alsdann seine wertvollen Bestandteile (Stickstoff und Teer) gewinnen lassen. Die Gewinnung von Nebenprodukten erscheint allerdings nur dort wirtschaftlich, wo ein billiger und für den Generatorbetrieb geeigneter Brennstoff zur Verfügung steht.

Die Frage des Anschlusses an ein Elektrizitätswerk ist in erster Linie eine Tariffrage. Der elektromotorische Antrieb gestaltet sich besonders dann wirtschaftlicher als der mit eigenen Wärmekraftmaschinen, wenn die jährliche Betriebsdauer verhältnismäßig kurz ist, oder wenn es sich um unterbrochene oder Aushilfsbetriebe handelt. In diesem Fall entscheiden die geringen Anschaffungskosten des Elektromotors zu dessen Gunsten. Bei größerer Betriebsstundenzahl hingegen wird, sofern wirtschaftliche Rücksichten den Ausschlag geben, die Aufstellung einer eigenen Kraftanlage dem Anschluß an ein Elektrizitätswerk oder an ein Überlandwerk in der Regel vorzuziehen sein, zumal man dann keinerlei einschränkenden Bestimmungen hinsichtlich der Betriebszeit (Sperrzeit) unterworfen ist. Wo es sich um gleichzeitigen Kraft- und Wärmebedarf handelt, arbeitet an sich die Wärmekraftanlage wirtschaftlicher.

Durch die Einführung der Naphthalin-, Diesel- und Sauggasmaschinen und durch die Überhitzung des Dampfes und die weitgehende Vorwärmung des Speisewassers bei Dampfanlagen hat die zentrale Krafterzeugung viel von ihrer früheren Bedeutung verloren. Die kleinere Einzelanlage steht heute dem Großbetrieb in wirtschaftlicher Hinsicht nur noch wenig nach, um so mehr, als bei ihr die bedeutenden Anlagekosten des Kabelnetzes wegfallen. Die in Großkraftwerken erzeugte elektrische Energie kann im allgemeinen nur dort mit der Krafterzeugung durch eine moderne Wärmekraftanlage erfolgreich in Wettbewerb treten, wo letztere schlecht ausgenützt ist, oder wo durch Vereinigung des elektrischen Kraftwerkes mit einem Volksbad, einem Fernheizwerk oder einer Fernwarmwasserversorgung eine gleichzeitige Verwertung der Abwärme möglich ist; vgl. S. 278.

Wo eine vorhandene Kraftanlage zum Zweck des Anschlusses an ein Elektrizitätswerk stillgesetzt und nur noch als Reserve benützt werden soll, darf nicht übersehen werden, daß zu den Kosten des elektrischen Betriebes in der Regel noch diejenigen für Verzinsung und Abschreibung der alten Anlage hinzuzurechenen sind.

Unter Umständen kann sich gemäß S. 64 auch eine Verbindung von eigener Anlage und Anschluß an ein Elektrizitätswerk als vorteilhaft erweisen. Gegebenenfalls kann der gleichbleibende Teil der Belastung von der eigenen Anlage, die Spitzenbelastung dagegen vom Elektrizitätswerk gedeckt werden. Oder es kann der Teil der Gesamtleistung in Wärmekraftmaschinen erzeugt werden, dessen Abwärme sich im Betrieb nutzbar machen läßt. Oder endlich kann der Anschluß an das Elektrizitätswerk ausschließlich als Reserve dienen; vgl. Abschnitt 78 und S. 167. Voraussetzung für jede derartige Vereinigung von eigener Kraftanlage und Anschlußanlage ist jedoch immer, daß das Elektrizitätswerk keine zu ungünstigen Anschlußbedingungen stellt.

Wird die Frage der Krafterzeugung von allgemein volkswirtschaftlichen Gesichtspunkten aus betrachtet, so ist zu sagen, daß sich bei Betrieben mit ausschließlichem Kraftbedarf der Anschluß an ein Überlandwerk auch dann empfehlen kann, wenn eine Wärmekraftanlage die PS_e-st billiger liefert, weil auf diese Weise unsere Brennstoffvorräte gespart werden können. Der Brennstoffverbrauch von Überlandwerken mit ihren großen und wirtschaftlich arbeitenden Krafteinheiten ist natürlich wesentlich geringer als der Brennstoffverbrauch kleinerer Wärmekraftanlagen, noch dazu wenn letztere mangelhaft gewartet werden. Eine andere Lösung wäre die, daß man Betriebe, die nur Kraft benötigen, mit Betrieben vereinigt, die in der Hauptsache nur Wärme brauchen.

51. Wahl der Betriebskraft auf Grund örtlicher und betriebstechnischer Gesichtspunkte.

Bei Kraftanlagen, die als Reserve dienen oder nur zeitweise laufen, ist außer auf geringe Anschaffungskosten vor allem auf einfachen Betrieb, rasche Ingangsetzung und größtmögliche Betriebsicherheit zu achten.

Wo sehr wenig Platz zur Verfügung steht, sind Dampfanlagen im allgemeinen nicht anwendbar. Wenn in derartigen Fällen Dampfkraft bevorzugt wird, so kommt höchstens eine ortsfeste Lokomobile in Betracht, die unter den Dampfanlagen den geringsten Platz beansprucht. Noch geringer ist der Platzbedarf bei Verbrennungsmaschinen, insbesondere solchen von stehender Bauart[1]). Den geringsten Platzbedarf beansprucht der Elektromotor. Dieser kann bei kleinen Leistungen gegebenenfalls auf einer Wandkonsole oder an der Decke befestigt werden, so daß er keinen besonderen Platz in Anspruch nimmt. Wo es auf äußerste Platzersparnis ankommt, kann sich auch für Dauerbetriebe die Wahl schnellaufender Maschinen rechtfertigen.

In bewohnten Gebäuden kann unter Umständen die Ruhe und Geräuschlosigkeit des Ganges eine wichtige Rolle spielen. Die geringsten Erschütterungen und Geräusche verursachen gemäß Abschnitt 83 Kraftmaschinen, die wie der Elektromotor oder die Dampfturbine nur umlaufende Maschinenteile besitzen. Bei gutem Massenausgleich und sachgemäßer Fundierung macht es jedoch im allgemeinen auch bei Kolbenmaschinen keine Schwierigkeit, einen ruhigen und praktisch erschütterungsfreien Gang zu erreichen.

Verbrennungsmaschinen haben gegenüber Dampfkraftanlagen den Vorzug, daß die Rauch- und Rußbelästigung wegfällt. Nur bei gewissen Arten von Hochdruck-Ölmaschinen, insbesondere Glühkopfmotoren, ist der Auspuff meist stark rauchend und rußend. Vollständige Rauchlosigkeit ist beim Elektromotor vorhanden. Wo auf eine besonders empfindliche Nachbarschaft Rücksicht zu nehmen ist, kann sich deshalb die Wahl eines Elektromotors rechtfertigen, auch wenn der Betrieb mit einer anderen Kraftmaschine wirtschaftlicher wäre.

Wo auf sofortige Betriebsbereitschaft besonderer Wert gelegt wird, sind Verbrennungsmaschinen gegenüber Dampfkraftmaschinen im Vorteil. Nur bei Sauggasanlagen ist der Motor mit Rücksicht auf den Generator nicht jederzeit betriebsbereit.

---

[1]) Vgl. z. B. Abb. 2 und 3 auf S. 1146 der Z. d. V. d. I. 1913. Diese geben ein Bild von dem Platzbedarf einer Dampfturbinen- und einer Dieselmotoren-Anlage von je 5000 kW.

Zugunsten der Dampfanlage spricht nicht selten ihre große Überlastbarkeit. Während Verbrennungsmaschinen, wenigstens bei der heutigen Geschäftslage, in der Regel nur mit einer vorübergehenden Überlastung von 10—20% über ihre Normalleistung (hier Dauerleistung) verkauft werden, haben Dampfanlagen eine dauernde Überlastungsfähigkeit von 20—30% und vorübergehend noch erheblich mehr. Dies ist besonders für solche Betriebe wertvoll, die oft nur für kurze Zeit eine größere Kraft erfordern.

Verbrennungsmaschinen haben im übrigen den Vorzug, daß sie in jedem Raum ohne vorherige Genehmigungspflicht aufstellbar sind. Meines Wissens bestehen nur bei Sauggasanlagen an manchen Orten Vorschriften, die bei der Aufstellung zu berücksichtigen sind.

An dieser Stelle sei auch erwähnt, daß man zwar bei Dampfanlagen in der Regel den im Wärmepreis ortsbilligsten Brennstoff verwendet, daß man aber im übrigen nicht von einem bestimmten Brennstoff abhängig ist und deshalb erforderlichenfalls einen Wechsel im Brennstoff eintreten lassen kann, was im Falle von Streiks oder sonstigen Störungen in der Kohlenzufuhr sehr wertvoll ist. Bei Gas- und Ölmaschinen ist dies nicht in gleichem Maße möglich, wenn auch zuzugeben ist, daß z. B. der Dieselmotor den Vorzug hat, unabhängig von dem Brennstoff der Dampfzentralen zu sein, wobei das Abfüllen und die Zufuhr des Treiböls bequem sind und wenig Bedienungspersonal erfordern.

Für vorübergehende und Aushilfsbetriebe ist die Lokomobile die geeignetste Wärmekraftmaschine, da sie keine größeren Fundamente erfordert, in kürzester Zeit aufgestellt und nach Gebrauch leicht wieder verkauft werden kann.

Für Betriebe mit stark und plötzlich wechselnder Belastung sind Sauggasanlagen im allgemeinen nicht zu empfehlen, da sie über eine nennenswerte Gasreserve nicht verfügen und der Generator seinen Wärmezustand nicht plötzlich zu ändern vermag.

Nicht zuletzt ist bei Wahl einer Kraftmaschine auch die Regelfähigkeit, die Überlastungsfähigkeit und die Betriebsicherheit zu berücksichtigen; vgl. die Ausführungen Abschnitt 58 und 59.

52. Sonstige Gesichtspunkte bei Wahl einer Betriebskraft.

Von den Vertretern der Elektrizitätsindustrie wird stets der Gesichtspunkt hervorgehoben, daß das beim Anschluß an ein Elektrizitätswerk gegenüber einer Eigenanlage gesparte Anschaffungskapital zweckmäßiger und wirtschaftlicher für den Fabrikbetrieb verwendet werde, mit anderen Worten, daß Ersparnisse am Anlagekapital im Geschäftsbetrieb größeren Gewinn ergäben, als die durch kostspielige Einrichtungen der Kraftanlage erzielten Betriebsersparnisse ausmachen. Dieser Gesichtspunkt verdient insbesondere dort Beachtung, wo das zur Verfügung stehende Kapital knapp bemessen ist, denn es hätte zweifellos keinen Zweck, eine teure Kraftanlage anzuschaffen, wenn es an den für die Einrichtung und Aufrechterhaltung des eigentlichen Fabrikbetriebes notwendigen Geldmitteln mangelt. Für Firmen, denen die Beschaffung des Kapitals große Schwierigkeiten macht, oder für Neugründungen, deren Entwicklung noch nicht vorauszusehen ist, wird deshalb stets der Anschluß an ein Elektrizitätswerk von Vorteil sein, weil dadurch zunächst die geringsten Anschaffungskosten verursacht werden. Wo aber eine solche Kapitalknappheit nicht besteht, wird durch Aufwendung der Mehrkosten für eine selbständige Kraftanlage dem eigentlichen Fabrikbetrieb nichts entzogen, und es kann keinesfalls davon die Rede sein, daß die Wahl einer in der Anschaffung teureren Kraftanlage gewissermaßen eine Beeinträchtigung des übrigen Fabrikbetriebes bedeute. Im Gegenteil bedeutet die Herabsetzung des auf die Krafterzeugung entfallenden Teils der Betriebskosten eine dem gesamten Unternehmen zugute kommende Verringerung der Gestehungskosten. Unter normalen Verhältnissen werden also nicht die geringsten Anlagekosten, sondern die geringsten Betriebskosten für die Wahl der Kraftanlage entscheidend sein.

Bei der Wahl von Kraftanlagen spielt bisweilen auch die Revisionspflicht eine gewisse Rolle. Während Verbrennungsmaschinen nicht revisionspflichtig sind, müssen Dampfanlagen, zum Teil auch elektrische Anlagen, in regelmäßigen Zeitabständen revidiert werden; vgl. S. 376 und 428. Daß die Revision bei Dampfanlagen gesetzlich vorgeschrieben ist, während sie bei elektrischen Anlagen in vielen Fabriken seitens der Feuerversicherungs-Gesellschaften bedungen wird, läuft praktisch auf dasselbe hinaus. Wenn auch der Wegfall der Revisionspflicht bei Verbrennungsmaschinen einen Vorzug bedeutet, so ist doch nicht zu verkennen, daß die Revision für manchen Betrieb segensreich wirkt, insofern als sie die Betriebsicherheit steigert und mittelbar auch die Wirtschaftlichkeit verbessert.

Bei der Wahl der Betriebskraft kann gegebenenfalls auch der Umstand von Einfluß sein, ob man den in Betracht kommenden Brennstoff dauernd beziehen kann. Es wäre unzweckmäßig, eine Kraftanlage für die ausschließliche Verwendung eines ganz bestimmten Brennstoffes einzurichten, wenn man nicht die Gewißheit hat, diesen Brennstoff stets zu bekommen. Es ist jedenfalls zu empfehlen, sich bei Errichtung einer Anlage die Möglichkeit zu wahren, auch andere Brennstoffe zu verwenden.

Es können sodann noch Fälle vorkommen, in denen es nicht gerechtfertigt ist, die Kraftanlage von geringstem Wärmeverbrauch zu wählen. So z. B. ist für reine Hochofenwerke, die heute allerdings nur noch selten vorkommen, die in der Anschaffung billigere Dampfkraftanlage trotz ihres höheren Brennstoffverbrauchs zweckmäßiger als eine Großgasmaschinen-Anlage. Reine Hochofenwerke sind nämlich nicht in der Lage, alles Gichtgas auszunützen, da sie einen verhältnismäßig geringen Kraftbedarf haben. Anders wenn ein Stahlwerk und eine Elektrizitätsversorgung mit dem Hochofenwerk verbunden sind. In diesem Fall ist der Ausnützungsfaktor ein sehr hoher, bis 60% und darüber, so daß hierfür Großgasmaschinen wesentlich wirtschaftlicher sind.

Für reine Koksofenwerke gilt dasselbe wie für reine Hochofenwerke.

Auch der Wasserbedarf der Kraftanlage kann unter Umständen eine ausschlaggebende Rolle spielen; vgl. Abschnitt 46.

Handelt es sich um abgelegene Gegenden, wie z. B. Kolonien oder hochgelegene Gebirgsorte, so kann auch die mehr oder weniger leichte Transportfähigkeit von Einfluß auf die Wahl einer Betriebskraft sein.

53. Wahl des Kesselsystems und der Feuerung.

Von Einfluß auf die Wahl des Kesselssytems sind vor allem die örtlichen Verhältnisse, die Betriebsansprüche, die Größe der Anlage und der in Betracht kommende Brennstoff. Je teurer der letztere ist, desto mehr muß auf eine gute Wärmeausnützung geachtet werden.

Für kleine Anlagen verwendet man am häufigsten Flammrohrkessel. Der Flammrohrkessel ist insbesondere dort am Platze, wo gute Kohlen die Vorteile der Innenfeuerung zur Geltung kommen lassen. Für minderwertiges Brennmaterial dagegen ist er weniger geeignet. Auch dort ist der Flammrohrkessel — ebenso wie der Feuerbüchskessel — nicht am Platze, wo die Anlage zeitweise ohne genügende Überwachung betrieben wird, da er infolge der geringen Wasserbedeckung seiner Rohre gegen Vernachlässigungen des Wasserstandes empfindlicher ist als der Wasserrohrkessel.

Neben dem Flammrohrkessel kommt vor allem der Wasserrohrkessel in Betracht. Dieses für größere Anlagen fast ausschließlich angewendete Kesselsystem läßt bei geringstem Platzbedarf und raschester Betriebsbereitschaft die höchsten Dampfdrücke und Beanspruchungen zu. Die rasche Betriebsbereitschaft ist besonders für Reserveanlagen und solche Anlagen von großem Wert, die nur in kurzen Zeitabschnitten betrieben werden. Allerdings bedingt der geringe Wasser- und Dampfraum des Wasserrohrkessels ein geringes Wärmebeharrungsvermögen, so daß bei unachtsamer Bedienung leicht Änderungen in der Dampfspannung eintreten können, insbesondere bei schwankender Dampfentnahme.

Am häufigsten handelt es sich demnach um die Wahl zwischen einem Flammrohrkessel und einem Wasserrohrkessel. Doppelkessel, auch kombinierte Kessel genannt, kommen nur noch ausnahmsweise und Heizröhrenkessel fast nur für Lokomobilen, Lokomotiven und Schiffe zur Anwendung. Walzen- und Batteriekessel sind beinahe nicht mehr im Gebrauch.

Nicht selten wird der Standpunkt vertreten, daß der Flammrohrkessel betriebsicherer sei als der Wasserrohrkessel, weil letzterer sehr viele Röhren und Dichtungsstellen besitzt. Auch wird behauptet, daß der Flammrohrkessel, weil befahrbar, leichter zu reinigen sei als der Wasserrohrkessel, bei dem man für jedes Rohr einen Verschlußdeckel öffnen muß. Die Frage der Reinigung ist aber heute nicht mehr von wesentlicher Bedeutung; bei den gebräuchlichen Turbinenrohrreinigern geht die Entfernung des Kesselsteins aus den Wasserröhren, sofern der

Stein nicht kristallinisch und hart ist, sehr bequem und rasch vor sich. Die Reinigung eines Wasserrohrkessels (Schrägrohrkessels) ist deshalb auch nicht viel zeitraubender als diejenige eines Flammrohrkessels.

Jedenfalls hat der Wasserrohrkessel den Vorzug, daß er bei Heizflächen über etwa 80—100 qm im allgemeinen geringere Anschaffungskosten verursacht als der Flammrohrkessel, der bei den heute üblichen hohen Dampfspannungen sehr starke Mäntel bekommt. Für überseeische Anlagen und solche in schlecht zugänglichen Gegenden, z. B. hochgelegenen Gebirgsorten, kommt noch in Betracht, daß der Wasserrohrkessel den Vorzug leichter Transportfähigkeit hat.

Für Anlagen mit stark schwankendem Dampfbedarf, z. B. infolge zeitweiliger Entnahme größerer Mengen Heizdampf, empfehlen sich gewöhnlich Flammrohrkessel, da diese als Großwasserraumkessel einen großen Wasser- und Dampfraum besitzen. Trotzdem können auch in solchen Fällen Wasserrohrkessel den Vorzug verdienen. Betrachtet man z. B. eine Münchner Brauerei, die mit Dampfkochung arbeitet. Wenngleich hier die ungleichmäßige Dampfentnahme zugunsten des Flammrohrkessels spricht, so ist es doch aus wirtschaftlichen Gründen richtiger, einen Wasserrohrkessel mit Kettenrostfeuerung aufzustellen. Man ist alsdann in der Lage, den im Wärmepreis billigen oberbayerischen Waschgries zu verheizen, während man bei Flammrohrkesseln mit Innenfeuerung auf hochwertige, aber teure Steinkohle angewiesen ist. Damit hängt es zusammen, daß sich in München mit Wasserrohrkesseln ein wesentlich niedrigerer Dampfpreis erzielen läßt als mit Flammrohrkesseln, selbst wenn letztere mit mechanischen Rostbeschickern ausgerüstet sind. Dem Nachteil des geringeren Wärmeaufspeicherungsvermögens kann bei Wasserrohrkesseln durch ausreichend bemessene Oberkessel und Wasserkammern begegnet werden. Da die Kettenrostfeuerung sehr anpassungsfähig ist, so macht es keine Schwierigkeit, die Rostleistung dem schwankenden Dampfbedarf anzupassen, insbesondere bei Vorhandensein geeigneter Belastungsanzeiger (Dampfmesser, elektrische Signallampen); vgl. S. 447. Im übrigen ist der Nachteil des geringen Wärmebeharrungsvermögens nicht so groß, wie gemeinhin angenommen wird, weil der Wasserrohrkessel infolge seines geringen Wasserinhaltes auch sehr steigerungsfähig ist.

Für Betriebe mit verhältnismäßig kurzer täglicher Betriebsdauer empfehlen sich im allgemeinen Kessel von gedrängter Form mit möglichst geringen Mauerwerksmassen und mit Feuerungen, die rasch einen einwandfreien Zustand des Feuers erreichen lassen; vgl. auch nächsten Absatz. Je größer nämlich die Mauerwerksmassen sind, desto größer fallen die Abkühlungsverluste in den Betriebspausen aus, desto größer ist mithin der zum Anheizen erforderliche Brennstoffaufwand, und desto kleiner ist der Gesamtwirkungsgrad der Kesselanlage.

Für die Auswahl von Kesseln, die als Reserve dienen, sind oft Gesichtspunkte besonderer Art maßgebend. Wird z. B. verlangt, daß die Reservekessel im Bedarfsfall in kürzester Zeit betriebsbereit sind, so können sich Kessel mit vergrößerter Rostfläche, mit besonders gutem

Wasserumlauf und allenfalls mit künstlichem Zug als zweckmäßig erweisen. Zur Abkürzung der Anheizdauer hat man auch schon Einrichtungen getroffen, um den Wasserinhalt der Reservekessel mit Hilfe von Frischdampf dauernd auf 100° C zu erhalten[1]).

Hochleistungskessel sowie Steilrohrkessel sollten nur dort angewendet werden, wo es sich um äußerste Platzersparnis handelt, und wo ölfreies Kondensat gespeist werden kann. Beides trifft im allgemeinen nur für große Dampfturbinenkraftwerke zu.

Bei der Wahl eines Kessels ist endlich auch der Zugbedarf zu berücksichtigen. Es ist bei einem neuzeitlichen Dampfkessel mit hoher Leistung nicht gleichgültig, wie viel er an Zug verbraucht.

Die Wahl der Feuerung richtet sich in erster Linie nach dem zu verheizenden Brennstoff, sodann aber auch nach dem Kesselsystem und der Art des Betriebes. Die Feuerung muß einen wirtschaftlichen, möglichst rauchfreien Betrieb gewährleisten und auch für hohe Belastungen geeignet sein. Der Brennstoff ist vor allem unter Berücksichtigung des Wärmepreises und der Ausnützung zu wählen; außerdem sind die Kosten für Bedienung sowie für Kohlen- und Aschentransport zu berücksichtigen. Minderwertige billige Brennstoffe sind häufig nur dort wirtschaftlich, wo Kohlenzufuhr, Rostbeschickung und Aschenabfuhr mechanisch erfolgen. Bezüglich der Einrichtungen zur mechanischen Bekohlung und Aschenbeseitigung sei auf Abschnitt 82 verwiesen.

Für hochwertige, nicht zu gasreiche Brennstoffe mit höchstens 12—15% flüchtigen Bestandteilen kommen hauptsächlich Planrostfeuerungen, besonders in der Form der Innenfeuerung, in Betracht. Im Gegensatz hierzu sind für Kettenrostfeuerungen sowie für Schrägrost- und Treppenrostfeuerungen nur gasreiche, leicht entzündliche Brennstoffe geeignet. Der Gehalt an flüchtigen Bestandteilen darf hier keinesfalls kleiner als 12—15% sein. Magere (gasarme) Kohlen würden hier zu schwer anbrennen.

Im allgemeinen kann man sagen, daß die Feuerung um so höheren Anforderungen genügen muß und um so größere Anlagekosten rechtfertigt, je teurer der Brennstoff und je größer die Anlage ist. Reine Handfeuerung ist heute nur noch für kleine Kessel oder allenfalls Reservekessel üblich. Rostflächen, wie sie heute für große Kesselanlagen nötig sind, kommen für Handbeschickung kaum mehr in Frage. Denn die größte dauernde Leistung eines Heizers dürfte kaum mehr als 1000 kg Brennstoff in der Stunde betragen. Bei größeren Anlagen ergibt die mechanische Rostbeschickung gegenüber der Handbeschickung nicht nur eine Ersparnis an Arbeitskräften, sondern auch eine Steigerung der Kesselleistung sowie eine günstigere Verbrennung.

Die am häufigsten angewendeten mechanischen Feuerungen sind bei Flammrohrkesseln die Wurfapparate, bei Wasserrohrkesseln die Ketten- oder Wanderroste. Die neuerdings vielfach angewendeten sog.

[1]) Über weitere Maßnahmen zur Verkürzung der Anheizdauer von Dampfkesseln wird in Nr. 165 der „Mitteilungen der Vereinigung der Elektrizitätswerke" Jahrg. 1915, S. 197ff. berichtet.

Wanderplanroste, auch Bündelroste genannt, haben gegenüber den gewöhnlichen Kettenrosten den Vorzug, daß schadhafte Roststäbe bequem während des Betriebes ausgewechselt werden können. Dagegen haben diese Roste den Nachteil, daß sich zwischen den Roststäben leicht Asche und Schlacke festsetzt, weil sich hier die Roststäbe nicht gegeneinander verdrehen. Kommt noch hinzu, daß die Höhe der Roststäbe zu klein bemessen wird, so ist deren Kühlung durch die Frischluft eine ungenügende; die Folge ist alsdann ein rasches Verbrennen der Stäbe. Neuerdings sind Wanderroste bekannt geworden, z. B. D.R.P. 259521, die neben dem Vorteil der raschen Auswechselbarkeit der schadhaften Roststäbe den weiteren besitzen, daß die Stäbe wie bei den Kettenrosten ineinander greifen und sich selbsttätig reinigen. Um bei zu raschem Vorschub des Kettenrostes ein vorzeitiges Verbrennen des Stauers zu verhindern, kann sich eine Kühlung des letzteren mittels Wassers oder Dampfschleiers empfehlen.

Für Kohlen, die stark schlacken und schwierig zu verfeuern sind, wird gern die Pluto Stoker-Feuerung angewendet. Diese Feuerung ist für groß- und kleinkörnige, für heizkräftige und heizarme Brennstoffe geeignet. Für minderwertige Brennstoffe von kleinkörniger und staubförmiger Beschaffenheit wird mit Vorteil auch die Unterschubfeuerung angewendet. Allerdings kommen diese Feuerungen infolge ihrer hohen Anschaffungskosten im allgemeinen nur dort in Betracht, wo die Kohle billig zu haben ist und keine größeren Frachtkosten aufzuwenden sind.

Wenn es sich um die Verfeuerung minderwertiger Brennstoffe handelt, so muß die Feuerung meist für künstlichen Zug eingerichtet sein; vgl. die Ausführungen über Zugerzeugung S. 193ff. Beispiele von Feuerungen für minderwertige Brennstoffe finden sich in »Stahl und Eisen« 1916, S. 239ff. In der gleichen Zeitschrift wird auf S. 215ff. über die verschiedenen Systeme von Gasfeuerungen berichtet.

In Fällen, in denen elektrische Energie im Überfluß vorhanden ist, wie bei manchen Wasserkraftanlagen, hat man zum Unterdampfhalten von Reservekesseln auch schon elektrische Heizung verwendet; vgl. Z. d. V. d. I. 1916 S. 419.

Wenn irgend möglich, sollte die Feuerung nicht nur auf einen bestimmten Brennstoff zugeschnitten sein, damit in Zeiten der Kohlenknappheit allenfalls auch andere Brennstoffe verwendet werden können.

54. Anwendungsgebiete der verschiedenen Kraftmaschinen.

Für kleine Leistungen kommen vor allem Elektromotoren, Leuchtgas-, Benzin- und Benzolmotoren in Betracht. Spiritus stellt sich als Treibmittel für Motoren zu teuer. Neuerdings werden für kleine Leistungen auch Hochdruck-Ölmaschinen, insbesondere schnellaufende, ausgeführt. Für Anlagen bis etwa 18 PS, die möglichst ununterbrochen arbeiten, kommen sodann noch Naphthalinmotoren in Betracht.

Ist der Kraftbedarf höher, so treten Hochdruck-Ölmaschinen mit Elektromotoren und Lokomobilen in Wettbewerb. Lokomobilen werden zwar schon unter 18—20 PS angewendet, jedoch meist nur dort, wo es sich um eine ortsveränderliche, d. h. fahrbare Antriebskraft handelt (Antrieb von Dreschmaschinen u. dgl.).

Die untere Anwendungsgrenze für ortsfeste Dampfkraftanlagen ist gegenüber früher erheblich nach oben gerückt. Infolge des scharfen Wettbewerbs der Verbrennungsmaschinen, Elektromotoren und Lokomobilen werden heute ortsfeste Dampfanlagen unter etwa 50 PS immer seltener. Die obere Grenze für ortsfeste Kolbendampfmaschinen liegt im allgemeinen bei 1000 PS. Größere Kolbendampfmaschinen für Leistungen von mehreren tausend Pferdestärken kommen bei ortsfesten Anlagen nur dort in Betracht, wo es sich um den Antrieb von Transmissionen, Walzwerken und Förderanlagen handelt.

Für große Leistungen, über etwa 1000 PS, werden heute im allgemeinen die Dampfturbinen den Kolbendampfmaschinen vorgezogen. Vielfach gibt man der Dampfturbine schon von etwa 500 PS an den Vorzug. Für Leistungen unter 500 PS ist im allgemeinen die Kolbendampfmaschine wirtschaftlicher. Trotzdem jedoch wird die Dampfturbine nicht selten auch für kleinere Leistungen angewendet, wenn nicht so sehr der Dampfverbrauch, als vielmehr die sonstigen Vorzüge der Dampfturbine entscheidend sind.

Die Anwendung von Sauggasanlagen ist seit der Einführung der Hochdruck-Ölmaschinen bedeutend zurückgegangen. Jedoch wendet man Sauggasanlagen auch heute noch für kleine, mittlere sowie große Leistungen an, wenn billige Brennstoffe zur Verfügung stehen, oder wenn gleichzeitig Heizgas, z. B. zum Betrieb einer Lötanlage, zum Betrieb von Härteöfen, Trockenöfen, zum Erwärmen von Radreifen u. dgl. sowie etwa zum Betrieb einer Fernheizung benötigt wird. Generatorgas läßt sich gemäß früher auf größere Entfernungen bequemer und billiger fortleiten als Dampf. Für große Kraftanlagen kann sich die Vergasung des Brennstoffes schon deswegen empfehlen, weil alsdann die Möglichkeit besteht, wertvolle Nebenprodukte (schwefelsaures Ammoniak und Teer) zu gewinnen.

Das Anwendungsgebiet der Verbrennungsmaschinen reicht heute bis hinauf zu Leistungen von mehreren tausend Pferdestärken. Es wurden bereits Dieselmaschinen von 2000 PS ausgeführt. Bei Großgasmaschinen ist man schon bis zu Einzelleistungen von 6000—7000 PS gekommen. Gasmaschinen von dieser Leistung kommen in der Hauptsache für arme Gase, wie Hochofen-Gichtgas, in Betracht.

Für Wasserkraftmaschinen verwendet man heute von den kleinsten bis hinauf zu den größten Leistungen fast nur noch Francisturbinen oder Becherräder, während die Anwendung von Wasserrädern gemäß früher auf verhältnismäßig wenige Ausnahmefälle beschränkt ist.

Naturgemäß sind die im vorstehenden angegebenen Leistungsgrenzen nicht feststehend, sondern verschieben sich von Fall zu Fall, je nach den besonderen örtlichen und betrieblichen Verhältnissen. Hierbei kommt insbesondere auch in Betracht, ob es sich um einen reinen Kraftbetrieb oder um einen Betrieb mit gemischtem Energiebedarf handelt.

55. Wahl des Maschinensystems.

Gewöhnlich bevorzugt man die liegende Bauart. Die stehende Anordnung hat zwar den Vorzug geringeren Platzbedarfs, jedoch den Nachteil schlechterer Zugänglichkeit.

Für Betriebe mit gutem Ausnützungsfaktor empfehlen sich langsam- oder normallaufende Maschinen, da diese im allgemeinen gegenüber Schnelläufern folgende Vorteile haben: Geringere Brennstoff- und Schmierölkosten, geringere Reparatur- und Unterhaltungskosten, größere Betriebsicherheit und längere Lebensdauer. Schnelläufer sind leichter und deshalb in der Anschaffung billiger als Langsamläufer; sie sollten nur für Anlagen mit kurzer Betriebsdauer sowie dort verwendet werden, wo es sich um unmittelbare Kupplung mit schnellaufenden Maschinen, die Dynamomaschinen, Ventilatoren, Zentrifugalpumpen u. dgl. handelt. Auch die Forderung geringsten Platzbedarfs kann unter Umständen die Wahl einer schnellaufenden Maschine rechtfertigen.

Bei Verbrennungsmaschinen gibt man in der Regel dem Viertaktsystem den Vorzug. Zweitaktmaschinen werden im allgemeinen nur dort angewendet, wo der Brennstoffverbrauch nicht entscheidend ist.

Bei Dampfturbinen wird heute im allgemeinen die Geschwindigkeitsabstufung im Hochdruckteil und die Düsenregulierung bevorzugt. Für Betriebe mit starken und unregelmäßigen Kraftschwankungen wendet man selbsttätige Düsenregulierung an. Ob der Niederdruckteil als Aktions- oder Reaktionsturbine ausgebildet ist, kommt für die Frage der Wirtschaftlichkeit und Betriebsicherheit nicht so sehr in Betracht.

Die gewöhnliche einzylindrige Kolbendampfmaschine verwendet man vornehmlich für Auspuff- und Gegendruckbetrieb. Verbundmaschinen sind ausschließlich für Kondensationsbetrieb am Platze, für Auspuffbetrieb höchstens dann, wenn es sich um Abdampfverwertung bei gleichzeitiger Zwischendampfentnahme handelt, oder wenn im Winter mit Abdampfheizung, im Sommer dagegen mit Kondensation gearbeitet werden soll.

Infolge der Anwendung hoher Überhitzung ist insbesondere bei der Auspuffmaschine, wie überhaupt bei kleineren Maschinen, der Dampfverbrauch ganz erheblich herabgedrückt worden, verhältnismäßig mehr als bei Betrieb mit Kondensation. Dieser Umstand im Verein mit der größeren Einfachheit des Betriebes trägt dazu bei, daß die Auspuffmaschine für kleinere Einheiten häufig der Kondensationsmaschine vorgezogen wird, wenn man es mit billigen Brennstoffpreisen zu tun hat. Insbesondere für unterbrochene Betriebe und für Reservezwecke begnügt man sich häufig mit Auspuffmaschinen, da hier nicht die Brennstoffkosten, sondern die Kapitalkosten entscheidend sind.

Die Auspuffmaschine wird der Kondensationsmaschine auch dort vorgezogen, wo der Maschinenabdampf zu Heizzwecken u. dgl. ausgenützt werden kann. Besteht nur für einen Teil des gesamten Maschinendampfes Verwendung, oder wird nur zeitweise Heizdampf gebraucht, so kommen folgende Lösungen in Betracht:

1. Aufstellung einer Kondensationsmaschine und Heizen mit Vakuumdampf. Voraussetzung hierfür ist, daß nur niedere Temperaturen erforderlich sind.

2. Aufstellung einer Maschine für gemischten Betrieb, die während der Heizperiode mit Auspuff oder Gegendruck, während der übrigen Zeit mit Kondensation arbeitet. Voraussetzung für die Anwendung einer solchen Maschine ist, daß sich die Heizperiode über einen längeren Zeitraum erstreckt. Bei öfterem Übergang von der einen zur anderen Betriebsweise wäre jedesmaliges Verstellen der Kompression erforderlich, was gewöhnlich zu viel Umstände verursacht.

3. Aufstellung einer Verbundmaschine für Zwischendampfentnahme, wenn es sich um eine Anlage mit größerem Kraftbedarf handelt. Hier ist es je nach dem Zylinderverhältnis möglich, der Maschine unabhängig von ihrer Belastung zwischen 0 und 80% der zugeführten Dampfmenge aus dem Zwischenbehälter zu entnehmen, wobei die Entnahmespannung zwischen 0,5 und 4 at liegen kann. Je geringer hierbei der Entnahmedruck eingestellt werden kann, desto größer sind die durch die Dampfentnahme erzielbaren Ersparnisse.

4. Aufstellung von zwei getrennten Maschinen, einer Auspuff- oder Gegendruckmaschine für die Heizung und einer Kondensationsmaschine oder Verbrennungsmaschine für ausschließliche Krafterzeugung, die beide auf die gleiche Welle oder dasselbe elektrische Netz arbeiten. Die Heizdampfmaschine wird hierbei von Hand oder selbsttätig nur so stark belastet, daß ihr Abdampf gerade dem Heizbedürfnis genügt. Ist kein Heizdampf nötig, so läuft nur die Kondensationsmaschine oder Verbrennungsmaschine. Die bei veränderlichem Heizdampfbedarf entstehenden Kraftschwankungen werden durch den Geschwindigkeitsregulator der Kondensationsmaschine oder Verbrennungsmaschine ausgeglichen. Auch diese Lösung kommt nur bei größerem Kraftbedarf in Betracht, und zwar meist nur dort, wo es sich um die wirtschaftliche Ausgestaltung vorhandener Dampfanlagen handelt. Für Neuanlagen wird meist die Aufstellung einer Maschine für Zwischendampfentnahme vorzuziehen sein.

Die Gleichstrom-Dampfmaschine eignet sich in erster Linie für den Betrieb mit Kondensation. Als Auspuff- oder Gegendruckmaschine ist sie weniger wirtschaftlich als eine gewöhnliche Einzylindermaschine. Wo Zwischendampfentnahme in Betracht kommt, ist eine Verbundmaschine vorzuziehen. Die Gleichstrommaschine gestattet zwar, wenigstens in beschränktem Maße, auch die Entnahme von Zwischendampf, jedoch haben sich diesbezügliche Einrichtungen bis jetzt noch nicht einzuführen vermocht.

56. Wärme- oder Wasserkraftanlage.

Häufig begegnet man bei Nichtfachleuten der Meinung, daß eine Wasserkraft jeder anderen Kraftquelle in bezug auf Wirtschaftlichkeit überlegen sei, da kein Brennstoff verbraucht werde und das Wasser nichts koste, insofern als es eine sich ständig erneuernde Kraftquelle darstellt. Tatsächlich aber ist, wie sich aus den nachfolgenden Betrachtungen ergibt, die Wärmekraftanlage in vielen Fällen der Wasserkraft überlegen.

Die Frage, ob für einen Betrieb Wärme- oder Wasserkraft vorzuziehen ist, wird meist durch die Höhe der Betriebskosten entschieden. Während die Betriebskosten von Wärmekraftmaschinen unter sonst gleichen Verhältnissen durch die Größe der Anlage und den Ausnützungsfaktor bestimmt werden, spielen bei Wasserkraftanlagen noch die örtlichen Verhältnisse eine wichtige Rolle. Der Hauptanteil der Betriebskosten entfällt hier auf die Verzinsung und Abschreibung des Anlagekapitals, während die Kosten für Bedienung, Schmierung und Wartung zurücktreten. Die spezifischen Betriebskosten einer Wasserkraft hängen demnach hauptsächlich von den Anlagekosten für die ausgebaute PS und dem Ausnützungsfaktor ab. Ebenso wie die Anlagekosten, fallen auch die Betriebskosten bei großem Gefälle geringer aus als bei kleinem.

Die Abschreibung kann gemäß früher für den baulichen Teil der Wasserkraftanlage zu 1—2% und für den maschinellen Teil zu 7—11%, je nach der Betriebsdauer, angenommen werden. Diese Sätze sind als vollkommen ausreichend zu erachten. Eher erscheint es berechtigt, bei Wasserkraftmaschinen etwas geringere Abschreibungen anzunehmen als bei Wärmekraftmaschinen, da Wasserkraftwerke gleich von vornherein für den vollständigen Ausbau projektiert zu werden pflegen, ein Unbrauchbarwerden der Anlage infolge Vergrößerung also hier nicht zu befürchten ist. Bisweilen erfolgt für die eigentlichen Wasserbauten überhaupt keine Abschreibung, in der Erwägung, daß deren Erneuerung bei sachgemäßer und guter Ausführung nicht zu gewärtigen ist, sofern für eine ordnungsgemäße Unterhaltung gesorgt wird.

Für Unterhaltung und Reparaturen kann man für den baulichen Teil 0,5% und für den maschinellen 1—2,5%, je nach der Betriebsdauer, annehmen. Der für den baulichen Teil angegebene Prozentsatz wird vielfach auch dann noch als ausreichend erachtet, wenn eine Abschreibung des wasserbaulichen Teiles nicht vorgenommen wird.

Die auf die Bedienung des maschinellen Teiles entfallenden Kosten hängen nicht so sehr von der Größe der Turbinen, als von ihrer Anzahl ab. Je weiter die Unterteilung getrieben wird, desto höher ergeben sich die Bedienungskosten. Die Bedienung des wasserbaulichen Teils ist von den örtlichen und klimatischen Verhältnissen sowie den ortsüblichen Löhnen abhängig. Je nach der besonderen Art des Wehrs, der Werkkanäle und der Rohrleitungen, sowie je nach der Entfernung des Wehrs vom Krafthaus fällt der Aufwand für Bedienung verschieden hoch aus. In Gegenden mit rauhem Klima hat man in der Winterszeit unter Umständen ein beträchtliches Personal allein zur Entfernung des Eises und zum Kratzen der Rechen notwendig.

Der Verbrauch an Schmier- und Putzmaterial hängt von der Größe und dem System der Turbinen sowie von dem Gefälle ab. Bei überschlägigen Betriebskostenrechnungen kann man die für 1 PS_e-st entstehenden Kosten für Schmier- und Putzmaterial wie folgt annehmen:

für Anlagen bis 500 PS etwa $^1/_2$,
» » über 500 » » $^1/_3 - ^1/_5$

derjenigen für gleichgroße Kolbendampfmaschinen.

Ist eine Wasserkraftanlage nicht voll belastet, so bleiben sowohl die indirekten als auch die direkten Betriebskosten annähernd dieselben, so daß die Erzeugungskosten der PS_e-st entsprechend größer werden. In Gegenden mit kalten Wintermonaten und in Flußgebieten mit Geschiebe oder anderen Verunreinigungen empfiehlt es sich, noch einen entsprechenden Zuschlag zu den Betriebskosten für unvorhergesehene Betriebsstörungen zu machen.

Die allgemeinen Verwaltungskosten, d. h. die Kosten für Geschäftsleitung, Bureaumiete, Bureaupersonal usw. können gemäß früher ganz außer Betracht bleiben, wenn der Betrieb der Wasserkraftanlage an ein bestehendes Unternehmen angegliedert wird. Handelt es sich dagegen um ein selbständiges Unternehmen, so fallen die allgemeinen Verwaltungskosten unter Umständen erheblich ins Gewicht.

Die Wasserzinse sowie die Steuern und Abgaben richten sich nach den gesetzlichen Bestimmungen des betreffenden Landes. Die beiden letzteren sind außerdem von dem Gewinn abhängig, den das Unternehmen abwirft.

Da die Betriebskosten von Wasserkraftanlagen in erheblichem Maße von dem Gefälle abhängen, so ist klar, daß bei einem gewissen Mindestgefälle die Rentabilität einer Wasserkraft ihre Grenze erreichen und eine Wärmekraftmaschine wirtschaftlicher arbeiten wird. Bei welchem Gefälle diese Grenze liegt, hängt außer von örtlichen Verhältnissen in erster Linie von den am Platze herrschenden Brennstoffpreisen ab. In einer Gegend mit hohen Brennstoffpreisen werden unter Umständen noch Wasserkräfte ausgebaut, die in einer Gegend mit billigen Brennstoffpreisen längst nicht mehr bauwürdig sind. Die Größe des Gefälles kann nur dort außer Betracht bleiben, wo ohnedies Staustufen herzustellen sind, wie bei der Kanalisierung von Flußläufen. Die gleichzeitige Ausnützung der Staustufen zu Schiffahrts- und Kraftzwecken erweist sich gemäß S. 44 in der Regel als wirtschaftlich.

Stellt sich bei Ausarbeitung eines Projektes heraus, daß die durch den Erwerb und den Ausbau einer Wasserkraft bedingten Kosten höher sind als der gemäß Abschnitt 37 ermittelte Höchstwert, so würde der Betrieb der Wasserkraftanlage höhere Kosten verursachen als der einer gleichstarken Wärmekraftanlage. Der Ausbau der Wasserkraft erweist sich dann nicht als wirtschaftlich. Dies wird insbesondere dort der Fall sein, wo größere Wärmekraftreserven notwendig sind, da alsdann zu den Betriebskosten der Wasserkraftanlage noch die der Wärmekraftanlage hinzukommen.

Die günstigsten Verhältnisse für Wasserkraftanlagen liegen bei elektrochemischen und elektrometallurgischen Betrieben vor, da diese die Wasserkräfte im allgemeinen am besten auszunützen in der Lage sind. Auch dort ist eine gute Ausnützung der Wasserkraft möglich, wo bei reichlicher Wasserführung der Kraftüberschuß in Form von elektrischer Energie an ein fremdes Netz verkauft werden kann, während umgekehrt bei Wasserklemme Strom aus dem gleichen Netz bezogen wird. Dagegen können Saisongeschäfte o. dgl. eine Wasserkraft nur unvollkommen ausnützen. Für solche Betriebe ist, wie bereits im Abschnitt 37 erwähnt, diejenige Anlage die wirtschaftlichste, die die geringsten Kapitalkosten verursacht. Dies ist im allgemeinen die Wärmekraftanlage.

Bei Elektrizitätswerken, wenigstens bei größeren, liegen die Verhältnisse für Wasserkraftanlagen gewöhnlich nicht so günstig, als vielfach angenommen wird, zumal wenn die Wasserkraft abseits vom eigentlichen Verbrauchsgebiet liegt. Denn in diesem Falle müssen zu den Betriebskosten der Wasserkraftanlage noch diejenigen hinzugefügt werden, die durch die Umwandlung und Fortleitung der Energie sowie durch die hierbei entstehenden Verluste verursacht werden. Diese Kosten und Verluste sind bei größeren Entfernungen häufig derart hoch, daß dadurch der Wert einer Wasserkraft außerordentlich herabgedrückt, manchmal geradezu vernichtet wird.

Gut ausgenützte Elektrizitätswerke haben eine jährliche Benutzungsdauer, bezogen

auf die abgegebene Höchstleistung von 1500—4000, im Mittel also etwa . . . . 3000 st

auf ihre Gesamtleistung einschließlich der Reserven von 1000—3000, im Mittel also etwa . . . . 2000 st.

Im Mittel würde sonach eine Zentrale für jedes Kilowatt abgegebener Höchstleistung im Jahr 3000 kW-st und für jedes Kilowatt Gesamtleistung im Jahr 2000 kW-st erzeugen[1]). Was kostet dies nun an Kohlen sowie an Verzinsung und Abschreibung?.

Eine neuzeitliche große Dampfanlage braucht einschließlich sämtlicher Betriebszuschläge 0,9—1 kg Steinkohlen für die erzeugte kW-st. Nehmen wir rund 1 kg an und rechnen mit einem Kohlenpreis frei Werk von 1,5 bzw. 2,0 bzw. 2,5 Pf./kg, je nach der Gegend Europas. Nehmen wir ferner an, daß sich große Dampfanlagen um 200 M. für 1 installiertes kW herstellen lassen, und daß für den maschinellen, den baulichen und elektrischen Teil zusammengenommen 12% für Verzinsung, Abschreibung und Instandhaltung eingesetzt werden, so stellen sich die Kosten der Dampfanlage, sofern man die Ausgaben für Personal, Schmiermaterial und Sonstiges gleich hoch annimmt wie für die Wasserkraftanlage, wie folgt:

---

[1]) Hierbei ist unter Benutzungsdauer, bezogen auf die abgegebene Höchstleistung, der Quotient $\frac{\text{gesamte jährlich erzeugte kW-st}}{\text{größte Spitzenleistung}}$ verstanden und unter Benutzungsdauer, bezogen auf die Gesamtleistung, der Quotient

$$\frac{\text{gesamte jährlich erzeugte kW-st}}{\text{Gesamtleistungsfähigkeit des Werkes.}}$$

Kohlenpreis	1,5	2,0	2,5 Pf./kg
Kohlenkosten für 2000 kW-st . . .	30	40	50 M.
Kapitalkosten 12 % von M. 200 . .	24	24	24 M.
Zusammen	54	64	74 M.
also Kosten für 1 kW-st	2,7	3,2	3,7 Pf.

Rechnet man für die Wasserkraftanlage mit nur 8% Verzinsung, Abschreibung und Instandhaltung, so dürfte die Wasserkraft, wenn die jährlichen Ausgaben die gleichen wie bei der Dampfanlage sein sollen, höchstens 675, 800 bzw. 925 M./kW Gesamtleistung kosten. Hierbei ist jedoch zu berücksichtigen, daß bei dieser Rechnung keine Wärmekraftreserve angenommen wurde, daß aber gerade die Notwendigkeit einer solchen die Wirtschaftlichkeit vieler Wasserkräfte in Frage stellt. Fällt die Wasserkraftanlage teurer aus als 675, 800 bzw. 925 M., so sind ihre Betriebskosten höher als bei einer Dampfanlage.

Nimmt man für die Wasserkraftanlage einen höheren Satz als 8% für Verzinsung, Abschreibung und Instandhaltung an, so ergeben sich für die Wasserkraftanlage noch niedrigere Werte als oben, d. h. die Grenzen, bei denen die Wasserkraftanlage gerade noch mit der Wärmekraftanlage in bezug auf Wirtschaftlichkeit gleichwertig ist, rücken entsprechend weiter nach unten. Natürlich steht auch der Satz von 200 M./kW für große Dampfanlagen nicht fest. Er kann sich in besonderen Fällen erhöhen, aber auch ermäßigen.

Nachstehend sei ein weiteres Beispiel durchgerechnet, bei dem von den Anlagekosten ausgegangen werden möge: Für die Anlage eines Werkes mit Dampfturbinen seien 1 Million Mark und für eine gleich große Wasserkraftanlage 5 Millionen Mark aufzuwenden. Rechnet man für das Dampfkraftwerk wieder 12% Verzinsung, Abschreibung und Instandhaltuug, für das Wasserkraftwerk 8 % und nimmt die jährlichen Ausgaben für Bedienung beim Dampfkraftwerk zu 10 000 M., beim Wasserkraftwerk zu 7000 M. an, so ergibt sich folgende Gegenüberstellung:

	Dampfkraftwerk	Wasserkraftwerk
Verzinsung, Abschreibung und Instandhaltung . . . . M.	120 000	400 000
Bedienung . . . . M.	10 000	7 000
Zusammen M.	130 000	407 000

Es entsteht demnach ein Unterschied von 277 000 M. zugunsten des Dampfkraftwerkes, gleiche Ausgaben für Schmier- und Putzmaterial vorausgesetzt. Betragen die Brennstoffkosten wieder 1,5 bzw. 2 bzw. 2,5 Pf./kW-st, so kann man für 277 000 M. jährlich 18 466 667 bzw. 13 850 000 bzw. 11 080 000 kW-st erzeugen. Der Ausbau der Wasserkraft empfiehlt sich also erst dann, wenn jährlich mehr als 18 466 667 bzw. 13 850 000 bzw. 11 080 000 kW-st, je nach dem Brennstoffpreis, benutzt werden können. Auch hier ist wieder vorausgesetzt, daß die verfügbare Wasserkraft so wenig veränderlich ist, daß sie auch bei Niederwasser, Hochwasser und Eisgang die erforderliche Leistung ergibt, so daß man ohne Wärmekraftreserve auskommt.

Wo es sich um eine bereits vorhandene, zu verkaufende Wasserkraftanlage handelt, berechne man die gesamten direkten und indirekten Kosten, die durch deren Betrieb entstehen. Gleichzeitig ermittle man die Betriebskosten einer entsprechenden Wärmekraftanlage. Der Unterschied zwischen den jährlichen Betriebskosten der Wasser- und Wärmekraftanlage läßt alsdann den Nutzen der Wasserkraft erkennen. Kapitalisiert man diesen Unterschied, so ergibt sich der Mehrwert der Wasserkraft gegenüber dem angebotenen Verkaufspreis. Bei Gleichheit der Betriebskosten wird man gemäß S. 126 schon aus finanztechnischen Gründen gewöhnlich der in der Anschaffung billigeren Wärmekraftanlage den Vorzug vor der Wasserkraftanlage geben.

Bezüglich der Brennstoffpreise ist zu berücksichtigen, daß diese zwar stetig steigen, daß aber ihre Erhöhung bisher noch immer durch die Fortschritte der Technik, d.h. durch bessere Brennstoffausnützung infolge baulicher und betriebstechnischer Verbesserungen der Wärmekraftanlagen wettgemacht, ja sogar mehr als ausgeglichen wurde. Damit hängt zusammen, daß viele kleinere Wasserkräfte, die vor etwa 2—3 Jahrzehnten noch wirtschaftlich waren, heute so gut wie wertlos geworden sind. Die Anlage- und Betriebskosten der Wärmekraftanlagen sind gegenüber früher so wesentlich zurückgegangen, daß die untere Grenze für wirtschaftliche Wasserkräfte heute schon auf etwa 80—100 PS hinaufgerückt ist. In Gegenden, die nahe den Kohlengebieten liegen, erhöht sich diese Grenze unter Umständen auf mehrere hundert PS. Denn wenn man Wasserkraftwerke gut anlegen und ausführen will, so verursachen sie bedeutende Anlagekosten. Dazu kommt, daß die Kosten für Bedienung bei kleinen Anlagen verhältnismäßig hoch sind. Mit zunehmender Wirtschaftlichkeit der Wärmekraftanlagen können deshalb die genannten Grenzen noch weiter nach oben hinaufrücken. Im übrigen ist nicht zu übersehen, daß dem Steigen der Brennstoffpreise ein Steigen der Baupreise gegenübersteht. Diese Verhältnisse machen es verständlich, daß sogar in der Schweiz mit ihren hohen Kohlenpreisen Wärmekraftanlagen gegenüber Wasserkräften wettbewerbsfähig sind[1]).

Mit Rücksicht auf die Fortschritte auf dem Gebiet der Wärmekraftanlagen kann es sich empfehlen, bei der Bewertung einer Wasserkraft einen reichlichen Sicherheitsfaktor einzusetzen, indem man einer vielleicht schon in wenigen Jahrzehnten eintretenden Wertminderung durch entsprechend reichlich bemessene Abschreibungen Rechnung trägt.

In den vorstehenden Darlegungen wurde versucht, die wirtschaftliche Bedeutung der Wasserkräfte — wenigstens für deutsche Ver-

---

[1]) Vgl. Nüscheler, Zeitschr. d. Bayr. Rev.-Vereins 1915, S. 75ff.

hältnisse — auf ihren wirklichen Wert zurückzuführen[1]). Hierbei mag nicht unerwähnt bleiben, daß sich der Ausbau einer Wasserkraft unter Umständen auch in solchen Fällen empfehlen kann, wo es dem Unternehmer nicht so sehr auf höchste Wirtschaftlichkeit, als vor allem darauf ankommt, sich von Arbeiterausständen, Aussperrungen oder anderen Ereignissen bis zu einem gewissen Grade unabhängig zu machen. Wie die Erfahrungen des Weltkrieges gelehrt haben, kann der Ausbau von Wasserkräften auch im staatlichen Interesse liegen, da die Kohlenförderung und -versorgung im Kriege nicht allein unsicher ist, sondern im Vergleich zu Wasserkraftanlagen auch ziemlich viele Arbeitskräfte bindet. Ferner ist der Ausbau von Wasserkräften stets mit Freuden zu begrüßen, wenn dadurch gleichzeitig ein Nebenzweck erreicht wird, sei es die Verhinderung verderbenbringender Hochwässer oder die Schiffbarmachung von Flüssen.

Zum Schlusse dieses Abschnittes möge noch darauf hingewiesen werden, daß häufig — gerade von staatlicher Seite — der Fehler gemacht wird, daß man nur den Ausbau ganz großer Wasserkräfte ins Auge faßt, während mittlere Anlagen von etwa 100—500 PS unausgenützt bleiben. Wenn auch späterhin infolge des Fortschrittes auf dem Gebiete der Wärmekraftanlagen die untere Grenze der Wirtschaftlichkeit von Wasserkräften vielleicht auf 200 PS hinaufrücken sollte, so ist doch nicht zu übersehen, daß bis zu diesem Zeitpunkte die Wasserkraftanlage bereits abgeschrieben ist und sich infolgedessen bezahlt gemacht hat. Es dürfte sich deshalb empfehlen, diese mittleren Wasserkräfte künftighin weniger zu vernachlässigen als bisher, und anderseits die ganz großen Wasserkräfte besser privaten Unternehmungen zum Ausbau zu überlassen[2]). Der Staat ist ja immer in der Lage, sich das Recht des Rückkaufs bzw. des Übergangs in seinen Besitz vorzubehalten.

Es wurde auch schon von anderer Seite darauf hingewiesen, daß kleinere Wasserkräfte häufig wirtschaftlicher sind als ganz große Wasserkraftanlagen. Als Beleg hierfür verweise ich auf die folgenden beiden Beispiele. So schreibt Oberingenieur Stierstorfer im Jahrgang 1911, S. 999, der Elektrotechnischen Zeitschrift:

„In letzter Zeit hat besonders in Bayern eine Bewegung eingesetzt, die auf Grund der Arbeiten des hydrotechnischen Bureaus über die Wasserkräfte Bayerns nur noch den Ausbau ganz großer Wasserkräfte oder der staatseigenen Kohlenlager für Überlandzentralen anstrebt.

Wenn auch vom technischen Standpunkt aus diese Bewegung im allgemeinen anzuerkennen ist, so kann man dieser Anschauung aus wirtschaftlichen Gründen, und diese müssen stets in erster Linie berücksichtigt werden, nicht ohne weiteres für alle Fälle beipflichten.

Ein Anschluß von Großabnehmern für die mit überaus hohen Lasten zu erbauenden großen Wasserkraftanlagen ist nur dann zu erhoffen, wenn ihnen seitens dieser ganz großen Überlandzentralen wesentliche Vorteile gegenüber

---

[1]) Vgl. in dieser Hinsicht auch die Ausführungen von Direktor Oskar Bühring der Rheinischen Schuckert-Gesellschaft Mannheim in seinem Vortrage „Mit Dampf betriebene elektrische Kraftwerke“ (Zeitschr. f. d. gesamte Turbinenwesen 1912, S. 267).

[2]) Vgl. auch Z. d. V. d. I. 1913, S. 670, linke Spalte, Absatz 6.

der eigenen Stromerzeugung geboten werden könnten, was in vielen Fällen indessen nicht möglich ist.

Durch die Erstellung derartiger Überlandzentralen würden aber die mittleren und kleineren Wasserkräfte, die in der Regel im Besitze von Mahl- oder Sägewerksbesitzern sind, völlig entwertet.

Die Mahl- und Sägemüller haben an sich schon durch die großen Dampfmühlen und Dampfsägewerke einen schweren wirtschaftlichen Stand, so daß viele Mühlenbesitzer, besonders die Inhaber von sog. Kundschaftsmühlen, gezwungen sind, für ihre Triebwerksanlagen eine andere rentablere Verwertung zu suchen.

Von diesem Standpunkt aus erscheint es sehr bedenklich, die Wasserkraftbesitzer ohne besondere Entschädigung durch einen reinen Machteingriff in das Privatrecht und -eigentum wirtschaftlich zu vernichten, insbesondere, wenn man berücksichtigt, daß selbst bei dem geplanten Ausbau nicht einmal alle Ortschaften infolge ungünstiger Lage oder zu kleinen Umfanges angeschlossen werden könnten. Die Statistik der Elektrizitätswerke lehrt, daß die großen Überlandzentralen, die doch in erster Linie für die Landwirtschaft bestimmt sind, sich durchaus nicht derart rentieren, daß die kleineren Werke nicht erfolgreich daneben bestehen könnten.

Das Eigentümliche dieser Überlandzentralen ist die außerordentlich unregelmäßige Kraftentnahme seitens der landwirtschaftlichen Stromabnehmer, die im Herbste während der Dreschzeit ihren Höhepunkt erreicht nnd dann dreiviertel des Jahres hindurch nur eine 30- bis 50prozentige Ausnutzung der Triebkraft darstellt, sofern nicht industrielle Betriebe für eine regelmäßige Kraftabnahme vorhanden sind, was aber, wie bereits eingangs ausgeführt wurde, in den wenigsten Fällen möglich ist.

Da auch diese Überlandzentralen in bezug auf die Ausbau- und Anlagekosten, die Betriebs- und Verwaltungskosten keinen wesentlich billigeren Tarif für den Strombezug aufstellen können, als ihn die bereits bestehenden Werke der Großstädte, der Industriellen usw. haben, so ist auch für absehbare Zeit hinaus die Möglichkeit des Anschlusses dieser unbedingt notwendigen Abnehmer ausgeschlossen, um so mehr, als die Städte aus ihren eigenen Werken in den meisten Fällen ganz bedeutende Überschüsse erzielen.

Die häufig angezweifelte Betriebssicherheit der mittleren und kleineren Werke ist tatsächlich sogar oft größer, als sie bei diesen Großbetrieben wäre, da hier in genau gleicher Weise Defekte und Betriebstörungen in der Stromerzeugungsanlage auftreten können, und bei dem mehrere Hunderte von Kilometern langen Stromverteilungsnetz durch Schneefälle, Hochwasser und sonstige Störungen ganze Distrikte und Bezirke außer Betrieb gesetzt werden würden.

Ein Vorteil kleinerer Werke ist ferner der, daß nach der Hauptbetriebszeit die vorhandene überschüssige Kraft wieder für den früher vorhandenen Betrieb zum Mahlen, Sägen, Holzschleifen usw. verwendet werden kann, so daß das Werk jeweils günstig belastet ist . . .“

In einer Besprechung des im Jahre 1914 erschienenen amtlichen Werkes »Die Wasserkräfte des Berg- und Hügellandes in Preußen und benachbarten Staatsgebieten« macht Dr. Br. Thierbach im Jahrgang 1915, S. 343 der Elektrotechnischen Zeitschrift darauf aufmerksam, daß die im Zug der Zeit liegende Errichtung großer Überlandwerke den Ausbau kleiner Wasserkräfte nicht verhindern sollte. Nachstehend ist ein Teil seiner Ausführungen wiedergegeben:

„Es ist nun klar, daß auch bei Vorhandensein eines günstig arbeitenden Überlandwerkes der Ausbau einer kleinen Wasserkraft für einen Gewerbebetrieb irgendwelcher Art lohnend sein wird, sobald die durch sie erzeugte Kilowattstunde sich billiger stellt als das Überlandwerk sie nach der betreffenden Stelle zu liefern vermag; ja, es ist zweifellos, daß gerade das Vorhandensein eines Überlandwerkes den Ausbau kleiner Wasserkräfte begünstigen muß, da der betreffende Gewerbebetrieb alsdann für die notwendige Reserve und Ergänzung seiner Kraft keine kostspieligen Dampf- oder Explosionsmotoren aufzustellen braucht, sondern sich einen Anschluß an das Überlandwerk zulegen kann. Solche Reserve- und Ergänzungsanschlüsse werden denn auch in neuerer Zeit von den Verwaltungen der Überlandwerke, die sich anfangs häufig ablehnend dagegen verhielten, unter durchaus annehmbaren Bedingungen gewährt.

Auf diesem wirtschaftlich zweifellos richtigen Wege, einen weiteren Schritt zu tun, hat man sich bisher jedoch gescheut, und doch wäre nichts natürlicher, als die von den Dynamos des Gewerbebetriebes erzeugte Elektrizität auch ihrerseits dem Netze des Überlandwerkes zuzuführen, soweit und so oft sie von dem Gewerbebetrieb nicht benötigt wird.

Technisch dürften dem Parallelarbeiten zahlreicher kleiner Stromerzeuger mit den Maschinen des Großkraftwerkes heute keine Bedenken mehr entgegenstehen, wirtschaftlich ist eine solche Anordnung selbstverständlich nur zu empfehlen, sobald die von der Wasserkraft erzeugte Elektrizität sich zweifellos billiger stellt als die Gestehungskosten des Überlandwerkes, für die betreffende Stelle berechnet."

In der Folge stellt Thierbach auf Grund einer überschlägigen Rechnung fest, unter welchen Bedingungen das Zusammenarbeiten kleiner Wasserkraftanlagen mit Überlandwerken vom Standpunkt der letzteren aus als wirtschaftlich erscheint.

57. Transmissions- oder elektrische Übertragung.

Allgemeines.

Da vielfach bei der Projektierung von Kraftanlagen die Frage aufgeworfen wird, ob Transmissions- oder elektrischer Antrieb wirtschaftlicher sei, so möge hierauf kurz eingegangen werden, zumal die Art des Antriebes unter Umständen auch darauf von entscheidendem Einfluß ist, ob eine eigene Kraftanlage oder der Anschluß an ein Elektrizitätswerk zu bevorzugen ist.

Zweifellos hat man bei elektromotorischem Einzelbetrieb außer dem Vorteil, der unter Umständen in dem unmittelbaren Zusammenbau von Elektromotor und Arbeitsmaschine liegt, den Vorteil bequemster Teilbarkeit der Antriebskraft und damit auch denjenigen einer gewissen Unabhängigkeit beim Bau der Fabrik. Jedoch darf auf der anderen Seite nicht übersehen werden, daß durch Unterteilung der Gesamtkraft in eine größere Anzahl kleiner Leistungen ein Hauptvorteil des elektromotorischen Antriebes, die geringen Anlagekosten, zum großen Teil verlorengeht, weil naturgemäß bei kleinen Motoren die Leistungseinheit wesentlich teurer kommt als bei großen, und weil bekanntlich bei Einzelantrieben die Gesamtleistung der Motoren bedeutend größer als bei Transmissions- oder Gruppenantrieben zu wählen ist, da jeder Motor dem höchsten Kraftbedarf der anzutreibenden Maschine entsprechen muß. Bei Aufstellung einer größeren Anzahl von Einzelmotoren erhöhen sich außer den Kapitalkosten auch die Bedienungskosten, da man alsdann zur Instandhaltung der Motoren besondere fachkundige Leute nötig hat. Die einzelnen Arbeiter mit der Instandhaltung ihrer Motoren zu beauftragen, erscheint im allgemeinen nicht zweckmäßig; erstens besitzen sie hierzu meist nicht die nötigen Spezialkenntnisse und zweitens fehlt es ihnen beim Arbeiten im Akkord an der erforderlichen Zeit.

Ferner kommt in Betracht, daß kleine Motoren einen ungünstigeren Wirkungsgrad als große besitzen, zumal wenn sie, wie bei Einzelantrieben, verhältnismäßig niedrig belastet werden. Und endlich ist nicht zu übersehen, daß in den Zuleitungen zu den Motoren Spannungsverluste von etwa 5% bei Vollbelastung eintreten. Man wird natürlich auch einen geringeren Spannungsverlust wählen, wenn die dadurch erzielte Kraftersparnis mehr ausmacht als die höheren Kapitalkosten der Leitungsanlage. Anderseits wird in Fällen, in denen die Kraft billig ist, und in denen auf geringe Anlagekosten besonderes Gewicht gelegt wird, unter Umständen ein noch größerer Leitungsverlust in Kauf genommen.

Nach meinen Erfahrungen werden die Transmissionsverluste häufig überschätzt und teilweise auch gänzlich abnorme Verhältnisse zum allgemeinen Vergleich herangezogen. Es ist zu beachten, daß ungünstige Ergebnisse, die bei weitverzweigten alten, schlecht montierten oder mangelhaft gewarteten Transmissionen festgestellt wurden, nicht ohne weiteres auf unsere heutigen verbesserten Transmissionsanlagen übertragen werden dürfen. Ferner ist zu berücksichtigen, daß die Verluste, die in den Transmissionssträngen und Vorgelegen auftreten, bei elektrischem Gruppenantrieb die gleichen sind, wie bei reinem Transmissionsantrieb, und daß die beim Gruppenantrieb etwas geringeren Verluste in den Hauptantrieben allein schon durch die größeren Verluste in den Zuleitungen zu den Motoren ausgeglichen werden.

Im nachfolgenden möge an Hand eines Beispieles erörtert werden, ob Transmissions- oder elektrischer Antrieb geringere Verluste verursacht. Hierbei sei angenommen, daß es sich um ein zweistöckiges Fabrikgebäude handelt, und daß die schwersten Arbeitsmaschinen in den Parterreräumen, die leichtesten Maschinen hingegen im zweiten Stock aufgestellt seien. Die Leistung der Kraftmaschine betrage 150 PS, während der Kraftbedarf im Jahresdurchschnitt nur 113 PS ausmache, entsprechend $^3/_4$-Belastung.

Da es sich hier um die Frage der Kraftübertragung handelt, so kommt das System der Kraftmaschine erst in zweiter Linie in Betracht. Es möge deshalb im nachfolgenden der Einfachheit halber angenommen sein, daß der Kraftbedarf durch Anschluß an ein Elektrizitäts- oder Überlandwerk mit Drehstrombetrieb gedeckt werde. Hierbei wurden jeweils die Verluste in Zuleitungen, Motoren, Hauptantriebsstücken nebst daranhängender glatter Transmission berücksichtigt, nicht aber die Verluste, die beim Antrieb der einzelnen Arbeitsmaschinen durch unmittelbaren oder Zwischenvorgelege-Antrieb entstehen. Letztere sind bei sämtlichen Antriebsarten als gleich groß zu betrachten.

Wo es sich um schnellaufende Arbeitsmaschinen handelt, empfiehlt sich im allgemeinen der unmittelbare Antrieb. Zwischenvorgelege sucht man schon mit Rücksicht auf die dadurch verursachten Kraftverluste zu vermeiden. Bei den mit geringer Umlaufzahl arbeitenden Maschinen für Metallbearbeitung hingegen wird in der Regel ein Zwischenvorgelege angewendet.

I. Reiner Transmissionsantrieb.

Im Parterre der Fabrik sei ein einziger Elektromotor von 150 PS aufgestellt, Fig. 40. Die Übertragung nach den drei Haupttransmissionssträngen erfolge mittels Riemen in der Weise, daß der Motor unmittelbar auf den im Parterre liegenden Transmissionsstrang arbeitet. Die Transmissionen im ersten und zweiten Stock hingegen sollen von dem unteren

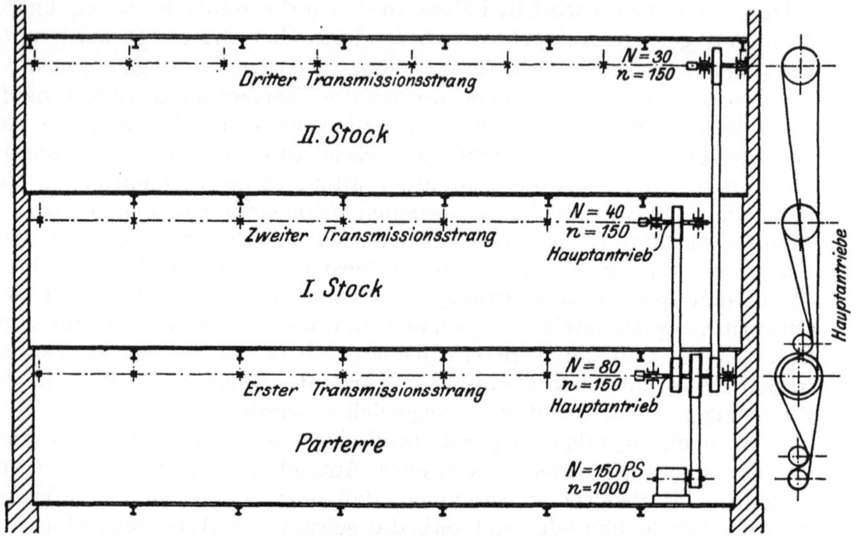

Fig. 40. Antrieb der Haupttransmissionen von einer einzigen Stelle aus mittels Riemen unter Verwendung von selbsttätigen Spannrollengetrieben. Reiner Transmissionsantrieb.

Transmissionsstrang aus einzeln angetrieben werden. Unter Berücksichtigung des Umstandes, daß der Motor und die Transmissionsanlage nur $^3/_4$ belastet sind, ergibt sich alsdann:

Wirkungsgrad des Motors	91,5%
Wirkungsgrad der drei Hauptantriebsstücke	96 %
Wirkungsgrad der an die Hauptantriebsstücke angekuppelten Transmissionen im Mittel	94,7%
Gesamtwirkungsgrad der Kraftübertragung	83,1%

Es kommen demnach von der in den Motor hineingeschickten elektrischen Energie durchschnittlich 83,1% bei den Arbeitsmaschinen an. Hierbei wurden die Verluste in den drei Hauptantriebsstücken zu 3% und die in den drei an die Hauptantriebsstücke angekuppelten Transmissionssträngen durch Lager- und Luftreibung verursachten Verluste zu 4% der Vollbelastung geschätzt. Da die Anlage nur $^3/_4$ belastet ist, so erhöhen sich diese Verlustziffern auf 4 und 5,3%.

Diese Verluste sind ziemlich reichlich angenommen. Bei der hier vorgesehenen Anwendung von Riemenspannvorrichtungen (selbsttätigen

Spannrollengetrieben) könnten die Verluste in den Hauptantrieben sogar etwas geringer veranschlagt werden, da hierbei der Riemen wesentlich schwächer angespannt zu werden braucht, als bei dem gewöhnlichen Riemenantrieb. Man kommt infolgedessen bei Anwendung von selbsttätigen Riemenspannvorrichtungen mit schwächeren Riemen und leichteren Hauptantrieben aus, weshalb es gerechtfertigt erscheint, den Wirkungsgrad der Hauptantriebe etwas höher anzunehmen als beim gewöhnlichen Riemenantrieb.

Eine weitere Verringerung der Verluste ist dadurch möglich, daß man Kugellager an Stelle von Gleitlagern verwendet, was heute bei Neuanlagen vielfach geschieht[1]).

II. Elektrischer Gruppenantrieb.

Hierbei möge angenommen werden, daß im Parterre ein 80pferdiger Motor, im ersten Stock ein solcher von 40 PS und im zweiten Stock einer von 30 PS zur Aufstellung komme. Es sind nun zwei Möglichkeiten gegeben:

a) Die Motoren können unmittelbar mit den Haupttransmissionen gekuppelt werden. Dieser in Fig. 41 dargestellte Fall kommt nur

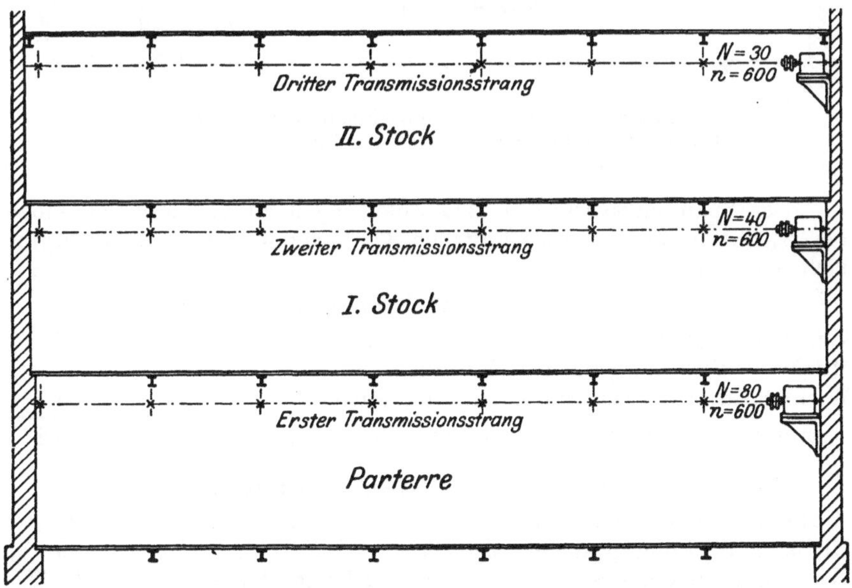

Fig. 41. Antrieb jeder Haupttransmission durch einen direkt gekuppelten Motor. Gruppenantrieb.

ausnahmsweise in Betracht, nämlich dann, wenn es sich um raschlaufende Transmissionen mit großem Kraftverbrauch (z. B. in Spinnereien) handelt.

[1]) Vgl. z. B. Z. d. V. d. I. 1914, S. 284, rechte Spalte oben.

b) Die Motoren arbeiten mittels Riemen auf die betreffenden Transmissionen. Diese in Fig. 42 dargestellte Anordnung bildet die Regel. Hierbei wurden wieder, um Zwischenvorgelege zu vermeiden, Riemenspannvorrichtungen angenommen.

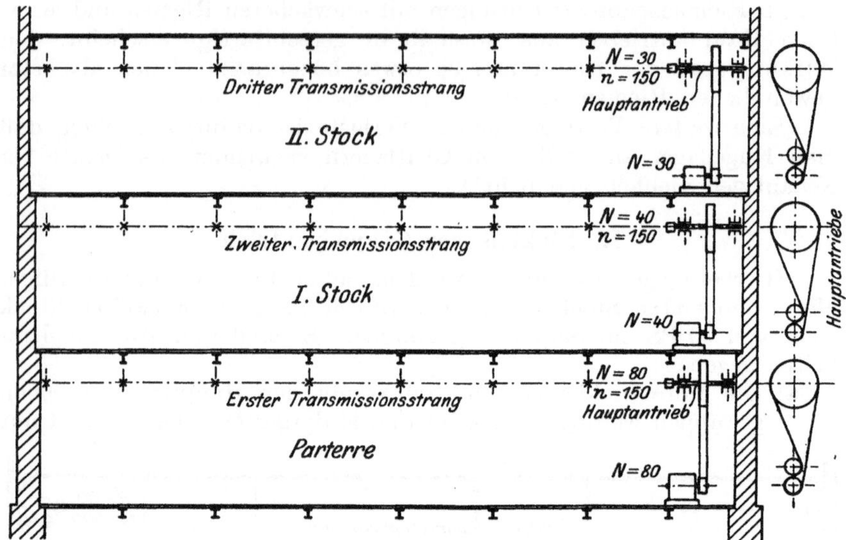

Fig. 42. Antrieb der Haupttransmissionen durch je einen Motor unter Verwendung von selbsttätigen Spannrollengetrieben. Gruppenantrieb.

Der Spannungsverlust in den Zuleitungen zu den Motoren möge bei $^3/_4$-Belastung zu durchschnittlich 3% angenommen sein. Es ergibt sich alsdann:

a) im Falle unmittelbarer Kupplung:

Wirkungsgrad der Zuleitungen	97 %
Mittlerer Wirkungsgrad der Motoren	88 %
Wirkungsgrad der Transmissionen im Mittel	94,7%
Gesamtwirkungsgrad der Kraftübertragung	80,8%

b) im Falle von Riemenantrieb:

Wirkungsgrad der Zuleitungen	97 %
Mittlerer Wirkungsgrad der Motoren	89 %
Wirkungsgrad der drei Hauptantriebsstücke im Mittel	96,5%
Wirkungsgrad der an die Hauptantriebsstücke angekuppelten Transmissionen im Mittel	94,7%
Gesamtwirkungsgrad der Kraftübertragung	78,8%

Es kommen demnach von der insgesamt verbrauchten elektrischen Energie im Falle unmittelbarer Kupplung 80,8% und im Falle von Riemenantrieb 78,8 % bei den Arbeitsmaschinen an.

Im Falle unmittelbarer Kupplung wurde der Wirkungsgrad der Motoren etwas niedriger angesetzt, mit Rücksicht auf deren geringere Umdrehungszahl. Anderseits wurden bei Riemenübertragung die Verluste in den Hauptantrieben etwas geringer angenommen als im Falle I, weil der untere Hauptantrieb nur für 80 PS, im Falle I dagegen für 150 PS zu bemessen ist. Auch hier sind die Transmissionsverluste reichlich angenommen; die tatsächlichen Verluste sind bei modernen Transmissionen eher niedriger, aus Gründen die bereits unter I dargelegt wurden.

Daß die Summe der Motorleistungen bei Gruppenantrieben etwas größer zu wählen ist als bei reinem Transmissionsantrieb, im vorliegenden Falle zu etwa 160—170 PS, wurde hier nicht weiter berücksichtigt, da dies auf den Wirkungsgrad der Motoren kaum von Einfluß ist.

III. Elektrischer Einzelantrieb.

Es möge angenommen werden, daß insgesamt 40 Elektromotoren von zusammen 230 PS Leistung benötigt werden. In Wirklichkeit wird die Summe der Einzelleistungen eher noch größer sein, da hier gemäß oben jeder Motor dem höchsten Kraftbedarf entsprechend zu bemessen ist. Zur Aufstellung sollen z. B. kommen 10 Motoren von je 10 PS, 10 Stück von 6 PS, 10 von 4 PS und 10 von 3 PS. Es ergibt sich alsdann:

Mittlerer Wirkungsgrad der Zuleitungen	97 %
» » » Motoren	81 %
Gesamtwirkungsgrad der Kraftübertragung	78,6%

Es kommen also 78,6% der aufgewendeten elektrischen Energie an den Verbrauchsstellen in Form von mechanischer Arbeit an.

Bei Annahme des Wirkungsgrades der Elektromotoren wurde berücksichtigt, daß ihre durchschnittliche Belastung in Hinsicht auf den Einzelantrieb entsprechend geringer ist.

IV. Zusammenfassung.

Aus vorstehenden Rechnungen ergibt sich, daß der mechanische Antrieb mittels Transmission die geringsten Verluste verursacht. Der Gesamtwirkungsgrad der Kraftübertragung ist hierbei selbst höher als bei elektrischem Gruppenantrieb mit unmittelbarer Kupplung der Motoren. Die Verhältnisse stellen sich für den Transmissionsantrieb naturgemäß noch günstiger, wenn die durchschnittliche Belastung größer als $^3/_4$ ist. Vom wirtschaftlichen Standpunkt aus würde sonach der reine Transmissionsantrieb den Vorzug vor den anderen Antriebsarten verdienen.

Der elektrische Gruppenantrieb wird nur dort gegenüber dem reinen Transmissionsantrieb geringere Verluste ergeben, wo die Hauptantriebe mit Hilfe von Seilen erfolgen müssen. Die Seilübertragung ergibt nämlich wesentlich größere Verluste als die Riemenübertragung. Wenn es sich daher um die Übertragung großer Kräfte auf weite Entfernung handelt, oder wenn die einzelnen Transmissionsstränge nicht parallel zueinander liegen, die Riemenübertragung sonach schwer oder überhaupt nicht mehr anwendbar ist, gebührt unter allen Umständen dem elektrischen Gruppenantrieb der Vorzug. Dieser ist überhaupt für Großbetriebe oder für ausgedehntere Betriebe mit größerem Kraftbedarf zu bevorzugen.

Der elektrische Einzelantrieb stellt sich auch in dem hierfür besonders geeigneten Beispiel mit verhältnismäßig großen Einzelmotoren nicht günstiger als der elektrische Gruppenantrieb. Ein anderes Bild kann sich dort ergeben, wo die einzelnen Arbeitsmaschinen fast immer mit gleichbleibender voller Belastung laufen, wo also die Antriebsmotoren meist voll belastet sind. Auch dort kann der elektrische Einzelantrieb zu bevorzugen sein, wo es notwendig ist, daß die Arbeitsmaschinen mit stark veränderlicher Geschwindigkeit laufen. Derartige Fälle kommen z. B. in der Textilindustrie vor. Im übrigen jedoch wird der elektrische Einzelantrieb gewöhnlich nur für Maschinen mit verhältnismäßig großem Kraftbedarf in Betracht kommen, die nicht ständig, sondern mit längeren Unterbrechungen betrieben werden. Hier wäre es nicht zweckmäßig, den ganzen Transmissionsstrang samt Antriebsmotor wegen einiger Maschinen, die nur zeitweise im Betrieb sind, stärker zu bemessen und dauernd größere Verluste in Transmission und Antriebsmotor in Kauf zu nehmen.

Außerdem wird man den elektrischen Einzelantrieb dort anwenden, wo die betreffenden Arbeitsmaschinen räumlich weit voneinander entfernt sind, oder wo es sich um den unmittelbaren Antrieb schnellaufender Maschinen handelt. Auch dort kann sich der Einzelantrieb empfehlen, wo eine bestehende Anlage, deren Betriebskraft und Transmission bereits voll ausgenützt sind, durch Aufstellung von einigen größeren Maschinen vergrößert werden soll. Wo diese Voraussetzungen nicht zutreffen, ist schon mit Rücksicht auf die geringeren Anlagekosten der reine Transmissions- oder der Gruppenantrieb zu bevorzugen[1]).

Im nachstehenden möge noch der Fall angenommen werden, daß die Maschinen nicht während der ganzen Arbeitszeit durchlaufen, daß vielmehr jede Maschine nur während der Hälfte der Arbeitszeit betrieben wird. Beim elektrischen Einzelantrieb ergibt sich hierbei der gleiche Wirkungsgrad wie früher. Dagegen fallen für den reinen Transmissionsantrieb die Verluste entsprechend größer aus. Es ergibt sich nämlich für den Transmissionsantrieb:

Wirkungsgrad des Motors	90 %
» der drei Hauptantriebsstücke	92 %
» der an die Hauptantriebsstücke angekuppelten Transmissionen im Mittel	89,4%
Gesamtwirkungsgrad der Kraftübertragung rund	74 %

[1] Daß zu weit getriebene Unterteilung der Antriebskraft nachträglich oft bedauert wird, ergibt sich z. B. aus einer Mitteilung in der Zeitschr. des Bayer. Revisionsvereins in München, Jahrg. 1913, S. 90 rechte Spalte unter der Überschrift „Abteilung III (Elektrotechnik)“.

Die Verluste in den Hauptantriebsstücken und in den Transmissionen wurden hierbei mit Rücksicht auf die Verluste in den Stillstandspausen doppelt so groß angenommen als im Falle I. Außerdem wurde der Wirkungsgrad des Motors etwas niedriger eingesetzt, mit Rücksicht auf seine geringere Belastung.

Unter diesen Verhältnissen ist, wie vorauszusehen war, der elektrische Einzelantrieb wirtschaftlicher als der Transmissionsantrieb. Allerdings wurde hierbei vorausgesetzt, daß die Elektromotoren in den Betriebspausen jeweils abgestellt werden, die Transmissionsanlage hingegen ständig mitläuft. Diese Annahme ist naturgemäß für den Transmissionsantrieb ungünstig. Denn man kann hier die Einrichtung so treffen, daß man Kupplungen vorsieht, durch die sich einzelne Stränge abschalten lassen. Man muß in diesem Falle nur darauf bedacht sein, daß die Maschinen, die bloß zeitweise arbeiten, am Ende der Transmissionsstränge aufgestellt werden. Wo dies aus Betriebsrücksichten nicht angängig ist, kann man sich in der Weise helfen, daß die betreffenden Maschinen durch Anordnung von Leerscheiben auf Losscheibenträgern oder Hohlwellen ausrückbar gemacht werden, wodurch die Maschinen völlig ausgeschaltet sind und jede Reibung vermieden wird.

Anderseits kann man bei elektromotorischen Einzelantrieben häufig die Beobachtung machen, daß die Arbeiter aus Bequemlichkeitsgründen ihre Motoren in kürzeren Betriebspausen samt Antriebsriemen und Leerscheiben oder Räderübersetzungen durchlaufen lassen, ohne sie abzustellen. Dadurch wird naturgemäß der Gesamtwirkungsgrad der Einzelantriebe heruntergedrückt.

Im vorstehenden wurde vorausgesetzt, daß das Werk an eine Überlandzentrale angeschlossen ist. Wo dies nicht zutrifft, wo vielmehr eine eigene Wärmekraft- oder Wasserkraftanlage in Betracht kommt, stellen sich die Verhältnisse sowohl für den elektrischen Gruppenantrieb als auch den elektrischen Einzelantrieb entsprechend ungünstiger, da alsdann noch die Verluste zu berücksichtigen sind, die bei der Umwandlung der mechanischen Energie in elektrische entstehen. Wenngleich deshalb in solchen Fällen die mechanische Weiterleitung der Kraft besonders vorteilhaft erscheint, so steht hier naturgemäß auch einer gemischten Art der Kraftverteilung nichts im Wege, indem man eine Haupttransmissionsanlage unmittelbar antreibt und außerdem eine Dynamomaschine aufstellt, um fernerliegende Abteilungen des Betriebes auf elektrischem Wege mit Kraft zu versorgen.

Vorstehende Ausführungen beziehen sich auf Anlagen mit reinem Kraftbetrieb. In Betrieben, die außer Kraft auch eine größere Menge Wärme benötigen, spielt unter Umständen der Wirkungsgrad der Kraftübertragung keine ausschlaggebende Rolle, insbesondere wenn die gesamte Abwärme der Maschinenanlage zu Heiz- und Kochzwecken ausgenützt werden kann.

Zum Schluß sei noch darauf hingewiesen, daß den vorstehenden Rechnungsbeispielen natürlich keine allgemeine Gültigkeit zukommt. Die Berechnungen können sich vielmehr im einzelnen Falle verschieben, je nach Art und Einteilung des betreffenden Betriebes. Auch die Bauart und Anordnung der Gebäude kann hier von Einfluß sein. Ist diese ungünstig für den reinen Transmissionsantrieb, so wird man notgedrungen zu einer anderen Antriebsart übergehen müssen, wenn auch vielleicht für die betreffenden Leistungs- und Betriebsverhältnisse der reine Transmissionsantrieb an sich am wirtschaftlichsten wäre. Weiterhin kommt noch die Stromart in Betracht, insofern diese den Wirkungsgrad der Motoren beeinflußt. Vorstehend wurde durchweg Drehstrom, d. h. die für den Wirkungsgrad und Betrieb der Motoren günstigste Stromart angenommen. Natürlich wird nicht überall Drehstrom in Betracht kommen, da die Wahl der Stromart noch von anderen Gesichtspunkten und Betriebsrücksichten abhängt. Die Wahl der geeignetsten Stromart für einen Fabrikbetrieb bildet eine Frage für sich, auf die hier nicht näher eingegangen werden kann.

Wo es sich um den Neubau einer kleineren oder mittleren Fabrik handelt, sollte man stets bestrebt sein, die Gesamtanordnung und Einteilung der Fabrik so zu treffen, daß der reine Transmissionsantrieb anwendbar ist, da dieser gewöhnlich die geringsten Verluste verursacht. Dies trifft auch dort zu, wo die Zahl der Transmissionsstränge größer ist als in den oben durchgerechneten Beispielen, in denen einfache Verhältnisse angenommen wurden, damit der Gang der Rechnung klar verständlich ist.

58. Überlastungsfähigkeit.

Da in den meisten Betrieben zeitweise Steigerungen des Kraftbedarfs vorkommen, so ist es von wesentlicher Bedeutung, inwieweit die Kraftmaschine diesen Schwankungen zu folgen vermag, mit anderen Worten, ob sie so reichlich bemessen ist, daß sie dauernd um einen gewissen Betrag überlastet werden kann, oder ob sie nur vorübergehende Überlastungen zuläßt. Früher wurde bei allen Kraftmaschinen zwischen der sog. Normalleistung sowie der dauernden und der vorübergehenden Höchstleistung unterschieden, wobei die Größenbezeichnung in der Regel nach der Normalleistung erfolgte. Hierbei wurde unter Normalleistung die Leistung verstanden, bei der die Maschine am günstigsten, d. h. mit dem geringsten Verbrauch arbeitet. In Anbetracht des scharfen Wettbewerbes und der damit zusammenhängenden wenig günstigen Geschäftslage auf dem Gebiete des Kraftmaschinenbaues sowie infolge des Mißbrauchs, der vielfach mit dem Begriff »Kraftreserve« getrieben wurde, geht man heute mehr und mehr dazu über, die Maschinen nach ihrer dauernden Höchstleistung, auch kurz Dauerleistung genannt, zu bezeichnen und zu verkaufen; vgl. auch Abschnitte 1 und 27. Nur bei Dampfkraftmaschinen ist noch heute die Bezeichnung »Normalleistung« im Gebrauch. Jedoch ist auch hier die Größe der Kraftreserve im Laufe der letzten Jahre bedeutend zurückgegangen, und es wird früher oder später auch bei Dampfkraftmaschinen dazu kommen, daß der Begriff Normalleistung durch den der Dauerleistung ersetzt wird.

Dampfkraftanlagen besitzen heute im allgemeinen eine dauernde Überlastungsfähigkeit über ihre Normalleistung hinaus von 20—30%, vorübergehend noch erheblich mehr. Bei Dampfturbinen ist die Überlastung durch den Generator begrenzt. Dieser muß nach den vom Verband Deutscher Elektrotechniker aufgestellten Normalien auf die Dauer von $^1/_2$ Stunde um 25% überlastungsfähig sein. Die Turbinen würden diese Überlastung dauernd vertragen.

Für Verbrennungsmaschinen wurde seinerzeit von der — heute nicht mehr bestehenden — Vereinigung der Kleingasmotoren-Fabrikanten vereinbart, daß nur für die dauernde Höchstleistung Garantien abgegeben werden. Es hat sich seitdem allgemein eingebürgert, Verbrennungsmaschinen nach ihrer Dauerleistung zu bezeichnen. Für die vorübergehende Überlastungsfähigkeit der Maschinen werden in der Regel 10—20% angegeben, ohne daß jedoch hierfür eine bindende Garantie übernommen wird. Bei Motoren, die mit flüssigem Brennstoff betrieben werden, erkennt man, gute Einstellung und Instandhaltung des Motors vorausgesetzt, eine Überlastung des Motors daran, daß der Auspuff mehr oder weniger stark rußt. Bei der Dauerleistung darf der Motor nicht rußen.

Auch Elektromotoren werden heute nach ihrer größten Dauerleistung bezeichnet. Jedoch müssen sie nach den Verbandsnormalien mindestens auf die Dauer von $^1/_2$ Stunde um 25% und auf die Dauer von 3 Minuten um 40% überlastbar sein, ohne daß bei Gleichstrommotoren der Kollektor zu stark angegriffen wird.

Wenn eine Kraftmaschine dauernd zu stark belastet wird, so besteht die Gefahr des Heißlaufens, wenn nicht schon vorher ein Versagen der Maschine eintritt. Letzteres bezieht sich insbesondere auf Verbrennungsmaschinen, bei denen noch hinzukommt, daß die Höchstleistung in erheblichem Maße von der Einstellung — bei Sauggasanlagen auch von der Güte des Gases — abhängig ist. Auf jeden Fall ist damit zu rechnen, daß eine zu starke Beanspruchung der Maschine eine Herabsetzung ihrer Lebensdauer zur Folge hat. Werden Elektromotoren öfters oder dauernd überlastet, so kann ihre Erwärmung einen unzulässig hohen Betrag erreichen. Die Folge hiervon ist eine Leistungsminderung, unter Umständen auch ein Schadhaftwerden der Motoren durch allmähliches Verkohlen der Isolation der Wicklungen, mit anderen Worten auch hier eine Verkürzung der Lebensdauer.

59. Betriebsicherheit. Betriebsunabhängigkeit.

Die Betriebsicherheit, d. h. die jederzeitige Leistungs- und Gebrauchsfähigkeit einer Anlage hängt ab

1. vom Maschinensystem;
2. von der mehr oder weniger sorgfältigen Ausführung der einzelnen Teile, kurz von der Güte des Fabrikates;
3. von der sachgemäßen Projektierung der Gesamtanlage;

4. von der mehr oder weniger aufmerksamen Bedienung und Instandhaltung der Anlage (hierher gehört auch die Bereitstellung von Ersatzteilen);
5. von Einflüssen höherer Gewalt, wie Hochwasser, Eisgefahr, Blitzgefahr, Sturm, Schnee usw.

Man wird im allgemeinen um so höhere Ansprüche an die Betriebsicherheit stellen, je größer eine Kraftanlage ist, da bei großen Betrieben mit einer großen Zahl von Angestellten eine Störung an der Kraftanlage naturgemäß weit empfindlichere Folgen hat als bei kleinen Betrieben. Ferner müssen Anlagen für dauernden Betrieb höhere Betriebsicherheit aufweisen als solche, die nur kurze Zeit oder aushilfsweise in Betrieb genommen werden.

Die Ursachen von Betriebstörungen sind sehr mannigfaltig. Die häufigsten Störungen rühren daher, daß Lager heißlaufen, Kolben anfressen, Wellenbrüche entstehen, Ventile stecken bleiben oder undicht werden usw.; oder es versagen die Hilfseinrichtungen, wie Brennstoff-Schmieröl-, Kühlwasserpumpen, Kompressor usw. Je verwickelter der Bau und die Einrichtung einer Kraftanlage sind, desto leichter sind Betriebsstörungen möglich.

Im allgemeinen wird unter sonst gleichen Verhältnissen die Dampfkraftanlage von der Verbrennungsmaschinenanlage in bezug auf Betriebsicherheit, trotz der hohen technischen Vollkommenheit der heutigen Verbrennungsmaschine, nicht erreicht. Ist eine Verbrennungsmaschine schlecht konstruiert und ausgeführt, oder wird sie mangelhaft eingestellt und bedient, so versagt sie leicht ihren Dienst, während eine Dampfanlage, selbst unter ungünstigen Verhältnissen, ihre Leistung hergibt, wenn auch im allgemeinen auf Kosten ihrer Wirtschaftlichkeit. Die Dampfkraftmaschine ist, ebenso wie die Wasserkraftmaschine oder die Druckluftmaschine, insofern betriebsicherer, als sie mit einem Betriebsmittel arbeitet, das unter Druck steht. Bei der Verbrennungsmaschine hingegen muß die treibende Kraft erst in der Maschine selbst erzeugt werden. Sind die Bedingungen für die Erzeugung dieser Kraft nicht erfüllt, so versagt die Verbrennungsmaschine eben ihren Dienst. Bei richtiger sachverständiger Wartung und bei einwandfreier Konstruktion und Ausführung der Maschine sind aber diese Bedingungen heute leicht zu erfüllen, so daß unter dieser Voraussetzung beide Maschinenarten als gleichwertig gelten können.

Im allgemeinen kann man sagen, daß je größer die Zahl der Zylinder ist, desto besser auch die Wartung einer Maschine sein muß. Beispielsweise beansprucht eine Sechszylindermaschine mit ihren sechs Triebwerken immerhin größere Aufmerksamkeit als eine Zwei-, Drei- oder Vierzylindermaschine. Je größer demnach die Zylinderzahl ist, desto geringer ist unter sonst gleichen Verhältnissen die Betriebsicherheit. Ebenso kann man sagen, daß normallaufende Maschinen in bezug auf Betriebsicherheit den raschlaufenden überlegen sind.

Im vorstehenden hat Betriebsicherheit die Bedeutung von »Zuverlässigkeit des Ganges«. Hinsichtlich der Sicherheit der Umgebung stellt sich das Verhältnis zugunsten der Verbrennungsmotorenanlage, was schon daraus hervorgeht, daß diese gewöhnlich keiner behördlichen Genehmigung bedarf.

Was den elektromotorischen Betrieb bzw. den Bezug von Energie aus einem Großkraft- oder Überlandwerk betrifft, so ist hier zwischen dem eigentlichen Elektromotor und der Gesamtanlage, deren Teilglied er bildet, zu unterscheiden. Ohne Zweifel bedingt die große Einfachheit und die leichte Handhabung des Elektromotors auch eine entsprechende Betriebsicherheit, jedoch darf nicht übersehen werden, daß der Elektromotor auf die Energiezufuhr von außen angewiesen und deshalb von der Betriebsicherheit der Stromerzeugungs- und vor allem der gesamten Fernleitungsanlage mit ihren vielen Unterbrechungsstellen abhängig ist, eine Abhängigkeit, die unter Umständen sehr gegen fremden Strombezug sprechen kann. Alle Störungen in der Stromzufuhr durch Fälle höherer Gewalt (elementare Naturereignisse) oder infolge Schadhaftwerdens der Maschinen- und Leitungsanlage haben eine Unterbrechung des elektromotorischen Betriebes zur Folge.

Unter Berücksichtigung dieser Verhältnisse ist es m. E. durchaus nicht gerechtfertigt, dem Betrieb mit Elektromotoren, der ja seinem Ursprung nach meist auf Wärmekraftmaschinen in der Zentrale beruht, eine höhere Sicherheit als demjenigen mit guten Wärmekraftmaschinen in eigener selbständiger Kraftanlage zuzuschreiben. Im Gegenteil ist bei der elektrischen Übertragung die Zahl der Störungsmöglichkeiten schon infolge der großen Entfernung zwischen Kraftquelle und Verbrauchsort größer. Man denke an die Leitungsbrüche bei Freileitungen, an das Durchschlagen von Kabeln, an die Beschädigungen von Transformatoren durch atmosphärische Einflüsse, Überspannungen u. dgl. Störungen kommen ferner nicht allzu selten vor beim Auftreten von Erd- und Kurzschlüssen und beim zeitweisen Ausschalten einzelner Netzteile infolge einer Störung in der Zentrale oder bei einem Abnehmer, oder bei Arbeiten am Leitungsnetz und in den Unterstationen[1]). Im übrigen ist zu beachten, daß die Betriebsicherheit der Wärmekraftmaschinen, z. B. großer Dampfturbinen, durchaus nicht immer mit der Größe der Maschineneinheiten wächst. Ich kenne zahlreiche Wärmekraftmaschinen zwischen 2 und 100 PS, an denen jahraus, jahrein keine Störung vorgekommen ist, während ich das von großen Dampfturbinen nicht immer sagen kann.

Nun kann mit Recht eingewendet werden, daß z. B. der Ersatz eines schadhaft gewordenen Transformators durch einen anderen unter günstigen Umständen im Verlaufe weniger Stunden, je nach der Entfernung vom nächsten Lager, zu bewerkstelligen ist. Wenn allerdings eine größere Zahl von Transformatoren gleichzeitig unbrauchbar wird, so ist es möglich, daß die Störung einen Tag und länger dauert. Weiterhin kann eingewendet werden, daß beim Schadhaftwerden einer Haupt-

[1]) Mit Rücksicht auf solche Störungen ist gemäß früher auch beim Anschluß an ein Großkraftwerk die Frage der Aufstellung einer unabhängigen Reserveanlage zu erwägen; vgl. S. 292.

betriebsmaschine oder eines Kessels noch immer die Reserveanlage vorhanden ist. Abgesehen von solchen Fällen, bei denen infolge zufälligen Zusammentreffens unglücklicher Umstände mehrere Maschinen ziemlich gleichzeitig schadhaft wurden, bleibt noch immer zu berücksichtigen, daß bei in der Entwicklung begriffenen Werken stets Zeiten vorkommen, in denen die Reserve ungenügend ist, insbesondere wenn ein großer Maschinensatz ausfällt. Störungen treten aber vielfach gerade im Augenblick der höchsten Belastung ein, bei welcher die meisten Maschinen am empfindlichsten sind und die Reserve am geringsten ist.

Betriebsunterbrechungen einer Anlage können außer durch schlechte Konstruktion und Ausführung, durch mangelhafte Wartung oder durch höhere Gewalt auch noch dadurch verursacht werden, daß das Bedienungspersonal erkrankt oder in den Ausstand tritt. Wenn auch derartige Vorkommnisse nur indirekt mit der Betriebsicherheit von Kraftanlagen zusammenhängen, so verdienen sie vom betriebstechnischen Standpunkt aus doch unsere volle Beachtung. Eine Anlage, die einfach ist und eine geringere Abhängigkeit vom Bedienungspersonal gewährleistet, verdient unter Umständen den Vorzug vor einer wirtschaftlicher arbeitenden, aber verwickelteren Anlage. Vielfach wird deshalb die Frage erörtert, ob nicht von diesem Gesichtspunkt aus der Anschluß an ein Elektrizitätswerk der Aufstellung einer eigenen Kraftanlage wesentlich vorzuziehen sei. Da der Elektromotor ein Mindestmaß an Bedienung beansprucht, so ist man bei ihm in der Tat am wenigsten vom Bedienungspersonal abhängig. Betrachtet man jedoch wieder den Elektromotor im Zusammenhang mit der ganzen Stromerzeugungs- und Verteilungsanlage, so zeigt sich diese Abhängigkeit indirekt auch hier, denn das zentrale Kraftwerk ist, ebenso wie die Einzelanlage, auf Wärme- oder Wasserkraftmaschinen angewiesen. Im übrigen wäre es vom betriebstechnischen Standpunkt aus unverantwortlich, einen Betrieb von einer einzigen Person abhängig zu machen. Ein gewissenhafter Betriebsleiter wird stets mehrere Leute in der Bedienung der Kraftanlage gleichzeitig anlernen, damit im Falle von Krankheit o. dgl. sofort Ersatzpersonal einspringen kann. Auf diese Weise ist auch bei Aufstellung einer eigenen Kraftanlage, natürlich immer unter der Voraussetzung, daß es sich um ein gutes Fabrikat handelt, die nötige Betriebsicherheit und Betriebsunabhängigkeit gewährleistet. Hinsichtlich der letzteren ist die eigene Kraftanlage sogar im Vorteil, insofern als man bei ihr von Sperrzeiten und Tarifbestimmungen unabhängig ist.

Daß es bei dem heutigen Stande der Technik nicht mehr berechtigt ist, die Betriebsicherheit einer guten Verbrennungsmaschine geringer zu veranschlagen als die eines Elektromotors, beweist wohl am besten das Beispiel des Automobilmotors. Obgleich der Automobilmotor ein Schnelläufer ist und unter ungünstigeren Bedingungen arbeitet als ein ortsfester Motor, besitzt er doch einen hohen Grad von Betriebsicherheit. Dabei wird er von den verschiedensten Leuten bedient.

Fünfter Teil.

Gesichtspunkte bei Projektierung von Kraftanlagen.

60. Einleitung.

Ehe auf die verschiedenen Kraftanlagen im einzelnen eingegangen wird, soll eine Anzahl wichtiger Gesichtspunkte vorausgeschickt werden, die mehr oder weniger für alle Arten von Kraftmaschinen Gültigkeit haben.

Beim Entwurf von Kraftwerken ist in erster Linie zu beachten, daß sich eine den gegebenen örtlichen Verhältnissen angepaßte, zweckmäßig und einheitlich durchgebildete Gesamtanlage ergibt, die eine möglichst hohe Wirtschaftlichkeit gewährleistet. Bei gemischtem Energiebedarf ist, soweit tunlich, die wärmewirtschaftlich günstigste Lösung anzustreben, daß sich die verfügbare Abwärmemenge und der Wärmebedarf gerade decken, daß also weder Abwärme unausgenützt verloren geht, noch Frischdampf oder Brennstoff zugesetzt werden muß. Von Wichtigkeit ist ferner die Rücksicht auf bequeme und billige Brennstoffzufuhr und -lagerung, auf die Beschaffung ausreichender Mengen von Speise- und Kühlwasser und nicht zuletzt auf die künftigen Ausbaumöglichkeiten. Als weitere wichtige Gesichtspunkte für die Projektierung von Kraftwerken kommen sodann noch in Betracht:

1. Schaffung möglichst heller, gut lüftbarer und leicht zugänglicher Räume (wo es dunkel ist, gedeihen Schmutz und Unordnung und lauert die Gefahr);
2. gute Übersichtlichkeit des Kraftwerkes, möglichst von einer Stelle aus, damit eine bequeme Betriebskontrolle und ein rasches Eingreifen bei Störungen möglich sind;
3. Unterbringung der erforderlichen Leistung auf möglichst kleiner Grundfläche, soweit dies die Rücksicht auf Unterteilung und Reserve sowie auf bequeme Bedienung zuläßt[1]);
4. tunlichste Verminderung des Bedienungspersonals, um an Betriebsführungskosten zu sparen, freilich nur soweit dies die Betriebsicherheit zuläßt;
5. kurze Dampfwege vom Kesselhaus bis zu den Maschinen, damit einesteils der Temperatur- und Druckverlust des Dampfes gering ausfällt und andernteils die Anlagekosten möglichst niedrig werden.

---

[1]) Hieraus darf jedoch nicht etwa gefolgert werden, daß stehend gebaute Maschinen allgemein zweckmäßiger sind als liegende; vgl. in dieser Hinsicht Abschnitt 55.

Bei der Projektierung von Kraftanlagen ist ferner die Möglichkeit und Zweckmäßigkeit eines Gegenseitigkeitsvertrages mit einem Elektrizitätswerk zu erwägen; vgl. S. 64. Speziell bei einem Elektrizitätswerk ist allenfalls auch die Angliederung einer Eisfabrik oder eines Kühl- und Gefrierhauses in Erwägung zu ziehen; vgl. S. 64. Ein weiterer wichtiger Gesichtspunkt bei der Projektierung von Kraftanlagen ist die Rücksicht auf die Bequemlichkeit des Bedienungspersonals. Die vollkommenste Einrichtung kann unter Umständen im praktischen Betrieb ihren Zweck verfehlen, wenn gewisse Ein- und Ausrückvorrichtungen, Schieber usw. unübersichtlich, weit voneinander entfernt oder schlecht zugänglich angeordnet sind, so daß damit zu rechnen ist, daß das Bedienungspersonal häufig aus Bequemlichkeit die rechtzeitige Betätigung dieser Organe unterläßt.

Beim Entwurf von Kraftanlagen, insbesondere Dampfkraftanlagen, spielt außer der Menge auch die Beschaffenheit des Wassers eine wichtige Rolle. Näheres über das Speisewasser und seine Reinigung findet sich S. 356; daselbst werden auch die Vorrichtungen besprochen, die zur Gewinnung eines ölfreien Kondensats notwendig sind. Bezüglich des Kühlwassers sei auf die Ausführungen im Abschnitt 76 verwiesen.

Die in früheren Jahren als besonders wichtig betrachtete Forderung, daß größere Kraftwerke in nächster Nähe der Hauptverbrauchsstellen anzulegen sind, hat seit der Ausführung großer elektrischer Fernübertragungen an Bedeutung verloren. Allgemein läßt sich hier nur sagen, daß die Lage des Kraftwerkes so zu wählen ist, daß die gesamten Betriebskosten, die hauptsächlich von den Kosten des Brennstoffs an den verschiedenen, für die Zentrale in Betracht kommenden Stellen und von den Kosten der Fernübertragung abhängig sind, ein Minimum werden. Hierbei ist allenfalls auch auf die Möglichkeit günstiger Abwärmeverwertung Rücksicht zu nehmen; vgl. S. 37.

Die Notwendigkeit und die Größe einer Reserveanlage wird im Abschnitt 78 eingehend erörtert. Bezüglich der Größe der aufzustellenden Einheiten ist das im Abschnitt 77 Gesagte zu beachten. Hinsichtlich der Größe der Kraftwerke ist zu berücksichtigen, daß bei Überschreitung einer gewissen Grenze, bei Dampfkraftwerken etwa 100 000 kW, die verhältnismäßigen Anlage- und Betriebskosten kaum mehr abnehmen, weshalb es zweckmäßiger ist, für größere Leistungen zwei oder mehr Kraftwerke zu errichten.

Da durch unsachgemäße Anlage und Betrieb von Kraftanlagen das Eigentum der benachbarten Grundstücksbesitzer beeinträchtigt oder unter Umständen die Sicherheit des Bedienungspersonals und der Umgebung gefährdet werden kann, so besteht eine Reihe von behördlichen und sonstigen Vorschriften, die bei der Projektierung von Kraftanlagen zu berücksichtigen sind; vgl. Abschnitte 61—63.

Allgemein ist zu beachten, daß es sich bei feuchten oder staubigen Betrieben empfiehlt, die Kraftmaschinen mit Rücksicht auf ihre Lebensdauer in einem besonderen Raum unterzubringen, sowie daß der Maschinenraum möglichst frostfrei sein soll. Wo eine frostfreie Aufstellung nicht möglich ist, müssen Vorkehrungen getroffen werden, daß ein Einfrieren des Wassers in Rohrleitungen, Kühlräumen usw. bei sachgemäßer Wartung nicht vorkommen kann, da dies ein Sprengen der betreffenden Teile zur Folge hätte; vgl. S. 349.

Eine allgemeine Forderung ist weiterhin die, daß die Anlegung von Rohrleitungen möglichst übersichtlich und so erfolgen soll, daß das Bedienungspersonal weder darüberzusteigen, noch darunter durchzuschlüpfen braucht. Als sehr zweckmäßig kann es sich erweisen, die Rohrleitungen nach den vom Verein deutscher Ingenieure aufgestellten Grundsätzen anzustreichen[1]). Können Leitungen nicht genügend hoch angelegt werden, wie z. B. die Einspritzleitung und die Überlaufleitung von Kondensationen, so sollen sie in abdeckbaren Kanälen unter Flur, und zwar möglichst leicht zugänglich untergebracht werden.

Der von den Kraftmaschinen zu fordernde Ungleichförmigkeitsgrad ist davon abhängig, ob eine Anlage für reinen Kraftbetrieb, für reinen Lichtbetrieb oder für gemischten Betrieb bestimmt ist. Auch kommt hier die Art der anzutreibenden Maschinen sowie die Art der Kraftübertragung, ob mechanisch oder elektrisch, in Betracht. Im allgemeinen erfordern gemischte Betriebe den kleinsten Ungleichförmigkeitsgrad, weil die mit Kraftbetrieben verbundenen Kraftschwankungen ungünstige Rückwirkungen auf die Netzspannung und damit auf die Lichtanlage zur Folge haben können. Eine Trennung von Kraft- und Lichtanlage wäre hier die technisch beste Lösung, sollte aber womöglich wegen der Erhöhung der Anlage- und Betriebskosten vermieden werden. Durch richtige Wahl der Betriebsmaschinen und Regulatoren lassen sich unzulässig große Rückwirkungen auch fast immer vermeiden.

Bei Projektierung von Kraftanlagen kommt sodann noch in Betracht, ob die Kraftmaschinen unmittelbar mit den anzutreibenden Maschinen zu kuppeln sind, oder ob der Antrieb durch Riemen oder Seile erfolgt. Bei Riemenantrieb ist allenfalls auch die Art des Abtriebes, ob einseitig oder zweiseitig, zu berücksichtigen; z. B. bei Lokomobilen. Vielfach wird eine unmittelbare Kupplung zwischen Kraft- und Arbeitsmaschine oder Transmission als die beste Lösung betrachtet, obgleich dadurch Bedingungen geschaffen werden können, die sowohl für die Kraftmaschine als auch für die angetriebene Maschine ungünstig sind. Es kann z. B. der Fall sein, daß die Natur der angetriebenen Maschinen niedere Umlaufzahl verlangt, während sich für die Kraftmaschinen höhere Umlaufzahlen als zweckmäßig erweisen oder umgekehrt. Einigt man sich nun auf eine mittlere Umlaufzahl, so müssen unter Umständen für beide Teile ungünstigere Betriebsverhältnisse in Kauf genommen werden. Es ist deshalb von Fall zu Fall zu überlegen, ob die Vorteile einer unmittelbaren Kupplung, die in dem Wegfall der Riemen und Seile und der dadurch bedingten Verluste sowie in dem geringeren Platzbedarf bestehen, größer sind als die durch Einschaltung einer Riemen- oder Seilübertragung bedingten Vorteile. Letztere be-

---

[1]) Vgl. Z. d. V. d. I. 1913, S. 462.

stehen im wesentlichen in der freien Wahl der Umlaufzahlen von Kraft- und Arbeitsmaschinen sowie in der Möglichkeit, beide unabhängig voneinander aufstellen zu können. Bei Pumpenanlagen z. B. ist es oft notwendig, die Pumpen auf einer tieferen Sohle als die Antriebsmaschinen aufzustellen. Naturgemäß ist auf die Entscheidung der vorstehend besprochenen Frage auch die Größe der Anlagen von Einfluß. Bei großen Anlagen bevorzugt man mit Recht die unmittelbare Kraftübertragung; man sucht hier Zwischenglieder schon im Interesse der Betriebsicherheit möglichst zu vermeiden.

Bei größeren Elektrizitätswerken wird der gesamte Betrieb von einer Stelle, meistens der Schalttafel, aus einheitlich geleitet. Von hier aus muß zu diesem Zweck mittels geeigneter Instrumente ein Überblick über den Gang des ganzen Kraftwerkes möglich sein. Nötigenfalls müssen durch elektrische Fernmelder, Befehlsübermittler u. dgl. die notwendigen Anweisungen nicht nur nach dem Maschinenhaus, sondern auch nach dem Kessel- und Pumpenhaus sowie den entlegeneren Schalträumen usw. gegeben werden können. Für unvorhergesehene Fälle kann bei ausgedehnten Anlagen noch eine Telephonanlage eingerichtet werden. Auch eine elektrische Fernbetätigung der Maschinen von der Schalttafel aus, z. B. Tourenverstellvorrichtung zum Parallelschalten, Sicherheitsschnellschlußvorrichtung für Dampfturbinen u. dgl. ist hier zu empfehlen.

Die Unterbringung der Schalttafel samt Schaltanlage geschieht bei kleinen Elektrizitätswerken stets im Maschinenraum. Bei großen Werken wird die eigentliche Schaltanlage in getrennten Räumen, vielfach sogar in einem besonderen Gebäude untergebracht und durch elektrische oder mechanische Fernübertragung betätigt, einesteils mit Rücksicht auf den bedeutenden Umfang der Schaltanlage, andernteils um mehr Licht, größere Unabhängigkeit der inneren Ausgestaltung des Schalthauses vom Maschinenhaus sowie die Möglichkeit der Ausdehnung nach allen Seiten zu gewinnen. Man ist hierbei schon so weit gegangen, daß man auch die Betätigungs-Schalttafel von dem Maschinenraum getrennt hat; vgl. in dieser Hinsicht die Ausführungen in der Zeitschr. d. Vereins deutscher Ing. 1911, S. 2167. Es wird dort darauf hingewiesen, daß es nicht notwendig sei, daß der Schalttafelwärter die Maschinen sehen kann. Es sei im Gegenteil richtiger, den Wärter von Beeinflussungen, die durch Geräusche im Maschinenhaus entstehen, fernzuhalten und ihn zu veranlassen, seine Maßnahmen lediglich nach den Angaben der Instrumente zu treffen. Es seien Fälle bekannt geworden, in denen plötzlich auftretende Fehler an den Maschinen zu falschen Schaltungen Veranlassung gegeben haben. Die zwischen Maschinenhaus und Schalttafel bzw. Schalthaus erforderliche Verständigung betreffe nur das An- und Abstellen der Maschinen und deren Belastung. Diese einfache Nachrichtenübertragung erfolge am besten durch Befehlsübermittler oder ähnliche Einrichtungen. Wenn das Schalthaus noch durch einen Gang mit dem Maschinenhaus verbunden werde, so stehe außerdem einer unmittelbaren Verständigung nichts im Wege. Eine solche Verbindung empfehle sich schon wegen der leichteren Überwachung durch den Kontrollbeamten.

Durch Unterbringung der dauernd zu bedienenden Schalttafel in einem besonderen Gebäude entstehen etwas höhere Anlagekosten. Ganz abgesehen hiervon kann man jedoch über die Zweckmäßigkeit einer solchen Anordnung sehr geteilter Ansicht sein. Eine Beeinflussung des Schalttafelwärters durch Störungen im Maschinenraum mag schon vorgekommen sein und wird wohl auch in Zukunft vorkommen, wenn der Schalttafelwärter nicht die nötige Ruhe und Geistesgegenwart besitzt. Eine solche Beeinflussung tritt aber noch viel eher ein, wenn der Schalttafelwärter nicht sehen kann, was im Maschinenraum vorgeht. Im übrigen darf die Gefahr durch solche Beeinflussungen nicht überschätzt werden. Auch der Maschinist muß ruhiges Blut bewahren, wenn an seinen Maschinen etwas vorkommt.

Die weitaus überwiegende Mehrzahl der Betriebsleiter steht mit Recht auf dem Standpunkt, daß die Betätigungsschalttafel im Maschinenhaus unterzubringen ist, und daß der Schalttafelwärter sehen soll, was im Maschinenraum vorgeht. Die Verständigung zwischen Schalttafel- und Maschinenwärter durch unmittelbare Zeichengebung ist doch in der Regel bequemer als diejenige mittels Befehlsübermittlern u. dgl. Auch hat die Unterbringung der Schalttafel im Maschinenraum noch den Vorzug, daß die Kontrolle seitens des Betriebsleiters eine bequemere ist, und daß bei vorübergehender Abwesenheit des Schalttafelwärters der Maschinenwärter zuspringen und die Bedienung der Schalttafel mit übernehmen kann. Wenn sich hingegen die Schalttafel in einem vollständig getrennten Raum befindet, der Maschinist den Schalttafelwärter also nicht sehen kann, so ist noch ein zweiter Mann im Betätigungsschaltraum notwendig, weil mit der Möglichkeit gerechnet werden muß, daß der Schalttafelwärter von plötzlichem Unwohlsein befallen wird. Eine solche Personalvermehrung ist aber nicht erwünscht, weil im allgemeinen schon ein einziger Schalttafelwärter wenig zu tun hat.

Zuzugeben ist ja wohl, daß bei langen Maschinenhäusern, z. B. Großgasmaschinenzentralen, der Überblick von der Schalttafel aus unzulänglich ist, und daß sich der Schalttafelwärter, selbst bei erhöhter Unterbringung der Schalttafel, nicht mehr durch Winken, Zurufen o. dgl. mit den Maschinenwärtern verständigen kann. In solchen Fällen sind elektrische Befehlsübermittler nicht zu vermeiden. Immerhin aber ist es auch hier wertvoll, von der Schalttafel aus in den Maschinenraum sehen zu können.

Zwar läßt sich einwenden, daß es z. B. in Amerika Anlagen gibt, bei denen das Schalthaus weit abseits vom Maschinenhaus gelegen ist, so daß die Verständigung zwischen Schalttafel- und Maschinenwärter ausschließlich durch Befehlsübermittler u. dgl. erfolgen muß. Wenn man jedoch die Möglichkeit hat, die Betätigungsschalttafel in das Maschinenhaus zu legen, so sollte man dies nie versäumen. So sicher auch die Verständigung durch elektrische Befehlsübermittler und Telephonverbindungen sein mag, so ist doch eine unmittelbare Augen- und Ohrenverbindung zweifellos noch sicherer und bequemer.

In dem Kommunalen Elektrizitätswerk Mark in Elverlingsen i. Westf. ist man sogar so weit gegangen, vor der Betätigungsschalttafel eine Art Kommandozelle anzuordnen, von der aus der Betriebsleiter bei Störungen im Netz nach allen Seiten hin telephonieren und hierbei das Maschinenhaus sowie die Schalttafel überblicken und das Verhalten des Personals kontrollieren kann.

Die Lichtfrage kann bei Zuhilfenahme von Oberlicht- und Dachbeleuchtung gänzlich außer Betracht bleiben.

Was die Anordnung der Schalttafel im Maschinenraum betrifft, so gewährt bei längeren Maschinenhäusern die erhöhte Unterbringung der Schalttafel in der Mitte einer Längswand den besten Überblick. Und zwar kommt bei Dampfanlagen diejenige Längswand in Betracht, die der gemeinsamen Trennungswand zwischen Kessel- und Maschinenhaus gegenüberliegt. Wird die Unterbringung der Schalttafel an einer Stirn- bzw. Giebelwand vorgezogen, so ist hierfür diejenige Stirnseite zu wählen, die für die Erweiterung nicht in Betracht kommt.

Vielfach wird die Schalttafel samt den Schaltpulten nicht erhöht untergebracht, sondern unmittelbar auf den Maschinenhausflur oder auf ein Podium von ganz geringer Höhe gestellt. Die Unterbringung der Schalttafel im ersten Stock gewährt zwar bei langen Maschinenhäusern einen besseren Überblick, hat aber den Nachteil, daß der Maschinenwärter im Bedarfsfalle nicht so rasch zur Schalttafel gelangen kann. Auch für den Betriebsleiter ist es bei einer Störung angenehmer, wenn der Verkehr zwischen Maschinenraum und Schalttafel nicht durch eine höhere Treppe erschwert wird.

Für mittlere und größere Kraftanlagen sollte stets ein Laufkran vorgesehen werden, damit eine schnelle Demontage und Montage bei Instandsetzungsarbeiten möglich ist. Der Kran muß den schwersten Maschinenstücken entsprechend bemessen sein. Hierbei kommt es weniger auf große Hub- und Fahrgeschwindigkeit, als vielmehr auf genaueste Einstellbarkeit bei der Montage an.

Beim Entwurf von Großkraftwerken gelten im wesentlichen die gleichen Gesichtspunkte wie bei kleineren Kraftwerken. Unterschiede bestehen hauptsächlich insofern, als bei der großen Zahl von Kleinkraftwerken ähnliche Verhältnisse viel häufiger wiederkehren und hierfür meistens normale, in der Anschaffung billigere Maschinentypen verwendet werden können. Großkraftwerke hingegen müssen jeweils von Fall zu Fall besonders behandelt werden und stellen deshalb an den entwerfenden Ingenieur höhere Anforderungen. Meist bildet jeder Entwurf eines Großkraftwerkes eine Sonderaufgabe für sich. Eine Ersparnis im Platzbedarf der einzelnen Maschinen spielt hier häufig eine wirtschaftlich wichtigere Rolle als eine Ersparnis im Anschaffungspreis, während bei Kleinkraftanlagen in der Regel das Hauptgewicht auf einen billigen Preis zu legen ist.

Zum Schluß sei noch besonders darauf hingewiesen, daß es nicht angängig ist, Einrichtungen, die sich in einem Betriebe bewährt haben, ohne weiteres auf einen anderen Betrieb zu übertragen. Eine Einrichtung, die sich an einem Ort mit hohen Brennstoffpreisen als wirtschaftlich erweist, ist unter Umständen an einem Ort mit niederen Brennstoffpreisen trotz gleicher Betriebsverhältnisse nicht angebracht. Weiterhin sei erwähnt, daß es sich aus wirtschaftlichen Gründen empfiehlt, bei Projektierung von Kraftanlagen auch die zur Reinigung und Wiederverwendung des Schmieröls nötigen Einrichtungen vorzusehen (vgl. Abschnitt 109), desgleichen die zur Betriebskontrolle erforderlichen Einrichtungen, wie Thermometer, Manometer, Vakuummeter, Tachometer usw. (vgl. Abschnitte 91, 104 und 105). Diese Kontrolleinrichtungen sind womöglich zentralisiert und für das Bedienungspersonal gut übersichtlich anzubringen.

61. Sicherheitsvorschriften für Wärmekraftmaschinen-Anlagen und Elektromotoren.

Hierher gehören vor allem die von der Vereinigung der in Deutschland arbeitenden Privat-Feuerversicherungs-Gesellschaften aufgestellten Bestimmungen. Sie beziehen sich sowohl auf ortsfeste als auch bewegliche Anlagen, und zwar auf Dampfkessel, Verbrennungsmaschinen, Sauggasanlagen und Elektromotoren. Der genaue Wortlaut der Vorschriften ist von jeder Feuerversicherungs-Gesellschaft erhältlich. Es wird darin u. a. festgesetzt, daß Kraftmaschinen oder die zur Heizung dienenden Teile von Kesseln und Generatoren, ferner Rauchrohre, Auspuffrohre u. dgl. aus Gründen der Feuersicherheit eine entsprechende Entfernung von Holzwerk und brennbaren Gegenständen haben müssen. Rauchrohre müssen mit Rücksicht auf allenfallsigen Funkenauswurf genügend hoch geführt werden. Die Aufstellungsräume sind gegebenenfalls mit feuersicheren Wänden und Decken zu umgeben. Es sind wirksame Einrichtungen zur Vermeidung des Funkenauswurfes vorzusehen. Motoren sind auf feuersicherer Unterlage aufzustellen; hölzerne Fußböden sind allenfalls mit Eisenblech zu bekleiden. Es sind Einrichtungen vorzusehen, daß die sich beim Entschlacken von Lokomobilkesseln und Generatoren sowie beim Entleeren der letzteren ergebenden glühenden Schlacken- und Brennstoffteile sofort abgelöscht werden können. Die Vorschriften beziehen sich ferner auf die Brennstoffe und ihre Behälter sowie ihre feuersichere Lagerung, auf die Heizung, Beleuchtung und Lüftung der Brennstofflagerräume, Motorenräume usw. Außer diesen für ganz Deutschland gültigen Vorschriften der Vereinigung der in Deutschland arbeitenden Privat-Feuerversicherungs-Gesellschaften sind noch die polizeilichen Verordnungen der verschiedenen Bundesstaaten, darunter auch die den Verkehr mit Mineralölen betreffenden, sowie die Unfallverhütungsvorschriften der Berufsgenossenschaften zu beachten.

Die genaue Einhaltung der vorstehend erwähnten Sicherheitsvorschriften, die sich zum Teil auch auf die Betriebsführung beziehen, liegt im eigenen Interesse jedes Maschinenbesitzers.

62. Behördliche Vorschriften für Wasserkraftanlagen.

Im nachfolgenden sei der Gang des Verfahrens nach den bayerischen Bestimmungen kurz skizziert unter Weglassung alles Nebensächlichen. Für die andern deutschen Bundesstaaten sowie für Österreich, Italien und die Schweiz sind die Bestimmungen im wesentlichen die gleichen.

Die Errichtung von Wasserkraftanlagen an öffentlichen oder privaten Flüssen sowie die Vornahme von Änderungen an diesen, die Einfluß auf den Verbrauch des Wassers, die Wassermenge, das Gefälle oder die Höhe des Oberwassers haben, bedürfen der Genehmigung der Verwaltungsbehörden. Diese vorherige Genehmigung ist vorgeschrieben durch die Gewerbeordnung und das Wassergesetz.

Der Genehmigungsantrag ist bei der zuständigen Verwaltungsbehörde (in Bayern das Bezirksamt, in dessen Bezirk die Anlage liegt) unter Vorlage von Plänen und einer Beschreibung einzureichen. Art und Umfang der beizugebenden Pläne bestimmen in Bayern die Vollzugsvorschriften des Wassergesetzes (§ 115). Die Verwaltungsbehörde prüft zunächst, ob und unter welchen Bedingungen die Benützung des Wassers überhaupt erlaubt werden kann. Diese Prüfung hat den Zweck, die Interessen der Allgemeinheit an dem Gewässer zu wahren. Es werden hierbei alle für die Landeskultur in Betracht kommenden Behörden (Straßen- und Flußbauämter, Forstämter, Kulturbauämter, Fischereisachverständige) gutachtlich einvernommen. Hierauf erfolgt die Erlaubniserteilung zur Wasserbenützung unter Festlegung der im allgemeinen Interesse (Schiffahrt, Flößerei, Be- und Entwässerungen, Flußverbesserungen, Gesundheit) zu stellenden Bedingungen. Nach Erteilung dieser Erlaubnis beginnt das eigentliche Genehmigungsverfahren. Das Projekt wird öffentlich ausgeschrieben und die Beteiligten zur Tagfahrt geladen. Unter Beteiligten sind hierbei alle diejenigen zu verstehen, deren Interessen durch die Neuanlage berührt werden; in erster Linie kommen in Betracht die oberhalb und unterhalb liegenden Triebwerkbesitzer, die angrenzenden Grundbesitzer (wegen Hebung und Senkung des Grundwassers), Wasserbezugsberechtigte (Wiesenbewässerung, Kanalisationsspülung, gewerbliche Betriebe), Flößerei-, Trift-, Schiffahrts- und Fischereiberechtigte. Die Verwaltungsbehörde sucht bei der Tagfahrt die entgegenstehenden Interessen zu vermitteln. Einsprüche gegen das Projekt, die nur auf privatrechtlichen Titeln beruhen, werden dabei auf den Zivilrechtsweg verwiesen. Nach Erledigung der Tagfahrt und der dabei zutage getretenen Einwendungen erläßt die Verwaltungsbehörde an den Antragsteller den Bescheid über die Genehmigung der Anlage.

In Betracht kommende Gesetze:

1. Reichsgewerbeordnung § 16—21.
2. Bayerisches Wassergesetz vom 23. März 1907, Art. 43, 50—58. Hierzu Vollzugsvorschriften (Min.-Bek. vom 3. Dez. 1907) § 114ff.

63. Projektierung von Dampfkesselanlagen.

Gesetzliche Bestimmungen.

Da durch unsachgemäße Anlage und Betrieb von Dampfkesseln eine große Gefahr für die Umgebung einer solchen Anlage entstehen kann, so haben sich fast alle Kulturstaaten zur Herausgabe gesetztlicher Bestimmungen und Verordnungen, nach denen die Ausführung, Aufstellung und Bedienung der Dampfkessel zu erfolgen hat, entschlossen. Bei uns in Deutschland gelten seit dem 10. Januar 1910 die vom Bundesrat erlassenen »Allgemeinen polizeilichen Bestimmungen über die Anlegung von Dampfkesseln« vom 17. Dezember 1908. Außer diesen Bestimmungen sind noch gewisse Sondervorschriften (Ausführungsbestimmungen) der verschiedenen Bundesstaaten zu beachten.

Jeder neu oder erneut zu genehmigende Dampfkessel ist einer Bauprüfung und einer Wasserdruckprobe zu unterziehen. Außerdem bedarf er nach § 24 der Gewerbeordnung einer gewerbepolizeilichen Genehmigung. Hierbei wird die Anlage daraufhin geprüft, ob sie den bestehenden bau-, feuer- und gesundheitspolizeilichen Vorschriften entspricht. Dem Genehmigungsgesuch sind eine Beschreibung und eine Zeichnung der Dampfkesselanlage, sowie ein Lageplan und ein Bauriß, je in dreifacher Ausfertigung, sämtliche mit Datum und Unterschrift versehen, beizufügen. Nach der Genehmigung der Anlage hat noch ihre Abnahmeuntersuchung (Dampfprobe) stattzufinden. Mit der Überreichung der Abnahmebescheinigung durch die Behörde erhält der Besitzer die endgültige Berechtigung, die Kesselanlage in Betrieb zu nehmen. Ist das Genehmigungsverfahren erledigt und die Anlage in Betrieb genommen, so untersteht der Kessel den in den einzelnen Bundesstaaten vorgeschriebenen regelmäßigen Revisionen; vgl. S. 376.

Die im Reichsgesetzblatt vom 9. Januar 1909 veröffentlichten Reichsvorschriften sind in billigen Sonderausgaben im Buchhandel erhältlich, weshalb hier von ihrer Wiedergabe abgesehen werden kann.

Da einzelne Paragraphen der Reichsvorschriften verschiedene Auslegung zulassen, so sei hier auf das Werk »Bestimmungen über Anlegung und Betrieb von Dampfkesseln, erläutert von H. Jäger«, Carl Heymanns Verlag in Berlin, verwiesen.

Aufstellung der Kessel und Abgasvorwärmer.

Bei größeren Kesselanlagen ist es heute üblich, die Kessel in zwei Reihen mit gegenüberliegenden Fronten aufzustellen, Fig. 95 (S. 331). Dies hat den Vorzug, daß die Feuerungen von dem Mittelgang aus gut übersehen und bedient werden können, und daß der Bedienungsraum vor den Kesseln, der bei Kettenrostfeuerungen so breit sein muß, daß die Roste ganz ausgefahren werden können, nur einmal notwendig ist. Man spart infolgedessen an Grundfläche und an Kosten für das Kesselhaus. Außerdem hat diese Art der Aufstellung noch den Vorzug, daß über dem Mittelgang ein für beide Kesselreihen gemeinsamer Kohlenbunker untergebracht werden kann, und daß nur eine Bekohlungseinrichtung notwendig ist.

Die einzelnen Kessel können paarweise zusammengebaut werden, falls nicht die Einrichtungen zum Abblasen der Rohre und sonstige Reinigungseinrichtungen oder die zu große Breite des Kettenrostes, der von der Seite bedient werden muß, dies verbieten. Durch Vereinigung von je zwei Kesseln zu einem Block spart man an Platz und braucht zudem etwas weniger Mauerwerk, da an Stelle zweier Seitenmauern nur eine einzige, wenn auch etwas stärkere Zwischenmauer nötig ist. Endlich verringert man dadurch die Maueroberflächen und damit die Größe der Strahlungsverluste. Bei großen Wasserrohrkesseln mit Doppelkettenrost muß jeder Kessel getrennt aufgestellt werden, falls die Roste nicht von der Rückseite her zugänglich sind, da hier zur Beobachtung des Rostes und allenfalls zur Nachhilfe von Hand (bei Schlackenansammlungen) ein beiderseitiger Bedienungsgang notwendig ist. Bei ganz großen Kesseln mit 3 und 4 Kettenrosten müssen die mittleren Roste irgendwie von rückwärts zugänglich sein.

Abgasvorwärmer (Ekonomiser) sollen in möglichster Nähe der Kesselanlage aufgestellt werden, um größere Temperaturverluste der Rauchgase zu vermeiden. Vielfach wird neuerdings der Rauchgasvorwärmer unmittelbar mit dem Kessel zusammengebaut. Man verringert dadurch den Platzbedarf; auch wird die Größe der ausstrahlenden Maueroberflächen vermindert, desgleichen die Widerstände, insofern als die Rauchgaswege verkürzt werden.

Besitzt jeder Kessel seinen eigenen Abgasvorwärmer, so ist für den letzteren ein Umgang nicht unbedingt erforderlich, da der Vorwärmer im allgemeinen gleichzeitig mit dem Kessel abgestellt und gereinigt wird. Wo jedoch für zwei oder mehr Kessel ein gemeinsamer Vorwärmer vorhanden ist, muß ein Umgang vorgesehen werden, damit eine Reinigung oder allenfalls eine Ausbesserung des Vorwärmers während des Kesselbetriebes möglich ist. Nebenbei sei bemerkt, daß das Fehlen eines Umgehungskanals vor kurzem den Anlaß zu einer folgenschweren Explosion bildete; vgl. Zeitschr. d. Bayer. Rev.-Ver. 1917, S. 125ff.

Die Heizfläche von Abgasvorwärmern beträgt gewöhnlich 0,5 bis 0,9 der Kesselheizfläche, je nach dem Kesselsystem. Für Kessel mit hoch beanspruchten Heizflächen ist unter sonst gleichen Verhältnissen wegen der höheren Abgastemperatur eine größere Vorwärmerheizfläche notwendig als bei weniger hoch beanspruchten Kesseln. Im übrigen ergibt sich die wirtschaftlichste Größe der Vorwärmerheizfläche aus der Verminderung des Dampfpreises und den Kapitalkosten.

Während früher ausschließlich gußeiserne Vorwärmer angewendet wurden, bevorzugt man heute vielfach solche aus Schmiedeisen. Schmiedeisen rostet zwar leichter als Gußeisen. Wo jedoch infolge entsprechender Vorwärmung und guter Mischung des Wasserinhaltes die Rohrtemperatur so hoch ist, daß ein Schwitzen der Rohre nicht vorkommen kann, ist Schmiedeisen ebenso haltbar wie Gußeisen; vgl. auch Z. d. V. d. I. 1912, S. 1779. Nur ist bei schmiedeisernen Vorwärmern sehr darauf zu achten, daß das Speisewasser frei von Luft und Kohlensäure sowie vollkommen ölfrei ist, da sonst innere Anfressungen der Rohre in pockennarbiger Form auftreten, die mit der Zeit die ganze Wandstärke durchdringen. Diese Anfressungen treten zwar bei gußeisernen Abgasvorwärmern ebenfalls auf, jedoch ist deren Widerstandsfähigkeit eine wesentlich größere, schon infolge ihrer größeren Wandstärke. Um die Lebensdauer schmiedeiserner Vorwärmer zu erhöhen, werden ihre Rohre vielfach beiderseits verzinkt.

Bei Kesseln mit darüber angeordnetem Vorwärmer sowie bei Steilrohrkesseln ist durch Anordnung von Galerien und Treppen dafür zu sorgen, daß man überall bequem hinkommen kann, wo eine zeitweilige Bedienung oder Reinigung notwendig ist. Bei Kesselanlagen mit hochliegendem Oberkessel, wie Flammrohr-Heizrohrkesseln, Wasserrohr- und Steilrohrkesseln, kann sich die Anordnung heruntergezogener Wasserstände empfehlen, die bequem und sicher vom Kesselhausflur aus beobachtet werden können.

Um ein möglichst helles Kesselhaus zu bekommen, hat man schon für die Außenseite des Kesselmauerwerks weißglasierte Verblendsteine verwendet. Die Glasur bewirkt gleichzeitig eine vollständige Luftundurchlässigkeit der Steine, verhindert also das Einsaugen falscher Luft in die Kesselzüge, was bei den heute gebräuchlichen großen Kesseleinheiten von Wichtigkeit ist.

An dieser Stelle sei auch darauf hingewiesen, daß es sich bei größeren Anlagen empfiehlt, den Kesseln die Verbrennungsluft durch besondere Unterflurkanäle von außerhalb des Kesselhauses zuzuführen. Wenn nämlich infolge eines Kurzschlusses o. dgl. große Kesseleinheiten plötzlich entlastet werden, so blasen die Sicherheitsventile stark ab. Wird nun bei geschlossenen Kesselhäusern die Verbrennungsluft durch die Dachreiter zugeführt, so tritt beim Abblasen der Kessel der Dampf zusammen mit dem Luftstrom nach unten und hüllt das Kesselhaus in einen Nebel, der leicht die Übersicht hindert.

Kesselhausbunker. Kesselbekohlung.

Der gewöhnlich über dem Mittelgang zwischen den beiden Kesselreihen angeordnete Kohlenbunker (Fig. 95, S. 331) kann aus Eisen oder Eisenbeton hergestellt sein. In der Regel wird er so groß bemessen, daß er den Kohlenbedarf für 2—3 Tage zu fassen vermag. Neuerdings ist man, um an Anlagekosten zu sparen, davon abgekommen, den Hochbunker so groß zu machen und dabei ins andere Extrem verfallen, indem man einzelne kleine Kohlenbehälter (Kohlentaschen) anordnete, die für etwa zweistündigen Betrieb ausreichend sind[1]). Derartige Kohlentaschen fallen so leicht aus, daß sie ohne wesentliche Verstärkung der Dachkonstruktion an diese angehängt werden können und einer Unterstützung durch besondere, solide fundierte Pfeiler nicht bedürfen. Dies

[1]) Vgl. Z. d. V. d. I. 1911, S. 2124.

ist ohne Zweifel ein Vorteil, zumal man bei Aufstellung neuer Kessel nicht an die Pfeilerentfernung gebunden ist und infolgedessen auch andere, z. B. größere Kessel aufstellen kann. Auch wird durch derartige kleine Kohlenbehälter der Zutritt von Licht und Luft weniger beeinträchtigt. Anderseits bietet ein großer Bunker den Vorteil, daß man den Betrieb bei einer Störung an der Bekohlungseinrichtung noch längere Zeit weiterführen kann. Wenn auch gut durchgebildete mechanische Kohlenförderanlagen heute sehr viel betriebsicherer sind als in früheren Jahren, so ist doch zu berücksichtigen, daß sich Schäden öfters einzustellen pflegen, wenn erst einige Jahre verflossen sind. In solchen Fällen ist alsdann ein ausreichend bemessener Bunker von großem Wert, da es sonst bei längerer Störung an der Bekohlungsanlage vorkommen kann, daß die Kohle mittels Handkarren ins Kesselhaus geschafft und von Hand in die einzelnen Kohlentrichter hineingeschaufelt werden muß. Bunker mit größerem Fassungsvermögen verdienen deshalb stets den Vorzug. Hierbei dürfte es in den meisten Fällen genügen, wenn der Bunker für 12—24 Stunden ausreicht. Nur bei sehr minderwertigem Brennmaterial wird man sich mit geringerem Vorrat begnügen, um keine allzu großen Bunker zu bekommen. Zweistündiger Vorrat ist jedoch durchaus ungenügend, namentlich bei Störungen an der Förderanlage während der Nachtzeit. Ein so geringer Vorrat erscheint höchstens dort ausreichend, wo ein zweites Fördermittel als Reserve vorgesehen wird.

Die Bunkerform ist im übrigen derart zu wählen, daß im Bunker keine toten, unausgenützten Räume entstehen. Nicht selten wird dies außer acht gelassen und die Bunkerform ausschließlich nach Festigkeitsrücksichten bestimmt. Tote Räume, in denen die Kohle lange Zeit liegen bliebt, sind schon mit Rücksicht auf die Entstehung von Bunkerbränden zu vermeiden; vgl. S. 304. Zu diesem Zweck ist die Bunkerform sowohl seitlich als auch unten dem Rutschwinkel der Kohle anzupassen. Die untere Begrenzungslinie verläuft alsdann nicht geradlinig, sondern gemäß Fig. 43 gezackt. Durch die Aussparungen zwischen den Fallrohren vermindert sich das tote Gewicht des Bunkers; die zu seiner Abstützung dienende Eisenkonstruktion kann also leichter gehalten werden. Die gezackte Form des Bunkerbodens hat gleichzeitig den Vorteil, daß der Lichtzutritt in geringerem Maße beeinträchtigt wird als bei geradlinig durchlaufendem Boden.

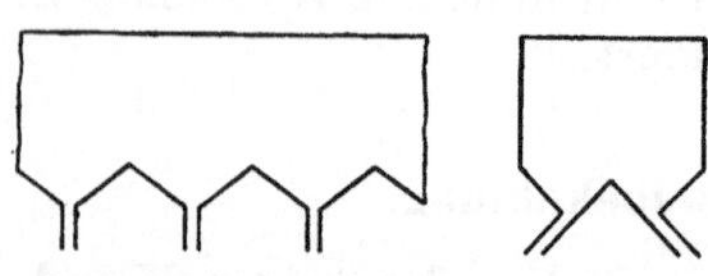

Fig. 43. Kohlenbunker mit zickzackförmig ausgebildetem Boden.

Bei kleineren Anlagen geschieht der Transport der Kohle vom Lager zum Kesselhaus in der Regel von Hand mit Hilfe eiserner Karren. Bei größeren, mit einem Kesselhausbunker ausgerüsteten Anlagen sind mechanische Bekohlungseinrichtungen erforderlich. Näheres hierüber sowie über mechanische Aschenbeseitigung enthält Abschnitt 82.

Zugerzeugung und Rauchkanäle.

Die Frage, ob für Dampfanlagen natürlicher oder künstlicher Zug vorzuziehen sei, wird lebhaft umstritten. Von manchen Seiten wird der Standpunkt vertreten, daß der gemauerte Schornstein, schon in Anbetracht seiner Mängel und Launen, durch ein leistungsfähigeres und wirtschaftlicher arbeitendes Zugerzeugungsmittel ersetzt werden sollte. Demgegenüber wird jedoch von anderer Seite darauf hingewiesen, daß der künstliche Zug mehr oder weniger Modesache sei und nur im Notfall

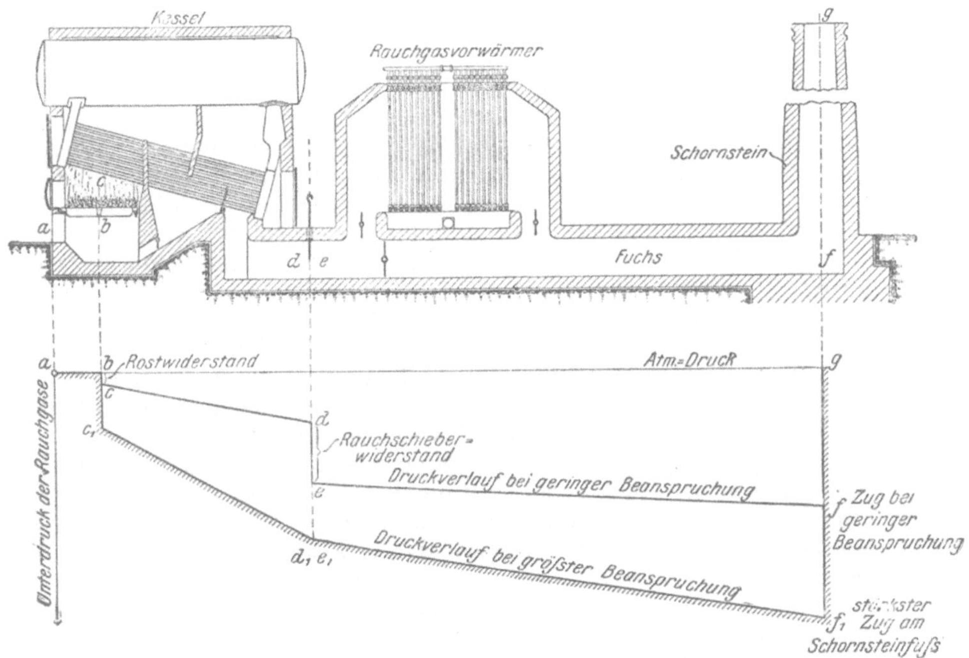

Fig. 44. Kesselanlage mit natürlichem Zug (Schornsteinzug).

in Betracht komme, und daß der natürliche Zug selbst für hochbeanspruchte Kessel, sog. Hochleistungskessel, noch immer die wirtschaftlich beste Lösung darstelle.

Ohne Zweifel ist die Art der Zugerzeugung von erheblichem Einfluß auf die Gesamtanordnung einer Kesselanlage. Jedoch darf der Umstand, daß man bei künstlichem Zug beliebige Zugstärken erzeugen kann, nicht dazu verleiten, die Bedeutung hoher Zugstärken zu überschätzen. Diese sind vielmehr als ein notwendiges Übel zu betrachten. Ebenso wie es beim gewöhnlichen Schornsteinzug mit Rücksicht auf die Kosten nicht nebensächlich ist, ob für eine Kesselanlage ein Schornstein von 50 oder 80 m Höhe errichtet werden muß, ebensowenig ist es beim künstlichen Zug gleichgültig, ob der Kessel zur Zugerzeugung die doppelte oder die dreifache Kraft verbraucht, und ob das Gebläse täglich 24 oder nur 6 Stunden im Betrieb ist.

In Fig. 44 ist eine Dampfanlage mit gemauertem Schornstein schematisch dargestellt. Für den Kessel ist eine einfache Planrostfeuerung angenommen; der Überhitzer sowie alles nicht unmittelbar Notwendige wurden weggelassen. In dieser Figur sowie auch in den Fig. 46—48 ist jeweils unterhalb der Kesselanlage der Verlauf des Unterdruckes in der Feuerung, den Heiz- und Rauchkanälen durch gerade Linien dargestellt. Aus den eingetragenen Buchstaben geht ohne weitere Erklärung hervor, auf welche Stellen der Kesselanlage sich der Unterdruck bezieht.

Zwecks Erzielung guter Zugverhältnisse sollte an der Höhe des Schornsteins nicht gespart werden. Besser soll der Schornstein etwas zu hoch, als zu niedrig ausgeführt sein. Mit Rücksicht auf die Rauchbelästigung ist die Höhe des Schornsteins mindestens so zu bemessen, daß seine Mündung 5 m oder mehr über dem höchsten First eines Wohngebäudes im Umkreis von 300 m liegt. Um die Rauchbelästigung für die Umgebung einer Kesselanlage nach Möglichkeit zu verringern, wird in vielen Städten eine Mindesthöhe des Schornsteins von 35—40 m vorgeschrieben.

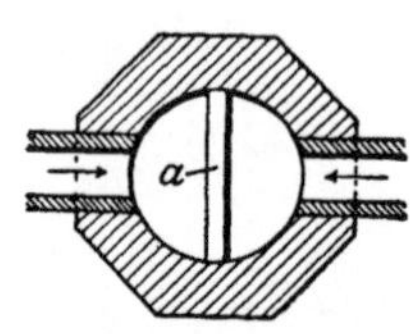

Fig. 45. Querschnitt durch den Fuß eines Schornsteins mit eingebauter Mauerzunge *a*.

Die Weite des Schornsteins ist mit Rücksicht auf die spätere Vergrößerung der Anlage zu bemessen. Wenn er dann anfänglich bei schwachem Betrieb schlecht ziehen sollte, so kann man die Zugverhältnisse verbessern, indem man die Schornsteinmündung durch Aufsetzen eines Deckringes, gegebenenfalls mit Rohreinsatz, verengt. Wo die zu erwartende Leistung ein Vielfaches der vorläufigen ist, empfiehlt es sich nicht, den Schornstein von vornherein so reichlich zu bemessen, daß er auch bei der späteren Vergrößerung noch ausreicht. Denn ein allzu großer Schornstein ist für den Zug ebenso ungünstig wie ein zu kleiner. In diesem Falle ist es schon vom wirtschaftlichen Standpunkt aus richtiger, bei Bedarf später noch einen zweiten oder dritten aufzustellen.

Ist der Schornstein ausreichend bemessen, so ist er unter normalen Verhältnissen imstande, jede für Kesselanlagen in Betracht kommende Zugstärke zu erzeugen. Ist jedoch seine Höhe oder Weite zu gering, so wird er besonders in der wärmeren Jahreszeit ungenügend ziehen und die Kesselanlage infolgedessen nicht voll beansprucht werden können. Wo trotzdem versucht wird, mit der Beanspruchung über die gegebene Grenze hinauszugehen, geschieht dies auf Kosten der Wärmeausnutzung des Brennstoffes, da bei zu schwachem Zug die Luftzufuhr ungenügend, die Verbrennung also unvollständig und mit einer mehr oder weniger starken Rauch- und Rußbildung verknüpft ist.

Gemauerte Schornsteine werden größtenteils außerhalb des Kesselhauses aufgestellt. Hierbei ist der Aufstellungsort so zu wählen, daß der Schornstein bei späterer Erweiterung der Anlage nicht hinderlich im Wege steht. Bisweilen wird der Schornstein auch unmittelbar in das Gebäude eingebaut. Treten hierbei die Rauchgase von zwei Seiten in den Schornstein ein, so ist zur Verhinderung von Wirbelbildung, die beim Zusammentreffen zweier Rauchgasströme den Zug des Kamins erheblich beeinträchtigen würde, der Einbau einer ausreichend hohen Mauerzunge *a* (Fig. 45) notwendig. Eine solche Zunge empfiehlt sich schon mit Rücksicht darauf, daß beim Reinigen der einen Kesselbatterie keine Belästigung der Kesselputzer durch Rauchgase stattfindet.

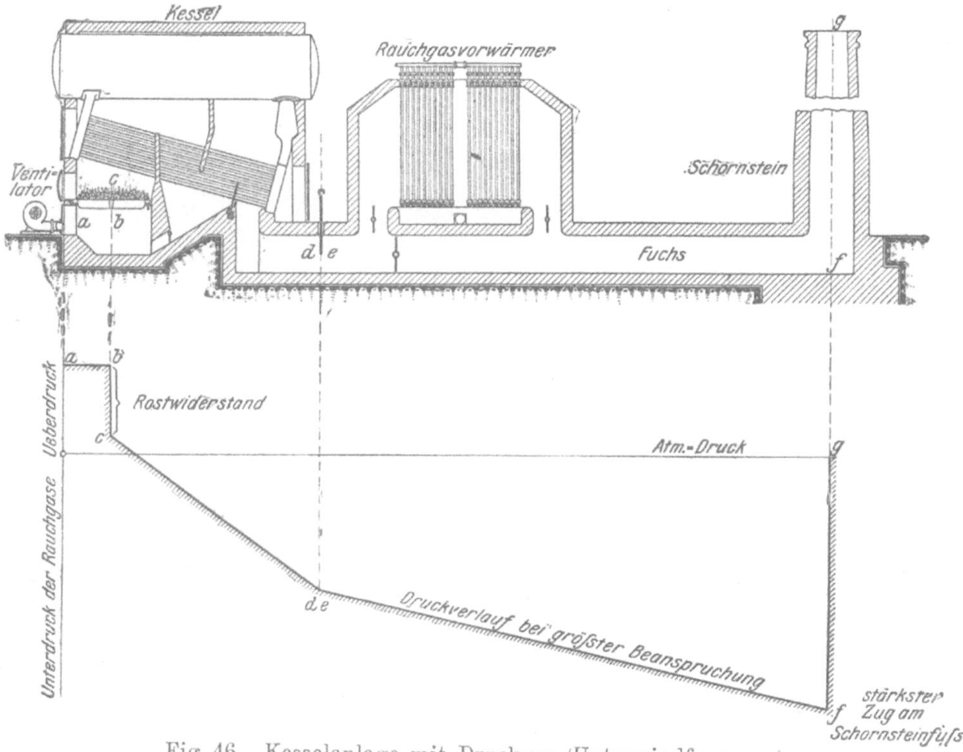

Fig. 46. Kesselanlage mit Druckzug (Unterwindfeuerung).

Bei Anlage des Rauchkanals bzw. Rauchfuchses ist darauf Rücksicht zu nehmen, daß späterhin die Erweiterung des Kesselhauses ohne Betriebstörung möglich ist. Man sollte deshalb Fuchsanschlüsse, die in Zukunft notwendig werden, von vornherein vorsehen, indem man Schieber oder leichte Mauern einbaut. Neu aufzustellende Kessel können dann ohne Störung des Betriebes angeschlossen werden.

Sind zwei oder mehr Schornsteine vorhanden, so dürfen sie nicht durch einen Rauchkanal miteinander in Verbindung stehen, da sonst der Fall eintreten könnte, daß der eine Schornstein durch den benachbarten Außenluft ansaugt und die Kessel keinen Zug haben.

Wenn die Kesselanlage mit einem Abgasvorwärmer ausgerüstet ist, so sollte der überschüssige Zug nicht hinter dem Kessel wie in Fig. 44, sondern besser hinter dem Vorwärmer vernichtet werden. Mit anderen Worten, man sollte die Rauchklappe oder den Rauchschieber hinter dem Abgasvorwärmer anordnen, um einen kleineren Unterdruck im Vorwärmer zu bekommen und dadurch dem Einsaugen falscher Luft möglichst vorzubeugen.

Bei der Zugerzeugung durch mechanische Mittel, d. h. durch Ventilatoren und Dampfstrahlgebläse, unterscheidet man zwischen Druck-

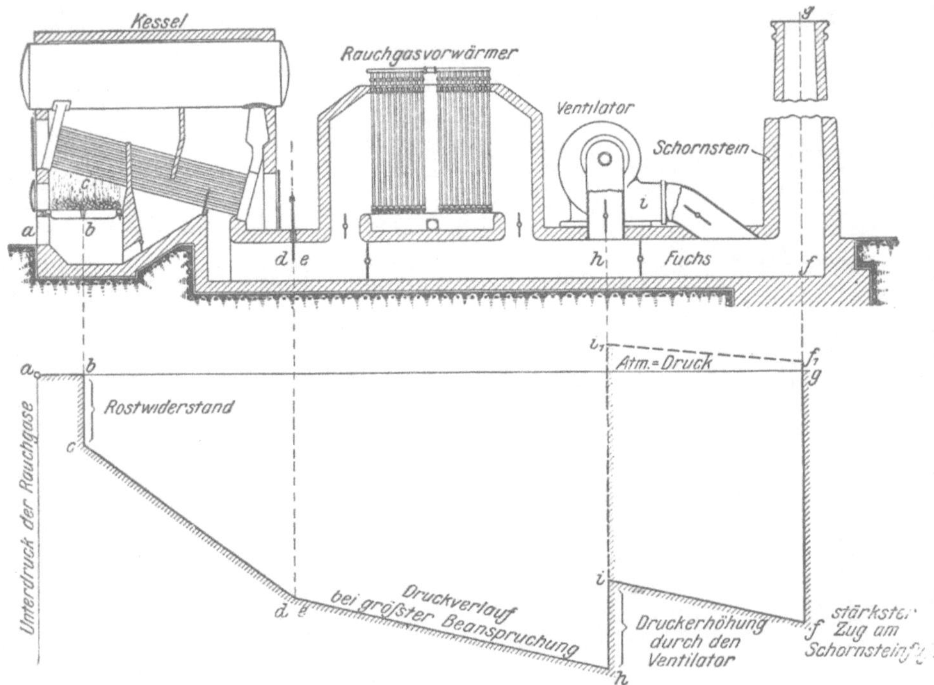

Fig. 47. Kesselanlage mit direktem Saugzug.

zug- und Saugzuganlagen. Bei den Druckzuganlagen ist das Gebläse vor dem Kessel, bei den Saugzuganlagen hinter diesem angeordnet. Während der gewöhnliche Schornstein ausschließlich mit Abwärme betrieben wird, erfordert der künstliche Zug einen gewissen Wärme- oder Arbeitsaufwand und außerdem einen geringen Aufwand für Wartung und Instandhaltung. Letzterer Aufwand ist allerdings so unwesentlich, daß er praktisch vernachlässigt werden kann.

Die Anlagen mit Druckzug führen auch den Namen Unterwindfeuerungen. Eine Anlage mit Druckzug ist z. B. in Fig. 46 dargestellt. Es ist hier vor dem Kessel ein kleiner Ventilator angeordnet, der in den luftdicht geschlossenen Aschenfall Luft hineindrückt. Der Schornstein wurde wieder gemauert und von gleicher Höhe angenommen wie in Fig. 44. Ist nur ein kurzes eisernes Abzugsrohr vorhanden, so ist der natürliche Auftrieb der Rauchgase geringer und der Ventilator muß entsprechend mehr leisten (z. B. bei Schiffsanlagen). Das Gebläse hat vor allem die Aufgabe, den natürlichen Schornsteinzug zu unterstützen, indem es denjenigen Teil der Widerstände übernimmt, den die Frischluft

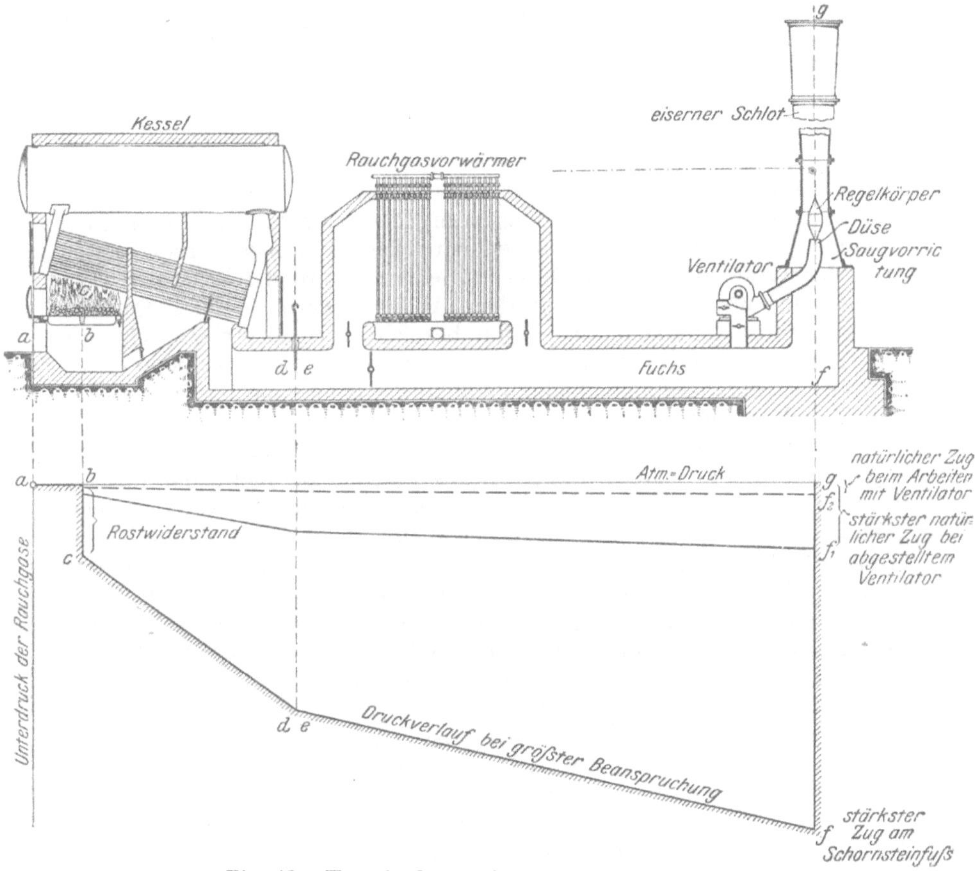

Fig. 48. Kesselanlage mit indirektem Saugzug.

beim Eintritt in die Feuerung zu überwinden hat (Rostwiderstand). Die Anlagen mit Unterwind sind vor allem dort am Platze, wo mit sehr hoher Brennstoffschicht gearbeitet werden muß, sowie dort, wo minderwertige, pulverige Brennstoffe oder Abfälle zu verfeuern sind, jedoch eignen sie sich naturgemäß auch für hochwertige Brennstoffe.

Der von dem Amerikaner Mc Lean eingeführte sog. Gleichgewichtszug oder ausgeglichene Zug ist nichts anderes als eine selbsttätige Unterwindfeuerung, bei der die Luft- und Heizgasmenge durch mechanische Mittel so geregelt wird, daß die Dampfspannung ständig auf gleicher Höhe bleibt. In Deutschland sind zurzeit nur einige selbsttätige Unterwindfeuerungen im Betrieb. Die erste wurde meines Wissens im städtischen Gaswerk Stuttgart aufgestellt. Diese Anlagen führen sich bei uns offenbar deshalb nicht ein, weil hierfür ziemlich hohe Lizenzgebühren zu entrichten sind, und weil sie verhältnismäßig empfindliche Einrichtungen erfordern; vgl. D.R.P. 185049.

Für ortsfeste Anlagen bevorzugt man heute meist den Saugzug, der sich bei Vorhandensein mehrerer Kessel einfacher einrichten läßt als der Druckzug, weil der Saugzugventilator an den Sammelfuchs oder den Schornstein angeschlossen werden kann. Bei Unterwind dagegen muß die Verbrennungsluft vom Ventilator aus in Kanälen zu den einzelnen Kesseln geführt werden, was bei vorhandenen Anlagen nicht immer so ausführbar ist, daß die Beseitigung der Asche und Schlacke nicht darunter leidet. Die Anlagen mit Saugzug lassen sich in zwei Gruppen einteilen. Bei der ersten wird der Ventilator direkt in den Weg der Rauchgase eingeschaltet. Die Gase werden hierbei aus dem Fuchs oder unmittelbar hinter dem Abgasvorwärmer abgesaugt und in den Schornstein gedrückt. Man bezeichnet diese Arbeitsweise als die direkte. Eine Anlage dieser Art zeigt Fig. 47. Hinter dem Ventilator wirkt der Schornstein, der auch hier wieder, wie in Fig. 44, aus Mauerwerk gedacht ist.

Fig. 48 zeigt den Fall des indirekten Saugzugs. Sein Wesen besteht darin, daß die Absaugung der Rauchgase nicht unmittelbar durch den Ventilator, sondern durch einen in den Schornstein eingebauten Strahlapparat erfolgt, in der Weise, daß ein von einem Ventilator oder einem Dampfstrahlgebläse erzeugter Preßluftstrom zentral in einen Kamin eingeblasen wird und hierbei nach Art eines Ejektors durch seine Strömungsenergie einen Unterdruck erzeugt, durch den die Rauchgase abgesaugt werden. In der Regel besteht hier der Schornstein aus einem kurzen eisernen Rohr von etwa 15—20 m Länge, das sich nach der Mündung hin allmählich erweitert. Die Erweiterung hat, ebenso wie bei den Saugkrümmern von Wasserturbinen, den Zweck, einen Teil der Geschwindigkeit wieder in Druck zu verwandeln und für die Saugwirkung zurückzugewinnen.

Um die Vorzüge der indirekten Arbeitsweise, die vor allem in den kleinen Abmessungen des überall bequem unterzubringenden Ventilators bestehen, mit denjenigen des direkten Saugzuges, nämlich der besseren Erhaltung des natürlichen Auftriebes der Rauchgase und dem geringeren Kraftverbrauch, zu vereinigen, wird meist eine kombinierte Arbeitsweise angewendet. Hierbei saugt der Ventilator ständig oder nur vorübergehend bei höherer Beanspruchung (Spitzenleistung) der Kesselanlage statt der Luft Rauchgase an und drückt diese in den Strahlapparat hinein. Zu diesem Zweck ist der in Fig. 48 angedeutete Anschluß an den Fuchs vorgesehen.

Versieht man jeden Kessel mit besonderem Kamin, so bilden Kessel, Abgasvorwärmer und Kamin ein einheitliches Ganzes. Man verringert auf diese Weise die Grundfläche des Kesselhauses auf einen Mindestbetrag, womit gleichzeitig der Vorteil kürzerer Rohrleitungen verbunden ist. Auch erreicht man damit, daß die langen Rauchkanäle von den einzelnen Kesseln bis zum Schornstein in Wegfall kommen, und daß man bei späterer Erweiterung der Anlage freier verfügen kann und nicht durch das Vorhandensein eines gemauerten Schornsteins behindert wird. Oft begnügt man sich auch damit, für je zwei Kessel eine gemeinsame künstliche Zuganlage vorzusehen.

Was den Kraftbedarf des künstlichen Zuges betrifft, so ist dieser der zu fördernden Gasmenge sowie dem zu erzeugenden Unterdruck proportional. Es müssen deshalb stets die Menge und Temperatur der Rauchgase sowie der erforderliche Unterdruck berücksichtigt werden. Namentlich der Unterdruck, aber auch die Gastemperaturen pflegen für eine und dieselbe Dampfleistung bei den verschiedenen Kesselsystemen sehr verschieden zu sein. Aus diesem Grunde ist auch der Kraftbedarf des künstlichen Zuges sehr verschieden. Damit erklären sich unter anderem die stark auseinandergehenden Angaben in der Literatur und in Katalogen.

Allgemein läßt sich nur sagen, daß der Druckzug am wenigsten Kraft erfordert; hier wird der natürliche Schornsteinzug voll ausgenützt und der Ventilator hat nur kalte Luft zu fördern. Alsdann folgt der direkte Saugzug. Dieser erfordert mehr Ventilatorarbeit als der Druckzug, weil die Gase ein ihrer hohen Temperatur entsprechendes großes Volumen besitzen, und weil der natürliche Zug infolge von Abkühlung, Wirbelbildung usw. nicht unerheblich beeinträchtigt wird. Am meisten Kraft ist für den indirekten Saugzug aufzuwenden, weil hier außer mit dem Wirkungsgrad des Ventilators noch mit dem des Strahlgebläses zu rechnen ist.

Beim indirekten Saugzug beträgt der Kraftbedarf etwa 1,5—2% von der gesamten erzeugten Maschinenleistung. Beim direkten Saugzug ist der Kraftbedarf etwa die Hälfte davon. Ist die Verbrennung schlecht, d. h. wird mit großem Luftüberschuß gearbeitet, so nimmt die Ventilatorarbeit entsprechend der größeren Gasmenge zu. Wo der künstliche Zug nur zur Verstärkung des vorhandenen Schornsteinzuges dient, richtet sich der Kraftbedarf ganz nach dem Anteil, den der künstliche Zug von der gesamten Zugleistung zu übernehmen hat.

Ist die künstliche Zuganlage mit einer geeigneten, vom Heizerstand aus zu betätigenden Regeleinrichtung ausgerüstet, so nimmt der Kraftverbrauch bis zu einem gewissen Grade mit der Kesselbeanspruchung ab. Zum Anheizen sowie bei schwachem Betrieb der Kesselanlage und bei günstiger Witterung genügt der natürliche Zug des Kamins, so daß der Ventilator zeitweise abgestellt werden kann.

Werden zur Zugerzeugung Dampfstrahlgebläse verwendet, so ist der Energieverbrauch erheblich größer als bei Ventilatoren, da Dampfstrahlgebläse einen verhältnismäßig schlechten Wirkungsgrad haben. Durchschnittlich kann man annehmen, daß sie bei normaler Belastung der Kesselanlage etwa 10% der gesamten erzeugten Dampfmenge verbrauchen, bei Anlagen mit indirektem Saugzug sogar wesentlich mehr.

Die Anschaffungskosten künstlicher Zuganlagen sind in vielen Fällen geringer als diejenigen gemauerter Schornsteine. Wenn die Anlagen an vorhandene Kamine angebaut werden, so stellen sich der Druckzug und der direkte Saugzug billiger als der indirekte Saugzug. Wo dies nicht der Fall ist, besteht kein großer Unterschied hinsichtlich der Anschaffungskosten.

Bei Vorhandensein eines Schornsteins von ausreichendem Zug entstehen außer den Kapitalkosten keine weiteren Betriebsausgaben für die Zugerzeugung, sofern von den geringen Instandhaltungskosten des Schornsteins abgesehen wird. Die Verzinsung kann zu etwa $4^1/_2\%$, die Abschreibung zu etwa $2^1/_2\%$ angenommen werden. Ein ordnungsmäßig gebauter und beanspruchter Schornstein hält 50 Jahre und mehr. Bei künstlichem Zug ist für die Verzinsung und Abschreibung mit Rücksicht auf das schnelle Rosten einzelner Teile etwa das Doppelte, d. h. 13–15% anzunehmen. Außerdem kommen hier noch die Kosten für den Ventilatorantrieb hinzu. Diese dürfen nur dort vernachlässigt werden, wo der Ventilator gleichzeitig zur Entlüftung von Arbeitsräumen ausgenützt werden kann. Es fallen dann unter Umständen auch die durch die Verzinsung und Abschreibung von Ventilator und Antriebsmotor bedingten Kosten weg. Wo neben der Einrichtung für künstlichen Zug noch ein gemauerter Schornstein nötig ist, wachsen naturgemäß die Kosten der Zugerzeugung.

Es ist nicht zu verkennen, daß der künstliche Zug für manche Betriebe eine Reihe von Vorzügen hat. Diese bestehen vor allem in der leichten Anpaßfähigkeit an stark schwankende Belastungsverhältnisse, ferner in der Möglichkeit sehr starker Kesselbeanspruchung und endlich in dem geringen Platzbedarf. Trotzdem wird im allgemeinen für Neubauten, vor allem für die gewöhnlichen industriellen Anlagen, der natürliche Schornsteinzug aus Gründen der Wirtschaftlichkeit zu bevorzugen sein. Der künstliche Zug ist nur unter gewissen Voraussetzungen wirtschaftlicher als der natürliche, nämlich dort, wo es sich um kurze Arbeitszeiten oder hohe Spitzenleistungen von kurzer Dauer handelt, oder dort, wo durch die starke Anstrengung der Kessel bei künstlichem Zug die Anlagekosten oder die zum Anheizen und Unterdampfhalten von Reservekesseln erforderlichen Kohlenmengen verringert werden können.

Dagegen wäre es unrichtig, anzunehmen, daß der künstliche Zug die Feuerungsverhältnisse und den Wirkungsgrad der Kesselanlage ohne weiteres verbessert. Nur wo ein zu kleiner Schornstein vorhanden ist, der ungenügend zieht, kann die Verbrennung und damit auch die Rauch- und Rußentwicklung durch den künstlichen Zug günstig beeinflußt werden. Unter Umständen kann man sich hier aber auch durch einen Umbau der Feuerung (Vergrößerung der freien Rostfläche) oder der Kesselzüge (geringere Gasgeschwindigkeit und ausreichende Querschnitte an den Umkehrstellen des Gasstromes), oder durch nachträgliche Erhöhung des Schornsteins helfen.

Nach alledem ist anzunehmen, daß auch in Zukunft der natürliche Zug die Regel, der künstliche die Ausnahme bilden wird. Der künstliche Zug ist außer für bewegliche Anlagen, wie Lokomotiven, Lokomobilen, Schiffe, nur dort am Platze, wo es sich um Aushilfs- und allenfalls solche Betriebe handelt, deren Entwicklung nicht vorauszusehen ist, oder wo der vorhandene Schornsteinzug infolge Vergrößerung der Kesselanlage oder infolge nachträglichen Einbaus von Abgasvorwärmern, Winderhitzern, Staubsammlern nicht mehr ausreicht, ferner dort, wo ein zeitweise stark schwankender Betrieb vorhanden ist, sowie endlich dort, wo eine billige Kohle verheizt werden soll, die einen großen Rostwiderstand bietet. Auch wo aus Schönheitsrücksichten oder mit Rücksicht auf den schlechten Baugrund, Platzersparnis usw. ein Schornstein nicht anwendbar ist, muß man sich zum künstlichen Zug entschließen.

Für Wasserkraftwerke mit einer Aushilfsdampfanlage ist der künstliche Zug unter Umständen schon wegen der sofortigen Betriebsbereitschaft dem natürlichen vorzuziehen[1]).

Die Dampfleitung nebst Zubehör.

Von großer Bedeutung für die Wirtschaftlichkeit und Sicherheit des Betriebes ist eine sachgemäße und solide Ausführung der Rohrleitung und ihrer Nebenapparate, wie Absperrorgane, Ausdehnungsvorrichtungen, Wasserabscheider, Kondenstöpfe, Rohrbruchventile usw.

Die Rohrleitungen bestehen bei den heute üblichen hohen Spannungen und Temperaturen aus nahtlosen und patentgeschweißten Schmiedeisenrohren. Als Dichtungsmaterial für die Flanschverbindungen von Frischdampf- und Speisedruckleitungen wird Klingerit oder ähnliches Material verwendet, für Abdampfleitungen Asbest.

An geraden Rohren können die Flanschen fest, an gekrümmten hingegen mit Rücksicht auf das Passen der Schraubenlöcher lose angebracht sein. Bisweilen wird auch bei geraden Rohren der eine Flansch beweglich ausgeführt, wenn man es nicht überhaupt vorzieht, den einen Flansch erst bei der Montage fest aufzubringen. Die Verbindung zwischen Rohr und Flansch oder Rohr und Bordring (Bund) erfolgt in der Regel durch Aufwalzen, seltener durch Aufschweißen, weil letzteres den Nachteil hat, daß es nur am Herstellungsort ausgeführt werden kann und somit alle Paßstücke erst bei bereits vorgeschrittener Montage, nachdem ihre Maße genau festliegen, bestellt werden können. Auch muß bei Neuaufbringung eines Flansches das betreffende Rohr nach dem Herstellungsort zurückgesandt werden, was mit Rücksicht auf die Betriebsunterbrechung und die hohen Kosten in den meisten Fällen ausgeschlossen sein wird.

Bei größerer Rohrweite genügt allerdings das bloße Aufwalzen nicht mehr. Man muß hier die Walzflanschen noch durch Nieten mit dem

---

[1]) Eingehendere Ausführungen über künstlichen Zug enthält mein in der Z. d. V. d. I. 1913, S. 1455ff., veröffentlichter Aufsatz „Natürlicher oder künstlicher Zug bei Dampfanlagen?“.

Rohr verbinden, da es sonst leicht vorkommt, daß sie durch den Dampfdruck vom Rohr abgezogen werden.

Das Aufwalzen und Vernieten der Flanschen hat gegenüber dem Aufschweißen vielleicht den Vorteil, daß ein Schadhaftwerden der Flanschverbindung bei aufgewalzten und vernieteten Flanschen gewöhnlich zunächst eine Lockerung zur Folge hat, die sich nach außen hin als Undichtheit bemerkbar macht. Man kann alsdann meist noch rechtzeitig abhelfen. Wenn hingegen bei aufgeschweißten Flanschen die Verbindung schadhaft wird, so führt dies gewöhnlich unmittelbar und ohne vorherige Anzeichen zum Bruch.

Die Wahl und Stärke des Materials sowie die Flanschen- und Schraubenbemessung von Rohrleitungen erfolgt neuerdings auf Grund der vom Verein deutscher Ingenieure aufgestellten »Normalien zu Rohrleitungen für Dampf von hoher Spannung« vom Jahre 1912[1]). Für niedergespannten und nicht überhitzten Dampf gelten noch die Normalien des Vereins deutscher Gas- und Wasserfachmänner vom Jahre 1882. Manche Firmen haben außerdem noch ihre eigenen Normalien.

Für die Bestimmung des zweckmäßigsten Leitungsdurchmessers sind der Druckverlust und der Wärmeverlust in der Leitung sowie die Anschaffungskosten maßgebend. Der Druck- oder Spannungsverlust wird durch die bei der Dampfströmung entstehende Reibung sowie durch Wirbel verursacht. Je länger die Rohrleitung ist, desto größer fällt unter sonst gleichen Verhältnissen der Druckverlust sowie der Wärmeverlust aus. Je größer anderseits der Leitungsdurchmesser gewählt wird, desto kleiner ist der Druckverlust, desto größer fällt jedoch wiederum der Wärmeverlust aus.

Im allgemeinen ist es zweckmäßiger, die Wärmeverluste und die Anschaffungskosten durch Zulassung möglichst hoher Dampfgeschwindigkeiten tunlichst herabzudrücken, wenngleich hierbei der Druckverlust in der Leitung etwas größer ausfällt. Denn es ist zu beachten, daß die höchsten Druckverluste nur vorübergehend zur Zeit der höchsten Belastung auftreten, während die Wärmeverluste ständig vorhanden sind. Abkühlungs- und Kondensationsverluste sind aber in wirtschaftlicher Hinsicht nachteiliger als Druckverluste, da die Mehrkosten für Brennstoff, um den Dampfdruck in den Kesseln entsprechend zu erhöhen, unbedeutend sind. Dies ist insbesondere bei Anlagen mit geringem Belastungsfaktor zu berücksichtigen. Betragen z. B. die Wärmeverluste 1,5% des Wärmeverbrauches der vollbelasteten Anlage, so entspricht dies bei einem Belastungsfaktor von 0,2 bereits 7,5% des gesamten Kohlenverbrauches. Man läßt deshalb heute bei Dampfturbinenanlagen mit ihrer fast stoßfreien Dampfaufnahme größte Dampfgeschwindigkeiten bis zu 80 m/sk zu. Hierbei ist jedoch mit Rücksicht auf das ruhige Verhalten der Rohrleitung vorausgesetzt, daß Änderungen in der Durchgangsrichtung des Dampfes möglichst vermieden werden, und daß nur Schieber zur Anwendung kommen. Bei diesen fällt die zweimalige

---

[1]) Vgl. Z. d. V. d. I. 1912, S. 1480.

Richtungsänderung des Dampfes, wie sie bei jedem Ventil vorhanden ist, weg; außerdem haben Schieber, die den ganzen Querschnitt freigeben, den Vorzug, daß ihr Widerstand gegenüber dem von Ventilen verschwindend klein ist und somit auch der Druckverlust[1]).

Die Schieber erstklassiger Firmen sind heute so gut durchgebildet, daß vom betriebstechnischen Standpunkt aus nichts gegen ihre Verwendung zu sagen ist. Zwar hört man häufig Klagen über Undichtheiten der Schieber, jedoch beziehen sich solche zum großen Teil auf minderwertige Fabrikate. Diesen gegenüber sind Ventile allerdings im Vorteil. Ein undichtes Ventil kann vom Kesselwärter ohne Schwierigkeit nachgeschliffen oder gegebenenfalls nachgedreht werden. Bei Schiebern hingegen ist ein Nachdichten weniger einfach, da hier die Dichtungsplatten sehr sorgfältig auftuschiert werden müssen. Trotz der erwähnten Vorzüge des Schiebers beschränkt sich jedoch seine Anwendung mit Rücksicht auf den hohen Anschaffungspreis in der Hauptsache auf neuzeitliche größere Anlagen. Für kleinere und mittlere Betriebe wird wohl das Ventil bis auf weiteres das handelsübliche Absperrmittel bleiben.

Das von der Firma Borsig hergestellte Klappenventil hat mit dem Schieber den Vorzug gemein, daß der volle Querschnitt freigegeben und die Durchgangsrichtung des Dampfes nicht geändert wird. Das Klappenventil hat außerdem den Vorzug, daß es leicht nachgeschliffen und im Betriebe leicht geöffnet und geschlossen werden kann. Bei manchen Schiebern ist es, namentlich bei Verwendung von hochüberhitztem Dampf, schon vorgekommen, daß sie sich festklemmten und weder geöffnet noch geschlossen werden konnten.

Bei Anlagen mit Kolbenmaschinen geht man wegen der stoßweise erfolgenden Dampfentnahme mit Rücksicht auf die Sicherheit der Leitungen im allgemeinen nicht über Dampfgeschwindigkeiten von 20—30 m/sk hinaus.

Um die Verluste durch Wärmeausstrahlung möglichst zu verringern, legt man heute mit Recht großen Wert auf beste Isolierung der Rohrleitungen samt Flanschen, Wasserabscheidern, Ventilen usw. Ein Bild von der Größe der Wärmeverluste bei der Fortleitung des Wasserdampfes geben die Versuche von Eberle. Für das Temperaturgefälle 325° C z. B. verliert nach Eberle:

1 qm nicht umhüllter Leitung . . . . 6750 WE/st
1 qm umhüllter Leitung mit nicht umhüllten Flanschen 1500 »
1 qm vollständig umhüllter Leitung . . . . 1040 »

Da die pro qm Leitung stündlich verlorengehende Wärmemenge eine unveränderliche absolute Größe hat, so leuchtet ein, daß die auf die Isolierung verwendeten, oft recht beträchtlichen Kosten sich aus den dadurch erzielten Wärmeersparnissen meist reichlich bezahlt machen.

Die Rohrleitungsanlagen großer Kraftwerke müssen im Interesse eines gesicherten Betriebes mit größter Sorgfalt entworfen werden.

[1]) Vgl. Z. d. V. d. I. 1915, S. 344.

Komplikationen in der Rohrleitungsanlage sind möglichst zu vermeiden. Je einfacher und kürzer die Rohrleitung, desto billiger und betriebsicherer ist sie. Die Betriebsicherheit wird bis zu einem gewissen Grade auch dadurch erhöht, daß die Zahl der Schieber und Ventile nach Möglichkeit verringert wird. Desgleichen sollte die Zahl der Flanschen

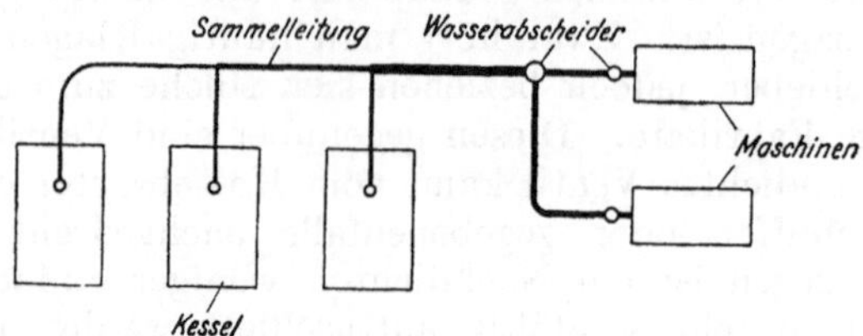

Fig. 49. Schema einer Dampfkraftanlage mit einfacher Dampfleitung.

möglichst gering gewählt werden, weil diese immer zu Undichtheiten und somit zu Betriebstörungen Anlaß geben können.

In den Fig. 49—52 sind die wichtigsten Anordnungen von Rohrleitungen schematisch dargestellt, wobei jeweils angenommen ist, daß Maschinen- und Kesselhaus senkrecht zueinander liegen. Fig. 49 zeigt

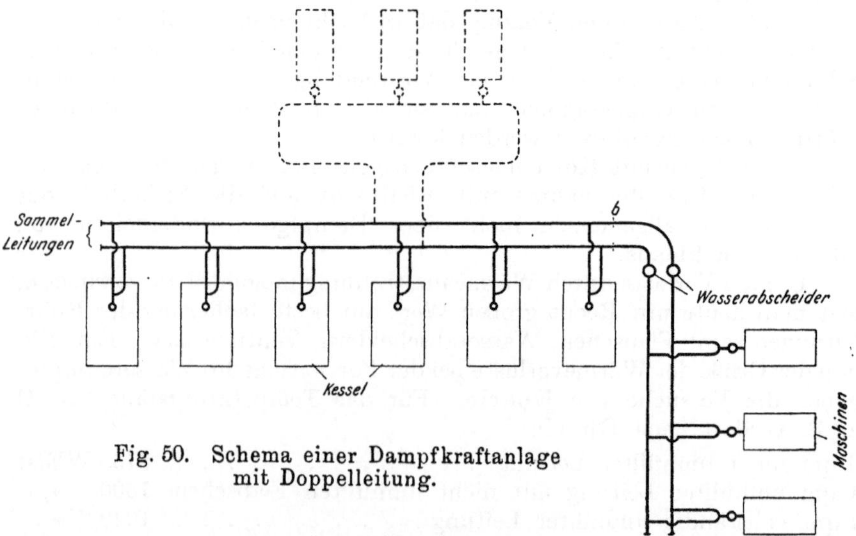

Fig. 50. Schema einer Dampfkraftanlage mit Doppelleitung.

die einfache Leitung, deren Durchmesser sich nach der Maschinenseite hin gewöhnlich stufenförmig erweitert. Hierbei werden die Kessel durch ein gemeinsames Sammelrohr miteinander verbunden, von dem aus die Leitungen nach den einzelnen Maschinen abzweigen. Die Doppelleitung Fig. 50 besteht aus zwei voneinander unabhängigen Leitungssträngen, deren Durchmesser nach der Verbrauchsstelle hin ebenfalls abgestuft sind. Damit bei einem Schadhaftwerden der einen Leitung keine Betriebsunterbrechung eintritt, ist streng darauf zu achten, daß ständig beide Leitungen im Betrieb sind. Andernfalls müßte man bei Eintritt eines Rohrschadens die zweite Leitung erst langsam, etwa 1 Stunde lang, anwärmen, ehe der normale Betrieb wieder aufgenommen werden kann. Sind Kessel- und Maschinenhaus parallel, so hört die

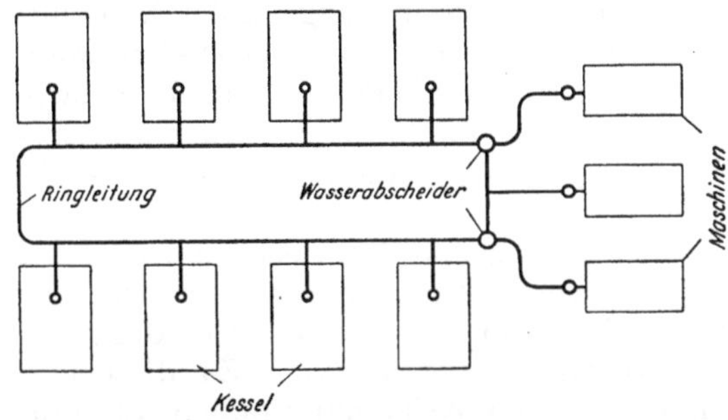

Fig. 51. Schema einer Dampfkraftanlage mit Ringleitung.

Doppelleitung bei *b* auf und die Maschinen können direkt oder unter Vermittlung der punktierten Leitung an die beiden Sammelstränge angeschlossen werden. Fig. 51 zeigt die Anordnung einer Ringleitung. Die früher sehr beliebten Ringleitungen, die an jeder Stelle für den Durchgang der gesamten Dampfmenge bemessen sind und deshalb überall den gleichen Durchmesser haben, erfordern, wenn sie ihren

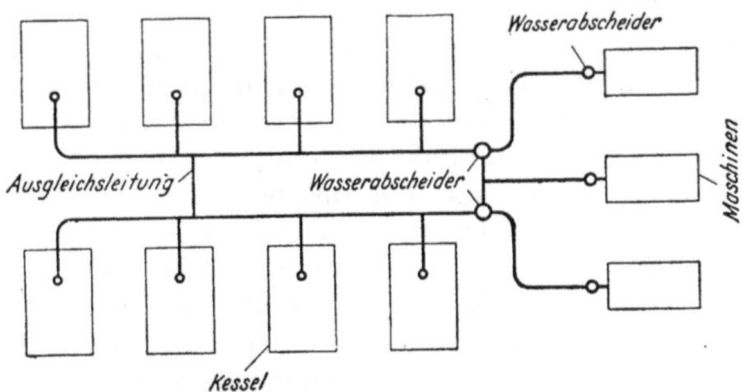

Fig. 52. Schema einer Dampfkraftanlage mit zwei parallelen Rohrsträngen und Ausgleichsleitung.

Zweck erfüllen sollen, reichliche Querschnitte und eine große Zahl von Absperrorganen, damit jeder Kessel, oder — wenn man sich mit geringerer Sicherheit begnügt — doch mindestens je zwei Kessel abgetrennt werden können. Ringleitungen sind daher in der Anschaffung teuer und bedingen große Wärmeverluste. Man führt sie deshalb heute nicht mehr so häufig aus wie früher. Auch Doppelleitungen, von denen die eine als Reserve dient, kommen heute nicht mehr so oft zur Anwendung.

Nicht selten begnügt man sich auch bei größeren Kraftwerken bei dem heutigen vorzüglichen Rohrleitungsmaterial mit einfachen Leitungen gemäß Fig. 49. Bei großen Kraftwerken mit zwei- und mehrreihigen Kesselhäusern, die senkrecht zum Maschinenhaus liegen, wird vielfach je ein Rohrstrang längs einer Kesselreihe geführt. Man kann sich alsdann ohne größere Mehrkosten eine beschränkte Reserve dadurch schaffen, daß die parallelen Rohrstränge in der Nähe ihrer Enden durch eine Hilfsleitung (Ausgleichsleitung) verbunden werden. Diese in Fig. 52 dargestellte Anordnung bildet ein Mittelding zwischen Ring- und Doppelleitung, wobei die Durchmesser wieder abgestuft sein können. Die Ausgleichsleitung ist für den Dampf von 2 oder 3 Kesseln zu bemessen.

Bei der Projektierung von Rohrleitungen sind Richtungswechsel nach Möglichkeit zu vermeiden, mindestens jedoch soll ihr Verlauf ein möglichst allmählicher sein, um die Wirbelbildung und den dadurch bedingten Druckverlust zu verringern. Zu diesem Zweck sind alle Rohrbiegungen mit großen Krümmungsradien auszuführen, die mindestens gleich dem fünffachen Rohrdurchmesser sind. Für Abzweigungen sollen keine scharfkantigen T-Stücke, sondern solche mit Kugelform oder besser mit gerundeten Ecken verwendet werden. Zweigleitungen sollen nicht rechtwinklig an die Sammelleitung angeschlossen werden, sondern mit in der Richtung des Dampfstromes geschweiften Abzweig-Formstücken. Diese Ausführung kommt allerdings nur für gleichbleibende Dampfströmung in Betracht, also z. B. nicht für Ringleitungen, in denen der Dampf oft eine umgekehrte Strömungsrichtung hat. Von Wichtigkeit ist auch die Frage der Querschnittsübergänge. Bei abgestuften Leitungen ist es zwecks Vermeidung von Wirbelverlusten zweckmäßig, nicht zu kurze konische Übergangsstücke einzuschalten.

Wassersäcke in der Rohrleitung sind möglichst zu vermeiden. Wo sie sich jedoch nicht umgehen lassen, sind sie zu entwässern.

Findet an einem Maschinensatz oder einem Kessel eine Störung statt, so muß man in der Lage sein, das betreffende Aggregat mit Hilfe von Absperrorganen von der übrigen Anlage abzutrennen, ohne daß hierbei der abgesperrte Rohrzweig erhebliche Wärmeverluste verursacht.

Besondere Sorgfalt erfordert die Wahl der Festpunkte und die Führung der Rohrleitung. Die Wahl der Festpunkte hat möglichst derart zu erfolgen, daß die Ausdehnungsmöglichkeit der Rohrleitung nach beiden Seiten die gleiche ist. Um bei den heute üblichen hohen Dampftemperaturen die Entstehung gefährlicher Materialspannungen (Wärmespannungen) in der Rohrleitung zu vermeiden, soll diese in sich selbst eine gewisse Elastizität und Nachgiebigkeit besitzen. Der einfachste und natürlichste Ausgleich (Kompensation) ist die Richtungsänderung in der Leitung; hierbei sind jedoch die Schenkellängen der einzelnen Rohrbögen möglichst groß zu nehmen, schon mit Rücksicht darauf, daß gemäß oben scharfe Änderungen der Strömungsrichtung des Dampfes zu vermeiden sind. Wo die örtlichen Verhältnisse Richtungsänderungen nicht zulassen, genügt bei größeren Leitungslängen die natürliche Elastizität der Rohrleitung nicht; man ist alsdann zur Einschaltung von Ausgleichsstücken, wie Bogenrohren, Kugelgelenkrohren, seltener Stopfbüchsenrohren gezwungen. Für Bogenrohre ist Schmiedeisen zu verwenden, da sich Kupfer für überhitzten Dampf nicht eignet. Im übrigen vertragen Bogenrohre nur kleinere Ausdehnungen, sofern man sie nicht nach dem System Hartmann aus einer Anzahl kleiner Rohre zusammensetzt oder sie mit ovalem (flachgedrücktem) Querschnitt oder gewellt ausführt[1]).

Bei hochliegender Rohrleitung ist zur Betätigung der Absperrorgane eine Bedienungsgalerie anzuordnen, sofern man es nicht vorzieht, die Absperrorgane von unten zu betätigen. Letzteres ist aus Sicherheitsgründen jedenfalls besser. Liegt die Rohrleitung im Keller, so sollen einige Absperrorgane vom Maschinenhausflur aus zu betätigen sein, damit bei einem Rohrbruch im Maschinenhaus die betreffenden, aus dem Kesselhaus kommenden Dampfzuleitungen abgesperrt werden können. Es ist nämlich damit zu rechnen, daß bei Eintritt eines Rohrbruches kein Maschinist in den Keller geht, um die nötigen Absperrungen vorzunehmen.

Um bei einem Rohrbruch die Entleerung des Kesselinhaltes zu verhüten, werden bei größeren Anlagen und bei längeren Rohrleitungen sog. Rohrbruch- oder Selbstschlußventile in den Verbindungen zwischen den Kesseln und der Hauptleitung angeordnet. Werden die Ventile mit doppeltem Sitz ausgerüstet, so verhüten sie nicht nur bei einem Bruch der Hauptleitung das Entleeren der Kessel, sondern auch bei einem Kesselschaden das Rückströmen des Dampfes aus der Hauptleitung. Speziell in Deutschland haben sich Rohrbruchventile noch verhältnismäßig wenig eingeführt. Sie haben den Nachteil, daß sie unter Umständen bei starker Dampfentnahme, d. h. gerade wenn der Dampf- und Kraftbedarf am größten ist, von selbst schließen, insbesondere wenn sie empfindlich eingestellt sind. Ist letzteres jedoch nicht der Fall, so kann es bei Eintritt eines Bruches am Ende einer langen und engen Leitung vorkommen, daß das Ventil überhaupt nicht wirkt, da infolge des Leitungswiderstandes die Dampfgeschwindigkeit nicht die erforderliche Höhe erreicht. Für Leitungen über etwa 150 mm Lichtweite kommen Rohrbruchventile überhaupt nicht mehr in Betracht. Die Kraft, mit der das Ventil geschlossen wird, ist alsdann so groß, daß eine Zertrümmerung der Rohrleitung zu befürchten ist. Schon bei verhältnismäßig geringer Weite hört sich das Schließen eines Rohrbruchventils wie ein Kanonenschuß an. Für große Leitungen sind an Stelle von Rohrbruchventilen Absperrschieber mit elektrisch betriebener Schließvorrichtung, sog. Motorschieber zu empfehlen, die von beliebiger Stelle, z. B. vom Bureau des Betriebsleiters aus, durch Betätigung von Druckknöpfen in Betrieb gesetzt werden können; vgl. Fig. 53 und 54. Solche Motorschieber können jederzeit während des Betriebes geprüft

[1]) Eingehendere Ausführungen über Festpunkte und Ausgleichvorrichtungen für Dampfrohrleitungen siehe Z. d. V. d. I. 1917, S. 837 ff.

werden, was bei Rohrbruchventilen meist nicht der Fall ist, weshalb man bei den letzteren nie sicher weiß, ob sie im Falle eines Bruches auch wirklich funktionieren.

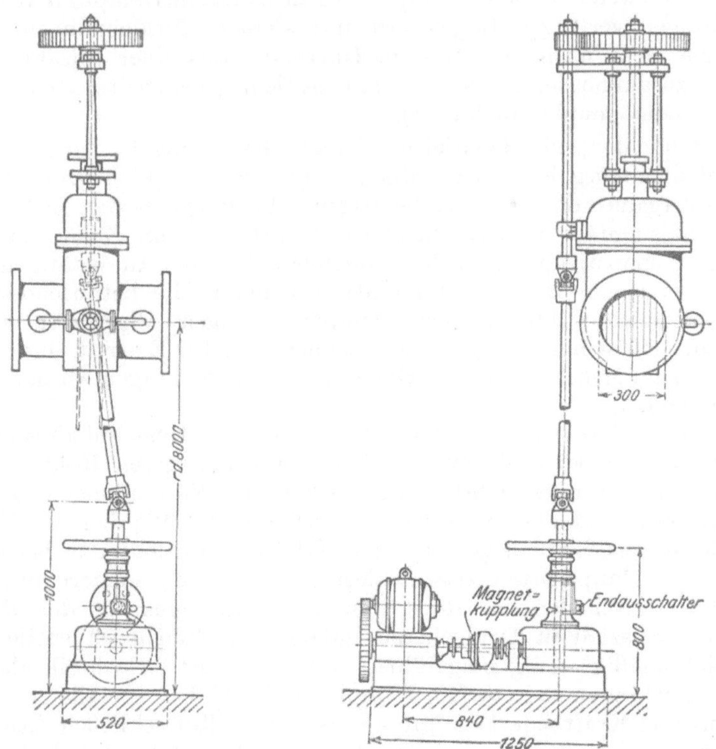

Fig. 53 und 54. Elektrisch betätigter Hauptabsperrschieber der Firma Seiffert & Co. A.-G., Berlin.
Maßstab 1 : 40.

Entwässerung der Dampfleitung. Kondenswasser-Rückleiter.

Da sich beim Inbetriebsetzen der Anlage, bei geringer Überhitzung auch während des Betriebes, Dampf in der Leitung kondensiert, so ist das Kondensat an den tiefsten Stellen der Leitung abzuscheiden. Auch die Ventile sind gegebenenfalls mit einer Entwässerung zu versehen. Eine sorgfältige Entwässerung der Rohrleitung samt Zubehör ist bei den heute üblichen hohen Dampfgeschwindigkeiten von besonderer Wichtigkeit, mit Rücksicht auf die Gefahr von Wasserschlägen.

Die Ableitung des Dampfwassers geschieht gewöhnlich selbsttätig mit Hilfe von Kondenstöpfen. Jeder Kondenstopf hat eine Umführung, damit größere Mengen Kondensat unmittelbar abgelassen werden können. Die meist gebräuchlichen Kondenstöpfe mit offenem Schwimmer sind für hohe Überhitzung nicht geeignet, weil es hier —

insbesondere beim Einbau an unrichtiger Stelle — vorkommen kann, daß das Wasser im Topf durch den Heißdampf verdampft wird, der Schwimmer sinkt und das Auslaßventil öffnet, so daß der Dampf unmittelbar entweichen kann. Für hochüberhitzten Dampf sind deshalb nur Töpfe mit geschlossenem Schwimmer brauchbar.

Da das Kondensat aus der Frischdampfleitung vollständig ölfrei ist, so wird es meist unmittelbar in den Speisebehälter eingeleitet. Ölhaltiges Kondensat, wie z. B. dasjenige aus den Aufnehmern von Zweifachexpansionsmaschinen, muß vorher entölt werden; vgl. Fig. 91, 92 S. 327 und Fig. 110 S. 361. Damit das Arbeiten der Kondenstöpfe während des Betriebes bequem kontrolliert werden kann, empfiehlt es sich, ihre Ableitungen nicht zu vereinigen, sondern getrennt nach dem Speisebehälter oder dem Sammelbehälter für ölhaltiges Kondensat zu führen.

Da Kondenstöpfe besonders bei hochüberhitztem Dampf stets mehr oder weniger Anlaß zu Dampfverlusten geben, so empfiehlt es sich bei größeren Anlagen, den entweichenden Dampf zur Wassererwärmung nutzbar zu machen, indem man ihn durch eine im Speisegefäß angeordnete Rohrschlange leitet. Das einfachste Mittel zur Vermeidung solcher Dampfverluste wäre freilich, überhaupt keine Kondenstöpfe aufzustellen. Dies macht man aber nicht gern, schon weil gelegentlich einmal ein Überspeisen der Kessel vorkommt, wobei dann größere Mengen Wasser in die Rohrleitung gelangen. Trotzdem jedoch verzichtet man bisweilen gänzlich auf die Anwendung von Kondenstöpfen und begnügt sich damit, das Kondensat frei auszublasen.

Um das in Frischdampf- oder Heizdampfleitungen entstehende Kondensat unmittelbar und ohne wesentliche Wärmeverluste wieder in den Kessel einzuführen, wendet man auch selbsttätig wirkende Dampfwasser-Rückleiter an. Diese werden über dem Kessel aufgestellt, und zwar mindestens 2 m über seinem höchsten Wasserstand. Sie enthalten in ihrem Innern einen Schwimmer, der in seinen Endstellungen je ein Dampfaus- und -eintrittsventil betätigt. Dadurch wird das Innere des Rückleiters einmal mit der Außenluft, das andere Mal, und zwar in der oberen Schwimmerlage, d. h. bei gefülltem Rückleiter, mit dem Dampfraum des Kessels verbunden. Reicht der Druck in der Heizdampf- oder Kondensatleitung nicht aus, um dem Rückspeiser das Kondensat zuzudrücken, so sind zwei Rückspeiser notwendig, von denen der untere dem über dem Kessel angeordneten das Kondensat zudrückt. Derartige Kondenswasser-Rückleiter wirken zwar zuverlässig und sind gegen heißes Kondenswasser unempfindlich. Jedoch wäre es unrichtig, anzunehmen, daß sie keine Wärmeverluste bedingen, da bei jedesmaligem Umschalten die in dem Rückleiter enthaltene Dampfmenge in die Luft entweicht und das alsdann eintretende Kondensat infolge der Entspannung an Wärme verliert. Wenn allerdings die Abdämpfe der Rückleiter wieder als Heizdämpfe verwendet werden können, so arbeiten die Rückleiter fast ohne Dampfverbrauch.

Bei größeren Anlagen wendet man an Stelle von Dampfwasser-Rückleitern auch eine durch Dampf oder Elektrizität angetriebene Kondensatpumpe mit darüber befindlichem Sammelbehälter an. Die Pumpe wird durch einen Schwimmer im Kondenswasser-Sammelgefäß selbsttätig an- und abgestellt, ähnlich wie bei Fig. 92, S. 327. Um bei Reparaturen an der Rückspeisepumpe oder bei Störungen, wie sie insbesondere bei Dampfpumpen häufig vorkommen, den Betrieb weiterführen zu können, empfiehlt es sich, noch eine freie Entwässerung vorzusehen.

Speisepumpen. Speiseleitung. Ablaßleitung.

Den gesetzlichen Bestimmungen zufolge muß jeder Dampfkessel mit mindestens zwei zuverlässigen Vorrichtungen zur Speisung versehen sein, die nicht von derselben Betriebsvorrichtung abhängig sind. Mehrere zu einem Betriebe vereinigte Dampfkessel werden hierbei als ein Kessel angesehen.

Zur Speisung der Kessel verwendet man meist Kolben- und Zentrifugalpumpen, Injektoren (Dampfstrahlpumpen) in der Regel nur für kleine Anlagen, bei denen es auf Billigkeit ankommt, als zweite gesetzliche Speisevorrichtung, weil sich bei diesen die Liefermenge fast nicht ändern läßt, und weil zudem bei Injektoren zu viel Luft in den Kessel kommt. Die für größere Mengen Dampfwasser verwendeten Rückspeisevorrichtungen (vgl. S. 209) sind nicht als gesetzliche Speisevorrichtungen anerkannt.

Für kleinere Leistungen werden Kolbenpumpen bevorzugt, und zwar meist schwungradlose Dampfpumpen, Simplex- und Duplexpumpen, da diese einfacher und billiger sind als Schwungradpumpen, (Kurbeldampfpumpen). Der geringere Dampfverbrauch der letzteren fällt erst bei größeren Leistungen ins Gewicht. Zentrifugalpumpen, auch Kreisel- oder Schleuderpumpen genannt, sind bei mittleren Leistungen merklich und bei großen wesentlich billiger als Kolbenpumpen, bei kleinen Leistungen aber wegen der hier notwendigen hohen Stufenzahl teurer. Wenn auch ihr Wirkungsgrad geringer ist als der von Kolbenpumpen, so verdienen sie für große Kesselanlagen doch den Vorzug vor diesen wegen der gleichmäßigen Förderung, wegen der durch die geringe Zahl der Schmierstellen, Lager und bewegten Teile bedingten einfachen Wartung, wegen des geringen Raumbedarfes und wegen der Unmöglichkeit schädlicher Drucksteigerungen. Die hohen Umlaufzahlen der Zentrifugalpumpen gestatten unmittelbare Kupplung mit raschlaufenden Antriebsmaschinen, wie Elektromotoren und Dampfturbinen (Turbospeisepumpen).

Infolge der gleichmäßigen Förderung der Zentrifugalpumpen sind hierfür keine Windkessel in der Druckleitung notwendig, vorausgesetzt, daß nicht auch noch Kolbenpumpen in die gleiche Leitung fördern. Wo trotzdem Windkessel angeordnet werden, dienen sie als Luftabscheider, Luftsammler und Entlüfter, um zu verhüten, daß die aus dem angewärmten Speisewasser sich ausscheidende Luft in die Kessel gelangt.

Bezüglich des Antriebes der Speisepumpen sei bemerkt, daß der Dampfantrieb völlige Unabhängigkeit von anderweitigen Kraftquellen bietet. Daß hierbei der Dampfverbrauch verhältnismäßig groß ausfällt[1]), spielt keine Rolle, wenn, wie dies meist üblich ist, der Pumpenabdampf zum Vorwärmen des Speisewassers vollständig ausgenützt wird. Aus Gründen der Betriebssicherheit wird gewöhnlich mindestens eine der Speisepumpen mit Dampfantrieb ausgerüstet.

Der auf die Speisung entfallende Dampfverbrauch läßt sich erheblich vermindern, wenn man den Antrieb der Speisepumpen unmittelbar oder mittelbar von der Hauptmaschine ableitet, da deren zusätzlicher Dampfverbrauch gering ist. Dies kann bei Kolbenpumpen mit Hilfe von Riemen oder allenfalls Exzentern, bei Zentrifugalpumpen hingegen auf elektrischem Wege geschehen. Riemenantrieb ist für Zentrifugalpumpen wegen der meist ungünstigen Übersetzungsverhältnisse und wegen der durch den Riemenzug bedingten Lagerabnützung nicht zu empfehlen. Anderseits ist für Kolbenpumpen mit ihren mäßigen Umlaufzahlen der elektrische Antrieb weniger geeignet, weil er eine Zahnrad- oder Riemenübersetzung notwendig macht.

Ist eine Akkumulatorenbatterie vorhanden, oder besteht die Möglichkeit des Anschlusses an ein elektrisches Netz, so hat der elektromotorische Antrieb besonders bei Einzelkesseln den Vorzug, daß die Speisepumpe auch zum Füllen des kalten Kessels sowie zu Feuerlöschzwecken benützt werden kann. Darauf ist überall dort Rücksicht zu nehmen, wo eine Wasserleitung mit genügendem Druck fehlt.

Die Regelung der Fördermenge entsprechend der wechselnden Kesselbelastung erfolgt bei Kolbendampfpumpen durch Verändern der Hubzahl, sei es, indem man den Frischdampf drosselt oder (bei Präzisionsregulierung) die Füllung ändert. Auch bei elektromotorischem Antrieb der Pumpen ist eine Änderung der Umlaufzahl, wenigstens innerhalb gewisser Grenzen, in einfacher und — allerdings nur bei Gleichstrommotoren — in wirtschaftlicher Weise möglich. Beim Herabregeln normaler Drehstrommotoren nehmen der Wirkungsgrad und das Drehmoment rasch ab. Dies ist insbesondere bei Kolbenpumpen mit ihrem gleichbleibenden Drehmoment zu berücksichtigen. Erfolgt der Antrieb durch Riemen oder Exzenter, so behilft man sich bei Kolbenpumpen stets mit Umlaufeinrichtungen; bei dieser Art der Regelung geht der Kraftbedarf mit abnehmender Fördermenge nicht zurück. Bei Zentrifugalpumpen genügt die Drosselung der Absperrschieber vor den Speiseventilen der einzelnen Kessel, um die Fördermenge zu verringern. Im übrigen darf hier die Umlaufzahl nicht unter eine bestimmte, vom Speisedruck abhängige Grenze sinken. Wird die Förderung gänzlich eingestellt, d. h. werden sämtliche Kessel gleichzeitig abgesperrt, so kann die Zentrifugalpumpe ohne schädliche Drucksteigerung leer im toten (ruhenden) Wasser weiterlaufen, wobei sie etwa $^1/_3$—$^1/_2$ der Antriebskraft bei Vollbelastung verbraucht. Bei nur kurzer Unterbrechung der Speisung zieht man es deshalb vor, Zentrifugalpumpen durchlaufen zu lassen.

---

[1]) Vgl. Abschnitt 44.

Wenn allerdings Kreiselpumpen längere Zeit ohne Wasserabgabe laufen, so wird das in der Pumpe befindliche Wasser durch die Reibungsarbeit der Laufräder unter Umständen bis zum Siedepunkt erhitzt. Es empfiehlt sich deshalb bei Kreiselpumpen, die längere Zeit ohne Wasserabgabe gegen geschlossene Leitungen arbeiten, einen kleinen Umlauf anzubringen. Es genügt schon, wenn durch diese Umgangsleitung etwa 2—3% der normal von der Pumpe geförderten Wassermenge abgeführt werden.

Beim Antrieb der Kreiselpumpe durch eine Dampfturbine erhält letztere gewöhnlich keinen Regler auf gleiche Umlaufzahl, sondern einen Regler auf gleichbleibenden Druck am Pumpen-Druckstutzen. Wird durch Steigen des im Dampfkessel befindlichen Schwimmers das Drosselventil in der Speisedruckleitung betätigt und damit die Pumpe auf kleinere Leistung und geringeren Kraftbedarf eingestellt, so steigt der Druck am Pumpen-Druckstutzen. Infolgedessen verstellt der Regler ein entlastetes Dampfventil, das den Dampfzutritt zur Turbine drosselt und die Umlaufzahl so weit herunterreguliert, bis der normale Druck am Druckstutzen wieder erreicht ist.

Die Speisepumpen werden meist unmittelbar im Kesselhaus oder in einem besonderen, an das Kesselhaus anstoßenden Raum aufgestellt. Bei neueren Kraftwerken werden die Speisepumpen häufig neben der Kondensationsanlage untergebracht. Diese Anordnung ist sehr zweckmäßig. Da der Heizer im allgemeinen von Maschinen wenig versteht, so wird die Bedienung der Speisepumpenanlage besser dem Maschinisten übertragen. Die Aufstellung im Kondensationskeller hat den Vorzug, daß der bei größeren Anlagen ohnedies für die Kondensation nötige Maschinist auch die Speisepumpen mitbedienen kann.

Die Saughöhe einschließlich der Reibungsverluste in der Leitung soll bei Kolbenpumpen und Zentrifugalpumpen, Speisung mit kaltem Wasser vorausgesetzt, nicht über 6 m, bei Injektoren nicht über etwa 2 m betragen, um ein Abreißen der Saugwassersäule mit Sicherheit zu vermeiden. Je geringer die Saughöhe, desto geringer ist die Gefahr des Einsaugens von Luft durch Flanschverbindungen. Bei Speisung heißen Wassers von über 50° C sind stets Pumpen, keine Injektoren mehr vorzusehen. Pumpen eignen sich noch für Wasser bis 100° C, wenn man nur dafür sorgt, daß das Wasser der Pumpe zufließt und nicht angesaugt werden muß, da im letzteren Fall der der Wassertemperatur entsprechende Dampfdruck von der theoretischen Saughöhe von 10 m in Abzug kommt. Naturgemäß muß man hierbei auf kurze, wenig gekrümmte Rohrleitungen und genügend weite Durchgangsquerschnitte bedacht sein.

Die Wassergeschwindigkeit in der Saugleitung kann bei Normalbelastung zu etwa 0,5—1 m/sk, diejenige in der Druckleitung zu etwa 1—1,5 m/sk angenommen werden. Bei größeren Pumpen, insbesondere Zentrifugalpumpen, werden auch größere Geschwindigkeiten zugelassen. Jedenfalls aber muß die Mindestweite der Rohrleitung gleich dem lichten Durchmesser der Pumpen-Anschlußstutzen sein. Wo es sich um lange

Rohrleitungen, insbesondere Saugleitungen, handelt, wählt man die Rohrweite entsprechend größer.

Da Kolbenpumpen nie so gleichmäßig wie Zentrifugalpumpen arbeiten, so sind sie mit Windkesseln auszurüsten. Nur bei geringen Saughöhen und kurzen Rohrleitungen sowie bei Verwendung von drei- und vierfach wirkenden Pumpen, bei denen die Wasserbewegung in den Speiseleitungen an sich eine gleichmäßigere ist, kann auf die ausgleichende Wirkung von Windkesseln verzichtet werden.

Bei den Druckwindkesseln ist darauf zu achten, daß ihr Luftraum stets mit Luft gefüllt ist, da der Windkessel sonst unwirksam ist. Unter dem hohen Druck wird die Luft nach und nach vom Wasser aufgenommen, weshalb die Druckwindkessel zeitweise mittels der Schnüffelventile belüftet werden müssen. Nicht selten wird hier der Fehler begangen, daß zu viel geschnüffelt wird. Das Schnüffeln soll bei Kesseln stets auf das Mindestmaß beschränkt bleiben, schon mit Rücksicht auf die Gefahr von Anfressungen; vgl. S. 369. Außerdem wird durch im Dampf enthaltene Luft das Vakuum der Maschinen verschlechtert.

Wenn durch entsprechende Wasserführung innerhalb der Druckwindkessel dafür gesorgt wird, daß ein unmittelbares Mitreißen von Luft nicht stattfindet, so ist das Schnüffeln verhältnismäßig selten nötig und es gelangt alsdann nur die vom Wasser aufgenommene Luft, deren Menge, insbesondere bei heißem Wasser, eine geringe ist, in den Dampfkessel.

Neuerdings werden auch selbsttätige Speisewasserentlüfter in die Speisedruckleitungen eingebaut, welche die mechanisch mitgeführte (nicht absorbierte) Luft abführen. Erwähnt sei z. B. der Wasserentlüftungsapparat »Aerex« von den Atlas-Werken A.-G. in Bremen.

Die Speisedruckleitung wird aus Sicherheitsgründen vielfach als Ringleitung ausgebildet, um den Kesseln das Speisewasser auf verschiedenen Wegen zuführen zu können. Hierbei ist für den Fall der Außerbetriebsetzung eines Abgasvorwärmers, was allerdings nur beim Vorhandensein eines Umgangs bzw. einer Rauchgasumführung möglich ist, noch ein zweiter Rohrstrang für direkte Speisung vorzusehen. Diese Reserveleitung braucht jedoch keine Ringleitung zu sein. Jede Speisedruckleitung ist mit einem Sicherheitsventil auszurüsten; nur bei Vorhandensein von Zentrifugalpumpen sind Sicherheitsventile überflüssig. Um bei Feuersgefahr an jeder Stelle des Werkes Druckwasser zu haben kann es sich empfehlen, die Speisedruckleitung mit dem Rohrnetz der Feuerhydranten zu verbinden.

Jeder Kessel ist mit einer ins Freie führenden Ablaßleitung zu versehen. Bei Vereinigung der Ablaßleitungen mehrerer Kessel ist auf die Möglichkeit freier Ausdehnung der Leitung Bedacht zu nehmen, da es bei starrer Verbindung vorkommen kann, daß infolge von Wärmedehnungen (beim Ablassen) ein Bruch der Ablaßventile erfolgt. Da hier Bogenrohre und Kugelgelenkrohre wie bei Frischdampfleitungen nicht am Platze sind, so verbindet man die einzelnen Ablaßleitungen mittels Stopfbüchsenrohren.

Um dem Heizer das Ablassen der Kessel in Fällen, wo dies öfter notwendig ist, zu erleichtern, empfiehlt sich die Anordnung von Ablaßventilen, die außer durch Handrad auch mittels Fuß- oder Handhebel betätigt werden können, wie z. B. das Ablaßventil »Baltes« von Dupuis & Co. in München-Gladbach. Dieses Ventil hat gleichzeitig den Vorzug, daß es sich bei vollem Kesseldruck gefahrlos bedienen läßt.

Speisebehälter. Einrichtungen zur Speisewasserreinigung.

Der Speisewasserbehälter wird teils in Schmiedeisen oder Eisenbeton und — insbesondere bei Anordnung unter Flur — teils gemauert oder in Beton ausgeführt. Je nach Größe der Kesselanlage gelangen ein oder zwei Behälter zur Aufstellung. In Fällen, in denen zwei Behälter gewählt werden, ordnet man die anschließenden Rohrleitungen zweckmäßig so an, daß ein Behälter allein oder beide parallel benützt werden können. Dadurch ist die Möglichkeit gegeben, einen Behälter während des Betriebes zu entleeren, zu reinigen und allenfalls auszubessern oder — bei Schmiedeisenbehältern — den Rostschutzanstrich zu erneuern. Bei ganz großen Anlagen werden auch mehr als zwei Behälter angewendet, die durch eine Sammelleitung absperrbar miteinander verbunden sind.

Vielfach wird aus Platzrücksichten die vertiefte Anordnung des Speisebehälters vorgezogen. In Fällen jedoch, in denen das Speisewasser hohe Temperatur besitzt und infolgedessen den Speisepumpen zulaufen muß, wird notgedrungen der Speisebehälter erhöht aufgestellt und alsdann zweckmäßig in Schmiedeisen ausgeführt. Wo Zentrifugalpumpen zur Kesselspeisung verwendet werden, sollte das Wasser den Pumpen stets zulaufen.

Um bei einem Überlaufen des hochliegenden Speisebehälters einen Wasser- bzw. Kondensatverlust zu vermeiden, wird bei Dampfturbinenanlagen vielfach noch ein vertieft liegender gemauerter Behälter mit den entsprechenden Pumpenanschlüssen vorgesehen, dessen Inhalt als Reserve dient.

Zur Verringerung der Luft- und Sauerstoffaufnahme im Speisebehälter gebe man dem letzteren eine möglichst kleine Oberfläche. Ferner lasse man das Speisewasser nicht frei in den offenen Behälter hineinplätschern, sondern lasse das Speiserohr unterhalb des Wasserspiegels in den Behälter einmünden. Fällt das Wasser frei in den Behälter, so nimmt es auf seinem Wege von der Rohrmündung bis zum Wasserspiegel Luft auf; außerdem bilden sich auf der Wasseroberfläche mehr oder weniger starke Wirbel, durch die ebenfalls Luft mitgerissen wird. Diese Verhältnisse sind hauptsächlich bei Speisung von Kondensat zu beachten, da dieses besonders gern Luft bzw. Luftsauerstoff aufnimmt. Um eine Luftberührung sowie stärkere Wallungen des Speisewassers möglichst zu vermeiden, hat man die Oberfläche des Speisebehälters schon mit Kork, Holz o. dgl. abgedeckt; vgl. »Mitteilungen der Vereinigung der Elektrizitätswerke« 1915, S. 356. An dieser

Stelle wird auch über die Erfahrungen berichtet, die mit dem Einbau von Eisenspan-Entlüftern in die Hauptspeiseleitung unmittelbar vor der Kesselanlage gemacht wurden. Durch derartige Eisenspanfilter wird der Luftsauerstoff absorbiert und aus dem Speisewasser entfernt; gleichzeitig bilden sie Einrichtungen zur Zurückhaltung von Fremdkörpern und Verunreinigungen aus dem Speisewasser[1]). Weitere Maßnahmen, um den Wiedereintritt von Luft in das Kondensat zu verhüten, sind S. 360 besprochen.

Mündet das Speiserohr unterhalb des Wasserspiegels in den Behälter ein, so ist darauf zu achten, daß sich in der Druckleitung jeder Kondensatpumpe eine sicher wirkende Rückschlagklappe befindet, da es schon vorgekommen ist, daß beim Versagen des Kondensatpumpen-Antriebsmotors Kondensat aus dem Speisebehälter in den Kondensator zurückströmte.

Von wesentlicher Bedeutung für die Sicherheit des Kesselbetriebes ist die Verwendung eines reinen Speisewassers. Schlechtes oder ungenügend gereinigtes Wasser verringert die Betriebsicherheit und Lebensdauer des Kessels. Außerdem wird dadurch die Wirtschaftlichkeit ungünstig beeinflußt; vgl. S. 358. Vollkommen rein ist im allgemeinen nur destilliertes Wasser und Regenwasser. Das in Dampfanlagen mit Oberflächenkondensation zurückgewonnene Kondensat würde bei völliger Reinheit destilliertem Wasser entsprechen. Meist ist es aber mehr oder weniger stark verunreinigt, sei es durch Schmieröl oder durch das zur Kühlung dienende Wasser. Letzteres gelangt durch Kondensatorundichtheiten in das Kondensat.

Zur Reinigung des für die Kesselspeisung verwendeten Rohwassers oder Kondensats gibt es verschiedene Verfahren; näheres hierüber sowie über die gebräuchlichen Wasserreinigungseinrichtungen enthält Abschnitt 92.

Bei Dampfturbinenanlagen wird das zurückgewonnene Kondensat gewöhnlich ohne weitere Reinigung gespeist. Zur Reinigung des etwa 5—10% der gesamten Speisewassermenge ausmachenden Zusatzwassers verwendet man hier auch sog. Destillierapparate (Verdampfapparate), mittels denen das Rohwasser verdampft und alsdann wieder verflüssigt wird. Für diese Apparate kann als Heizmittel Frischdampf (Sattdampf) oder der Abdampf von Hilfsturbinen, nämlich der Antriebsturbinen von Kondensations- oder Speisepumpen, verwendet werden. Sie ergeben zweifellos das weichste Wasser und arbeiten bei richtiger Durchbildung sehr wirtschaftlich. Da nämlich die zur Verdampfung des Zusatzwassers aufgewendete Wärme zurückgewonnen und das Kondensat des Heizdampfes wieder verwendet wird, so ist hier im wesentlichen nur der durch Strahlung verlorene Wärmebetrag aufzuwenden. Wo zuviel Dampf und Wärme verbraucht wird, liegt dies nicht am System, sondern an dem einzelnen Apparat. Gewöhnlich fehlt es in solchen Fällen daran, daß die entstehenden Dämpfe und Dampfwässer unvollkommen ausgenützt werden.

[1]) Vgl. auch Z. d. V. d. I. 1916, S. 958.

Auf Schiffen sind die Destillierapparate schon seit langem in Gebrauch; für Landzwecke haben sie bis jetzt nicht die erhoffte Verbreitung erlangt. Ihr Hauptnachteil besteht darin, daß sie häufig zu Störungen oder doch zu ziemlich vielen Reinigungs- und Instandhaltungsarbeiten Anlaß geben, weil sich die ganzen Verunreinigungen des Rohwassers in einem verhältnismäßig kleinen und komplizierten Apparat abscheiden, aus dem sie im allgemeinen schwerer zu entfernen sind als aus einem Kessel. Ein weiterer Nachteil des Apparates besteht darin, daß das Kondensat ziemlich warm wird, und daß hierdurch die Wirksamkeit der Abgasvorwärmer verringert wird. Und endlich ist schon von manchen Seiten beobachtet worden, daß das in Destillatoren gereinigte Zusatzwasser bisweilen Kohlensäure enthält, durch welche die Abgasvorwärmer, die Verbindungsleitungen zwischen diesen und den Kesseln sowie die Kesselwandungen angegriffen werden[1]). Aus diesen Gründen hat man schon mehrfach Destillierapparate nachträglich wieder entfernt und durch gewöhnliche Wasserreiniger ersetzt. Letztere sind jedenfalls dort vorzuziehen, wo es sich um die Reinigung harten Wassers handelt, da hier Verdampfapparate zu stark verschmutzen würden. Bisweilen wird in solchen Fällen sowohl ein Verdampfapparat als auch ein Wasserreiniger aufgestellt. Letzterer bildet alsdann gleichzeitig eine Reserve und ersetzt einen zweiten Verdampfer.

Wasserstands- und Speiseregler.

Damit die Speisung der Kessel möglichst gleichmäßig erfolgt, verwendet man bei größeren Anlagen — weniger zur Erhöhung der Betriebsicherheit, als vor allem zur Entlastung der Heizer bei stark wechselndem Dampfverbrauch — häufig selbsttätige Speiseeinrichtungen. Hierbei bekommt jeder Kessel einen selbsttätig arbeitenden Wasserstandsregler. Außerdem wird an der Dampfspeisepumpe ein unter der Einwirkung des Druckes in der Speiseleitung stehender Speiseregler, auch Druckregler genannt, vorgesehen, der die Leistung der Speisepumpe zu regeln und zu verhindern hat, daß bei plötzlicher Abnahme des Dampfverbrauches eine gefährliche Drucksteigerung in der Speiseleitung eintritt. Der ganze Speisevorgang erfolgt also selbsttätig. Wenn die Kesselanlage teilweise oder ganz entlastet wird, so sperrt der Druckregler den Dampfzutritt zur Speisepumpe teilweise oder ganz ab, so daß die Pumpe langsamer läuft oder gänzlich stillsteht. Letzteres bezieht sich allerdings nur auf Kolbenpumpen; Zentrifugalpumpen dürfen eine gewisse, dem Kesseldruck entsprechende Umlaufzahl nicht unterschreiten. Die Umlaufzahl schwankt hier zwischen einem der Förderung Null entsprechenden Mindestbetrag und einem Höchstbetrag bei Vollbelastung. Vielfach verzichtet man bei Zentrifugalpumpen auf die Anwendung von Druckreglern, weil hier gemäß früher die Entstehung gefährlicher Drücke in der Speiseleitung ausgeschlossen ist.

[1]) Vgl. z. B. die Ausführungen von Schulz in Nr. 168 der „Mitteilungen der Vereinigung der Elektrizitätswerke", Jahrg. 1915.

Es gibt mechanische und elektrische Wasserstandsregler. Der bekannteste unter ihnen ist der Hannemannsche. Vielfach besteht in der Praxis eine Abneigung gegen die Anwendung von Wasserstands- und Speisereglern. Es wird mit Recht darauf hingewiesen, daß diese Apparate den Heizer leicht verwöhnen und zur Nachlässigkeit verleiten. Da aber Wasserstands- und Speiseregler verhältnismäßig empfindliche Apparate darstellen, so kommt es dann und wann vor, daß sie versagen. Es ist deshalb auch bei deren Vorhandensein eine regelmäßige Beobachtung der Wasserstände seitens des Kesselwärters unerläßlich. Häufig jedoch macht man die Erfahrung, daß sich der Heizer blindlings auf diese Apparate verläßt; auch bieten sie ihm nicht selten eine willkommene Gelegenheit zu Ausreden, wenn an der Anlage etwas nicht in Ordnung ist. Es ist schon des öfteren ein Überspeisen der Kessel vorgekommen, weil der Wasserstandsregler zwecks Instandsetzung ausgeschaltet und der Heizer nicht mehr gewohnt war, auf den Wasserstand zu achten. In manchen Werken sind deshalb die eingebauten Wasserstandsregler wieder außer Betrieb gesetzt worden. In anderen Werken hingegen, wo die Betriebsleitung den Wasserstandsreglern eine sorgfältige Überwachung und Instandhaltung angedeihen läßt, ist man sehr gut mit ihnen zufrieden.

Überhitzer-Anordnung. Temperaturregler.

Zur Regulierung der Dampftemperatur kann man Öffnungen in den Abschlußmauern vor dem Überhitzer, Klappen oder Schieber sowie endlich besondere Temperaturregler vorsehen. Maueröffnungen sind zwar am einfachsten und betriebsichersten, gestatten aber keine jederzeitige Regelung, sondern nur die Einstellung des Überhitzers in Betriebspausen. Am verbreitetsten ist die Regulierung durch Klappen oder Schieber. Allerdings werden Klappen und Schieber bei modernen Hochleistungskesseln mit ihren hohen Gastemperaturen leicht schadhaft. Man wendet deshalb heute auch besondere Überhitzer- oder Temperaturregler an, die eine jederzeitige und wirtschaftliche Einstellung der Dampftemperatur gestatten. Näheres über die verschiedenen Ausführungen der Temperaturregler findet sich in der Z. d. V. d. I. 1917, S. 885ff.

Klappen oder Schieber lassen sich dort anstandslos verwenden, wo man den Überhitzer im Nebenschluß anordnet. Hierbei werden die Regulierklappen oder -schieber nicht vor, sondern hinter dem Überhitzer in die Kesselzüge eingebaut, kommen also mit den heißesten Gasen nicht in Berührung. Diese Anordnung hat zur Voraussetzung, daß die Heizgase beim Durchgang durch den Überhitzer einen oder mehrere Kesselzüge überspringen, so daß der Weg durch den Überhitzer geringeren Widerstand bietet. Wärmetechnisch bedeutet zwar das Ausschalten eines Teils der Heizfläche einen Verlust, jedoch ist dieser ganz unbedeutend. Bei voller Belastung der Kesselanlage geht ohnedies nur ein Teil der Rauchgase durch den Überhitzer, bei Teilbelastung hingegen könnte an sich die Heizfläche des Kessels kleiner sein, so daß in diesem Falle das Ausschalten eines Teils der Kesselheizfläche nicht nachteilig ist. Zudem ist zu berücksichtigen, daß die den Überhitzer verlassenden heißen Gase den hinteren Kesselflächen, die infolge des geringen Temperaturgefälles zur Dampfleistung wenig beitragen, zugute kommen.

Bemerkt sei, daß Schieber im allgemeinen besser sind als Klappen mit horizontaler Achse. Letztere fallen bei großen Kesseln sehr lang aus und biegen sich bei höheren Temperaturen durch. Die Klappe läßt sich alsdann nicht mehr drehen. Verwendet man jedoch freihängende und freitragende Schieber oder Klappen mit senkrechter Achse, so ist eine Formänderung weniger zu befürchten, zumal bei Nebenschlußanordnung, wo die Schieber oder Klappen in einer weniger heißen Zone liegen.

Da man heute bestrebt ist, auch bei geringer Belastung einer Anlage mit möglichst hoher Überhitzung zu arbeiten, so ist es von Wichtigkeit, daß die Heizfläche des Überhitzers entsprechend reichlich bemessen wird. Gerade bei schwacher Belastung ist eine genügende Überhitzung besonders wichtig, weil der Temperaturverlust in der Rohrleitung infolge geringer Dampfgeschwindigkeit ohnedies ein größerer ist und der Dampfverbrauch der Maschinen somit zunimmt. Im übrigen richtet sich naturgemäß die Größe der Überhitzerheizfläche nach der gewünschten Dampftemperatur. Die Wahl der letzteren ist, abgesehen vom Maschinensystem, vornehmlich eine wirtschaftliche Frage. Außerdem ist auf die Wahl der Dampftemperatur von Einfluß, ob es sich um einen Betrieb mit Abdampfverwertung oder einen solchen mit starken Belastungsschwankungen handelt; vgl. S. 279 und S. 447.

Speziell bei Lokomobilen ist der Überhitzer ein Abgasüberhitzer, da er nur mit niederen Heizgastemperaturen, bei Vollbelastung etwa 400—450° C, in Berührung kommt. Damit hängt es zusammen, daß man keine Reguliervorrichtungen für den Überhitzer braucht, und daß ein Verbrennen des Überhitzers selbst beim Anheizen ausgeschlossen ist. Wenn trotz der niederen Heizgastemperaturen hohe Überhitzung erreicht wird, so ist dies durch die Anwendung des Gegenstromes und durch sorgfältige Heizgasführung bedingt.

Eigenverbrauch im Kesselhaus.

Der auf den Kesselhausbetrieb entfallende Eigenverbrauch setzt sich, abgesehen von der Beleuchtung, aus dem Verbrauch der Speisepumpen, dem Kraftbedarf für die Bekohlungs- und Feuerungsanlage, für die Vorwärmerreinigung sowie allenfalls für die Zugerzeugung zusammen.

Bezüglich des Verbrauchs der Speisepumpen sei auf S. 100 verwiesen. Über den Kraftbedarf des künstlichen Zuges sind auf S. 199 nähere Angaben enthalten. Der Kraftbedarf von mechanischen Bekohlungsanlagen hängt außer vom System in so erheblichem Maße von den örtlichen Verhältnissen ab, daß es nicht möglich ist, hierfür allgemeine Angaben zu machen.

Der Kraftbedarf für den Antrieb mechanischer Feuerungen ist verhältnismäßig gering. So z. B. braucht ein mechanischer Rostbeschicker normaler Bauart für einen Zweiflammrohrkessel etwa 0,2 bis 0,3 PS, einschließlich Transmissionsverlust höchstens etwa 0,5 PS. Bei Grobkohlen und zum Brechen der Kohlen kann man mit etwa 0,6 bis 0,7 PS rechnen. Der Kraftverbrauch von Kettenrosten hängt in erster Linie von der Größe der Rostfläche ab, zum kleineren Teil auch von der Bauart. Als Beispiel sei erwähnt, daß man zum Antrieb eines Kettenrostes von 15 qm durchschnittlich etwa 1,3—1,5 PS benötigt. Zweckmäßig nimmt man jedoch die Motorleistung größer an, im vorliegenden Falle etwa zu $2^1/_2$ PS, weil der Motor mit Belastung anlaufen muß. Man ist alsdann sicher, daß der mit Rücksicht auf die Staubentwicklung vollständig gekapselte Motor sich nicht zu stark erwärmt.

Für den Kratzerantrieb gußeiserner Abgasvorwärmer kann man etwa 0,5—1 PS auf je 100 Rohre rechnen. Der Kraftbedarf schwankt hier innerhalb ziemlich weiter Grenzen, weil sich der Widerstand stark ändert, je nachdem die Rohre mehr oder weniger verschmutzt und verkrustet sind. Es ist auch hier zweckmäßig, die Motorleistung mit Rücksicht auf die Anlaufstromstärke größer anzunehmen, als dem mittleren Kraftbedarf entsprechen würde.

Einrichtungen zur Kesselreinigung.

Bei der Projektierung von Kesselanlagen sind auch die zur Reinigung erforderlichen Werkzeuge und Einrichtungen vorzusehen. Die Reinigung der Kessel von Ruß, Kesselstein usw. erfolgt teils von Hand, teils durch mechanische Hilfsmittel, wie Dampf- oder Druckluft-Abblasevorrichtungen, Drucklufthämmer zum Abklopfen des Kesselsteins, hydraulisch oder elektrisch angetriebene Turbinenrohrreiniger zur Entfernung des Kesselsteins aus den Siederohren von Wasserrohrkesseln oder aus Vorwärmerrohren usw.

Zum Abblasen des Rußes und der Flugasche von den Kessel- und Überhitzerrohren während des Betriebes sind meistens Dampfbläser im Gebrauch. Das Abblasen mit Dampf hat jedoch den Nachteil, daß sich hierbei leicht Krusten bilden, insbesondere wenn mit Sattdampf abgeblasen wird. Die Gefahr der Krustenbildung besteht hauptsächlich bei Verfeuerung von Braunkohlen mit Rücksicht auf die hierbei entstehende viele und feine Flugasche. Es wird deshalb an Stelle von Dampf vielfach Druckluft zum Abblasen verwendet. Dadurch wird die Krustenbildung vollständig vermieden; auch bläst der Heizer wohl lieber und deshalb vielleicht gründlicher mit kalter Luft ab, weil er sich hierbei die Hand nicht verbrennen kann wie bei Dampf. Jedoch hat das Einblasen kalter Luft eine unerwünschte Abkühlung der Heizgase zur Folge. Man bedient sich deshalb heute vielfach eines mit Dampf von Kesselspannung betriebenen Strahlbläsers, der nach Art eines Ejektors Luft oder besser Heizgase ansaugt und zusammen mit dem Dampf ausbläst[1]). Diese mit einem Gemisch von Dampf und Luft oder Heizgasen arbeitenden Bläser sind außerordentlich wirksam und vermeiden die Gefahr einer Krustenbildung. Dabei ist ihr Dampfverbrauch wesentlich geringer als beim reinen Dampfbläser. Gegenüber dem Abblasen mit Druckluft haben sie den Vorteil, daß keine Abkühlung der heißen Kesselzüge stattfindet, da die von dem Ejektor abgesaugten heißen Gase unmittelbar wieder gegen die zu reinigenden Heizflächen geblasen werden.

Für größere Kesselanlagen ist stets die Aufstellung einer kleinen Druckluftanlage zu erwägen. Druckluft kann außer zum Betrieb von Kesselstein-Drucklufthämmern zum Ausblasen des Staubes aus den Wicklungen von Dynamomaschinen verwendet werden. Das Ausblasen mit Druckluft ist hier wesentlich wirksamer als dasjenige mittels Handpumpen. Im übrigen kann die Druckluft gemäß oben auch zum Abblasen der Kessel- und Überhitzerrohre verwendet werden.

Um die sich in den Sammelkammern und Zügen des Kessels sowie im Fuchs ansammelnde Flugasche ohne Störung während des Betriebes beseitigen zu können, empfehlen sich bei größeren Anlagen geeignete mechanische Einrichtungen; vgl. S. 375. Bezüglich der Vorrichtungen zur Entfernung der Asche und Schlacke aus dem Kesselhaus siehe S. 312ff.

Apparate zur Betriebskontrolle.

Es liegt im Interesse eines sicheren und wirtschaftlichen Betriebes, die zur Betriebskontrolle erforderlichen Einrichtungen vorzusehen. Hierher gehören Kohlenwagen, Speisewasser- und Dampfmesser, Spannungsanzeiger, Kohlensäure- und Zugmesser, Thermometer. Den besten Überblick über die Betriebsverhältnisse geben selbstaufzeichnende Apparate.

Die Kohlenwägung kann durch gewöhnliche oder selbsttätige Wagen erfolgen. Letztere sind insbesondere für Anlagen mit mechanischer Bekohlungseinrichtung am Platze. Wo Braunkohlen oder Braunkohlenbriketts verfeuert werden, kann es sich zwecks Verringerung der Staubentwicklung empfehlen, die Kohleneinlauf- und -wägevorrichtungen an eine Entstaubungsanlage anzuschließen. Zu diesem Zwecke genügt eine an den Kamin angeschlossene Rohranlage.

Es ist natürlich nicht notwendig, alle vorstehend aufgezählten Apparate zugleich aufzustellen. Es kommt z. B. selten vor, daß sowohl ein Kohlensäure- als auch ein Zugmesser angeschafft wird, da jeder einzelne dieser Apparate für sich allein eine zuverlässige Feuerungskontrolle ermöglicht. Die gleichzeitige Aufstellung eines Kohlensäure- und Zugmessers bietet unter anderem den Vorteil, daß man bis zu einem gewissen Grade die Anzeigen des einen Apparates durch diejenigen des andern kontrollieren kann.

---

[1]) Solche Bläser baut z. B. die Firma A. Fraissinet, Chemnitz.

Wird ein selbstaufzeichnender Kohlensäuremesser aufgestellt, so empfiehlt es sich, ihn durch entsprechend verlegte Gasrohre sowohl an das Kesselende (vor dem Rauchschieber) als auch an den Abgasvorwärmer anzuschließen. Man ist alsdann mit einem einzigen Apparat imstande, den Kohlensäuregehalt hinter dem Kessel, vor dem Abgasvorwärmer sowie gegebenenfalls hinter diesem zu bestimmen. Man kann ein und denselben Kohlensäuremesser auch für verschiedene Kessel verwenden. Nur bei ganz großen Kesseln erscheint es zweckmäßig, für jeden Kessel einen besonderen selbstaufzeichnenden Kohlensäuremesser vorzusehen. Jedenfalls aber sollte die Einrichtung so getroffen werden, daß jeder Kessel an einen Kohlensäuremesser angeschlossen werden kann, weil der Heizer sonst erfahrungsgemäß nur die Kessel mit Kohlensäuremessern sorgfältig feuert.

Die Temperaturmessung kann durch die üblichen Thermometer oder durch selbstaufschreibende Instrumente erfolgen. Es gibt auch elektrische Temperaturmesser, durch welche die Temperatur an verschiedenen Stellen nacheinander gemessen und registriert werden kann. Um z. B. die Dampftemperaturen in verschiedenen Rohrleitungen zu kontrollieren, wird der Meßapparat durch Verstellen eines Kontakthebels etwa alle 20 Minuten mit einer anderen Leitung verbunden. Der Apparat erzeugt alsdann auf der Registriertrommel jeweils einen Punkt, und zwar macht er die Punkte in verschiedenen Farben, um die einzelnen Dampfleitungen sicher auseinanderhalten zu können.

Damit die Dampferzeugung im Kesselhaus rasch der jeweiligen Belastung des Werkes folgen kann, empfehlen sich bei größeren Anlagen Belastungsanzeiger, die von der Schalttafel aus betätigt werden. Ähnliche Vorrichtungen kommen auch bei kleineren Anlagen zur Anwendung, wenn die Belastung infolge zeitweiliger Entnahme von Heizdampf eine stark schwankende ist; vgl. S. 447.

Nähere Angaben über Wert und Wirkungsweise der vorstehend aufgezählten Apparate finden sich S. 433ff. An dieser Stelle sei nur noch darauf hingewiesen, daß die Ansichten über den praktischen Wert mancher dieser Apparate vielfach auseinandergehen. So z. B. kann man öfters hören, daß sich selbstaufzeichnende Kohlensäuremesser am einen Ort bewährt haben, am andern dagegen nicht. Dies liegt meistens an der Behandlung dieser Apparate, seltener am System. Selbstaufzeichnende Kohlensäuremesser u. dgl. sind verhältnismäßig empfindliche Apparate und erfordern eine gewissenhafte Instandhaltung und Überwachung. Wo eine solche fehlt, muß auf die Dauer die Zuverlässigkeit und Genauigkeit ihrer Anzeige leiden.

64. Projektierung von Kolbendampfmaschinen-Anlagen.

Nach den Ausführungen in den Abschnitten 60, 63, 67 und 75 bleibt hier nur noch folgendes zu erwähnen:

Die Frischdampfleitung von den Kesseln zur Maschine ist möglichst so anzulegen, daß das Leitungskondensat frei abfließen kann.

Es ist deshalb zweckmäßig, der Leitung von den Kesseln zum Wasserabscheider vor der Maschine ein stetiges geringes Gefälle zu geben. Örtliche Senkungen der Leitung (Wassersäcke) sind möglichst zu vermeiden. Während des Betriebes bildet sich zwar bei genügend hoher Dampfüberhitzung kein Leitungskondensat, jedoch ist dies beim Stillstand (infolge Undichtheit des Hauptabsperrventils am Kessel) sowie während des Anwärmens der Rohrleitung und der Maschine der Fall. Beim Anwärmen entsteht oft so viel Kondenswasser, daß es der selbsttätige Kondenswasserableiter nicht mehr zu bewältigen vermag. Es empfiehlt sich deshalb, an den Wasserabscheider vor der Maschine eine Hilfs-Entwässerungsleitung anzuschließen, deren Absperrhahn von Hand bedient wird. Eine solche Entwässerungsleitung ist schon darum erwünscht, damit man den Kondenstopf nötigenfalls während des Betriebes auswechseln kann. Häufig wird die Hilfs-Entwässerung unmittelbar in die Kondensatableitung hinter dem Kondenstopf eingeführt.

Wird mit Auspuff gearbeitet, so muß die Auspuffleitung am tiefsten Punkt entwässert werden, da es sonst unter Umständen beim Anlassen der Maschine vorkommen kann, daß das Kondensat, das sich während des Anwärmens in der Auspuffleitung angesammelt hat, in die Zylinder zurückgesaugt wird und einen Wasserschlag verursacht. Zur Entwässerung der Auspuffleitung genügt im allgemeinen ein einfaches Rohr von etwa 1″ engl. Lichtweite; Absperrhahnen o. dgl. sind hier nicht nötig. Am oberen Ende der Auspuffleitung ist ein Schalldämpfer mit Wasserfang und Kondenswasserableitung vorzusehen.

Für Kolbenmaschinen mit Kondensation wird im allgemeinen Einspritzkondensation angewendet. Oberflächenkondensation kommt hier gemäß Abschnitt 67 außer für Schiffsanlagen in der Regel nur dort in Betracht, wo das Warmwasser der Kondensation für Heiz- oder Badezwecke verwendet wird. Der Einspritzkondensator samt der Luftpumpe wird gewöhnlich unter Flur angeordnet. Muß die Luftpumpe in größerer Entfernung von der Dampfmaschine aufgestellt werden, so ist es von Wichtigkeit, den Kondensator möglichst nahe beim Dampfzylinder unterzubringen. Der Druckverlust in der Leitung vom Kondensator bis zur Pumpe ist nämlich geringer als der in der Abdampfleitung vom Zylinder zum Kondensator.

Würde die Saughöhe der Luftpumpe größer als 6—7 m, so muß die Luftpumpe entsprechend tiefer aufgestellt werden. Ist dies nicht angängig, so muß das Kühlwasser durch eine besondere Zubringepumpe in einen entsprechend hoch gelegenen Behälter gedrückt werden, aus dem dann die Luftpumpe ansaugt. Läuft das Wasser dem Kondensator unter Druck zu, so besteht die Gefahr, daß bei nicht ganz dichtem Einspritzhahn während des Stillstandes die Rohrleitung zwischen Niederdruckzylinder und Luftpumpe mit Wasser aufgefüllt wird, wodurch bei Wiederinbetriebsetzung ein Wasserschlag eintreten kann. Um dies zu vermeiden, ist es zweckmäßig, vor dem Einspritzhahn noch ein besonderes Absperrorgan, am besten ein Ventil, anzuordnen. Überdies empfiehlt es sich, in der Rohrleitung zwischen Zylinder und Luftpumpe einen Probierhahn anzuordnen, der beim Stillstand der Maschine geöffnet wird, so daß der Eintritt von Wasser in diese Rohrleitung sofort erkannt wird.

Die Überlaufleitung der Luftpumpe ist möglichst mit Gefälle anzulegen; sie muß bei großer Länge genügend weit gewählt werden; weiteres hierüber enthält Abschnitt 67. Zweckmäßig ist außerdem die Anbringung eines Luftentweichungsrohres an der Luftpumpe.

Da es bei einer Störung in der Kondensationsanlage vorkommen kann, daß sie außer Betrieb gesetzt werden muß, so ist dafür zu sorgen, daß jederzeit auf Auspuffbetrieb umgeschaltet werden kann. Dies erreicht man durch Anordnung eines Wechselventils oder, wenn genügend Platz vorhanden ist, auch durch Anordnung zweier Schieber, weil alsdann der größere Druckverlust in dem Wechselventil (3—4 cm QS) vermieden wird, da Schieber immer den vollen Rohrquerschnitt freigeben. Soll eine Kondensationsmaschine längere Zeit mit Auspuff betrieben werden, so ist ihre Kompression entsprechend zu verringern. Zu diesem Zweck sind die Auslaßexzenter oder Auslaßnocken verstellbar einzurichten, sofern nicht die Maschine mit einem Schieber ausgerüstet ist, der durch Überströmung die Kompression selbsttätig regelt.

Zu empfehlen ist der Einbau eines ausreichend bemessenen Dampfentölers in die Auspuffleitung. Durch Rückgewinnung eines großen Teils des Zylinderschmieröls lassen sich erhebliche Ersparnisse erzielen. Soll das Kondensat wieder zu Speisezwecken verwendet werden, so ist auch ein Wasserentöler vorzusehen; vgl. S. 361.

An dieser Stelle seien auch die häufig vorkommenden Umbauten älterer Sattdampfmaschinenanlagen in solche für den Betrieb mit Heißdampf erwähnt. Ältere Werke, die noch mit Sattdampfmaschinen ausgerüstet sind, befinden sich gegenüber neueren Anlagen mit Heißdampfbetrieb oft erheblich im Nachteil, so daß unter Umständen ihre Wettbewerbsfähigkeit den Übergang zu dem wirtschaftlicheren Heißdampfbetrieb notwendig macht. Hierbei ist es mit Rücksicht auf die Anschaffungskosten sowie mit Rücksicht auf Betriebstörungen und Platzverhältnisse nicht immer zu empfehlen, die bestehende Anlage vollständig zu entfernen oder in Reserve zu stellen. Es kann sich vielmehr ein Umbau der vorhandenen Maschinen als zweckmäßiger erweisen. Gut erhaltene Sattdampfmaschinen lassen sich ohne besondere Schwierigkeiten in Heißdampfmaschinen umbauen. Ein solcher Umbau läßt sich bei Tag- und Nachtarbeit meistens in kurzer Zeit — etwa 4—5 Tagen — ausführen und kann bei richtiger Wahl des Zeitpunktes häufig ganz ohne Betriebstörung erfolgen. Durch Umbau einer Sattdampfanlage in eine solche für Heißdampf bis zu 350° C wird nahezu die gleiche Wirtschaftlichkeit wie bei einer vollständig neuen Heißdampfanlage erreicht. Die Ersparnisse, die sich im einzelnen Fall erzielen lassen, schwanken naturgemäß je nach dem Grade der Mängel, die die bestehende Anlage aufzuweisen hat. Ein derartiger Umbau macht sich meist schon nach kurzer Zeit bezahlt, bei Dauerbetrieb unter Umständen schon nach einem Jahr.

Durch den Umbau der Maschinenanlage wird gleichzeitig eine Entlastung der Kesselanlage erreicht. Nicht selten kommt es bei rasch wachsenden Betrieben vor, daß die Kesselanlage für die gesteigerten Ansprüche nicht mehr ausreicht. Die Aufstellung weiterer Kessel verursacht aber nicht nur erhebliche Kosten, sondern verlangt auch genügend Platz und Schornsteinzug. Hieran fehlt es aber häufig, so daß alsdann die Erweiterung der Kesselanlage auf Schwierigkeiten stößt. In solchen Fällen bietet sich in dem Übergang vom Sattdampf- zum Heißdampfbetrieb ein Ausweg. Die für Heißdampf umgebaute Sattdampfmaschine braucht wesentlich weniger Dampf. Dazu kommt noch eine weitere Dampfersparnis durch den nahezu gänzlichen Wegfall des Leitungskondensats. Es kann infolgedessen nach dem Umbau ein mehr oder weniger großer Teil der Kessel außer Betrieb gesetzt oder für Erweiterungen oder andere Zwecke benützt werden. Sind die Kessel überlastet und arbeiten sie infolgedessen mit schlechterem Wirkungsgrad, so wird durch den Übergang zum Heißdampfbetrieb wieder normale Beanspruchung herbeigeführt und allenfalls noch ein Teil der Kesselheizfläche für Vergrößerung oder andere Zwecke frei.

Beim Umbau von Sattdampf- in Heißdampfmaschinen wird der Hochdruckzylinder samt Kolben durch einen solchen für hohe Überhitzung ersetzt. Sattdampfzylinder vertragen nur geringe Dampftemperaturen, in der Regel nicht über etwa 250° C, da ihre Formen infolge des Dampfmantels und der gemeinsamen Dampfzu- und -abführung verhältnismäßig kompliziert sind. Solche Zylinder erwärmen sich bei Betrieb mit Heißdampf ungleichmäßig, erleiden Verkrümmungen und reißen schließlich. Auch auf die Ausdehnungsfähigkeit des ganzen Zylinders ist bei Heißdampfbetrieb mehr Rücksicht zu nehmen als bei Sattdampfbetrieb. Natürlich müssen auch die Stopfbüchspackungen der Kolbenstangen und Ventilspindeln für die hohe Überhitzung geeignet sein. Die Arbeitszylinder von Heißdampfmaschinen bestehen fast allgemein aus einem glatten rohrförmigen Zylinder ohne Rippen und Stege mit getrennten Anschlüssen für die Dampfleitungen. Ein heizbarer Dampfmantel ist für Heißdampfmaschinen überflüssig, da durch die Verwendung von überhitztem Dampf die nachteiligen Folgen des Wärmeaustausches größtenteils vermieden werden.

Ein Umbau für den Betrieb mit hochüberhitztem Dampf empfiehlt sich im allgemeinen nur für gut erhaltene, mittlere und vor allem größere Maschinen. Beim Umbau einer Dreifachexpansionsmaschine wird entweder der Mittel- und Niederdruckzylinder beibehalten und nur der alte Hochdruckzylinder gegen einen solchen für hohe Überhitzung ausgewechselt, oder es wird nur der Niederdruckzylinder beibehalten und der neue Hochdruckzylinder, der alsdann den Mitteldruck- und den alten Hochdruckzylinder ersetzt, etwas größer ausgeführt. Der Mitteldruckzylinder bringt bei Heißdampfbetrieb keinen wesentlichen Nutzen mehr; zudem ist der Betrieb einer Verbundmaschine mit nur zwei Zylindern einfacher und erfordert wesentlich weniger Instandhaltungs- und Schmierkosten. Allerdings muß bei Fortlassung des Mitteldruckzylinders die

Maschine in ihrem Gestänge für die sich ändernde Verteilung der Kolbenstangenkräfte ausreichend sein.

Beim Umbau von Dreifach-Expansionsmaschinen in solche mit zweifacher Expansion wird nicht nur ein geringerer Dampfverbrauch erreicht, sondern auch infolge der größeren Völligkeit des Diagramms eine Erhöhung der Leistung. Gelegentlich eines solchen Umbaus lassen sich gegebenenfalls auch die Einrichtungen zur Entnahme von Dampf aus dem Aufnehmer für Heiz- und Kochzwecke anbringen. Hierbei ist nur nötig, daß der Hochdruckzylinder von vornherein entsprechend größer bemessen wird. Die Einrichtung für die Entnahme von Zwischendampf macht sich bei einigermaßen günstigen Betriebsverhältnissen immer bezahlt. Naturgemäß muß die Kesselanlage, wenn sie nur für Sattdampf eingerichtet ist, mit Überhitzern ausgerüstet werden, was im allgemeinen ohne Schwierigkeiten und ohne Betriebstörung ausführbar ist.

Wo Abdampf oder Aufnehmerdampf der Maschine zu Heizzwecken benützt wird, muß stets eine vorherige Entölung des Dampfes stattfinden; siehe S. 361.

65. Projektierung von Dampflokomobilen-Anlagen.

Die für Dampfkessel geltenden behördlichen Vorschriften (S. 189) sind auch hier zu berücksichtigen.

Für kleine Lokomobilen wird Handfeuerung, für größere hingegen selbsttätige Rostbeschickung vorgesehen. Die Kohlenzufuhr erfolgt bei kleinen Anlagen mittels der üblichen Handkarren, bei größeren Anlagen mittels mechanischer Fördereinrichtungen; vgl. z. B. Fig. 84—86, S. 321ff. Auch die Abfuhr der Asche und Schlacke kann erforderlichenfalls durch maschinelle Hilfsmittel bewirkt werden. In Anbetracht des geringeren Brennstoffverbrauchs der Lokomobilen erweisen sich jedoch mechanische Einrichtungen für die Bekohlung und Aschenabfuhr im Vergleich zu getrennten Dampfkraftanlagen erst von einer etwas höheren Leistung an als wirtschaftlich.

Sind mehrere Lokomobilen im selben Raum aufzustellen, so ist im allgemeinen für jede Lokomobile je ein besonderer Speise-, Einspritzwasser- und Ausgußwasserbehälter vorzusehen, und zwar am besten vertieft aus Beton. Bei dieser in Fig. 55 dargestellten Anordnung bildet jedes Aggregat ein geschlossenes Ganzes für sich, so daß bei Betriebserweiterung jedes Aggregat ohne Störung der andern entfernt und durch ein größeres ersetzt werden kann.

Wenn es sich um kleinere Anlagen handelt, so kann auch für sämtliche Lokomobilen je ein gemeinsamer Speise-, Einspritzwasser- und Ausgußwasserbehälter angeordnet werden, wie dies in Fig. 56 schematisch dargestellt ist.

Bei größerer Druckhöhe des Ausgußwassers als 3—5 m, je nach der Umlaufzahl, oder bei sehr langen Ausgußleitungen und bei Lokomobilen von größeren Leistungen wird zweckmäßig gemäß Fig. 56 in die

Ausgußwasserleitung eine Zentrifugalpumpe eingeschaltet, um einem größeren Verschleiß der Luftpumpenventile vorzubeugen.

Wenn irgend angängig, ist die Lage der Speisebehälter so zu wählen, daß die Pumpensaugleitungen möglichst kurz ausfallen. Bei unter Flur aufgestellten Behältern oder gemauerten Gruben ist ferner darauf zu achten, daß die Saughöhe nicht über 1 bis höchstens 1,25 m beträgt. Da die Speisepumpen (Plungerpumpen) unmittelbar von der Maschinenwelle aus angetrieben werden, also mit sehr großer Hubzahl arbeiten, so kann bei langer Saugleitung oder bei zu großer Saughöhe leicht ein zeitweises Versagen der Pumpen eintreten, wodurch die Sicherheit des

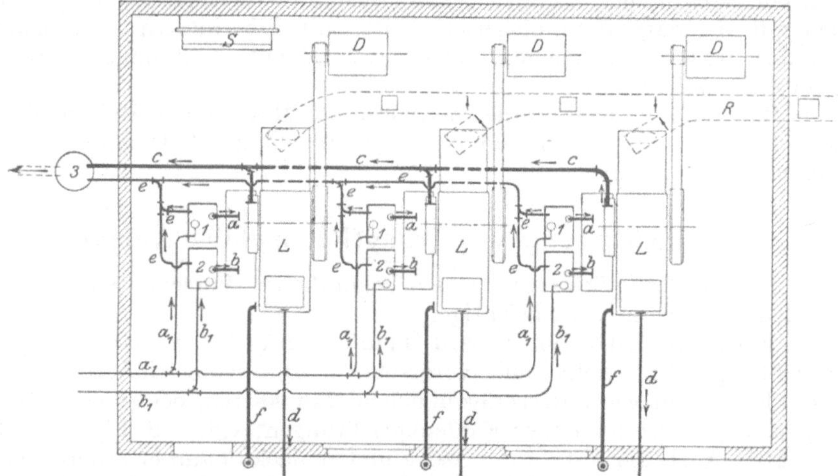

Fig. 55. Lokomobilanlage (schematisch) mit getrennten Wasserbehältern.

L Lokomobile, *D* Dynamo, *S* Schalttafel, *R* Rauchkanal, *1* Behälter für Speisewasser, *2* Behälter für Einspritzwasser, *3* Senk- oder Übergangsgrube zur Aufnahme und Fortleitung der Überlauf-, Schlamm- und sonstigen Abwässer, *a* Speisewasser-Saugleitungen, a_1 Speisewasser-Zuflußleitungen, *b* Einspritzwasser-Saugleitungen, b_1 Zuflußleitungen für Einspritzwasser, *c* Kondenswasser-Abflußleitung, *d* Kesselablaßleitungen, *e* Überlaufrohre von den Speise- und Einspritzwasser-Behältern, *f* Dampfauspuffrohre.

Kesselbetriebes beeinträchtigt würde. In Fällen, in denen sich der Wasserspiegel tiefer als etwa 1—1,25 m unter Maschinenhausflur einstellt, ist deshalb eine besondere, hierfür geeignete Speisewasser-Zubringerpumpe aufzustellen.

Über die zulässige Saughöhe usw. der Einspritzleitungen sowie über die Überlaufleitung findet sich Näheres S. 235 u. 236.

Lokomobilen kommen mit einem verhältnismäßig kleinen Maschinenhausraum aus, weil bei ihnen die Maschine unmittelbar auf dem Kesselkörper sitzt; aus diesem Grunde ist auch nur ein verhältnismäßig kleines Fundament erforderlich. Bei provisorisch aufzustellenden Lokomobilen von geringerer Größe kann an Stelle eines Fundamentes auch ein gut befestigter Holzbalkenrahmen verwendet werden.

Der Raum vor der Lokomobile soll möglichst so groß bemessen sein, daß das Rohrbündel noch innerhalb des Heizerraums ausgezogen und gereinigt werden kann. Bei Platzmangel genügt es auch, den Heizerstand nur so lang zu machen, als es die gesetzlichen Bestimmungen verlangen; jedoch sind alsdann entsprechende Öffnungen in der Gebäudewand (Türen, Luken usw.) vorzusehen, um durch diese hindurch das Ausziehen des Rohrsystems bewirken zu können.

Zwecks guter Zugänglichkeit zu den Maschinenteilen werden bei kleineren Lokomobilen transportable Auftritte mitgeliefert. Bei größeren Lokomobilen werden zu beiden Seiten des Kessels und über der

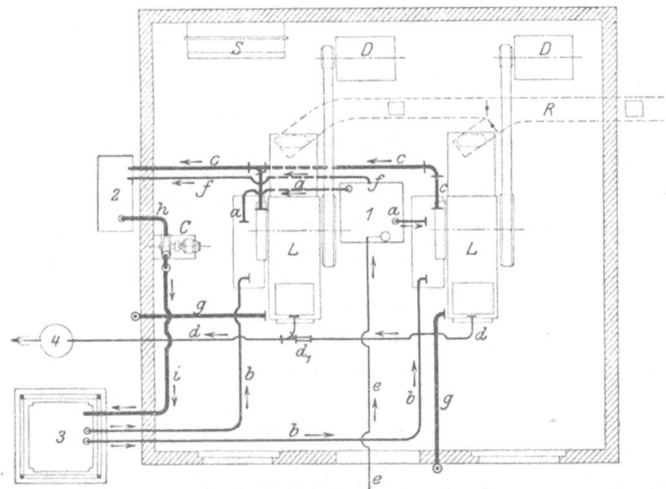

Fig. 56. Lokomobilanlage (schematisch) mit gemeinsamen Wasserbehältern.

L Lokomobile, *D* Dynamo, *S* Schalttafel, *R* Rauchkanal, *1* Behälter für Speisewasser, *2* Behälter für Kondenswasserabfluß, *3* Kühlwerk mit darunter liegendem Einspritzwasserbehälter, *4* Senk- oder Übergangsgrube zur Aufnahme oder weiteren Fortleitung der Schlamm- und Abwässer, *a* Speisewasser-Saugleitungen, *b* Einspritzwasser-Saugleitungen, *c* Kondenswasser-Abflußleitung, *d* Kesselablaßleitung, d_1 Kompensationsstopfbüchse dazu, *e* Speisewasser-Zuflußleitung, *f* Überlaufrohr, *g* Dampfauspuffrohre, *C* Zentrifugalpumpe zur Förderung des Kondensationsabflußwassers auf den Kühlturm, *h* Saugleitung, *i* Druckleitung.

Rauchkammer durch eiserne Leitern zugängliche feste Podeste angeordnet. Diese Podeste sind mit entsprechenden Schutzgeländern nach außen und, wenn nötig, auch gegen die bewegten Teile zu versehen. Bei mittleren und größeren Anlagen mit mehreren Maschinen, die unmittelbar mit Stromerzeugern gekuppelt sind, wird zweckmäßig durch Einziehen einer besonderen Zwischendecke ein eigener Bedienungsflur für die Maschinen gescha fen; vgl. Fig. 83, S. 320. Dadurch wird eine Trennung des Kesselbetriebes von dem eigentlichen Maschinenbetrieb erreicht. Der Maschinenwärter kann hierbei die nebeneinander liegenden Dampfmaschinen und Generatoren sowie die Schalttafel bequem übersehen und bedienen. Die Zwischendecke wird zweckmäßig so hoch gelegt, daß sie ungefähr mit der Oberkante der Kessel abschneidet.

Über den Kesseln wird die Zwischendecke — schon mit Rücksicht auf die kesselgesetzlichen Vorschriften — durchbrochen und der freie Raum zwischen Maschinen und Bedienungsflur durch begehbare, leicht zu entfernende Riffelbleche abgedeckt. Durch besondere Einlagen von Rohglas in die Zwischendecke kann der darunter liegende Kondensationsraum erhellt werden, soweit nicht die Einführung von Seitenlicht möglich ist.

Werden für die Abführung der Rauchgase Blechkamine verwandt, so sind diese stets zu verankern, und zwar je nach ihrer Höhe ein- bis viermal. Jede Verankerung besteht aus drei um 120° versetzten Zugstangen oder Stahldrahtspannseilen; erstere kommen nur für kleinere Schornsteinhöhen zur Anwendung. Bei kleinen Lokomobilen kommt man im allgemeinen mit Kaminhöhen von 15—20 m, bei mittleren Lokomobilen mit 20—30 m aus, sofern nicht ortsbaupolizeiliche Vorschriften eine größere Höhe verlangen, und bei größeren Lokomobilen mit 30 bis 40 m Höhe. Bei ungünstigen Windverhältnissen (See, Gebirge) ist die Kaminhöhe bei sonst richtig gewählter lichter Weite entsprechend größer zu wählen. Bei ganz großen Lokomobilen mit gemauerten Kaminen beträgt die Kaminhöhe bis zu etwa 65 m. Im übrigen ist natürlich die Kaminhöhe außer von der Leistung der Lokomobile auch von der Art des Brennstoffs und der Feuerung sowie von der Länge und Art der Führung der Rauchgaskanäle abhängig.

Für Leistungen über etwa 200 PS werden in der Regel gemauerte Kamine bevorzugt. Nur in besonderen Fällen, z. B. bei schlechtem Baugrund, Platzmangel, vorübergehendem Betrieb werden Blechkamine auch für höhere Leistungen angewendet. Hierbei kann der Blechkamin bis etwa zwei Drittel seiner Höhe isoliert werden, um die Abkühlung der Rauchgase zu verringern. Derartig isolierte Kamine stellen sich allerdings im Preise kaum billiger als gemauerte. Man macht deshalb nur ausnahmsweise von der Isolierung Gebrauch; wenn z. B. ein vorhandener Blechkamin ungenügend zieht, so kann sich dessen nachträgliche Isolierung empfehlen.

Blechkamine für kleinere Lokomobilen können unmittelbar auf die Rauchkammer gesetzt werden. Für größere Leistungen ist es zweckmäßiger, den Kamin auf einen niederen Mauersockel außerhalb des Maschinenhauses zu stellen, einmal wegen des schöneren Aussehens und zum anderen mit Rücksicht auf die bessere Zugänglichkeit der Kurbelwelle sowie mit Rücksicht auf den Laufkran und die unter Umständen recht lästige Erwärmung des Maschinenhauses. Bei hohen, unmittelbar auf der Rauchkammer sitzenden Schornsteinen ist die Abdeckung des Daches an der Durchtrittstelle auf die Dauer schwer dicht zu halten, weil hohe Schornsteine, wenn sie noch so gut verankert sind, bei starkem Wind immer mehr oder weniger schwanken.

Bei Aufstellung mehrerer Lokomobilen ist auf die Möglichkeit wechselseitigen Arbeitens Bedacht zu nehmen, weil bei Lokomobilanlagen im allgemeinen keine Reservekessel aufgestellt werden. Wenn ein Rohrsystem zwecks Reinigung oder Reparatur ausgezogen ist und zufällig an einer der übrigen Maschinen ein Schaden auftritt, so ist es sehr wertvoll, wenn man den in Betrieb befindlichen Kessel (mit schadhafter Maschine) auf die Lokomobile mit ausgezogenem Rohrsystem arbeiten lassen kann. Zu diesem Zweck ist ein Dampfsammelrohr, d. h. eine Verbindung der Betriebsdampfleitungen der einzelnen Lokomobilen vorzusehen. Eine solche Anordnung ist auch dann in Rücksicht zu ziehen, wenn vorhandene Kesselanlagen als Reserve für Lokomobilen herangezogen werden sollen.

Für ein wechselseitiges Arbeiten ist es von großer Wichtigkeit, daß der Aufbau der Maschine auf dem Kessel ein derartiger ist, daß ein anstandsloser Betrieb der Maschine bei jedem Wärmezustand des Kessels, also auch bei beliebiger Kesselspannung oder bei kaltem Kessel möglich ist. Ein solcher Aufbau ist auch dort erwünscht, wo es sich um die starre Kupplung von Lokomobilen und Dynamomaschinen handelt. Hier ist eine unveränderliche Lagerung der Welle mit Rücksicht auf die Wärmedehnungen des Kessels in Höhen- und Längsrichtung zu fordern, da sonst unter Umständen ein Klemmen der Welle in ihren Lagern eintreten kann. In solchen Fällen ist der zweifachen Lagerung der Vorzug vor der dreifachen zu geben.

Ist der Einbau einer starren Kupplung nicht ein unbedingtes Erfordernis, so empfiehlt sich für die unmittelbare Kupplung der Kurbelwelle mit der anzutreibenden Maschine eine elastische Kupplung. Bei Verwendung einer solchen werden etwa eintretende Lagenveränderungen der beiderseitigen Wellen durch die Elastizität der Kupplung ausgeglichen. Solche Lagenveränderungen können außer durch Wärmedehnungen auch durch ungleiche Lagerabnützung und durch ungleiches Setzen der Fundamente verursacht werden.

Bei Aufstellung mehrerer Lokomobilen kann es sich empfehlen, ein Reserve-Rohrsystem anzuschaffen. Sind alle Lokomobilen von gleicher Größe, so genügt die Anschaffung eines einzigen Rohrsystems, um beim Schadhaftwerden eines im Betrieb befindlichen Rohrsystems eine Auswechselung vornehmen und so die Anlage in kürzester Zeit wieder betriebsfähig machen zu können. Die Anschaffung eines Reserve-Rohrsystems ist unter Umständen auch dann sehr zweckmäßig, wenn ein öfteres Reinigen der Heizflächen infolge harter Beschaffenheit des Wassers erforderlich ist.

Für mittlere und größere Betriebe mit mehreren Maschinen sollte stets ein Laufkran vorgesehen werden, damit eine schnelle Demontage und Montage bei allen erforderlichen Reparaturen möglich ist. Unter Umständen kann es sich als zweckmäßig erweisen, insbesondere bei Einbau einer den Heizraum vom Maschinenraum trennenden Wand, zwei Krane anzuordnen, wobei der eine Kran für das schwerste Gewicht der Maschinen, der andere für das Gewicht des Rohrsystems zu bemessen ist. Man bekommt in diesem Falle für jeden Kran verhältnismäßig geringe Spannweite.

Die vorerwähnte Trennwand soll eine Verschmutzung des Maschinenraums durch Kohlenstaub verhindern. Sie ist am besten sowohl in ihrer ganzen Breite wie auch Höhe als Glaswand in leichter Eisenkonstruktion auszuführen.

66. Projektierung von Dampfturbinenanlagen.

Während man anfänglich die Turbinen, ebenso wie Kolbenmaschinen, auf massive Fundamente stellte, werden heute fast allgemein säulenartige Fundamente aus Eisenbeton oder Eisen ausgeführt. Die Stützsäulen stehen auf einer gemeinsamen Betonsohle, und zwar wird jedes Fundament getrennt von den benachbarten aufgeführt, damit sich Schwingungen nicht unmittelbar übertragen können. Derartige Säulenfundamente kommen nur für Turbinen in Frage, nicht aber für Dampfmaschinen wegen deren hin- und hergehenden Massen. Sie haben den Vorzug, daß die Kondensation nicht mehr neben das Fundament gestellt werden muß, sondern unmittelbar unter den Turbinen zwischen den Stützsäulen untergebracht werden kann. Auf diese Weise ergibt sich eine möglichst geringe Grundfläche für das Gebäude und eine einfache Führung der Abdampfleitung. Auch wird dadurch die Übersichtlichkeit der Anlage erhöht. Und endlich ergibt sich eine bessere Beleuchtung der Kellerräume durch Tageslicht sowie eine leichtere Zugänglichkeit der Kondensationsanlage.

Die Luftfilter, die zur Reinigung der für die Generatorkühlung erforderlichen Luft dienen, werden gewöhnlich ebenfalls unterhalb der Generatoren zwischen den Stützsäulen aufgestellt. Sollte im Kellerraum nicht genügend Platz für die Aufstellung der Luftfilter vorhanden sein, so müssen sie außerhalb des Maschinenhauses in einem gemauerten oder aus Holz hergestellten Anbau untergebracht werden. Für die Ausführung der Luftkanäle empfiehlt sich Beton, gegebenenfalls mit Drahteinlagen oder in Rabitzausführung; Holz ist wegen der Feuersgefahr und Blech wegen des auftretenden Geräusches zu vermeiden.

Die Kellerhöhe ist in Anbetracht der erforderlichen großen Abmessungen der Oberflächenkondensatoren größer als bei Kolbenmaschinenanlagen zu wählen. Man bemesse die Kellerhöhe für den ersten Ausbau schon um deswillen genügend hoch, damit man allenfalls späterhin in der Lage ist, größere Einheiten mit entsprechend größeren Kondensationsanlagen aufzustellen. Sind nachträglich größere Kondensationen einzubauen, für die sich die Kellerhöhe als ungenügend erweist, so muß der Maschinenhausfußboden an der betreffenden Stelle erhöht werden. Allenfalls kann man sich auch in der Weise helfen, daß man kleinere und dafür längere Kondensatoren einbaut. Von diesem Hilfsmittel sollte jedoch nur in Notfällen Gebrauch gemacht werden; vgl. S. 239.

Die Kondensation ist gemäß Abschnitt 67 fast durchweg eine Oberflächenkondensation. Man wendet heute hauptsächlich raschlaufende umlaufende Pumpen auch für die Kondensat- und Luftabsaugung an. Die Kühlwasserpumpe ist gewöhnlich eine einstufige Kreiselpumpe, während die Kondensatpumpe, je nach der Förderleistung, als ein- oder mehrstufige Kreiselpumpe ausgebildet wird, die für das Ansaugen bei höchstem Vakuum eingerichtet sein muß, und die gewöhnlich für eine solche Druckhöhe (etwa 6 m) vorgesehen wird, daß sie das warme Kondensat ohne Ausguß in einen Zwischenbehälter unmittelbar aus dem

Kondensator in den Speisebehälter zu drücken vermag. Bezüglich der Kühlwasser- und Kondensatpumpen bestehen keine wesentlichen Unterschiede zwischen den Ausführungen der verschiedenen Firmen, wogegen die zur Luftabsaugung dienenden Pumpen in der mannigfachsten Art und Anordnung ausgeführt werden. Am häufigsten wird heute eine Wasserstrahlpumpe mit unmittelbar angebautem oder getrennt aufgestelltem Strahlapparat verwendet, von dem aus das Wasser frei abfließen kann. Bei getrennter Aufstellung des Strahlsaugers ist man von den örtlichen Verhältnissen weniger abhängig, insofern als man den Strahlapparat an jeder beliebigen Stelle unterbringen kann. Auch lassen sich hierbei die Luftleitungen, die leicht undicht werden, aufs äußerste verkürzen.

Jede Turbine erhält ihre besondere Kondensation. Eine Zentralisierung der gesamten Kondensationsanlage hätte zwar den Vorteil, daß man mit einer geringeren Zahl von Hilfsmaschinen auskäme und den Betrieb allenfalls wirtschaftlicher gestalten könnte. Jedoch würde die Zentralisierung ausgedehnte und komplizierte Rohrleitungen bedingen, wodurch die Übersicht über den Betrieb erschwert und die Betriebsicherheit, namentlich durch Eintreten von Luft in die vielen Dichtungen der langen Vakuumleitungen, verringert wird. Zentralkondensationen kommen deshalb nur in Betracht, wenn besondere Verhältnisse, z. B. schwierige Kühlwasserbeschaffung, vorliegen, zumal sie erhebliche Druckverluste, d. h. eine Verschlechterung des Vakuums an den Turbinen mit sich bringen. Die Zentralkondensation hat nämlich den Nachteil, daß zwischen Turbine und Kondensator ein beträchtlicher Spannungsabfall eintritt.

Meist erfolgt heute der Antrieb der Luftpumpe, der Kondensat- und Kühlwasserpumpe durch eine gemeinsame Antriebsmaschine. Mitunter werden auch die Pumpen, insbesondere die Kühlwasserpumpen, getrennt angetrieben, nämlich da, wo es örtliche Verhältnisse oder große Saughöhe erfordern. Die Kondensatpumpe muß etwa 0,8—1 m unter der Kondensatorunterkante aufgestellt sein, damit das Kondensat der Pumpe zufließt und ihre Saugwirkung unterstützt. Kann das gesamte Pumpenaggregat aus irgendeinem Grunde nicht so tief gestellt werden, so muß die Kondensatpumpe für sich vertieft aufgestellt und angetrieben werden. Allenfalls kann man sich hier auch durch Aufstellung einer Kondensatpumpe mit senkrechter Welle helfen.

Gegen den Antrieb der Pumpen durch Elektromotoren, die an die Sammelschienen der Zentrale angeschlossen sind, ist nichts einzuwenden, wenn man sicher sein kann, daß stets Strom zur Verfügung steht. Handelt es sich um Gleichstrommotoren, so ist dies bei Vorhandensein einer Batterie immer der Fall. Bei Drehstromantrieb jedoch kann es bei Eintritt eines Kurzschlusses, unter Umständen schon bei starken Spannungsschwankungen vorkommen, daß sämtliche Kondensationen ausfallen. Die Kesselanlage ist aber bei mittleren und größeren Kraftwerken nicht imstande, so viel Dampf zu liefern, daß die Turbinen auch nur vorübergehend mit Auspuff betrieben werden können, denn der

Dampfverbrauch bei Auspuffbetrieb ist rund doppelt so groß wie bei Kondensationsbetrieb. Wo eine größere Zahl von Turbinen aufgestellt ist, kann man sich im Fall einer Störung bei reinem Drehstromantrieb damit helfen, daß man eine der Turbinen mit Auspuff anlaufen und den Strom für die Antriebsmotoren der übrigen Kondensationen liefern läßt. Wenn möglich sucht man aber den Auspuffbetrieb und das lästige Umschalten auf Kondensation zu vermeiden, indem man einen Anschluß an ein anderes Werk (Elektrizitätswerk) herstellt. Wo eine solche Hilfsstromquelle oder eine genügend große Akkumulatorenbatterie nicht vorhanden ist, sollte mindestens ein Maschinensatz durch eine unabhängige Energiequelle, d. h. durch eine Dampfturbine angetrieben werden. Der Dampfantrieb hat nur den Nachteil, daß er einen großen Dampfverbrauch ergibt. Wird der Energiebedarf der Kondensation durch elektrischen Antrieb, d. h. von den Hauptmaschinen aus gedeckt, so ist dies wirtschaftlicher, weil die Hauptmaschinen die geringe zusätzliche Belastung mit geringstem Dampf- und Kohlenverbrauch übernehmen. Jedoch läßt sich bei direktem Dampfantrieb die Dampfausnützung dadurch verbessern, daß man den Abdampf der Hilfsturbine in den Niederdruckteil der Hauptturbine einleitet, wo er bis zur Kondensatorspannung expandiert, oder ihn zum Destillieren des Zusatzspeisewassers oder allenfalls zur Speisewasservorwärmung ausnützt. Letzteres kann durch direkte Einleitung des Abdampfes in den Speisewasserbehälter oder durch Aufstellung eines besonderen Vorwärmers geschehen. In der Regel wird der Abdampf der Hilfsturbine der Hauptturbine zugeführt oder zum Betrieb eines Verdampfapparates verwendet. Letzteres ist wirtschaftlicher, da hierbei nahezu die gesamte Dampfwärme nutzbar gemacht wird.

Um den Kraftbedarf der Kühlwasserpumpen möglichst zu verringern, empfiehlt es sich, die Rohrleitungen und Zuflußkanäle reichlich zu bemessen und vor allem die Wasserführung so anzuordnen, daß vollkommener Wasser- bzw. Kraftschluß vorhanden ist. Dies wird dadurch erreicht, daß man das aus dem Kondensator austretende Kühlwasser in einer geschlossenen Leitung in die Kühlwasser-Ablaufleitung oder in den Ablaufkanal führt, und daß man den höchsten Punkt der Leitung unter Zwischenschaltung eines etwa $10^1/_2$ m hohen Barometerrohres mit der Luftpumpe verbindet und auf diese Weise ständig entlüftet. Durch die kraftschlüssige Wasserführung wird erreicht, daß die Kühlwasserpumpe außer den Bewegungswiderständen im Kondensator und in den Leitungen nur die zur Wasserhebung vom Zufluß- auf den Abflußspiegel erforderliche Arbeit zu leisten hat. Erfolgt der Wasseraustritt aus dem Kondensator unmittelbar ins Freie, wie z. B. bei Vorhandensein eines Rückkühlwerkes, so ist kein Wasserschluß vorhanden. Es ist dann eine entsprechend größere Pumpenarbeit erforderlich.

Zweckmäßig wird im Maschinenhausfußboden über den Pumpen eine Öffnung vorgesehen, damit man die Pumpen vom Maschinenhausflur aus beobachten und mittels des im Maschinenhaus befindlichen Krans leicht demontieren kann.

Um zu verhüten, daß bei Betriebstörungen an den Pumpen einer Kondensation die betreffende Turbine außer Betrieb gesetzt werden muß, empfiehlt es sich, die Kondensationen sämtlicher Maschinen, oder doch wenigstens einzelner Gruppen, miteinander zu verbinden. Und zwar verbinde man bei den Kondensat- und Luftpumpen die Saugleitungen, indem man sie aus je einer gemeinsamen Leitung saugen läßt, an die sämtliche Kondensatoren angeschlossen sind. Bei den Kühlwasserpumpen verbinde man die Druckleitungen, indem man eine gemeinsame Leitung anordnet, in die sämtliche Kühlwasserpumpen drücken und von der aus die Abzweigungen nach den Kondensatoren gehen. Eine Verbindung der Saugleitungen ist hier zu vermeiden, weil sonst eine Pumpe der andern das Wasser wegsaugt.

Wenn bei einer derartigen — mit Rücksicht auf die Erhöhung der Anlagekosten allerdings verhältnismäßig selten angewendeten — Verbindung der Kondensationen an einer der Pumpen eine Störung eintritt, so müssen bis zu deren Behebung die übrigen Pumpen etwas mehr leisten. Wenn z. B. die Kühlwasserpumpe ausfällt, so muß man sich gegebenenfalls mit einem etwas geringeren Vakuum begnügen. Fällt eine Luftpumpe aus, so beeinträchtigt dies im allgemeinen das Vakuum nicht. Sind nämlich die Leitungen, Schieber, Stopfbüchsen usw. gut dicht, so sind die Luftpumpen meist zu groß und haben nur wenig zu leisten. Wenn jedoch infolge von Undichtheiten Luft eindringt, so dehnt sich diese bei dem hohen Vakuum im Kondensator so stark aus, daß die Luftpumpe für deren Fortschaffung unter Umständen zu klein ist. Bei geordnetem Betrieb können demnach die Luftpumpen ohne weiteres die Mehrleistung übernehmen, die durch den Ausfall einer Pumpe bedingt ist. Bei Verbindung der Kondensationen ist dafür Sorge zu tragen, daß genügend Absperrorgane vorhanden sind. Man muß z. B. in der Lage sein, einen Kondensator oder eine der Pumpen zu öffnen und nachzusehen, während die andern Maschinen im Betrieb sind.

Anstatt die Pumpenleitungen miteinander zu verbinden, hat man auch schon die Abdampfstutzen zwischen Turbinen und Kondensatoren miteinander verbunden. Man ist dann bei Störungen an einer Kondensation ebenfalls in der Lage, mit der betreffenden Turbine auf die Kondensation der übrigen Turbinen zu arbeiten. Um hierbei die nötigen Absperrungen vornehmen zu können, müssen in jedem Abdampfstutzen zwei Schieber vorgesehen werden, von denen der eine unmittelbar hinter dem Turbinenaustritt, der andere unmittelbar vor dem Eintritt in den Kondensator anzuordnen ist. Diese Lösung ist gewöhnlich nicht zu empfehlen, weil sie eine unerwünschte Vermehrung der Dichtflächen bei schlechter Zugänglichkeit der Schieber mit sich bringt, und weil durch den zweiten Schieber und das Verbindungsrohr zwischen den Abdampfstutzen eine entsprechend größere Kellerhöhe notwendig wird. Im übrigen ist die Anwendung von Schiebern an sich nur auf kleinere Einheiten, bis etwa 3000 kW, beschränkt.

Bei Vorhandensein einer Zentralkondensation (auf Hüttenwerken und Zechen) hat man schon öfter eine Verbindung zwischen den Abdampfstutzen von Turbinen und der gemeinsamen Vakuumleitung hergestellt, um bei Schäden an der Turbinenkondensation gegen Betriebstörungen gesichert zu sein.

Die Zu- und Ableitung des Kühlwassers erfolgt bei kleineren Anlagen mittels Rohrleitungen, bei größeren mittels Betonkanälen. Die Zulaufkanäle sind hierbei so tief anzulegen, daß der Zulauf auch bei niederstem Wasserstand gesichert ist. Sowohl in Rohrleitungen als auch Kanälen sollte die Wassergeschwindigkeit genügend hoch sein, so daß keine Schlammablagerung stattfindet. Bei Kanälen legt man vielfach den Zu- und Ablaufkanal in der Nähe des Kraftwerkes ein Stück weit übereinander, um die Kosten für Erdaushub bzw. Erdbewegung möglichst zu verringern (vgl. Fig. 59). Dies ist ohne weiteres möglich, da der Zulaufkanal nach dem Kraftwerk hin Gefälle hat, während der Ablaufkanal vom Kraftwerk nach dem Fluß hin fällt. In der Nähe des Kraftwerkes liegt also der Zulaufkanal ziemlich tief, der Ablaufkanal dagegen hoch. Da eine Reinigung der Kanäle im allgemeinen nicht notwendig ist, so begnügt man sich meist mit je einem Zu- und Ablaufkanal. Ablagerungen von Schmutz treten bei genügend hoher Wassergeschwindigkeit nicht ein, vorausgesetzt, daß am Einlauf eine Filteranlage mit Klärbecken oder doch mindestens ein Rechen mit dahinter angeordneten Sieben vorgesehen ist, durch die gröbere Unreinigkeiten zurückgehalten werden; vgl. S. 241. Der feine Schmutz wird vom Wasser mitgenommen und geht mit durch die Kondensation.

Bei Mangel an Wasser wird ein Kühlwerk angeordnet; siehe Abschnitt 76. Wenn auch hierbei das Vakuum schlechter und deshalb sowie wegen des größeren Kraftbedarfs der Luft- und Kühlwasserpumpen der Dampfverbrauch der Turbinen entsprechend höher ist, so werden in derartigen Fällen, in denen an sich vielleicht Kolbenmaschinen günstiger arbeiten würden, doch Turbinen angewendet, wenn deren sonstige Vorzüge entscheidend sind.

67. Projektierung von Kondensationsanlagen.

Durch die Anwendung der Kondensation wird der Gegendruck von Dampfmaschinen herabgesetzt und somit das ausnützbare Druck- und Temperaturgefälle vergrößert. Die Folge hiervon ist eine bessere Ausnützung der Expansivkraft des Dampfes und damit eine Verringerung des Dampf- und Kohlenverbrauches. Diese Verringerung beträgt bei Kolbenmaschinen meist etwa 25%. Weit erheblicher ist der wirtschaftliche Vorteil der Kondensation bei Dampfturbinen. Da die Ausnützung des Dampfes im Niederdruckteil von Dampfturbinen günstiger als im Hochdruckteil ist, so liegt es bei Dampfturbinen im Interesse der Wirtschaftlichkeit, mit möglichst hohem Vakuum zu arbeiten. Als Faustregel kann man annehmen, daß je 1% besseres Vakuum zwischen den Grenzen 85 und 95% den Dampfverbrauch um etwa 1,5% verringert[1]).

[1]) Genaueres hierüber findet sich in der Z. d. V. d. I. 1915, S. 300, linke Spalte unten.

Damit hängt es zusammen, daß der Dampfverbrauch von Turbinen bei Kondensationsbetrieb bis auf etwa 50% des Verbrauches bei Auspuffbetrieb heruntergeht. Die Ausbildung hochwertiger Kondensationsanlagen war deshalb aufs engste mit der Entwicklung des Dampfturbinenbaues verknüpft.

Man unterscheidet zwei Arten von Kondensationen, die Mischkondensation und die Oberflächenkondensation.

Die Mischkondensation.

Bei der Misch- oder Einspritzkondensation kommt der Dampf im Kondensator unmittelbar mit dem Kühlwasser in Berührung, mischt sich mit ihm und wird bis auf einen kleinen, der Mischwassertemperatur entsprechenden Rest niedergeschlagen. Der Niederschlagsraum kann hierbei für sich angeordnet oder unmittelbar mit der Luftpumpe zusammengebaut sein. Bei der besonders für Kolbendampfmaschinen gebräuchlichen Mischkondensation nach dem Parallelstromprinzip werden Wasser und Luft bzw. Dampf gemeinsam durch eine nasse Luftpumpe abgesaugt und an die Atmosphäre gefördert. Bei der Gegenstrom-Mischkondensation bewegen sich, wie der Name sagt, Wasser und Luft im Kondensator entgegengesetzt; da hier das Wasser die dem Kondensatordruck entsprechende Temperatur annehmen kann, so läßt sich bei geringerem Wasserverbrauch ein höheres Vakuum erzielen. Die Abführung des Wassers und des Dampfluftgemisches erfolgt hierbei getrennt, d. h. die Luftpumpe ist, im Gegensatz zur Parallelstrom-Mischkondensation im allgemeinen eine trockene. Sie kann aber auch eine Naßluftpumpe sein, die aus dem Kondensator die Luft absaugt, und in die kaltes Wasser eingespritzt wird. Dies hat den Vorteil, daß die Kompression nach der Isotherme erfolgt, und daß kein Druckausgleich erforderlich ist. Beides hat einen wesentlichen Einfluß auf den Kraftverbrauch, der dadurch erheblich verringert wird.

Bei der Gegenstromanordnung wird das Wasser häufig durch ein sog. barometrisches Fallrohr abgeführt (Weißscher Kondensator), wodurch eine Kraftersparnis erzielt wird. Voraussetzung hierfür ist jedoch, daß der Kondensator genügend hoch über dem Ausgußspiegel aufgestellt werden kann.

Das Kühlwasser, dessen Menge durch einen Hahn vom Maschinenhausflur aus reguliert werden kann, wird durch die Luftleere im Kondensator bis zu 7 m angesaugt und durch eine Brause o. dgl. fein verteilt. Praktisch soll man mit der Saughöhe nicht über etwa 5—6 m gehen, damit bei plötzlichen großen Belastungsteigerungen das Vakuum nicht abreißt.

Die Kühlwassermenge, die für jedes Kilogramm zu kondensierenden Dampfes aufzuwenden ist, liegt bei Mischkondensation gewöhnlich zwischen 20 und 45 kg. Sie fällt für eine bestimmte Luftleere um so kleiner aus, je niedriger die Temperatur des Einspritzwassers und diejenige der abgesaugten Luft ist. Über etwa 45—50° C Kondensattemperatur sollte man mit Rücksicht auf die Saugfähigkeit der Pumpe nicht gehen, zumal sonst auch die Gummiklappen von Naßluftpumpen notleiden. Nur ausnahmsweise sollten höhere Temperaturen, bis etwa 60 ° C, zugelassen werden.

Die Einspritzleitung von Mischkondensationen muß absolut dicht und nach dem Kondensator steigend angelegt sein, etwa 1—2 cm auf 1 m Länge. Die Überlaufleitung ist möglichst mit Gefälle anzulegen und soll bei großer Länge genügend weit sein, da eine lange und enge Überlaufleitung ungünstig auf den Gang der Luftpumpe zurückwirkt; die Pumpe stößt hierbei und die Klappen halten schlecht. Die Wassergeschwindigkeit in der Überlaufleitung sollte in derartigen Fällen nicht über 0,5—0,8 m/sk betragen, wobei der ganze Rohrquerschnitt mit Wasser gefüllt angenommen ist. In Wirklichkeit nimmt das Wasser dann bei freiem Abfluß nur etwa ein Drittel des Gesamtquerschnittes in Anspruch.

Bei freiem Abfluß des Ausgußwassers werden zweckmäßig die Überlaufleitungen sämtlicher Maschinen zu einer gemeinsamen Leitung vereinigt. Kann hingegen das Ausgußwasser nicht mit freiem Gefälle abfließen, ist es z. B. auf ein Kühlwerk oder einen hochliegenden Graben zu heben, so sind die Überlaufleitungen getrennt zu führen, und es ist in jede Überlaufleitung, gleich hinter der Luftpumpe, eine gut schließende Rückschlagklappe einzubauen, um bei schadhaften Klappen ein Zurücktreten des Wassers durch die Luftpumpe zum Kondensator und von hier zum Niederdruckzylinder zu verhüten. Auch empfiehlt sich der Einbau eines ausreichend bemessenen Windkessels in die Ausgußleitung, um einen ruhigen Gang der Luftpumpe und damit eine Schonung der Gummiklappen zu erreichen.

Bei größerer Druckhöhe als 3—5 m, je nach der Umlaufzahl, oder bei sehr langen Ausgußleitungen wird zweckmäßig gemäß Fig. 56 (S. 227) eine Zentrifugalpumpe in die Ausgußwasserleitung eingeschaltet, um einem größeren Verschleiß der Luftpumpen vorzubeugen.

Bemerkt sei noch, daß bei kleineren Maschinen Kondensator und Luftpumpe meist unmittelbar zusammengebaut sind. Bei größeren Maschinen und bei Gleichstrommaschinen hingegen sind Kondensator und Luftpumpe gewöhnlich getrennt; in diesem Fall empfiehlt sich die in Fig. 57 und 58 unten dargestellte Anordnung. Bei der oberen Anordnung entsteht zwischen Zylinder und Kondensator ein Druckverlust, durch den das Vakuum im Zylinder unter Umständen ganz erheblich verschlechtert wird.

Bezüglich der Aufstellung und des Antriebes der Luftpumpe sei auf S. 222, verwiesen.

Eine besondere Art der Mischkondensation ist die Strahlkondensation nach System Körting. Die Hinausschaffung von Kondensat, Luft und Dampf an die Atmosphäre erfolgt hier durch die Strömungsenergie bewegten Wassers, so daß eine besondere Luftpumpe in Wegfall kommt. Das Kühlwasser tritt hier durch den inneren Teil des Kondensatorkörpers mit einem natürlich oder künstlich erzeugten Gefälle von 6—8 m.

Das einströmende Wasser reißt hierbei den Abdampf in schräg gestellten Düsen mit sich fort und schlägt ihn bei dieser Gelegenheit nieder. Zur Zuführung des Wassers und gegebenenfalls auch zur Fortschaffung des Mischkondensats aus dem Ausgußbecken ist je eine besondere Pumpe notwendig. Zu erwähnen ist, daß mit Rücksicht auf die erforderliche tiefe Lage des Ausgußbeckens in der Regel auch tiefere Fundamente für die Maschine notwendig sind, und daß der Verbrauch an Kühlwasser ein ziemlich hoher ist, etwa 60—80 kg für jedes Kilogramm Dampf je nach der Höhe des Wasserdruckes. Dabei beträgt das Vakuum in der Regel nicht mehr als höchstens 90—91%. Nur bei sehr kaltem Wasser lassen sich höhere Luftleeren erzielen.

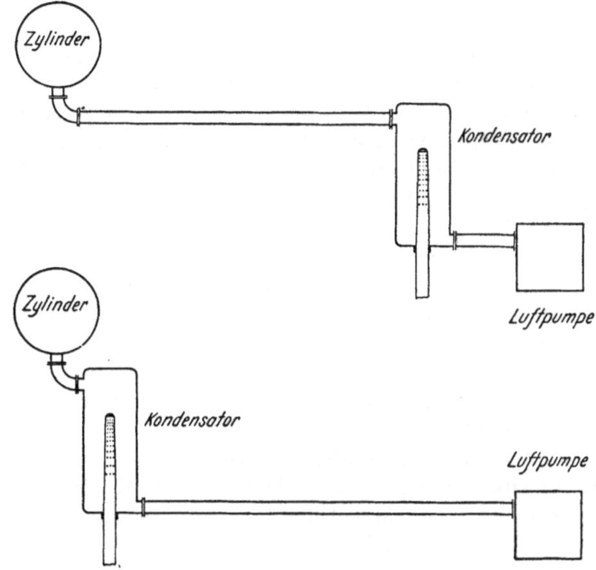

Fig. 57 und 58. Anordnung von Kondensator und Luftpumpe.
Unten richtige Anordnung.

Der Vorzug der Körtingschen Strahl-Mischkondensation besteht in ihrer Billigkeit und ihrem geringen Raumbedarf sowie darin, daß sie fast keine Wartung erfordert. Trotzdem jedoch wird sie mit Rücksicht auf das niedere Vakuum und den hohen Wasserverbrauch sowie wegen ihrer Unzuverlässigkeit bei plötzlichen Undichtheiten oder Änderungen der Saug- und Druckhöhe nur noch selten angewendet. Günstigere Ergebnisse als die Körtingsche Strahlkondensation liefert diejenige von Westinghouse-Leblanc.

Die Oberflächenkondensation.

Bei der Oberflächenkondensation kommt der Abdampf mit dem Kühlwasser in keinerlei Berührung. Der Dampf kondensiert sich hier vielmehr an den Außenflächen von — bisweilen beiderseits verzinnten —

Messingröhren, die innen vom Kühlwasser durchströmt werden. Seltener wird der Dampf durch die Röhren und das Kühlwasser um die letzteren geführt, weil auf diese Weise die Reinigung der eng beisammen liegenden Röhren von angesetztem Schlamm und Kesselstein erschwert wird. Zur Zuführung des Kühlwassers dient eine besondere Pumpe, meist eine mit ihrem Antriebsmotor unmittelbar gekuppelte Zentrifugalpumpe. Die Entfernung des Kondensats und des Dampfluftgemisches geschieht entweder gemeinsam durch eine Naßluftpumpe oder durch zwei getrennte Pumpen. Bei Dampfturbinenanlagen ordnet man meist getrennte Luft- und Kondensatpumpen an, und zwar bevorzugt man heute an Stelle der früher üblichen Kolbenpumpen umlaufende Pumpen, die meist mit der Kühlwasserpumpe auf einer gemeinsamen Welle untergebracht werden. Für die Luftabsaugung nehmen heute bei Dampfturbinenanlagen Wasserstrahl-Luftpumpen, auch kurz Strahlpumpen genannt, den ersten Platz ein, weil sie einfach, billig und in der Anordnung gedrängt sind. Die das Aufschlagwasser für den Strahlsaugapparat liefernde Pumpe kann hierbei unmittelbar mit diesem vereinigt werden, wie bei den sog. Schleuderluftpumpen, z. B. System Westinghouse-Leblanc usw. Die Strahldüse läßt sich aber auch vollständig getrennt von der Beaufschlagungspumpe anordnen, so daß für die letztere eine normale Zentrifugalpumpe genügt. In diesem Falle kann die Einrichtung getroffen werden, daß zum Betriebe des Strahlsaugers das Kühlwasser verwendet wird, ehe es in den Kondensator eintritt. Auf diese Weise erübrigt sich alsdann eine besondere Wasserpumpe für den Strahlsauger.

In Anbetracht der oben erwähnten Vorzüge der Strahlpumpen bzw. umlaufenden Luftpumpen nimmt man ihre Nachteile in Kauf; diese bestehen in dem gegenüber Kolbenluftpumpen höheren Kraftverbrauch und der, wenigstens bei Schleuderluftpumpen, langen Anlaßdauer, bis das normale Vakuum erreicht ist. Der höhere Kraftverbrauch spielt im Vergleich zur gesamten Maschinenleistung meist keine Rolle, zumal bei den modernen, vorzüglich ausgeführten Anlagen verhältnismäßig kleine Luftpumpen genügen; vgl. S. 231. Die bei Schleuderluftpumpen längere Anlaßdauer kann verkürzt werden, wenn ein mit Frischdampf betriebener Hilfsejektor angeordnet wird, der nur beim Anlassen bis zur Erreichung einer gewissen Luftleere in Betrieb zu nehmen ist.

Wo natürliches Gefälle oder Druckwasser zur Verfügung steht, genügt für die Luftabsaugung ein Strahlapparat ohne Pumpe. Auch die Kühlwasserpumpe kann bei Vorhandensein eines natürlichen Gefälles entbehrt werden, so daß nur noch eine Kondensatpumpe nötig ist.

Bezüglich der Aufstellung und des Antriebs der Hilfsmaschinen für die Kondensation sei auf S. 231 verwiesen.

Bei Oberflächenkondensation kann man auf jedes Kilogramm zu kondensierenden Dampfes etwa 40—70 kg Kühlwasser rechnen. Hierbei ist möglichste Reinheit des Kühlwassers anzustreben, da der sich in den Röhren absetzende Schlamm den Wärmeübergang sehr ungünstig beeinflußt.

Ist besonders schmutziges Wasser vorhanden, so kann man sich, wenn die Schaffung einer Kläranlage nicht beliebt wird, durch Anwendung größerer Wassergeschwindigkeit (entsprechend höherer Kraftbedarf) oder noch besser durch Aufstellung eines zweiteiligen Kondensators helfen, dessen Hälften während des Betriebes abwechselnd gereinigt werden können. Es gibt auch Einrichtungen, die eine Reinigung des Kondensators im Betrieb durch vorübergehende Erhöhung der Wassergeschwindigkeit in einzelnen Röhrengruppen ermöglichen; vgl. Z. d. V. d. I. 1914, S. 1296. Bisweilen wird die Ansicht vertreten, daß einer stärkeren Verschmutzung auch durch die Wahl großer Kühlflächen, d. h. durch entsprechend große Länge des Kondensators vorgebeugt werden kann. Dies ist aber unrichtig, weil sich bei größerer Kühlfläche auch entsprechend mehr Unreinigkeiten ablagern können. Zudem kommt bei langen Kondensatoren ein Teil der Kühlfläche gar nicht zur Wirkung, weil der Dampf hauptsächlich im mittleren Teil des Rohrbündels niedergeschlagen wird. Es erscheint deshalb richtiger, kurze Kondensatoren mit entsprechend größerem Durchmesser zu verwenden, zumal diese dem einströmenden Dampf geringeren Widerstand bieten.

Um bei Kolbenmaschinen ein Verschmutzen der Kondensatorrohre durch den ölhaltigen Abdampf, und damit eine Verschlechterung des Wärmeübergangs möglichst zu vermeiden, empfiehlt sich der Einbau ausreichend bemessener Dampfentöler in die Auspuffleitungen.

Die Oberflächenkondensation ist komplizierter und verursacht wesentlich höhere Anlagekosten als die Mischkondensation, jedoch bietet sie den wichtigen Vorteil, daß das Kondensat wiedergewonnen werden kann. Die Rückgewinnung des Kondensats ist insbesondere für Dampfturbinenanlagen mit ihrem ölfreien Abdampf sehr wertvoll.

Kraftverbrauch der Kondensation.

Der auf den Betrieb von Kondensationsanlagen entfallende Kraftverbrauch ist, außer von der Größe und dem Dampfverbrauch der Maschine, von der Art der Kondensation, von dem gewünschten Vakuum und von den Wasserverhältnissen abhängig. Er kann bei Mischkondensation zu etwa 1—5%, bei Oberflächenkondensation zu 0,5—4% der Normalleistung angenommen werden, wobei Kühlung mit Frischwasser vorausgesetzt ist. Bei gleicher Höhe des Vakuums ist im allgemeinen der Kraftbedarf von Oberflächenkondensationen kleiner als der von Mischkondensationen. Im übrigen wird der Kraftbedarf bei Oberflächenkondensation auch durch die Größe der Wassergeschwindigkeit und die Art der Wasserführung beeinflußt. Durch kraftschlüssige Wasserführung kann der Arbeitsbedarf der Kühlwasserpumpe erheblich verringert werden; vgl. S. 232. Bei Rückkühlung erhöht sich der Kraftbedarf um etwa 0,5—1,5%, weil hier die umlaufende Wassermenge größer ist und noch die Wasserhebungsarbeit auf den Kühlturm hinzukommt, und weil zudem die Luftpumpe (bei Oberflächenkondensation) entsprechend mehr zu leisten hat.

Ändert sich die Maschinenleistung, so ist dies im praktischen Betrieb nahezu ohne Einfluß auf die absolute Größe des Kraftverbrauchs der Kondensation. Ist z. B. die Belastung der Maschine nur $^1/_2$, $^1/_3$ oder $^1/_4$, so beträgt der Kraftbedarf der Kondensation, in Prozenten der Maschinenleistung ausgedrückt, das Zwei-, Drei- oder Vierfache der oben angegebenen Werte.

Höhe des Vakuums.

Da der Wärmeübergang vom Dampf zum Kühlwasser bei der Mischkondensation unmittelbar vor sich geht, Dampf und Wasser also nicht durch Wandungen voneinander getrennt sind, die ein gewisses Temperaturgefälle notwendig machen, so müßte theoretisch mit der Mischkondensation ein höheres Vakuum als mit der Oberflächenkondensation zu erreichen sein, gleiche Kühlwasserverhältnisse vorausgesetzt. Praktisch läßt sich jedoch mit der Mischkondensation auch kein besseres Vakuum als mit der Oberflächenkondensation erzielen, weil bei der ersteren das Kühlwasser seinen ganzen Luftgehalt in den Kondensationsraum mitbringt. Im Gegenteil begnügt man sich in den Fällen, in denen man Mischkondensation anwendet, gewöhnlich mit einem geringeren Vakuum, damit der Kraftbedarf nicht zu groß ausfällt. Damit hängt es zusammen, daß man mit Mischkondensation meist nicht über 94% Vakuum bei Normalbelastung kommt, während man mit Oberflächenkondensation bis zu 98% Vakuum erreicht. Bei Rückkühlung des Wassers bleibt das erreichbare Vakuum etwa 2—6% unter diesen Werten. Hierbei ist vorausgesetzt, daß gute Luftpumpen verwendet werden, daß die Leitungen genügend dicht sind, und daß der Eintritt von Luft mit dem Speisewasser nach Möglichkeit verhütet wird.

Nachteile durch Lufteintritt.

Es liegt im Interesse der Wirtschaftlichkeit des Betriebes, den Lufteintritt in das Speisewasser und in diejenigen Räume, die mit niedergespanntem Dampf erfüllt sind, tunlichst zu vermeiden. Demgemäß muß man auf möglichst vollkommene Dichtheit der Rohrleitung, Schieber, Stopfbüchsen usw. bedacht sein. Eindringende Luft wirkt nach zwei Richtungen schädlich, einmal verschlechtert sie das Vakuum und damit den Dampfverbrauch der Maschine, da sich der Druck der Luft zu dem jeweiligen Dampfdruck im Kondensator addiert, und zum andern bedingt sie einen größeren Kraftverbrauch der Luftpumpe. Außerdem können Beimengungen von Luft im Speisewasser Anfressungen im Kessel und Vorwärmer zur Folge haben; vgl. S. 369.

Zur Entlüftung des Speisewassers empfiehlt sich dessen möglichst hohe Vorwärmung durch den Abdampf der Speisepumpen.

Schaffung von Kläranlagen.

Das zur Kondensation nötige Kühlwasser soll gemäß oben möglichst rein sein, da andernfalls die Kondensatoren nebst Zubehör rasch verschmutzen und an Wirkung einbüßen. Für größere Werke kann sich deshalb die Schaffung besonderer Kläranlagen empfehlen. In den Fig. 59—61 sind die Kläranlagen zweier neuzeitlicher Großkraftwerke schematisch dargestellt. In beiden Fällen handelt es sich um die Entnahme des Kühlwassers aus einem kleinen Fluß. Fig. 60 und 61 zeigen die Kläranlage des Kommunalen Elektrizitätswerks Mark in Elverlingsen (Westfalen). Sie besteht im wesentlichen aus zwei getrennten Kammern mit gemeinsamem Wasserzulauf. Das aus der Lenne entnommene Wasser passiert zunächst einen Rechen, dann ein durch Elektromotor angetriebenes Drehsieb mit Bürste und gelangt alsdann nach den beiden Klärkammern, in denen es noch je drei Siebe passiert. Die in den Kammern befindlichen Wände sollen das Wasser zur Richtungsänderung und damit zur Abscheidung von Schlamm und allenfalls mitgeführtem feinen Sand zwingen. Gewöhnlich sind beide Kammern im Betrieb. Wenn aber die eine Kammer, z. B. die rechte, zu reinigen ist, so sind die Schieber auf der rechten Seite geschlossen. Von Wichtigkeit ist eine möglichst reichliche Breite der Labyrinthkanäle, da durch Vermi derung der Strömungsgeschwindigkeit das Absetzen des Schlammes wesentlich gefördert wird.

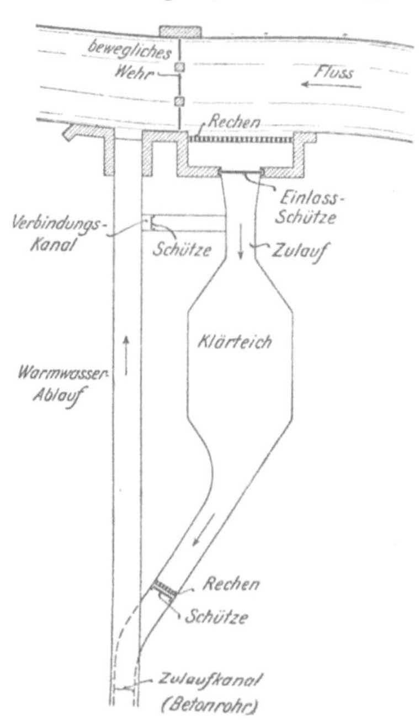

Fig. 59. Schema der Kläranlage für das Kühlwasser der Kondensation im Pfalzwerk bei Homburg i. Pf.

Der Vorteil des Drehsiebes gegenüber einem festen Sieb besteht darin, daß angesetztes Laub ständig durch die Bürste entfernt wird. Bei festen Sieben wird durch das Ansetzen von Laub der Durchgangswiderstand so stark erhöht, daß das Herausziehen des Siebes zum Zweck der Reinigung oft großen Kraftaufwand erfordert. In der Herbstzeit, wenn viel Laub kommt, erfordern gewöhnliche Siebe eine ständige Reinigung, d. h. ein ständiges Bedienungspersonal.

Der Warmwasser-Ablaufkanal ist kurz vor dem Eintritt in die Lenne mit dem Zulaufkanal verbunden. Besteht im Winter die Gefahr, daß Verstopfungen durch Grundeis oder Treibeis eintreten, so öffnet man den Schieber und läßt so viel warmes Wasser nach dem Zulauf hinüber, daß Rechen und Drehsieb gerade eisfrei bleiben. Die Temperatur des Kühlwassers kann hierbei so niedrig gehalten werden, daß eine merkliche Beeinflussung des Vakuums nicht stattfindet.

Fig. 59 zeigt die Kläranlage des **Pfalzwerkes** bei Homburg i. d. Pfalz. Die Wasserfassung erfolgt hier durch ein bewegliches Wehr (Schützenwehr). Nach Durchströmen eines Grobrechens tritt das Wasser unmittelbar in das Klärbecken ein, setzt hier seine mechanischen Verunreinigungen ab und gelangt alsdann nach Passieren eines weiteren

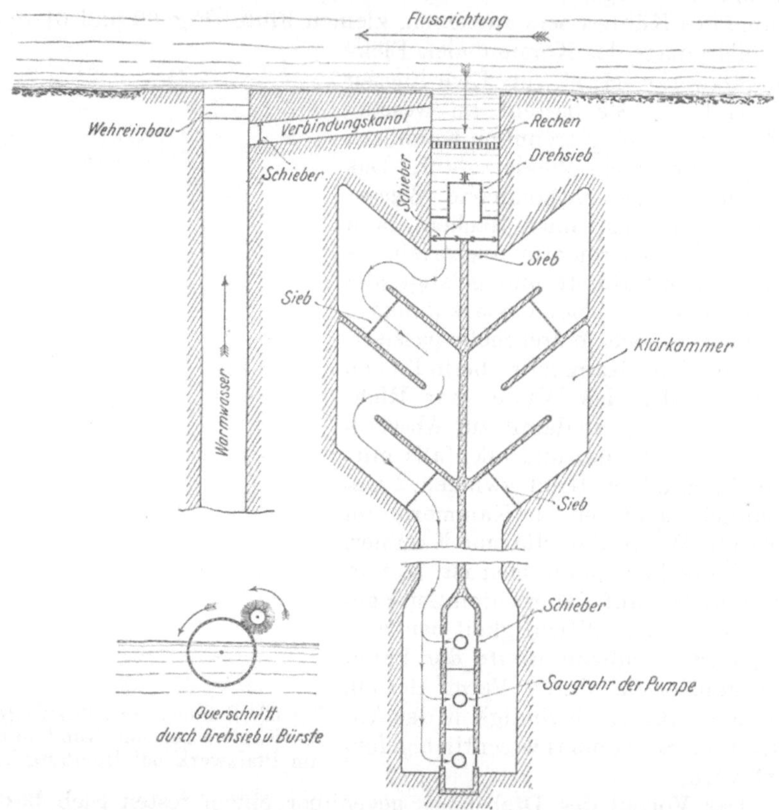

Fig. 60 und 61. Schema der Kläranlage für das Kühlwasser der Kondensation im Kommunalen Elektrizitätswerk Mark in Elverlingsen i. W.

Rechens in den Zulaufkanal zur Kondensation, der im letzten Teil als Betonrohr ausgebildet ist. Zu- und Ablaufkanal des Kühlwassers sind eine Strecke weit untereinander gelegt, um den Erdaushub zu verringern. Am Ende des Ablaufkanals, unmittelbar vor seiner Einmündung in den Fluß, befindet sich eine Abfallstufe. In der wasserarmen Zeit sind die Schützen im Fluß ganz geschlossen, so daß sämtliches Flußwasser den Weg durch die Kondensation nehmen muß. Auch hier ist wieder der Warmwasser-Ablaufkanal mit dem Zulaufkanal verbunden, um der Gefahr des Einfrierens zu begegnen.

Wahl der Kondensation.

Die Wahl der Kondensation geschieht vorwiegend nach wirtschaftlichen Gesichtspunkten. Außer der Größe und dem Zweck einer Anlage ist hier vor allem das Maschinensystem, d. h. das Anwendungsgebiet ausschlaggebend. Auch die Menge und Beschaffenheit des Speisewassers und allenfalls des Kühlwassers kann die Wahl der Kondensation beeinflussen.

Wie schon S. 222 erwähnt, wendet man für Kolbendampfmaschinen in der Regel Mischkondensation an, wobei man sich meist mit einem Vakuum von 85—90% zu begnügen pflegt. Ein höheres Vakuum bringt im allgemeinen keinen wirtschaftlichen Nutzen mehr. Wenn auch die indizierte Arbeit noch um ein geringes vergrößert werden kann, so nehmen anderseits bei höherem Vakuum die Anschaffungskosten sowie auch der Kraftbedarf der Kondensation zu, insbesondere bei Vorhandensein einer Rückkühlanlage, bei der noch die Wasserhebungsarbeit auf den Kühlturm hinzukommt.

Die Kolbenmaschine ist, im Gegensatz zur Dampfturbine, für die Ausnützung höherer Luftleeren ungeeignet. Während man in Dampfturbinen den Dampf bis zum Kondensatordruck, d. h. bis zum rd. 300fachen Volumen expandieren lassen kann, muß man sich bei Kolbenmaschinen mit einem Expansionsverhältnis bei Normalleistung von höchstens 1 : 18 bis 1 : 22 begnügen, da man sonst zu große Zylinder-, Steuerungs- und Leitungsabmessungen, sowie zu große Verluste durch Wärmeaustausch und Kolbenreibung bekäme. Zudem ist das Vakuum im Zylinder, und nur dieses kommt für die Maschine in Betracht, infolge von Drosselungs- und Reibungsverlusten beim Dampfaustritt stets geringer als dasjenige im Kondensator. Nur bei Gleichstrom-Dampfmaschinen sind die Drosselverluste infolge des Schlitzauslasses so gering, daß das Vakuum im Zylinder fast nur um den zur Erzeugung der Austrittsgeschwindigkeit notwendigen Druckabfall geringer ist als im Kondensator, weshalb man bei diesen Maschinen ein möglichst hohes Vakuum verlangt.

Für Dampfturbinen wendet man in der Regel Oberflächenkondensation an, weil diese weniger Kraft als die Mischkondensation verbraucht, und weil sie vor allem den Vorteil bietet, daß das Kondensat zurückgewonnen und wieder in die Kessel gespeist werden kann. Bei Anlagen mit Kolbendampfmaschinen fällt der letztere Vorteil nicht so sehr ins Gewicht, weil hier der Abdampf durch Öl verunreinigt, das Kondensat also nicht ohne vorherige gründliche Entölung zu Speisezwecken brauchbar ist.

Es können nun Fälle vorkommen, in denen man vorteilhaft für Dampfturbinen eine Mischkondensation, für Kolbenmaschinen hingegen eine Oberflächenkondensation anwendet. Eine Oberflächenkondensation für Kolbenmaschinen empfiehlt sich z. B. dort, wo das Warmwasser der Kondensation für Heiz- oder Badezwecke verwendet wird und das Kühlwasser infolgedessen nicht durch Öl verunreinigt werden darf.

Je nach der gewünschten Warmwassertemperatur kann hier mit entsprechend verringertem Vakuum gearbeitet werden. Unter Umständen empfiehlt sich in derartigen Fällen auch ein gemischter Betrieb, wobei ein Teil des Dampfes in einem Mischkondensator, der für Badezwecke benötigte Dampf dagegen in einem Oberflächenkondensator niedergeschlagen wird; vgl. S. 278. Der die Aufgabe eines Vorwärmers erfüllende Oberflächenkondensator ist hierbei vor den Mischkondensator geschaltet. Auch dort kommt eine Oberflächenkondensation für Kolbenmaschinen in Betracht, wo schlechtes Speisewasser vorhanden ist, z. B. wo man ausschließlich salzhaltiges Wasser (Meerwasser) hat, wie bei Schiffsmaschinenanlagen. Meerwasser eignet sich wohl zu Kühlzwecken, aber nicht zum Kesselspeisen, weshalb man hier notgedrungen auf die Rückgewinnung des Kondensats angewiesen ist.

Für Dampfturbinen kann die Aufstellung einer Gegenstrom-Mischkondensation vorteilhaft erscheinen, wenn es sich um kleinere Turbinen handelt, oder wenn es, wie z. B. bei Reserveanlagen, auf niedrige Anlagekosten ankommt, oder wenn schlechtes Kühlwasser eine allzu häufige Reinigung des Oberflächenkondensators verlangen würde.

Die Beschaffenheit des Kühlwassers hat auf die Wahl der Kondensation meist keinen Einfluß. Betrachtet man z. B. eine Oberflächenkondensation, so kann man sich hier bei unreinem Kühlwasser durch entsprechende Wahl der Wassergeschwindigkeit oder durch zweiteilige Ausführung des Kondensators, d. h. durch bauliche Maßnahmen helfen. Ist das Wasser sauer oder salzhaltig, so müssen eben geeignete Baustoffe für Böden, Röhren usw. vorgesehen werden.

Es kann der Fall vorkommen, daß ein und dasselbe Wasser bei Dampfturbinenbetrieb keinerlei besondere Vorkehrungen nötig macht, während für Kolbendampfmaschinen ein zweiteiliger Oberflächenkondensator erforderlich ist, sofern hier Oberflächenkondensation angewendet wird. Es hängt dies damit zusammen, daß bei dem hohen Vakuum der Dampfturbinenanlage das Kühlwasser weniger stark erwärmt wird, als bei der mit schlechterem Vakuum arbeitenden Kolbenmaschinenanlage. Je geringer aber die Erwärmung ist, desto weniger neigt das Wasser zur Abscheidung von Schlamm und Kesselstein.

Zum Schlusse dieses Abschnittes sei noch bemerkt, daß Zentralkondensationen heute nur noch selten angewendet werden; meist bevorzugt man Einzelkondensationen; vgl. auch S. 231. Zentralkondensationen trifft man hauptsächlich nur noch auf Hüttenwerken oder Zechen an, und auch hier nur vereinzelt, weil seit der Aufstellung großer Krafteinheiten (meist Dampfturbinen) in Verbindung mit der elektrischen Kraftübertragung die früher üblichen vielen Einzeldampfmaschinen, für die eine Zentralkondensation sehr zweckmäßig war, mehr und mehr verschwunden sind.

68. Projektierung von Leuchtgas-, Benzin-, Benzol-, Spiritus- und Naphthalinmaschinen.

Die Aufstellung der Motoren soll tunlichst in einem frostfreien Raum erfolgen. Die kleinste Raumhöhe ist bei liegenden Motoren durch den Schwungraddurchmesser bedingt, sofern nicht die behördlichen Vorschriften eine größere Höhe vorschreiben. Bei stehenden Motoren muß die Raumhöhe um die Flaschenzughöhe größer sein als die Entfernung vom Maschinenhausfußboden bis Oberkante Zylinder, zuzüglich der halben Kolbenlänge und der Schubstangenlänge. Ist in der Decke über dem Motor eine Öffnung vorhanden, so genügt es allenfalls, wenn die Raumhöhe etwas größer als die Maschinenhöhe ist.

Die Aufstellung der Motoren soll so erfolgen, daß sie bequem zu bedienen sind. Zu diesem Zwecke soll bei liegenden Motoren die Steuerwellenseite nach der Raumseite liegen; der Riemen kommt alsdann an die Wandseite. Auch bei stehenden Motoren muß die Bedienungsseite frei zugänglich sein. Zweckmäßig soll an allen Seiten, die zur Bedienung zugänglich sein müssen, der Abstand zwischen Gebäudewand und äußerstem Maschinenpunkt mindestens 500—700 mm betragen. Bei liegenden Maschinen ist der Raum hinter dem Zylinderkopf in der Längsachse des Motors so groß zu wählen, daß der Laufzylinder, wenn er als einschiebbare Büchse ausgebildet ist, nach hinten herausgezogen werden kann. Ist es notwendig, einen Motor sehr nahe an die Wand zu stellen, so kann ein allenfalls vorhandenes Außenlager mit Mauerkasten unmittelbar in der Wand befestigt und vom benachbarten Raum aus bedient werden. Mit Rücksicht auf die Übertragung von Erschütterungen und Geräuschen sollte jedoch das Maschinenfundament von den Gebäudefundamenten getrennt aufgeführt werden; vgl. Abschnitt 83. Ob im übrigen ein Motor in einem Raume für sich aufzustellen ist oder nicht, hängt von den Vorschriften der Feuerversicherung ab, die je nach dem verwendeten Brennstoff verschieden sind. Auch ist zu berücksichtigen, ob in den übrigen Arbeitsräumen viel Staub entsteht.

Motoren sind gewöhnlich rechtslaufend, wobei der Hauptarbeitsdruck in der Gleitbahn des Zylinders nach unten wirkt. Kann der Motor mit Rücksicht auf die gegebene Drehrichtung der Transmission nicht so aufgestellt werden, daß seine Bedienungsseite bequem zugänglich ist, so kann man sich bei kleineren Motoren dadurch helfen, daß man den Motor linksherum laufen läßt. Wenn möglich, sollte dies jedoch vermieden werden, schon deshalb, weil Linksläufer unter Umständen nicht sofort lieferbar sind. Linksläufer sind hauptsächlich mit Rücksicht auf die Kolbenschmierung nicht erwünscht, weil sich das Schmieröl oben weniger gut hält; es hat stets das Bestreben, nach unten zu fließen. Auch neigen die Kolben von Linksläufern mehr zum Klopfen. An sich bietet es bei Motoren, bei denen der Antrieb der Steuerwelle durch sich kreuzende Schraubenräder erfolgt, keine Schwierigkeit, die Drehungsrichtung zu ändern. Man hat nur die Steuerräder (Schraubenräder) auszuwechseln.

Ist bei Leuchtgasmotoren infolge der schluckweisen Gasentnahme aus der Leitung ein Zucken der Gasflammen in der Nachbarschaft zu befürchten, so ist ein Gasdruckregler einzuschalten. Bei Motoren mit Glührohrzündung ist die Leitung zum Glührohr vor dem Gasdruckregler, d. h. zwischen Gasuhr und Gasdruckregler abzuzweigen. Die Gasuhr ist möglichst in einem kühlen Raum aufzustellen. Bei Aufstellung der Gasuhr in übermäßig geheizten Räumen wird zum Schaden des Besitzers ein höherer Gasverbrauch angezeigt.

Die Brennstoffzuleitungen von Flüssigkeitsmotoren sind so zu verlegen, daß keine Luftsäcke entstehen, da diese den regelmäßigen Zutritt des Brennstoffs zur Maschine beeinträchtigen und Anlaß zu Betriebstörungen geben. Wo sich Luftsäcke nicht vermeiden lassen, ist eine Entlüftung der Leitung vorzusehen.

Die Auspuffleitung ist möglichst bis über Dach zu führen, damit die Nachbarschaft nicht durch Rauch (Öldampf) und Ruß (bei Flüssigkeitsmotoren) belästigt wird. Ein Rußen des Auspuffs soll allerdings bei ordnungsmäßiger Einstellung des Motors nicht vorkommen. Bis etwa 3—4″ engl. Lichtweite verwendet man für die Auspuffleitung Gasrohre, darüber hinaus Gußeisenrohre. Schmiedeisenrohre sind zwar in der Anschaffung billiger als gußeiserne, halten aber gegenüber den chemischen Angriffen der Auspuffgase nicht lange stand, wenigstens an den Stellen, wo die Auspuffgase zu kondensieren beginnen; vgl. S. 414.

Man verlege die Auspuffleitung in gemauerte, mit Riffelblech abgedeckte Kanäle, so daß sie möglichst gut zugänglich ist, damit bei etwaigen Rohrbrüchen infolge von Wärmedehnungen der Schaden leicht behoben werden kann. Ein Verlegen der Auspuffleitung unmittelbar in das Erdreich sollte höchstens bei vorübergehenden oder Ausstellungsanlagen stattfinden. Die Auspuffleitung ist im übrigen möglichst geradlinig zu verlegen. Viele Krümmer erhöhen den Auspuffwiderstand und sind deshalb schädlich. Und endlich ist die Auspuffleitung so zu führen, daß das Kondensat aus den Verbrennungsprodukten nicht in den Motor zurückläuft. Die Auspuffleitung soll deshalb Gefälle nach dem Auspufftopf besitzen, so daß das Wasser in den Auspufftopf fließt. Wo letzterer aus irgendwelchen Gründen höher gestellt werden muß, ist die Auspuffleitung am tiefsten Punkt zu entwässern; desgleichen wenn die Auspuffleitung vom Motor aus direkt nach oben geführt werden muß. Am oberen Ende der Auspuffleitung ist ein Krümmer vorzusehen, damit bei Regenwetter kein Wasser in die Auspuffleitung und den Auspufftopf eindringen kann. Die Auspuffleitung größerer Motoren ist so anzulegen, daß Ausdehnungen durch die Erhitzung keine schädlichen Rückwirkungen auf den Zylinderkopf und den Anschlußkrümmer am Motor ausüben können. Man setzt deshalb den Ausblasetopf häufig auf Rollen (Gasrohre). Stopfbüchsen sind nach kurzer Zeit unwirksam, weil die Rohre in der Stopfbüchse festbrennen oder festrosten. Wärmedehnungen der Auspuffleitung sind besonders bei Gußeisenrohren zu berücksichtigen, da sonst leicht Rohrbrüche, unter Umständen auch Zylinderkopfbrüche auftreten. Schmiedeiserne Auspuffrohre besitzen größere Nachgiebigkeit. Man baut deshalb nicht selten an solchen Stellen, an denen größere Wärmedehnungen aufzunehmen sind, schmiedeiserne elastische Rohrstücke ein.

Der Auspufftopf muß zugänglich sein, damit er durch Öffnen des Entwässerungshahnes bequem entleert werden kann. Bei größeren Motoren sollte der Auspufftopf mit Rücksicht auf die Wärmeentwicklung außerhalb des Motorraumes aufgestellt werden. Anderseits jedoch soll sich der Auspufftopf möglichst nahe beim Motor befinden, damit die Gase sofort einen Raum zur Ausdehnung vorfinden. Dies ist insbesondere bei Zweitaktmotoren von Wichtigkeit, da hier die Zeit des Auspuffs sehr kurz ist. Es empfiehlt sich deshalb bei Zweitaktmotoren, die Leitung zwischen den Auspuffschlitzen und dem Auspufftopf genügend weit zu machen, um den Gegendruck herabzusetzen.

Wo es sich darum handelt, das Auspuffgeräusch möglichst zu dämpfen, sind zwei Auspufftöpfe hintereinander aufzustellen. Denselben Zweck erfüllt natürlich auch ein einziger besonders großer Topf.

Wo Wasserleitungsanschluß vorhanden ist, empfiehlt sich für kleinere Motoren die Durchfluß- oder Frischwasserkühlung. Hierbei ist darauf Rücksicht zu nehmen, daß alle Kühlwasserausflußstellen sichtbar sind. Für größere Verbrennungsmaschinen kommen Kühleinrichtungen nach Art von Fig. 62 in Betracht. Wo Umlauf- oder Gefäßkühlung angewendet wird, sind die Kühlgefäße an einem möglichst kühlen luftigen Ort aufzustellen, damit eine gute Wärmeableitung stattfindet. Keinesfalls sollte das Kühlgefäß von der Sonne beschienen werden. Das Kühlgefäß soll im übrigen möglichst auf gleicher Höhe wie der Motor stehen, besse noch etwas höher. Die Verbindungsleitungen zwischen Kühlgefäß und Motor sind reichlich zu bemessen und ohne scharfe Krümmungen zu verlegen. Bei größeren Anlagen und besonderen örtlichen Verhältnissen kann sich eine Pumpe zur Unterstützung des Wasserumlaufs empfehlen. Auch dort, wo das Kühlgefäß in ziemlicher Entfernung vom Motor aufgestellt werden muß, ist eine Pumpe am Platze. Bei Anwendung einer Pumpe kann der Kühlwasserbehälter auch vertieft, d. h. unter Flur angeordnet werden. Falls die Umlaufpumpe nicht mit einer Vorrichtung zur Regelung der Kühlwassermenge entsprechend der Belastung versehen ist, sollte in die Druckleitung ein Abzweigrohr mit Hahn eingebaut werden, damit man im Bedarfsfall in der Lage ist, einen Teil des von der Pumpe geförderten Wassers unmittelbar in den Kühlwasserbehälter zurückzuleiten. Läßt man diesen Hahn ständig etwas offen, so bewirkt er eine selbsttätige Entleerung der Kühlwasserräume nach Betriebschluß, was bei Frostgefahr sehr erwünscht ist.

Die Größe des Kühlgefäßes richtet sich nach der größten Betriebsdauer. In heißen Gegenden sind die Kühlgefäße entsprechend reichlicher zu bemessen.

Wo die Aufstellung eines Kühlgefäßes nicht beliebt wird, kann man sich auch der Verdampfungskühlung bedienen. Diese kommt für Naphthalinmotoren ausschließlich in Betracht, wenn die Verflüssigung des Naphthalins durch die Kühlwasserwärme stattfindet. Bei einigen Brennstoffen, insbesondere Benzin, kommt es vor, daß bei starker Beanspruchung des Motors scharfe Zündungen auftreten, die ein — an sich zwar ungefährliches — Stoßen des Motors zur Folge haben. Für solche Brennstoffe ist daher eine andere Kühlung, die eine Regulierung der Kühlwirkung zuläßt, der Verdampfungskühlung im allgemeinen vorzuziehen.

Die Umlauf- oder Gefäßkühlung erfordert den geringsten Wasserverbrauch und ergibt am wenigsten Kesselsteinansatz in den Kühlräumen.

Es ist darauf Rücksicht zu nehmen, daß die Leitungen, ebenso wie die Kühlräume des Motors, bei Eintritt von Frost entleert werden können. Es ist deshalb am tiefsten Punkt der Wasserleitung ein Entwässerungshahn oder ein Stopfen anzuordnen.

Beim Übergang zum Betrieb mit einem anderen Brennstoff gilt das auf S. 401 Gesagte.

Zum Schluß sei noch bemerkt, daß bei Motoren, die mit flüssigen Brennstoffen arbeiten, Rücksicht auf die bestehenden behördlichen und sonstigen Vorschriften zu nehmen ist; vgl. Abschnitt 61.

69. Projektierung von Hochdruck-Ölmaschinenanlagen.

Die nachfolgenden Ausführungen beziehen sich in erster Linie auf Dieselmaschinenanlagen; vgl. auch Abschnitt 87 und 88.

Bezüglich des Aufstellungsraumes und der Zugänglichkeit des Motors gilt im wesentlichen dasselbe, wie für Leuchtgas-, Benzol- und Naphthalinmaschinen. Hinsichtlich der Brennstofflagerung sei auf Abschnitt 81 verwiesen. Die Brennstoffzuleitungen sind auch hier so zu verlegen, daß keine Luftsäcke entstehen. Wo sich diese nicht vermeiden lassen, ist eine Entlüftung der Leitung vorzusehen. Bei zähflüssigen Brennstoffen, wie Masut, Residuum usw., mache man die Leitungen besonders weit. Ferner empfiehlt es sich, die Brennstoffleitungen so zu verlegen, daß sie vor Abkühlung geschützt sind, weil manche Brennstoffe bei zu geringer Temperatur entweder zähflüssig werden oder feste Bestandteile ausscheiden, die die Leitungen und Brennstoffpumpen verstopfen. Es sei in dieser Hinsicht besonders auf Steinkohlenteeröl hingewiesen, das je nach seiner Zusammensetzung dazu neigt, bei Temperaturen unter etwa 10—15° C Naphthalinkristalle auszuscheiden.

Was die Größe und Anzahl der aufzustellenden Brennstoffilter betrifft, so ist hierauf hauptsächlich die Reinheit des Treiböles von Einfluß. Im allgemeinen verwendet man für kleinere und mittlere Motoren mit nur einem Brennstoff zwei Filtriergefäße. Die Anordnung der Filter soll so sein, daß sie in der Brennstoffleitung nicht hintereinander, sondern parallel geschaltet sind, damit man in der Lage ist, während des Betriebes ein Filter auszuschalten und zu reinigen oder in Ordnung zu bringen. Zweckmäßig ist es, die Filter so anzuordnen, daß bei deren Undichtheit der Brennstoff nicht an der Wand herunterlaufen kann, sondern in Auffangschalen unterhalb der Filter läuft. Bei zwei verschiedenen Brennstoffen sind mindestens drei Filter anzuordnen, eins für den Hilfszündstoff und zwei für den Hauptbrennstoff. Bei größeren Anlagen ist gegebenenfalls die Zahl der Filter entsprechend der durchfließenden Brennstoffmenge zu vermehren. Auch empfiehlt es sich hier, die Brennstoff-Vorratsgefäße und Filter in einem besonderen Nebenraum aufzustellen. Durch Zentralisierung der Filteranlage erreicht man eine größere Übersichtlichkeit und erhöht auch die Betriebsicherheit, insofern als sich dann mit geringeren Mitteln eine ausreichende Reserve schaffen läßt. Filter sind, wo es die örtlichen Verhältnisse zulassen, in solcher Höhe aufzustellen, daß sie bequem zugänglich sind mit Rücksicht auf bequeme Wartung und Instandhaltung.

Bezüglich der Anordnung und Entwässerung der Auspuffleitung gelten die im letzten Abschnitt besprochenen Gesichtspunkte im wesentlichen auch hier. Auf eine gute Zugänglichkeit der Auspuffleitung ist hier schon darum zu achten, weil bei schlechter Verbrennung und reichlicher Schmierung eine allmähliche Verengung der Auspuffleitung durch angesetzte Ruß- und Ölteilchen stattfindet. Es muß deshalb die Möglichkeit einer gründlichen Reinigung der Auspuffleitung bestehen. Bei mehreren Motoren empfiehlt es sich, getrennte Auspuffrohre vorzusehen, damit bei Stillstand eines Motors nicht die Auspuffgase der übrigen Motoren in diesen eintreten können, und damit man beim Rußen des Auspuffs sofort erkennt, welcher Motor mit schlechter Verbrennung arbeitet.

Die Anordnung des Auspufftopfes auf Rollen zwecks Aufnahme der Wärmedehnungen der Auspuffleitung genügt für kleinere Motoren. Bei großen Motoren wird die Beweglichkeit des Auspufftopfes durch dessen Gewicht sowie durch das auf dem Topf lastende Gewicht der Auspuffleitung in Frage gestellt, zumal nach kurzer Zeit ein Verschmutzen und Festsetzen der Rollen eintritt. Um hier genügende Nachgiebigkeit der Auspuffleitung gegenüber Wärmedehnungen zu erreichen, empfiehlt sich der Einbau von schmiedeisernen elastischen Rohrstücken (z. B. Bogenstücken) oder von besonderen Ausdehnungsstücken. Auch Stopfbüchsen können hier allenfalls angewendet werden.

Um das Auspuffgeräusch zu dämpfen, kann man an Stelle eines zweiten Auspufftopfes auch eine oder zwei gemauerte Auspuffgruben (Schallgruben) vorsehen; vgl. z. B. Fig. 97, S. 335. Gemauerte Auspuffgruben fallen für große Motoren billiger aus als Auspufftöpfe von den hier erforderlichen Abmessungen. Ebenso wie die Auspufftöpfe, müssen auch gemauerte Auspuffgruben entwässerbar sein. Solche Auspuffgruben sollten mit Rücksicht auf eine immerhin mögliche Explosion aus Beton mit Drahteinlagen ausgeführt werden.

Erfolgt die Kühlung mittels durchfließenden Frischwassers, so kommt ein Anschluß an die städtische Wasserleitung wegen der hohen Kosten im allgemeinen nur für kleinere Motoren in Betracht. Größere Fabrikbetriebe entnehmen ihr Wasser gemäß früher in der Regel aus einer eigenen Brunnenanlage. Das Wasser wird hierbei in einen hochliegenden Behälter gepumpt, der gegebenenfalls in einem besonderen Turm unterzubringen ist; vgl. Fig. 96 und 99, S. 334. Von dem Behälter aus fließt das Wasser unter eigenem Druck (mindestens $^1/_2$ at) durch die Kühlräume des Motors. Die Höhenlage des Behälters ist demnach so zu wählen, daß er mindestens 5 m über der höchsten Stelle des ablaufenden Kühlwassers liegt. Läßt sich ein größerer hochliegender Behälter nicht aufstellen, so kann das Wasser mittels einer Pumpe

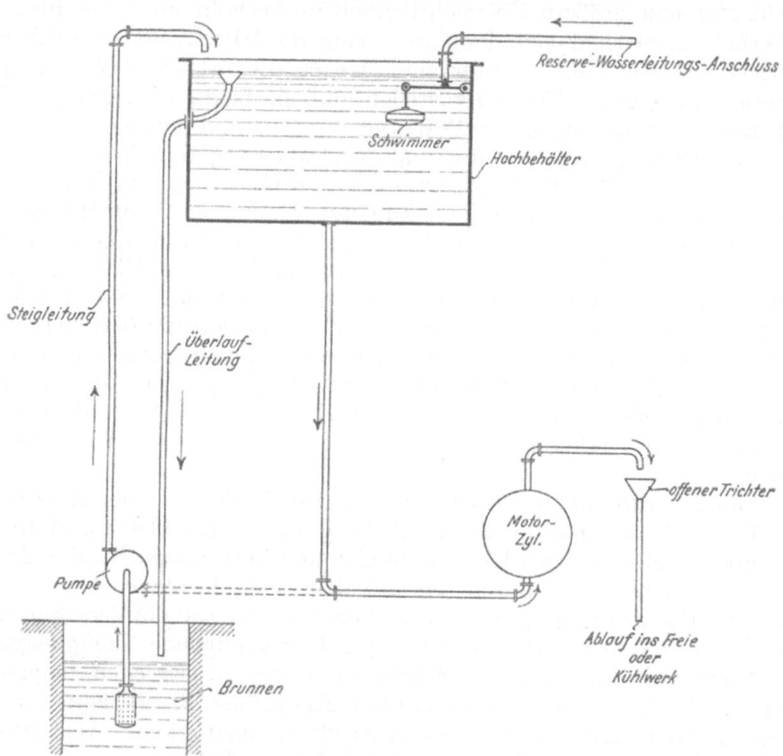

Fig. 62. Schema eines Hochbehälters mit Schwimmervorrichtung für die Kühlung von Verbrennungsmaschinen.

durch die Kühlräume des Motors gedrückt werden. Doch ist es zweckmäßiger, das Wasser gemäß Fig. 62 erst in einen kleineren Hochbehälter mit Schwimmervorrichtung zu fördern, der entweder bei Versagen der Pumpe ein Signal gibt oder selbsttätig Wasser aus der städtischen Wasserleitung in den Hochbehälter eintreten läßt. Beim Arbeiten mittels Pumpe (ohne Behälter) kann es bei Versagen der Pumpe leicht vorkommen, daß der Motor zu heiß wird und der Zylinderkopf reißt.

Wo möglichst Wasser gespart werden soll, empfiehlt sich gemäß früher die Aufstellung einer Rückkühlanlage (Kühlturm oder Gradierwerk); vgl. Fig. 98, S. 336.

Es ist von größter Wichtigkeit, daß alle Teile des Motors stets genügend vom Kühlwasser durchflossen sind. Aus diesem Grunde sollte man die Kühlwasserausflußstellen, wenn irgend möglich, sichtbar machen, am besten durch Ablauf des Kühlwassers in offene Trichter.

Größere Dieselmaschinen von liegender Bauart müssen so aufgestellt werden, daß die Steuerung von unten her zugänglich ist.

Wenn es sich bei besonders ungünstigen Untergrundverhältnissen darum handelt, die Fundamenterschütterungen auf ein möglichst geringes Maß herabzusetzen, so empfiehlt sich die Aufstellung langsamlaufender oder mehrzylindriger Motoren. Vollständig ausbalancieren lassen sich nur die umlaufenden Massen. Bei Drei- und Mehrzylindermaschinen liegen die Verhältnisse bezüglich des Massenausgleichs etwas günstiger als bei Einzylindermaschinen. Ein gänzlicher Massenausgleich (bis auf den Kompressor) läßt sich nur bei Sechszylinderanordnung erreichen; vgl. im übrigen Abschnitte 75 und 83.

Bei größeren Anlagen ist das Vorhandensein eines Laufkranes, der für die schwersten zu hebenden Stücke ausreicht, erwünscht. Bei kleineren Anlagen genügt auch ein I-Träger über der Maschinenmitte mit darauf beweglicher Laufkatze.

Zum Schluß sei noch bemerkt, daß bei der Projektierung von Hochdruck-Ölmaschinenanlagen auch auf die bestehenden behördlichen und sonstigen Vorschriften Rücksicht zu nehmen ist; vgl. Abschnitt 61.

70. Projektierung von Kraftgasanlagen.[1]

Für den maschinellen Teil gilt im wesentlichen dasselbe wie für Leuchtgasmotoren; die Zylinderkühlung kann nach Art von Fig. 62 erfolgen; es sei deshalb im nachfolgenden hauptsächlich von der Gaserzeugungsanlage die Rede.

Die Generatoranlage sollte stets vom Motor getrennt werden

1. wegen der Staubentwicklung beim Beschicken der Generatoren und beim Aschen- und Schlackenziehen,
2. mit Rücksicht auf austretendes Kraftgas, das blanke Metallteile angreift.

Wenngleich während des Betriebes in der Generatoranlage Unterdruck herrscht, so läßt es sich doch beim Inbetriebsetzen, beim Beschicken und Schlacken des Generators nicht ganz vermeiden, daß Gase austreten, die das Personal im Maschinenraum belästigen würden. Die Generatoranlage soll anderseits nicht zu weit vom Motor entfernt sein, da lange Rohrleitungen eine größere Lichtweite erfordern und darum teurer ausfallen. Indem man Generatoranlage und Motor möglichst nahe zusammenrückt, erhöht man außerdem die Übersichtlichkeit der Gesamtanlage und erleichtert ihre Bedienung, insbesondere beim An- und Abstellen. In den Fig. 63 und 64 sind zwei vollständige Generatoranlagen dargestellt, von denen die eine für den Betrieb mit Koks und Anthrazit, die andere für den Betrieb mit Braunkohlenbriketts bestimmt ist.

Die Mindesthöhe des Generatorraums ergibt sich gleich dem Abstand vom Boden bis zur Oberkante Stochöffnung auf dem Deckel des Generators zuzüglich der Länge des Schüreisens. Das Schüreisen wiederum ist so lang zu machen, daß es von der Stochöffnung bis zum Rost hinunterreicht und noch bequem mit der Hand gefaßt werden kann. Gegebenenfalls läßt sich die Raumhöhe durch eine Aussparung in der Decke über der Generatoröffnung bis auf das von der Polizei vorgeschriebene Mindestmaß verringern.

Die zur Bedienung der Generatoranlage erforderliche Mindesthöhe zwingt häufig dazu, den Generatorraum vertieft anzuordnen. Hierbei ergibt sich gleichzeitig der Vorteil der bequemen Beschickung der Generatoren. Der Brennstoff wird vom Eisenbahnwagen in Bunker zu ebener Erde geschüttet und von dort in die Generatoren gefüllt, deren Bedienungsbühne mit dem umgebenden Gelände in gleicher Höhe liegt. Hierbei ist jedoch darauf zu achten, daß das aus dem Wäscher der Generatoranlage austretende Abwasser sowie gegebenenfalls das Kühlwasser des Motors möglichst mit natürlichem Gefälle abfließen kann, da sonst besondere Pumpen erforderlich sind, um das Wasser hochzuheben. Diese Pumpen müssen mit Rücksicht auf die chemischen Angriffe des Wäscherwassers, das immer mehr oder weniger säurehaltig ist, aus möglichst säurebeständigem Material bestehen und wegen der Verunreinigungen der Abwässer durch Staub, Ruß und teerige Bestandteile überall reichliche Querschnitte besitzen und bequem zugänglich aufgestellt sein. Aus diesem Grunde sieht man sich unter Umständen veranlaßt, von der Tieflegung der Generatoranlage Abstand zu nehmen. Vielfach schreiben auch die Behörden vor, daß die Generatoranlage nicht mehr als 1,5 m unter Straßenoberfläche aufzustellen ist.

Bei Sauggasanlagen muß die Rohrleitung größere Lichtweite bekommen als bei Leuchtgasmotoren, weil bei ersteren eine größere Gasmenge zu befördern ist. Im übrigen ist zu beachten, daß die Gasleitung zwischen der Generatoranlage und dem Motor nicht unmittelbar in den Erdboden, sondern entweder über Flur oder in zugänglichen Kanälen unter Flur verlegt werden soll, damit man die Leitung bequem reinigen und jederzeit auf ihre Dichtheit untersuchen kann. Die Dichtheitsprüfung geschieht in der Weise, daß man mittels des Ventilators Luft in die geschlossene Leitung drückt und sämtliche Dichtungsstellen mit genügend konzentrierter Seifenlösung bestreicht. Bilden sich irgendwo Blasen, so sind die betreffenden Stellen undicht und müssen nachgedichtet werden. Die Gasleitung soll an jeder Biegung einen Putzlochkrümmer erhalten, so daß man die anschließenden geraden Rohrteile durch das Putzloch nach beiden Seiten reinigen kann.

Die Gasleitung darf ebensowenig wie eine etwa vorhandene Luftleitung des Motors mit der Auspuffleitung in ein und demselben Kanal verlegt werden, da durch die heiße Auspuffleitung das Gas und die Luft erwärmt und hierdurch die Leistung der Maschine herabgesetzt würde.

Besteht eine Sauggasanlage aus mehreren Einheiten, so empfiehlt es sich, die Leitung so anzulegen, daß jeder Motor von jedem Gene-

Additional information of this book

(Wahl, Projektierung und Betrieb von Kraftanlagen;

978-3-642-98859-2; 978-3-642-98859-2_OSFO1) is provided:

http://Extras.Springer.com

rator gespeist werden kann. Die Gasleitung wird in solchen Fällen am besten als Ringleitung ausgebildet, so daß sie stückweise gereinigt werden kann, ohne den Betrieb zu beeinträchtigen. Saugen zwei Maschinen gleichzeitig aus einem Generator, so tritt bei verschiedenen Leitungswiderständen die Erscheinung auf, daß der eine Motor seine Höchstleistung nicht erreicht. In solchen Fällen schaltet man einen Exhaustor in die Gasleitung ein, und zwar hinter dem letzten Reinigungsapparat. Dieser drückt alsdann das Kraftgas den Motoren zu; hierdurch erreicht man

1. die Möglichkeit, daß kleinere Gasleitungen verwendet werden können,
2. eine Steigerung der Leistung wegen der größeren Füllung der Motoren,
3. die bereits im Abschnitt 9 erwähnte Möglichkeit, den Leitungen Kraftgas zu Heiz- oder Lötzwecken entnehmen und gegebenenfalls die Reinigung des Gases verbessern zu können.

Keine Rohrleitung darf Wassersäcke besitzen. Alle Rohrleitungen sind deshalb mit Gefälle zu verlegen, so daß der Gastopf vor der Maschine den tiefsten Punkt der Leitung bildet.

Für Leitungen unter 100 mm Lichtweite wird Gasrohr verwendet, darüber hinaus gußeiserne Rohre. Die Kamine der Generatoranlage müssen möglichst kurz und in steter Steigung und unter Vermeidung von scharfen Krümmungen in die Höhe geführt werden. Gemauerte Kamine sollten mit Rücksicht auf die Gefahr der Zerstörung durch Explosionen niemals verwendet werden. Auch Schmiedeisenrohre sind nicht zu empfehlen, da sie zu leicht durchrosten. Am besten verwendet man für die Kamine von Generatoren gußeiserne Flanschenrohre. Muffenrohre demontieren sich zu unbequem.

Die Auspuffrohre der Motoren sollte man mit Rücksicht auf den Schwefelgehalt der Brennstoffe stets aus Gußeisen machen, um einem Zerfressen der Rohre durch die sich bei der Verbrennung im Motor bildende schweflige Säure möglichst lange vorzubeugen. Weiteres hierüber findet sich S. 414.

Gasleitungen im Freien müssen mit Wärmeschutzmasse isoliert werden, um das Einfrieren zu verhindern.

Dort wo die Gasleitung nach dem Wäscher abbiegt, ist ein Staubabscheider, auch Schlammtopf genannt, vorzusehen, in dem durch die Richtungsänderung des Gasstroms der grobe Staub und Ruß abgeschieden und mit dem Überlaufwasser des Wäschers weggespült wird.

Für die Brause des Wäschers ist zu berücksichtigen, daß eine gewisse vorgeschriebene Druckhöhe des Wassers einzuhalten ist, sofern kein Anschluß an eine städtische Leitung besteht. Ein bestimmter Druck ist mit Rücksicht auf eine gute Verteilung des Wassers durch die Brause nötig. Wird das Wäscherwasser einem Hochbehälter entnommen, so muß dieser mit seiner Unterkante mindestens 3 m über der Oberkante des Wäschers angeordnet sein. Nur bei kleinen Anlagen, bei denen Platzmangel herrscht, geht man mit diesem Maß allenfalls auf 2,5 m herunter.

Die Abwasserleitungen der Gasreinigung werden in Siphontöpfe geführt. Dabei ist zu beachten, daß der Wasserspiegel im Siphontopf mindestens 300 mm unter dem Rohranschluß am Apparat liegen muß, damit ein Einsaugen von Wasser selbst bei dem höchsten vorkommenden Unterdruck (bei verschlacktem Generator oder mit Flugstaub verlegten Reinigungsapparaten) unmöglich ist.

Bezüglich des Wäscherwassers sei bemerkt, daß dieses infolge seines Gehaltes an Schwefelwasserstoff sehr unangenehm riecht. Es ist deshalb zweckmäßig, dasselbe in einem geschlossenen Kanal oder in Röhren abzuleiten. Vielfach besteht ein Verbot, das Wäscherwasser in die städtische Kanalisation einzuleiten. Wenn letztere jedoch eine geschlossene ist, d. h. wenn die einzelnen Häuser mittels Siphon angeschlossen sind, was heute meist der Fall ist, und wenn die Kanäle keine größeren Öffnungen nach außen besitzen, so kann gegen die Einleitung des Wäscherwassers kein Bedenken bestehen, zumal durch die Hausabwässer und das gleichzeitig eingeleitete Motorkühlwasser eine vielfache Verdünnung stattfindet. Diese Verdünnung ist meist so erheblich und zudem wird der Schwefelwasserstoff durch die Luft so leicht oxydiert, d. h. unschädlich gemacht, daß die Einleitung des Wäscherwassers selbst dann unbedenklich erscheint, wenn die Kanalisation in ein Fischwasser einmündet.

Anders liegen die Verhältnisse, wenn das Wäscherwasser großer Anlagen in ein kleines Fischwasser eingeleitet werden soll. Erfolgt durch das Flußwasser nicht eine dem Schwefelwasserstoffgehalt des Wäscherwassers bzw. dem Schwefelgehalt des Brennstoffs entsprechende Verdünnung, so tritt nachweislich eine Vergiftung der Fische durch Schwefelwasserstoff und Cyanverbindungen ein. In diesem Falle kann man sich durch die Aufstellung eines Gradierwerks helfen, über das man das Wäscherwasser herabrieseln läßt. Hierbei werden Schwefelwasserstoff und Blausäure durch die Luft oxydiert und unschädlich gemacht. Das unten abfließende Wasser kann dann unbedenklich in jeden Fluß und in jede Kanalisation eingeleitet werden. Um gleichzeitig jegliche Geruchsbelästigung zu vermeiden, empfiehlt es sich, das Gradierwerk zu schließen und mit einem Abzugsrohr nach oben zu versehen oder die Maschine aus dem Gradierwerk saugen zu lassen.

Der Trockenreiniger, in dem eine Trocknung des Gases und außerdem ein Abscheiden feinen Staubes sowie geringer Mengen von Teer stattfindet, enthält mehrere Horden Sägespäne, Holzwolle, Hobelspäne o. dgl. Bei kleineren Anlagen sind Trockenreiniger nicht notwendig, vorausgesetzt daß ein staubfreier und teerarmer Anthrazit zur Verwendung kommt. Bei größeren Anlagen, etwa von 50 PS aufwärts, sollte man stets einen Trockenreiniger anwenden, insbesondere wenn auf einen längeren Betrieb ohne Unterbrechung Wert gelegt wird. Der Mehrpreis eines Reinigers fällt bei größeren Einheiten nicht so sehr ins Gewicht wie bei kleinen. Bei einer kleineren Anlage

Additional information of this book

(Wahl, Projektierung und Betrieb von Kraftanlagen;

978-3-642-98859-2; 978-3-642-98859-2_OSFO2) is provided:

http://Extras.Springer.com

kann man zudem die Ventile leicht reinigen, während dies bei größeren Motoren immerhin mit Umständen und Zeitverlusten verknüpft ist, insbesondere bei stehender Bauart der Motoren. Die Folgen unreinen Gases machen sich häufig nicht in den ersten Betriebsjahren bemerkbar. Erst durch ausgelaufene Zylinder, abgeschliffene Kolbenstangen, häufiges Erneuern von Stopfbüchspackungen wird der Maschinenbesitzer darauf aufmerksam gemacht, daß eine bessere Reinigung des Gases angebracht ist. Es werden alsdann häufig nach Jahren noch Trockenreiniger nachbestellt, wo solche nicht von vornherein vorgesehen waren. Bei Anthrazit- und Grusanlagen (seltener bei Brikettanlagen) wird häufig noch ein besonderer Teerreiniger zwischen Trockenreiniger und Gastopf eingeschaltet, der meist auf dem Prinzip der Stoßreinigung beruht.

Bei kleineren Sauggasanlagen empfiehlt sich als Reserve ein Leuchtgasanschluß; der Motor muß alsdann außer dem Sauggasanschluß noch einen Leuchtgasanschluß besitzen. Eine Leuchtgasreserve hat den Vorzug, daß der Motor jederzeit betriebsbereit ist und daß bei Reparaturen des Generators (Ausmauern o. dgl.) der Betrieb weitergeführt werden kann. Man ist dann in der Lage, ohne Betriebsunterbrechung von Sauggas auf Leuchtgas umzuschalten und umgekehrt. Bei großen Anlagen wird im allgemeinen eine Leuchtgasreserve nicht vorgesehen, da hier der Leuchtgasbetrieb zu hohe Kosten verursachen würde. Bei Vorhandensein einer Leuchtgasreserve kann das Anblasen des Generators bzw. der Antrieb des Ventilators während des Betriebes mit Leuchtgas vom Motor aus erfolgen.

Größere Sauggasanlagen werden mit einem kleinen Hilfsmotor (Benzolmotor oder Ölmotor) ausgerüstet, der den Luftkompressor zum Auffüllen des Druckluftbehälters, den Ventilator zum Anblasen des Generators und gegebenenfalls eine Kühlwasserpumpe antreibt. Es ist hierbei eine Umschaltung vorzusehen, so daß nach dem Ingangsetzen des Hauptmotors dieser den Antrieb der Hilfsmaschinen übernimmt und der Hilfsmotor stillgesetzt wird. Bisweilen hat man neben dem Verbrennungsmotor noch einen Elektromotor zum Antrieb der Hilfsmaschinen, insbesondere wenn die Anlage aus mehreren Gasmaschinen besteht. Der Elektromotor treibt dann die Hilfsmaschinen im normalen Betrieb, der Verbrennungsmotor dagegen nur, wenn die großen Motoren nicht laufen und infolgedessen kein Strom zum Betrieb des Elektromotors vorhanden ist.

71. Projektierung von Großgasmaschinen-Anlagen.

Die nachfolgenden Ausführungen, die durch diejenigen im Abschnitt 89 ergänzt werden, beziehen sich in erster Linie auf die Großgasmaschinenanlagen von Hüttenwerken und Zechen, und zwar wird hierbei nur auf die eigentliche Maschinenanlage, nicht aber auf die zur Gasreinigung erforderlichen Einrichtungen eingegangen. Bezüglich der Gasreinigung sei nur erwähnt, daß ihr die größte Sorgfalt zu widmen ist, da sie für die Lebensdauer der Gasmaschinen ausschlaggebende Bedeutung besitzt. Die Ausgaben zur Erzielung eines reineren Maschinengases werden mehrfach eingebracht durch Ersparnisse an Reinigungskosten, durch geringeren Verschleiß, größere Betriebsicherheit und größere Leistungsfähigkeit der Maschinen. Bei den in der Regel für Hochofengas gebräuchlichen Reinigungsverfahren läßt sich im wesentlichen zwischen Trocken- und Naßreinigung unterscheiden. Die Trockenreinigung geschieht mit Hilfe von gewebeartigen Filtern. Die Naßreinigung ist meistens eine maschinelle Reinigung mit Hilfe von Ventilatoren oder Desintegratoren, in die Wasser eingespritzt wird. Die Naßreinigung kann noch durch vorgeschaltete Wäscher oder durch dahinter angeordnete Hürdenreiniger unterstützt werden; sie bedingt neben der eigentlichen Gasreinigung größere Klärbecken, da der Staub sich mit dem Wasser mischt. Der Staubgehalt des gereinigten Gases beträgt bei Trockenreinigung bis zu 0,001 g/cbm, während der Staub bei Naßreinigung meistens nur bis auf 0,02—0,05 g/cbm ausgeschieden wird. Bei modernen Naßreinigungen kann man den Staubgehalt bis auf 0,01—0,02 g/cbm und weniger verringern.

Ebenso wichtig wie die Reinigung ist die Entfeuchtung des Gases. Das Gas soll nach Passieren der Reinigung nicht mehr Wasser enthalten, als dem Sättigungszustand der Gastemperatur entspricht. Kommt das Gas trocken in die Maschine, so setzt sich der Staub nicht fest, d. h. es wird verhütet, daß die Leitungen und die Einlaßorgane in zu kurzer Betriebszeit verschmutzen. Bei trockenem Gas und einem Staubgehalt von 0,02—0,05 g/cbm können Gasmaschinen ununterbrochen 3—6 Monate, bei einem Staubgehalt von nur 0,001 g/cbm hingegen bis zu 1 Jahr betrieben werden, ohne daß eine Reinigung des Maschineninnern oder der Einlaßorgane erforderlich wird.

Der Kraftverbrauch und der Wasserverbrauch sind bei der Trockenreinigung geringer als bei der Naßreinigung. Dagegen erfordert die Trockenreinigung mehr Aufmerksamkeit in der Wartung, da bei feuchten Gasen die Filter leicht verschlammen, während sie bei zu heißen Gasen leicht verbrennen. Die Naßreinigung ist in der Wartung nicht so empfindlich wie die Trockenreinigung und verursacht weniger Reparaturen als diese.

Bei Koksofengas oder Generatorgas handelt es sich hauptsächlich um die Ausscheidung von Teer und Schwefel.

Für neu zu projektierende, sehr große Gasmaschinenzentralen wendet man gern die Doppelhallenanordnung an; vgl. Fig. 102 (S. 340). Die Vorzüge des Doppelhallenbaues gegenüber einschiffigen Gebäuden bestehen unter anderem darin, daß die Kosten für das Gebäude wesentlich geringer werden, da die Länge der Umfassungsmauern vermindert wird, und die Zentrale, selbst bei größerer Ausdehnung, für den Betriebsleiter besser übersichtlich bleibt.

Die Kellerhöhe in Gaszentralen mit größeren Einheiten sollte nicht unter 4—4,5 m gewählt werden, damit die Rohrleitungen bequem und übersichtlich verlegt werden können. Von Wichtigkeit ist eine zweckmäßige Entwässerung der Kanäle unter der Kellersohle. Um die Kellerräumlichkeiten recht luftig und hell (mit Tageslicht) zu bekommen, sollte die Kellersohle möglichst nicht unter die Oberfläche des umgebenden Geländes gelegt werden.

Bemerkt sei, daß es nicht zulässig ist, die Luft aus den Kellerräumen anzusaugen, da bei Stillstand der Gasmaschinen infolge Undichtheit der Abschlußorgane der Gasleitung leicht Gas durch die Luftleitung in die Kellerräume austreten könnte. Wenn ohne Wassereinspritzung gearbeitet wird und die Isolation der Auspuffleitung keine gute ist, so kommt noch hinzu, daß die Luft in den Kellerräumen durch die heißen Auspuffleitungen erwärmt wird. Luft und Gas sollen aber möglichst kalt angesaugt werden.

Da es immerhin denkbar ist, daß sich infolge irgendwelcher Zufälligkeiten explosible Gasgemische in den Kellerräumen ansammeln, so dürfen für die Beleuchtung der Kellerräume nur Glühlampen (keine Bogenlampen) verwendet werden; ein Betreten der Kellerräume mit offenen Lampen ist strengstens zu verbieten.

Einer der wichtigsten Gesichtspunkte für die Projektierung einer Großgasmaschinen-Zentrale ist die Bestimmung der Größe der Maschineneinheiten. Die Art des Betriebes, ob stark schwankend oder nicht, ist hier von ausschlaggebender Bedeutung. Dienen die Gasmaschinen zur Winderzeugung, so richtet sich ihre Größe meistens nach der Größe der Produktion der Hochöfen. Fast immer wird gewünscht, daß eine Maschine den für einen Hochofen nötigen Wind liefern kann, und nur in selteneren Fällen wird in ein gemeinsames Windleitungsnetz geblasen. Bei Hüttenwerken entstehen durch die elektrisch angetriebenen Walzwerke sehr große Stromstöße im Leitungsnetz der Zentrale. Auch bei Zechen ist infolge der Förderung die Belastung des Stromnetzes eine stark schwankende. Da es nun bei Großgasmaschinenanlagen vorkommen kann, daß sich eine Maschine infolge plötzlich eintretender Vorzündungen von selbst ausschaltet, oder daß eine Maschine infolge Ausbleibens des Kolbenkühlwassers, infolge Heißlaufens einer Stopfbüchse oder infolge anderer Umstände plötzlich abgestellt werden muß, so verteilt sich die gesamte elektrische Belastung plötzlich auf die übrigen, noch im Betrieb befindlichen Maschinen. Diese können dadurch so stark belastet werden, daß die Automaten in Wirksamkeit treten und die einzelnen Stromerzeuger ausschalten, so daß das ganze Werk stromlos ist. Je geringer die Zahl und je größer die Leistung der aufgestellten Maschineneinheiten ist, desto größer ist der prozentuale Kraftausfall, desto größer mithin die Gefahr einer solchen Störung, die bei Hüttenwerken und Zechen naturgemäß schwere wirtschaftliche Schädigungen zur Folge haben kann. Man sollte deshalb bei einer Neuanlage von beispielsweise 10000 PS Gesamtleistung nicht weniger als 5 gleich große Maschinen wählen, wovon eine zur Reserve dient. Je größer im übrigen die Gesamtleistung eines Werkes ist, desto größer wird man unter sonst gleichen Verhältnissen die Maschineneinheit wählen.

Um Störungen von so weittragender Bedeutung wie die obenerwähnten zu vermeiden, werden die Hilfsbetriebe, wie die Gasreinigung, die

Pumpen- und Kompressoranlage, die Motoren zur Erzeugung des Erregerstroms, die Beleuchtungsanlage der Zentrale, heute bei größeren Werken meistens an eine Dampfturbine angehängt (vgl. weiter unten), oder an eine vom Hauptnetz unabhängige Gasmaschine. Eine Störung der Hauptmaschinen beeinflußt dann die Hilfsmaschinen nicht und die Störung ist in kürzester Zeit wieder behoben.

Bei den meisten Großgasmaschinenanlagen, deren Entstehung noch in die Entwicklungsjahre des Gasmaschinenbaues zurückreicht, ist nach den heutigen Anschauungen die Größe der Einheiten zu klein gewählt. Größere Einheiten haben gegenüber kleineren den Vorzug, daß der Platzbedarf und die Anlage- und Bedienungskosten, die heute bei Gaszentralen im Wettbewerb mit Dampfturbinenanlagen besonders schwer ins Gewicht fallen, verringert werden, und daß die Übersicht über die Zentrale verbessert wird. Dazu kommt ein geringerer Wasser- und Schmierölverbrauch. Bei Hüttenwerken, die bereits eine größere Anzahl von Großgasmaschinen besitzen, sollte deshalb der weitere Ausbau durch Wahl möglichst großer Tandem-Maschineinheiten, allenfalls Zwillingstandemmaschinen, erfolgen, um so die Erzeugungskosten der Kraft zu verringern. Die alte Anlage dient alsdann, soweit entbehrlich, als Reserve.

Bezüglich der Anlegung der Rohrleitung gelten im großen und ganzen die gleichen Gesichtspunkte wie bei den anderen Verbrennungsmaschinen. Besondere Aufmerksamkeit ist der Bemessung der Gas- und Luftansaugeleitungen zu widmen, da bei zu engen Leitungen oder durch Verschmutzung derselben der Widerstand zu groß ist, so daß die Zylinder beim Saughub nicht genügend gefüllt werden. Man erweitert die Gasleitung an der Maschine in der Regel kesselartig und schließt an diesen Kessel die Leitungen zu den einzelnen Zylinderseiten an. Hierdurch werden Schwingungen, die aus der Zuleitung stammen oder durch das taktweise Ansaugen der Maschinen hervorgerufen werden, gedämpft und die gegenseitige Beeinflussung der verschiedenen Zylinderseiten verringert.

Zum Abschluß der Gaszuführungsleitung zu jeder Maschine dient zunächst ein Schieber in der Hauptgasleitung, dann — leicht zugänglich außerhalb der Zentrale — ein Wasserabschlußtopf, und in der Zentrale, kurz vor den Einlaßorganen zum Zylinder, wiederum ein Schieber, welch letzterer gleichzeitig als Regulierschieber verwendet werden kann. Da Gasschieber nicht immer dicht sind, so ist ein Wasserabschlußtopf stets vorzusehen; ein Fehlen desselben könnte den Betriebsleiter sehr leicht mit der Gewerbeinspektion in Konflikt bringen. Für jede Gaszuführungsleitung ist sodann eine ins Freie mündende Entlüftungsleitung notwendig, die vor dem Anlassen der Gasmaschine geöffnet wird.

Die Ansaugeluft wird den Maschinen, ähnlich wie das Gas, in dünnwandigen schmiedeisernen Leitungen zugeführt. Wie bereits oben bemerkt, ist es nicht angängig, die Luft aus den Kellerräumen anzusaugen; die Ansaugeleitungen müssen also stets bis außerhalb des Gebäudes und an dem Gebäude in die Höhe geführt werden, damit bei Stillstand der Maschinen oder bei Fehlzündungen, die zuweilen während des Ganges der Maschinen vorkommen, niemals giftige Gase in die Kellerräumlichkeiten austreten. Wo es die Grundwasserverhältnisse zulassen und Risse im Mauerwerk nicht zu befürchten sind, kann allenfalls auch ein gemeinsamer gemauerter, glatt verputzter Kanal vorgesehen werden, aus dem die einzelnen Maschinen die Luft ansaugen.

Die meist aus Gußeisen bestehenden Auspuffleitungen münden in Auspufftöpfe aus Gußeisen oder Schmiedeisen. Werden die Auspuffleitungen anstatt in Auspufftöpfe in einen gemeinsamen gemauerten Kanal geführt, so sollte dieser mit Rücksicht auf eine immerhin mögliche Explosion aus Beton mit Drahteinlagen ausgeführt werden. Die Auspufftöpfe werden gewöhnlich fest gelagert. Um die in den Auspuffleitungen entstehenden Wärmedehnungen unschädlich aufzunehmen, sind die Anschlußrohre an die Auspuffgehäuse genügend lang bzw. elastisch zu machen, oder es sind allenfalls Stopfbüchsen in die Auspuffleitungen einzubauen. Die Lagerung des Auspufftopfes auf Rollen hat hier den Nachteil, daß die Steigleitung, die vom Auspufftopf bis über das Dach führt, schwierig an der Gebäudewand zu befestigen ist. Auch wird durch den schweren Auspufftopf und die darauf lastende Auspuffleitung die Beweglichkeit des Topfes in Frage gestellt, zumal nach kurzer Zeit ein Verschmutzen der Rollen eintritt.

Gehen die Abgase von mehreren Maschinen in einen gemeinsamen Auspuffkanal, so ist es zweckmäßig, in jede der Auspuffleitungen einen Siphon einzubauen, mittels dessen jede Maschine bei Stillstand durch Auffüllen mit Wasser in sicherer Weise von den anderen Maschinen abgeschlossen werden kann, um so ein Zurückströmen von Gasen zu vermeiden. In die Auspuffleitungen wird zur Vermeidung der Erwärmung der Kellerräumlichkeiten vielfach Wasser eingespritzt. Neuerdings jedoch unterläßt man dies häufig und führt die heißen Abgase, ehe sie ins Freie entweichen, in Abwärmeverwerter, um die in den Abgasen enthaltene Wärme zur Heißwasser- oder Dampferzeugung nutzbar zu machen; vgl. Abschnitte 10, 14 und 50. Bei Einrichtung einer Abwärmeverwertung müssen die Auspuffleitungen entweder durch Ausmauerung von innen oder von außen isoliert werden.

Von Wichtigkeit ist, daß bei großen Anlagen, bei denen die Wasserversorgung durch Zentrifugalpumpen geschieht, ein reichlich bemessener Hochbehälter vorgesehen wird, der im Falle des Versagens der Pumpen oder deren Antriebsmotoren imstande ist, die Maschinen der Zentrale etwa $^1/_2$ Stunde oder doch mindestens so lange mit Wasser zu versorgen, bis eine Reservepumpe angelassen ist, da andernfalls bei einer Unterbrechung der Wasserzufuhr sämtliche Gasmaschinen sofort abgestellt werden müßten. Auch wenn eine Reservewasserleitung vorhanden ist, sollte auf die Anlage eines Hochbehälters nicht verzichtet werden.

Der elektrische Strom für die Zündung wird meistens Akkumulatorenbatterien entnommen. Er kann jedoch auch unmittelbar durch Dynamomaschinen erzeugt werden. Es hat sich als vorteilhaft herausgestellt, nicht alle Maschinen an eine einzige Zündbatterie anzuschließen, da beim Durchschmelzen der Sicherung oder bei Erdschlüssen die ganze Zentrale zum Stillstand käme. Es sollte für höchstens zwei Maschinen je eine besondere kleine Batterie aufgestellt werden. Neuerdings sieht man auch Reservebatterien vor, mit denen jede Maschine bei einem Versagen ihrer Batterie oder der Dynamomaschine automatisch verbunden wird.

Da der Gasdruck in der Hauptgasleitung mit der Anzahl der in Betrieb befindlichen Hochöfen (oder Gaserzeuger) schwankt, so wird vor den Gasmaschinen ein Gasbehälter angeordnet, der den Zweck hat, einen gleichmäßigen Gasdruck herzustellen. Als Akkumulator wirkt dieser Gasbehälter jedoch höchstens bei kleineren Anlagen, bei größeren dagegen ist dies nicht der Fall. Im übrigen können Gasdruckschwankungen auch dadurch hervorgerufen werden, daß die Spannung im Leitungsnetz, an das gewöhnlich auch die Antriebsmotoren der Gasförderventilatoren und Desintegratoren angeschlossen sind, stark veränderlich ist. Sinkt die Netzspannung, so geht die Umlaufzahl der Antriebsmotoren, insbesondere bei Drehstrom, zurück und damit auch die geförderte Gasmenge. Um diesem Mißstand abzuhelfen, kann man einen oder zwei Ventilatoren mit regulierbarem Antriebsmotor vorsehen. Bei sinkendem Gasdruck steigt dann die Umlaufzahl der betreffenden Antriebsmotoren, wodurch die Minderlieferung der anderen Ventilatoren ausgeglichen wird. Auf diese Weise erreicht man mit geringeren Kosten dasselbe, wie mit einem großen Gasbehälter.

Bei größeren Anlagen mit stark schwankenden Belastungsverhältnissen erscheint es aus wirtschaftlichen und betriebstechnischen Gründen zweckmäßig, den Gasmaschinen eine Dampfturbine anzugliedern. Man ist dann in der Lage, die Gasmaschinen mit gleichbleibender Belastung und möglichst günstigem Wirkungsgrad zu betreiben, während die Dampfturbine die Spitzenbelastung sowie einen Teil der Grundbelastung zu übernehmen hat. Der zum Betrieb der Turbine erforderliche Dampf kann durch Verwertung der Auspuffwärme der Gasmaschinen, also ohne Brennstoffaufwand, gewonnen werden. Sieht man als Reserve eine Kesselanlage (Hochleistungswasserrohrkessel) vor, die gerade so viel Dampf zu liefern vermag, als die Turbine zur Erzeugung des Stromes für den Antrieb einer Kühlwasserpumpe, eines Ventilators und eines Kompressors benötigt, so kann in dem oben erwähnten Falle völliger Stromlosigkeit des Werkes oder bei Eintritt einer Explosion in der Gasleitung in kürzester Zeit der Betrieb der Gasmaschinen wieder aufgenommen werden. Voraussetzung ist hierbei nur, daß die Kesselanlage ständig unter Dampf gehalten wird, so daß im Bedarfsfalle durch Verfeuern hochwertiger Kohlen rasch der zum Anfahren der Turbine erforderliche Dampf erzeugt werden kann. Der Wärmeaufwand zum Unterdampfhalten der Kesselanlage entspricht im wesentlichen nur den Wärmeverlusten durch Leitung und Strahlung und kann mittels Hochofengas oder mittels minderwertiger Kohle gedeckt werden.

72. Projektierung von Wasserkraftanlagen.

Wasserkraftwerke pflegen im Gegensatz zu Wärmekraftwerken gleich von vornherein für den vollständigen Ausbau projektiert zu werden.

Auf die Projektierung von Wasserkraftanlagen sind außer den örtlichen Verhältnissen in erster Linie die verfügbare Wassermenge und das ausnützbare Gefälle von Einfluß.

Die Wassermenge eines Flusses ergibt sich auf Grund hydrometrischer Messungen aus den Pegelbeobachtungen. Da solche im allgemeinen nur an größeren, meist nur an schiffbaren Flüssen vorliegen, so ist man bei Gebirgswässern und kleineren Flüssen darauf angewiesen, die Wassermenge durch möglichst viele direkte Messungen oder auf Grund der beobachteten Niederschläge, d. h. auf indirektem Wege festzustellen. Die direkten Messungen erfolgen mit Hilfe eines Überfalls oder mittels hydrometrischen Flügels, oder, wenn es auf Genauigkeit nicht ankommt, mittels eines Schwimmers. Zur indirekten Messung der Wassermenge bedarf es der Größe des Einzugsgebietes (Vorflutgebietes) und der durchschnittlichen jährlichen Niederschlagshöhe. Weiter braucht man die sogenannte Verlusthöhe. Diese entspricht demjenigen Teil der jährlichen Regenhöhe, der durch Verdunstung und Versickerung verlorengeht und zum Wachstum der Pflanzen benötigt wird. Der Unterschied zwischen Niederschlagshöhe und Verlusthöhe stellt den zum Abfluß kommenden Teil des Niederschlags, die sogenannte Abflußhöhe, dar. Um einige Beispiele anzuführen, sei erwähnt, daß die Höhe der jährlichen Niederschläge für gewisse Gegenden von Rheinland-Westfalen 1000—1200 mm und die Verlusthöhe 300—350 mm beträgt. Der zum Abfluß kommende Teil der jährlichen Niederschlagshöhe würde somit 650—900 mm betragen, d. h. es gelangen etwa 65—75% des jährlichen Niederschlages zum Abfluß. Die Niederschlagshöhen im Schwarzwald und in den Vogesen kommen bereits denen der Alpen nahe. Je höher nämlich ein Ort gelegen ist, desto größer ist im allgemeinen die jährliche Niederschlagshöhe. Je nach der Höhenlage des Einzugsgebietes erreicht die jährliche Niederschlagshöhe in den Vogesen und im Schwarzwald Beträge bis zu 1600—1800 mm. Da mit der Höhenlage auch der Gebirgscharakter der Gegend zunimmt, das Wasser also schneller abläuft (starke und rasch eintretende Hochwasser) und daher ein geringerer Teil des Wassers in die natürlichen Sammelbecken des Erdinnern als Grundwasser eindringt, so kann gleichwohl meistens kein größerer Teil der Niederschlagshöhe zur Ausnützung kommen, als in tiefer und flacher gelegenen Gebieten.

Die sekundliche Wassermenge eines Flusses schwankt mit der Jahreszeit. Man spricht von Niedrigwasser (NW), Mittelwasser (MW) und Hochwasser (HW). Das Verhältnis von Niedrig- zu Hochwasser ist hierbei verschieden, je nach der Beschaffenheit des Einzugsgebietes des betreffenden Flusses. Es beträgt unter Umständen 1 : 200 und weniger. Bei kleinen Einzugsgebieten, d. h. im Oberlauf von Flüssen, kommen sogar Verhältnisse bis 1 : 2000 vor (Katastrophenhochwasser).

Um sich ein richtiges Bild von der Leistungsfähigkeit einer Wasserkraft verschaffen zu können, ist es unumgänglich nötig, daß zuverlässige langjährige Beobachtungen darüber vorliegen, wie sich die sekundlich abfließende Wassermenge über die einzelnen Monate des Jahres verteilt, da sonst der Fall eintreten kann, daß gerade zur Zeit dringendsten Energiebedarfs die Wassermenge unzureichend ist. Die richtige Beurteilung der Leistungsfähigkeit eines Flusses auf Grund der zu verschiedenen Jahreszeiten verfügbaren Durchschnittswassermengen ist außerordentlich schwierig und setzt ein großes Maß praktischer Erfahrung voraus. Es empfiehlt sich daher, gegebenenfalls den Rat der in dieser Hinsicht maßgebenden Stellen, wie Maschinenfabriken, staatliche Ämter für Gewässerkunde usw. einzuholen. Außer den natürlichen Schwankungen der Wassermenge kommen noch künstliche vor, die recht beträchtlich sein können; vgl. S. 420.

Beim Entwurf der Wehranlage hat man von den größten bei Hochwasser auftretenden Wassermengen bzw. Wasserständen auszugehen. Die auftretenden Hochwassermengen müssen auch nach erfolgtem Ausbau der Wasserkraftanlage ohne Schaden für diese und die Anlieger abgeführt werden können. Anders beim Entwurf der eigentlichen Kraftanlage. Wollte man hier die größeren, vielleicht nur wenige Tage im Jahre vorhandenen Wassermengen zugrunde legen, so würde die Anlage sehr teuer ausfallen und nie voll ausgenützt sein. Wollte man hingegen mit der geringsten Wassermenge rechnen, so würde nur ein geringer Bruchteil der verfügbaren Kraft ausgenützt werden. Man geht deshalb hier von einer mittleren Wassermenge, der sog. Ausbauwassermenge, aus und bezeichnet als solche nach dem Vorschlag O. v. Millers diejenige, die während 9 Monaten des Jahres sicher vorhanden ist. Für die übrige Zeit muß eine Kraftreserve in Form einer Wärmekraftmaschine vorgesehen werden, sofern man es nicht vorzieht, einen künstlichen Wasserausgleich durch Talsperren oder sonstige Speicheranlagen zu schaffen. Letztere sind dort möglich, wo die Wasserkraft bei einem genügend hohen Berg liegt, so daß man die Wasserkraft in den Nachtstunden, wo sie nicht gebraucht wird, dazu ausnützen kann, statt der Betriebsmaschinen Pumpen anzutreiben, die einen Teil des Flußwassers in einen entsprechend großen Behälter auf dem Berg fördern. Dieses Wasser wird alsdann tagsüber durch die Druckrohrleitung der Pumpen nach vorherigem Verstellen von Wasserschiebern besonderen Hochdruckturbinen zugeführt, die einen verhältnismäßig hohen Prozentsatz (50—60%) der in den Nachtstunden geleisteten Arbeit zur Verstärkung der Tagesleistung auszunützen gestatten.

Naturgemäß ist eine Wasserkraft um so wertvoller, je geringer der Unterschied zwischen Hoch- und Niedrigwasser, und je regelmäßiger die Perioden von höheren und niederen Wasserständen aufeinanderfolgen. Alpine Flüsse haben, soweit sie aus den Gletscher- und Schneegebieten gespeist werden, ihren geringsten Wasserstand in der Regel im Winter[1]). Bei Mittelgebirgsflüssen dagegen tritt oft mehrmals im

[1]) Man hat für das Schnee- und Gletscherwasser den Namen „weiße

Jahre, vornehmlich aber in der Sommerszeit, Niedrigwasser ein. Denn gleichmäßigsten Wasserstand zeigen Flüsse mit gemischtem Charakter, deren Einzugsgebiet teilweise in den Schnee- und Gletschergebieten der Alpen, teilweise im Flach- und Mittelgebirgsland liegt.

Unter dem Gefälle versteht man den Höhenunterschied zwischen dem Anfangs- und Endpunkt einer bestimmten Flußstrecke (Brutto-Gefälle). In der Regel verteilen sich die in der Natur vorkommenden Wasserkräfte auf eine mehr oder weniger große Länge des Wasserlaufes, weshalb das Gefälle erst durch künstliche Mittel zu konzentrieren ist, derart, daß die verfügbare Wasserkraft an einer einzigen Stelle vereinigt wird (Gefällestufe). Hierzu dienen in den Fluß eingebaute Wehre in Verbindung mit Kanälen, Stollen und Rohrleitungen.

Das Wehr hat die Aufgabe, das Wasser des Flusses auf eine bestimmte, von der Behörde genehmigte Höhe zu stauen und eine zweckmäßige Fassung des Wassers zu ermöglichen. Das Wehr kann ein festes, bewegliches oder kombiniertes, d. h. teils festes, teils bewegliches sein. Bewegliche und kombinierte Wehre kommen dann in Betracht, wenn der Stau innerhalb gewisser Grenzen einstellbar sein soll, und wenn auf die Floß- und Schiffahrt Rücksicht zu nehmen ist. Ein festes Wehr, auch Überfallwehr genannt, kommt nur dort in Frage, wo bei Hochwasser keine schädlichen Überschwemmungen der Ufer zu befürchten sind. Wo jedoch solche Überschwemmungen leicht eintreten, muß das Wehr beweglich sein; hierfür haben sich eiserne Schützenwehre, Stoney- und Walzenwehre bis jetzt am besten bewährt. Bei modernen Anlagen wird das Wehr quer zur Flußrichtung gelegt. Die früher bevorzugten, schräg zum Fluß stehenden Streichwehre sind heute nicht mehr üblich.

Durch den Einbau eines Wehres tritt eine Hebung des Wasserspiegels oberhalb des Wehres ein, d. h. es bildet sich im Flusse ein Ober- und ein Unterwasserspiegel, deren Höhenunterschied das Gefälle, oder richtiger gesagt, einen Teil des Gefälles darstellt. Um das nutzbare Gefälle möglichst groß zu gestalten, werden meist besondere Zu- und Abflußkanäle angelegt, deren Beschaffenheit und Größe so zu wählen ist, daß sie einerseits einen möglichst kleinen Teil des Gesamtgefälles verbrauchen und anderseits ein Mindestmaß an Herstellungskosten erfordern. Angenommen es handle sich um die Ausnützung der Wasserkraft eines im Flachland liegenden Flüßchens zwischen den Grenzen A und B (Fig. 65). Das zu betreibende Werk möge nach D verlegt und durch einen Zu- und Abflußkanal OW bzw. UW mit dem Fluß verbunden werden. Die Triebwerkskanäle haben meist trapezförmigen Querschnitt und sind in der Regel in Erde hergestellt, wenn nötig mit

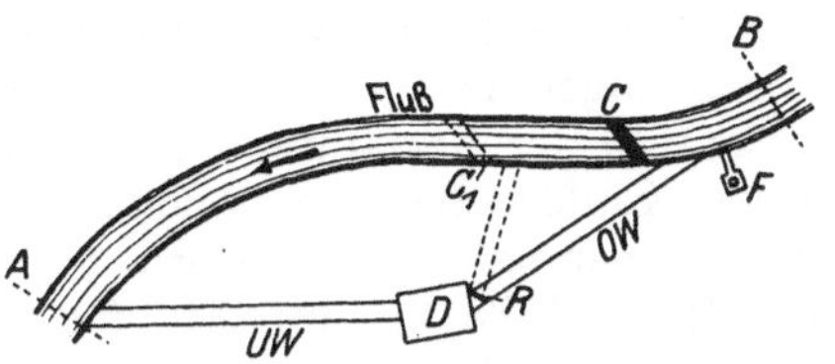

Fig. 65. Schema einer Niedergefälle-Wasserkraftanlage.

Kohle" geprägt, während man das Wasser der Mittelgebirge analog als „grüne Kohle" bezeichnet.

Betonpflaster oder auch mit einem Tonschlag gedichtet, der zum Schutz gegen Abschwemmen mit Kies bedeckt wird. Die Lage des Unterwassergrabens *UW* ist ein für allemal durch die Richtung *DA* gegeben. Wird das Wehr bei *C* angelegt, so ist damit auch die Lage des Oberwassergrabens bestimmt. Die Höhe des Wehrs ist hierbei derart zu wählen, daß die Stauwirkung nicht über *B* hinausgeht, da sonst das stromaufwärts gelegene Werk durch Rückstau geschädigt würde. Um allen diesbezüglichen Interessen gerecht zu werden, wird der höchstzulässige Aufstau von seiten der Behörden vorgeschrieben. Ein oberhalb des Wehrs gesetzter Eichpfahl oder Pegel *F*, zuweilen auch ein weiterer im Werkkanal oberhalb des Kraftwerks, dienen dazu, den Stauspiegel zu kontrollieren. Der Eichpfahl muß stets sichtbar sein und darf nicht überstaut werden. Vielfach verlangen die Behörden, um eine zu starke Entleerung des Flußbettes zu verhindern, daß auch die Absenkung des Wasserspiegels unter die Wehrkrone durch eine Marke begrenzt wird. An einem Unterstauen hat der Besitzer der Anlage allerdings meist kein Interesse, weil dadurch das Gefälle, also die Leistung der Wasserkraftmaschinen vermindert wird.

Das Wehr ist so breit bzw. beweglich anzuordnen und die Schützen sind so groß zu machen, daß keine größere als die behördlich zugelassene Überflutungshöhe über der Wehrkrone eintreten kann. Allenfalls muß dies durch Ziehen der Leerschütze am Werk zu verhindern gesucht werden.

Wasserstandsfernmelder, Wärterbude mit Telephon und dem nötigsten Handwerkszeug, besonders einige Flaschenzüge, ausreichende Beleuchtung sollten an keinem Wehr fehlen.

Ober- und Untergraben müssen möglichst glatt und wenig geneigt sein, damit bei *D* ein möglichst großes Gefälle nutzbar gemacht werden kann. Jedoch ist zu berücksichtigen, daß mit abnehmender Neigung die Wassergeschwindigkeit kleiner und der erforderliche Kanalquerschnitt größer wird. Damit wachsen die Anlagekosten der Kanalbauten. Es ist deshalb von Fall zu Fall zu erwägen, ob die dadurch bedingten Mehrausgaben für Verzinsung und Abschreibung mit dem Gefällgewinn im Einklang stehen. Meist wählt man die Neigung, auch Relativgefälle oder Rinngefälle genannt, zwischen 0,2 und 0,5 ‰, d. h. auf 1000 m Länge fällt der Kanal um 0,2—0,5 m. Bei der Wahl des Gefällverlustes in den Kanälen hat man auch auf das verfügbare Gesamtgefälle Rücksicht zu nehmen. Ist letzteres verhältnismäßig klein, so geht man mit dem Rinngefälle bis auf 0,1—0,2 ‰ herunter. Bei Betonkanälen ist wegen der glatteren Wände die Reibung kleiner als bei gewöhnlichen Erdkanälen, so daß für erstere ein entsprechend kleineres Rinngefälle genügt. Eine allzu geringe Neigung verbietet sich im übrigen schon aus praktischen Rücksichten, da sonst die Wassergeschwindigkeit in den Kanälen zu klein würde, was eine vermehrte Ablagerung von Sinkstoffen sowie im Winter Eisbildung zur Folge hätte.

Flußgefälle unter etwa 0,6—0,7 ‰ sind im allgemeinen überhaupt nicht mehr wirtschaftlich ausnützbar. Damit hängt es zusammen, daß der Mittel- und Unterlauf größerer Flüsse für die Wasserkraftausnützung in der Regel außer Betracht bleiben müssen, obgleich infolge der bedeutenden Wassermengen die theoretische Wasserkraft eine sehr große ist.

Wo die Werkkanäle gleichzeitig Schiffahrtszwecken dienen, muß auf die bestehenden Vorschriften Rücksicht genommen werden.

Die Lage des Wehrs beeinflußt die Länge des Zuflußkanals. Wenn man das Wehr in Fig. 65 z. B. nach C_1 verlegt, so wird der Zuflußkanal kürzer und billiger, gleichzeitig aber das Wehr höher und teurer. Man wird daher die Lage des Wehrs so wählen, daß bei den betreffenden

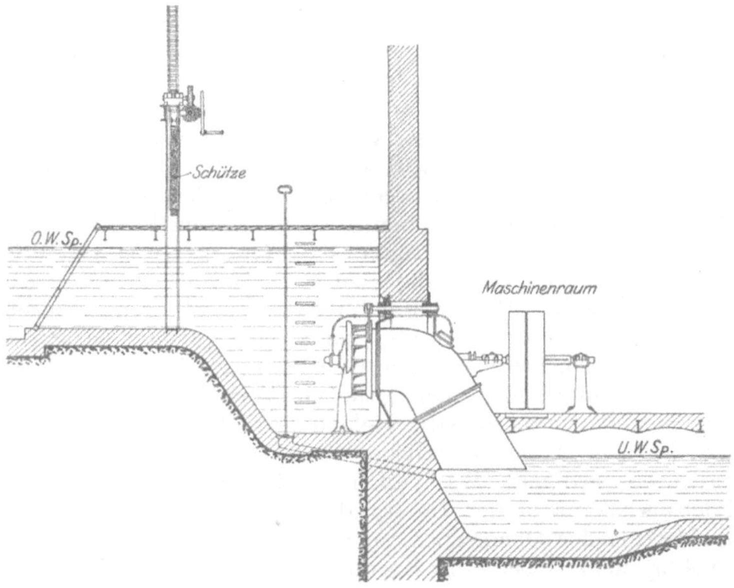

Fig. 66. Francisturbinenanlage mit liegender Welle, hauptsächlich für mittlere Gefälle (3—20 m) geeignet.

örtlichen Verhältnissen die Summe der Anlagekosten von Wehr und Zuflußkanal möglichst gering wird. Legt man das Wehr bei C_1 an, so wird dadurch der örtliche Aufstau größer, so daß für das umgebende Gelände allenfalls die Gefahr der Überschwemmung oder Versumpfung besteht. Aus diesem Grunde ist man unter Umständen gezwungen, das Wehr mehr stromaufwärts zu legen, als es vielleicht mit Rücksicht auf den Kostenpunkt erwünscht ist.

Nicht selten kommt es vor, daß eine Wasserkraftanlage unmittelbar an oder in den Fluß gebaut wird. Die Turbine kommt alsdann bei der unteren Grenze A zur Aufstellung, so daß ein besonderer Obergraben überflüssig ist, da der Fluß selbst als solcher dient. Wehr und Wasserkraftanlage liegen in diesem Fall unmittelbar beisammen, und das erstere muß so hoch sein, daß das Wasser auf die ganze Flußlänge bis B gestaut wird. Dies ist jedoch nur dann möglich, wenn das angrenzende

Gelände hoch genug liegt, so daß ein Überschwemmen oder Versumpfen nicht zu befürchten steht. Wenngleich die Anordnung im Flusse den Vorzug größerer Billigkeit hat, so bildet doch im allgemeinen die Anordnung von besonderen Triebwerkskanälen die Regel; denn selten liegen die örtlichen Verhältnisse so günstig, daß Ober- und Untergraben ganz oder teilweise erspart werden können. Die Anordnung besonderer Triebwerkskanäle hat zudem den großen Vorzug, daß man am Kraftwerk von den Wasserständen im Fluß unabhängiger wird. Die höheren Anlagekosten werden daher meistens durch eine bessere Kraftausnützung ausgeglichen.

Wenn man das Wehr wegen Überschwemmungsgefahr nicht genügend flußabwärts bauen kann, so kommt in der Regel die Herstellung besonderer Triebwerkskanäle billiger, da das Vertiefen der Flußsohle unterhalb des Wehrs unter Umständen ganz erhebliche einmalige Kosten und für dauernde Freihaltung der vertieften Sohle von Sinkstoffen und Geschieben ständige laufende Kosten verursacht. Die Anordnung besonderer Triebwerkskanäle hat aber auch noch den Vorzug, daß man beim Bau der Anlage nicht von dem Wasserstand im Fluß abhängig ist.

Für die Bestimmung der Lage des Kraftwerks D ist von Wichtigkeit, daß die Bewegung der Erdmassen beim Bau der Triebwerkskanäle möglichst gering wird. Man ist deshalb bestrebt, tiefliegende Einschnitte für den Untergraben zu vermeiden; anderseits will man jedoch wegen der Gefahr von Sickerverlusten den Obergraben nicht gern im Auftrage anlegen. Man muß eben den örtlichen Verhältnissen entsprechend projektieren und hierbei günstige Geländeverhältnisse nach Möglichkeit ausnützen. Ist z. B. ein plötzlicher Geländeabfall, eine Geländestufe, vorhanden, so wird man das Werk möglichst dorthin legen. Da von den Triebwerkskanälen der Untergraben meist tiefer in das Gelände einschneidet als der Obergraben, so verursacht seine Herstellung verhältnismäßig mehr Arbeit und Kosten. Man ist deshalb bestrebt, den Untergraben so kurz als möglich zu halten und das Maschinenhaus möglichst nahe an den Fluß zu legen.

Je nach der Größe des Gefälles unterscheidet man zwischen Nieder-, Mittel- und Hochgefälle-Anlagen. Im allgemeinen gelten Gefälle bis zu 3 m als Niedergefälle, zwischen 3 und 20 m als Mittelgefälle und solche größer als 20 m als Hochgefälle.

Ein Beispiel einer Turbinenanlage für Niedergefälle zeigen Fig. 103 bis 106, S. 343. Die Turbinen haben stehende Wellen mit Kegelradgetriebe (Untergriff) und befinden sich unmittelbar am Ende des Zuflußkanals, eine Anordnung, die nur für kleinere Gefälle, von 0,5—5 m, gewählt wird, wobei allenfalls zur Erhöhung der Umlaufzahl Zwillings- bzw. Zweifachturbinen angewendet werden können. Zu beachten ist, daß die eigentliche Turbine in allen ihren Teilen zugänglich sein und deshalb über Unterwasser liegen muß, daß aber anderseits auch bei kleinen Gefällen noch genügend Wasserdeckung über den Turbinen vorhanden sein muß, um die für den Wirkungsgrad höchst nachteilige Bildung von Lufttrichtern zu vermeiden.

Für mittlere Gefälle ist die in Fig. 66 dargestellte Anordnung mit liegender Welle am beliebtesten, wobei zur Steigerung der Umlaufzahl auch wieder Zwillingsturbinen oder gegebenenfalls Doppelzwillingsturbinen angewendet werden können. Infolge der liegenden Anordnung der Welle erübrigen sich hier Winkelräder. Hierbei ist jedoch die Turbine so hoch über dem Unterwasser anzuordnen, daß der Maschinenraum und die darin befindlichen Maschinen hochwasserfrei liegen. In Fällen, in denen die liegende Turbine nicht hochwasserfrei aufgestellt werden kann, muß eine Turbine mit stehender Welle gewählt werden.

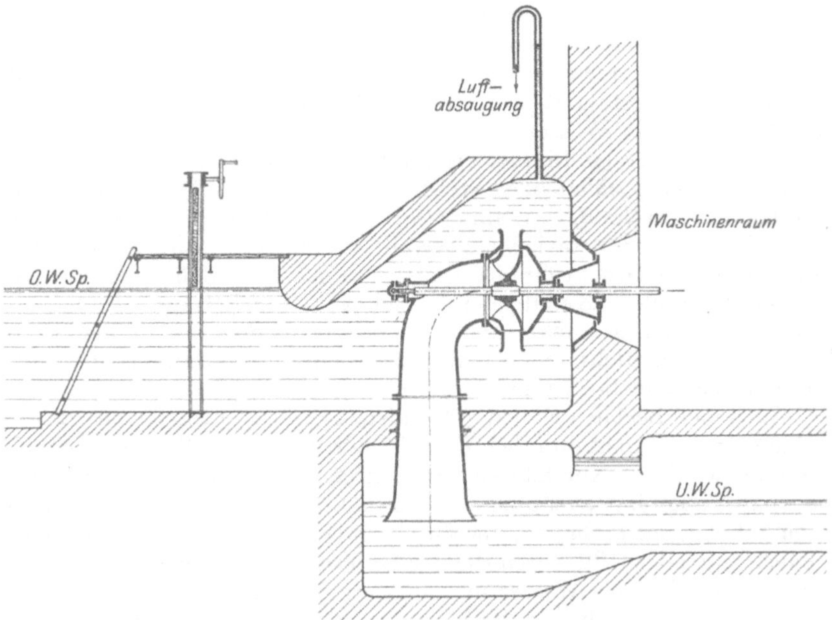

Fig. 67. **Francisturbine mit Hebereinlauf.**

Die Luftabsaugung im Scheitel des Betonkastens kann durch das Vakuum des Turbinensaugrohres oder durch das Deckelspaltwasser erfolgen.

Neuerdings geht man zwecks Erreichung hochwasserfreier Aufstellung bei kleineren Gefällen unter Umständen so weit, daß die Turbine dem Oberwasser nahe und sogar teilweise darüber zu liegen kommt. Es muß dann nur eine taucherglockenartige, luftdicht hergestellte Decke über der Turbine angeordnet werden, wie dies Fig. 67 erkennen läßt. Bei Inbetriebsetzung der Turbine wird die Luft in der Taucherglocke durch besondere Hilfsmittel abgesaugt, so daß die Glocke vollständig mit Wasser erfüllt ist. Diese Hilfsmittel sind so eingerichtet, daß sie auch die während des Betriebes infolge des Vakuums aus dem Wasser sich abscheidende Luft fortlaufend beseitigen. — Im übrigen ist zu bemerken, daß die Anordnung einer Turbine mit liegender Welle, wie sie in Fig. 67 dargestellt ist, ein Gegenstück zu Fig. 66 bildet, insofern als hier der Saugkrümmer nicht durch die Stirnmauer der Turbinenkammer hindurchgeführt ist, sondern unmittelbar an das den Boden der Turbinenkammer durchdringende Saugrohr anschließt. Bei Fig. 67 spricht man vom Krümmer im Schacht, bei Fig. 66 vom Krümmer in der Mauer.

Der Einbau einer Turbine mit sogenanntem hochgesaugten Oberwasser gemäß Fig. 67 ermöglicht in manchen Fällen auch eine unmittelbare Kupplung der Turbine mit vorhandenen, verhältnismäßig hoch liegenden Transmissionssträngen u. dgl.

Bei Anlagen, deren Gefälle den Betrag von etwa 8—10 m übersteigt, ist die freie Zuleitung des Oberwassers oft schwierig und zudem wird der offene Schacht sehr hoch und teuer, weshalb man es vorzieht, die Turbinen mit einem geschlossenen eisernen Gehäuse von spiral- oder kesselförmiger Gestalt als sog. Spiralturbinen oder Kesselturbinen auszubilden und das Wasser mittels eiserner Röhren zuzuführen. Die Wasserfassung erfolgt hierbei ebenfalls mit Hilfe eines Wehrs, die Zuleitung mittels Kanälen oder Stollen. Am Ende der letzteren befindet sich das Wasserschloß, d. i. eine seeartige Erweiterung mit Klärbecken, Feinrechen und selbsttätigem Überfall. Vom Wasserschloß zum Krafthaus führen die Druckrohrleitungen. Das Wasserschloß bildet eine Art Übergang zwischen Kanal oder Stollen zur Rohrleitung. Infolge der liegenden Welle fällt auch hier das Winkelgetriebe weg. Die Abführung des Wassers geschieht mittels eines eisernen Saugkrümmers und Saugrohres (Saughöhe höchstens 7 m).

Auch bei Becherturbinen (Hochdruck-Freistrahlturbinen, Peltonturbinen usw.), nicht nur bei Francisturbinen, kann ein Saugrohr angewendet werden. Nur läßt sich hier infolge der Aktionswirkung nicht die volle Saughöhe ausnützen. Man muß vielmehr in das Saugrohr einen Schwimmer einbauen, der durch ein Ventil Luft in das Turbinengehäuse eintreten läßt, durch die der Unterdruck im Gehäuse verringert wird, derart, daß das Wasser im Saugrohr über eine bestimmte, diesem Unterdruck entsprechende Höhe nicht steigen kann. Man verzichtet jedoch meist auf diese Komplikation, zumal sie sich wenig bewährt hat. Die Gefällhöhe zwischen Turbine und Unterwasserspiegel ist daher hier in der Regel verloren.

Was die Größe der Krafteinheiten betrifft, so ist zu sagen, daß man heute, wo der Bau und Betrieb großer Turbinen keine Schwierigkeiten mehr bereitet, danach trachtet, die Zahl der Maschinensätze möglichst zu verringern, da man auf diese Weise eine Verminderung der Anlagekosten sowie eine Vereinfachung des Betriebes erzielt. Jedoch wäre es unzweckmäßig, eine große Wasserkraft in einer einzigen Turbine auszunützen, da man alsdann des Vorteils einer Reserve verlustig ginge. Eine Unterteilung in mehrere Maschinensätze ist schon mit Rücksicht auf die Anpassungsfähigkeit an den Wechsel der Wassermenge und des Kraftbedarfs geboten, indem man so bei geringer Wassermenge in der Lage ist, eine oder mehrere Turbinen stillzusetzen. Der Wirkungsgrad der Anlage geht alsdann nicht oder nur verhältnismäßig wenig zurück.

Bei der — aus Wehr, Sandfängen, Grundablaßschützen, Abweisbäumen, Grobrechen usw. bestehenden — Wasserfassung hat man darauf Rücksicht zu nehmen, daß möglichst kein Geschiebe, Treibholz oder Eis dem Werkkanal zutreiben und ihn zusetzen oder gefährden können. Man zweigt deshalb den Kanal zweckmäßig senkrecht ab, so daß der Einlaufquerschnitt parallel zur Flußrichtung liegt, und zwar wenn möglich etwas oberhalb des Wehrs. Sodann wird der Einlaufquerschnitt zwei- bis dreimal so groß als der eigentliche Kanalquerschnitt gemacht, damit die Eintrittsgeschwindigkeit eine kleine wird. Außerdem ordnet man, wenn irgend möglich, einen oder zwei Kies- und Sandfänge mit Grundablaß- oder Spülschütze vor dem eigentlichen Werkkanal an und legt die Sohle- oder Eintrittsschwelle des letzteren entsprechend höher. Kläranlagen, bestehend aus Kies-, Sandfängen usw. haben die Aufgabe, das Wasser von mitgeführten Geschiebe- und Sandteilen zu befreien, um sowohl ein Versanden der Kanalanlagen, als auch ein rasches Verschleißen der Turbinen zu verhüten. In den Klärbecken wird dem fließenden Wasser durch Geschwindigkeitsverringerung und allenfallsige Richtungsänderung die Möglichkeit geboten, den Sand abzusetzen, der alsdann durch Spülschützen regelmäßig abgelassen wird.

Vor dem Einlauf in den Kanal ist eine bis über Hochwasser reichende Haupteinlaßschütze vorzusehen und vor dieser ein Grob- oder Eisrechen. Bisweilen ist vor dem eigentlichen Kanaleinlauf noch ein Feinrechen und eine besondere Kanaleinlaufschütze angeordnet. Ein weiterer Feinrechen, der sogenannte Turbinenrechen, sowie eine Schützenanlage befinden sich vor dem Maschinenhaus oder vor dem Eintritt in die Druckleitung.

Die Schützenanlage macht man je nach der erforderlichen Breite mehrteilig, wobei zwecks bequemer Bedienung der einzelnen Schützen (von Hand oder mittels Elektromotors) gern zwei Schützentafeln, die aneinander vorbeigehen, angeordnet werden. Führt der Fluß bei Hochwasser viel Geschiebe, so werden am Kanaleinlaß die oberen Tafeln geöffnet (gesenkt), während an der Grundablaß- bzw. Hochwasserschütze (am Wehr) die unteren Tafeln gezogen werden, um so das Geschiebe ununterbrochen vom Einlaß abzutreiben. Bringt anderseits der Fluß in der Herbstzeit viel Laub und dürres Holz, so werden umgekehrt am Kanal die unteren und am Wehr die oberen Tafeln geöffnet. Auch für die Winterszeit sind Schützen mit unterteilten Tafeln von großem Wert, da sie ein bequemes Abführen der angestauten Eisschollen und der zerkleinerten Eisstöße gestatten.

Zur Verhinderung des Einfrierens der Schützen nebst ihren Aufzügen in der Winterzeit sind unter Umständen besondere Vorkehrungen notwendig, sofern man sich nicht einfach damit begnügt, die Schützen des öfteren zu bewegen. Man bedient sich hier häufig einer Berieselung der betreffenden Teile mit warmem Wasser, allenfalls mit Quellwasser. Eine derartige Berieselung empfiehlt sich (außer dem Kratzen) auch für den Rechen sowie für das Leitrad der Turbine, um eine Verstopfung durch Grundeis, die insbesondere beim Rechen leicht eintritt, zu verhindern[1]).

Das Rechenpodium soll nicht zu hoch über dem Oberwasserspiegel angeordnet werden, damit die Reinigung des Rechens, insbesondere im Winter, leichter möglich ist. Doch ist hierbei auch auf die Bedienung des Rechens bei Hochwasser Rücksicht zu nehmen. Des weiteren sollten sich die Turbinenkammern stets unter Dach befinden, um ein Einfrieren im Winter möglichst zu verhindern. Unter Umständen ist es zu empfehlen, auch den Rechen unter Dach zu legen, damit im Winter die Bedienungsmannschaft weniger durch Frost und schlechte Witterung zu leiden hat.

Neben der Turbinenanlage ist ein Leerlauf vorzusehen, dessen Schütze beim Abstellen der Turbinen vorübergehend gezogen oder gesenkt wird. Dies erweist sich insbesondere bei Eintritt eines Betriebsunfalles als notwendig, da der Weg zu den Einlaßschützen des Obergrabens unter Umständen ziemlich weit ist. Der Leerlauf kann gleichzeitig als Spülschütze zur Ableitung des vor dem Rechen abgelagerten Sandes und Schlammes Verwendung finden. Man ordnet deshalb die Schwelle der Leerschütze und die Sohle des Obergrabens vor dem Rechen stets 0,2—0,4 m tiefer an als die Schwelle des Rechens. Der Leerlauf stellt eine direkte Verbindung von Ober- und Unterkanal her und ist einer der wichtigsten Teile der ganzen Anlage. Wenn Zerstörungen eintreten, so beginnen sie meist am Leerlauf, insbesondere bei Hochgefälle-Anlagen. Dies leuchtet ohne weiteres ein, da die ganze Kraft des Wassers im Leerlauf vernichtet wird. Letzterer ist deshalb einem starken Angriff ausgesetzt und dementsprechend solide, mit Sturzbetten bzw. Tosbecken oder ähnlichen Einrichtungen, auszuführen, durch die die Bewegungsenergie des Wassers möglichst unschädlich vernichtet wird und das Wasser ruhig austritt. Man läßt das Wasser häufig über die gesenkte Leerlaufschütze strömen, damit es möglichst senkrecht nach unten stürzt und sich hierbei totfällt. Bei mehrteiliger Leerlaufschütze kann man das oben überfallende Wasser bis zu einem gewissen Grade durch das unten austretende auffangen und so den Aufprall mildern.

Sehr zweckmäßig ist es, wenn im Obergraben neben der Turbinenanlage ein Überreich, d. h. ein Überlauf angeordnet wird. Wenn beim Abstellen der Anlage der Leerlauf nicht sofort gezogen wird, so läuft das Wasser einfach über. Eine Gefährdung der Kanaldämme infolge zu starken Steigens des Wassers ist also ausgeschlossen. Ein Überreich ist nur dann überflüssig, wenn sich die Kraftanlage im Fluß oder dicht beim Wehr befindet. Bei Hochgefälle-Anlagen ist das Überreich im Wasserschloß angeordnet und der Leerlauf zweigt vom Wasserschloß ab. Ein Überreich kann allerdings nur dann seinen Zweck erfüllen, wenn es genügend groß ist. Derartige Überläufe sollten deshalb meines Erachtens mindestens für 60—80% der sekundlich zufließenden Wasser-

[1]) Weiteres über die „Sicherung des Turbinenbetriebs gegen Eisstörungen" findet sich in der Zeitschr. f. d. ges. Turb. 1915, S. 412.

menge bemessen werden. Ein Überreich ist bei längeren Kanälen schon um deswillen zweckmäßig, weil dann die Regulierung der Turbinen eine bessere ist. Wenn hier ein Überreich fehlt, so pendeln die Turbinen bei plötzlicher Entlastung in ihrer Umlaufzahl auf und ab, weil sich das Wasser vor den Turbinen periodisch anstaut.

Bei Anlagen mit Zuführung des Wassers mittels Rohrleitung ist eine sachgemäße Konstruktion des Wasserschlosses von großer Wichtigkeit. Scharfe Ecken und plötzliche Querschnittänderungen sind ängstlich zu vermeiden, da sich sonst in den Ecken Schlamm und Sand ablagert. Weiter empfiehlt es sich, den Leerlauf in die Zuflußrichtung und den Rohranschluß seitlich zu legen, um eine gute Abführung der Sinkstoffe (Sand, Schlamm usw.) zu ermöglichen. Zweckmäßiger ist es jedoch, wenn die Sandabscheidung (soweit sie nicht schon in den Kiesfängen erfolgte) durch Anordnung mehrerer Sandfänge im Obergraben, also bereits vor dem Wasserschloß stattfindet.

Die Druckleitung größerer Hochgefälleanlagen besteht aus genieteten oder geschweißten Röhren aus Flußeisen oder Stahl. Nach unten zu wächst die Stärke der Rohrleitung, dem höheren Druck entsprechend. Die Wassergeschwindigkeit beträgt im allgemeinen 1 bis 2 m/sk. Man geht jedoch bei großer Länge unter Umständen bis zu 5 m hinauf, um die Kosten der Rohrleitung zu verringern. Wenn man demgegenüber bei den Kanälen der Niedergefälleanlagen mit der Wassergeschwindigkeit selten über 1 m hinausgeht, so hängt dies damit zusammen, daß hier der Gefällverlust für Zu- und Ableitung des Wassers einen weit größeren Prozentsatz des Bruttogefälles ausmacht.

Sehr wichtig ist eine richtige Linienführung der Druckleitung. Am günstigsten ist es, wenn die Leitung ohne Höhen- und Tiefenpunkte unmittelbar zu den Turbinen abfällt. Höhenpunkte geben zu Luftansammlungen, Tiefenpunkte zu Schlamm- und Sandablagerungen Anlaß, weshalb die Einschaltung entsprechender Vorrichtungen notwendig ist.

Bei gerader Linienführung der Rohrleitung werden in der Regel Ausgleichstücke (Ausdehnungsmuffen) zum Ausgleich der Wärmedehnungen angewendet. Manche Firmen verzichten jedoch auch ganz auf derartige Vorrichtungen. Rohrknickstellen sind entsprechend stärker zu bemessen und zu verankern, da sie bei Geschwindigkeitsänderungen stärker als die übrige Rohrleitung beansprucht werden.

Häufig sieht man bei Hochgefälleanlagen mit Rücksicht auf die Möglichkeit eines Rohrbruches einen Sicherheitsabschluß der Rohrleitung beim Wasserschloß vor, der entweder selbsttätig, durch die Wassergeschwindigkeit, oder auf elektrischem Wege mittels Motoren, die vom Kraftwerk aus eingeschaltet werden, betätigt wird.

Als sehr zweckmäßig erweist sich die Vereinigung eines Niedergefällewerkes mit einem speicherfähigen Hochgefällewerk in der Weise, daß die Niedergefälleanlage den gleichbleibenden Teil, die Hochgefälleanlage dagegen den veränderlichen Teil und die Spitzen der Kraftlieferung zu übernehmen hat. Bei dieser Anordnung ist durch die Wasseraufspeicherung beim Hochgefällewerk in natürlichen oder künstlichen

Seen (Talsperren) ohne weiteres die Möglichkeit zu wechselnder Kraftleistung gegeben. Als Beispiel einer solchen Anlage sei das Kraft- und Pumpwerk der Stadt Solingen erwähnt. Hier wird das Wasser der Wupper mit Hilfe von Niedergefälleturbinen ausgenützt, während die benachbarte Talsperre das Betriebswasser für die Hochgefälleturbinen liefert[1]).

Über die Entwurfsfeststellung des fehlenden Wassers und der demgemäß nötigen Wärmekrafthilfe bei Talsperrenkraftwerken mit wechselnden Druckhöhen findet sich Näheres in einer Veröffentlichung von Dr. Leiner, Zeitschr. f. d. ges. Turbinenwesen 1916, S. 1ff.

Was den Entwurf der Krafthäuser betrifft, so sei außer auf die allgemeinen Ausführungen im Abschnitt 80 auf eine Arbeit von Camerer verwiesen, die in der Zeitschr. f. d. ges. Turbinenwesen 1917, S. 133ff. veröffentlicht ist und die Krafthäuser für Niederdruckwasserkraftanlagen nach Bauart Hallinger zum Gegenstand hat. Im übrigen ist zu beachten, daß die gesamten Kosten des baulichen Teils von Wasserkraftanlagen ganz wesentlich von den Vorschlägen des Maschineningenieurs abhängen. Maschinen- und Bauingenieur sollten deshalb stets Hand in Hand arbeiten.

Das zweckmäßigste Baumaterial für die Wasserbauten von Wasserkraftanlagen ist Beton.

Zum Schlusse dieses Abschnittes sei noch darauf hingewiesen, daß bei der Projektierung von Wasserkraftanlagen auch die Frage zu erwägen ist, ob sich eine Wärmekraftanlage als Ergänzung oder Reserve empfiehlt. Bildet die Wasserkraftanlage die alleinige Energiequelle, so kann man sie in der Regel nur zu einem geringen Teil ausnützen. Da der Leistungsbedarf für die meisten Industriezweige nahezu gleichbleibt, so kann die als selbständige Energiequelle verwendete Wasserkraftanlage gewöhnlich nicht stärker ausgebaut werden, als es dem niedrigsten Wasserstand entspricht. Tritt hingegen zur Wasserkraft eine Wärmekraft ergänzend hinzu, so stellt sich die Ausbaumöglichkeit günstiger. Die Wärmekraft gestattet, die mit der Jahreszeit schwankende Leistung des Wassers auf den verlangten gleichbleibenden Wert zu ergänzen. Eine obere Grenze ist hier der Ausnutzung der Wasserkraft nur durch die Forderung gezogen, daß die Wirtschaftlichkeit der Gesamtanlage nicht ungünstig beeinflußt werden darf, d. h. daß die durch den vergrößerten Ausbau ebenfalls vergrößerten Betriebskosten einschließlich der Kapitalkosten keinesfalls höher ausfallen dürfen als bei ausschließlichem Wärmekraftbetrieb. Auf eine Wärmekraftreserve kann verzichtet werden, wenn sich der Betrieb den schwankenden Wasserverhältnissen anpassen läßt, oder wenn ein Anschluß an ein Überlandwerk möglich ist, derart, daß bei reichlicher Wasserführung der Kraftüberschuß in Form von elektrischer Energie an das Netz des Überlandwerkes verkauft wird, während umgekehrt bei Wassermangel oder sonstigen Störungen Strom aus dem Überlandnetz bezogen wird; vgl.

[1]) Vgl. Z. d. V. d. I. 1906, S. 732ff.

S. 64 und 168. Auch dort erübrigt sich die Aufstellung einer Wärmekraftreserve, wo die Wasserkraft mit einer Speicheranlage verbunden werden kann; vgl. oben und Abschnitt 19.

73. Projektierung von Elektromotorenanlagen.

Bei Aufstellung von Elektromotoren sind, ebenso wie bei sonstigen elektrischen Anlagen, die vom Verband Deutscher Elektrotechniker aufgestellten »Vorschriften für die Errichtung und den Betrieb elektrischer Starkstromanlagen nebst Ausführungsregeln« maßgebend, sowie orts- und oberpolizeiliche und die besonderen Vorschriften der Elektrizitätswerke. Auch die von der Vereinigung der in Deutschland arbeitenden Privat-Feuerversicherungs-Gesellschaften aufgestellten »Sicherheits- und Betriebsvorschriften für elektrische Starkstromanlagen« sind zu beachten. Und endlich kommen noch die seitens der Berufsgenossenschaften erlassenen Unfallverhütungsvorschriften in Betracht.

Von den Vorschriften des Verbandes Deutscher Elektrotechniker kommen hier in erster Linie die §§ 6, 11, 12, 34 und 35 in Frage. In § 6 wird u. a. festgesetzt:

a) Elektrische Maschinen sind so aufzustellen, daß etwa im Betrieb der elektrischen Einrichtung auftretende Feuererscheinungen keine Entzündung von brennbaren Stoffen der Umgebung hervorrufen können.

b) Bei Hochspannung müssen die Körper elektrischer Maschinen entweder geerdet und, soweit der Fußboden in ihrer Nähe leitend ist, mit diesem leitend verbunden sein, oder sie müssen gut isoliert aufgestellt und in diesem Falle mit einem gut isolierenden Bedienungsgang umgeben sein.

Für feuergefährliche Betriebstätten und Lagerräume gilt gemäß § 34 u. a.:

a) die Umgebung von elektrischen Maschinen, Transformatoren, Widerständen usw. muß von entzündlichen Stoffen freigehalten werden können.

b) Sicherungen, Schalter und ähnliche Apparate, in denen betriebsmäßig Stromunterbrechung stattfindet, sind in feuersicher abschließenden Schutzverkleidungen unterzubringen.

c) Blanke Leitungen sind nicht zulässig.

Für explosionsgefährliche Betriebstätten und Lagerräume setzt § 35 folgendes fest:

a) Elektrische Maschinen, Transformatoren und Widerstände, desgleichen Ausschalter, Sicherungen, Steckvorrichtungen und ähnliche Apparate, in denen betriebsmäßig Stromunterbrechung stattfindet, dürfen nur insoweit verwendet werden, als für die besonderen Verhältnisse explosionssichere Bauarten bestehen.

b) Festverlegte Leitungen sind nur in geschlossenen Rohren oder als Kabel zulässig.

c) Zur Beleuchtung sind nur Glühlampen zulässig, deren Leuchtkörper luftdicht abgeschlossen ist. Sie müssen mit starken Überglocken, die auch die Fassung dicht einschließen, versehen sein.

d) Behördliche Vorschriften über explosionsgefährliche Betriebe bleiben durch vorstehende Bestimmungen unberührt.

Zu § 34 ist zu bemerken, daß man unter feuergefährlichen Betriebstätten und Lagerräumen namentlich solche Werkstätten versteht, in denen entzündliche Stoffe verarbeitet werden oder lagern. Hierher gehören z. B. Tischlerwerkstätten, Baumwollspinnereien, Sägewerke und ähnliche Räumlichkeiten, soweit sie nicht mit wirksamen Vorkehrungen ausgestattet sind, die die entzündlichen Stoffe absaugen oder sonstwie unschädlich machen. In der Regel werden derartige Räume nur im Notfall zur Aufstellung von Motoren und Stromerzeugern benutzt. Im allgemeinen hat man danach zu trachten, daß für elektrische Maschinen nebst Zubehör ein abgetrennter Raum zur Verfügung gestellt oder geschaffen wird, der von den brennbaren Stoffen frei bleibt. Dies ist gewöhnlich schon im Interesse der Reinhaltung der Maschinen notwendig. Ein Schutz oder eine Abgrenzung der Motoren durch engumschließende Kästen aus Holz oder Blech kann nicht als Ersatz für einen besonderen Raum angesehen werden, da hierdurch die zunehmende Erwärmung der Motoren begünstigt wird, die ihrerseits eine erhebliche Verschlechterung des Wirkungsgrades, vor allem aber ein frühzeitiges Altern der Motoren durch Verkohlen ihrer Isolation zur Folge hat.

Was als explosionsgefährlicher Raum zu betrachten ist, wird von Fall zu Fall, je nach Art des Betriebes und der darin verarbeiteten Stoffe, durch die Aufsichtsbehörden entschieden. Derartige Räume kommen vor in Sprengstoffabriken, in chemischen Fabriken, die mit explosiblen Stoffen wie Pikrinsäure arbeiten oder sie herstellen, in Zelluloidfabriken, in Fabriken zur Herstellung von Munition und von Feuerwerkskörpern und in Lagerhäusern, die derartige Stoffe enthalten. Für Schlagwettergruben und schlagwettergefährliche Teile von Bergwerken gelten noch gewisse Sondervorschriften. Im allgemeinen wird man auch hier danach streben, die Maschinen und Apparate, an denen betriebsmäßig Funken auftreten, nicht in Räumen unterzubringen, die einer Explosionsgefahr unterliegen, insbesondere nicht in Räumen, in denen sich infolge der Betriebsverhältnisse explosible Gase oder Luftmischungen verbreiten. Wo es sich nur um feste Explosivstoffe handelt, wird im allgemeinen ein dichter Abschluß der Apparate und Maschinen oder ein Abschluß der Vorrichtungen, in denen die explosiblen Stoffe verarbeitet werden, geeignet sein, die Gefahr zu beseitigen. Solche Abschlüsse der elektrischen Maschinen schützen jedoch gewöhnlich nicht gegen das Eindringen von Gasen. Es ist deshalb in bestimmten Fällen (z. B. Zelluloidfabriken) behördlicherseits untersagt, Dynamomaschinen, Motoren, Widerstände, Schalter u. dgl. innerhalb der Betriebs- und Lagerräume unterzubringen.

Im § 11, der sich auf Ausschalter und Umschalter bezieht, wird u. a. festgesetzt, daß der Berührung zugängliche Gehäuse und Griffe, sofern sie nicht geerdet sind, aus nichtleitendem Material bestehen oder mit einer haltbaren Isolierschicht ausgekleidet oder überzogen sein müssen. Weiterhin wird festgesetzt, daß Ausschalter für Stromverbraucher, wenn sie geöffnet werden, alle Pole ihres Stromkreises, die unter Spannung gegen Erde stehen, abschalten müssen.

§ 12 bezieht sich auf Anlasser und Widerstände; es wird hier u. a. festgesetzt, daß die Anbringung besonderer Ausschalter (siehe § 11) bei Anlassern und Widerständen nur dann notwendig ist, wenn der Anlasser nicht selbst den Stromverbraucher allpolig abschaltet.

Im übrigen ist zu beachten, daß der Maschinenraum nicht feucht und im Winter nicht zu kalt sein soll. Wenn Elektromotoren in feuchten Räumen aufgestellt werden müssen, so sind sie, je nach dem Feuchtigkeitsgrad, mit einem Feuchtigkeitsschutz zu versehen oder vollständig zu kapseln, damit die Wicklungen nicht durch den Einfluß der Feuchtigkeit leiden.

Größere Elektromotoren sollen auf soliden Stein- oder Holzfundamenten, gegebenenfalls mit Korkeinlage, gut befestigt werden; bei kleineren Motoren ist die Aufstellung auf eisernen Konsolen an genügend starken Wänden zulässig, wobei jedoch eine direkte Verschraubung der Konsole mit dem Motorgestell zu vermeiden ist. Es soll auf die Konsole eine starke harte Diele und erst auf diese der Motor aufgeschraubt werden, um auf diese Weise die Geräuschübertragung nach den anderen Räumen tunlichst zu verringern. Es ist von großer Wichtigkeit, daß die Motoren so sicher aufgestellt werden, daß sie während des Betriebes nicht zittern.

Die Motoren, insbesondere die mit hoher Spannung arbeitenden, sollen von Geländern oder Wänden umgeben sein, um den Zutritt Unberufener zu verhindern.

Gewöhnliche Einphasenmotoren bedürfen einer besonderen Leerscheibe auf dem anzutreibenden Vorgelege oder einer Zentrifugalkupplung, da sie unter Last im allgemeinen nicht anlaufen.

Nach Beendigung der Montage ist zu untersuchen, ob sich die Achse leicht in den Lagern dreht und einen hinreichend freien seitlichen Spielraum hat. Alsdann wird der Riemen aufgelegt, aber weder zu stark noch zu lose gespannt, weil bei zu starker Spannung die Lager warmlaufen, während bei zu loser Spannung der Riemenzug ungenügend ist und der Riemen leicht abfällt.

Soll nachträglich die Drehrichtung eines Motors geändert werden, so bedingt dies nur ein Vertauschen der Anschlußdrähte am Motor; ein Schränken des Riemens ist daher nicht erforderlich.

74. Projektierung von Kraftanlagen mit Abwärmeverwertung.

Im nachfolgenden seien die besonderen Gesichtspunkte und Einrichtungen besprochen, die für die Ausnützung der Abwärme von Kraftanlagen in Betracht kommen. Auf den großen wirtschaftlichen Nutzen der Abwärmeverwertung wurde bereits in den Abschnitten 14 und 50 eingegangen. Über die Projektierung der einzelnen Kraftanlagen enthalten Abschnitte 60—71 Näheres.

Beim Entwurf von Kraftanlagen mit Abwärmeverwertung ist danach zu streben, daß möglichst alle verfügbare Abwärme nutzbar gemacht wird, so daß unter normalen Verhältnissen weder größere Mengen Abwärme unausgenützt entweichen, noch direkte Wärme, etwa in Form von gedrosseltem Frischdampf, zugesetzt werden muß. Wird z. B. bei Dampfanlagen nicht aller Abdampf benötigt, so muß gegebenenfalls ein Bedürfnis nach solchem geschaffen werden. Um anderseits den Zusatz von Frischdampf möglichst einzuschränken, suchen viele Betriebsleiter ihren Kraftbedarf und damit auch ihren Verbrauch an Maschinendampf künstlich zu erhöhen. So z. B. geben manche Betriebe elektrischen Strom an ihre Nachbarn ab. Brauereien z. B. können ihre Kälteerzeugungsanlage so reichlich bemessen, daß sie in der Lage sind, größere Mengen Eis an ihre Abnehmer zu liefern. Auch können sie sich für den Transport von Bier, Kohlen usw. Elektromobile halten, deren Batterien direkt oder indirekt durch Maschinenkraft geladen werden. Große Brauereien mit eigener Mälzerei können ihren Kraftbedarf ferner dadurch steigern, daß sie von der Handmälzerei (Tennenmälzerei) zur mechanischen Mälzerei (Trommelmälzerei) übergehen. Bei kleineren Brauereien wird wohl auch der Ausweg gewählt, daß die Kältemaschinenanlage, allenfalls unter Verwendung geeigneter Kältespeicher, für nur 12stündigen Betrieb bemessen wird. Der Kraftverbrauch der Kältemaschine ist alsdann etwa doppelt so groß wie bei 24stündigem Betrieb. Man erreicht dadurch, daß während der Kochperiode mehr Maschinenabdampf zur Verfügung steht. Wo keine dieser Maßnahmen beliebt wird, hilft man sich auch durch Verringerung des Abdampfbedarfs, indem man noch andere Abwärmequellen mit heranzieht, z. B. die Kesselabgase oder allenfalls die Schwadendämpfe der Braupfannen u. dgl.[1]). Werden derartige oder ähnliche Maßnahmen auch in anderen Betrieben angewendet, so läßt sich aus der Abwärmeverwertung der größtmögliche Nutzen ziehen.

Wo es sich um alte Anlagen handelt, können durch nachträgliche Einführung der Abwärmeverwertung vielfach weit größere wirtschaftliche Vorteile erreicht werden als durch sonstige Verbesserungsmaßnahmen.

Eine Dampfkraftanlage mit Abdampfverwertung zeigt z. B. die schematische Fig. 68. Der Heißdampf aus der Kesselanlage wird hier in einer Einzylinder-Auspuffmaschine ausgenützt, von der aus der Abdampf nach vorheriger Entölung und Passieren eines Dampfverteilers Fig. 69 den einzelnen Heizstellen zugeführt wird. Das Dampfwasser aus den letzteren wird gesammelt und nach dem Speisebehälter geleitet, von wo es zusammen mit dem erforderlichen Zusatzwasser wieder in den Rauchgasvorwärmer und den Kessel gespeist wird. Wenn der Ab-

[1]) Vgl. meinen Aufsatz „Dampf oder Elektrizität für Brauereibetriebe?" in der Zeitschr. f. Dampfkessel und Maschinenbetrieb 1916, S. 41ff.

dampf der Maschine nicht ausreicht, um das Heizbedürfnis zu decken, was insbesondere bei geringer Belastung der Maschine der Fall sein

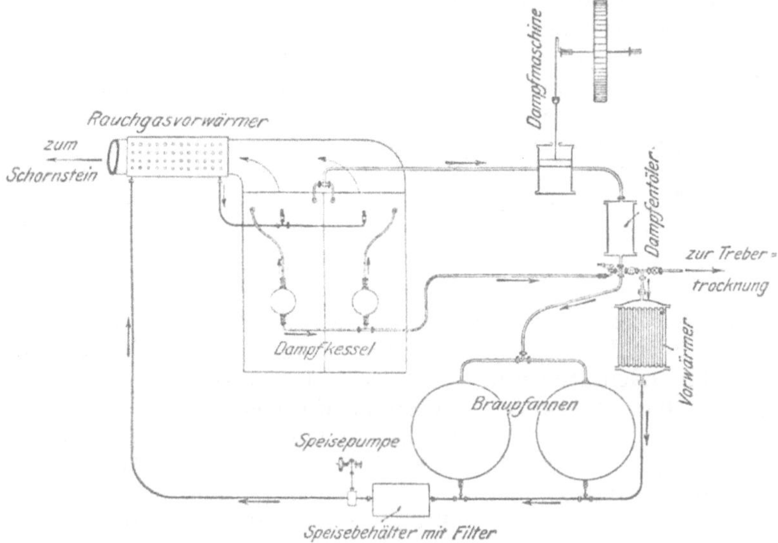

Fig. 68. Beispiel einer Dampfkraftanlage mit Abdampfverwertung für kleine und mittlere Bierbrauereien.

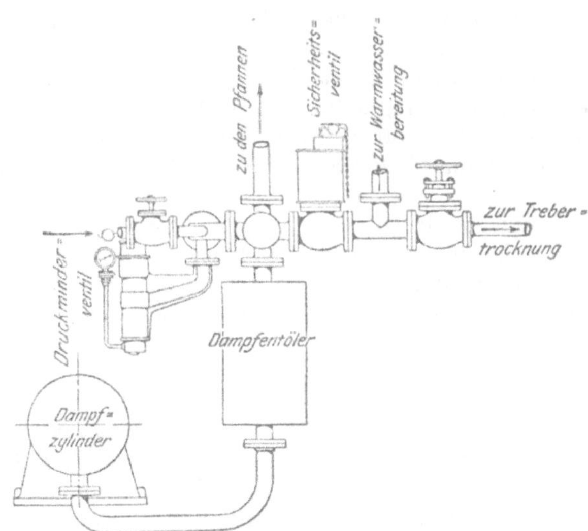

Fig. 69. Dampfverteiler für die in Fig. 68 schematisch dargestellte Dampfkraftanlage.

wird, so wird mit Hilfe einer besonderen Leitung und eines selbsttätig wirkenden Druckminderventils (Druckreduzierventil) Frischdampf in die Abdampfleitung eingeführt. Wenn anderseits die Heizanlage ganz oder teilweise ausgeschaltet werden soll, so kann durch Öffnen eines Ventils der Abdampf der Maschine ganz oder teilweise ins Freie auspuffen, oder es kann — bei längerer Dauer — auf Kondensation umgeschaltet werden.

Beim Heizen mit Vakuumdampf, d. h. bei Kondensationsbetrieb, wird der Vorwärmer zwischen Niederdruckzylinder und Kondensator eingeschaltet. Letzterer hat nur noch den Dampf niederzuschlagen, der nicht bereits im Vorwärmer, d. i. Vorkondensator verflüssigt wurde. Eine Erhöhung des Dampfverbrauches der Maschine findet hierbei nicht statt, vorausgesetzt, daß das Vakuum nicht absichtlich verringert wird, um höhere Wassertemperaturen zu erzielen. Die Abschwächung des Vakuums kann dadurch erfolgen, daß man die Einspritzwassermenge verringert, oder in der Weise, daß man durch Öffnen eines Hahnes Luft in die Abdampfleitung zwischen Vorwärmer und Einspritzkondensator eintreten läßt. — Wo es sich um die Erwärmung von Luft handelt, ist die Anordnung die gleiche.

Zu beachten ist, daß sich Vakuumdampf nicht weit fortleiten läßt, weil dazu das verfügbare Druckgefälle zu gering ist. Wollte man Vakuumdampf auf große Entfernungen fortleiten, so würden sich so weite und teure Rohre ergeben, daß dadurch die Wirtschaftlichkeit der Abdampfausnützung überhaupt in Frage gestellt würde. Diesem Übelstand kann nur dadurch bis zu einem gewissen Grade entgegengewirkt werden, daß man das Vakuum abschwächt und die Heizanlage für das verschlechterte Vakuum berechnet. Man kann aber auch zu einer Fern-Warmwasserheizung oder -versorgung übergehen, bei der die Umwälzung des Heißwassers durch Pumpen erfolgt. Die Fern-Warmwasserheizung bietet die Möglichkeit, die Wärme bei verhältnismäßig geringen Wärmeverlusten auf größere Entfernungen fortzuleiten, die wichtigste Voraussetzung für die Schaffung größerer Heizkraftwerke; vgl. S. 37.

Muß der benötigte Heizdampf von höherer als atmosphärischer Spannung sein, so kann eine sog. Gegendruckmaschine aufgestellt werden. Die Gesamtanordnung ist hierbei im wesentlichen die gleiche wie beim gewöhnlichen Auspuffbetrieb, nur muß die Gegendruckmaschine, entsprechend dem höheren Gegendruck, reichlicher bemessen werden. Es kann aber auch mit Zwischendampfentnahme gearbeitet werden. Hierbei erfolgt die Dampfentnahme zwischen Hoch- und Niederdruckzylinder aus dem Aufnehmer, der mit einer Vorrichtung zur Gleichhaltung der Spannung ausgerüstet sein muß; vgl. S. 326. Für die Zwischendampfentnahme eignen sich am besten Tandemmaschinen, weil hier eine ungleiche Leistungsverteilung auf Hoch- und Niederdruckzylinder ohne Belang ist. Hat bei großer Zwischendampfentnahme die Füllung des Niederdruckzylinders einen gewissen kleinsten Wert erreicht und nimmt der Bedarf an Heizdampf weiter zu, oder steht die Maschine still, so ist durch selbsttätig wirkende Frischdampfzusatzventile Kesseldampf zuzusetzen. Auf diese Weise wird verhindert, daß ein Trockenlaufen des Niederdruckzylinders eintritt. Je nach dem Zylinderverhältnis ist es möglich, bis zu 80% der zugeführten Dampfmenge zu entnehmen, entsprechend etwa 150% des Dampfverbrauches der normalen Maschine. Hierbei kann die Entnahmespannung zwischen 0,5 und 4 at liegen. Je geringer der Entnahmedruck eingestellt werden kann, desto größer sind die durch Zwischendampfentnahme erzielbaren Ersparnisse.

Bei Anzapfturbinen kann man, Vollbelastung vorausgesetzt, etwa 200—250% des Verbrauches der normalen Turbine entnehmen. Mit dem Entnahmedruck sollte man nicht über etwa 3 at Ueb hinausgehen, da sonst der Dampfverbrauch der Turbine zu ungünstig wird.

Da der Abdampf von Kolbenmaschinen immer stark ölhaltig ist, so muß er vor seiner Verwendung zu Heizzwecken möglichst gut entölt werden; vgl. S. 361. Denn ein Ölansatz in den Heizkörpern würde eine Erschwerung des Wärmedurchgangs zur Folge haben. Außerdem würde der Ölgehalt bei allenfallsiger direkter Verwendung des Abdampfes zum Desinfizieren, Sterilisieren oder bei Verwendung des Kondensats zum Kesselspeisen schädlich sein. Damit die Entölung von Zwischen- und Abdampf keine Schwierigkeiten bereitet, wähle man bei Kolbenmaschinen die Frischdampftemperatur nicht zu hoch, möglichst nicht über etwa 300° C, es sei denn, daß nur ein kleiner Teil des Maschinendampfes zu Heizzwecken ausgenützt und möglichst große Wirtschaftlichkeit angestrebt werden soll. Bei Zwischendampfentnahme und bei Gegendruckbetrieb soll an sich der Frischdampf nur so hoch überhitzt werden, daß der Dampf an der Heizstelle gerade gesättigt oder doch nur ganz schwach überhitzt ankommt.

Der bisweilen der Abdampfheizung gemachte Vorwurf, daß sie eine zu langsame oder ungenügende Heizwirkung ergäbe, also weniger wirksam sei als Frischdampfheizung, ist nicht gerechtfertigt. Die Ursache der unbefriedigenden Heizwirkung ist meist darin zu erblicken, daß die betreffenden Heizflächen oder die Dampfzuleitungen ungenügend bemessen sind. Abdampf erfordert nämlich größere Heizflächen und Rohrweiten als Frischdampf höheren Druckes. Auch ist bei Abdampfheizung der richtigen Abführung des Kondensats erhöhte Aufmerksamkeit zu widmen. Bei Anlagen, die den Abdampf weit fortleiten, bis etwa 200—300 m, hat die Bemessung und Verlegung der Rohrleitungsanlage mit besonderer Sorgfalt zu erfolgen. Zur Ausführung derartiger Auspuffheizungen sollten nur bewährte Heizungsfirmen herangezogen werden.

Wenn es sich darum handelt, die in den Auspuffgasen von Verbrennungsmaschinen enthaltene Wärme auszunützen, so tritt an die Stelle des Auspufftopfes ein sog. Abwärmeverwerter, z. B. eine Art Heizröhrenkessel, in dem die Auspuffgase durch Wärmeabgabe an das Wasser, allenfalls das die Kühlräume der Maschine verlassende warme Wasser, bis auf Temperaturen von 150° C und weniger herabgekühlt werden können, ohne daß hierbei der Auspuffwiderstand des Motors wesentlich erhöht wird. Besonders wirtschaftlich gestaltet sich die

Abwärmeverwertung bei Großgasmaschinen. Der Abwärmeverwerter wird deshalb wohl in Zukunft ein normales Zubehör jeder Großgasmaschinenanlage bilden, ähnlich wie der Rauchgasvorwärmer bei Dampfkesselanlagen[1]).

Wo Kraft- und Wärmebedarf zeitlich nicht im Einklang stehen, sind zur Vermeidung von Verlusten Kraft- oder Wärmespeicher vorzusehen. Die Aufspeicherung überschüssiger Abwärme erfolgt am besten in Wasser; der Wirkungsgrad von Warmwasser-Akkumulatoren ist nahezu 100%, da sich das Wasser über Nacht nur wenig abkühlt. Die Aufspeicherung von Kraft in Zeiten überwiegenden Wärmebedarfs kann allenfalls hydraulisch oder elektrisch erfolgen, letzteres — insbesondere bei Gleichstromwerken — mit Hilfe von Akkumulatorenbatterien. Zu beachten ist jedoch stets, daß die Aufspeicherung von Kraft oder Wärme nur einen Notbehelf darstellt. Abgesehen von den damit verbundenen Verlusten ist die Aufspeicherung größerer Kraft- und Wärmemengen mit erheblichen Kapitalkosten verbunden. Man sollte deshalb stets bestrebt sein, Kraft- und Wärmebedarf zeitlich möglichst zusammenzulegen.

75. Maschinenfundamente. Montage.

Die Herstellung der Fundamente geschieht teils aus Ziegelmauerwerk mit bestem Portland-Zementmörtel, teils aus Beton (Stampfbeton). Zu Ziegelmauerwerk sollten gute Hartbrandziegel verwendet werden. Für Dampfturbinen kommen auch Fundamente (Stützsäulen) aus Eisenbeton oder Eisen zur Verwendung. Eisenbeton oder Stampfbeton mit Eisenarmierung kann sich aber auch sonst für Fundamente empfehlen, insbesondere für solche Teile, die mit Rücksicht auf gute Zugänglichkeit der Maschinen stark ausgeschnitten werden müssen.

Beim Entwurf von Fundamenten ist zunächst darauf zu achten, daß sie im rechten Winkel zu der anzutreibenden Transmission oder Maschinenwelle aufgeführt werden. Es kann sich hier gegebenenfalls empfehlen, einen Monteur der liefernden Firma zuzuziehen. Bei direkter Kupplung der Kraftmaschine mit der anzutreibenden Maschine ordnet man das Fundament gewöhnlich parallel zur Wandrichtung an.

Elektromotoren werden häufig auch in Stockwerken aufgestellt. Auch kleinere Verbrennungsmotoren können bis zu Leistungen von etwa 15 PS in Stockwerken auf gußeisernen Fundamentböcken aufgestellt werden. Im übrigen sind jedoch Fundamente aus Stein oder Beton vorzuziehen, zumal sie in der Regel billiger sind als gußeiserne Fundamentböcke.

Die Frage, ob im gegebenen Fall Fundamente aus Ziegelmauerwerk oder Beton den Vorzug verdienen, ist häufig eine reine Preisfrage. Man verwendet heute mit Vorliebe auch für kleinere Maschinen Betonfundamente. Für die Fundamente großer Maschinen ist wohl immer Beton

---

[1]) Vgl. z. B. „Stahl und Eisen“ 1914, S. 318: „Abwärmeverwertung von Gasmaschinen für Fernheizung“.

vorzuziehen. Beton erreicht bei sachgemäßer Herstellung eine höhere Festigkeit als Ziegelmauerwerk, hat mehr Masse als dieses, da er spezifisch schwerer ist, und bietet außerdem die Möglichkeit, daß man bei größeren Fundamenten alte Eisenschienen u. dgl. zur Erhöhung der Festigkeit und des Gewichts des Fundamentklotzes einlegen kann[1]). Die Verwendung von Ziegelmauerwerk hat anderseits den Vorteil, daß sich nachträgliche, durch Verlegung von Rohrleitungen usw. notwendig werdende Änderungen am Fundament leichter vornehmen lassen als bei Beton, der weit schwerer zu bearbeiten ist als Ziegelmauerwerk. Aus demselben Grunde ist auch die spätere Beseitigung von Betonfundamenten mit mehr oder weniger großen Schwierigkeiten verknüpft.

Der eigentliche Fundamentklotz wird auf eine Betonsohle gestellt, deren Stärke verschieden ist, je nach der Größe des Fundaments, und je nach der Tragfähigkeit des Baugrundes. Die Betonsohle soll auf tragfähigen (gewachsenen) Boden gegründet werden. Wo die Bodenverhältnisse so ungünstig sind, daß dies nicht möglich ist, muß die Betonsohle auf einen Pfahlrost, d. h. auf gerammte Pfähle gesetzt werden, die bis in den gewachsenen Boden hinunterreichen. Unter Umständen genügt auch die Anwendung eines bloßen Balkenrostes.

Die Höhe des Fundaments, von der Betonsohle an gerechnet, ist bei sonst gleichen Bodenverhältnissen verschieden je nach der Größe der Maschine. Bei großen Maschinen beträgt die Fundamenthöhe 2—3 m und mehr, schon mit Rücksicht auf die Möglichkeit einer Unterkellerung. Besonders hohe Fundamente erfordern Dampfturbinen im Hinblick auf die Unterbringung der Kondensationsanlage. Es kommen hier bei großen Einheiten Fundamenthöhen von 7—8 m vor.

Die Anordnung eines begehbaren Maschinenkellers ist für Neuanlagen größerer Kraftwerke stets zu empfehlen und hat den Vorzug, daß die Hilfsmaschinen, Rohrleitungen usw. in dem Keller untergebracht und leicht nachgesehen und bedient werden können. Dazu kommt bei liegenden Maschinen noch der große Vorteil der bequemen Zugänglichkeit von unten. Bei kleineren Maschinen, deren Fundament aus Preisrücksichten oder aus sonstigen Rücksichten nicht so tief angelegt werden kann, wie dies ein Maschinenkeller erfordern würde, muß in anderer Weise für bequeme Zugänglichkeit von Rohren, Ventilen, Kondenstöpfen usw. gesorgt werden. Man ordnet hier genügend große, mit Riffelblech abgedeckte Kanäle unter dem Maschinenhausflur an. Die Abdeckung mit Riffelblech macht sich in Maschinenhäusern allerdings nicht gerade schön. Auch verwerfen sich die Abdeckplatten und ihre Auflager häufig. Man sollte deshalb Kanäle mit Abdeckplatten möglichst nur bei kleineren Anlagen vorsehen.

Wo es sich um die Aufstellung mehrerer Maschinen handelt, empfiehlt sich eine gemeinsame Betonsohle. Bei allenfallsigen Senkungen des Bodens wird dann die Sohle zwischen den einzelnen Maschinen durchbrechen, während der Fundamentklotz jeder Maschine als Ganzes er-

[1]) Weiteres über die „Anwendung von Beton zu Maschinenfundamenten" findet sich in Z. d. V. d. I. 1912, S. 1546ff.

halten bleibt. Unter Umständen kann es sich auch als zweckmäßig erweisen, die sämtlichen Fundamente zu einem einzigen Klotz zu vereinigen, da auf diese Weise die Übertragung von Erschütterungen und die Entstehung von Bodenschwingungen verringert werden kann, insbesondere wenn die Maschinen nicht alle gleichzeitig betrieben werden.

Bei liegenden Kolbenmaschinen ist darauf zu achten, daß die Höhe des Fundamentklotzes nicht unnötig groß wird, um den Schwerpunktabstand von der Ebene der schwingenden Massen und damit das Kippmoment möglichst zu beschränken. Die zur Vermeidung von Bodenschwingungen erforderliche Fundamentmasse sollte, soweit angängig, durch entsprechende Verlängerung und Verbreiterung des Fundamentblocks, d. h. durch Vergrößerung der Grundfläche des Fundaments erreicht werden. Zur möglichsten Herabsetzung des Kippmoments bzw. zur Verringerung des Abstandes von Maschinenmitte bis zum Schwerpunkt des Fundaments empfiehlt es sich fernerhin, die Höhe des Maschinenrahmens von Unterkante bis Maschinenmitte nicht größer als unbedingt nötig zu machen.

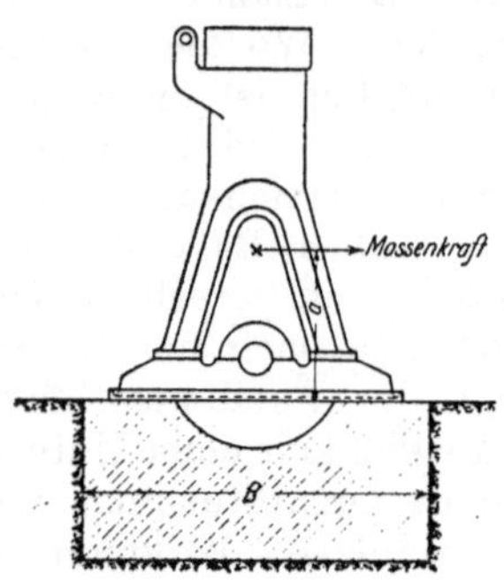

Fig. 70. Horizontal wirkende Massenkraft bei stehenden Kolbenmaschinen.

Bei stehenden Kolbenmaschinen wirken die Hauptmassenkräfte in senkrechter Richtung; die horizontalen Kräfte (Fig. 70) sind hier erheblich geringer. Es treten also hier keine so großen Kippmomente auf wie bei liegenden Maschinen. Jedoch ist auch hier darauf zu achten, daß das Fundament nicht übermäßig hoch ausgeführt wird. Zweckmäßig ist es auch hier, die erforderliche Fundamentmasse möglichst durch Vergrößerung der Grundfläche zu erreichen. Hierbei sollte insbesondere diejenige Abmessung des Fundaments reichlich gewählt werden, die in Richtung der Schwingungsebene der Massen liegt. Bei Zwei- und Dreizylindermaschinen mit gleichmäßig versetzten Kurbeln kommen auch in Richtung der Maschinenwelle Kippmomente auf das Fundament, denen durch entsprechende Längenbemessung des Fundaments Rechnung zu tragen ist.

Die Aussparung der Ankerlöcher soll nicht zu knapp sein, damit allenfallsige Ungenauigkeiten bei Herstellung des Fundaments durch nachträgliche kleine Verschiebungen der Ankerschrauben ausgeglichen werden können. Für die Aussparung der Ankerlöcher nehme man keine massiven Hölzer, sondern aus einzelnen Brettern zusammengenagelte viereckige Holzkästen. Massive Hölzer bleiben nämlich leicht in dem Fundament stecken, wenn der Maurer nicht ständig die Hölzer, entsprechend dem Hochmauern des Fundamentklotzes, nachzieht und lockert. Es ist schon vorgekommen, daß nachträglich Ankerhölzer herausgebrannt werden mußten, da sie so fest in dem Fundament steckten, daß sie selbst mittels Flaschenzug nicht mehr herauszuziehen waren. Wenn bei Verwendung von Holzkästen ein Festsitzen vorkommen sollte, so ist dies unbedenklich, da man alsdann die Holzkästen durch einige Hammerschläge in sich zusammenklappen kann. Allerdings muß man auch hier die Holzkästen ordnungsgemäß nachziehen, wenn sie nicht genügend lang hergestellt werden können.

Die Ankerplatten werden meist schon bei Ausführung des Fundaments mit eingemauert. Die Fundamentanker sind jedoch erst bei der Montage einzusetzen. Die Ankerlöcher und die Aussparungen unter den Ankerplatten sind bis zum Einsetzen der Anker gegen einfallende Gegenstände zu schützen. Bei großen Maschinen ist für bequeme Zugänglichkeit ihrer Ankerschrauben zu sorgen.

Von Wichtigkeit ist, daß die Aussparung für das Schwungrad oder die Riemscheibe so reichlich bemessen wird, daß auch nach erfolgtem Längen des Riemens oder Seils kein Anstreifen stattfindet. Häufig kann man nämlich beobachten, daß das Spiel zwischen dem Riemen und der Schwungradgrube zu klein ist.

Auch darauf ist zu achten, daß für sämtliche Rohrleitungen, wie Kondenswasserableitungen u. dgl., die nötigen Öffnungen im Fundament gleich bei dessen Herstellung vorgesehen werden. Nachträgliches Heraushauen von Öffnungen kostet immer viel Zeit und Arbeit.

Wo Außenlager vorhanden sind, ist — was sich eigentlich von selbst versteht — auf einen guten Zusammenhang des eigentlichen Maschinenfundaments mit dem Fundament des Außenlagers zu achten.

Bevor mit der Montage der Maschinen begonnen wird, sollte das Fundament gut abgebunden haben. Dies ist der Fall nach ungefähr 8—14 Tagen, je nach der Jahreszeit. Bei kalter Witterung bindet der Mörtel bekanntlich langsamer ab als bei warmer. Bei großen Maschinen (z. B. Großgasmaschinen) wird häufig eine Wartezeit bis zu 2 Monaten vorgeschrieben.

Nachdem die Maschine in richtiger Lage auf das Fundament gebracht und ausgerichtet ist und die Fundamentschrauben leicht angezogen sind, erfolgt das Untergießen des Rahmens usw. sowie des Außenlagers. Das Untergießen geschieht mit flüssigem Zementmörtel und hat den Zweck, ein sattes und gleichmäßiges Aufliegen des Rahmens auf dem Fundament zu erzielen. Die Sitzfläche des Rahmens ist nämlich unbearbeitet; auch das Fundament ist nicht genau eben hergestellt. Nach dem Untergießen soll man wieder 8—14 Tage warten, bis der Zement abgebunden hat. Erst dann dürfen die Fundamentschrauben angezogen und die Montage zu Ende geführt werden. Bei der Aufstellung der Maschinen sind im übrigen die ins einzelne gehenden Montagevorschriften der liefernden Firmen zu beachten.

Nach erfolgter Montage ist das Fundament mit einem Glattstrich zu versehen, schon um das Eindringen von Öl in das Innere des Fundaments zu verhindern. Wenn nämlich das zur Schmierung der Maschinen verwendete Öl pflanzlichen oder tierischen Ursprungs ist, so können Betonfundamente durch abtropfendes Öl beschädigt, unter Umständen sogar zerstört werden. Derartige Öle werden ranzig, d. h. sie zersetzen sich in freie Fettsäuren und Glyzerin; die Fettsäuren gehen mit dem Kalk des Zements chemische Verbindungen ein (Kalkseifen), die eine Lockerung des Gefüges bewirken. Die Widerstandsfähigkeit des Fundaments gegenüber solchen Schmiermitteln richtet sich nach dem Gehalt des Öles oder Fettes an Säure und nach dem Mischungsverhältnis des Mörtels. Ist dieser sehr dicht, z. B. 1 : 1, und längere Zeit an der Luft erhärtet, so hat sich der Kalk an der Oberfläche in kohlensauren Kalk umbilden können; die Einwirkung des Öles ist alsdann eine geringe. Bei porösem Mörtel dringt jedoch das Öl in das Innere des Fundaments ein, wo die Umbildung des Kalkes noch nicht stattfinden konnte, und verursacht dort die oben erwähnten Zerstörungen. Wenn also pflanzliche oder tierische Öle verwendet werden, so muß das Betonfundament auf alle Fälle geschützt werden. Als Schutz kommt in erster Linie ein Verputz aus möglichst dichtem Mörtel, der mit reinem Zement abgeglättet oder mit Keßlerschem Fluat gestrichen ist, in Frage. Auch das Verkleiden des Fundaments mit glasierten Platten, deren Fugen mit Asphalt ausgegossen werden, hat man schon ausgeführt. Doch ist dem Asphalt nicht recht zu trauen, da es schon vorgekommen ist, daß Asphaltanstriche durch das Öl vollständig aufgelöst wurden. In Fällen, in denen die Maschinen mit reinen säurefreien Mineralölen (Kohlenwasserstoffen) geschmiert werden, und dies bildet heute die Regel, hat abtropfendes Öl keine Einwirkung auf das Fundament, weil sich Mineralöle nicht zersetzen. Es haben sich Kurbelgruben aus Beton, die vor 25 und mehr Jahren hergestellt wurden, bis heute tadellos erhalten. Da es jedoch immerhin auch bei Mineralölen vorkommen kann, daß gelegentlich eine Lieferung von der Fabrikation her Spuren von Säure enthält, so empfiehlt es sich auch bei Gebrauch von Mineralöl, das Fundament mit einem Verputz aus Mörtel 1 : 1, der sorgfältig mit reinem Zement abgeglättet wird, zu versehen und nicht eher in Benutzung zu nehmen, als bis der Zement hinreichend erhärtet ist.

Auf die Einrichtungen, durch die die Übertragung von Erschütterungen und Geräuschen auf benachbarte Grundstücke verringert werden kann, wird im Abschnitt 83 des näheren eingegangen.

76. Kühlwasser. Rückkühlanlagen.

Eine wichtige Frage bei der Projektierung einer Kraftanlage bildet die Beschaffung des erforderlichen Kühlwassers. Von dessen Menge und Temperatur ist bei Dampfkraftanlagen die Höhe des Vakuums und — insbesondere bei Dampfturbinen — die Größe des Dampfverbrauches abhängig. Die Kühlung mittels städtischen Leitungswassers kommt im allgemeinen nur für Kleinmotoren in Betracht. Auch Brunnenwasser (Grundwasser) kommt gewöhnlich nur für kleinere Anlagen in Frage, da es nur in geringer Menge beschafft werden kann. Brunnenwasser hat ziemlich gleichbleibende Temperatur von etwa 8—11° C und hat den Vorteil großer Reinheit; es verursacht also keine Störungen durch Verstopfen der Kühlräume oder der Pumpen. Dagegen ist Brunnenwasser bisweilen hart und erzeugt Schlamm- oder Steinablagerungen.

Für größere Kraftanlagen kommt nur See- oder Flußwasser in Betracht, dessen Temperatur je nach der Jahreszeit und je nach Lage des Ortes 8—25° C und darüber beträgt. Da Flüsse bei Regenwetter viel Schlamm und in der Herbstzeit auch Laub mit sich führen, so empfiehlt es sich, an der Entnahmestelle einen Rechen nebst einem Filter aus Reisig und Steinschlag, dahinter gegebenenfalls noch ein Klärbecken zur Schlammablagerung und hinter diesem ein Kiesfilter vorzusehen. Wo es sich um größere Anlagen handelt, bei denen die Wasserzuführung nicht durch Rohrleitungen, sondern durch Kanäle erfolgt, begnügt man sich vielfach auch mit der bloßen Anbringung von Rechen und Drahtsieben, allenfalls in Verbindung mit einem Klärbecken. Um einer Verstopfung der Siebe mit Laub vorzubeugen, hat man auch schon Drehsiebe angewendet, die durch einen Elektromotor in langsame Umdrehung versetzt und durch eine Walzenbürste ständig gereinigt werden; vgl. Fig. 61, S. 242. Beispiele von Kläranlagen sind S. 241 besprochen.

Wo das Kühlwasser viele Verunreinigungen enthält, muß durch konstruktive Maßnahmen dafür gesorgt werden, daß eine bequeme Reinigung der Kühlräume möglich ist. Beispielsweise kann man bei Oberflächenkondensation einen zweiteiligen Kondensator vorsehen, dessen eine Hälfte während des Betriebes zu reinigen ist.

Da Flußwasser oft durch chemische Fabriken verunreinigt wird, so ist festzustellen, ob Gußeisen und Schmiedeisen durch dasselbe angegriffen werden. Wo dies zutrifft, hat man die Pumpen und Kondensatoren aus geeignetem, möglichst widerstandsfähigen Material herzustellen. Auch empfehlen sich in derartigen Fällen keine schmiedeisernen Leitungen, sondern gußeiserne, da letztere wegen ihrer Gußhaut weniger leicht angegriffen werden.

Die auf Kohlenzechen zur Verfügung stehenden Grubenwässer sind oft sauer. Auch hier hat man durch Wahl geeigneter Baustoffe für möglichst lange Lebensdauer aller mit dem Kühlwasser in Berührung kommenden Teile zu sorgen. Bezüglich der Temperatur der Grubenwässer ist zu bemerken, daß sich diese ganz nach der Teufe richtet und wenig veränderlich ist. Da Grubenwässer häufig durch Schlamm (z. B. Kohlenschlamm in Kohlenbergwerken) verunreinigt sind, so ist es dringend zu empfehlen, sie vor Benützung in Kläranlagen zu reinigen.

Auch für salzhaltiges Kühlwasser (Meerwasser) ist die Verwendung geeigneter Baustoffe notwendig. Ist das Kühlwasser eisenhaltig, so müssen die Leitungen wegen der Ockerablagerung leicht gereinigt werden können. Reinigt man auch die Pumpen und Kondensatoren öfters, so sind durch den Eisengehalt keine weiteren Nachteile zu gewärtigen. Dagegen tritt bei dem oft staubhaltigen Wasser von Zementfabriken ein rascher Verschleiß von Kolbenpumpen ein.

Inwiefern bei Dampfkraftanlagen die Beschaffenheit des Wassers die Wahl der Kondensationsanlage beeinflußt, wurde S. 243 erörtert, während über das Speisewasser, seine Reinigung und Wiederverwendung auf S. 356ff. berichtet wird.

Wo die Menge des zur Verfügung stehenden Kühlwassers sehr beschränkt ist, muß man sich zur Aufstellung einer Rückkühlanlage entschließen. Rückkühlanlagen haben die Aufgabe, dem Wasser die im Kondensator oder in den Kühlräumen von Verbrennungsmaschinen aufgenommene Wärme wieder zu entziehen, so daß dasselbe Wasser immer wieder von neuem zur Kühlung verwendet werden kann.

Naturgemäß ist rückgekühltes Wasser wärmer als Frischwasser. Die mittlere Temperatur rückgekühlten Wassers bewegt sich zwischen etwa 25 und 35° C, je nach der Temperatur und dem Feuchtigkeitsgehalt der Luft. Man braucht infolgedessen zur Abführung der gleichen Wärmemenge mehr Wasser und muß bei Dampfanlagen den Kondensator und die Pumpen entsprechend reichlicher bemessen. Trotzdem jedoch ist das Vakuum bei Verwendung rückgekühlten Wassers geringer als bei Frischwasser.

Man unterscheidet im wesentlichen Kühlteiche, Gradierwerke und Kühltürme oder Kaminkühler. Kühlteiche haben nur mäßige Wirkung und kommen aus Platzrücksichten in den seltensten Fällen in Betracht. Gradierwerke haben den Nachteil, daß die Umgebung besonders stark durch die entstehenden Dampfschwaden und durch feinen Regen belästigt wird, und daß der Wind, sofern nicht Jalousien vorgesehen sind, viel Wasser verspritzt. Auch frieren sie im Winter ein. Aus diesen Gründen und mit Rücksicht auf die bessere Kühlwirkung und den geringeren Platzbedarf stellt man heute in der Regel Kühltürme auf. Hierbei wird das warme Wasser mittels einer Pumpe in einen 4—6 m hoch gelegenen Verteilungstrog gefördert, von wo aus es in eine Anzahl von Rinnen o. dgl. übertritt. — Bei kleinen Anlagen kann der Kühlturm auch versenkt aufgestellt werden; die Aufstellung einer besonderen Pumpe ist alsdann nicht nötig, da meistens die Naßluftpumpe das Wasser etwa 3—5 m hoch, je nach der Umlaufzahl der Maschine, fördern kann. — Von den mit Kerben (Schlitzen) oder Ablaufröhrchen versehenen Rinnen rieselt das Wasser über eingelegte Lattensysteme aus Holz oder Blech oder über Tonröhren herab, wobei es sich fein verteilt, während die kalte Luft infolge der Zugwirkung des kaminartigen Baues unten seitlich eintritt, nach oben streicht und auf diese Weise durch unmittelbare Berührung mit dem Wasser Wärme aufnimmt. Der Hauptanteil der Kühlwirkung entfällt jedoch auf die Verdunstung, die ihrerseits von der barometrischen Höhenlage des Aufstellungsortes und vor allem von dem Feuchtigkeitsgehalt und der Temperatur der Luft abhängig ist.

Das durch Verdunstung verlorene Wasser muß jeweils wieder ersetzt werden. Die Menge des erforderlichen Zusatzwassers macht etwa 2—5% der gesamten umlaufenden Kühlwassermenge aus. Die verdunstende Wassermenge entspricht bei Dampfanlagen annähernd der im Kondensator niedergeschlagenen Dampfmenge, weshalb bei Einspritzkondensation gewöhnlich kein Zusatzwasser erforderlich ist.

Man unterscheidet Kaminkühler mit natürlichem und künstlichem

Zug. Letztere kommen bei beschränkten Platzverhältnissen sowie dort zur Anwendung, wo das Warmwasser besonders tief herunterzukühlen ist. Für normale Fälle kommen nur Kaminkühler mit natürlichem Zug in Betracht.

Am häufigsten werden die Kaminkühler ganz aus Holz hergestellt. Es werden jedoch auch Türme in Eisenkonstruktion mit Holzverschalung oder ganz aus Eisen, sowie solche aus Mauerwerk oder Eisenbeton ausgeführt. Je nach Art des verwendeten Materials sind sowohl die Anlagekosten als auch die Lebensdauer der Türme verschieden.

Die Oberflächen- und Grundwässer, wie sie zum Betrieb von Kondensationsanlagen und zum Kühlen von Verbrennungskraftmaschinen verwendet werden, sind stets mehr oder weniger hart. Wird das im Kühlturm verdunstende Wasser ständig durch frisches, ungereinigtes Wasser ersetzt, so reichern sich die Kesselsteinbildner im Kühlwasser immer mehr an. Dies geht so lange fort, bis das Wasser mit Kesselsteinbildnern gesättigt ist; alsdann scheiden sich diese irgendwo aus, entweder im Kühler, und das ist der günstigere Fall, oder im Kondensator bzw. in den Kühlräumen der Verbrennungsmaschine. Hier sind die Abscheidungen sehr viel schädlicher als im Kühler, da sie den Wärmeübergang und damit die Kühlwirkung verschlechtern.

Mit je höherem Vakuum die Kondensation betrieben wird, desto niederer ist die Temperatur des aus dem Kondensator abfließenden Warmwassers, desto weniger Kesselsteinbildner werden sich im Kondensator abscheiden. Ebenso werden bei Verbrennungsmaschinen die Ablagerungen in den Kühlräumen um so geringer sein, je kräftiger gekühlt wird, d. h. je kälter das von der Maschine abfließende Wasser ist. Wird hingegen bei Verbrennungsmaschinen mit hoher Ablauftemperatur gearbeitet, so kann der Fall eintreten, daß sich in den Kühlräumen mehr Kesselsteinbildner ausscheiden, als mit dem Zusatzwasser zugeführt werden[1]). Die Folge hiervon ist dann, daß das Kühlwasser bis zu einem gewissen Grade weicher wird als das Frischwasser.

Wenn das Zusatzwasser gereinigt wird, und das ist bei seiner geringen Menge ohne zu große Kosten möglich, so geht an sich die Härte des Kühlwassers zurück, bis sich bei der betreffenden Kühlwassertemperatur eine Art Gleichgewichtszustand eingestellt hat, bei dem sich keine Kesselsteinbildner mehr ausscheiden.

Die Kesselsteinbildner können im Kühlturm sowohl als Schlamm, wie auch als harter Stein ausfallen. Dazu kommt noch die durch den Staubgehalt der Luft verursachte Schlammbildung. Es empfiehlt sich deshalb, den Sammelbehälter des Kühlturmes zeitweise zu entleeren, zu reinigen und mit frischem Wasser aufzufüllen, insbesondere wenn das Wasser noch sonstige Salze in Lösung enthält, die sich mit der Zeit anreichern.

Zum Schluß sei noch darauf hingewiesen, daß bei Kolbenmaschinenanlagen mit Mischkondensation das Öl auf der Oberfläche des Wassers

[1]) Die Ausscheidung der Kesselsteinbildner kann auch erst nach dem Abstellen der Verbrennungsmaschine eintreten; vgl. S. 394.

im Sammelbehälter möglichst oft abgeschöpft werden soll, um einer Verschmutzung der Rohrleitungen, des Kondensators und der Luftpumpe durch Öl vorzubeugen. Es kann sich hier unter Umständen die Anlegung eines Klärbeckens empfehlen. Die Anwesenheit einer gewissen Menge Öl im Mischwasser wird allerdings mit Rücksicht auf den Kühlturm ganz gern gesehen, da das Öl die Lebensdauer hölzerner Berieselungssysteme erhöht und somit deren Anstrich mit Karbolineum o. dgl. entbehrlich macht. Bei Oberflächenkondensation tritt eine Verunreinigung des Kühlwassers durch Öl an sich nicht ein.

77. Größe und Zahl der Krafteinheiten.

Die Gesamtleistung der Kraftmaschinen richtet sich nach dem größten Kraftbedarf und muß so groß gewählt werden, daß alle auftretenden Belastungsspitzen mit Sicherheit gedeckt werden können. Was die aufzustellenden Einheiten betrifft, so wird man im allgemeinen die Maschineneinheit um so größer wählen, je größer die Gesamtleistung des Kraftwerkes ist, und je rascher voraussichtlich die künftige Entwicklung des Werkes erfolgt. Im übrigen ist hier auch die Art des Betriebes von ausschlaggebender Bedeutung. Es ist nicht empfehlenswert, mit der Einheit zu sehr herunterzugehen, wie dies oft aus übertriebener Vorsicht geschieht. Wenn eine baldige Steigerung des Kraftbedarfs zu erwarten ist, so kann es sich als wirtschaftlicher erweisen, schon für den ersten Ausbau größere Einheiten oder überhaupt eine größere Gesamtleistung vorzusehen. Der Nachteil, der in der anfänglich geringeren Ausnützung der Kraftanlage liegt, wird durch den Vorteil ausgeglichen, den späterhin bei gesteigertem Kraftbedarf größere Einheiten bieten. Es empfiehlt sich deshalb, Wirtschaftlichkeitsrechnungen für verschiedene Ausbaustufen aufzustellen.

Natürlich wäre es auch nicht zweckmäßig, ohne triftigen Grund zu große Einheiten zu wählen. Um die Anlage- und Betriebskosten möglichst herabzusetzen, werden nicht selten außergewöhnlich große Maschinensätze aufgestellt. Nun ist aber zu berücksichtigen, daß von einer gewissen Größe an der Einheitspreis für 1 PS nicht mehr erheblich abnimmt. Die Aufstellung von Kesseln mit 1000 qm Heizfläche und mehr, sowie die Wahl von Dampfturbinen mit Leistungen von 40 000 PS und darüber bringt keine wesentlichen Ersparnisse gegenüber kleineren Einheiten. Wenn auch große Einheiten bei Vollbelastung einen etwas kleineren Brennstoffverbrauch ergeben und weniger Platz, weniger Bedienung und weniger Schmieröl erfordern, so hat anderseits eine größere Zahl kleinerer Einheiten den Vorzug besserer Anpassungsfähigkeit an die Belastungsschwankungen des Betriebes; vgl. auch die Ausführungen im nächsten Abschnitt. Handelt es sich beispielsweise um eine größere Anlage mit Dauerbetrieb, so empfiehlt es sich schon um deswillen, die Antriebskraft zu unterteilen, damit man zu gewissen Zeiten, z. B. in der Nacht, nur eine Maschine laufen lassen und auf diese Weise Brennstoff- und Betriebsführungskosten der übrigen Maschinen sparen kann. Außerdem kommt hier die Frage der Reserve in Betracht. Macht man zur Bedingung, daß mindestens ein Reservesatz vorgesehen wird, der auch noch bei der höchsten Belastung zur Verfügung steht, so fallen die Anlagekosten und der Platzbedarf für diesen Maschinensatz um so größer aus, je größere Einheiten zur Aufstellung kommen. Und nicht zuletzt ist noch zu beachten, daß eine Betriebstörung an einer sehr großen Einheit gleich einen bedeutenden Kraftausfall zur Folge hat.

Wie hier zu verfahren ist, sei an einem einfachen Beispiel gezeigt. Angenommen, für einen Betrieb seien 600 qm Kesselheizfläche erforderlich. Es wäre gemäß oben ohne Zweifel unzweckmäßig, wollte man hierfür einen einzigen Kessel von 600 qm Heizfläche und einen gleichgroßen Reservekessel aufstellen. Man käme alsdann auf eine Gesamtheizfläche von 1200 qm. Richtiger ist es, drei Kessel von je 300 qm oder vier Kessel von je 200 qm zu wählen, wobei jeweils ein Kessel als Reserve dient. Im vorliegenden Fall ist eine Kesselgröße von 200 qm das geeignetste, weil man hierbei mit einem einteiligen Rost auskommt, weil sich die Anlage bei einem Minderbedarf von 100 qm Heizfläche etwas billiger stellt, und weil die Anpassungsfähigkeit und Betriebsicherheit bei vier Kesseln größer ist als bei drei. Um festzustellen, welche Maschinengröße im einzelnen Falle die wirtschaftlichste ist, verfährt man ähnlich. Gegebenenfalls müssen hier Vergleichsrechnungen durchgeführt werden, die den Ausnützungsfaktor und die Form der Belastungskurve berücksichtigen.

Bei größeren Anlagen empfiehlt es sich schon aus betriebstechnischen Rücksichten, möglichst Maschinensätze von gleicher Bauart und Größe aufzustellen. Man erreicht dadurch eine größere Einheitlichkeit der Gesamtanlage und vereinfacht den Betrieb. Ferner braucht man nur einen Satz Reserveteile auf Lager zu halten, d. h. man spart an Reserveteilen sowie unter Umständen an Maschinenreserve und damit auch an Anlagekapital; vgl. nächsten Abschnitt.

Ob sich die vielfach beliebte Aufstellung eines besonderen kleineren Maschinensatzes für die Zeiten schwacher Belastung empfiehlt, muß durch eingehende rechnerische Überlegungen festgestellt werden. Vielfach wird hierbei kein wirtschaftlicher Gewinn herauszurechnen sein, da meistens die Ersparnisse an Brennstoff durch den Mehraufwand für Verzinsung und Abschreibung ausgeglichen oder übertroffen werden.

Mit Bezug auf Kesselanlagen ist hier noch darauf hinzuweisen, daß sich durch hohe Beanspruchung der Heizflächen die Zahl der Kessel und damit auch die Kosten für Verzinsung und Abschreibung sowie die Ausgaben für Anheizkohlen verringern lassen. Jedoch ist zu beachten, daß eine übermäßig hohe Kesselbeanspruchung u. a. den Wirkungsgrad der Kessel verschlechtert; vgl. S. 366 und 446.

78. Reserveanlagen.

Zur Reserve gehören diejenigen Maschinen und Kessel, die über den augenblicklichen Kraft- und Wärmebedarf hinaus vorhanden sind. Auch Akkumulatorenbatterien sind hierher zu rechnen. Schwankt die

Belastung eines Werkes mit der Jahreszeit, so kann sich die Zahl der in Reserve stehenden Maschinen und Kessel ändern. Im nachfolgenden sei deshalb die Reserve auf die Höchstbelastung des betreffenden Werkes bezogen.

Eine Reserve ist für die meisten größeren Betriebe erwünscht, für öffentliche Elektrizitätswerke aber ein unbedingtes Erfordernis, zumal deren Genehmigung nicht selten davon abhängig gemacht wird. Eine Reserveanlage empfiehlt sich überall dort, wo der durch eine allenfallsige Betriebstörung entstehende Schaden größer ist als die Kosten, die durch Aufstellung einer für gewöhnlich nicht benützten Anlage entstehen.

Die Reserve stellt ein praktisch totes Kapital dar. Je größer die Reserve ist, desto geringer wird der Ausnützungsfaktor der Gesamtanlage. Auf ihre Größe sind von Einfluß:

1. Die Art, Größe und Unterteilung der Kraftanlage sowie die Überlastbarkeit der einzelnen Maschinen.
2. Die Art und Dauer des Betriebes. Ein Elektrizitätswerk z. B. muß im allgemeinen mit einer größeren Reserve als eine Fabrikzentrale rechnen. Von dem ersteren wird mit Rücksicht auf die zahlreichen Kraft- und Lichtabnehmer ein besonders hohes Maß von Betriebsicherheit gefordert. Bei Fabrikbetrieben wiederum, die auf Vorrat arbeiten, oder bei denen der Betrieb ohne wesentliche Geldeinbuße auf einige Zeit eingeschränkt werden kann, genügt eine kleinere Reserve, als bei Fabrikbetrieben, die auf möglichst gleichmäßige Erzeugung angewiesen sind. Und endlich kommt hier in Betracht, ob die Maschinen ständig laufen oder nicht. Werden die Maschinen z. B. in der Sommerszeit geschont und gut instand gesetzt, so kann man allenfalls in der Winterszeit mehr mit ihnen riskieren, als wenn sie während des ganzen Jahres in Betrieb sind. Oder allgemein ausgedrückt, die Größe der Reserve richtet sich nach der Betriebsdauer. Ist eine Anlage täglich nur kurze Zeit im Betrieb, so kann man unter Umständen auf eine Reserve verzichten; jedenfalls aber kann man sich mit einer kleineren Reserve begnügen, weil sich einstellende Mängel allenfalls in den Betriebspausen beseitigt werden können. Wenn hingegen Dauerbetrieb vorliegt, so wird vielfach volle (100%) Reserve notwendig sein.
3. Die Güte der Maschinen und ihre Wartung. Die Möglichkeit oder Wahrscheinlichkeit von Betriebstörungen ist naturgemäß um so größer, je minderwertiger die Maschinen in baulicher Hinsicht und bezüglich ihrer Betriebsicherheit sind, und je mangelhafter sie bedient und instandgehalten werden.
4. Die Lage des Ortes. Es ist ein Unterschied, ob sich in nächster Nähe eines Betriebes eine Maschinenfabrik befindet und die Beschaffung von Ersatzteilen wenig Zeit beansprucht, oder ob der betreffende Betrieb weit abseits oder im Ausland gelegen ist.

5. Die Entwicklung und voraussichtliche Erweiterung des betreffenden Betriebes.
6. Die persönliche Ansicht des Betriebsleiters oder Besitzers. Ist jemand sehr gewissenhaft, so wird er unter Umständen eine größere Reserve für notwendig halten, als jemand, der sorgloser veranlagt ist.

Der Prozentsatz der Reserve ist im allgemeinen um so niedriger, je größer die Kraftanlage, und je weitgehender sie unterteilt ist. Bei großen Anlagen begnügt man sich häufig mit 15—30% der Maschineneinheiten als Reserve, wobei jedoch mindestens ein vollständiger Maschinensatz, der auch bei der höchsten Belastung noch zur Verfügung steht, als Reserve vorhanden sein sollte. Bei kleinen Anlagen kann die Reserve bis zu 100% der eigentlichen Betriebsanlage ausmachen. Aber auch bei großen Anlagen erweisen sich große Reserven als notwendig, wenn nur wenige, sehr große Maschineneinheiten zur Aufstellung kommen, wie dies heute vielfach bei Großkraftwerken geschieht. Im übrigen ist zu beachten, daß sich die verfügbare Reserve eines Werkes mit seiner Entwicklung ändert. Für den ersten Ausbau hat man die größte Reserve notwendig; je weiter das Werk ausgebaut wird, desto geringer kann die Reserve werden. Nicht selten geht man erst dann au die Aufstellung neuer Einheiten, wenn der Kraftbedarf so zugenommen hat, daß zeitweise die sämtlichen Maschinen in Betrieb genommen werden müssen. Wenn z. B. für den ersten Ausbau eines Elektrizitätswerkes eine Reserve von 100% vorgesehen wird, so tritt bei rascher Zunahme des Strombezuges bald der Fall ein, daß in den Wintermonaten zur Zeit der Höchstbelastung die sämtlichen Maschinen laufen müssen, so daß zwar noch Leistungsreserve, aber keine Maschinenreserve mehr vorhanden ist.

Wenn es sich um Maschinen von gleicher Bauart und Größe handelt, so kann man sich unter Umständen mit einer geringeren Reserve begnügen, da man alsdann die Möglichkeit der Auswechslung hat. Wird z. B. an einem Maschinensatz die Dynamo-, am andern dagegen die Kraftmaschine schadhaft, so kann man sich allenfalls damit helfen, daß man die beiden guten Teile zusammenfügt. Die Aufstellung gleicher Maschinensätze ist schon um deswillen anzustreben, weil man dann mit weniger Reserveteilen auskommt.

Bei genügender Unterteilung der Gesamtkraft wird bisweisen von der Aufstellung einer Reserve überhaupt abgesehen. Die Anlage besitzt dann schon in sich selbst eine gewisse Reserve, da bei Eintritt einer Betriebstörung an einem Aggregat die übrigen Maschinensätze vorübergehend überlastet werden können. Daraus erhellt die Wichtigkeit und der Wert großer Überlastbarkeit der Kraftmaschinen für manche Betriebe.

Bei großen Kesselanlagen wird unter gewöhnlichen Verhältnissen auf je 8 Kessel mindestens ein Reservekessel aufgestellt. Bei kleineren Anlagen pflegt man schon auf 4 Kessel einen Reservekessel zu rechnen.

Bisweilen verzichtet man auch ganz auf eine Reserve und strengt bei Außerbetriebsetzung eines Kessels die übrigen Aggregate entsprechend mehr an. Da die dauernd zulässige Höchstbeanspruchung moderner Hochleistungskessel meist um $^1/_4 - ^1/_3$ größer ist als die normale Leistung, so kann man von je 4 Kesseln einen stillegen und die normale Dampfmenge vorübergehend mit den 3 übrigen Kesseln erzeugen. Bei Anlagen, die nur einen einzigen Kessel betreiben, beträgt die Reserve 100%.

Ebenso wie bei Wärmekraftmaschinen empfiehlt sich auch bei Elektromotoren eine Reserve oder doch mindestens das Bereithalten von Reserveankern, letzteres insbesondere dort, wo mehrere Motoren gleicher Bauart und Größe vorhanden sind, weil man dann sicher sein kann, daß der Reserveanker eines Tages auch wirklich verwendet wird. Die Aufstellung gleicher Motoren hat außer dem Vorteil, daß man nur eine gemeinsame Reserve zu halten braucht, noch den der Auswechselbarkeit.

Beim Anschluß an ein Großkraftwerk ist die Frage der Aufstellung einer unabhängigen Betriebskraft als Reserve von Fall zu Fall zu erwägen, da zeitweilige Störungen in der Stromzufuhr trotz aller Sicherheitsvorkehrungen nicht zu vermeiden sind[1]). Die Erfahrung hat z. B. gelehrt, daß es sich für Hotels, Kaffees, Warenhäuser usw., die an ein Großkraftwerk angeschlossen sind, nicht so sehr aus wirtschaftlichen Gründen[2]), als vor allem aus Sicherheitsgründen empfiehlt, eine Akkumulatorenbatterie in Verbindung mit einem Umformer (z. B. einem Quecksilber-Gleichrichter) aufzustellen. Tritt eine Unterbrechung in der Stromzufuhr ein, so hat man wenigstens für die Beleuchtung (Notbeleuchtung) eine unabhängige, sich selbsttätig einschaltende Stromquelle. Allerdings ist nicht zu verkennen, daß eine Akkumulatorenbatterie immer eine verhältnismäßig kostspielige und empfindliche Einrichtung ist.

Beispiel. Für einen Fabrikbetrieb (Maschinenfabrik oder dgl.) mit eigener Kraft- und Lichterzeugung soll eine neue Kraftanlage eingerichtet werden. Die Reserve sei so zu bemessen, daß das Schadhaftwerden einer Kraftmaschine keine Störung im Fabrikbetrieb zur Folge hat.

Zunächst ist zu ermitteln, wie sich in dem betreffenden Fabrikbetrieb die Belastung der Kraftanlage im Verlauf eines Tages und eines Jahres ändert. Angenommen, der Antrieb der Arbeitsmaschinen erfordere während der ganzen Dauer der Arbeitszeit nahezu gleichbleibende Kraft, so entstehen größere Belastungsschwankungen nur durch die Lichtanlage und durch die regelmäßig einsetzenden Betriebspausen. Im Durchschnitt eines Jahres möge sich in unserem Falle das in Fig. 71 dargestellte Tagesdiagramm ergeben. Bei Aufzeichnung dieses mittleren Diagrammes wurde nicht weiter berücksichtigt, daß das Ein- und Ausrücken einzelner Arbeitsmaschinen und das Aufladen der für die Nachtbeleuchtung dienenden Akkumulatorenbatterie immer gewisse Belastungsschwankungen mit sich bringt, sowie daß zu Anfang und zu Ende der Arbeitszeit die Belastung nicht plötzlich steigt und sinkt. Erfahrungsgemäß läßt die Arbeit schon einige Minuten vor Betriebsunterbrechung nach, während umgekehrt bei Wiederaufnahme des Betriebes immer eine gewisse Zeit verstreicht, bis die Arbeit in vollem Gang ist. Es verlaufen deshalb die

---

[1]) Vgl. Abschnitt 59.

[2]) Vgl. Abschnitt 26, S. 65, letzter Absatz.

Linien ab, ef, gh usw. in Wirklichkeit nicht genau senkrecht; auch weist das wirkliche Belastungsdiagramm keine scharfen Ecken, sondern allmähliche Übergänge auf.

Bemerkt sei, daß sich die Längen der Linien bc und op mit der Jahreszeit ändern. Am längsten dauert die Lichtbelastung im Monat Dezember, während sie gegen die Sommerszeit hin auf Null zurückgeht.

Am einfachsten und im allgemeinen bei kleinen und mittleren Anlagen am zweckmäßigsten ist es nun, zwei gleich große Maschinen aufzustellen. Entspricht z. B. bei zwei Maschinen die größte Dauerleistung jeder Maschine dem größten Kraftbedarf ab bzw. qp, so genügt eine Maschine für den ganzen Betrieb und es ist für den Fall einer Störung volle Reserve vor-

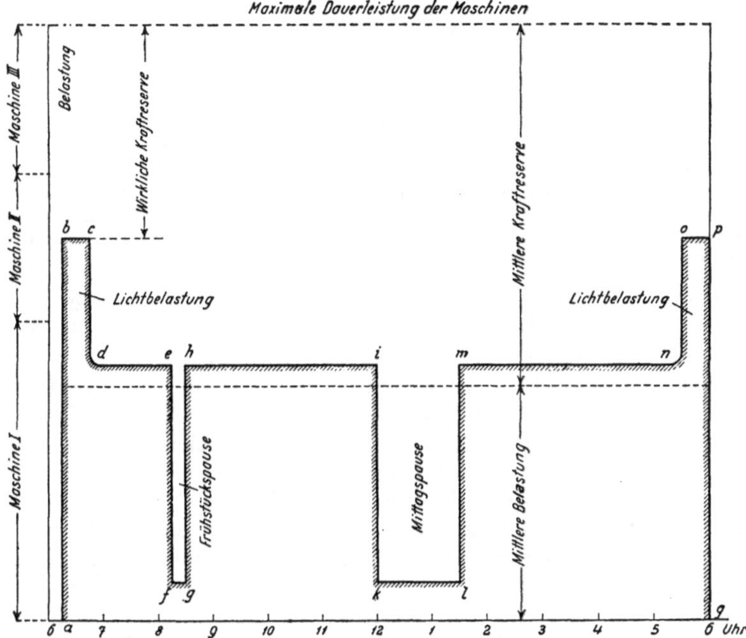

Fig. 71. Mittleres Tagesdiagramm des Kraft- und Lichtbedarfs eines Fabrikbetriebs (Maschinenfabrik o. dgl.).

handen. Betreibt man die Maschinen abwechselnd, so werden sie beide gleichmäßig abgenutzt bzw. geschont.

Die Aufstellung zweier gleich großer Maschinen hat den Nachteil, daß die in Betrieb befindliche Kraftmaschine während des größten Teils der Betriebsdauer unterbelastet ist, und daß die Anschaffungskosten unnötig hoch sein können. Es kann sich deshalb bei genauer Berechnung als wirtschaftlicher erweisen, eine größere und zwei kleinere Maschinen aufzustellen. In Fig. 71 wurde angenommen, daß jede der kleinen Maschinen halb so viel wie die große leistet, und daß während der Dauer der Beleuchtung die große Maschine zusammen mit einer kleinen arbeitet. Es ist dann allerdings nur eine beschränkte Reserve vorhanden; wird Maschine II schadhaft, so kann Maschine III vollwertig dafür einspringen; wenn aber Maschine I schadhaft würde, so ist kein voller Ersatz vorhanden; es müssen dann die Maschinen II und III vorübergehend (während der Beleuchtungszeit) überlastet werden.

Die Unterteilung gemäß Fig. 71 hat den Vorteil, daß nach Schluß der Beleuchtungszeit nur noch die große Maschine zu laufen braucht, die alsdann nahezu voll ausgenützt ist. Über Mittag hingegen, wo nur ein kleiner Teil der Arbeitsmaschinen durchläuft, der Kraftbedarf also gering ist, kann man eine der beiden kleinen Maschinen in Betrieb nehmen.

Naturgemäß kann sich im einzelnen Fall und besonders bei großen Anlagen auch eine weitergehende Unterteilung, als vorstehend angenommen, empfehlen. Es hängt dies ganz von der Art und Größe der Kraftanlage sowie von der Art des Betriebes ab.

Trägt man in Fig. 71 die mittlere Belastung während eines Betriebstages ein, so ergibt sich die punktierte Linie. Der Abstand dieser Linie von der Linie der gesamten installierten Maschinenleistung stellt die gegenüber dem Mittelwert verfügbare Kraftreserve dar und gibt ein Bild von dem Ausnutzungsfaktor oder, richtiger gesagt, von dem mittleren Belastungsgrade der ganzen Maschinenanlage während der täglichen Betriebszeit. Diese mittlere Kraftreserve ist nicht mit der Reserve bei Höchstbelastung zu verwechseln, auf die es hier vor allem ankommt; sie hat nur Vergleichswert.

Im vorstehenden wurde angenommen, daß die Akkumulatorenbatterie in der Hauptsache nur für die Nachtbeleuchtung des Werkes dient. In Wirklichkeit kommt ihr auch bei Störungen während der Betriebszeit die Bedeutung einer gewissen Reserve zu, insofern als sie auf einige Zeit die Beleuchtung übernehmen und so die Maschinenanlage um den Betrag der Lichtspitze entlasten kann. Auch kann sie bei genügender Größe den Lichtbedarf mehr oder weniger vollkommen decken und die Belastung der Kraftmaschinen vergleichmäßigen und auf diese Weise die Aufstellung kleinerer Maschinen ermöglichen.

Gemäß S. 149 ist für Reserveanlagen diejenige Anlage die wirtschaftlichste, deren Kapitalkosten am kleinsten sind. Da Elektromotoren die geringsten Anschaffungskosten verursachen, so sind sie im allgemeinen für Reservezwecke wirtschaftlicher als Wärmekraftmaschinen. Dabei haben Elektromotoren, ebenso wie Leuchtgas-, Benzin- und Dieselmotoren, den Vorzug jederzeitiger Betriebsbereitschaft. Es kann sich deshalb empfehlen, einen Gewerbebetrieb oder eine Fabrikzentrale an ein Elektrizitätswerk oder Überlandwerk anzuschließen, um bei einer Betriebstörung an der eigenen Kraftanlage Energie aus dem Elektrizitätswerk beziehen zu können[1]). Ein derartiger Anschluß, der gleichzeitig den Vorteil hat, daß man bei zeitweiser Einlegung von Nachtschichten in einzelnen Betriebsabteilungen die eigene Kraftanlage nicht über Nacht in Betrieb zu halten braucht, erscheint allerdings nur dort wirtschaftlich, wo die Kosten des Anschlusses und die in derartigen Fällen seitens der Elektrizitätswerke geforderte vertragsmäßige Entschädigung für Bereitstellung der Stromerzeugungsanlage und des Leitungsnetzes, kurz gesagt die Stromrechnungen nicht zu hoch sind. Naturgemäß ist hier auch von Einfluß, ob während der Nachtzeit außer Kraft auch Wärme benötigt wird. Wenn schon einmal die Kesselanlage für Heizzwecke weiter betrieben werden müßte, so würde man zweckmäßig auch die Kraftmaschinen in Betrieb halten.

Im übrigen ist zu bemerken, daß bei der Auswahl der Reserveanlage nicht immer die Kostenfrage allein entscheidend ist. Wo auf rascheste Betriebsbereitschaft großer Wert gelegt wird, sind oft Gesichtspunkte besonderer Art maßgebend; vgl. z. B. die Ausführungen

[1]) Vgl. auch die Ausführungen von Thierbach S. 167 über Reserveanschlüsse bei Wasserkraftanlagen.

über Reservedampfkessel S. 155. Auch kann sich in solchen Fällen gemäß S. 149 ein Dieselmotor empfehlen, wenngleich vom wirtschaftlichen Standpunkt aus einer Dampfkraftmaschine der Vorzug gebühren würde.

79. Lage und Anordnung von Kraftwerken.

Da man sehr häufig die Beobachtung machen kann, daß die Lage von Kraftwerken eine wenig zweckentsprechende ist, so seien im nachfolgenden die Gesichtspunkte erörtert, die auf die Lage des Werkes von Einfluß sind.

Die Lage des Kraftwerkes soll mit Rücksicht auf die Kosten der Fernübertragung möglichst im Schwerpunkt des Verbrauchs gewählt werden. Jedoch kann sich mit Rücksicht auf örtliche und sonstige Verhältnisse, wie Wasserbeschaffung, Kohlenzufuhr, Grundstückspreis, Beschaffenheit des Baugrundes, die Möglichkeit künftiger Erweiterung usw., eine andere Lage als wirtschaftlicher erweisen; vgl. auch S. 182. Bei Ausnützung der Maschinenabwärme sollte das Kraftwerk möglichst in die Nähe der hauptsächlichsten Wärmeverbrauchstellen gelegt werden. Auf diesen Umstand hat man bisher bei größeren Kraftwerken bzw. Elektrizitätswerken viel zu wenig Rücksicht genommen, obgleich doch die Vereinigung eines Elektrizitätswerkes mit einer Fern-Warmwasserheizung vielfach die technisch vollkommenste und wirtschaftlichste Gesamtanlage ergeben würde.

Bei Wahl der Grundstücke für größere Kraftwerke ist besonders auf günstigen Bahnanschluß Rücksicht zu nehmen, damit der Transport der Baustoffe und Maschinenteile, vor allem aber die Brennstoffzufuhr möglichst billig wird. Billige Brennstoffzufuhr ist hauptsächlich dort anzustreben, wo es sich um die Verheizung geringwertiger Brennstoffe, z. B. Rohbraunkohle, handelt. Für große Dampfkraftwerke mit Turbinenbetrieb empfiehlt sich die Lage möglichst dicht an einem größeren Wasserlauf oder See, damit zum Betrieb der Kondensation genügend Kühlwasser zur Verfügung steht. Rückkühlanlagen sind für Turbinenwerke nicht erwünscht, weil durch die höhere Kühlwassertemperatur der Dampfverbrauch ungünstig beeinflußt wird. Am günstigsten sind die Verhältnisse dort, wo das Kraftwerk an einen schiffbaren Fluß gelegt werden kann, da man dann außer dem Vorteil einer unbegrenzten Kühlwassermenge noch denjenigen einer bequemen und billigen Kohlenzufuhr hat. Bei Benützung des Wasserweges ist jedoch auf ein ausreichend großes Kohlenlager Rücksicht zu nehmen; vgl. Abschnitt 81. Im übrigen empfiehlt sich auch bei Lage des Kraftwerkes an einem schiffbaren Fluß Bahnanschluß, denn es ist immerhin mit der Möglichkeit zu rechnen, daß im Frühjahr, wenn die alten Kohlenvorräte nahezu aufgearbeitet sind, unerwartet eine längere Trockenperiode einsetzt, so daß unter Umständen der Wassertransport versagt. Eine Anlage, bei der diesen Forderungen in besonders günstiger Weise Rechnung getragen werden konnte, zeigt Fig. 75, S. 307.

Ist die Grundstücksfrage gelöst, so handelt es sich um die Anordnung und Stellung der einzelnen Gebäude zueinander und zum Fluß. In dieser Hinsicht ist zu sagen, daß die Lage des Werkes möglichst nahe beim Fluß und so zu wählen ist, daß der Transport der Kohle vom Fluß zum Kohlenlager und von da zum Kesselhaus möglichst kurz ist, damit die Kohlenförderanlage sowohl in der Anschaffung als auch im Betrieb die geringsten Kosten verursacht. Gleichzeitig ist darauf Rücksicht zu nehmen, daß auch die Kühlwasserzu- und -ableitungen möglichst kurz und billig ausfallen. Ferner ist von Wichtigkeit, daß die Anordnung der Gebäude so gewählt wird, daß späterhin eine bequeme, mit wenig Störungen verbundene Erweiterung möglich ist. Und nicht zuletzt ist — insbesondere bei beschränkten Platzverhältnissen — darauf Rücksicht zu nehmen, daß die Gesamtanlage auf möglichst

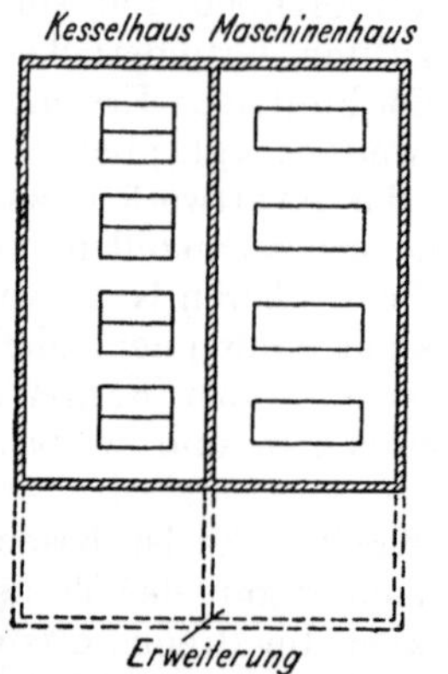

Fig. 72. Frühere Anordnung von Kessel- und Maschinenhaus.

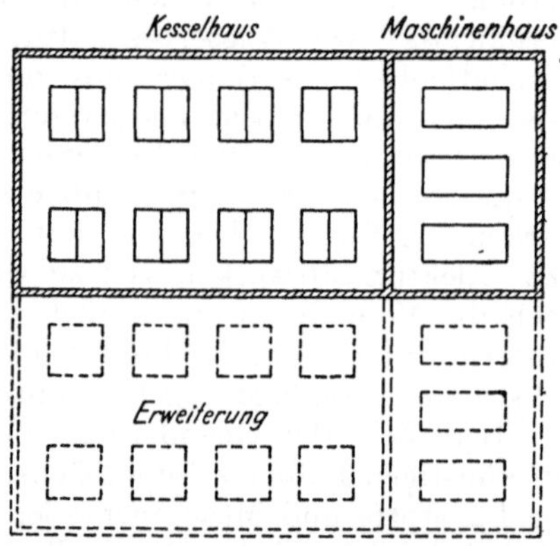

Fig. 73. Heutige Anordnung von Kessel- und Maschinenhaus.

kleinem Raum untergebracht werden kann. Im übrigen ist natürlich die Gesamtanordnung des Kraftwerkes in erster Linie von der Form und Lage des Grundstücks abhängig.

Um an Baukosten zu sparen und gleichzeitig die Rohrleitungsverluste zu verringern, wird das Kesselhaus unmittelbar an die Maschinenhauslängswand angebaut. In früheren Jahren war es üblich, das Kesselhaus einreihig und parallel zum Maschinenhaus anzuordnen gemäß Fig. 72, wobei die Erweiterung in der punktiert angedeuteten Weise erfolgte. Da man früher noch keine so großen Maschineneinheiten wie heute baute, und da es sich zudem um Kolbenmaschinen handelte, so stimmte die von der Maschinenanlage benötigte Länge annähernd mit derjenigen der Kesselanlage überein. Diese Bauweise verdiente hier in bezug auf Billigkeit, Übersichtlichkeit, Einfachheit der Rohrleitungen und der Kohlenförderanlage den Vorzug. Seit Einführung der Turbinen mit ihrem geringen Platzbedarf baut sich das Maschinenhaus bei größeren Turbineneinheiten wesentlich kürzer als das Kesselhaus. Man ordnet deshalb das Kesselhaus heute meist gemäß Fig. 73

zweireihig und senkrecht zum Maschinenhaus an. Hierbei ergibt sich gleichzeitig der Vorteil kürzester Dampfwege und billigster Rohrleitungen. Die Erweiterung geschieht dann zweckmäßig in der in Fig. 73 punktiert angedeuteten Weise, indem man das Maschinenhaus verlängert und neben das vorhandene Kesselhaus ein zweites oder drittes anbaut.

Bei großen Kraftwerken wird man von vornherein mehrere zweireihige Kesselhäuser nebeneinander errichten, die senkrecht zum Maschinenhaus stehen. Ein zu langes Kesselhaus ist nämlich mit Rücksicht auf die große Entfernung der äußersten Kessel vom Maschinenhaus sowie mit Rücksicht auf die Länge und Übersichtlichkeit der Rohrleitungsanlage nicht erwünscht. Durch Verteilung der gesamten Dampfleistung auf mehrere, voneinander unabhängige Kesselhäuser wird außerdem die Betriebsicherheit erhöht.

Für die Anordnung der Maschinensätze im Maschinenraum kommen drei Aufstellungsarten in Betracht:

1. Aufstellung senkrecht zur Maschinenhausachse nebeneinander;
2. Aufstellung in der Maschinenhausachse hintereinander;
3. Zweireihige Aufstellung in der Maschinenhausachse hintereinander.

Am günstigsten und deshalb am häufigsten angewendet ist im allgemeinen die erste Aufstellungsart, da sie bei guter Raumausnützung die kleinsten Gebäudekosten verursacht, die Bedienung vereinfacht und bei Dampfanlagen einfache und übersichtliche Dampfleitungen sowie Kühlwasserzu- und -ableitungen ergibt. Auch lassen sich bei dieser Aufstellung die Luftfilter und Luftkanäle von Turbogeneratoren bequem unterbringen. Die zweite Anordnung ergibt ein schmales, langes Maschinenhaus und kommt bei Dampfturbinenkraftwerken mit sehr großen Maschineneinheiten in Betracht, wo für jede Einheit ein zweireihiges Kesselhaus erforderlich ist. Wollte man hier die Maschinen senkrecht zur Maschinenhausachse aufstellen, so würde die Breitenabmessung der Kesselhäuser größer als die erforderliche Längenabmessung des Maschinenhauses. Die dritte Anordnung bietet gegenüber Anordnung 1 keine Vorteile; im Gegenteil hat sie bei Dampfanlagen den Nachteil einer weniger günstigen Führung der Rohrleitungen und Kanäle. Aus diesen Gründen wird Anordnung 3 heute kaum mehr angewendet.

Von Wichtigkeit ist eine bequeme Verbindung der einzelnen Betriebsräume bei möglichster Vermeidung von Treppen.

Auf die Höhenlage des Kraftwerkes gegenüber dem umgebenden Gelände ist von Einfluß

1. die Beschaffenheit des Baugrundes;
2. die gegenseitige Lage der verschiedenen Wasserspiegel (Grund- und Oberflächenwässer), wobei hochwasserfreie Aufstellung des Werkes anzustreben ist;
3. die Rücksicht auf billige Fundierung und geringen Erdaushub;
4. die Rücksicht auf helle, durch Tageslicht beleuchtete und gut lüftbare Räume;
5. unter Umständen auch die Rücksicht auf das Zufahrtsgeleise.

An sich wäre es wohl am zweckmäßigsten, Kessel- und Maschinenhaus so hoch zu legen, daß sich die Kellerräume etwa auf gleicher Höhe mit dem umgebenden Gelände befinden. Auf diese Weise bekommt man helle und luftige Kellerräume, verringert die Kosten für Erdaushub und Fundierung auf den geringsten Betrag und kann, was allerdings nicht so sehr wichtig ist, die Asche und Schlacke bequem aus dem Kesselhaus abfahren. Nun ist aber zu berücksichtigen, daß der Wasserstand von Flüssen oft innerhalb ziemlich weiter Grenzen schwankt. Man muß deshalb das Kraftwerk so tief legen, daß die Saughöhe der Kondensatoren oder der Kühlwasserpumpen auch bei tiefstem Wasserstande den zulässigen Betrag nicht überschreitet, wobei aber immer zu berücksichtigen ist, daß die Kellerräume und Rauchkanäle des Kraftwerkes möglichst hochwasserfrei liegen sollen.

Es kann hier von Fall zu Fall mehr dem einen oder andern Gesichtspunkt Rechnung getragen werden, je nach den persönlichen Ansichten des projektierenden Ingenieurs oder des Auftraggebers.

In Fällen, in denen man das Kraftwerk nicht so tief legen kann oder will, als es die Rücksicht auf den tiefsten Wasserstand erfordern würde, ist der Ausweg möglich, daß man die Kühlwasserpumpen vertieft anordnet und mittels senkrechter Welle von oben antreibt. Allerdings sollte man senkrechte Antriebe nach Möglichkeit vermeiden, weil erfahrungsgemäß die Schmierung senkrechter Wellen schwieriger ist als bei liegenden. Dazu kommt noch, daß die Wartung einer vertieft aufgestellten Pumpe infolge ihrer schlechteren Zugänglichkeit eine weniger gute ist, als bei einer im Hilfsmaschinenraum untergebrachten liegenden Pumpe. Und endlich ist auch die Demontage vertiefter Pumpen unbequemer. Aus allen diesen Gründen wird man nur in Notfällen auf sie zurückgreifen.

Bei Anordnung einer vertieften Kühlwasserpumpe ist darauf zu achten, daß auch bei niederstem Wasserstande der Höhenunterschied zwischen Oberkante Kondensator und Ausgußwasserspiegel den Betrag von 8—9 m (je nach dem Barometerstand) nicht überschreitet, weil sonst die Wassersäule im Abflußrohr abreißt und der Kraftschluß zwischen Kühlwasserzu- und -abfluß unterbrochen wird; vgl. S. 232. Nötigenfalls muß zwischen Kondensator und Abflußkanal ein Ausgußbecken mit freiem Überlauf eingeschaltet werden; vgl. Fig. 74.

Wenn der Keller des Kesselhauses auf Geländehöhe liegt, so empfiehlt es sich, eine Auffahrtsrampe zum Kesselhausflur zwecks bequemen Einbringens schwerer Kesselteile (mittels Rollwagen) vorzusehen. Diese Rampe kann bei Versagen der Kohlenförderanlage auch zum Einbringen von Kohle ins Kesselhaus benützt werden. Meist wird allerdings nur der Maschinenhauskeller auf Geländehöhe gelegt, während der Kesselhauskeller vertieft angeordnet wird, derart, daß der Kesselhausflur auf Geländehöhe zu liegen kommt. Es hat dies den Vorzug, daß man vom Mittelgang des Kesselhauses unmittelbar in den Kondensatorraum und vom Maschinenhausflur auf die Bedienungsgalerie der Kessel gelangen kann. Daß bei vertiefter Anordnung des Kesselhauskellers die

Asche und Schlacke etwas höher zu heben ist, spielt bei Vorhandensein eines Elevators o. dgl. keine Rolle. Wo der Baugrund sehr schlecht ist, bleibt nichts anderes übrig, als auch die Kellersohle des Maschinenhauses vertieft anzuordnen. Auf die gesamte Gebäudehöhe und die Kosten des eigentlichen Gebäudes ist die Höhenlage des Kraftwerkes ohne Einfluß.

Die Umfassungsmauern der Gebäude werden bis zur Bodenoberfläche in der Regel aus Beton, wo erforderlich mit Eiseneinlagen hergestellt. Für Grundmauern empfiehlt sich Beton schon mit Rücksicht auf Grundwasser. Wo jedoch kein Grundwasser vorhanden und guter tragfähiger Boden in passender Tiefe gegeben ist, kann allenfalls auch

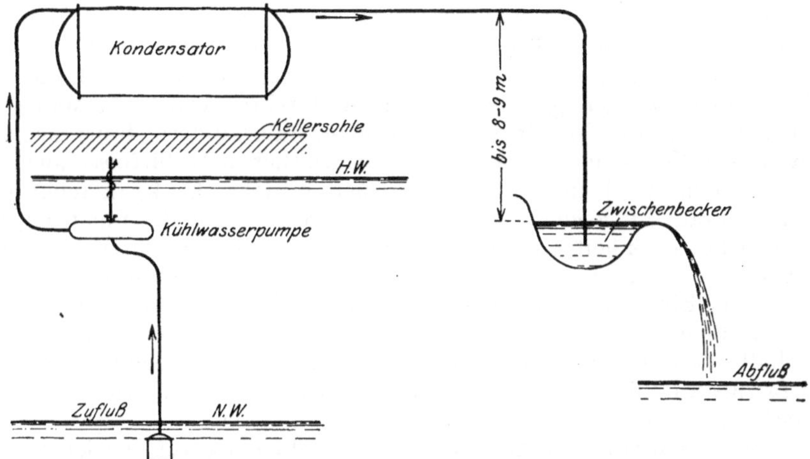

Fig. 74. Kondensator mit vertieft angeordneter Kühlwasserpumpe und einem Ausgußbecken mit freiem Überlauf.

das ganze Gebäude samt den Grundmauern in Ziegelmauerwerk hergestellt werden.

Abschlußmauern, die bei späterer Erweiterung wieder beseitigt werden, sollen, auch soweit sie Fundamentmauern sind, nicht in Beton, sondern in Ziegelmauerwerk ausgeführt werden. Wo dies nicht berücksichtigt wird, macht die spätere Beseitigung der Mauern unter Umständen erhebliche Schwierigkeiten.

Wo Krananlagen in Aussicht genommen sind, muß von vornherein darauf Rücksicht genommen werden, daß die Unterstützungspfeiler für die Kranbahn die nötige Tragfähigkeit besitzen. Die Höhenlage des Krans ist so zu wählen, daß auch die höchsten Maschinenteile noch so hoch gehoben werden können, um gegebenenfalls über andere Maschinen hinwegfahren zu können. Hierdurch wird die Bauhöhe des Gebäudes beeinflußt.

Weiteres über den baulichen Teil enthält der folgende Abschnitt.

80. Baulicher Teil von Kraftanlagen.

Das im Maschinenbau schon seit langem herrschende Streben nach Vereinheitlichung der Konstruktionen sollte auch bei Krafthausbauwerken nach Möglichkeit berücksichtigt werden. Ein Kraftwerk ist nichts anderes als eine Fabrik zur Erzeugung mechanischer oder elektrischer Energie. Die wichtigste Forderung, die sich bei Fabrikbauten ergibt, ist die, daß die Bauten sachlich, d. h. ihrem Zweck entsprechend ausgeführt werden. Ihre Außenseite soll jeden Anflug von Romantik vermeiden und unter Berücksichtigung einfacher und schöner Linienführung ruhig und solide wirken und sich vor allem nicht in kleinliche Formen verlieren. Es ist durchaus unangebracht, für derartige Nutzbauten Renaissanseformen o. dgl. zu verwenden und den wahren Charakter der Gebäude nach außen hin zu verdecken, indem man dem Beschauer Bauwerke vorzutäuschen sucht, die wie Theater, Museen u. dgl. idealen Bedürfnissen zu genügen haben. Die Architekten von heute sind verpflichtet, sich von den Bauformen früherer Jahrhunderte freizumachen und etwas Neues zu schaffen, das die neuzeitlichen Bedürfnisse auch in der äußeren Erscheinung zum Ausdruck bringt. Es kann nicht oft genug darauf hingewiesen werden, daß Zweckbauten die ihnen eigene technische Schönheit einbüßen, wenn man sie mit nutzlosem künstlerischen Beiwerk umgibt. Das Verkleiden von Eisenkonstruktionen, z. B. das Einziehen einer besonderen Kunstdecke im Maschinenhaus, nur zu dem Zweck, die eiserne Dachkonstruktion zu verdecken, muß deshalb als durchaus untechnisch und widersinnig bezeichnet werden. Derartige Eisenkonstruktionen sollte man stets auch äußerlich in die Erscheinung treten lassen.

Beim Entwurf der Gebäude ist vor allem darauf Rücksicht zu nehmen, daß die verschiedenen Räume gut mit natürlichem Licht — am besten sowohl mit Seiten- als auch Oberlicht — und mit Luft (unter Vermeidung von Zugluft) versorgt sind, daß bequeme Zugänge und Verbindungen zwischen den einzelnen Räumen bestehen, und daß späterhin bei Vergrößerung des Werkes die Erweiterung möglich ist, ohne daß kostspielige Umbauten nötig werden, und ohne daß der übrige Betrieb wesentlich beeinträchtigt wird. Zwischen den einzelnen Maschinen und Kesseln muß ausreichend Platz vorhanden sein, damit bei Vornahme von Reinigungs- und Reparaturarbeiten der Betrieb der benachbarten Einheiten nicht gestört wird. Letztere Forderung klingt zwar an sich selbstverständlich; trotzdem jedoch findet man oft in großen Maschinenzentralen, daß infolge verfehlter Projektierung zwischen den einzelnen Maschinen kaum so viel freier Platz vorhanden ist, daß man bequem durchgehen kann.

Auch mit der Höhe der Gebäude sollte man nicht knausern, wenigstens bei Wärmekraftanlagen. Denn es kommt hier zu der von den elektrischen Generatoren ausgestrahlten Wärme noch die von der Krafterzeugungsanlage hinzu. Dem Bedienungspersonal sowie der Betriebsaufsicht fällt die Arbeit in hohen und luftigen Räumen ohne Zweifel leichter als in niederen, insbesondere in der warmen Jahreszeit. Die verhältnismäßig geringen Mehrkosten des Kraftwerkes machen sich durch die aufmerksamere Wartung der Anlage unter Umständen reichlich bezahlt. Eine zu geringe Gebäudehöhe kann aber auch im Hinblick auf die spätere Erweiterung unerwünscht sein. Nicht nur daß ein sehr langes niederes Gebäude einen unschönen Eindruck macht, es ist auch noch zu berücksichtigen, daß man späterhin bei fortgeschrittenem Stande der Technik unter Umständen von liegenden Maschinen zu stehenden übergeht, die eine wesentlich größere Raumhöhe beanspruchen. Auch muß schließlich damit gerechnet werden, daß später ein ganz anderes Maschinensystem zur Aufstellung kommt.

Man führt die Gebäude teils massiv in Ziegelstein oder Haustein, teils in Eisen- oder Holzfachwerk aus. Auch Eisenbeton hat in den letzten Jahren für Kraftwerke häufig und mit gutem Erfolg Verwendung gefunden, und zwar insbesondere für größere Anlagen.

Die Wahl der Bauart ist in der Regel eine Preisfrage, richtet sich aber naturgemäß auch nach den im einzelnen Fall gestellten Ansprüchen. Allgemein läßt sich sagen, daß Eisen- oder Holzfachwerk gewöhnlich nur dort angewendet wird, wo auf das äußere Ansehen der Gebäude wenig oder gar kein Wert gelegt wird, wo es vielmehr in erster Linie auf möglichste Billigkeit ankommt. Bei Bauten aus Eisenbeton ist es mit Rücksicht auf die Schwierigkeit der Anschlüsse und der Herstellung von Verbindungen nicht immer leicht, nachträgliche Änderungen, wie Durchbrechungen, Erweiterungen oder sonstige Umbauten vorzunehmen. Es wird deshalb häufig der Standpunkt vertreten, daß Eisenbeton nur dort angewendet werden soll, wo man sicher ist, daß keine nachträglichen baulichen Änderungen notwendig werden. Dies trifft in erster Linie für Wasserkraftwerke zu, die meist von vornherein für den vollen Ausbau projektiert zu werden pflegen, und bei denen es in der Regel leichter ist — insbesondere wenn sie frei ins Landschaftsbild gestellt werden — eine Bauform zu wählen, die berechtigten ästhetischen Ansprüchen genügt und sich ihrer Umgebung gut anpaßt. Auch bei Fachwerksbauten lassen sich, ebenso wie bei Eisenbetonbauten, spätere Änderungen nicht ohne weiteres ausführen, da man hier immer auf vorhandene Stützen und Streben Rücksicht nehmen muß. Am günstigsten sind in dieser Hinsicht Massivbauten. Bei diesen kann man an beliebiger Stelle Öffnungen herausbrechen und das darüber befindliche Mauerwerk durch Gewölbebogen oder durch Einziehen eiserner Träger abstützen.

Das Bedenken, daß Eisenbetonbauten keine nachträglichen Änderungen mehr zulassen, ist allerdings nur dort berechtigt, wo die ganzen Umfassungswände aus Eisenbeton oder Stampfbeton hergestellt werden. Dies geschieht aber meist schon aus Preisrücksichten nicht. Vielmehr verwendet man den Eisenbeton nur für die tragenden Teile, d. h. für die Säulen bzw. Pfeiler sowie die Dachkonstruktion, während man die Wände zwischen den Pfeilern in Ziegelmauerwerk herstellt, soweit man sie nicht zur Schaffung großer Fensterflächen zwecks Erzielung heller Räume ausnützt. An derartigen Bauten lassen sich nachträgliche

Änderungen ebenso bequem vornehmen, wie an reinen Massivbauten. Denn auch bei letzteren muß man bei Umbauten auf die vorhandenen Verstärkungspfeiler Rücksicht nehmen.

Wo es sich um die Wahl zwischen einem Eisenfachwerksbau und einem solchen aus Eisenbeton handelt, wird nicht selten der Eisenbetonbau vorgezogen, weil er rascher zu erstellen ist als ein solcher aus Eisenfachwerk. Bei letzterem verursacht die Herstellung der Werkpläne ziemlich viel Bureauarbeit, anderseits ist man hier an die oft sehr langen Lieferfristen der Walzwerke gebunden. Für den Eisenbeton hingegen kommen keine Profileisen, sondern nur gewöhnliche Handelseisen von rundem Querschnitt in Betracht, die jederzeit käuflich sind. Auch Zement kann überall und, infolge der Syndizierung, zu ziemlich demselben Preis im Handel erhalten werden. Wo es deshalb erwünscht ist, daß der Bau des Kraftwerkes schnell in Angriff genommen wird, wählt man häufig Eisenbeton, vorausgesetzt, daß der zur Betonbereitung erforderliche Kies oder das Steingeschläge entsprechend billig zu haben ist.

Die meiste Zeit und Vorbereitung entfällt bei Bauten aus Eisenbeton auf die Aufstellung des Lehrgerüstes und der Schalung sowie das Einbringen der Eisenarmierung. Das Betonieren der Konstruktion ist in der Regel sehr rasch erledigt. Sodann ist beim Eisenbeton zu berücksichtigen, daß nach erfolgter Betonierung 4—6 Wochen, je nach Größe der Konstruktion, gewartet werden muß, bis der Beton abgebunden und genügende Festigkeit erlangt hat; erst dann dürfen die Schalung und die Rüstung vollständig entfernt werden. Bei einem Eisenfachwerkbau hingegen ist nach erfolgtem Aufstellen der Konstruktion das Gebäude sofort für die Montage der Maschinen verfügbar; hier verstreicht die Hauptzeit mit der Beschaffung der Walzeisen und der Bearbeitung in den Werkstätten. Alles in allem genommen kann man deshalb sagen, daß die endgültige Fertigstellung des Gebäudes bei beiden Bauweisen annähernd dieselbe Zeit erfordert.

Nicht unerwähnt möge bleiben, daß es beim Eisenbeton meist möglich sein wird, die hauptsächlich den Platz versperrenden Nebenschalungen und Zwischensteifen der Decken usw. schon nach 8—14 Tagen zu entfernen und nur einzelne Gerüstunterstützungen längere Zeit stehen zu lassen, so daß der weitere Ausbau und die Montage der Maschinen möglichst wenig aufgehalten sind.

Bei sehr großen Spannweiten, etwa über 25 m, dürfte in der Regel der Eisenbeton mit dem Eisenfachwerk in bezug auf die Höhe der Baukosten nicht mehr wettbewerbsfähig sein, weil bei Eisenbeton infolge des größeren Gewichtes der Konstruktion die Fundamente größer und damit auch teurer werden. Letzteres nicht nur mit Rücksicht auf den Mehrbedarf an Fundamentbeton, sondern auch weil die Erdarbeiten zum Aushub der Baugruben für die Fundamente größer werden.

Wenn von den Gegnern der Eisenbeton-Bauweise immer wieder darauf hingewiesen wird, daß deren Güte in hohem Maße von der Aufmerksamkeit und Zuverlässigkeit der Arbeiter sowie der Bauaufsicht abhängig sei, so ist dies ohne Zweifel zutreffend. Für die Herstellung größerer Eisenbetonbauten sollten deshalb nur erstklassige, leistungsfähige Firmen herangezogen werden, die über wissenschaftlich vorgebildete Ingenieure und Techniker sowie auch über eine genügende Anzahl gut eingeschulter Spezialarbeiter verfügen. Die Eisenbeton-Bauweise ist immer mehr oder weniger Vertrauenssache.

Es empfiehlt sich, die Wände von Maschinenräumen mit möglichst heller Farbe zu streichen, um die Lichtreflexion zu erhöhen, und sie bis in Reichhöhe, d. h. bis zu mindestens 2,5 m Höhe sauber mit einfarbigen glasierten Steinen oder Kacheln zu verkleiden. Ölspritzer, Schmutz u. dgl. haften alsdann nicht fest, sondern können bequem wieder entfernt werden. Auch der Fußboden sollte zwecks leichter Reinigung mit einem Fliesenbelag versehen werden. Mit Rücksicht auf diesen Fliesenbelag sind die Höhenmaße der Fundamente, Deckenstärken usw. um etwa 50 mm zu verringern.

Wo ein Keller vorhanden ist, soll dessen Sohle zwecks Reinigung und günstigen Wasserabflusses mit Gefälle nach einem Abwasserkanal hin ausgeführt werden. Die Zugangstreppen zum Keller und zu den anderen Räumlichkeiten sind genügend breit auszuführen. Ist die Stufenbreite im Verhältnis zur Tritthöhe zu klein, was sehr häufig vorkommt, so erschwert dies die Benützung der Treppen und führt nicht selten zu Unglücksfällen. Und endlich ist noch zu beachten, daß bei größeren Anlagen mit Rücksicht auf die Erschütterungen die Deckenträger nicht mit der Gebäudekonstruktion und den Stützen fest verbunden sein dürfen, sondern von diesen getrennt und beweglich angeordnet sein müssen. Auch die Fundamente dürfen nicht mit den Gebäudemauern und Stützenfundamenten zusammenhängen.

Zum Ein- und Ausbringen der Rohrleitung und der Maschinenteile vom Maschinenraum zum Keller und umgekehrt sind in der Maschinenflurdecke Montageöffnungen von genügender Größe vorzusehen, die zugleich als Lichtschächte dienen.

Ein unentbehrlicher Bestandteil jeder modernen Maschinenhalle ist ein Kran; vgl. S. 186.

81. Lagerung von Brennstoffvorräten.

Feste Brennstoffe.

Größe des Lagers. Bei größeren Kraftwerken, die ausschließlich auf den Wassertransport angewiesen sind, sollte das Kohlenlager so bemessen sein, daß es für 4—5 Monate ausreicht. Denn es muß hier mit der Möglichkeit gerechnet werden, daß der Wasserlauf in strengen Wintern mehrere Monate lang infolge Zufrierens und Eisgangs nicht benützt werden kann. Anderseits kann der Wassertransport auch in der Sommerszeit beeinträchtigt werden, wenn der Wasserstand infolge länger anhaltender Trockenheit, wie z. B. im Jahre 1911, ein sehr niederer ist. Ein auf mehrere Monate ausreichendes Kohlenlager empfiehlt sich hier schon mit Rücksicht auf die Gefahr eines Kohlenstreiks. Bei gewerblichen und industriellen Betrieben, die ihre Kohlen auf dem Landwege beziehen, begnügt man sich meist mit einem Kohlenvorrat von etwa 2—3 Wochen, da es hier gewöhnlich an dem nötigen Platz fehlt, und da man außerdem bestrebt ist, keine zu großen Geldmittel im Kohlenlager festzulegen, zumal eine längere Lagerung der Kohlen auch mit einem Verlust an Heizkraft verknüpft ist. Naturgemäß hat man bei der Berechnung der Betriebskosten auch die Verzinsung des Kohlenlagers zu berücksichtigen.

Art der Lagerung. Überdachte Kohlenschuppen kommen höchstens für ganz kleine Werke in Betracht. Bei größeren Werken erfolgt die Kohlenlagerung in der Regel im Freien. Große Kohlensilos nach Art desjenigen in der Tegeler Gasanstalt hätten zwar den Vorzug, daß eine Verschlechterung der Kohle durch Verwittern vermieden und gleichzeitig die Gefahr von Kohlenbränden verringert wird, weil die Kohlen nicht beregnet werden können. Ganz vermeiden lassen sich Kohlenbrände aber auch bei Silolagerung nicht, da die Kohlen schon gelegentlich des Transportes durchnäßt werden können. Dabei stellen sich Kohlensilos von den Abmessungen, wie sie für größere Werke nötig sind, außerordentlich teuer. Offene Lagerung verursacht deshalb, wenn genügend großer und billiger Platz vorhanden ist, die geringsten Anlagekosten. Auch Verzinsung und Abschreibung fallen hier am kleinsten aus.

Kohlensilos hätten im übrigen noch den Vorteil, daß die Kohlen nicht zu lange lagern, da die ältesten Kohlen jeweils unten abgezogen werden. Dasselbe kann man jedoch auch bei Lagerung der Kohle im Freien erreichen, wenn man in begehbaren Kanälen unter dem Lagerraum eine Conveyoranlage vorsieht, der die Kohle durch entsprechend verteilte Auslaufstutzen selbsttätig zufließt.

Kohlenbrände. Schütthöhe. Die Schütthöhe der Kohlen wird im allgemeinen nicht über 5—6 m gewählt, weil mit größerer Schütthöhe die Gefahr der Selbstentzündung wächst. In der Regel ist das Kohlenlager besonders versichert; hierbei fallen im allgemeinen die Prämiensätze um so höher aus, je größer die Schütthöhe ist. Größere Schütthöhen als 6 m sollte man nur dort wählen, wo die Platzverhältnisse beschränkt sind.

Kohlenbrände durch Selbstentzündung treten hauptsächlich bei gasreichen Kohlensorten ein, und zwar insbesondere in nassen Jahren. Nasse Kohlen neigen im allgemeinen leichter zur Selbstentzündung als trockene. Bei Braunkohlen ist die Gefahr der Selbstentzündung gewöhnlich größer als bei Steinkohlen.

Seitens der Feuerversicherungsgesellschaften wird vorgeschrieben, daß in gewissen Abständen Thermometerrohre in die Kohlenhaufen gesteckt werden. In das Innere dieser Rohre, die unten zugespitzt sind, werden Thermometer eingehängt. Diese Thermometer sind in regelmäßigen Zwischenräumen herauszuziehen und abzulesen. Zeigen sie eine zu hohe Temperatur an, so muß die Kohle an der betreffenden Stelle freigelegt und gegebenenfalls entfernt werden. Bisweilen allerdings tritt dann die Entzündung infolge Hinzutretens der Luft ein, während vorher nur eine Art Schwelen der Kohle stattfand.

Zeigt ein Thermometer steigende Temperatur an, so ist es besonders aufmerksam zu beobachten. Kommt die Temperatur in der Folge nicht wieder zum Stehen, sondern steigt stetig weiter, so ist die betreffende Stelle des Kohlenhaufens freizulegen. Naturgemäß dürfen die Thermometerrohre nicht zu weit voneinander entfernt sein, da sich sonst ein Brandherd zwischen zwei Thermometern ausbilden kann, ohne daß diese eine außergewöhnliche Temperatursteigerung erkennen lassen. In solchen Fällen wird das Erhitzen der Kohle oft früher durch die sich bildenden Schwelgase angezeigt, die sich sowohl der Nase (durch ihren ausgeprägten Geruch) als auch dem Auge (durch Rauch bzw. Dampf, im Winter durch Abtauen von Reif) bemerkbar machen. Das regelmäßige Abgehen und Beobachten der Kohlenhaufen ermöglicht deshalb schon eine sehr gute, bei gewissenhafter Ausführung unter Umständen ausreichende Kontrolle.

Manchmal werden zur Belüftung der Kohlenhaufen Holzrohre von viereckigem Querschnitt, die mit seitlichen Löchern versehen sind, in die Kohlenhaufen hineingesteckt.

Größe und Verarbeitung der Kohlenhaufen. Einen einzigen zusammenhängenden Kohlenhaufen sollte man nur dort zulassen, wo die Entnahme der Kohle durch mechanische Greifer erfolgt. Wenn in diesem Falle irgendwo eine unzulässig hohe Erwärmung eintritt, so läßt sich die betreffende Stelle ohne Schwierigkeit mit dem Greifer freilegen. Wo die Kohlenentnahme von Hand mittels Schaufel stattfindet, empfiehlt es sich, verschiedene Haufen mit Zwischenräumen bzw. Durchgängen vorzusehen, damit man bei Eintritt von Selbstentzündungen möglichst rasch an den Herd der Erwärmung kommt. Hat man hier einen einzigen großen Haufen, so kommt man nur schwer an die gefährdete Stelle; man muß sich dann erst eine regelrechte Gasse durch die Kohle hindurchschaufeln. Dies ist dort weniger zeitraubend, wo ein fahrbarer, elektrisch angetriebener Elevator zur Verfügung steht, der die Kohlen direkt in die Kohlenkarren auswirft. Wo verschiedene Kohlensorten verfeuert werden, empfiehlt es sich ohnedies, die Haufen zu trennen, damit man ein Bild bekommt, welche Kohlensorte die beste Verdampfungsziffer ergibt.

Kohlenhaufen sollen mindestens einmal im Jahre ganz aufgearbeitet werden, um einen Jahresabschluß machen zu können. Natürlich muß zu jeder Jahreszeit ein ausreichendes Kohlenlager vorhanden sein; man muß eben die neue Kohle getrennt von der alten lagern. Ein solcher Jahresabschluß ermöglicht gleichzeitig, die Kohlenwagen und die Lieferanten zu kontrollieren. Zweckmäßig wird der Betrieb so geführt, daß die alte Kohle gegen das Frühjahr hin aufgearbeitet ist. Denn je länger eine Kohle lagert, desto mehr büßt sie an Heizwert ein.

Flüssige Brennstoffe.

Für die Lagerung und den Verkehr mit flüssigen Brennstoffen sind außer den Vorschriften der Feuerversicherungsgesellschaften die in den verschiedenen Bundesstaaten bestehenden behördlichen Vorschriften maßgebend; vgl. Abschnitt 61. Benzin und Benzol werden meist faßweise bezogen. Für größere Dieselmotoren hingegen empfiehlt sich der Bezug des Treiböls in Kesselwagen, weil dieser wesentlich billiger kommt als der Faßbezug. Außer den behördlichen Vorschriften hat man für die Lagerung von Treiböl noch folgendes zu beachten:

Der Lagerraum soll möglichst vor Frost geschützt sein. In kälteren Gegenden ist gegebenenfalls eine Erwärmung des Raumes durch das abfließende Kühlwasser, durch eine Dampfheizung oder durch Hindurchführen der Auspuffleitungen notwendig. Steinkohlenteeröl sollte mit Rücksicht auf die Möglichkeit der Naphthalinausscheidung, die schon bei Temperaturen von +10—15° C stattfindet, immer angewärmt werden. Die Tanks für Teeröl sind zu diesem Zwecke mit einer Heizschlange zu versehen. Als Anwärmemittel kommt hauptsächlich das warme Kühlwasser der Motoren oder gegebenenfalls Dampf in Betracht.

Die Größe der Brennstofftanks ist abhängig von der Größe der Anlage, dem Ausnützungsfaktor und der Lieferfrist für den Brennstoff. Es ist zweckmäßig, den Tank so groß zu wählen, daß er einen Eisenbahn-Kesselwagen aufzunehmen vermag und noch einen gewissen Überschuß enthält. Der Inhalt der Kesselwagen beträgt in Deutschland etwa 15 cbm, so daß der Tank mindestens 18—20 cbm fassen sollte. Er sollte möglichst so groß sein, daß sein Restinhalt vom Abruf eines frischen Kesselwagens bis zu dessen Eintreffen ausreicht. Bei größeren Anlagen stellt man vielfach mehrere Tanks auf, was den Vorteil der Möglichkeit der Reinigung eines Tanks hat. Man kann jedoch auch einen einzigen großen Tank aufstellen.

Als Tank kann man z. B. einen alten Kessel, der vorher entsprechend gereinigt wurde, verwenden. Die Form des Tanks kann im übrigen zylindrisch sein, nach Art eines Walzenkessels, oder rechteckig oder, wenn es sich um sehr große Tanks handelt, aufrechtstehend zylindrisch. Werden die Tanks genietet, so sollen sie an den Nähten innen und außen gut verstemmt werden, damit sie vollständig dicht sind und bleiben. Es ist vorteilhaft, den Tank so tief aufzustellen, in Kellerräumen o. dgl., daß das Öl aus dem Kesselwagen mit eigenem Gefälle in den Tank abfließt (Fig. 96—98, S. 334).

82. Transporteinrichtungen für Kohle und Asche.

Bei kleineren Kesselanlagen geschieht der Transport der Kohle vom Lager ins Kesselhaus in der Regel mittels eiserner Handkarren, deren Inhalt vor dem Kessel ausgekippt wird. Um den durch das Umkippen der Kohlenkarren entstehenden Staub zu vermeiden, werden auch mehrrädrige Kohlenwagen angewendet, aus denen die Kohle unmittelbar entnommen und in die Feuerung geworfen wird. Ist das Kohlenlager von dem Kesselhaus weit entfernt, so werden für die Kohlenzufuhr auch Schmalspurgeleise angelegt.

Lassen es die örtlichen Verhältnisse zu, an derjenigen Wand des Kesselhauses, die beim Heizerstand liegt, einen Kohlenbunker anzuordnen, der vom Eisenbahnwagen oder vom Fuhrwerk aus gefüllt wird, so braucht der Heizer die Kohlen nur durch Öffnungen, die in der Trennungswand zwischen Bunker und Heizerstand auszusparen sind, zu entnehmen und der Feuerung zuzuführen. Liegt das Gelände für die Anfuhr der Kohlen etwa 4—6 m über dem Kesselhausfußboden, so rutschen die Kohlen der Feuerung selbsttätig zu, vgl. z. B. Fig. 75. Derartig günstige Verhältnisse lassen sich auch künstlich schaffen, wenn man eine am Kesselhaus in etwa 4—6 m Höhe entlang führende Geleisebühne anlegt, von der aus die Bunker gefüllt werden.

Für größere Anlagen empfiehlt sich die Einrichtung einer mechanischen Kohlenzuführung, auch Kohlentransport- oder Bekohlungsanlage genannt. Die Wirtschaftlichkeit einer mechanischen Fördereinrichtung beginnt, wie die Erfahrung lehrt, bei einem Verbrauch von etwa 4—5 t Kohlen in der Stunde. Durch derartige mechanische Einrichtungen wird der Betrieb von der Zuverlässigkeit und dem guten Willen der Arbeiter unabhängiger, weshalb sie unter Umständen auch

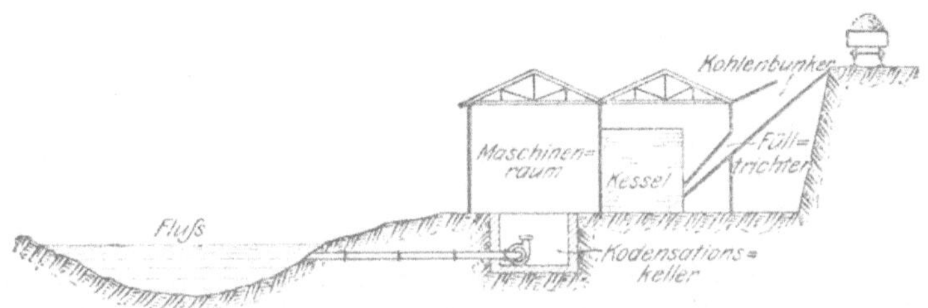

Fig. 75. Kraftwerk der Sheffield-Corporation.
Die Lage dieses Werkes zwischen Don-Fluß und Bahndamm ist mustergültig.

für Anlagen unter 4—5 t stündlichem Kohlenverbrauch angewendet werden, bei denen eine Ersparnis gegenüber Handbetrieb noch nicht zu erwarten ist. Mechanische Bekohlungseinrichtungen werden häufig auch schon dadurch bedingt, daß bei Kesseln mit Wanderrosten das Einwerfen der Kohle in die 1,5—2 m über Kesselflur liegenden Einwurftrichter äußerst unbequem ist.

Außer dem Vorzug, der in der Verringerung der Bedienungsmannschaft liegt, haben mechanische Fördereinrichtungen noch den Vorteil einer leichten und sicheren Überwachung des Betriebes und nicht zuletzt denjenigen größerer Staubfreiheit der Kesselhäuser und der benachbarten Gebäude. Außerdem lassen sich in derartige mechanische Förderanlagen leicht selbstregistrierende Wiegeeinrichtungen zur Kontrolle der verbrauchten Kohlenmengen einbauen.

Größere Werke sind schon deshalb gezwungen, mechanische Transporteinrichtungen zu beschaffen, damit ein schnelles Entladen der Eisenbahnwagen oder Schiffe möglich ist. Sie müssen aus den im letzten Abschnitt angegebenen Gründen darauf bedacht sein, Kohlenvorräte für längere Zeit zur Verfügung zu halten.

Vereinzelt ist auch die pneumatische Kohlenförderung in Anwendung gekommen.

Die Gesamtanordnung der Bekohlungsanlagen ist je nach den örtlichen Verhältnissen außerordentlich verschieden und richtet sich in erster Linie nach der gegenseitigen Lage von Anfuhrstelle bzw. Schiffsentladeplatz, Kohlenlager und Kesselanlage. Eine Kohlentransportanlage hat in der Regel zwei getrennte Aufgaben zu erfüllen, einmal

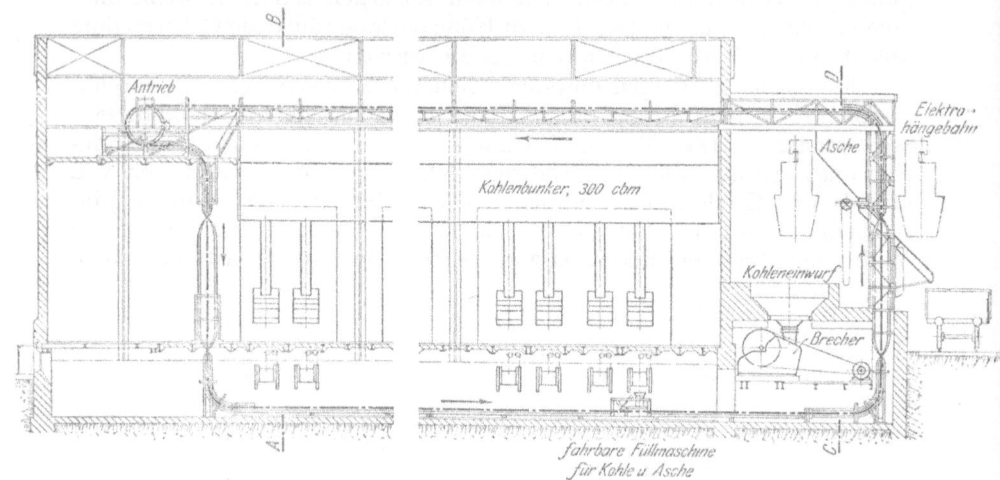

Fig. 76. Conveyoranlage zur Kohlen- und Aschenförderung im Kesselhaus; für den Kohlentransport vom Lagerplatz oder Schiff zum Kesselhaus dient eine Elektrohängebahn.

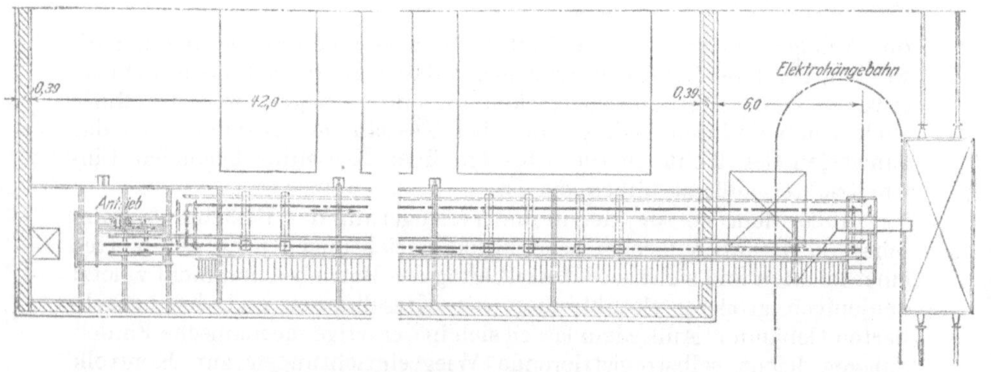

Fig. 77. Grundriß der in Fig. 76 dargestellten Kohlen- und Aschenförderanlage.

die Kohlenzufuhr vom Waggon oder Schiff zum Lager und zum andern den Transport ins Kesselhaus, sei es unmittelbar vom Wagen oder Schiff aus, oder auf dem Umwege über das Lager. Dementsprechend zerfällt eine Kohlentransportanlage meist in zwei Teile. Bei günstigen örtlichen Verhältnissen lassen sich diese in der Weise miteinander vereinigen, daß ein und dasselbe Fördermittel beide Aufgaben erfüllt. Es wird dadurch unter Umständen eine besonders günstige Wirtschaftlichkeit erreicht.

Betrachten wir zunächst die Fördermittel, die zum Transport der Kohle ins Kesselhaus bzw. in den Bunker dienen. Zur Förderung in wagrechter oder mäßig geneigter Richtung dienen für kleine Anlagen Transportschnecken, wobei zum Hochheben der Kohle meist Becherwerke (Elevatoren) verwendet werden. Um das Auftreten von Staub zu vermeiden, wird der Trog, in dem sich die Schnecke bewegt, oben durch Deckbleche abgeschlossen. Man muß jedoch in diesem Fall am Ende des Troges eine Sicherheitsklappe oder ein offenes Abfallrohr vorsehen, damit ein Anstauen der Kohle verhindert wird, wenn der Heizer aus Unachtsamkeit die übrigen Auslauföffnungen geschlossen hält. Diese Auslaßöffnungen befinden sich über den einzelnen Kessel-

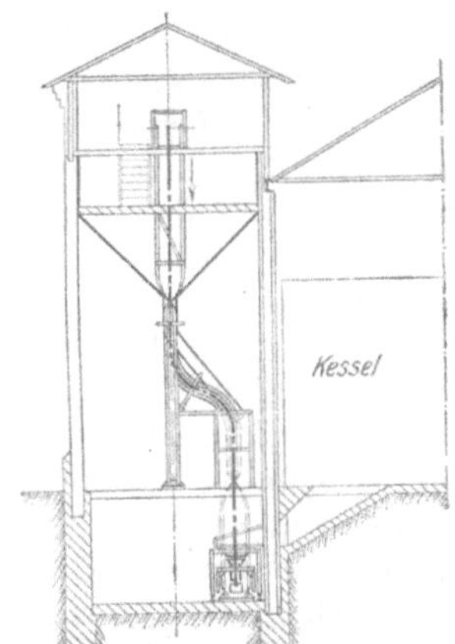

Fig. 78. Schnitt A—B durch die in Fig. 76 dargestellte Kohlen- und Aschenförderanlage.

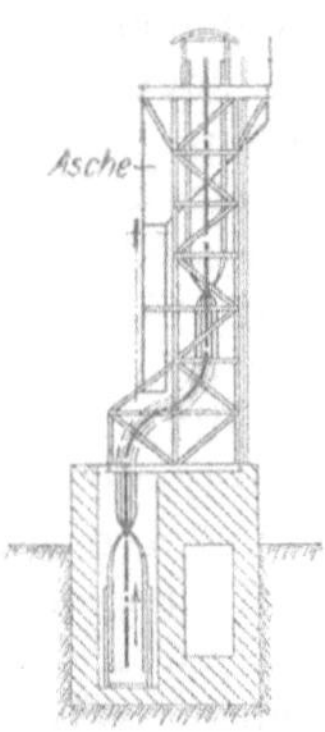

Fig. 79. Schnitt C—D durch die in Fig. 76 dargestellte Kohlen- und Aschenförderanlage.

feuerungen; sie sind mit je einem Schieber abschließbar und durch Fallrohre mit den Feuerungen bzw. deren Einwurftrichtern verbunden.

Als weiteres Transportmittel kommen Band- oder Gurtförderer in Betracht, die aus einem endlosen Gurt aus Gummi, Balata oder Baumwolle bestehen. Band- oder Gurtförderer werden für mittlere und große Anlagen angewendet und können außer in horizontaler Richtung auch schräg ansteigend fördern, und zwar kann die Neigung, je nach der Kohlensorte, bis zu etwa 25° betragen. Die zu transportierenden Kohlen können an beliebiger Stelle auf das Band geleitet werden und gelangen auf diesem, ohne daß ein teilweises Zermahlen derselben, wie bei der Schnecke, zu befürchten ist, bis an das Ende des Bandes, wo sie in einen Behälter oder auf ein anderes Transportmittel fallen. Mit Hilfe besonderer Abwurfvorrichtungen, die von Hand oder selbsttätig verstellt werden, kann die Kohle auch an jeder beliebigen Stelle des Bandes abgenommen werden.

Bei der in Fig. 93—95 (S. 329) dargestellten Anlage ist als Fördermittel ein Transportband vorgesehen, das vom Einwurftrichter aus schräg nach oben ins Kesselhaus führt und alsdann in wagerechter Richtung über dem Bunker verläuft. Je nach den örtlichen Verhältnissen werden auch zwei und mehr Transportbänder angewendet, von denen eines dem andern die Kohlen zubringt. In den meisten Fällen jedoch werden zum Heben der Kohle auf das Verteilungsband vertikal oder schräg ansteigende Becherwerke (Elevatoren) verwendet, weil nicht überall der für ein schräges Band erforderliche Platz vorhanden ist. Hin und wieder werden auch statt Bändern Förderschwingen und Förderrinnen für horizontalen Transport angewandt.

Außer den vorerwähnten Transportmitteln kommen noch Elektrohängebahnen, Drahtseilbahnen und vor allem Conveyor-Anlagen in Betracht. Der Conveyor ist eine Art Becherkette mit pendelnd eingehängten Bechern. Er hat den Vorzug, daß man mit ihm in einem ununterbrochenen Transportvorgang, d. h. ohne Umladen Kohle von einem Ort nach einem beliebig höher und entfernt liegenden Ort schaffen kann. Die Becherketten stellen infolge ihrer großen Anpassungsfähigkeit an die örtlichen Verhältnisse oft das einzige Fördermittel dar, das allen Bedingungen Genüge leistet. Dabei zeigen Becherketten infolge ihrer geringen Arbeitsgeschwindigkeiten, ihrer einwandfreien, auf Rollen mit Dauerschmierung laufenden Kettenführungen, ihrer vorzüglichen Zugänglichkeit aller bewegten Teile eine äußerst geringe Abnützung, weshalb ihre Lebensdauer größer ist, als beim Transportband und Elevator. Vielfach läßt es sich bei Becherketten einrichten, daß sie gleichzeitig zum Aschentransport verwendet werden, wie das Beispiel Fig. 76—79 erkennen läßt; allerdings muß man hierbei einen wesentlich stärkeren Verschleiß der Becherketten in Kauf nehmen, weil die in der Schlacke enthaltenen glasharten Bestandteile wie Schmirgel wirken. Wenn anfänglich die Conveyoranlagen häufig Anstände ergeben haben, so ist dies heute bei guter Ausführung nicht mehr der Fall; sie sind heute so gut und betriebsicher durchgebildet, daß sie unbedenklich empfohlen werden können, zumal auch ihr Kraftbedarf ein verhältnismäßig geringer ist. Der Kraftbedarf von Conveyoranlagen ist kleiner als derjenige von Anlagen, die mit Elevator und Band arbeiten. Den größten Kraftbedarf weisen Schnecken auf; dabei leidet hier die Kohle infolge teilweisen Zermahlens.

Elektrohängebahnen sind insbesondere dort am Platze, wo das Lager und die Kohlenzufuhrstelle in größerer Entfernung vom Kesselhaus liegen. Hierbei ist es vielfach zweckmäßig, die Elektrohängebahn mit einem Conveyor zu verbinden, in der Weise, daß die Elektrohängebahn zur Heranschaffung der Kohle bis an das Kesselhaus dient, während der Conveyor die Weiterbeförderung nach dem Kesselhausbunker übernimmt, vgl. Fig. 76—79. Anstatt der Elektrohängebahn kann bei günstigen Platz- und Geländeverhältnissen auch ein auf Geleisen fahrbarer, elektrisch angetriebener Wagen mit Selbstentladevorrichtung angewendet werden, der die Verbindung zwischen dem Lagerplatz und dem Einwurftrichter des Conveyors oder Elevators (bei Bandförderung) herstellt. Ein solches Transportmittel zeichnet sich durch große Leistungsfähigkeit bei niedrigem Preis aus. Bei sehr großen Entfernungen tritt an die Stelle der Elektrohängebahn oder des Selbstentladewagens die Seilbahn.

Bei neu zu bauenden Kesselhäusern kann man allenfalls die Elektrohängebahn oder Seilbahn bis ins Kesselhaus hinein führen. Bei alten Kesselhäusern, bei denen die Bauhöhe zwischen Kesselhausbunker und Dachbindern beschränkt ist, kommt im Innern des Kesselhauses nur ein Conveyor oder Bandförderer in Betracht.

Erfolgt die Kohlenzufuhr durch die Eisenbahn, so kann die Kohle unmittelbar dem Einwurftrichter des Conveyors oder Elevators vor dem Kesselhaus zugeführt werden, sei es durch Ausladen der Wagen von Hand oder durch einen Wagenkipper oder endlich durch Verwendung von Selbstentladewagen.

Was die Anlagekosten betrifft, so sind für kleine Anlagen Elevatoren in Verbindung mit Schnecken oder Transportbändern billiger als Conveyoranlagen. Mit zunehmender Größe der Anlage verringert sich der Preisunterschied und verschwindet bei großen Anlagen nahezu ganz. Dabei bietet sich beim Conveyor, wenigstens beim Planconveyor, die Möglichkeit, bei wachsendem Betrieb die Leistungsfähigkeit zu erhöhen, wenn man den Conveyor von Anfang an mit größerem Becherabstand ausführt, und später, je nach Bedarf, mehr Becher einbaut.

Bei kleineren und mittleren Transportlängen ist die Conveyoranlage billiger als die Elektrohängebahn. Bei größeren Transportlängen dagegen verursachen Elektrohängebahnen niedrigere Anschaffungskosten. Seilbahnen fallen erst bei großer Gesamtlänge und möglichst geraden Strecken billiger aus als Elektrohängebahnen. Wo viele Kurven vorkommen, sind Winkelstationen nötig, welche die Anlagekosten der Seilbahn bedeutend erhöhen. Im übrigen verdienen Seilbahnen überall dort den Vorzug vor Elektrohängebahnen, wo es sich um ansteigendes oder hügeliges Gelände handelt.

Was den Kohlentransport vom Eisenbahnwagen oder Schiff zum Lagerplatz betrifft, so kann dieser bei kleineren Fördermengen, bis etwa 10 t/st, von Hand unter Zuhilfenahme eiserner Karren erfolgen. Für größere Förderleistungen und größere Abmessungen des Lagers wird der Transport der Kohle aufs Lager durch Menschenkraft sehr bald unwirtschaftlich. Man bedient sich alsdann mechanischer Transportmittel, deren Wahl ganz von der Lage des Entladepunktes zum Kohlenplatz und von der Fördermenge abhängig ist.

Die Verteilung der Kohle über das Lager geschieht meist mittels einer den Lagerplatz in seiner Breite überspannenden, verschiebbaren Verladebrücke. Als Fördermittel sind auf der Brücke entweder Führerstands-Greiferkatzen oder Drehkrane mit Greifern angeordnet. Bei größeren Entfernungen zwischen Entladepunkt und Lager werden zur Verteilung der Kohle auf das Lager auch Elektrohängebahnen oder Seilbahnen benutzt, die mit einer Schleife über die Brücke geführt werden. Für den Transport der Kohle vom Lager zum Kesselhaus eignen sich dieselben Fördermittel, die durch die Greiferkatze oder den Drehkran unter Vermittlung eines Zwischentrichters wieder beladen werden.

Ein Selbstgreifer leistet gemäß S. 305 auch bei Kohlenbränden gute Dienste. Ein Drehkran mit Greifer oder eine Führerstands-Greiferkatze zur Wiederaufnahme der Kohle können nur dort entbehrt werden, wo eine für Greiferbetrieb eingerichtete Elektrohängebahn vorhanden ist, oder wo der Kohlentransport nach dem Kesselhaus mittels eines in Kanälen unter dem Lager entlang laufenden Conveyors erfolgt, oder endlich wo ein fahrbarer, elektrisch angetriebener Elevator vorgesehen ist, der die Kohle in Kippwagen wirft.

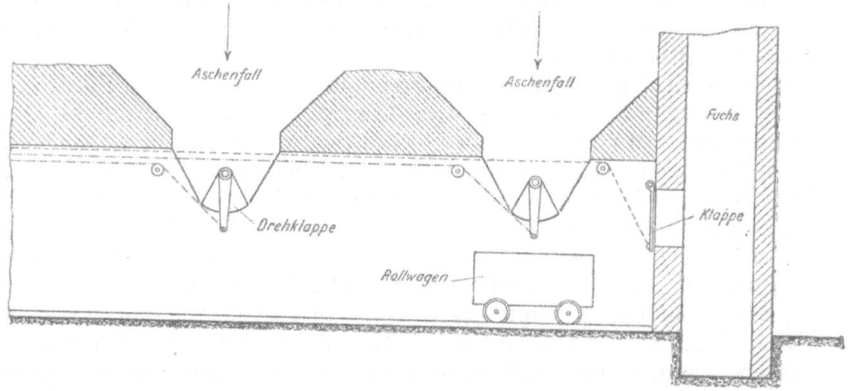

Fig. 80. Einrichtung zum Entfernen der Asche aus Dampfkesselanlagen.
Vor dem Aufmachen der Klappe des Aschentrichters wird eine Klappe oder Tür zum Fuchs geöffnet, so daß der Luftstrom die Richtung nach dem Fuchs nimmt, das Bedienungspersonal also nicht vom Staub belästigt wird. Die Vorrichtung zum Ziehen der Klappen wird vom Hauptgang betätigt.

Soweit die Kohle nicht auf dem Lagerplatz aufgestapelt werden soll, wird sie zweckmäßig vom Wagen oder Schiff aus unmittelbar dem Kesselhausbunker zugeführt.

Auf die Bemessung der Leistungsfähigkeit einer Transportanlage sind von Einfluß:

1. die Größe der gesamten Heizfläche des Kesselhauses;
2. der auf 1 qm Heizfläche entfallende Kohlenverbrauch, der je nach dem Kohlenheizwert, der Heizflächenbeanspruchung und dem Wirkungsgrad der Kesselanlage schwankt;
3. die Betriebsdauer der Kessel- und Förderanlage;
4. die Zeitdauer und Verteilung der Kohlenzufuhr über den einzelnen Betriebstag und das ganze Jahr;
5. die Größe des Kohlenlagers (vgl. S. 303).

Die Entfernung der Herdrückstände der Feuerung erfolgt entweder von Hand mittels Schaufel oder, bei Unterkellerung des Kesselhauses, wie in Fig. 80, mittels auf Geleisen beweglicher Kippwagen, die nach

Öffnen der an den Kesseln befindlichen Aschenfalltrichter selbsttätig gefüllt werden. Hierbei kann zur Verringerung der Staubentwicklung an jedem Aschenfall eine Berieselungsvorrichtung angeordnet oder, wie in Fig. 80, eine Verbindung mit dem Fuchs hergestellt werden. Häufig kann man die Beobachtung machen, daß die Kohlenzufuhr in jeder Hinsicht modern eingerichtet ist, während die Beseitigung der Asche und Schlacke oft in ganz primitiver und höchst unhygienischer Weise

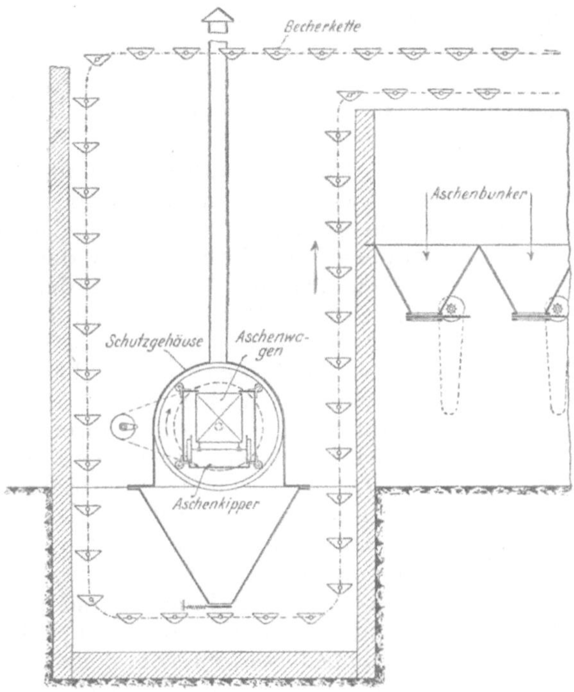

Fig. 81. Einrichtung zur Aufnahme und Beförderung der Asche aus Dampfkesselanlagen.

Der gefüllte Aschenwagen wird in einen ummantelten Aschenwagenkipper (Kreiselwipper) hineingefahren. Letzterer wird umgedreht, so daß die Asche und Schlacke im abgeschlossenen Raum in einen Sammeltrichter fällt, an dessen unterem Ende allenfalls ein Schlackenbrecher vorgesehen werden kann. Ein Becherwerk schafft die Asche und Schlacke nach einem Hochbunker, von wo sie in Fuhrwerke abgelassen wird.

sowie unter großem Arbeitsaufwand erfolgt. Bei größeren Anlagen sollte zwecks bequemer Beseitigung der Herdrückstände das Kesselhaus stets unterkellert werden. Hierbei können die Aschenwagen, je nach den örtlichen Verhältnissen, mittels schräg aufsteigender Kanäle oder durch besondere Aufzugsvorrichtungen an die Erdoberfläche befördert werden. An Stelle von Rollwagen verwendet man auch Hängebahnwagen. Zum Hochheben der Asche und Schlacke können auch Elevatoren oder auch Elektrohängebahnen benützt werden; im ersteren Falle werden die Aschenwagen in einen vertieft liegenden Einwurftrichter entleert.

Da Elevatoren keine zu großen Schlackenstücke vertragen, so müssen Schlackenkuchen und größere Schlackenstücke durch eine Art Siebrost ausgeschieden und von Hand oder mittels Schlackenbrecher zerkleinert werden. Von dem Einwurftrichter aus befördert der Elevator die Asche und Schlacke in einen hochliegenden Bunker, von dem aus sie unmittelbar in Eisenbahnwagen oder in Fuhrwerke fällt. Aschenelevatoren sind aus denselben Gründen wie Aschenconveyoren einem raschen Verschleiß unterworfen; daher verdient der mechanische Transport in Kippkübeln in der Regel den Vorzug vor solchen Anlagen.

Um die Staubentwicklung beim Umkippen der Aschenwagen in den Einwurftrichter des Elevators zu vermindern, kann man eine besondere Wippvorrichtung (Blechtrommel) anwenden, die nach Einfahren des Aschenwagens geschlossen wird (Fig. 81).

Am vollkommensten läßt sich die Staubentwicklung bei pneumatischer Absaugung der Herdrückstände in geschlossenen Rohrleitungen vermeiden. Die pneumatische Absaugung ermöglicht gleichzeitig eine Entfernung der Flugasche aus den Zügen und Sammelkammern des Kessels während des Betriebes, vgl. S. 375. Dieses Verfahren hat jedoch zur Voraussetzung, daß größere Schlackenstücke vor Eintritt in die Saugleitung zerkleinert werden. Solche größere Schlackenstücke kommen vor bei Verfeuerung von Steinkohle, während Braunkohle gewöhnlich feinkörnige Asche liefert, die sich ohne weiteres für die pneumatische Absaugung eignet. Mit Rücksicht auf die an den Ecken der Rohrleitungen auftretende starke Abnützung macht man die Krümmer aus dickwandigem Stahlguß. Noch besser verwendet man Krümmer aus gewöhnlichem Gußeisen gemäß Fig. 82, die nach außen offen gegossen und durch auswechselbare Leitbleche aus Schmiedeisen oder Stahl geschlossen sind. Die Anordnung der Leitbleche im Innern der Krümmer ist nicht zu empfehlen, weil sich hierbei von außen nicht feststellen läßt, ob die Leitbleche durchgescheuert und erneuerungsbedürftig sind.

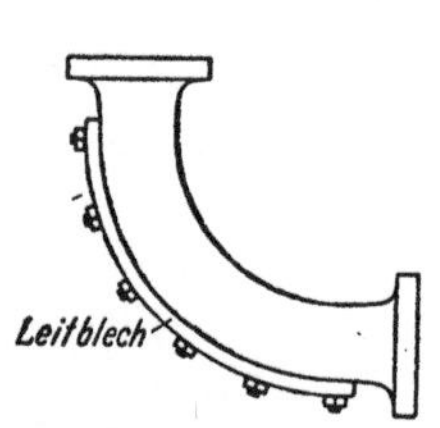

Fig. 82. Krümmer einer Aschenabsaugeleitung mit auswechselbarem Leitblech.

Für den Fall von Störungen an der pneumatischen Aschen- und Schlackenabsaugungsanlage müssen als Reserve Aschenwagen vorgesehen werden.

83. Kraftanlagen in oder bei bewohnten Gebäuden.

Hier sind außer § 26 der Gewerbeordnung die §§ 1004 und 906 des Bürgerlichen Gesetzbuches zu berücksichtigen; letzterer Paragraph lautet

»Der Eigentümer eines Grundstückes kann die Zuführung von Gasen, Dämpfen, Gerüchen, Rauch, Ruß, Wärme, Geräusch, Erschütterungen und ähnliche, von einem anderen Grundstück ausgehende Einwirkungen insoweit nicht verbieten, als die Einwirkung die Benutzung seines Grundstückes nicht oder nur unwesentlich beeinträchtigt oder durch eine Benutzung des anderen Grundstücks herbeigeführt wird, die nach den örtlichen Verhältnissen bei Grundstücken dieser Lage gewöhnlich ist. Die Zuführung durch eine besondere Leitung ist unzulässig.«

Der Rauch von Schornsteinen, der Auspuff gewisser Arten von Ölmaschinen, die mit schlechter Verbrennung arbeiten, die Übertragung von Erschütterungen und Geräuschen haben schon häufig Anlaß zu langwierigen Prozessen mit den Grundstücksnachbarn, die sich auf diese Gesetzesbestimmung berufen, gegeben. Auch die Polizei ist, unabhängig von den Voraussetzungen des § 906 B.G.B., befugt, einzuschreiten, wenn die Geräusche, Gerüche usw. geeignet sind, die Gesundheit der Umwohner zu schädigen. Bei Prüfung der letzteren Frage ist vom gesunden, normalen Menschen auszugehen. Dagegen ist die Polizei nicht berechtigt, den Maßstab krankhaft empfindlicher, besonders nervöser Personen anzulegen.

Der Inhaber eines Maschinenbetriebes kann sich bei Einsprüchen der Nachbarschaft nicht etwa darauf berufen, daß sein Betrieb zeitlich älter ist als die Nachbargebäude. Eine Art Prioritätsrecht oder lokales Gewohnheitsrecht gibt es hier sonderbarerweise nicht. Es kann also sehr wohl vorkommen, daß eine Gegend, die ursprünglich Fabrikgegend war und weit außerhalb der Stadt lag, durch deren Ausdehnung zur Wohngegend wird. Der ruhestörende Betrieb kann sich alsdann nicht darauf berufen, daß er die gleichen Geräusche usw. schon seit langen Zeiten hervorgebracht hat. Wenn eben die Erschütterungen, Geräusche usw. wesentlich sind, so müssen sie beseitigt oder doch wenigstens auf ein erträgliches Maß herabgesetzt werden. Ob die Geräusche usw. wesentlich sind, entscheidet die Natur und Zweckbestimmung des Nachbargrundstückes. Natürlich kann der Nachbar, wenn er eine Fabrik betreibt, nicht die gleichen Ansprüche stellen, als wenn es sich um ein Wohngebäude oder gar ein Krankenhaus handelt. In Wirklichkeit ist die Bestimmung der Wesentlichkeit der Geräusche usw. außerordentlich schwierig, weil es hier in erster Linie auf das subjektive Empfinden des Einzelnen ankommt. Ein Maß für die vergleichsweise Beurteilung von Geräuschen gibt es bekanntlich noch nicht, während sich Erschütterungen durch Seismographen messen lassen.

Bezüglich der Vermeidung der Rauch- und Rußentwicklung sei auf die Abschnitte über den Betrieb von Dampfkesselanlagen und Verbrennungsmaschinen verwiesen. Hier möge nur auf die Entstehung von Erschütterungen und Geräuschen und die Mittel zu deren Beseitigung oder Verringerung eingegangen werden.

Bei Kraftmaschinen handelt es sich entweder um Maschinenteile, die eine reine Drehbewegung ausführen (Elektromotoren und Turbinen), oder um Teile mit hin- und hergehender Bewegung (Kolbenkraftmaschinen). Die Maschinen, die nur drehende Teile aufweisen, können Störungen erzeugen, die aus dem Unterschied des Schwerpunktes und der Drehachse, verbunden mit einer hohen Geschwindigkeit, herrühren. Es handelt sich hier um Impulse von zwar geringer Energie, aber hoher Frequenz. Im Gegensatz hierzu stehen die Kolbenkraftmaschinen; hier ist die Frequenz der Störungsimpulse geringer, die Energie des einzelnen Impulses aber desto größer. Im allgemeinen sind die durch die nicht ausgeglichenen hin- und hergehenden Massen von Kolbenmaschinen bedingten Erschütterungen schlimmer als diejenigen von Maschinen mit reiner Drehbewegung, wenngleich auch die letzteren ganz erhebliche Erschütterungen und Geräusche verursachen können. Da die Kolbenmaschinen heute wesentlich rascher laufen als in früheren Jahren, so machen sich auch die von ihnen ausgehenden Erschütterungen weit unangenehmer fühlbar. Die stärksten Erschütterungen verursachen Verbrennungsmaschinen mit ihren großen hin- und hergehenden Massen. Eine Übertragung der Erschütterungen auf größere Entfernungen (Nachbargrundstücke), wie sie bei Kolbenmaschinen nicht selten vorkommen, ist bei Maschinen mit reiner Drehbewegung im allgemeinen ausgeschlossen.

Die Fundierung von Maschinen wird häufig nur unter dem Gesichtspunkte der Standsicherheit betrachtet, d. h. man begnügt sich damit, Verschiebungen der Maschine gegenüber ihrer Umgebung zu verhindern. Diese Einseitigkeit der Behandlung hat in vielen Fällen Nachteile zur Folge. Diese können zweierlei Art sein: Einmal können infolge von Erschütterungen Gebäudeschäden entstehen, indem sich, je nach der Stärke der Erschütterungen, mehr oder weniger gefährliche Risse und Sprünge an den angrenzenden Gebäudeteilen bilden. In zweiter Linie sind gemäß oben zivilrechtliche Nachteile oder gegebenenfalls ein Einschreiten der Polizei zu gewärtigen.

Die Gefahr der Übertragung von Erschütterungen und Geräuschen hat mit der Steigerung der Umlaufzahlen der Maschinen zugenommen; außerdem wird die Übertragung durch die leichte Bauart der modernen Gebäude und die ausgedehnte Verwendung von Eisenbeton begünstigt. Wenn auch der Gang einer gut gebauten und instandgehaltenen Maschine an sich geräuschlos und ruhig ist, so überträgt doch jede Maschine Schwingungen, die sich je nach ihrer Frequenz mehr oder weniger stark fühlbar machen. Hierbei lassen sich zwei Arten von Schwingungen unterscheiden

1. Reine Luftschwingungen oder Luftgeräusche, das sind solche, die sich unmittelbar von der Maschine durch die Luft fortpflanzen, bei denen also Luft der Träger der Schallwellen ist; man kann sie auch als primäre Luftschwingungen oder kurz als Luftschall bezeichnen.
2. Indirekte Schwingungen oder Geräusche; diese entstehen dadurch, daß sich die Erschütterungen der Maschine auf das Fundament und das übrige Mauerwerk und von da aus auf die umgebende Luft übertragen. Die indirekten Geräusche kommen also durch das Mitschwingen von Decken und Wänden mit dem Maschinenfundament, d. h. durch Fundamentschwingungen zustande und können deshalb auch als sekundäre Luftschwingungen oder kurz als Bodenschall bezeichnet werden.

Beide Arten der Schallfortpflanzung sind verschieden; dementsprechend sind auch verschiedene Mittel zu ihrer Bekämpfung anzuwenden.

Bezüglich der primären Luftschwingungen ist zu sagen, daß sie sich infolge ihrer geringen Energie höchstens durch dünne Wände fortpflanzen. Ist eine Mauer einen Stein stark und darüber, so ist ihre Masse bereits so groß, daß sie durch Luftschwingungen nicht mehr zum Mitschwingen gebracht wird, d. h. direkte Geräusche pflanzen sich durch Mauern von einem Stein und mehr im allgemeinen nicht mehr fort, vorausgesetzt, daß das Mauerwerk nicht durch Öffnungen (Türen, Fenster) unterbrochen ist.

In den weitaus meisten Fällen kommt es ausschließlich auf Beseitigung der Erschütterungen und sekundären Luftschwingungen an. Technisch gibt es hierzu zwei Wege; der eine besteht darin, die schwingende Maschine mit einer so großen Fundamentmasse zu verbinden, daß die Schwingungsenergie der Maschine nicht genügt, um diese Masse zum Mitschwingen zu bringen. Praktisch lassen sich jedoch in der Regel keine so großen Fundamente anordnen, daß deren Mitschwingen vermieden würde. Der andere Weg besteht darin, die Schwingungsarbeit durch Unterlegen elastischer Stoffe unter die schwingende Maschine oder ihr Fundament zu vernichten und das letztere freistehend anzuordnen. Indem man nur das Fundament freistehend ausführt, d. h. seitlich Luftzwischenräume zwischen Fundament und angrenzendem Mauerwerk oder Erdreich vorsieht, wird die Übertragung von Erschütterungen zwar verringert, jedoch nicht ausgeschlossen. Dies liegt in den Eigenschaften des Erdbodens begründet. Sieht man diesen, wie es vielfach geschieht, als einen starren Körper an und nimmt auf seine wirklichen Eigenschaften keine Rücksicht, so wird man damit den tatsächlichen Verhältnissen nicht gerecht. Denn der Erdboden überträgt Erschütterungen außerordentlich gut. — Bekanntlich kann man durch das Auflegen des Ohres auf den Erdboden das Herannahen galoppierender Pferde schon wahrnehmen, ehe noch das Auge in der Lage ist, diese zu sehen; es beruht dies auf der Schwingungsübertragung durch den Erdboden. — Sind die Erdschichten wasserhaltig und bestehen sie aus Schwemmsand, so wird dadurch die Übertragung wesentlich begünstigt. Es ist schon öfters vorgekommen, daß sich die Erschütterungen, die von einer Maschine ausgingen, auf ganz entfernt liegende Häuser übertragen haben, während die Gebäude in der nächsten Umgebung nicht beeinflußt wurden. Man kann sich derartige Erscheinungen nur durch abnorme Bodenverhältnisse (Wasseradern) erklären.

Um die Übertragung von Erschütterungen auf den Erdboden zu verringern, hat man schon seit langem zwischen den Fundamentklotz und die Betonsohle oder den Erdboden elastische, polsterartig wirkende Stoffe eingebettet. Das bekannteste Material dürfte der Kork sein; außerdem werden auch Filz, Eisenfilz, Gummi u. dgl. verwendet. Neuerdings kommen mit Vorteil auch gepreßte Torfplatten zur Anwendung, die sich sowohl gegen Boden- als auch Luftschall eignen sollen.

Eine Korkplatte z. B. stellt an sich einen Stoff dar, der die für den vorliegenden Zweck erwünschten Eigenschaften besitzt. Der Fehler, der jedoch in den meisten Fällen gemacht wird, besteht darin, daß man von dem Korkmaterial Wirkungen im großen erwartet, die es nur im kleinen, bei richtiger Anwendung, besitzt. Man berechne einmal die freien Beschleunigungskräfte am Hubende einer Kolbenmaschine von nur 100 PS und man wird finden, daß man der Korkplatte Belastungen zumutet, die, zusammen mit der ruhenden Last von Maschine und Fundament, geeignet sind, ihr die erforderliche Elastizität zu nehmen. Eine zu stark gepreßte und infolgedessen unelastische Unterlage wirkt nicht mehr als federndes Polster, sondern überträgt sämtliche Schwingungen; sie verhält sich genau so wie eine Feder, deren einzelne Gänge sich infolge zu starker Beanspruchung berühren. Die Verwendung von isolierenden Zwischenlagen führt also nicht überall zur Abhilfe. Jedoch gibt es immerhin Fälle, in denen eine Zwischenlage von Kork o. dgl. das Maß der Störung auf das rechtlich zulässige zurückführen kann. Von Wichtigkeit ist hierbei, die Betonsohle, auf der das Isoliermaterial liegt, genügend stark zu bemessen; treten nämlich Formänderungen ein, so hat dies eine ungleiche Belastung der Isolierschicht und damit eine Verringerung ihrer Wirksamkeit zur Folge.

Läßt sich durch Einlegen von elastischen Stoffen unter das Fundament der gewünschte Erfolg nicht erzielen, so verbleibt als letzter Ausweg die Anordnung von Schwingungsdämpfern oder Stoßdämpfern zwischen Maschinenrahmen und Fundament. Derartige Stoßdämpfer werden z. B. von der Gesellschaft für Isolierung gegen Erschütterungen und Geräusche m. b. H. in Berlin ausgeführt. Die Wirkung der Schwingungsdämpfer beruht darauf, daß die Maschine auf einer Platte befestigt wird, die durch isoliert gehaltene Zugstangen getragen ist. Die durch die Schwingungen in den Zugstangen hervorgerufenen Spannungen werden auf eine Anzahl übereinander geschichteter elastischer Platten übertragen und so durch Reibung vernichtet. Schwingungsdämpfer haben gegenüber Korkeinlagen u. dgl. den grundsätzlichen Vorzug, daß hier die Maschinenerzitterungen gedämpft werden, noch ehe sie das Fundament erreichen. Die Anwendung von Schwingungsdämpfern empfiehlt sich deshalb ganz besonders dort, wo Maschinen in Stockwerken aufgestellt werden müssen, wo also Gefahr besteht, daß in Ermangelung eines eigentlichen Fundamentes das ganze Gebäude an den Schwingungen der Maschine teilnimmt. Es genügt hier nicht, wenn man unter eine mit Schrauben auf der Decke befestigte Maschine eine elastische Unterlage legt; denn die Schwingungen übertragen sich durch die Schraubenbolzen.

Die Anordnung von Schwingungsdämpfern ist bei Aufstellung von Maschinen über Massivdecken jedenfalls wesentlich billiger als das Isolieren der sämtlichen Trägerauflager mittels Korkzwischenlagen u. dgl. Allerdings kommen derartige Schwingungsdämpfer hauptsächlich nur für kleinere und leichte Maschinen, insbesondere Elektromotoren, in Betracht; doch sind auch schon größere Maschinen bis zu 40 000 kg Einzelgewicht auf diese Weise isoliert worden[1]).

Bei größeren Kolbenmaschinen ist die Anwendung von Schwingungsdämpfern mit Rücksicht auf die hohen Kosten auf wenige Ausnahmefälle beschränkt. Hier bleibt nichts anderes übrig, als die umlaufenden Massen gänzlich und die hin- und hergehenden so weit als möglich auszugleichen und im übrigen die Fundamente möglichst reichlich zu bemessen; vgl. Abschnitt 75[2]).

---

1) Vgl. z. B. Z. d. V. d. I. 1914, S. 1313.

2) Eingehende Literatur über die Geräusch- und Erschütterungsübertragung findet sich in dem Werk „Über den Schutz gegen Schall und Erschütterungen" von Dr.-Ing. Ottenstein, Verlag Oldenbourg 1916.

Sechster Teil.

Beschreibung ausgeführter Kraftanlagen.

84. Elektrische Fabrikzentrale mit Dampflokomobilen.

Die in den Fig. 83—86 dargestellte Anlage dient zur Kraft- und Lichtversorgung der Präzisions-Kugellagerwerke Fichtel & Sachs in Schweinfurt a. M. Das Maschinenhaus enthält zwei Lanzsche Heißdampf-Verbundlokomobilen mit je einem direkt gekuppelten Drehstrom-

Fig. 83. Lokomobil-elektrische Fabrikzentrale von Fichtel & Sachs in Schweinfurt, enthaltend zwei Lanzsche Heißdampf-Verbundlokomobilen von 1400 PS_e Gesamtleistung.

generator. Die gesamte Zentralenleistung beträgt normal rd. 1100 PS, höchstens 1400 PS. Das Maschinenhaus, das eine Innengrundfläche von 342 qm besitzt, ist durch eine feste Zwischendecke so geteilt, daß der hochgelegene eigentliche Maschinenraum, in dem die Dampfmaschinen, die Generatoren und die Schalttafel liegen, von dem tiefgelegenen

Heizraum und dem Kondensations- und Kesselraum unter der Zwischendecke entsprechend abgeteilt ist. Die Verbindung zwischen dem geräumigen Heizraum und dem Maschinenraum wird durch eine — unten durch eine Tür abgeschlossene — eiserne Treppe vermittelt.

Der eigentliche Maschinenraum unterscheidet sich in keiner Weise von einem Maschinenraum mit ortsfester Dampfmaschine[1]). Die Dampfmaschine liegt in Flurhöhe, von allen Seiten bequem zugäng-

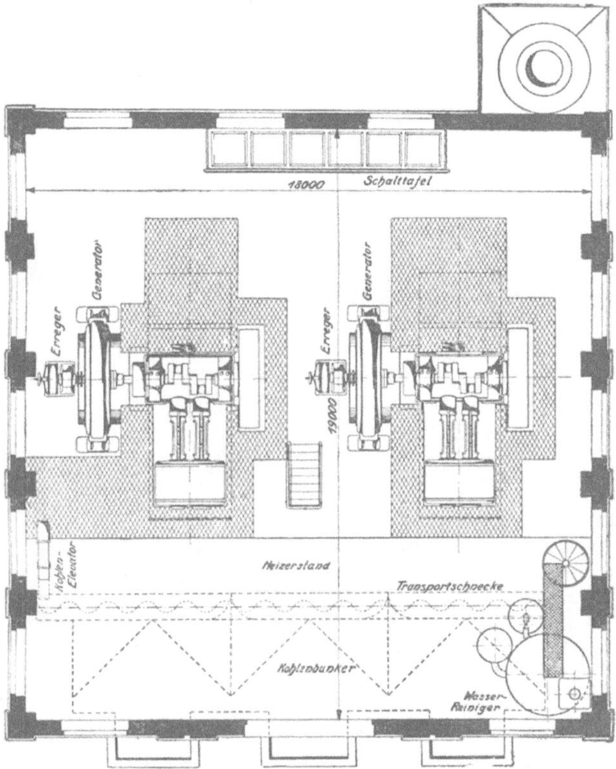

Fig. 84. Grundriß einer Lokomobilzentrale von 1400 PS_e Gesamtleistung.

lich, daneben der Generator. In der Mitte von beiden Maschinen befindet sich an der Wand, eine gute Übersicht gewährend, die Schalttafel. Das ganze Maschinenhaus wird von einem Laufkran bestrichen, der die Montage und etwaige Revisionen sowie auch das Ausziehen der Röhrenkessel zwecks Reinigung in einfachster Weise ermöglicht.

Die Maschinen besitzen Ventilsteuerung, System Lentz. Die eine Lokomobile leistet normal 500—540 PS bei 167 Umdrehungen in der Minute, höchstens dauernd 590 PS und vorübergehend 650 PS. Die

[1]) Eine ortsfeste Anlage kam im vorliegenden Falle mit Rücksicht auf die äußerst beschränkten Platzverhältnisse nicht in Betracht.

andere, später aufgestellte Lokomobile hat eine Normalleistung von 580 PS bei 170 Umdrehungen in der Minute, die dauernd auf 660 PS, vorübergehend auf 750 PS gesteigert werden kann.

Der Kessel für 12 at Betriebspannung ist ein ausziehbarer Röhrenkessel mit gewellter Feuerbüchse. Die Ankerrohre sind mit Gewinde eingeschraubt, während der größere Teil der Siederohre eingewalzt und gebördelt ist. Zur Reinigung der Siederohre von Ruß ist ein Dampfstrahlrohrbläser vorgesehen. Mit diesem Dampfrohrbläser wird Heiß-

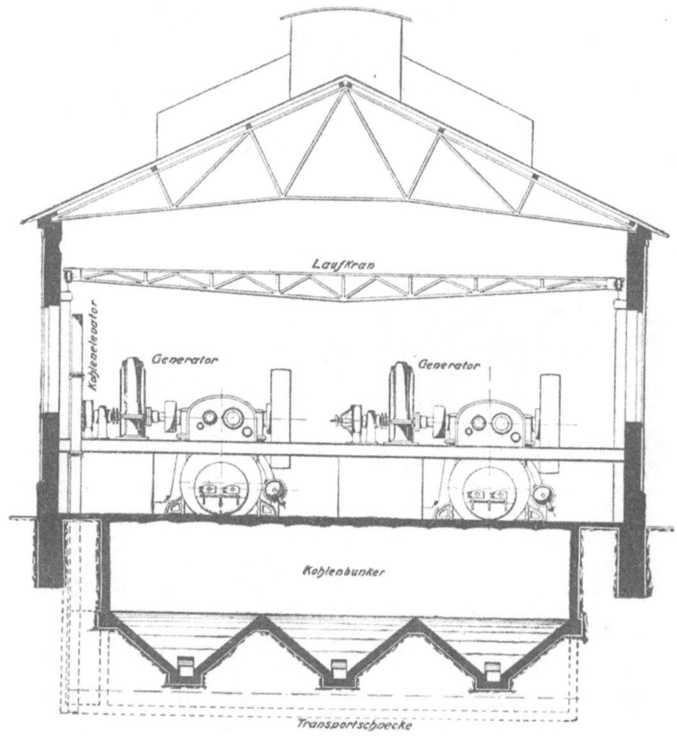

Fig. 85. Querschnitt einer Lokomobilzentrale von 1400 PS_e Gesamtleistung.

dampf von der Feuerung her, also in der Zugrichtung, durch die Rauchrohre geblasen und diese in wenigen Minuten ohne Betriebstörung reingefegt.

Beide Lokomobilen sind mit normalen Planrostfeuerungen für Steinkohlen ausgerüstet. Besondere Sorgfalt ist auf die Kohlenzufuhr verwendet, die vom Bunker bis zum Rost völlig selbsttätig erfolgt. Vom Eisenbahnwagen fallen die Kohlen durch einen Schacht in die unter dem Heizerstand liegenden Kohlenbunker. Diese sind als Trichter ausgebildet, so daß die Kohle stets nach der tiefsten Stelle abfließt. Hier ist, unter allen Kohlenbunkern herlaufend, eine horizontale Förderschnecke angeordnet, die die Kohle einem an der Seitenwand errichteten

Kohlenelevator zuführt. Durch den Elevator wird die Kohle gehoben, bis sie auf eine horizontale Förderschnecke fällt, die am Kopfende der Zwischendecke vor den Kesselstirnwänden entlang führt. Durch diese Förderschnecke werden die Schütt-Trichter der selbsttätigen Wurfbeschickungsapparate, System Weck, gespeist. Der Antrieb der Rostbeschickungsapparate erfolgt durch je einen kleinen Elektromotor.

Der Überhitzer ist so in die Rauchkammer eingebaut, daß die Mündungen der Siederohre zur bequemen Reinigung völlig frei bleiben.

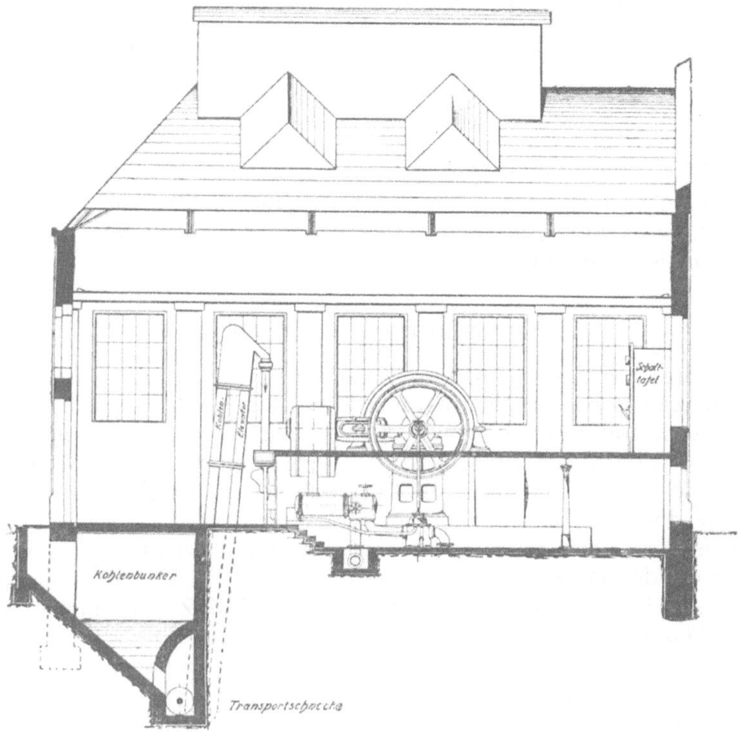

Fig. 86. Längsschnitt einer Lokomobilzentrale von 1400 PS_e Gesamtleistung.

Da die Rohrwindungen des Überhitzers in horizontalen Schleifen nach oben ansteigen, so können sich an keiner Stelle Wassersäcke bilden; Wasserschläge vom Überhitzer her sind also ausgeschlossen. Der Sattdampf wird von unten in den Überhitzer geleitet, so daß Dampf und Rauchgase im Gegenstrom zueinander strömen. Durch eine Klappe können die Heizgase ganz oder teilweise direkt in den Rauchkanal geleitet und dadurch der Überhitzer ganz oder teilweise ausgeschaltet und die Höhe der Überhitzung reguliert werden.

Zylinder, Steuerung und Kreuzkopfführung entsprechen der kannten Lanzschen Anordnung. Die Kurbelwellenlagerung erfolgt auf besonderen massiven gußeisernen Lagerständern, die um den Kessel herumgreifen und sich direkt auf das gemauerte Fundament stützen. Der Kessel kann sich somit ungehindert unter der Kurbelwellenlagerung bzw. unter den Ständern ausdehnen, ohne daß die Stellung der Lagerung, die durch Strebestangen gegen den Zylinder festgelegt ist, irgendwie verändert wird.

Beide Lokomobilen sind durch ein Dampfsammelrohr so miteinander verbunden, daß jede Maschine im Bedarfsfall mit dem Dampf des Nachbarkessels gespeist werden kann.

Unmittelbar mit der Kurbelwelle ist je ein Drehstromgenerator der Siemens-Schuckert-Werke starr (also ohne Zwischenschaltung einer elastischen Kupplung o. dgl.) gekuppelt. Das in dem Generator untergebrachte Schwungmoment zusammen mit dem Schwungmoment des fliegend aufgesetzten Massenschwungrades von 3200 mm Durchmesser verleiht der Maschine einen Ungleichförmigkeitsgrad von 1 : 250. Auf der verlängerten Generatorwelle ist die zugehörige Erregermaschine fliegend aufgesetzt. Das an derselben Seite am Kopf der Hauptwelle vorgesehene Handrad gestattet Geschwindigkeitsänderungen bis zu 5% der normalen Umlaufzahl.

85. Dampfanlage einer Brauerei.

Während früher die Braupfannen unmittelbar mit Feuer geheizt wurden, geschieht dies heute in modernen Brauereien fast nur noch mit Dampf, und zwar verwendet man hierzu meist Maschinenabdampf. Außer zur Dampfkochung beansprucht jede Brauerei noch große Mengen Abdampfs zur Warm- und Heißwasserbereitung sowie allenfalls zur Heizung der Gebäude, zur Trebertrocknung usw.

Die erste nach modernen Grundsätzen eingerichtete größere Anlage ist die der Pschorrbrauerei in München, die in Fig. 87 schematisch dargestellt ist[1]). Zur Dampferzeugung sind 5 Zweiflammrohrkessel von je 85 qm Heizfläche für 14 at Betriebsüberdruck aufgestellt. Hinter den Flammrohren sind gußeiserne Überhitzer eingebaut. Die Abgase der Kessel strömen durch 2 Rauchgasvorwärmer, von denen einer für das Speisewasser, der zweite für das sog. Anschwänzwasser, d. i. ein zum Brauprozeß erforderliches Wasser von etwa 90° C, dient. In den Rauchgasvorwärmern wird das in den Abdampfvorwärmern auf 40 bis 50° C erhitzte Wasser auf die erforderliche Temperatur gebracht. Zur Speisung dient eine elektrisch betriebene Pumpe und zur Aushilfe eine schwungradlose Dampfpumpe.

Die Kohlenversorgung des Kesselhauses ist aus Fig. 88 und 89 zu erkennen. Die ankommende Kohle wird in einen Trichter *a* geworfen, aus dem sie durch ein Becherwerk *b* in die Höhe gefördert wird. Das Becherwerk wirft die Kohle durch die Rinne *c* auf das Lederband *d*, das die wagrechte Förderung übernimmt und die Kohle in eine der fünf Abteilungen des großen Bunkers abwirft. Der Abwurfwagen *e*

---

[1]) Entnommen aus der Z. d. V. d. I. 1908, S. 691.

kann mittels Kurbelgetriebes beliebig hin- und hergefahren werden. Von der am Wagen befindlichen Abwurfrolle fällt die Kohle in den Abwurftrichter und aus diesem in den Bunker. Mit der Anlage können

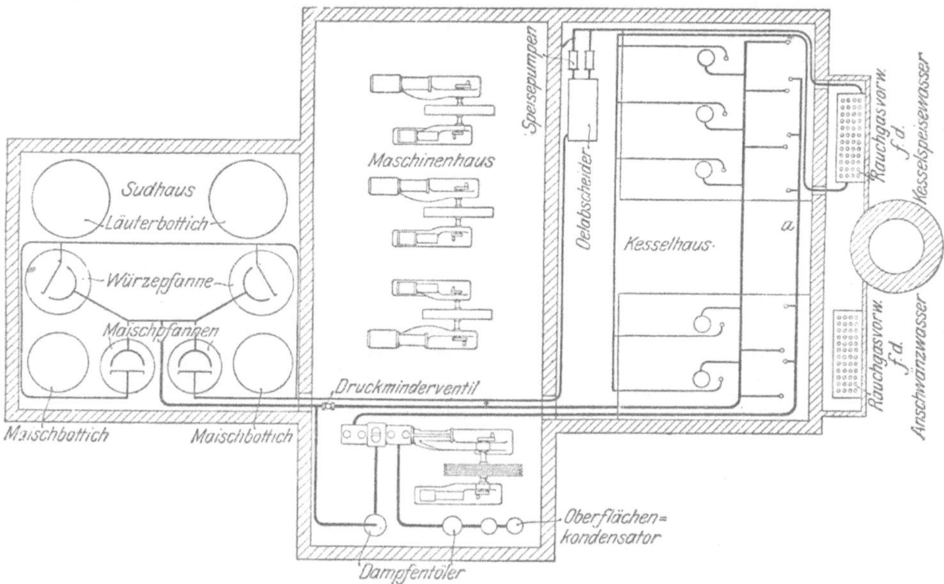

Fig. 87. Schematische Darstellung der Dampfanlage der Pschorrbrauerei in München.

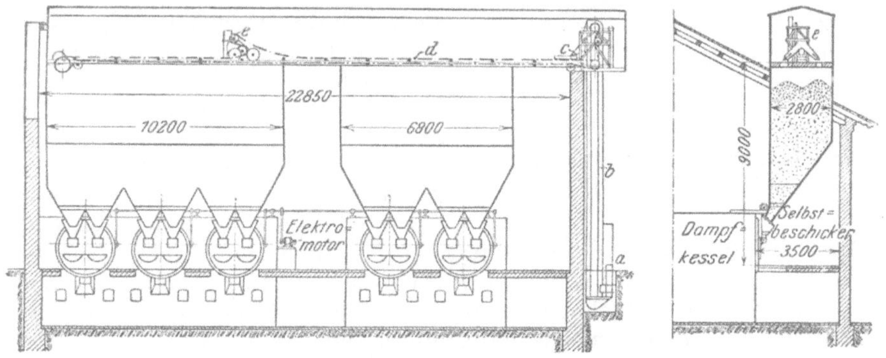

Fig. 88 und 89. Kesselhaus der Pschorrbrauerei, enthaltend 5 Zweiflammrohrkessel mit mechanischen Rostbeschickern und mechanischer Bekohlungsanlage.

etwa 7000 kg Kohlen in der Stunde gefördert werden. Der Antriebs-Elektromotor erfordert etwa 1 PS.

Aus dem Bunker fallen die Kohlen in die Fülltrichter der selbsttätigen Rostbeschicker.

Da für die Braupfannen ein Dampfüberdruck von 3 at gefordert wurde (im allgemeinen genügen 1,5—2 at), so wählte man, um mit dem Gesamtdampfverbrauch der Maschine das Heizbedürfnis sicher nicht zu überschreiten, einen Kesselüberdruck von 14 at und Dampfüberhitzung auf 280—300° C. Der überhitzte Dampf wird dem Hochdruckzylinder der Tandemmaschine durch die Leitung *a* zugeführt. Die Maschine hat Ventilsteuerung (Ausklinksteuerung) und ist mit einem Lindeschen Ammoniakkompressor unmittelbar gekuppelt. Der für die Braupfannen erforderliche Dampf wird der Maschine zwischen beiden Zylindern entzogen und passiert zunächst einen Dampfentöler.

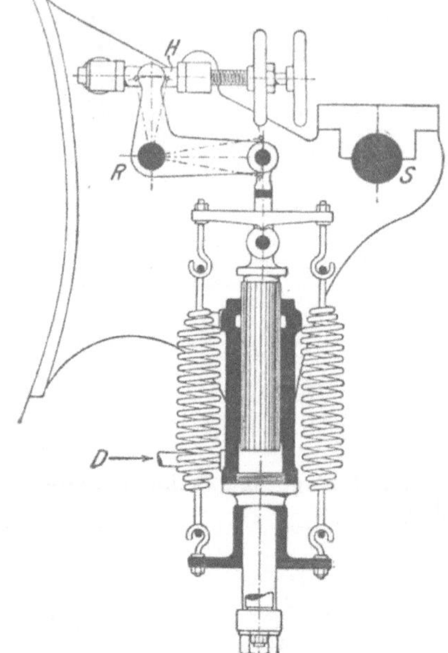

Fig. 90. Druckregler für Zwischendampfentnahme, angewendet für Ausklinksteuerungen.

Haupterfordernis ist, unabhängig von den Belastungsschwankungen der Maschine und dem Dampfverbrauch der Pfannen, den letzteren stets Dampf von möglichst gleichbleibendem Druck zuzuführen. Zu diesem Zweck steht die Füllung des Niederdruckzylinders durch die in Fig. 90 schematisch dargestellte Einrichtung unter dem Einfluß des Aufnehmerdruckes. Durch die Rohrleitung *D* tritt der Dampf aus dem Aufnehmer in den Reglerzylinder ein und wirkt auf einen federbelasteten Kolben. Bei Veränderungen des Dampfdruckes ändert sich auch die Höhenlage dieses Kolbens und damit die Stellung des Hebels *R*. Ein mit diesem verbundener zweiter Hebel beeinflußt die Einlaßsteuerung des Niederdruckzylinders. Durch die Spindel *H* kann die Füllung auf bestimmte Werte eingestellt oder begrenzt werden. *S* ist die Steuerwelle der Maschine. Ist die kleinste mögliche Niederdruckfüllung erreicht, so beginnt bei größerem Dampfverbrauch der Dampfdruck im Aufnehmer zu sinken; nunmehr öffnet sich ein an die von den Kesseln kommende Sattdampfleitung angeschlossenes Druckreduzierventil mit Quecksilberregelung, Bauart Salzmann, und läßt Frischdampf ein, so daß der Dampfdruck auf gleichbleibender Höhe erhalten wird. Ist die Maschine ganz außer Betrieb, so liefert dieses Ventil allen für die Pfannen erforderlichen Dampf. Der dem Aufnehmer nicht entzogene Dampf arbeitet im Niederdruckzylinder weiter und gelangt aus diesem durch einen Entöler in die Vorwärmer für die Warmwasserbereitung, wo er vollkommen niedergeschlagen wird.

Die Dampfmaschine hat in Anbetracht der großen Dampfentnahme aus dem Zwischenbehälter nicht das normale Zylinderverhältnis. Die Kolbenwegräume verhalten sich vielmehr etwa wie 1 : 2. Die Zylinder-

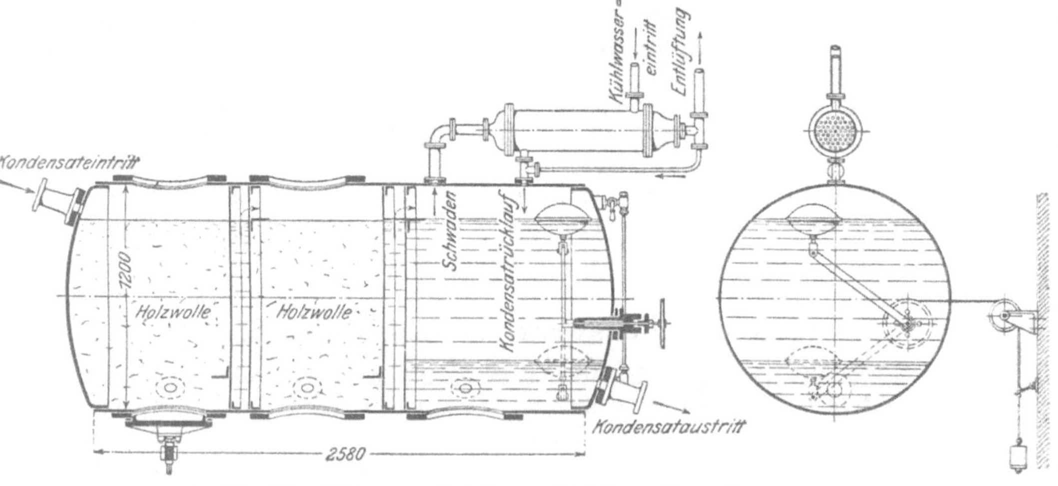

Fig. 91. Filter zur Entölung ölhaltigen Dampfwassers.

durchmesser betragen 475 und 675 mm, der Kolbenhub 900 mm und die Umdrehungszahl 100 in der Minute.

Das aus den Pfannen abfließende und das sich im Behälter *F* sammelnde Dampfwasser werden in das Kesselhaus zurückgeleitet und nach Durchgang durch ein Filter wieder zur Speisung benutzt.

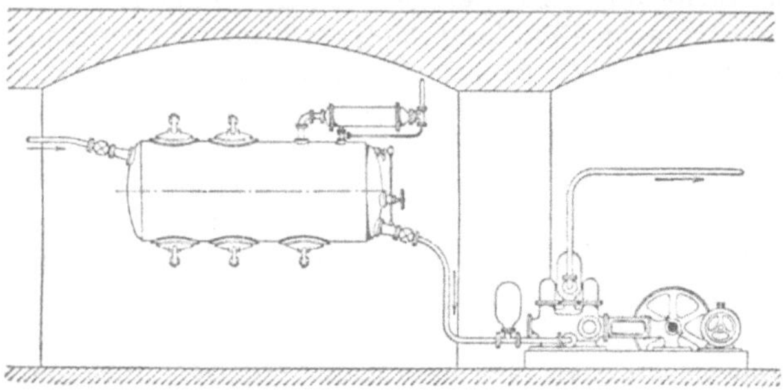

Fig. 92. Dampfwasserfilter in Verbindung mit einer elektrisch betriebenen Pumpe, die das Wasser wieder in die Kessel zurückfördert.

In allen derartigen Anlagen ist dafür zu sorgen, daß das aus den Pfannenmänteln abfließende heiße Dampfwasser wieder zur Speisung verwendet wird. Liegen das Kessel- und Sudhaus nicht nebeneinander, sondern voneinander getrennt, so muß in nächster Nähe des Sudhauses eine Pumpe aufgestellt werden, die das Wasser zum Kesselhaus zurück und in die Kessel fördert.

Die Anordnung der Dampfwasserfilter ist z. B. aus Fig. 91 zu entnehmen. Es findet hier außer der Entölung des Dampfes noch eine Filtration des Dampfwassers statt, ehe es zur Kesselspeisung benützt wird. Die gesamten aus den Braupfannen abfließenden Dampfwässer werden in den mit Holzwolle als Filterstoff gefüllten zylindrischen Behälter geleitet. Hinter den Filtern sammelt sich das Wasser in dem vorderen als Ausgleichbehälter dienenden Teil des Kessels, aus dem es einer elektrisch angetriebenen Pumpe zufließt, die das Wasser wieder in die Kessel drückt, Fig. 92. Ein im Ausgleichbehälter angeordneter Schwimmer stellt die Pumpe an und ab, so daß also das Wasser vollkommen selbsttätig in die Kessel zurückgeleitet wird. Es ist wiederholt durch Wasseruntersuchungen festgestellt worden, daß die mit derartigen Filtern und mit Dampfentölern erreichte Entölung ganz vorzüglich ist.

86. Elektrizitätswerk mit Dampfturbinen[1]).

Fig. 93—95 zeigen das im Jahre 1912 südwestlich von Nürnberg errichtete Großkraftwerk Franken. Das neben der Rednitz gelegene Baugelände hat den Vorzug, daß es unmittelbar an die Staatsbahngeleise angeschlossen werden konnte, daß es im Stadtgebiet Nürnberg liegt, daß die Rednitz genügend Wasser für die Kondensation liefert, und daß ferner, wenn Kraft aus den staatlichen Wasserkräften zur Verfügung steht, leicht eine 100 000 V-Freileitung bis zum Grundstück geführt werden kann.

Bei der Anlage der Gebäude galt als Grundsatz, daß alle Gebäudeteile und Räume tunlichst geräumig, übersichtlich und hochwasserfrei gelegen sind, daß die Möglichkeit für einen unbegrenzten Ausbau gegeben ist, und daß Licht und Luft reichlich Zutritt haben.

Das Kesselhaus ist 43 m lang, $33^1/_2$ m breit und so hoch, daß auch Kessel von den größten Abmessungen darin untergebracht werden können. Mit Ausnahme der Umfassungswände ist das Gebäude in Eisenkonstruktion ausgeführt. Das Dach besteht aus Eisen-Bimsbeton von 8 mm Stärke. Das Maschinenhaus ist 40 m lang und 33 m breit; sein freitragendes Dach ist in Eisenbeton ausgeführt. Das Maschinenhaus wird von einem Laufkran von 40 t Tragfähigkeit bestrichen.

Zwischen Maschinen- und Kesselhaus liegt der $33^1/_2$ m lange und $6^1/_2$ m breite Pumpenraum. Die Schaltgeräte und Transformatoren sind in einem besonderen vierstöckigen Gebäude untergebracht, das $36^1/_2$ m lang und $10^1/_2$ m breit ist und ein eisernes Dach hat. Als Verbindung zwischen Maschinen- und Schalthaus dient das Magazin- und Werkstattgebäude. Die Arbeiteraufenthaltsräume, Wascheinrichtungen und Bäder sind in einem besonderen Arbeiterfürsorgehaus untergebracht.

Das zur Kondensation nötige Kühlwasser wird der Rednitz in teils offenen, teils unterirdischen Kanälen entnommen. Der Zuleitungskanal

---

[1]) Entnommen aus einem Vortragsbericht von Direktor Scholtes, Z. d. V. d. I. 1912, S. 2111.

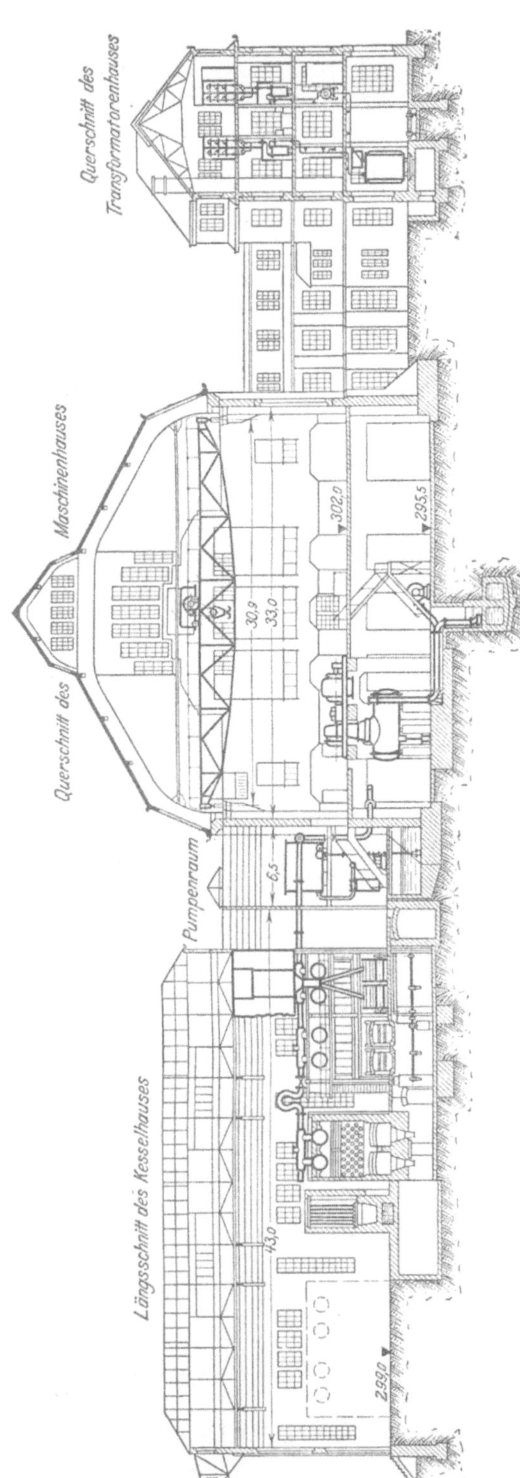

Fig. 93. Großkraftwerk Franken in Stein bei Nürnberg (Maßstab 1 : 600).

ist doppelt angeordnet, um den Schlamm beseitigen und den Kanal reinigen zu können.

Das Bahnanschlußgeleise ist 1800 m lang und vermittelt den Wagenübergang vom Bahnhof Stein zum Großkraftwerk. Der Höhenunterschied von 16 m wird mit einer Rampe von $2^1/_2\%$ genommen. Auf einer Schiebebühne von 60 t Tragfähigkeit werden die Eisenbahnwagen in das Kessel- und Maschinenhaus gefahren.

Im Kesselhaus sind zunächst 6 Kessel von je 370 qm Heizfläche untergebracht. Platz ist für 12 Kessel vorhanden. Die Dampfspannung beträgt 15 at, die Dampftemperatur 360° C, die Leistung 25—32 kg/qm Heizfläche. Die Überhitzer haben 110 qm, die Vorwärmer 250 qm Heizfläche. Es sind je 2 Kessel zu einem Block zusammengebaut. Die Kessel haben Wanderroste von 11, 12 qm mit selbsttätiger Kohlenzuführung. Als Brennstoffe wurden Ruhrkohle, Saarkohle, sowie böhmische und bayerische Braunkohlenbriketts in Aussicht genommen.

Die Kessel werden von einem mittleren Gang aus bedient, dem die Kessel-Stirnflächen zugekehrt sind. Oberhalb

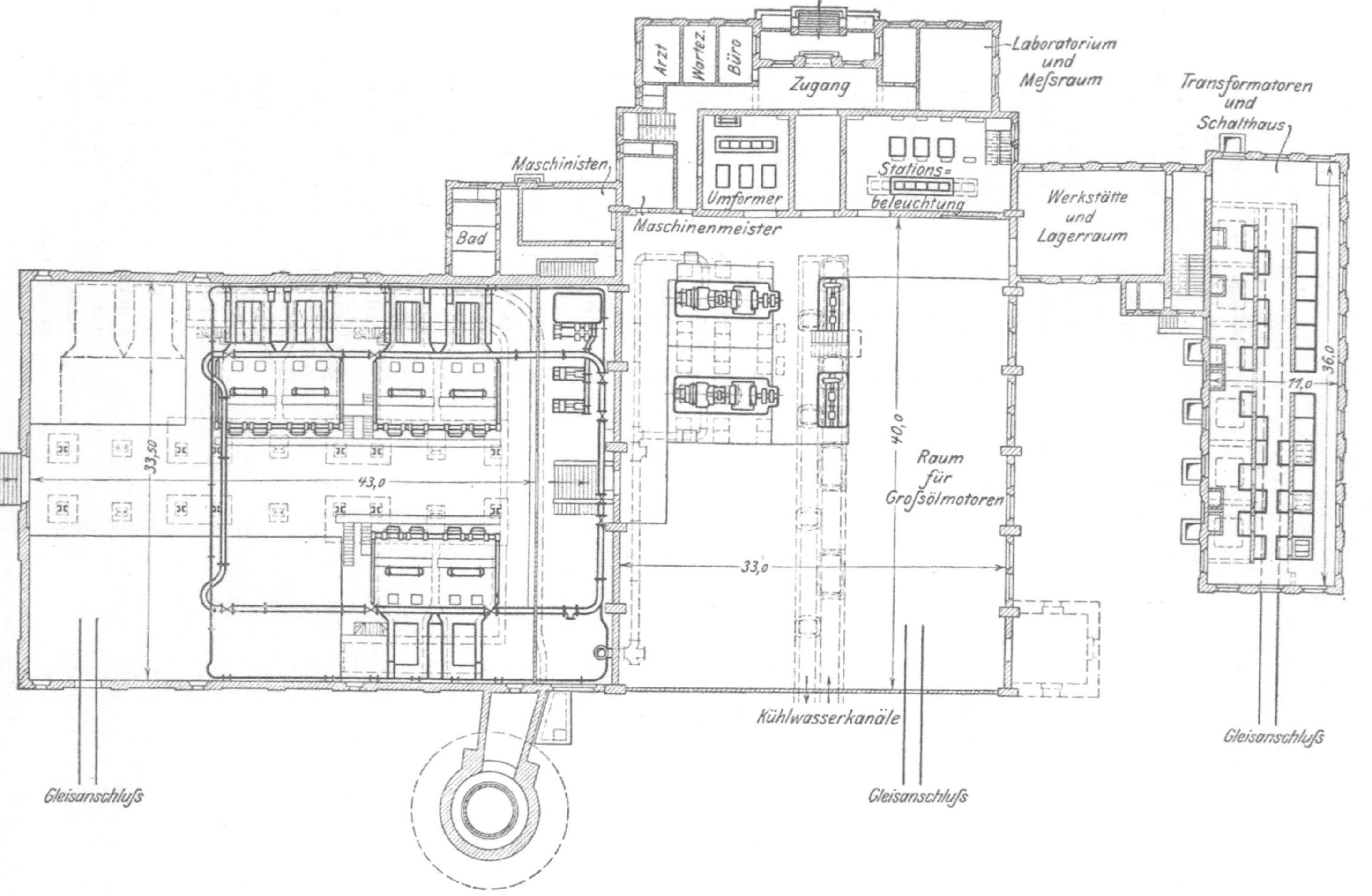

Fig. 94. Grundriß des Großkraftwerkes Franken (Maßstab 1 : 600).

dieses Ganges befindet sich ein Kohlenbunker von 750 cbm Inhalt. Die Kohlen gelangen von den Eisenbahnwagen durch mechanische Fördereinrichtungen in den Bunker. Zunächst wird ein Förderband für 40 t/st benutzt. Für später ist noch die Anlage eines Kohlensilos und eines Wagenkippers in Aussicht genommen. Asche und Schlacke werden selbsttätig entfernt.

Der Sockel des 90 m hohen Kamins mit 4 m oberer Lichtweite ist so ausgebildet, daß die Flugasche während des Betriebes beseitigt werden kann.

Die Kessel werden durch elektrisch betriebene Kreiselpumpen und durch Kolbenpumpen gespeist. Die ersteren fördern 50 cbm/st und bringen das Wasser in 3 Stufen mit 1450 Uml./min auf einen Druck von 16—18 at, wobei 47 PS aufgenommen werden. Die vierfach wirkende Dampfpumpe leistet 100 cbm/st bei 43 Doppelhüben in der Minute.

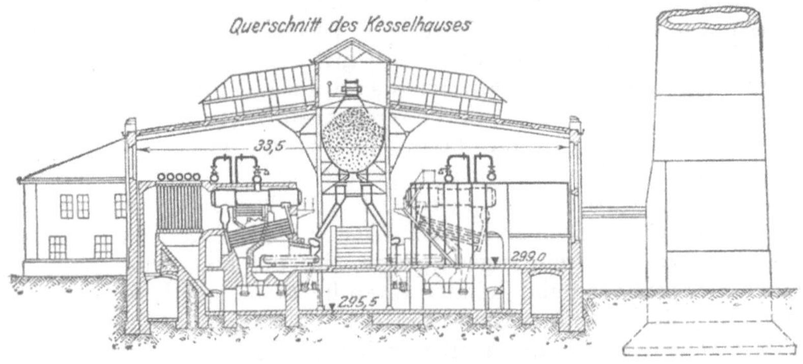

Fig. 95. Kesselhaus-Querschnitt des Großkraftwerkes Franken.
Maßstab 1 : 600.

Die Pumpen entnehmen das Speisewasser zwei Behältern von je 80 cbm Inhalt. Das Speisewasser ist destilliertes Wasser, insofern der Abfluß aus den Kondensatoren immer wieder verwendet wird. Der Ersatz geschieht in der Weise, daß Brunnenwasser in Atlasverdampfern destilliert und dem Kondensat zugefügt wird. Das Nutzwasser für die ganze Anlage wird einem besonderen Brunnen entnommen und mit einer Delphinpumpe auf 5 at gepreßt. Die heißen Abwässer werden in einem Schacht gesammelt und einem Klärteich zugeführt, der auch die Regen- und Waschwässer aufnimmt. Dieser Teich ist nötig, damit keine Ölteilchen in die Rednitz gelangen. Die Wässer aus den Aborten und Wohnungen durchfließen eine biologische Anlage.

Das Maschinenhaus bietet in seinem ersten Ausbau Raum für Dampfturbinen bis 30 000 PS Leistung. Daneben ist noch Platz für etwa 5000 PS an Ölmaschinen vorhanden. Zunächst sind zwei Turbodynamos von je 5000 PS Leistung aufgestellt, die bei 5000 V, 50 Per. und 3000 Uml./min je 3400 kW liefern. Die zur Oberflächenkondensation erforderlichen Pumpen werden elektrisch angetrieben.

Im Transformatorenhaus sind zunächst drei luftgekühlte Transformatoren von je 4500 KVA aufgestellt, die die Spannung von 5000 V auf 20 000 V erhöhen.

Um bei Störungen jederzeit Strom zur Verfügung zu haben, ist eine Akkumulatorenbatterie von 66 Zellen, 65 kW Leistung, 120 V und 540 Amp. aufgestellt. Sie dient in der Hauptsache zur Notbeleuchtung und außerdem zur Betätigung der Schaltwerke. Geladen wird die Batterie durch einen Drehstrom-Gleichstrom-Umformer von 75 kW Leistung bei 208 V Drehstrom- und 120 V Gleichstromspannung in Verbindung mit einer Zusatzmaschine. Ein zweiter Drehstrom-Gleichstrom-Umformer dient zur Reserve.

Die Maschinen werden von einer erhöhten Schaltbühne aus bedient, von der aus das Maschinenhaus übersehen werden kann. Alle Bewegungen geschehen durch Elektromagnete. Der hochgespannte Strom gelangt nicht auf die Schaltbühne, sondern unmittebar nach dem Schalthaus. Die im Schalthaus befindlichen Apparate werden durch elektrische Fernsteuerung betätigt.

Im Erdgeschoß des Schalthauses sind die Leistungstransformatoren und die Kabel, im ersten Stock die Meßtransformatoren, im zweiten die Hochspannungsschalter und Trennschalter, im dritten die Sammelschienen und der Blitzschutz untergebracht.

Der Betrieb wird durch umfassende Kontrolleinrichtungen erleichtert, die ständig den Verbrauch an Kohlen, Wasser, Dampf, die Stromerzeugung und -abgabe, die Verbrennungsvorgänge, die Temperaturen in den Dynamos, Transformatoren und Schaltgeräten überwachen. Eine Fernsprechanlage, die sich nicht nur auf das Kraftwerk, sondern auch auf das ganze Netz erstreckt, dient zur unmittelbaren Verständigung und Zeichengebung.

Die gesamte maschinelle Anlage stammt von der M. A. N., Werk Nürnberg, die elektrische Anlage von den Siemens-Schuckert-Werken.

Vorstehende Beschreibung entspricht dem Stand des Werkes vom Jahre 1912. Das Werk ist in der Zwischenzeit bedeutend erweitert worden. Die Anfertigung neuer Pläne (und daher auch neuer Klischees) war jedoch während der Kriegszeit in Ermangelung des hierzu erforderlichen Personals nicht möglich, weshalb ich mich damit begnügen muß, folgendes zu erwähnen: Das Werk enthält heute 2 Turbodynamos von je 3400 kW (n = 3000) und 2 Turbodynamos von je 8800 kW (n = 1500). An Kesseln sind vorhanden 8 Schrägrohrkessel von je 370 qm Kesselheizfläche, 4 Schrägrohrkessel mit eiserner Ummantelung (Schiffstype) von je 400 qm Heizfläche. In der Aufstellung sind eine Turbodynamo von 14000 kW (n = 1500) und 6 Steilrohrkessel System Dürr von je 500 qm Heizfläche. Die erst- und letzterwähnten Kessel arbeiten mit Kaminzug, die Schiffskessel dagegen mit künstlichem Zug. Zur mechanischen Entfernung der Asche und Schlacke ist eine pneumatische Absaugeanlage aufgestellt worden. Eine elektrische Hängebahnanlage dient zum Fördern der Kohle aufs Lager und zur Entnahme vom Lager. Auf die beim Bau des Werkes in Aussicht genommene Aufstellung von Großölmotoren hat die Werksleitung zugunsten von Dampfturbinen verzichtet.

87. Elektrizitätswerk mit stehenden Dieselmaschinen.

Fig. 96—98 zeigen eine elektrische Zentrale, enthaltend zwei stehende einfachwirkende Viertakt-Dieselmaschinen, direkt gekuppelt mit Drehstromgeneratoren. Die Gesamtanlage besteht aus einem Hauptgebäude, an das sich ein Nebengebäude anschließt. Im Hauptgebäude sind die beiden Dieselmaschinen sowie die Umformeranlagen, im Nebengebäude die Schaltanlage, Akkumulatorenräume und sonstigen Räume untergebracht. Das Nebengebäude ist ferner mit einem turmartigen Aufbau versehen, in dem die Kühlwasser- und Brennstoffvorratsbehälter untergebracht sind.

Die beiden Dieselmaschinen besitzen ein gemeinsames Fundament, das über einer Betonsohle, deren Stärke von den vorhandenen Baugrundverhältnissen abhängt, erstellt ist. Die Ankerplatten der Dieselmotoren sind nicht in die Fundamente eingemauert, sondern in Nischen angeordnet, die von einem Kanal aus zugänglich sind. Hierdurch wird es ermöglicht, daß die Fundamentschrauben jederzeit bequem demontiert werden können, und daß ferner die in der Regel etwas länger als notwendig ausgeführten Ankerschrauben leicht so zu montieren sind, daß ihr oberes Ende mit den Muttern an der Grundplatte gerade abschneidet, ohne daß ein Kürzen der Anker erforderlich ist. Der zwischen dem Fundament und den Seitenwänden des Maschinenhauses befindliche Raum ist unterkellert. Sämtliche Rohrleitungen sind so verlegt, daß sie vom Fundamentkeller aus bequem zugänglich sind. Im Fundamentkeller haben ferner Nebenapparate, wie Pumpen, Schmierölfiltriereinrichtung usw., Aufstellung gefunden.

Die Auspuffleitungen gehen von den Motoren schräg abwärts bis unter Flur und von da horizontal bis zu den Auspuffgefäßen. Die über Flur befindlichen Leitungen sind wassergekühlt. Die Auspuffgefäße sind vor dem Maschinenhaus in einer Grube aufgestellt. Neben jedem Auspuffgefäß sind zur möglichsten Verminderung des Auspuffgeräusches zwei gemauerte Schallgruben angeordnet. Von der zweiten Schallgrube werden die Abgase in einer Steigleitung bis über Dach geführt. Für jeden Motor ist eine besondere Auspuffsteigleitung angeordnet, womit der Vorteil verbunden ist, daß jeder Motor bezüglich seiner Verbrennung kontrolliert werden kann.

Das zur Kühlung der Dieselmotoren dienende Wasser wird in einem Kühlturm, der unmittelbar neben dem Maschinenhaus aufgestellt ist, rückgekühlt. Das rückgekühlte Wasser wird durch zwei mit Elektromotoren gekuppelte Zentrifugalpumpen, von denen eine als Reserve dient, in einen Kühlwasserbehälter gefördert. Letzterer ist so hoch aufgestellt, daß von ihm das Wasser selbsttätig zu den Motoren und von da zum Kühlturm-Einlauf fließt. Das Wasser wird also in einer geschlossenen Leitung vom Hochbehälter bis zum Kühlturm geführt. Zur Kontrolle sind an jedem Zylinder Probierleitungen angeordnet; auch sind Signalthermometer eingeschaltet, die, falls die Temperatur des Wassers eine gewisse Höhe überschreitet, eine elek-

Fig. 96. Elektrizitätswerk mit zwei stehenden Teeröl-Dieselmaschinen von je 600 PS (Längsschnitt).
Maßstab 1:250.

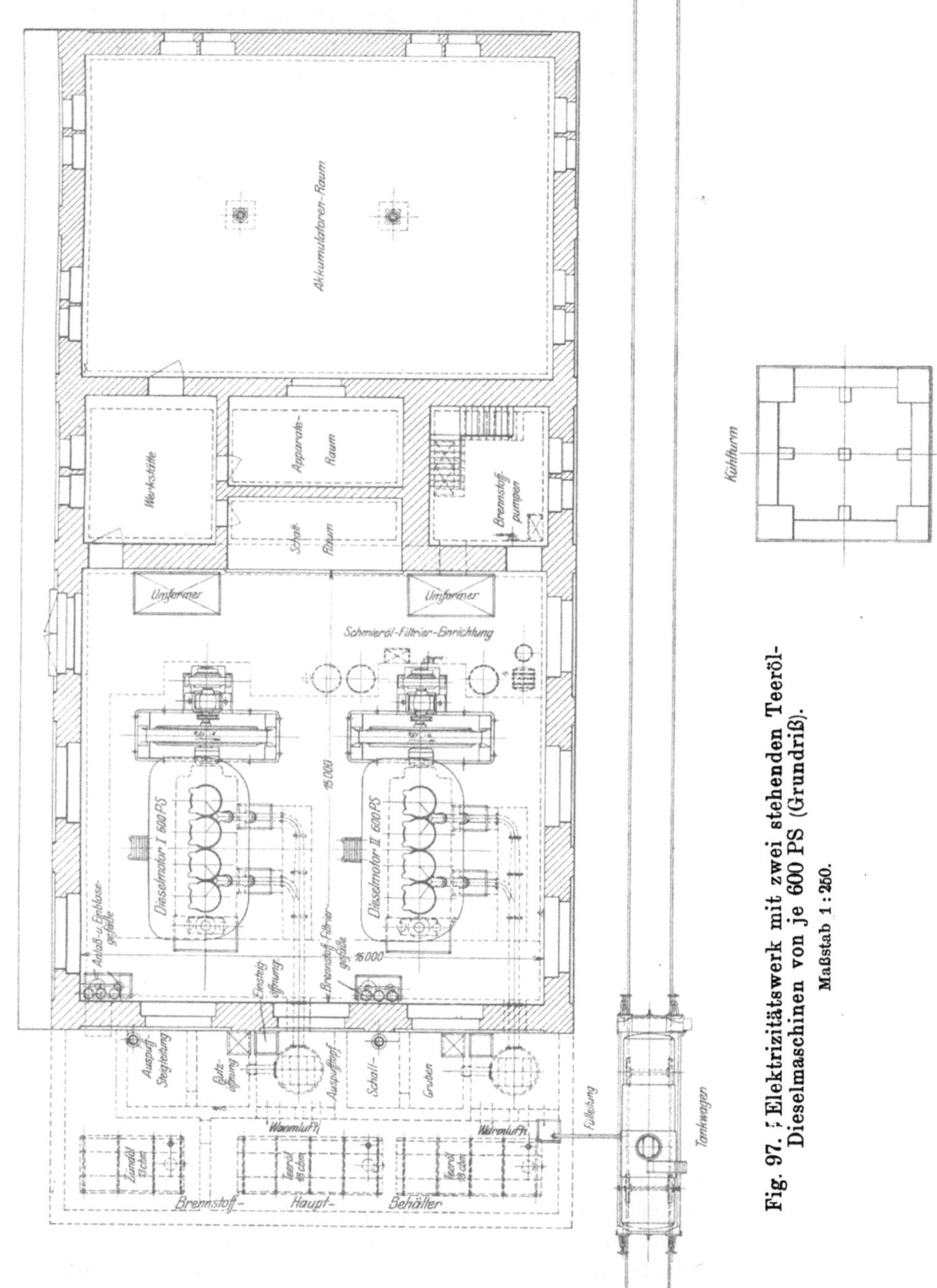

Fig. 97. Elektrizitätswerk mit zwei stehenden Teeröl-Dieselmaschinen von je 600 PS (Grundriß).

Maßstab 1 : 250.

trische Klingelanlage in Tätigkeit setzen. Ein Teil des von den Motoren abfließenden warmen Wassers wird zur Erwärmung des Teeröls in den Vorrats- und Filtriergefäßen verwendet. Zu diesem Zweck sind in diesen Gefäßen Heizschlangen eingebaut. Der Kühlwasserbehälter ist

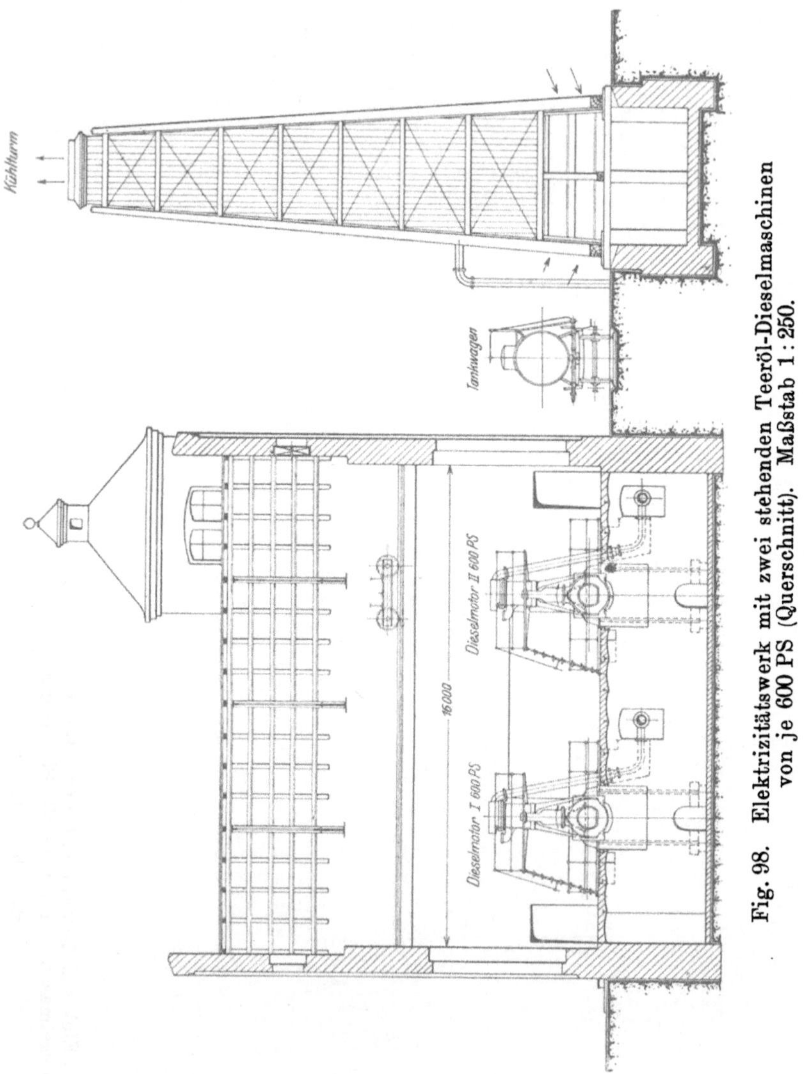

Fig. 98. Elektrizitätswerk mit zwei stehenden Teeröl-Dieselmaschinen von je 600 PS (Querschnitt). Maßstab 1 : 250.

so hoch aufgestellt, daß in den Heizschlangen noch ein genügender Umlauf des von den Motoren abfließenden warmen Wassers vorhanden ist.

Für die Lagerung des Brennstoffes sind drei Hauptbehälter vor dem Maschinenhaus unter Flur angeordnet, zwei davon zur Aufnahme von Teeröl, der dritte zur Aufnahme von Zündöl (Gasöl). Der Teerölbehälterraum befindet sich unmittelbar neben den Auspuffgefäßen und wird durch die von diesen ausstrahlende Wärme geheizt. Die Brennstoffhauptbehälter werden aus einem Eisenbahn-Kesselwagen, der bis an die Zentrale gefahren werden kann, gefüllt. Das Abfüllen geschieht selbsttätig, da die Brennstoffhauptbehälter tief liegen. Für den Tagesbedarf sind zwei Vorratsgefäße für Teeröl und ein weiteres für Zündöl in dem turmartigen Nebengebäude aufgestellt. Zur Förderung des Teeröls aus dem Hauptbehälter in die Vorratsgefäße dient eine mit Elektromotor gekuppelte Zahnradpumpe und als Reserve eine Handflügelpumpe. Zur Förderung des Zündöls ist eine weitere Handflügelpumpe vorgesehen. Von den Vorratsgefäßen gelangt der Brennstoff selbsttätig zu den Filtriergefäßen, von denen bei jedem Motor zwei für Teeröl und eines für Zündöl angeordnet sind, und von da zu den Motoren. Die Brennstoffhauptbehälter und Vorratsgefäße sind mit Inhaltsanzeiger versehen; sämtliche Gefäße sind staubdicht abgeschlossen. Durch Anordnung von zwei Hauptbehältern, zwei Vorratsgefäßen und je zwei Filtriergefäßen für Teeröl ist die Möglichkeit gegeben, während des Betriebes eines dieser Gefäße reinigen zu können. Das von den Motoren abfließende schmutzige Schmieröl sammelt sich jeweils in der Grundplatte und läuft von dort aus selbsttätig einer im Fundamentkeller aufgestellten Filtriereinrichtung zu, wo es zwecks Wiederverwendung gereinigt wird.

Der Maschinenraum wird von einem Handlaufkran bestrichen, dessen Tragkraft zum Heben der schwersten Teile ausreicht.

88. Elektrizitätswerk mit liegenden Dieselmaschinen.

Fig. 99 und 100 stellen die Dieselmaschinenanlage des Schandauer Elektrizitätswerkes mit Straßenbahnbetrieb dar. Die drei Dieselmaschinen sind liegende Zwillings-Doppelmotoren der Maschinenfabrik Augsburg-Nürnberg. Jede Maschine leistet bei 187 minutlichen Umdrehungen normal 400 PS_e, höchstens 480 PS_e. Die Maschinen sind mit Drehstromgeneratoren für Parallelbetrieb unmittelbar gekuppelt. Die Aufstellung erfolgte derart, daß der Schalttafelwärter eine bequeme Übersicht über die maschinelle Anlage hat und sich mit dem Bedienungspersonal leicht verständigen kann. Die Anlage ist in allen ihren Teilen bequem zugänglich.

Die zum Anlassen der Maschinen und zum Einblasen des Brennstoffs erforderliche Druckluft wird von der Luftpumpe jedes Motors erzeugt und in drei gemeinsamen Anlaßgefäßen sowie drei kleinen Einblasegefäßen aufgespeichert.

Der Betrieb der Motoren erfolgt mit Steinkohlenteeröl unter Verwendung von etwa 5% Gasöl zur Einleitung der Zündung. Der Brennstoff wird in drei Hauptbehältern in einem besonderen, neben dem Maschinenhause befindlichen Kellerraum gelagert. Zwei der Behälter sind für Teeröl bestimmt und besitzen je 15 cbm Inhalt, der dritte besitzt

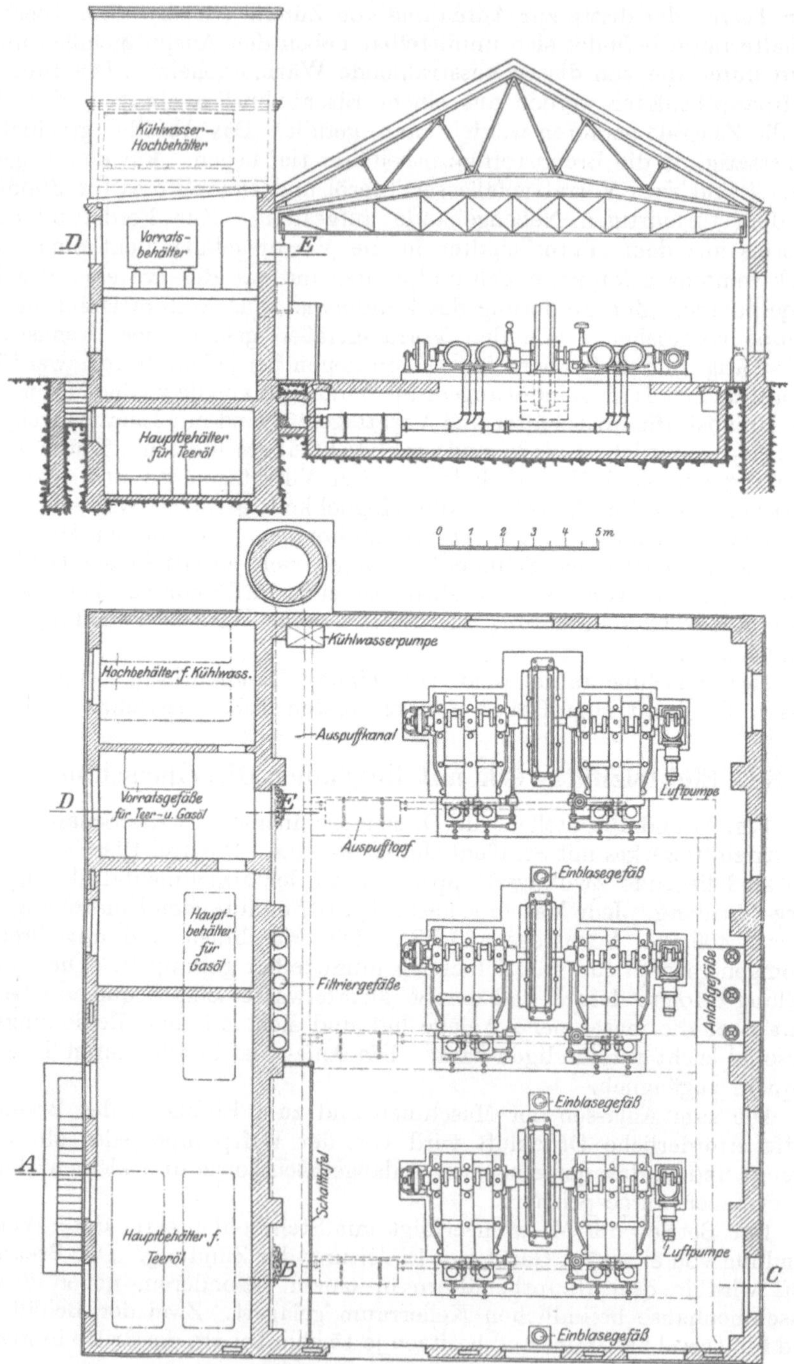

Fig. 99 und 100. Elektrizitätswerk mit drei liegenden Teeröl-Dieselmaschinen der M.A.N. von je 400 PS_e.

18 cbm Inhalt und dient zur Aufspeicherung des Gasöls. Die Anfuhr der Öle geschieht mittels Kesselwagen, von denen die Behälter unmittelbar von der Straße aus gefüllt werden. Dem Tankraum wird warme Luft durch Maueröffnungen aus dem durch die Auspuffleitungen erwärmten Maschinenhauskeller zugeführt. Zur Entlüftung dienen gemauerte Abzugschächte. Teeröl und Gasöl werden mittels Pumpen nach den hochgelegenen Tagesvorratsgefäßen gedrückt, von denen sie unter eigenem Druck den Filtriergefäßen und von diesen den Maschinen zulaufen.

Der Auspuff der Maschinen geht in je einen großen gußeisernen Auspufftopf, dessen Austritt in einen für sämtliche Maschinen gemeinschaftlichen gemauerten Kanal mündet. Dieser führt nach einem Schornstein, der noch von der früher vorhandenen Dampfkesselanlage herrührt.

Das zur Kühlung nötige Wasser wird von einem großen Behälter, dem es aus der Kirnitz zugeführt wird, mittels zwei Evolventenpumpen nach den Hochbehältern gedrückt, von denen es unter eigenem Druck den Maschinen zuläuft.

Ein den ganzen Maschinenraum bestreichender Laufkran für 5 t Tragfähigkeit vervollständigt die Einrichtung des Werkes.

89. Großgasmaschinen-Zentrale eines Hüttenwerkes.

Fig. 101 und 102 zeigen die von der Maschinenfabrik Thyssen & Co. A.-G. Mülheim-Ruhr ausgeführte Gaskraftzentrale der Gewerkschaft Deutscher Kaiser in Bruckhausen a. Rh. Die Anlage wurde im Jahre 1905 projektiert und in der Zwischenzeit ausgebaut. Das Gebäude besitzt Doppelhallenanordnung; in dem einen Schiff sind Tandemgasmaschinen, unmittelbar gekuppelt mit Drehstromdynamos, eingebaut, in dem anderen Schiff Hochofengas- und Stahlwerksgas-Gebläsemaschinen. In dem Mittelbau, der zur Windversteifung dient, ist die Schalttafel und die gesamte Stromverteilung untergebracht. Der weitere im Mittelbau verfügbare Raum ist ausgenützt für die Unterbringung der Hilfsmaschinen, der Zentrifugalpumpen für Kolben-, Zylinderkühlwasser und Warmwasser, der Kompressoren für die Preßlufterzeugung zum Anlassen der Gasmaschinen sowie für die Aufstellung der Akkumulatorenbatterien, der Drehstrom-Gleichstromumformer, einer Ölfilteranlage, für die Unterbringung der Wasch- und Ankleideräumlichkeiten der Maschinisten, einiger Bureauräumlichkeiten und des Magazins für kleinere Reserveteile.

Sämtliche Maschinen in dieser Zentrale liegen so, daß die Schwungräder zum Mittelbau gerichtet sind. Es ergibt sich hierdurch eine äußerst übersichtliche Rohrleitungsanordnung für die Wasser-, Druckluft- und Ölversorgung der Maschinen. Für das Gas ist um das ganze Gebäude im Freien eine große Ringleitung gezogen, von der einzelne Abzweigungen in Form von schmiedeisernen, dünnwandigen Leitungen zu den einzelnen Maschinen führen. Die Ringleitung ist durch einige Abschlußorgane in einzelne Teile zerlegt zur Vornahme von Reparaturen oder behufs Reinigung. In die Gasleitung sind Explosionsklappen nicht eingebaut, da diese die gewünschte Sicherheit doch nicht zu geben vermögen. Die Luft für die Gas- und Gebläsezylinder ist in getrennten, gemauerten Kanälen, die im Fundament eingebettet sind, vom Freien ins Maschinenhaus zu jeder einzelnen Maschine geführt.

Die Abgase der einzelnen Maschinen werden durch gußeiserne Leitungen ins Freie abgeführt; alle diese Leitungen münden in einen großen gemauerten Kanal, von dem aus eine Anzahl gußeiserner Auspuffrohre die Gase bis zur Höhe des Daches hochführen. Die Leitungen für Druckluft, Kolben- und Zylinderkühlwasser sind ebenfalls innerhalb

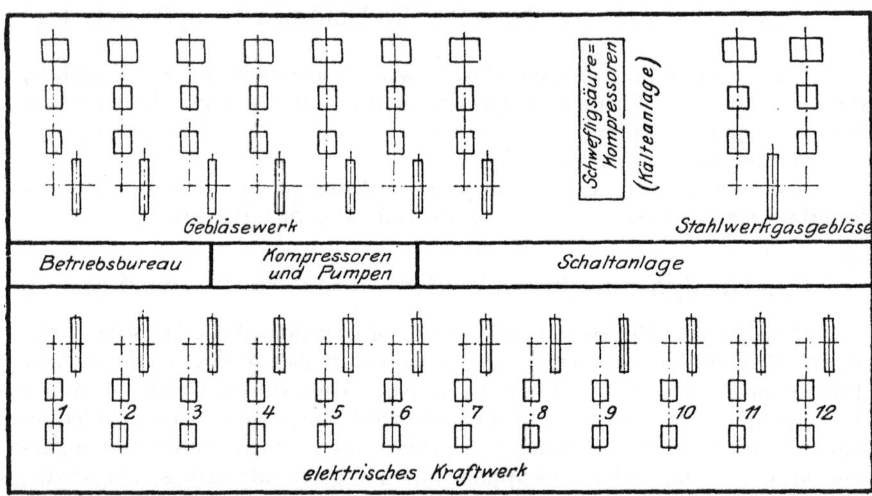

Fig. 101. **Gaskraftzentrale der Gewerkschaft Deutscher Kaiser in Bruckhausen a. Rh.**

der Zentrale gelegen und als Ringleitungen ausgebildet, die den Mittelbau der Zentrale umschließen; Abzweigungen führen zu jeder Maschine. Um beim Auftreten von Rohrbrüchen ein Stilliegen von mehreren Maschinen zu verhindern, sind in den Ringleitungen für Wasser zwischen je zwei Maschinen Schieber eingebaut. Für den Zündstrom aller Maschinen ist eine Batteriezündung von 65 Volt Spannung vorgesehen. Es hat sich als vorteilhaft herausgestellt, daß nicht alle Maschinen an eine einzige Batterie angeschlossen sind, da bei Versagen der Sicherung die ganze Zentrale zum Stillstand kommen würde. Für mehrere oder nur für zwei Maschinen wurde deshalb je eine kleine Batterie aufgestellt. Der tägliche Stromverbrauch einer Gasmaschine beträgt etwa 20 bis 30 Ampèrestunden, weshalb die Kapazität der Batterien eine verhältnismäßig niedrige ist.

Für jede Halle ist ein elektrisch betriebener Kran von 40 t Tragkraft, mit zwei Katzen ausgerüstet, vorgesehen.

Additional information of this book

(Wahl, Projektierung und Betrieb von Kraftanlagen;

978-3-642-98859-2; 978-3-642-98859-2_OSFO3) is provided:

http://Extras.Springer.com

Die Fundamente in der Zentrale der Gewerkschaft Deutscher Kaiser, die auf stark wasserführende Schichten und auf Bergbauboden in der Nähe des Rheinstromes stehen, sind sehr sorgfältig durchgebildet, um Bodenschwingungen zu vermeiden. Zur weiteren Sicherung sind bei den einzelnen Gasmaschinen die umlaufenden Massen ganz und die hin- und hergehenden Massen etwa zur Hälfte ausgeglichen, damit die Maschinen möglichst ruhig auf dem Fundament sitzen. Die Fundamente sind sämtlich aus Eisenbeton hergestellt. Unter sämtlichen Fundamenten ist eine gemeinsame Sohle vorgesehen von etwa 1 m Stärke. Bei Senkungen des Bodens wird die Sohle zwischen den einzelnen Maschinen durchbrechen, während der Fundamentklotz jeder Maschine als Ganzes erhalten bleibt. Das Gebäude der Zentrale ist aus Eisenfachwerkkonstruktion hergestellt mit $^1/_2$ Stein starker Mauer. Die eisernen Stützen für die Kranpfeiler wurden bis zur Kellersohle durchgeführt. Um möglichst viel Tageslicht in die Zentrale zu bringen, sind große Flächen der Seitenwände mit Glas eingedeckt, ebenso das Dach des Gebäudes. Um die Übertragung der Bewegungen des Fundaments auf die Gebäudemauern und Stützen zu verhindern, sind die Fundamente vollständig freistehend, d. h. es ist jeder Zusammenhang dieser Teile gegenseitig vermieden. Alle Decken sind getrennt von den Umfassungsmauern durch eine besondere Konstruktion abgestützt.

Die Kellerhöhe beträgt 4—4,5 m, damit die Rohrleitungen, die sämtlich an den Decken aufgehängt sind, übersichtlich sind. Der Maschinenhausflur ist so bemessen, daß er etwa 2000 kg Nutzlast auf 1 qm aufzunehmen vermag.

An den Kopfenden der Zentrale führen Eisenbahngeleise ins Innere des Gebäudes, so daß alle schweren Stücke mit dem Kran vom Wagen aus gefaßt werden können.

Die Ölreinigungsanlage wurde als besonders wichtiger Bestandteil der Gaskraftzentrale erkannt und deshalb sehr großzügig durchgebildet. In einem verschließbaren Raum, der mit Rücksicht auf die Feuergefährlichkeit von der Schalttafel abgelegen ist, sind große öldichte, geschweißte Behälter untergebracht mit einem Vorrat für die Zentrale von 2—3 Wochen. Diese Ölbehälter werden unmittelbar vom Eisenbahnwagen aus gefüllt, wobei durch Evakuieren der Behälter mittels Druckluftinjektor das Öl vom Wagen aus durch eine Anschlußleitung in die Behälter läuft. Alles verschmutzte Öl der Zentrale wird in einem großen Filterapparat wieder sorgfältig gereinigt. Die Förderung des Öls von allen Maschinen zur Filteranlage geschieht durch ein Rohrnetz mittels Druck- oder Saugwirkung, so daß Ölverluste durch Kannentransport vermieden werden.

Das Mittelschiff in Maschinenflurhöhe ist möglichst ohne Wände durchgebildet, so daß freier Verkehr von einer Halle in die andere möglich ist.

In der Zentrale der Gewerkschaft Deutscher Kaiser sind in einer Halle folgende Gaskraftmaschinen für Drehstromerzeugung eingebaut:

4	Stück	1300 mm·Hub-Maschinen	von	je 2200 PS_e	Leistung
6	»	1400 »	»	» » 2800 »	»
2	»	1400 »	»	» » 3200 »	»

Die minutliche Umdrehungszahl aller dieser Maschinen ist 94. Die Drehstromgeneratoren, die direkt auf den Kurbelwellen der Gasmaschinen sitzen, haben eine Periodenzahl von 50/sk; Lieferanten sind die Siemens-Schuckert-Werke und die A. E. G. In der zweiten Halle sind eine Reihe von Hochofengas-Gebläsemaschinen mit einer minutlichen Windansaugemenge von 10 000 cbm und Stahlwerksgebläsemaschinen mit 2500 cbm minutlich angesaugter Windmenge eingebaut.

Wenn auch die ersten Anfänge dieser Zentrale noch in die Entwicklungsjahre des Gasmaschinenbaues fallen, so hat doch die Zentrale meines Wissens allen an sie gestellten Erwartungen entsprochen, so daß auch der weitere Ausbau des Hüttenwerkes mit Gasmaschinen geplant ist.

Der Belastungsfaktor der Gaszentrale lag in den bisherigen Betriebsjahren zwischen 65 und 72%. Diese Zahl ist sehr günstig, wenn man bedenkt, daß auf Hüttenwerken an Sonntagen nur geringe Last vorhanden ist und bei Walzwerksbetrieben stoßartige Belastungen auftreten.

Durch den Einbau von größeren Tandemmaschinen oder Zwillingstandemmaschinen mit der jetzt üblichen Höchstleistung von 3500 bis 7000 PS_e würde eine erheblich bessere Raumausnützung erzielt worden sein; ebenso würden hierbei noch wesentlich geringere Anlage-, Bedienungs- und Betriebskosten entstanden sein. Maschinen von solcher Größe waren jedoch beim Beginn des Baues der Anlage noch nicht bekannt. Heute kann aber als sicher angenommen werden, daß sich auf dem gleichen Raum leicht Gasmaschinen mit doppelter Leistung und mehr unterbringen lassen.

90. Elektrizitätswerk mit Wasserkraftbetrieb.

Eine früher unzureichend ausgenützte Wasserkraft bei Burgau an der Saale wurde vor kurzem durch eine moderne Turbinenanlage der Firma Amme, Giesecke & Konegen A.-G. in Braunschweig unter Anlehnung an ein Dampfkraftwerk ausgebaut[1]). Für die Ausnützung stand das Saalegefälle zur Verfügung, das von der Göschwitzer Eisenbahnbrücke bis zur Wehrkrone des Rasenmühlwehres in Jena reicht. Auch das feste Streichwehr mit 90 m Kronenlänge, Fig. 103, und eine am rechten Ufer eingebaute Floßgasse waren vorhanden. Ferner war am linken Ufer ein Kanal von 9,5 m Breite eingebaut, der den vorhandenen Turbinen, einer 60pferdigen Girard-Turbine aus dem Anfang der achtziger Jahre und zwei 75pferdigen Francis-Turbinen aus dem Jahre 1903, das Wasser zubrachte und durch einen 9,5 m breiten und

[1]) Die ausführliche Beschreibung dieser Anlage von Gelpke befindet sich in Z. d. V. d. I. 1913, S. 561 u. f.

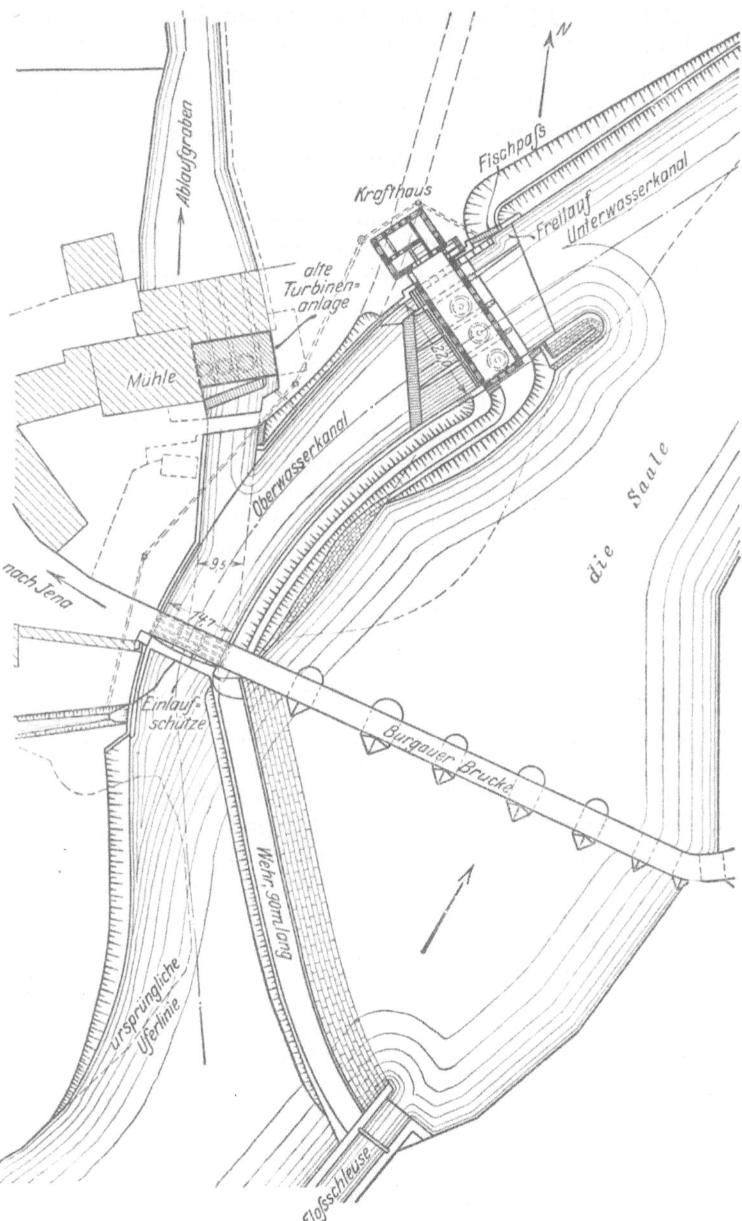

Fig. 103. Lageplan der Niedergefälle-Wasserkraftanlage bei Burgau a. S.
Maßstab 1 : 1500.

1200 m langen Ablaufgraben in die Saale zurückführte. Die alte vorhandene Anlage diente zum Betrieb einer Holzschleiferei und -sägerei, der inzwischen eingestellt wurde. Während früher nicht ganz ein Viertel der insgesamt verfügbaren Energie ausgenutzt wurde, hat sich der Ausnutzungsfaktor durch den Ausbau der Wasserkraft auf 76% erhöht, d. h. die Leistung der Anlage beträgt jetzt mehr als das Dreifache gegenüber früher.

Gewählt wurde die Anordnung mit drei stehenden, als vollständige Spiralturbinen ausgebildeten Turbinen gleicher Laufradgröße, aber mit verschiedenen Umdrehungszahlen, entsprechend dem auftretenden niedrigen, mittleren und hohen Gefälle. Die Turbinen arbeiten mittels Kegelrädern auf eine gemeinschaftliche wagrechte Vorgelegewelle, an deren einem Stirnende ein Drehstromgenerator sitzt, Fig. 104 und 105.

Der Betrieb mit diesen Turbinen vollzieht sich so, daß

1. bei kleiner Wassermenge und hohem Gefälle von rd. 2,8 m Turbine I allein arbeitet und eine höchste Leistung von 440 PS bei 47,1 Uml./min an der senkrechten Welle entwickelt,
2. bei mittlerer Wassermenge und mittlerem Gefälle von rd. 2,5 m Turbine I und II zusammen arbeiten und eine höchste Leistung von 650 PS bei 41,5 Uml./min entwickeln,
3. bei großer Wassermenge und niedrigem Gefälle von rd. 2,1 bis 1,7 m Turbine I, II und III zusammen arbeiten und eine höchste Leistung von 850 bis 670 PS bei 37,5 Uml./min entwickeln.

Die Übersetzungen sind so gewählt, daß die wagrechte Vorgelegewelle und der Drehstromgenerator unveränderlich 187 Uml./min machen; außerdem ist Turbine I noch mit einer zweiten Kegelradübersetzung versehen, die es ermöglicht, sie ebenfalls bei großer Wassermenge und niedrigem Gefälle mit der sich bei höchstem Wirkungsgrad ergebenden Umlaufzahl, 37,5, laufen zu lassen und trotzdem wieder auf die Umlaufzahl des Stromerzeugers von 187 zu kommen. Die drei Turbinen geben zusammen ihre Leistung an einen einzigen Stromerzeuger ab, so daß zur Regelung der drei Turbinen nur ein einziger gemeinschaftlicher Regler notwendig ist.

Der Zulaufkanal verbreitert sich bis zum Turbinenhause allmählich auf 22 m; seine Länge beträgt 72 m. Der Rechen ist unmittelbar oberhalb der Turbinen-Einlaufschützen eingebaut und hat eine mittlere Breite von 21,9 m bei 60° Schrägstellung der Stäbe im Aufriß, Fig. 104 und 105. Die lichte Weite zwischen den Stäben beträgt 20 mm, die Rechenstablänge 4085 mm. Die Stäbe sind nach einem besonderen Profil gewalzt, Fig. 107 und 108, durch das Gefällverluste infolge von Kontraktion vermieden und Verstopfungen durch Laubwerk usw. verhindert werden sollen. Der lichte Durchgangsquerschnitt des Rechens beträgt 41 qm, die Wassertiefe beim Rechen 2,61 m, die größte Wassergeschwindigkeit zwischen den Rechenstäben 1,01 m/sk. Die Schräglage im Grundriß dient außer zur Querschnittsvergrößerung dem Zweck,

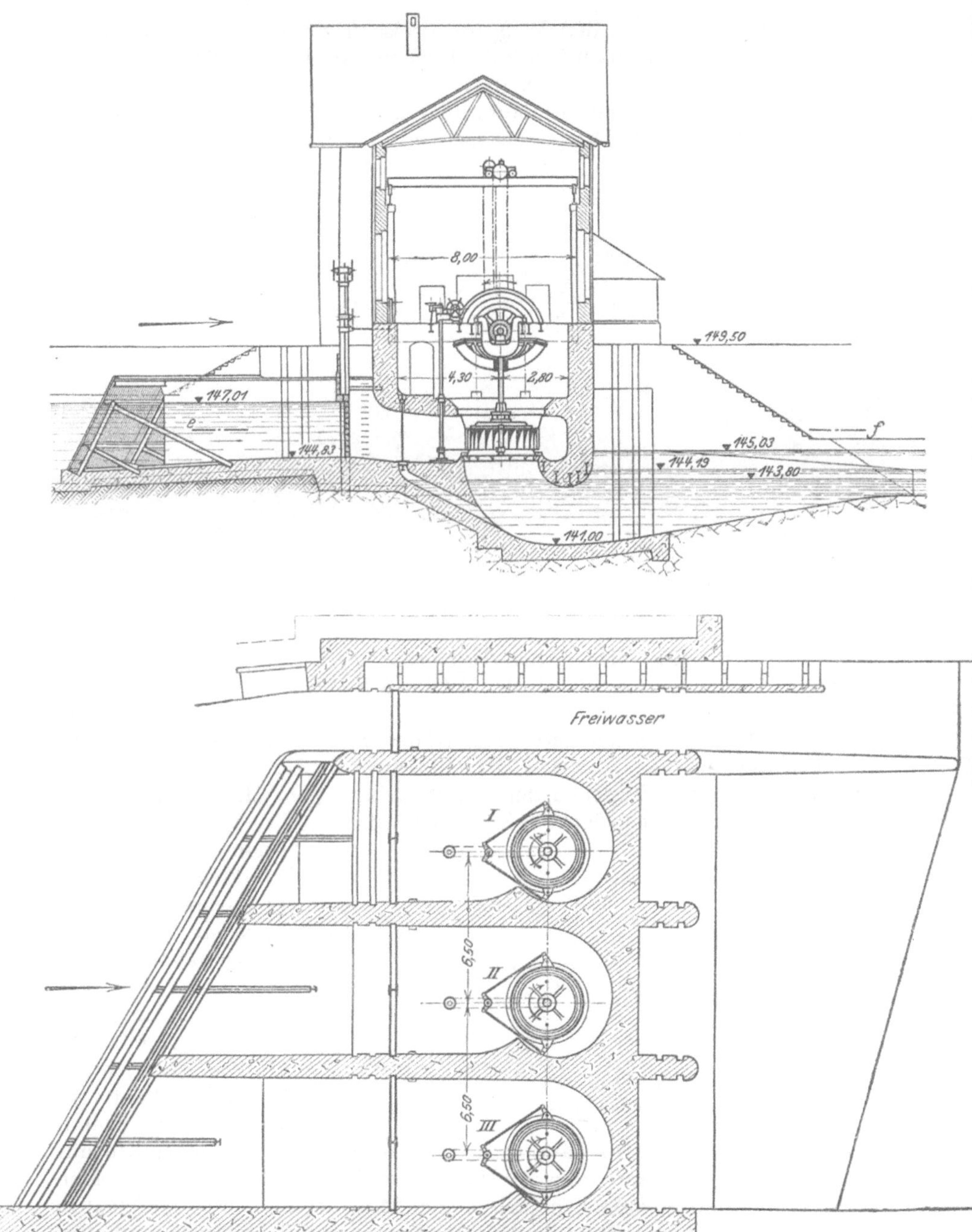

Fig. 104 u. 105. Schnitte durch eine Niedergefälle-Turbinenanlage bei Burgau a. S.
Maßstab 1 : 300.

den Schwimmstoffen den Weg zur Freischütze zu weisen. Sinkstoffe dagegen stoßen an die 0,5 m hohe Rechenschwelle und werden dadurch ebenfalls zur Freischütze geleitet.

Die drei Turbinen-Einlaufschützen für 2,18 m Wassertiefe und 5,5 m l. W. sind als Doppelschützen mit Hochwasserschild ausgeführt.

Fig. 106. Niedergefälle-Turbinenanlage bei Burgau a. S., von stromaufwärts gesehen.

Diese Schützen werden durch Handräder vom Maschinenraum aus gehoben und gesenkt, was dem Maschinenwärter die Bedienung wesentlich erleichtert. Zwischen den Schützen und dem Maschinenraum ist ein mit Holztafeln gedeckter Zwischenraum von 1 m gelassen worden, damit man bei geschlossenen Schützen die spiralförmigen Turbinenkammern leicht begehen kann. Die Freischütze hat bei einer Breite von 2,5 m eine Gesamthöhe von 5,3 m. Sie ist in der Höhe geteilt. Die obere Hälfte der Schütze mit 2,9 m Höhe dient zum Ablassen von Schwimmstoffen; sie wird also hauptsächlich gesenkt. Die untere Hälfte mit 2,65 m Höhe dient zum Ablassen von Sinkstoffen. Die beiden Schützentafeln überdecken sich auf 0,25 m Höhe. Jede Tafelhälfte kann für sich durch ein Doppelwindwerk mit zwei Zahnstangen gehoben und gesenkt werden. Für jede Schütze ist ein Handrad vorgesehen. Zwischen der Leerlaufschütze und dem Ufer ist noch eine Fischtreppe

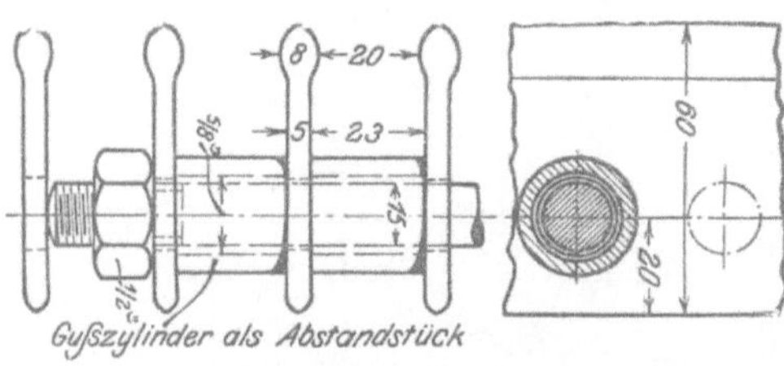

Fig. 107 und 108. Profil der Rechenstäbe. Maßstab 1 : 2,5.

errichtet, die unter dem Maschinenhaus hindurch vom Oberwasser zum Unterwasser führt.

Zur Regulierung dient ein Öldruck-Geschwindigkeitsregler, Bauart Gelpke-Kugel.

Um ein Sinken des Oberwasserspiegels unter eine zulässige Grenze zu verhindern, ist der Regler mit einer Schwimmervorrichtung, Figur 109, ausgerüstet, die wie folgt arbeitet: Angenommen, die Turbinen würden mehr Wasser schlucken als der Kanal zubringen kann, so beginnt der Wasserspiegel sich zu senken, und mit dem Wasserspiegel der Schwimmer *a* und dessen Stange *b*, die bei *c* einen zweiarmigen Hebel *c e f* faßt. Der bei *e* drehbare Hebel trägt an seinem andern, gegabelten Ende einen Ring *f*, der sich gegen die Pendelmuffe *g* stemmt und diese am weiteren Herabsinken hindert. Sobald nun der Schwimmer unter eine zulässige, vom Oberwasserspiegel vorgeschriebene Marke sinken will, ist der Regler außerstande, die Turbinen weiter zu öffnen, und für den Oberwasserspiegel muß ein Beharrungszustand eintreten. Da man in der Lage ist, mit den beiden Handrädchen *d* den Abstand des Schwimmers bis zum Angriffspunkt des Hebels zu verändern, so kann man auf diese Weise für jeden beliebigen Oberwasserspiegel den gewünschten Beharrungszustand herbeiführen. Der Schwimmer selbst bewegt sich in einem mit Wasser gefüllten Blechgefäß, dessen Wasserspiegel mit dem Oberwasser des Zulaufkanales vor der Rechenanlage durch ein Rohr verbunden ist. Ein Drosselschieber *h* in der Verbindungsleitung ermöglicht, im Blechgefäß einen annähernd ruhigen Wasserspiegel herbeizuführen für den Fall, daß der Wasserspiegel vor dem Rechen in pendelnde Bewegung geraten sollte. Eine weitere Dämpfung ist an der Schwimmerstange in Form eines Ölkataraktes *i* angebracht.

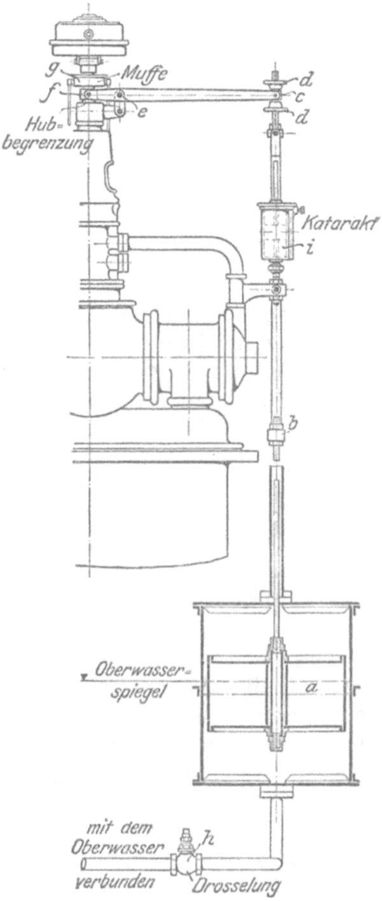

Fig. 109. Wasserstandsregler, d. i. eine Regelvorrichtung zur Erhaltung eines gleichbleibenden Oberwasserspiegels. Maßstab 1 : 40.

Siebenter Teil.

Betrieb von Kraftanlagen.

91. Einleitung. Allgemeine Betriebsregeln.

Um gewisse Vorschriften, die für die meisten Kraftbetriebe Gültigkeit haben, nicht mehrfach wiederholen zu müssen, sei im folgenden eine Reihe von Betriebsregeln allgemeiner Natur vorangestellt, deren Beachtung im Interesse eines sicheren und geordneten Betriebes von Wichtigkeit ist.

Bei dem heutigen hohen Stande des Kraftmaschinenbaues ist eine wesentliche Verbesserung der Wirtschaftlichkeit der Krafterzeugung in erster Linie durch eine zweckmäßige Betriebsführung und -einteilung zu erreichen, insbesondere bei größeren Dampfkraftanlagen. Der Betrieb von Kraftanlagen ist deshalb so zu führen, daß das wirtschaftliche Gesamtergebnis ein möglichst gutes ist, und daß weder die Anlagen noch das Bedienungspersonal der Gefahr von Beschädigungen ausgesetzt sind.

Das in den Abschnitten 92—103 über den Betrieb der verschiedenen Kraftmaschinen Ausgeführte bezieht sich in der Hauptsache auf die rein betriebstechnische Seite, d. h. auf das Ingangsetzen und Abstellen sowie auf die Bedienung und Instandhaltung der Maschinen. Naturgemäß können diese Ausführungen, da sie nicht auf besondere Maschinentypen zugeschnitten sind, keinen Anspruch darauf machen, eine erschöpfende Betriebsanleitung zu sein; es kann sich hier nur um die wichtigsten, für die meisten Maschinen der betreffenden Gattung geltenden Hinweise handeln. Es werden deshalb stets noch die besonderen Vorschriften der liefernden Firmen sowie vor allem die mündliche Unterweisung durch einen tüchtigen Monteur erforderlich sein.

Hinweise wirtschaftlicher Art enthalten die Abschnitte 104 und 105.

Zur guten Instandhaltung einer Maschinenanlage trägt ein großes und sauberes Maschinenhaus wesentlich bei; namentlich muß Staubbildung möglichst vermieden werden, da Staub wie Schmirgel wirkt und leicht ein Warmlaufen der Triebwerksteile sowie eine starke Abnützung zur Folge hat.

Ordnungsliebe und Reinlichkeit, größte Aufmerksamkeit und Nüchternheit sind für einen tüchtigen Maschinisten unerläßlich.

Ein guter Maschinist muß seine Maschine genau kennen und deshalb seine Betriebsvorschriften von Zeit zu Zeit durchlesen. Er soll mindestens $^1/_4$—$^1/_2$ Stunde vor dem Anlaufen der Maschine am Platze sein; dies ist notwendig, damit alle Vorarbeiten sowie gegebenenfalls das Vorwärmen der Maschine pünktlich und ohne Übereilung besorgt werden können. Die Maschine soll im Gang sein, noch ehe die Arbeit beginnt.

Der Maschinenraum darf nicht für Unberufene zugänglich sein. Die Temperatur im Maschinenraum soll bei Betriebspausen niemals unter 3° C Wärme sinken, damit Wasser oder Kondensat in Zylindern, Rohrleitungen usw. nicht einfrieren und hierbei diese Teile sprengen kann. Bei zu niederer Raumtemperatur muß nach dem Abstellen der Anlage das Wasser aus Leitungen, Kühlräumen usw. abgelassen werden, um ein Sprengen dieser Teile durch Einfrieren zu verhindern. Dies ist besonders zu beachten, wenn die Maschinenanlage während mehrerer Tage oder Wochen nicht gebraucht wird.

Da es bei großen Verbrennungskraftmaschinen denkbar ist, daß sich infolge irgendwelcher Zufälligkeiten explosible Gasgemische in den Kellerräumen ansammeln, so ist ein Betreten der Kellerräume mit offenen Lampen strengstens zu verbieten. Es sind hier für die Beleuchtung nur Glühlampen (keine Bogenlampen) zulässig.

Alle zum Maschinenbetrieb erforderlichen Werkzeuge und Reservestücke sollen in guter Ordnung erhalten und am richtigen Platze, die Werkzeuge in nächster Nähe der Anlage, aufbewahrt werden. Insbesondere sind die Schraubenschlüssel nach Gebrauch stets wieder an ihre richtige Stelle am Schlüsselbrett zu hängen.

Es liegt im Interesse der Betriebsicherheit, einige wichtigere Ersatzteile, wie Kolbenringe, Stopfbüchsringe, Zündbüchsen usw. auf Lager zu halten. Wo mehrere Maschinen oder Kessel von gleicher Bauart und Größe vorhanden sind, kann man sich im allgemeinen mit einem einzigen Satz Reserveteile begnügen. Diese müssen gut eingefettet oder mit einer Rostschutzfarbe gestrichen, sorgfältig aufbewahrt und vor Beschädigung geschützt werden. Bei Benützung dieser Teile ist für baldigen Ersatz zu sorgen. Um bei großen Anlagen jederzeit eine rasche Übersicht über die vorhandenen Ersatzteile zu haben, empfiehlt sich die Anlegung eines übersichtlichen Verzeichnisses.

Von allen zum Betrieb erforderlichen Materialien soll stets ein genügender Vorrat vorhanden sein, namentlich Schmier- und Putzstoffe, Stopfbüchsenpackungen, Dichtungsmaterialien, Schrauben usw.

Zum Reinigen der Maschinen dürfen keinerlei scheuernde Materialien, wie Schmirgel, Kalk usw. verwendet werden. Es genügt die Verwendung eines angefetteten und eines trockenen wollenen Lappens, Putzwolle u. dgl.

Die Schmier- und Putzstoffe sollen möglichst unter staubfreiem Verschluß gehalten werden. Ein einziges, in das Schmieröl gelangendes Sandkorn kann das Heißlaufen eines Lagers zur Folge haben.

An der Anlage soll nichts unnötigerweise verändert werden. Insbesondere soll man die Steuerung nur bei dringender Notwendigkeit verstellen. Die kleinste Abänderung, deren Wirkung von Unkundigen nicht erkannt wird, kann erhöhten Brennstoffverbrauch und auch unmittelbare Gefahren für die Maschine und deren Bedienungspersonal zur Folge haben. Jede eigenmächtige Änderung der Sicherheitsventile oder ihrer Belastung, insbesondere jede Überlastung und Unwirksammachung derselben, ist strengstens verboten.

Ehe eine Maschine (Kolbenmaschine) in Gang gesetzt wird, hat sie der Maschinist mindestens zweimal ganz durchzudrehen und darauf zu achten, daß an den Triebwerksteilen oder in deren Nähe keine Fremdkörper, wie Schraubenschlüssel, Putzwolle usw. zurückbleiben, da hierdurch schwere Beschädigungen der Maschine verursacht werden könnten. Dasselbe hat nach jedem Nachstellen von Lagern und Kreuzkopfschuhen, Öffnen der Arbeitszylinder, Neuverpacken von Stopfbüchsen, überhaupt nach jeder größeren Arbeit an der Maschine zu geschehen, um vollkommen sicher zu sein, daß bei Inbetriebsetzung der Maschine nirgends ein Anstoß erfolgt.

Vor der Inbetriebsetzung der Maschine sind sämtliche Öler zu prüfen. Auch hat sich der Maschinist davon zu überzeugen, daß die Lager genügend Öl enthalten. Beim Anlassen ist sodann der Regulator und gegebenenfalls das Tachometer zu beachten, um beim Hängenbleiben oder zu langsamen Funktionieren des Regulators ein Durchgehen der Maschine zu verhindern.

Regulator und Reguliergestänge müssen bei kalter und warmer Maschine stets leicht beweglich sein, und ihre Zapfen und Lager müssen sich in gutem Zustande befinden, damit der Regulator bei Belastungsschwankungen richtig funktioniert. Die Gelenke und Lagerstellen von Regulator und Reguliergestänge sind etwa alle 2 Wochen mit reinem Petroleum auszuwaschen, um einer Verschmutzung und Verharzung des Schmieröls vorzubeugen.

In der Regel soll das Anfahren ohne Belastung oder doch nicht unter voller Last geschehen. Die Belastung soll erst stattfinden, wenn die Maschine ihre normale Umlaufzahl erreicht hat. Zu plötzlicher Übergang von Stillstand zu Vollbelastung und umgekehrt verkürzt die Lebensdauer von Wärmekraftmaschinen und Kesseln und sollte deshalb möglichst vermieden werden. Vor dem Einrücken der Transmission ist ein Zeichen nach den Arbeitsräumen zu geben.

Ehe nicht die Maschine einige Zeit unter voller Last gelaufen ist, darf sich der Maschinenführer nicht von ihr entfernen.

Im allgemeinen ist zu verlangen, daß auch kleinere Anlagen während der Betriebszeit nie völlig ohne Aufsicht gelassen werden. Vor allem hat sich der Maschinist während des Betriebes regelmäßig davon zu überzeugen, daß die S c h m i e r u n g sämtlicher gleitenden Teile eine ausreichende ist, und daß nirgends ein Warmlaufen oder eine übermäßige Abnützung stattfindet. Die Zapfenabmessungen guter Maschinen sind meist so reichlich, daß das Steigen der Lagertemperaturen in der Regel auf ungenügende Schmierölzufuhr oder auf mangelhafte Beschaffenheit des Schmieröls zurückzuführen ist.

Tropföler und Ringschmierlager sind von Zeit zu Zeit nachzufüllen. Die Ölringe der Ringschmierlager sind des öfteren auf ihre Beweglichkeit zu beobachten, insbesondere während der ersten Betriebstunden, da das kalte Öl leicht dickflüssig wird und die Ringe dann unter Umständen stecken bleiben. Im übrigen ist bezüglich der Schmierung zu bemerken, daß die Ölzufuhr an allen Stellen, an denen das Öl nicht mehr zurückgewonnen werden kann, sparsam sein soll, wobei jedoch die Betriebsicherheit stets als oberste Richtschnur zu beachten ist. Zu reichliche Schmierung der Stopfbüchsen und des Zylinders von Verbrennungskraftmaschinen kann im Betrieb störend wirken, da hierdurch Vorzündungen im Zylinderinneren herbeigeführt werden können. Das Öl für die Umlaufschmierung soll in angemessenen Zeiträumen erneuert werden. Zeigt sich während des Betriebes ein merklicher Verlust an Umlauföl, so ist zu untersuchen, ob alle Leitungen dicht sind und nirgends Öl unnötig verspritzt wird.

Von besonderer Wichtigkeit für die Wartung von Kolbenmaschinen ist die Zylinderschmierung, da hiervon in erster Linie der gute Gang der Maschine abhängt. Ob die Zylinderschmierung einer Heißdampfmaschine genügt, erkennt man am besten durch Entnahme eines sog. Ölbildes aus dem Zylinder (Ausblaseprobe). Hierbei öffnet man während des normalen Betriebes der Maschine einen Indikatorhahn und läßt den austretenden Dampf gegen ein auf einem Brettchen befestigtes weißes Blatt Papier strömen. Bildet sich hierbei auf dem Papier ein hellgelber bis dunkelgelber Ölfleck, so kann man annehmen, daß der Zylinder ausreichend geschmiert ist. Ist dagegen das Ölbild schwärzlich oder enthält es schwarze Punkte, so ist dies ein Zeichen, daß die Schmierung eine ungenügende ist, sei es, daß zu wenig Öl zugeführt wird, oder daß das Öl von mangelhafter Beschaffenheit ist. Vor der Entnahme eines Ölbildes muß der Indikatorhahn kurze Zeit geöffnet werden, damit die in der Bohrung angesammelte Schmiere ausgeblasen wird. Wenn sich infolge Fehlens von Indikatorhähnen keine Ölbilder entnehmen lassen, so bleibt nichts anderes übrig, als den Zylinder zu öffnen und sich durch den Augenschein von dem Zustande der Lauffläche zu überzeugen. Dieser Weg ist jedoch bei Maschinen, die mit hochüberhitztem Dampf arbeiten, weniger sicher als die Ausblaseprobe bzw. die Entnahme eines Ölbildes; denn es ist schon vorgekommen, daß die Lauffläche einer Heißdampfmaschine ein tadelloses Aussehen zeigte, und daß sich trotzdem die Kolbenringe stark abnützten und umgekehrt.

Bei Verbrennungsmaschinen läßt sich die Ausblaseprobe nicht anwenden, da hier sowohl das ausgeblasene Schmieröl als auch das vorgehaltene Blatt Papier verbrennen würde. Die mehr oder weniger reichliche Kolbenschmierung kann während des Betriebes bei einfachwirkenden Motoren liegender Bauart danach beurteilt werden, ob viel oder wenig Öl aus dem vorderen offenen Zylinderende austritt. Will man sich bei zu geringem Ölaustritt vergewissern, ob die Kolbenschmierung ausreichend ist, so muß der Kolben ausgebaut werden. Stellt sich alsdann heraus, daß die Zylinderlauffläche und der Kolben trocken sind, so ist dies ein Zeichen ungenügender Schmierung. Bei stehenden Motoren, bei denen das Öl an verschiedenen Stellen des Zylinderumfangs zugeführt wird, tritt das überschüssige Öl nicht an einer einzigen Stelle aus dem Zylinder aus und ist deshalb auch nicht ohne weiteres kontrollierbar. Das im Kurbeltrog angesammelte Öl läßt keinen Schluß auf die Zylinderschmierung zu, weil auch das vom Kurbelgetriebe abgeschleuderte Öl dorthin gelangt. Es bleibt deshalb hier nichts anderes übrig, als die Kolben- und Zylinderlauffläche bei ausgebautem Kolben zu besichtigen. Denselben Weg muß man bei doppeltwirkenden Verbrennungsmaschinen einschlagen. Weiteres über die Schmierfrage findet sich S. 382 und 391.

Wenn das Öl bei Verbrennungsmaschinen schwarz, mit Schmutzteilchen durchsetzt, aus dem Zylinder herauskommt und schwarze Rückstände oder Ölkrusten am Kolben hinterläßt, und wenn die Kolbenringe festgebrannt sind, ohne daß im Übermaß geschmiert wurde, so ist das Öl meistens ungeeignet. Ist das Gas unrein und teerhaltig, oder ist die Verbrennung bei Ölmotoren eine rußende, so wird dadurch die Schmierölbeurteilung stark erschwert.

Bei ungenügender Schmierung des Zylinders tritt infolge vermehrter Kolbenreibung eine entsprechend raschere Abnützung des Kolbens und Zylinders ein. Ist die Abnützung eine sehr starke, d. h. findet eine regelrechtes Schaben oder Fressen zwischen Kolben und Zylinderlauffläche statt, so macht sich dies meist nach außen hin durch ein mehr oder weniger stark brummendes Geräusch bemerkbar. Bei Lagern, Geradführungen o. dgl. äußert sich ein Fressen durch außergewöhnlich starke Erwärmung (Heißlaufen) der betreffenden Maschinenteile und allenfalls auch durch ein pfeifendes Geräusch. Eine Maschine, deren Kolben, Kolbenstangen, Kreuzkopf oder Hauptlager zu fressen anfangen, geht in ihrer Leistung zurück und kann, wenn sie nicht rechtzeitig entlastet und abgestellt wird, von selbst stehen bleiben.

Hinsichtlich der für eine Maschine erforderlichen Schmierölmenge bestehen oft große Unterschiede. Hat eine Maschine einen »Geburtsfehler« infolge rauhen Gusses oder mangelhafter Bearbeitung der aufeinander gleitenden Flächen, infolge zu stark gespannter Kolbenringe, infolge eines Montierungsfehlers o. dgl., oder hat sie durch unsachgemäße Behandlung gelitten, so muß sie entsprechend stärker geschmiert werden. Eine Maschine mit außergewöhnlich hohem Schmierölverbrauch bezeichnet man wohl auch als »Schmierölfresserin«.

Sofort nach Stillstand der Maschine sind sämtliche Öltropfapparate zu schließen; sodann sind sämtliche Lager und die übrigen arbeitenden Teile zu befühlen, ob sie nicht zu warm geworden sind. Alsdann wird die Maschine sauber abgewischt und die Öltropfschalen und Ölrinnen sowie der Ölkasten offener Kolbenmaschinen entleert. Wo dies nicht selbsttätig durch Ablaufröhrchen oder durch einfaches Umleeren möglich ist, soll das Öl mit der Spritze abgesaugt, nicht aber mit Putzwolle aufgewischt werden. Zu beachten ist, daß ölige Lappen und Putzwolle zur Selbstentzündung neigen und deshalb im Falle ihrer Aufbewahrung, zwecks späterer Entölung und Reinigung, feuersicher unterzubringen sind.

Haben sich Mängel der Maschine herausgestellt, so sind diese sofort zu beseitigen, auch wenn sie noch so geringfügig erscheinen.

Neue Maschinen sind anfangs reichlicher zu schmieren; alle reibenden Teile, besonders Kurbelwellenlager, Kurbelzapfen, Geradführung, Kreuzkopf, Steuerungsteile, Regulator, sind sorgfältig zu beobachten und regelmäßig zu befühlen, damit allenfalls erforderliche Nachhilfe rechtzeitig möglich ist. Zeigt sich, daß eine Stelle wärmer wird, so ist zunächst durch vermehrte Zuführung von Schmiermaterial zu versuchen, die Temperaturzunahme zum Stehen zu bringen. Wenn die Erwärmung der betreffenden Stellen trotz verstärkter Zufuhr von Schmiermaterial zunimmt und man die Maschine, weil sie dringend benötigt wird, nicht abstellen will, so kann man die Temperaturzunahme durch Zufuhr von hochwertigem Schmiermaterial, z. B. Kalorizit o. dgl., zu hemmen suchen. Ist auch dies ohne Erfolg, so muß die Maschine abgestellt und der betreffende Teil untersucht und allenfalls nachgearbeitet werden.

Wenn eines der Hauptlager, das Schubstangenlager oder ein Kreuzkopflager warm läuft, so läßt man es am besten bei geringer Umlaufzahl der Maschine langsam abkühlen, da eine zu plötzliche Abkühlung ein Verziehen herbeiführen kann. Keinesfalls ist es zulässig, nach erfolgtem Warmlaufen die Schrauben etwas zu lösen und den Betrieb fortzusetzen. Die Schrauben müssen vielmehr stets stramm angezogen sein; ein zu scharfes Anliegen der Lagerschalen an der Zapfenoberfläche ist durch Beilagen zu beseitigen.

Haben sich die Lager im Laufe der Zeit stärker abgenützt, so sind sie nachzuziehen und allenfalls nachzuarbeiten. Die Maschine darf keinesfalls mit klopfenden Lagern arbeiten, weil sie dadurch Schaden erleidet, und weil das Klopfen leicht ein Unrundwerden der Zapfen zur Folge hat. Wenn infolge von Unachtsamkeit oder infolge Versagens der Schmierung einmal ein Kurbelwellenlager heißläuft, so ist nach Behebung des Schadens genau zu prüfen, ob sich die Lagerung der Kurbelwelle nicht verändert hat. Ist dies der Fall, so muß das betreffende Lager unterlegt oder die Lagerschalen erneuert werden. Wird dies nicht beachtet, so können durch die mangelhafte Lagerung schwere Beschädigungen der Maschine, z. B. Wellenbrüche, eintreten. Nachgestellte oder nachgearbeitete sowie mit frischen Schalen versehene Lager müssen in der ersten Zeit besonders sorgfältig beobachtet werden. Die Schmierung eines solchen Lagers ist anfangs etwas zu verstärken und erst allmählich, wenn man sicher ist, daß kein Warmlaufen eintritt, wieder auf das normale Maß herabzusetzen.

Die Betriebskosten von Kraftanlagen lassen sich durch sorgfältige Auswahl des Bedienungspersonals und durch fortlaufende Kontrolle seitens der Betriebsleitung oft erheblich vermindern. Bei den meisten Anlagen, insbesondere aber bei größeren, empfiehlt es sich, regelmäßige Aufschreibungen über die Spannung, Temperatur, Kohlensäuregehalt, Zugstärke, Pegelablesungen usw. zu machen und in ein besonderes, zweckmäßig angelegtes Maschinen-Tagebuch einzutragen. Außerdem empfehlen sich Aufschreibungen über den Wasser- und Dampfverbrauch sowie den Brennstoffverbrauch. Und endlich soll bei geordnetem Betrieb auch über die Leistung, die Betriebsdauer und den Ölverbrauch der Maschinen regelmäßig Buch geführt werden, sowie über den Zustand, die Reparaturen, die Revisionen und die Reinigungszeiten der Maschinen. Bei Gasanlagen sind außerdem die Gasdruckschwankungen sowie allenfalls die Gaszusammensetzung aufzuschreiben. Auf diese Weise bekommt man einen guten Überblick über die Betriebsführung, die Ausnützung und den Verbrauch der Maschinen und ist in der Lage, jede nicht durch die Jahreszeit oder durch Produktionssteigerung bedingte Zunahme der Betriebskosten sofort zu erkennen und bei genauer Untersuchung meist auch deren Ursache abzustellen. Der Aufzeichnung der Betriebsergebnisse von Kraftanlagen wird immer noch verhältnismäßig viel zu wenig Beachtung geschenkt, obgleich solche Aufzeichnungen nicht allein erkennen lassen, wann und wo Verbesserungen vorgenommen werden sollten, sondern auch sich einschleichende Fehlerquellen rechtzeitig und vor Eintritt von Störungen anzeigen.

Über die Abgabe der Schmier- und Putzstoffe, der Materialien zu Reparaturen und über die Ausgabe von Reserveteilen sollte in größeren Betrieben ebenfalls Buch geführt werden, desgleichen auch über die auf Bedienung und Reparaturen entfallenden Lohnausgaben sowie über die Werkstattkosten für die Instandhaltung der Maschinen. Bei größeren Anlagen empfiehlt es sich noch, für jede Maschine zwecks genauer Feststellung der Kosten der Krafterzeugung ein besonderes Konto einzurichten.

Um der Betriebsleitung eine rasche Übersicht über die Betriebsergebnisse und Belastungsverhältnisse zu ermöglichen, bedient man sich mit Vorteil zeichnerischer Darstellungen, indem man die wichtigsten Aufschreibungen in Form von Tages-, Monats- und Jahresdiagrammen aufträgt. Näheres über Betriebskontrolle findet sich in den Abschnitten 104 und 105.

Wenn eine Maschine für längere Zeit außer Betrieb gesetzt werden soll, so sind sämtliche Teile, insbesondere der Arbeitszylinder, kurz vor dem Abstellen reichlich zu schmieren. Die blanken Teile sind sorgfältig zu reinigen und gut einzufetten, besonders die Kolbenstangen, damit die Metallabdichtungen nicht darauf festrosten.

Maschinen, Speisevorrichtungen u. dgl., die nur als Reserve dienen, sollen zeitweise in Gang gesetzt werden, damit sie im Bedarfsfall anstandslos arbeiten.

Zum Schlusse dieses Abschnittes sei noch bemerkt, daß es der Besitzer oder Betriebsleiter im eigenen Interesse vermeiden sollte, sich über seine Maschinenanlage gegenüber dem Bedienungspersonal abfällig zu äußern. Sein Personal wird sonst leicht dazu verführt, die Maschine weniger gut zu bedienen und dadurch herbeigeführte Beschädigungen und Unfälle der mangelhaften Ausführung der Maschine zuzuschreiben. Sollten sich an einer Anlage Mängel herausstellen, so trete der Besitzer oder Betriebsleiter mit der Lieferantin in Verbindung; dem Personal gegenüber sollte er jedoch stets die Lieferantin und ihre Maschine in Schutz nehmen.

92. Betrieb von Dampfkesselanlagen.

Es ist im Interesse der Wirtschaftlichkeit, der Betriebsicherheit und der Lebensdauer der Kessel- und Maschinenanlagen zu verlangen, daß dem Betrieb der Dampfkessel dauernd die größte Aufmerksamkeit gewidmet wird. Es sei deshalb zunächst vom Kesselwärter die Rede. In den folgenden Unterabschnitten sei unter anderem auf das Speisewasser und seine Reinigung, den Feuerungsbetrieb, die Reinigung und Revision der Kessel usw. eingegangen. Den Schluß des Abschnittes mögen die in Preußen geltenden Dienstvorschriften für Kesselwärter bilden.

Der Kesselwärter.

Da erfahrungsgemäß die meisten Kesselschäden, Unglücksfälle usw. auf Unkenntnis oder Unaufmerksamkeit des Bedienungspersonals zurückzuführen sind, so ist geschultes Personal für Dampfkesselbetriebe von größter Wichtigkeit. Der Kesselwärter soll möglichst sparsam und sicher arbeiten, in allem bewandert sein, was seinen Dampfkessel betrifft, und alle Instandhaltungsarbeiten an Ventilen, Wasserständen usw. selbst besorgen können. Wenn auch durch die Einführung mechanischer Feuerungen die an das Heizerpersonal zu stellenden körperlichen Anforderungen gegenüber früher geringer geworden sind, so sind hierdurch und durch die Einführung selbsttätiger Speiseregler die Ansprüche an die Intelligenz der Heizer gewachsen. Wo diese fehlt, ist trotz vollkommenster Einrichtungen der Gesamtwirkungsgrad der Kesselanlage unter Umständen geringer als bei Handfeuerung.

Die Ingenieure der Dampfkesselüberwachungsvereine sind angewiesen, die Heizer auf ihre Fähigkeiten zu prüfen und gegebenenfalls zu unterweisen. Wo völlig unzuverlässige und nicht unterrichtete Kesselwärter angetroffen werden, sind die Revisionsbeamten verpflichtet, ihre Entlassung zu verlangen. Aber auch der Kesselbesitzer ist gesetzlich verpflichtet, nur solchen Personen die Wartung der Dampfkessel zu übertragen, die mit ihrem Betrieb vollständig vertraut sind.

Manche Länder haben Heizerschulen oder Heizkurse und den Zeugniszwang bzw. den Befähigungsnachweis eingeführt. Andere bedienen sich der Lehrheizer, wieder andere veranstalten Wettheizversuche. Das Richtigste dürfte sein, den Kesselwärter, soweit er nicht durch ältere Kollegen eingeschult wird, durch einen tüchtigen Lehrheizer, und zwar an der betreffenden Anlage selbst, unterweisen zu lassen. Denn jeder Brennstoff und jede Kesselbauart verlangen ihre eigenartige Bedienung.

Jedenfalls steht fest, daß zu einem brauchbaren Kesselwärter ein pflichtbewußter, pünktlicher, geistesgegenwärtiger und nüchterner Mann gehört, Eigenschaften, die weder durch eine Schule zu erlangen, noch durch eine Heizerprüfung nachzuweisen sind. Im Gegenteil ist der geprüfte Heizer dem ungeprüften oft nur im Eigendünkel überlegen.

An dieser Stelle sei auch darauf hingewiesen, daß vielfach der Heizer nicht der Wichtigkeit seiner Stellung entsprechend bezahlt wird. Der Fabrikleiter schadet aber in erster Linie sich selbst, wenn er wegen einer kleinen Lohnersparnis einen weniger tüchtigen Wärter anstellt. Denn beim Dampfkessel hängt die Wärmeausnützung in erheblichem Maße von der Aufmerksamkeit und Sachkenntnis des Heizers ab. Es hat auf den Kohlenverbrauch erheblichen Einfluß, ob die Wärmeausnützung z. B. 65 oder 75% beträgt. Es empfiehlt sich deshalb, den Heizer angemessen zu bezahlen und ihn allenfalls durch Kohlenprämien an dem Betrieb zu interessieren; vgl. die Ausführungen S. 439.

Das Speisewasser und seine Reinigung.

Je reiner das zur Kesselspeisung verwendete Wasser ist, desto besser eignet es sich für die Zwecke des Kesselbetriebes. Vollkommen rein ist im allgemeinen nur destilliertes Wasser und Regenwasser, während die Oberflächen- und Grundwässer, insbesondere die letzteren, alle mehr oder weniger reich an Beimengungen sind. Diese können teils mechanisch, teils vollständig aufgelöst in dem Wasser enthalten sein. Infolge dieser Beimengungen bilden sich bei der Verdampfung des Wassers Schlamm- und Kesselsteinablagerungen auf den Heizflächen, durch die der Wärmeübergang von den Heizgasen an den Wasserinhalt des Kessels erschwert wird.

Die dem Wasser mechanisch beigemengten Stoffe, wie Schlamm, Lehm o. dgl., sind schon äußerlich an der Trübung des Wassers zu erkennen. Sie können teils in Klärbehältern durch Absetzenlassen, teils in Filtern abgeschieden werden. Die im Wasser gelöst enthaltenen Bestandteile sind unsichtbar; ihre Ausscheidung hat auf chemischem Wege zu erfolgen.

Die im Wasser gelösten Stoffe stellen die eigentlichen Kesselsteinbildner dar. Es sind dies kohlensaurer Kalk, schwefelsaurer Kalk (Gips), kohlensaure Magnesia, schwefelsaure Magnesia und gegebenenfalls Chlormagnesium. Die drei erstgenannten sind die hauptsächlichsten Kesselsteinbildner; in der Regel sind sie gleichzeitig im Wasser enthalten.

Wasser, das eine größere Menge von diesen Kalk- und Magnesiasalzen enthält, wird als hartes Wasser bezeichnet. Treten diese Stoffe nur in geringer Menge auf, so spricht man von weichem Wasser. Je größer die Härte eines Wassers ist, desto mehr neigt es zur Kesselsteinbildung.

Die durch die Sulfate bedingte Härte nennt man die bleibende, die durch die Karbonate bedingte die vorübergehende Härte. Besonders ungünstig verhalten sich die Sulfate, insbesondere Gips. Die Sulfate bilden nämlich einen festen Stein, der schwer zu entfernen ist, und der eine geringe Wärmeleitungsfähigkeit besitzt. Demgegenüber erzeugen die Karbonate nur schlammartige Ablagerungen, die allerdings an heißen Flächen leicht festbrennen und so den aus den Sulfaten ausgeschiedenen eigentlichen Kesselstein vermehren.

Während die mechanisch mitgeführten Verunreinigungen sich in der Hauptsache als Schlamm absetzen, der von Zeit zu Zeit abzulassen ist, werden gemäß oben die im Speisewasser aufgelösten Kesselsteinbildner beim Erwärmen und Verdampfen des Wassers teils als Schlamm ausgeschieden, teils setzen sie sich an den heißen Kesselwandungen als fester Kesselstein an, dessen Bildung vor allem durch den Gipsgehalt des Wassers befördert wird. Springt der feste Kesselstein infolge Abkühlung des Kessels in den Betriebspausen ab, so bilden sich häufig sogenannte Kesselsteinkuchen, die meist zu mehr oder weniger großen Klumpen zusammenbacken.

Es ist ein Irrtum, anzunehmen, daß der Ansatz von Kesselstein durch einen kräftigen Wasserumlauf verhindert werde. Denn Kesselstein bildet sich überall, wo Wasser verdampft, am stärksten in der Nähe der Wärmequelle. Ein flotter Wasserumlauf hat jedoch das Gute, daß der absplitternde Kesselstein sowie auch der Schlamm weitergeführt und unter Umständen an ungefährlichen Stellen abgelagert werden. Allerdings splittert nicht jeder Kesselstein ab. Mancher Stein ist so zäh, daß er bei Temperaturänderungen nachgibt. Ein derartig zäher Stein ist sehr schwer zu entfernen, insbesondere aus den Röhren von Wasserrohrkesseln.

Befährt man einen ungereinigten Kessel, so kann man aus dem Ort und der Stärke der Ablagerungen Schlüsse auf den Wasserumlauf ziehen.

Die Nachteile des Kesselsteins bestehen in der öfter notwendig werdenden Reinigung des Kessels, in den durch den Kesselstein bedingten Betriebstörungen und Reparaturen sowie in den Wärmeverlusten, die durch das öftere Außerbetriebsetzen entstehen. Sodann hat der Kesselstein Wärmestauungen in den Kesselblechen und damit schädliche Überhitzungen der Bleche zur Folge, was zu Ausbauchungen und Einbeulungen, unter Umständen auch zu Kesselexplosionen Veranlassung geben kann. Selbst wenn jedoch keine gefährlichen Formänderungen der Heizflächen eintreten, so können sich durch Kesselstein- oder Schlammablagerungen immerhin Undichtheiten an Nieten, Stehbolzen, Heizröhren, Stemmfugen usw. einstellen. Auch Kanten- und Nietlochrisse können entstehen. Weiterhin werden durch Kesselstein und Schlamm die Speiserohre, die Wasserstands- und Manometerrohre usw. verstopft und das Undichtwerden der Hähne und Ventile befördert. Auch ist es nicht ausgeschlossen, daß ein Mitreißen von Kesselstein und Schlamm in die Maschine stattfindet und dort zur vermehrten Abnützung der gleitenden Teile beiträgt. Bei Dampfturbinen kann es vorkommen, daß eine Verkrustung der Turbinenschaufeln eintritt; vgl. das weiter unten über unreinen Dampf Ausgeführte.

Dünne Kesselsteinschichten sind nicht nachteilig, sondern sogar oft erwünscht, da sie die Kesselwandung vor dem chemischen Angriff schädlicher Bestandteile des Speisewassers schützen. Ein Stein bis zur Stärke einer Eierschale auf den Feuerblechen und bis zu $1^1/_2$ mm auf den vom Feuerherd entfernteren Teilen der Kesselwandung ist deshalb meist unbedenklich.

In wirtschaftlicher Hinsicht macht ein Kesselsteinbelag weniger aus, als man gemeinhin annimmt. Solange die durchschnittliche Stärke des Kesselsteins über die ganze Heizfläche den Betrag von 5 mm nicht überschreitet, macht die Verminderung der Wärmeausnützung im allgemeinen nicht mehr als 2—3 % aus. Selbst bei einem Steinbelag von obiger Stärke und sehr geringer Wärmeleitungsfähigkeit dürfte der Einfluß auf die Wärmeausnützung nicht mehr als 5% betragen. Die Wärmeausnützung wird sonach durch einen Kesselstein von mittlerer Leitfähigkeit so wenig beeinflußt, daß es sich durch vergleichende Verdampfungsversuche gar nicht einwandfrei nachweisen läßt.

Ein Steinbelag von 5 mm im Mittel sollte aber in geordneten Betrieben mit Rücksicht auf die Schwierigkeit der Reinigung nicht erreicht, geschweige denn überschritten werden. Wenn man noch berücksichtigt, daß sich die obigen Ziffern auf den Zustand des Kessels kurz vor der Reinigung beziehen, so beträgt der durchschnittliche Einfluß auf die Wärmeausnützung, bezogen auf die ganze Betriebsdauer, nur die Hälfte, also etwa 1—2%. Durch Kesselstein wird also nicht so sehr die Wirtschaftlichkeit, als vor allem die Betriebsicherheit und Lebensdauer des Kessels beeinträchtigt.

Das naheliegendste Mittel zur Bekämpfung des Kesselsteins besteht in der Verwendung eines geeigneten Speisewassers. Da dies jedoch nicht überall möglich ist, so hilft man sich wohl auch damit, daß man den Kessel um so öfter reinigt, je kesselsteinhaltiger das Speisewasser ist. Die Länge der Reinigungsfristen hängt hierbei vom Kesselsystem, der Wasserbeschaffenheit und der Betriebsdauer ab. Auch ist hier von Einfluß, ob der Kessel täglich teilweise oder wöchentlich ganz abgeblasen oder ausgewaschen wird.

Das Mittel der öfteren Reinigung ist mit Rücksicht auf die damit verbundene Betriebstörung sowie die unvermeidlichen Wärmeverluste durch Ablassen und Frischanheizen des Kessels im allgemeinen nicht zu empfehlen. Bei größerer Härte des Speisewassers soll deshalb eine Wasserreinigung vorgesehen werden. Von welchem Härtegrad an eine Wasserreinigung notwendig ist, läßt sich jedoch nicht allgemein angeben, weil dies von dem Kesselsystem, von der Beschaffenheit des Wassers sowie von der Betriebsdauer und der Beanspruchung der Kesselanlage abhängt. Während z. B. Hochleistungswasserrohrkessel nur mit ganz reinem Wasser (Turbinenkondensat) gespeist werden sollen, ist bei Flammrohrkesseln und Lokomobilkesseln mit ausziehbarem Röhrensystem eine Wasserreinigung im allgemeinen nicht unbedingt notwendig, wenn das Wasser weniger als 10 deutsche Härtegrade besitzt. Auch Wasserrohrkessel normaler Beanspruchung vertragen anstandslos bis zu 5 deutsche Härtegrade. Die geringste Härte vertragen Röhrenkessel, da diese noch schwerer zu reinigen sind als Wasserrohrkessel.

Man sollte daher hier keinesfalls mehr als 5 deutsche Härtegrade zulassen.

Die Reinigung des Wassers kann inner- oder außerhalb des Kessels erfolgen. Meistens geschieht sie außerhalb, und zwar mittels Soda und Ätzkalk (oder Ätznatron), seltener nach dem Permutit-Verfahren. Die Wasserreinigung muß im Betrieb sorgfältig überwacht werden, wenn sie ihren Zweck dauernd erfüllen soll; das Wasser soll gut gereinigt, aber nicht überreinigt sein; vgl. das im nächsten Absatz und im Unterabschnitt »Nasser oder unreiner Dampf« (S. 367) über die Folgen eines Sodaüberschusses Gesagte.

Bei dem Kalk-Soda-Verfahren und dem Ätznatron-Soda-Verfahren werden die Chemikalien dem Wasser vor seiner Einführung in den Kessel in einem meist ununterbrochen arbeitenden Apparat zugesetzt, wobei ein geringer Chemikalienüberschuß notwendig ist. Das Wasser sollte hierbei den Reinigungsapparaten mit einer Temperatur von etwa 60—70° C zugeführt werden, da bei höherer Temperatur die Ausfällung der Kesselsteinbildner schneller und leichter erfolgt. Wo allerdings ein Abgasvorwärmer vorhanden ist, zieht man gewöhnlich vor, bei niedrigerer Temperatur zu reinigen, um die Wärme der Rauchgase möglichst vollkommen auszunützen. Um die Art und Menge der zuzusetzenden Chemikalien zu bestimmen, ist es nötig, das Speisewasser chemisch zu untersuchen. Hierbei ist zu berücksichtigen, daß der Härtegrad der Oberflächenwässer (Flußwasser) je nach der Witterung innerhalb weiter Grenzen schwanken kann. Nach einem längeren Regen ist das Wasser unter Umständen bedeutend weicher als bei großer Trockenheit. Die Wasserreinigung erfordert deshalb mit Rücksicht auf die wechselnde Beschaffenheit des Wassers eine sorgfältige Überwachung. Insbesondere ist auch darauf zu achten, daß kein wesentlicher Überschuß an Soda in das Speisewasser gelangt, da sonst die Kesselarmaturen angegriffen werden und das Wasser leicht aufschäumt und überkocht.

Das Permutit wird durch Zusammenschmelzen von Feldspat, Kaolin, Ton und Soda hergestellt. Durch das so entstandene körnige Material wird das Speisewasser filtriert, wobei die Kalzium- und Magnesiumsalze von dem Permutit aufgenommen werden. Die Filtermasse wird durch Einwirkung einer heißen Kochsalzlösung wieder regeneriert und kann dann immer wieder aufs neue zum Filtern verwendet werden. Die Permutitreinigung hat den Vorteil, daß man das Wasser bis auf 0° enthärten kann, während man nach dem Kalk-Soda-Verfahren praktisch nicht unter 2—4° Härte herunterkommt. Die weiteren Vorteile des Permutitverfahrens bestehen darin, daß die Reinigung auch bei kaltem Wasser stattfindet, daß kein Schlamm niedergeschlagen wird, daß die erforderlichen Apparate sehr einfach sind, und daß man keine genau der Zusammensetzung des Wassers entsprechend abgemessenen Mengen von Chemikalien zusetzen muß. Dagegen ist es als ein wesentlicher Nachteil des Verfahrens anzusehen, daß Kohlensäure, Schwefelsäure, Chlor, Salpetersäure und größere Mengen Soda in den Kessel gelangen. Die

Folgen hiervon sind Anfressungen (Korrosionen) der Kesselwandungen; siehe weiter unten.

Die Kosten für Chemikalien liegen bei der Kalk-Soda-Reinigung im Mittel zwischen 1 und 3 Pf/cbm Wasser, je nach der Wasserbeschaffenheit. Bei der Permutitreinigung kann man etwa 1—2,5 Pf/cbm annehmen; die Kosten hängen hier außer von dem unvermeidlichen Permutitverlust beim Durchspülen noch von dem auf die Regenerierung entfallenden Kochsalzverbrauch ab.

Wenn es sich um Wässer von geringer Härte handelt, bei denen sich die Enthärtung außerhalb des Kessels nicht lohnt, und wenn die Aufstellung eines Reinigungsapparates oder die Mitführung einer genügenden Menge gereinigten Wassers nicht möglich ist, wie bei Lokomobilen, Lokomotiven und kleineren Dampfschiffen, so setzt man dem Speisewasser zur Verhinderung der Kesselsteinbildung mit gutem Erfolg Soda — und zwar auch bei hartem Wasser — unmittelbar zu oder man gibt eine größere Menge Soda direkt in den Kessel. Dadurch fallen die Härtebildner im Kessel als Schlamm aus, den man durch öfteres teilweises Ablassen des Kessels tunlichst entfernen muß.

Es gibt im übrigen eine große Anzahl von Mitteln, die, dem Speisewasser zugesetzt, die Kesselsteinbildung verhindern sollen. Vor allen diesen sogenannten Geheimmitteln ist dringend zu warnen. Sie sind in der Regel ziemlich teuer und meist von geringem Nutzen, wenn nicht geradezu gefährlich, da sie ohne Rücksicht auf die Zusammensetzung des Wassers angewendet werden.

Innenanstriche von Dampfkesseln sind im allgemeinen zu vermeiden und nur dort anzuwenden, wo das Wasser bei geringer Härte korrosive (angreifende) Eigenschaften besitzt. Zu den Anstrichen, die nur dünn sein dürfen, sind etwa guter Asphaltlack, Leinölfirnis, Graphit u. dgl., keinesfalls aber leichtflüchtige und brennbare Stoffe zu verwenden. Derartige Anstriche erleichtern das Ablösen des festen Kesselsteins.

In Fällen, in denen reines, ölfreies Kondensat gespeist werden kann, braucht nur das Zusatzwasser gereinigt zu werden. Zur Reinigung des etwa 5—10% der gesamten Speisewassermenge ausmachenden Zusatzwassers verwendet man auch Verdampfapparate (Destillierapparate), allenfalls in Verbindung mit Wasserreinigern; vgl. S. 215. Bei Speisung von Kondensat sind die nachfolgenden Ausführungen zu berücksichtigen.

Speisung von Kondensat.

Wird zur Speisung das aus der Oberflächenkondensation stammende, praktisch luftfreie Kondensat benützt, so ist darauf Rücksicht zu nehmen, daß Kondensat gern Luft bzw. Luftsauerstoff aufnimmt. Man muß deshalb bestrebt sein, den Wiedereintritt von Luft nach Möglichkeit zu verhüten, indem das Speisewasser auf seinem Wege zu den Dampfkesseln nie einem Unterdruck ausgesetzt und in Vorratbehältern mit möglichst geringer, allenfalls durch Holz, Kork o. dgl. abgedeckter

Oberfläche aufgespeichert wird. Und endlich ist darauf zu achten, daß das Kondensat nicht frei in den Speisebehälter fällt und hierbei Luft mitreißt, sondern unterhalb des Wasserspiegels in den Behälter eingeführt wird. Zur nachträglichen Entfernung von Luft bzw. Luftsauerstoff aus dem Kondensat gibt es besondere Entlüftungsapparate. Hierzu gehören auch Eisenspanfilter; vgl. S. 213 und 214.

Da das Kondensat gewöhnlicher Kolbenmaschinen im Gegensatz zu demjenigen von Dampfturbinen stark ölhaltig ist, so kann es nicht ohne vorherige gründliche Reinigung verwendet werden. Ein Ölansatz im Dampfkessel erschwert den Wärmedurchgang in höherem Maße als ein Steinbelag. Zudem bilden sich bei Verwendung organischer Fette und Öle sogenannte Fettsäuren im Kessel, die Anfressungen der Kesselwandung, namentlich in der Höhe des Wasserstandes, verursachen können (Mineralöle werden im Kessel nicht verändert). Im allgemeinen sollte Dampfwasser nur dann gespeist werden, wenn es nicht mehr als

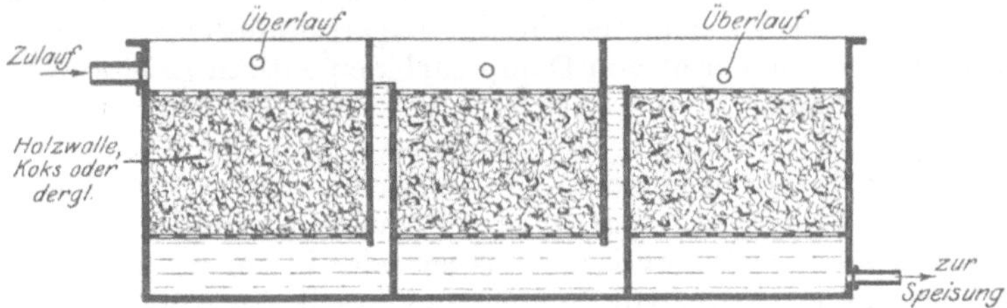

Fig. 110. Dampfwasser-Filter.

Das filtrierte Wasser wird durch ein Siphonrohr erst in den Speisebehälter abgeleitet; bei direktem Anschluß der Speisepumpe an das Filter könnte es vorkommen, daß letzteres entleert wird, und daß dann größere Ölmengen in den Kessel gelangen.

5 g Öl in 1 cbm enthält. Für schmiedeiserne Abgasvorwärmer ist schon dieser geringe Betrag schädlich; vgl. S. 191.

Zur Entfernung des Öles aus dem Abdampf und Kondensat empfiehlt sich die gleichzeitige Anwendung eines ausreichend bemessenen Dampf- und eines Wasserentölers. Man kann auf diese Weise ein Kondensat von solcher Reinheit bekommen, daß bei dessen Verwendung die Kessel wesentlich reiner bleiben als bei Speisung von enthärtetem Wasser. Mit den zurzeit bekannten, gleichzeitig als Wasserabscheider wirkenden Dampfentölern kann man den Ölgehalt auf etwa 10—15 g/1000 kg Dampf herunterbringen. Voraussetzung für das gute Arbeiten eines Dampfentölers ist, daß sich der zu entölende Dampf in gesättigtem oder nassem Zustande befindet. Ist der Dampf noch überhitzt, so scheidet sich das Öl nicht oder nur unvollkommen ab. Bei nur geringer Überhitzung des Dampfes kann man sich unter Umständen dadurch helfen, daß man den Entöler in einer entsprechenden Entfernung von der Maschine aufstellt, so daß der Dampf auf dem Wege zum Entöler in den gesättigten Zustand übergeht.

Fig. 110 sowie die Fig. 91 und 92 auf S. 327 stellen Beispiele von Filtern zur Entölung ölhaltigen Dampfwassers dar.

Durch ausreichendes langsames Filtern des Dampfwassers läßt sich der oben angegebene Ölgehalt auf etwa 5 g/cbm verringern. Die Entölung des Dampfwassers kann auch auf elektrolytischem Wege, wie z. B. beim Hanomag-Entöler, erfolgen. Die elektrolytische Entölung kommt allerdings wegen ihrer hohen Anlagekosten nur für größere Betriebe in Betracht. Bei ungenügender Entölung und Filterung kann der Ölgehalt des Dampfwassers bis zu 20 g/cbm betragen. Hierbei leidet naturgemäß der Dampfkessel samt Zubehör; vgl. weiter unten.

Eine möglichst gründliche Entölung des Dampfes und Dampfwassers liegt nicht nur im betriebstechnischen, sondern auch im wirtschaftlichen Interesse, da es hierbei möglich ist, etwa 30—50% des verbrauchten Zylinderöles in schmierfähigem Zustande zurückzugewinnen. Dieses Öl kann nach vorheriger guter Reinigung wieder für die Schmierung von Hoch- oder Niederdruckzylinder verwendet werden, wenn man nicht vorzieht, es für die Lagerschmierung zu verwenden.

Auch das Kondensat von Dampfturbinen enthält gewisse, allerdings sehr kleine Ölmengen, die teils auf der Niederdruckseite der Turbine in den Dampf, teils durch die Kondensat- und Speisepumpen in das Wasser zu gelangen scheinen. Von manchen Seiten wird die Ansicht vertreten, daß selbst diese geringen Ölmengen nachteilig sind, und daß sie entweder auf elektrolytischem Wege oder in einem nach dem Kalk-Soda-Verfahren arbeitenden Reiniger zu beseitigen sind[1]).

Vorstehendes bezieht sich auf Anlagen mit Oberflächenkondensation. Wird das Ausgußwasser von Einspritzkondensationen zur Kesselspeisung benützt, so wird der Ölgehalt durch das Beimischen des Einspritzwassers auf die 20—30fache Wassermenge verteilt. Solches Wasser hat man schon ohne vorherige Reinigung zur Kesselspeisung benützt. Zweckmäßig wendet man jedoch auch hier ein Filter gemäß Fig. 110 an.

Der Feuerungsbetrieb.

Damit der Heizer das Feuer und die Rostleistung dem jeweiligen Dampfbedarf rasch anpassen kann, empfiehlt es sich, im Kesselhaus eine Belastungskurve aufzuhängen oder die jeweilige Belastung des Werkes durch Fernmelder von der Schalttafel aus mitzuteilen.

Damit sich die Feuerung nicht verlegt, ist ein zeitweises Abschlacken erforderlich. Wie oft abzuschlacken ist, hängt vom Aschen- und Schlakkengehalt der Kohle sowie von der Brenngeschwindigkeit ab. Die Feuerung soll im übrigen möglichst rauchfrei betrieben werden. Das rauchschwache Arbeiten einer Feuerung wird aus zwei Gründen angestrebt, einmal vom wirtschaftlichen und sodann vom hygienischen Standpunkt aus. Der Rauch belästigt die Umgebung und hat einen unmittelbaren Wärmeverlust sowie ein Verrußen der Heizflächen zur Folge.

---

1) Vgl. z. B. Zeitschr. für Dampfkessel und Maschinenbetrieb 1915, S. 417.

Hauptbedingungen für eine gute und rauchschwache Verbrennung sind genügende Luftzufuhr (gegebenenfalls auch Oberluft) und gute Mischung der Luft mit den Gasen sowie genügend hohe Temperatur im Verbrennungsraum bei ausreichender Größe des letzteren. Zur Erfüllung dieser Bedingungen bedarf es eines genügend starken Zuges, einer dem verwendeten Brennstoff angepaßten Feuerung, vor allem aber einer aufmerksamen und sachverständigen Bedienung. Insbesondere ist darauf zu achten, daß die Beschickung eine möglichst gleichmäßige ist, am besten eine ununterbrochene wie bei den selbsttätigen Feuerungen, sowie daß die Brennstoffschicht auf dem Rost keine unzulässig hohe ist, da sonst die Luftzufuhr zu sehr beeinträchtigt wird und unter Umständen — bei gasreichen Brennstoffen — Gasexplosionen zu befürchten sind[1]). Bei Steinkohlen geht man gewöhnlich nicht über 10—12 cm Schichthöhe. Im übrigen hängt die Höhe der Brennschicht von verschiedenen Faktoren ab, von der Stückgröße und dem Gasgehalt des Brennstoffes sowie von der Zugstärke. Ein kleinkörniger Brennstoff bedingt kleinere, ein großstückiger dagegen größere Schichthöhe. Je gasreicher der Brennstoff, desto niedriger muß die Schichthöhe gehalten werden. Im normalen Betrieb sollen Schichthöhe und Zug der Belastung entsprechend eingestellt werden; bei angestrengtem Betrieb hingegen kann es vorkommen, daß die höchstzulässige Schichthöhe überschritten wird, und daß alsdann der Schornstein raucht.

Vollständig vermeiden läßt sich die Rauchentwicklung auch bei der besten rauchverzehrenden Feuerung nicht, es sei denn, daß man nur gasarme Brennstoffe, wie Anthrazit, Koks und Holzkohle verfeuert, oder daß man eine Gasfeuerung anwendet. Denn es liegt in der Natur jeder technischen Anlage, daß sie Schwankungen in ihrer Leistung, wie sie durch die Art des Betriebes, den Geschäftsgang usw. bedingt sind, unterworfen ist. Es läßt sich nicht immer gerade der Zustand aufrecht erhalten, der vom Standpunkt der rauchfreien Verbrennung aus der günstigste wäre. Um jedoch die Rauchbelästigung für die Umgebung einer Kesselanlage nach Möglichkeit zu verringern, wird in vielen Städten eine Mindesthöhe des Schornsteins von 35—40 m vorgeschrieben.

Im übrigen ist darauf hinzuweisen, daß ein schwaches Rauchen des Schornsteins in wirtschaftlicher Hinsicht meist günstiger ist als gänzliche Rauchlosigkeit; denn im letzteren Falle besteht die Gefahr, daß mit zu großem Luftüberschuß gearbeitet wird.

Über die Frage, ob bzw. wann es sich empfiehlt, die Kohlen vor ihrer Verfeuerung zu befeuchten, gehen die Ansichten der Fachleute häufig auseinander. Die Befeuchtung ist, allgemein gesprochen, überall dort von Vorteil, wo die zur Verdampfung der Kohlennässe aufzuwendende Wärmemenge kleiner ist als der Wärmegewinn, der durch eine allenfallsige bessere Verbrennung erzielt wird. Handelt es sich z. B. um die Verfeuerung von kleinkörnigen und staubförmigen Brennstoffen auf Plan- oder Kettenrosten, so wird durch deren Befeuchtung ein

[1]) Vgl. S. 372.

besserer Zusammenhalt der Brennstoffschicht erreicht. Die Folge hiervon ist eine Verringerung der Verluste durch Rostdurchfall und durch Mitreißen unverbrannter Brennstoffteilchen in die Feuerzüge und damit eine Verbesserung der Brennstoffausnützung. Auch bei stark backenden Kohlen wird die Befeuchtung als Mittel gegen die Bildung zusammenhängender Schlackenkuchen empfohlen.

Die am vorderen Rostende von Kettenrosten durchfallende Kohle ist noch brennbar und soll deshalb wieder in den Brennstofftrichter eingefüllt oder dem Kohlenbunker zugeführt werden. Im übrigen soll bei Kettenrosten die obere Rostbahn stets straff gespannt sein. Der Brennstoffschieber ist öfters daraufhin zu untersuchen, ob seine Steine gleich hoch stehen, d. h. nicht abgebrannt sind, damit eine gleichmäßige Brennstoffschicht auf dem Rost erzeugt wird.

Eine aufmerksame Überwachung des Feuerungsbetriebes macht sich gewöhnlich, insbesondere aber bei größeren Anlagen, reichlich bezahlt; Näheres hierüber findet sich S. 428ff. Daselbst finden sich auch Angaben über den Kohlensäuregehalt der Rauchgase.

Undichtheiten an Kesselanlagen.

Undichtheiten kommen am eigentlichen Kesselkörper und seinen Rohranschlußstellen sowie an der Einmauerung des Kessels vor. Leckstellen am Kesselkörper können eine Folge mangelhafter Arbeit oder unrichtiger Lagerung sein. Sie können aber auch auf unsachgemäße Behandlung im Betriebe zurückzuführen sein, z. B. auf zu rasches Anheizen oder zu starke Anstrengung des Kessels, auf zu rasches Entleeren des Kessels, auf die Verwendung unreinen Speisewassers, auf zu plötzliches Speisen mit kaltem Wasser oder auf ungleichmäßige Abkühlung des Kessels, beispielsweise infolge Eintritts größerer Mengen kalter Luft durch die geöffnete Feuertür. In allen diesen Fällen erleiden Teile des Kesselkörpers mehr oder weniger starke Wärmeverzerrungen infolge örtlicher Überhitzung oder Abkühlung der Kesselwandungen, wodurch der Kessel, auch bei bester Arbeit, in kurzer Zeit undicht werden kann.

Die Undichtheiten am Kesselkörper treten hauptsächlich an Nieten oder Nietnähten, Stemmfugen, Rohreinwalzstellen sowie Rohrverschlüssen auf und sind durch Nachstemmen der Nieten oder Stemmfugen, durch Nachwalzen der Rohre, durch Einsetzen frischer Rohrverschluß-Dichtungen oder allenfalls durch Nacharbeiten der Rohrverschlüsse selbst zu beseitigen. Werden die Undichtheiten nicht sofort beseitigt, so können sie durch austretendes Wasser oder Dampf so stark vergrößert werden, daß sich mit der Zeit ganze Riefen ausbilden.

Ist die Einmauerung eines Kessels undicht geworden, so sind die entstandenen Risse zu schließen, da sonst der Wirkungsgrad des Kessels infolge Einsaugens kalter Außenluft in die Feuerzüge erheblich verschlechtert werden könnte. Das bloße Verschmieren der betreffenden Fugen oder Risse mit Lehm ist ungenügend, da erfahrungsgemäß der

Lehm nach kurzer Zeit wieder herausfällt. Die undichten Stellen sollten im betriebswarmen Zustand des Kessels zunächst mit Hanf, Kieselguhr, Asbest, Asbestkitt oder sonstigen Dichtungsmitteln verstopft und dann erst mit Lehm oder besser mit Kalkmörtel verschmiert werden.

Bedienung und Überwachung der Dampfleitung.

Die Rohrleitung samt Zubehör muß in dauernd gutem Zustand erhalten werden. Eine Vernachlässigung der Isolierung kann erhebliche Verluste durch Wärmeausstrahlung zur Folge haben. Sind die Flanschverbindungen undicht, so sind die Schrauben nachzuziehen oder, wenn dies nichts mehr helfen sollte, die Dichtungen zu erneuern. Die Feststellung von Undichtheiten an Flanschverbindungen ist bei Heißdampf infolge seiner Unsichtbarkeit nicht so einfach wie bei Sattdampf. Bei Heißdampf ist man hauptsächlich auf das Gehör und das Gefühl angewiesen. Undichte Flanschen können außer einem erheblichen Dampfverlust auch eine Beschädigung der Isolierung zur Folge haben (bei isolierten Flanschen).

Wo die Ausdehnungsvorrichtungen aus Kugelgelenk- oder allenfalls Stopfbüchsenrohren bestehen, ist auf ihre gute Beweglichkeit und Dichtheit zu achten.

Von besonderer Wichtigkeit ist, daß man sich regelmäßig von dem Zustand der Absperrorgane und der Kondenstöpfe überzeugt. Letztere geben bei Betrieb mit überhitztem Dampf leicht Anlaß zu Verlusten. Ob ein Kondenstopf, und zwar ein solcher mit offenem Schwimmer, ordnungsmäßig arbeitet, erkennt man daran, daß das Kondensat stoßweise, d. h. periodisch austritt. Ist der Kondenstopf undicht und läßt er außer Wasser auch Dampf entweichen, so macht sich dies durch folgende Anzeichen bemerkbar:

1. Durch ein im Topf und in der Ableitung vernehmbares, gleichmäßig summendes Geräusch.
2. Durch die hohe Temperatur des Ableitungsrohres.
3. Durch den Austritt von Dampf aus dem Ableitungsrohr.

Damit die letztere Kontrolle bei jedem Kondenstopf möglich ist, empfiehlt es sich, die Ableitungen sämtlicher Töpfe getrennt ins Freie oder besser ins Kondenswassersammelgefäß bzw. Speisegefäß zu führen.

In den Fabriken, die Kondenstöpfe herstellen, wird die Prüfung der Töpfe in folgender Weise vorgenommen: Die Kondenstöpfe werden durch Umwickeln mit kalten Tüchern oder durch Bespritzen mit kaltem Wasser abgekühlt. Öffnet man alsdann die Austrittsleitungen, so muß bei Töpfen mit offenem Schwimmer das Kondensat stoßweise und in gleichmäßigen Zwischenräumen entweichen.

Stellt sich heraus, daß ein Kondenstopf nicht ordnungsmäßig arbeitet, so sind die Ventile zu reinigen oder nachzuschleifen, oder es müssen die Töpfe selbst einer Reinigung unterzogen werden. Letzteres ist insbesondere bei neuen Anlagen zu beachten, da es hier vorkommen kann, daß sich die Kondenswasserableiter mit Sand- und Zunderteilchen aus der Rohrleitung verstopfen. Derartige Verstopfungen haben unter Umständen Wasserschläge in der Rohrleitung oder in der Maschine zur Folge. Um zu verhüten, daß Sand- und Zunderteilchen in die Kondenstöpfe oder gar in die Maschinen gelangen und dort zu vermehrter Abnützung beitragen, empfiehlt es sich, die Rohrleitung vor ihrer Inbetriebnahme unter Druck zu setzen, abzuklopfen und alsdann gründlich mit Dampf durchzublasen.

Bei Kondenstöpfen mit geschlossenem Schwimmer tritt das Wasser nicht stoßweise, sondern gleichmäßig aus dem Ableitungsrohr aus. Die Erkennungsmerkmale, die auf den Austritt von Dampf schließen lassen, sind im übrigen die gleichen wie bei Töpfen mit offenem Schwimmer. Bei Kondenstöpfen mit geschlossenem Schwimmer können Störungen auch dadurch entstehen, daß der Schwimmer undicht wird und sich mit Wasser füllt. Die Folge hiervon ist ein gänzliches Versagen des Kondenstopfes.

In großen Anlagen verfährt man vielfach in der Weise, daß man die Kondenswasserableiter in regelmäßigen Zwischenräumen durch andere auswechselt, reinigt und allenfalls wieder instandsetzt. Dieses Verfahren hat die Mehranschaffung einer gewissen Anzahl von Kondenstöpfen zur Voraussetzung.

Vor jedesmaliger Inbetriebsetzung der Anlage ist die Rohrleitung allmählich anzuwärmen und zu entwässern; vgl. auch die Ausführungen S. 380. Enthält eine Rohrleitung eine größere Anzahl von Absperrorganen, so ist es bei fehlender oder ungenügender Entwässerung der einzelnen Rohrstränge nicht gleichgültig, in welcher Reihenfolge die Absperrorgane geöffnet werden. Befindet sich z. B. zwischen dem Absperrorgan am Kessel und demjenigen an der Maschine noch ein weiteres Absperrorgan, so ist beim Anwärmen der Rohrleitung zunächst dieses zu öffnen. Ist nämlich das am Kessel befindliche Absperrventil undicht, so tritt während des Betriebstillstandes Dampf hindurch und kondensiert in dem dahinter liegenden Rohrstrang. Wenn nun bei der Inbetriebsetzung zuerst das Absperrventil am Kessel geöffnet wird, so kann es vorkommen, daß das in dem nicht entwässerten Rohrstrang befindliche Wasser eine Zertrümmerung der Leitung oder des Absperrorgans zur Folge hat.

Durch gute Instandhaltung der Dampfleitung nebst Zubehör werden nicht allein Betriebstörungen vermieden, sondern gemäß oben auch große Ersparnisse erzielt. Eine aufmerksame Überwachung der Dampfleitung macht sich deshalb gewöhnlich reichlich bezahlt.

Kesselbelastung und Zahl der zu betreibenden Kessel.

Je größer die Zahl der unter Dampf gehaltenen Kessel ist, desto größer sind bei schwankenden Belastungsverhältnissen die Verluste durch Anheizen und Stillstand. Anderseits hat eine übermäßig hohe Beanspruchung der Heizflächen zwecks Verminderung der Anzahl der anzuheizenden Kessel eine Verschlechterung des Kesselwirkungsgrades zur Folge. Es ist deshalb von Fall zu Fall zu entscheiden, wie weit dievorkommenden Belastungsschwankungen durch Veränderung der Kesselleistung bestritten werden dürfen, oder anders ausgedrückt, bei welcher Kesselbelastung der Vorteil geringerer Anheizkohlenmenge durch die Verschlechterung des Wirkungsgrades der Kesselanlage aufgehoben wird.

Nasser oder unreiner Dampf[1]).

Der Dampf ist naß oder unrein, wenn er Wasser oder Verdampfungsrückstände aus dem Kesselinhalt mit sich führt. Nasser Dampf kommt vor bei Kesseln, die zum »Spucken« neigen. Spucken der Kessel, d. h. Überreißen von Wasser aus dem Kessel in den Überhitzer und die Dampfleitung kommt bei Überspeisung sowie bei Überlastung eines Kessels und bei stark schwankender Dampfentnahme vor. Auch ungeeignete Bauart eines Kessels kann die Ursache des Spuckens sein. Besonders häufig hat man ein Spucken der Kessel beobachtet, wenn sich ihr Inhalt mit Soda oder Schlamm angereichert hatte. Ein hoher Soda- oder Schlammgehalt, wie überhaupt ein hoher Salzgehalt, bewirkt nämlich leicht Siedeverzüge und Überschäumen, insbesondere wenn noch Ölrückstände aus Dampfwasser dazukommen[2]).

Durch Überreißen von Wasser in die Dampfleitungen und die Maschine können Wasserschläge entstehen, die oft gewaltige Zerstörungen an der Maschine hervorbringen. Auch öffnen sich bei einem derartigen Überwallen des Kesselinhaltes leicht die Sicherheitsventile, womit eine ernstliche Gefährdung der Bedienungsmannschaft verknüpft ist.

Um das Spucken zu vermeiden, ist dem Wasserstand erhöhte Aufmerksamkeit zu widmen, der Kessel nicht übermäßig zu beanspruchen und durch tägliches Abblasen bis zur gesetzlichen Wasserstandsmarke und öfteres Entleeren des Kessels dafür zu sorgen, daß sich sein Inhalt nicht zu stark mit Salzen und Schlamm anreichert. Mutet man einem Kessel plötzliche Belastungssteigerungen zu, die in gar keinem Verhältnis zu seinem Wasserinhalt stehen, oder versäumt man es, durch regelmäßiges kräftiges Abblasen für die Entfernung von Schlamm und Salzen zu sorgen, oder überspeist man zeitweilig den Kessel, so darf natürlich nicht die Bauart der Anlage für die entstehenden Schwierigkeiten verantwortlich gemacht werden.

Freilich muß auch durch bauliche Mittel einem Spucken der Kessel möglichst vorgebeugt werden. Wenn bei einer Kesselanlage plötzliche und große Schwankungen in der Dampfentnahme vorkommen, so müssen die Wasser- und Dampfräume sowie die Größe des Wasserspiegels, d. h. die verdampfende Oberfläche reichlich gewählt werden. Außerdem ist von Wichtigkeit, besonders bei Hochleistungskesseln, ein auch bei den größten Leistungen geregelter Wasserumlauf und die Abführung

---

1) Die nachfolgenden Ausführungen sind einem Aufsatz von Dr.-Ing. F. Döhne in der Z. d. V. d. I. 1914, S. 206ff. auszugsweise entnommen.

2) Welche unangenehmen Folgen das Überreißen von Wasser, oder überhaupt von Kesselinhalt, in die Dampfleitungen haben kann, zeigen z. B. drei Fälle von Störungen, die in der Zeitschr. d. Bayer. Revisionsvereins 1914, S. 213, besprochen sind.

des Dampfes an einer Stelle, die vor dem Spritzwasser geschützt liegt, und bis zu welcher dem Dampf Gelegenheit geboten ist, das mitgerissene Wasser zum größten Teil wieder fallen zu lassen. Die Entfernung zwischen Dampfaustritt und Wasserspiegel sollte um so größer gewählt werden, je heftigere Schwankungen des Wasserinhaltes zu erwarten sind.

Nachträgliche Abhilfe gegen Überreißen von Wasser kann dadurch erfolgen, daß vor dem Überhitzer ein Behälter angeordnet wird, in dem der Dampf Gelegenheit hat, sich von Wasser und Schlamm zu befreien. Hierbei empfiehlt es sich noch, unmittelbar vor dem Behälter einen Wasserabscheider in die Leitung einzubauen.

Durch Überreißen von Wasser in den Überhitzer, die Dampfleitung und die Maschine können, wenn das Wasser unrein ist, außer den im vorstehenden besprochenen Schäden noch andere entstehen. Ist nämlich das Speisewasser unrein — und das ist bei nichtdestilliertem Wasser mehr oder weniger stets der Fall, auch bei Benutzung einer chemischen Vorreinigung —, so bilden sich aus dem in den Überhitzer übergerissenen Wasser Ausscheidungen, die je nach der Beschaffenheit des Speisewassers aus Schlamm, Kesselsteinbildnern oder Salzen (Kochsalz, Glaubersalz) bestehen. Sie setzen sich an den Rohrwandungen fest und beeinträchtigen die Wärmeübertragung so stark, daß nicht selten die Überhitzerrohre ausgeglüht werden. Die Erfahrung hat gezeigt, daß der Dampfstrom mehr oder weniger kleine Teile solcher Ablagerungen häufig bis zu den Maschinen trägt, wenn sie nicht vorher ausgeschieden werden. In den Maschinen aber richten derartige Fremdkörper mancherlei Unheil an. So entstehen z. B. große Abnutzungen an den Düsen und Schaufeln der Dampfturbinen, oder es bilden sich an den Regelorganen und in den Turbinen selbst Ansätze, die schließlich die Leistung der Maschinen stark herabsetzen, ganz abgesehen von den Zerstörungen, die durch größere in die Turbine getragene Stücke erfolgen können. In den Kolbendampfmaschinen verursachen solche Verunreinigungen oft einen außergewöhnlichen Verschleiß der Kolben, Kolbenringe oder Zylinderlaufflächen; auch können sie eine Verseifung des Schmieröls, verbunden mit einer Krustenbildung, und ein Fressen der aufeinander gleitenden Teile hervorrufen.

Daraus geht hervor, daß bei außergewöhnlichen Abnutzungen von aufeinander gleitenden Innenteilen einer Maschine nicht ohne weiteres der Bauart der einzelnen Teile oder der Beschaffenheit des Schmieröles die Schuld gegeben werden darf, wie dies in der Regel geschieht. Es ist stets auch notwendig, zu prüfen, ob nicht unreiner Dampf die Schwierigkeiten hervorruft. Eine sorgfältige Untersuchung der Kondenstöpfe, Dampfzylinder, Kolben usw. wird oft Rückstände der geschilderten Art zutage fördern. Auch kann durch die Prüfung der Ölrückstände in den Zylindern und Aufnehmern auf ihren Gehalt an kohlensauren und schwefelsauren Salzen mancher wertvolle Aufschluß gewonnen werden.

Anfressungen (Korrosionen) bei Kesselanlagen.

Man unterscheidet zwei Arten von inneren Anfressungen:

1. Anfressungen, die nach Art von Anrostungen die Eisenteile ziemlich gleichmäßig angreifen,

2. Anfressungen, die nur stellenweise auftreten und den betreffenden Wandungen ein pockennarbiges Aussehen verleihen. Hierbei entstehen oft erbsengroße Vertiefungen, oft auch nur kleine wurmstichartige Löcher, die nach und nach die ganze Wandstärke durchdringen.

Anfressungen an Kesselwandungen können auf das Speisewasser oder auf die im Wasser enthaltene Luft und vor allem Kohlensäure zurückzuführen sein. Diese beiden Gase sind in jedem Wasser in mehr oder weniger großer Menge enthalten, auch in destilliertem Wasser oder Kondensat (vgl. S. 360). Anfressungen durch Luft oder Kohlensäure treten stets dort auf, wo Gasblasen, durch Steigerung der Wassertemperatur ausgetrieben, Gelegenheit finden, sich ruhig an der Kesselwandung anzusetzen. Auch bei Kesseln, die längere Zeit außer Betrieb sind, kommen Luftkorrosionen vor; unter Umständen können solche Anfressungen auch durch fehlerhafte Konstruktion des Kessels verursacht sein. Letzteres trifft dort zu, wo die Möglichkeit zur Bildung von Luftsäcken im Wasserraum besteht.

In gleichem, meist sogar weit stärkerem Maße als die Kessel sind die Abgasvorwärmer, insbesondere wenn sie aus Schmiedeisen bestehen, sowie die Verbindungsleitungen zwischen Abgasvorwärmern und Kesseln der Gefahr von Anfressungen ausgesetzt. Außer den vorstehend erwähnten Anfressungen kommen hier noch solche durch Ölrückstände in Betracht; vgl. S. 361.

Um Anfressungen durch Luft nach Möglichkeit zu vermeiden, empfiehlt sich eine Entlüftung des Speisewassers durch geeignete Entlüftungsapparate[1]) und durch möglichst hohe Vorwärmung (70—80° C oder mehr). Um das Ansetzen von Luftblasen an den Rohren von Abgasvorwärmern zu erschweren, kann sich auch eine Erhöhung der Wassergeschwindigkeit empfehlen. Ferner verwende man zum Kesselspeisen Kolben- oder Zentrifugalpumpen und keine Injektoren, da durch letztere beträchtliche Luftmengen in den Kessel gefördert werden. Allerdings kann auch bei Kolbenpumpen durch zu ausgiebige Anwendung des Schnüffelns (bei unruhigem Pumpengang) viel Luft in den Kessel kommen; vgl. S. 213. Ein weiteres Verhütungsmittel ist ein geeigneter Anstrich der Kesselwandung; vgl. oben. Wo das Wasser den Speisepumpen nicht zuläuft, ist auf gute Dichtheit der Saugleitung zu achten, um ein Einsaugen von Luft zu vermeiden.

Ähnlich wie bei Kesseln durch geeignete Anstriche hat man versucht, die Widerstandsfähigkeit schmiedeiserner Abgasvorwärmer gegenüber Anfressungen durch beiderseitige Verzinkung der Rohre zu erhöhen. Dieses Mittel schützt den Vorwärmer sowohl gegen chemische Angriffe von innen, als auch von außen.

---

1) Zu diesen gehören auch Eisenspanfilter; vgl. S. 215.

Bezüglich des Speisewassers ist zu bemerken, daß dieses außer den bekannten Kesselsteinbildnern vielfach noch andere schädliche Bestandteile enthält, die sich bei der Verdampfung im Kessel teils verflüchtigen, teils ständig anreichern und die Kesselwandungen angreifen. So z. B. enthalten Speisewässer aus Bergwerken, Torfmooren, chemischen Fabriken u. dgl. vielfach freie Säuren, welche die Kesselwandungen angreifen und Anfressungen zur Folge haben. Solche schädliche Wirkungen auf die Kesselwandungen können auch entstehen, wenn korrodierend wirkende Salze, wie z. B. die Chloride und Nitrate von Kalzium und Magnesium im Speisewasser enthalten sind. Diese Salze geben im Dampfkessel Anlaß zur Bildung von Salzsäure, Chlor und nitrosen Gasen, die auf Eisen korrodierend einwirken und zunächst die Kesselwandungen, und zwar in der Zone der höchsten Wandungstemperaturen, in zweiter Linie aber auch den Überhitzer und die Rohrleitung angreifen.

Größere Mengen von Chloriden und Nitraten finden sich hauptsächlich in solchen Wässern, die mit den Zersetzungsprodukten tierischer und menschlicher Abfallstoffe beladen sind.

Anfressungen kommen auch bei solchen Kesseln vor, die mit Kondensat und mittels Kalk und Soda gereinigtem Zusatzwasser gespeist werden. Die Anfressungen sind hier auf zu starke Konzentration der Glaubersalzlauge (aus Gipshärte) zurückzuführen und finden sich meist an den tiefsten Punkten des Kessels (am Ablaß).

Ein allgemeines Mittel gegen die schädlichen Bestandteile im Speisewasser gibt es nicht. In der Regel aber wird ihre nachteilige Wirkung durch einen Zusatz von Soda aufgehoben, der von Fall zu Fall nach vorausgegangener Analyse des Wassers festzusetzen ist. Nicht selten hilft man sich gemäß oben auch durch einen geeigneten Anstrich oder dadurch, daß man einen dünnen Schutzbelag von Kesselstein sich bilden läßt. Eine weitere Schutzmaßregel besteht darin, daß man wöchentlich einen Teil des Wasserinhalts des Kessels abbläst und alle 6—8 Wochen, je nach der Beschaffenheit des Speisewassers und je nach der vom Kessel zu liefernden Dampfmenge, den Kessel ganz entleert, nach völligem Erkalten ausspült und ihn wieder mit frischem Wasser füllt[1]). Dies empfiehlt sich auch bei allen Reinigungsverfahren, bei denen Salze in Lösung gehen und sich im Kessel anreichern. Dadurch wird eine zu starke Anreicherung dieser Salze verhütet. Die verschiedenen schädlichen Bestandteile bedürfen nämlich alle einer gewissen Konzentration, ehe sie die Fähigkeit erlangen, auf Eisen zerstörend einzuwirken. Man muß deshalb darauf bedacht sein, die Konzentration des Kesselwassers unter derjenigen Grenze zu halten, die diesen Salzen und Säuren die Fähigkeit verleiht, Eisen anzugreifen. Öfteres Abblasen oder Entleeren des Kessels empfiehlt sich gemäß oben schon zwecks Vermeidung des Spuckens.

Auf alle Fälle ist dem Kesselbesitzer dringend anzuraten, ein unbekanntes Wasser vor seiner Verwendung zum Kesselspeisen chemisch

---

[1]) Vgl. auch Z. d. V. d. I. 1914, S. 1272.

untersuchen zu lassen, und zwar nicht nur auf seinen Gehalt an Kesselsteinbildnern, sondern auch auf seine sonstigen Bestandteile. Hierbei sollte eine Probe von mindestens 5 ltr gewählt werden, um eine erschöpfende quantitative Analyse zu ermöglichen.

Anfressungen können im übrigen auch durch elektrolytische Vorgänge verursacht werden. Man sucht sich hiergegen durch den Einbau von Zinkschutzplatten in die Kessel zu helfen.

Im vorstehenden war nur von inneren Anfressungen, d. h. von Anfressungen auf der Wasserseite die Rede; es kommen aber auch Anfressungen auf der Feuerseite vor. Diese sind im allgemeinen bedenklicher als die ersteren. Angriffe auf der Feuerseite sind in der Regel auf Undichtheiten an Nietnähten und Flanschverbindungen oder auf schwitzende Kessel- oder Vorwärmerteile zurückzuführen. Kommen feuchte Teile der Außenwand mit den Rauchgasen in Berührung, so verbindet sich die schweflige Säure der Rauchgase mit dem Wasser. Die so entstehende wässerige schweflige Säure sowie die sich aus ihr durch Sauerstoffaufnahme bildende Schwefelsäure wirken alsdann zerstörend auf das Eisen ein, indem sie es auflösen; vgl. S. 414.

Schwitzende Heizflächen kommen besonders bei Abgasvorwärmern vor. Das Schwitzen hat hier nicht allein Anfressungen, sondern auch wirtschaftliche Nachteile zur Folge, indem es die Bildung fester Krusten aus Flugasche und Ruß begünstigt, die durch die Kratzvorrichtung nicht mehr entfernt werden und deshalb den Wärmedurchgang dauernd verschlechtern. Zur Vermeidung des Schwitzens empfiehlt es sich, das Speisewasser vor seinem Eintritt in den Vorwärmer auf 30—40° C vorzuwärmen, was durch Pumpen- oder Maschinenabdampf oder auch durch Mischung des kalten Wassers mit einer entsprechenden Menge vorgewärmtem geschehen kann.

Äußere Anfressungen an Stellen, die nicht mit den Feuergasen in Berührung stehen, sind meist schwierig wahrzunehmen und lassen sich oft erst nach Entfernung des Mauerwerkes oder der Isolierung feststellen.

Kesselexplosionen.

Diese sind meist auf Unachtsamkeiten oder Fehler des Bedienungspersonals zurückzuführen, während die Verwendung schlechten Speisewassers oder fehlerhafte Bauart und mangelhaftes Material oder endlich Anfressungen der Kesselbleche weit seltener die Ursachen von Explosionen bilden[1]). Schon an dieser Stelle sei bemerkt, daß die Zahl der Unfälle und Explosionen im Kesselbetrieb gegenüber früher wesentlich zurückgegangen ist; vgl. Z. d. V. d. I. 1915, S. 681 ff.

Weitaus die meisten Explosionen sind auf Wassermangel zurückzuführen. Wassermangel ist vielleicht zu etwa 90% die Ursache aller Kesselexplosionen. Sinkt beispielsweise infolge einer Verstopfung der Wasserstandsapparate oder infolge unrichtiger Stellung der Wasserstandshähne, infolge mangelhaften Funktionierens der Speisevorrich-

[1]) Über den Begriff „Explosion“ findet sich Näheres auf S. 473.

tung, infolge unzweckmäßiger und unübersichtlicher Einrichtung der Gesamtanlage oder infolge fahrlässiger Bedienung der Wasserstand im Kessel zu tief, so wird ein Teil der Heizwandungen innen nicht mehr vom Wasser, sondern vom Dampf bespült. Da aber dieser ein schlechterer Wärmeleiter ist, so wird sich an den dampfberührten Stellen die Wärme stauen und die Kesselwandung eine unzulässige Erwärmung erfahren, die sich unter Umständen bis zur Weißglut steigern kann. Die Folge ist ein Weichwerden und Nachgeben des Bleches. Nach welcher Seite hin das Ausweichen des Materials eintritt, bestimmt der Dampfdruck, der seinerseits bestrebt ist, die eingetretene Unrundung zu vergrößern und dadurch unter Umständen einen Materialbruch und eine Explosion herbeizuführen.

Glücklicherweise hat bei den heutigen zähen Eisensorten nicht jede Formänderung ein Reißen der Kesselbleche oder Nietverbindungen zur Folge. Es kommt nicht selten vor, daß z. B. Flammrohre die weitestgehenden Formänderungen aushalten, ohne aufzureißen, ein Zeichen für die hervorragende Güte des verwendeten Materials. Dabei ist es erfahrungsgemäß nicht notwendig, daß die betreffenden Stellen im glühenden Zustand waren; es genügen vielmehr auch niedrigere Temperaturen zur Einleitung der Formänderung.

Wenn infolge von Wassermangel die Wandungen eine Überhitzung erfahren und dadurch Not gelitten haben, so ist es zweckmäßig, das Speisen zu unterlassen, da eine allenfalls eintretende Explosion um so verheerender ausfällt, je größer der Kesselinhalt ist. Der Heizer entfernt in diesem Falle besser das Feuer, öffnet Feuertür und Rauchschieber, damit die Dampfspannung sinkt und überläßt dann den Kessel sich selbst, indem er sich mit den anderen in der Nähe beschäftigten Personen in die nötige Entfernung begibt.

Nächst dem Wassermangel bildet die Verwendung harten oder ölhaltigen Speisewassers die häufigste Ursache von Kesselexplosionen. Explosionen infolge zu hoher Dampfspannung sind nur bei großer Unachtsamkeit des Heizers denkbar, da jeder Kessel mit Manometer und Sicherheitsventil ausgerüstet ist. Wenn auch das Manometer, was bei den regelmäßig stattfindenden Revisionen nicht wohl anzunehmen ist, schadhaft sein und falsch anzeigen sollte, so bleibt noch immer das Sicherheitsventil, das bei Überschreiten der höchsten Spannung deutlich hörbar abzublasen beginnt. Der Kessel ist alsdann zu speisen, der Zug zu verringern und gegebenenfalls das Feuer vom Rost zu entfernen.

Naturgemäß können auch fehlerhafte Bauart oder mangelhaftes Material die Veranlassung zu Explosionen bilden, desgleichen Verrostungen, Anfressungen und Alterschwäche. Auch zu stark angestrengter Betrieb kann unter Umständen zu Kesselexplosionen führen, insbesondere bei Kesseln mit geringer Wasserbewegung. Es ist auch schon vorgekommen, daß Kesselexplosionen durch Gasverpuffungen oder Gasexplosionen verursacht wurden[1]). Gasexplosionen kommen insbeson-

---

[1]) Siehe z. B. Zeitschr. d. Bayer. Revisionsvereins 1917, S. 65.

dere bei Verfeuerung gasreicher Brennstoffe vor, wenn die Luftzufuhr eine ungenügende ist[1]).

Daß fehlerhafte Bauart oder mangelhaftes Material zu Explosionen führen, kommt heute verhältnismäßig selten vor, da es bei dem scharfen Wettbewerb im eigensten Interesse jeder Firma gelegen ist, nur das Beste auf den Markt zu bringen. Zudem werden die Kessel bei ihrer Genehmigung einer genauen Nachrechnung und Prüfung unterzogen, so daß Konstruktions- oder Ausführungsfehler schwerlich unentdeckt bleiben. Auch wird das Kesselbaumaterial vor seiner Verarbeitung daraufhin geprüft, ob es den gesetzlichen Vorschriften entspricht.

Oft machen sich lange vor Eintritt von Kesselexplosionen Risse bemerkbar. Der Keim zur Entstehung von Rissen wird nicht selten schon bei der Herstellung der Kessel gelegt, entweder durch ungeeignete Behandlung der Bleche (Bearbeitung in der Blauhitze) oder durch fehlerhafte Zusammenfügung oder Versteifung einzelner Kesselteile, unsachgemäßes Anrichten der Blechenden, unvorsichtiges Verstemmen der Nähte usw. Daneben kommen aber auch Risse infolge mangelhafter Wartung, Überanstrengung u. dgl. vor. Auch die infolge langer Betriebszeit eintretende Verminderung der Zähigkeit des Bleches kann unter Umständen zu einer Rißbildung führen.

Daß Explosionen von Kesseln um so verheerender wirken, je größer der Wasserinhalt ist, wurde bereits oben erwähnt. Günstiger als der Großwasserraumkessel verhält sich deshalb in dieser Beziehung der Wasserrohrkessel. Das Aufreißen eines einzelnen Rohres hat hier keine explosionsartige Wirkung wie bei einem Großwasserraumkessel, sondern nur eine Entleerung des Kesselinhaltes zur Folge. Jedoch ist nicht zu verkennen, daß auch hierbei für das Leben der Bedienungsmannschaft dieselben Gefahren (durch Verbrühung) bestehen, wie beim Großwasserraumkessel.

Reinigung und Instandhaltung von Kesselanlagen.

Ablagerungen von Ruß und Flugasche auf den Heizflächen haben eine erhebliche Verschlechterung des Wärmeüberganges und damit der Brennstoffausnützung zur Folge, während Kesselstein gemäß früher weniger die Wirtschaftlichkeit, als vor allem die Betriebsicherheit und Lebensdauer der Kessel beeinträchtigt.

Die Reinigungsfristen hängen bei Kesselanlagen vor allem von der Reinheit des Speisewassers und der Art und Korngröße der verheizten Kohle ab. Außerdem kommen noch das Kesselsystem sowie die Beanspruchung und die Betriebsweise der Anlage in Betracht. Z. B. springt Kesselstein bei öfterer Betriebsunterbrechung infolge von Wärmedehnungen leichter ab als im Dauerbetrieb. Auf die Verunreinigung der Heizflächen durch Ruß und Flugasche ist auch noch die Güte der Ver-

[1]) Schilderungen von Gasexplosionen finden sich u. a. in der Zeitschr. d. Bayer. Revisionsvereins 1898, S. 10; 1899, S. 112; 1900, S. 129; 1902, S. 141; 1903, S. 139; 1904, S. 218; 1905, S. 7; 1907, S. 225; 1908, S. 10; 1911, S. 164.

brennung von Einfluß. Je unvollkommener die Verbrennung ist, desto stärker wird die Rußbildung sein, und um so häufiger wird man eine Reinigung der Heizflächen vornehmen müssen. Wenn sich anderseits, wie z. B. bei Wasserrohrkesseln, Reinigungsöffnungen anbringen lassen, durch die während des Betriebes die gröbsten Aschenablagerungen bzw. Schlackennester von den Heizflächen abgekratzt werden können, so braucht die Reinigung des ganzen Kessels weniger oft zu erfolgen.

Besonders leicht setzen sich Ruß und Flugasche an schwitzenden Kessel- und Vorwärmerteilen fest. Es bilden sich hier regelrechte Verkrustungen der Heizflächen, die sich gemäß S. 371 schwer entfernen lassen und die Verwendung selbsttätiger Reinigungsvorrichtungen stören.

Unter sonst gleichen Belastungs- und Feuerungsverhältnissen hat man in der ständigen Beobachtung der Abgastemperatur ein Mittel, um sich über den Grad der Verunreinigung eines Kessels zu orientieren. Je höher die Abgastemperatur ist, desto stärker ist die Verunreinigung der Heizflächen durch Ruß und Flugasche. Bisweilen, z. B. bei gewissen Hochleistungs-Wasserrohrkesseln, hat die zunehmende Verschmutzung durch Ruß und Flugasche eine erhebliche Verengung der Zugquerschnitte zur Folge. In solchen Fällen bildet die allmähliche Steigerung des Zugbedarfs bzw. der Ventilatorarbeit einen ungefähren Anhaltspunkt für den Grad der äußeren Verunreinigung eines Kessels.

Je teurer der verfeuerte Brennstoff ist, desto früher wird man sich zur Außerbetriebsetzung und Reinigung des Kessels entschließen, d. h. die Frage, wie oft sich die Reinigung eines Kessels empfiehlt, ist im letzten Grunde eine wirtschaftliche. Als Beispiel sei erwähnt, daß Hochleistungs-Schrägrohrkessel nach je etwa 400—1000 Stunden Betriebsdauer kaltgestellt und von Ruß und Flugasche gereinigt werden müssen. Bei Verheizung von Klein- oder Grieskohlen ist wegen ihrer starken Flugaschenbildung eine öftere Reinigung der Heizflächen und Züge notwendig als bei Verfeuerung guter Steinkohlen von nicht zu geringer Korngröße. Steilrohrkessel können infolge ihrer aufrecht stehenden Rohre, von denen die Flugasche in der Regel von selbst abfällt, bis zu 2500 Stunden und mehr durchlaufend betrieben werden, ehe eine Flugaschenreinigung notwendig ist.

Die vorstehend angegebenen Reinigungsfristen haben zur Voraussetzung, daß der sich an den Rohren ansetzende Ruß sowie die Flugasche täglich mittels Dampfstrahls, und zwar möglichst mit Heißdampf, oder mittels Druckluft, abgeblasen werden; vgl. S. 219. Bei Verfeuerung von Müll ist Dampf ungeeignet; hier ist Druckluft unerläßlich. Das tägliche Abblasen der Rohre mittels Dampf- oder Luftstrahls ist nicht allein bei Wasserrohrkesseln, sondern auch bei Heizrohrkesseln erforderlich.

Was die innere Reinigung betrifft, so wird diese bei Hochleistungs-Wasserrohrkesseln, die mit Turbinenkondensat und gereinigtem Zusatzwasser gespeist werden, vielfach in zwei Teilen ausgeführt, derart, daß nach etwa 1500—3000 Betriebstunden eine sog. kleine Reinigung stattfindet, bei der nur die unteren, am stärksten beanspruchten Rohrreihen von angesetztem Schlamm und Kesselstein gereinigt werden. Hierbei genügt es unter Umständen, die Rohre mit einem kräftigen Wasserstrahl durchzuspülen. Die eigentliche große Reinigung, bei welcher das ganze Kesselinnere gründlich gereinigt wird, findet nach einer Betriebsdauer von insgesamt etwa 3000—5000 Stunden statt. Auch hier kann man bei Steilrohrkesseln die Reinigung seltener vornehmen, d. h. sich mit längeren Reinigungsfristen begnügen, weil in den aufrecht stehenden Rohren Schlamm und absplitternder Kesselstein nach unten fallen und nicht, wie bei den Schrägrohrkesseln, auf den Heizflächen liegen bleiben.

Der zu reinigende Kessel soll erst entleert werden, wenn sein Inhalt vollständig abgekühlt ist, und wenn die Flugasche in den Zügen nicht mehr glimmt. Während der inneren Reinigung sind sämtliche Leitungen des Kessels durch Blindflanschen gegen die im Betrieb befindlichen Kessel abzuschließen. Es ist schon öfters vorgekommen, daß z. B. beim Offenlassen des Ablaßorgans schwere Verbrühungen des Reinigungspersonals infolge Abblasens von Nachbarkesseln entstanden sind.

Über die Vorrichtungen zur Entfernung der Herdrückstände der Feuerung aus dem Kesselhaus findet sich Näheres auf S. 312. Die Beseitigung der Flugasche aus den Sammelkammern und Zügen des Kessels sowie aus dem Fuchs geschieht in der Regel von Hand. Dieses Verfahren der Aschenentfernung aus den engen Feuerzügen ist ziemlich mühsam und unhygienisch. Demgegenüber bietet das pneumatische Absaugen der Flugasche mittels einer mechanisch oder elektrisch angetriebenen Saugpumpe folgende Vorteile: Das Arbeiten ist sauberer, weil keine Staub- und Rußwolken entstehen; außerdem kann die Aschenbeseitigung ohne Betriebstörung während des Betriebes der Anlage erfolgen. Die mechanische Absaugung der Flugasche kommt deshalb insbesondere für solche Anlagen in Betracht, die mit einem geringwertigen, viel Flugasche bildenden Brennstoff arbeiten, vor allem für Braunkohlenkraftwerke, Müllverbrennungsanstalten u. dgl.

Bezüglich der Instandhaltung der Kesselanlage nebst Zubehör finden sich im vorstehenden und in den weiter unten folgenden Dienstvorschriften für Kesselwärter die wichtigsten Hinweise. Zu beachten ist, daß die ordnungsmäßige Überwachung und Instandhaltung einer Kesselanlage nicht allein im Interesse ihres Besitzers liegt, sondern auch in demjenigen der allgemeinen Sicherheit. Wenn dem Zustand und der Haltbarkeit des eigentlichen Kesselkörpers, der Zuverlässigkeit seiner Wasserstandsanzeiger, Manometer, Sicherheitsventile usw. nicht die nötige Aufmerksamkeit gewidmet würde, so hätte dies gemäß früher eine Gefährdung der Umgebung zur Folge. Aus diesem Grunde wurden besondere gesetzliche Vorschriften über die regelmäßige Revision von Kesselanlagen erlassen.

Revision von Kesselanlagen.

Jeder Dampfkessel, gleichgültig ob er dauernd oder nur in bestimmten Zeitabschnitten betrieben wird, ist nach den gesetzlichen Bestimmungen von Zeit zu Zeit einer amtlichen technischen Untersuchung, Revision genannt, zu unterziehen. Auch Reservekessel und Reserveteile sind revisionspflichtig. Die Revisionen werden bei Mitgliedern der Dampfkesselüberwachungsvereine stets durch Beamte dieser Vereine, bei Nichtmitgliedern teils durch Vereinsbeamte, teils durch staatliche Prüfungsbeamte ausgeführt.

Die Revision bezweckt, die Prüfung der fortdauernden Übereinstimmung der Kesselanlage mit den bestehenden gesetzlichen und polizeilichen Vorschriften und mit dem Inhalt der Genehmigungsurkunde, ferner die Prüfung ihres Zustandes hinsichtlich Betriebsicherheit und endlich die Prüfung ihrer sachgemäßen Wartung.

Die Revision der Dampfkessel ist teils eine äußere, teils eine innere, teils eine Wasserdruckprobe. Die regelmäßige äußere Untersuchung findet bei feststehenden Dampfkesseln alle 2 Jahre, bei beweglichen jedes Jahr statt. Hierbei ist der Zeitpunkt der Untersuchung möglichst so zu wählen, daß sich der Kessel im Betrieb befindet. Die regelmäßige innere Untersuchung, bei welcher der Kessel vollständig entleert und abgekühlt werden muß, ist bei feststehenden Kesseln alle 4 Jahre, bei beweglichen alle 3 Jahre vorzunehmen. Die regelmäßige Wasserdruckprobe findet bei feststehenden Kesseln mindestens alle 8 Jahre, bei beweglichen mindestens alle 6 Jahre statt und ist mit der im gleichen Jahre fälligen inneren Untersuchung möglichst zu verbinden. Die innere Untersuchung kann nach Ermessen des Prüfungsbeamten durch eine Wasserdruckprobe ergänzt werden; sie ist stets durch eine Wasserdruckprobe zu ergänzen bei solchen Kesselkörpern, die ihrer Bauart halber nicht genügend besichtigt werden können. Eine Wasserdruckprobe hat ferner nach jeder Hauptreparatur stattzufinden. Die regelmäßige äußere Untersuchung kommt sowohl bei feststehenden, als auch beweglichen Kesseln in denjenigen Jahren als selbständige Untersuchung in Wegfall, in denen eine regelmäßige innere Untersuchung oder Wasserdruckprobe vorgenommen wird.

Für jeden einem Dampfkesselüberwachungsverein angehörigen oder unter staatlicher Aufsicht stehenden Kessel muß ein Revisionsbuch geführt werden, in welches fortlaufend der Zeitpunkt und das Ergebnis der einzelnen Prüfungen und Untersuchungen einzutragen sind.

Die vorstehend angegebenen gesetzlichen Bestimmungen über die regelmäßige amtliche Untersuchung von Dampfkesseln gelten für Preußen. Die Vorschriften der übrigen Bundesstaaten sind jedoch im wesentlichen die gleichen. Die Revision auf Grund der gesetzlichen Bestimmungen kommt in erster Linie für solche Betriebe in Betracht, die keinem Dampfkesselüberwachungsverein angehören. Bei den Vereinsmitgliedern hingegen erfolgen die Revisionen meist innerhalb kürzerer Fristen.

Wenngleich nicht zu verkennen ist, daß die Revisionspflicht bei

Dampfanlagen von manchen Seiten als unbequem empfunden wird, so steht doch die Mehrzahl der Betriebsleiter mit Recht auf dem Standpunkt, daß die mit der Revision verbundenen Vorteile größer sind als die Nachteile. Dies geht schon daraus hervor, daß die meisten Besitzer von Dampfbetrieben Mitglieder von Dampfkesselüberwachungsvereinen sind, ihre Kesselanlagen also aus freien Stücken öfter revidieren lassen als gesetzlich vorgeschrieben.

Verwertung der Schlackenrückstände.

Die Beseitigung oder Verwertung der Asche und Schlacke bildet besonders für größere Kraftanlagen eine sehr wichtige Frage. Bei Neuanlagen wird man zunächst danach trachten, die Schlacken zum Auffüllen von Vertiefungen oder zum Ausgleichen von Unebenheiten in dem umgebenden Gelände zu verwenden. In zweiter Linie kommt, dann die Ablagerung der Asche und Schlacke auf Halden in Betracht, die in möglichster Nähe des Kraftwerkes liegen. Wenn billiger Platz für genügend große Aschenhalden nicht zur Verfügung steht und der Transport der Verbrennungsrückstände auf größere Entfernungen erfolgen müßte, so ist eine anderweitige Verwertung derselben in Aussicht zu nehmen. In Städten z. B. besteht häufig die Möglichkeit, die Schlacken nach vorherigem Zerkleinern der Schlackenkuchen als Füllmaterial für die Zwischendecken von Bauten abzusetzen. Bisweilen wird auch die Schlacke von Bauunternehmern gesiebt und als Bausand benützt. Gröbere Schlackenstücke können unter Umständen zum Beschottern von Nebenwegen sowie allenfalls für Gehsteige an Stelle von Kies verwendet werden; vgl. auch S. 41.

Als letztes Mittel kommt endlich die Angliederung einer Steinfabrik oder allenfalls die Verwendung der Schlacke zu Betonzwecken in Betracht. Ist die Schlacke gut ausgebrannt, so eignet sie sich zur Herstellung von Zement-Schlackensteinen, Gips-Schlackensteinen, Gipsdielen und ähnlichem. Grobe Schlacken können nach entsprechender Zerkleinerung auch zur Herstellung von Stampfbeton oder zur Fabrikation von Betonformsteinen verwendet werden. Enthält aber die Schlacke noch Unverbranntes, so kann sich der Schwefelgehalt der Kohle späterhin unangenehm bemerkbar machen. Aus Gründen der Vorsicht empfiehlt es sich deshalb, die Schlacke vor ihrer Verarbeitung einige Zeit im Freien zu lagern, damit allenfalls vorhandene schädliche Schwefelverbindungen durch die Witterungseinflüsse unschädlich gemacht werden.

Dienstvorschriften für Kesselwärter[1]).

1. Die Kesselanlage ist stets rein, gut erleuchtet und von allen nicht dahin gehörigen Gegenständen frei zu halten.

2. Der Kesselwärter darf Unbefugten den Aufenthalt in der Kesselanlage nicht gestatten.

---

[1]) Herausgegeben vom Zentralverband der preußischen Dampfkessel-Überwachungs-Vereine. Genehmigt durch ministerielle Verfügung vom 23. Juni 1903.

3. Der Kesselwärter ist für die Wartung des Kessels verantwortlich; er darf den Kessel während des Betriebes nicht ohne Aufsicht lassen.

4. Vor dem Füllen des Kessels ist festzustellen, ob er im Innern gereinigt ist und Fremdkörper aus ihm entfernt sind. Alle zu ihm gehörigen Vorrichtungen müssen gangbar und deren Zuführungen zum Kessel frei sein.

5. Das Anheizen soll langsam und erst erfolgen, nachdem der Kessel mindestens bis zur Höhe des festgesetzten niedrigsten Wasserstandes gefüllt ist.

6. Während des Anheizens ist das Dampfventil geschlossen und der Dampfraum mit der äußeren Luft in offener Verbindung zu erhalten. Auch das Nachziehen der Dichtungen hat während dieser Zeit zu erfolgen.

7. Die Wasserstandsvorrichtungen sind vor und während des Anheizens zu prüfen, das Manometer ist stetig zu beobachten.

8. Hähne und Ventile sind langsam zu öffnen und zu schließen.

9. Der Wasserstand soll möglichst gleichmäßig gehalten werden und darf nicht unter die Marke des festgesetzten niedrigsten Standes sinken[1]).

10. Die Wasserstandsvorrichtungen sind unter Benutzung aller Hähne oder Ventile täglich recht oft zu prüfen. Unregelmäßigkeiten, insbesondere Verstopfungen, sind sofort zu beseitigen.

11. Die Speisevorrichtungen sind täglich sämtlich zu benutzen und stets in brauchbarem Zustande zu erhalten[2]).

12. Das Manometer ist zeitweise vorsichtig auf seine Gangbarkeit zu prüfen.

13. Der Dampfdruck soll die festgesetzte höchste Spannung nicht überschreiten.

14. Die Sicherheitsventile sind täglich durch vorsichtiges Anheben zu lüften. Jede Änderung der Belastung der Sicherheitsventile ist untersagt.

15. Beim jedesmaligen Öffnen der Feuertüren ist der Zug zu vermindern.

16. Vor und während Stillstandspausen ist der Kessel aufzuspeisen und der Zug zu vermindern.

17. Beim Schichtwechsel darf der abtretende Kesselwärter sich erst dann entfernen, wenn der antretende Wärter alles in ordnungsmäßigem Zustande übernommen hat.

18. Sinkt das Wasser unter die Marke des niedrigsten Standes, so

[1]) Anderseits darf der Wasserstand bei stärkerer Dampfentnahme auch nicht zu hoch gehalten werden, um ein Überreißen von Wasser in die Dampfleitung und Maschine zu verhüten. (D. Verf.)

[2]) Das Speisen soll möglichst gleichmäßig erfolgen. Bei Betrieb mit Abgasvorwärmer ist, um eine Dampfbildung und damit gefährliche Schläge im Vorwärmer zu vermeiden, unbedingt ein stetiges Speisen erforderlich. Soll daher ein Injektor in einer Anlage mit Abgasvorwärmer Verwendung finden, so muß er unter Umgehung des Vorwärmers arbeiten können. (D. Verf.)

ist die Einwirkung des Feuers aufzuheben und dem Vorgesetzten unverzüglich Anzeige zu erstatten.

19. Steigt der Dampfdruck zu hoch, so ist der Kessel zu speisen und der Zug zu vermindern. Genügt dies nicht, so ist die Einwirkung des Feuers aufzuheben.

20. Bei Beendigung des Kesselbetriebes hat der Kesselwärter den Dampf tunlichst wegzuarbeiten, das Feuer allmählich zu mäßigen und eingehen zu lassen bzw. vom Kessel abzusperren, den Rauchschieber zu schließen und den Kessel aufzuspeisen.

21. Bei außergewöhnlichen Erscheinungen, Undichtheiten, Beulen, Erglühen von Kesselteilen usw. ist die Einwirkung des Feuers sofort aufzuheben und dem Vorgesetzten unverzüglich Meldung zu erstatten.

22. Das Decken (Bänken) des Feuers nach Beendigung der Arbeitszeit ist nur gestattet, wenn der Kessel unter Aufsicht bleibt. Außerdem darf der Rauchschieber nicht ganz geschlossen und der Rost nicht ganz bedeckt werden.

23. Das vollständige Entleeren des Kessels darf erst vorgenommen werden, nachdem das Feuer entfernt und das Mauerwerk genügend abgekühlt ist. Muß die Entleerung unter Dampfdruck erfolgen, so darf dies nur mit höchstens einer Atmosphäre Überdruck geschehen.

24. Das Einlassen von kaltem Wasser in den eben entleerten, heißen Kessel ist streng untersagt.

25. Bei Frostwetter sind außer Betrieb zu setzende Kessel und deren Rohrleitungen gegen Einfrieren zu schützen.

26. Kesselstein und Schlamm sind aus dem Kessel oft und gründlich zu entfernen. Das Abklopfen des Kesselsteins darf nicht mit zu scharfen Werkzeugen ausgeführt werden.

27. Die Züge und die Kesselwandungen sind oft und gründlich von Flugasche und Ruß zu reinigen.

28. Der zu befahrende Kessel muß von den mit ihm verbundenen und im Betriebe befindlichen Kesseln in allen Rohrverbindungen durch genügend starke Blindflanschen oder durch Abnehmen von Zwischenstücken sichtbar abgetrennt werden. Die Feuerungseinrichtungen sind sicher abzusperren.

29. Der Kesselwärter hat sich von der stattgehabten gründlichen Reinigung des Kessels und der Züge persönlich zu überzeugen. Dabei sind die Kesselwandungen genau zu besichtigen und ist der Zustand des Kesselmauerwerks zu untersuchen. Unregelmäßigkeiten sind sofort zur Anzeige zu bringen und zu beseitigen.

93. Betrieb von Kolbendampfmaschinen.

Außer den allgemeinen Betriebsregeln in Abschnitt 91 ist hier folgendes zu beachten:

Nachdem die Maschine aufgestellt ist, muß dafür gesorgt werden, daß die Frischdampfleitung gemäß S. 366 gereinigt wird, damit keine Sand- und Zunderteilchen in die Maschine gelangen. Das Ausblasen der Leitung muß natürlich vor Einbau des Kolbens und der Steuerung geschehen. Erst bei der Montage gebogene schmiedeiserne Paßkrümmer sind gut auszusäuern, da sie nicht selten die Ursache von Störungen bilden.

Das Anlassen der Maschine darf erst stattfinden, nachdem die Dampfleitung und die Maschine ausreichend angewärmt und entwässert wurden. Bei ungenügender Anwärmung und Entwässerung können, insbesondere bei Maschinen mit Schiebersteuerung, Wasserschläge eintreten, die sowohl Rohrleitungs- als auch Maschinenbeschädigungen nach sich ziehen können. Dies ist besonders zu beachten, da gerade Wasserschläge die am häufigsten bei Dampfmaschinen vorkommenden Betriebschäden sind.

Vor der Inbetriebsetzung überzeuge sich der Maschinist zunächst davon, ob die Dampfkessel in Ordnung sind, und öffne dann langsam und wenig das Dampfventil am Kessel oder Überhitzer, damit sich die Rohrleitung allmählich anwärmt. Während des Anwärmens der Rohrleitung bleibt das Absperrventil vor der Maschine geschlossen. Das in der Leitung entstehende Kondenswasser fließt durch das offen zu haltende Ausblaseventil am Wasserabscheider oder durch die Kondenstopfumführung ab. Je weiter nun allmählich das Kesselventil geöffnet wird, um so mehr kann das Ausblaseventil am Wasserabscheider geschlossen werden. Ganz abgesperrt soll letzteres jedoch erst nach dem Anlaufen der Maschine werden. Der am Wasserabscheider befindliche Kondenstopf bewirkt dann die Entwässerung selbsttätig.

Vor Beginn des Anwärmens der Maschine müssen sämtliche Zylinderschlammhähne geöffnet werden, damit das Kondenswasser, das in die Maschine gelangt oder sich dort bildet, abfließen kann.

Das Anwärmen der Maschine geschieht meist durch direktes Dampfgeben in die Zylinder in der Weise, daß man sie mit Hilfe der Andrehvorrichtung auf Totpunkt stellt und das Absperrventil der Maschine vorsichtig ein wenig öffnet. Nach einiger Zeit stelle man die Maschine auf den anderen Totpunkt und wärme die andere Zylinderseite in gleicher Weise vor. Bei Zweifachexpansionsmaschinen halte man die Auslaßventile des Hochdruckzylinders durch Unterschieben eines Holzkeils offen, damit der Dampf auch in den Niederdruckzylinder gelangt. Hierbei darf natürlich die Entfernung des Holzkeils vor dem Anlassen der Maschine nicht übersehen werden. Nachdem man so etwa $^1/_4$—$^1/_2$ Stunde lang angewärmt hat, läßt man die Maschine anlaufen, wobei man jedoch mit der Umdrehungszahl ganz allmählich in die Höhe gehen soll.

Um zu verhüten, daß beim Anwärmen durch unvorsichtiges Öffnen des Absperrventils zu viel Dampf in die Maschine gelangt und so das Anwärmen zu plötzlich vor sich geht, ordnet man auch besondere, vor dem Absperrventil abzweigende kleine Heizleitungen an. Hierbei begnügt man sich häufig damit, den Heizdampf in die beiden Hochdruckzylinderseiten einzuführen. Er gelangt dann von selbst durch das eine Auslaßventil des Hochdruckzylinders in den Aufnehmer und von da in den Mantel des Niederdruckzylinders sowie in die eine Niederdruckzylinderseite. Will man den Dampf auch in die andere Niederdruckzylinderseite leiten, so kann man sich, wenn man keine besondere Anwärmeleitung für den Niederdruckzylinder vorsehen will, damit behelfen, daß man das betreffende Einlaßventil des Niederdruckzylinders durch Unterschieben eines Holzkeils offen hält.

Durch Anordnung besonderer Anwärmleitungen wird das bei großen Maschinen etwas unbequeme Einstellen auf Totpunkt vermieden. Letzteres kann allerdings auch auf folgende Weise erreicht werden: Zum Zweck des Anwärmens lüfte man durch Unterlegen von Holzkeilen die beiden Einlaß- und Auslaßventile etwas, und zwar bei Zweifachexpansionsmaschinen auch diejenigen des Niederdruckzylinders. Mache alsdann das Absperrventil etwas auf, so daß der Dampf die ganze Maschine durchströmt. Die Kurbeln können sich hierbei in jeder Stellung befinden. Bei Kondensationsmaschinen ist nur zu beachten, daß das Wechselventil auf Auspuff umgestellt werden muß, da sonst die Gummiklappen der Luftpumpe verbrennen können.

Das tägliche Anwärmen einschließlich der allmählichen Tourensteigerung dauert nicht länger als 20—30 Minuten, je nach der Maschinengröße und der Dampftemperatur. Wird die Maschine nach längerem Stillstand aus dem gänzlich kalten Zustand angelassen, so muß man unter Umständen 2—3 Stunden und mehr anwärmen.

Beim Betrieb von Zweifachexpansionsmaschinen ist sodann noch darauf zu achten, daß sich im Aufnehmer nie Kondenswasser in größerer Menge ansammelt, das, in den Niederdruckzylinder mitgerissen, zu Wasserschlägen Anlaß geben kann. Solche Fälle können vorkommen, wenn die Maschine, z. B. beim Auflegen von Seilen oder eines Riemens, bei stark gedrosseltem Hauptabsperrventil und entsprechend verringerter Geschwindigkeit weiterläuft. Es ist alsdann im Aufnehmer nicht der erforderliche Überdruck vorhanden, um das Wasser durch den Kondenstopf wegzudrücken.

Vor der Inbetriebsetzung der Maschine sind alsdann noch sämtliche Öler zu prüfen. Auch hat man sich davon zu überzeugen, daß die Kondenswasserableiter ordnungsgemäß arbeiten; vgl. S. 365.

Nach gegebenem Zeichen zur Ingangsetzung der Maschine wird zuerst ihr Absperrventil so viel geöffnet, daß die Maschine langsam in Bewegung kommt. Unmittelbar darauf muß auch der Einspritzhahn am Kondensator ein wenig geöffnet werden, damit die Luftpumpe Wasser hat, wenn der Dampf in größerer Menge in sie eintritt. Bei zu spätem Öffnen des Einspritzhahns würde der Fall eintreten, daß durch den Dampf die Luftpumpenklappen oder Ventile verbrennen.

Das Absperrventil an der Maschine wird sodann nach und nach immer mehr geöffnet, bis der Regulator zu spielen beginnt und die Maschine ihre richtige Geschwindigkeit erreicht hat. Alsdann wird das Ventil ganz aufgemacht und der Einspritzhahn in seine normale Stellung gebracht.

Wird beim Anlassen der Einspritzhahn zu viel geöffnet, so besteht die Gefahr, daß das Kühlwasser bis in die Abdampfleitung und in den Niederdruckzylinder hochsteigt und zu einem Wasserschlag Anlaß gibt. Letzteres deshalb, weil bei geringer Umdrehungszahl der Maschine mehr Wasser in den Kondensator eingesaugt werden kann, als die Luftpumpe wegzuschaffen imstande ist.

Die Schlammhahnen an den Zylindern werden erst geschlossen, nachdem die Maschine 8—10 Umdrehungen gemacht hat. Dies gilt insbesondere für den Niederdruckzylinder, der sich unter Umständen mit Wasser aus der Kondensation füllen könnte. Ebenso wird gemäß oben das Ausblaseventil am Wasserabscheider erst nach dem Anlaufen der Maschine ganz geschlossen. Treten Stöße oder Schläge in den Zylindern ein, so öffne man sofort die zugehörigen Zylinderschlammhahnen, oder stelle gegebenenfalls ganz ab.

Die Sicherheitsventile an den Dampfzylindern sind zeitweilig zu lüften und durchzublasen, damit sie sich nicht festsetzen oder verstopfen können.

Von Wichtigkeit für einen störungsfreien Betrieb ist die Verwendung eines guten Zylinderöls zur Schmierung der Dampfzylinder. Das Öl muß um so sorgfältiger ausgewählt werden, je höher die Dampfüberhitzung ist, denn es wäre natürlich unwirtschaftlich, sich mit der Höhe der Überhitzung nach dem Schmieröl zu richten. Auf S. 351 ist angegeben, woran man erkennt, ob das Zylinderöl einwandfrei und die Zylinderschmierung ausreichend ist.

Die Schmierung der Dampfzylinder muß mit ganz besonderer Sorgfalt überwacht werden. Die Antriebsteile der Ölpumpen sind in gutem Zustand zu erhalten und ihr Schaltwerk ist genau nach dem jeweiligen Ölbedarf einzustellen. Es ist darauf zu achten, daß sich die Schmierröhrchen nicht verstopfen; gegebenenfalls ist Ausblasen derselben und der Ölpumpe mit Dampf, nach Herausnahme der Rückschlagventilchen an den Einlaßventilkästen, geboten. Wenn nötig, sind die Rückschlagventilchen nachzuschleifen.

Die Zylinder sind nur dann ausreichend geschmiert, wenn während des Ganges der Maschine die Kolbenstangen einen leichten frischen Fetthauch zeigen. Der Maschinist hat sich deshalb öfters durch Anfühlen der Kolbenstangen zu überzeugen, ob dies der Fall ist. Wenn den Zylinderstopfbüchsen Öl unter Druck zugeführt wird, also kein äußeres Anzeichen für die ausreichende Zylinderschmierung gegeben ist, so hat der Maschinist das Arbeiten der Ölpumpen um so sorgfältiger zu überwachen.

Die Eintrittspannung muß stets auf der vorgeschriebenen Höhe erhalten werden. Das Absperrventil an der Maschine muß immer voll geöffnet bleiben, damit der volle Dampfdruck zur Wirkung kommt. Für den Dampfverbrauch der Maschine ist es naturgemäß am günstigsten, wenn eine gleichmäßige Dampfspannung gehalten wird; es soll keinesfalls bei schwacher Belastung mit gedrosseltem Dampf gefahren werden, sondern vielmehr mit geringerer Füllung; letztere wird selbsttätig vom Regulator eingestellt.

Ist das Vakuum zu niedrig und die Luftpumpe ungewöhnlich warm, so muß die Ursache sofort ermittelt und allenfallsigen Undichtheiten abgeholfen werden; solche können an den Stopfbüchsen, Flanschen oder anderen Dichtungen vorhanden sein. Wird das Vakuum nicht besser, so ist die Luftpumpe nachzusehen und zu untersuchen, ob die Einspritzbrause nicht teilweise verstopft ist, und ob die Luftpumpenklappen undicht, verbogen oder hängen geblieben sind. Um ein Verstopfen der Einspritzbrause und ein Hängenbleiben des Fußventils im Einspritzrohr zu verhüten, hat man diese Teile bei schmutzigem Einspritzwasser öfters zu reinigen.

Die Gummiklappen der Luftpumpe sind von Zeit zu Zeit nachzusehen. Bei schadhaften Klappen, oder wenn sich diese an den Wandungen der Pumpe klemmen, geht die Leistung der Luftpumpe und damit natürlich auch das Vakuum zurück. Schadhafte und verbrannte Klappen müssen deshalb rechtzeitig ausgewechselt werden. Von besonderem Einfluß auf das gute Arbeiten der Luftpumpe sind die Druckklappen. Auch der Kolben der Luftpumpe ist von Zeit zu Zeit nachzusehen.

Besonders bei Gleichstrom-Dampfmaschinen muß man wegen des großen Kompressionsweges auf ein möglichst hohes Vakuum und dessen vollkommene Übertragung in das Zylinderinnere bedacht sein, da andernfalls zu hohe Kompressionsdrücke entstehen.

Wenn durch starke Absenkung des Wasserspiegels im Einspritzwasserschacht oder durch Rohrbruch ein plötzliches Umschlagen oder Abreißen des Vakuums eintritt, so ist die Maschine auf Auspuff umzustellen oder allenfalls ganz abzustellen.

Beim Abstellen muß die Maschine allmählich entlastet werden; man öffne das Ausblaseventil des Wasserabscheiders oder die Kondenstopfumführung und schließe das Absperrventil vor der Maschine langsam, nachdem vorher der Einspritzhahn gedrosselt wurde. Unmittelbar vor dem gänzlichen Absperren des Dampfventils muß der Einspritzhahn ganz geschlossen werden; dies ist besonders zu beachten, da sonst der Niederdruckzylinder infolge der Luftleere mit Wasser angefüllt und ein Wasserschlag herbeigeführt werden könnte. Zuletzt werden die Schlammhahnen an den Zylindern, die Aufnehmer-Ausblaseventile, falls solche vorhanden sind, sowie alle Kondenswasserablaßhahnen geöffnet; diese müssen bis zur Wiederingangsetzung der Maschine offen bleiben. Die Öltropfapparate sind gleich nach dem Stillsetzen der Maschine zu schließen.

Über Mittag wird in der Regel nur das Absperrventil an der Maschine und das Absperrventil der Hauptdampfzuleitung geschlossen; abends muß auch das Dampfventil am Kessel geschlossen werden, und zwar zuerst, damit in der Leitung zwischen Kessel und Maschine kein Dampf verbleibt, der sich über Nacht kondensieren würde.

Ist die Maschine nicht in ihrer Anlaßstellung stehen geblieben, so muß sie mittels des Schaltwerkes in die Anlaßstellung gebracht werden.

Die Dampfzylinder sollen von Zeit zu Zeit geöffnet und daraufhin untersucht werden, ob ihre Laufflächen in gutem Zustande sind, sowie ob die Dampfkolben und die Ventile oder Schieber gut dichten.

Brummen des Kolbens sowie Klopfen oder Schlagen der Kolbenringe werden in der Regel dadurch verursacht, daß der Dampfzylinder infolge vernachlässigter Schmierung oder ungeeigneten Öles rauh und verdorben wurde. Der Zylinder kann durch reichliches Schmieren und schwach spannende Kolbenringe nach und nach wieder glatt gebracht werden.

Macht sich im Zylinder ein Klatschen bemerkbar, so sind sofort die Schlammhähne zu öffnen, damit das Kondenswasser austreten kann. Treten plötzlich heftige Stöße im Zylinder auf, so ist die Maschine sofort abzustellen und der Zylinder zu öffnen, damit sich der Maschinist überzeugen kann, worin der Grund der Störung liegt.

Wenn die Ventile undicht sind, so müssen sie rechtzeitig nachgeschliffen werden; denn wenn die Sitzflächen einmal rauh sind, so werden sie rasch ausgefressen. Um die Schieber oder die Einlaßventile auf Dichtheit zu prüfen, bringt man die Maschine in eine solche Stellung, daß der Kolben von seiner Totlage aus einen größeren Weg zurückgelegt hat, als der größten Füllung entspricht, spreizt das Schwungrad ab und öffnet das Dampfabsperrventil sowie den Indikatorhahn der zugehörigen Kolbenseite. Da die Steuerung bei dieser Kolbenstellung so steht, daß weder Dampf in den Zylinder eintreten noch aus dem Zylinder austreten kann, so darf auch aus dem Indikatorhahn kein Dampf entweichen, wenn die Einlaßorgane dicht sind. Die Prüfung wird zweckmäßig auf der anderen Kolbenseite wiederholt. Zur Prüfung des Kolbens auf Dichtheit stelle man die Maschine z. B. in die Kurbeltotlage und öffne den Indikatorhahn auf der Außenseite. Da bei dieser Kolbenstellung die Steuerung den Dampfzutritt auf der Kurbelseite schon freigegeben hat, so macht sich eine Undichtheit des Kolbens durch Austreten von Dampf aus dem Indikatorhahn bemerkbar. Anstatt die Probe mit dem Indikatorhahn zu machen, kann man auch den Zylinderdeckel auf der Außenseite wegnehmen. Man erkennt alsdann eine Undichtheit des Kolbens unmittelbar an dem Austreten von Dampf am Kolbenumfang. Gleichzeitig läßt sich in diesem Fall auch eine etwaige Undichtheit des Einlaßorganes erkennen. Bemerkt sei, daß die Ermittlung von Undichtheiten aus dem Indikatordiagramm (vgl. Fig. 115 und 116, S. 429) nicht immer in sicherer Weise möglich ist, da im Diagramm nur sehr grobe Undichtheiten zum Ausdruck kommen, unter Umständen sogar diese nicht, wenn das Einlaßorgan und der Kolben gleichzeitig undicht sind.

Die Einspritzleitung muß während des Stillstandes der Maschine voll Wasser bleiben; das Rückfallventil im Saugkorb muß deshalb dicht schließen. Der Seiher der Saugleitung sowie die Kondensatorbrause sind rein zu halten; dies ist besonders bei großer Saughöhe und bei Verwendung von Flußwasser zu beachten, da letzteres meist mehr oder weniger unrein ist.

Alle Flanschen an Maschine und Rohrleitungen müssen stets gut dicht halten. Vor Herstellung neuer Dichtungen müssen die Dichtungsflächen sauber gereinigt und abgeschabt werden. Bei neu eingesetzten Dichtungen müssen die Flanschen nach einiger Zeit nachgezogen werden.

Soll eine für Kondensation bestimmte Maschine mit Auspuff arbeiten, so ist zu beachten, daß durch Umschalten des Wechselventils die Verbindung der Abdampfleitung mit der Auspuffleitung herzustellen ist, und daß bei längerem Arbeiten mit Auspuff die Treibstange der Luftpumpe auszuhängen ist. Das Wechselventil soll öfters auf Dichtheit geprüft werden.

Ist die Maschine mit verstellbaren Auslaßexzentern am Niederdruckzylinder versehen, so werden diese durch entsprechendes Verdrehen auf kleinere Kompression eingestellt. Sind die Auslaßexzenter nicht zum Verdrehen eingerichtet, so kann man sich unter Umständen mit einem sog. versetzten Keil (Fig. 111) oder durch Doppelnutung (Fig. 112) helfen. Ist ein Verstellen der Auslaßexzenter nicht möglich, so kann der Betrieb ohne Kondensation nur auf kurze Zeit aufrecht erhalten werden.

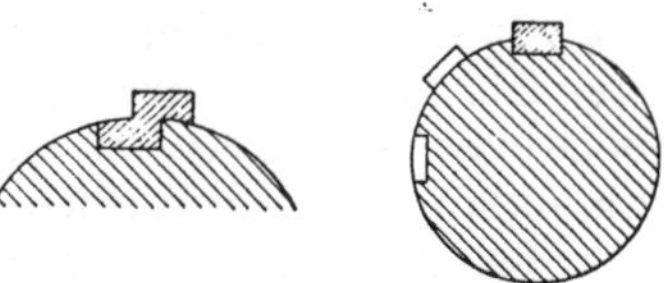

Fig. 111 und 112. Einrichtung zur Veränderung der Kompression von Kolbendampfmaschinen (beim Übergang von Kondensations- zu Auspuffbetrieb) durch Verstellen der Auslaßexzenter mit Hilfe eines versetzten Keils (links) oder mittels Doppelnutung (rechts).

Bei zeitweiligem Arbeiten mit Auspuff, überhaupt dann, wenn es nicht angängig ist, die Luftpumpe abzuhängen, sollen die Schnüffelventile völlig geöffnet werden und der Einspritzhahn so weit offen sein, als zur Kühlung des Kolbens Wasser verbraucht wird.

Speziell bei Gleichstrommaschinen ist es mit Rücksicht auf die hohe Kompression notwendig, daß beim Übergang vom Kondensations- zum Auspuffbetrieb ein größerer schädlicher Raum selbsttätig oder von Hand zugeschaltet wird. Ein Zuschaltraum ist hier schon mit Rücksicht auf das Anlassen der Maschine erforderlich.

Wird die Maschine längere Zeit außer Betrieb gesetzt, so müssen die Zylinder durch starke Ölzufuhr kurz vor dem Abstellen reichlich geschmiert und die Stopfbüchspackungen allenfalls ausgebaut und gut gereinigt aufbewahrt werden. Um das Anrosten der Laufflächen von Zylindern, Wellen und Kolbenstangen zu verhüten, empfiehlt es sich, die Stellung des Kolbens durch Schalten des Schwungrades regelmäßig zu verändern.

Über Mängel in der Dampfverteilung der Maschine gibt das Indikatordiagramm Aufschluß; vgl. Fig. 113—124, S. 429ff.

Zum Schlusse dieses Abschnittes sei noch darauf hingewiesen, daß bei Kondensationsmaschinen die Luftpumpe von Zeit zu Zeit zu reinigen ist. Bei Vorhandensein einer Oberflächenkondensation gilt das im Abschnitt 95 Ausgeführte.

94. Betrieb von Dampflokomobilen[1]).

Da die Ausführungen über Kesselanlagen und Kolbendampfmaschinen sinngemäß auch hier Geltung haben, so ist für Lokomobilen nur noch wenig hinzuzufügen.

Die Lokomobile darf, ebenso wie eine Dampfkesselanlage, erst nach erfolgter Abnahmeprüfung seitens der zuständigen Behörde in Betrieb genommen werden. Bei neu aufgestellten oder nach einer Reinigung frisch in Betrieb gesetzten Lokomobilen ziehe man nach erfolgtem Anheizen die Muttern des Rohrsystems an der Stirnwand und in der Rauchkammer öfters gleichmäßig nach. Außerdem lasse man mittels des Ablaßhahns die unteren kalten Wasserschichten im Kessel ab, da dieser sonst unter Umständen leicht leck wird. Vorher muß jedoch über den höchsten Wasserstand aufgespeist werden.

Beim Abstellen der Lokomobile ist zu beachten, daß die Siederohre und der Überhitzer von Ruß abzublasen sind, und zwar der Überhitzer kurz vor dem Abstellen der Maschine, wenn diese nur noch wenig belastet ist. Zum Abrußen genügen wenige Sekunden. Hierbei ist das Abblaseventil langsam zu öffnen, die Aschenklappe zu schließen, die Kaminklappe hingegen offen zu halten. Zu vermeiden ist es, den Überhitzer bei voller Belastung oder mit Naßdampf abzurußen.

Auch bei ganz reinem Wasser oder bei Wasserreinigung sollte der Kessel wenigstens zweimal im Jahre ausgezogen und im Innern revidiert und allenfalls gründlich gereinigt werden. Zur ersten Reinigung und genauen Unterweisung empfiehlt es sich, einen Kesselmonteur der Lieferantin kommen zu lassen.

Bei längeren Betriebseinstellungen ist der Kessel ganz abzulassen und das Mannloch in noch warmem Zustande zu öffnen, damit der Kessel austrocknen kann; gleichzeitig sind die Schraubenmuttern des Rohrsystems zu lösen und dieses selbst etwas herauszuziehen, damit die Luft durchstreichen und das Innere austrocknen kann, so daß eine Verrostung nach Möglichkeit verhütet wird.

95. Betrieb von Dampfturbinen[1]).

Vorausgeschickt sei, daß größere Dampfturbinen weniger Bedienung als Kolbenmaschinen erfordern, daß sie aber im übrigen dasselbe Maß von Aufmerksamkeit beanspruchen. Bezüglich des Ausblasens der Dampfleitung gilt dasselbe wie bei Kolbendampfmaschinen, Abschnitt 93.

Die Dampfzuleitung zur Turbine muß mit zuverlässig wirkenden Apparaten entwässert werden. Wasserschläge in der Turbine dürfen keinesfalls vorkommen. Nasser oder unreiner Dampf trägt zu vermehrter Schaufelabnützung bei. Um ein Mitreißen von Wasser in die Turbine zu vermeiden, ist bei der Speisung und dem Zuschalten der Kessel darauf zu achten, daß diese nicht überkochen. Wassereintritt

---

[1]) Siehe auch die allgemeinen Betriebsregeln Abschnitt 91.

in die Turbine kann auch ein Verziehen der Räder und Wellen sowie unter Umständen Schaufelbrüche zur Folge haben. Bei ungenügender Enthärtung des Speisewassers können Verkrustungen der Turbinenschaufeln vorkommen.

Das Kühlwasser für Kondensation und Ölkühlung muß frei von groben Verunreinigungen sein. Bei trübem schlammhaltigen Kühlwasser sind Kondensator, Ölkühler und die Kühlmäntel der Luftpumpe in angemessenen Zeiträumen durch Ausspülen mit Druckwasser zu reinigen.

Vor dem Anlassen von Kondensationsturbinen ist Frischdampf auf die Wellendichtungen (Hoch- und Niederdruckstopfbüchse) zu geben, und zwar ist der Dampfzutritt so einzustellen, daß an den Wellendichtungen etwas Dampf sichtbar austritt. Vor der Inbetriebsetzung ist außer der Dampfzuleitung auch das Turbinengehäuse durch Öffnen des Entwässerungsventils zu entwässern und die Hilfsölpumpe anzulassen. Sobald sich der Maschinist überzeugt hat, daß aus sämtlichen Lagern gleichmäßig Öl abfließt, kann durch vorsichtiges Öffnen des Dampfeinlaßventils das Anlaufen der Turbine erfolgen. Die Turbine soll anfangs nur geringe Umdrehungszahl machen; zu diesem Zweck ist sofort nach dem Anlaufen der Dampfzutritt wieder zu drosseln. War die Turbine vollständig kalt, so soll sie etwa 3—5 Minuten mit niedriger Umdrehungszahl laufen, damit Räder und Welle gleichmäßig warm werden. Daraufhin ist durch allmähliches Öffnen des Dampfeinlaßventils die Turbine langsam auf normale Umdrehungszahl zu bringen. Sobald das Öldruckmanometer durch Steigen des Druckes erkennen läßt, daß die Ölpumpe arbeitet und das für die Lagerschmierung erforderliche Öl fördert, ist die Hilfsölpumpe abzustellen. Das Entwässerungsventil an der Turbine ist erst zu schließen, wenn die Turbine etwas belastet ist. Je nachdem die Turbine mehr oder weniger kalt war, soll die normale Umdrehungszahl in 5—10 Minuten erreicht werden. Ist die Turbine nach kurzem Betriebstillstand noch gut warm, so kann sie schon in etwa 3 Minuten auf ihre normale Umdrehungszahl gebracht werden.

Muß eine Turbine mit Auspuff anlaufen, weil für den Antrieb der Kondensation nur der Strom des mit der Turbine gekuppelten Generators zur Verfügung steht, so ist der Absperrschieber nach dem Kondensator vor dem Anlassen zu schließen. Im übrigen erfolgt das Anlassen in genau derselben Weise wie bei Kondensationsbetrieb; sobald die volle Umdrehungszahl erreicht ist und der Generator Strom erzeugt, wird die Kondensation in Betrieb gesetzt. Unmittelbar darauf ist der Abdampfschieber zwischen Turbine und Kondensator zu öffnen, da hierzu andernfalls infolge des inzwischen im Kondensator eingetretenen Unterdrucks ein erhöhter Kraftaufwand erforderlich ist. Bei größeren Turbinen, bei denen sich die Anwendung von Schiebern im Abdampfrohr schon mit Rücksicht auf deren großen Bewegungswiderstand verbietet, bleibt in solchen Fällen nichts anderes übrig, als den Abdampf in den Kondensator eintreten zu lassen. Wo dies öfters vorkommt, leiden allerdings die Abdichtungen der Kondensatorrohre stark.

Das Wasser zur Ölkühlung soll erst angestellt werden, wenn die Öltemperatur auf ungefähr 40° C gestiegen ist. Die einzelnen Lagerstellen an Turbine, Generator und Kondensation sind in regelmäßigen Zeitabschnitten zu befühlen und die Thermometer für die Lager und Ölleitungen zu beobachten. Mit besonderer Aufmerksamkeit ist das Heißdampfthermometer nachzusehen; die auf dem Maschinenschild angegebene Dampftemperatur, für die die Turbine bestellt und ausgeführt ist, soll möglichst gleichmäßig eingehalten werden.

Die Düsenventile sind, sofern sie nicht selbsttätig wirken, so einzustellen, daß bei den verschiedenen Belastungen möglichst Ausgleich zwischen dem Dampfdruck vor und hinter dem Regulierventil herrscht; bei steigender Belastung sind die Ventile entsprechend zu öffnen.

Von Zeit zu Zeit hat eine sorgfältige Prüfung des Schmieröls in bezug auf seine gute Beschaffenheit stattzufinden. Die Verschlechterung des Öles macht sich durch Steigen seiner Ablauftemperatur bemerkbar. Nach je etwa 3000 Betriebstunden sind Ölbehälter, Ölkühler und Lagerschalen gründlich zu reinigen; gleichzeitig müssen die Ölleitungen mit Dampf ausgeblasen werden. Vor der Wiederinbetriebnahme ist zu prüfen, ob das Öl zu allen Lagern gelangt. Je nach Ölqualität und Betriebsverhältnissen muß der sich am Boden der Lager und des Ölbehälters bildende Bodensatz von Zeit zu Zeit durch den Hahn am Ölbehälter abgelassen und durch gereinigtes oder frisches Öl ersetzt werden. Hierzu sind nichtfasernde Putztücher zu verwenden; Putzwollfasern im Öl verursachen in kurzer Zeit ein Zusetzen des Ölsiebes in der Pumpensaugleitung, wodurch die Ölfördermenge verringert wird oder die Pumpe völlig versagen kann. Man achte deshalb auf das Manometer an der Ölpumpe; wenn der Öldruck allmählich sinkt, so reinige man das Ölfilter in der Saugleitung. Falls die Öltemperatur das höchstzulässige Maß überschreitet, obgleich sich das Öl noch in gutem Zustande befindet, so ist der Kühlkörper innen und außen zu reinigen. Nach je etwa 100 Betriebstunden ist allenfalls im Ölbehälter angesammeltes Wasser abzulassen.

Das Kammlager der Turbinenwelle verlangt eine besonders aufmerksame Überwachung; es ist nach je 1000 Betriebstunden zu untersuchen; bei allenfallsiger Abnützung ist die Welle wieder in ihre richtige Lage zu bringen. Die Untersuchung hat im heißen Zustande der Turbine, möglichst nach vorausgegangenem Betrieb zu geschehen. Auch der Regulator sowie der Servomotor sind aufmerksam zu beobachten. Das Schnellschlußventil soll, wenn es der Betrieb erlaubt, wöchentlich einmal beim Abstellen der Turbine auf seine gute Wirksamkeit geprüft werden. Diese Kontrolle ist auch jedesmal vorzunehmen, wenn die Stopfbüchse des Hauptabsperrventils nachgezogen oder frisch verpackt wurde, sowie vor Inbetriebsetzung nach jeder längeren Betriebspause.

Auf gutes Arbeiten der Kondensation ist schon aus wirtschaftlichen Gründen zu achten. Verschlechtert sich das Vakuum, so sind sofort die Ursachen zu suchen; dichten die Stopfbüchsen und Flanschen gut ab, so kann die Verschlechterung des Vakuums allenfalls darauf zurückzuführen sein, daß beim Kesselspeisen zu viel geschnüffelt wird; vgl. S. 213. Die Verschlechterung des Vakuums kann aber auch dadurch bedingt sein, daß der Oberflächenkondensator undicht ist. Um letzteren auf Dichtheit zu prüfen, gibt es mehrere Wege; meist wird in der Weise verfahren, daß man die Kondensationsanlage bei abgestellter Turbine weiterlaufen läßt. Fördert alsdann die Kondensatpumpe noch Wasser, so ist der Kondensator undicht. Undichtigkeiten im Kondensator haben gleichzeitig den Nachteil, daß das Kondensat durch Kühlwasser verunreinigt und für die unmittelbare Kesselspeisung unbrauchbar gemacht wird.

Die Verschlechterung des Vakuums kann aber auch ihren Grund in der zunehmenden Verschmutzung des Kondensators haben. Der Kondensator ist deshalb von Zeit zu Zeit zu reinigen. Wie oft die Reinigung des Kondensators vorzunehmen ist, richtet sich in erster Linie nach der Beschaffenheit des Kühlwassers. Im allgemeinen ist bei dauerndem Betrieb der Turbinen eine Reinigung nach je 2—3 Monaten, mindestens aber einmal im Jahr erforderlich. Bei ungünstigen Kühlwasserverhältnissen kann sich eine wöchentliche, ja bei besonders ungünstigen Umständen (Hochwasser) eine tägliche Reinigung des Kondensators als notwendig erweisen. Neigt das Kühlwasser zu Inkrustationen, so ist außer der mechanischen auch eine chemische Reinigung erforderlich.

Während der Betriebspausen darf das Wasser in dem Wasserstandsglase des Kondensators nicht ansteigen. Dies würde auf eine Undichtheit der Kondensatpumpe oder der Kondensatorrohre hinweisen und müßte beseitigt werden.

Beim Abstellen ist die Turbine zu entlasten; das Abstellen darf nur durch Schließen des Dampfeintrittventils an der Turbine erfolgen. Abstellen der Turbine durch Absperren der Rohrleitung oder gar des Kesselventils ist unzulässig. Während des Auslaufens ist das Manometer der Ölpumpe sorgfältig zu beobachten; sobald der Öldruck für die Lagerschmierung unter 0,5 at sinkt, ist wieder die Hilfsölpumpe anzusetzen. Letztere ist erst nach dem Auslaufen der Turbine wieder abzustellen. Erst nach dem Auslaufen der Turbine soll die Kondensation abgestellt und das Wasser für die Ölkühlung abgesperrt werden. Der Entwässerungshahn des Turbinengehäuses darf nicht geöffnet werden, ehe die Turbine abgekühlt ist und das Vakuummeter im Abdampfstutzen atmosphärischen Druck anzeigt. Durch Einströmen kalter Luft in die heiße Turbine könnten sich die Turbinenräder verziehen.

Bei längeren Betriebspausen ist die Turbine vor Zutritt von Feuchtigkeit von der Frischdampf- oder Abdampfleitung her zu schützen und alles Wasser aus dem Ölkühler abzulassen.

96. Betrieb von Leuchtgasmaschinen.

Wie jede Betriebsmaschine, so muß auch der Gasmotor sachgemäß und aufmerksam bedient werden, wenn er auf die Dauer zuverlässig arbeiten soll; vgl. auch die allgemeinen Betriebsregeln Abschnitt 91.

Für einen ordnungsmäßigen Betrieb ist es unbedingtes Erfordernis, daß die von dem Motor angesaugte Luft vollständig rein, d. h. frei von Staub, festen Körpern und fremden Gasen ist.

Anlassen des Motors. Vor dem Anlassen hat man sich zu vergewissern, ob die Zündung richtig steht. Beim Anlassen darf nämlich der Zünder nicht, wie im normalen Betrieb, vor dem Totpunkt abschnappen, weil sonst Rückstöße eintreten könnten. Sodann prüfe man die Ventile, ob sie sich leicht bewegen und dicht schließen. Die Beweglichkeit prüft man dadurch, daß man die Ventile mittels eines Schraubenschlüssels oder besser mittels eines geeigneten Hebels aus Hartholz mehrfach anhebt. Das Ventil muß beim Nachlassen des Druckes leicht auf seinen Sitz zurückgehen. Würde z. B. durch starkes Klemmen des Auslaßventils ein Bruch des Auslaßhebels eintreten, so könnte dies erhebliche Beschädigungen des Motors, unter Umständen sogar ein Zerreißen des Zylinders zur Folge haben, letzteres insbesondere bei Dieselmotoren. Der dichte Schluß der Ventile wird in der Weise festgestellt, daß man die Maschine dreht und beobachtet, ob ausreichend Kompression vorhanden ist. Bei undichten Ventilen findet keine oder eine ungenügende Kompression statt.

Man prüfe, ob die Rolle am Auslaßhebel so steht, daß sie auch über den Anlaßnocken läuft; dieser hat den Zweck, die Kompression zu verringern und so das Andrehen des Motors zu erleichtern. Schmiere sodann die Zapfen und Gelenke des Steuerungsantriebs von Hand und gieße nach dem Anlassen mit der Kanne etwas Öl auf den Kolben und in die Schmierrinne des Kurbelzapfenlagers. Die Nockenscheiben und Steuerrollen sind mit konsistentem Fett zu schmieren.

Nachdem man den Kühlwasserhahn geöffnet und sich davon überzeugt hat, daß Wasser am Überlauf herauskommt bzw. daß bei Verdampfungskühlung oder bei Anwendung von Kühlgefäßen genügende Wasserfüllung vorhanden ist, öffne man den Haupthahn in der Gaszuleitung. Wenn sich der Gummibeutel gefüllt hat, so ist der Gashahn am Motor ein wenig, am besten bis zu einer vorher ausprobierten Marke, zu öffnen und die Maschine anzudrehen. Hat der Motor einigemal gezündet, so ist die Rolle am Auslaßhebel so zu stellen, daß mit voller Kompression gearbeitet wird. Weiterhin stelle man die Zündung auf Betrieb und öffne, wenn der Motor seine volle Umlaufzahl erreicht hat und belastet wird, den Gashahn am Motor allmählich ganz. Durch zu weites Öffnen des Gashahns beim Andrehen des Motors bekäme dieser zu viel Gas; der Motor würde, wie man sich ausdrückt, im Gas ersaufen, weil das Gas, im Gegensatz zur Luft, unter Überdruck steht.

Betrieb des Motors. Man achte darauf, daß das Kühlwasser nie ausbleibt, und daß bei Verdampfungskühlung der Wasserspiegel im Kasten nicht zu tief sinkt. Im übrigen ist wieder darauf zu achten, daß kein bewegter Teil trocken oder warm läuft. Der Zylinder soll genügend Öl erhalten und doch nicht durch übertriebenes Ölen verschmiert werden. Auf S. 351 ist angegeben, woran man erkennt, ob die Zylinderschmierung genügend ist. Außer den daselbst erwähnten

Verfahren kann hier allenfalls auch eine Probe, ähnlich der Ausblaseprobe, angewendet werden. Hierbei öffnet man während des Betriebes einen Hahn im Auspuffrohr und läßt die Auspuffgase gegen ein angefeuchtetes weißes Papier blasen. Zeigen sich auf diesem bei kleiner Belastung der Maschine Schmierölflecken, so ist dies ein Zeichen, daß die Schmierölzufuhr verringert werden kann. Auch bei normaler Belastung zeigen sich bei reichlicher Schmierung Schmierölrückstände auf dem Papier; jedoch ist hier Voraussetzung, daß die Verbrennung rußfrei erfolgt.

Zu beachten ist, daß zu reichliche Zylinderschmierung bei Verbrennungsmaschinen ein Verschmutzen des Verbrennungsraums und Auspuffventils, ein Festbrennen der Kolbenringe sowie die Bildung von Ölkrusten zur Folge hat, unter Umständen auch ein Versagen der Zündung; vgl. nächsten Abschnitt Ziffer 5. Der Grad der Ölverkrustung kann gewöhnlich durch die Einlaßventilöffnung festgestellt werden. Bezüglich der Beschaffenheit des Zylinderöles sei bemerkt, daß bei Verbrennungsmaschinen keine so hohen Anforderungen zu stellen sind wie bei Heißdampfmaschinen; vgl. Abschnitt 109.

Der Motor ist nach einer gewissen Betriebszeit, die hauptsächlich von der Beschaffenheit des Brennstoffs und Schmieröls abhängt, im Innern gründlich zu reinigen. Von den inneren Organen sind es besonders der Zünddeckel (Zündflansch), die Ventile, der Kolben nebst seinen Ringen und der Verbrennungsraum (Kompressionsraum), die der Instandhaltung und zeitweisen Reinigung bedürfen. Läßt man den Motor zu stark verschmutzen, so hat dies eine verstärkte Abnützung sowie unter Umständen eine Verschlechterung der Wirtschaftlichkeit zur Folge; letzteres deshalb, weil mit zunehmender Verschmutzung die Gefahr besteht, daß die Ventile und allenfalls auch der Kolben undicht werden, so daß die Kompression und damit auch die Wärmeausnützung zurückgeht.

Die Ventile, wenigstens die Auspuffventile, sollten monatlich mindestens einmal bei warmem Motor nachgeschliffen und gereinigt werden. Das Saugventil neigt nur wenig zur Abnützung und Verschmutzung. Der Kolben braucht nur dann herausgenommen zu werden, wenn die Dichtungsringe stark verschmutzt sind oder gar festsitzen. Beim Reinigen des Kolbens müssen die Verbrennungsrückstände vom Kolbenboden sorgfältig abgekratzt werden. Die Ringe sind abzunehmen und nebst den Nuten mit Petroleum zu reinigen. Die Ringe müssen lose sitzen und mit viel Öl wieder eingesetzt werden, wobei darauf zu achten ist, daß jeder Ring wieder in seine alte Nute kommt. Stellt sich bei der Reinigung heraus, daß die Ringe seitlich zu viel Spiel haben, so müssen sie erneuert werden. Gegebenenfalls sind auch die Nuten im Kolben nachzuarbeiten.

Bei allen Reinigungsarbeiten ist darauf zu achten, daß keine Putzwollfäden, Dichtungsfetzen oder Schmutz im Kompressionsraum liegen bleiben, weil sonst die Maschine zu Fehlzündungen Anlaß gibt.

Nachdem der Motor wieder zusammengebaut ist, überzeuge man

sich, ob die Steuerung richtig steht. Durch mehr oder weniger starke Dichtungsscheiben sowie auch durch Nachschleifen der Ventile ergeben sich oft kleine Ungenauigkeiten, die durch entsprechendes Nachstellen ausgeglichen werden müssen. Vor allem ist darauf zu achten, daß die Steuerrollen den richtigen Abstand von den Steuerscheiben haben. Das Spiel zwischen Steuerrollen und Nockenscheiben soll keinesfalls mehr als 0,5 mm betragen.

Abstellen des Motors. Bevor man die Maschine abstellt, öffne man den Schlammhahn unter dem Zylinder und lasse den Schmutz und etwa angesammeltes Schmieröl ausblasen. Man schließe alsdann den Haupthahn in der Gaszuleitung vor dem Gummibeutel; den Gashahn am Motor schließe man erst dann, wenn sich der Gummibeutel beinahe ganz entleert hat. Stelle die Tropföler ab, bei Frischwasserkühlung auch den Wasserzufluß. Ist der Motor zum Stillstand gekommen, so drehe man ihn von Hand in eine Stellung, bei der sämtliche Ventile geschlossen sind. Ein Offenbleiben des Auslaßventils hat den im nächsten Abschnitt unter Ziffer 4 erwähnten Nachteil. Zweckmäßig bringt man schon jetzt die Auslaßrolle in ihre Anlaßstellung, ebenso die Zündung. Das im Auspufftopf angesammelte Wasser (aus den Verbrennungsprodukten) muß jeden Abend abgelassen werden. Bei längeren Betriebsunterbrechungen lasse man auch das Wasser aus den Kühlräumen ab.

Betriebstörungen. Betriebstörungen sind bei gewissenhafter Befolgung der Vorschriften nicht zu erwarten. Treten solche auf, so soll man bei der Untersuchung des Motors immer die einzelnen Teile in der Reihenfolge nachsehen, in der sie vom Gasgemisch durchströmt werden.

Bleibt die Kompression beim Andrehen aus, so ist dies in der Regel auf Undichtigkeit oder Hängenbleiben der Ventile, oder aber auf grobe Undichtigkeit des Kolbens zurückzuführen. Solche Undichtigkeiten, die natürlich auch am Zünddeckel oder am Ablaßhahn vorkommen können, sind sofort zu beseitigen.

Wenn sich der Motor schwer in Gang setzen läßt und nach einigen Zündungen wieder versagt, so kann es sein, daß in der Gaszufuhr etwas in Unordnung ist, oder daß sich der Zünddeckel beschlägt und hierdurch der Zündfunke zu schwach oder überhaupt unwirksam wird. Das Beschlagen des Zünddeckels tritt insbesondere in der kalten Jahreszeit nach längeren Betriebspausen ein; vgl. nächsten Abschnitt Ziffer 2. Um hier ein Versagen des Motors bei der Inbetriebsetzung zu vermeiden, empfiehlt es sich, den Zünddeckel bei kalter Witterung herauszunehmen und anzuwärmen.

Bleibt die Zündung beim Ansetzen oder im Betrieb aus, so ist dies in der Regel auf ein Verschmutzen des Zünddeckels oder auf eine Beschädigung der Isolierung der Zündschnur oder des Zündstiftes zurückzuführen; vgl. auch nächsten Abschnitt Ziffer 1—5. Auch am Zündapparat selbst kann natürlich ein Mangel vorliegen. Unter Umständen ist der Zündfunke an sich in Ordnung und trotzdem bleibt die Entzündung des Gemisches aus. In diesem Falle fehlt es dann an der Hahnstellung.

Vor dem Ausbauen des Zünddeckels oder eines Ventilgehäuses oder des Kolbens ist stets der Leitungsdraht wegzunehmen, damit nicht ein etwa im Zylinder vorhandenes Gemisch entzündet werden kann. Anker und Magnete dürfen nicht demontiert werden.

Wenn der Motor stößt, ohne daß er überlastet ist, so kann dies auf falsche Einstellung der Zündung zurückzuführen sein. Steht nämlich die Zündung zu früh, so erfolgen sehr scharfe Verpuffungen; vgl. Fig. 126, S. 442. Die zu frühe Zündung kann unter Umständen auf eine Abnützung des Zünderantriebes und dadurch bedingtes vorzeitiges Abschnappen zurückzuführen sein. Man ersetze in diesem Falle die Stahlschneiden durch neue. Stoßender Gang entsteht im übrigen auch durch Fehlzündungen infolge starker Verschmutzung des Verbrennungsraums oder infolge starker Schlamm- und Kesselsteinablagerung in den Kühlräumen; vgl. weiter unten. Außerdem kann der Motor stoßen, wenn ein zu scharfes Gemisch vorhanden ist. Und endlich kann es natürlich sein, daß die Kurbel- oder Kolbenzapfen in ihren Lagern Spiel besitzen, oder daß der Kolben in der Zylinderbohrung zu viel Spielraum hat.

Der Motor läuft unter Umständen gut an, zieht aber, ohne daß er überlastet ist, schlecht durch. Die Ursache kann darin liegen, daß das Spiel zwischen Ventilhebel und Ventil bzw. zwischen Steuerscheiben und Steuerrollen zu klein oder zu groß ist, daß die Ventile undicht sind, daß die Zündung falsch eingestellt oder der Hahn nicht ganz geöffnet ist. Unter Umständen kann auch eine starke Undichtheit des Kolbens die Ursache sein. Allerdings müßte sich diese schon durch ungenügende Kompression beim Anlassen des Motors bemerkbar machen.

Ist der Kolben undicht, ohne daß er zu stark abgenützt wäre, so hängt dies meist damit zusammen, daß die Kolbenringe festgebrannt sind und nicht mehr lose spielen. In diesem Falle sind die Ringe mit Petroleum zu lösen und samt den Nuten gemäß oben zu reinigen. Stark abgenützte Ringe sind, wie bereits erwähnt, zu erneuern.

Wenn der Kolben infolge Versagens der Schmierung oder bei ungenügender Kühlung anfängt zu klopfen, so ist der Motor sofort abzustellen. Zylinder und Kolben müssen bis zum Stillstand der Maschine reichlich von Hand nachgeschmiert werden. Der Kolben ist alsdann herauszunehmen und zu reinigen, allenfalls angefressene Stellen sind gut zu glätten.

Schmieröl. Für ein dauerndes Dichthalten des Kolbens ist es von größter Wichtigkeit, daß zu seiner Schmierung ein geeignetes harz- und säurefreies Öl von guter Qualität verwendet wird. Es kann sich empfehlen, das von der Lieferantin des Motors als erprobt bezeichnete Öl zu verwenden.

Kühlung des Motors. Bei Durchflußkühlung ist das Kühlwasser so einzustellen, daß es bei größeren Motoren den Zylinder mit Temperaturen von etwa 40° C verläßt, bei kleineren mit etwa 50° C. Sollte aus irgendwelchen Gründen die Maschine bzw. das Kühlwasser zu heiß geworden sein (80—100° C), so darf unter keinen Umständen der Wasserzufluß plötzlich stark vermehrt werden, da sonst eine zu rasche Abkühlung eintreten würde, die einen Schaden verursachen könnte. Man reguliere in einem solchen Falle nur ganz vorsichtig und vermehre den Zufluß des Kühlwassers ganz allmählich.

Läuft ein Motor längere Zeit mit niederer Belastung, so ist der Wasserzufluß entsprechend zu verringern. Bei Motoren für gasförmige Brennstoffe ist zu starke Kühlung allerdings weniger nachteilig als bei Motoren für flüssige Brennstoffe. Bei Benzin-, Benzol- und Dieselmotoren tritt bei zu kaltem Motor unter Umständen eine unvollkommene und rußende Verbrennung ein.

Das Kühlwasser sollte nach dem Stillsetzen des Motors noch einige Zeit weiterlaufen, insbesondere wenn der Motor mit voller Belastung gearbeitet hat. Stellt man, wie dies meistens geschieht, das Kühlwasser gleichzeitig mit dem Motor ab, so erwärmt sich der Zylinder samt dem Kolben stark, was unter Umständen schädliche Folgen hat, z. B. Rißbildungen. Die Risse entstehen häufig erst indirekt dadurch, daß das Kühlwasser infolge seiner starken Erhitzung Kesselsteinbildner ausscheidet. Hierdurch werden die Kühlungsverhältnisse der betreffenden Wandungsteile verschlechtert, was alsdann zu Rißbildungen führt; vgl. auch die Zeitschrift »Der Ölmotor« 1915, S. 264. Ein längeres Offenlassen des Kühlwasserhahns ist allerdings auch nicht ratsam, weil sonst durch allenfallsige Risse oder Undichtheiten Wasser in den Zylinder eindringen und bei der Inbetriebsetzung zu einem Wasserschlag führen könnte.

Bei Aufstellung des Motors an einem nicht frostsicheren Ort ist sehr darauf zu achten, daß bei Frostwetter das Kühlwasser nach Abstellen der Maschine aus den gekühlten Teilen abgelassen wird. Auch die Kühlgefäße, Wasserzu- und -ableitungsrohre, Kühlwasserpumpen usw. müssen bei Frostgefahr rechtzeitig entleert werden.

Das zur Motorkühlung verwendete Wasser soll möglichst rein sein. Stark schlamm-, kalk- oder säurehaltiges Wasser ist schädlich. Schlamm- und Steinansätze erschweren den Wärmedurchgang und geben unter Umständen zu Fehlzündungen und Zylinderbrüchen Anlaß. Schlamm und angesetzter Stein müssen deshalb nach einer gewissen Betriebszeit, die sich nach der Beschaffenheit des Wassers richtet, aus den Kühlräumen entfernt werden. Dies kann bei genügender Weite und guter Zugänglichkeit der Kühlräume auf mechanischem Wege erfolgen. Wenn möglich, sollten stärkere Ablagerungen sowie die Bildung eines festen Steins überhaupt verhindert werden, indem man die Kühlräume von Zeit zu Zeit durch gründliches Ausspülen reinigt. Muß die Entfernung des Steins auf chemischem Wege mittels heißer, mäßig verdünnter Salzsäure erfolgen, so ist hierbei folgendermaßen zu verfahren: Zur Herstellung der Lösung wird 1 Teil rohe konzentrierte Salzsäure, wie sie im Handel vorkommt, mit etwa 3 Teilen heißem Wasser gemischt. Die Kühlräume sind mit dieser Lösung möglichst sofort nach dem Stillsetzen des Motors und nach dem Ablassen des Kühlwassers zu füllen;

solange nämlich der Motor noch warm ist, löst sich der Stein leichter. Es ist deshalb zweckmäßig, den Motor nach Auffüllen der Kühlräume mit der Salzsäurelösung nochmals in Betrieb zu nehmen und so lange laufen zu lassen, bis die Lösung gut heiß geworden ist. Die Salzsäure soll einige Stunden, wenn möglich einen Tag, in den Kühlräumen verbleiben, bis sich der größte Teil des Steins gelöst hat. Nach dem Ablassen der Säure sind die Räume mit frischem Wasser tüchtig auszuspülen, damit alle Säurereste mit Sicherheit entfernt werden. Bleibt Salzsäure in den Poren und Ecken zurück, so wirkt diese nachträglich zerstörend auf das Eisen ein. Zur möglichst vollständigen Entfernung der Säurereste kann zum Schlusse noch eine schwache Sodalösung benutzt werden.

Da heiße Salzsäure Metall und blanke Eisenteile angreift, so ist bei dem vorbeschriebenen Reinigungsverfahren Vorsicht nötig. Alle Kupfer-, Messing- und Rotgußteile sind vorher, soweit sie mit den Kühlräumen zusammenhängen, auszubauen; die blanken Eisenteile sind nach Möglichkeit zu schützen, gegebenenfalls durch einen Anstrich mit Asphaltlack.

Da immerhin die Möglichkeit vorliegt, daß die Salzsäure, besonders bei längerer Einwirkung, die Eisenteile etwas angreift, so ist es nicht zu empfehlen, vorstehende Reinigung öfters zu wiederholen. Bei sehr hartem Wasser ist es richtiger, die Steinbildung dadurch zu vermindern, daß man das ablaufende Kühlwasser rückkühlt und aufs neue zur Kühlung verwendet und außerdem noch eine kleine Enthärtungsanlage für das Zusatzwasser aufstellt. Bei Sauggasanlagen ist auch das Wasser für den Verdampfer zu enthärten. Ist das Wasser nur mechanisch verunreinigt, so empfiehlt sich die Schaffung einer Kläranlage.

Fehlzündungen. Unter Fehlzündung versteht man eine vorzeitige Entzündung des Gemisches. Findet die Fehlzündung bereits während des Ansaughubes statt, so tritt sie meist durch die geöffneten Ventile mit lautem Knall nach außen, weshalb man sie auch als »Knaller« bezeichnet. Fehlzündungen während des Kompressionshubes, sog. »Vorzündungen«, verlaufen ausschließlich im Zylinder und bewirken eine mehr oder weniger erhebliche Verminderung der Leistung und eine stärkere Erhitzung der Maschine.

Fehlzündungen können entstehen durch Nachbrennen infolge schlechten Gemisches. Ist das Gemisch zu arm oder zu reich, so ist die Verbrennung keine explosionsartig rasche, sondern eine mehr oder weniger schleichende; vgl. Fig. 128, S. 442. Anstatt daß die Verbrennung in der Nähe des Totpunktes vor sich geht, verbrennt das Gemisch noch während des Expansionshubes und sogar während des Auspuffhubes. Zu Beginn des nächsten Saughubes entzündet sich alsdann das frisch eintretende Gemisch an den noch immer brennenden Rückständen, die den Kompressionsraum ausfüllen.

Auch mangelhafte Kühlung, besonders infolge von Schlamm- oder Kesselsteinansatz in den Kühlräumen, kann Fehlzündungen verursachen. Ist nämlich die Kühlung eine ungenügende, so werden einzelne Teile der Innenwandung zu heiß; an diesen Teilen findet dann eine vorzeitige Entzündung des Gemisches statt. Auf das Vorhandensein eines Schlamm- und Kesselsteinansatzes kann man schließen, wenn die Ablauftemperatur des Kühlwassers bei gleicher Kühlwassermenge im Laufe der Zeit niedriger geworden ist.

Als dritte und bei scharfen Gasen häufigste Ursache von Fehlzündungen kommen Ölrückstände und Ölkrusten, besonders an den heißen Kolbenböden, in Betracht. Hier hilft meist eine gründliche Reinigung des Verbrennungsraumes, eine Verminderung der Schmierung, gegebenenfalls auch ein Wechseln der Ölsorte, soweit nicht schon durch Veränderung des Gemisches dem Mangel abzuhelfen ist.

Auch Dichtungsfetzen, Schmutzteilchen o. dgl., die bei der Reinigung des Motors versehentlich im Kompressionsraum zurückblieben, haben schon Anlaß zu Fehlzündungen gegeben.

Fehlzündungen können auch durch tote Räume im Verbrennungsraum des Zylinders verursacht werden. Es ist deshalb Sache der liefernden Firma, die Motoren so zu bauen, daß entlegene Ecken, Winkel und größere Löcher (z. B. Indikatorbohrungen) im Verbrennungsraume möglichst vermieden werden.

Es treten endlich noch Fehlzündungen außerhalb des Verbrennungsraums ein. Diese sind darauf zurückzuführen, daß die Dichtung des Einlaßventils oder des Einlaßventilgehäuses mangelhaft ist, so daß die Explosion durchschlägt und das frische Gemisch vor dem Ventil entzündet. Abhilfe ist hier durch Einschleifen des Ventils, gegebenenfalls nach vorherigem Ausglühen und Abdrehen, oder durch Erneuern der Dichtung möglich.

Fehlzündungen während des Saughubes schlagen in die Luftansaugeleitung hinein. Es kommen nun noch Knaller (Schüsse) im Auspufftopf vor. Diese treten bei schlechter Gemischbildung auf; ist nämlich das Gemisch arm, so kann es sein, daß eine oder mehrere Zündungen ausbleiben und infolgedessen brennbares Gemisch in die Auspuffleitung und den Auspufftopf gelangt. Tritt in der Folge ein Zünder ein und ist die Verbrennung eine stark schleichende, so findet beim Auspuffhub durch die noch immer brennenden Gase eine Entzündung des in der Auspuffleitung und im Auspufftopf angesammelten Gemisches statt. Auf diese Weise können heftige Schüsse entstehen, die unter Umständen die Nachbarschaft sehr belästigen. Dasselbe kann natürlich eintreten infolge zeitweisen Versagens der Zündung.

Verbrennung im Arbeitszylinder. Der Motor ist so einzustellen und instandzuhalten, daß der zugeführte Brennstoff vollkommen verbrannt und ausgenützt wird; er kommt dann mit dem geringsten Brennstoffverbrauch aus. Voraussetzungen für eine vollkommene Verbrennung im Arbeitszylinder sind:

1. Eine gleichbleibend gute Beschaffenheit des Brennstoffes. Diese Forderung ist bei Leuchtgasbetrieb in der Regel erfüllt; sie kommt hauptsächlich für flüssige Brennstoffe in Betracht.
2. Ein genügend großer Luftüberschuß. Fehlt es an der zur Ver-

brennung erforderlichen Luftmenge, so vermag auch der beste Brennstoff nicht vollkommen zu verbrennen.

3. Der Brennstoff muß möglichst fein verteilt und gut mit der Verbrennungsluft gemischt in den Arbeitszylinder eingeführt werden. Zu diesem Zweck ist der Brennstoff, wenn er nicht schon gasförmig ist, vor seiner Einführung in den Arbeitszylinder zu vergasen.
4. Eine genügend hohe Kompression. Ist die Kompression eines Motors zu gering oder geht sie infolge von Undichtheiten an den Ventilen, dem Kolben, dem Zündflansch oder anderen Stellen im Laufe der Zeit zurück, so hat dies eine Verschlechterung der Brennstoffausnützung zur Folge. Es ist deshalb auf vollkommene Dichtheit dieser Teile zu achten.
5. Eine sichere und rechtzeitige Entzündung des Brennstoff-Luft-Gemisches. Ist der Zündfunken zu schwach oder versagt er zeitweise, so gelangt das Brennstoff-Luft-Gemisch überhaupt nicht zur Entzündung und entweicht unverbrannt in den Auspuff. Wenn die Entzündung zu spät erfolgt, so entsteht eine schleppende Verbrennung, ein sog. Nachbrennen. Die Folge hiervon ist ein höherer Austrittsverlust, weil die Verbrennungsprodukte gegen Hubende wesentlich heißer sind als bei rechtzeitiger Entzündung und Verbrennung des Gemisches.
6. Der Motor darf nicht überlastet werden.

Form des Indikatordiagramms. Ob die Verbrennung und überhaupt die Arbeitsweise des Motors eine einwandfreie ist, zeigt sich deutlich am Indikatordiagramm. Erfolgt die Verbrennung des Gemisches in der Nähe des Totpunktes, so geht die Verbrennungslinie ungefähr senkrecht nach oben. Man zieht im allgemeinen für den Betrieb ein Diagramm vor, das oben nicht spitz, sondern etwas abgerundet ist; vgl. Fig. 125, S. 442. Bei zu scharfen Zündungen, d. h. bei zu spitzem Diagramm neigt der Motor zum Stoßen. Zu starke Abrundung des Diagramms ist allerdings auch nicht erwünscht, weil hierbei der Brennstoffverbrauch ein größerer ist. Weiteres über die Form und den Wert des Indikatordiagramms sowie über die günstigste Einstellung der Maschine findet sich S. 443.

Bei Abnahmeprüfungen, insbesondere wenn scharfe Brennstoffgarantien gegeben wurden, wird der Motor häufig auf ein spitzes Diagramm eingestellt, in der Absicht, den Brennstoffverbrauch zu verringern. Es ist jedoch für die Lebensdauer des Motors nicht günstig, wenn er dauernd mit spitzem Diagramm betrieben wird, da er hierbei zu hart (stoßend) arbeitet.

97. Betrieb von Benzin-, Benzol- und Spiritusmaschinen.

Für die Wartung von Benzin-, Benzol- und Spiritusmotoren gilt im wesentlichen dasselbe, wie für Leuchtgasmotoren; es sei deshalb auf die Ausführungen im letzten Abschnitt verwiesen. Hinzuzufügen ist hier nur das Folgende:

Man verwende guten Brennstoff, da durch andauernde Benützung ungeeigneten Brennstoffs der Motor Schaden erleidet. Nachdem die zum Anlassen erforderlichen Vorbereitungen getroffen sind, öffne man das Absperrventil am Brennstoffbehälter sowie das Absperrorgan vor dem Vergaser (Zerstäuber). Bei Motoren, die mit einem andern Brennstoff angelassen werden, wie z. B. Spiritusmotoren, fülle man den Anlaßbehälter und halte das Absperrorgan vor dem Vergaser zunächst geschlossen. Alsdann öffne man den Lufthahn ein wenig, am besten bis zu einer vorher ausprobierten Marke, und drehe den Motor an. In dem Maße, in dem der Motor auf seine normale Umlaufzahl kommt, öffne man den Lufthahn allmählich ganz. Durch zu weites Öffnen des Lufthahns beim Andrehen des Motors würde der Unterdruck an der Brennstoffdüse zu klein; die Folge hiervon wäre, daß zu wenig, unter Umständen überhaupt kein Brennstoff angesaugt wird. Bei Motoren mit besonderem Anlaßbrennstoff wird das Absperrorgan vor dem Vergaser erst geöffnet, wenn der Motor durch den Anlaßbrennstoff genügend angewärmt ist. — Beim Abstellen des Motors wird das Absperrorgan vor dem Vergaser geschlossen. Falls im Betrieb des Motors eine Störung eintritt, so kann dies auf die gleichen Ursachen, wie beim Leuchtgasmotor, zurückzuführen sein. Nur ist hier noch der Fall möglich, daß ein Ausbleiben des Brennstoffzuflusses infolge Verstopfung der Zuleitung eintritt.

Ist die Verbrennung im Arbeitszylinder eine unvollkommene, so kann dies, wenn keine Überlastung des Motors vorliegt, auf schlechte Vergasung bzw. Zerstäubung oder mangelhafte Beschaffenheit des Brennstoffes, auf zu geringen Luftüberschuß, auf ungenügende oder zu späte Zündung, oder endlich auf zu schwache Kompression zurückzuführen sein. Während sich bei Motoren für gasförmigen Brennstoff eine unvollkommene Verbrennung nach außen hin nicht weiter bemerkbar macht, da unverbrannte Gasteile nicht sichtbar sind, erkennt man eine unvollkommene Verbrennung bei Motoren für flüssige Brennstoffe meistens an den Abgasen. Diese lassen sich unmittelbar am Auspuff oder mittels eines am Auspuffrohr angebrachten Probierhahns beobachten. Es sind hier drei Fälle zu unterscheiden.

1. der Auspuff ist unsichtbar oder zeigt eine rein weiße Färbung;
2. der Auspuff raucht und zeigt bläuliche Färbung;
3. der Auspuff rußt.

Bei ordnungsmäßigem Arbeiten des Motors soll der Auspuff unsichtbar sein (Fall 1). Nur beim Anlassen des Motors sowie bei kaltem Wetter, wenn die Abgase so stark abgekühlt werden, daß der darin enthaltene Wasserdampf kondensiert, darf sich eine weiße Färbung des Auspuffes bemerkbar machen.

Wenn der Auspuff rußt (Fall 3), so steht fest, daß die Verbrennung eine unvollkommene ist. Der Ruß verursacht eine rasche Verschmutzung des Zylinderinnern sowie eine erhöhte Abnützung des Kolbens und der Laufbüchse, weil er wie feiner Schmirgel wirkt; er macht deshalb eine öftere Reinigung des Motors notwendig. Rußendes Arbeiten verschlechtert die Wirtschaftlichkeit aus zwei Gründen; einmal bedingt die teilweise Verbrennung zu Ruß einen unmittelbaren Wärmeverlust, zum andern entsteht ein mittelbarer Verlust dadurch, daß bei stärkerer Verrußung die Ventile und der Kolben leicht undicht werden, was mit einer Abnahme der Kompression und einer entsprechenden Zunahme des Brennstoffverbrauches verbunden ist.

Die Fälle 1 und 3 bilden demnach sichere Kennzeichen für eine vollkommene oder unvollkommene Verbrennung. Im Falle 2 hingegen sind zwei Möglichkeiten zu unterscheiden. Zeigt der Auspuff bläuliche Färbung, so kann dies auf unverbrannten Brennstoff (Brennstoffdampf) zurückzuführen sein, z. B. infolge teilweisen Versagens der Zündung. Die bläuliche Färbung kann aber auch von verdampftem Schmieröl herrühren, sei es daß zu viel geschmiert wird, oder allenfalls daß das Schmieröl ungeeignet ist.

In der kälteren Jahreszeit macht das Anlassen von Motoren für flüssige Brennstoffe unter Umständen Schwierigkeiten, wenn die Temperatur im Aufstellungsraum zu niedrig, z. B. unter 5° C ist. Schon Benzinmotoren, die mit Benzin über 0,72—0,73 spez. Gewicht betrieben werden, wollen in der Kälte nicht mehr gut anlaufen. Motoren für Schwerbenzin und solche für Benzol laufen in der Kälte überhaupt nicht an; man muß hier zum Ansetzen Leichtbenzin verwenden; wenn alsdann der Motor nach einigen Umdrehungen warm geworden ist, so läuft er anstandslos mit Schwerbenzin oder Benzol weiter. Will man keinen besonderen Anlaßbrennstoff halten, so kann man sich auch durch Erwärmen des Brennstoffs helfen. Dies kann in der Weise geschehen, daß man eine Flasche mit Schwerbenzin oder Benzol füllt und in heißes Wasser stellt. Anwärmen mittels Flamme ist unzulässig, weil sehr gefährlich. Füllt man derart angewärmten Brennstoff in den Brennstoffnapf ein, so läßt sich der Motor meist anstandslos in Betrieb setzen, da nunmehr die Eigenwärme des Brennstoffs ausreicht, um seine Verdampfung bzw. Vergasung herbeizuführen.

Ist der Magnetapparat und die Zündvorrichtung in Ordnung, so können bei Flüssigkeitsmotoren für das Versagen der Zündung, selbst bei Verwendung ganz leichtflüchtiger Brennstoffe, folgende fünf Ursachen in Betracht kommen:

1. Der Zünder ist verrußt. Verrußt die Kontaktstelle, so ist die metallische Berührung zwischen Unterbrecher und Zündstift unterbrochen und es kann sich beim Abreißen des Unterbrecherhebels kein Funken bilden. Ein Verrußen des Zünders ist bei Gasmotoren infolge zu reichlicher Schmierung möglich, bei Flüssigkeitsmotoren kann es auch eine Folge schlechter Verbrennung im Arbeitszylinder sein.

2. Die Maschine ist zu kalt. Alsdann kann es vorkommen, daß sich der in den Verbrennungsgasen enthaltene Wasserdampf an den kalten Innenflächen des Motors niederschlägt. Kommt auf diese Weise an die Berührungsstelle von Abreißhebel und Zündstift Feuchtigkeit, so bildet diese beim Abreißen eine Art leitende Brücke und ver-

hindert die Funkenbildung. Der Fall, daß das Versagen der Zündung auf derartige Kondensationserscheinungen zurückzuführen ist, hat allerdings zur Voraussetzung, daß anfangs einige Zündungen stattfanden.

3. Es wird zu viel Brennstoff eingespritzt. Dies kann dann eintreten, wenn beim Anlassen des Motors der Lufthahn allzu stark gedrosselt wird, so daß ein entsprechend großer Saugunterdruck entsteht. Die Folge des zu großen Unterdruckes ist, daß zu viel Brennstoff aus der Brause oder Düse herausgesaugt wird. Es kann sich alsdann flüssiger Brennstoff im Zylinderinnern und am Zünder absetzen. Dieses Absetzen wird naturgemäß bei kalter Maschine leichter möglich sein als bei warmer, da im letzteren Falle der überschüssige Brennstoff durch die Wandungswärme verdampft wird.

4. Das Ausströmventil bleibt während der Nachtzeit geöffnet. Wenn zufällig die Maschine beim Stillsetzen in einer solchen Stellung zum Stehen kommt, daß die Rolle des Ausströmhebels auf ihrem Nocken verbleibt, so hat dies ein Offenhalten des Auslaßventils zur Folge. In dem Maße, in dem sich alsdann die Maschine abkühlt, entsteht im Zylinderinnern ein Unterdruck und es werden die kurz zuvor in den Auspuff entwichenen Verbrennungsprodukte wieder in den Zylinder zurückgesaugt. Hierbei schlägt sich der in den Verbrennungsprodukten enthaltene Wasserdampf bei fortschreitender Abkühlung des Zylinders an dessen Innenflächen nieder. Auf diese Weise ist es möglich, daß ein Wassertropfen an den Kontakt kommt, der am anderen Morgen beim Anlassen die Funkenbildung verhindert.

5. Es wird zu reichlich geschmiert. Wird im Betriebe des Motors durch die Kolbenbewegung etwas Schmieröl an den Zünder geschleudert, so hat dies gewöhnlich nichts weiter auf sich, da bei den hohen Temperaturen im Zylinderinnern das Öl sofort wieder verdampft und verbrennt. Kommt jedoch beim Abstellen oder beim Inbetriebsetzen des Motors Schmieröl an den Kontakt, so kann dies zur Folge haben, daß beim Inbetriebsetzen die Zündung versagt.

Ein Bespritzen des Kontaktes mit Öl kann sowohl bei liegenden als auch bei stehenden Motoren vorkommen, sobald der Kolben zu reichlich geschmiert wird. Am größten ist die Möglichkeit der Verölung des Zünders bei liegenden Maschinen mit hoher Kompression, bei stehenden hingegen ist das Zylinderöl bestrebt, nach unten zu fließen, so daß eine Verölung des Zünders hier weniger leicht stattfinden kann. Wenn aber eine solche eintritt, so ist dies ein Zeichen, daß der Ölstand im Kurbelgehäuse zu hoch und mithin die Schmierung allzu reichlich ist. Bei liegenden Motoren gibt man übrigens dem Zylinder ein Gefälle nach vorn, damit auch hier das Schmieröl das Bestreben hat, nach außen zu laufen.

Da flüssige Brennstoffe im Preis oft stark schwanken, so kann es sich manchmal aus wirtschaftlichen Gründen empfehlen, zum Betrieb mit einem andern, billigeren Brennstoff überzugehen. Beim Übergang von einem Brennstoff zu einem andern ist außer auf den Heizwert vor allem auf die Destillations- oder Siedekurve sowie das spezifische Gewicht des betreffenden Brennstoffs Rücksicht zu nehmen. Je flacher die Destillationskurve verläuft, d. h. je enger die Siedegrenzen beisammenliegen, um so homogener (gleichmäßiger) ist die Zusammensetzung des Brennstoffs, und um so wertvoller ist er für den Motorenbetrieb. Brennstoffe mit höherliegenden Siedekurven erfordern eine stärkere Vorwärmung der Ansaugeluft oder des Vergasers, da sonst der schwerflüchtige Brennstoff nicht rasch genug vergast oder sich auf dem Wege vom Vergaser nach dem Arbeitszylinder zum Teil wieder verflüssigt, so daß er in Form von Tröpfchen in den Zylinder gelangt und hier infolge ungenügender Mischung mit Luft nur unvollkommen verbrennt. Eine zu starke Vorwärmung der Ansaugeluft ist allerdings auch nicht erwünscht, weil sonst die Gefahr besteht, daß das angesaugte Luftgewicht zu klein wird und die Güte der Verbrennung darunter leidet.

Das spezifische Gewicht des Brennstoffs kommt insofern in Betracht, als beim Spritzdüsenvergaser mit einem gewissen Flüssigkeitsspiegel im Schwimmergehäuse gerechnet werden muß. Geht man zur Verwendung eines schwereren Brennstoffs über, so würde der Schwimmer weniger tief einsinken und infolgedessen einen niedrigeren Flüssigkeitsspiegel einstellen. Der Schwimmer muß deshalb entsprechend belastet werden, da sonst bei derselben Saugkraft der an der Düse vorbeistreichenden Luft etwas weniger Brennstoff — wenigstens dem Volumen nach — mitgerissen, der Luftüberschuß des Gemisches also etwas größer würde. Letzteres ist allerdings gewöhnlich kein Nachteil, weshalb bei geringem Unterschied im spezifischen Gewicht auf die Einregulierung des Schwimmers verzichtet werden kann.

Von wesentlicher Bedeutung beim Übergang zu einem andern Brennstoff ist endlich der Heizwert. Soll die Motorenleistung nicht beeinträchtigt werden, so muß im allgemeinen von einem heizärmeren Brennstoff entsprechend mehr zugeführt werden, d. h. es muß beim Spritzvergaser die Brennstoffdüse erweitert oder durch eine neue, größere ersetzt werden. Weiter ist beim Übergang zu einem andern Brennstoff allenfalls die Einsetzung einer andern Luftdrosselscheibe (Diaphragma) erforderlich, damit die angesaugte Luftmenge dem neuen Brennstoff entspricht, ohne daß eine besondere Einregulierung des Lufthahns erforderlich ist.

Beim Übergang von Benzin zu Benzol oder Spiritus empfiehlt sich schon aus wirtschaftlichen Gründen eine Erhöhung der Kompression; vgl. S. 17. Wird z. B. beim Übergang zum Benzolbetrieb die Kompression nicht erhöht, so kann der Motor zwar auch mit der für Benzinbetrieb üblichen niederen Kompression betrieben werden, aber es tritt eine weit stärkere Verrußung des Zylinderinnern ein. Ein Nachteil des reinen Benzolbetriebes besteht darin, daß das Benzol im Winter leicht erstarrt und einfriert. Durch Beimischen von Spiritus o. dgl. läßt sich die Frostbeständigkeit des Benzols erhöhen. Das Arbeiten mit reinem Spiritus hat den Nachteil, daß hierbei leicht Anrostungen im Motor eintreten, die vermutlich darauf zurückzuführen sind, daß sich infolge unvollkommener Verbrennung des Spiritus im Arbeitszylinder Essigsäure bildet. Durch Beimischen von Benzol zum Spiritus läßt sich die Gefahr des Anrostens verringern. Vielfach werden deshalb Gemische von 4 Teilen Spiritus und 1 Teil Benzol für den Motorenbetrieb verwendet, um die Nachteile der reinen Verwendung beider Brennstoffe zu vermeiden.

98. Betrieb von Naphthalinmaschinen.

Es gilt hier im wesentlichen dasselbe wie für Leuchtgas-, Benzin- und Benzolmotoren; es sei deshalb auf die Abschnitte 96 und 97 verwiesen. Hinzuzufügen ist, daß hier die Menge des zufließenden Wassers durch einen Schwimmer selbsttätig geregelt wird, entsprechend der verdampften Wassermenge. Im übrigen ist auch hier von Wichtigkeit, daß guter Brennstoff verwendet wird. Durch dauernde Benutzung ungeeigneten Brennstoffs leidet der Motor.

Das Anlassen von Naphthalinmotoren erfolgt gemäß S. 20 mit Benzol, oder allenfalls mit Leuchtgas. Hierbei darf aus den im letzten Abschnitt angegebenen Gründen die Raumtemperatur und die Temperatur des Benzols nicht unter etwa 5° C sinken. Nachdem die zum Anlassen des Motors erforderlichen Vorbereitungen getroffen sind, öffne man das Absperrventil am Benzolbehälter und das Absperrorgan vor dem Vergaser. Alsdann stelle man den Lufthahn auf die Anlaßmarke und drehe den Motor an. Sobald Zündungen eintreten, öffne man allmählich den Lufthahn ganz. Im Betrieb ist der Lufthahn stets voll geöffnet.

Ist das Naphthalin geschmolzen, was nach $^1/_2$—$^3/_4$ Stunde der Fall ist, so stelle man den Motor auf Naphthalinbetrieb um, indem man die Absperrventile am Naphthalinschwimmer öffnet und das Benzol abstellt. Von Zeit zu Zeit ist Naphthalin in den Schmelzbehälter nachzufüllen.

Kurze Zeit vor dem Abstellen des Motors muß gemäß S. 20 wieder auf Benzolbetrieb umgeschaltet werden. Man schließe zu diesem Zweck die Absperrventile am Naphthalinschwimmer, stelle Benzol kurze Zeit an und wieder ab. Gleich nach dem Abstellen des Motors lasse man das noch flüssige Naphthalin ab und reinige Behälter, Sieb, Schwimmergehäuse usw. gründlich.

Die Naphthalindüse oder Brause wird zum Zweck der Reinigung zuerst in kochendes Wasser gelegt. Die feine Öffnung der Düse darf unter keinen Umständen verändert werden. Wenn die wieder eingesetzte Düse nach kurzer Betriebszeit warm geworden ist, so muß sie nachgezogen werden.

99. Betrieb von Hochdruck-Ölmaschinen[1]).

Ein Teil der Ausführungen über Leuchtgasmotoren (Abschnitt 96) gilt auch hier.

---

1) Siehe auch die allgemeinen Betriebsregeln Abschnitt 91.

Die nachfolgenden Ausführungen beziehen sich in erster Linie auf Hochdruckölmaschinen System Diesel, und zwar wurde der Einfachheit halber Gasölbetrieb vorausgesetzt. Für Teerölbetrieb gilt im wesentlichen dasselbe, nur hat man es hierbei mit zwei Brennstoffen und demgemäß meist mit zwei Brennstoffpumpen und entsprechend mehr Brennstoffgefäßen zu tun.

Die Temperatur im Maschinenraum ist vor dem Anlassen des Motors auf mindestens 7—8° C zu bringen, damit der Brennstoff noch leicht durch die Leitungen fließt. Vor dem Anlassen des Motors sind außer dem üblichen Auffüllen und Einstellen der Schmiergefäße usw. folgende Vorbereitungen nötig. Die Brennstoffnadel ist herauszunehmen und an der Packungsstelle mit dickflüssigem Zylinderöl gut einzufetten. Die Düsenplatte ist mit einem Messingdraht, dessen Dicke der Bohrung der Düsenplatte entspricht, durchzustoßen. Beim Wiedereinsetzen der Brennstoffnadel probiere man, ob sie leicht beweglich ist. Dann probiere man, ob sich auch die übrigen Ventile von Hand öffnen lassen und rasch wieder schließen, sowie ob die Steuerrollen den richtigen Abstand von den Nockenscheiben haben. Das Spiel zwischen Steuerrollen und Steuerscheiben soll keinesfalls mehr als $^1/_2$ mm betragen.

Nunmehr wird die Kurbelwelle mittels des Schwungradschaltwerks etwas über den Anlaßtotpunkt gestellt, wobei wegen des leichteren Andrehens darauf zu achten ist, daß das Ansaugventil durch den Sperrhebel offen gehalten wird. Alsdann werden die Brennstoffhahnen an den Filtriergefäßen und am Motor geöffnet und die Abstellstange an der Brennstoffpumpe ausgelöst. Nach längerem Stillstand ist das richtige Arbeiten der Brennstoffpumpenventile mit der Handpumpe bei geöffnetem Probierventil zu prüfen. Nachdem noch der Kühlwasserhahn geöffnet, das Entwässerungsventil am Zwischenkühler geschlossen, das Regulierventil der Luftpumpe ganz wenig geöffnet wurde, kann die Ingangsetzung des Motors stattfinden. Hierbei ist folgendes zu beachten:

Die beiden Hauptventile am Einblasegefäß werden ganz geöffnet und die Manometer beobachtet. Der Druck im Anlaßgefäß soll nicht höher als 50 at sein; Überdruck ist abzulassen. Der Einblasedruck soll nicht mehr als 45 und nicht weniger als 35—38 at betragen; andernfalls ist Druckluft durch das Entwässerungsventil abzulassen oder Luft aus dem Anlaßgefäß mittels des Überfüllventils herüberzulassen. Nunmehr wird das Hauptventil eines Anlaßgefäßes ganz aufgemacht. Zuletzt wird der Sperrhebel zum Offenhalten des Saugventils ausgerückt. Die Inbetriebsetzung des Motors erfolgt dann, indem der Anlaßhebel von Mittelstellung in die Anlaßstellung gebracht wird. Hat der Motor die für die Zündung notwendige Geschwindigkeit erreicht, was nach etwa 6—8 Umdrehungen, das sind 3—4 Luftfüllungen, der Fall ist, so wird der Anlaßhebel in Betriebstellung gebracht. Sollte der Motor nicht sofort zünden, was man am Ausströmgeräusch feststellen kann, so liegt dies meist an einem Mangel an Brennstoff. Man kann dann dem Brennstoffventil durch Niederdrücken des Füllungshebels mehr Brennstoff zuführen. Nach erfolgter Zündung schließe man das Hauptventil am

Anlaßgefäß und öffne das Regulierventil der Luftpumpe weiter. Der Motor muß nun innerhalb kurzer Zeit seine normale Umdrehungszahl erreichen und der Regulator ins Spielen kommen. Nachdem man den Einblasedruck auf die der Belastung entsprechende Höhe gebracht hat, kann der Motor belastet werden. Wird bei zu niedrigem Einblasedruck belastet, so ist die Verbrennung unvollkommen. Man erkennt letzteres, ebenso wie bei Benzin-, Benzol- und Spiritusmotoren, an einem Rußen des Auspuffs; vgl. die bezüglichen Ausführungen S. 398.

Im Betrieb ist der Einblasedruck so hoch zu halten, daß eine gute Verbrennung stattfindet. Er soll bei normaler Belastung etwa 60 at, bei halber Belastung etwa 52 at und im Leerlauf etwa 40 at betragen; unter 35—38 at sollte der Einblasedruck nie sinken. Bei vorübergehender Überlastung gehe man mit ihm bis auf etwa 65 at. Ist der Einblasedruck auf die der Belastung entsprechende Höhe gebracht, so ist das Anlaßgefäß wieder auf 50 at aufzufüllen, indem man das Regulierventil an der Luftpumpe ganz und das Überfüllventil am Einblasegefäß nur so viel öffnet, daß der Druck im Einblasegefäß nicht sinkt. Ist der Druck von 50 at im Anlaßgefäß erreicht, so schließe man die Überfüllventile und drossle das Regulierventil an der Luftpumpe so weit, daß der Einblasedruck in der Folge auf der richtigen Höhe stehen bleibt. Etwa alle zwei Stunden lasse man das Wasser aus dem Anlaßgefäß ab; da hierbei der Druck etwas sinkt, so empfiehlt es sich, das Anlaßgefäß von vornherein um 1—2 at höher aufzupumpen. Ebenso ist auch das Kondenswasser aus dem Zwischenkühler etwa alle zwei Stunden abzulassen.

Das Kühlwasser ist auf 60—70° C Abflußtemperatur einzustellen, bei kleineren Motoren auch höher (vgl. S. 134).

Außer auf gute Schmierung der Lager und sonstigen reibenden Teile ist im Betriebe ständig darauf zu achten, daß der Auspuff nicht rußt. Hat der Einblasedruck die richtige Höhe, so darf der Auspuff nur bei Überlastung in geringem Maße rußen.

Beim Abstellen des Motors ist folgendes zu beachten:

Der Motor ist zunächst zu entlasten, alsdann wird die Abstellstange an der Brennstoffpumpe in die Abstellage gebracht. Man lasse den Motor auslaufen. bis etwa die Hälfte der normalen Umdrehungszahl erreicht ist. Dann schließe man das Regulierventil an der Luftpumpe und öffne das Entwässerungsventil am Zwischenkühler. Kurz vor den letzten Umdrehungen wird das Saugventil durch Umlegen des Sperrhebels offen gehalten. Nach Stillstand des Motors bringe man den Anlaßhebel in die Mittellage und schließe alle Ventile am Einblasegefäß. Keinesfalls darf das Hauptventil der Luftpumpen-Druckleitung am Einblasegefäß früher geschlossen werden, da sich sonst in der Leitung ein zu hoher Druck bildet. Man schließe alsdann die Brennstoffhahnen am Motor und am Filtriergefäß sowie den Hahn der Kühlwasserleitung und stelle die Schmierung ab. Vor dem Verlassen des Maschinenraums soll der Maschinist stets den Druck aus den Manometern ab lassen.

Wenn der Motor für längere Zeit, d. h. für mehrere Wochen oder länger außer Betrieb gesetzt wird, so verfahre man gemäß S. 354. Kontrolliere sodann während der Betriebsunterbrechung regelmäßig den Druck in den Luftgefäßen; zeigt sich ein Luftverlust, so empfiehlt sich zeitweise Inbetriebsetzung des Motors, um die Gefäße wieder auf den vollen Druck aufzupumpen. Reicht die Luft zum Anlassen nicht mehr aus, dann wird Kohlensäure in die Luftflaschen nachgefüllt. Keinesfalls dürfen irgendwelche andere komprimierte Gase verwendet werden, insbesondere nicht Sauerstoff, Wasserstoff o. dgl., da dies mit den größten Gefahren für das Personal wie für den Motor verbunden wäre. Die Verwendung von Sauerstoff hat schon zum Zerreißen des Zylinders Anlaß gegeßen, weil hierbei sehr heftige Zündungen mit sehr hohen Pressungen im Zylinder auftreten.

Für das Instandhalten des Motors gilt folgendes:

Der Kolben ist mindestens jedes Jahr einmal herauszunehmen, nachzusehen, sorgfältig von Öl und Rußkrusten zu reinigen und die Kolbenringe in der bekannten Weise (S. 391) leicht beweglich zu machen. Das Saugventil neigt nur wenig zur Abnutzung und Verschmutzung. Man braucht es nur alle 3—4 Monate nachzusehen. Das Auspuffventil soll bei ordnungsmäßigem Betrieb etwa einmal monatlich, und zwar möglichst bei warmer Maschine, herausgenommen, gereinigt und eingeschliffen werden. Bei dieser Gelegenheit reinige man gleichzeitig den Kolbenboden.

Ein Haupterfordernis für einen einwandfreien Betrieb des Dieselmotors ist, daß das Brennstoffventil gut auf seinem Sitz abdichtet. Ist die Brennstoffnadel undicht, was z. B. bei unvollkommener Verbrennung, d. h. bei rußendem Betrieb eintreten kann, so hat dies zur Folge, daß schon vorzeitig Brennstoff in den Zylinder gelangt. Es gibt dann unter Umständen Frühzünder, die sehr hohe Spannungen verursachen können. Das Brennstoffventil sollte deshalb täglich auf Dichtheit nachgesehen und beim Wiederansetzen mehrmals auf dem Sitz gedreht und beobachtet werden. Die Brennstoffnadel muß ferner in ihrer Packung leicht beweglich sein, so daß ein Hängenbleiben ausgeschlossen ist. Ein Nachziehen der Packung darf nur bei stillstehender Maschine stattfinden, keinesfalls während des Betriebs. Beim Ersatz der Packung der Brennstoffnadel achte man besonders darauf, daß diese nicht einseitig ausfällt. Anfängliches geringfügiges Blasen neu verpackter Stopfbüchsen schadet nichts; die Undichtheit verliert sich nach einigen Betriebstagen.

Je nach der Reinheit des Brennstoffes, und je nach der Betriebsart muß der Zerstäuber in angemessenen Zeitabschnitten gereinigt werden. Ist der Zerstäuber verschmutzt, so macht sich dies durch rußigen Auspuff bemerkbar.

Die Luftpumpenventile müssen des öfteren nachgesehen werden, weil sie klein sind, sich ziemlich stark erwärmen und hierbei gegen hohen Druck abzudichten haben. Die Ventile der Luftpumpe sind deshalb etwa jeden Monat auf leichte Beweglichkeit zu prüfen und allenfalls einzuschleifen. Ventile mit stark eingeschlagenen Sitzflächen sind auszuwechseln. Der Luftpumpenkolben ist etwa halbjährlich herauszunehmen und gründlich zu reinigen; etwa festsitzende Kolbenringe sind zu lösen.

Die Ventile der Brennstoffpumpe sind alle 2—3 Monate nachzusehen und nötigenfalls einzuschleifen. Vor ihrem Wiedereinsetzen ist das Pumpengehäuse gründlich mit Petroleum auszuwaschen. Der Packung der Brennstoffpumpe ist besondere Sorgfalt zu widmen.

Der Rippeneinsatz im Zwischenkühler ist etwa alle 1—2 Monate herauszunehmen und zu reinigen, ebenso das Gefäß.

Sind die Instandsetzungsarbeiten beendigt und der Motor wieder zusammengebaut, so ist die Steuerung genau zu untersuchen; man drehe das Schwungrad einigemal mittels des Schaltwerks, um bei Wiederinbetriebnahme des Motors sicher zu sein, daß alles in Ordnung ist. Außerdem müssen die Ventile nach dem Einschleifen auf Dichtheit geprüft werden, besonders das Brennstoffventil. Zu diesem Zweck stelle man die Kurbel in den oberen Zündtotpunkt; hierbei sind alle Ventile, mit Ausnahme des Einsaugventils, das durch den Sperrhebel offen gehalten wird, geschlossen. Man setze die Einblaseleitung durch Öffnen des Hauptventils am Einblasegefäß unter Druck. Eine Undichtheit der Brennstoffnadel macht sich dann durch ein zischendes Geräusch am Einsaugrohr bemerkbar. Die Undichtheit ist zu beseitigen.

Der verwendete Brennstoff darf nicht zu dickflüssig sein; auch darf er nicht mit mechanischen Verunreinigungen zur Maschine gelangen. Solche Verunreinigungen können Undichtheiten der Ventile herbeiführen. Die Filtriergefäße sowie das Brennstoffvorratsgefäß sind deshalb halbjährlich zu reinigen. Die Ablaßhahnen am Boden der Filtriergefäße sind von Zeit zu Zeit zu öffnen, um das abgesetzte Wasser zu entfernen.

Bezüglich der Schmierung des Arbeitszylinders sind die Ausführungen S. 351 und 390ff. zu beachten. Zur Beurteilung der Schmierung der Luftpumpe, bei Zweitaktmaschinen auch der Spülpumpe, bedient man sich mit Vorteil der auf S. 351 besprochenen Ausblaseprobe. Zu reichliches Schmieren der Luftpumpe ist mit Rücksicht auf die Gefahr von Ölexplosionen in den Druckleitungen zu vermeiden. Ölexplosionen treten besonders dann ein, wenn der Entflammungspunkt des Schmieröls zu niedrig ist.

Bezüglich der Reinigung der Kühlräume von angesetztem Kesselstein sei auf die Ausführungen S. 394 verwiesen.

Werden in der Wartung des Motors Fehler gemacht, so können folgende Störungen eintreten:

Ist das Anlaßventil undicht oder in der Führung hängen geblieben, so bewegt sich die Kurbel beim Anlassen nach abwärts, ohne zwei volle Umdrehungen auszuführen; der Motor pendelt zurück und aus dem Einsaugrohr bläst stark Luft heraus. Die Undichtheit ist zu beseitigen.

Erreicht der Motor beim Anlassen die erforderliche Geschwindigkeit, erfolgt jedoch nach dem Umstellen des Anlaßhebels von der Anlaß- in die Betriebstellung keine Zündung, so war entweder kein Brennstoff im Zerstäuber, oder die Abstellstange der Brennstoffpumpe war nicht in Betriebstellung, oder die Brennstoffpumpenventile sind undicht oder verschmutzt, oder es ist Luft in der Brennstoffpumpe vorhanden, oder das Auspuffventil ist stark undicht, oder die Brennstoffhahnen waren geschlossen, oder es ist zuviel Wasser oder Schmutz in den Brennstoff-Filtriergefäßen, oder die Temperatur im Maschinenraum ist zu niedrig, so daß der Brennstoff zu dickflüssig ist. Letzteres ist durch leichtes Anwärmen der Leitungen zu beseitigen.

Ist in der Brennstoffpumpe Luft, so dehnt sich diese während des Saughubes aus und wird während des Druckhubes verdichtet. Damit hängt es zusammen, daß unter Umständen überhaupt kein Brennstoff gefördert wird. Die Luft rührt meist vom Reinigen der Brennstoffpumpe her.

Stößt der Motor, so ist der Einblasedruck für die vorhandene Belastung zu hoch, oder es ist die Bohrung der Düsenplatte durch das tägliche Ausreiben zu groß geworden, oder die Brennstoffnadel ist undicht oder bleibt hängen.

Wenn der Auspuff rußt, so ist dies bei einwandfreiem, nicht zu schwer verbrennlichem Treiböl meist darauf zurückzuführen, daß die Maschine überlastet ist, daß der Einblasedruck zu niedrig oder die Brennstoffnadel undicht ist. Das Rußen kann auch daher rühren, daß das Einsaugventil, das Auspuffventil oder das Anlaßventil undicht sind, daß der Zerstäuber verschmutzt oder die Düsenplatte infolge ungeeigneten Brennstoffs zugewachsen ist. Letztere ist daher während jeder Betriebspause durchzustoßen und der Zerstäuber alle 2—3 Tage zu reinigen.

Eine rußende Verbrennung kann auch darauf zurückzuführen sein, daß — sei es infolge von Abnützung oder infolge unrichtigen Zusammenbaus — das Spiel zwischen Brennstoffnocken und Rolle zu groß ist. Die Folge hiervon ist, daß die Brennstoffnadel später öffnet und früher schließt, und daß ihr ohnedies kleiner Hub verhältnismäßig stark verringert wird. Zu später Brennstoffeintritt verursacht aber Nachbrennen und rußende Verbrennung. Gleichzeitig geht die Leistung des Motors zurück, weil sowohl die Größe als auch die Dauer der Öffnung der Brennstoffnadel kleiner wurden.

Bleibt das Auspuffventil hängen, so kann es sein, daß seine Haube zu stark angezogen, oder daß seine Feder gebrochen ist; weiterhin ist möglich, daß sich das Auspuffventil in seiner Führung klemmt durch verharztes Öl oder festgebrannten Ruß; letzterer ist eine Folge andauernden Arbeitens mit rußigem Auspuff.

Arbeitet die Luftpumpe ungenügend, so kann es sein, daß der Zwischenkühler verschmutzt ist, daß die Luftpumpen-Saug- und Druckventile infolge zu reichlicher Schmierung des Luftpumpenkolbens verschmutzt oder undicht sind, daß der schädliche Raum der Pumpe zu groß ist, daß die Kolbenringe festgerostet und undicht sind, oder daß die Druckventile durch den Kolben geöffnet werden; im letzteren Falle feile man die Ventile etwas ab.

Schwankt der Regulator stark, so kann der Einblasedruck bei geringen Belastungen zu hoch sein, oder es klemmt sich der Kolben der Luftbremse, oder es sind Klemmungen im Reguliergestänge vorhanden, oder endlich die Brennstoffpumpenventile sind undicht oder bleiben infolge Verschmutzens hängen.

Ist aus dem Einblasegefäß und den Anlaßgefäßen die Luft entwichen, so ist dies ein Zeichen, daß die Ventile nicht sorgfältig geschlossen wurden, oder daß die Sitze der Ventile undicht sind und frisch eingeschliffen werden müssen.

Wenn der Motor stehen bleibt, so ist er entweder überlastet, oder das Brennstoffgefäß ist leer geworden, oder die Filtriergefäße sind durch Verunreinigungen verstopft, oder endlich der Brennstoff enthält Wasser; im letzteren Falle muß das Filtriergefäß abgelassen und mit frischem Brennstoff nachgefüllt werden.

Unregelmäßigkeiten in der Arbeitsweise des Motors kommen meist auch im Indikatordiagramm zum Ausdruck; vgl. Fig. 129—133, S. 445.

100. Betrieb von Kraftgasanlagen.

Für den motorischen Teil gilt im wesentlichen dasselbe wie für Leuchtgasmotoren; es sei deshalb auf Abschnitt 96 verwiesen. Nur ist hier mit Rücksicht auf die im praktischen Betrieb meist geringere Reinheit des Kraftgases eine häufigere Reinigung des Motors notwendig. Der Kolben ist etwa alle 4 Wochen herauszunehmen und gut zu reinigen. Alle 8—14 Tage sind sämtliche Ventile mit Petroleum gründlich zu reinigen und die Sitzflächen, wenn nötig, mit feinem Schmirgel nachzuschleifen. Bei Kraftgasanlagen größerer Leistung, die mit reichlich bemessenen Reinigungsapparaten ausgerüstet sind, kommt man mit viel weniger häufigem Reinigen von Kolben, Ventilen usw. aus.

Bei den Anthrazit- und Koks-Generatoranlagen ist folgendes zu beachten:

Die Inbetriebsetzung aus dem kalten Zustande dauert bei Anthrazitanlagen 20—30 Minuten und mehr, je nach Größe der Anlage, bei Koksanlagen $^1/_2$—1 Stunde und länger. Man fülle zunächst den Verdampfer mit Wasser, bis der Überlauf tropft, und gebe etwas Wasser unter den Rost, damit der Rost gekühlt und die Schlackenbildung verringert wird. Im Betrieb braucht es kein Wasser mehr unter dem Rost, da alsdann der Verdampfer genügend Dampf zur Gaserzeugung und Rostkühlung liefert. Man stelle das Umschaltorgan (Wechselventil oder Dreiweghahn) auf Abgasleitung, so daß die Abgase unmittelbar ins Freie entweichen können, und mache im Generator Feuer wie in einem Zimmerofen. Ist das Feuer gut im Gang, so wird etwa 5 Minuten mit dem Ventilator geblasen. Hierauf füllt man den Generator auf etwa zwei Drittel seiner Schachthöhe mit Brennstoff und bläst, bis letzterer gut im Brand ist. Danach füllt man den Generator vollständig auf und kann nun die Anlage in Betrieb setzen, sobald das Gas gut brennbar ist. Dies wird an einem Probierhahn zwischen Generator und Wäscher festgestellt. Es wird nun das Wechselventil umgeschaltet und das Gas zwecks Entlüftung noch eine Zeitlang durch die Reinigungsanlage und die Rohrleitung geblasen, bis es auch am Probierhahn des Motors gut brennt. Alsdann kann der Motor angesetzt werden. Bis der frisch angeheizte Generator vollkommen im Beharrungszustand ist, verstreichen 1—2 Stunden, je nach Größe der Anlage und je nach dem Brennstoff.

Bezüglich des Wechselventils ist zu erwähnen, daß dieses möglichst rein gehalten werden muß, damit der Ventilteller in seiner oberen und unteren Stellung gut abdichtet. Zeigen sich Undichtigkeiten, so ist das Ventil sofort nachzuschleifen, da durch Eintreten von Luft während des Betriebes Störungen, unter Umständen sogar Explosionen eintreten können.

Ist die Anlage im Betrieb, so ist der Wasserzulauf zum Verdampfer so zu regulieren, daß der Überlauf tropft (nicht fließt) und daß er in diesem Zustande bleibt, solange Feuer im Generator ist. Sodann ist zu kontrollieren, ob genügend Wasser zum Wäscher läuft; man stellt dies durch Befühlen mit der Hand fest. Der Wäscher darf im unteren Drittel seiner Höhe höchstens handwarm werden; oben muß er kühl sein, damit das Gas kalt abgeht. Sammelt sich viel Wasser im Gastopf, so geht in der Regel der Wäscher zu warm.

Der Wäscher wird meist mit Zechen- oder Hüttenkoks von etwa Faustgröße gefüllt. Es kann auch Gaskoks verwendet werden, wenn dieser ziemlich fest und genügend großstückig ist. Zu kleine Koksstücke bewirken ein vorzeitiges Verschmutzen des Wäschers und eine ungleiche Wasserverteilung. Die unten auf den Holz- oder Eisenrost kommenden Stücke sind besonders groß zu nehmen, damit Verstopfungen sicher vermieden werden. Etwa halbjährlich erneuere man die Koksfüllung des Wäschers, wobei die alte Füllung durch die über dem Rost gelegene Putztür zu entfernen ist. Beim Neufüllen des Wäschers sollten jedesmal seine Innenwandungen, nachdem sie vorher gründlich gereinigt wurden, mit Eisenmennige, Firnis oder heißem Steinkohlenteer gestrichen werden.

Das Kondenswasser aus dem Gaskessel und sonstigen vorhandenen Entwässerungsstellen ist täglich abzulassen. Etwa wöchentlich nehme man die Wäscherbrause und sonstgien Brausen heraus und reinige sie, falls ihre Löcher verstopft sind. Etwa alle 14 Tage reinige man den Wassertopf, in den das Wäscherwasser fließt, gründlich von Schlamm, desgleichen den Boden des Wäschers durch Öffnen der unteren Putztür.

Der Generator ist bei jedem Stillstand (morgens, mittags, abends) abzuschlacken, wenn nötig auch während des Betriebes bei nicht vollbelastetem Motor. Wird während des Betriebes abgeschlackt, so hat dies möglichst rasch zu geschehen, damit das Gas nicht durch Lufteintritt zu sehr verschlechtert wird. Mindestens einmal im Tag ist der Generator durch den Doppelverschluß oder die im Deckel vorgesehenen Löcher durchzustoßen, um einesteils an den Schachtwänden angesetzte Schlacken, andernteils etwa in der Brennstoffschicht entstandene Hohlräume zu beseitigen und die Kohle besser zu schichten. Beim Durchstoßen ist jedoch mit der nötigen Vorsicht zu verfahren, damit die Ausmauerung nicht beschädigt wird.

Drei- bis sechsmal im Jahre, je nach der Güte der Kohlen, ist der Generator stillzusetzen, gänzlich zu entleeren und die Schlacke von den Schachtwänden und den Roststäben zu entfernen. Zeigen sich hierbei in der Ausmauerung Fugen oder Risse, so sind sie sofort auszuschmieren. Ist die Ausmauerung stark schadhaft geworden, so muß sie erneuert werden, da andernfalls der Kohlenverbrauch zunimmt und der Generatormantel zu heiß wird und Schaden erleidet. Die Lebensdauer einer Ausmauerung beträgt durchschnittlich $1\,^1/_2$ Jahre. Beim Entleeren des Generators ist darauf zu achten, daß die Ausmauerung nicht durch zu schnelles Abkühlen beschädigt wird. Am besten läßt man die Kohle möglichst weit herunterbrennen, zieht dann den Rest heraus, schließt sofort alle Öffnungen am Generator ab und läßt ihn so lange stehen, bis er abgekühlt ist. Beim Herausziehen der Kohlen ist der Generatorraum gut zu lüften, da das hierbei entweichende Kohlenoxyd giftig ist.

Während des Betriebes ist der Generator von Zeit zu Zeit nachzufüllen, am besten regelmäßig alle $^3/_4$—1 Stunde. Wird mit zu geringer Schichthöhe gearbeitet, was man daran erkennt, daß die oberste Schicht hellrot aussieht, so hat dies einen höheren Kohlenverbrauch und einen rascheren Verschleiß des Generators zur Folge. Die Schichthöhe des Generators richtet sich nach der Art des Brennstoffs und der Größe der Körnung. Je grobkörniger der Brennstoff, mit desto höherer Schicht ist zu arbeiten.

Der Verdampfer ist stets rein zu halten. Der Wasserraum ist von Zeit zu Zeit von Schlamm und Kesselstein zu befreien. Die Flugasche muß wöchentlich mindestens einmal aus dem Unterteil des Verdampfers entfernt werden, sofern man nicht das Wäscherwasser dauernd in das Unterteil hineinfließen und dieses somit ausspülen läßt; vgl. Fig. 63, S. 252. Eine gute Reinhaltung der Heizfläche des Verdampfers ist von Wichtigkeit, weil sonst zu wenig Dampf erzeugt wird und der Generator infolgedessen zu heiß geht und schlechtes Gas liefert. Je mehr man der Luft Dampf zusetzt, desto größer ist der Wasserstoffgehalt des Gases, desto mehr wächst aber auch der Gehalt an Kohlensäure. Die Dampferzeugung läßt sich durch Regulierung der Temperatur im Verdampfer beeinflussen. Will man weniger Dampf, so hat man nur etwas mehr Wasser zu geben; alsdann sinkt die Temperatur im Verdampfer und man bekommt ein Gas von geringerem Wasserstoffgehalt. Will man anderseits mehr Dampf zusetzen, so muß der Wasserzufluß zum Verdampfer verringert werden. Dies wird von dem Bedienungspersonal häufig falsch verstanden.

Nicht selten läßt man das Überlaufwasser des Verdampfers unter den Rost treten, wo es in der Hauptsache zur Rostkühlung dient, nebenbei jedoch auch zur Gasbildung beiträgt, da es durch die strahlende Wärme des Rostes teilweise verdampft. Die Rostkühlung geschieht jedoch zweckmäßiger dadurch, daß man der Luft bereits vom Verdampfer her die gewünschte Menge Wasserdampf zusetzt. Beim Schlacken kann es nämlich vorkommen, und dies ist insbesondere bei Anlagen für Dauerbetrieb nicht außer acht zu lassen, daß durch den Rost fallende glühende Schlacken- oder Brennstoffteilchen eine lebhafte Verdampfung des im Aschenraum befindlichen Wassers und damit einen hohen Wasserstoffgehalt des Gases zur Folge haben. Ein allzu hoher Wasserstoffgehalt des Gases ist aber für den Betrieb des Motors nicht erwünscht. Es ergeben sich hierbei leicht scharfe Zündungen oder gar Selbstzünder, so daß der Motor mehr oder weniger stark stößt.

Die durchschnittliche Zusammensetzung des Anthrazit- oder Koksgases ist etwa die folgende:

Wasserstoff (H)	12 —15	Vol.-%
Kohlenoxyd (CO)	29 —26	»
Sumpfgas oder Methan (CH_4) . .	0,4— 1,2	»
Kohlensäure (CO_2)	5 — 8	»
Stickstoff (N) als Rest	53,6—49,8	»

In 100 Teilen Gas sind sonach rund 42 Teile brennbar. Der Wasserzusatz ist hierbei zu 0,5—0,6 kg für jedes Kilogramm Brennstoff angenommen. Häufig wählt man den Wasserzusatz größer, jedoch sollte man mit Rücksicht auf den Motorenbetrieb nicht über 1—1,2 kg/kg Brennstoff gehen, da schon bei diesem Wasserzusatz scharfe Zündungen auftreten. Bei Anlagen mit Nebenproduktengewinnung geht man allerdings mit dem Wasserzusatz bis auf etwa $2^1/_2$ kg; man nimmt hier mit Rücksicht auf möglichst hohe Stickstoffausbeute einen größeren Wasserstoffgehalt in Kauf.

Im Betriebe soll von Zeit zu Zeit der Gasdruck an den verschiedenen Stellen der Generatoranlage beobachtet werden, damit man erkennt, ob alles in Ordnung ist. Bei normalem Betrieb sind die Widerstände im Generator etwa 20—100 mm, im Wäscher 10—40 mm, im Sägespänereiniger oder Kondensator etwa 10—60 mm, im Teerabscheider etwa 50—100 mm. Zu diesen Verlusten kommen noch diejenigen durch den Rohrleitungswiderstand. Die Gesamtheit dieser Verluste entspricht der Saugspannung am Motor und sollte 200—250 mm Wassersäule nicht überschreiten. Zu starker Unterdruck vermindert die Maschinenleistung. Ist der Unterdruck noch dazu starken Schwankungen unterworfen, so ist ein häufiges Regulieren das Gashahns, wie auch des Lufthahns erforderlich.

Beim Nachlassen der Leistung des Motors ist zunächst der Gasdruckmesser am Motor nachzusehen. Zeigt dieser zu hohen Unterdruck an, so ist entweder die Leitung oder ein Apparat durch Verschmutzung o. dgl. verstopft, oder das Wäscherwasser läuft nicht ab, oder es ist zu viel Wasser im Gastopf, oder endlich der Generator ist verschlackt. Zeigt der Druckmesser den Unterdruck ungewöhnlich klein an, so kann es sein, daß der Brennstoff im Generator fast aufgezehrt ist.

Alle 4—6 Monate sind sämtliche Gasleitungen gründlich zu reinigen.

Ist ein Sägespänereiniger vorhanden, so ist dessen Füllung alle 4 bis 6 Wochen zu erneuern. Bei schlechtem Brennstoff oder mangelhafter Bedienung ist die Füllung des Sägespänereinigers öfter zu ersetzen. Wann die Füllung erneuert werden muß, erkennt man am besten am Druckmesser; sobald der Druckunterschied des Reinigers etwa 100 mm übersteigt, muß er neu gefüllt werden.

Nach jeder größeren Reinigung der Anlage nehme man eine Prüfung der Apparate und der Leitung auf Dichtigkeit vor. Dies geschieht vor dem Anheizen des Generators in der Weise, daß man mittels des Ventilators bei geschlossenem Gashahn am Motor Luft in die Apparate und die Leitung hineindrückt. Bestreicht man die Nähte und Flanschenverbindungen der Apparate und Leitungen mit dickem Seifenwasser, so machen sich undichte Stellen dadurch bemerkbar, daß sich dort Seifenblasen bilden.

Bevor man irgendwelche Reinigungsarbeiten an der Generatoranlage vornimmt, sind sämtliche Apparate so lange mit dem Ventilator durchzublasen und zu lüften, bis man sicher ist, daß sämtliches Gas aus den Apparaten und Leitungen vertrieben ist. Die Reinigung der Apparate soll möglichst tagsüber geschehen. Mit offenem Licht darf keinesfalls in die Reinigungsapparate hineingeleuchtet werden.

Nach Schluß des Betriebes wird zuerst der Motor abgestellt. Dann schaltet man den Generator durch Umstellen des Wechselventils auf Abgasleitung, schlackt ihn gründlich ab, zieht die Asche unter dem Rost heraus und füllt ihn wieder auf. Der Generator brennt alsdann während der Betriebspause oder während der Nachtzeit wie ein gewöhnlicher Füllofen langsam weiter, so daß bei der Wiederinbetriebsetzung am nächsten Morgen nur ein Warmblasen notwendig ist; dies nimmt etwa 10—20 Minuten in Anspruch. Das Weiterbrennen des Generators bedingt einen gewissen Abbrandverlust. Dieser beträgt bei Anthrazit- und Koksbetrieb für jede Stunde Stillstand etwa 5—10% des Verbrauchs bei normaler Leistung, je nach der eingestellten Zugstärke und je nach der Güte des Generators und seiner Isolierung. Man wird deshalb zweckmäßig bei längeren Betriebspausen den Generator ausgehen lassen. Bei ganz kleinen Generatoren wird vielfach der Generator jeden Abend entleert, der glühende Brennstoff mit Wasser abgelöscht und am andern Tage wieder verwendet.

Die Generatoren für bituminöse Brennstoffe (Kohlen, kohlehaltigen Koks, Torf) weichen in ihrer Bauart und Wirkungsweise wesentlich von denen für bitumenfreie Brennstoffe ab. Soweit es sich um die Vergasung nicht zu feuchter böhmischer Braunkohlen, Braunkohlenbriketts und nicht zu nassen Torfes handelt, besitzen sie zwei Feuer (Zweifeuergeneratoren). Im oberen Feuer wird der Brennstoff hauptsächlich entgast bzw. entteert, während im unteren Feuer die eigentliche Vergasung stattfindet. Besonders angenehm und sicher gestaltet sich der Betrieb mit Braunkohlenbriketts. Der Brikettgenerator ist weit weniger empfindlich als der Anthrazitgenerator und gibt, da er in Anbetracht des hohen Wassergehalts der Briketts in der Regel keinen Verdampfer braucht, auch ein verhältnismäßig gleichbleibendes Gas. Er läßt sich bei voller Belastung anstandslos schlacken und durchstoßen, weshalb er besonders für Dauerbetriebe geeignet ist. Zudem fällt die Teerbildung weg, die beim Anthrazitgenerator nie ganz zu vermeiden ist, um so mehr als dem Anthrazit nicht selten Steinkohlen (Magerkohlen) zugemischt werden. Die im Doppelfeuergenerator herrschenden Temperaturen und seine sonstigen Eigenschaften genügen jedoch nicht, auch aus Steinkohlen ein teer- und namentlich auch genügend rußfreies Gas herstellen zu können. Man verwendet hierfür zweckmäßiger die mit Verbrennungsvorrichtungen für Teer und Ruß versehenen »Umsaugegeneratoren«, auf die jedoch ihrer verhältnismäßig geringen Verbreitung wegen nicht weiter eingegangen sei, obwohl sich ihr Bau in allerjüngster Zeit erheblich gesteigert hat, weil es mit ihnen unter gewissen Umständen möglich ist, das in der Kohle enthaltene Bitumen als höchst wertvollen »Tieftemperaturteer« zu gewinnen. Im nachfolgenden sei nur von den Doppelfeuer-(Brikett-)Generatoren die Rede.

Beim Anfachen des Doppelgenerators werden die Verbrennungsgase mittels eines Exhaustors durch den Generator und Wäscher hindurchgesaugt und in das Rauchrohr gedrückt. Das Anblasen des Brikettgenerators aus dem kalten Zustand kommt jedoch nur etwa alle 4 bis 8 Wochen in Betracht, nach welchem Zeitraum ohnedies meist eine gründliche Reinigung des Generators notwendig wird. Man läßt nämlich Brikettgeneratoren in den Betriebspausen gewöhnlich durchbrennen, weil ihr Inbetriebsetzen aus dem kalten Zustand bis zur Erzielung eines teerfreien Gases sehr lange dauert, etwa 10—20 Stunden, je nach Größe, und weil sich hierbei ein Rauch entwickelt, der durch seinen üblen Geruch unter Umständen die Nachbarschaft erheblich belästigt. Bei besonders guten Briketts mit geringer Aschen- und Schlackenbildung sowie bei guter Bedienung der Anlage kann der Generator unter Umständen bis zu einem Jahr durchbrennen. Das Anblasen des Generators aus dem kalten Zustand erfolgt demnach äußerst selten, so daß von einer Geruchsbelästigung, insbesondere beim Einbau eines Rauchverbrennungsapparates, eigentlich kaum die Rede sein kann. Wenn eine Geruchsbelästigung vollständig vermieden werden soll, so kann dies dadurch geschehen, daß man das Rauchrohr entsprechend hoch führt, oder daß man den Generator mit Koks in Betrieb setzt, was noch den Vorteil hat, daß man schon in 2—5 Stunden brennbares, teerfreies Gas hat und somit schneller in Betrieb kommt.

Das Warmblasen des Brikettgenerators erfordert nur etwa 5—10 Minuten und verursacht keinerlei Geruchsbelästigung. Da der Brikettgenerator infolge der schlechten Wärmeleitungsfähigkeit und des hohen Sauerstoffgehaltes der Briketts seinen Wärmezustand besser erhält als der Anthrazitgenerator, so erfordert das Warmblasen weniger Zeit als bei diesem.

Die obere Feuerzone soll mindestens 600 mm über der im Generator befindlichen Absaugstelle liegen. Man kontrolliere dies durch eine eingesteckte Eisenstange; falls das Feuer zu tief liegt, so ist die

Luftzufuhr zum unteren Feuer zu verringern. Liegt hingegen die Feuerzone zu hoch, so ist die untere Luftzuführung mehr zu öffnen.

Das Reinigen des Rostes und das Abziehen der Asche und Schlacke während des Ganges der Maschine soll in der Regel bei 10stündigem Betrieb zweimal am Tage vorgenommen werden. Allzu vieles Putzen ist schädlich und hat Teerbildung zur Folge. Wird hingegen zu wenig geputzt, so setzt sich das verbrannte Material in der Nähe der Absaugstelle fest und erschwert den Gasaustritt. Das Stochen von oben ist nicht zu oft vorzunehmen, etwa nur einmal am Tage, da hierdurch die Briketts leicht zerstoßen werden.

Auch hier ist nach etwa 2—4 Monaten der Generator stillzusetzen, das Feuer herauszunehmen und der Generator gründlich von angesetzten Schlacken zu reinigen und allenfalls auszubessern (vgl. oben).

Ist der im Generator verarbeitete Brennstoff schwefelhaltig, so entsteht bei der Verbrennung des Gases im Motor — neben SO_3 — schweflige Säure (SO_2). Diese greift zwar im dampfförmigen Zustand die Metalle nicht an. Wenn sich dagegen der in den Verbrennungsprodukten enthaltene Wasserdampf durch Abkühlung verflüssigt und dadurch die Fähigkeit erlangt, schweflige Säure zu absorbieren, so können die Eisenteile stark angegriffen werden; vgl. S. 371.

Solche Kondensationserscheinungen spielen sich in erster Linie im Auspuffrohr ab, und zwar um so mehr, je höher das letztere ist. Man sollte deshalb gemäß S. 253 die Auspuffrohre nur aus Gußeisen machen, um einem Zerfressen möglichst lange vorzubeugen. Weiterhin sollte man das besonders bei Großgasmaschinen ohne Abwärmeverwertung beliebte Einspritzen von Wasser in den Auspuff (behufs Verringerung der Temperatur der Auspuffrohre und behufs Dämpfung des Auspuffgeräusches) unterlassen und durch geeignete Konstruktionen dafür sorgen, daß die mit Wasser gekühlten Auspuffventile der Großgasmaschinen kein Wasser in den Auspuff gelangen lassen.

Das beste wäre es natürlich, überhaupt keinen schwefelhaltigen Brennstoff zu verwenden. Dies ist jedoch nicht möglich, da jeder Brennstoff mehr oder weniger Schwefel enthält. Der durchschnittliche Schwefelgehalt guten Anthrazits liegt unter 1%, derjenige guter Braunkohlen zwischen 1 und 2%. Es gibt zwar auch Braunkohlen, bei denen der Schwefelgehalt erheblich kleiner ist als 1%, aber auch solche, bei denen er erheblich größer ist als 2%.

Man kann das Gas in fast vollkommener Weise von seinem Schwefelgehalt befreien, wenn man es nach erfolgter Naßreinigung durch Raseneisenerz hindurchleitet. Die Kosten für das Raseneisenerz sind zwar geringe, da es sich durch Lüften (Ausbreiten und Umschaufeln) mehrmals regenerieren läßt, dagegen entstehen für den Reiniger erhebliche Kosten, weshalb man meist auf die Schwefelreinigung verzichtet.

Für den Zylinder und den Kolben des Motors ist der Schwefelgehalt des Gases nicht so schlimm, wie man gewöhnlich annimmt, zumal diese Teile aus Gußeisen bestehen, das gegenüber chemischen Angriffen an sich widerstandsfähiger ist. Im Zylinder herrschen, sofern man die

Maschine genügend warm arbeiten läßt (etwa 40—50° C Kühlwassertemperatur), immer solche Temperaturen, daß sowohl die schweflige Säure als auch das Wasser dampfförmig sind. Wenn dafür gesorgt wird, daß in die Auspuffleitung kein Wasser eingespritzt wird, wie es bis vor kurzem bei Großgasmaschinen fast allgemein üblich war, so ist eine mehrjährige Haltbarkeit aller mit den heißen Gasen in Berührung kommenden Teile sicher, auch wenn kein Raseneisenerz zur Anwendung kommt.

Bezüglich des Gasprobierens, der Dichtigkeitsprüfung, der Wartung und Instandhaltung der Apparate usw. gilt für Brikettanlagen dasselbe wie für Anthrazitanlagen.

101. Betrieb von Großgasmaschinen[1]).

Die Ausführungen über Kleinmotoren im Abschnitt 96 gelten zum großen Teil auch hier. Im übrigen ist hier folgendes zu beachten:

Vor dem Anlassen der Maschine überzeuge man sich davon, daß die Schmierung in Ordnung ist. Ferner ist darauf zu achten, daß sich die Druckluft-Rückschlagventile an den Zylindern leicht öffnen und schließen.

Alsdann öffne man den Kühlwasserschieber und überzeuge sich davon, daß aus allen Kühlrohren Wasser ausströmt. Da Gefahr besteht, daß sich bei längerem Stillstand in der Gasleitung vor der Maschine Luft ansammelt, so muß diese vor dem Anlassen entfernt werden. Man öffne zu diesem Zweck den Hauptgasschieber und den Entlüftungsschieber. Das durch den Hauptgasschieber strömende Gas drückt alsdann die Luft durch den Entlüftungsschieber ins Freie. Hierbei müssen die an die Einströmgehäuse angebauten Gasabsperrorgane geschlossen sein, damit sich in den Einströmgehäusen, in den Luftansaugleitungen, in den Zylindern und den Auspuffleitungen kein brennbares Gemisch bilden kann. Ist die Leitung voll Gas, so wird das Entlüftungsventil und der Hauptgasschieber geschlossen. Beim Anlassen müssen das Hauptventil und die Anschlußventile der Zirkulationsölleitung geöffnet sowie die Tropfschmierer in Tätigkeit sein.

Die Maschine wird alsdann, nachdem sie vorher einigemal mit dem Schaltwerk gedreht und auf richtige Stellung gebracht ist, mit Druckluft von 20—25 at angelassen. Hat die Maschine einige Umdrehungen gemacht, so wird die Druckluft abgesperrt; alsdann erst schalte man die Zündvorrichtung ein und öffne langsam den Hauptgasschieber, bis Zündungen eintreten. Das Öffnen der Gasschieber hat bei Betrieb mit Koksofengas besonders vorsichtig zu erfolgen, da sonst leicht durch überreiches Gasgemisch zu scharfe Zündungen auftreten können. Das Einschalten der Zündung einer Maschine, solange noch Druckluftfüllungen gegeben werden, ist gefährlich, da mit der Möglichkeit gerechnet werden muß, daß sich im Zylinder Gemisch befindet,

[1]) Vgl. auch die allgemeinen Betriebsregeln Abschnitt 91.

dessen Entzündung infolge des durch die Druckluftnachfüllung erhöhten Kompressionsdruckes zerstörend wirkende Explosionen herbeiführen könnte.

Sobald die Maschine zündet, wird der Kontaktapparat langsam auf frühere Zündung eingestellt und der Hauptgasschieber vollständig geöffnet.

Die vorbeschriebene Art des Anlassens hat den Nachteil, daß viel Druckluft verbraucht wird, und daß man infolgedessen eine reichlich bemessene Kompressoranlage nötig hat. Ist die Maschine derart gebaut, daß nur einzelne Zylinderseiten, bei doppeltwirkenden Tandemmaschinen z. B. zwei Zylinderseiten, mit Druckluft angelassen werden, während die anderen beim Anlassen sofort ein Gasluftgemisch ansaugen, so kann Druckluft gespart werden und die Maschine kommt rascher in Gang. Für die Zylinderseiten, die Druckluftfüllungen erhalten, bleibt beim Anlassen die Gaszufuhr durch das unmittelbar vorgeschaltete Gasabsperrventil geschlossen. Nach Eintreten der Zündungen legt man die durch die Umsteuerwelle betätigten Nockenhebel der Druckluftventile um, schließt die Druckluftventile ab und stellt die Druckluftanlaßventile an den Zylindern fest.

Ehe die Maschine belastet wird, läßt man sie zweckmäßig etwa 5—10 Minuten leer laufen, damit sich die Zylinderwandungen, die Auslaßgehäuse, die Kolben nebst Kolbenstangen usw. ganz allmählich anwärmen. In dringenden Fällen kann jedoch die Maschine auch die ganze Belastung sofort aufnehmen.

Wenn eine Maschine nach längerem Stillstand wieder angesetzt werden soll, so überzeuge man sich davon, daß weder im Gasbehälter noch im Auspufftopf Wasser vorhanden ist. Wird die Maschine mit Hilfe des Schaltwerkes mindestens zweimal gedreht, ehe man zum Anlassen schreitet, so kann Wasser, das durch allenfallsige Risse oder sonstige Undichtheiten in die Zylinder gelangt ist, abfließen. Die Wasserablaufleitung am Auspuff, die meist siphonartig angelegt ist, darf keinesfalls verstopft oder eingefroren sein, da sonst die Maschine durch Wasserschläge zertrümmert werden kann[1]).

Nach erfolgtem Anlassen sind die Druckluftbehälter sofort wieder auf den vorgeschriebenen Druck zu füllen. Schlägt sich nach längerem Betrieb in den Behältern Wasser nieder, so ist dieses durch einen Entwässerungshahn abzulassen.

Läuft die Maschine ganz oder teilweise leer, so ist es für ihren gleichmäßigen Gang vorteilhaft, wenn der Kontaktapparat auf spätere Zündung eingestellt wird.

Um die Gasverteilungs- und Zündungsverhältnisse richtig zu übersehen, ist es zweckmäßig, die Maschine von Zeit zu Zeit zu indizieren.

Die Umdrehungszahl der Maschine kann durch Anspannen oder Nachlassen der Federwage in bestimmten Grenzen erhöht oder erniedrigt werden. In geringen Grenzen kann die Umdrehungszahl auch durch

---

[1]) Vgl. auch das S. 394 über Entstehung von Wasserschlägen Gesagte.

Verstellung des Zündzeitpunktes von Hand reguliert werden. Dies ist beim Parallelschalten von Drehstrommaschinen wichtig.

Für den Betrieb der Großgasmaschinen gilt im übrigen das gleiche wie für andere Großmaschinen. Bezüglich der Schmierung ist gemäß früher zu bemerken, daß die Ölzufuhr an allen Stellen, an denen das Öl nicht mehr zurückgewonnen werden kann, sparsam sein soll. Zu reichliche Schmierung der Stopfbüchsen und des Zylinders kann im Betrieb störend wirken, da dies zu starker Verschmutzung sowie zur Entstehung von Ölkrusten und dadurch bedingten Vorzündungen im Zylinderinnern Anlaß geben kann. Das Öl für die Umlaufschmierung braucht, wenn gutes Öl verwendet wird, und wenn im Betriebe kein Wasser dazu kommt, nur ein- bis zweimal im Jahre erneuert zu werden. Der Verlust an Umlauföl ist wöchentlich zu ergänzen. Das gebrauchte Umlauföl wird filtriert und ist dann noch zur Schmierung der Gleitbahnen und der Auslaßventilkegel verwendbar.

Von besonderer Wichtigkeit für die Wartung ist die Zylinderschmierung, da hiervon in erster Linie der gute Gang der Maschine abhängt. Bei Verwendung guten Zylinderöles darf der Zylinderverschleiß im Jahr nicht größer als 0,2—0,3 mm sein, vorausgesetzt, daß die Lauffläche der Zyinder genügend hart ist. Ein Ausbohren der Zylinder gehört alsdann zu den Seltenheiten.

Die Ablauftemperatur des Kühlwassers soll nicht mehr als 40—45° C betragen, wovon man sich von Zeit zu Zeit durch Kontrollthermometer zu überzeugen hat. Mindestens einmal im Tage sollen die Zylinder und Auspuffgehäuse abgefühlt werden, um festzustellen, ob keine unzulässige Erwärmung der Wandungen eintritt. Dies ist dann möglich, wenn das Kühlwasser schlammige Bestandteile mit sich führt, oder wenn eine der inneren Umlaufleitungen verstopft ist. Durch vermehrte Wasserzuführung ist zunächst zu versuchen, die erwärmte Stelle abzukühlen. Gelingt dies nicht, so ist die Maschine ehestens abzustellen und nach Öffnen der Schlammdeckel die Zylinder und Auspuffgehäuse zu reinigen.

Nach einer gewissen Betriebszeit, die sich nach der Härte und dem Schlammgehalt des Wassers richtet, sind die Kühlräume gründlich auszuspülen, um die Bildung stärkerer Ablagerungen zu verhindern. Gegebenenfalls sind die Wandungen aller gekühlten Teile auf mechanischem Wege oder allenfalls mit verdünnter Salzsäure von angesetztem Stein zu reinigen; vgl. S. 394. Mitunter werden die Zylinderwandungen nach den zeitweise erfolgenden Reinigungen mit Petroleum oder Teeröl angestrichen. Dadurch wird erreicht, daß der sich ansetzende Stein nicht fest anhaftet oder schon während des Betriebes abspringt und beim Auswaschen der Zylinder leicht entfernt werden kann.

Die Ventile der Kolbenstangenkühlung sollen so eingestellt werden, daß das von der Kühlwasserpumpe gelieferte Wasser ohne unnötige Druckerhöhung abfließen kann. Tritt an einer Kolbenstangenseite ein infolge Abreißens der Wassersäule in den Kolbenstangen hervorgerufenes Klatschen auf, so ist das betreffende Ventil ein wenig zu drosseln, wodurch in den meisten Fällen der Schlag beseitigt werden kann. Bei jeder Veränderung der Ventileinstellung ist die Kolbenstange anfangs besonders aufmerksam zu überwachen, ob sie nicht zu warm wird.

Stellt sich eine unzulässige Erwärmung der Kolbenstange ein, so kann diese darauf zurückzuführen sein, daß die Stopfbüchsen blasen oder fressen. Die zu starke Erwärmung der Kolbenstange kann aber auch darauf zurückzuführen sein, daß die Kühlwasser-Zuflußleitung oder die Verteilungsrohre innerhalb der Kolbenstange nicht in Ordnung sind. Ist durch Unachtsamkeit eines Maschinisten eine Kolbenstange heißgelaufen, so muß diese langsam und gleichmäßig abgekühlt werden. Um eine zu rasche Abkühlung einer heißgelaufenen Kolbenstange und damit einem Werfen derselben mit Sicherheit vorzubeugen, wird vielfach so verfahren, daß man die Maschine nicht sofort stillsetzt, sondern sie nur ausschaltet und mit verminderter Geschwindigkeit weiterlaufen und sich langsam abkühlen läßt.

Besondere Aufmerksamkeit ist der Zündvorrichtung zu widmen, da durch falsche oder nicht beabsichtigte Zündung der ordnungsmäßige Betrieb gestört wird. Die Bürsten am Stromverteilungsapparat sollen so eingestellt sein, daß die Zündungen bei Stellung des Stromverteilungsapparates auf Totpunkt auch wirklich in den zugehörigen Totpunkten erfolgen, da andernfalls die einzelnen Zylinderseiten im Betrieb ungleich zünden. Die Zündbüchsen sind bei gut gereinigtem und trockenem Gas etwa alle 4—6 Wochen auszubauen und zu reinigen, bei unreinem Gas entsprechend öfter. Vor dem Einbau soll jede Zündbüchse mittels Galvanoskops auf Isolationsfähigkeit untersucht werden.

Die Reinigung der Gasventile sollte etwa halbjährlich oder früher stattfinden, je nach dem Staubgehalt des Gases. Das Zylinderinnere soll mindestens alle $^1/_2$—1 Jahr befahren werden, um die Öl- und Staubkrusten zu entfernen, um den Lauf der Kolbenringe zu kontrollieren und gegebenenfalls die Sitze von Ein- und Auslaßventilen nachzuschleifen. Die Stopfbüchsen sind jedes Jahr ein- bis zweimal auszubauen und, wenn nötig, die Stoßfugen der Dichtungsringe nachzuarbeiten. Zeigen sich irgendwelche Risse an den mit den heißen Gasen in Berührung kommenden Zylinderteilen, so sind die Risse sofort abzubohren, um deren Vergrößerung zu vermeiden.

Bei Reinigung und bei Reparatur der Gasmaschine ist die Gasleitung außer durch den Hauptabsperrschieber noch durch Wasserverschluß abzusperren, um Gasaustritte und Vergiftungen des Personals zu vermeiden.

Die Reinigung der von der Hauptgasleitung zu den Maschinen führenden Gasleitungen ist bei genügend reinem Gas nur etwa alle 2 Jahre notwendig.

Mindestens einmal im Jahr muß die richtige Lage der Kurbelwelle nachgeprüft werden; denn die Lagerstellen nützen sich im Betrieb nicht alle gleichmäßig ab, so daß unter Umständen gefährliche Durchbiegungen oder gar Wellenbrüche entstehen können. Auch durch

Fundamentsenkungen oder Fundamentrisse können unzulässige Durchbiegungen herbeigeführt werden. Diese Untersuchung soll mit Hilfe einer Wasserwage vorgenommen werden. Falls sich ein beträchtlicher Unterschied gegenüber der ursprünglichen Lage der Kurbelwelle herausstellen sollte, so ist es notwendig, durch Unterlegen von Blechen unter die Lagerschalen oder durch Neuausgießen der Schalen die frühere Lage der Kurbelwelle wieder herzustellen.

Das Abstellen der Maschine kann in der Weise stattfinden, daß nach erfolgter Verringerung der Belastung und nach dem Abschalten vom Netz zunächst der Hauptgasschieber geschlossen wird und hierauf die unmittelbar im Einströmgehäuse sitzenden Gasabsperrorgane. Alsdann ist das Kühlwasser abzustellen. Wenn die Maschine nahezu stillsteht, wird der Schalthebel am Stromverteilungsapparat ausgerückt und hierdurch die Zündung abgestellt. Diese Maßnahme soll verhindern, daß sich beim Auslaufen der Maschine unverbrannte Gase im Zylinder oder in der Auspuffleitung ansammeln. Bei plötzlicher Betriebsgefahr, wenn die Sicherheit der Maschine gefährdet ist, kann jedoch unbedenklich bei voller Umlaufzahl der Hauptzündungsschalter am Stromverteilungsapparat ausgerückt werden, um ein schnelles Stillsetzen der Maschine herbeizuführen.

Um die Maschine möglichst langsam abzukühlen, wird beim Abstellen bisweilen auch so verfahren, daß man nach erfolgtem Abschalten vom Netz die Zündung zurückstellt, den Gasschieber drosselt und die Maschine mit allmählich abnehmender Geschwindigkeit 5—10 Minuten leer laufen läßt. Erst nach Abstellen des Kühlwassers wird die Zündung ausgeschaltet und zu gleicher Zeit der Gasschieber geschlossen. Durch diese allmähliche Abkühlung der Zylinderwandungen usw. wird zweifellos die Gefahr der Entstehung nachteiliger Wärmespannungen vermindert und damit die Lebensdauer der Maschinen erhöht.

Beim Stillstand der Maschine soll der Hauptgasschieber geschlossen bleiben. Bei längerem Stillstand ist es ratsam, die Maschine jeden Tag 2—3 Umdrehungen zu schalten und hierbei dem Zylinder sowie den Stopfbüchsen etwas Öl zuzuführen, um ein Einrosten und Festsetzen der Ringe zu verhindern.

Was die Revision der einzelnen Teile der Gasmaschinen betrifft, so ist diejenige auf Verschleiß der Zylinder mindestens einmal jährlich vorzunehmen und der Befund zu buchen. Gleichzeitig mit den Zylindern sind die Kolben zu revidieren und der Verschleiß der Kolbenringe festzustellen. Die Revision der Kurbelwellen sowie die Feststellung des Verschleißes der Lager und die Aufnahme der Wellenlage mittels Wasserwage mit Mikrometerschraube ist halbjährlich und die Revision der Kurbel- und Kreuzkopflagerschrauben sowie der Schwungradverbindungsschrauben vierteljährlich vorzunehmen. Die Sitzflächen der Ein- und Auslaßorgane sind halbjährlich, bei jedesmaliger Reinigung der Ventile, und die Ventilstellungen mindestens einmal jährlich zu kontrollieren und nachzuarbeiten. Und endlich ist die Lage der Kolbenstange zum Zylindermittel halbjährlich und der Windzylinder samt Kolben und Ventilen jährlich zu revidieren. Um den Befund dieser Revisionen jederzeit mit dem Zustand der Maschine bei Inbetriebsetzung vergleichen zu können, ist es notwendig, daß die betreffenden Teile der Maschine schon während der Montage oder nach vollendeter Montage genau untersucht werden und das Ergebnis der Untersuchung verbucht wird.

Die regelmäßigen Indizierungen der Gasmaschinen sollten mindestens einmal monatlich vorgenommen und in ein zu diesem Zweck für jede Maschine angelegtes Berichtbuch eingetragen werden. Bei diesen Indizierungen ist darauf zu achten, daß man sich durch Entnahme von Diagrammen über die Durchschnittsleistung und die Höchstleistung unterrichtet, sowie daß man sich durch Entnahme von Kompressionsdiagrammen, durch Entnahme von Ventilbewegungsdiagrammen, bei Gebläsemaschinen durch Entnahme entsprechender Winddiagramme, von dem Befund der Maschine überzeugt. Bezüglich der Form der Indikatordiagramme von Gasmaschinen sei auf Fig. 125—128, S. 442, verwiesen.

102. Betrieb von Wasserkraftanlagen[1]).

Beim Betrieb von Wasserkraftanlagen ist vor allem auf die zeitlichen Schwankungen der Wassermenge und des Gefälles Rücksicht zu nehmen. Die Schwankungen der Wassermenge werden teils natürlich, teils künstlich durch die Wasserkraftanlagen selbst herbeigeführt. Bekanntlich wird von jedem Wasserwerkbesitzer behauptet, die flußaufwärts gelegenen Werke seien die Ursache der im Betrieb nachteilig empfundenen Unregelmäßigkeiten in der Wasserführung. Diese Behauptung ist bei den heutigen Anlagen zum großen Teil berechtigt und trifft mehr oder weniger jür jede Wasserkraftanlage, auch die eigene, zu. Bei der oft sehr bedeutenden Gesamtoberfläche der Stauspiegel eines längeren Wasserlaufes haben Schwankungen des Wasserspiegels um 5—10 cm, wie sie beim Abstellen und Inbetriebnehmen von Wasserkraftanlagen auch bei gewissenhafter Schützenbedienung nicht zu vermeiden sind, einen großen Einfluß auf den Wasserzufluß der flußabwärts liegenden Werke. Beim Abstellen des Betriebes um die Mittagszeit oder abends und beim Wiederinbetriebsetzen findet je nach dem Wasserdurchlaß des Leerlaufs ein mehr oder weniger großes Aufstauen oder Fallen des Wasserspiegels statt, und zwar meist innerhalb kurzer Zeit. Die vielfach verbreitete Ansicht, daß die Schwankungen von den flußaufwärts liegenden Werken willkürlich und absichtlich herbeigeführt werden, ist meistens irrig. Der beste Ausgleich in bezug auf den Wasserdurchfluß ließe sich dann erreichen, wenn die Werke Tag und Nacht durchlaufen und die Turbinen nur mit Wasserstandsreglern (nicht mit Geschwindigkeitsreglern) arbeiten würden.

Auch für Wasserturbinen gilt, daß vor ihrer Inbetriebsetzung die Schmierung in Ordnung sein muß. Der Leitapparat wird zunächst

[1]) Siehe auch die allgemeinen Betriebsregeln Abschnitt 91.

geschlossen und die Einlaßschütze geöffnet. Nachdem die Turbinenkammer mit Wasser gefüllt ist, wird der Leitapparat langsam so weit geöffnet, daß die Turbine ihre normale Umlaufzahl erreicht. Ist ein Turbinenregler vorhanden, so sind noch die für diesen geltenden besonderen Betriebsvorschriften zu beachten. Bei der Verschiedenartigkeit der Konstruktion und der Empfindlichkeit dieser Apparate können allgemeine Verhaltungsmaßregeln nicht wohl gegeben werden.

Bei Turbinen mit längerer Druckleitung darf die Schütze nur langsam gezogen werden, damit die Luft in der Rohrleitung leicht entweichen kann, damit fernerhin die am unteren Ende der Rohrleitung mit großer Geschwindigkeit ankommenden Wassermassen möglichst gering sind und keine Zerstörungen an Rohrleitung oder Turbine hervorbringen, und damit endlich die Rohrleitung nicht so plötzlich abgekühlt wird, daß schädliche Wärmedehnungen entstehen können.

Um den Turbinenraum vor Kälte und Luftzug zu schützen, läßt man die Schützentafel etwa 100 mm ins Oberwasser tauchen. Bei Grundeisbildung muß auf Freihalten des Rechens geachtet werden. Es kann sich zu diesem Zweck eine Berieselung des Rechens mit Quellwasser empfehlen. Wo solches nicht vorhanden ist, kann man auch entsprechend angewärmtes Wasser verwenden. Damit ein Festfrieren von Leit- und Laufrad nicht eintreten kann, empfiehlt es sich, die Schütze auch in Betriebspausen offenzuhalten und die Turbine mit kleiner Beaufschlagung und ermäßigter Umlaufzahl weiterlaufen zu lassen. Diese Maßnahme kommt bei Turbinen mit Druckrohrleitung auch der letzteren zugute, weil schon eine geringe Bewegung des Wassers in der Rohrleitung genügt, um ihr Einfrieren zu verhindern.

Der Abkühlung besonders ausgesetzte Rohrteile, wie Abzweigungen von kleinerem Durchmesser, exponierte Stellen usw., müssen durch Tannenreisig, Stroh o. dgl., oder gegebenenfalls durch Bedecken mit Schnee geschützt werden.

Aus Gründen der Wirtschaftlichkeit hat man stets danach zu trachten, den Oberwasserspiegel so hoch als möglich zu halten, da mit sinkendem Oberwasser nicht nur das Nutzgefälle, sondern auch die Schluckfähigkeit der Turbinen abnimmt. Bedeutet H das normale und H_v das verminderte Nutzgefälle, so geht die Turbinenleistung im Verhältnis $\sqrt{H_v^3} : \sqrt{H^3}$ zurück. Besonders bei knappem Wasser hüte man sich, den Oberwasserspiegel durch zu weites Öffnen des Leitapparates abzusenken, da die Turbinenleistung sonst im geraden Verhältnis mit dem Gefälle zurückgeht, gleichbleibende Größe der zufließenden Wassermenge vorausgesetzt. Höchstens bei Anlagen mit größerem Stauweiher vor der Turbine kann es unter Umständen von Vorteil sein, neben der dauernd zufließenden Wassermenge noch diejenige zuzuführen, die während der Betriebspausen im Stauweiher zurückgehalten wurde. Hier tritt der Kraftverlust infolge der unvermeidlichen Senkung des Oberwasserspiegels zurück gegenüber dem Kraftgewinn durch die vermehrte Wassermenge.

Am Wehr wird der Wasserspiegel bei voll ausgenütztem Wasser gewöhnlich einige Zentimeter unter der Wehrkrone gehalten, damit nicht während der Betriebszeit schon bei der kleinsten Unregelmäßigkeit im Wasserzufluß oder -verbrauch Wasser über das Wehr fließt und so verlorengeht.

Bei Hochwasser oder überhaupt bei höheren Wasserständen haben die meisten Turbinenanlagen unter Rückstau im Unterwasserkanal zu leiden. Durch den Rückstau wird das Gefälle und damit die Leistung der Turbinen vermindert. Da zudem bei geringerem Gefälle die Umlaufzahl der Turbinen zu hoch ist, so tritt auch aus diesem Grunde eine Verminderung der Turbinenleistung (infolge Abnahme des Wirkungsgrades) ein. Dieser Einfluß kann allerdings durch Herabsetzung der Umlaufzahl ganz oder teilweise aufgehoben werden, vorausgesetzt daß der Betrieb einen langsameren Gang der Maschinen verträgt. Die Umlaufzahl der Turbinen müßte bei vermindertem Gefälle sein:

$$n_v = n \cdot \sqrt{\frac{H_v}{H}},$$

wobei n die normale Umdrehungszahl, H das normale und H_v das verminderte Gefälle bedeuten.

Bei vorübergehendem Stillstand einer Turbine stellt man diese durch Schließen des Leitapparates ab. Bei längeren Stillständen, z. B. über Nacht oder über Feiertage, ist auch die Einlaßschütze zu schließen.

In einem geordneten Betriebe sollten die Turbinen allwöchentlich einer äußeren Untersuchung unterzogen und allenfalls in die Turbinenkammern gelangter Unrat, Fremdkörper usw. entfernt werden. Bei Turbinen im geschlossenen Kessel öffne man zu diesem Zweck das Mannloch am Kessel und das Handloch am Saugrohrkrümmer, wodurch der Leitapparat und die Austrittseite des Laufrades zugänglich werden. Bei Spiralturbinen, deren innere Teile weniger leicht zugänglich sind, muß man sich damit begnügen, den Laufradaustritt durch das Handloch am Krümmer zu untersuchen. Man öffne und schließe alsdann den Leitapparat mehrmals gänzlich, und zwar bei nicht mit Wasser gefüllter Turbine, um sich davon zu überzeugen, daß sich kein Schmutz oder Fremdkörper zwischen den Leitschaufeln befinden.

Bei stark verunreinigten Wässern zeigen sich am Leit- und Laufrad vielfach schleimige oder kalkartige Ablagerungen, die von Zeit zu Zeit durch Abkratzen entfernt werden müssen. Zu diesem Zweck ist der Leitapparat vorsichtig auseinanderzunehmen, gegebenenfalls unter Anleitung des Lieferanten.

Die Wasserkraftanlagen im Gebirge haben bei Beginn der Schnee- und Eisschmelze sehr viel unter feinem Sand zu leiden; die Folge ist eine rasche Abnützung der Schaufeln und Düsen der Turbinen. Um die Abnützung der Schaufeln möglichst zu verringern, hat man schon versucht, sie vor Eintritt der Schneeschmelze mit einem widerstandsfähigen Lackanstrich zu versehen. Ein solcher hält jedoch gegenüber der scheuernden Wirkung des Sandes nur kurze Zeit stand. Außer den Angriffen durch Sand kommen aber noch andere vor, die auf der Rückseite der Laufschaufeln von Francisturbinen eintreten und mit Oxydationserscheinungen zusammenhängen.

Machen sich im Ausguß einer Turbine Luftblasen bemerkbar, so rühren diese gewöhnlich von eingesaugter Luft her. Da durch Luft der Wirkungsgrad der Turbine unter Umständen erheblich verschlechtert wird, so sind die Ursachen des Lufteintritts festzustellen und, wenn möglich, zu beseitigen. Am häufigsten kommt es vor, daß die Luft durch ungenügend nachgezogene oder verpackte und infolgedessen undichte Stopfbüchsen in die Turbine eingesaugt wird. Stärkere Undichtheiten der Stopfbüchsen lassen sich meist durch Abhorchen feststellen. Weniger leicht sind Undichtheiten an Betonsaugkrümmern festzustellen; diese sind durch einen dichten Verputz zu beseitigen. Bisweilen ist der Lufteintritt auch darauf zurückzuführen, daß sich infolge zu geringer Wasserdeckung Lufttrichter über der Turbine bilden. Soweit die ungenügende Wasserdeckung nicht auf zu starke Absenkung des Oberwasserspiegels zurückzuführen ist, liegt ein Fehler in der Projektierung vor; vgl. auch S. 266.

Bei raschlaufenden Turbinen mit liegender Welle ist besonders auf das den Axialschub aufnehmende Kammlager zu achten. Es ist mit bestem Öl zu schmieren, das öfter als bei den übrigen Lagern erneuert werden muß. Hat das Kammlager innere Wasserkühlung, so ist auch der Regelung der Kühlwassermenge die nötige Aufmerksamkeit zu widmen und darauf zu achten, daß das Wasserfilter von Zeit zu Zeit nachgesehen und vor Verstopfung bewahrt wird. Besonders am Anfang ist das Öl in den Spurlagern und Kammlagern des öfteren zu erneuern, unter Umständen schon nach einigen Wochen Betriebszeit. Das alte Öl läßt man hierbei vollständig ab und spült das Lager mit Petroleum gut aus, ehe frisches Öl eingefüllt wird. Die Zeiträume, in denen das Öl der übrigen Ringschmierlager zu erneuern ist, hängen von der Eigenart des betreffenden Betriebes ab; allgemeine Angaben lassen sich hier nicht machen.

Die Kämme des Holzkammrades stehender Turbinen werden je nach Bedarf alle 3—4 Wochen mit frischem Fett geschmiert.

Bei stehenden Turbinen ist das Spurlager der empfindlichste Teil, der gebührend gewartet werden muß. Ist die Abnützung der Spurringe im Laufe der Jahre so weit vorgeschritten, daß die konischen Räder zu wenig oder zu viel ineinander eingreifen, so muß durch Einstellen der Spurlagerspindel, durch Unterlegen des Spurlagers oder sonstwie der Eingriff der Zahnräder richtiggestellt werden.

Für den wasserbaulichen Teil ist außer einer regelmäßigen Pegelbeobachtung folgendes zu berücksichtigen:

Man sorge für eine gute Beaufsichtigung des Wehrs, besonders der beweglichen Teile, sowie für eine gewissenhafte Unterhaltung der unterhalb anschließenden Ufer und für Überwachung und Sicherung auftretender Kolkbildungen. In geschiebeführenden Flüssen soll zwecks Verhinderung einer Verkiesung des Kanaleinlaufs alle 8 Tage eine Nacht lang gespült werden, vorausgesetzt daß ein Grundablaß oder eine Kiesschleuse vorhanden ist. Wo die Wasser- und Betriebsverhältnisse dies nicht erlauben, muß das sich im Wehrstauraum ansammelnde Geschiebe herausgebaggert werden. Bei Eisgang ist das Eis über das Wehr zu befördern und vom Eintritt in den Kanal abzuhalten. Kann dies nicht verhütet werden, so sorge man für ausreichende Wassergeschwindigkeit im Kanal und für Fortschaffung der Eismassen (Sulzeis). Zu Zeiten niedrigeren Wasserstandes soll die Wehrmauer usw. bei tief abgesenktem Wasserspiegel nachgesehen werden.

Alle Teile des Ober- und Untergrabens sind ständig zu beobachten und instandzuhalten. Etwa notwendige Reparaturen sollen nicht unnötig hinausgeschoben werden. In der Nähe des Ein- und Auslaufs lege man Weidenpflanzungen an, damit man für Notfälle Material zu Faschinen hat. An Konkaven von Kanal und Fluß halte man einen Steinvorrat, damit bei entstehenden Senkungen sofort Steine nachgeworfen werden können.

Das Grundeis, auch Sulzeis, Grieseis, Schlickeis oder Schneeeis genannt, bildet sich an der Oberfläche und ist der gefährlichste Feind der im Gebirge liegenden Wasserkraftanlagen. Da durch den Wellenschlag der Gefrierprozeß ständig unterbrochen wird, so ist die Entstehung eines zusammenhängenden Eisstücks nicht möglich. Das Grundeis hat ungefähr dasselbe spezifische Gewicht wie das Wasser, weshalb es den ganzen Wasserquerschnitt durchsetzt. Die Bildung von Grundeis wird unterbrochen, sobald der Werkkanal zufriert und sich mit einer schützenden Eisdecke überzieht.

In mäßig kalten Gegenden ist es bei Eintritt von Frost empfehlenswert, eine leichte Eisdecke auf dem Oberkanal zu halten; diese schützt gegen die Bildung von Grundeis. Wo dies, wie in Gegenden mit kälterem Klima, für den Betrieb gefährlich ist, muß man darauf bedacht sein, daß vom Fluß her möglichst wenig Eis in den Kanal gelangt. Kann ein massenhaftes Eintreten des Eises nicht vermieden werden, oder bildet sich im Kanal selbst viel Grundeis, dann soll man das im Oberkanal schwimmende oder entstehende Eis durch Hilfsmannschaften fortwährend in rascher Bewegung halten (Umrühren mit Stangen) und ununterbrochen am Eisauslaß abtreiben[1]).

Die einzelnen Teile des Wasserschlosses sind stets in bestem Zustand zu erhalten. Bewegliche Teile, die nicht regelmäßig im Betrieb gebraucht werden, müssen von Zeit zu Zeit auf ihre Gangbarkeit geprüft werden. Etwaigen Schlammablagerungen ist rechtzeitig zu begegnen; wo es angängig ist, sollte jede Woche eine Nacht lang kräftig gespült werden.

Der Turbinenrechen ist ständig sauber und in bestem Zustand zu halten. Es sollen nicht nur die oberen Teile, sondern auch die unteren, und zwar stets von unten herauf, gereinigt werden. Ein gutes Rein-

[1]) Weiteres über die „Sicherung des Turbinenbetriebs gegen Eisstörungen" findet sich in der Zeitschr. f. d. ges. Turbinenwesen 1915, S. 412.

halten des Rechens ist besonders für Niedergefälleanlagen von Wichtigkeit. Ist hier der Rechen verschmutzt, so kann ein verhältnismäßig großer Verlust an Gefälle und Leistung entstehen.

Der Karbolineumanstrich der Hölzer und der Rostschutzanstrich der Eisenteile ist rechtzeitig zu erneuern, desgleichen der Bohlenbelag im Leerschuß.

Die Druckrohrleitung ist täglich abzugehen und zu besichtigen. Selbsttätige Rohrverschlüsse, Schieber usw. sind regelmäßig auf ihre gute Gangbarkeit zu prüfen.

Die Bauteile des Turbinenhauses sind ständig zu beaufsichtigen. Die Turbinenkammern sind, wie bereits oben erwähnt, vor kalter Luft zu schützen, indem man die Einlaßschützen etwas tauchen läßt. Bei Stillstand und starkem Frost ist dafür Sorge zu tragen, daß das Wasser in den Turbinenkammern fortgesetzt in Bewegung bleibt, indem man, wie bereits oben erwähnt, die Turbinen leer weiterlaufen läßt.

Wo Talsperren vorhanden sind, ist eine ständige Überwachung des ganzen Sperrenbauwerks notwendig; insbesondere hat man etwaige Bewegungen des Sperrenkörpers zu beobachten sowie die Sickerwassermenge zu messen. Die Ergebnisse sind in eine Tabelle einzutragen, von der täglich Durchschriften an die Betriebsleitung abzuliefern sind. Auch hier hat man die Abschlußorgane der Entnahme- und Leerlaufvorrichtungen in regelmäßigen Zwischenräumen auf ihre Gangbarkeit zu prüfen.

103. Betrieb von Elektromotoren[1]).

Es ist darauf zu achten, daß beim Anlassen des Motors richtig verfahren wird. Der Anlaßwiderstand ist langsam einzuschalten, da sonst eine zu große Stromstärke in den Motor eintritt, die unter Umständen den Anker beschädigt oder die Sicherung zum Schmelzen bringt. Keinesfalls darf es vorkommen, daß der Motor bei ausgeschaltetem Anlaßwiderstand eingerückt wird.

Vor Inbetriebsetzung des Motors ist bisweilen nachzusehen, ob alle Draht- und Leitungsverbindungen rein und fest verschraubt sind, und ob sich nicht etwa die Schrauben der Bürstenbolzen gelöst haben, so daß diese sich verdrehen können. Die Bürsten müssen gut, aber nicht zu fest auf ihrer ganzen Fläche aufliegen. Bei Gleichstrommotoren ist noch auf die richtige Stellung der Bürsten zu achten, da andernfalls Funkenbildung eintritt, durch die Verbrennungen der Bürsten und des Kollektors verursacht werden. Die Bürsten sollen im übrigen so gegeneinander versetzt sein, daß der ganze Kollektor bestrichen wird und

[1]) Vom Verbande Deutscher Elektrotechniker wurden „Vorschriften für die Errichtung und den Betrieb elektrischer Starkstromanlagen nebst Ausführungsregeln“ herausgegeben, desgleichen wurden seitens der Vereinigung der in Deutschland arbeitenden Privat-Feuerversicherungs-Gesellschaften „Sicherheits- und Betriebsvorschriften für elektrische Starkstromanlagen“ herausgegeben, deren Beachtung im eigenen Interesse der Motorenbesitzer gelegen ist. Es sei deshalb hier auf diese Vorschriften hingewiesen.

keine unbenutzten Ringe entstehen. Zu starke Funkenbildung kann eintreten, vorausgesetzt daß an den Windungen des Motors nichts fehlt,

1. wenn die Bürsten in schlechtem Zustande oder nicht richtig eingestellt sind, oder wenn der Kollektor unrund oder rauh ist;
2. wenn der Motor überlastet ist.

Elektromotoren dürfen deshalb nicht auf die Dauer höher belastet werden, als auf dem Fabrikschild angegeben ist. Wenn in die Leitung kein Strommesser eingeschaltet ist, der den Stromverbrauch des Motors dauernd anzeigt, so ist ein solcher jedenfalls dann einzuschalten, wenn wegen Funkenbildung oder starker Erwärmung des Motors eine Überlastung vermutet wird.

Der Kollektor ist, wenn er rauh zu werden beginnt, abzuschmirgeln, und zwar am besten unter Benützung eines Holzes, das der Rundung des Kollektors angepaßt ist. Das Abschmirgeln ist so lange fortzusetzen, bis der Kollektor völlig eben und rein ist. Bei stark angefressenem Kollektor muß erst grobes Schmirgelleinen genommen werden; zum Schlusse soll jedoch die Arbeit mit feinstem Schmirgelpapier vollendet werden, so daß der Kollektor wie poliert erscheint. Zweckmäßig drückt man hierbei das Schmirgelleinen an die untere Seite des Kollektors an, damit etwa abfallender Staub nicht in die Bürsten gelangt, sofern man es nicht vorzieht, das vom Lieferanten mitgegebene Schmirgelholz zu benützen.

Bei rauhem Kollektor entstehen gemäß oben Funken, wodurch er selbst und die Bürsten stärker abgenützt werden, als dies durch öfteres Abschmirgeln geschieht.

Was im vorstehenden für die Kollektoren von Gleichstrommotoren ausgeführt wurde, gilt in der Hauptsache auch für die Schleifringe der verschiedenen Arten von Wechselstrommotoren, soweit diese mit Schleifringankern ausgerüstet sind. Auch hier wird bei schlechtem Zustand der Bürsten und Schleifringe, insbesondere bei Unrundsein der letzteren, Funkenbildung eintreten. Die Schleifringe müssen deshalb von Zeit zu Zeit abgeschmirgelt werden, damit sie glatt und metallisch rein sind; die Federn, die die Bürsten andrücken, dürfen auch hier weder zu lose, noch zu fest gespannt sein. In beiden Fällen hüpfen die Bürsten auf den Schleifringen. Außerdem ist bei zu starkem Anpressen der Bürsten die Abnützung unnötig groß. Um eine zu rasche Abnützung der Schleifringe zu vermeiden, wähle man für Wechsel- und Drehstrom Motoren mit abhebbaren Bürsten. In diesem Falle sind die Bürsten nur während des Ingangsetzens des Motors aufgelegt, während sie im Betriebe gewöhnlich durch einen Hebelgriff vom Schleifring abgehoben werden. nachdem vorher durch denselben Griff die Kurzschließung der Schleifringe erfolgt ist.

Beim Betriebe der Elektromotoren sowie beim Abschmirgeln der Stromabgeber entsteht Kupferstaub und Kohlenstaub der Bürsten, der in die Wicklungen eindringt und sich daselbst leicht festsetzt. Es ist deshalb darauf zu achten, daß der Kupferstaub stets wieder entfernt wird, indem vor dem Ingangsetzen die Wicklungen mittels Blasebalgs und weichen Borstenpinsels sorgfältig gereinigt werden. Bei starkem Betrieb sollte dies täglich geschehen, weil sonst unter Umständen Gehäuseschluß (Körperschluß, Erdschluß) und dadurch eine Beschädigung des Motors entstehen kann. Tritt nämlich Gehäuseschluß ein, so wird die Isolation an der betreffenden Stelle verbrennen und die Sicherung durchschmelzen.

Auch der beim Betriebe des Motors aufwirbelnde, sich in den Wicklungen und zwischen den Leitungen und Klemmenschrauben ablagernde Staub muß durch Ausblasen und Abpinseln entfernt werden. Dies ist besonders bei Hochspannungsmotoren von Wichtigkeit. Der Staub kann nämlich in Verbindung mit Feuchtigkeit und Öl Gehäuse- bzw. Erdschluß verursachen und so daß Durchschlagen einzelner Wicklungsspulen und die Zerstörung der Isolation herbeiführen.

Zeigt sich nach längerem Betriebe, daß der Kollektor nicht mehr genau rund läuft, so muß er auf einer Drehbank langsam abgedreht werden. Bloßes Abfeilen genügt nicht, weil hierbei der Stromabgeber unrund bleiben würde. Für größere Motoren können auch passende Supporte, die an das Gehäuse des Motors angeschraubt werden, von der Lieferantin des Motors bezogen werden. Beim Abdrehen des Kollektors ist die größte Vorsicht zu beobachten und nach dem Abdrehen nachzusehen, ob sich kein Grat an den einzelnen Lamellen gebildet hat, der vielleicht die Isolierschicht zwischen diesen überbrückt.

Es empfiehlt sich, den Kollektor und die Schleifringe während des Betriebes täglich mehrmals leicht einzufetten oder mit einem ölbefeuchteten Lappen zu überfahren, so daß auf der Oberfläche ein leichter Fetthauch entsteht. Auf diese Weise wird die Abnützung von Bürsten und Stromabgeber verringert.

Zum Schmieren der Lager ist gutes, dünnflüssiges Mineralöl zu verwenden. Da heute alle Motoren mit Ringschmierung ausgerüstet sind, so genügt es im allgemeinen, wenn das Öl in vierteljährlichen Zeitabschnitten erneuert wird. Nur bei neuen Motoren sollte das Öl anfangs öfter ersetzt werden. Die Ölkammern sind so weit zu füllen, bis das Öl in den gläsernen Standröhrchen die Marke erreicht hat, oder (bei anderen Bauarten) bis das Öl beim Überlauf herauskommt. Wenn das abgelassene Öl sehr unrein ist, so empfiehlt sich ein Ausspülen der Ölkammern mit Petroleum.

Es ist sodann noch darauf hinzuweisen, daß brennbare Stoffe, sei es, daß sie dem Gebäude angehören (Holzwände), oder daß sie im Motorenraum aufbewahrt werden (Putzwolle), von denjenigen Teilen der Motoren und Apparate fernzuhalten sind, die Funken erzeugen oder betriebsmäßig warm werden, wie Anlasser. Die Größe der nötigen Entfernung richtet sich nach Art, Größe und Spannung der Motoren. Außer brennbaren Stoffen sind auch leitende Stoffe, wie eiserne oder metallene Drehspäne, kleine Werkzeuge u. dgl. von den Motoren fernzuhalten. Diese können nämlich durch Auffallen auf die Klemmen, Kollektoren und andere blanke Teile zu Kurzschluß und Feuer Anlaß geben.

Vorstehende Betriebsvorschriften beziehen sich in erster Linie auf Motoren normaler Spannung. Der Betrieb von Hochspannungsmotoren erfordert besondere Bedienungsvorschriften.

Bei elektrischen Anlagen in Fabrikbetrieben, die von der Vereinigung der in Deutschland arbeitenden Feuerversicherungs-Gesellschaften dem »Minimaltarif für industrielle Risiken« unterstellt sind, schreiben die Feuerversicherungs-Gesellschaften eine alljährliche Revision durch eine der von ihnen anerkannten Revisionsstellen vor. Dem genannten Minimaltarif sind unterstellt: Die gesamte Textilindustrie, die Braunkohlenbrikett- und Preßsteinfabriken, die Papierindustrie, die Tabakindustrie, die Lederindustrie (Leder- und Schuhherstellung) die Tonwaren- und Zementfabriken, ferner elektrische Bahnen und Elektrizitätswerke. Für die elektrischen Anlagen anderer Industriezweige besteht keine Revisionspflicht, jedoch wird die Revision in der Regel in allen denjenigen Betrieben verlangt, bei denen eine höhere Feuersgefahr in Betracht kommt, z. B. in der gesamten Mühlenindustrie, in Holzbearbeitungsfabriken, Zelluloidwarenfabriken und ähnlichen Betrieben.

104. Betriebskontrolle bei Dampfkraftanlagen.

Eine aufmerksame und sachgemäße Kontrolle liegt sowohl im Interesse der Betriebsicherheit als auch im Interesse der Wirtschaftlichkeit, insbesondere bei Dampfanlagen. Die Betriebskontrolle ist im wesentlichen Sache des Betriebsleiters oder des damit beauftragten Aufsichtspersonals. Sie verschafft dem Betriebsleiter ein fortlaufendes Bild von dem Zustand und der Arbeitsweise der Anlage sowie von der Tüchtigkeit und Zuverlässigkeit des Bedienungspersonals.

Bei Kolbenmaschinen sollte man es nicht versäumen, von Zeit zu Zeit Indikatordiagramme abzunehmen, insbesondere nach Ausbesserungsarbeiten. Indikatordiagramme lassen Fehler in der Dampfverteilung und, bis zu einem gewissen Grade, auch Undichtheiten erkennen. Die Kosten des Indizierens machen sich meist reichlich bezahlt. Denn bei abnormer Diagrammform ist der Dampfverbrauch der Maschine unter Umständen ganz wesentlich höher, als bei richtiger Diagrammform.

In den Fig. 113—124 ist eine Reihe von fehlerhaften Indikatordiagrammen zusammengestellt. Unter jedem Diagramm ist angegeben, ob die fehlerhafte Form auf unrichtige Einstellung der Steuerungsorgane, auf Undichtigkeiten an diesen oder am Kolben, auf zu enge Durchgangsquerschnitte oder zu großen Gegendruck zurückzuführen ist. Es liegt gemäß oben im Interesse der Wirtschaftlichkeit, den Ursachen der unrichtigen Diagrammform nachzugehen und für Abhilfe zu sorgen. Bei unrichtiger Diagrammform kann auch die Leistung der Maschine erheblich beeinträchtigt werden. Soweit die abnorme Diagrammform eine Folge von Undichtigkeiten ist, gilt das im Abschnitt 93 Ausgeführte. Eine große Anzahl fehlerhafter Diagramme ist in der Zeitschr. des Bayer. Revisionsvereins veröffentlicht, und zwar Jahrgang 1900, S. 109; 1901,

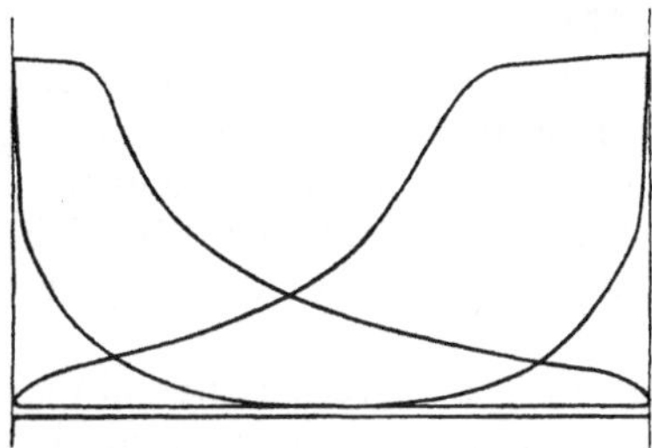

Fig. 113. Dampfmaschinen-Diagramme (ungleiche Füllung auf Kurbel- und Außenseite).

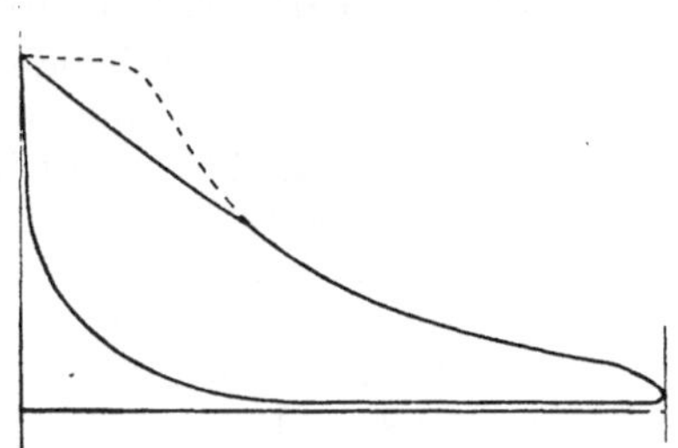

Fig. 114. Fehlerhaftes Dampfmaschinen-Diagramm.

Der einströmende Dampf wird gedrosselt. Richtige Diagrammform punktiert.

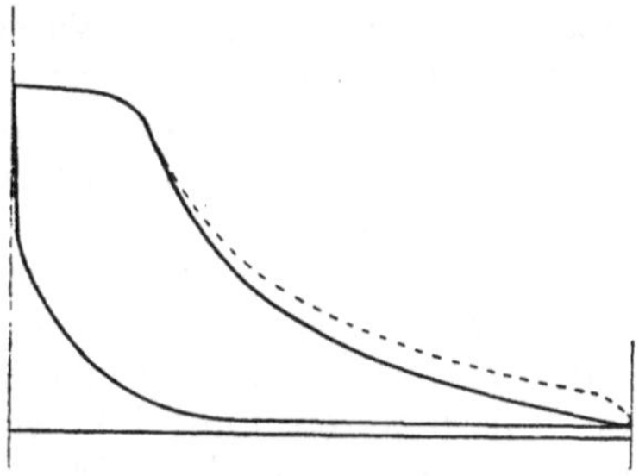

Fig. 115. Fehlerhaftes Dampfmaschinen-Diagramm.

Der Kolben oder das Auslaßorgan ist undicht. Richtige Diagrammform punktiert.

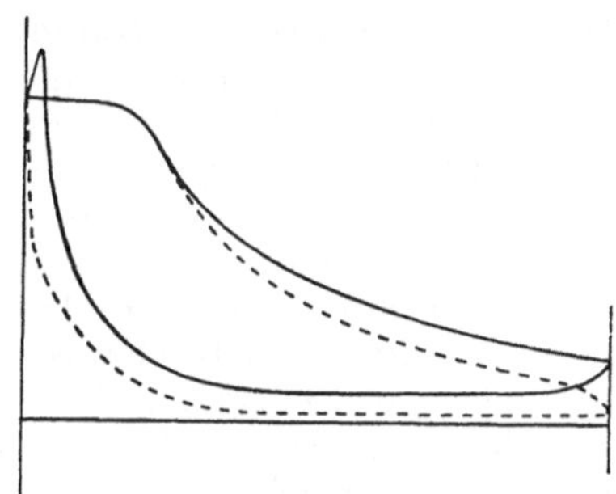

Fig. 116. Fehlerhaftes Dampfmaschinen-Diagramm.

Das Einlaßorgan ist undicht. Richtige Diagrammform punktiert.

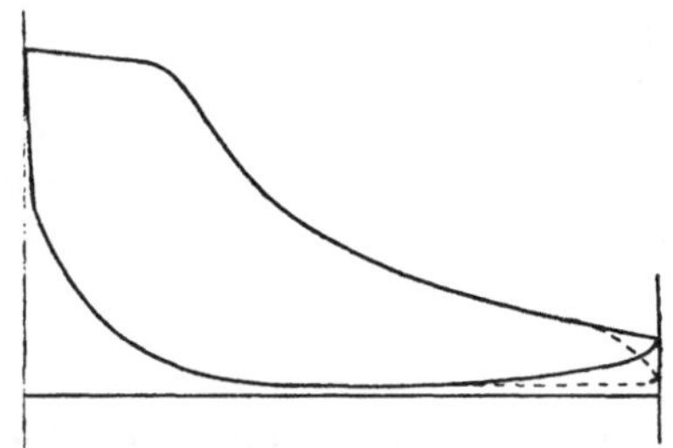

Fig. 117. Fehlerhaftes Dampfmaschinen-Diagramm.

Die Ausströmung beginnt zu spät. Richtige Diagrammform punktiert.

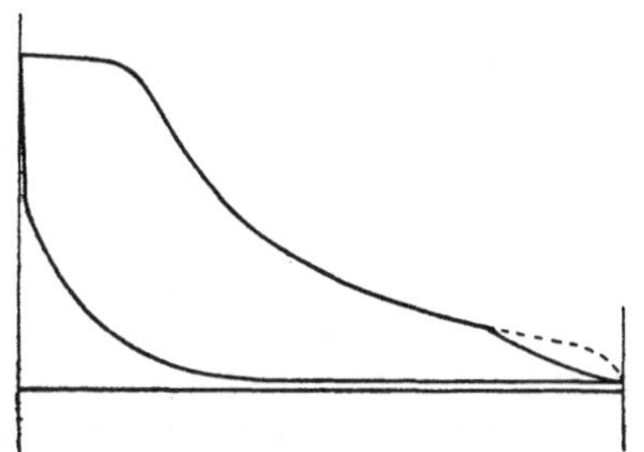

Fig. 118. Fehlerhaftes Dampfmaschinen-Diagramm.

Das Vorausströmen beginnt zu früh. Richtige Diagrammform punktiert.

S. 38 und 141; 1903, S. 154; 1909, S. 68; 1910, S. 27 und 160; 1911, S. 80 und 167; 1913, S. 183; 1916, S. 151.

Um die etwas zeitraubende Auswertung der Indikatordiagramme zwecks Bestimmung der indizierten Leistung zu vermeiden, kann gegebenenfalls ein sog. Leistungszähler angewendet werden. Dies ist ein Apparat, der selbsttätig den mittleren Flächeninhalt der sämtlichen, während eines bestimmten Zeitabschnittes abgenommenen Diagramme ausrechnet und an einem Zählwerk ablesen läßt[1]).

Um sich ein ungefähres Bild von den Belastungsschwankungen und der Beanspruchung einer Maschinenanlage zu verschaffen, kann sich auch die Anwendung eines selbstaufschreibenden Belastungsanzeigers empfehlen. Durch diesen wird, ähnlich wie in elektrischen Zentralen durch selbstaufschreibende Wattmeter, Ampèremeter u. dgl., die Belastungskurve einer Maschine fortlaufend aufgezeichnet.

Um eine Vorstellung von dem Dampfverbrauch einer Maschine zu bekommen, kann man in die Speiseleitung der Kesselanlage einen Wassermesser einbauen. Durch regelmäßige Beobachtung des Wassermessers und durch gleichzeitige Aufschreibungen über die Belastung der Maschine erhält man die ungefähre Größe des spezifischen Dampfverbrauches. Allerdings gibt die Beobachtung des Speisewasserverbrauches nur dann ein annähernd richtiges Bild von dem Dampfverbrauch einer Maschine, wenn nicht gleichzeitig Dampf für andere Zwecke entnommen wird. Letzteres trifft dort zu, wo die Kesselanlage auch Dampf für Heiz- und Kochzwecke liefern muß, sowie dort, wo mehrere Maschinen gleichzeitig im Betrieb sind. Im letzteren Falle läßt sich nicht ohne weiteres entscheiden, welche Maschine den erhöhten Dampfverbrauch verursacht.

Bei Maschinen mit Oberflächenkondensation (Dampfturbinen) kann — gute Dichtheit des Kondensators vorausgesetzt — der Dampfverbrauch jeder Maschine genau ermittelt werden, wenn man in die Druckleitungen der Kondensatpumpen Wassermesser einschaltet. Um jeden Wassermesser im Bedarfsfall ausschalten und kontrollieren zu können, ist jeweils eine Umleitung vorzusehen. Zur Messung des Zusatzwassers ist ein besonderer Wassermesser erforderlich.

Unterschiede im Dampfverbrauch einer Maschine können unter anderem darauf zurückzuführen sein, daß ihr Schmierungszustand nicht immer derselbe ist, daß sich innere Undichtigkeiten eingestellt haben, daß sich der Verbrauch der Speisepumpen ändert, und daß die Kondenswasserableiter nicht ordnungsmäßig arbeiten und Dampf entweichen lassen. Die Kondenstöpfe sind daher sorgfältig zu überwachen; Näheres hierüber findet sich S. 365.

Bemerkt sei, daß ein Speisewassermesser immer nur den gesamten oder mittleren Dampfverbrauch mißt. Um die jeweilige Größe des Dampfverbrauches kennen zu lernen, kann man in die Zuleitung zur

---

[1]) Näheres hierüber siehe Z. d. V. d. I. 1910, S. 1233, und Zeitschr. f. d. gesamte Turbinenwesen 1917, S. 81 ff.

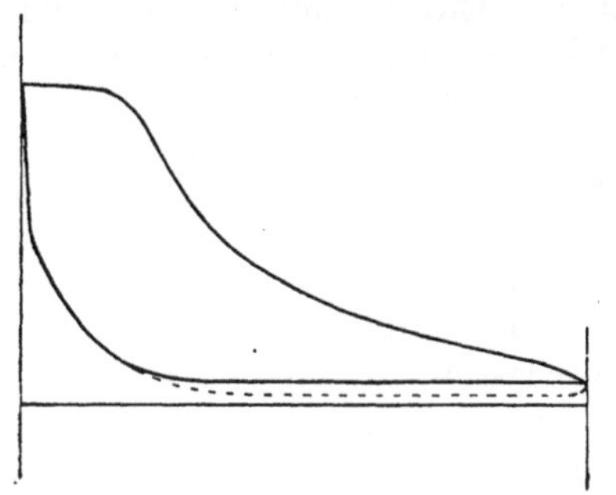

Fig. 119. Fehlerhaftes Dampfmaschinen-Diagramm.

Hoher Gegendruck infolge zu enger Auslaßkanäle oder schlechten Vakuums. Richtige Diagrammform punktiert.

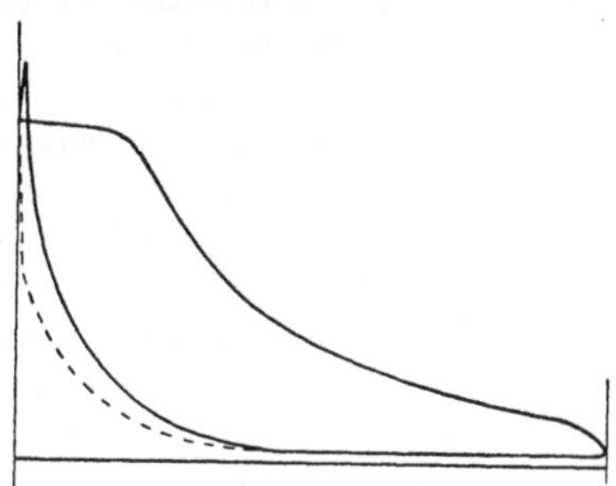

Fig. 120. Fehlerhaftes Dampfmaschinen-Diagramm.

Zu hohe Kompression. Richtige Diagrammform punktiert.

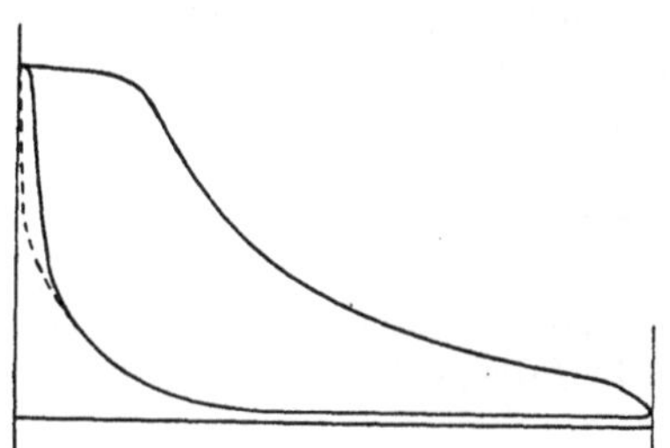

Fig. 121. Fehlerhaftes Dampfmaschinen-Diagramm.

Zu frühe Einströmung. Richtige Diagrammform punktiert.

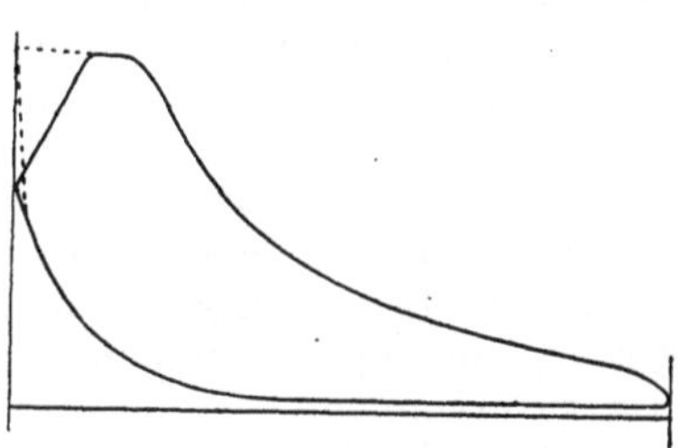

Fig. 122. Fehlerhaftes Dampfmaschinen-Diagramm.

Verspätete Einströmung. Richtige Diagrammform punktiert.

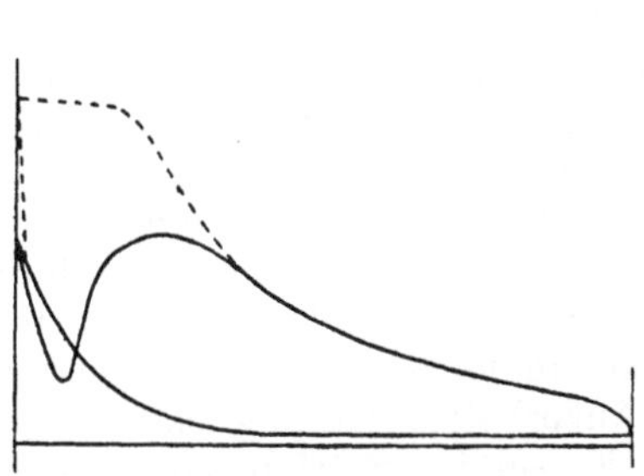

Fig. 123. Fehlerhaftes Dampfmaschinen-Diagramm.

Stark verspätete Einströmung. Richtige Diagrammform punktiert.

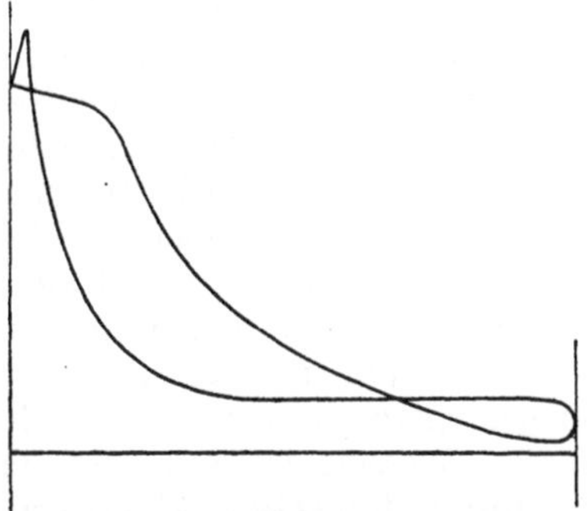

Fig. 124. Fehlerhaftes Dampfmaschinen-Diagramm.

Schleifenbildung infolge zu hohen Gegendrucks.

Maschine einen Dampfmesser einbauen. Ein solcher ist insbesondere dort von Vorteil, wo außer dem Maschinendampf noch Dampf für besondere Zwecke entnommen wird. Ist der Dampfmesser mit einer Registriervorrichtung ausgerüstet, so kann durch Planimetrieren des betreffenden Diagrammstreifens auch der gesamte und der mittlere Dampfverbrauch der Maschine bestimmt werden. Auch gibt das Diagramm eines Dampfmessers ein ziemlich getreues Bild von der Betriebsführung, insofern als es Änderungen in der Belastung der Dampfmaschine deutlich erkennen läßt. In gleicher Weise lassen sich selbstaufschreibende Dampfmesser auch für Kesselanlagen verwenden, insbesondere für solche mit stark schwankender Beanspruchung; vgl. S. 446.

Es bedarf wohl keiner besonderen Erwähnung, daß sich die Betriebskontrolle auch auf den Gang der Maschinen und den Zustand ihrer einzelnen Teile, insbesondere der Lager, Stopfbüchsen usw. zu erstrecken hat. Undichtheiten der letzteren infolge starker Abnützung der Kolbenstange, unrichtigen Zusammenbaus der Stopfbüchsen u. dgl. sind ohne weiteres an dem Austreten von Dampf während des Betriebes zu erkennen. Starke Abnützung der Kolbenstange ist unter Umständen eine Folge unrichtiger Stopfbüchsenkonstruktion.

Die Maschine ist im übrigen regelmäßig zu behorchen und zu befühlen, um festzustellen, ob sich infolge natürlicher Abnützung, infolge vorgekommenen Fressens, infolge Lockerung von Schrauben o. dgl, zu große Spielräume in den Lagern herausgebildet haben. Außerdem sind die einzelnen Lager, insbesondere das Kurbelzapfenlager und die Wellenlager, regelmäßig zu befühlen, um ein allenfallsiges Warmlaufen rechtzeitig zu erkennen.

Nicht zuletzt hat sich eine aufmerksame Betriebskontrolle auch darauf zu richten, daß die Schmierung nicht in übertriebener Weise stattfindet, und daß das ablaufende Öl gereinigt und wiederverwendet wird; vgl. Abschnitt 109. Durch die Rückgewinnung des Öls aus dem Abdampf und den verschiedenen Gleitstellen lassen sich bedeutende Ersparnisse erzielen. Wie bereits S. 109, erwähnt, kann sich die Einführung von Schmierersparnisgeldern als lohnend erweisen.

Ebenso wichtig wie beim maschinellen Teil ist eine regelmäßige Betriebskontrolle auch bei der Kesselanlage. Es ist für die Wirtschaftlichkeit des Dampfkesselbetriebs von größter Bedeutung, daß die Feuerung gut instandgehalten und so bedient wird, daß der Luftüberschuß weder zu groß noch zu klein ist. Letzteres ist meist eine Folge unrichtiger Einstellung des Rauchschiebers. Zu großer Luftüberschuß tritt besonders dann ein, wenn der Rost zu schwach belegt ist. Ist die Belastung, wie z. B. bei Elektrizitätswerken in der Sommerszeit, dauernd eine geringere, so empfiehlt sich die Außerbetriebsetzung eines oder mehrerer Kessel; ist nur ein einziger Kessel im Betrieb, so ist sein Rost durch teilweises Abmauern mit Schamottesteinen entsprechend zu verkleinern. Kommen in einem Betrieb alltäglich während der Betriebszeit starke Belastungsschwankungen vor, so ist ein solches Abmauern natürlich nicht angängig. In diesem Falle kann man sich damit behelfen, bei geringerem Wärmebedarf den rückwärtigen Teil des Rostes reichlich mit Asche und Schlacke zu bedecken. Letztere kann alsdann bei Zunahme der Belastung ohne weiteres wieder entfernt werden.

Bei zu geringer Rostleistung ist es sehr schwer, die ganze Rostfläche gleichmäßig zu bedecken. Wenn hierbei der Rost nicht ganz sorgfältig überwacht wird, so entstehen leicht Löcher, bei mechanischen Rostbeschickern Wellen, durch die die Luft im Überschuß eintritt. Bei Handfeuerung ist man noch am ehesten in der Lage, mit kleiner Schichthöhe zu arbeiten, wie die Rekordversuche an Lokomobilen beweisen, die meist mit ganz geringer Schichthöhe und entsprechend schwachem Zug durchgeführt werden.

Um sich von dem richtigen Arbeiten der Feuerung zu überzeugen, gibt es verschiedene Mittel. Die einfachsten bestehen darin, daß man das Aussehen des Feuers und die Rauchstärke beobachtet. Weitere Mittel bestehen in der Anwendung von Rauchgasthermometern, Zugmessern und Kohlensäuremessern. Im übrigen gibt schon die fortlaufende Verdampfungskontrolle durch Kohlen- und Speisewassermessung, sofern sie für jeden Kessel einzeln durchgeführt wird, ein zuverlässiges Bild von der Güte der Feuerbedienung, weshalb man sich vielfach damit begnügt. Hierbei ist allerdings vorausgesetzt, daß der verwendete Brennstoff regelmäßig auf seinen Heizwert untersucht wird.

Insbesondere Zugmesser und Kohlensäuremesser ermöglichen eine sehr eingehende Feuerungskontrolle und sollten deshalb in keiner größeren Anlage fehlen. Sie gestatten nicht nur, den Heizer zu kontrollieren, sondern sie erleichtern ihm auch die sachgemäße Feuerbedienung, besonders bei veränderlicher Belastung und bei wechselndem Brennstoff. Temperaturmessungen, Zugmessungen, Kohlen- und Abgasuntersuchungen sind für die Betriebsüberwachung von Feuerungs- und Kesselanlagen ebenso wichtig wie die Indizierung bei Kolbenmaschinen; vgl. auch die Ausführungen S. 220 sowie S. 364.

Bei Beobachtung des Feuers ist vor allem auf seine Helligkeit zu achten. Ist das Feuer zu dunkel und bilden sich qualmende Flammen (Rauchspiralen), so ist die Luftzufuhr eine ungenügende, die Verbrennung also eine unvollkommene. Man muß dann mehr Luft geben oder eine niedrigere Schichthöhe halten. Meist ist die Verbrennung dann eine gute, wenn das Feuer eine hellgelbe bis weiße Farbe aufweist. Allerdings wird die Helligkeit des Feuers auch von dem Brennstoff und der Art der Feuerung beeinflußt. So z. B. entstehen in einer Vorfeuerung bei gleich guter Verbrennung höhere Temperaturen als in einer Innenfeuerung. Dementsprechend wird in der ersteren das Feuer ein helleres sein. Immerhin jedoch bekommt man bei einem bestimmten Kessel nach längerer Übung ganz brauchbare Resultate, insbesondere wenn man des öfteren Kontrollversuche mittels eines Kohlensäuremessers macht.

Die Feststellung der Rauchstärke kann durch einfache Beobachtung der Schornsteinmündung oder mit Hilfe eines besonderen Apparates erfolgen. Es ist zwar nicht gesagt, daß bei rauchlosem Schornstein am wirtschaftlichsten gefeuert wird. Denn bei gänzlicher Rauchlosigkeit ist es gemäß früher leicht möglich, daß der Luftüberschuß zu groß ist. Jedenfalls aber steht fest, daß bei starker Rauchbildung beträchtliche Wärmeverluste durch Ruß und vor allem durch brennbare Gase entstehen. Der Heizer soll deshalb möglichst oft nach der Schornsteinmündung sehen und die Folgen seiner Feuerbedienung beobachten. Damit dies in bequemer Weise vom Heizerstand aus möglich ist, empfiehlt sich die Anbringung von Fenstern (Oberlichtern) oder von Spiegeln.

Durch Messung der Zugstärke an Kesselanlagen gewinnt man ein Bild von den Bewegungswiderständen der Gase auf ihrem Wege durch den Rost, Kessel, Überhitzer, Fuchs, Abgasvorwärmer usw. Die Beobachtung der Zugstärke läßt auf den Zustand des Feuers hinsichtlich seiner Schichthöhe und Verschlackung schließen und ermöglicht es, den Rauchschieber so einzustellen, daß sich der Betrieb der Feuerung möglichst wirtschaftlich gestaltet.

Bei Anwendung des gewöhnlichen Zugmessers handelt es sich darum, den Unterdruck zu bestimmen, der in dem Feuerraum oder in den Feuerzügen herrscht. Meist begnügt man sich hierbei mit der Bestimmung der Zugstärke, d. i. des Unterdruckes in Millimeter Wassersäule am Kesselende, vor dem Rauchschieber gemessen.

Je stärker der Kessel beansprucht wird, mit desto größerer Zugstärke und höherer Brennstoffschicht ist zu arbeiten und umgekehrt. Wenn bei unveränderter Stellung des Rauchschiebers der Unterdruck wächst, so ist dies ein Zeichen für die zunehmende Verschlackung des Rostes. Geht anderseits die Anzeige des Zugmessers zurück, so deutet dies darauf hin, daß entweder die Kohlenschicht zu weit niedergebrannt ist, oder daß sich Lücken darin befinden, daß infolgedessen mit zu großem Luftüberschuß gearbeitet wird.

Der Heizer arbeitet dann am günstigsten, wenn er danach trachtet, mit der kleinsten Rauchschieberöffnung, d. h. mit dem geringsten Zug auszukommen, den das Feuer zuläßt. Denn in diesem Falle ist der Luftüberschuß möglichst gering, der Kohlensäuregehalt der Rauchgase also möglichst groß.

Der Differenzzugmesser mißt, wie schon der Name sagt, den Zugunterschied zwischen zwei Stellen der Feuerzüge. Die Anzeigen des Differenzzugmessers ändern sich bei gleichbleibendem Stand des Rauchschiebers im entgegengesetzten Sinne wie diejenigen des einfachen Zugmessers. Wenn die Brennstoffschicht niedergebrannt ist oder wenn Löcher darin sind, so tritt mehr Luft ein und der Zugunterschied wird dementsprechend größer. Das allmähliche Verschlacken des Rostes hingegen macht sich bei gleicher Stellung des Rauchschiebers dadurch bemerkbar, daß der Zugunterschied abnimmt.

Je stärker der Kessel beansprucht wird, desto größer ist das durch die Feuerzüge strömende Gasvolumen, desto größer fällt der Zugunterschied aus und umgekehrt. Der Heizer arbeitet dann am günstigsten, wenn er die normale Dampfmenge mit dem kleinsten Zugunterschied erzeugt.

Wenn man beim einfachen Zugmesser nicht gleichzeitig die Stellung des Rauchschiebers beachtet, so kann man zu ganz falschen Schlüssen kommen. Man sollte deshalb außer einem einfachen Zugmesser möglichst noch einen Differenzzugmesser anschließen. Man kann auch einen sog. Verbundzugmesser, d. i. eine Vereinigung des einfachen und des Differenzzugmessers, anwenden.

Der günstigste Unterdruck und Zugunterschied kann nur auf experimentellem Wege ermittelt werden; er hängt vom Brennstoff, von der Art und Größe der Anlage, von der Art des Betriebes und anderen Faktoren ab.

Bezüglich der Kohlensäuremesser sei bemerkt, daß diese zur Ermittlung der Zusammensetzung der Rauchgase, insbesondere zur Bestimmung ihres Kohlensäuregehaltes dienen. Hierher gehören der gewöhnliche Orsatapparat sowie die verschiedenen selbsttätigen Kohlensäuremesser, bei denen der Kohlensäuregehalt auf einer Trommel aufgezeichnet wird.

Hat man mit Hilfe eines Orsatapparates den Kohlensäure- und Sauerstoffgehalt der Rauchgase bestimmt, so läßt sich berechnen, mit welchem Luftüberschuß die Feuerung arbeitet. Gleichzeitig hat man in der Summe von Kohlensäure- und Sauerstoffgehalt einen mittelbaren Maßstab für die Vollkommenheit der Verbrennung.

Da die Luft 21 Vol.-% Sauerstoff enthält, so kann die Summe von Kohlensäure und Sauerstoff höchstens 21 betragen (bei reinem Kohlenstoff). In Wirklichkeit liegt die Summe, je nach der Zusammensetzung des Brennstoffs und dem Luftüberschuß, auch bei vollständiger Verbrennung etwas unter 21. In Zahlentafel 33 habe ich für fünf verschiedene Brennstoffe den Kohlensäure- und Sauerstoffgehalt sowie die Summen der beiden berechnet, wie sie sich bei vollständiger Verbrennung für verschiedenen Luftüberschuß ergeben. Bleibt die mittels des Orsatapparates bestimmte Summe unter den Werten dieser Zahlentafel, und diese Möglichkeit ist um so größer, je höher der Kohlensäuregehalt der Rauchgase, d. h. je niedriger der Luftüberschuß und je reicher der Brennstoff an flüchtigen Bestandteilen ist, so ist anzunehmen, daß die Verbrennungsprodukte noch unverbrannte Gase enthalten, und zwar hauptsächlich Kohlenoxyd und Wasserstoff, ferner Methan, in ganz ungünstigen Fällen auch schwere Kohlenwasserstoffe. Allerdings ist zu berücksichtigen, daß die Werte der Zahlentafel eigentlich nur für Feuerungen, die mit Anthrazit oder Koks betrieben werden, und die sich im Beharrungszustand befinden, annähernd zutreffen. Da aber meist bituminöse, d. h. gas- und teerreiche Brennstoffe zur Verfeuerung kommen, so besitzen solche Zahlen nicht die Bedeutung, die man ihnen häufig beilegt. Denn sie können, ihres allgemeinen Charakters wegen, keine Rücksicht auf den Gehalt der Kohle an leichten und schweren Kohlenwasserstoffen nehmen. Der Teer aus der Kohle verbrennt aber nur sehr schwer und bildet, je nach den Temperaturverhältnissen, eine Unmenge von Kondensationsprodukten. Außerdem nehmen derartige Zahlentafeln keine Rücksicht darauf, daß während der Entgasung

Zahlentafel 33.

Menge, Kohlensäuregehalt und spezifische Wärme der Rauchgase bei verschiedenem Luftüberschuß.

Art der Kohle	Zusammensetzung und Heizwert der Kohle	Theoretischer Luftbedarf pro kg Kohle	Luftüberschußkoeffizient v	Gasvolumen pro kg Kohle bei 0° und 760 mm Qu. S.		Gasgewicht pro kg Kohle		Kohlensäuregehalt der Rauchgase	Sauerstoffgehalt der Rauchgase	Kohlensäure- und Sauerstoffgehalt der Rauchgase	Spez. Wärme bei konst. Druck, bei 0° und 760 mm Qu. S.	
				ohne Wasserdampf	mit Wasserdampf	ohne Wasserdampf	mit Wasserdampf				pro kg nasses Rauchgas	pro cbm nasses Rauchgas
		kg		cbm	cbm	kg	kg	Vol. %	Vol. %	Vol. %		
Fette Steinkohle	C = 83,58 %		1	8,40	8,94	11,65	12,09	18,4	0,3	18,7	0,241	0,325
(Ruhrgebiet)	H = 4,65 %		1,25	10,56	11,10	14,43	14,86	14,7	4,5	19,2	0,240	0,322
	O + N = 4,48 %		1,5	12,71	13,25	17,20	17,63	12,2	7,3	19,5	0,240	0,319
Flüchtige Bestandteile 19,60 %	S = 1,16 %	11,19	1,75	14,87	15,40	19,98	20,41	10,4	9,3	19,7	0,240	0,317
	W = 1,31 %		2	17,02	17,56	22,75	23,18	9,1	10,7	19,8	0,239	0,316
	A = 4,82 %		2,5	21,33	21,87	28,30	28,73	7,3	12,8	20,1	0,239	0,314
	Heizw. 7904 WE.		3	25,64	26,17	33,85	34,28	6,0	14,2	20,2	0,239	0,313
Magere Steinkohle	C = 78.60 %		1	7,76	8,18	10,78	11,12	18,8	0,3	19,1	0,239	0,325
(Ruhrgebiet)	H = 3,68 %		1,25	9,74	10,16	13,33	13,67	15,0	4,5	19,5	0,239	0,322
	O + N = 4,25 %		1,5	11,72	12,14	15,88	16,22	12,4	7,3	19,7	0,239	0,319
Flüchtige Bestandteile 8,99 %	S = 1,14 %	10,29	1,75	13,70	14,12	18,43	18,77	10,6	9,3	19,9	0,239	0,317
	W = 0,76 %		2	15.68	16,10	20,98	21,32	9,3	10,7	20,0	0,239	0,316
	A = 11,57 %		2,5	19,64	20,06	26,08	26,42	7,4	12,8	20,2	0,238	0,314
	Heizw. 7345 WE.		3	23,60	24,02	31,18	31,52	6,2	14,1	20,3	0,238	0,313

Böhm. Braunkohle (hochwertig)	C = 52,00 %	Heizw. 4938 WE.	7,19	1	5,45	6,18	7,57	8,16	17,7	1,3	19,0	0,249	0,329
	H = 4,19 %			1,25	6,83	7,57	8,35	9,94	14,1	5,3	19,4	0,247	0,324
Flüchtige Bestandteile 37,09 %	O + N = 11,17 %			1,5	8,22	8,95	11,13	11,73	11,7	7,9	19,6	0,246	0,322
	S = 3,71 %			1,75	9,60	10,34	12,92	13,51	10,1	9,8	19,9	0,244	0,320
	W = 21,5 %			2	10,98	11,72	14,70	15,29	8,8	11,2	20,0	0,244	0,318
	A = 7,43 %			2,5	13,75	14,49	18,26	18,86	7,0	13,2	20,2	0,243	0,316
				3	16,52	17,26	21,83	22,42	5,8	14,5	20,3	0,242	0,314
Böhm. Braunkohle (minderwertig)	C = 46,80 %	Heizw. 4177 WE.	6,21	1	4,76	5,49	6,61	7,20	18,3	2,0	20,3	0,251	0,329
	H = 3,82 %			1,25	5,95	6,68	8,15	8,74	14,6	5,8	20,4	0,249	0,325
Flüchtige Bestandteile 31,49 %	O + N = 14,48 %			1,5	7,14	7,88	9,68	10,27	12,2	8,3	20,5	0,247	0,322
	S = 1,14 %			1,75	8,34	9,07	11,22	11,81	10,4	10,1	20,5	0,246	0,320
	W = 24,6 %			2	9,53	10,27	12,76	13,35	9,1	11,5	20,6	0,245	0,319
	A = 9,16 %			2,5	11,92	12,65	15,83	16,42	7,3	13,4	20,7	0,244	0,316
				3	14,31	15,04	18,91	19,50	6,1	14,6	20,7	0,243	0,315
Sächs. Braunkohle	C = 31,12 %	Heizw. 2818 WE.	4,37	1	3,33	4,23	4,64	5,36	17,3	1,8	19,1	0,263	0,334
	H = 2,79 %			1,25	4,17	5,07	5,72	6,45	13,8	5,7	19,5	0,259	0,329
Flüchtige Bestandteile 27,58 %	O + N = 9,42 %			1,5	5,01	5,91	6,80	7,53	11,5	8,2	19,7	0,256	0,326
	S = 3,87 %			1,75	5,85	6,75	7,89	8,61	9,9	10,0	19,9	0,254	0,323
	W = 47,45 %			2	6,69	7,59	8,97	9,69	8,6	11,4	20,0	0,252	0,321
	A = 5,35 %			2,5	8,37	9,27	11,13	11,86	6,9	13,3	20,2	0,249	0,319
				3	10,05	10,96	13,30	14,02	5,7	14,6	20,3	0,247	0,317

ein Mangel an Sauerstoff, während der eigentlichen Verbrennung aber ein Überschuß an solchem vorhanden ist. Aus diesem Grunde gelten die Werte der Zahlentafel erst von dem Augenblick ab, wo die Entgasung beendet ist. Am meisten treffen sie noch für mechanische Feuerungen zu, da bei diesen der Verbrennungszustand dauernd der gleiche ist und man deshalb einwandfreie Gasproben entnehmen kann. Immerhin sind die Zahlen ganz brauchbar, wenn es sich um wesentliche Abweichungen des Kohlensäure- und Sauerstoffgehaltes handelt. Man kann alsdann mit Sicherheit auf das Vorhandensein unverbrannter Gase schließen. Sollen die letzteren aber genau bestimmt werden, so ist dies nur auf experimentellem Wege, d. h. durch Ausführung einer systematischen Gasanalyse möglich; siehe Schlußabsatz.

Gewöhnlich begnügt man sich mit der Bestimmung des Kohlensäuregehaltes. Als Anhaltspunkt zur Beurteilung der Güte der Feuerbedienung diene der Hinweis, daß man bei Handfeuerungen unter normalen Betriebsverhältnissen etwa 8—9%, bei mechanischen Feuerungen durchschnittlich etwa 10—12% Kohlensäure in den Abgasen erreicht. Die günstigste Ausnützung des Brennstoffs ergibt sich, wenn bei möglichst hohem Kohlensäuregehalt die Zugstärke und die Abgastemperatur möglichst niedrig sind, weil alsdann der Abwärmeverlust (Schornsteinverlust) einen Mindestwert aufweist. Allerdings darf aus einer hohen Abgastemperatur noch nicht ohne weiteres geschlossen werden, daß die Feuerung ungünstig arbeitet, etwa weil der Rost unachtsam bedient wird, oder weil er zu groß ist und teilweisen Abdeckens bedarf. Denn eine hohe Abgastemperatur kann auch die Folge großer Kesselanstrengung oder starker Verunreinigung der Heizflächen sein.

Der Gesamtrauchgasverlust, auch kurz Schornsteinverlust genannt, ergibt sich, wenn man zu dem Verlust durch freie Wärme der Rauchgase noch denjenigen durch unverbrannte Gase und allenfalls Ruß hinzufügt. Zur überschlägigen Berechnung des Abwärmeverlustes (in Prozenten des Kohlenheizwertes) bedient man sich meist der Siegertschen Näherungsformel

$$V = 0{,}65 \frac{T - t}{K} \%.$$

Hierbei bedeuten T die Temperatur der Rauchgase in °C, K deren Kohlensäuregehalt in Vol.-%, jeweils vor dem Rauchschieber gemessen, und t die Raumtemperatur im Kesselhaus in °C.

Selbstaufzeichnende Kohlensäuremesser sind gemäß früher verhältnismäßig empfindliche Apparate, die einer gewissenhaften Instandhaltung und Überwachung bedürfen. Wenngleich diese Apparate den Kohlensäuregehalt im allgemeinen nicht so genau messen wie ein Orsatapparat, so geben sie dem Heizer immerhin einen Anhaltspunkt und ermöglichen einen guten Überblick über die Feuerungsverhältnisse während der gesamten Betriebsdauer. Häufig macht man die Beobachtung, daß bei Vorhandensein von Kohlensäuremessern der Betriebsleiter hauptsächlich darauf zu achten hat, daß nicht mit zu hohem

Kohlensäuregehalt gearbeitet wird, weil sonst gemäß oben die Gefahr unvollständiger Verbrennung besteht. Die obere Grenze des wirtschaftlich günstigsten Kohlensäuregehaltes liegt dort, wo die Zunahme des Verlustes durch unverbrannte Gase anfängt, den Gewinn durch Verringerung des Abwärmeverlustes zu übertreffen.

Will man den Kohlensäuregehalt nur im Tagesdurchschnitt bestimmen, so kann man zu Beginn des Betriebes hinter jedem Kessel eine Saugflasche (Aspirator) anschließen, die man nach Betriebsschluß wieder wegnimmt. Die Saugflasche saugt während der ganzen Betriebszeit gleichmäßig Rauchgase ab und gibt infolgedessen einen guten Durchschnitt. Nur muß man darauf achten, daß sich auf dem Wasser stets eine Glyzerin- oder Ölschicht befindet, weil sonst Kohlensäure durch das Wasser absorbiert wird. Die Folge hiervon wäre ein zu geringer Kohlensäuregehalt, ohne daß hierfür der Heizer oder die Feuerung verantwortlich gemacht werden könnte.

Seltener als die vorstehend aufgezählten Apparate werden selbstaufzeichnende Spannungsanzeiger verwendet. Ein geringes Unterschreiten der Dampfspannung macht nämlich, insbesondere bei Dampfturbinenbetrieb, wirtschaftlich nicht viel aus. Allerdings können unter Umständen durch öfteres Abblasen der Sicherheitsventile infolge zu hoher Spannung erhebliche Verluste entstehen.

Wie bereits S. 356 erwähnt, kann es sich empfehlen, den Heizer durch Gewährung von Kohlenprämien (Heizprämien) an dem Betrieb zu interessieren. Die Bemessung dieser Prämien kann nach zwei verschiedenen Verfahren erfolgen:

1. auf Grund der in der Anlage erreichten Verdampfung oder des Wirkungsgrades;
2. auf Grund der Rauchgasanalyse oder des Schornsteinverlustes.

Das erste Verfahren beruht auf der Bestimmung der verfeuerten Brennstoffmenge unter Berücksichtigung ihres Heizwertes und der verdampften Wassermenge, wobei die Verdampfungsziffer auf Normaldampf (S. 100) zu beziehen ist. Dieses Verfahren wäre ohne Zweifel das natürlichste und für den Heizer verständlichste. Jedoch sind hierbei leicht Fälschungen möglich, und zwar sowohl bei der Brennstoff- als auch bei der Wassermessung. Um eine hohe Verdampfungsziffer zu erreichen, kann z. B. der Heizer den Ablaßhahn des Kessels häufiger öffnen als nötig. Dabei ist es schwer, ihm eine böse Absicht nachzuweisen, weil ja das Abblasen vorschriftsmäßig von Zeit zu Zeit zu erfolgen hat. Dieses Verfahren erfordert deshalb von seiten der Betriebsleitung eine scharfe und darum oft peinliche Überwachung. Dies ist wohl der Grund, weshalb es weniger angewendet wird als das zweite, auf der Rauchgasanalyse beruhende Verfahren, bei welchem Fälschungen weniger leicht möglich sind. Geht man hier vom Gesamtrauchgasverlust aus, so hat man folgende Größen zu bestimmen: den Kohlensäuregehalt und die Temperatur der Rauchgase sowie deren Gehalt an unverbrannten Bestandteilen, und zwar im Durchschnitt jeder Heizerschicht. Natürlich kann bei diesem Verfahren als Nebenkontrolle auch die Verdampfungsziffer festgestellt werden.

Vor Festlegung der Prämiensätze muß, gleichgültig welches Verfahren gewählt wird, eine gründliche Untersuchung der Anlage im gewöhnlichen Betrieb stattfinden. Bei Anwendung des zweiten Verfahrens muß ermittelt werden, wie groß bei der bisherigen Heizertätigkeit der durchschnittliche Gesamtrauchgasverlust ist, und welcher kleinste Gesamtrauchgasverlust im normalen Betriebszustand bei bester Feuerbedienung erreicht werden kann. Damit ergibt sich dann ein niedrigster und ein höchster Betriebswirkungsgrad der Anlage. Zwischen diesen beiden Grenzen soll die Prämie zweckmäßig so abgestuft werden, daß sie zunächst langsam und dann immer rascher ansteigt, entsprechend dem Umstand, daß die Erhöhung des Wirkungsgrades der Kesselanlage um so schwieriger ist, je mehr man sich der Höchstgrenze nähert.

Wenngleich das zweite Verfahren aus dem genannten Grunde dem ersten vorzuziehen ist, so leiden doch beide an einem gemeinsamen Mangel. Sowohl die Verdampfungsziffer als auch der Schornsteinverlust einer Kesselanlage hängen außer von der Güte der Feuerbedienung noch von Umständen ab, auf die der Heizer wenig oder keinen Einfluß hat, nämlich von der Heizflächenbeanspruchung, von der mehr oder weniger starken Verschmutzung der Heizflächen und von dem Eindringen falscher Luft in die Züge, hervorgerufen durch allmähliches Rissigwerden des Kesselgemäuers. Diese Einflüsse lassen sich bei der Rauchgasanalyse in der Hauptsache dadurch ausschalten, daß man die Rauchgasprobe unmittelbar hinter dem Feuerraum entnimmt und sie auf ihren Kohlensäure- und Sauerstoffgehalt sowie allenfalls ihren Gehalt an Unverbranntem untersucht. Die bloße Bestimmung des Kohlensäuregehaltes ist ungenügend. Denn der Heizer kann, wenn er durch Drosseln des Rauchschiebers die Luftzufuhr beschränkt, ohne weiteres einen hohen Kohlensäuregehalt erreichen. Bei stark beanspruchten Feuerungen mit unzureichendem Zug ergibt sich ein hoher Kohlensäuregehalt ganz von selbst. Zwar hat die künstliche Erhöhung des Kohlensäuregehaltes durch Beschränkung der Luftzufuhr eine Verringerung des Verlustes durch freie Wärme der Abgase zur Folge, jedoch auf Kosten der vollständigen Verbrennung der Kohle. Die Prämie sollte deshalb nur dort nach dem Kohlensäuregehalt bemessen werden, wo die Entstehung von Ruß und unverbrannten Gasen nicht zu befürchten ist. In allen übrigen Fällen jedoch ist das Augenmerk außer auf möglichst hohen Kohlensäuregehalt der Rauchgase vor allem darauf zu richten, daß die Summe des Kohlensäure- und Sauerstoffgehaltes möglichst nahe an die theoretische Summe heranreicht. Deshalb ist außer dem Kohlensäuregehalt mindestens noch der Sauerstoffgehalt zu bestimmen. Man kann dann z. B. festsetzen, daß die Summe des erreichten Kohlensäure- und Sauerstoffgehaltes um höchstens 0,8% hinter der theoretischen zurückbleiben darf; für jedes zehntel Prozent weniger wird eine nach oben zunehmende Prämie gewährt. Da die theoretische Summe um so leichter erreicht wird, je kleiner der Kohlensäuregehalt der Rauchgase ist, so müssen für höhere Kohlensäuregehalte entsprechend höhere Prämien bewilligt werden.

Viele Betriebsleiter sind nicht mit Unrecht gegen die Gewährung von Heizerprämien, weil diese bei dem übrigen Bedienungspersonal leicht Anlaß zu Unzufriedenheit geben. Ebenso wie es die Pflicht des Maschinenwärters ist, seine Maschinen sachgemäß zu bedienen und instandzuhalten, so ist es die Pflicht des Heizers, seine Kesselanlage möglichst gut zu bedienen. Viele Betriebsleiter halten es deshalb für richtiger, Heizern, die sich durch besonders gute Leistungen auszeichnen, eine Gehaltsaufbesserung zu geben. Dieser Standpunkt hat auch seine Berechtigung, insbesondere bei größeren, mit selbsttätigen Einrichtungen und Kontrollvorrichtungen gut ausgerüsteten Anlagen. Denn es ist zweifellos ein Unterschied, ob dem Heizer die Feuerbedienung durch mechanische Feuerungen und das Vorhandensein kostspieliger Kontrollapparate u. dgl. erleichtert wird, oder ob er, wie bei primitiver Einrichtung und Handfeuerung, ausschließlich auf seine eigene Geschicklichkeit und Tüchtigkeit angewiesen ist. Im ersten Fall ist eine Bevorzugung des Heizers gegenüber dem Maschinisten sicherlich weniger gerechtfertigt als im zweiten. Speziell bei größeren Anlagen, wo oft tüchtige Heizer mit minderwertigen zusammen arbeiten müssen, ist eine gerechte Verteilung der Prämie kaum möglich. Mit diesen Verhältnissen mag es zusammenhängen, daß die Gewährung von Heizerprämien heute noch wenig verbreitet ist. Da sie aber stets einen starken Anreiz für den Heizer bilden, so liegt es im Interesse des Kesselbesitzers, Kohlenprämien überall dort einzuführen, wo es mit Rücksicht auf die bestehenden Verhältnisse möglich erscheint. Denn es ist immerhin zu berücksichtigen, daß die Wirtschaftlichkeit von Kesselanlagen in weit höherem Maße von der Aufmerksamkeit und Tüchtigkeit des Bedienungspersonals abhängt, als diejenige von Maschinenanlagen, bei denen sich der Arbeitsvorgang selbsttätig unter dem Einfluß der Steuerung abspielt. Ist die Steuerung einer Dampfmaschine richtig eingestellt, sind keine inneren Undichtheiten vorhanden und ist die Kondensation in Ordnung, so wird der Dampfverbrauch der Maschine selbsttätig und ohne weiteres Zutun des Personals vom Regulator eingestellt.

Beispiele über Prämienberechnung enthält u. a. der Aufsatz „Betriebskontrolle an Dampfkesseln und Prämienverteilung an die Heizer“ von W. Redenbacher, Weihenstephan, veröffentlicht in der Zeitschr. d. Bayer. Revisionsvereins 1913, S. 1ff. Nähere Angaben über die Berechnung der einzelnen Verluste finden sich in diesem Aufsatz sowie in dem von mir verfaßten Werk „Die Dampfkessel“ Sammlung Göschen, Band I. Speziell über den meist viel zu wenig beachteten „Verlust durch Unverbranntes in den abziehenden Heizgasen“ findet sich ein sehr eingehender Aufsatz in der Zeitschr. d. Bayer. Revisionsvereins 1906, S. 116. In diesem Aufsatz wird an Hand zahlreicher Versuche gezeigt, daß der Verlust durch Unverbranntes selbst bei guten Feuerungseinrichtungen und zweckentsprechender Bedienung 5% und mehr vom Kohlenheizwert ausmachen kann, und daß er unter ungünstigen Verhältnissen Werte bis zu 15—20% erreicht.

105. Betriebskontrolle bei Verbrennungsmaschinenanlagen.

Bezüglich der Beobachtung der Maschine und ihrer bewegten Teile, der Schmierung usw. gilt dasselbe wie für Dampfkraftmaschinen. Im übrigen ist jedoch bei Verbrennungsmaschinen eine so weitgehende Betriebskontrolle wie bei Dampfanlagen nicht üblich und in gewissem Sinne auch nicht notwendig. Da sich bei Verbrennungsmaschinen, wenigstens bei Leuchtgas-, Benzin-, Naphthalin- und Dieselmaschinen, der Verbrennungsvorgang selbsttätig unter dem Einfluß der Steuerung abspielt, so ist man hier nicht in dem Maße wie bei Dampfanlagen von

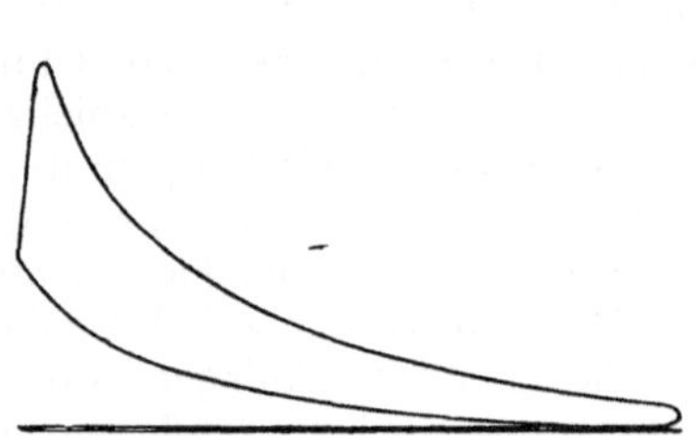

Fig. 125. Normales Indikatordiagramm einer Verbrennungsmaschine (Explosionsmotor).

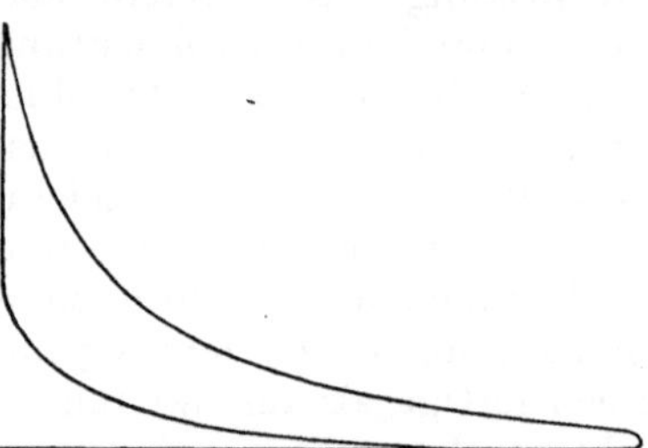

Fig. 126. Indikatordiagramm einer Verbrennungsmaschine (Explosionsmotor) mit zu früher Zündung oder zu scharfen Gemischen.

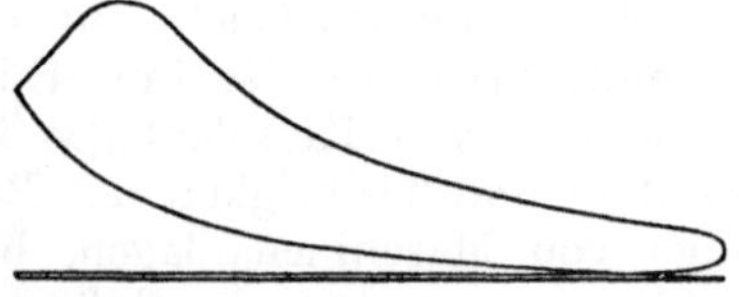

Fig. 127. Indikatordiagramm einer Verbrennungsmaschine (Explosionsmotor) mit zu später Zündung oder zu armen Gemischen.

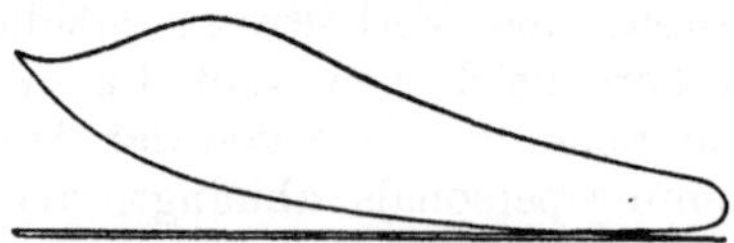

Fig. 128. Indikatordiagramm einer Verbrennungsmaschine (Explosionsmotor) mit stark verspäteter Zündung oder sehr schlechtem Gemisch.

der Aufmerksamkeit und Sachkenntnis des Bedienungspersonals abhängig. Auch in dem Generator einer Kraftgasanlage regelt sich der Verbrennungsprozeß, vorausgesetzt daß der Generator in gleichmäßig gutem Zustand gehalten wird, von selbst. Ist an einer Verbrennungsmaschine etwas nicht in Ordnung oder erzeugt der Generator schlechtes Gas, so macht sich dies meist schon dadurch bemerkbar, daß die Leistung zurückgeht. Eine nachlässige und fehlerhafte Bedienung und Wartung gefährdet also hier in erster Linie die Ausnützungsmöglichkeit bzw. Betriebsicherheit. Im Gegensatz hierzu gibt eine Dampfmaschine auch unter ungünstigen Verhältnissen ihre Leistung her, wenn auch im allgemeinen auf Kosten ihrer Wirtschaftlichkeit. Bei Dampfanlagen erscheint daher eine schärfere Betriebskontrolle im Interesse der Wirtschaftlichkeit geboten.

Ebenso wie bei Dampfmaschinen kann man auch bei Verbrennungsmaschinen von dem Indikator Gebrauch machen. Auch der im vorhergehenden Abschnitt erwähnte Leistungsmesser sowie der selbstaufzeichnende Belastungsanzeiger können bei Verbrennungsmaschinen gegebenenfalls Anwendung finden.

Das Indikatordiagramm einer Gasmaschine soll nach Art von Fig. 125 oben etwas abgerundet sein. Läuft die Verbrennungslinie in eine Spitze aus, so sind die Zündungen leicht zu scharf und der Motor neigt zum Stoßen. Fig. 126 zeigt z. B. die Form des Diagramms bei zu früher Zündung oder zu scharfen bzw. zu gasreichen Gemischen. Abgesehen von dem stoßenden Gang, der dem Motor mit der Zeit schadet und seine Lebensdauer verringert, ist hier auch der Brennstoffverbrauch ein größerer, weil sehr hohe Verbrennungstemperaturen und infolgedessen große Wärmeverluste an das Kühlwasser auftreten. Eine zu starke Abrundung des Diagramms, wie in Fig. 127, ist allerdings auch nicht erwünscht, weil hierbei der Brennstoffverbrauch infolge des geringeren Temperaturgefälles ein höherer ist. Tritt starkes Nachbrennen infolge erheblich verspäteter Zündung ein, wie z. B. in dem Diagramm Fig. 128, so bedingt dies nicht nur eine wesentliche Verringerung des Temperaturgefälles, sondern damit zusammenhängend auch ein verlustbringendes Entweichen der Verbrennungsprodukte mit hohem Druck und dementsprechend höherer Arbeitsfähigkeit.

Wenngleich das Diagramm einer Verbrennungsmaschine manchen wertvollen Aufschluß über die Vorgänge im Arbeitszylinder zu geben vermag, so soll hier doch nicht allzu viel Gewicht auf die Form des Diagramms gelegt werden. Denn es kommt nicht selten vor, daß ein Diagramm hinsichtlich seiner Verbrennungslinie etwas von der normalen Form abweicht und der Verbrauch der Maschine trotzdem günstig ist und umgekehrt. Dies hängt zum Teil damit zusammen, daß beim Indizieren von Verbrennungsmaschinen leicht irreführende Indizierfehler vorkommen können, die hauptsächlich durch die Art des Indikatorantriebes bedingt sind. Da nämlich die Mehrzahl der Verbrennungsmaschinen keinen Kreuzkopf hat, so bedient man sich hier für den Indikatorantrieb meist einer an die Maschinenwelle angesetzten kleinen Kurbel. Dies bedingt eine erhebliche Schnurlänge, die ihrerseits bei ungenügend gespannter Feder der Indikatortrommel eine mehr oder weniger starke Diagrammverzerrung infolge Durchhängens der Schnur verursachen kann.

Um die Einstellung einer Verbrennungsmaschine zu kontrollieren, ist man glücklicherweise nicht auf den Indikator angewiesen, wie bei Dampfmaschinen. Eine weit einfachere und zuverlässigere Kontrolle ergibt sich hier durch Beobachtung des Regulators. Will man sich davon überzeugen, ob die Maschine günstig eingestellt ist, so braucht man nur das Gemisch, oder allenfalls auch die Zündung, zu verstellen und dabei die Bewegung des Regulators zu beobachten. Hierbei hat man sich zu vergegenwärtigen, daß der Regulator bei steigender Muffe die Brennstoffzufuhr vermindert, bei sinkender Muffe dagegen vermehrt. Geht nun bei gleichbleibender Belastung die Regulatormuffe in die Höhe, so kann daraus ohne weiteres geschlossen werden, daß der Motor nicht auf seinen günstigsten Verbrauch eingestellt ist. Letzteres ist erst dann der Fall, wenn der Regulator bei der betreffenden Belastung die höchstmögliche Stellung einnimmt. Um die genaue Beobachtung des Regulators und damit die Einstellung der Maschine zu erleichtern, kann es sich empfehlen, die Regulatormuffe mit einem Zeiger und einer feinen Skala zu verbinden.

Laufende Abgasuntersuchungen, wie sie bei Kesselanlagen üblich sind, kommen hier nicht in Betracht, weil bei Verbrennungsmaschinen der verhältnismäßige Gehalt an Kohlensäure und Sauerstoff verschieden ist, je nach der Belastung der Maschine. Auch eine Beobachtung der Abgase läßt hier nicht immer sichere Schlüsse auf die Güte der Verbrennung im Arbeitszylinder zu; vgl. S. 398. Bei Leuchtgasmotoren und Sauggasanlagen macht sich eine unvollkommene Verbrennung am Auspuff überhaupt nicht bemerkbar.

Speziell bei Dieselmotoren ist in der Hauptsache das Manometer am Einblasegefäß zu beobachten. Hat der Einblasedruck bei der entsprechenden Stellung des Luftpumpen-Regulierventils, die durch Erfahrung bekannt ist, die richtige Höhe, so ist dies ein Zeichen, daß der Kompressor und der Zerstäuber in Ordnung sind. Wäre der Zerstäuber verstopft, so würde sich dies an einem Steigen des Einblasedrucks bemerkbar machen. Wenn anderseits die Ventile der Luftpumpe nicht mehr abdichten, so macht es Schwierigkeiten, den Einblasedruck auf der richtigen Höhe zu halten.

Fig. 129 zeigt ein normales Diagramm eines Dieselmotors, während die Fig. 130—133 verschiedene fehlerhafte Diagramme darstellen. Unter jedem Diagramm ist angegeben, worauf die unrichtige Form zurückzuführen ist.

Bei Kraftgasanlagen kann man sich zeitweise davon überzeugen, ob das Gas seinen normalen Heizwert besitzt. Man kann zu diesem Zwecke gegebenenfalls ein selbstaufzeichnendes Kalorimeter anwenden; ein solches kommt allerdings sehr teuer. Häufig begnügt man sich deshalb auch damit, den Kohlensäuregehalt des Gases zu bestimmen. Ist dieser abnorm hoch, so ist am Generator etwas nicht in Ordnung. Letzteres kann freilich auch durch bloße Beobachtung des Generators festgestellt werden. Man hat sich nur davon zu überzeugen, ob der Generator nicht verschlackt ist, und ob er sich in richtiger Glut befindet. Dies läßt sich durch Schaulöcher, durch Hineinstecken einer Stange oder eines Drahtes, mitunter auch durch bloßes Befühlen des Generatormantels und -deckels erkennen.

Bei den früher gebräuchlichen Druckgasanlagen bediente man sich zur Kontrolle des Generatorganges einer ständig brennenden Flamme. Brannte diese ruhig und hatte bei unveränderlichem Druck gleichbleibende Länge sowie das richtige Aussehen, so war zu schließen, daß das Gas in Ordnung ist. Wenn jedoch die Flamme flackerte, so deutete dies auf einen schlechten Heizwert des Gases hin. Außerdem zeigte die mehr oder weniger rote Farbe der Flamme einen größeren oder kleineren Teergehalt des Gases an. Diese Kontrolle kann auch bei

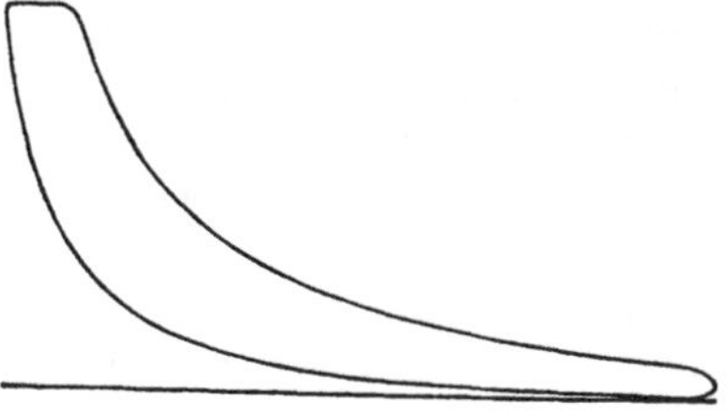

Fig. 129. Normales Indikatordiagramm eines Dieselmotors.

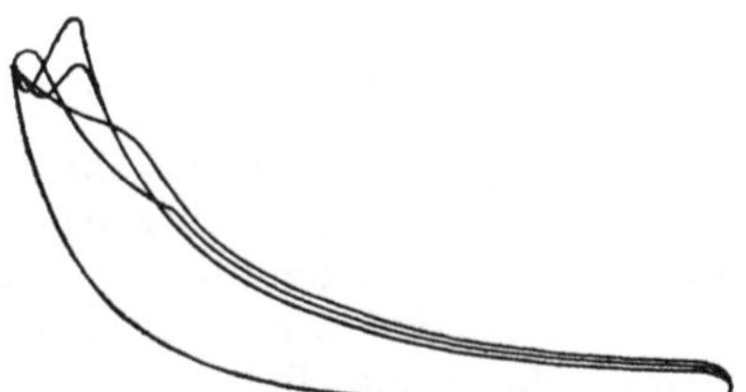

Fig. 130. Fehlerhaftes Dieselmotor-Diagramm.

Streuen des Diagramms und unregelmäßige Verbrennung infolge schlecht geregelter Zerstäubung oder ungleichmäßiger Brennstoffeinführung. Der Verbrauch des Motors und die Endtemperatur der Verbrennungsprodukte sind höher als normal.

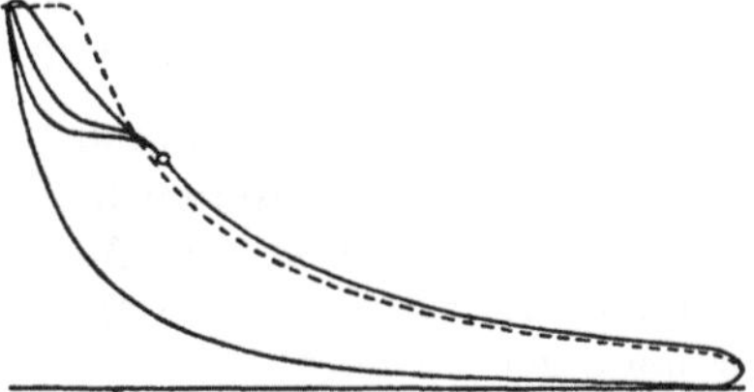

Fig. 131. Fehlerhaftes Dieselmotor-Diagramm.

Verschiedene Arten des Nachbrennens. Folge von zu niedrigem Einblasedruck, zu kleiner Düse, schlechter Zerstäubung (bzw. zu engem Zerstäuber) oder zu später Öffnung der Brennstoffnadel. Der Verbrauch des Motors und die Endtemperatur der Verbrennungsprodukte sind entsprechend höher. (Das normale Indikatordiagramm ist punktiert eingezeichnet.)

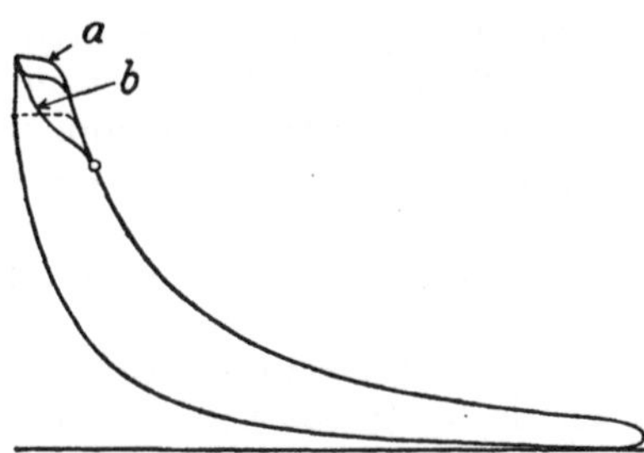

Fig. 132. Fehlerhaftes Dieselmotor-Diagramm.

Scharfe Zündungen (Vorzündung). Der Motor neigt zum Stoßen und arbeitet hart, wenigstens im Falle *b*. Folge u. a. von zu hohem Einblasedruck oder zu früher Eröffnung der Brennstoffnadel. Der Verbrauch des Motors kann hierbei normal oder günstiger sein. Bei Diagrammform *a* geht der Motor ruhig. (Das normale Diagramm ist punktiert eingezeichnet.)

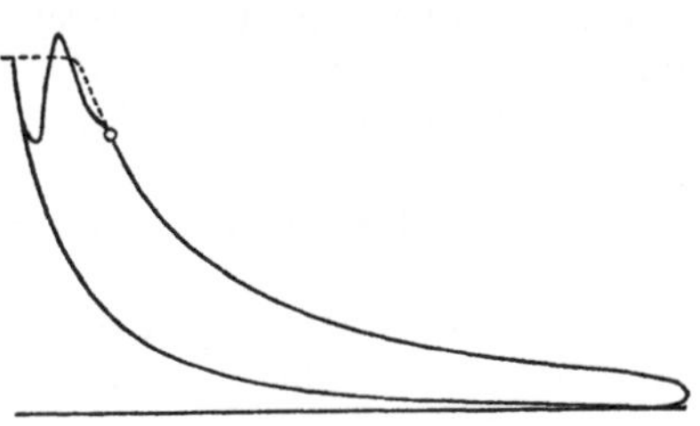

Fig. 133. Fehlerhaftes Dieselmotor-Diagramm.

Brennstoffnadel öffnet zu spät. Einblasedruck zu hoch, Motor stößt heftig. Brennstoffnadel wird gegen das Füllungsende hin zu langsam angehoben. (Das normale Diagramm ist punktiert eingezeichnet.)

Sauggasanlagen angewendet werden, wenn man das für die Flamme erforderliche Gas mittels eines Gebläses, z. B. mittels eines Wasserstrahlgebläses, absaugt und unter gleichmäßigem Druck abbrennen läßt.

In der Hauptsache kommt es bei Sauggasanlagen darauf an, daß der Gasdruck nicht zu sehr schwankt, z. B. infolge von Verstopfungen an den Reinigern oder im Generator. Dies kann ohne weiteres durch Beobachtung der bei jeder Anlage vorgesehenen Unterdruckmesser festgestellt werden. Naturgemäß kommt es bei Kraftgasanlagen auch auf die Gaszusammensetzung an. Jedoch hat es auf die Motorleistung wenig Einfluß, wenn der Heizwert des Gases z. B. zwischen 1100 und 1300 WE schwankt, vorausgesetzt, daß die Schwankungen nicht zu plötzlich eintreten. Man kann sich hier immer durch entsprechende Einstellung des Gas- und Lufthahns, d. h. durch Änderung der Gemischzusammensetzung helfen, soweit dies nicht schon durch den Regulator besorgt wird.

106. Betriebsführung bei starken Belastungsschwankungen.

Wenn der Kraftverbrauch eines Werkes regelmäßig wiederkehrenden Schwankungen unterworfen ist, so kann man es durch rechtzeitiges Ein- und Ausschalten von Maschinensätzen meist so einrichten, daß die im Betrieb befindlichen Maschinen unter möglichst wirtschaftlichen Bedingungen arbeiten. Ein Betriebsleiter, der seine Belastungsverhältnisse kennt, wird bei ungünstiger Belastung seines Werkes den Ausweg suchen, die Antriebskraft zu unterteilen, um z. B. in der Nacht nur eine Maschine laufen zu lassen und auf diese Weise Betriebsführungskosten und Brennstoffkosten der übrigen Maschinen zu sparen. Für derartige Betriebe eignen sich gemäß früher insbesondere Hochdruck-Ölmaschinen sehr gut, da sie keine Stillstands- und Anheizverluste haben.

In Fällen, in denen sich der Kraftverbrauch plötzlich und unvorhergesehen innerhalb weiter Grenzen ändert, dürfen die Maschinen nur zum Teil beansprucht werden. Die verfügbare Kraftreserve muß in jedem Augenblick so groß sein, daß ein plötzlicher Mehrbedarf an Kraft von den im Betrieb befindlichen Maschinen gedeckt werden kann, ohne daß eine Überlastung der Maschinen und ein Geschwindigkeitsabfall zu befürchten ist.

Bei Dampfkraftanlagen darf die Zahl der unter Dampf zu haltenden Kessel nicht allein nach deren Höchstleistung bemessen werden. Die Beanspruchung muß unter Umständen wesentlich geringer, d. h. die Zahl der unter Dampf zu haltenden Kessel größer sein, damit bei plötzlicher unerwarteter Belastungssteigerung ein genügendes Wärmebeharrungsvermögen vorhanden ist. Andernfalls kann es vorkommen, daß der Dampfdruck ganz erheblich zurückgeht, auch in Fällen, in denen mit künstlichem Zug gearbeitet wird.

Will man bei Kesseln mit verhältnismäßig geringem Wasser- und Dampfraum, wie z. B. Wasserrohrkesseln, größeren Belastungsschwankungen (z. B. infolge zeitweiliger Entnahme von Heizdampf) rechtzeitig begegnen und störende Schwankungen des Dampfdrucks möglichst vermeiden, so empfiehlt sich der Einbau selbstaufzeichnender Dampfmesser. Diese lassen Änderungen in der Kesselbeanspruchung augenblicklich erkennen, im Gegensatz zu Manometern, deren Anzeige immer mehr oder weniger verspätet erfolgt. Durch die Anwendung eines Dampfmessers wird dem Heizer nicht nur die Anpassung der Rostleistung an den schwankenden Dampfbedarf, sondern auch die Feuerbedienung erleichtert. Dasselbe kann man auch durch den Einbau von elektrischen Signallampen erreichen, die beim Öffnen der betreffenden Dampfventile selbsttätig eingeschaltet werden und in nächster Nähe des Heizerstandes aufleuchten. Im übrigen ist hier das auf S. 366 über die Kesselbelastung Gesagte zu beachten.

Sauggasanlagen vertragen überhaupt keine plötzlichen größeren Belastungssteigerungen, weil sie keine nennenswerte Gasreserve besitzen und der Generator seinen Wärmezustand nicht plötzlich zu ändern und mehr Gas zu liefern vermag. Das Gas wird bei plötzlicher Zunahme der Belastung zunächst schlechter, weil der Glutzustand des Generators für die neue Belastung nicht stimmt; der Motor läßt infolgedessen in seiner Leistung nach. Wo plötzliche größere Belastungssteigerungen vorkommen, muß deshalb ein Gasometer eingeschaltet werden, dessen Gasinhalt so lange vorhält, bis sich der Wärmezustand des Generators der neuen Belastung angepaßt hat. Dies ist bereits nach kurzer Zeit, etwa 5—10 Minuten, der Fall. Das Gas wird hierbei durch einen Ventilator aus der Generatoranlage abgesaugt und in die Gasglocke gedrückt.

Vielfach lassen sich die Belastungsschwankungen von Kraftanlagen durch eine zweckentsprechende Einteilung des Betriebes erheblich vermindern. Bei Kesselanlagen können die Belastungsschwankungen auch eine Folge des stark veränderlichen Bedarfs an Heizdampf (gedrosselter Frischdampf oder Zwischendampf) sein. In diesem Falle gilt naturgemäß für den Kesselbetrieb dasselbe wie für den Maschinenbetrieb. Man kann z. B. bei einer Brauerei mit Dampfkochung die Einrichtung treffen, daß die Erzeugung des für den Brauereibetrieb nötigen Warm- und Heißwassers in die Kochpausen verlegt wird. Man muß hierbei allerdings darauf bedacht sein, das Dampfeinlaßventil für den Vorwärmer möglichst nahe bei demjenigen für die Braupfanne anzuordnen. Andernfalls kann es vorkommen, daß auch die beste Betriebseinteilung durch die Bequemlichkeit des Bedienungspersonals über den Haufen geworfen wird.

An dieser Stelle möge noch darauf hingewiesen sein, daß Dampfanlagen bei starken Belastungsschwankungen keine zu hohen Dampftemperaturen vertragen. Wollte man hier z. B. mit Dampftemperaturen von 350° C vor der Maschine arbeiten, so würde bei plötzlicher Abnahme der Belastung die Dampftemperatur zu stark ansteigen und eine für die Betriebsicherheit von Kessel- und Maschinenanlage gefährliche Höhe erreichen.

107. Betriebsführung bei Anlagen mit Abwärmeverwertung.

Nachstehendes bezieht sich nur auf Dampfkraftanlagen, da diese für Betriebe mit Abwärmeverwertung in erster Linie in Betracht kommen.

Die Betriebsführung hat möglichst so zu erfolgen, daß nicht mehr Abdampf mit der Dampfmaschine erzeugt wird, als unter normalen Verhältnissen im Betriebe verwertet werden kann. Es wäre höchst unwirtschaftlich, wenn mehr Abdampf als unbedingt notwendig erzeugt würde, und wenn zu gewissen Zeiten größere Mengen Abdampfs unausgenützt entweichen würden, während zu anderen Zeiten Frischdampf zugesetzt werden muß. Kraft- und Wärmebedarf, d. h. Abdampferzeugung und Abdampfbedürfnis, müssen möglichst verringert und einander angepaßt werden. Wo zwischen beiden keine genügende Übereinstimmung besteht, ist dies meist auf drei Ursachen zurückzuführen:

1. Auf zu großen Abdampfüberschuß;
2. auf zu großen Abdampfbedarf;
3. auf unrichtige Betriebseinteilung.

Zu großer Abdampfüberschuß kann eine Folge unwirtschaftlicher Arbeitsweise der Dampfkraftanlage sein, sei es daß letztere schlecht bedient und instandgehalten wird, oder daß sie von Haus aus einen zu hohen Dampf- und Brennstoffverbrauch aufweist. Der zu große Abdampfüberschuß kann aber auch seinen Grund in einem zu hohen Kraftverbrauch (Kraftverschwendung) haben. Dieser ist z. B. bei Brauereien mit künstlicher Kühlung meistens eine Folge zu hohen Kältebedärfs oder mangelhaften Betriebszustandes des Kompressors. Sind die Brauereikeller schlecht ausgenützt oder unzureichend isoliert, oder erfolgt eine ungenügende Vorkühlung der heißen Würze mit Brunnenwasser, so bedingt dies naturgemäß erhöhte Anforderungen an die Kälteleistung der Kühlanlage, die wiederum einen hohen Kraftverbrauch nach sich zieht. Auch übermäßig lange Betriebsdauer der Kraftanlage kann für den Abdampfüberschuß verantwortlich sein. Der unter Ziffer 2 erwähnte zu große Abdampfbedarf tritt meist dann ein, wenn mit schlechter Abdampfausnützung oder Wärmeverschwendung gearbeitet wird. Dies ist z. B. der Fall, wenn unnötig lange geheizt oder gekocht wird, wenn die Abdampfverwerter unwirtschaftlich ausgebildet oder ihre Dampfzuleitungen mangelhaft isoliert sind, oder endlich wenn Warmwasser o. dgl. nutzlos verschwendet wird. Was sodann die Betriebseinteilung betrifft, so sollte diese stets so erfolgen, daß möglichst immer Abdampferzeugung auf der einen Seite mit Abdampfverwertung auf der anderen Seite zusammenfällt. Um dies durchzuführen, ist es z. B. bei Brauereien notwendig, den Sudhaus- und Kühlbetrieb zeitlich zusammenzulegen, die Kälteanlage also so zu bemessen, daß die Dampfmaschine für die Kellerkühlung nicht länger zu laufen braucht, als es der Sudhausbetrieb erfordert. Die Maschine muß gegebenenfalls mehr Kälte und elektrische Energie erzeugen, als augenblicklich verwertet werden kann. Der in Kältespeichern und Akkumulatoren aufgespeicherte Überschuß wird dann später an den Betrieb abgegeben, wenn die Dampfmaschine bei geringerem Abdampfbedürfnis wieder entlastet wird. Bei Brauereien mit Abdampfkochung ist sodann noch zu berücksichtigen, daß Einmaischmenge und Dampfmaschinenleistung in Beziehung zueinander gebracht werden müssen.

Um alle diese Verhältnisse möglichst klar zu überblicken, bedient man sich mit Vorteil der zeichnerischen Darstellung. Was vorstehend für Brauereien gesagt wurde, gilt sinngemäß auch für andere Betriebe.

Voraussetzung für eine wirtschaftliche Betriebsführung ist nach vorstehendem eine zweckentsprechende Projektierung der Gesamtanlage; vgl. in dieser Hinsicht die Ausführungen im Abschnitt 74.

108. Reinigungs- und Ausbesserungsarbeiten.

Machen sich Ausbesserungsarbeiten notwendig, so sollte mit ihrer Vornahme nicht zu lange gewartet werden, da hierdurch nicht nur wirtschaftliche Nachteile, sondern unter Umständen auch Gefahren für die Umgebung entstehen können. Eine kleine Ursache kann leicht einen großen Schaden herbeiführen. So z. B. kann das Verstopfen des Wasserstandsglases eines Kessels Einbeulungen oder gar eine Explosion zur Folge haben.

Die Fristen, innerhalb deren eine Maschinenanlage zu reinigen ist, hängen außer von der Art des Betriebes noch von der Belastung, der Betriebsdauer, dem verwendeten Brennstoff und Schmiermaterial sowie von der Güte der Bedienung und Wartung ab. Ist z. B. bei Großgasmaschinen das Gas schlecht gereinigt, oder ist es bei Sauggasanlagen stark teerhaltig, so muß entsprechend öfter gereinigt werden. Bei Verbrennungsmaschinen, die mit flüssigen Brennstoffen betrieben werden, ist auch die Einstellung der Maschine bzw. die Vollkommenheit der Verbrennung im Arbeitszylinder von Einfluß. Näheres über die Reinigungsfristen enthalten die Abschnitte über den Betrieb der verschiedenen Maschinenarten. Bezüglich der Reinigung und Instandhaltung von Kesselanlagen sei auf S. 373ff. verwiesen.

109. Das Schmieröl, seine Reinigung und Wiederverwendung.

Vielfach wird der Dampf- und Brennstoffverbrauch von Kraftmaschinen bis auf Zehntel, ja sogar Hundertstel eines Kilogramms verfolgt, während man den Einfluß der Schmierölbeschaffenheit auf die Wirtschaftlichkeit und Lebensdauer von Maschinenanlagen viel zu wenig würdigt. Dabei hat erfahrungsgemäß die Auswahl der richtigen Ölsorte oft eine erhebliche Verbesserung des Wirkungsgrades der gesamten maschinellen Einrichtung einer Fabrik zur Folge. Eine fachmännische Überwachung des Einkaufs und des Betriebsverhaltens des Schmieröls macht sich deshalb meist reichlich bezahlt.

Von einem guten Schmiermittel ist gute Schmierfähigkeit und vollkommene Reinheit von mechanischen Verunreinigungen zu verlangen. Im übrigen muß das Öl frei von Säure und harzigen Bestandteilen sowie von Wasser sein. Gutes Maschinenöl muß sich in Benzin klar und ohne Rückstände lösen. Der Gehalt an Substanzen, die durch konzentrierte Schwefelsäure zerstörbar sind, darf höchstens 5—6% betragen.

Die Viskosität oder der Flüssigkeitsgrad (nach Engler) von Gas- und Dampfmaschinenölen sollte bei einer Temperatur des Schmieröls von 50° C etwa 7—9 betragen, für Elektromotoren- und Dynamoöle etwa 3—4. Der Flammpunkt nach Pensky-Martens soll je nach dem Verwendungszweck zwischen 200 und 310—320° C liegen. Für die Zylinderschmierung von Verbrennungsmaschinen, für Lagerschmierung sowie überhaupt für die Schmierung kaltlaufender Maschinenteile genügt es, wenn der Flammpunkt nicht unter 200° C liegt. Nur für die Luftpumpen von Dieselmotoren sollte der Flammpunkt möglichst nicht unter 290—300° C betragen. Für Kolbenmaschinen, die mit hochüberhitztem Dampf betrieben werden, richtet sich der Flammpunkt nach der Dampftemperatur. Wenn möglich, sollte der Flammpunkt höher sein als die Eintrittstemperatur des Dampfes; keinesfalls sollte er bei Heißdampfmaschinen unter 280—300° C liegen. Der Brennpunkt des Schmieröls hängt mit seinem Flammpunkt zusammen und sollte möglichst nicht unter 250° C sein. Bezüglich des Verhaltens in der Kälte ist zu fordern, daß das Öl bei —5° C noch fließt.

Bemerkt sei, daß man unter dem Flüssigkeitsgrad eines Öles eine Vergleichszahl gegenüber Wasser von 20° C versteht. Ein Öl, das bei 50° C zum Durchfließen durch die Bodenöffnung des Englerschen Viskosimeters 9mal so viel Zeit braucht als Wasser von 20° C, wird mit »Flüssigkeitsgrad 9 bei 50° C nach Engler« bezeichnet. Unter Flammpunkt versteht man diejenige Temperatur des Öles, bei der die durch Erwärmung gebildeten Öldämpfe bei Annäherung einer Flamme verpuffen oder verbrennen. Brennpunkt bezeichnet die Temperatur des Öles, bei der es, mit einem brennenden Körper in Berührung gebracht, weiterbrennt.

Sehr eingehende Ausführungen über die »Prüfung und Bewertung der Schmiermittel« enthält ein in der Z. d. V. d. I. 1912, S. 1411ff., abgedruckter Vortrag von Prof. Dr. Holde. Ein weiterer sehr eingehender Aufsatz »Zur Frage der Schmiermittel« ist in der Zeitschr. d. Bay. Rev.-Ver. 1915, S. 139ff. enthalten.

Zu beachten ist, daß die Güte eines Schmieröls nicht nur von seinen physikalischen und chemischen Eigenschaften, sondern vor allem von seinen Arbeitseigenschaften abhängt. Mit anderen Worten, bei der Beurteilung eines Schmieröls kommt es hauptsächlich darauf an, daß bei geringstem Ölverbrauch ein möglichst hoher mechanischer Wirkungsgrad der geschmierten Maschinen erreicht wird. Der praktischen Probe kommt um so größere Bedeutung zu, als für Schmieröluntersuchungen noch keine einheitlichen Prüfungsverfahren bestehen. Den besten Aufschluß über die Eignung eines Öles gibt deshalb nicht die Laboratoriumuntersuchung, sondern die Erprobung im praktischen Betrieb. Es ist schon des öfteren vorgekommen, daß ein Öl bei der Laboratoriumuntersuchung genügte, daß es sich aber trotzdem im praktischen Betrieb als ungeeignet erwies und umgekehrt. Das beste Maß für die Güte eines Schmieröls ist die Höhe der Verbrauchsziffer. Die Feststellung der letzteren erfordert allerdings große Sachkenntnis und Übung sowie eine wochenlange aufmerksame Beobachtung der Maschine, da hierbei die Schmierölzufuhr auf das geringste, gerade noch zulässige Maß herabgedrückt werden muß. Letzteres ist aber bei jeder Maschine verschieden, je nach der Güte ihrer Ausführung; vgl. S. 108. Für das Zylinderschmieröl von Kolbenmaschinen läßt unter sonst gleichen Verhältnissen auch die Menge und die Beschaffenheit des zurückgewonnenen Öles einen Schluß auf seine Güte zu. Je öfter ein Zylinderöl zurückgewonnen, gereinigt und wiederverwendet werden kann, und je weniger frisches Öl zugesetzt werden muß, desto besser ist das betreffende Öl. Speziell bei Dampfmaschinen bildet die Ausblaseprobe ein wertvolles Hilfsmittel zur Beurteilung der Güte eines Zylinderöls; vgl. S. 351. An letzterer Stelle ist auch angegeben, woran man bei Verbrennungsmaschinen erkennt, ob das Zylinderöl von guter Beschaffenheit ist.

Das gebrauchte Öl aus Ringschmierlagern, das von gewöhnlichen Lagern oder sonstigen Schmierstellen abtropfende Öl und das aus dem Abdampf und Kondensat von Kolbendampfmaschinen zurückgewonnene Schmieröl unterscheiden sich mehr oder weniger schon äußerlich von den ungebrauchten Ölen durch ihre veränderte, meistens dunklere Farbe und außerdem oft durch ihren veränderten Flüssigkeitsgrad. Alle im Betrieb zurückgewonnenen Öle enthalten Verunreinigungen infolge der Abnützung und Abschleifung der geschmierten Maschinenteile, nicht selten aber auch Staub, Sand, Wasser usw. Wasser ist in gebrauchten Zylinderölen stets, in gebrauchten Lagerölen nur ausnahmsweise enthalten.

Gebrauchtes Schmieröl wird vielfach auf die Kohlen geschüttet und mit ihnen verbrannt; in gleicher Weise wird das in den Tropfschalen aufgefangene Öl mittels alter Putzwolle aufgesaugt und zusammen mit dieser verbrannt. Eine derartige Verschwendung des gebrauchten Öles wird glücklicherweise in gut überwachten und geleiteten Betrieben immer seltener. Durch die Reinigung und Wiederverwendung des zurückgewonnenen Öles lassen sich, wie schon früher erwähnt, erhebliche Ersparnisse erzielen. Bei Verbrennungsmaschinen geht in der Hauptsache nur das Schmieröl verloren, das im Arbeitszylinder verdampft und verbrennt.

Das gebrauchte Öl kann nach sorgfältiger Reinigung von Metallteilchen, Staub, Sand und allenfalls Wasser aufs neue wieder verwendet werden. Das Unbrauchbarwerden des Öles infolge stärkerer Abnahme seiner Schmierfähigkeit tritt nicht entfernt so rasch ein, als man vielfach annimmt. Dies geht schon daraus hervor, daß das Öl in Ringschmierlagern oft ein halbes Jahr und länger brauchbar bleibt, wenn keine

Verunreinigungen in das Lager und den Ölbehälter kommen. Auch bei Einrichtungen mit Umlaufschmierung macht das Öl oft monatelang denselben Kreislauf, und es braucht nur so viel frisches Öl zugesetzt zu werden, als zur Deckung der unvermeidlichen Verluste nötig ist. Es wurde im übrigen auch durch ausgedehnte Versuche der amerikanischen Professoren Carpenter und Sawdon festgestellt, daß man Mineralschmieröl unbegrenzt immer wieder verwenden kann, ohne daß es seine Schmierfähigkeit einbüßt, wenn man es nur in geeigneter Weise filtert.

Das von seinen Verunreinigungen befreite Öl kann deshalb unbedenklich wieder für die gleichen Zwecke benützt werden. Auch gereinigtes Zylinderöl kann wieder für die Zylinderschmierung verwendet werden; vielfach schmiert man jedoch nur den Niederdruckzylinder ausschließlich mit gereinigtem Öl, während man für den Hochdruckzylinder vorsichtshalber gleich große Mengen gereinigtes und frisches Öl nimmt. Im übrigen kann natürlich gereinigtes Zylinderöl auch zur Lagerschmierung ausgenützt werden.

In Betrieben, in denen das gebrauchte Öl wieder verwendet wird, kann reichlich — allerdings nicht übermäßig — geschmiert werden, da ja das überschüssige Öl zurückgewonnen wird, wenigstens soweit es sich um Lagerschmierung handelt. Das Zylinderöl von Dampfmaschinen wird gemäß früher nur zum Teil zurückgewonnen. Bei Verbrennungsmaschinen verbietet sich zu reichliche Zylinderschmierung aus anderen Gründen; siehe oben und S. 391.

Eine Ölreinigungseinrichtung besteht in der Regel aus zwei Absetzbehältern, einem Hochbehälter und dem eigentlichen Ölfilter nebst Packvorrichtung, Handpumpe und Leitungen. Das schmutzige Schmieröl läuft von der Grundplatte der Maschine in den ersten Absetzbehälter, wo die gröbsten Unreinigkeiten und allenfalls beigemengtes Wasser sich absetzen und durch einen Schlammhahn abgelassen werden können. Alsdann tritt das Öl in den zweiten Absetzbehälter, in dem sich weiterer Schlamm absetzt, und wird von hier in den Hochbehälter gepumpt, von dem es durch das eigentliche Filter gedrückt wird. Das Filter besteht aus mehreren hintereinander geschalteten Kammern (Einsätzen), die einzeln herausgenommen werden können behufs Auswechslung der verschmutzten Filtermasse. Der Eintrittsdeckel und der Raum unter dem Filter können zur Erhöhung der Leistung durch Dampf oder warmes Wasser geheizt werden.

Alle 4—8 Tage, wenn die Leistung des Filters infolge der fortschreitenden Verschmutzung zu sehr abgenommen hat, ist die Packung eines Einsatzes, und zwar jeweils des am meisten verschmutzten, zu erneuern.

Der Hochbehälter soll mindestens 8—10 m über dem Filter in einem heizbaren Raum aufgestellt werden. Ist dies wegen örtlicher Verhältnisse nicht möglich, so wird an Stelle des Hochbehälters ein Druckluftbehälter verwendet, in dem mittels Handpumpe ein Druck von 1,5—2 at erzeugt wird. Die Aufstellung des Druckluftbehälters kann unmittelbar neben dem Filter oder an beliebiger anderer Stelle erfolgen.

Natürlich gibt es auch einfachere und in der Anschaffung billigere Ölreinigungseinrichtungen, als vorstehend beschrieben; vgl. z. B. Zeitschr. d. Bay. Rev.-Ver. 1915, S. 127.

Um sich von dem guten Arbeiten einer Ölreinigungsanlage zu überzeugen, verfahre man z. B. folgendermaßen: Bringe einige Tropfen gereinigtes Öl auf glattes weißes Briefpapier, drücke die Tropfen auseinander und halte den Bogen gegen das Licht. Ist das Öl gut gereinigt, so müssen die Flecke ebenso klar und durchsichtig sein wie bei frischem Öl.

Öl, das infolge langer Benützung und mehrmaliger Reinigung schlecht geworden ist, kann allenfalls in Hochdrucköhlmaschinen verbrannt werden, sofern man es nicht für untergeordnete Zwecke, z. B. Schmierung schwach belasteter Wellen u. dgl. verwenden will. In Dampfbetrieben kann stark schmutziges Öl durch alte Putzwolle o.dgl. aufgesaugt und in der Kesselfeuerung verbrannt werden.

Achter Teil.

Allgemeine Ratschläge.

110. Wahl des Fabrikats.

Sofern der Käufer nicht durch Rücksichten finanzieller Natur, Bank- oder geschäftliche Beziehungen gebunden ist, sollte er bei Wahl des Fabrikats ausschließlich von technischen Erwägungen ausgehen. Keinesfalls sollte hierbei nur die Billigkeit entscheidend sein. Vielmehr liegt es im eigenen Interesse des Käufers, einen angemessenen Preis zu bezahlen, damit er sicher ist, eine gediegene Anlage zu bekommen.

Nicht selten wird bei der Zuschlagserteilung — und zwar nicht allein von privater Seite — der Grundsatz befolgt, derjenigen Firma den Zuschlag zu geben, die am billigsten ist. Dabei schadet sich aber der Besteller selbst; denn für den geringsten Preis kann er unmöglich beste Ausführung verlangen. Trotzdem werden seitens des Käufers häufig nach erfolgter Lieferung die höchsten Anforderungen an die Güte der Konstruktion und Ausführung gestellt; dies geschieht jedoch mit Unrecht, da billigerweise nicht mehr verlangt werden kann, als daß die Maschine dem aufgewendeten Preis entspricht.

Es kann im übrigen nicht dringend genug darauf hingewiesen werden, daß sich der Käufer im eigenen Interesse möglichst an vorhandene Modelle halten soll. Nicht selten verlangt der Käufer, daß für seine Zwecke eine besondere Maschine angefertigt wird. Die Verkäufer haben oft nicht den Mut, solche Sonderwünsche abzulehnen, aus Furcht, das Geschäft zu verlieren. Es ist sowohl für den Käufer als auch den Lieferanten vorteilhafter, sich an vorhandene Konstruktionen zu halten. Dies sollte von seiten unparteiischer Berater immer wieder betont werden.

111. Vertragliche Vereinbarungen.

Das gesamte Vertragsrecht wird, wie der § 242 des Bürgerlichen Gesetzbuchs ausdrücklich ausspricht, von der Rücksicht auf Treu und Glauben beherrscht.

Verträge sollen, ebenso wie Bestellungen, mit der nötigen Bestimmtheit und Eindeutigkeit abgeschlossen werden. Dies gilt insbesondere für solche Vertragsbestimmungen, in denen festgesetzt wird, daß ein Geschäft unter irgendwelchen Bedingungen Geltung haben oder Geltung verlieren soll.

Man treffe genaue Vereinbarungen hinsichtlich der verlangten Leistungen, hinsichtlich Preis und Zahlungsbedingungen. Auch treffe man Vorsorge für den Fall von Meinungsverschiedenheiten, indem man etwa die nachfolgende Bestimmung aufnimmt:

»Streitigkeiten über die Auslegung und Erfüllung des Geschäftsabschlusses werden, soweit nicht anders vereinbart, durch ein Schiedsgericht geschlichtet, zu dem jede Partei einen Schiedsrichter zu ernennen hat. Diese Schiedsrichter haben vor Eintritt in die Verhandlungen einen Obmann zu bezeichnen, der von Anfang an den Verhandlungen beizuwohnen und diese zu leiten hat. Einigen sich die Schiedsrichter nicht über die Person des Obmannes, so wird dieser vom Direktor des Vereins deutscher Ingenieure in Berlin ernannt.

Auf das schiedsgerichtliche Verfahren finden die §§ 1025—1048 der Zivilprozeßordnung Anwendung mit der Maßgabe, daß, wenn die beiden Schiedsrichter sich über den Spruch nicht einigen, jeder derselben ein Gutachten abzugeben und demnächst der Obmann die Entscheidung zu fällen hat.

Die Verteilung der Kosten des Verfahrens erfolgt durch das Schiedsgericht bzw. den Obmann.«

Weiterhin vereinbare man, welches Gericht für etwaige richterliche Handlungen zuständig, sowie welches der Erfüllungsort für Lieferung und Zahlung sein soll. Und endlich kann man noch mit dem Lieferanten vereinbaren, daß die Maschine mit allen von der betreffenden Berufsgenossenschaft vorgeschriebenen Schutzvorrichtungen zu versehen ist (vgl. Abschnitt 117).

Ein gutes Verhältnis zwischen Käufer und Lieferant liegt im beiderseitigen Interesse. Jeder unparteiische Sachverständige sollte zur Förderung eines guten gegenseitigen Einvernehmens beitragen. Das vielfach gespannte Verhältnis wird häufig erst durch Berater geschaffen, die ihre eigenen Interessen dabei zu finden hoffen.

Im übrigen sollte man nicht glauben, immer einen besonderen Vertrag durchsetzen zu müssen. Dies erschwert dem Lieferanten oft unnötig das Geschäft. Langatmige Verträge sind häufig nicht klarer als kurze, im Gegenteil.

Ist in einem Vertrag der mittelbar durch mangelhafte oder schlechte Lieferung verursachte Schaden nicht ausdrücklich von der Ersatzpflicht ausgeschlossen, so bestimmt das Bürgerliche Gesetzbuch im § 459ff., daß der Lieferant für die Schäden, die aus der vertragswidrigen Leistung oder Lieferung hervorgehen, aufzukommen habe, jedoch nur wenn arglistige Täuschung vorliegt oder eine zugesicherte Eigenschaft fehlt. Der Lieferant hat alsdann für jeden Schaden einzustehen, auch für den, der nur in indirektem Zusammenhang mit seiner Lieferung steht. Ist durch Verschulden des Lieferanten zu spät geliefert worden, so kann schlechthin Schadenersatz verlangt werden. Selbstverständlich aber muß der Käufer seinen Schaden nachweisen.

In einer Beziehung jedoch ist die Haftung für den entstehenden Schaden beschränkt, wenn auch nicht ausdrücklich im Gesetz, so doch indirekt durch die Rechte und Pflichten, die unausgesprochen jedem Vertragsverhältnis zwischen den Beteiligten zugrunde liegen. Dadurch, daß jemand eine Maschine bestellt, tritt er zum Lieferanten in ein Vertragsverhältnis, das eine Art Vertrauensverhältnis zwischen beiden schafft, derart, daß auch der Käufer das Seinige tun muß, um den Verkäufer vor einem übermäßigen Schaden zu schützen. Ist z. B. eine Maschine für den Käufer aus irgendwelchen Gründen unbrauchbar, so hat er nach dem allgemeinen Grundsatz von Treu und Glauben die Pflicht, dies dem Lieferanten mitzuteilen und allenfalls eine Ersatzmaschine zu verlangen, oder selbst auf Rechnung des Lieferanten für eine solche zu sorgen. Andernfalls hat der Käufer den Schaden insoweit selbst verschuldet, als er auf diese Unterlassung zurückzuführen ist, und kann infolgedessen nicht mehr vollen Schadenersatz beanspruchen. Diesen Fall sieht der § 254 des Bürgerlichen Gesetzbuches vor, der bestimmt, daß, wenn bei der Entstehung eines Schadens ein Verschulden des Geschädigten mitgewirkt hat, die Verpflichtung zum Ersatz, sowie der Umfang des zu leistenden Ersatzes von den Umständen abhängt, insbesondere davon, inwieweit der Schaden vorwiegend von dem einen oder andern Teil verursacht worden ist.

Die Maschinenlieferanten pflegen sowohl im Falle verspäteter, als auch im Falle mangelhafter Lieferung Schadenersatzansprüche auszuschließen, weil sie oft gar nicht übersehen, welche Schäden entstehen können, und weil zudem der Verdienst beim Verkauf von Maschinen in gar keinem Verhältnis zum allenfallsigen Risiko steht. Um die Rechte des Käufers zu wahren, nimmt der Verkäufer für verspätete Lieferung meistens freiwillig eine Verzugsstrafe auf sich. Bei mangelhafter Lieferung übernimmt er eine weitgehende Ausbesserungs- und Ersatzpflicht, obwohl beim Kauf eine Nachbesserung nach dem Gesetz gar nicht verlangt werden kann.

112. Garantieleistung.

Wer eine Maschine oder Anlage verkauft, hat nach § 459ff. des Bürgerlichen Gesetzbuches Gewährleistung dafür zu übernehmen, daß sie keine Mängel hat, die ihren vertragsmäßigen Gebrauch aufheben oder beeinträchtigen; nach § 459 hat der Verkäufer schlechthin für solche Eigenschaften einer Sache einzustehen, die er vertraglich zugesichert hat. Was unter einem Mangel oder einer Eigenschaft einer Sache zu verstehen ist, darüber gibt das Gesetz allerdings keinen Aufschluß.

Von besonderem Interesse ist für uns der Fall, daß z. B. über den Brennstoffverbrauch einer Maschine oder Anlage keinerlei besondere Vereinbarungen vorliegen. Es entsteht alsdann die Frage, ob der Besteller irgendwelche Rechte geltend machen kann, wenn sich nach der Inbetriebsetzung ein unverhältnismäßig hoher Brennstoffverbrauch herausstellt. Für diesen Fall ist § 243 des Bürgerlichen Gesetzbuches maßgebend, wonach mangels besonderer Vereinbarungen eine Ware von mittlerer Art und Güte zu liefern ist. Der Brennstoffverbrauch muß, ebenso wie die Haltbarkeit, die Leistung, das Gewicht, die Größe usw. von mittlerer Art sein. Andernfalls hat der Lieferant den Vertrag nicht erfüllt und muß sich auf Wandlung oder Minderung einlassen. Die Richtigkeit dieser Auffassung ergibt sich schon aus der Überlegung, daß für die Wahl einer Kraftmaschinenanlage in der Regel wirtschaftliche Erwägungen ausschlaggebend sind.

Was hierbei als mittlere Art und Güte anzunehmen ist, wird von Fall zu Fall zu entscheiden sein. Hierbei sind die wirtschaftlichen Verhältnisse und der Zweck des Auftrages bzw. die Bestimmung der bestellten Maschine zu berücksichtigen.

Um allen Meinungsverschiedenheiten von vornherein vorzubeugen, verlange man bestimmte Garantien für die dauernde und die vorübergehende Höchstleistung, für den spezifischen Dampf- und Brennstoffverbrauch oder (bei Wasserkraftanlagen und Kesseln) für den Wirkungsgrad, ferner für die Schwankungen der Umlaufzahl bei plötzlichen und allmählichen Belastungsänderungen, für den Gleichförmigkeitsgrad, die Höhe der Dampfüberhitzung usw. Garantiezusagen sollen mit Berücksichtigung der jeweiligen Betriebsverhältnisse und möglichst so gegeben werden, daß sie ohne ungewöhnliche Schwierigkeiten für den Betrieb nachgeprüft werden können. Da es bei Abnahmeversuchen oft nicht möglich ist, eine bestimmte Leistung einzustellen, so empfiehlt es sich, auch für größere und kleinere Leistungen sowie allenfalls für verschiedene Dampftemperaturen Verbrauchszahlen in den Vertrag aufzunehmen.

Bei Kolbendampfmaschinen wird die Verbrauchszusage, im Gegensatz zu Verbrennungskraftmaschinen, meist auf die indizierte Leistung bezogen. Bei Maschinen, deren mechanischer Wirkungsgrad sich nicht oder nur mit größeren Schwierigkeiten bestimmen läßt, und deren Nutzleistung auch nicht auf elektrischem Wege ermittelt werden kann, ist hiergegen nichts einzuwenden. Jedoch erscheint es nicht gerechtfertigt, den Dampfverbrauch für 1 PS_i-st zu garantieren und gleichzeitig festzusetzen, daß, wenn der mechanische Wirkungsgrad höher ist als z. B. 91%, dies dem Dampfverbrauch zugute zu rechnen ist. Eine solche Verquickung des Dampfverbrauchs mit dem mechanischen Wirkungsgrad erscheint höchstens dort zulässig, wo der letztere ohne größere Umstände ermittelt werden kann. Wo dies aber möglich ist, wird die Verbrauchszusage zweckmäßiger gleich von vornherein auf die PS_e-st bezogen.

Bisweilen wird bei Dampfmaschinen die Verbrauchszusage auch an folgende Bedingungen geknüpft: »Vorausgesetzt ist ein Vakuum von z. B. 85% im Niederdruckzylinder« oder »Bei einem Anfangsdruck von z. B. 13 at im Hochdruckzylinder«. Derartige Bedingungen sind nicht gerechtfertigt. Der Lieferant kann bei Maschinen mit normaler Einspritzkondensation (ohne zwischengeschaltete Vorwärmer) nur verlangen, daß eine bestimmte Menge Kühlwasser von entsprechender Temperatur vorhanden ist; im übrigen aber ist es seine eigene Sache, für ein gutes Vakuum zu sorgen. Bezüglich der zweiten Bedingung ist zu bemerken, daß nicht der Dampfdruck in der Maschine, sondern derjenige vor der Maschine maßgebend ist, da die Drosselverluste beim Eintritt in den Zylinder der Maschine zur Last fallen.

Bei Dampfanlagen werden meist Einzelgarantien für Kessel, Maschine und Rohrleitung gegeben. Den Besitzer interessiert aber in erster Linie der Brennstoffverbrauch für 1 PS_e-st. Wo man es mit einem Generalunternehmer zu tun hat, versäume man deshalb nicht, sich eine solche Garantie geben zu lassen.

Bei dem heute herrschenden regen Wettbewerb werden immer schärfere Garantien zugesichert. So kommt es, daß den Garantiezahlen vielfach eine übertriebene Bedeutung beigelegt wird. Dies machen sich manche Firmen zunutze, indem sie, um das Geschäft abzuschließen, auf gut Glück günstigere Garantien eingehen als ihre Konkurrenz. Das Herumreiten auf Garantiezahlen ist aber durchaus verfehlt. Denn es ist bekannt, daß gerade bei Dampfanlagen die auf die Spitze getriebenen Garantien nur bei Versuchen, und auch hier häufig nur durch Inanspruchnahme der Toleranz, erreicht werden. Man sollte deshalb sein Augenmerk außer auf eine zweckmäßig und einheitlich durchgebildete Gesamtanlage hauptsächlich darauf richten, ob die Ausführung der Anlage eine derartige ist, daß sie auch eine dauernde Wirtschaftlichkeit gewährleistet; vgl. S. 181. Maßlose Schärfe im Fordern von Wirkungsgraden zeugt häufig von Dilettantismus.

Nicht selten kann man die Beobachtung machen, daß auf der einen Seite sehr scharfe Garantien verlangt werden, während man sich auf der anderen Seite mit ganz unbestimmten Zusagen begnügt. So z. B. kommt es bei Wasserkraftanlagen vor, daß vom Turbinenbauer und vom Elektrotechniker ganz bestimmte, bindende Garantien für Leistungen und Wirkungsgrade ihrer Maschinen gefordert werden, während man sich bei der Kanalanlage nur die Wassermenge garantieren läßt. Da aber die Werkkanäle von Wasserkraftanlagen nicht Selbstzweck, sondern integrierender Bestandteil der Gesamtanlage sind, so muß auch vom Kanalerbauer eine klare Garantie dahingehend verlangt werden, daß der Kanal die größte Wassermenge bei einem ganz bestimmten Rinngefälle (Gefällverlust) liefert.

Außer den wirtschaftlichen Garantien hat der Lieferant noch für die Güte der Konstruktion und der Ausführung Gewährleistung in der Weise zu übernehmen, daß er alle Teile, die während der Garantiezeit nachweisbar infolge schlechten Materials, fehlerhafter Konstruktion oder mangelhafter Ausführung unbrauchbar oder schadhaft werden, unentgeltlich auszubessern oder durch neue zu ersetzen hat, falls eine Instandsetzung dieser Teile nicht mehr möglich ist. Diese Garantie läuft in der Regel auf die Dauer von 12 Monaten, vom Tage der Inbetriebsetzung an gerechnet, bei Tag- und Nachtbetrieb nur auf die Dauer von 6 Monaten. Wo eine derartige Garantie fehlt, sind die gesetzlichen Bestimmungen maßgebend. Das Bürgerliche Gesetzbuch bestimmt für Maschinenlieferungen eine Mängelhaftung auf die Dauer von 6 Monaten, gleichviel ob es sich um einen Kauf- oder Werklieferungsvertrag handelt. Nach Ablauf der Garantiezeit oder der gesetzlichen Gewährleistungsfrist sind alle Rechtsbeziehungen zwischen den Beteiligten erloschen.

Stellt sich innerhalb der Garantiefrist ein Mangel der Anlage heraus, so ist er sofort zu rügen und allenfalls innerhalb der gesetzlich festgelegten Frist von 6 Monaten gerichtlich geltend zu machen. Wird dies versäumt, so geht der Besteller seines Anspruches gegen den Lieferanten auf Gewährleistung, wenigstens hinsichtlich dieses Mangels, verlustig; vgl. nächsten Abschnitt.

Häufig wird auf seiten der Käufer angenommen, daß sich die Gewährleistung des Lieferanten auch für den wirtschaftlichen Teil der Garantien auf die Dauer von 12 oder 6 Monaten erstreckt. Dies ist jedoch eine irrige Ansicht. Die 12- oder 6monatige Garantie bezieht sich lediglich auf das Unbrauchbar- oder Schadhaftwerden einzelner Teile infolge ungeeigneten Materials, fehlerhafter Konstruktion oder mangelhafter Ausführung. Derartige Mängel stellen sich nämlich häufig erst nach längerer Betriebszeit ein. Die wirtschaftlichen Garantien hingegen können sofort nach Inbetriebnahme der Anlage nachgeprüft werden; es wird deshalb gewöhnlich in den Lieferbedingungen die Bestimmung aufgenommen, daß Garantieversuche längstens innerhalb 3 Monaten nach Inbetriebsetzung stattzufinden haben.

Mitunter flechten die Fabrikanten in ihre Lieferungsbedingungen auch die Bestimmung ein, daß bei komplizierten Maschinen für ein gutes Arbeiten nur dann garantiert wird, wenn die Montage durch die eigenen Monteure ausgeführt wird. Es empfiehlt sich daher, in zweifelhaften Fällen eine bestimmte Erklärung vom Lieferanten zu fordern, ob die gekaufte Maschine als kompliziert im Sinne seines Vorbehaltes anzusehen sei.

Nicht selten begegnet man in Käuferkreisen der Auffassung, daß die Lieferantin während der Garantiezeit für alle Schäden, die sich an der Anlage einstellen, aufzukommen habe. In diesem Bewußtsein läßt es der Besitzer der Anlage dann oft an der nötigen aufmerksamen Wartung oder an der erforderlichen Aufsicht fehlen. Stellen sich infolge nachlässiger Betriebsführung Schäden ein, so glaubt er deren kostenlose Beseitigung von der Lieferantin verlangen zu können. Dies ist jedoch ein Irrtum. Wenn sich die Lieferantin gleichwohl herbeiläßt, kostenlosen Ersatz zu leisten, so ist dies ein Akt des Entgegenkommens, für das sie höchstens dadurch entschädigt wird, daß der Käufer die Lieferantin bei fernerem Bedarf wieder berücksichtigt und sie bei Gelegenheit empfiehlt. Allerdings verwöhnt man dadurch die Käufer in bedenklicher Weise und trägt dazu bei, daß sich diese falsche Auffassung weiter ausbreitet.

Was sodann die Frage betrifft, ob sich die Garantie für eine Maschine auch auf die Nachbestellungen von Ersatzteilen bezieht, so ist zu sagen, daß grundsätzlich kein Recht besteht, eine für die Maschine geleistete Garantie auch auf das nachbestellte Ersatzstück zu übertragen. Die

Sache ist vielmehr so aufzufassen, als ob zweimal eine Maschine bestellt worden wäre, das eine Mal mit, das andere Mal ohne Garantie. Anderseits darf jedoch nicht übersehen werden, daß nach ständiger Rechtsprechung zu den vertraglichen Vereinbarungen nicht nur das gehört, was vertraglich zwischen den Parteien ausdrücklich festgelegt, sondern auch das, was den Umständen nach stillschweigend zwischen ihnen vereinbart worden ist; mit anderen Worten, es muß von Fall zu Fall geprüft werden, welchen Inhalt das Vertragsangebot des Bestellers und welchen Inhalt die Annahmeerklärung hat. Es kommt hier vor allem darauf an, ob sich der Auftraggeber bei seiner Nachbestellung die Lieferung mit Garantie ausbedingen wollte, und ob der Lieferant sich hierüber klar sein mußte oder nicht. Diese Frage muß nach den Umständen entschieden werden. Wenn der Lieferant nach Lage des Falles das Verlangen nach einer Garantie nicht erkennen konnte, so kommt auch keine Garantiezusage zustande.

113. Übernahme von Maschinenanlagen. Mängelrügen.

Bei Ankunft einer Maschine von der Bahn oder vom Spediteur überzeuge man sich so gut als möglich davon, daß auf dem Transport keine äußerlichen Verletzungen, Brüche o. dgl. vorgekommen sind. Ist dies der Fall, so verweigere man die Annahme oder nehme die Sendung nur unter Vorbehalt an. Bescheinigungen über vorhandene Brüche oder sonstige Beschädigungen haben durch die Bahnverwaltung oder den Spediteur auf dem Frachtbrief zu erfolgen, der dann als Beweismittel für etwa zu stellende Ersatzansprüche dient.

Im allgemeinen hat bei einem Kauf, bei dem der Verkäufer die Maschine dem Käufer zusenden muß, der Käufer die Gefahr des Transportes zu tragen (§ 447 BGB.), weil der Lieferant erfüllt hat, sobald er die Maschine dem Spediteur übergibt. Wird dagegen ein anderer Erfüllungsort, z. B. der Wohnsitz des Käufers, ausdrücklich vereinbart, so trägt der Verkäufer die Transportgefahr.

In der bloßen Vereinbarung, daß »frachtfrei« zu liefern ist, liegt für sich allein noch keine Änderung der gesetzlichen Bestimmungen über die Transportgefahr. Es kann aber in einzelnen Fällen aus den Begleitumständen auf den Übergang der Transportgefahr geschlossen werden. Hat der Käufer die Transportgefahr, so haftet ihm die Bahn oder die Transportgesellschaft für etwaige Beschädigungen, hat dagegen der Verkäufer die Transportgefahr, so haftet dieser, der sich dann seinerseits mit der Bahn auseinanderzusetzen hat. Geht die Transportgefahr zu Lasten des Käufers, so tut er gut, die Maschine gegen Bruch und Abhandenkommen einzelner Teile auf dem Transport zu versichern. Die Kosten einer solchen Versicherung sind ganz gering. Die Versicherungsgesellschaft leistet aber in der Regel nur dann Ersatz, wenn ihr der Frachtbrief eingesandt wird, auf dem die Bahnverwaltung den vorgekommenen Schaden anerkannt hat. Andernfalls fehlt ihr die notwendige Handhabe, die Bahn ersatzpflichtig zu machen. Im übrigen ist zu bemerken, daß die Bahnverwaltungen und die Transportgesellschaften in der Regel nur dann Schadenersatz leisten, wenn die Maschinen vorschriftsmäßig verpackt sind.

Ist eine Beschädigung nicht sofort bei der Abnahme der Maschine von der Bahn äußerlich erkennbar, sondern erst beim Auspacken, so ist die Bahn dennoch verpflichtet, den Schaden anzuerkennen. Es muß aber zwecks Feststellung des Mangels innerhalb einer Woche nach der Annahme entweder bei Gericht eine Besichtigung der Maschine durch Sachverständige oder schriftlich bei der Bahn eine von dieser nach den Vorschriften der Verkehrsordnung vorzunehmende Untersuchung beantragt werden. Selbstverständlich muß gegebenenfalls auch durch Zeugen nachgewiesen werden können, daß die Beschädigung schon beim Eintreffen der Maschine vorhanden war.

Im vorstehenden ist durchweg angenommen, daß ein Kauf vorliegt. Handelt es sich jedoch um einen Werklieferungsvertrag, d. h. wird eine Maschine auf Bestellung angefertigt, so trägt der Lieferant die Gefahr bis zur Abnahme (§ 644 BGB.). Ist in dem Werklieferungsvertrag die Montage mit übernommen, also fertig aufgestellt zu liefern, was bei größeren Kraftmaschinen die Regel bildet, so wird der Aufstellungsort zum Erfüllungsort, und es kann die Abnahme erst nach der Montage stattfinden. Daher trägt in diesem Fall der Lieferant die gesamte Gefahr bis zur fertigen Aufstellung, also auch die Transportgefahr. Wird dagegen die Maschine ab Werk ohne Montage geliefert, so gilt dasselbe wie beim Kauf (§ 447 BGB.).

Bei Lieferung einer Anlage hat man zwei verschiedene Vorgänge zu unterscheiden: die körperliche Hingabe oder Hinnahme, und die Anerkennung als Vertragserfüllung, die »Abnahme«. Vielfach bedient man sich im Geschäftsleben auch des Ausdruckes »Übernahme«. Dieser Begriff kommt jedoch im Gesetz nicht vor; er bedeutet im Sprachgebrauch dasselbe wie Abnahme. Auch wird die körperliche Hingabe der Maschinen und die Möglichkeit, über diese zu verfügen, häufig als »Übergabe« bezeichnet.

Der Käufer hat außer der Zahlungspflicht auch die Verpflichtung, die gekaufte Ware abzunehmen. Weigert er sich, diese Pflicht zu erfüllen, so kommt er in Verzug und der Verkäufer erhält das Recht, nach erfolgter Fristsetzung vom Vertrag zurückzutreten oder Schadenersatz zu verlangen. Der Begriff der Abnahme hat jedoch verschiedene Bedeutung, je nachdem der zwischen dem Käufer und Verkäufer abgeschlossene Vertrag nach den Bestimmungen über den Kauf oder denjenigen über den Werkvertrag zu beurteilen ist.

Es ist immer zu unterscheiden, ob eine schon hergestellte Maschine gekauft oder eine erst herzustellende Maschine bestellt wird. Im ersten Falle handelt es sich um einen Vertrag, der stets nach den Regeln des Kaufs behandelt wird. Im zweiten Falle, wenn also die Maschine erst aus einem von dem Lieferanten zu beschaffenden Stoff herzustellen ist, wird der Vertrag als Werklieferungsvertrag bezeichnet. Bei Lieferung einer Maschinenanlage handelt es sich in der Regel um einen Werklieferungsvertrag.

Es gibt zwei Arten von Werklieferungsverträgen, einmal solche, die nach den Vorschriften über den Kauf, ferner solche, die nach den Vorschriften über den Werkvertrag zu beurteilen sind. Bei denjenigen Werklieferungsverträgen, die nach den Bestimmungen über den Kauf zu beurteilen sind, ist wiederum zu unterscheiden, ob ein beiderseitiges Handelsgeschäft vorliegt oder nicht.

Juristisch bleibt der Vertrag, durch den sich irgendjemand verpflichtet, aus einem von ihm zu beschaffende Stoff eine Maschine herzustellen und einem anderen zu liefern, immer ein Werklieferungsvertrag; nur seine Behandlung erfolgt unter Umständen nach den Regeln des Kaufes.

Nach § 651 des Bürgerlichen Gesetzbuches finden auf einen Werklieferungsvertrag, in dem der Unternehmer sich verpflichtet, eine vertretbare Sache aus einem von ihm zu beschaffenden Stoff herzustellen, die Vorschriften über den Kauf Anwendung. Ist aber eine nichtvertretbare Sache herzustellen, so finden auf einen solchen Vertrag die Vorschriften über den Werkvertrag Anwendung.

Unter einer nichtvertretbaren Sache versteht das Gesetz solche Sachen, die mit Rücksicht auf ihre Eigenart, ihre besondere Leistung oder Anpassung an einen bestimmten Betrieb individualisiert erscheinen und nicht durch andere gleichartige ersetzt werden können. Dies trifft insbesondere dann zu, wenn eine Maschine nach den besonderen Wünschen und Anweisungen des Bestellers oder für die besonderen Erfordernisse des betreffenden Betriebes, z. B. unter Berücksichtigung des vorhandenen Raumes oder des besonderen Verwendungszweckes hergestellt worden ist.

Vertretbare Sachen sind häufig vorkommende Maschinen, die auf handwerks- oder fabrikmäßige Art hergestellt werden, und die nicht einem besonderen Raum angepaßt sind. Sachen dieser Art haben einen größeren Abnehmerkreis und werden nicht bloß auf Bestellung, sondern auch auf Vorrat nach einem bestimmten Typ, nach Katalog oder Prospekt hergestellt. Hier ist die Aufstellung und Montage der gekauften Maschinen im Verhältnis zu ihrer Lieferung bloß Nebenleistung. Solche vertretbare Sachen sind die meisten Kraftmaschinen. Die Ausbedingung einzelner bestimmter Eigenschaften, z. B. der Leistung einer Maschine, des Verbrauchs an Brennstoff usw., genügt nicht zu der Annahme, daß kein Typ bestellt ist.

Beim Kauf bedeutet die in § 433 des Bürgerlichen Gesetzbuches festgesetzte Pflicht zur Abnahme lediglich die körperliche Wegnahme der Kaufsache, d. h. die Pflicht, die Maschinen an sich zu nehmen, während unter Annahme die Billigung der Ware, d. h. die Anerkennung als Erfüllung gemäß § 363 des Bürgerlichen Gesetzbuches zu verstehen ist. Beim Kauf muß also zu der Abnahme noch die Annahme hinzutreten, damit der Käufer Eigentümer der Maschine wird.

Beim Werkvertrag dagegen hat die Abnahme eine weitergehende Bedeutung. Die in § 640 des Bürgerlichen Gesetzbuches niedergelegte Verpflichtung des Bestellers zur Abnahme des Werkes enthält zweierlei, nämlich die körperliche Hinnahme und die Anerkennung der Leistung als Vertragserfüllung. Eine solche Anerkennung liegt, wie das Reichsgericht schon mehrfach ausführte, z. B. dann vor, wenn der Besteller eine ihm gelieferte Maschinenanlage in Betrieb nimmt und dauernd ihrer Bestimmung gemäß benützt, oder wenn trotz sichtbarer Mängel vorbehaltlose Zahlung erfolgt.

Die Verschiedenheiten des Begriffes der Abnahme beim Kauf- und Werkvertrag haben auch verschiedene rechtliche Wirkungen, insbesondere hinsichtlich der Prüfungspflicht und hinsichtlich der etwa vorhandenen Mängel.

Bei der Frage, wann eine gelieferte Maschine zu untersuchen und zu bemängeln ist, muß man zwischen einem Werklieferungsvertrag unterscheiden, der nur nach den Regeln des Kaufvertrages zu beurteilen ist, und einem Werklieferungsvertrag, auf den die Bestimmungen des Werkvertrages zur Anwendung kommen. Außerdem muß unterschieden werden, ob der Kaufvertrag ein beiderseitiges Handelsgeschäft ist oder nicht.

Handelsgeschäfte sind gemäß § 343 des Handelsgesetzbuches alle Geschäfte eines Kaufmanns, die zum Betrieb seines Handelsgewerbes gehören. Kaufmann ist gemäß § 1 des Handelsgesetzbuches, wer ein Handelsgewerbe im Sinne des Handelsgesetzbuches betreibt.

Für den Fabrikanten liegt in der Lieferung einer Maschine stets ein Handelsgeschäft, da sein Geschäft ein Handelsgewerbe und er infolgedessen ein Kaufmann im Sinne des § 1 des Handelsgesetzbuches ist. Der Besteller der Maschine hingegen wird nicht immer ein Kaufmann sein. Gewerbebetriebe gelten nur dann als Handelsgewerbe, wenn sie nach Art und Umfang einen in kaufmännischer Weise eingerichteten Geschäftsbetrieb erfordern, und wenn die Firma im Handelsregister eingetragen ist (§ 2 HGB.). Solche Unternehmungen sind z. B. Bergbaubetriebe, Betriebe von Steinbrüchen und Gruben, Tonwarenfabriken, Porzellanfabriken, Ziegeleien, Rübenzuckerfabriken. Hierher gehören auch Bauunternehmungen, Architektenbüros usw. Die Inhaber solcher Geschäfte, die im Handelsregister eingetragen sind, gelten dann als Kaufleute; ihre Geschäfte sind Handelsgeschäfte. Wenn ein solcher Unternehmer aber nicht im Handelsregister eingetragen ist, so ist er auch kein Kaufmann und seine Geschäfte sind keine Handelsgeschäfte.

Es gibt nun auch Minderkaufleute im Sinne des § 4 des Handelsgesetzbuches. Auch die Geschäfte der Minderkaufleute sind Handelsgeschäfte. Solche Minderkaufleute können Handwerker sein, die sich Stoffe anschaffen, um sie nach Be- oder Verarbeitung zu veräußern, also sog. Warenhandwerker. Außerdem sind Minderkaufleute solche Personen, deren Gewerbebetrieb nicht über den Umfang des Kleingewerbes hinausgeht.

Die Anschaffung einer als vertretbare Sache geltenden Maschine unterliegt, wie vorerwähnt, den Bestimmungen über den Kauf. Ist eine der Parteien Kaufmann, so gelten die Bestimmungen des Handelskaufs (§ 373ff. HGB.). Ist die Anschaffung einer solchen Maschine aber für jeden Vertragsteil ein Handelsgeschäft, sind also sowohl Lieferant wie Besteller Kaufleute oder Minderkaufleute, dann gelten für einen solchen Vertrag die Bestimmungen der §§ 377—379 HGB. Diese Paragraphen enthalten besondere Bestimmungen über die Untersuchung der Maschinen und die Anzeige etwa vorgefundener Mängel.

Nach § 381 Abs. 2 des Handelsgesetzbuches finden die Vorschriften des Handelsgesetzbuches über das beiderseitige Handelsgeschäft[1]) auch dann Anwendung, wenn es sich um eine nichtvertretbare, bewegliche Sache handelt. Dies bedeutet, daß auch bei der Anschaffung einer nichtvertretbaren Sache, die gemäß oben sonst unter die Bestimmungen über den Werkvertrag fällt, dann ein beiderseitiges Handelsgeschäft vorliegt, wenn der Fabrikant und der Besteller Kaufleute oder Minderkaufleute im Sinne des § 1 oder 4 des Handelsgesetzbuches sind. Ist der Besteller dagegen kein Kaufmann, sondern etwa nur ein Handwerker, der nicht Minderkaufmann ist, oder der Inhaber eines nicht im Handelsregister eingetragenen gewerblichen Unternehmens, so wird die Anschaffung einer derartigen Maschine nach den Bestimmungen über den Werkvertrag beurteilt. Auch für diese beiden Fälle sind die Bestimmungen über die Untersuchung der Maschinen und deren Bemängelungen verschieden.

Zunächst sei der Fall der Anschaffung einer Maschine betrachtet der sich als beiderseitiges Handelsgeschäft darstellt. In einem solchen Falle muß der Besteller der Maschine gemäß § 377 des Handelsgesetzbuches die Maschine unverzüglich, d. h. ohne schuldhaftes Verzögern nach erfolgter Lieferung untersuchen, soweit dies bei ordnungsmäßigem Geschäftsgang tunlich ist, und muß, wenn sich ein Mangel zeigt, dem Lieferanten unverzüglich hiervon Anzeige machen. Es ist dies in erster Linie eine Bestimmung zum Schutze der Interessen des Lieferanten. Der Lieferant soll Gelegenheit haben, sofort, nachdem sich der Mangel herausgestellt hat, die Berechtigung der Rüge zu prüfen, damit er nicht nach zu langer Zeit in die Lage kommt, sich auf Tatsachen einzulassen, die so weit zurückliegen, daß er deren Richtigkeit gar nicht mehr prüfen kann. Es wäre unbillig, wenn der Lieferant z. B. darunter leiden sollte, daß der Besteller mangels Sachkenntnis einen Fehler der gelieferten Maschine nicht entdeckt und alsdann späterhin das Recht zur nachträglichen Rüge beansprucht. Durch eine solche Verlängerung der Rügefrist würde der Lieferant unter Umständen der Möglichkeit beraubt, zu beweisen, daß er sachgemäß geliefert hat. Wenn es dem Empfänger an technischen Kenntnissen fehlt, so muß er eben Sachverständige zur Untersuchung der betreffenden Maschinenanlage zu Rate ziehen. Nachträglich aus seiner mangelnden Sachkenntnis Rechte herzuleiten, ist nicht angängig.

Bei der Frage, ob die Untersuchung sofort vorgenommen und die Mängelanzeige unverzüglich erstattet worden ist, spielen in der Recht-

[1]) Ein beiderseitiges Handelsgeschäft ist immer Handelskauf, aber nicht umgekehrt.

sprechung ein oder wenige Tage eine sehr große Rolle. Es empfiehlt sich deshalb, unter allen Umständen die Maschinenanlage so bald als möglich nicht nur rein äußerlich, sondern auch im Betrieb zu untersuchen und mit der Anzeige der gefundenen Mängel auch nicht einen Tag zuzuwarten.

Die Rechtsfolge der verspäteten Untersuchung oder der verspäteten Mängelanzeige ist, daß in einem solchen Falle die Maschine als genehmigt gilt. Der Besteller muß, wenn der Mangel bei ordnungsmäßiger Untersuchung sofort gefunden worden wäre, oder wenn der gefundene Mangel nicht sofort dem Lieferanten angezeigt wird, die Maschine behalten, d. h. er hat keinerlei Rechte mehr gegen den Lieferanten hinsichtlich solcher Mängel, die sofort zu finden gewesen wären, oder die zu spät angezeigt wurden. Hieran ändert auch der Umstand nichts, daß sich die Garantie des Lieferanten auf einen längeren Zeitraum erstreckt.

Nur dann, wenn ein Mangel bei der Untersuchung nicht erkennbar ist, sich vielmehr erst während des ordnungsmäßigen längeren Betriebes herausstellt, können wegen dieses Mangels noch Rechte gegen den Lieferanten geltend gemacht werden. Aber auch in diesem Falle muß unverzüglich nach der Entdeckung Anzeige an den Lieferanten gemacht werden; geschieht dies nicht, so gilt die Maschine auch hinsichtlich dieses Mangels als genehmigt. Nur wenn ein Mangel arglistig verschwiegen wird, kann der Besteller der Maschine, auch ohne daß er sie sofort untersucht, innerhalb 30 Jahren nach Ablieferung seine Rechte wegen der Mängel geltend machen.

Hat nun der Besteller einer Maschine seine Verpflichtungen über die Untersuchung und die Mängelanzeige richtig und rechtzeitig erfüllt, so kann er folgende Rechte geltend machen:

Der Besteller hat zunächst das Recht der Wandelung, d. h. das Recht der Rückgängigmachung des Kaufes. Will der Besteller von diesem Recht keinen Gebrauch machen, so kann er Minderung, d. h. Herabsetzung des Kaufpreises verlangen.

Wenn der bestellten Maschine eine zugesicherte Eigenschaft fehlt, oder wenn vom Lieferanten Fehler arglistig verschwiegen wurden, so hat der Besteller, wenn er weder Wandelung noch Minderung geltend machen will, das Recht, Schadenersatz wegen Nichterfüllung der Garantien zu verlangen, d. h. der Besteller kann den Ersatz des Schadens beanspruchen, der ihm entsteht, weil er keine den gegebenen Garantien entsprechende Maschine bekommen hat.

Wenn es sich um eine vertretbare Sache handelt, so kann der Besteller, wenn er weder Wandelung, noch Minderung, noch Schadenersatz wegen Nichterfüllung geltend machen will, auch die Lieferung einer mangelfreien Maschine verlangen. Dagegen hat der Besteller bei vertretbaren Sachen ebensowenig wie der Lieferant das Recht, Beseitigung des Mangels zu verlangen, wenn dies nicht besonders mit dem Lieferanten vereinbart ist. Umgekehrt jedoch hat der Lieferant in solchen Fällen nicht das Recht, dem Besteller nachträglich an Stelle der mangelhaften Maschine eine mangelfreie zu liefern, wenn es nicht ausdrücklich zwischen ihm und dem Besteller vereinbart worden ist.

Wenn dem Lieferanten der Maschine schuldhafte Pflichtverletzung bei der Lieferung nachzuweisen ist, so kann der Besteller, der weder Wandelung noch Minderung geltend machen will, auch dann, wenn die vorangeführten Fälle des Mangels einer zugesicherten Eigenschaft oder des arglistigen Verschweigens eines Mangels nicht vorliegen, Schadenersatz verlangen. Solche Fälle sind aber selten, da es meist schwer nachzuweisen ist, daß den Lieferanten an der Lieferung einer mangelhaften Ware ein Verschulden trifft; denn nicht jede Vertragswidrigkeit stellt sich schon als Verschulden dar. Die Sachlage muß vielmehr immer so sein, daß der Lieferant bei Aufwendung gehöriger Sorgfalt den Fehler der Maschine hätte kennen müssen, und daß ferner nach den Anschauungen des Verkehrs eine besondere Vertragspflicht des Verkäufers, den Käufer auf die Fehler aufmerksam zu machen, bestand, und daß dieser Vertragspflicht vom Lieferanten schuldhaft zuwidergehandelt wurde. Ein solches Verschulden ist z. B. anzunehmen, wenn der Lieferant von ihm als unzuverlässig bekannten Händlern eine mangelhafte Ware bezogen und unbesehen weitergegeben hat.

Ist die Lieferung einer Maschine wohl nach den Bestimmungen über den Kauf zu beurteilen, der Kauf aber kein beiderseitiges Handelsgeschäft, ist vielmehr eine der Parteien Inhaber eines gewerblichen Unternehmens, das nicht im Handelsregister eingetragen ist, oder Privatmann, so wird der Vertrag bei vertretbaren Maschinen nach den Bestimmungen des Bürgerlichen Gesetzbuches über den Kauf beurteilt.

Ein solcher Besteller muß die Maschine nicht sofort bei Erhalt untersuchen; er braucht auch einen etwa gefundenen Mangel nicht sofort anzuzeigen. Der Unterschied zwischen dem beiderseitigen Handelsgeschäft und dem gewöhnlichen Kauf besteht also in der Hauptsache darin, daß beim beiderseitigen Handelsgeschäft die Maschine sofort untersucht und etwaige Mängel sofort gerügt werden müssen, während es beim gewöhnlichen Kauf genügt, wenn dies innerhalb von 6 Monaten nach der Ablieferung der Maschine oder innerhalb der vereinbarten Garantiefrist geschieht.

Erhebt der Besteller an der gelieferten Maschine rechtzeitig Beanstandungen, so hat er nach den §§ 462, 463, 480 und 276 des Bürgerlichen Gesetzbuches die gleichen Rechte, wie sie bereits beim beiderseitigen Handelsgeschäft geschildert wurden. Auch hier hat (bei vertretbaren Sachen) weder der Lieferant noch der Besteller der Maschine das Recht, Beseitigung des Mangels zu verlangen, wenn dies nicht besonders vereinbart ist.

Ist nur eine der Parteien Kaufmann und ist eine nichtvertretbare Maschine zu liefern, so ist ein solcher Vertrag nach den Bestimmungen des Werkvertrages zu beurteilen. Hier muß die Abnahme im Gegensatz zum beiderseitigen Handelsgeschäft nicht mit einer Prüfung der Maschine verbunden sein, es sei denn, daß beim Abschluß des Vertrages über die

Lieferung der Maschine vereinbart wurde, daß die Maschine bei der Abnahme auch sofort zu prüfen ist. Die Abnahme hat im übrigen, selbst wenn sie mit einer Prüfung der Maschine verbunden wäre, nicht eine so weitgreifende Bedeutung, daß dadurch die nachträgliche Geltendmachung von Mängeln schlechthin ausgeschlossen ist.

Zeigen sich bei der Prüfung einer nichtvertretbaren Maschine Mängel, so kann der Besteller die Abnahme verweigern; er kann aber auch die Maschine abnehmen, nur muß er sich dann bei der Abnahme gemäß § 640 Abs. 2 des Bürgerlichen Gesetzbuches die Geltendmachung seiner Rechte wegen dieser Mängel ausdrücklich vorbehalten. Er kann hierbei folgende Rechte geltend machen:

Der Besteller kann gemäß § 633 des Bürgerlichen Gesetzbuches Beseitigung des Mangels verlangen, sofern dies nicht einen unverhältnismäßigen Aufwand erfordert. Wenn der Lieferant eine angemessene Frist, die ihm der Besteller zur Beseitigung des Mangels gesetzt hat, verstreichen ließ, also mit der Beseitigung des Mangels im Verzug ist, so kann der Besteller den Mangel auch selbst beseitigen und Ersatz seiner Aufwendungen verlangen. Bezüglich der Selbstbeseitigung von Mängeln sei auf die Ausführungen weiter unten verwiesen.

Will der Besteller nach § 634 des Bürgerlichen Gesetzbuches verfahren, sich also nicht damit begnügen, daß er den Mangel selbst beseitigt, sofern ihn der Lieferant nicht innerhalb der gesteckten Frist beseitigt, so muß er dem Lieferanten zur Beseitigung des Mangels eine angemessene Frist bestimmen und muß die Erklärung beifügen, daß er die Beseitigung des Mangels nach Ablauf dieser Frist ablehne, sie also nicht mehr vornehmen lasse. Läßt der Lieferant die gesteckte Frist verstreichen, ohne den Mangel zu beseitigen, so kann der Besteller Wandelung verlangen, es sei denn, daß der beanstandete Mangel den Wert oder die Tauglichkeit der Maschine nur unerheblich mindert. Der Besteller kann auch statt der Wandelung Minderung des Preises verlangen. In beiden Fällen ist dann der Anspruch auf Beseitigung des Mangels ausgeschlossen. Einer Fristsetzung bedarf es nicht, wenn der Mangel überhaupt nicht beseitigt werden kann, oder wenn der Lieferant die Beseitigung des Mangels verweigert, oder wenn der Besteller ein besonderes Interesse daran hat, ohne Fristsetzung sofort Wandelung des Vertrages oder Minderung des Preises geltend zu machen.

Beruht der Mangel der Maschine auf einem Umstand, den der Lieferant zu vertreten hat, so kann der Besteller statt Wandelung oder Minderung auch Schadenersatz wegen Nichterfüllung verlangen.

Der Unterschied zwischen einem nach den Vorschriften über den Werkvertrag zu beurteilenden Geschäft und einem beiderseitigen Handelsgeschäft besteht also in der Hauptsache darin, daß bei ersterem die Maschine nicht sofort untersucht zu werden braucht, sowie daß zuerst Beseitigung eines Mangels verlangt werden muß. Der Unterschied zwischen einem nach den Bestimmungen über den Werkvertrag zu beurteilenden Geschäft und einem gewöhnlichen Kauf besteht im wesentlichen darin, daß bei ersterem zuerst die Beseitigung des Mangels verlangt werden muß. Gemeinschaftlich ist beiden Geschäften, daß die Untersuchung nicht sofort vorgenommen werden muß.

Wenngleich bei Geschäften, die nach den Vorschriften über den gewöhnlichen Kauf oder über den Werkvertrag zu beurteilen sind, nach dem Bürgerlichen Gesetzbuch eine Pflicht zur unverzüglichen Mängelrüge nicht besteht, so ist es doch auch für den Nichtkaufmann eine gefährliche Sache, die sofortige Mängelrüge zu unterlassen. In einer Reihe von Entscheidungen haben die Gerichte auch bei Nichtkaufleuten angenommen, daß ein Verzicht auf die Mängelrüge vorliegt, wenn die Mängel entdeckt sind, die Maschine aber trotzdem weiter benützt wird, ohne die Mängel zu rügen. Es wird angenommen, daß es gegen Treu und Glauben verstößt, wenn irgendeine gekaufte Ware nach Entdeckung der Mängel weiter benützt und erst nach längerer Benützung zur Verfügung gestellt wird. Durch die Weiterbenützung könnte sich der Schaden vergrößern.

Ganz allgemein gilt, gleichviel ob ein Vertrag nach den Vorschriften über das beiderseitige Handelsgeschäft, den gewöhnlichen Kauf oder den Werkvertrag zu beurteilen ist, daß wenn eine Maschine von dem Besteller in Kenntnis eines Mangels abgenommen wird, er seine Rechte verliert, sofern er sich bei der Abnahme nicht ausdrücklich seine Rechte vorbehalten hat. Weiterhin gilt gemäß §§ 477 und 638 des Bürgerlichen Gesetzbuches für jede Art von Vertrag, daß Mängel innerhalb einer Frist von 6 Monaten, oder wenn eine besondere Garantiefrist vereinbart wurde, innerhalb dieser entdeckt und gerügt werden müssen, da andernfalls jeder Anspruch auf Beseitigung des Mangels, auf Schadenersatz usw. verfällt. Die Geltendmachung der Ansprüche wegen eines Mangels hat auf dem Wege der Klage zu erfolgen, wenn der Lieferant die Mängelrüge nicht freiwillig anerkennt und die dem Käufer aus dem anerkannten Mangel zustehenden Ansprüche befriedigt. Eine bloße mündliche oder schriftliche Geltendmachung der Ansprüche genügt nicht, um sie vor Verjährung zu schützen. Ist keine Garantiefrist vereinbart, so muß der Besteller seine Rechte innerhalb von 6 Monaten nach Ablieferung der Maschine gerichtlich geltend machen. Wird z. B. ein Mangel am letzten Tage der gesetzlichen Frist von 6 Monaten entdeckt, so muß er noch am selben Tage gerügt und bei Gericht geltend gemacht werden, wenn man seine Rechte vor Verjährung schützen will. Ist hingegen eine Garantiefrist von beispielsweise 1 Jahr vereinbart, so muß zwar die Mängelrüge innerhalb dieses Jahres stattfinden, man hat aber von dem Tage ab, an welchem der Mangel entdeckt wird, noch 6 Monate Zeit zur Klage. Wird z. B. ein Mangel einen Tag vor Ablauf der Garantiefrist entdeckt und gerügt, so genügt es noch, wenn er im 18. Monat nach Ablieferung der Maschine gerichtlich geltend gemacht wird. Wenn hingegen ein Mangel bereits am ersten Tage der Ablieferung entdeckt wird, so muß er schon am Ende des 6. Monats gerichtlich geltend gemacht werden, wenngleich die Garantiezeit noch nicht abgelaufen ist.

Allgemein gilt ferner, daß gemäß §§ 459 und 633 des Bürgerlichen Gesetzbuches nur solche Mängel dem Besteller die vorerwähnten Rechte geben, die erheblich sind, die also den Wert oder die Tauglichkeit zu dem gewöhnlichen oder dem nach dem Vertrag vorausgesetzten Gebrauch aufheben oder mindern. Schönheits- oder andere geringfügige Fehler können im allgemeinen einen gesetzlichen Anspruch nicht begründen.

Zu bemerken ist, daß es sich im allgemeinen nicht empfiehlt, Mängel einer Maschine selbst zu beseitigen oder überhaupt Änderungen an der Maschine vorzunehmen, es sei denn, daß der Lieferant seine ausdrückliche und vorbehaltlose Zustimmung dazu gibt. Man zieht sich sonst leicht Nachteile oder doch mindestens Ärger und Verdruß zu. Nimmt man ohne die Zustimmung des Lieferanten irgendwelche Änderungen an der Maschine vor, so braucht der Lieferant für die Folgen einer mangelhaften Reparatur nicht einzustehen. Der eigenmächtige Eingriff gibt ihm unter Umständen sogar eine Handhabe, von seiner Garantie, auch von der gesetzlichen Mindestgarantie von 6 Monaten, ganz zurückzutreten.

Weiterhin ist zu bemerken, daß wenn Mängel weder auf Material-, noch auf Konstruktions- oder Ausführungsfehler, sondern auf natürlichen Verschleiß zurückzuführen sind, ein Anspruch des Käufers auf kostenlose Beseitigung der Mängel nicht besteht, wenn es nicht ausdrücklich im Vertrag vereinbart wird.

Wenn eine nach dem Vertrag vorzunehmende Garantieprüfung nicht innerhalb der im Vertrag und den Lieferungsbedingungen vorgesehenen Frist ausgeführt wird, so entstehen bisweilen Meinungsverschiedenheiten darüber, ob die Nichterfüllung wirtschaftlicher Garantien nicht auch als Mangel aufzufassen ist, dessen Beseitigung innerhalb der Garantiezeit gefordert werden kann. Da man über diese Frage verschiedener Ansicht sein kann, so empfiehlt sich die rechtzeitige Ausführung der Garantieprüfungen. Wo dies aus irgendwelchen Gründen nicht möglich ist, einige man sich in bestimmter Form mit dem Lieferanten über die Verlängerung der Prüfungsfrist. Die Prüfung, ob vertragsmäßig geliefert ist, hat bei beiderseitigen Handelsgeschäften (§ 377 HGB.) unverzüglich zu geschehen und ist Sache des B e s t e l l e r s. Ist keine bestimmte Zeit für die Vornahme von Abnahmeversuchen vereinbart und werden letztere vom Besteller erst nach Monaten ausgeführt, so sind sie ohne Wirkung gegen den Lieferanten. Die Besteller glauben sich vielfach berechtigt, vom Lieferanten den Nachweis vertragsmäßiger Lieferung verlangen zu können, was eine irrige Annahme ist.

Zum Schluß möge noch des Falles der verspäteten Lieferung von Anlagen gedacht werden. Beim Abschluß von Werkverträgen pflegen die meisten Maschinenfabriken besondere Bedingungen für den Fall der Verzögerung der Lieferung vorzusehen, durch die die im § 326 des Bürgerlichen Gesetzbuches festgesetzten Rechtsfolgen des Lieferverzuges (entweder Schadenersatz wegen Nichterfüllung oder Rücktritt vom Vertrag) aufgehoben werden. So z. B. wird in die Verkaufs- und Lieferbedingungen die Bestimmung aufgenommen, daß der Besteller nicht befugt ist, die Annahme wegen verspäteter Lieferung abzulehnen, oder daß der Auftraggeber kein Recht hat, den Auftrag wegen verspäteter Lieferung zu annullieren. Es wird alsdann meist eine bestimmte Vertragsstrafe vereinbart für den Fall, daß das Werk nicht innerhalb der festgesetzten Zeit geliefert wird. Diese Strafe kann jedoch der Besteller gemäß § 341 Abs. 3 des Bürgerlichen Gesetzbuches nur dann verlangen, wenn er sich das Recht dazu bei der Abnahme des Werkes vorbehält. Und zwar muß sich aus dem Verhalten des Bestellers bei Abnahme des Werkes unzweideutig entnehmen lassen, daß er das Recht auf die Vertragsstrafe nicht fallen läßt. Ob ein solcher erkennbarer Vorbehalt vorliegt, richtet sich nach den Umständen des einzelnen Falles. Es ist deshalb immer zweckmäßiger und sicherer, wenn ein solcher Vorbehalt mit ausdrücklichen Worten erklärt wird.

Der Vorbehalt der Vertragsstrafe vor der Abnahme genügt nicht. Es muß vielmehr der Vorbehalt immer bei der Abnahme selbst erklärt werden und deutlich erkennbar sein.

114. Abnahmeprüfung und Revision von Kraftanlagen.

Die Abnahmeprüfung von Wärmekraftanlagen und von elektrischen Anlagen hat auf Grund der bestehenden Normen zu geschehen, und zwar:

1. Der »Normen für Leistungsversuche an Dampfkesseln und Dampfmaschinen«.
2. Der »Regeln für Leistungsversuche an Gasmaschinen und Gaserzeugern«.
3. Den »Normalien für Bewertung und Prüfung von elektrischen Maschinen und Transformatoren«.

Diese von maßgebenden technischen Verbänden aufgestellten Normen sind in billigen Sonderausgaben teils vom Verein deutscher Ingenieure, teils von der Verlagsbuchhandlung Julius Springer zu beziehen.

Vor Ausführung von Garantieversuchen muß dem Lieferanten Gelegenheit zu Vorversuchen und allenfalls notwendigen Instandsetzungsarbeiten und Verbesserungen gegeben werden. Unmittelbar nach Inbetriebnahme einer Maschinenanlage sollten keine Abnahmeversuche ausgeführt werden, damit sich die einzelnen Teile vorher einigermaßen einlaufen. Die Beobachtung dieser Bestimmung ist zwar nicht vorgeschrieben, liegt jedoch sowohl im Interesse des Lieferanten als auch des Käufers, da sich dann etwaige Mängel der Maschine in der Zwischenzeit leichter feststellen lassen. Keinesfalls sollte es der Käufer im Hinblick auf die üblicherweise geleistete einjährige Garantie versäumen. die Abnahmeversuche rechtzeitig auszuführen. Denn der Lieferant, der seinerseits meist kein Interesse an deren Vornahme hat, hält sich nur dann an seine wirtschaftlichen Garantien gebunden, wenn die Prüfung innerhalb der vertraglich festgesetzten Frist (meist innerhalb 3 Monaten nach Inbetriebsetzung) zur Ausführung kommt. Die einjährige Garantie bezieht sich nur auf das Unbrauchbar- oder Schadhaftwerden einzelner

Teile infolge ungeeigneten Materials, fehlerhafter Konstruktion oder mangelhafter Ausführung. Vielfach begegnet man auf seiten der Käufer der irrigen Auffassung, daß die Frist zur Vornahme von Untersuchungen hinsichtlich Leistung, Verbrauch usw. erst mit der eigentlichen Garantiezeit ablaufe.

Da es nicht selten vorkommt, daß der Besitzer einer Anlage gar nicht weiß, was diese leistet, und was ihn deren Betrieb kostet bzw. was er unter normalen Verhältnissen kosten darf, so empfiehlt es sich, die Anlage von Zeit zu Zeit auf ihren Zustand, ihren Gang, ihre Leistung, ihren Verbrauch usw. untersuchen (revidieren) zu lassen. Die Abnahmeversuche sowohl als auch die zeitweiligen Prüfungen machen sich in der Regel für den Besitzer der Anlage reichlich bezahlt.

115. Versicherung gegen Feuer- und Maschinenbruchschäden sowie Betriebsverluste.

Für maschinelle Anlagen kommt außer der Feuerversicherung noch die Versicherung gegen Maschinenbruch, kurz Maschinenversicherung genannt, in Betracht. Letztere erstreckt sich auf alle Schäden infolge

a) von Unfällen durch den Betrieb,
b) Ungeschicklichkeit, Fahrlässigkeit der Arbeiter oder anderer Personen,
c) Sturm, Wolkenbruch und Eisgang,
d) Kurzschluß,
e) bei Montage oder Demontage innerhalb des Betriebsgrundstückes,
f) Guß- und Materialfehler,
g) Überschwemmung.

Die meisten Maschinenschäden sind eine Folge von Nachlässigkeit oder falscher Behandlung der Maschinen seitens des Bedienungspersonals.

Die Höhe der Versicherungskosten ist verschieden; sie ist im wesentlichen von der Art und Gefährlichkeit des betreffenden Betriebes abhängig. Bei den hier in Frage kommenden maschinellen Anlagen kann die Versicherung gegen Feuer- und Explosionsschäden durchschnittlich zu etwa $1^1/_2$ ‰ von den gesamten Anlagekosten für Gebäude und Maschinen angenommen werden, während die Versicherung gegen Maschinenbruch durchschnittlich 3 ‰ von den Anlagekosten des maschinellen Teiles einschl. Fundament ausmacht. Diese jährlichen Beträge sind so niedrig, daß es im eigenen Interesse des Maschinenbesitzers liegt, eine Versicherung abzuschließen. In den Betriebskostentabellen wurden die Ausgaben für Versicherung nicht berücksichtigt, da sie auf die Kraftkosten nahezu keinen Einfluß haben.

Außer den vorstehend erwähnten Versicherungen gibt es noch eine Versicherung gegen Betriebsverluste. Die Betriebsverlustversicherung umfaßt den Verlust durch Stillstand des Betriebes infolge eines ersatzpflichtigen Maschinen- und Feuerschadens. Hier kommen hauptsächlich folgende Schädigungen in Betracht: Verminderung der Erzeugung durch den Betriebstillstand, Beschädigung oder Entwertung der Rohstoffe, die infolge des Stillstandes nicht verarbeitet werden können, Lohnzahlungen an Arbeiter und Angestellte, die während der Dauer des Betriebstillstandes nicht genügend beschäftigt werden können, aber trotzdem entlohnt werden müssen. Die Betriebsverlustversicherung umfaßt also nicht nur den entgangenen Gewinn, sondern auch die wirklich bezahlten Unkosten.

Der Grundgedanke einer Versicherung gegen Feuer- oder Maschinenbruchschaden gipfelt darin, dem Versicherten durch die Entschädigungssumme zu ermöglichen, den Zustand am Tage des Brandes oder Maschinenunfalles wiederherzustellen. Hierbei werden nicht nur die Kosten für Ersatzteile, sondern auch die für Fracht und Montage unter Zugrundelegung der einfachen Werktaglöhnung ersetzt. Kosten für Veränderungen und Verbesserungen über den früheren Zustand hinaus, die anläßlich der Reparatur vorgenommen worden sind, werden naturgemäß nicht ersetzt. Bei völliger Zerstörung einer versicherten Maschine wird der Wert ersetzt, den sie unmittelbar vor dem Schadenereignis hatte, abzüglich des Wertes des Altmaterials.

Der Wert der Maschine unmittelbar vor dem Schadenereignis wird auch als »Zeitwert« bezeichnet. Dieser Zeitwert ist jedoch nicht etwa identisch mit dem Buchwert oder kaufmännischen Wert der betreffenden Maschine. Denn gemäß Abschnitt 47 werden maschinelle Anlagen in der Regel höher abgeschrieben, als es die Rücksicht auf ihre Lebensdauer erfordern würde. Für die Berechnung des Zeitwertes ist nur die tatsächliche Wertminderung infolge von Abnützung maßgebend. Hierbei ist nicht, wie vielfach angenommen wird, von den früheren Anschaffungskosten der Maschinenanlage auszugehen, sondern von den zur Zeit des Schadenereignisses geltenden Neupreisen und allen übrigen, den Zeitwert beeinflussenden Umständen, wie Materialpreise, erhöhte Arbeitslöhne und sonstige Konjunkturverhältnisse.

Die Bestimmung des Zeitwertes einer Maschinenanlage kommt nur bei ihrer völligen Zerstörung in Betracht. In allen übrigen Fällen hingegen handelt es sich gemäß oben nur um die Feststellung derjenigen Kosten, die zur Wiederherstellung der beschädigten Anlage in den früheren Zustand nötig sind.

Nicht selten kann man die Beobachtung machen, daß der Versicherte glaubt, seinen Betrieb weniger aufmerksam führen zu können, da ja seine Maschinen versichert sind. Es wird dann unter Umständen das Personal nicht mehr so scharf überwacht wie früher und das Personal bedient die Anlage nachlässiger. Eine derartige Auffassung ist natürlich durchaus verkehrt. Es liegt im eigenen Interesse des Versicherten, daß die Versicherungsgebühr möglichst niedrig ist. Dies ist aber nur möglich, wenn ebenso sorgfältig wie früher gearbeitet und nicht etwa auf die Versicherung hin gesündigt wird.

In die Feuerversicherung ist gewöhnlich auch die Versicherung gegen Explosionen eingeschlossen. Da der Begriff »Explosion« von seiten der Versicherungsnehmer und der Feuerversicherungsgesellschaften häufig verschieden ausgelegt wird, so war eine Klarstellung oder doch wenigstens eine schärfere Abgrenzung dieses Begriffes, ähnlich wie dies mit Bezug auf Dampfkessel schon früher erfolgt ist, notwendig. Den Ausgangspunkt der Meinungsverschiedenheit bildet die häufig in den Versicherungsscheinen enthaltene Bestimmung: »Eingeschlossen in die Versicherung sind Explosionsschäden jeder Art, ausgenommen solche durch Sprengstoffe«. Tritt nun ein Bruch eines Schwungrades, einer rasch umlaufenden Scheibe o. dgl. ein, so glaubt der Versicherungsnehmer, der Schaden sei durch seine Feuerversicherung gedeckt, in Hinsicht darauf, daß es sich um eine Schwungradexplosion, Riemenscheibenexplosion o. dgl. handle. Obgleich die letztgenannten Bezeichnungen in der Tat gang und gäbe sind, fallen derartige Unfälle doch nicht unter die eigentlichen Explosionen im Sinne der Feuerversicherung. Vielmehr sind sie als reine Maschinenbruchschäden anzusprechen.

Auf Grund einer Vereinbarung des Vereins deutscher Ingenieure mit der Vereinigung der in Deutschland arbeitenden Privat-Feuerversicherungs-Gesellschaften wurde der Begriff »Explosion« wie folgt festgelegt:

»Unter Explosion im Sinne der Versicherung wird in Übereinstimmung mit einem Beschluß des Vereines deutscher Ingenieure eine auf dem Ausdehnungsbestreben von Gasen oder Dämpfen beruhende, plötzlich verlaufende Kraftäußerung verstanden, gleichgültig, ob die Gase oder Dämpfe bereits vor der Explosion vorhanden waren oder erst bei derselben gebildet worden sind.

Im Falle der Explosion von Behältern aller Art (Kessel, Apparate, Rohrleitungen, Maschinen usw.) wird noch vorausgesetzt, daß die Wandung eine Trennung in solchem Umfange erleidet, daß durch Ausströmung von Gas, Dampf oder von Flüssigkeit, falls solche noch vorhanden ist, ein plötzlicher Ausgleich der Spannungen innerhalb und außerhalb des Behälters stattfindet.«

116. Eigentumsvorbehalt an Maschinen.

Nach dem Bürgerlichen Gesetzbuch ist das Eigentum an einem Grundstück nicht zu trennen von dem Eigentum an den mit dem Grundstück verbundenen Sachen, wie Gebäuden, eingebauten Maschinen, Bäumen usw. Was mit dem Grundstück untrennbar verbunden ist, bildet mit ihm eine Einheit.

Die Rechtsprechung der Gerichte in bezug auf die für den Maschinenbau äußerst wichtige Frage des Eigentumsvorbehaltes an verkauften Maschinen ist nicht immer eine feste und einheitliche gewesen. Dies liegt an der nicht zweifelsfreien Fassung der §§ 93 und 94 des Bürgerlichen Gesetzbuches.

§ 93 lautet:

»Bestandteile einer Sache, die voneinander nicht getrennt werden können, ohne daß der eine oder der andere zerstört oder in seinem Wesen verändert wird (wesentliche Bestandteile), können nicht Gegenstand besonderer Rechte sein.«

§ 94 lautet:

»Zu den wesentlichen Bestandteilen eines Grundstücks gehören die mit dem Grund und Boden fest verbundenen Sachen, insbesondere Gebäude, sowie die Erzeugnisse des Grundstücks, solange sie mit dem Boden zusammenhängen. Samen wird mit dem Aussäen, eine Pflanze wird mit dem Einpflanzen wesentlicher Bestandteil des Grundstücks.

Zu den wesentlichen Bestandteilen eines Gebäudes gehören die zur Herstellung des Gebäudes eingefügten Sachen.«

Sind Maschinen als wesentliche Bestandteile des Grundstücks oder Gebäudes zu erachten, so ist nach § 93 der Eigentumsvorbehalt der liefernden Maschinenfabrik hinfällig. Sobald die Maschinen in der in den obengenannten Paragraphen angegebenen Weise fest mit dem Grundstück bzw. Gebäude verbunden sind, folgen sie dem rechtlichen Schicksal der Hauptsache, d. h. sie gehen in das Eigentum des Grundstückeigentümers über. Der Lieferant hat infolgedessen die durch den Eigentumsvorbehalt beabsichtigte Sicherung für den noch ausstehenden Kaufpreis verloren und kann im Falle eines Konkurses des Käufers oder einer Beschlagnahme des Anwesens zum Zwecke der Zwangsversteigerung ein Aussonderungsrecht nicht geltend machen, da die Maschinen, ebenso wie alle anderen wesentlichen Bestandteile des Grundstücks, von den Hypotheken umfaßt werden und dem Hypothekengläubiger haften. Mit anderen Worten, die Maschinen gehören zur Konkursmasse und der Lieferant wird für seine Kaufpreisforderung nur anteilsmäßig befriedigt. Der Hypothekengläubiger kann auf diese Weise ohne jedes Zutun Befriedigung aus Werten erhalten, die bei Aufnahme der Hypothek noch gar nicht vorhanden waren. Der Hypothekengläubiger kann sogar, ohne daß Konkurs oder Anwesensbeschlagnahme vorläge, der Wegnahme der Maschinen durch den Lieferanten trotz dessen Eigentumsvorbehalts widersprechen, falls die Maschinen wesentlicher Bestandteil des Fabrikgebäudes wurden.

Anfänglich stellte sich das Reichsgericht in wörtlicher Anwendung der §§ 93 und 94 auf den Standpunkt, daß schon die bloße Verschraubung einer Maschine mit dem Fundament als eine feste Verbindung mit dem Grund und Boden anzusehen sei, durch die die Maschine ihre Selbständigkeit verloren und die Eigenschaft eines wesentlichen Bestandteils des Gebäudes erlangt habe. Demgemäß erklärte das Reichsgericht den Eigentumsvorbehalt an solchen Maschinen für rechtsungültig; Eigentumsvorbehalte der liefernden Maschinenfabriken standen daher nur auf dem Papier und waren praktisch wirkungslos. Hierdurch wurden nicht nur die Interessen der gesamten Maschinenindustrie in der empfindlichsten Weise geschädigt, sondern auch diejenigen der Käufer. Denn viele Maschinenfabriken, die ihren Abnehmern, den Forderungen der

Zeit Rechnung tragend, ratenweise Abzahlung der gelieferten Maschinen zugestanden hätten, sahen sich aus Gründen der Vorsicht veranlaßt, auf manches Geschäft zu verzichten. Die Käufer mußten ihren Bedarf allenfalls bei weniger leistungsfähigen Firmen decken, die sich das eingegangene Risiko unter Umständen recht teuer bezahlen ließen.

Infolge der bedeutenden Anstrengungen der beteiligten Interessentenkreise hat sich im Laufe der Jahre die Stellungnahme des Reichsgerichts und damit auch die Rechtsprechung zugunsten der Maschinenlieferanten und zuungunsten der Hypothekengläubiger geändert. Man hat es als unbillig empfunden, daß das Eigentum an einer Maschine, die jemand in ein fremdes Grundstück einbaut, solange sie mit dem Grundstück verbunden ist, dem Grundstückseigentümer zustehen soll, und daß bei einer Zwangsversteigerung, die vielleicht ohne Wissen des Maschinenlieferanten erfolgt, das Eigentum auf den Ersteher übergehen soll.

In den bekannten Urteilen vom 2. November 1907 und 26. Juni 1908 stellte das Reichsgericht fest, daß bei Beurteilung der Frage, ob eine Maschine wesentlicher Bestandteil sei, also mit der Hauptsache (dem Gebäude) eine Sache bilde, die Verkehrsauffassung entscheidend sei. Nur dann, wenn Maschine und Fabrikgebäude derart miteinander vereinigt seien, daß nach der Verkehrsauffassung eine einzige Sache vorliege, sei die Bestandteilseigenschaft der Maschine zu bejahen. Eine feste Verbindung nahm das Reichsgericht in der Folge selbst dann nicht mehr an, wenn eine in eine Fabrik eingebrachte Maschine nur unter, wenn auch unwesentlichen Beschädigungen der Fabrikräume wieder herausgenommen werden kann (Reichsgerichtsentscheidung vom 31. März 1911). Die Änderung in der Rechtsauffassung des Reichsgerichts kam besonders klar und deutlich in einem Urteil des V. Zivilsenats vom 5. November 1911 zum Ausdruck. In diesem Urteil wird entschieden, daß Maschinen, die nach einem allgemeinen Typus gebaut sind und nach Preislisten gehandelt werden, also an den verschiedensten Orten und in den verschiedenartigsten Betrieben gleich gut zu gebrauchen sind, ihre sachliche Selbständigkeit dadurch nicht verlieren, daß sie mit einer anderen Sache (dem Grundstück oder Gebäude) verbunden werden.

Die heutige Rechtsauffassung ist sonach kurz zusammengefaßt die folgende:

Maschinen sind nur dann als wesentliche Bestandteile eines Grundstücks oder Gebäudes zu erachten, wenn sie mit diesem eine körperliche Einheit, eine Sacheinheit bilden, derart, daß Gebäude und Maschinen nicht voneinander getrennt werden können, ohne daß der eine oder andere Teil zerstört oder in seinem Wesen verändert wird. Daß bei der Entfernung einer Maschine das Tor eine Beschädigung erleidet, daß Verankerungen herauszunehmen, Blechbeschläge oder allenfalls Teile der Umfassungsmauern zu beseitigen sind, der Zement oder Beton, in den die Füße der Maschine eingebettet sind, zu zerschlagen ist, vermag noch nicht die Annahme einer einheitlichen Sache zu begründen. Mit anderen Worten, die Annahme einer festen Verbindung im Sinne des § 93 des Bürgerlichen Gesetzbuches ist noch nicht gerechtfertigt, wenn die in eine Fabrik eingebrachte Maschine aus der Fabrik nicht anders entfernt werden kann, als dadurch, daß einzelne unwesentliche Beschädigungen an den Fabrikräumen vorgenommen werden. Daß eine Maschinenanlage eine wirtschaftliche Einheit mit den übrigen Einrichtungen der Fabrik bildet, kommt für die Frage der Bestandteilseigenschaft nicht in Betracht. Denn auch Zubehörteile sind für die Aufrechterhaltung des Betriebs unerläßlich und bilden mit den übrigen Einrichtungen der Fabrik eine wirtschaftliche Einheit.

Zubehör sind bewegliche Sachen, die, ohne Bestandteil der Hauptsache zu sein, dem wirtschaftlichen Zweck der Hauptsache zu dienen bestimmt sind und zu ihr in einem dieser Bestimmung entsprechenden räumlichen Verhältnis stehen.

Der Umstand, daß für eine Maschinenanlage ein besonderes Gebäude errichtet wird, um die Maschinen und den Wärter vor den Einflüssen der Witterung zu schützen, berechtigt nicht zu der Annahme, daß die Maschinen im Sinne des § 94 Abs. 2 des Bürgerlichen Gesetzbuches in das Gebäude »eingefügt« seien. Ein Einfügen liegt höchstens dann vor, wenn das Gebäude durch die Verbindung mit den Maschinen eine ganz besondere Eigenart gewonnen hat, was nur in den seltensten Fällen zutrifft.

Aber auch dann, wenn Maschinen nicht als wesentliche Bestandteile des Grundstückes, auf dem sie zur Aufstellung gelangen, zu erachten sind, tut die unter Eigentumsvorbehalt liefernde Firma gut, ihre Maschinen und insbesondere das rechtliche Schicksal, das das Grundstück des Käufers bzw. Bestellers erleidet, bis zur völligen Abzahlung des Kaufpreises im Auge zu behalten. Obwohl sich nämlich nach § 1120 des Bürgerlichen Gesetzbuches die Hypothek auf Zubehörungen, die nicht in das Eigentum des Grundeigentümers gelangten, nicht erstreckt, so sind doch solche im Eigentum Dritter stehende Zubehörteile im Falle einer Beschlagnahme des Grundstückes von der Versteigerung und dem Zuschlage nur dann ausgenommen, wenn der Eigentümer der Maschinen rechtzeitig seine Rechte gemäß § 37 Nr. 5 des Zwangsversteigerungsgesetzes gewahrt hat (vgl. § 55 dieses Gesetzes). Zu diesem Zweck ist es erforderlich, daß der Lieferant rechtzeitig die Aufhebung oder Einstellung des Zwangsversteigerungsverfahrens bezüglich seiner Maschinen beim Vollstreckungsgericht erwirkt und dafür Sorge trägt, daß die Anordnung dem Notar noch vor dem Versteigerungstermin zugestellt und von diesem im Termin verkündet sowie in den Zuschlagsbeschluß aufgenommen wird. Unterbleibt eine dieser Maßnahmen, so erwirbt der Ansteigerer des Anwesens Eigentumsrecht an den Maschinen trotz des vertragsmäßigen Eigentumsvorbehalts.

117. Sicherheitsvorschriften und Schutzvorrichtungen.

Die Unfallverhütungsvorschriften der verschiedenen Berufsgenossenschaften beziehen sich hauptsächlich auf die Sicherung von Schwungrädern, Kurbeln, Zahnrädern, vorspringenden Keilen usw. mit Hilfe von Geländern, Einkapselungen, Verdeckungen u. dgl., zu dem Zweck, eine Gefährdung von Personen durch Hineinfallen oder Erfaßtwerden möglichst zu verhüten. Weiterhin wird besonders bei Verbrennungsmotoren vorgeschrieben, daß genügend freier Raum vorhanden sein muß, um jede Hantierung beim Andrehen des Motors vornehmen zu können, sowie daß von etwa 3—4 PS aufwärts das Andrehen des Motors mittels einer rückstoßsicheren Sicherheitskurbel oder mittels komprimierter Luft zu erfolgen hat.

Ob ein Fabrikant gezwungen werden kann, bei einer zu liefernden Maschine, bei elektrischen Anlagen usw. Schutzvorrichtungen unentgeltlich mitzuliefern, ist eine reine Frage des Zivilrechtes. Völlig unabhängig hiervon ist die weitere Frage, ob ein Fabrikant wegen fahrlässiger Körperverletzung oder fahrlässiger Tötung, die auf das Fehlen von Schutzvorrichtungen zurückzuführen sind, strafrechtlich haftbar gemacht werden kann.

Wenn eine Maschine oder eine Anlage, sei es im Stillstand oder im Gebrauch, Körperverletzungen befürchten läßt, so ist es an sich Pflicht des Fabrikanten, Schutzvorrichtungen anzubringen, die ein Verunglücken des Bedienungspersonals nach Möglichkeit verhindern. Kann jedoch der Fabrikant damit rechnen, daß der Besteller selbst die nötigen Schutzvorrichtungen anbringt, so hat der Fabrikant nur die Verpflichtung, den Besteller auf die Gefährlichkeit der Maschine und auf dessen Pflicht zur Anbringung von Schutzvorrichtungen hinzuweisen. Es bedarf nur dann eines derartigen Hinweises nicht, wenn der Besteller ein Fachmann ist und die Gefährlichkeit der bestellten Anlage selbst erkennen muß. In diesem Falle darf der Fabrikant damit rechnen, daß der Besteller die Maschine oder die Anlage erst dann in Benützung nimmt, wenn er die nötigen Schutzmaßregeln getroffen hat. Handelt es sich dagegen um einen Laien, etwa um einen Bauern, der mit der gefährlichen Natur einer Maschinenanlage nicht vertraut ist, oder bei dem der Fabrikant sich sagen muß, daß er das Maß der Gefährlichkeit nicht beurteilen kann, so ist es Sache des Fabrikanten, den Besteller auf die Notwendigkeit der Anbringung von Schutzvorrichtungen besonders hinzuweisen, da er sonst unter Umständen nicht nur für Verletzungen des Bedienungspersonals haftbar gemacht wird, sondern auch für Verletzungen unbeteiligter Dritter, die sich zufällig, aus Neugier o. dgl., an der Maschine zu schaffen machen.

Aus vorstehenden Darlegungen ergibt sich, daß es im Interesse jedes Maschinenbesitzers liegt, seine Maschinen mit den vorgeschriebenen Schutzvorrichtungen zu versehen. Es ist schon ziemlich häufig vorgekommen, daß ein Maschinenbesitzer strafrechtlich und zivilrechtlich für Unfälle verantwortlich gemacht wurde, weil er seine Maschinen nicht ordnungsmäßig geschützt hat. Unter gewissen Voraussetzungen kann gemäß oben auch der Lieferant straf- und zivilrechtlich haftbar gemacht werden, insbesondere dann, wenn sich der Besteller die Lieferung der betreffenden Maschine mit allen vorgeschriebenen Unfallverhütungseinrichtungen vertraglich ausbedungen hat. Es empfiehlt sich deshalb stets, dem Lieferanten der Kraftmaschine auch die Lieferung der vorschriftsmäßigen Schutzvorrichtungen zu übertragen. Natürlich ist dem Lieferanten für die Anfertigung der Schutzvorrichtungen, die in der Regel nicht in dem Preis der Maschine einbegriffen sind, eine angemessene Entschädigung zu zahlen.

Wenn dem Käufer nicht bekannt ist, welche Schutzvorrichtungen vorgeschrieben sind, so fragt er am besten bei seiner Berufsgenossenschaft an und bestellt alsdann die erforderlichen Teile bei dem Maschinenfabrikanten. Letzterer weiß auch nicht immer, was die einzelnen Berufsgenossenschaften für jede Maschinengattung an Schutzvorrichtungen vorschreiben.

Die im Abschnitt 61 enthaltenen Vorschriften werden durch die Unfallverhütungsvorschrifen der Berufsgenossenschaften nicht berührt.

Anhang.

118. Betriebskosten-Tabellen[1]).

In den Zahlentafeln 34—91 werden die Betriebskosten verschiedener Maschinengrößen in Abhängigkeit von der jährlichen Betriebsdauer berechnet. Über die hierbei gemachten Voraussetzungen sind im Abschnitt 48 nähere Angaben enthalten.

Zahlentafel 34.

Leuchtgasmotor von 1 PS (liegend, 250 Uml./min).

Leuchtgasverbrauch ab Uhr bei $^2/_3$-Belastung 1,05 cbm/PS_e-st.
Anlagekosten: Preis des Motors mit allem Zubehör 1000 M. Maschinenraum (80 M/qm Grundfläche) 300 M.

Betriebskosten bei einer jährlichen Betriebsdauer von	st	200	500	1000	2000	3000
$4^1/_2$ % Verzinsung von 1000 M.	M.	45	45	45	45	45
Abschreibung u. Instandhaltung d. Motors	%	(7)	($7^1/_4$)	($7^1/_2$)	($7^3/_4$)	(8)
	M.	70	72	75	77	80
$4^1/_2$ % Verzinsung, $2^1/_2$ % Abschreibung, $^1/_2$ % Instandhaltung = $7^1/_2$ % der Gebäudekosten	„	22	22	22	22	22
Schmier- und Putzstoffe rd.	„	10	15	20	27	35
Wasserkosten bei Durchflußkühlung „	„	1	3	5	10	15
Bedienung „	„	30	40	50	60	80
Brennstoffkosten bei einem Leuchtgaspreis von 10 Pf/cbm	„	14	35	70	140	210
15 „	„	21	52	105	210	315
Gesamtjahreskosten bei einem Leuchtgaspreis von 10 Pf/cbm	M.	192	232	287	381	487
15 „	„	199	249	322	451	592
Kosten der PS_e-Stunde bei einem Leuchtgaspreis von 10 Pf/cbm	Pf.	144,0	69,6	43,0	28,6	24,3
15 „	„	149,2	74,7	48,3	33,8	29,6

[1]) Die Ergebnisse dieser Tabellen sind in den Fig. 23—31 (S. 116—122) zeichnerisch dargestellt.

Zahlentafel 35.

Leuchtgasmotor von 3 PS (liegend, 250 Uml./min).

Leuchtgasverbrauch ab Uhr bei $^2/_3$-Belastung 0,96 cbm/PS$_e$-st.
Anlagekosten: Preis des Motors mit allem Zubehör 1750 M. Maschinenraum (80 M/qm Grundfläche) 400 M.

Betriebskosten bei einer jährlichen Betriebsdauer von		st	200	500	1000	2000	3000
4$^1/_2$ % Verzinsung von 1750 M.		M.	79	79	79	79	79
Abschreibung u. Instandhaltung d. Motors		%	(7)	(7$^1/_4$)	(7$^1/_2$)	(7$^3/_4$)	(8)
		M.	122	127	131	136	140
4$^1/_2$ % Verzinsung, 2$^1/_2$ % Abschreibung, $^1/_2$ % Instandhaltung = 7$^1/_2$ % der Gebäudekosten		„	30	30	30	30	30
Schmier- und Putzstoffe	rd.	„	12	20	35	50	70
Wasserkosten bei Durchflußkühlung	„	„	3	8	15	30	45
Bedienung	„	„	35	50	60	80	100
Brennstoffkosten bei einem Leuchtgaspreis von	10 Pf/cbm	„	38	96	192	384	576
	15 „	„	58	144	288	576	864
Gesamtjahreskosten bei einem Leuchtgaspreis von	10 Pf/cbm	M.	319	410	542	789	1040
	15 „	„	339	458	638	981	1328
Kosten der PS$_e$-Stunde bei einem Leuchtgaspreis von	10 Pf/cbm	Pf.	79,7	41,0	27,1	19,7	17,3
	15 „	„	84,7	45,8	31,9	24,5	22,1

Zahlentafel 36.

Leuchtgasmotor von 6 PS (liegend, 240 Uml./min).

Leuchtgasverbrauch ab Uhr bei $^2/_3$-Belastung 0,75 cbm/PS$_e$-st.
Anlagekosten: Preis des Motors mit allem Zubehör 2400 M. Maschinenraum (80 M/qm Grundfläche) 500 M.

Betriebskosten bei einer jährlichen Betriebsdauer von		st	200	500	1000	2000	3000
4$^1/_2$ % Verzinsung von 2400 M.		M.	108	108	108	108	108
Abschreibung u. Instandhaltung d. Motors		%	(7)	(7$^1/_4$)	(7$^1/_2$)	(7$^3/_4$)	(8)
		M.	168	174	180	186	192
4$^1/_2$ % Verzinsung, 2$^1/_2$ % Abschreibung, $^1/_2$ % Instandhaltung = 7$^1/_2$ % der Gebäudekosten		„	37	37	37	37	37
Schmier- und Putzstoffe	rd.	„	20	30	50	80	110
Wasserkosten bei Durchflußkühlung	„	„	6	14	27	54	81
Bedienung	„	„	40	60	80	100	120
Brennstoffkosten bei einem Leuchtgaspreis von	10 Pf/cbm	„	60	150	300	600	900
	15 „	„	90	225	450	900	1350
Gesamtjahreskosten bei einem Leuchtgaspreis von	10 Pf/cbm	M.	439	573	782	1165	1548
	15 „	„	469	648	932	1465	1998
Kosten der PS$_e$-Stunde bei einem Leuchtgaspreis von	10 Pf/cbm	Pf.	54,9	28,6	19,5	14,6	12,9
	15 „	„	58,6	32,4	23,3	18,3	16,6

Zahlentafel 37.

Leuchtgasmotor von 10 PS (liegend, 230 Uml./min).

Leuchtgasverbrauch ab Uhr bei $^2/_3$-Belastung 0,70 cbm/PS$_e$-st.

Anlagekosten: Preis des Motors mit allem Zubehör 3120 M. Maschinenraum (80 M/qm Grundfläche) 600 M.

Betriebskosten bei einer jährlichen Betriebsdauer von	st	200	500	1000	2000	3000
$4^1/_2$ % Verzinsung von 3120 M.	M.	140	140	140	140	140
Abschreibung u. Instandhaltung d. Motors	%	(7)	$(7^1/_4)$	$(7^1/_2)$	$(7^3/_4)$	(8)
	M.	218	226	234	242	250
$4^1/_2$ % Verzinsung, $2^1/_2$ % Abschreibung, $^1/_2$ % Instandhaltung = $7^1/_2$ % der Gebäudekosten	"	45	45	45	45	45
Schmier- und Putzstoffe. . . . . . rd.	"	28	45	70	100	130
Wasserkosten bei Durchflußkühlung "	"	9	23	45	90	135
Bedienung . . . . "	"	50	70	90	110	130
Brennstoffkosten bei einem Leuchtgaspreis von . . . 10 Pf/cbm	"	93	233	467	933	1400
15 "	"	140	350	700	1400	2100
Gesamtjahreskosten bei einem Leuchtgaspreis von. . . . 10 Pf/cbm	M.	583	782	1091	1660	2230
15 "	"	630	899	1324	2127	2930
Kosten der PS$_e$-Stunde bei einem Leuchtgaspreis von. 10 Pf/cbm	Pf.	43,7	23,5	16,4	12,4	11,1
15 "	"	47,2	27,0	19,9	15,9	14,6

Zahlentafel 38.

Leuchtgasmotor von 1 PS (stehend, 950 Uml./min).

Leuchtgasverbrauch ab Uhr bei $^2/_3$-Belastung 1,10 cbm/PS$_e$-st.

Anlagekosten: Preis des Motors mit allem Zubehör 700 M. Maschinenraum (80 M/qm Grundfläche) 160 M.

Betriebskosten bei einer jährlichen Betriebsdauer von	st	200	500	1000	2000	3000
$4^1/_2$ % Verzinsung von 700 M.	M.	31	31	31	31	31
Abschreibung u. Instandhaltung d. Motors	%	(9)	$(9^1/_4)$	$(9^1/_2)$	$(9^3/_4)$	(10)
	M.	63	65	67	68	70
$4^1/_2$ % Verzinsung, $2^1/_2$ % Abschreibung, $^1/_2$ % Instandhaltung = $7^1/_2$ % der Gebäudekosten	"	12	12	12	12	12
Schmier- und Putzstoffe . . . . . rd.	"	10	15	20	27	35
Wasserkosten bei Durchflußkühlung "	"	1	3	5	10	15
Bedienung . . . . "	"	30	40	50	60	80
Brennstoffkosten bei einem Leuchtgaspreis von . . . 10 Pf/cbm	"	15	37	73	147	220
15 "	"	22	55	110	220	330
Gesamtjahreskosten bei einem Leuchtgaspreis von. . . . 10 Pf/cbm	M.	162	203	258	355	463
15 "	"	169	221	295	428	573
Kosten der PS$_e$-Stunde bei einem Leuchtgaspreis von . 10 Pf/cbm	Pf.	121,5	60,9	38,7	26,6	23,1
15 "	"	126,7	66,3	44,2	32,1	28,6

Zahlentafel 39.

Leuchtgasmotor von 3 PS (stehend, 480 Uml./min).

Leuchtgasverbrauch ab Uhr bei $^2/_3$-Belastung 1,08 cbm/PS_e-st.

Anlagekosten: Preis des Motors mit allem Zubehör 1000 M. Maschinenraum (80 M/qm Grundfläche) 250 M.

Betriebskosten bei einer jährlichen Betriebsdauer von	st	200	500	1000	2000	3000
4½ % Verzinsung von 1000 M.	M.	45	45	45	45	45
Abschreibung u. Instandhaltung d. Motors	%	(8)	(8¼)	(8½)	(8¾)	(9)
	M.	80	82	85	87	90
4½ % Verzinsung, 2½ % Abschreibung, ½ % Instandhaltung = 7½ % der Gebäudekosten	„	19	19	19	19	19
Schmier- und Putzstoffe . . . . . rd.	„	12	20	35	50	70
Wasserkosten bei Durchflußkühlung „	„	3	8	15	30	45
Bedienung . . . . „	„	35	50	60	80	100
Brennstoffkosten bei einem Leuchtgaspreis von . . . 10 Pf/cbm	„	43	108	216	432	648
15 „	„	65	162	324	648	972
Gesamtjahreskosten bei einem Leuchtgaspreis von . . . . 10 Pf/cbm	M.	237	332	475	743	1017
15 „	„	259	386	583	959	1341
Kosten der PS_e-Stunde bei einem Leuchtgaspreis von . 10 Pf/cbm	Pf.	59,2	33,2	23,7	18,6	16,9
15 „	„	64,7	38,6	29,1	24,0	22,3

Zahlentafel 40.

Leuchtgasmotor von 6 PS (stehend, 450 Uml./min).

Leuchtgasverbrauch ab Uhr bei $^2/_3$-Belastung 1,05 cbm/PS_e-st.

Anlagekosten: Preis des Motors mit allem Zubehör 1250 M. Maschinenraum (80 M/qm Grundfläche) 300 M.

Betriebskosten bei einer jährlichen Betriebsdauer von.	st	200	500	1000	2000	3000
4½ % Verzinsung von 1250 M.	M.	56	56	56	56	56
Abschreibung u. Instandhaltung d. Motors	%	(8)	(8¼)	(8½)	(8¾)	(9)
	M.	100	103	106	109	112
4½ % Verzinsung, 2½ % Abschreibung, ½ % Instandhaltung = 7½ % der Gebäudekosten	„	22	22	22	22	22
Schmier- und Putzstoffe. . . . . . rd.	„	20	30	50	80	110
Wasserkosten bei Durchflußkühlung „	„	6	14	27	54	81
Bedienung . . . . „	„	40	60	80	100	120
Brennstoffkosten bei einem Leuchtgaspreis von . . . 10 Pf/cbm	„	84	210	420	840	1260
15 „	„	126	315	630	1260	1890
Gesamtjahreskosten bei einem Leuchtgaspreis von . . . . 10 Pf/cbm	M.	328	495	761	1261	1761
15 „	„	370	600	971	1681	2391
Kosten der PS_e-Stunde bei einem Leuchtgaspreis von . 10 Pf/cbm	Pf.	41,0	24,7	19,0	15,8	14,7
15 „	„	46,2	30,0	24,3	21,0	19,9

Zahlentafel 41.

Leuchtgasmotor von 10 PS (stehend, 380 Uml./min).

Leuchtgasverbrauch ab Uhr bei $^2/_3$-Belastung 1,02 cbm/PS$_e$-st.

Anlagekosten: Preis des Motors mit allem Zubehör 1850 M. Maschinenraum (80 M/qm Grundfläche) 400 M.

Betriebskosten bei einer jährlichen Betriebsdauer von	st	200	500	1000	2000	3000
$4^1/_2$ % Verzinsung von 1850 M.	M.	83	83	83	83	83
Abschreibung u. Instandhaltung d. Motors	%	(8)	($8^1/_4$)	($8^1/_2$)	($8^3/_4$)	(9)
	M.	148	152	157	162	166
$4^1/_2$ % Verzinsung, $2^1/_2$ % Abschreibung, $^1/_2$ % Instandhaltung = $7^1/_2$ % der Gebäudekosten	„	30	30	30	30	30
Schmier- und Putzstoffe . . . . . rd.	„	28	45	70	100	130
Wasserkosten bei Durchflußkühlung „	„	9	23	45	90	135
Bedienung „	„	50	70	90	110	130
Brennstoffkosten bei einem Leuchtgaspreis von 10 Pf/cbm	„	136	340	680	1360	2040
Brennstoffkosten bei einem Leuchtgaspreis von 15 „	„	204	510	1020	2040	3060
Gesamtjahreskosten bei einem Leuchtgaspreis von 10 Pf/cbm	M.	484	743	1155	1935	2714
Gesamtjahreskosten bei einem Leuchtgaspreis von 15 „	„	552	913	1495	2615	3734
Kosten der PS$_e$-Stunde bei einem Leuchtgaspreis von 10 Pf/cbm	Pf.	36,3	22,3	17,3	14,5	13,6
Kosten der PS$_e$-Stunde bei einem Leuchtgaspreis von 15 „	„	41,4	27,4	22,4	19,6	18,7

Zahlentafel 42.

Benzinmotor von 1 PS (liegend, 250 Uml./min).

Benzinverbrauch bei $^2/_3$-Belastung 0,52 kg/PS$_e$-st.

Anlagekosten: Preis des Motors mit allem Zubehör 1100 M. Maschinenraum (80 M/qm Grundfläche) 300 M.

Betriebskosten bei einer jährlichen Betriebsdauer von	st	200	500	1000	2000	3000
$4^1/_2$ % Verzinsung von 1100 M.	M.	49	49	49	49	49
Abschreibung u. Instandhaltung d. Motors	%	(7)	($7^1/_4$)	($7^1/_2$)	($7^3/_4$)	(8)
	M.	77	80	83	85	88
$4^1/_2$ % Verzinsung, $2^1/_2$ % Abschreibung, $^1/_2$ % Instandhaltung = $7^1/_2$ % der Gebäudekosten	„	22	22	22	22	22
Schmier- und Putzstoffe . . . . . rd.	„	10	15	20	27	35
Wasserkosten bei Durchflußkühlung „	„	1	3	5	10	15
Bedienung „	„	30	40	50	60	80
Brennstoffkosten bei einem Benzinpreis unverz., einschließlich Fracht von 30 M/100 kg	„	21	52	104	208	312
Brennstoffkosten bei einem Benzinpreis unverz., einschließlich Fracht von 40 „	„	28	69	139	277	416
Gesamtjahreskost. bei einem Benzinpreis unverz., einschließlich Fracht von 30 M/100 kg	M.	210	261	333	461	601
Gesamtjahreskost. bei einem Benzinpreis unverz., einschließlich Fracht von 40 „	„	217	278	368	530	705
Kosten der PS$_e$-Stunde b. einem Benzinpr. unverz., einschließlich Fracht von 30 M/100 kg	Pf.	157,5	78,3	49,9	34.6	30,0
Kosten der PS$_e$-Stunde b. einem Benzinpr. unverz., einschließlich Fracht von 40 „	„	162,7	83,4	55,2	39,7	35,2

Zahlentafel 43.

Benzinmotor von 3 PS (liegend, 275 Uml./min).

Benzinverbrauch bei $^2/_3$-Belastung 0,48 kg/PS_e-st.

Anlagekosten: Preis des Motors mit allem Zubehör 1830 M. Maschinenraum (80 M/qm Grundfläche) 400 M.

Betriebskosten bei einer jährlichen Betriebsdauer von		st	200	500	1000	2000	3000
$4^1/_2$ % Verzinsung von 1830 M.		M.	82	82	82	82	82
Abschreibung u. Instandhaltung d. Motors		%	(7)	($7^1/_4$)	($7^1/_2$)	($7^3/_4$)	(8)
		M.	128	133	137	142	146
$4^1/_2$ % Verzinsung, $2^1/_2$ % Abschreibung, $^1/_2$ % Instandhaltung = $7^1/_2$ % der Gebäudekosten		„	30	30	30	30	30
Schmier- und Putzstoffe . . . . . rd.		„	12	20	35	50	70
Wasserkosten bei Durchflußkühlung „		„	3	8	15	30	45
Bedienung . . . . „		„	35	50	60	80	100
Brennstoffkosten bei einem Benzinpreis unverz., einschließlich Fracht von	30 M/100 kg	„	58	144	288	576	864
	40 „	„	77	192	384	768	1152
Gesamtjahreskost. bei einem Benzinpreis unverz., einschließlich Fracht von .	30 M/100 kg	M.	348	467	647	990	1337
	40 „	„	367	515	743	1182	1625
Kosten der PS_e-Stunde b. einem Benzinpr. unverz., einschließlich Fracht von	30 M/100 kg	Pf.	87,0	46,7	32,3	24,7	22,3
	40 „	„	91,7	51,5	37,1	29,5	27,1

Zahlentafel 44.

Benzinmotor von 6 PS (liegend, 260 Uml./min).

Benzinverbrauch bei $^2/_3$-Belastung 0,44 kg/PS_e-st.

Anlagekosten: Preis des Motors mit allem Zubehör 2550 M. Maschinenraum (80 M/qm Grundfläche) 500 M.

Betriebskosten bei einer jährlichen Betriebsdauer von		st	200	500	1000	2000	3000
$4^1/_2$ % Verzinsung von 2550 M.		M.	115	115	115	115	115
Abschreibung u. Instandhaltung d. Motors		%	(7)	($7^1/_4$)	($7^1/_2$)	($7^3/_4$)	(8)
		M.	178	185	191	198	204
$4^1/_2$ % Verzinsung, $2^1/_2$ % Abschreibung, $^1/_2$ % Instandhaltung = $7^1/_2$ % der Gebäudekosten		„	37	37	37	37	37
Schmier- und Putzstoffe . . . . . rd.		„	20	30	50	80	110
Wasserkosten bei Durchflußkühlung „		„	6	14	27	54	81
Bedienung . . . . „		„	40	60	80	100	120
Brennstoffkosten bei einem Benzinpreis unverz., einschließlich Fracht von .	30 M/100 kg	„	106	264	528	1056	1584
	40 „	„	141	352	704	1408	2112
Gesamtjahreskost. bei einem Benzinpreis unverz., einschließlich Fracht von .	30 M/100 kg	M.	502	705	1028	1640	2251
	40 „	„	537	793	1204	1992	2779
Kosten der PS_e-Stunde b. einem Benzinpr. unverz., einschließlich Fracht von	30 M/100 kg	Pf.	62,7	35,2	25,7	20,5	18,8
	40 „	„	67,1	39,6	30,1	24,9	23,2

Zahlentafel 45.

Benzinmotor von 10 PS (liegend, 240 Uml./min).

Benzinverbrauch bei $^2/_3$-Belastung 0,42 kg/PS$_e$-st.

Anlagekosten: Preis des Motors mit allem Zubehör 3000 M. Maschinenraum (80 M/qm Grundfläche) 600 M.

Betriebskosten bei einer jährlichen Betriebsdauer von		st	200	500	1000	2000	3000
$4^1/_2$% Verzinsung von 3000 M.		M.	135	135	135	135	135
Abschreibung u. Instandhaltung d. Motors		%	(7)	$(7^1/_4)$	$(7^1/_2)$	$(7^3/_4)$	(8)
		M.	210	217	225	232	240
$4^1/_2$% Verzinsung, $2^1/_2$% Abschreibung, $^1/_2$% Instandhaltung = $7^1/_2$% der Gebäudekosten		„	45	45	45	45	45
Schmier- und Putzstoffe	rd.	„	28	45	70	100	130
Wasserkosten bei Durchflußkühlung	„	„	9	23	45	90	135
Bedienung	„	„	50	70	90	110	130
Brennstoffkosten bei einem Benzinpreis unverz., einschließlich Fracht von	30 M/100 kg	„	168	420	840	1680	2520
	40 „	„	224	560	1120	2240	3360
Gesamtjahreskost. bei einem Benzinpreis unverz., einschließlich Fracht von	30 M/100 kg	M.	645	955	1450	2392	3335
	40 „	„	701	1095	1730	2952	4175
Kosten der PS$_e$-Stunde b. einem Benzinpr. unverz., einschließlich Fracht von	30 M/100 kg	Pf.	48,4	28,6	21,7	17,9	16,7
	40 „	„	52,6	32,8	25,9	22,1	20,9

Zahlentafel 46.

Benzinmotor von 1 PS (stehend, 750 Uml./min).

Benzinverbrauch bei $^2/_3$-Belastung 0,54 kg/PS$_e$-st.

Anlagekosten: Preis des Motors mit allem Zubehör 800 M. Maschinenraum (80 M/qm Grundfläche) 160 M.

Betriebskosten bei einer jährlichen Betriebsdauer von		st	200	500	1000	2000	3000
$4^1/_2$% Verzinsung von 800 M.		M.	36	36	36	36	36
Abschreibung u. Instandhaltung d. Motors		%	(9)	$(9^1/_4)$	$(9^1/_2)$	$(9^3/_4)$	(10)
		M.	72	74	76	78	80
$4^1/_2$% Verzinsung, $2^1/_2$% Abschreibung, $^1/_2$% Instandhaltung = $7^1/_2$% der Gebäudekosten		„	12	12	12	12	12
Schmier- und Putzstoffe	rd.	„	10	15	20	27	35
Wasserkosten bei Durchflußkühlung	„	„	1	3	5	10	15
Bedienung	„	„	30	40	50	60	80
Brennstoffkosten bei einem Benzinpreis unverz., einschließlich Fracht von	30 M/100 kg	„	22	54	108	216	324
	40 „	„	29	72	144	288	432
Gesamtjahreskost. bei einem Benzinpreis unverz., einschließlich Fracht von	30 M/100 kg	M.	183	234	307	439	582
	40 „	„	190	252	343	511	690
Kosten der PS$_e$-Stunde b. einem Benzinpr. unverz., einschließlich Fracht von	30 M/100 kg	Pf.	137,2	70,2	46,0	32,9	29,1
	40 „	„	142,5	75,6	51,4	38,3	34,5

Zahlentafel 47.

Benzinmotor von 3 PS (stehend, 480 Uml./min).

Benzinverbrauch bei $^2/_3$-Belastung 0,50 kg/PS_e-st.
Anlagekosten: Preis des Motors mit allem Zubehör 1100 M. Maschinenraum (80 M/qm Grundfläche) 250 M.

Betriebskosten bei einer jährlichen Betriebsdauer von		st	200	500	1000	2000	3000
4½% Verzinsung von 1100 M.		M.	49	49	49	49	49
Abschreibung u. Instandhaltung d. Motors		%	(8)	(8¼)	(8½)	(8¾)	(9)
		M.	88	91	94	96	99
4½% Verzinsung, 2½% Abschreibung, ½% Instandhaltung = 7½% der Gebäudekosten		„	19	19	19	19	19
Schmier- und Putzstoffe rd.		„	12	20	35	50	70
Wasserkosten bei Durchflußkühlung „		„	3	8	15	30	45
Bedienung „		„	35	50	60	80	100
Brennstoffkosten bei einem Benzinpreis unverz., einschließlich Fracht von	30 M/100kg	„	60	150	300	600	900
	40 „	„	80	200	400	800	1200
Gesamtjahreskost. bei einem Benzinpreis unverz., einschließlich Fracht von	30 M/100kg		266	387	572	924	1282
	40 „	„	286	437	672	1124	1582
Kosten der PS_e-Stunde b. einem Benzinpr. unverz., einschließlich Fracht von	30 M/100kg	Pf.	66,5	38,7	28,6	23,1	21,4
	40 „	„	71,5	43,7	33,6	28,1	26,4

Zahlentafel 48.

Benzinmotor von 6 PS (stehend, 450 Uml./min).

Benzinverbrauch bei $^2/_3$-Belastung 0,46 kg/PS_e-st.
Anlagekosten: Preis des Motors mit allem Zubehör 1350 M. Maschinenraum (80 M/qm Grundfläche) 300 M.

Betriebskosten bei einer jährlichen Betriebsdauer von		st	200	500	1000	2000	3000
4½% Verzinsung von 1350 M.		M.	61	61	61	61	61
Abschreibung u. Instandhaltung d. Motors		%	(8)	(8¼)	(8½)	(8¾)	(9)
		M.	108	111	115	118	121
4½% Verzinsung, 2½% Abschreibung, ½% Instandhaltung = 7½% der Gebäudekosten		„	22	22	22	22	22
Schmier- und Putzstoffe rd.		„	20	30	50	80	110
Wasserkosten bei Durchflußkühlung „		„	6	14	27	54	81
Bedienung „		„	40	60	80	100	120
Brennstoffkosten bei einem Benzinpreis unverz., einschließlich Fracht von	30 M/100kg	„	110	276	552	1104	1656
	40 „	„	147	368	736	1472	2208
Gesamtjahreskost. bei einem Benzinpreis unverz., einschließlich Fracht von	30 M/100kg	M.	367	574	907	1539	2171
	40 „	„	404	666	1091	1907	2723
Kosten der PS_e-Stunde b. einem Benzinpr. unverz., einschließlich Fracht von	30 M/100kg	Pf.	45,9	28,7	22,7	19,2	18,1
	40 „	„	50,5	33,3	27,3	23,8	22,7

Zahlentafel 49.

Benzinmotor von 10 PS (stehend, 380 Uml./min).

Benzinverbrauch bei $^2/_3$-Belastung 0,45 kg/PS_e-st.

Anlagekosten: Preis des Motors mit allem Zubehör 1900 M. Maschinenraum (80 M/qm Grundfläche) 400 M.

Betriebskosten bei einer jährlichen Betriebsdauer von		st	200	500	1000	2000	3000
$4^1/_2$% Verzinsung von 1900 M.		M.	85	85	85	85	85
Abschreibung u. Instandhaltung d. Motors		%	(8)	($8^1/_4$)	($8^1/_2$)	($8^3/_4$)	(9)
		M.	152	157	162	166	171
$4^1/_2$% Verzinsung, $2^1/_2$% Abschreibung, $^1/_2$% Instandhaltung = $7^1/_2$% der Gebäudekosten		„	30	30	30	30	30
Schmier- und Putzstoffe	rd.	„	28	45	70	100	130
Wasserkosten bei Durchflußkühlung	„	„	9	23	45	90	135
Bedienung	„	„	50	70	90	110	130
Brennstoffkosten bei einem Benzinpreis unverz., einschließlich Fracht von	30 M/100 kg	„	180	450	900	1800	2700
	40 „	„	240	600	1200	2400	3600
Gesamtjahreskost. bei einem Benzinpreis unverz., einschließlich Fracht von	30 M/100 kg	M.	534	860	1382	2381	3381
	40 „	„	594	1010	1682	2981	4281
Kosten der PS_e-Stunde b. einem Benzinpr. unverz., einschließlich Fracht von	30 M/100 kg	Pf.	40,0	25,8	20,7	17,9	16,9
	40 „	„	44,5	30,3	25,2	22,4	21,4

Zahlentafel 50.

Naphthalinmotor von 6 PS (liegend, 350 Uml./min).

Naphthalinverbrauch bei $^2/_3$-Belastung 0,41 kg/PS_e-st. Benzolverbrauch bei $^2/_3$-Belastung 0,38 kg/PS_e-st.

Anlagekosten: Preis eines Motors mit allem Zubehör 2500 M. Maschinenraum (80 M/qm Grundfläche) 500 M.

Betriebskosten bei einer jährlichen Betriebsdauer von		st	1000	2000	3000
$4^1/_2$% Verzinsung von 2500 M.		M.	112	112	112
Abschreibung und Instandhaltung des Motors		%	($8^1/_2$)	($8^3/_4$)	(9)
		M.	213	219	225
$4^1/_2$% Verzinsung, $2^1/_2$% Abschreibung, $^1/_2$% Instandhaltung = $7^1/_2$% der Gebäudekosten		„	37	37	37
Schmier- und Putzstoffe	rd.	„	50	80	110
Kühlwasserkosten (Verdampfungskühlung)	„	„	2	3	5
Bedienung	„	„	100	120	140
Benzolkosten bei einem Benzolpreis einschl. Fracht von 29 M/100 kg		„	132	132	132
Naphthalinkosten bei einem Naphthalinpreis einschließlich Fracht von	10 M/100 kg	„	115	279	443
	15 „	„	172	418	664
Gesamtjahreskosten bei einem Naphthalinpreis einschließlich Fracht von	10 M/100 kg	M.	761	982	1204
	15 „	„	818	1121	1425
Kosten der PS_e-Stunde bei einem Naphthalinpreis einschl. Fracht von	10 M/100 kg	Pf.	19,0	12,3	10,0
	15 „	„	20,4	14,0	11,9

Zahlentafel 51.

Naphthalinmotor von 10 PS (liegend, 330 Uml./min).

Naphtalinverbrauch bei 2/3-Belastung 0.39 kg/PS_e-st. Benzolverbrauch bei 2/3-Belastung 0,38 kg/PS_e-st.

Anlagekosten: Preis eines Motors mit allem Zubehör 3300 M. Maschinenraum (80 M/qm Grundfläche) 600 M.

Betriebskosten bei einer jährlichen Betriebsdauer von .		st	1000	2000	3000
4½ % Verzinsung von 3300 M.		M.	148	148	148
Abschreibung und Instandhaltung des Motors		%	(8½)	(8¾)	(9)
		M.	281	289	297
4½ % Verzinsung, 2½ % Abschreibung, ½ % Instandhaltung = 7½ % der Gebäudekosten		„	45	45	45
Schmier- und Putzstoffe	rd.	„	70	100	130
Kühlwasserkosten (Verdampfungskühlung)	„	„	3	6	9
Bedienung	„	„	110	130	150
Benzolkosten bei einem Benzolpreis einschl. Fracht von 29 M/100 kg			220	220	220
Naphthalinkosten bei einem Naphthalinpreis einschließlich Fracht von	10 M/100 kg	„	182	442	702
	15 „	„	273	663	1054
Gesamtjahreskosten bei einem Naphthalinpreis einschließlich Fracht von	10 M/100 kg	M.	1059	1380	1701
	15 „	„	1150	1601	2053
Kosten der PS_e-Stunde bei einem Naphthalinpreis einschl. Fracht von	10 M/100 kg	Pf.	15,9	10,3	8,5
	15 „	„	17,2	12,0	10,2

Zahlentafel 52.

Naphthalinmotor von 12 PS (liegend, 300 Uml./min).

Naphthalinverbrauch bei 2/3-Belastung 0,38 kg/PS_e-st. Benzolverbrauch bei 2/3-Belastung 0,37 kg/PS_e-st.

Anlagekosten: Preis eines Motors mit allem Zubehör 4050 M. Maschinenraum (80 M/qm Grundfläche) 700 M.

Betriebskosten bei einer jährlichen Betriebsdauer von .		st	1000	2000	3000
4½ % Verzinsung von 4050 M.		M.	182	182	182
Abschreibung und Instandhaltung des Motors		%	(8½)	(8¾)	(9)
		M.	344	354	365
4½ % Verzinsung, 2½ % Abschreibung, ½ % Instandhaltung = 7½ % der Gebäudekosten		„	52	52	52
Schmier- und Putzstoffe	rd.	„	80	120	150
Kühlwasserkosten (Verdampfungskühlung)	„	„	4	8	11
Bedienung	„	„	130	150	170
Benzolkosten bei einem Benzolpreis einschl. Fracht von 29 M/100 kg		„	258	258	258
Naphthalinkosten bei einem Naphthalinpreis einschließlich Fracht von	10 M/100 kg	„	213	517	821
	15 „	„	319	775	1231
Gesamtjahreskosten bei einem Naphthalinpreis einschließlich Fracht von	10 M/100 kg	M.	1263	1641	2009
	15 „	„	1369	1899	2419
Kosten der PS_e-Stunde bei einem Naphthalinpreis einschl. Fracht von	10 M/100 kg	Pf.	15,8	10,2	8,4
	15 „	„	17,1	11,9	10,1

Zahlentafel 53.

Gasöl-Dieselmotor von 12 PS (liegend, 280 Uml./min).

Verbrauch an Gasöl bei $^2/_3$-Belastung 0,260 kg/PS_e-st.
Anlagekosten: Preis eines Motors mit allem Zubehör 5200 M. Maschinenraum (80 M/qm Grundfläche) 1200 M.

Betriebskosten bei einer jährlichen Betriebsdauer von		st	200	500	1000	2000	3000
$4^1/_2$ % Verzinsung von 5200 M.		M.	234	234	234	234	234
Abschreibung u. Instandhaltung d. Motors		%	(7)	($7^1/_4$)	($7^1/_2$)	($7^3/_4$)	(8)
		M.	364	377	390	403	416
$4^1/_2$ % Verzinsung, $2^1/_2$ % Abschreibung, $^1/_2$ % Instandhaltung = $7^1/_2$ % der Gebäudekosten		„	90	90	90	90	90
Schmier- und Putzstoffe	rd.	„	40	55	80	130	180
Wasserkosten bei Durchflußkühlung	„	„	4	9	18	36	54
Bedienung	„	„	100	150	200	250	300
Brennstoffkosten bei einem Gasölpreis einschl. Fracht von	10 M/100 kg	„	42	104	208	416	624
	15 „	„	62	156	312	624	936
Gesamtjahreskost. bei einem Gasölpreis einschl. Fracht von	10 M/100 kg	M.	874	1019	1220	1559	1898
	15 „	„	894	1071	1324	1767	2210
Kosten der PS_e-Stunde bei einem Gasölpreis einschließlich Fracht von	10 M/100 kg	Pf.	54,6	25,5	15,3	9,7	7,9
	15 „	„	55,9	26,8	16,6	11,0	9,2

Zahlentafel 54.

Gasöl-Dieselmotor von 20 PS (liegend, 250 Uml./min).

Verbrauch an Gasöl bei $^2/_3$-Belastung 0,240 kg/PS_e-st.
Anlagekosten: Preis des Motors mit allem Zubehör 7500 M. Maschinenraum (80 M/qm Grundfläche) 1500 M.

Betriebskosten bei einer jährlichen Betriebsdauer von		st	200	500	1000	2000	3000
$4^1/_2$ % Verzinsung von 7500 M.		M.	337	337	337	337	337
Abschreibung u. Instandhaltung d. Motors		%	(7)	($7^1/_4$)	($7^1/_2$)	($7^3/_4$)	(8)
		M.	525	544	563	581	600
$4^1/_2$ % Verzinsung, $2^1/_2$ % Abschreibung, $^1/_2$ % Instandhaltung = $7^1/_2$ % der Gebäudekosten		„	113	113	113	113	113
Schmier- und Putzstoffe	rd.	„	55	75	110	175	240
Wasserkosten bei Durchflußkühlung	„	„	5	12	24	48	72
Bedienung	„	„	100	150	200	250	300
Brennstoffkosten bei einem Gasölpreis einschl. Fracht von	10 M/100 kg	„	64	160	320	640	960
	15 „	„	96	240	480	960	1440
Gesamtjahreskost. bei einem Gasölpreis einschl. Fracht von	10 M/100 kg	M.	1199	1391	1667	2144	2622
	15 „	„	1231	1471	1827	2464	3102
Kosten der PS_e-Stunde bei einem Gasölpreis einschließlich Fracht von	10 M/100 kg	Pf.	45,0	20,9	12,5	8,0	6,5
	15 „	„	46,2	22,1	13,7	9,2	7,7

Zahlentafel 55. Gasöl-Dieselmotor von 30 PS (liegend, 230 Uml./min).

Verbrauch an Gasöl bei $^3/_4$-Belastung 0,220 kg/PS_e-st.

Anlagekosten: Preis des Motors mit allem Zubehör 9800 M. Maschinenraum (80 M/qm Grundfläche) 1700 M.

Betriebskosten bei einer jährlichen Betriebsdauer von		st	200	500	1000	2000	3000
$4^1/_2$ % Verzinsung von 9800 M.		M.	441	441	441	441	441
Abschreibung u. Instandhaltung d. Motors		%	(7)	($7^1/_4$)	($7^1/_2$)	($7^3/_4$)	(8)
		M.	686	711	735	760	784
$4^1/_2$ % Verzinsung, $2^1/_2$ % Abschreibung, $^1/_2$ % Instandhaltung = $7^1/_2$ % der Gebäudekosten		„	127	127	127	127	127
Schmier- und Putzstoffe . . . . . rd.		„	68	92	133	215	300
Wasserkosten bei Durchflußkühlung „		„	7	18	36	72	108
Bedienung . . . . „		„	150	250	300	350	400
Brennstoffkosten bei einem Gasölpreis einschl. Fracht von	10 M/100 kg	„	99	247	495	990	1485
	15 „	„	148	371	742	1485	2227
Gesamtjahreskost. bei einem Gasölpreis einschl. Fracht von	10 M/100 kg	M.	1578	1886	2267	2955	3645
	15 „	„	1627	2010	2514	3450	4387
Kosten der PS_e-Stunde bei einem Gasölpreis einschließlich Fracht von .	10 M/100 kg	Pf.	35,1	16,8	10,1	6,6	5,4
	15 „	„	36,2	17,9	11,2	7,7	6,5

Zahlentafel 56. Teeröl-Dieselmotor v. 50 PS (stehend, 200 Uml./min).

Verbrauch an Treiböl (Teeröl) bei $^3/_4$-Belastung 0,220 kg/PS_e-st. Verbrauch an Zündöl (Gasöl) bei $^3/_4$-Belastung 0,018 kg/PS_e-st.

Anlagekosten: Preis des Motors mit allem Zubehör 20000 M. Maschinenraum (80 M/qm Grundfläche) 1600 M.

Betriebskosten bei einer jährlichen Betriebsdauer von		st	200	500	1000	2000	3000
$4^1/_2$ % Verzinsung von 20000 M.		M.	900	900	900	900	900
Abschreibung u. Instandhaltung d. Motors		%	(7)	($7^1/_4$)	($7^1/_2$)	($7^3/_4$)	(8)
		M.	1400	1450	1500	1550	1600
$4^1/_2$ % Verzinsung, $2^1/_2$ % Abschreibung, $^1/_2$ % Instandhaltung = $7^1/_2$ % der Gebäudekosten		„	120	120	120	120	120
Schmier- und Putzstoffe . . . . . . rd.		„	92	125	180	290	400
Wasserkosten bei Durchflußkühlung „		„	12	30	60	120	180
Bedienung . . . . „		„	200	300	400	500	600
Zündölkosten bei einem Gasölpreis einschließlich Fracht von 13 M/100 kg .		„	18	44	88	175	263
Brennstoffkosten bei einem Teerölpreis einschließlich Fracht von	4 M/100 kg	„	66	165	330	660	990
	6 „	„	99	247	495	990	1485
Gesamtjahreskost. bei einem Teerölpreis einschließlich Fracht von	4 M/100 kg	M.	2808	3134	3578	4315	5053
	6 „	„	2841	3216	3743	4645	5548
Kosten der PS_e-Stunde bei einem Teerölpreis einschließlich Fracht von .	4 M/100 kg	Pf.	37,4	16,7	9,5	5,8	4,5
	6 „	„	37,9	17,2	10,0	6,2	4,9

Zahlentafel 57. Teeröl-Dieselmotor v. 100 PS (stehend, 195 Uml./min).

Verbrauch an Treiböl (Teeröl) bei $^3/_4$-Belastung 0,220 kg/PS$_e$-st. Verbrauch an Zündöl (Gasöl) bei $^3/_4$-Belastung 0,013 kg/PS$_e$-st.

Anlagekosten: Preis des Motors mit allem Zubehör 30000 M. Maschinenraum (80 M/qm Grundfläche) 2000 M.

Betriebskosten bei einer jährlichen Betriebsdauer von	st	200	500	1000	2000	3000
$4^1/_2$ % Verzinsung von 30000 M.	M.	1350	1350	1350	1350	1350
Abschreibung u. Instandhaltung d. Motors	%	(7)	($7^1/_4$)	($7^1/_2$)	($7^3/_4$)	(8)
	M.	2100	2175	2250	2325	2400
$4^1/_2$ % Verzinsung, $2^1/_2$ % Abschreibung, $^1/_2$ % Instandhaltung = $7^1/_2$ % der Gebäudekosten	„	150	150	150	150	150
Schmier- und Putzstoffe. . . . . . rd.	„	125	175	260	430	600
Wasserkosten bei Durchflußkühlung „	„	24	60	120	240	360
Bedienung . . . . „	„	300	450	600	800	900
Zündölkosten bei einem Gasölpreis einschließlich Fracht von 13 M/100 kg .	„	25	63	127	253	380
Brennstoffkosten bei einem Teerölpreis einschließlich Fracht von . . . . 4 M/100 kg	„	132	330	660	1320	1980
6 „	„	198	495	990	1980	2970
Gesamtjahreskost. bei einem Teerölpreis einschließlich Fracht von . . . . 4 M/100 kg	M.	4206	4753	5517	6868	8120
6 „	„	4272	4918	5847	7528	9110
Kosten der PS$_e$-Stunde bei einem Teerölpreis einschließlich Fracht von . 4 M/100 kg	Pf.	28,0	12,7	7,4	4,6	3,6
6 „	„	28,5	13,1	7,8	5,0	4,0

Zahlentafel 58. Teeröl-Dieselmotor v. 150 PS (stehend, 190 Uml./min).

Verbrauch an Treiböl (Teeröl) bei $^3/_4$-Belastung 0,220 kg/PS$_e$-st. Verbrauch an Zündöl (Gasöl) bei $^3/_4$-Belastung 0,013 kg/PS$_e$-st.

Anlagekosten: Preis des Motors mit allem Zubehör 43000 M. Maschinenraum (80 M/qm Grundfläche) 3000 M.

Betriebskosten bei einer jährlichen Betriebsdauer von.	st	200	500	1000	2000	3000
$4^1/_2$ % Verzinsung von 43000 M.	M.	1935	1935	1935	1935	1935
Abschreibung u. Instandhaltung d. Motors	%	(7)	($7^1/_4$)	($7^1/_2$)	($7^3/_4$)	(8)
	M.	3010	3117	3225	3332	3440
$4^1/_2$ % Verzinsung, $2^1/_2$ % Abschreibung, $^1/_2$ % Instandhaltung = $7^1/_2$ % der Gebäudekosten	„	225	225	225	225	225
Schmier- und Putzstoffe. . . . . . rd.	„	170	240	350	580	800
Wasserkosten bei Durchflußkühlung „	„	36	90	180	360	540
Bedienung . . . . „	„	350	500	700	900	1000
Zündölkosten bei einem Gasölpreis einschließlich Fracht von 13 M/100 kg .	„	38	95	190	380	570
Brennstoffkosten bei einem Teerölpreis einschließlich Fracht von . . . . 4 M/100 kg	„	198	495	990	1980	2970
6 „	„	297	742	1485	2970	4455
Gesamtjahreskost. bei einem Teerölpreis einschließlich Fracht von . . . . 4 M/100 kg	M.	5962	6697	7795	9692	11480
6 „	„	6061	6944	8290	10682	12965
Kosten der PS$_e$-Stunde bei einem Teerölpreis einschließlich Fracht von . 4 M/100 kg	Pf.	26,5	11,9	6,9	4,3	3,4
6 „	„	26,9	12,3	7,4	4,7	3,8

Zahlentafel 59. Teeröl-Dieselmotor v. 200 PS (stehend, 185 Uml./min).

Verbrauch an Treiböl (Teeröl) bei $^3/_4$-Belastung 0,220 kg/PS_e-st. Verbrauch an Zündöl (Gasöl) bei $^3/_4$-Belastung 0,013 kg/PS_e-st.

Anlagekosten: Preis des Motors mit allem Zubehör 54000 M. Maschinenraum (80 M/qm Grundfläche) 4500 M.

Betriebskosten bei einer jährlichen Betriebsdauer von	st	200	500	1000	2000	3000
$4^1/_2$% Verzinsung von 54000 M.	M.	2430	2430	2430	2430	2430
Abschreibung u. Instandhaltung d. Motors	%	(7)	($7^1/_4$)	($7^1/_2$)	($7^3/_4$)	(8)
	M.	3780	3915	4050	4185	4320
$4^1/_2$% Verzinsung, $2^1/_2$% Abschreibung, $^1/_2$% Instandhaltung = $7^1/_2$% der Gebäudekosten	„	337	337	337	337	337
Schmier- und Putzstoffe rd.	„	185	260	390	650	900
Wasserkosten bei Durchflußkühlung „	„	48	120	240	480	720
Bedienung „	„	400	600	800	1000	1200
Zündölkosten bei einem Gasölpreis einschließlich Fracht von 13 M/100 kg	„	51	127	254	507	761
Brennstoffkosten bei einem Teerölpreis einschließlich Fracht von 4 M/100 kg	„	264	660	1320	2640	3960
6 „	„	396	990	1980	3960	5940
Gesamtjahreskost. bei einem Teerölpreis einschließlich Fracht von 4 M/100 kg	M.	7495	8449	9821	12229	14628
6 „	„	7627	8779	10481	13549	16608
Kosten der PS_e-Stunde bei einem Teerölpreis einschließlich Fracht von 4 M/100 kg	Pf.	25,0	11,3	6,5	4,1	3,3
6 „	„	25,4	11,7	7,0	4,5	3,7

Zahlentafel 60. Elektromotor v. 1 PS (210 V, 50 Per./sk, 1400 Uml./min).

Stromverbrauch bei $^2/_3$-Belastung 0,94 kW/PS_e.

Anlagekosten: Preis eines Drehstrommotors mit allem Zubehör 250 M. Maschinenraum (80 M/qm Grundfläche) 40 M.

Betriebskosten bei einer jährlichen Betriebsdauer von	st	200	500	1000	2000	3000
$4^1/_2$% Verzinsung, 6% Abschreibung und Instandhaltung = $10^1/_2$% von 250 M.	M.	26,2	26,2	26,2	26,2	26,2
$4^1/_2$% Verzinsung, $2^1/_2$% Abschreibung, $^1/_2$% Instandhaltung = $7^1/_2$% der Gebäudekosten	„	3,0	3,0	3,0	3 0	3,0
Schmierstoffe rd.	„	1.0	1,0	1,0	1,0	1.0
Bedienung „	„	6.0	6,0	6,0	6.0	6,0
Zählermiete	„	9,0	9,0	9,0	9,0	9,0
Stromkosten bei einem Preis von 10 Pf/kW-st	„	12,5	31,3	62,7	125,3	188,0
15 „	„	18,8	47.0	94,0	188,0	282,0
20 „	„	25,1	62,7	125,3	250,7	376,0
Gesamtjahreskosten bei einem Preis von 10 Pf/kW-st	M.	57,7	76,5	107,9	170,5	233,2
15 „	„	64.0	92,2	139,2	233,2	327,2
20 „	„	70,3	107,9	170,5	295,9	421,2
Kosten d. PS_e-Stunde bei einem Preis von 10 Pf/kW-st	Pf.	43,3	23,0	16,2	12,8	11.7
15 „	„	48,0	27,7	20,9	17,5	16,4
20 „	„	52,7	32,4	25,6	22,2	21,1

Zahlentafel 61.

Elektromotor von 3 PS (210 V, 50 Per./sk, 1400 Uml./min).

Stromverbrauch bei $^2/_3$-Belastung 0,90 kW/PS$_e$.

Anlagekosten: Preis eines Drehstrommotors mit allem Zubehör 440 M. Maschinenraum (80 M/qm Grundfläche) 60 M.

Betriebskosten bei einer jährlichen Betriebsdauer von		st	200	500	1000	2000	3000
$4^1/_2$% Verzinsung, 6% Abschreibung und Instandhaltung = $10^1/_2$% von 440 M. .		M.	46,2	46,2	46,2	46,2	46,2
$4^1/_2$% Verzinsung, $2^1/_2$% Abschreibung, $^1/_2$% Instandhaltung = $7^1/_2$% der Gebäudekosten		„	4.5	4,5	4,5	4,5	4,5
Schmierstoffe	rd.	„	1,4	1,4	1,4	1,4	1,4
Bedienung	„	„	6,0	6.0	6.0	6.0	6,0
Zählermiete		„	12,0	12.0	12,0	12,0	12,0
Stromkosten bei einem Preis von	10 Pf/kW-st	„	36,0	90,0	180.0	360,0	540.0
	15 „	„	54.0	135,0	270,0	540.0	810,0
	20 „	„	72,0	180,0	360,0	720,0	1080,0
Gesamtjahreskosten bei einem Preis von . . .	10 Pf/kW-st	M.	106,1	160,1	250,1	430,1	610,1
	15 „	„	124.1	205,1	340,1	610,1	880,1
	20 „	„	142,1	250,1	430,1	790,1	1150,1
Kosten d. PS$_e$-Stunde bei einem Preis von .	10 Pf/kW-st	Pf.	26,5	16.0	12,5	10,8	10,2
	15 „	„	31,0	20,5	17,0	15,3	14,7
	20 „	„	35,5	25,0	21,5	19,8	19,2

Zahlentafel 62.

Elektromotor von 6 PS (210 V, 50 Per./sk, 1400 Uml./min).

Stromverbrauch bei $^2/_3$-Belastung 0,89 kW/PS$_e$.

Anlagekosten: Preis eines Drehstrommotors mit allem Zubehör 700 M. Maschinenraum (80 M/qm Grundfläche) 100 M.

Betriebskosten bei einer jährlichen Betriebsdauer von		st	200	500	1000	2000	3000
$4^1/_2$% Verzinsung, 6% Abschreibung und Instandhaltung = $10^1/_2$% von 700 M.		M.	73,5	73,5	73,5	73,5	73,5
$4^1/_2$% Verzinsung, $2^1/_2$% Abschreibung, $^1/_2$% Instandhaltung = $7^1/_2$% der Gebäudekosten		„	7,5	7,5	7,5	7,5	7,5
Schmierstoffe	rd.	„	1,7	1,7	1.7	1,7	1,7
Bedienung	„	„	6,0	6,0	6,0	6.0	6,0
Zählermiete		„	15,0	15,0	15.0	15.0	15.0
Stromkosten bei einem Preis von	10 Pf/kW-st	„	71,2	178,0	356,0	712,0	1068,0
	15 „	„	106,8	267,0	534,0	1068,0	1602,0
	20 „	„	142,4	356,0	712,0	1424.0	2136,0
Gesamtjahreskosten bei einem Preis von . . .	10 Pf/kW-st	M.	174,9	281,7	459,7	815,7	1171,7
	15 „	„	210.5	370,7	637,7	1171,7	1705,7
	20 „	„	246,1	459,7	815,7	1527,7	2239,7
Kosten d. PS$_e$-Stunde bei einem Preis von .	10 Pf/kW-st	Pf.	21,9	14,1	11.5	10,2	9,8
	15 „	„	26,3	18,5	15,9	14,6	14,2
	20 „	„	30,8	23,0	20,4	19,1	18,7

Zahlentafel 63.

Elektromotor von 10 PS (210 V, 50 Per./sk, 1400 Uml./min).

Stromverbrauch bei 2/3-Belastung 0,88 kW/PS_e.

Anlagekosten: Preis eines Drehstrommotors mit allem Zubehör 960 M. Maschinenraum (80 M/qm Grundfläche) 140 M.

Betriebskosten bei einer jährlichen Betriebsdauer von		st	200	500	1000	2000	3000
4 1/2% Verzinsung, 6% Abschreibung und Instandhaltung = 10 1/2% von 960 M.		M.	100,8	100,8	100,8	100,8	100,8
4 1/2% Verzinsung, 2 1/2% Abschreibung, 1/2% Instandhaltung = 7 1/2% der Gebäudekosten		„	10,5	10,5	10,5	10,5	10,5
Schmierstoffe	rd.	„	2,0	2,0	2,0	2,0	2,0
Bedienung	„	„	6,0	6,0	6,0	6,0	6,0
Zählermiete		„	24,0	24,0	24,0	24,0	24,0
Stromkosten bei einem Preis von	10 Pf/kW-st	„	117,3	293,3	586,7	1173,3	1760,0
	15 „	„	176,0	440,0	880,0	1760,0	2640,0
	20 „	„	234,7	586,7	1173,3	2346,7	3520,0
Gesamtjahreskosten bei einem Preis von	10 Pf/kW-st	M.	260,6	436,6	730,0	1316,6	1903,3
	15 „	„	319,3	583,3	1023,3	1903,3	2783,3
	20 „	„	378,0	730,0	1316,6	2490,0	3663,3
Kosten d. PS_e-Stunde bei einem Preis von	10 Pf/kW-st	Pf.	19,6	13,1	10,9	9,9	9,5
	15 „	„	24,0	17,5	15,3	14,3	13,9
	20 „	„	28,4	21,9	19,7	18,7	18,3

Zahlentafel 64.

Elektromotor von 20 PS (210 V, 50 Per./sk, 1400 Uml./min).

Stromverbrauch bei 2/3-Belastung 0,86 kW/PS_e.

Anlagekosten: Preis eines Drehstrommotors mit allem Zubehör 1150 M. Maschinenraum (80 M/qm Grundfläche) 150 M.

Betriebskosten bei einer jährlichen Betriebsdauer von		st	200	500	1000	2000	3000
4 1/2% Verzinsung, 6% Abschreibung und Instandhaltung = 10 1/2% von 1150 M.		M.	120,7	120,7	120,7	120,7	120,7
4 1/2% Verzinsung, 2 1/2% Abschreibung, 1/2% Instandhaltung = 7 1/2% der Gebäudekosten		„	11,2	11,2	11,2	11,2	11,2
Schmierstoffe	rd.	„	2,5	2,5	2,5	2,5	2,5
Bedienung	„	„	7,0	7,0	7,0	7,0	7.0
Zählermiete		„	24,0	24,0	24,0	24,0	24.0
Stromkosten bei einem Preis von	10 Pf/kW-st	„	229,3	573,3	1146,7	2293,4	3440,0
	15 „	„	344,0	860,0	1720,0	3440,0	5160,0
	20 „	„	458,7	1146,6	2293,3	4586,7	6880,0
Gesamtjahreskosten bei einem Preis von	10 Pf/kW-st	M.	394,7	738,7	1312,1	2458,8	3605,4
	15 „	„	509.4	1025,4	1885,4	3605,4	5325,4
	20 „	„	624,1	1312,0	2458,7	4752,1	7045,4
Kosten d. PS_e-Stunde bei einem Preis von	10 Pf/kW-st	Pf.	14,8	11,1	9,8	9,2	9,0
	15 „	„	19,1	15,4	14,1	13,5	13,3
	20 „	„	23,4	19,7	18,4	17,8	17,6

Zahlentafel 65.

Elektromotor von 30 PS (210 V, 50 Per./sk, 1400 Uml./min).

Stromverbrauch bei $^3/_4$-Belastung 0,830 kW/PS_e.

Anlagekosten: Preis eines Drehstrommotors mit allem Zubehör 1450 M. Maschinenraum (80 M/qm Grundfläche) 160 M.

Betriebskosten bei einer jährlichen Betriebsdauer von	st	200	500	1000	2000	3000
$4^1/_2$% Verzinsung, 6% Abschreibung und Instandhaltung = $10^1/_2$% von 1450 M.	M.	152	152	152	152	152
$4^1/_2$% Verzinsung, $2^1/_2$% Abschreibung, $^1/_2$% Instandhaltung = $7^1/_2$% der Gebäudekosten	„	12	12	12	12	12
Schmierstoffe . . . . rd.	„	3	3	3	3	3
Bedienung . . . . „	„	8	8	8	8	8
Zählermiete	„	27	27	27	27	27
Stromkosten bei einem Preis von . . . . . . 5 Pf/kW-st	„	187	467	934	1867	2801
8 „	„	299	747	1494	2988	4482
10 „	„	373	934	1867	3735	5602
Gesamtjahreskosten bei einem Preis von . . . 5 Pf/kW-st	M.	389	669	1136	2069	3003
8 „	„	501	949	1696	3190	4684
10 „	„	575	1136	2069	3937	5804
Kosten d. PS_e-Stunde bei einem Preis von . 5 Pf/kW-st	Pf.	8,6	5,9	5,0	4,6	4,4
8 „	„	11,1	8,4	7,5	7,1	6,9
10 „	„	12,8	10,1	9,2	8,7	8,6

Zahlentafel 66.

Elektromotor von 50 PS (210 V, 50 Per./sk, 975 Uml./min).

Stromverbrauch bei $^3/_4$-Belastung 0,815 kW/PS_e.

Anlagekosten: Preis eines Drehstrommotors mit allem Zubehör 2100 M. Maschinenraum (80 M/qm Grundfläche) 200 M.

Betriebskosten bei einer jährlichen Betriebsdauer von	st	200	500	1000	2000	3000
$4^1/_2$% Verzinsung, 6% Abschreibung und Instandhaltung = $10^1/_2$% von 2100 M.	M.	220	220	220	220	220
$4^1/_2$% Verzinsung, $2^1/_2$% Abschreibung, $^1/_2$% Instandhaltung = $7^1/_2$% der Gebäudekosten	„	15	15	15	15	15
Schmierstoffe . . . . rd.	„	4	4	4	4	4
Bedienung . . . . „	„	10	10	10	10	10
Zählermiete	„	30	30	30	30	30
Stromkosten bei einem Preis von . . . . . . 5 Pf/kW-st	„	306	764	1528	3056	4584
8 „	„	489	1222	2445	4890	7335
10 „	„	611	1528	3056	6112	9169
Gesamtjahreskosten bei einem Preis von . . . 5 Pf/kW-st	M.	585	1043	1807	3335	4863
8 „	„	768	1501	2724	5169	7614
10 „	„	890	1807	3335	6391	9448
Kosten d. PS_e Stunde bei einem Preis von . 5 Pf/kW-st	Pf.	7,8	5,6	4,8	4,4	4,3
8 „	„	10,2	8,0	7,3	6,9	6,8
10 „	„	11,9	9,6	8,9	8,5	8,4

Zahlentafel 67.

Elektromotor von 100 PS (210 V, 50 Per./sk, 975 Uml./min).

Stromverbrauch bei $^3/_4$-Belastung 0,810 kW/PS$_e$.

Anlagekosten: Preis eines Drehstrommotors mit allem Zubehör 3300 M. Maschinenraum (80 M/qm Grundfläche) 250 M.

Betriebskosten bei einer jährlichen Betriebsdauer von.		st	200	500	1000	2000	3000
$4^1/_2$% Verzinsung, 6% Abschreibung und Instandhaltung = $10^1/_2$% von 3300 M.		M.	346	346	346	346	346
$4^1/_2$% Verzinsung, $2^1/_2$% Abschreibung, $^1/_2$% Instandhaltung = $7^1/_2$% der Gebäudekosten		„	19	19	19	19	19
Schmierstoffe	rd.	„	5	5	5	5	5
Bedienung	„	„	12	12	12	12	12
Zählermiete		„	33	33	33	33	33
Stromkosten bei einem Preis von	5 Pf/kW-st	„	607	1519	3037	6075	9112
	8 „	„	972	2430	4860	9720	14580
	10 „	„	1215	3037	6075	12150	18225
Gesamtjahreskosten bei einem Preis von . . .	5 Pf/kW-st	M.	1022	1934	3452	6490	9527
	8 „	„	1387	2845	5275	10135	14995
	10 „	„	1630	3452	6490	12565	18640
Kosten d. PS$_e$-Stunde bei einem Preis von .	5 Pf/kW-st	Pf.	6.8	5,2	4,6	4,3	4,2
	8 „	„	9,2	7.6	7,0	6,8	6,7
	10 „	„	10,9	9,2	8,7	8,4	8,3

Zahlentafel 68.

Elektromotor von 150 PS (210 V, 50 Per./sk, 975 Uml./min).

Stromverbrauch bei $^3/_4$-Belastung 0,805 kW/PS$_e$.

Anlagekosten: Preis eines Drehstrommotors mit allem Zubehör 4800 M. Maschinenraum (80 M/qm Grundfläche) 350 M.

Betriebskosten bei einer jährlichen Betriebsdauer von.		st	200	500	1000	2000	3000
$4^1/_2$% Verzinsung, 6% Abschreibung und Instandhaltung = $10^1/_2$% von 4800 M.		M.	504	504	504	504	504
$4^1/_2$% Verzinsung, $2^1/_2$% Abschreibung, $^1/_2$% Instandhaltung = $7^1/_2$% der Gebäudekosten		„	26	26	26	26	26
Schmierstoffe	rd.	„	7	7	7	7	7
Bedienung	„	„	15	15	15	15	15
Zählermiete		„	36	36	36	36	36
Stromkosten bei einem Preis von	5 Pf/kW-st	„	906	2264	4528	9056	13584
	8 „	„	1449	3622	7245	14490	21735
	10 „	„	1811	4528	9056	18112	27169
Gesamtjahreskosten bei einem Preis von . . .	5 Pf/kW-st	M.	1494	2852	5116	9644	14172
	8 „	„	2037	4210	7833	15078	22323
	10 „	„	2399	5116	9644	18700	27757
Kosten d. PS$_e$-Stunde bei einem Preis von .	5 Pf/kW-st	Pf.	6,6	5,1	4.5	4,3	4,2
	8 „	„	9,1	7,5	7,0	6,7	6,6
	10 „	„	10,7	9,1	8,6	8,3	8,2

Zahlentafel 69.

Elektromotor von 200 PS (210 V, 50 Per./sk, 735 Uml./min).

Stromverbrauch bei $^3/_4$-Belastung 0,800 kW/PS$_e$.

Anlagekosten: Preis eines Drehstrommotors mit allem Zubehör 6200 M. Maschinenraum (80 M/qm Grundfläche) 400 M.

Betriebskosten bei einer jährlichen Betriebsdauer von		st	200	500	1000	2000	3000
$4^1/_2$% Verzinsung, 6% Abschreibung und Instandhaltung = $10^1/_2$% von 6200 M.		M.	651	651	651	651	651
$4^1/_2$% Verzinsung, $2^1/_2$% Abschreibung, $^1/_2$% Instandhaltung = $7^1/_2$% der Gebäudekosten		„	30	30	30	30	30
Schmierstoffe	rd.	„	9	9	9	9	9
Bedienung	„	„	20	20	20	20	20
Zählermiete		„	40	40	40	40	40
Stromkosten bei einem Preis von	5 Pf/kW-st	„	1200	3000	6000	12000	18000
	8 „	„	1920	4800	9600	19200	28800
	10 „	„	2400	6000	12000	24000	36000
Gesamtjahreskosten bei einem Preis von . . .	5 Pf/kW-st	M.	1950	3750	6750	12750	18750
	8 „	„	2670	5550	10350	19950	29550
	10 „	„	3150	6750	12750	24750	36750
Kosten d. PS$_e$-Stunde bei einem Preis von .	5 Pf/kW-st	Pf.	6,5	5,0	4,5	4,2	4,2
	8 „	„	8,9	7,4	6,9	6,6	6.6
	10 „	„	10,5	9,0	8,5	8,2	8,2

Zahlentafel 70.

Anthrazit-Sauggasanlage von 30 PS$_e$ größter Dauerleistung.

Maschine: liegend, Einzylinder, 210 Uml./min. Generatoranlage: Einfeuer-Generator, Wäscher und Kondensator nebst Zubehör. Anthrazitverbrauch bei $^3/_4$-Belastung gemäß Zahlentafel 21 (S. 103).

Anlagekosten: Preis des maschinellen Teils einschl. Generatoranlage und Rohrleitung, betriebsfertig aufgestellt, 8500 M. Maschinen- und Generatorraum (80 M/qm Grundfläche) 2200 M.

Betriebskosten bei einer jährl. Betriebsdauer von		st	200	500	1000	2000	3000
$4^1/_2$% Verzinsung von 8500 M.		M.	382	382	382	382	382
Abschreibung und Instandhaltung von Maschinen- und Generatoranlage		%	(7)	($7^1/_4$)	($7^1/_2$)	($7^3/_4$)	(8)
		M.	595	616	637	659	680
$4^1/_2$% Verzinsung, $2^1/_2$% Abschreibung, $^1/_2$% Instandhaltung = $7^1/_2$% der Gebäudekosten		„	165	165	165	165	165
Schmier- und Putzstoffe	rd.	„	75	100	146	236	330
Wasserkosten b. Durchflußkühlung (Frischwasserkühlung)	„	„	21	54	108	216	324
Bedienung	„	„	100	200	250	400	600
Brennstoffkost. b. einem Anthrazitpreis einschl. Fracht von . .	2,50 M/100 kg	„	98	224	391	744	1115
	4,00 „	„	157	359	625	1190	1785
Gesamtjahreskosten bei einem Anthrazitpr. einschl. Fracht von	2,50 M/100 kg	M.	1436	1741	2079	2802	3596
	4,00 „	„	1495	1876	2313	3248	4266
Kosten der PS$_e$-Stunde bei einem Anthrazitpreis einschl. Fracht von	2,50 M/100 kg	Pf.	31,9	15,5	9,2	6,2	5,3
	4,00 „	„	33,2	16,7	10,3	7,2	6,3

Zahlentafel 71. Anthrazit-Sauggasanlage von 50 PS_e größter Dauerleistung.

Maschine: liegend, Einzylinder, 190 Uml./min. Generatoranlage: Einfeuer-Generator, Wäscher und Kondensator nebst Zubehör. Anthrazitverbrauch bei $^3/_4$-Belastung gemäß Zahlentafel 21 (S. 103).

Anlagekosten: Preis des maschinellen Teils einschl. Generatoranlage und Rohrleitung, betriebsfertig aufgestellt, 15000 M. Maschinen- und Generatorraum (80 M/qm Grundfläche) 3600 M.

Betriebskosten bei einer jährl. Betriebsdauer von		st	200	500	1000	2000	3000
$4^1/_2$ % Verzinsung von 15000 M.		M.	675	675	675	675	675
Abschreibung und Instandhaltung von Maschinen- und Generatoranlage		%	(7)	$(7^1/_4)$	$(7^1/_2)$	$(7^3/_4)$	(8)
		M.	1050	1087	1125	1162	1200
$4^1/_2$ % Verzinsung, $2^1/_2$ % Abschreibung, $^1/_2$ % Instandhaltung = $7^1/_2$ % der Gebäudekosten		„	270	270	270	270	270
Schmier- und Putzstoffe rd.		„	100	137	198	320	440
Wasserkosten b. Durchflußkühlung (Frischwasserkühlung) „		„	36	90	180	360	540
Bedienung „		„	150	300	400	600	900
Brennstoffkost. b. einem Anthrazitpreis einschl. Fracht von	2,50 M/100 kg	„	147	337	587	1116	1673
	4,00 „	„	235	538	939	1785	2677
Gesamtjahreskosten bei einem Anthrazitpr. einschl. Fracht von	2,50 M/100 kg	M.	2428	2896	3435	4503	5698
	4,00 „	„	2516	3097	3787	5172	6702
Kosten der PS_e-Stunde bei einem Anthrazitpreis einschl. Fracht von	2,50 M/100 kg	Pf.	32,4	15,4	9,2	6,0	5,1
	4,00 „	„	33,5	16,5	10,1	6,9	6,0

Zahlentafel 72. Braunkohlenbrikett-Sauggasanlage von 100 PS_e größter Dauerleistung.

Maschine: liegend, Einzylinder, 180 Uml./min. Generatoranlage: Zweifeuer-Generator, Wäscher und Trockenreiniger nebst Zubehör. Brikettverbrauch bei $^3/_4$-Belastung gemäß Zahlentafel 23 (S. 104).

Anlagekosten: Preis des maschinellen Teils einschl. Generatoranlage und Rohrleitung, betriebsfertig aufgestellt, 27000 M. Maschinen- und Generatorraum (80 M/qm Grundfläche) 5600 M.

Betriebskosten bei einer jährl. Betriebsdauer von		st	200	500	1000	3000	8760
$4^1/_2$ % Verzinsung von 27000 M.		M.	1215	1215	1215	1215	1215
Abschreibung und Instandhaltung von Maschinen- und Generatoranlage		%	(7)	$(7^1/_4)$	$(7^1/_2)$	(8)	(11)
		M.	1890	1957	2025	2160	2970
$4^1/_2$ % Verzinsung, $2^1/_2$ % Abschreibung, $^1/_2$ % Instandhaltung = $7^1/_2$ % der Gebäudekosten		„	420	420	420	420	420
Schmier- und Putzstoffe rd.		„	137	192	286	660	1780
Wasserkosten (Brunnenwasser) „		„	120	130	140	160	250
Bedienung „		„	200	400	500	1200	3600
Brennstoffkosten bei einem Brikettpreis einschl. Fracht von	1,10 M/100 kg	„	199	457	786	2245	5601
	2,20 „	„	399	914	1572	4490	11202
Gesamtjahreskosten bei einem Brikettpr. einschl. Fracht von	1,10 M/100 kg	M.	4181	4771	5372	8060	15836
	2,20 „	„	4381	5228	6158	10305	21437
Kosten der PS_e-Stunde bei einem Brikettpreis einschl. Fracht von	1,10 M/100 kg	Pf.	27,9	12,7	7,2	3,6	2,4
	2,20 „	„	29,2	13,9	8,2	4,6	3,3

Zahlentafel 73. Braunkohlenbrikett-Sauggasanlage von 200 PS_e größter Dauerleistung.

Maschine: liegend, Doppelmotor, 170 Uml./min. Generatoranlage: Zweifeuer-Generator, Wäscher und Trockenreiniger nebst Zubehör. Brikettverbrauch bei $^3/_4$-Belastung gemäß Zahlentafel 23 (S. 104).

Anlagekosten: Preis des maschinellen Teils einschl. Generatoranlage und Rohrleitung, betriebsfertig aufgestellt, 44000 M. Maschinen- und Generatorraum (80 M/qm Grundfläche) 8000 M.

Betriebskosten bei einer jährl. Betriebsdauer von st			200	500	1000	3000	8760
$4^1/_2$ % Verzinsung von 44000 M.		M.	1980	1980	1980	1980	1980
Abschreibung und Instandhaltung von Maschinen- und Generatoranlage		%	(7)	$(7^1/_4)$	$(7^1/_2)$	(8)	(11)
		M.	3080	3190	3300	3520	4840
$4^1/_2$ % Verzinsung, $2^1/_2$ % Abschreibung, $^1/_2$ % Instandhaltung = $7^1/_2$ % der Gebäudekosten		„	600	600	600	600	600
Schmier- und Putzstoffe	rd.	„	203	286	430	990	2670
Wasserkosten (Brunnenwasser)	„	„	160	170	180	200	300
Bedienung	„	„	250	500	630	1500	4500
Brennstoffkosten bei einem Brikettpreis einschl. Fracht von	1,10 M/100 kg	„	399	914	1572	4490	11202
	2,20 „	„	798	1828	3145	8979	22404
Gesamtjahreskosten bei einem Brikettpr. einschl. Fracht von	1,10 M/100 kg	M.	6672	7640	8692	13280	26092
	2,20 „	„	7071	8554	10265	17769	37294
Kosten der PS_e-Stunde bei einem Brikettpreis einschl. Fracht von	1,10 M/100 kg	Pf.	22,2	10,2	5,8	3,0	2,0
	2,20 „	„	23,6	11,4	6,8	3,9	2,8

Zahlentafel 74. Braunkohlenbrikett-Sauggasanlage von 300 PS_e größter Dauerleistung.

Maschine: liegend, Doppelmotor, 160 Uml./min. Generatoranlage: Zweifeuer-Generator, Wäscher und Trockenreiniger nebst Zubehör. Brikettverbrauch bei $^3/_4$-Belastung gemäß Zahlentafel 23 (S. 104).

Anlagekosten: Preis des maschinellen Teils einschl. Generatoranlage und Rohrleitung, betriebsfertig aufgestellt, 64500 M. Maschinen- und Generatorraum (80 M/qm Grundfläche) 13600 M.

Betriebskosten bei einer jährl. Betriebsdauer von st			200	500	1000	3000	8760
$4^1/_2$ % Verzinsung von 64500 M.		M.	2902	2902	2902	2902	2902
Abschreibung und Instandhaltung von Maschinen- und Generatoranlage		%	(7)	$(7^1/_4)$	$(7^1/_2)$	(8)	(11)
		M.	4515	4676	4837	5160	7095
$4^1/_2$ % Verzinsung, $2^1/_2$ % Abschreibung, $^1/_2$ % Instandhaltung = $7^1/_2$ % der Gebäudekosten		„	1020	1020	1020	1020	1020
Schmier- und Putzstoffe	rd.	„	264	385	550	1320	3560
Wasserkosten (Brunnenwasser mit Rückkühlung oder Flußwasser)	„	„	130	140	150	170	210
Bedienung	„	„	250	500	630	1500	4500
Brennstoffkosten bei einem Brikettpreis einschl. Fracht von	1,10 M/100 kg	„	598	1371	2359	6734	16803
	2.20 „	„	1197	2742	4717	13469	33605
Gesamtjahreskosten bei einem Brikettpr. einschl. Fracht von	1,10 M/100 kg	M.	9679	10994	12448	18806	36090
	2,20 „	„	10278	12365	14806	25541	52892
Kosten der PS_e-Stunde bei einem Brikettpreis einschl. Fracht von	1,10 M/100 kg	Pf.	21,6	9,8	5,5	2,8	1,8
	2,20 „	„	22,8	11,0	6,6	3,8	2,7

Zahlentafel 75. Braunkohlenbrikett-Sauggasanlage von 500 PS_e größter Dauerleistung.

Maschine: liegend, Doppelmotor-Zwilling, 150 Uml./min. Generatoranlage: Zweifeuer-Generator, Wäscher und Trockenreiniger nebst Zubehör. Brikettverbrauch bei 3/4-Belastung gemäß Zahlentafel 23 (S. 104).

Anlagekosten: Preis des maschinellen Teils einschl. Generatoranlage und Rohrleitung, betriebsfertig aufgestellt, 100000 M. Maschinen- und Generatorraum (80 M/qm Grundfläche) 19000 M.

Betriebskosten bei einer jährl. Betriebsdauer von	st	200	500	1000	3000	8760
4 1/2 % Verzinsung von 100000 M.	M.	4500	4500	4500	4500	4500
Abschreibung und Instandhaltung von Maschinen- und Generatoranlage	%	(7)	(7 1/4)	(7 1/2)	(8)	(11)
	M.	7000	7250	7500	8000	11000
4 1/2 % Verzinsung, 2 1/2 % Abschreibung, 1/2 % Instandhaltung = 7 1/2 % der Gebäudekosten	„	1425	1425	1425	1425	1425
Schmier- und Putzstoffe rd.	„	330	495	715	1650	4450
Wasserkosten (Brunnenwasser mit Rückkühlung oder Flußwasser) „	„	170	180	190	210	260
Bedienung „	„	380	750	940	2250	6750
Brennstoffkosten bei einem Brikettpreis einschl. Fracht von 1,10 M/100 kg	„	997	2285	3931	11224	28005
2,20 „	„	1995	4570	7862	22448	56009
Gesamtjahreskosten bei einem Brikettpr. einschl. Fracht von 1,10 M/100 kg	M.	14802	16885	19201	29259	56390
2,20 „	„	15800	19170	23132	40483	84394
Kosten der PS_e-Stunde bei einem Brikettpreis einschl. Fracht von 1,10 M/100 kg	Pf.	19,7	9,0	5,1	2,6	1,7
2,20 „	„	21,1	10,2	6,2	3,6	2,6

Zahlentafel 76. Braunkohlenbrikett-Sauggasanlage von 1000 PS_e größter Dauerleistung.

Maschine: liegend, doppeltwirkend Tandem, 115 Uml./min. Generatoranlage: Zweifeuer-Generator, Wäscher und Trockenreiniger nebst Zubehör. Brikettverbrauch bei 3/4-Belastung gemäß Zahlentafel 23 (S. 104).

Anlagekosten: Preis des maschinellen Teils einschl. Generatoranlage und Rohrleitung, betriebsfertig aufgestellt, 195000 M. Maschinen- und Generatorraum (80 M/qm Grundfläche) 32000 M.

Betriebskosten bei einer jährl. Betriebsdauer von	st	200	500	1000	3000	8760
4 1/2 % Verzinsung von 195000 M.	M.	8775	8775	8775	8775	8775
Abschreibung und Instandhaltung von Maschinen- und Generatoranlage	%	(7)	(7 1/4)	(7 1/2)	(8)	(11)
	M.	13650	14137	14625	15600	21450
4 1/2 % Verzinsung, 2 1/2 % Abschreibung, 1/2 % Instandhaltung = 7 1/2 % der Gebäudekosten	„	2400	2400	2400	2400	2400
Schmier- und Putzstoffe rd.	„	528	770	1100	2640	7120
Wasserkosten (Brunnenwasser mit Rückkühlung oder Flußwasser) „	„	270	280	290	310	380
Bedienung „	„	500	1000	1250	3000	9000
Brennstoffkosten bei einem Brikettpreis einschl. Fracht von 1,10 M/100 kg	„	1995	4570	7862	22448	56009
2,20 „	„	3990	9141	15724	44896	112018
Gesamtjahreskosten bei einem Brikettpr. einschl. Fracht von 1,10 M/100 kg	M.	28118	31932	36302	55173	105134
2,20 „	„	30113	36503	44164	77621	161143
Kosten der PS_e-Stunde bei einem Brikettpreis einschl. Fracht von 1,10 M/100 kg	Pf.	18,7	8,5	4,8	2,5	1,6
2,20 „	„	20,1	9,7	5,9	3,4	2,5

Zahlentafel 77. Heißdampf-Kondensations-Lokomobile von 60 PS_e größter Dauerleistung.

Maschine: Verbund, 230 Uml./min. Kessel: ausziehbbarer Röhrenkessel mit Überhitzer. Steinkohlenverbrauch (7500 WE) bei $^3/_4$-Belastung gemäß Zahlentafel 18 (S. 100).

Anlagekosten: Preis der Lokomobile einschl. Schornstein, betriebsfertig aufgestellt, 12700 M. Maschinenraum (80 M/qm Grundfläche) 3120 M.

Betriebskosten bei einer jährl. Betriebsdauer von st			200	500	1000	2000	3000
$4^1/_2$% Verzinsung von 12700 M.		M.	571	571	571	571	571
Abschreibung u. Instandhaltung d. Lokomobile		%	(7)	($7^1/_4$)	($7^1/_2$)	($7^3/_4$)	(8)
		M.	889	921	953	984	1016
$4^1/_2$% Verzinsung, $2^1/_2$% Abschreibung, $^1/_2$% Instandhaltung = $7^1/_2$% der Gebäudekosten		„	234	234	234	234	234
Schmier- und Putzstoffe	rd.	„	100	140	200	320	450
Wasserkosten (Brunnenwasser mit Rückkühlung oder Flußwasser)	„	„	90	90	90	90	90
Bedienung	„	„	250	500	630	1000	1500
Brennstoffkost. bei einem Steinkohlenpr. frei Kesselhaus von	1,50 M/100 kg	„	153	367	684	1337	2006
	3,00 „	„	306	734	1368	2675	4012
Gesamtjahreskosten bei einem Steinkohlenpreis frei Kesselhaus von	1,50 M/100 kg	M.	2287	2823	3362	4536	5867
	3,00 „	„	2440	3190	4046	5874	7873
Kosten der PS_e-Stunde bei einem Steinkohlenpreis frei Kesselhaus von	1,50 M/100 kg	Pf.	25,4	12,5	7,5	5,0	4,3
	3,00 „	„	27,1	14,2	9,0	6,5	5,8

Zahlentafel 78. Heißdampf-Kondensations-Lokomobile von 87 PS_e größter Dauerleistung.

Maschine: Verbund, 220 Uml./min. Kessel: ausziehbarer Röhrenkessel mit Überhitzer. Steinkohlenverbrauch (7500 WE) bei $^3/_4$-Belastung gemäß Zahlentafel 18 (S. 100).

Anlagekosten: Preis der Lokomobile einschl. Schornstein, betriebsfertig aufgestellt, 14500 M. Maschinenraum (80 M/qm Grundfläche) 3440 M.

Betriebskosten bei einer jährl. Betriebsdauer von st			200	500	1000	2000	3000
$4^1/_2$% Verzinsung von 14500 M.		M.	652	652	652	652	652
Abschreibung u. Instandhaltung d. Lokomobile		%	(7)	($7^1/_4$)	($7^1/_2$)	($7^3/_4$)	(8)
		M.	1015	1051	1088	1124	1160
$4^1/_2$% Verzinsung, $2^1/_2$% Abschreibung, $^1/_2$% Instandhaltung = $7^1/_2$% der Gebäudekosten		„	258	258	258	258	258
Schmier- und Putzstoffe	rd.	„	115	160	240	400	550
Wasserkosten (Brunnenwasser mit Rückkühlung oder Flußwasser)	„	„	130	130	130	130	130
Bedienung	„	„	250	500	630	1000	1500
Brennstoffkost. bei einem Steinkohlenpr. frei Kesselhaus von	1,50 M/100 kg	„	204	489	912	1783	2675
	3,00 „	„	408	978	1824	3566	5350
Gesamtjahreskosten bei einem Steinkohlenpr. fr. Kesselh. von	1,50 M/100 kg	M.	2624	3240	3910	5347	6925
	3,00 „	„	2828	3729	4822	7130	9600
Kosten der PS_e-Stunde bei einem Steinkohlenpreis frei Kesselhaus von	1,50 M/100 kg	Pf.	20,1	9,9	6,0	4,1	3,5
	3,00 „	„	21,7	11,4	7,4	5,5	4,9

Zahlentafel 79. Heißdampf-Kondensations-Lokomobile von 140 PS_e größter Dauerleistung.

Maschine: Verbund, 200 Uml./min. Kessel: ausziehbarer Röhrenkessel mit Überhitzer und mechanischem Rostbeschicker. Steinkohlenverbrauch (7500 WE) bei $^3/_4$-Belastung gemäß Zahlentafel 18 (S. 100).

Anlagekosten: Preis der Lokomobile einschl. Schornstein, betriebsfertig aufgestellt, 21200 M. Maschinenraum (80 M/qm Grundfläche) 4480 M.

Betriebskosten bei einer jährl. Betriebsdauer von	st	200	500	1000	2000	3000
$4^1/_2$% Verzinsung von 21200 M.	M.	954	954	954	954	954
Abschreibung u. Instandhaltung d. Lokomobile	%	(7)	($7^1/_4$)	($7^1/_2$)	($7^3/_4$)	(8)
	M.	1484	1537	1590	1643	1696
$4^1/_2$% Verzinsung, $2^1/_2$% Abschreibung, $^1/_2$% Instandhaltung = $7^1/_2$% der Gebäudekosten .	„	336	336	336	336	336
Schmier- und Putzstoffe. . . . . rd.	„	160	225	330	540	750
Wasserkosten (Brunnenwasser mit Rückkühlung oder Flußwasser) . . . . . . „	„	190	190	190	190	190
Bedienung . . . . „	„	250	500	630	1000	1500
Brennstoffkost. bei einem Steinkohlenpr. frei Kesselhaus von 1,50 M/100 kg	„	299	716	1335	2610	3915
3,00 „	„	597	1433	2670	5220	7830
Gesamtjahreskosten bei einem Steinkohlenpr. fr. Kesselh. von 1,50 M/100 kg	M.	3673	4458	5365	7273	9341
3,00 „	„	3971	5175	6700	9883	13256
Kosten der PS_e-Stunde bei einem Steinkohlenpreis frei Kesselhaus von . . . . 1,50 M/100 kg	Pf.	17,5	8,5	5,1	3,5	3,0
3,00 „	„	18,9	9,9	6,4	4,7	4,2

Zahlentafel 80. Heißdampf-Kondensations-Lokomobile von 295 PS_e größter Dauerleistung.

Maschine: Verbund, 180 Uml./min. Kessel: ausziehbarer Röhrenkessel mit Überhitzer und mechanischem Rostbeschicker. Steinkohlenverbrauch (7500 WE) bei $^3/_4$-Belastung gemäß Zahlentafel 18 (S. 100).

Anlagekosten: Preis der Lokomobile einschl. Schornstein, betriebsfertig aufgestellt, 38000 M. Maschinenraum (80 M/qm Grundfläche) 6560 M.

Betriebskosten bei einer jährl. Betriebsdauer von	st	200	500	1000	2000	3000
$4^1/_2$% Verzinsung von 38000 M.	M.	1710	1710	1710	1710	1710
Abschreibung u. Instandhaltung d. Lokomobile	%	(7)	($7^1/_4$)	($7^1/_2$)	($7^3/_4$)	(8)
	M.	2660	2755	2850	2945	3040
$4^1/_2$% Verzinsung, $2^1/_2$% Abschreibung, $^1/_2$% Instandhaltung = $7^1/_2$% der Gebäudekosten .	„	492	492	492	492	492
Schmier- und Putzstoffe . . . . rd.	„	240	350	500	850	1200
Wasserkosten (Brunnenwasser mit Rückkühlung oder Flußwasser). . . . . . . „	„	350	350	350	350	350
Bedienung . . . . „	„	250	500	630	1000	1500
Brennstoffkost. bei einem Steinkohlenpr. frei Kesselhaus von 1,50 M/100 kg	„	571	1370	2556	4992	7485
3,00 „	„	1143	2740	5112	9984	14970
Gesamtjahreskosten bei einem Steinkohlenpr. fr. Kesselh. von 1,50 M/100 kg	M.	6273	7527	9088	12339	15777
3,00 „	„	6845	8897	11644	17331	23262
Kosten der PS_e-Stunde bei einem Steinkohlenpreis frei Kesselhaus von . . . . 1,50 M/100 kg	Pf.	14,2	6,8	4,1	2,8	2,4
3,00 „	„	15,5	8,0	5,3	3,9	3,5

Zahlentafel 81. Kondensations-Dampfmaschinen-Anlage von 100 PS_e größter Dauerleistung.

Maschine: liegend, Einzylinder, Ventilsteuerung, 160 Uml./min. Kesselanlage: Flammrohrkessel mit mechanischem Rostbeschicker, Überhitzer, Rauchgasvorwärmer und Wasserreiniger. Steinkohlenverbrauch (7500 WE) bei $^3/_4$-Belastung gemäß Zahlentafel 17 (S. 99).

Anlagekosten: Preis des maschinellen Teils einschl. Kesselanlage und Rohrleitung sowie Schornstein, betriebsfertig aufgestellt, 27000 M. Maschinen- und Kesselhaus (80 M/qm Grundfläche) 9000 M.

Betriebskosten bei einer jährl. Betriebsdauer von		st	200	500	1000	2000	3000
$4^1/_2$% Verzinsung von 27000 M.		M.	1215	1215	1215	1215	1215
Abschreibung und Instandhaltung von Maschinen- und Kesselanlage		%	(7)	($7^1/_4$)	($7^1/_2$)	($7^3/_4$)	(8)
		M.	1890	1957	2025	2092	2160
$4^1/_2$% Verzinsung, $2^1/_2$% Abschreibung, $^1/_2$% Instandhaltung = $7^1/_2$% der Gebäudekosten		„	675	675	675	675	675
Schmier- und Putzstoffe	rd.	„	125	175	260	430	600
Wasserkosten (Brunnenwasser mit Rückkühlung oder Flußwasser)	„	„	150	150	150	150	150
Bedienung	„	„	250	500	630	1000	1500
Brennstoffkost. bei einem Steinkohlenpr. frei Kesselhaus von	1,50 M/100 kg	„	234	558	1032	2010	3015
	3,00 „	„	469	1116	2065	4020	6030
Gesamtjahreskosten bei einem Steinkohlenpr. fr. Kesselh. von	1,50 M/100 kg	M.	4539	5230	5987	7572	9315
	3,00 „	„	4774	5788	7020	9582	12330
Kosten der PS_e-Stunde bei einem Steinkohlenpreis frei Kesselhaus von	1,50 M/100 kg	Pf.	30,3	13,9	8,0	5,0	4,1
	3,00 „	„	31,8	15,4	9,4	6,4	5,5

Zahlentafel 82. Kondensations-Dampfmaschinen-Anlage von 200 PS_e größter Dauerleistung.

Maschine: liegend, Tandem, Ventilsteuerung, 150 Uml./min. Kesselanlage: Flammrohrkessel mit mechanischem Rostbeschicker, Überhitzer, Rauchgasvorwärmer und Wasserreiniger. Steinkohlenverbrauch (7500 WE) bei $^3/_4$-Belastung gemäß Zahlentafel 17 (S. 99).

Anlagekosten: Preis des maschinellen Teils einschl. Kesselanlage und Rohrleitung sowie Schornstein, betriebsfertig aufgestellt, 36000 M. Maschinen- und Kesselhaus (80 M/qm Grundfläche) 12000 M.

Betriebskosten bei einer jährl. Betriebsdauer von		st	200	500	1000	2000	3000
$4^1/_2$% Verzinsung von 36000 M.		M.	1620	1620	1620	1620	1620
Abschreibung und Instandhaltung von Maschinen- und Kesselanlage		%	(7)	($7^1/_4$)	($7^1/_2$)	($7^3/_4$)	(8)
		M.	2520	2610	2700	2790	2880
$4^1/_2$% Verzinsung, $2^1/_2$% Abschreibung, $^1/_2$% Instandhaltung = $7^1/_2$% der Gebäudekosten		„	900	900	900	900	900
Schmier- und Putzstoffe	rd.	„	185	260	390	650	900
Wasserkosten (Brunnenwasser mit Rückkühlung oder Flußwasser)	„	„	250	250	250	250	250
Bedienung	„	„	250	500	630	1000	1500
Brennstoffkost. bei einem Steinkohlenpr. frei Kesselhaus von	1,50 M/100 kg	„	432	1028	1903	3703	5550
	3,00 „	„	864	2056	3807	7407	11100
Gesamtjahreskosten bei einem Steinkohlenpr. fr. Kesselh. von	1,50 M/100 kg	M.	6157	7168	8393	10913	13600
	3,00 „	„	6589	8196	10297	14617	19150
Kosten der PS_e-Stunde bei einem Steinkohlenpreis frei Kesselhaus von	1,50 M/100 kg	Pf.	20,5	9,6	5,6	3,6	3,0
	3,00 „	„	22,0	10,9	6,9	4,9	4,2

Zahlentafel 83. Kondensations-Dampfmaschinen-Anlage von 500 PS_e größter Dauerleistung.

Maschine: liegend, Tandem, Ventilsteuerung, 150 Uml./min. Kesselanlage: Flammrohrkessel mit mechanischem Rostbeschicker, Überhitzer, Rauchgasvorwärmer und Wasserreiniger. Steinkohlenverbrauch (7500 WE) bei 3/4-Belastung gemäß Zahlentafel 17 (S. 99).

Anlagekosten: Preis des maschinellen Teils einschl. Kesselanlage und Rohrleitung sowie Schornstein, betriebsfertig aufgestellt, 66000 M. Maschinen- und Kesselhaus (80 M/qm Grundfläche) 22000 M.

Betriebskosten bei einer jährl. Betriebsdauer von		st	200	500	1000	2000	3000
4 1/2 % Verzinsung von 66000 M.		M.	2970	2970	2970	2970	2970
Abschreibung und Instandhaltung von Maschinen- und Kesselanlage		%	(7)	(7 1/4)	(7 1/2)	(7 3/4)	(8)
		M.	4620	4785	4950	5115	5280
4 1/2 % Verzinsung, 2 1/2 % Abschreibung, 1/2 % Instandhaltung = 7 1/2 % der Gebäudekosten		„	1650	1650	1650	1650	1650
Schmier- und Putzstoffe	rd.	„	300	450	650	1100	1500
Wasserkosten (Brunnenwasser mit Rückkühlung oder Flußwasser)	„	„	600	600	600	600	600
Bedienung	„	„	380	750	940	1500	2250
Brennstoffkost. bei einem Steinkohlenpr. frei Kesselhaus von	1,50 M/100 kg	„	966	2300	4260	8285	12430
	3,00 „	„	1932	4600	8520	16570	24860
Gesamtjahreskosten bei einem Steinkohlenpr. fr. Kesselh. von	1,50 M/100 kg	M.	11486	13505	16020	21220	26680
	3,00 „	„	12452	15805	20280	29505	39110
Kosten der PS_e-Stunde bei einem Steinkohlenpreis frei Kesselhaus von	1,50 M/100 kg	Pf.	15,3	7,2	4,3	2,8	2,4
	3,00 „	„	16,6	8,4	5,4	3,9	3,5

Zahlentafel 84. Kondensations-Dampfmaschinen-Anlage von 1000 PS_e größter Dauerleistung.

Maschine: liegend, Tandem, Ventilsteuerung, 120 Uml./min. Kesselanlage: 2 Flammrohrkessel mit mechanischen Rostbeschickern, Überhitzern, Rauchgasvorwärmer und Wasserreiniger. Steinkohlenverbrauch (7500 WE) bei 3/4-Belastung gemäß Zahlentafel 17 (S. 99).

Anlagekosten: Preis des maschinellen Teils einschl. Kesselanlage und Rohrleitung sowie Schornstein, betriebsfertig aufgestellt, 120000 M. Maschinen- und Kesselhaus (80 M/qm Grundfläche) 40000 M.

Betriebskosten bei einer jährl. Betriebsdauer von		st	200	500	1000	2000	3000
4 1/2 % Verzinsung von 120000 M.		M.	5400	5400	5400	5400	5400
Abschreibung und Instandhaltung von Maschinen- und Kesselanlage		%	(7)	(7 1/4)	(7 1/2)	(7 3/4)	(8)
		M.	8400	8700	9000	9300	9600
4 1/2 % Verzinsung, 2 1/2 % Abschreibung, 1/2 % Instandhaltung = 7 1/2 % der Gebäudekosten		„	3000	3000	3000	3000	3000
Schmier- und Putzstoffe	rd.	„	480	700	1000	1730	2400
Wasserkosten (Brunnenwasser mit Rückkühlung oder Flußwasser)	„	„	1150	1150	1150	1150	1150
Bedienung	„	„	500	1000	1250	2000	3000
Brennstoffkost. bei einem Steinkohlenpr. frei Kesselhaus von	1,50 M/100 kg	„	1822	4340	8035	15610	23425
	3,00 „	„	3645	8680	16070	31220	46850
Gesamtjahreskosten bei einem Steinkohlenpr. fr. Kesselh. von	1.50 M/100 kg	M.	20752	24290	28835	38190	47975
	3,00 „	„	22575	28630	36870	53800	71400
Kosten der PS_e-Stunde bei einem Steinkohlenpreis frei Kesselhaus von	1,50 M/100 kg	Pf.	13,8	6,5	3,8	2,5	2,1
	3,00 „	„	15,0	7,6	4,9	3,6	3,2

Zahlentafel 85.

Turbodynamo-Anlage von 500 kW größter Dauerleistung.

Maschine: kombinierte Bauart mit Düsenregulierung, 3000 Uml./min. **Kesselanlage:** 1 Wasserrohrkessel mit Kettenrost, Überhitzer, Rauchgasvorwärmer und Wasserreiniger.

Steinkohlenverbrauch (7500 WE) bei $^3/_4$-Belastung gemäß Zahlentafel 19 (S. 101).

Anlagekosten: Preis des maschinellen Teils einschl. Kesselanlage und Rohrleitung sowie Schornstein, betriebsfertig aufgestellt, 112000 M. Maschinen- und Kesselhaus (80 M/qm Grundfläche) 18000 M.

Betriebskosten bei einer jährlichen Betriebsdauer von		st	200	500	1000	3000	8760
$4^1/_2$ % Verzinsung von 112000 M.		M.	5040	5040	5040	5040	5040
Abschreibung und Instandhaltung von Maschinen- und Kesselanlage		%	(7)	($7^1/_4$)	($7^1/_2$)	(8)	(11)
		M.	7840	8120	8400	8960	12320
$4^1/_2$ % Verzinsung, $2^1/_2$ % Abschreibung, $^1/_2$ % Instandhaltung = $7^1/_2$ % der Gebäudekosten		„	1350	1350	1350	1350	1350
Schmier- und Putzstoffe	rd.	„	70	100	150	350	1020
Wasserkosten (Flußwasser)	„	„	1300	1300	1300	1300	1300
Bedienung	„	„	250	500	630	1500	4500
Brennstoffkosten bei einem Steinkohlenpreis frei Kesselh. von[1])	1,50 M/100 kg	„	1332	3172	5865	17130	46300
	3,00 „	„	2664	6345	11730	34260	92600
Gesamtjahreskosten bei einem Steinkohlenpreis frei Kesselhaus von	1,50 M/100 kg	M.	17182	19582	22735	35630	71830
	3,00 „	„	18514	22755	28600	52760	118130
Kosten der kW-Stunde (PS_e-st) bei einem Steinkohlenpreis frei Kesselhaus von	1,50 M/100 kg	Pf.	22,9 (15,3)	10,4 (7,0)	6,1 (4,1)	3,2 (2,1)	2,2 (1,5)
	3,00 „	„	24,7 (16,6)	12,1 (8,1)	7,6 (5,1)	4,7 (3,1)	3,6 (2,4)

[1]) Es ist hier angenommen, daß die Kosten für Bekohlung zum Kohlenpreis hinzugeschlagen werden, da in obigen Anlagekosten keine Einrichtungen zum mechanischen Kohlentransport eingeschlossen sind.

Zahlentafel 86.

Turbodynamo-Anlage von 1000 kW größter Dauerleistung.

Maschine: kombinierte Bauart mit Düsenregulierung, 3000 Uml./min. Kesselanlage: 1 Wasserrohrkessel mit Kettenrost, Überhitzer, Rauchgasvorwärmer und Wasserreiniger.

Steinkohlenverbrauch (7500 WE) bei $^3/_4$-Belastung gemäß Zahlentafel 19 (S. 101).

Anlagekosten: Preis des maschinellen Teils einschl. Kesselanlage und Rohrleitung sowie Schornstein, betriebsfertig aufgestellt 156000 M. Maschinen- und Kesselhaus (80 M/qm Grundfläche) 24000 M.

Betriebskosten bei einer jährlichen Betriebsdauer von		st	200	500	1000	3000	8760
$4^1/_2$% Verzinsung von 156000 M.		M.	7020	7020	7020	7020	7020
Abschreibung und Instandhaltung von Maschinen- und Kesselanlage		%	(7)	($7^1/_4$)	($7^1/_2$)	(8)	(11)
		M.	10920	11310	11700	12480	17160
$4^1/_2$% Verzinsung, $2^1/_2$% Abschreibung, $^1/_2$% Instandhaltung = $7^1/_2$% der Gebäudekosten		„	1800	1800	1800	1800	1800
Schmier- und Putzstoffe	rd.	„	110	160	220	550	1600
Wasserkosten (Flußwasser)	„	„	2600	2600	2600	2600	2600
Bedienung	„	„	380	750	940	2250	6750
Brennstoffkosten bei einem Steinkohlenpreis frei Kesselhaus von[1]	1,50 M/100 kg	„	2410	5735	10615	31000	83750
	3,00 „	„	4820	11470	21230	62000	167500
Gesamtjahreskosten bei einem Steinkohlenpreis frei Kesselhaus von	1,50 M/100 kg	M.	25240	29375	34895	57700	120680
	3,00 „	„	27650	35110	45510	88700	204430
Kosten der kW-Stunde (PS_e-st) bei einem Steinkohlenpreis frei Kesselhaus von	1,50 M/100 kg	Pf.	16,8 (11,4)	7,8 (5,3)	4,6 (3,1)	2,6 (1,8)	1,8 (1,2)
	3,00 „	„	18,4 (12,5)	9,4 (6,4)	6,1 (4,1)	3,9 (2,7)	3,1 (2,1)

[1]) Es ist hier angenommen, daß die Kosten für Bekohlung zum Kohlenpreis hinzugeschlagen werden, da in obigen Anlagekosten keine Einrichtungen zum mechanischen Kohlentransport eingeschlossen sind.

Zahlentafel 87.

Turbodynamo-Anlage von 5000 kW größter Dauerleistung.

Maschine: kombinierte Bauart mit Düsenregulierung, 3000 Uml./min. Kesselanlage: 2 Wasserrohrkessel mit Kettenrosten, Überhitzern, Rauchgasvorwärmern und Wasserreiniger.

Steinkohlenverbrauch (7500 WE) bei $^3/_4$-Belastung gemäß Zahlentafel 19 (S. 101).

Anlagekosten: Preis des maschinellen Teils einschl. Kesselanlage und Rohrleitung sowie Schornstein, betriebsfertig aufgestellt, 530000 M. Maschinen- und Kesselhaus (80 M/qm Grundfläche) 70000 M.

Betriebskosten bei einer jährlichen Betriebsdauer von		st	200	500	1000	3000	8760
$4^1/_2$ % Verzinsung von 530000 M.		M.	23850	23850	23850	23850	23850
Abschreibung und Instandhaltung von Maschinen- und Kesselanlage		%	(7)	($7^1/_4$)	($7^1/_2$)	(8)	(11)
		M.	37100	38425	39750	42400	58300
$4^1/_2$ % Verzinsung, $2^1/_2$ % Abschreibung, $^1/_2$ % Instandhaltung = $7^1/_2$ % der Gebäudekosten		„	5250	5250	5250	5250	5250
Schmier- und Putzstoffe	rd.	„	240	350	500	1200	3500
Wasserkosten (Flußwasser)	„	„	8000	8000	8000	8000	8000
Bedienung	„	„	600	1200	1600	3600	10800
Brennstoffkosten bei einem Steinkohlenpreis frei Kesselhaus von[1]	1,50 M/100 kg	„	10785	25650	47550	138700	375000
	3,00 „	„	21570	51300	95100	277400	750000
Gesamtjahreskosten bei einem Steinkohlenpreis frei Kesselhaus von	1,50 M/100 kg	M.	85825	102725	126500	223000	484700
	3,00 „	„	96610	128375	174050	361700	859700
Kosten der kW-Stunde (PS_e-st) bei einem Steinkohlenpreis frei Kesselhaus von	1,50 M/100 kg	Pf.	11,4 (8,0)	5,5 (3,8)	3,4 (2,4)	2,0 (1,4)	1,5 (1,0)
	3,00 „	„	12,9 (9,0)	6,8 (4,7)	4,6 (3,2)	3,2 (2,2)	2,6 (1,8)

[1]) Es ist hier angenommen, daß die Kosten für Bekohlung zum Kohlenpreis hinzugeschlagen werden, da in obigen Anlagekosten keine Einrichtungen zum mechanischen Kohlentransport eingeschlossen sind.

Zahlentafel 88.

Turbodynamo-Anlage von 10000 kW größter Dauerleistung.

Maschine: kombinierte Bauart mit Düsenregulierung, 1500 Uml./min. Kesselanlage: 4 Wasserrohrkessel mit Kettenrosten, Überhitzern, Rauchgasvorwärmern und Wasserreiniger.

Steinkohlenverbrauch (7500 WE) bei $^3/_4$-Belastung gemäß Zahlentafel 19 (S. 101).

Anlagekosten: Preis des maschinellen Teils einschl. Kesselanlage und Rohrleitung sowie Schornstein, betriebsfertig aufgestellt, 950000 M. Maschinen- und Kesselhaus (80 M/qm Grundfläche) 120000 M.

Betriebskosten bei einer jährlichen Betriebsdauer von		st	200	500	1000	3000	8760
$4^1/_2$% Verzinsung von 950000 M.		M.	42750	42750	42750	42750	42750
Abschreibung und Instandhaltung von Maschinen- und Kesselanlage		%	(7)	($7^1/_4$)	($7^1/_2$)	(8)	(11)
		M.	66500	68875	71250	76000	104500
$4^1/_2$% Verzinsung, $2^1/_2$% Abschreibung, $^1/_2$% Instandhaltung = $7^1/_2$% der Gebäudekosten		„	9000	9000	9000	9000	9000
Schmier- und Putzstoffe	rd.	„	340	500	700	1700	4950
Wasserkosten (Flußwasser)	„	„	10000	10000	10000	10000	10000
Bedienung	„	„	900	1800	2300	5400	16200
Brennstoffkosten bei einem Steinkohlenpreis frei Kesselhaus von[1]	1,50 M/100 kg	„	21150	50350	93100	272000	735000
	3,00 „	„	42300	100700	186200	544000	1470000
Gesamtjahreskosten bei einem Steinkohlenpreis frei Kesselhaus von	1,50 M/100 kg	M.	150640	183275	229100	416850	922400
	3,00 „	„	171790	233625	322200	688850	1657400
Kosten der kW-Stunde (PS_e-st) bei einem Steinkohlenpreis frei Kesselhaus von	1,50 M/100 kg	Pf.	10,0 (7,0)	4,9 (3,4)	3,1 (2,2)	1,9 (1,3)	1,4 (1,0)
	3,00 „	„	11,4 (8,0)	6,2 (4,4)	4,3 (3,0)	3,1 (2,2)	2,5 (1,8)

[1]) Es ist hier angenommen, daß die Kosten für Bekohlung zum Kohlenpreis hinzugeschlagen werden, da in obigen Anlagekosten keine Einrichtungen zum mechanischen Kohlentransport eingeschlossen sind.

Zahlentafel 89.

Windmotorenanlage von {1,5 PS_e bei 4—5 m/sk Windgeschwindigkeit. 4 PS_e bei 6—7 m/sk Windgeschwindigkeit.

Raddurchmesser 6 m.

Anlagekosten: Preis eines Windmotors mit allem Zubehör einschl. 15 m hohem Eisenturm, betriebsfertig aufgestellt 3000 M.

Betriebskosten bei einer jährl. Betriebsdauer von st	200	500	1000	2000	3000
4½ % Verzinsung, 6 % Abschreibung und Instandhaltung = 10½ % von 3000 M. . . . . M.	315	315	315	315	315
Bedienung und Schmierung . . . . rd. „	80	90	100	110	120
Gesamtjahreskosten . . . . M.	395	405	415	425	435
Kosten der PS_e-Stunde bei . 4—5 m/sk Windgeschwindigkeit Pf.	131,7	54,0	27,7	14,2	9,7
6—7 „ „ „	49,4	20,2	10,4	5,3	3,6

Zahlentafel 90.

Windmotorenanlage von {2,5 PS_e bei 4—5 m/sk Windgeschwindigkeit. 6 PS_e bei 6—7 m/sk Windgeschwindigkeit.

Raddurchmesser 8 m.

Anlagekosten: Preis eines Windmotors mit allem Zubehör einschl. 15 m hohem Eisenturm, betriebsfertig aufgestellt 4800 M.

Betriebskosten bei einer jährl. Betriebsdauer von st	200	500	1000	2000	3000
4½ % Verzinsung, 6 % Abschreibung und Instandhaltung = 10½ % von 4800 M. . . . . M.	504	504	504	504	504
Bedienung und Schmierung . . . . rd. „	100	110	120	130	140
Gesamtjahreskosten . . . . M.	604	614	624	634	644
Kosten der PS_e-Stunde bei . 4—5 m/sk Windgeschwindigkeit Pf.	120,8	49,1	25,0	12,7	8,6
6—7 „ „ „	50,3	20,5	10,4	5,3	3,6

Zahlentafel 91.

Windmotorenanlage von {4 PS_e bei 4—5 m/sk Windgeschwindigkeit. 8 PS_e bei 6—7 m/sk Windgeschwindigkeit.

Raddurchmesser 10 m.

Anlagekosten: Preis eines Windmotors mit allem Zubehör einschl. 15 m hohem Eisenturm, betriebsfertig aufgestellt 6800 M.

Betriebskosten bei einer jährl. Betriebsdauer von st	200	500	1000	2000	3000
4½ % Verzinsung, 6 % Abschreibung und Instandhaltung = 10½ % von 6800 M. . . . . M.	714	714	714	714	714
Bedienung und Schmierung . . . . rd. „	120	130	140	150	160
Gesamtjahreskosten . . . . M.	834	844	854	864	874
Kosten der PS_e-Stunde bei . 4—5 m/sk Windgeschwindigkeit Pf.	104,2	42,2	21,3	10,8	7,3
6—7 „ „ „	52,1	21,1	10,7	5,4	3,6

Sachregister.

Die Ziffern hinter den Stichworten bedeuten die Seitenzahlen.

Die Betriebsleitung insbesondere der Werkstätten. Von **Fred. W. Taylor.** Autor. deutsche Ausgabe der Schrift „Shop management". Von **A. Wallichs,** Professor an der Technischen Hochschule in Aachen. Dritte, vermehrte Auflage. Unveränderter Neudruck mit 26 Abbildungen und 2 Zahlentafeln. Preis gebunden M. 7.20

Aus der Praxis des Taylor-Systems. Von Dipl.-Ing. **Rudolf Seubert.** Zweiter, unveränderter Neudruck. Mit 45 Abbildungen und Vordrucken. Preis gebunden M. 9.—

* **Das ABC der wissenschaftlichen Betriebsführung. (Taylor-System.)** Von **Frank B. Gilbreth.** Freie Übersetzung von Dr. **Collin Ross.** Unveränderter Neudruck. Mit 12 Textabbildungen. Preis M. 2.80

* **Die kaufmännische Erfolgsrechnung.** (Gewinn- und Verlust-Rechnung.) Analytische Darstellung ihrer Faktoren bei Handels-, Industrie- und Bankunternehmungen nach handelstechnischen und rechtlichen Gesichtspunkten. Von Dr. **Gustav Müller,** Magdeburg. Preis gebunden M. 12.—

Buchhaltung und Bilanz auf wirtschaftlicher, rechtlicher und mathematischer Grundlage, für Juristen, Ingenieure, Kaufleute uud Studierende der Privatwirtschaftslehre. Von Dr. hon. c. **Johann Friedrich Schär,** Professor und Direktor des handelswissenschaftlichen Seminars an der Handelshochschule zu Berlin. Dritte, erweiterte Auflage. In Vorbereitung.

Die Technik des Bankbetriebes. Ein Hand- und Lehrbuch des praktischen Bank- und Börsenwesens. Von **Bruno Buchwald.** Siebente, vermehrte und verbesserte Auflage. Siebenter, unveränderter Neudruck. Preis gebunden M. 8.—

Die Inventur. Aufnahmetechnik, Bewertung und Kontrolle. Für Fabrik- und Warenhandelsbetriebe dargestellt von **Werner Grull,** beratender Ingenieur für geschäftliche Organisation und technisch-wirtschaftliche Fragen; beeidigter und öffentlich angestellter Bücherrevisor, Erlangen. Anastatischer Neudruck. Preis gebunden M. 10.—

Die Heizerschule. Vorträge über die Bedienung und die Einrichtung von Dampfkesselanlagen mit einem Anhang über Niederdruckkessel für Heizungsanlagen von **F. O. Morgner,** Kgl. Gewerbeinspektor, Leiter der Heizerkurse in Chemnitz. Zweite, umgearbeitete und vervollständigte Auflage. Mit 158 Textfiguren. Preis gebunden M. 6.—

* **Die Dampfkessel und ihr Betrieb.** Allgemeinverständlich dargestellt von **K. E. Th. Schlippe,** Geh. Regierungsrat. Vierte, verbesserte und vermehrte Auflage. Mit 114 Abbildungen. Preis gebunden M. 5.—

Herstellen und Instandhalten elektrischer Licht- und Kraftanlagen. Ein Leitfaden auch für Nicht-Techniker unter Mitwirkung von Gottlob Lux und Dr. C. Michalke verfaßt und herausgegeben von **S. Frhr. v. Gaisberg.** Achte, umgearbeitete und erweiterte Auflage. Mit 59 Textabbildungen. Preis in festem Umschlag M. 3.20

***Hierzu Teuerungszuschlag**